国家规划重点图书

水工设计手册

（第2版）

主　编　索丽生　刘　宁
副主编　高安泽　王柏乐　刘志明　周建平

第5卷　混凝土坝

主编单位　水电水利规划设计总院
主　　编　周建平　党林才
主　　审　石瑞芳　朱伯芳　蒋效忠

中国水利水电出版社
www.waterpub.com.cn

内容提要

《水工设计手册》（第2版）共11卷。本卷为第5卷——《混凝土坝》，分为6章，其内容分别为：重力坝、拱坝、支墩坝、砌石坝、碾压混凝土坝、混凝土温度应力与温度控制。

本手册可作为水利水电工程规划、勘测、设计、施工、管理等专业的工程技术人员和科研人员的常备工具书，同时也可作为大专院校相关专业师生的重要参考书。

图书在版编目（CIP）数据

水工设计手册．第5卷，混凝土坝/周建平，党林才主编．—2版．—北京：中国水利水电出版社，2011.8
ISBN 978-7-5084-8991-9（2015.10重印）

Ⅰ.①水…　Ⅱ.①周…②党…　Ⅲ.①水利水电工程-工程设计-技术手册②混凝土坝-建筑设计-技术手册
Ⅳ.①TV222-62

中国版本图书馆CIP数据核字（2011）第184898号

书　　名	**水工设计手册（第2版）** **第5卷　混凝土坝**
主编单位	水电水利规划设计总院
主　　编	周建平　党林才
出版发行	中国水利水电出版社 （北京市海淀区玉渊潭南路1号D座　100038） 网址：www.waterpub.com.cn E-mail：sales@waterpub.com.cn 电话：（010）68367658（发行部）
经　　售	北京科水图书销售中心（零售） 电话：（010）88383994、63202643、68545874 全国各地新华书店和相关出版物销售网点
排　　版	中国水利水电出版社微机排版中心
印　　刷	涿州市星河印刷有限公司
规　　格	184mm×260mm　16开本　38.25印张　1295千字
版　　次	1987年12月第1版第1次印刷 2011年8月第2版　2015年10月第2次印刷
印　　数	4001—7000册
定　　价	**240.00元**

凡购买我社图书，如有缺页、倒页、脱页的，本社发行部负责调换

《水工设计手册》（第2版）

《水工设计手册》（第2版）

各卷卷目、主编单位、主编、主审人员

卷目		主编单位	主编	主审
第1卷	基础理论	水利部水利水电规划设计总院 河海大学	刘志明 王德信 汪德爟	张楚汉　陈祖煜 陈德基
第2卷	规划、水文、地质	水利部水利水电规划设计总院	梅锦山 侯传河 司富安	陈德基　富曾慈 曾肇京　韩其为 雷志栋
第3卷	征地移民、环境保护与水土保持	水利部水利水电规划设计总院	陈　伟 朱党生	朱尔明　董哲仁
第4卷	材料、结构	水电水利规划设计总院	白俊光 张宗亮	张楚汉　石瑞芳 王亦锥
第5卷	混凝土坝	水电水利规划设计总院	周建平 党林才	石瑞芳　朱伯芳 蒋效忠
第6卷	土石坝	水利部水利水电规划设计总院	关志诚	林　昭　曹克明 蒋国澄
第7卷	泄水与过坝建筑物	水利部水利水电规划设计总院	刘志明 温续余	郑守仁　徐麟祥 林可冀
第8卷	水电站建筑物	水电水利规划设计总院	王仁坤 张春生	曹楚生　李佛炎
第9卷	灌排、供水	水利部水利水电规划设计总院	董安建 李现社	茆　智　汪易森
第10卷	边坡工程与地质灾害防治	水电水利规划设计总院	冯树荣 彭土标	朱建业　万宗礼
第11卷	水工安全监测	水电水利规划设计总院	张秀丽 杨泽艳	吴中如　徐麟祥

《水工设计手册》
第1版组织和主编单位及有关人员

组织单位　水利电力部水利水电规划设计院

主 持 人　张昌龄　奚景岳　潘家铮

（工作人员有李浩钧、郑顺炜、沈义生）

主编单位　华东水利学院

主 编 人　左东启　顾兆勋　王文修

（工作人员有商学政、高渭文、刘曙光）

《水工设计手册》

第1版各卷（章）目、编写、审订人员

卷　目	章　　目		编写人	审订人
第1卷 基础理论	第1章	数学	张敦穆	潘家铮
	第2章	工程力学	李咏偕　张宗尧　王润富	徐芝纶　谭天锡
	第3章	水力学	陈肇和	张昌龄
	第4章	土力学	王正宏	钱家欢
	第5章	岩石力学	陶振宇	葛修润
第2卷 地质　水文 建筑材料	第6章	工程地质	冯崇安　王惊谷	朱建业
	第7章	水文计算	陈家琦　朱元甡	叶永毅　刘一辛
	第8章	泥沙	严镜海　李昌华	范家骅
	第9章	水利计算	方子云　蒋光明	叶秉如　周之豪
	第10章	建筑材料	吴仲瑾	吕宏基
第3卷 结构计算	第11章	钢筋混凝土结构	徐积善　吴宗盛	周　氏
	第12章	砖石结构	周　氏	顾兆勋
	第13章	钢木结构	孙良伟　周定荪	俞良正　王国周　许政谐
	第14章	沉降计算	王正宏	蒋彭年
	第15章	渗流计算	毛昶熙　周保中	张蔚榛
	第16章	抗震设计	陈厚群　汪闻韶	刘恢先
第4卷 土石坝	第17章	主要设计标准和荷载计算	郑顺炜　沈义生	李浩钧
	第18章	土坝	顾淦臣	蒋彭年
	第19章	堆石坝	陈明致	柳长祚
	第20章	砌石坝	黎展眉	李津身　上官能

卷　目	章　目		编写人	审订人
第 5 卷 混凝土坝	第 21 章	重力坝	苗琴生	邹思远
	第 22 章	拱坝	吴凤池　周允明	潘家铮　裘允执
	第 23 章	支墩坝	朱允中	戴耀本
	第 24 章	温度应力与温度控制	朱伯芳	赵佩钰
第 6 卷 泄水与过坝建筑物	第 25 章	水闸	张世儒　潘贤德 沈潜民　孙尔超 屠　本	方福均　孔庆义 胡文昆
	第 26 章	门、阀与启闭设备	夏念凌	傅南山　俞良正
	第 27 章	泄水建筑物	陈肇和　韩　立	陈椿庭
	第 28 章	消能与防冲	陈椿庭	顾兆勋
	第 29 章	过坝建筑物	宋维邦　刘党一 王俊生　陈文洪 张尚信　王亚平	王文修　呼延如琳 王麟璠　涂德威
	第 30 章	观测设备与观测设计	储海宁　朱思哲	经萱禄
第 7 卷 水电站建筑物	第 31 章	深式进水口	林可冀　潘玉华 袁培义	陈道周
	第 32 章	隧洞	姚慰城	翁义孟
	第 33 章	调压设施	刘启钊　刘蕴琪 陆文祺	王世泽
	第 34 章	压力管道	刘启钊　赵震英 陈霞龄	潘家铮
	第 35 章	水电站厂房	顾鹏飞	赵人龙
	第 36 章	挡土墙	甘维义　干　城	李士功　杨松柏
第 8 卷 灌区建筑物	第 37 章	灌溉	郑遵民　岳修恒	许志方　许永嘉
	第 38 章	引水枢纽	张景深　种秀贤 赵伸义	左东启
	第 39 章	渠道	龙九范	何家濂
	第 40 章	渠系建筑物	陈济群	何家濂
	第 41 章	排水	韩锦文　张法思	瞿兴业　胡家博
	第 42 章	排灌站	申怀珍　田家山	沈日迈　余春和

水利水电建设的宝典

——《水工设计手册》（第2版）序

《水工设计手册》（第2版）在广大水利工作者的热切期盼中问世了，这是我国水利水电建设领域中的一件大事，也是我国水利发展史上的一件喜事。3年多来，参与手册编审工作的专家、学者、工程技术人员和出版工作者，花费了大量心血，付出了艰辛努力。在此，我向他们表示衷心的感谢，致以崇高的敬意！

为政之要，其枢在水。兴水利、除水害，历来是治国安邦的大事。在我国悠久的治水历史中，积累了水利工程建设的丰富经验。特别是新中国成立后，揭开了我国水利水电事业发展的新篇章，建设了大量关系国计民生的水利水电工程，极大地促进了水工技术的发展。1983年，第1版《水工设计手册》应运而生，成为我国第一部大型综合性水工设计工具书，在指导水利水电工程设计、培养水工技术和管理人才、提高水利水电工程建设水平等方面发挥了十分重要的作用。

第1版《水工设计手册》面世28年来，我国水利水电事业发展迈上了一个新的台阶，取得了举世瞩目的伟大成就。一大批技术复杂、规模宏大的水利水电工程建成运行，新技术、新材料、新方法和新工艺广泛应用，水利水电建设信息化和现代化水平显著提升，我国水工设计技术、设计水平已跻身世界先进行列。特别是近年来，随着科学发展观的深入贯彻落实，我国治水思路正在发生着深刻变化，推动着水工设计需求、设计理念、设计理论、设计方法、设计手段和设计标准规范不断发展与完善。因此，迫切需要对《水工设计手册》进行修订完善。2008年2月水利部成立了《水工设计手册》（第2版）编委会，正式启动了修编工作。在编委会的组织领导下，水利水电规划设计总院、水电水利规划设计总院和中国水利水电出版社3家单位，联合邀请全国4家水利水电科学研究院、3所重点高等学校、15个资质优秀的水利水电勘测设计研究院（公司）等单位的数百位专家、学者和技术骨干参与，经过3年多的艰苦努力，《水工设计手册》（第2版）现已付梓。

《水工设计手册》（第2版）以科学发展观为统领，按照可持续发展治水思路要求，在继承前版成果中开拓创新，全面总结了现代水工设计的理论和实践经验，系统介绍了现代水工设计的新理念、新材料、新方法，有效协调了水利工程和水电工程设计标准，充分反映了当前国内外水工设计领域的重要科研成果。特别是增加了计算机技术在现代水工设计方法中应用等卷章，充实了在现代水工设计中必须关注的生态、环保、移民、安全监测等内容，使手册结构更趋合理，内容更加完整，更切合实际需要，充分体现了科学性、时代性、针对性和实用性。《水工设计手册》（第2版）的出版必将对进一步提升我国水利水电工程建设软实力，推动水工设计理念更新，全面提高水工设计质量和水平产生重大而深远的影响。

当前和今后一个时期，是加强水利重点薄弱环节建设、加快发展民生水利的关键时期，是深化水利改革、加强水利管理的攻坚时期，也是推进传统水利向现代水利、可持续发展水利转变的重要时期。2011年中央1号文件《关于加快水利改革发展的决定》和不久前召开的中央水利工作会议，进一步明确了新形势下水利的战略地位，以及水利改革发展的指导思想、目标任务、基本原则、工作重点和政策举措。《国家可再生能源中长期发展规划》、《中国应对气候变化国家方案》对水电开发建设也提出了具体要求。水利水电事业发展面临着重要的战略机遇，迎来了新的春天。

《水工设计手册》（第2版）集中体现了近30年来我国水利水电工程设计与建设的优秀成果，必将成为广大水利水电工作者的良师益友，成为水利水电建设的盛世宝典。广大水利水电工作者，要紧紧抓住战略机遇，深入贯彻落实科学发展观，坚持走中国特色水利现代化道路，积极践行可持续发展治水思路，充分利用好这本工具书，不断汲取学识和真知，不断提高设计能力和水平，以高度负责的精神、科学严谨的态度、扎实细致的作风，奋力拼搏，开拓进取，为推动我国水利水电事业发展新跨越、加快社会主义现代化建设作出新的更大贡献。

是为序。

水利部部长

2011年8月8日

序

经过500多位专家学者历时3年多的艰苦努力，《水工设计手册》（第2版）即将问世。这是一件期待已久和值得庆贺的事。借此机会，我谨向参与《水工设计手册》修编的专家学者，向支持修编工作的领导同志们表示敬意。

30年前，为了提高设计水平，促进水利水电事业的发展，在许多专家、教授和工程技术人员的共同努力下，一部反映当时我国水利水电建设经验和科研成果的《水工设计手册》应运而生。《水工设计手册》深受广大水利水电工程技术工作者的欢迎，成为他们不可或缺的工具书和一位无言的导师，在指导设计、提高建设水平和保证安全等方面发挥了重要作用。

30年来，我国水利水电工程设计和建设成绩卓著，工程规模之大、建设速度之快、技术创新之多居世界前列。当然，在建设中我们面临一系列问题，其难度之大世界罕见。通过长期的艰苦努力，我们成功地建成了一大批世界规模的水利水电工程，如长江三峡水利枢纽、黄河小浪底水利枢纽、二滩、水布垭、龙滩等大型水电站，以及正在建设的锦屏一级、小湾和溪洛渡等具有300米级高拱坝的巨型水电站和南水北调东中线大型调水工程，解决了无数关键技术难题，积累了大量成功的设计经验。这些关系国计民生和具有世界影响力的大型水利水电工程在国民经济和社会发展中发挥了巨大的防洪、发电、灌溉、除涝、供水、航运、渔业、改善生态环境等综合作用。《水工设计手册》（第2版）正是对我国改革开放30多年来水利水电工程建设经验和创新成果的总结与提炼。特别是在当前全国贯彻落实中央水利工作会议精神、掀起新一轮水利水电工程建设高潮之际，出版发行《水工设计手册》（第2版）意义尤其重大。

在陈雷部长的高度重视和索丽生、刘宁同志的具体领导下，各主编单位和编写的同志以第1版《水工设计手册》为基础，全面搜集资料，做了大量归纳总结和精选提炼工作，剔除陈旧内容，补充新的知识。《水工设计手册》（第 2 版）体现了科学性、实用性、一致性和延续性，强调落实科学发展观和人与自然和谐的设计理念，浓墨重彩地突出了生态环境保护和征地移民的要求，彰显了与时俱进精神和可持续发展的理念。《水工设计手册》（第 2 版）质量总体良好，技术水平高，是一部权威的、综合性和实用性强的一流设计手册，一部里程碑式的出版物。相信它将为 21 世纪的中国书写治水强国、兴水富民的不朽篇章，为描绘辉煌灿烂的画卷作出贡献。

我认为《水工设计手册》（第 2 版）另一明显的特色在于：它除了提供各种先进适用的理论、方法、公式、图表和经验之外，还突出了工程技术人员的设计任务、关键和难点，指出设计因素中哪些是确定性的，哪些是不确定的，从而使工程技术人员能够更好地掌握全局，有所抉择，不至于陷入公式和数据中去不能自拔；它还指出了设计技术发展的趋势与方向，有利于启发工程技术人员的思考和创新精神，这对工程技术创新是很有益处的。

工程是技术的体现和延续，它推动着人类文明的发展。从古至今，不同时期留下的不朽经典工程，就是那段璀璨文明的历史见证。2000 多年前的都江堰和现代的三峡水利枢纽就是代表。在人类文明的发展过程中，从工程建设中积累的经验、技术和智慧被一代一代地传承下来。但是，我们必须在继承中发展，在发展中创新，在创新中跨越，才能大大地提高现代水利水电工程建设的技术水平。现在的年轻工程师们一如他们的先辈，正在不断克服各种困难，探索新的技术高度，创造前人无法想象的奇迹，为水利水电工程的经济效益、社会效益和环境效益的协调统一，为造福人类、推动人类文明的发展锲而不舍地奉献着自己的聪明才智。《水工设计手册》（第 2 版）的出版正值我国水利水电建设事业新高潮到来之际，我衷心希望广大水利水电工程技术人员精心规划，精心设计，精心管理，以一流设计促一流工程，为我国的经济社会可持续发展作出划时代的贡献。

中国科学院院士
中国工程院院士 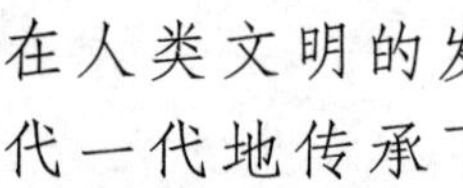

2011 年 8 月 18 日

第 2 版 前 言

《水工设计手册》是一部大型水利工具书。自 20 世纪 80 年代初问世以来，在我国水利水电建设中起到了不可估量的作用，深受广大水利水电工程技术人员的欢迎，已成为勘测设计人员必备的案头工具书。近 30 年来，我国水利水电工程建设有了突飞猛进的发展，取得了巨大的成就，技术水平总体处于世界领先地位。为适应我国水利水电事业的发展，迫切需要对《水工设计手册》进行修订。现在，《水工设计手册》（第 2 版）经 10 年孕育，即将问世。

一

《水工设计手册》修订的必要性，主要体现在以下五个方面：

第一是满足工程建设的需要。为满足西部大开发、中部崛起、振兴东北老工业基地和东部地区率先发展的国家发展战略的要求，尤其是 2011 年中共中央国务院作出了《关于加快水利改革发展的决定》，我国水利水电事业又迎来了新的发展机遇，即将掀起大规模水利水电工程建设的新高潮，迫切需要对已往水利水电工程建设的经验加以总结，更好地将水工设计中的新观念、新理论、新方法、新技术、新工艺在水利水电工程建设中广泛推广和应用，以提高设计水平，保障工程质量，确保工程安全。

第二是创新设计理念的需要。30 年前，我国水利水电工程设计的理念是以开发利用为主，强调“多快好省”，而现在的要求是开发与保护并重，做到“又好又快”。当前，随着我国经济社会的发展和生产生活水平的不断提高，不仅要注重水利水电工程的安全性和经济性，也更要注重生态环境保护和移民安置，做到统筹兼顾，处理好开发与保护的关系，以实现人与自然和谐相处，保障水资源可持续利用。

第三是更新设计手段的需要。计算机技术、网络技术和信息技术已在水利水电工程建设和管理中取得了突飞猛进的发展。计算机辅助工程

(CAE)技术已经广泛应用于工程设计和运行管理的各个方面，为广大工程技术人员在工程计算分析、模拟仿真、优化设计、施工建设等方面提供了先进的手段和工具，使许多原来难以处理的复杂的技术问题迎刃而解。现代遥感（RS）技术、地理信息系统（GIS）及全球定位系统（GPS）技术（即“3S”技术）的应用，突破了许多传统的地球物理方法及技术，使工程勘探深度不断加大、勘探分辨率（精度）不断提高，使人们对自然现象和规律的认识得以提高。这些先进技术的应用提高了工程勘测水平、设计质量和工作效率。

第四是总结建设经验的需要。自20世纪90年代以来，我国建设了一大批具有防洪、发电、航运、灌溉、调水等综合利用效益的水利水电工程。在大量科学研究和工程实践的基础上，成功破解了工程建设过程中遇到的许多关键性技术难题，建成了举世瞩目的三峡水利枢纽工程，建成了世界上最高的面板堆石坝（水布垭）、碾压混凝土坝（龙滩）和拱坝（小湾）等。这些规模宏大、技术复杂的工程的建设，在设计理论、技术、材料和方法等方面都有了很大的提高和改进，所积累的成功设计和建设经验需要总结。

第五是满足读者渴求的需要。我国水利水电工程技术人员对《水工设计手册》十分偏爱，第1版《水工设计手册》中有些内容已经过时，需要删减，亟待补充新的技术和基础资料，以进一步提高《水工设计手册》的质量和应用价值，满足水利水电工程设计人员的渴求。

二

修订《水工设计手册》遵循的原则：一是科学性原则，即系统、科学地总结国内外水工设计的新观念、新理论、新方法、新技术、新工艺，体现我国当前水利水电工程科学研究和工程技术的水平；二是实用性原则，即全面分析总结水利水电工程设计经验，发挥各编写单位技术优势，适应水利水电工程设计新的需要；三是一致性原则，即协调水利、水电行业的设计标准，对水利与水电技术标准体系存在的差异，必要时作并行介绍；四是延续性原则，即以第1版《水工设计手册》框架为基础，修订、补充有关章节内容，保持《水工设计手册》的延续性和先进性。

三

为切实做好修订工作，水利部成立了《水工设计手册》（第2版）编委会和技术委员会，水利部部长陈雷担任编委会主任，中国科学院院士、中国工程院院士潘家铮担任技术委员会主任，索丽生、刘宁任主编，高安泽、王柏乐、刘志明、周建平任副主编，对各卷、章的修编工作实行各卷、章主编负责制。在修编过程中，为了充分发挥水利水电工程设计、科研和教学等单位的技术优势，在各单位申报承担修编任务的基础上，由水利部水利水电规划设计总院和水电水利规划设计总院讨论确定各卷、章的主编和参编单位以及各卷、章的主要编写人员。主要参与修编的单位有25家，参加人员约500人。全书及各卷的审稿人员由技术委员会的专家担任。

第1版《水工设计手册》共8卷42章，656万字。修编后的《水工设计手册》（第2版）共分为11卷65章，字数约1400万字。增加了第3卷《征地移民、环境保护与水土保持》、第10卷《边坡工程与地质灾害防治》和第11卷《水工安全监测》等3卷，主要增加的内容包括流域综合规划、征地移民、环境保护、水土保持、水工结构可靠度、碾压混凝土坝、沥青混凝土防渗体土石坝、河道整治与堤防工程、抽水蓄能电站、潮汐电站、鱼道工程、边坡工程、地质灾害防治、水工安全监测和计算机应用等。

第1、2、3、6、7、9卷和第4、5、8、10、11卷分别由水利部水利水电规划设计总院和水电水利规划设计总院负责组织协调修编、咨询和审查工作。全书经编委会与技术委员会逐卷审查定稿后，由中国水利水电出版社负责编辑、出版和发行。

四

修订和编辑出版《水工设计手册》（第2版）是一项组织策划复杂、技术含量高、作者众多、历时较长的工作。

1999年3月，中国水利水电出版社致函原主编单位华东水利学院（现河海大学），表达了修订《水工设计手册》的愿望，河海大学及原主编左东启表示赞同。有关单位随即开展了一些前期工作。

2002年7月，中国水利水电出版社向时任水利部副部长的索丽生提出了“关于组织编纂《水工设计手册》（第2版）的请示”。水利部给予了高度重视，但因工作机制及资金不落实等原因而搁置。

2004年8月，水利部水利水电规划设计总院、水电水利规划设计总院和中国水利水电出版社三家单位，在北京召开了三方有关人员会议，讨论修订《水工设计手册》事宜，就修编经费、组织形式和工作机制等达成一致意见：即三方共同投资、共担风险、共同拥有著作权，共同组织修编工作。

2006年6月，水利部水利水电规划设计总院、水电水利规划设计总院和中国水利水电出版社的有关人员再次召开会议，研究推动《水工设计手册》的修编工作，并成立了筹备工作组。在此之后，工作组积极开展工作，经反复讨论和修改，草拟了《水工设计手册》修编工作大纲，分送有关领导和专家审阅。水利部水利水电规划设计总院和水电水利规划设计总院分别于2006年8月、2006年12月和2007年9月联合向有关单位下发文件，就修编《水工设计手册》有关事宜进行部署，并广泛征求意见，得到了有关设计单位、科研机构和大学院校的大力支持。经过充分酝酿和讨论，并经全书主编索丽生两次主持审查，提出了《水工设计手册》修编工作大纲。

2008年2月，《水工设计手册》（第2版）编委会扩大会议在北京召开，标志着修编工作全面启动。水利部部长陈雷亲自到会并作重要讲话，要求各有关方面通力合作，共同努力，把《水工设计手册》修编工作抓紧、抓实、抓好，使《水工设计手册》（第2版）“真正成为广大水利工作者的良师益友，水利水电工程建设的盛世宝典，传承水文明的时代精品”。

修订和编纂《水工设计手册》（第2版）工作得到了有关设计、科研、教学等单位的热情支持和大力帮助。全国包括13位中国科学院、中国工程院院士在内的500多位专家、学者和专业编辑直接参与组织、策划、撰稿、审稿和编辑工作，他们殚精竭虑，字斟句酌，付出了极大的心血，克服了许多困难，他们将修编工作视为时代赋予的神圣责任，3年多来，一直是苦并快乐地工作着。

鉴于各卷修编工作内容和进度不一，按成熟一卷出版一卷的原则，逐步完成全手册的修编出版工作。随着2011年中共中央1号文件的出台和新中国成立以来的首次中央水利工作会议的召开，全国即将掀起水利水电工程建设的新高潮，修编出版后的《水工设计手册》，必将在水利水电工程建设中发挥作用，为我国经济社会可持续发展作出新的贡献。

本套手册可供从事水利水电工程规划、设计、施工、管理的工程技术人员和相关专业的大专院校师生使用和参考。

在《水工设计手册》（第2版）即将陆续出版之际，谨向所有关怀、支持和参与修订和编纂出版工作的领导、专家和同志们，表示诚挚的感谢，并祈望广大读者批评指正。

《水工设计手册》（第2版）编委会

2011年8月

第1版前言

我国幅员辽阔，河流众多，流域面积在1000km^2以上的河流就有1500多条。全国多年平均径流量达27000多亿m^3，水能蕴藏量约6.8亿kW，水利水电资源十分丰富。

众多的江河，使中华民族得以生息繁衍。至少在2000多年前，我们的祖先就在江河上修建水利工程。著名的四川灌县都江堰水利工程，建于公元前256年，至今仍在沿用。由此可见，我国人民建设水利工程有悠久的历史和丰富的知识。

中华人民共和国成立，揭开了我国水利水电建设的新篇章。30余年来，在党和人民政府的领导下，兴修水利，发展水电，取得了伟大成就。根据1981年统计（台湾省暂未包括在内），我国已有各类水库86000余座（其中库容大于1亿m^3的大型水库有329座），总库容4000余亿m^3，30万亩以上的大灌区137处，水电站总装机容量已超过2000万kW（其中25万kW以上的大型水电站有17座）。此外，还修建了许多堤防、闸坝等。这些工程不仅使大江大河的洪涝灾害受到控制，而且提供的水源、电力，在工农业生产和人民生活中发挥了十分重要的作用。

随着我国水利水电资源的开发利用，工程建设实践大大促进了水工技术的发展。为了提高设计水平和加快设计速度，促进水利水电事业的发展，编写一部反映我国建设经验和科研成果的水工设计手册，作为水利水电工程技术人员的工具书，是大家长期以来的迫切愿望。

早在60年代初期，汪胡桢同志就倡导并着手编写我国自己的水工设计手册，后因十年动乱，被迫中断。粉碎“四人帮”以后不久，为适应我国四化建设的需要，由水利电力部规划设计管理局和水利电力出版社共同发起，重新组织编写水工设计手册。1977年11月在青岛召开了手册的编写工作会议，到会的有水利水电系统设计、施工、科研和高等学校共26个单位、53名代表，手册编写工作得到与会单位和代表的热情支持。这次会议讨论了手册编写的指导思想和原则，全书的内容体系，任务分工，计划进度和要求，以及编写体例等方面的问题，并作出了相应的决定。会后，又委托华东水利学院为主编单位，具体担负手册的编审任务。随着编写单位和编写人员的逐步落实，各章的初稿也陆续写出。1980 年 4 月，由组织、主编和出版三个单位在南京召开了第 1 卷审稿会。同年 8 月，三个单位又在北京召开了与坝工有关各章内容协调会。根据议定的程序，手册各章写出以后，一般均打印分发有关单位，采用多种形式广泛征求意见，有的编写单位还召开了范围较广的审稿会。初稿经编写单位自审修改后，又经专门聘请的审订人详细审阅修订，最后由主编单位定稿。在各协作单位大为支持下，经过编写、审订和主编同志们的辛勤劳动，现在，《水工设计手册》终于与读者见面了，这是一件值得庆贺的事。

本手册共有 42 章，拟分 8 卷陆续出版，预计到 1985 年全书出齐，还将出版合订本。

本手册主要供从事大中型水利水电工程设计的技术人员使用，同时也可供地县农田水利工程技术人员和从事水利水电工程施工、管理、科研的人员，以及有关高校、中专师生参考使用。本手册立足于我国的水工设计经验和科研成果，内容以水工设计中经常使用的具体设计计算方法、公式、图表、数据为主，对于不常遇的某些专门问题，比较笼统的设计原则，尽量从简；力求与我国颁布的现行规范相一致，同时还收入了可供参考的有关规程、规范。

这是我国第一部大型综合性水工设计工具书，它具有如下特色：

(1) 内容比较完整。本手册不仅包括了水利水电工程中所有常见的水工建筑物，而且还包括了基础理论知识和与水工专业有关的各专业知识。

(2) 内容比较实用。各章中除给出常用的基本计算方法、公式和设计步骤外，还有较多的工程实例。

(3) 选编的资料较新。对一些较成熟的科研成果和技术革新成果尽量吸收，对国外先进的技术经验和有关规定，凡认为可资参考或应用的，也多作了扼要介绍。

(4) 叙述简明扼要。在表达方式上多采用公式、图表，文字叙述也力求精练，查阅方便。

我们相信，这部手册的问世将对我国从事水利水电工作的同志有一定的帮助。

本手册编成之后，我们感到仍有许多不足之处，例如：个别章的设置和顺序安排不尽恰当；有的章字数偏多，内容上难免存在某些重复；对现代化的设计方法如系统工程、优化设计等，介绍得不够；在文字、体例、繁简程度等方面也不尽一致。所有这些，都有待于再版时加以改进。

本手册自筹备编写至今，历时已近5年，前后参加编写、审订工作的有30多个单位100多位同志。接受编写任务的单位和执笔同志都肩负繁重的设计、科研、教学等工作，他们克服种种困难，完成了手册编写任务，为手册的顺利出版作出了贡献。在此，我们向所有参加手册工作的单位、编写人、审订人表示衷心的感谢，并致以诚挚的慰问。已故水力发电建设总局副总工程师奚景岳同志和水利出版社社长林晓同志，他们生前参加手册发起并做了大量工作，谨在此表示深切的怀念。

最后，我们诚恳地欢迎读者对手册中的疏漏和错误给予批评指正。

水利电力部水利水电规划设计院

华东水利学院

1982年5月

目 录

第2章 拱 坝

第3章 支 墩 坝

第4章 砌石坝

第5章 碾压混凝土坝

第6章 混凝土温度应力与温度控制

第1章

重　力　坝

本章以《水工设计手册》(第1版)框架为基础，系统、科学地总结了近20年来国内外重力坝设计的新观念、新理论、新技术和新方法。本章共分12节。1.1节和1.2节增加了修订的设计标准、新的设计方法和近期工程实例。1.3节全面介绍了设计荷载计算方法、坝体断面设计原则和优化设计方法，删去了第1版中经济断面选择的图表。将第1版第6节坝体应力计算改为1.4节安全系数设计方法，增加了新的内容。增加1.5节极限状态设计法，介绍重力坝可靠度分析和分项系数极限状态设计法。增加1.6节有限元法应力计算和承载能力分析，介绍重力坝的非线性应力分析方法和承载能力研究。鉴于预应力锚固重力坝主要用于已建成的坝体的加固，目前无新的成熟经验，在修订中删去了第1版的第7节。第1版第8节坝内孔口和廊道的应力计算改为1.7节孔口结构应力计算和配筋设计，增加了闸墩的设计和计算内容，改进和完善了坝内孔口结构的配筋设计计算方法，增加了工程实例。增加1.8节坝基渗流分析，介绍坝基岩体的渗流特性和分析方法的最新研究成果。1.9节介绍了坝基处理设计方面近期工程建设的新经验、新工艺和新技术。将第1版第4节坝体构造设计扩展为1.10节混凝土材料及坝体分区设计和1.11节坝体构造设计，增加了坝体混凝土的性能、强度代表值及坝体材料分区的工程实例等。第1版第9节重力坝的分期施工和加高改为1.12节重力坝的修补和加高设计，介绍了工程建设中的成熟技术和新经验。

章主编　肖　峰　孙恭尧

章主审　蒋效忠　徐建强

本章各节编写及审稿人员

节次	编　写　人	审稿人
1.1	孙恭尧	蒋效忠 徐建强 计家荣 肖白云
1.2	孙恭尧　肖　峰　冯树荣	
1.3	孙恭尧　肖　峰　周跃飞	
1.4	孙恭尧　冯树荣　周跃飞	
1.5	孙恭尧　徐建强	
1.6	孙恭尧　肖　峰　周跃飞	
1.7	孙恭尧　周跃飞　许长红	
1.8	孙恭尧　冯树荣	
1.9	孙恭尧　肖　峰　许长红	
1.10	孙恭尧　冯树荣　许长红	
1.11	孙恭尧　周跃飞　许长红	
1.12	孙恭尧　王小毛	

第1章 重 力 坝

1.1 概 述

1.1.1 重力坝的特征及分类

1.1.1.1 重力坝的工作原理和特点

重力坝是依靠自身重量抵御水推力而保持稳定的挡水建筑物，它的基本断面一般为三角形，主要荷载是坝体混凝土自重和上游坝面的水压力。在平面上，坝轴线通常呈直线，有时为了适应地形地质条件，或有利于枢纽建筑物布置，也可布置成折线或曲线。为了适应地基变形、温度变化和混凝土的浇筑能力，重力坝沿坝轴线被横缝分隔成若干个独立工作的坝段，如图 1.1-1 所示。水库蓄水后，库水会通过坝体和坝基向下游渗流。为了减小渗流对坝体稳定和应力的不利影响，通常在坝体靠近上游面设置坝体排水孔，靠近坝踵的地基内设防渗帷幕，帷幕后设排水孔，如图 1.1-2 所示。由于对地基承载能力和抗变形能力的要求较高，重力坝一般修建在岩基上。

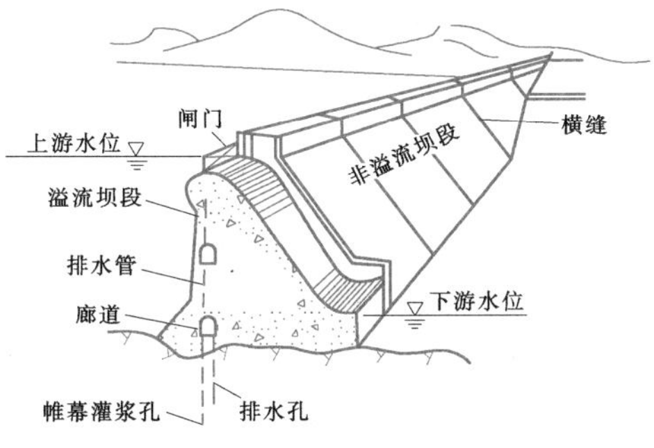

图 1.1-1 重力坝示意图

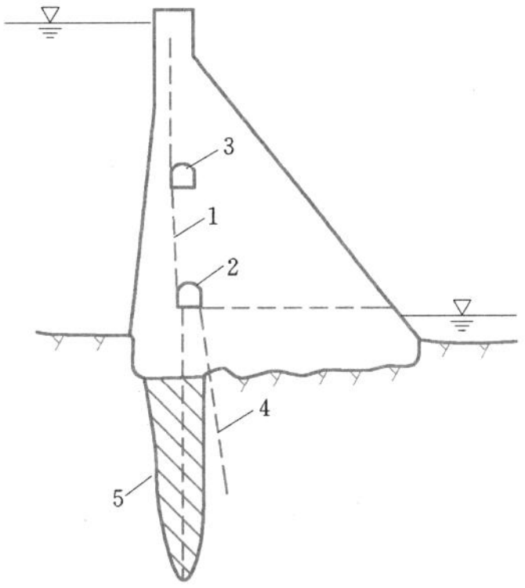

图 1.1-2 重力坝的防渗、排水系统

1—坝体排水管；2—灌浆廊道；3—交通、检查廊道；4—排水孔幕；5—防渗帷幕

重力坝在水利水电工程建设中得到广泛采用，具有以下几方面的特点：

(1) 结构作用明确，坝体布置和构造比较简单。

(2) 对地形地质条件适应性较强。

(3) 坝身可以泄洪，容易解决枢纽泄洪、输水和施工导流问题。

(4) 方便施工，有利于采用大规模成套装备实行机械化施工。

(5) 混凝土耐久性好，运行维护简单，抵御风险能力高。

表 1.1-1 中列出了我国部分已建和在建坝高 100m 以上的混凝土重力坝。

表 1.1-1 我国部分已建和在建坝高 100m 以上的混凝土重力坝

序号	工程名称	河流	坝 型	坝高 (m)	混凝土总量 (万 m^3)	总库容 (亿 m^3)	装机容量 (MW)	枢纽总泄量 (m^3/s)	建成时间
1	龙 滩	红水河	碾压混凝土重力坝	192.00/216.50	574/736	162.10/272.70	4900/6300	27692/26085	2009 年（一期）/
2	光 照	北盘江	碾压混凝土重力坝	200.50	294	32.45	1040	9857	2009 年
3	三 峡	长 江	混凝土重力坝	181.00	1610	450.00	18200+4200+100	102500	2009 年
4	官 地	雅砻江	碾压混凝土重力坝	168.00	357	7.60	2400	16300	在建

续表

序号	工程名称	河流	坝 型	坝高(m)	混凝土总量(万 m^3)	总库容(亿 m^3)	装机容量(MW)	枢纽总泄量(m^3/s)	建成时间
5	乌江渡	乌　江	混凝土拱形重力坝	165.00	193	23.00	750+500	21235	1983 年
6	向家坝	金沙江	混凝土重力坝	162.00	1221	51.63	6400	48600	在建
7	金安桥	金沙江	碾压混凝土重力坝	160.00	360	8.47	2400	17653	2010 年
8	刘家峡	黄　河	混凝土重力坝	147.00	182	61.20	1225	7419	1974 年
9	宝珠寺	白龙江	混凝土重力坝	132.00	200	25.50	700	16060	1996 年
10	漫　湾	澜沧江	混凝土重力坝	132.00	153	10.60	1250+300	16805	1995 年
11	江　垭	溇　水	碾压混凝土重力坝	131.00	137	17.41	300	10491	2000 年
12	百　色	右　江	碾压混凝土重力坝	130.00	260	56.60	540	11487	2006 年
13	洪　口	霍童溪	碾压混凝土重力坝	130.00	73	4.51	200	10200	2010 年
14	安　康	汉　江	折线混凝土重力坝	128.00	321	25.85	800	36700	1992 年
15	故　县	洛　河	宽缝混凝土重力坝	125.00	156	11.75	60	11436	1994 年
16	武　都	涪　江	碾压混凝土重力坝	121.30	161	5.94	150	7795	2011 年
17	思　林	乌　江	碾压混凝土重力坝	117.00	110	15.93	1050	32922	2010 年
18	彭　水	乌　江	碾压混凝土重力坝	116.50	93	14.65	1750	42200	2009 年
19	索风营	乌　江	碾压混凝土重力坝	115.80	74	2.01	600	15954	2006 年
20	云　峰	鸭绿江	混凝土重力坝	113.75	304	39.11	400	24204	1964 年
21	戈兰滩	李仙江	碾压混凝土重力坝	113.00	120	4.09	450	14000	2008 年
22	丹江口	汉　江	宽缝混凝土重力坝	97.00/111.60	293/418	208.90/339.00	900	82300	1973 年/加高
23	棉花滩	汀　江	碾压混凝土重力坝	111.00	62	20.35	600	11490	2002 年
24	大朝山	澜沧江	碾压混凝土重力坝	111.00	130	9.40	1350	23600	2002 年
25	岩　滩	红水河	碾压混凝土重力坝	110.00	66	33.50	1210+600	33380	1995 年
26	景　洪	澜沧江	碾压混凝土重力坝	108.00	320	11.39	1750	34800	2008 年
27	潘家口	滦　河	宽缝混凝土重力坝	107.50	280	29.30	420	56200	1992 年
28	黄龙滩	堵　河	混凝土重力坝	107.00	98	12.28	150+340	14700	1978 年
29	水　丰	鸭绿江	混凝土重力坝	106.40	340	149.00	630+270	59500	1971 年
30	三门峡	黄　河	混凝土重力坝	106.00	163	159.00	1590	9030	1972 年
31	万家寨	黄　河	混凝土重力坝	105.00	179	8.96	1080	21200	2000 年
32	新安江	新安江	宽缝混凝土重力坝	105.00	138	220.00	662.5	13200	1960 年
33	水　口	闽　江	混凝土重力坝	101.00	180	26.00	1400	51640	2000 年
34	沙　沱	乌　江	碾压混凝土重力坝	101.00	187	7.71	1120	32019	2011 年

1.1.1.2 重力坝的分类

1. 按高度分类

重力坝按坝高分为低坝、中坝、高坝。坝高在 30m 以下的为低坝，坝高在 30～70m（含 30m 和 70m）的为中坝，坝高在 70m 以上的为高坝。坝高在 200m 以上的又称超高坝。

2. 按结构型式分类

（1）实体重力坝。整个坝体除若干小空腔外均用混凝土填筑的重力坝，称为实体重力坝，这是一种体型简单和应用广泛的型式，我国的三峡水利枢纽、向家坝水电站和安康水电站等均采用了实体重力坝，如图 1.1－3～图 1.1－6 所示。

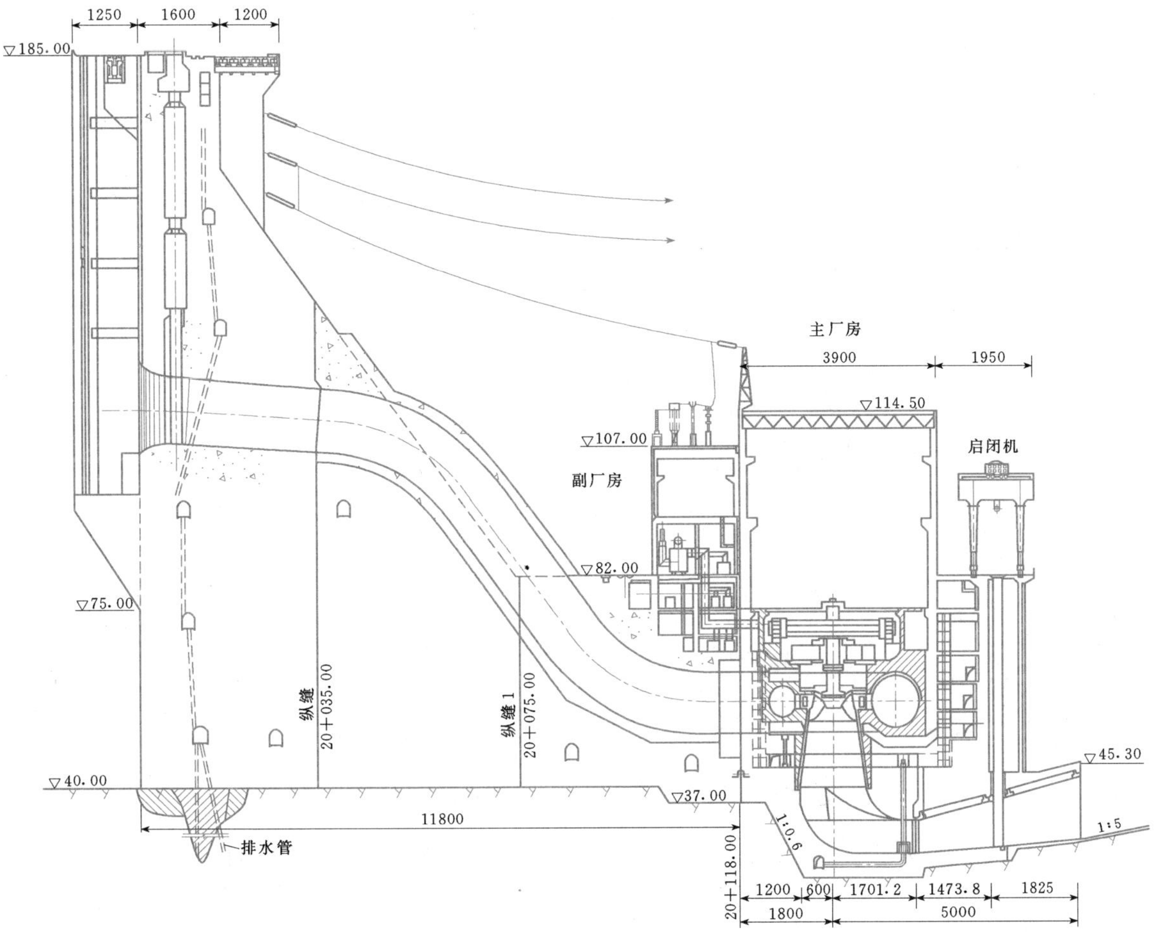

图 1.1-3　三峡大坝厂房坝段典型剖面图（尺寸单位：cm；高程单位：m）

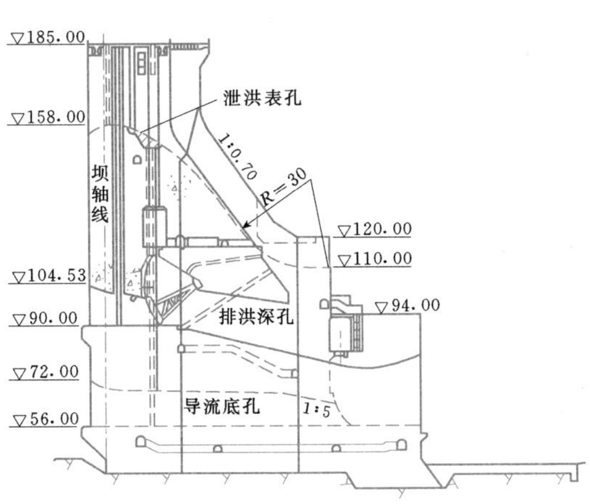

图 1.1-4　三峡大坝泄洪深孔坝段剖面图（单位：m）

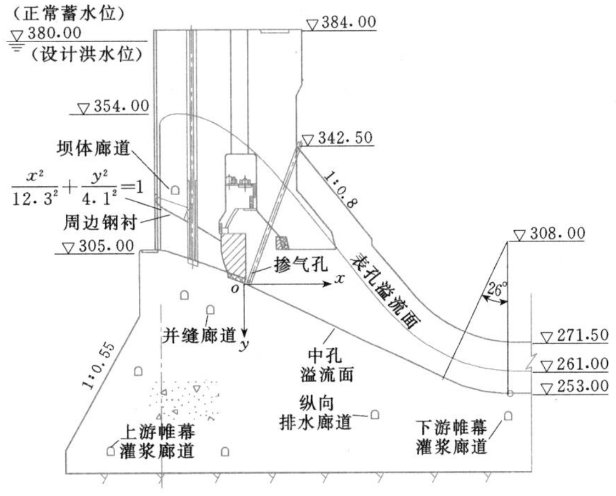

图 1.1-5　向家坝大坝溢流坝段剖面图（单位：m）

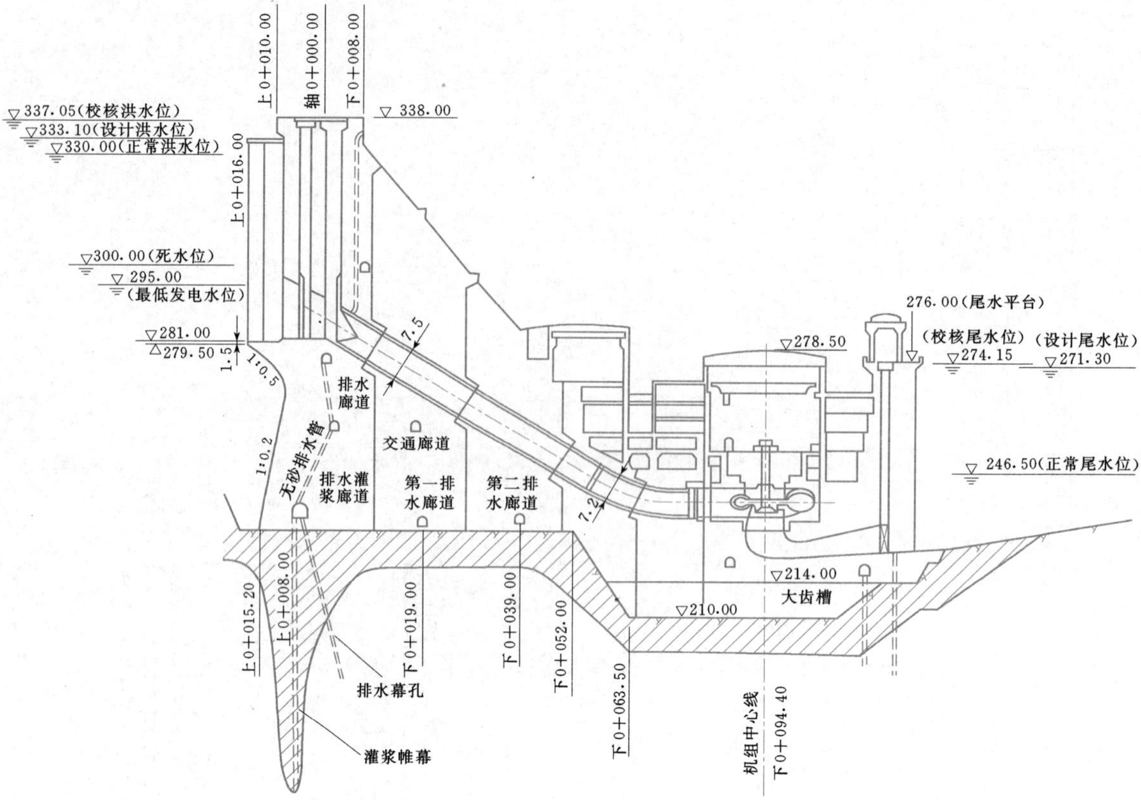

图 1.1-6　安康大坝厂房坝段典型剖面图（单位：m）

（2）宽缝重力坝。为了节省坝体混凝土工程量，在两个坝段之间的横缝中部扩宽成空腔的混凝土重力坝，称为宽缝重力坝，我国的新安江水电站采用了宽缝重力坝，如图 1.1-7 所示。

（3）空腹重力坝。在坝的腹部沿坝轴线方向布置有大尺度空腔，将水电站厂房放在坝内，或用空腹跨越坝基岩体内的软弱夹层，称为空腹重力坝，如图 1.1-8 所示。

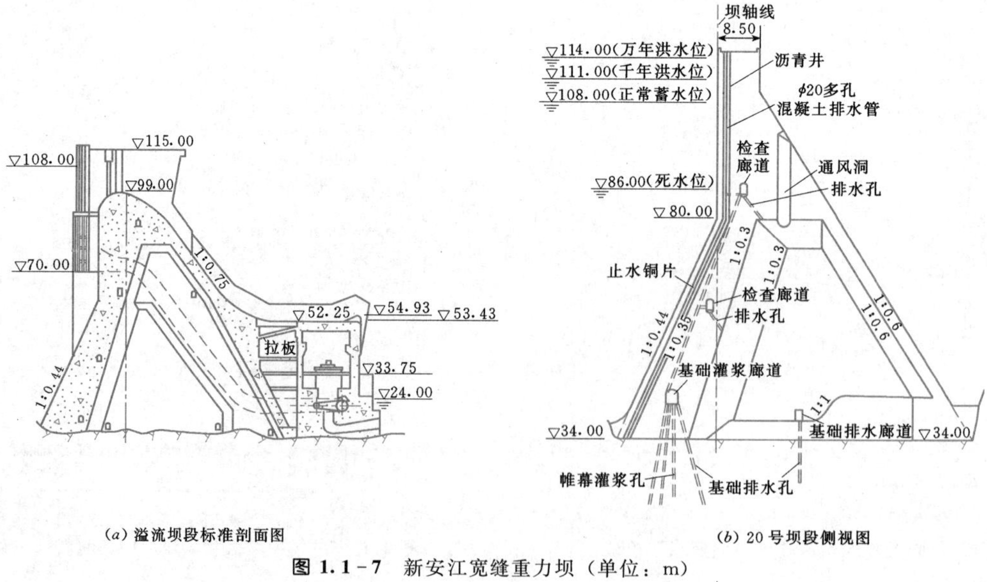

(*a*) 溢流坝段标准剖面图　　　　(*b*) 20 号坝段侧视图

图 1.1-7　新安江宽缝重力坝（单位：m）

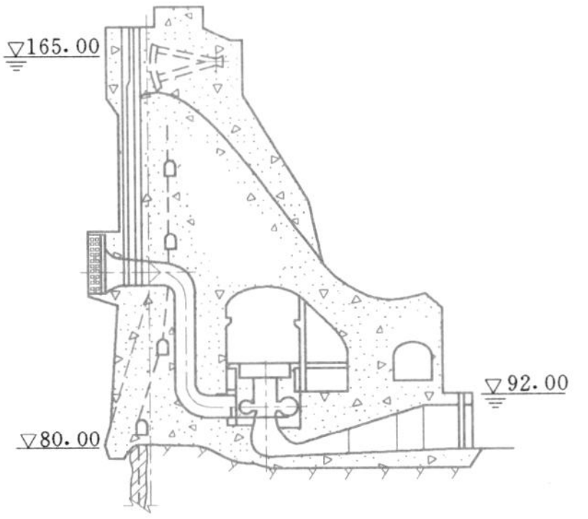

图 1.1-8 枫树坝坝内厂房剖面图（单位：m）

(4) 厂坝结合重力坝。在河谷狭窄的低水头水电站中，有的采用厂坝结合的型式作为枢纽的挡水建筑物，如黄河炳灵水电站，如图 1.1-9 所示。

(5) 整体重力坝。有的实体重力坝对横缝设置键槽并进行灌浆处理后形成整体重力坝，如刘家峡、宝珠寺等大坝，考虑整体作用对坝体的应力和稳定有利。

随着设计、施工技术的发展，重力坝的体型趋向于采用实体坝。

1.1.1.3 工程规模和安全等级

水利水电工程的等别，根据工程规模、效益及其在国民经济中的重要性，按表 1.1-2 确定。以发电为主的枢纽工程，根据表 1.1-2 中水库总库容和装机容量两项指标对工程等别进行划分。

重力坝作为枢纽工程中的主要建筑物，根据工程等别相应划分为 5 级。工程等别和建筑物级别之间的对应关系见表 1.1-3。工程设计中，可根据情况经过分析论证，作出相应调整。例如，当大坝失事后损失巨大或影响十分严重的，2～5 级大坝建筑物可提高一级。大坝失事后的损失不仅与库容有关，而且与水头也有很大关系。因此，水电工程混凝土大坝坝高超过 150m、120m 或水利工程混凝土大坝坝高超过 130m、100m，相应的 2、3 级大坝建筑物可提高一级。为了与大坝安全标准相适应，水电工程大坝洪水设计标准相应提高一级，抗震设计标准不提高。如果地基条件特别复杂，2～5 级挡水建筑物也可以提高一级，但洪水设计标准和抗震设计标准不提高。如果工程等别仅由装机容量决定，大坝建筑物的级别，经过技术经济论证，可降低一级。

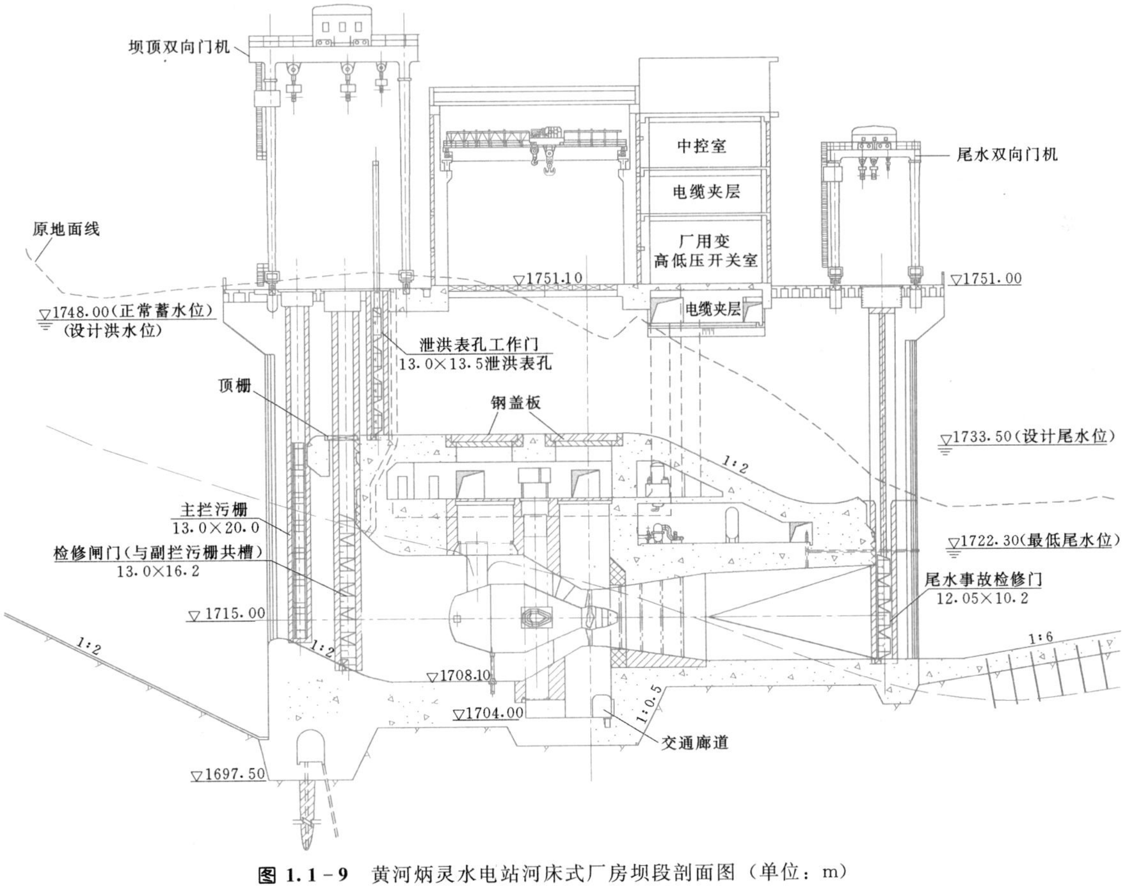

图 1.1-9 黄河炳灵水电站河床式厂房坝段剖面图（单位：m）

表 1.1-2 水利水电工程的分等指标

工程等别	工程规模	水库总库容（亿 m^3）	防洪		治涝	灌溉	供水	发电
			保护对象重要性	保护农田（万亩①）	治涝面积（万亩）	灌溉面积（万亩）	供水对象重要性	装机容量（MW）
一	大（1）型	≥10	特别重要	≥500	≥200	≥150	特别重要	≥1200
二	大（2）型	10～1	重要	500～100	200～60	150～50	重要	1200～300
三	中型	1～0.1	中等	100～30	60～15	50～5	中等	300～50
四	小（1）型	0.1～0.01	一般	30～5	15～3	5～0.5	一般	50～10
五	小（2）型	<0.01		<5	<3	<0.5		<10

① 1 亩 $=6.67\times10^2 m^2=6.67\times10^{-2} hm^2$。

表 1.1-3 水工建筑物级别划分

工程等别	工程规模	建筑物级别	
		主要建筑物	次要建筑物
一	大（1）型	1	3
二	大（2）型	2	3
三	中型	3	4
四	小（1）型	4	5
五	小（2）型	5	5

1. 洪水设计标准

水工建筑物的洪水设计标准，需根据建筑物级别，分山区丘陵区和平原滨海区分别确定。挡水建筑物和泄水建筑物采取相同的标准。水电枢纽工程混凝土挡水、泄水建筑物的洪水设计标准见表 1.1-4。对于级别相同、坝型相同的工程，坝高和库容可能有较大差别，工程失事后对下游的危害性差别也较大，因此对各个等级、不同地区的工程而言，洪水设计标准是一个取值范围而不是固定值，具体工程的洪水设计标准需要分析确定。

表 1.1-4 山区丘陵区和平原滨海区水电枢纽工程挡水、泄水建筑物的洪水设计标准

不同地区的挡水、泄水建筑物		建筑物级别				
		1	2	3	4	5
山区丘陵区	正常应用洪水重现期（年）	1000～500	500～100	100～50	50～30	30～20
	非常运用洪水重现期（年）	5000～2000	2000～1000	1000～500	500～200	200～100
平原滨海区	正常应用洪水重现期（年）	300～100	100～50	50～20	20～10	10
	非常运用洪水重现期（年）	2000～1000	1000～300	300～100	100～50	50～20

特别重要的工程，当预测其洪水漫顶将造成严重后果时，经过专门论证并经主管部门审批，非常运用洪水重现期也可采用 10000 年。

2. 抗震设计标准

重力坝抗震设计的原则是，在常遇地震情况下，大坝处于弹性工作状态，能够保持良好的使用性能，耐久性不受影响；在设计地震情况下，大坝整体完好，容许局部出现可接受的屈服或损坏，经抢修或适当维修后可以继续正常运用；在校核地震情况下，大坝能够维持必要的稳定性，不至于出现溃坝或连锁性溃坝，不发生危及公共安全和生命的次生灾害。

常遇地震的重现期小于 500 年，设计地震的重现期为 500～5000 年，校核地震的重现期为 5000～10000 年（或 MCE)。水电工程地震设防重现期根据工程等别和建筑物级别分析确定。小型水电工程的中低坝抗震设防标准，一般取场地基本烈度为设计烈度，即以基准期 50 年超越概率 10% 的地震动参数作为设计地震动参数。大中型水利水电工程大坝应根据国家法律法规和技术规范的要求，开展相应的地震安全性评价工作。只有经国家地震主管部门批准的地震安全性评价成果，才能作为大坝抗震设防的依据。

1.1.2 重力坝的设计方法

1.1.2.1 重力坝设计的要求

重力坝的设计要求做到安全可靠、技术先进、方便适用、经济合理、环境友好。即在确保建筑物安全运行的基础上，最大限度地节约工程量和投资，力求便于施工、便于运行维护。具体要求如下：

(1) 必须保证重力坝具有足够的安全性。重力坝的坝体和地基具有同等重要性，坝体和坝基都应具有足够的强度和稳定性，既要能够防止滑动失稳和过量变形，也要避免屈服区范围过大和屈服区的不稳定扩展。坝体和地基都应具有足够的耐久性，能够抵抗外界各种不利影响因素的长期作用。坝顶尚应有抵抗波浪和漂浮物冲击的强度及防止溢流的超高。

(2) 必须保证重力坝具有既定的各项功能。重力坝能泄放所规定的洪水、泥沙、冰凌；能进行径流调节；能够保证水电厂发电所必要的水头和流量；在泄放规定流量时，不影响河道的通航条件，不造成河床和两岸的严重破坏，不影响鱼类的繁殖和捕捞工作或有补救措施。坝体便于检查和维修，设有各种用途的通道及完善的照明和通风系统，装备有足够的监测仪表，预留有便于维护补强的条件和措施等。

(3) 必须保证重力坝具有良好的施工条件。重力坝混凝土浇筑便于采用大规模的机械化施工，有利于采用新技术、新材料、新工艺、新设备，可以尽量就地取材，能够尽可能地减免施工作业的复杂性与困难程度。对于施工期的一些相应要求，如施工期导流、施工期航运和施工期水力条件及岸坡保护等问题，应有必要的设计方案。

(4) 在满足以上各项要求的基础上，应该使建筑物的工程量、造价和原材料的消耗量为最低。

1.1.2.2 重力坝设计的内容

(1) 重力坝布置。包括选择坝址和坝轴线，确定枢纽建筑物布置、坝体结构型式（实体重力坝或其他型式的重力坝），决定坝体与两岸或其他建筑物的连接方式等。

(2) 坝体泄洪能力计算及泄水建筑物设计。通过水库调度计算，研究比较孔口布置和尺寸，确定泄洪组合方式、设计洪水位、校核洪水位等，进行泄水建筑物消能设施的设计以及下游防冲、雾化区保护设计。

(3) 确定坝体所承受的荷载，分析荷载组合，进行稳定和应力分析（包括动力分析）。选择坝体的断面，进而进行全面的应力、变形计算分析或研究，以核算大坝的安全性，制定抗震措施，并作为其他各项设计的基础。

(4) 建基面的选择和基础处理设计。明确对坝基的开挖、防渗、排水和灌浆加固等的要求。对基岩裂隙、断层、破碎带及软弱夹层进行处理设计；研究基岩在水压力和坝体压力长期作用下的渗透、变形、管涌、岩石软化等情况，确定必要的补强措施。研究施工期和运行期两岸岸坡的变形和稳定安全性，提出处理措施。

(5) 坝体分区及混凝土材料设计。进行坝体分区，提出各区混凝土强度等级及其性能指标；提出混凝土的性能（包括物理、力学性能，热学性能，抗渗、抗冻、抗磨、抗蚀性能）要求；提出对原材料的要求，以及混凝土材料的水灰（胶）比，水泥、掺合料和外加剂的品种和用量，骨料的级配和用量要求等。

(6) 坝体混凝土温控防裂和施工设计。包括坝体的分缝、分块、分层，缝面处理，混凝土温度控制措施等；确定坝体的浇筑方式，选择主要的施工设备，完成主要的施工结构设计；安排坝体的施工总进度，提出施工技术要求。施工设计中另一重要部分为施工导流设计，包括对导流方案的选择，导流建筑物的规划和设计，以及其他有关的设计。还应当解决施工期的交通、下游用水和通航（通航河段）等问题。

(7) 研究其他有关国民经济部门对建筑物的要求，进行相应的布置和设计。如公路通过坝体的要求，在重力坝中设置船闸和鱼道的要求等。

(8) 完成重力坝构造、监测和其他的细部设计。如坝体内外的交通、廊道和电梯，坝体及基础的防渗和排水系统，坝体内外的监测系统，坝体的照明和通风，坝上的闸墩、桥梁、防浪墙、栏杆等的设计，以及坝体外型及艺术处理设计等。

(9) 计算坝体工程量、地基开挖和处理工程量，统计大坝工程量，根据施工组织设计编制项目单价和工程概算。

(10) 制定设计对施工的要求，并提出维护、运行和监测等方面的设计要求。

1.1.2.3 重力坝设计的基本资料

重力坝的选址、布置以及断面型式、材料的选择和地基处理的设计，都要应用科学理论和工程技术。近代科学技术的发展，特别是大型计算分析软件和新技术的迅速发展，使重力坝设计的工程技术具有更多的科学基础，同时也需要获取范围更广、内容更丰富的基础资料。

1. 工程地质条件资料

工程地质条件是正确选择坝址，确保坝基安全的最重要依据。重力坝坝址勘察应包括下列内容：

(1) 查明覆盖层的分布、厚度、层次及其组成物质，河床深槽的分布范围和深度。

(2) 查明地层岩性，查明易溶岩层、软弱岩层、软弱夹层、蚀变带及矿层采空区等的分布、性状、延续性、物理力学参数以及与上、下岩层的接触情况。

(3) 查明坝址的水文地质条件，两岸地下水位埋深，岩体渗透特性，相对隔水层埋藏深度；岩溶地区要查明岩溶洞穴及通道的分布、规模、充填状况及连通性，岩溶泉的分布、流量及其补给、径流、排泄特征。

(4) 查明坝基、坝肩岩体风化带、卸荷带的厚度及其特征。

(5) 查明断层特别是顺河断层和缓倾角断层的分布和特征，节理裂隙的产状、延伸长度、连通率及其组合关系；确定坝基、坝肩岩体的完整性，抗滑稳定分析的边界条件。

(6) 查明地表水和地下水对混凝土的腐蚀性。

(7) 查明泄流冲刷地段的工程地质条件，评价泄流冲刷及泄流水雾对坝基及岸坡稳定的影响。

(8) 查明坝址的岩体地应力情况。

(9) 根据坝基岩性和岩体构造情况，进行坝基岩体结构分类。

(10) 在分析坝基岩石性质，地质构造，岩体结构，岩体地应力，风化、卸荷特征，岩体强度和变形性质等的基础上进行坝基岩体工程地质分类，提出各类岩体的物理力学性质参数建议值和大坝可利用建基岩体，并对坝基工程地质条件作出评价。

2. 地形资料

地形资料是指实测的坝址区地形图，包括水下地形。左右两岸大致测到坝头范围以外至少数百米，其高程测到坝顶以上数十米或山顶。在平面上，应测到建筑物上下游数百米或根据施工布置确定。施工图设计时，地形图的比例尺常为 1∶500。除平面图外，还应测绘纵向和横向的地形剖面图。

3. 水文及气象条件资料

水文资料包括河流在坝址区的各种水文特性，如径流、洪水、相应水位、含沙性质和数量等。根据这些原始资料，并经过调洪计算和水库泥沙淤积计算，就可确定通过重力坝的各种频率的泄流量、相应水位、洪量和水库泥沙淤积速度等，这些都是设计坝体断面、泄水建筑物及其控制设备的基本依据。

在气象资料方面，需要工程所在地区的气象要素，包括日照、降水、蒸发、降雪、冰冻、风力、风向、风速，以及当地各种气温、水温及地温资料，例如年、季、月的平均气温及其变幅、天然水温、水库蓄水后的水温、地下水温和基岩温度等。

4. 建筑材料方面的资料

要求掌握坝址区及其附近地区的建筑材料分布、储量、质量、物理力学性质等资料。主要的建筑材料为砂卵石、块石和黏土等。由外界运进的材料主要是水泥、掺合料和钢筋、钢材等。在前期工作中应试验鉴定某些建筑材料的特性常数，如水泥发热量及速度，混凝土的线膨胀系数、导温系数和比热等。某些试验工作需一直进行到施工结束。

5. 其他资料

钢材、水泥、木材、油料等原材料的市场价格，风、水、电价格，租赁单价、修配价格，施工定额及其他单价资料，能取得的施工设备等。

上述这些基本资料需经过一定的测量、勘探、调查或试验后确定。次要工程设计中，对资料的要求可适当降低。当设计中出现某些特殊的问题时，往往还需补充进行专门的勘探、试验及研究工作来论证，例如钻孔灌浆试验、各种水工模型试验、结构分析研究成果等。所有勘测工作，均应按照国家颁布的有关规程规范进行。设计人员在取得所需的原始资料后，还必须经过分析研究或调整后才可应用。

1.2 枢 纽 布 置

重力坝设计中首先要进行枢纽布置设计。根据水利水电工程的任务和枢纽功能的要求，确定枢纽中应有哪些水工建筑物，如挡水坝、溢流坝、泄水孔、发电厂房、通航建筑物、取水建筑物、过鱼建筑物等。在不同设计阶段，重力坝设计的工作内容和工作深度有所不同，但必须由浅入深。例如在规划阶段，要初拟水利水电工程场址，作出粗略的枢纽布置。在水利工程可行性研究阶段，要选定坝址、坝型，初选枢纽布置；初步设计阶段要确定枢纽布置以及主要建筑物的规模、型式和主要尺寸等。在水电工程的预可行性研究阶段，要初选坝址、坝型和枢纽布置；可行性研究阶段要确定坝址、坝轴线、坝型和枢纽布置，以及主要建筑物的规模、型式和主要尺寸等。在水利工程技术设计与施工详图设计（水电工程招标设计和施工图设计）阶段，要进一步研究确定坝轴线、大坝体型和坝体断面型式及有关建筑物的布置和尺寸，并最终确定枢纽布置，完善各部分结构设计和细部构造设计，提出施工详图。在施工过程中，有时还需要根据现场的实际情况，作出必要的局部修改和调整。

在重力坝枢纽布置设计中，要力求全面掌握和认真分析坝址区的各项基本资料，包括水文、泥沙、地形、地质、地震、天然建筑材料状况、综合利用要求、运用要求、征地移民情况、施工条件以及所在河段上下游梯级电站规划建设的情况等。通过多方案研究和风险评估，并从技术、经济、环境等诸多方面进行综合比较，确定风险水平低、技术可行、经济合理、环境适应的重力坝枢纽布置和建筑物设计方案。

1.2.1 坝址和坝线选择

坝址和坝线的选择主要是根据地形、地质和河势等条件，综合研究决定。

1.2.1.1 地形条件

重力坝坝址一般选在狭窄河谷处。但是有些水利水电工程为了能在河床中布置溢流坝、发电厂房和通航建筑物等，有时需要选择在较宽的河谷处。长江三峡水利枢纽工程的坝址就是这样选定的，如图1.2-1所示。坝址要选择在河道较为顺直的河段，靠近坝址上、下游河流如有急弯，对河势不利，应予避免。对有通航、过木建筑物的枢纽要选择上、下游引航道能顺畅布置的坝址。坝址两岸山体要雄厚，少深沟切割。

1.2.1.2 地质条件

震级7级及以上震中区域或地震基本烈度为9度以上强震区，不宜修建中高坝。大坝、泄水建筑物等也不宜修建在已知的活动断层上。作为重力坝的基础，坝基岩石要坚硬，岩体要完整，构造要简单。坝址岩基中的风化卸荷不能太深，以免加大开挖工程量和混凝土工程量；断层、裂隙、节理不能太密集，否则会增加处理的难度和工程量。坝基岩体内软弱结构面，如果抗剪强度参数偏低，特别是存在倾向下游的缓倾角软弱结构面时，对大坝抗滑稳定尤为不利，应尽量避开。如不能避开，则必须研究确定恰当的处理方案进行认真处理。

坝址和库区的岸坡要稳定，如有局部塌滑的可能，必须进行处理。由于大体积不稳定岸坡的处理往往需要很大的工程量，因此在近坝库区不能有大体积的潜在不稳定岩体。在水文地质上，坝基和库岸应是不漏水的，或经过可能的防渗处理后，漏水能减少到容许的限度以内。没有地质缺陷的坝址是没有的，但是要选择地基缺陷较少、用适当的工程量能够处理的坝址。对地质条件复杂且难于处理的坝址只能放弃，另觅较好的坝址或改用其他坝型。

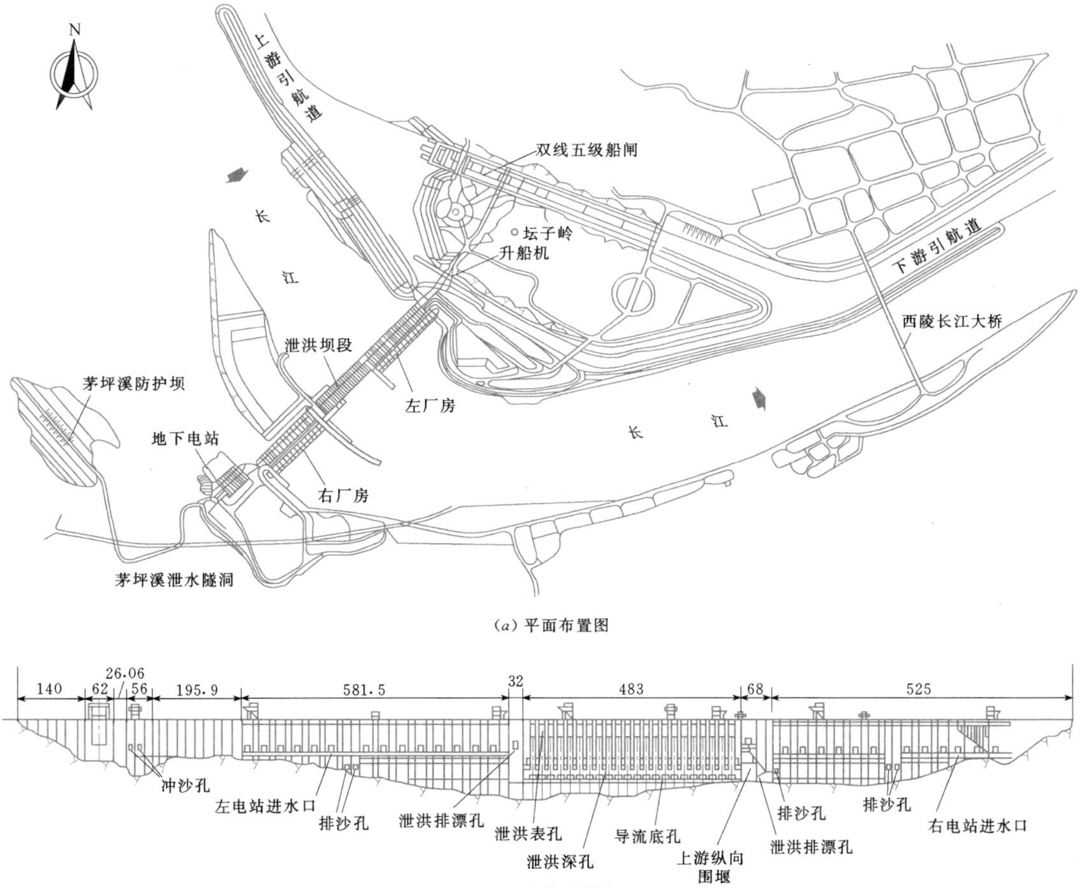

(a) 平面布置图

(b) 上游立视图

图 1.2-1 三峡水利枢纽工程布置图（单位：m）

为了适应河床段和岸坡段坝基的地质条件，有时把重力坝坝轴线的中间部分布置成直线，而坝头部分向下游弧形转弯，也有的将坝头向上游或下游作小角度折转。五强溪重力坝左坝头采取了向下游弯曲的布置（见图 1.2-2），新安江重力坝左坝头的坝轴线略向上游折转，以使坝头位于较好的基岩上（见图 1.2-3）。向家坝水电站重力坝为避免两岸坝基坐落在含有煤层采空区的岩组上，分别将左右坝头的坝轴线向上游适当折转（见图 1.2-4）。

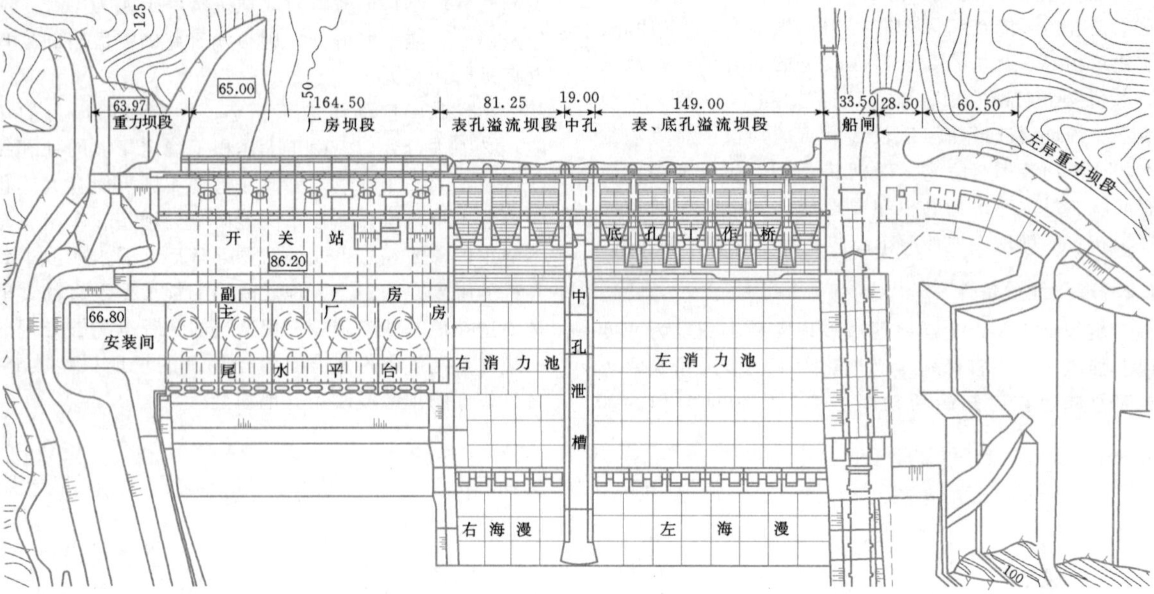

图 1.2-2　五强溪水电工程枢纽平面布置图（单位：m）

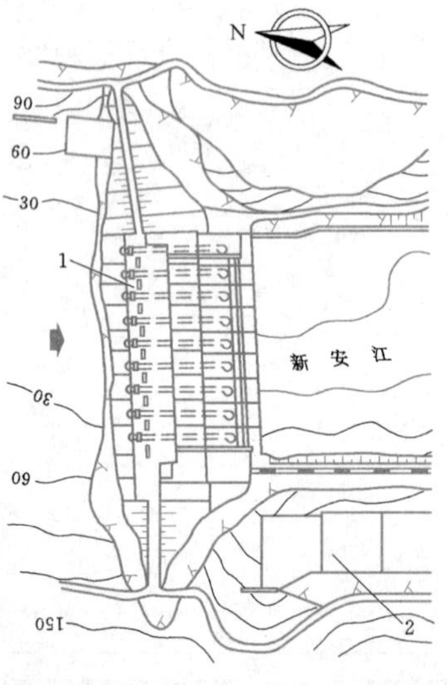

图 1.2-3　新安江重力坝枢纽平面布置图

1—溢流坝（坝后厂房顶溢流）；2—开关站

1.2.1.3　河势条件

重力坝的坝轴线一般是直线，与河流流向近于正交。有时为了使重力坝两端坝头放在较好的岩基上，坝线可与河流流向斜交，但交角不宜太小，否则既增加坝体工程量，又会使泄洪水流不顺。如坝址有横河向断裂，则坝轴线宜放在断裂下游，如在坝轴线下游有横向断裂，则对大坝稳定不利，且会有过大的位移。如坝体必须放在横河断裂上，则断裂宜位于坝底靠近上游部位。

1.2.2　枢纽布置基本原则

枢纽布置必须根据坝址的条件做若干个比较方案来选定，基本原则如下。

1.2.2.1　过坝水流尽量顺直归槽

重力坝枢纽必然有溢流坝或泄洪孔，这些泄水建筑物一般宜布置在河床主河槽部分，以便使过坝水流能顺直地泄入下游河道。泄水建筑物宜建在河床较好的岩基上，以减少下游的冲刷。一般河床主河槽的基岩较好，因为其上部较差的岩体往往已被水流冲走。而当河床滩地部分的基岩较好时，则也可考虑把泄水建筑物布置在河床滩地部分，在其下游挖槽，把水流平顺地送入主河槽。如枢纽中有水电站厂房，则常把泄水建筑物布置在主河槽，把电站厂房布置在河床或滩地上，用尾水渠把尾水送入主流，如图 1.2-1 所示的三峡水利枢纽和图 1.2-4 所示的向家坝水电站枢纽。

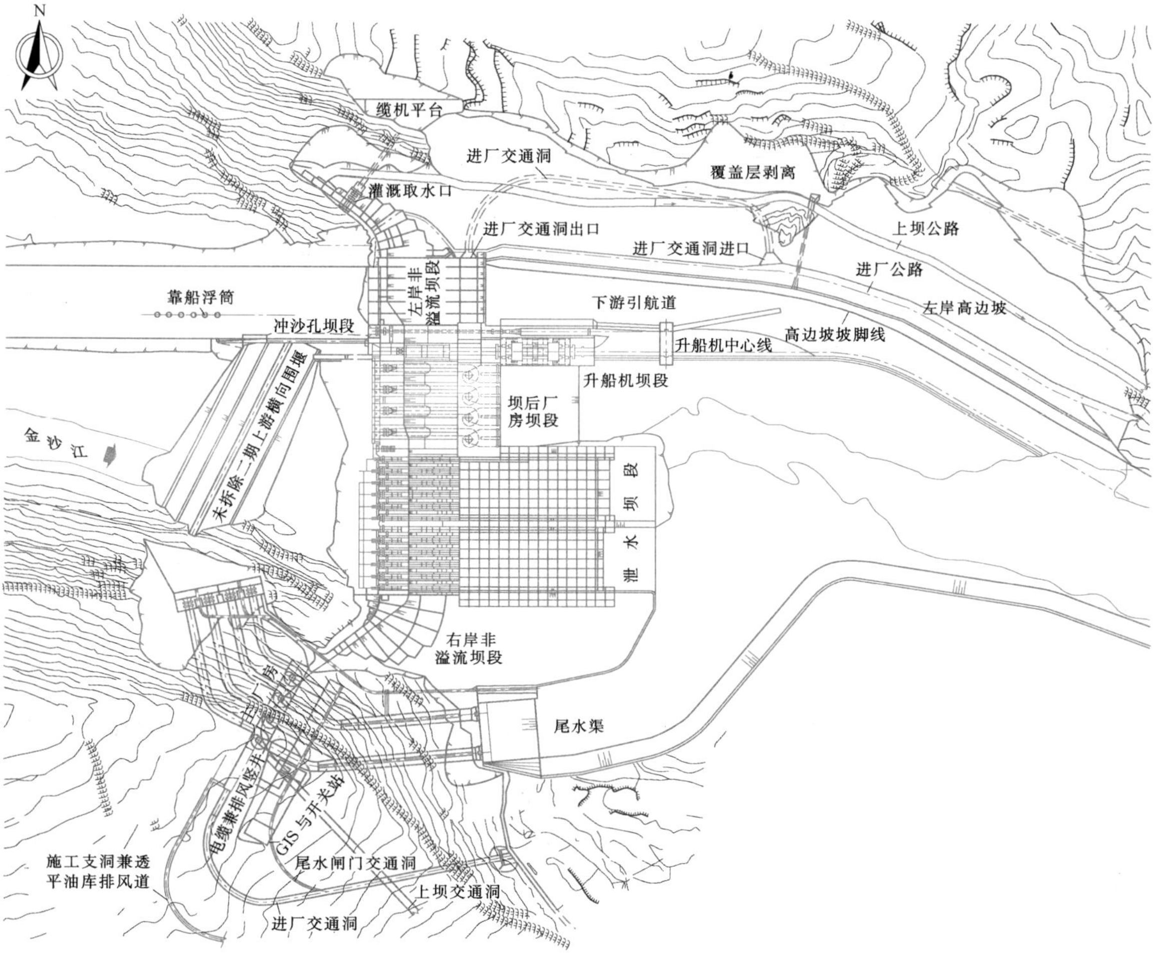

图 1.2-4 向家坝水电站枢纽平面布置图

1.2.2.2 尽量减少开挖和地基处理工程量

当坝轴线处河床一侧的岸坡较高时，则可把水电站厂房布置在主河床，而把泄水建筑物，包括溢流坝和泄洪隧洞布置在较高的岸坡段和岸坡内，用岸坡上的泄槽或岸坡内的隧洞把水流送到离坝稍远的主流。刘家峡重力坝枢纽把右端一部分厂房伸入到较高的岸坡内成为窑洞式地下厂房，如图 1.2-5 所示。之所以采用这样的枢纽布置，是因为如果把泄水建筑物布置在主河床，把电站厂房布置在较高的岸坡段，则开挖量过大，建筑物的工程量也显著增加。限于当时的条件，将全部厂房做成地下式，则工程较复杂，投资较大，工期也较长。近年来，地下洞室的设计和施工技术有了很大发展，可节省投资，工期也不加长。今后类似上述的情况，应做地下厂房的枢纽布置方案以资比较。

1.2.2.3 有效利用峡谷空间使布置协调紧凑

在河谷狭窄、两岸山头高峻而泄洪流量又大的情况下，如把泄水建筑物和水电站厂房都布置在河谷内，分左右设置则河谷宽度不够。如做泄洪隧洞则因泄洪流量大，需要的隧洞较多，工程量和投资都将增加。如采用地下厂房也无比较优势时，可将泄水建筑物与电站厂房放在同一位置，成上、下层布置。图 1.1-7 (*a*) 所示的新安江水电站就是把厂房布置在溢流坝的下游，经厂房顶上溢流。乌江渡水电站也是把厂房布置在溢流坝的下层，但在溢流面尾端设有高挑流坎，使水流越过厂房直接挑射到下游河道，而不经厂房顶溢流。这样布置是由于顾虑泄洪水流在厂房顶产生过大的脉动压力，从而造成厂房振动和厂房顶面空蚀。对高速水流产生的问题尚需进一步研究，如能证明溢流坝下泄的高速水流不会引起厂房的过度振动及厂房顶面的空蚀，则布置成经厂房顶溢流的方式可能更节省工程量，而且可使冲刷坑离坝址较远。

此外，也可把水电站厂房布置在溢流坝内，如枫

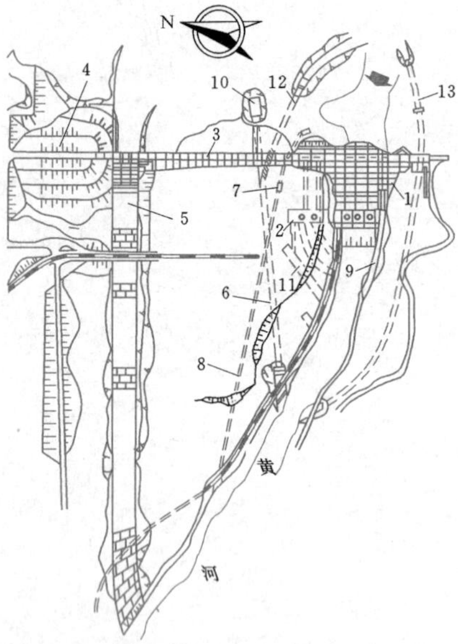

图 1.2-5 刘家峡重力坝枢纽平面布置图

1—主坝；2—电站；3—副坝；4—土坝；5—溢洪道；6—泄洪洞；7—排沙洞闸门井；8—排沙洞；9—泄水道；10—进水塔；11—开关站；12—右导流洞；13—左导流洞

树坝水电站（见图 1.1-8）。这些水电站运用情况良好，表明这种枢纽布置是成功的，但坝内和空腹内厂房的单机容量不能太大，以免厂房尺寸过大，削弱坝体。

关于泄洪孔坝段与溢流坝是否应结合在同一坝段内，即泄洪孔是否布置在溢流孔的下面，应根据具体条件而定。如挡水前缘有足够长度，以分开为宜，结构较为简单，易于布置泄洪孔闸门。如挡水前缘长度不够，也可把泄洪孔布置在溢流孔下面，此时泄洪孔闸门应放在坝体内。如溢流孔的闸墩较宽，也可考虑把泄洪孔布置在闸墩段内，与溢流孔分开，下游仍用同一消力池。向家坝水电站枢纽泄洪中孔和溢流表孔就是采用这种布置型式，12 个表孔和 10 个中孔间隔布置，采用坝趾挑坎与消力池相结合的消能型式；三峡水利枢纽在泄洪坝段相间布置了 22 个表孔和 23 个深孔，采用挑流消能型式，表孔和深孔的挑流水舌入水位置前后错开，以减轻下游冲刷。

1.2.2.4 重视枢纽建筑物的综合利用

枢纽泄放生态流量，可以考虑生态放流机组，也可以设置专门的泄水孔口。重力坝枢纽中如需设置泄放下游用水的泄水孔，包括用于水库蓄水初期泄放下游用水，泄水孔一般也可用作为泄洪孔，一孔两用。如为水库蓄水初期泄水，且要求泄水孔高程很低时，则以只作为泄水孔用为宜，布置在主河槽部位；如同时还有放低库水位的要求，则也可考虑用作降低库水位的放水孔。

枢纽中有通航建筑物，一般设置在上、下游引航道与水库和下游主河槽能平顺连接的一岸，以便船队在过坝前停靠和船队顺畅地进出引航道。通航建筑物应离泄洪建筑物稍远，以免泄洪影响通航。通航建筑物宜与水电站厂房分置在两岸，以便于进厂交通，也便于运行管理。必要时通航建筑物也可与水电站厂房布置在河道的同一侧，通航建筑物应靠河岸，并要做好上、下游引航道及跨越引航道的进厂道路。三峡水利枢纽将船闸布置在左岸半山坡中，船闸轴线远离电站进水口和泄洪孔口，避免枢纽泄洪、电站发电对引航道水流的不利影响，如图 1.2-1 所示。

在低坝枢纽中如有过鱼要求，过去常设置过鱼建筑物。但如河道较宽，往往难于引鱼进入鱼道。对于高坝枢纽，为了过鱼可采用升鱼机，但同样有如何能引鱼进入升鱼机的困难。近代常采用在坝下游设鱼类增殖场或在下游捕鱼后用汽车送往水库的办法，以取代过鱼建筑物。

如枢纽内有取水建筑物的进水口，则应布置在输水渠道或输水管道的同一侧。必要时也可放在另一侧，但在坝下游必须做好过河管道或渡槽。在多泥沙河流上修建水利水电工程，枢纽中需设置冲沙孔，一般布置在主河槽部位内设有泄水建筑物的坝段上。在水电站进水口以下也可设置冲沙孔，以防止进水口被淤堵。

1.2.2.5 简化施工导流程序

在重力坝枢纽布置设计中，还要考虑到施工导流措施，一般可在坝内布置导流底孔。如果是分期导流，则导流底孔设在一期坝段内。如是一次导流，则在河道一侧或岸坡部位设导流明渠或在岸坡内设导流隧洞，并在重力坝主河床坝段内设导流底孔，以供在封堵导流明渠或导流隧洞时泄水之用。坝内导流底孔也可用作永久的冲沙孔或泄洪孔，如三门峡枢纽即把导流底孔用作永久的泄洪冲沙孔。如在枢纽中没有设置冲沙底孔的要求，而导流底孔位置又低，在运用期水头太高不利于闸门运行的情况下，可在导流后把导流底孔封堵。三峡水利枢纽在泄洪坝段表孔下方布置了 22 个导流底孔，为枢纽工程三期导流的主要泄水建筑物，封堵前与深孔联合运行，满足三期截流、导流和围堰挡水发电时的度汛泄洪要求。

总之，枢纽布置设计十分重要，相对于建筑物设计而言是具有战略性的，而且很复杂。每一个重力坝枢纽都有其特殊性，天然条件也不相同，故枢纽布置亦不尽相同。枢纽布置既与建筑物设计、施工条件以及工程量、造价和工期有密切关系，而且也与电厂运行、下游消能、防冲、航道等有密切关系。以上所论述的是一般原则，每一个枢纽都有其特点，必须结合实际有创见地进行设计。

1.2.3 重力坝泄水孔口布置

重力坝的孔口有溢流孔、泄洪孔、泄洪冲沙孔、供水孔、放水孔和导流孔等，有时还设有水电站进水口和灌溉、给水的进水口，其流量、高程和位置应根据水电站发电、灌溉、给水的输水道来确定。

1.2.3.1 泄流能力要求

重力坝有泄洪、输水、冲沙的要求。重力坝枢纽的防洪标准应根据重力坝的级别，按表1.1-4所列数据确定。但是，如果下游河床或岸坡的岩体稳定条件差，在坝顶漫溢时易被冲刷或紧靠重力坝下游设有大型水电站等，则不容许重力坝漫溢坝顶过水，防洪标准应适当提高。此外，如对河流水文特性了解不深，径流观测年数系列短，水文分析所得到的校核洪峰流量与洪量可能与实际情况有出入时，为安全计，对校核洪峰流量宜加一安全修正数。

枢纽泄水建筑物应能安全下泄设计洪水或校核洪水。经过水库调节后，重力坝枢纽泄放的总下泄流量一般小于洪峰流量。枢纽总泄量由溢流坝、泄洪孔的泄量和发电引水流量等组成。为安全起见，在水库调洪演算中，要根据来水时段机组的运行和检修情况、洪水与发电厂房洪水标准的关系等考虑部分机组甚至全部机组在泄洪时不能运作，以留有适当余地。

由于泄洪的重要性，如果溢流坝或泄洪孔的闸门运用有故障，不能开启，则可能发生坝顶漫溢过水，危及大坝安全，所以溢流坝和泄洪孔的闸门和启闭机应十分可靠，必须定期维护使其保持良好的工作状态，并应设有备用电源。

1.2.3.2 坝身孔口布置

1. 坝顶溢流和泄洪孔口布置

重力坝可以用堰顶溢流表孔和泄洪孔泄洪。溢流表孔因水位超高而增加的泄洪流量比泄洪孔大，所以对防洪来说较为安全。由于按洪水重现期确定的洪水流量有一定的不准确性，因而在可能情况下以采用溢流表孔较为安全，重力坝枢纽一般都有表孔溢流坝段。我国水利水电工程常同时承担有下游防洪任务，为了利用一部分蓄水库容作为防洪库容，需要在洪水季来临之前预先放水，降低库水位，腾出防洪库容来调节洪水，这样就需要把溢流坝堰顶降低，可在孔口顶上设置胸墙，成为有胸墙的溢流重力坝。但是，有时溢流堰顶因某种原因不能放得太低，为了能预泄库水，在重力坝中往往需另设泄洪孔。另设的泄洪孔包括中孔、深孔和底孔，中孔一般指设置于坝高上半部分的泄水孔，作为一种主要泄洪设施参与大坝泄洪；深孔一般是指设置在坝高下半部分的泄水孔；底孔是指不参与高水位时的泄洪任务而承担排沙及必要时降低库水位等任务的泄水孔。重力坝中孔在我国是常用的，可以布置成一层或两层，最大孔口尺寸约为5m宽、8m高，最大闸门水头约80m。近年来，孔口尺寸和工作水头均有加大的趋势。

溢流重力坝一般布置在主河槽内，以使下泄水流能直接进入主河槽，顺应河势，减轻对河岸的冲刷，减少下游水流归槽的开挖量。溢流坝应布置在较好的岩基上，以利于抵抗下泄高速水流的冲刷。当河势与地基条件有矛盾时，要进行布置方案的比较，选择安全、工程量少、造价低、施工方便的方案。

2. 泄洪冲沙孔布置

在多泥沙河流上，需要设置冲沙孔，以冲刷水库中的泥沙。冲沙孔的高程一般较低，靠近重力坝的底部，称为冲沙底孔；同时也可用于泄洪，称之为泄洪冲沙底孔。但对于高坝，如设冲沙底孔，常因作用于闸门的水头过高，超过容许限度，往往被迫提高冲沙孔高程成为冲沙中孔，同时也可用于泄洪，成为泄洪冲沙中孔。有的冲沙孔是为了防止水电站进水口前淤积泥沙，冲沙泄洪流量较小，一般设在电站进水口附近高程较低的位置。

3. 供水孔布置

供水孔是用于在运行时期向下游供水用的，应设置在运行时期最低水位或死水位之下。如有较低的泄洪孔，也可利用其供水。如泄洪孔较高，则需要单独设立较低的供水孔，此种情况下的供水孔如在正常蓄水位时水头不大，也可用来泄洪。在施工后期，导流底孔或导流隧洞封堵后，水库水位尚未上升到供水孔或泄洪孔孔口高程的时期内，为了泄放下游用水或环保生态流量，有时还需另设置低高程的临时供水孔，在正常运行期将其封堵。

4. 放水孔布置

放水孔用于降低库水位，以便对重力坝进行检修。除非坝基地质条件复杂，可能需要对坝上游附近地基进行检查或补强处理，一般重力坝很少设放水孔。如需设放水孔，则应布置在较低高程，但必须保证闸门能正常运行。还有一种放水孔是根据人防要求为降低水库水位而设置的。在人防要求所规定的期限内，利用溢流坝、泄洪孔和供水孔，再加上放水孔，把水库水位降低到需要的高程。这种放水孔的尺寸一般要更大些，高程也较低。

5. 导流孔布置

在重力坝中，有时设施工导流孔，泄放施工时期的导流流量，一般布置在重力坝的底部。对于高度在80m以下的重力坝，施工导流底孔可保留作为运行期的泄洪冲沙底孔，但对于高坝，则应在导流底孔的任务完成后，加以封堵。

1.2.3.3　溢流单宽流量的确定

溢流重力坝的单宽流量选取是设计中的一个关键问题。单宽流量大，溢流坝总长度就短，闸门和桥梁较少，下游消能设施的宽度也较小，有利于在河床中布置水电站厂房和通航等建筑物。但是在溢流坝总长度减少后，单宽流量加大，高速水流对下游的冲刷力量也加大，从而增加了下游消能防冲设施的复杂性，高坝更是如此。

单宽流量的选择与下游河床消能区基岩条件有关。在下游河床基岩坚硬完整、抗冲能力强、消能设施造价较低的坝址，有可能采用较大的单宽流量；但是，如果下游水深较浅，河床基岩较差，抗冲能力差，采用较大的单宽流量将使消能设施造价较高，甚至在技术上难于做到。此外，单宽流量过大，也增加了闸门结构的复杂性。近年来，随着消能技术措施的不断改进和完善，闸门容许尺寸的加大，溢流坝采用的单宽流量亦在加大。例如委内瑞拉106m高的古里坝，总溢洪流量为35000m^3/s，单宽流量达到344m^3/(s·m)；我国120m高的安康坝，总溢洪流量为24900m^3/s，单宽流量达到332m^3/(s·m)。这些坝采用的单宽流量都超过了200m^3/(s·m)，远大于过去的经验数值。应当指出的是，这些单宽流量都是指在溢流坝顶的单宽流量，在离开坝址处，泄流宽度扩大，单宽流量将有所减小。

溢流坝单宽流量的选取还与下游水深有关。下游水深大，用于消能的水体体积大，对提高消能效果、降低水流临底流速均有利，有可能采用较大的单宽流量。另外，下游水深对下游河道的防冲也有较大影响。泄洪水流经过消能设施消去了大部分能量，进入下游河道时还剩余有部分能量，表现为各个方向的脉动流速，所以河床岩基对这种水流的不冲流速要求比通常河道中水流的不冲流速要求为小。根据过去的经验，这种不冲流速，对软弱、多裂隙的河床岩基为4m/s左右；对较好的、裂隙较少的岩基为6～7m/s；对坚硬、完整的岩基可达8～10m/s。因此，溢流坝的单宽流量与下游河床的岩基情况和离开消能设施处的水深有关，当然与改进消能设施的效果也有密切关系。由此可见，在重力坝设计中确定溢流坝单宽流量是很重要的，也是很复杂的，必须进行调查研究，总结经验，精心设计并通过水工模型试验，以确定合理的溢流坝单宽流量。

1.2.4　坝体引水管道布置

1.2.4.1　坝体压力管道的特点

重力坝枢纽中的引水发电系统，通常由坝式进水口、坝体压力管道和电站厂房组成。坝式进水口布置在坝体上游面，经坝体压力管道输水连接到紧靠大坝的坝后式厂房内，或者经压力管道直接进入坝内式厂房。有少数岸边式或地下式厂房也采用坝式进水口，当坝体压力管道穿出坝体后，再经引水管道转入岸坡或地下电站厂房。对于低水头水电站，进水口与河床式水电站厂房连为一体布置，既是挡水建筑物，也是电站厂房建筑物的组成部分，这时称为河床式厂房进水口。

重力坝坝体压力管道是将钢管依附于混凝土坝身，包括埋设于坝体内部或固定在坝体表面，与坝成为整体的输水管道。对于坝式水电站，采用坝体压力管道输水和坝后式厂房，往往是最经济的布置方式。与隧洞引水的岸边或地下厂房相比，具有结构紧凑、引水长度短、水头损失小、调节保证性能好、运行管理方便等优点；其缺点是管道施工与坝体施工存在干扰、埋于坝体内的管道空腔削弱坝体，使坝体应力恶化。

混凝土重力坝和坝内钢管及坝后厂房是应用非常广泛的传统型式。近20年来，由于混凝土坝下游面压力管道和坝上游面压力管道得到应用，单机容量的加大和机组台数的减小，使厂房总长度得以减小，所以混凝土坝采用坝体压力管道愈加普遍。由于坝体压力管道应用广泛，而且其承受的水压、单机容量和管径等参数日益提高，因而其技术问题愈益受到重视，技术水平也有了较快提高。坝体压力管道的重要特点是它与坝体连成一体，共同承担二者的各种荷载，在施工和运行中相互影响，结构受力复杂。

1.2.4.2　坝体压力管道的布置方式

坝体压力管道按其布置方式可分为三种，即坝内埋管、坝上游面管和坝下游面管。各种管道的受力特点和结构与布置方式有密切关系。坝内埋管（见表1.2-1）是管道全部埋在坝体内。坝上游面管道是管道的大部分沿坝体上游面敷设，仅厂房前较短的一段穿过坝体。坝下游面管道是除进水口后一小段管道穿过坝体外，主体部分沿坝下游面铺设。除上述三种基本布置方式以外，还可以采用混合式布置方式。例如：坝内埋管穿出坝体后接地面明管或地下埋管进入岸边地面厂房；坝下游面管接明管或地下埋管进入厂房。混合式布置可以因地制宜，更灵活地适应枢纽布置要求，也可方便地用于坝后式电站的后期扩建。

表 1.2-1 **国内外重力坝坝内埋管工程实例**

工程名称	刘家峡	岩滩	水口	漫湾	万家寨	伊塔帕里卡（巴西）
管型	钢管直接埋于坝体内		钢管外有软垫层			
电站总容量（MW）	1225	1210＋600	1400	5×250＋1×300	1080	2500
机组台数	5	4＋2	7	6	6	10
单机容量（MW）	225，250，300	302.5，300	200	250，300	180	250
投产时间	1969 年	1992 年	1993 年	1993 年	1998 年	1985 年
管道最大设计水头 H（m）	132.70	82.00	71.10	127.68	110.00	
钢管直径 D（m）	7.0～6.5	10.8	10.5	7.5	7.5	9.5
HD（m^2）	862.5	885.6	746.6	957.6	825.0	
钢管壁厚（mm）	14～25	24～32	23～28	28（最大）	18～32	19（最大）
钢管材料	16Mn，15Mn	STE355		A622（巴西）16Mn	16MnR	
垫层材料			聚苯乙烯泡沫板	EPS 泡沫塑料板	高压聚乙烯低发泡闭孔塑料板	膨胀聚苯乙烯板
垫层变形模量（MPa）			2.7	1～2	1～2	（设计压缩量 3mm）
垫层厚度（mm）			30	30	20～30	20
垫层包角（°）			180	180	220	204
管周钢筋配置	管顶、管底 4 层 $\phi32$@200，两侧 2 层 $\phi32$@200	管顶、管底 3 层 $\phi32$@180，两侧 2 层 $\phi32$@180	管顶 1 层 11 号@200，1 层 8 号@200，管底 2 层 11 号@200	3 层 $\phi36$@200，和 2 层 $\phi36$@200 加 $\phi30$@200	环向：1 层 $\phi36$，1 层 $\phi32$。二期回填混凝土外侧：1 层 $\phi28$。最大每延米环向筋 132.57cm^2	
管顶混凝土最小厚度（m）	斜段：≈9 下平段：4.05	4.50	2.25	2.25～2.90	1.50	≈2

坝内埋管是坝体管道最早采用的结构型式。钢管与坝体共同承受管内水压力，孔口周围坝体混凝土内配有受力钢筋。这种管道构造简单，在管径和内水压力不大时安全可靠。但是随着坝高、单机容量、管径和内水压的增大，坝体混凝土承受的内水压力很大，引起孔口周围拉应力的增加，会使坝体抗裂安全性得不到保证。坝内钢管的安装和坝体混凝土的浇筑存在施工干扰。采用预留钢管槽浇筑坝体时，如预留槽尺寸较大，也影响坝体应力和初期蓄水。

为了减小内水压力对坝体应力和抗裂的不利影响，出现了坝内垫层钢管的结构型式，即钢管埋入坝体混凝土时，在钢管上半部分外周边 180°～220°范围内铺设数十毫米的软垫层。软垫层可使管内水压力大部分由钢管单独承受，较少部分传至坝体混凝土，从而减少管周坝体内的拉应力，提高坝体的抗裂安全。我国最早采用坝内垫层钢管的是水口水电站和漫湾水电站（见表 1.2-1）。

坝内垫层管并不能完全解决坝体开孔的应力恶化，也不能解决钢管与坝体施工的干扰，于是出现了坝上游面管道和坝下游面管道。这两种管道的大部分布置在坝体基本断面范围以外，避免或缓解了坝体开孔引起的坝体应力恶化，有利于保证坝体抗裂安全；而且坝体和管道可以单独施工，减少了两者的相互干扰，有利于保证施工质量，加快施工进度。特别是坝下游面管道，管道孔口对坝体的应力影响最小，管道施工可按机组投产要求时间来安排，基本不受坝体施工的影响。对于高坝和大直径管道，这些优点就更加明显。这也正是近年来我国大型混凝土坝坝后水电站愈来愈多采用坝下游面管道的原因。其缺点是由于上弯段以上的坝内埋管段加长，斜管段向下游平移，使厂房移向下游，增加了厂坝轴线间的距离，将增加部分工程量。但一些电站为了将副厂房和变电站布置在厂坝之间，本身就需要有一定距离和空间，这一缺点则不存在。另外，坝下游面上常常要布置施工栈桥及施工机械，与管道施工会有一定干扰。

坝下游面管有两种结构型式，即坝下游面明钢管和坝下游面钢衬钢筋混凝土管道。二者布置基本相同，但是管体构造、管体与坝体的连接方式不同。采用坝下游面明钢管的有南美洲的伊泰普水电站和加拿大的雷维尔斯托克水电站。坝下游面钢衬钢筋混凝土管道首先于20世纪70年代在苏联的克拉斯诺亚尔斯克水电站采用，并在萨扬·舒申斯克水电站达到了相当高的技术水平。苏联于20世纪60～70年代设计当时世界上单机容量最大的水轮机输水管道时，遇到了钢材和制造安装工艺上的巨大困难，因而研究开发了由钢衬钢筋混凝土联合承受巨大内水压力的管道，获得了成功，其后在许多电站获得了推广应用。我国在苏联经验的基础上，经过设计研究，在多个大型水电站建造了坝下游面钢衬钢筋混凝土压力管道，具有代表性的有三峡水电站和向家坝水电站。在我国，对坝下游面明钢管和钢衬钢筋混凝土管道的技术评价还存在不同观点，有待更多的研究和实践加以检验。

坝内埋管的布置应尽量缩短管道的长度，减少由管道布置引起的坝体拉应力数值和范围，有利于管道的安装并减少与坝体的施工干扰。在立面上，坝内埋管有三种典型布置方式。

（1）倾斜式布置。管轴线与下游面近于平行并尽量靠近下游坝面（见图1.2-6）。其优点是进水口位置较高，承受水压小；管道纵轴与坝体内较大的主压应力方向基本平行，可以减少管道周围坝体的拉应力；管道位置高，因而与坝体施工的干扰较少。缺点是管道较长、弯道多。此外，管道与下游坝面之间的混凝土厚度较小，对坝体承受内水压力不利。

（2）平式和平斜式布置。管道布置在坝体下部。布置特点与第一种布置型式正好相反。对于坝体厚度不大的混凝土拱坝，而管径却较大时，往往只能采用

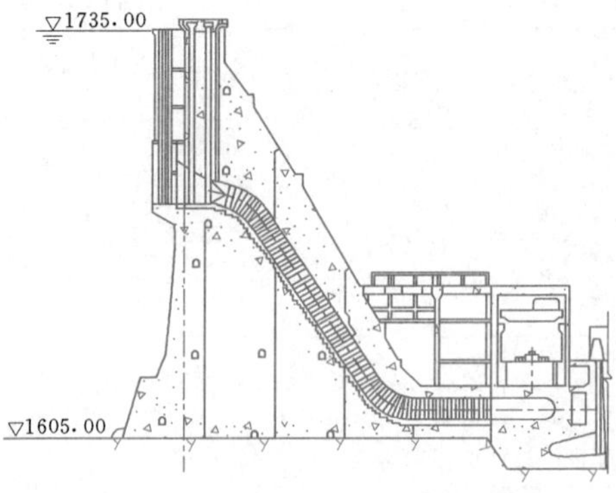

图 1.2-6 刘家峡重力坝内埋管布置（单位：m）

这种布置。在重力坝枢纽中较少采用。

（3）竖直式布置。管道的大部分竖直布置（见图1.1-8）。这种布置通常适用于坝内厂房；或者为了避免钢管安装时坝体施工的干扰，在坝体内预留竖井，后期在井内安装钢管。缺点是管道弯曲大，水头损失大，管道空腔对坝体应力不利。

在平面上，坝体埋管最好布置在坝段中央，如图1.2-7（*b*）所示。这样，管外两侧混凝土较厚，且受力对称。通常厂坝之间有纵缝，因而厂房机组段间横缝与坝段间横缝要相互错开。当坝与厂房之间不设纵缝，厂坝连成整体时，由于二者的横缝也必须在一条直线上，管道在平面上不得不转向一侧布置，如图1.2-7（*a*）所示。这时钢管两侧外包混凝土厚度不同，左侧下游可能很薄，对结构受力不利。

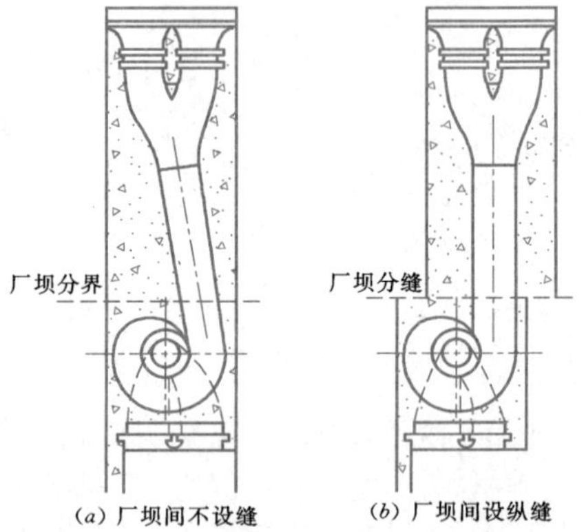

（*a*）厂坝间不设缝　　（*b*）厂坝间设纵缝

图 1.2-7 管道在坝内的平面布置图

1.2.5 枢纽布置工程实例

已建重力坝枢纽工程的布置各有特点，代表性工程有三峡、龙滩、五强溪、漫湾、宝珠寺、万家寨、金安桥、向家坝和桥巩等。三峡水利枢纽采用主河床泄洪，两岸布置坝后厂房；龙滩水电站采用主河道泄洪，左岸布置地下厂房；宝珠寺水电站为主河床坝后

厂房，两侧布置泄洪建筑物；金安桥水电站为主河床布置坝后厂房，河床右侧布置泄洪建筑物；漫湾水电站在主河床布置发电厂房，采用厂顶溢流的布置方式；向家坝水电站为河床左岸布置坝后厂房、河床中部布置溢流坝、右岸布置地下厂房；万家寨水利枢纽发电厂房布置于右岸坝后，泄洪排沙建筑物紧接厂房依次布置；桥巩为河床式水电站工程。这里简要介绍三峡水利枢纽的布置方案。

三峡水利枢纽位于长江干流西陵峡中段的湖北省宜昌县三斗坪镇，下距长江葛洲坝水利枢纽和宜昌市约 40km。坝址处天然水位 41.00m，水面宽 190～260m，河床水深 16～39m，多年平均流量 $14300m^3/s$，多年平均径流量 4510 亿 m^3。水库正常蓄水位 175.00m，汛期防洪限制水位 145.00m，枯季消落最低水位 155.00m，相应的总库容、防洪库容和兴利库容分别为 450 亿 m^3、221.5 亿 m^3 和 165 亿 m^3。坝址区基岩为前震旦系结晶岩，大坝及电站范围基岩大部分为闪云斜长花岗岩，仅右岸有闪长岩包裹体分布。建基岩体以微风化带及新鲜岩石为主，部分为弱分化带下部岩体，局部有弱分化带上部岩体。大坝为混凝土重力坝，坝顶高程 185.00m，全长 2309.47m，最大坝高 181m。泄流坝段长 483m，左右岸厂房坝段总长 1106.5m，双线五级船闸和升船机设计提升水头 113m；工程主体建筑土石方挖填量约 1.34 亿 m^3，混凝土浇筑量 2794 万 m^3，钢筋 46.30 万 t。

枢纽工程包括大坝（兼做挡水、泄水建筑物）、水电站厂房、通航建筑物和茅坪溪防护大坝等建筑物。泄洪坝段位于河床中部，两侧为左、右岸厂房坝段和非溢流坝段；水电站厂房分设在左、右厂房坝段后，右岸山体预留地下厂房位置；双线五级船闸和垂直升船机等通航建筑物布置在左岸（见图 1.2-1）。为了简化枢纽格局，泄水和发电两大建筑物呈直线布置于河槽内。从水力学条件看，把主要泄水建筑物布设在纵向围堰以左河槽中部，两侧布置坝后式厂房的大格局，适应坝址区地形和基岩条件。就坝上游而论，利于泄洪、排沙；就坝下游而论，水垫最深，消能效果最好，下泄水流尽快归槽顺应天然河势，对河川自然状况改变最小。这种布置格局对于导流明渠通航或不通航、坝体挡水或围堰挡水实现提前发电的情况均可适用。施工安排更为灵活。电站设在左岸坝后厂房、右岸坝后厂房和右岸地下厂房内。坝后式厂房由上游副厂房、主厂房、下游副厂房及尾水渠等建筑物组成（见图 1.1-3）。左岸坝后式厂房安装 14 台机组、右岸坝后式厂房安装 12 台机组，右岸地下厂房安装 6 台机组，单机容量均为 700MW。500kV 开关站布置在厂坝之间的上游副厂房内。

在枢纽布置中，将通航建筑物中尺寸规模较大的船闸布置在左岸的半山坡中，避免船闸影响其他建筑物的布置。船闸轴线远离电站进水口和泄洪孔口，可避免枢纽泄洪、电站发电对引航道水流条件的不利影响。连续双线五级船闸选择布置在左岸临江最高峰坛子岭外侧，远离电站进水口发电引流的影响。船闸中心线与坝轴线交点距离左岸电站厂房 1234m。船闸主体段长 1607m，上游引航道长 2113m，下游引航道长 2722m，总长 6442m。上游引航道右侧留有后期修建防淤隔流堤的位置，下游引航道右侧布置长 3550m 的隔流堤。

茅坪溪防护坝是为了保护水库右岸支流茅坪溪流域淹没影响区而修建的防护工程，由茅坪溪大坝和茅坪溪泄水建筑物组成。茅坪溪防护大坝主要是利用右岸开挖料填筑的土石坝，坝顶长 1840m，坝顶高程 185.00m，最大坝高 104m，坝体采用沥青混凝土心墙防渗。泄水建筑物进口位于防护大坝上游约 0.6km 处，出口位于导流明渠尾部，全长 3104.12m。

三峡水利枢纽布置和坝体结构设计特点如下：

（1）三大建筑物合理布置发挥枢纽功能。防洪、发电、航运是三峡水利枢纽的三大任务，相应的建筑物规模庞大。为了避免相互干扰，影响工程效益的发挥，将泄水、发电和通航三大建筑物分开排列布置。首先将通航建筑物布置于左岸坛子岭外侧，距离左岸电站进水口超过 1000m，避免了泄洪、发电对通航水流条件的影响。泄水建筑物布设在左河槽中部，上游迎对主流，利于泄洪、排沙；下游顺应河势，便于消能、归槽。两侧布置坝后厂房，导流分期和施工安排灵活，运行干扰小。为了适应大泄量泄洪，同时减小前缘宽度的需要，在泄洪坝段采用了 3 层大孔口布置方案，从而为坝后厂房进水口布置留出了前缘宽度。23 个深孔尺寸 7m×9m（宽×高），孔底高程 90.00m，居坝段正中；22 个表孔净宽 8m，堰顶高程 158.00m，跨缝布置；22 个导流底孔尺寸 6m×8.5m，进口高程 16 孔为 56.00m，两边各 3 孔为 57.00m，跨缝布置。在同一坝段布置 3 层大孔口，坝体空洞率很大。多层大孔口布置及坝体纵、横缝切割，给大坝结构应力和新老混凝土块体结合的整体性带来不可忽视的影响。由于泄洪坝段泄洪深孔和厂房坝段电站进水口的孔口尺寸大，坝体实际开孔率接近 50%，水头高，孔口需配置大量的钢筋。为此，工程设计中对大孔口应力分析及配筋进行了专题研究，提出将孔口处上、下一定范围内的横缝止水布置局部后移，并将孔口处钢筋排数减少 1～2 排。横缝止水后移的新型布置型式改善了孔口应力，有利于减少钢筋用量并方便施工。

(2) 综合加固措施提高了大坝抗滑稳定。厂房坝段(1～5号)及24～26号坝段分别位于左、右岸临江岸坡上，因坝后式厂房布置需要，在大坝坝后形成最大坡高达70m的高陡边坡，同时，坝基岩体存在倾向下游的缓倾角结构面，最大裂隙连通率达到83.1%，构成不利的深层滑动条件。为了解决大坝深层抗滑稳定问题，在设计过程中研究采用了降低建基面高程，上游坝踵设齿槽；坝底加宽；帷幕排水前移；横缝灌浆，加强各坝段间整体作用；厂坝联合，利用下游抗力体作用；封闭抽排，降低建基面扬压力；边坡锚固支护，增强基岩稳定性；预设廊道，为后期补强加固提供条件，同时加强安全监测等综合加固措施。在左厂1～5号坝段横缝设置键槽并灌浆，在大坝主帷幕后坝基岩体内设置纵、横向排水洞，形成大坝左侧封闭抽排区；坝基下游高程25.00m排水洞在左安Ⅱ和左安Ⅲ坝段向上游延伸，形成大坝和厂房间的封闭抽排区；左安Ⅲ和左安Ⅱ机组段高程23.60m各设一条顺水流方向的灌浆排水廊道，形成左厂1～6号机组段下游及两侧封闭抽排区。左厂1～5号坝段下游边坡高程82.50～88.00m共布置有125束3000kN级预应力锚索，锚索深度30～50m；左厂1～3号坝段高程48.80～79.50m范围布置77束3000kN级预应力锚索，孔深30m～50m。根据加固钢管槽1号隔墩和2号隔墩不稳定岩块的需要，布置16束2000kN级对穿锚索，对穿锚索孔深24m。对于边坡表层，分区进行锚杆支护和混凝土护面保护，锚杆长5～8m，现浇混凝土厚50cm，喷射混凝土厚7cm。对坝基面出露的断层结构面作挖槽回填混凝土处理并加强固结灌浆。左厂1～5号坝段基岩开挖于1998年底结束，2001年底坝体混凝土浇筑至坝顶。坝基岩体在边坡开挖和混凝土浇筑过程中变形连续，无明显的相对滑移。相邻坝段不均匀沉降很小，坝基下游侧的沉降量与上游侧基本相当。后期实测边坡变形变化很小，加固效果明显。

(3) 新型引水系统设计降低了钢管施工难度。电站引水管进口型式，经过大量模型试验及分析研究，在大容量、大引用流量电站引水管道进水口中采用单孔小孔口型式，在国内外水电工程中尚属首创。另外，引水压力管道直径 D 为12.4m，HD 值为1730m^2，在国内外名列前茅。压力管道上斜直段为坝内埋管，上弯段至下弯段为下游坝面背管。由于背管段结构设计无设计规范可循，为此进行了大量的设计研究，在下游背管段采用顶留浅槽背管布置，钢衬钢筋混凝土联合受力结构型式。钢衬钢筋混凝土联合受力型式新颖，减小了钢衬厚度。

1.3 坝体断面设计

1.3.1 重力坝的荷载

作用在重力坝上的荷载主要有坝体自重、水压力、扬压力、泥沙压力等。

1.3.1.1 坝体及坝上永久设备的自重

坝体自重按其断面的几何尺寸及材料重度计算确定。大体积混凝土的重度可根据骨料的类别采用23.5～24.0kN/m^3，对重要的工程，应采用混凝土的试验数值。坝上永久设备(如闸门、启闭机、电机、电梯等)的自重均按实际重量计算。

1.3.1.2 静水压力

作用于上游坝面的静水压力根据荷载组合条件给定的水位进行计算，下游坝面上的静水压力根据相应的尾水位进行计算。计算公式如下：

$$p = \gamma h \tag{1.3-1}$$

式中 p——静水压力强度，kPa，方向垂直于坝面；

h——计算点的水深，m；

γ——水的重度，清水为9.8kN/m^3，含泥沙水视含沙量而定，我国有些多沙河流含沙量很高，浑水重度可达11.8kN/m^{3}以上。

水深为 H 时，单位宽度上的水平静水压力 P 为

$$P = \frac{1}{2}\gamma H^2 \tag{1.3-2}$$

斜面、折面、曲面承受的总静水压力，除水平静水压力外，还应计入其垂直分力(即水重或上浮力)，如图1.3-1所示。

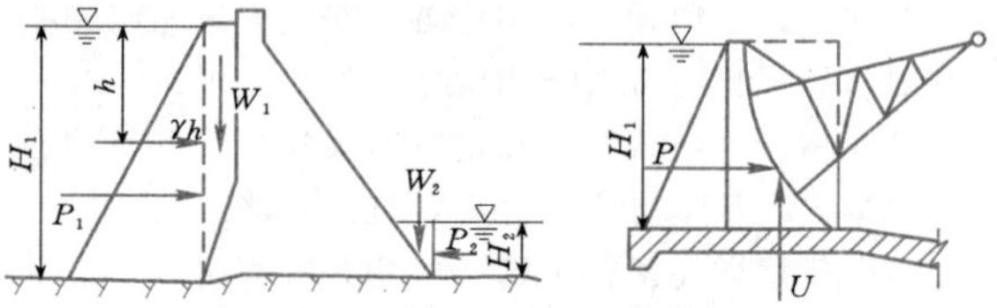

图1.3-1 静水压力

1.3.1.3 扬压力

扬压力包括浮托力及渗透压力。影响坝底扬压力分布和数值的因素很多，且难以定量地确定。一方面是因为坝基岩体裂隙分布情况复杂；另一方面，为了减小坝基扬压力还需要进行防渗灌浆和排水处理，所以坝基面扬压力很难用理论计算求得。目前在重力坝设计中，是用已建坝的扬压力观测资料统计分析得出一些系数，然后用来计算坝底扬压力。扬压力按作用于全部坝底面积上考虑。图1.3-2是由实测得出的

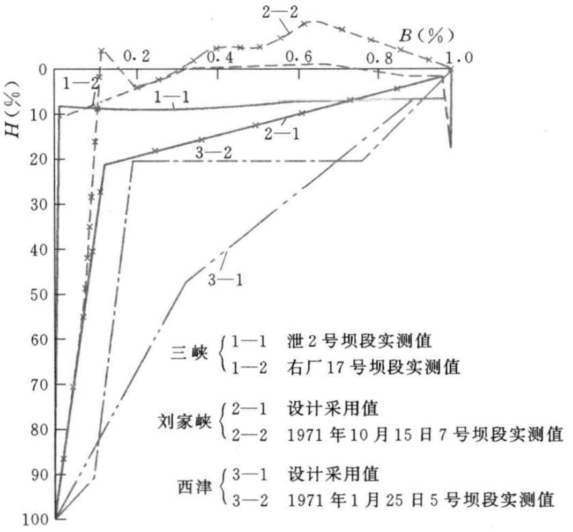

图 1.3-2 实测坝底渗流压力分布图

坝底面渗流压力分布图（以下游水位为基准线）。

重力坝坝基面扬压力分布如图 1.3-3（a）所示。图中 $abcd$ 是由下游水深产生的浮托力；$defc$ 是上、下游水位差产生的渗透压力。在排水孔幕处的渗透压力为 $\alpha\gamma H$，其中，α 为渗透压力强度系数，与岩体的性质和构造、帷幕的深度和厚度、灌浆质量以及排水孔的直径、间距和深度等因素有关。

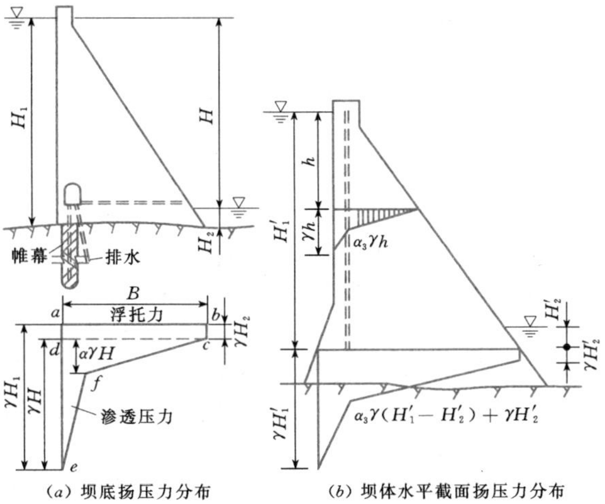

图 1.3-3 设计采用的扬压力计算简图

当下游尾水位较高时，可采取抽排措施，以降低坝底扬压力。除在坝踵附近设防渗帷幕和排水孔幕外，在排水孔幕下游坝基面上设置由纵、横向排水廊道组成的排水系统，在下游坝趾增设一道防渗帷幕和排水孔幕。在坝基内设置低于上述排水系统的集水井和自动抽水设备。坝底扬压力在坝踵处为 γH_1，在排水孔幕处为 $\alpha_1\gamma H_1$，在排水廊道段为 $\alpha_2\gamma H_2$，在坝趾处为 γH_2。其中，α_1 和 α_2 是扬压力强度系数和残余扬压力强度系数，如图 1.3-4 所示。

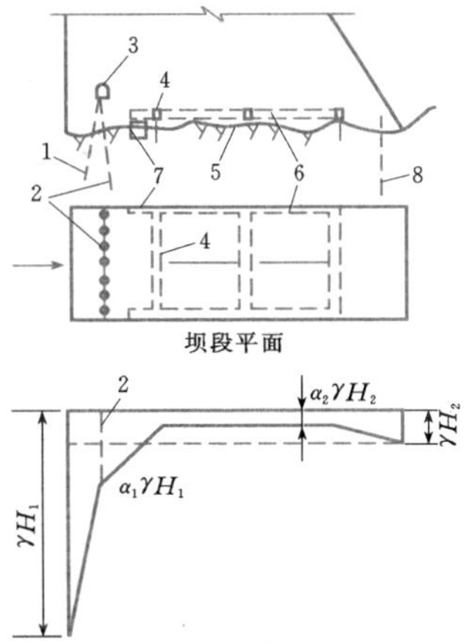

图 1.3-4 具有抽排措施的实体重力坝坝底扬压力图

1—防渗帷幕；2—主排水幕；3—灌浆廊道；4—纵向排水廊道；5—基岩面；6—横向排水廊道；7—集水井；8—坝趾防渗帷幕；H_1、H_2—上、下游水深

《混凝土重力坝设计规范》（SL 319—2005）规定岩基上各类重力坝底面扬压力分布图形按下列三种情况分别确定：

（1）当坝基设有防渗帷幕和排水孔时，坝底面上游（坝踵）处的扬压力为 γH_1，排水孔中心线处为 $\gamma H_2+\alpha\gamma(H_1-H_2)$，下游（坝趾）处为 γH_2，其间各段依次以直线连接［见图 1.3-3（a）］。

（2）当坝基设有防渗帷幕和上游主排水孔，并设有下游副排水孔及抽排系统时，坝底面上游处的扬压力为 γH_1，主、副排水孔中心线处分别为 $\alpha_1\gamma H_1$ 及 $\alpha_2\gamma H_2$，下游处为 γH_2，其间各段依次以直线连接（见图 1.3-4）。

（3）当坝基未设防渗帷幕和上游排水孔时，坝底面上游处的扬压力为 γH_1，下游处为 γH_2，其间以直线连接。

（4）渗透压力强度系数 α、扬压力强度系数 α_1 及残余扬压力强度系数 α_2 可按表 1.3-1 采用。

坝体内部计算截面上的扬压力分布如图 1.3-3（b）所示。当设有坝体排水孔时，在上游坝面处为 $\gamma H_1'$，在坝体排水孔幕处为 $\gamma(H_2'+\alpha_3 H')$，在下游坝面处为 $\gamma H_2'$。其中，H_1' 是计算截面以上的上游水深；H_2' 是计算截面以上的下游水深，当计算截面在下游水位以上时，$H_2'=0$；$H'=H_1'-H_2'$；α_3 是坝体内部扬压力强度系数，可按下列情况采用：①实体重力坝及空腹重力坝的实体部位采用 0.2；②宽缝重力坝的无宽缝部位采用 0.2，有宽缝部位采用 0.15。当未设

表 1.3-1 坝底面的渗透压力、扬压力强度系数

坝型及部位		坝基处理情况		
		(A) 设置防渗帷幕及排水孔	(B) 设置防渗帷幕及主、副排水孔并抽排	
部位	坝型	渗透压力强度系数 α	主排水孔前的扬压力强度系数 α_1	残余扬压力强度系数 α_2
河床坝段	实体重力坝	0.25	0.20	0.50
	宽缝重力坝	0.20	0.15	0.50
	空腹重力坝	0.25		
岸坡坝段	实体重力坝	0.35		
	宽缝重力坝	0.30		
	空腹重力坝	0.35		

注 当坝基仅设排水孔而未设防渗帷幕时，渗透压力强度系数 α 可按表中（A）项适当提高。

坝体排水孔时，上游坝面处扬压力作用水头为 H_1'，下游坝面处为 H_2'，其间以直线连接。

1.3.1.4 淤沙压力

水库淤积（包括坝前泥沙淤积）是河床泥沙冲淤演变的产物，其分布情况与河流的水沙情况、枢纽组成及布置、坝前水流流态及水库运用方式关系密切。统计表明，当水库库容与年入沙量的比值大于100时，水库淤积缓慢，一般可不考虑泥沙淤积的影响；当该比值小于30时，工程淤沙问题比较突出，应将淤沙压力视为基本荷载，可按水库达到新的冲淤平衡状态的条件推定坝前淤积高程。一般情况下，应通过数学模型计算及物理模型试验，并比照类似工程经验，分析推定设计基准期内坝前的淤积高程。

作用在坝体上的淤沙压力一般根据朗肯理论主动土压力公式，单位宽度上的水平淤沙压力按下式计算：

$$P_s=\frac{1}{2}\gamma_{sb}h_s^2\tan^2\left(45°-\frac{\varphi_s}{2}\right) \qquad (1.3-3)$$

$$\gamma_{sb}=\gamma_{sd}'-(1-n)\gamma$$

式中 P_s——坝面单位宽度上的水平淤沙压力，kN/m；

γ_{sb}——淤沙的浮重度，kN/m³；

γ_{sd}'——泥沙的干重度，kN/m³；

n——泥沙的孔隙率；

γ——水的重度，kN/m³；

h_s——坝前泥沙淤积厚度，m；

φ_s——淤沙的内摩擦角，(°)。

对于上游倾斜坝面单位面积上的垂直淤沙压力应为 $\gamma_{sb}h_s$。

淤沙的浮重度和内摩擦角一般可参照类似工程的实测资料分析确定，对于淤沙严重的工程宜通过试验确定。黄河流域几座水库泥沙取样试验测得的浮重度为7.8～10.8kN/m³；淤沙以粉砂和砂粒为主时，φ_s 为26°～30°；淤积的细颗粒土的孔隙率大于0.7时，内摩擦角接近于零。

淤沙压力的变异性取决于 h_s、γ_{sb} 和 φ_s 的取值与工程实际的差异。但应注意，这三个参数的变异对淤沙压力的影响是相互制约的，最终对淤沙压力 P_s 的综合影响未必很大。例如，对刘家峡大坝进行淤沙压力复核时发现，计算取值与实际值相差情况是：h_s 增加22%，γ_{sb} 增加12.5%，φ_s 增加62.5%，而最终 P_s 仅增加了13%。

1.3.1.5 波浪压力

水库风成波对水工建筑物有重要的影响，它不但给重力坝等挡水结构直接施加浪压力，而且波峰所及高程也是决定坝高的重要依据。在枢纽工程设计中，解决水库波浪及浪压力问题的关键是根据当地实测风速资料推求设计波浪的波高、波长等波浪要素。

设计波浪的标准包括两个方面：①设计波浪的重现期，即设计波浪的长期分布问题；②设计波浪的波列累积频率，即设计波浪的短期分布问题。当按风速资料推求设计波浪时，设计波浪的重现期问题即为计算风速的重现期问题。迄今各水工设计规范都采用“风速加成法”确定用于波浪要素计算的风速值，即在正常运用条件（正常蓄水位或设计洪水位）下，采用相应洪水期多年平均最大风速的1.5～2.0倍；在非常运用条件（校核洪水位）下，采用相应洪水期多年平均最大风速。统计分析表明，多年平均最大风速的1.5～2.0倍约相当于50年重现期的年最大风速；当浪压力参与作用（荷载）基本组合时，采用50年重现期年最大风速；当浪压力参与偶然组合时，采用多年平均年最大风速。关于设计波浪的波列累积频率

一律采用1%。

工程设计中为求算设计波浪的波浪要素，除解决上述设计标准问题外，还必须先定出水库当地的年最大风速和风区长度（有效吹程）。年最大风速是指水面上空10m高度处的10min平均风速的年最大值。对于水面上空z处的风速，应乘以表1.3-2中的修正系数K_z后采用，陆地测站的风速还要另参照有关资料进行修正。

表1.3-2　风速的高度修正系数

高度z（m）	2	5	10	15	20
修正系数K_z	1.25	1.10	1.00	0.96	0.90

风区长度（有效吹程）D可按下列可能情况分别确定（见图1.3-5）：

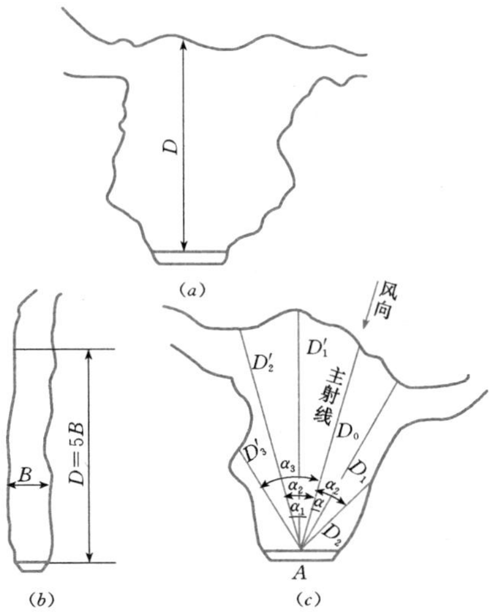

图1.3-5　水域风区长度计算图

(1) 当沿风向两侧水域较宽广时，可采用计算点至对岸的直线距离。

(2) 当沿风向有局部缩窄且缩窄处宽度B小于12倍计算波长时，可采用$5B$为风区长度，同时不小于计算点至缩窄处的直线距离。

(3) 当沿风向两侧水域较狭窄，或水域形状不规则，或有岛屿等障碍物时，可自计算点逆风向作主射线与水域边界相交，如图1.3-5(c)所示，然后在主射线两侧每隔7.5°作一射线，分别与水域边界相交。记D_0为计算点沿主射线方向至对岸的距离，D_i为计算点沿第i条射线至对岸的距离，α_i为第i条射线与主射线的夹角，则$\alpha_i=7.5i$（一般取$i=\pm1$、±2、±3、±4、±5、±6），同时令$\alpha_0=0$，于是，等效风区长度D即为

$$D=\frac{\sum_i D_i\cos^2\alpha_i}{\sum_i \cos\alpha_i}$$

$$(i=0、\pm1、\pm2、\pm3、\pm4、\pm5、\pm6) \tag{1.3-4}$$

1. 波浪要素计算

关于波浪要素的计算，一般都采用以一定实测或试验资料为基础的半理论半经验方法，因而都有一定的适用条件限制。

(1) 平原、滨海地区水库宜采用莆田试验站公式计算：

$$\frac{gh_m}{v_0^2}=0.13\tanh\left[0.7\left(\frac{gH_m}{v_0^2}\right)^{0.7}\right]\times\tanh\left\{\frac{0.0018\left(\frac{gD}{v_0^2}\right)^{0.45}}{0.13\tanh\left[0.7\left(\frac{gH_m}{v_0^2}\right)^{0.7}\right]}\right\} \tag{1.3-5}$$

$$\frac{gT_m}{v_0}=13.9\left(\frac{gh_m}{v_0^2}\right)^{0.5} \tag{1.3-6}$$

式中　h_m——平均波高，m；

v_0——计算风速，m/s；

D——风区长度，m；

g——重力加速度，9.81m/s²；

H_m——水域平均水深，m；

T_m——平均波周期，s。

平均波长L_m按下式计算：

$$L_m=\frac{gT_m^2}{2\pi}\tanh\frac{2\pi H}{L_m} \tag{1.3-7}$$

对于$H\geqslant0.5L_m$的深水波，式(1.3-7)还可简写为

$$L_m=\frac{gT_m^2}{2\pi} \tag{1.3-8}$$

(2) 丘陵、平原地区水库宜按鹤地水库公式计算（适用于库水较深、$v_0<26.5$m/s及$D<7.5$km）：

$$\frac{gh_{2\%}}{v_0^2}=0.00625v_0^{1/6}\left(\frac{gD}{v_0^2}\right)^{1/3} \tag{1.3-9}$$

$$\frac{gL_m}{v_0^2}=0.0386\left(\frac{gD}{v_0^2}\right)^{1/2} \tag{1.3-10}$$

式中　$h_{2\%}$——累积频率为2%的波高，m；

L_m——平均波长，m。

(3) 内陆峡谷水库宜用官厅水库公式计算（适用于$v_0<20$m/s，$D<20$km）：

$$\frac{gh}{v_0^2}=0.0076v_0^{-1/12}\left(\frac{gD}{v_0^2}\right)^{1/3} \tag{1.3-11}$$

$$\frac{gL_m}{v_0^2}=0.331v_0^{-1/2.15}\left(\frac{gD}{v_0^2}\right)^{1/3.75} \tag{1.3-12}$$

注意式中的 h，当 $\frac{gD}{v_0^2}=20\sim250$ 时，为累积频率5%的波高；当 $\frac{gD}{v_0^2}=250\sim1000$ 时，为累积频率 10%的波高。累积频率 P（%）的波高 h_P 与平均波高 h_m 的比值，可由 P 及水深 H_m 按表 1.3-3 查取。

由于空气阻力小于水的阻力，故波浪中心线高出计算静水位 h_z，如图 1.3-6 所示。该波浪要素在挡水建筑物设计时可按下式计算：

$$h_z=\frac{\pi h_{1\%}^2}{L_m}\coth\frac{2\pi H}{L_m} \tag{1.3-13}$$

式中 H——水深，m；

$h_{1\%}$——累积频率 1%的波高，m。

表 1.3-3　累计频率为 P 的波高与平均波高的比值

$\frac{h_m}{H_m}$	P（%）									
	0.1	1	2	3	4	5	10	13	20	50
0.0	2.97	2.42	2.23	2.11	2.02	1.95	1.71	1.61	1.43	0.94
0.1	2.70	2.26	2.09	2.00	1.92	1.87	1.65	1.56	1.41	0.96
0.2	2.46	2.09	1.96	1.88	1.81	1.76	1.59	1.51	1.37	0.98
0.3	2.23	1.93	1.82	1.76	1.70	1.66	1.52	1.45	1.34	1.00
0.4	2.01	1.78	1.68	1.64	1.60	1.56	1.44	1.39	1.30	1.01
0.5	1.80	1.63	1.56	1.52	1.49	1.46	1.37	1.33	1.25	1.01

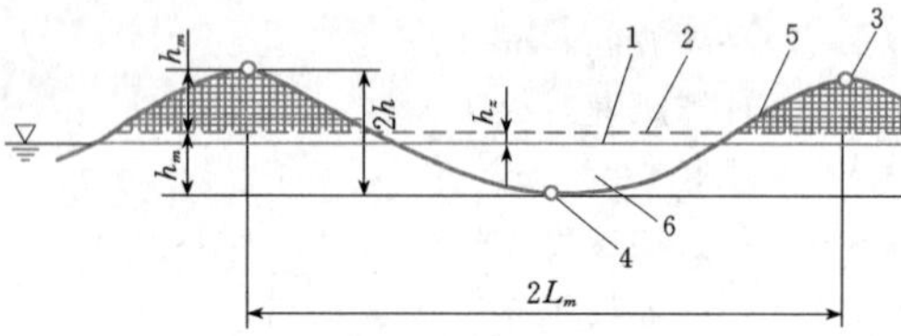

图 1.3-6　波浪要素

1—计算水位（静水水位）；2—平均波浪线；
3—波顶；4—波底；5—波峰；6—波谷

2. 重力坝（直墙式建筑物）的浪压力

当波浪要素确定之后，便可根据挡水建筑物前不同的水深条件判定波态以确定其上的浪压力强度分布，然后计算波浪总压力。随着水深的不同，有三种可能的波浪发生，即深水波、浅水波和破碎波。对于重力坝仅考虑前两种，如图 1.3-7 所示。

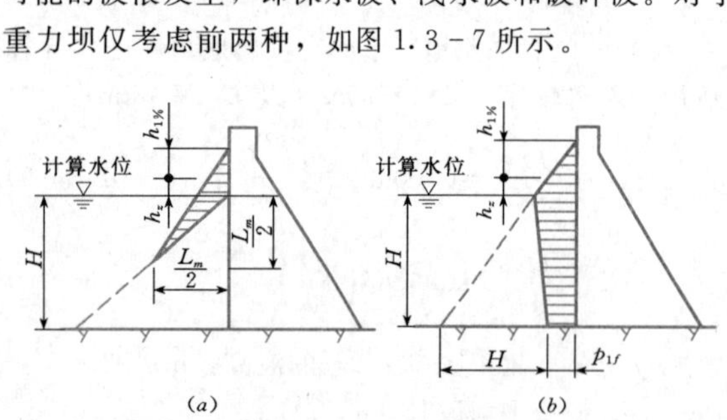

图 1.3-7　直墙式挡水面的浪压力分布

当坝前水深不小于半波长$\left(即\ H\geqslant\frac{L_m}{2}\right)$时，为深水波，如图 1.3-7（*a*）所示。水域的底部对波浪运动没有影响，这时铅直坝面上的浪压力分布应按立波概念确定。单位长度上的浪压力标准值 $P_{\omega k}$（kN/m）为

$$P_{\omega k}=\frac{1}{4}\gamma L_m(h_{1\%}+h_z) \tag{1.3-14}$$

当坝前水深小于半波长，但不小于使波浪破碎的临界水深 H_{cr} $\left(即\ H_{cr}\leqslant H\leqslant\frac{L_m}{2}\right)$时，如图 1.3-7（*b*）所示为浅水波，水域底部对波浪运动有影响，浪压力分布也到达底部。这时单位长度上浪压力标准值应按式（1.3-15）计算：

$$P_{\omega k}=\frac{1}{2}[(h_{1\%}+h_z)(\gamma H+p_{1f})+Hp_{1f}] \tag{1.3-15}$$

$$p_{1f}=\gamma h_{1\%}\operatorname{sech}\frac{2\pi H}{L_m} \tag{1.3-16}$$

式中 p_{1f}——坝基底面处剩余浪压力强度，kPa。

作为波态衡量指标之一的 H_{cr} 可由下式计算：

$$H_{cr}=\frac{L_m}{4\pi}\ln\frac{L_m+2\pi h_{1\%}}{L_m-2\pi h_{1\%}} \tag{1.3-17}$$

1.3.1.6 冰压力

1. 静冰压力

在寒冷地区的冬季，水库表面结冰，冰层厚度可达 1m 以上。当气温升高时，冰层膨胀，对建筑物产生的压力称为静冰压力。静冰压力的大小与冰层厚度、开始升温时的气温及温升率有关，可参照表 1.3-4 确定。静冰压力作用点在冰面以下 1/3 冰厚处。

表 1.3-4　静 冰 压 力

冰厚（m）	0.4	0.6	0.8	1.0	1.2
静冰压力（kN/m）	85	180	215	245	280

注　对小型水库，静冰压力乘以 0.87；对大型平原水库，静冰压力乘以 1.25。

2. 动冰压力

(1) 冰块垂直或接近垂直撞击在坝面产生的动冰压力可按下式计算：

$$F_{b1} = 0.07 V_i d_i \sqrt{A_i f_{ic}} \qquad (1.3-18)$$

式中 F_{b1}——冰块撞击坝面的动冰压力，MN；

V_i——冰块流速，m/s，宜按实测资料确定，无实测资料时，对于水库可取流冰期内保证率为 1% 的风速的 3%，一般不超过 0.6m/s；

d_i——冰厚计算值，m，取当地最大冰厚的 0.7～0.8 倍；

A_i——冰块面积，m^2；

f_{ic}——冰块的抗压强度，MPa，宜由试验确定，当无试验资料时，可采用 0.3～0.4MPa。

(2) 冰块撞击闸墩产生的动冰压力可按下式计算：

$$F_{b2} = m f_{ib} b d_i \qquad (1.3-19)$$

式中 F_{b2}——冰块撞击闸墩的动冰压力，MN；

f_{ib}——冰块的挤压强度，MPa，流冰初期可取 0.75MPa，后期可取 0.45MPa；

b——建筑物在冰作用处的宽度，m；

m——与闸墩前沿平面形状有关的系数，对于半圆形墩头 m 可取 0.9，对于矩形墩头 m 可取 1.0，对于三角形墩头 m 可按有关规范选取；

d_i——冰厚计算值。

对于低坝、闸墩或胸墙等，冰压力有时会成为重要的荷载。例如，20 世纪 30 年代在黑龙江省建成的一座 7m 高的混凝土坝即被 1m 厚的冰层推断。流冰作用于独立的进水塔、墩、柱上的冰压力，也会对建筑物产生破坏作用。实际工程中应注意在不宜承受冰压力的部位（如闸门、进水口等处）应加强防冰、破冰措施。

1.3.1.7 土压力

当建筑物背后有填土时，随建筑物相对于土体的位移状况，将受到不同的土压力作用。建筑物向前侧移动时，承受主动土压力；向后侧移动时，承受被动土压力；不动时，承受静止土压力。

作用在单位长度挡土墙背上的主动土压力可按下式计算：

$$F_{ak} = \frac{1}{2}\gamma H^2 K_a \qquad (1.3-20)$$

式中 F_{ak}——主动土压力，kN/m，作用于距墙底墙背 $H/3$ 处，与水平面的夹角为 $\delta+\varepsilon$，如图 1.3-8 (*a*) 所示；

γ——挡土墙后填土的重度，kN/m^3；

H——挡土墙高度，m；

K_a——主动土压力系数。

当墙背的坡角 ε 大于临界值 ε_{cr} 时，填土将产生第二破裂面［见图 1.3-8 (*b*)］，其主动土压力标准值应按作用于第二破裂面上的主动土压力 F_{a2}［取 $\delta=\varphi$ 按式 (1.3-20) 计算］和墙背与第二破裂面之间土重的合力计算。

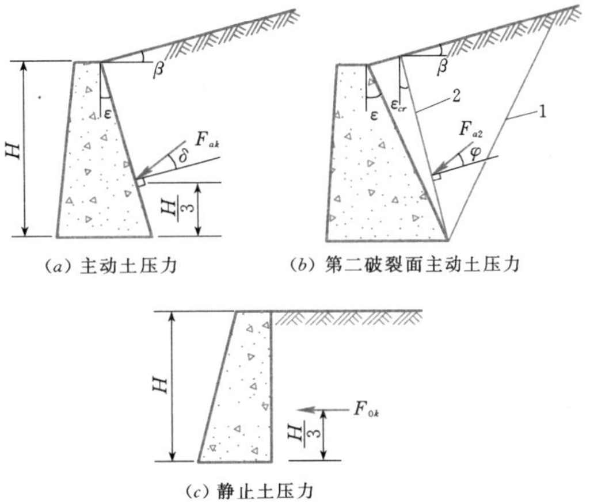

(*a*) 主动土压力　(*b*) 第二破裂面主动土压力

(*c*) 静止土压力

图 1.3-8 土压力作用示意图

1—第一破裂面；2—第二破裂面

当填土表面有均布荷载时，可将荷载换算成等效的土层厚度，计算作用于墙背的主动土压力标准值，此种情况下，作用于墙背上的主动土压力应按梯形分布。

对于墙背铅直、墙后填土表面水平的挡土墙，式 (1.3-20) 应采用静止土压力系数 K_0 计算，如图 1.3-8 (*c*) 所示。

K_a、K_0 等按《水工建筑物荷载设计规范》(DL 5077—1997) 附录 F 计算。

1.3.1.8 动水压力

在溢流坝面上，溢流产生动水压力。在溢流坝顶 *ab* 段（见图 1.3-9），动水压力值可正可负，和 *ab* 段的型式有关，通常其绝对值很小，可忽略不计。在

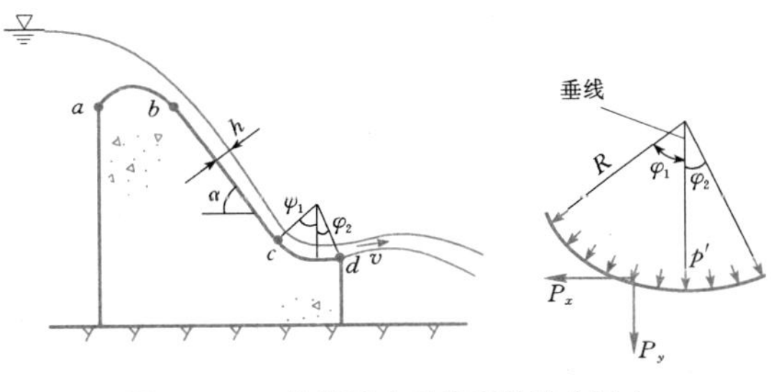

图 1.3-9 溢流重力坝坝面的动水压力

斜坡段 bc 上，其动水压力强度可用下式计算：

$$p = \gamma h \cos\alpha \tag{1.3-21}$$

式中 p——动水压力强度，kPa，方向与坝面垂直；

h——水流垂直于溢流面方向的厚度，m；

α——斜坡与水平面的夹角；

γ——水的重度，一般取 9.81kN/m³。

在反弧段 cd 上，动水压力强度可用下式计算：

$$p = q\rho_w \frac{v}{R} \tag{1.3-22}$$

式中 p——动水压力强度，Pa，方向与反弧面垂直；

q——单宽流量，m³/(s·m)；

ρ_w——水的密度，kg/m³；

v——反弧最低点的断面平均流速，m/s；

R——反弧的半径，m。

假定在反弧段上的 v 是常数，在一般溢流重力坝中，这样假定的误差不大，在反弧段单位宽度上动水压力总合力的水平及垂直分力可用下式计算：

水平分力(N/m) 为

$$P_x = q\rho_w v(\cos\varphi_2 - \cos\varphi_1) \tag{1.3-23}$$

垂直分力(N/m) 为

$$P_y = q\rho_w v(\sin\varphi_2 + \sin\varphi_1) \tag{1.3-24}$$

式中的 φ_1，φ_2 为如图 1.3-9 中所示的角度，取其绝对值；P_x、P_y 作用在反弧段的中点。

1.3.1.9 地震荷载

地震荷载是重力坝遭遇地震时所承受的荷载，包括地震惯性力、地震动水压力和地震动土压力。地震对扬压力及浪压力的影响较小，一般不予考虑。我国《水工建筑物抗震设计规范》(DL 5073—2000) 规定了地震荷载的计算方法。

地震荷载与坝址处地震时地面运动的强弱有关。坝址地震运动的强弱，一般用地震动参数或地震烈度来表示。坝址地震基本烈度是综合考虑震源可能发生的地震震级、震源深度、震中离坝址的距离以及坝区和库区的地质构造等因素而确定的。中小型工程重力坝抗震设计，一般采用基本烈度作为设计烈度。对于1级重力坝，应根据其重要性和遭受震害的危险性，在基本烈度基础上提高1度，作为设计烈度。坝高超过 200m 或库容大于 100 亿 m³ 的大型工程，大坝抗震设计标准和抗震措施要做专门论证，抗震设防依据应根据专门的地震危险性分析提供的基岩峰值加速度成果确定。水平向设计地震加速度代表值除按规定的概率水准由专门的地震危险性分析确定外，其余应根据设计烈度按表 1.3-5 取值。

表 1.3-5 水平向设计地震加速度代表值

设计烈度	7	8	9
地震加速度代表值	0.1g	0.2g	0.4g

坝址地面在地震时还有竖向地震加速度。竖向与水平向最大地震加速度的比例，根据实际观测资料分析，并无明显的规律性，在接近震中的高烈度区，竖向地面加速度可取水平向加速度的 2/3。当震中离坝址更近，竖向地震加速度与水平向地震加速度之比可能还要大些。

1. 地震惯性力

《水工建筑物抗震设计规范》(DL 5073—2000) 规定：重力坝抗震计算应进行坝体强度和整体抗滑稳定分析。工程抗震设防类别见表 1.3-6。对于设防类别为甲类的重力坝，其地震作用效应采用动力法；工程抗震设防类别为乙、丙类的重力坝，采用动力法或拟静力法，设计烈度小于 8 度且坝高不大于 70m 的重力坝，可采用拟静力法。以下介绍拟静力法。

表 1.3-6 工程抗震设防类别

工程抗震设防类别	建筑物级别
甲	1（壅水）
乙	1（非壅水）、2（壅水）
丙	2（非壅水）、3
丁	4、5

一般情况下，水工建筑物可只考虑水平向地震作用。设计烈度为 8 度、9 度的 1 级、2 级重力坝，应同时计入水平向和竖向地震作用。混凝土重力坝沿高度作用于质点 i 的水平向地震惯性力代表值 F_i 可按下列公式计算：

$$F_i = \frac{\alpha_h \xi G_{Ei} \alpha_i}{g} \tag{1.3-25}$$

$$\alpha_i = 1.4 \frac{1 + 4\left(\dfrac{h_i}{H}\right)^4}{1 + 4\sum_{j=1}^{n} \dfrac{G_{Ej}}{G_E}\left(\dfrac{h_j}{H}\right)^4} \tag{1.3-26}$$

式中 F_i——作用在质点 i 的水平向地震惯性力代表值，kN；

α_h——水平向设计地震加速度代表值；

ξ——地震作用的效应折减系数，一般取 $\xi = 0.25$；

G_{Ei}——集中在质点 i 的重力作用标准值，kN；

g——重力加速度，9.81m²/s；

α_i——质点 i 的动态分布系数；

n——坝体计算质点总数；

H——坝高，溢流坝的 H 应算至闸墩顶，m；

h_i、h_j——质点 i、j 的高度，m；

G_{Ej}——集中在质点 j 的重力作用标准值，kN；

G_E——产生地震惯性力的建筑物总重力作用标准值，kN。

当需要计算竖向地震惯性力时，仍可用式（1.3-25），但应以竖向地震系数 α_v 代替 α_h。据统计，竖向地震加速度最大值约为水平地震加速度最大值的 2/3，即 $\alpha_v \approx \frac{2}{3}\alpha_h$。当同时计入水平和竖向地震惯性力时，竖向地震惯性力还应乘以遇合系数 0.5。

2. 地震动水压力

地震时，坝前、坝后的水也随着震动形成作用在坝面上的激荡力。在水平地震作用下，重力坝铅直面上沿高度分布的地震动水压力的代表值为

$$P_\omega(y) = \alpha_h \xi \psi(y) \rho_\omega H_1 \qquad (1.3-27)$$

式中 $P_\omega(y)$——水深 y 处的地震动水压力代表值，kPa；

$\psi(y)$——水深 y 处的地震动水压力分布系数，按表 1.3-7 选用；

ρ_ω——水体质量密度标准值，10^3 kg/m^3；

H_1——坝前水深，m。

单位宽度上的总地震动水压力 F_0 为

$$F_0 = 0.65\alpha_h \xi \rho_\omega H_1^2 \qquad (1.3-28)$$

作用点位于水面以下 $0.54H_1$ 处。

水深为 y 的截面以上单位宽度地震动水压力的合力 $\overline{P}_y$ 及其作用点深度 h_y 如图 1.3-10 所示。

表 1.3-7　　水深 y 处的地震动水压力分布系数 $\psi(y)$

y/H_1	0	0.1	0.2	0.3	0.4	0.5	0.6	0.7	0.8	0.9	1.0
$\psi(y)$	0.00	0.43	0.58	0.68	0.74	0.76	0.76	0.75	0.71	0.68	0.67

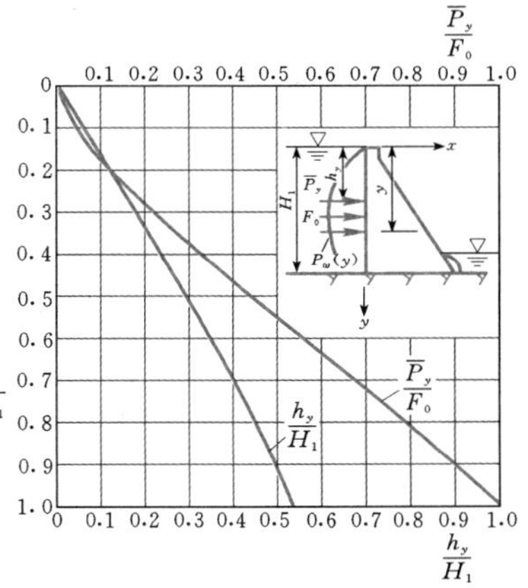

图 1.3-10　地震动水压力分布

对于倾斜的迎水面，按式（1.3-27）计算地震动水压力时，应乘以折减系数 $\theta/90°$，θ 为建筑物迎水面与水平面的夹角。当迎水面有折坡时，若水面以下直立部分的高度不小于水深的一半，则可近似取作铅直。否则应取水面与坝面的交点和坡脚点的连线作为代替坡度。

3. 地震动土压力

地震主动动土压力代表值 F_E 为（应取式中"+"、"−"号计算结果中的大值）。

$$F_E = \left[q_0 \frac{\cos\psi_1}{\cos(\psi_1 - \psi_2)} H + \frac{1}{2}\gamma H^2\right](1 - \zeta\alpha_v/g)C_e \qquad (1.3-29)$$

$$C_e = \frac{\cos^2(\varphi - \theta_e - \psi_1)}{\cos\theta_e \cos^2\psi_1 \cos(\delta + \psi_1 + \theta_e)(1 \pm \sqrt{Z})^2}$$

$$Z = \frac{\sin(\delta + \varphi)\sin(\varphi - \theta_e - \psi_2)}{\cos(\delta + \psi_1 + \theta_e)\cos(\psi_2 - \psi_1)}$$

$$\theta_e = \tan^{-1}\frac{\zeta\alpha_h}{g - \zeta\alpha_v}$$

式中 F_E——地震主动动土压力代表值；

C_e——地震动土压力系数；

q_0——土表面单位长度的荷重；

ψ_1——挡土墙面与垂直面的夹角；

ψ_2——土表面和水平面的夹角；

H——土的高度；

γ——土的重度的标准值；

φ——土的内摩擦角；

θ_e——地震系数角；

δ——挡土墙面与土之间的夹角；

ζ——计算系数，用动力法计算地震作用效应时取 1.0，用拟静力法计算地震作用效应时一般取 0.25，对钢筋混凝土结构取 0.35。

地震被动土压力需专门研究确定。

1.3.1.10　其他荷载

重力坝的其他荷载，如风压力、雪压力、坝顶上车和人等的动荷载，由于其在全部荷载中所占的比重很小，一般均忽略不计。但这些荷载可能对某些局部结构是重要的，如在进行溢流坝坝顶桥梁、坝顶启闭

机架等的结构分析时还应计入这些荷载，具体计算方法可参阅有关规范。

1.3.2 重力坝的荷载组合

以上所述的重力坝各种荷载有的是长期作用在坝体上，有的只是在特殊情况下作用在坝体上，因此荷载可分为基本荷载和特殊荷载两类。

基本荷载包括：①坝体及其上永久设备的自重；②正常蓄水位或设计洪水位时的静水压力；③相应于正常蓄水位或设计洪水位时的扬压力；④淤沙压力；⑤相应于正常蓄水位或设计洪水位时的浪压力；⑥冰压力；⑦相应于设计洪水位时的动水压力。如果坝的一面或两面有填土时，还应包括土压力。

特殊荷载包括：⑧校核洪水位时的静水压力；⑨相应于校核洪水位时的扬压力；⑩相应于校核洪水位时的浪压力；⑪相应于校核洪水位时的动水压力；⑫地震荷载（包括地震惯性力和地震动水压力）。

静水压力和地震动水压力应包括同时作用在上游坝面和下游坝面上的压力。以上12种作用在重力坝上的荷载图形如图1.3-11所示。

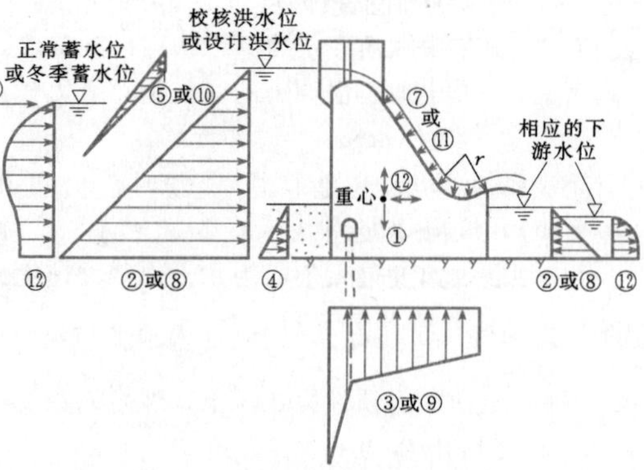

图1.3-11 作用在重力坝上12种荷载的图形

重力坝荷载组合的原则是，根据各种荷载同时作用的实际可能性，选择最不利的组合。荷载组合分为基本组合和特殊组合两种情况，基本组合由基本荷载所组成，特殊组合除相应的基本荷载外，尚包括一种或几种特殊荷载。

1.3.2.1 基本组合

（1）正常蓄水位情况，包括荷载①、②、③、④和⑤。

（2）设计洪水位情况，包括荷载①、②、③、④、⑤和⑦。

（3）冰冻情况，包括荷载①、②、③、④和⑥，静水压力和扬压力按相应冬季库水位计算，冰压力作用在水面。

1.3.2.2 特殊组合

（1）校核洪水位情况，包括荷载①、④、⑧、⑨、⑩和⑪。

（2）地震情况，包括荷载①、②、③、④、⑤和⑫，静水压力、扬压力和浪压力应按正常蓄水位计算，有论证时可另作规定。

各种情况中是否包括土压力或其他荷载，要根据坝前或坝后有无填土或其他荷载而定。重力坝的荷载组合见表1.3-8。

表1.3-8 重力坝的荷载组合

荷载组合	组合情况	荷载										备注
		自重	静水压力	扬压力	淤沙压力	浪压力	冰压力	地震荷载	动水压力	土压力	其他荷载	
基本组合	（1）正常蓄水位情况	√	√	√	√	√				√	√	土压力根据坝体外是否填有土石而定
	（2）设计洪水位情况	√	√	√	√	√			√	√	√	土压力根据坝体外是否填有土石而定
	（3）冰冻情况	√	√	√	√		√			√	√	静水压力及扬压力按相应冬季库水位计算
特殊组合	（1）校核洪水位情况	√	√	√	√				√	√	√	
	（2）地震情况	√	√	√	√	√		√		√	√	静水压力、扬压力和浪压力按正常蓄水位计算。有论证时可另作规定

注 1. 应根据各种荷载同时作用的实际可能性，选择计算中最不利的荷载组合。
2. 分期施工的坝应按相应的荷载组合分期计算。
3. 施工期的情况应作必要的核算，作为特殊组合。
4. 根据地质和其他条件，如考虑运用时排水设备易于堵塞而需经常维修时，应考虑排水失效的情况作为特殊组合。
5. 地震情况中，如按冬季计及冰压力，则不计浪压力。

1.3.3 重力坝的断面设计原则

重力坝的强度和稳定性主要靠坝的重量来保证，而坝的重量主要取决于坝的形状和尺寸。设计重力坝的断面，需先粗略地选取一个基本断面，并根据运用的需要（如是溢流坝还是非溢流坝等），把基本断面修正为实用断面。然后进行详细的应力和稳定分析，据此，再修改实用断面，使之既能满足安全要求，又能节省工程量，而且便于施工。所以设计重力坝的断面不是一次能完成的，而是逐步分析研究，反复修改后得出的。采用计算机辅助设计来优选重力坝断面，可以加快设计，但其基本步骤仍是如此。

1.3.3.1 坝顶高程和坝顶宽度

坝顶高程应高于校核洪水位，为防波浪漫过坝顶，在静水位以上还应留有一定的超高。坝顶上游防浪墙顶的高程应高于波浪顶高程。防浪墙顶至正常蓄水位或校核洪水位的高差 Δh，可按下式计算：

$$\Delta h = h_{1\%} + h_z + h_c \qquad (1.3-30)$$

式中 $h_{1\%}$——累计频率为1%时的波浪高度，m；

h_z——波浪中心线高于静水位的高度，m，按式（1.3－13）计算；

h_c——安全超高，m，按表1.3－9选用。

坝顶上游防浪墙顶高程按以下方式计算，并选用其中的较大值。

防浪墙顶高程＝正常蓄水位或校核洪水位＋Δh

根据交通和运行管理的需要，坝顶应有足够的宽度。坝顶宽度一般取坝高的8%～10%，且不小于3m。当在坝顶布置移动式启闭机时，坝顶宽度要满足安装门机轨道的要求。

表1.3－9　安全超高 h_c　单位：m

运用情况	坝的级别		
	1	2	3
正常蓄水位	0.7	0.5	0.4
校核洪水位	0.5	0.4	0.3

1.3.3.2 坝坡及坝基面宽度

重力坝基本断面是三角形，其顶点在水库校核洪水位附近。重力坝的上游面一般是铅直的或略向上游倾斜，或为折坡，即上部铅直，下部向上游倾斜，折坡点的高程应结合坝上所需设的各种孔口的进水口位置一并考虑，以便于闸门启闭操作，如图1.3－12所示。岩基上实体重力坝的上游边坡一般采用1∶0～1∶0.2，如果是斜坡，一般为折坡。下游边坡一般采用1∶0.65～1∶0.80。重力坝基本断面的上、下游坝坡，可参照已建重力坝的实例初步选定。表1.3－10列出了我国部分已建实体重力坝采用的坝坡值。

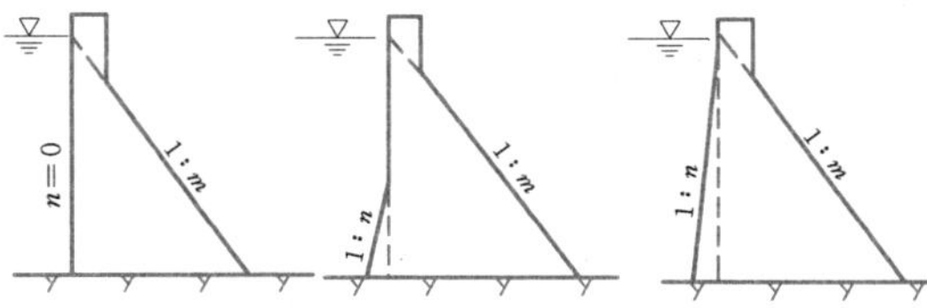

图1.3－12　重力坝非溢流坝段断面形态

表1.3－10　我国部分已建实体重力坝采用的坝坡值

坝名	最大坝高(m)	非溢流坝段			溢流坝段		
		上游坝坡		下游坝坡	上游坝坡		下游坝坡
		上部 n_1	下部 n_2	m	上部 n_1	下部 n_2	m
龙滩	216.50	0	0.25	0.73	0	0.25	0.68
向家坝	162.00	0	0.20	0.75	0.55		0.75
三峡	181.00	0	0	0.72	0	0	0.74
刘家峡	147.00	0	0.25	0.65、0.55			
安康	128.00	0	0	0.65	0	0.25	0.65
三门峡	106.00	0.15	0.15	0.75	0.15	0.15	0.75
龚嘴	85.50	0	0	0.75	0	0	0.80

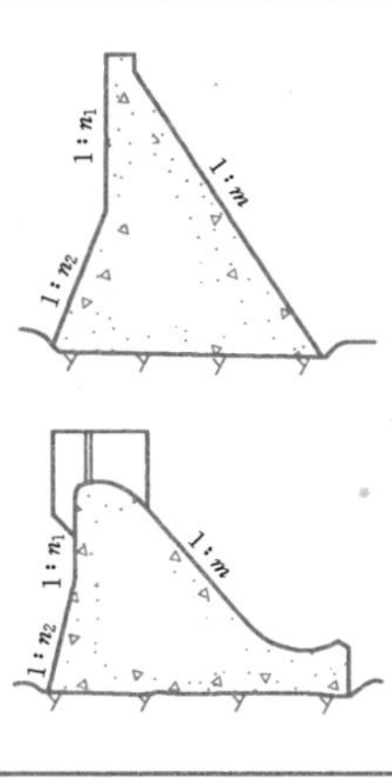

重力坝的应力和稳定计算一般取单宽坝体进行平面分析。在初选基本断面时，还可用粗略的计算方法进行。重力坝的主要荷载有自重、上游静水压力和底面的扬压力。假定下游无水，扬压力呈三角形分布，在坝踵处为 $\alpha\gamma H$，在坝趾处为零，并假定水库水面在三角形顶点高程，如图1.3－13所示。坝底应力用材料力学公式计算，要求坝踵垂直应力 σ' 不小于零。在图1.3－13中，设 H 为坝高；B 为坝底水平宽度；λ

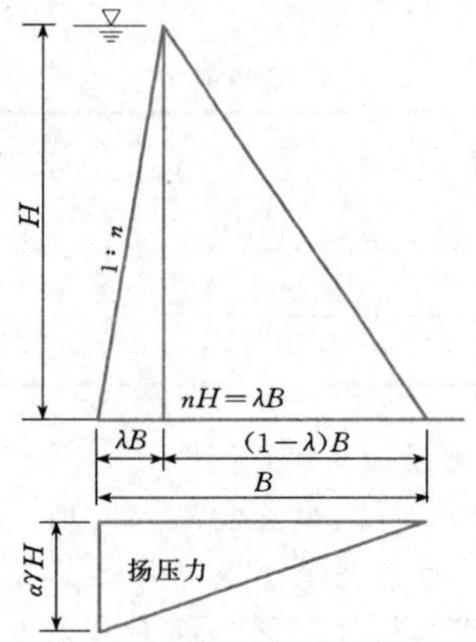

图 1.3-13 重力坝的基本断面

为上游坝坡的水平投影宽与坝底宽的比值，$\lambda=nH/B$，其中 n 是上游坝面坡度比；γ 为水的重度；γ_1 为混凝土的重度；α 为扬压力的强度系数。坝踵处的压应力 σ' 为

$$\sigma' = H\left[\gamma_1(1-\lambda)+\gamma\lambda(2-\lambda)-\alpha\gamma-\frac{\gamma H^2}{B^2}\right] \tag{1.3-31}$$

令 $\sigma'=0$，由式（1.3-31）可解出

$$B=\frac{H}{\sqrt{\frac{\gamma_1(1-\lambda)}{\gamma}+\lambda(2-\lambda)-\alpha}} \tag{1.3-32}$$

当式（1.3-32）中右端分母为最大值时，B 将最小，此时

$$\lambda = 1-\frac{\gamma_1}{2\gamma} \tag{1.3-33}$$

如 $\gamma_1=24$，$\gamma=10$，则 $\lambda=-0.2$，将其代入式（1.3-32），当 $\alpha=0.25$ 时，得 $B=0.676H$。λ 为负值表示上游坝面是倒悬的，一般不采用，因不利于各种进水口闸门的启闭，也不便于施工。通常取 $\lambda=0$，则由式（1.3-32）得

$$B=\frac{H}{\sqrt{\frac{\gamma_1}{\gamma}-\alpha}} \tag{1.3-34}$$

如取 $\gamma_1=24$，$\gamma=10$，$\alpha=0.25$，代入式（1.3-34）可求得 $B=0.682H$；如取 $\alpha=0.4$，则 $B=0.707H$；如取 $\alpha=1.0$，$B=0.845H$。可见，在坝基内采用防渗、排水措施，把 α 值降到 0.40～0.25，可使坝体体积减小 15%～20%。

对于重力坝沿坝基面的抗滑稳定，作为初选断面的粗略计算，可用较为简单的抗剪强度公式。对于图 1.3-12所示的基本断面，可得出

$$B=\frac{KH}{f\left(\frac{\gamma_1}{\gamma}+\lambda-\alpha\right)} \tag{1.3-35}$$

式中 K——抗滑稳定安全系数；

f——滑动面的摩擦系数。

对于式（1.3-35），如取 $\gamma_1/\gamma=2.4$，$\alpha=0.25$，$\lambda=0$，$K=1.1$，当 $f=0.6$ 时，$B=0.853H$；当 $f=0.8$ 时，$B=0.640H$；当 $f=0.75$ 时，$B=0.682H$。如仍取 γ_1/γ、α、λ 为上述值，则按应力条件用式（1.3-34）计算，同样得出 $B=0.682H$。这表明，应力和稳定条件同时得到满足。对于较好的岩基，f 大于 0.75 时，坝底宽度 B 由应力条件控制；对较差的地基，f 小于 0.75 时，B 的选取由稳定条件控制。

为了同时满足应力和稳定条件，把式（1.3-32）和式（1.3-35）等同起来，并经整理，可得出 λ 的计算式：

$$\left(1+\frac{K^2}{f^2}\right)\lambda^2+\left[\frac{\gamma_1}{\gamma}\left(\frac{K^2}{f^2}+2\right)-2\left(\frac{K^2}{f^2}+\alpha\right)\right]\lambda + \left[\left(\frac{\gamma_1}{\gamma}\right)^2-\frac{\gamma_1}{\gamma}\left(\frac{K^2}{f^2}+2\alpha\right)+\alpha\left(\frac{K^2}{f^2}+\alpha\right)\right]=0 \tag{1.3-36}$$

如取 $K=1.1$，$\frac{\gamma_1}{\gamma}=2.4$，$\alpha=0.25$，用式（1.3-35）和式（1.3-36）算出的 B/H 和 λ 值见表 1.3-11。

表 1.3-11 重力坝基本断面的 B/H 和 λ 与 f 的关系

f	0.6	0.7	0.75	0.8	0.9
λ	0.361	0.120	0.003	−0.118	−0.353
B/H	0.730	0.692	0.681	0.677	0.677

由表 1.3-11 可见，当 f 值小时，B 值较大，λ 也较大。f 值增加，B 和 λ 都随之减小。当 $f=0.75$ 时，$\lambda\approx0$，B 接近于最小值；当 f 值再增大时，B 趋于最小的常数，而 λ 变成负值，且绝对值逐渐增大。这些粗略的计算数据表明：如地基的 f 值大于 0.75 时，上游坝面做成微向下游倾斜，对应力有好处，而且 B/H 处于较小值，这一点对重力坝的定型有参考意义。

确定枢纽布置后，要进行坝体设计，包括布置和构造以及理论分析（包括应力和稳定计算），二者必须紧密结合，理论分析要根据布置和构造的条件来进行，而布置和构造又要适应理论分析。此外，还要考虑施工条件。重力坝的基本断面选定后，要根据各坝段（如溢流坝段、非溢流坝段、泄水孔坝段等）的不同作用，修正为实用断面，还要根据实际运用需要（如波浪超高、抗震等）进一步修改断面。

1.3.3.3 坝体断面的优选

重力坝的断面较大，当坝轴线较长、坝段数量很多时，若进行断面及整体优化，可有效减少混凝土总

工程量。断面优化设计是以坝体单位宽度作为研究对象，在任何水平截面上均能满足稳定及应力要求的条件下，使坝体断面最经济、混凝土工程量最小。重力坝断面的体型优化是利用数学规划方法，将体型优化设计问题转变为数学模型，对优化追求的目标和设计应受到的种种约束作出数学描述，最后利用数学规划方法求解。

在重力坝断面设计中以重力坝的体积 V 作为优化的特定目标，称为目标函数。体型设计中的参数，除了给定的以外，对其余可变的参数，一部分进行优化（由数学优化方法计算给出），另一部分则进行优选（通过对约束条件的判断进行选择）。具体考虑如下：坝顶宽度由运用条件确定，将其作为给定的参数。从敏感度分析结果可知，上、下游坝面的坡比及起坡点高程对重力坝体积 V 的影响占最主要的地位，因此将它们作为设计变量，但要选择某些优化变量的上下限值。可以看出，这些设计变量都有连续的变化区域。如果把第 i 个设计变量记为 x_i，可以把重力坝全部 n 个设计变量排列成一个向量 $\boldsymbol{X}$，即 $\boldsymbol{X}=[x_1\quad x_2\quad x_3\quad \cdots\quad x_n]^{\mathrm{T}}$。由于一个向量对应着空间的一个点，$n$ 个设计变量就形成 n 维设计空间。设计空间由代表各个设计变量的坐标轴加以描述。一个设计方案，表示设计空间内的一个点。最后用数学优化方法求解。

重力坝剖面的形状受到某些条件限制，因此对设计变量的取值也要加以相应的限制条件，如坝基面的应力和抗滑稳定条件需要满足设计规范的要求等。上述的限制条件就是重力坝断面设计应该满足的约束条件。这些约束可以用如下的不等式来表示：

$$g_j(\boldsymbol{X})\geqslant 0, j=1,2,3,\cdots,m \qquad (1.3-37)$$

重力坝剖面的体型优化，采用数学规划方式可以作如下表达：

$$\begin{cases}\min V(\boldsymbol{X}), \boldsymbol{X}\in R^n \\ \text{s. t. } g_j(\boldsymbol{X})\geqslant 0, j=1,2,3,\cdots,m\end{cases} \qquad (1.3-38)$$

其中设计变量 $\boldsymbol{X}=[x_1\quad x_2\quad x_3\quad \cdots\quad x_n]^{\mathrm{T}}$；s. t. 表示“受约束于”的意思。

对于设计空间中的每一个约束的极限条件 $g_j(\boldsymbol{X})=0$，都是以几何面的形式出现的。这个曲面把空间分成两部分，一部分是 $g_j(\boldsymbol{X})>0$ 的区域，另一部分是 $g_j(\boldsymbol{X})<0$ 的区域。前一部分区域满足约束条件，称为可行设计区。这些约束面相互穿插，构成一个组合约束面。如果某一设计点位于可行设计区，那么在该区域内每一点都满足 $g_j(\boldsymbol{X})\geqslant 0$。在可行区域以外的区域称为不可行区域。由于应用数学规划方法有一个先决条件，即初始设计应该在可行区域以内，所以在进行重力坝剖面的体型优化以前，应该先作坝体应力分析和抗滑稳定分析，使初步拟定的方案满足应力和稳定的条件，以保证其在设计可行区域以内。

断面优化是对单一断面进行优化，但从受力、泄洪及外观要求上，不能将各个坝段分别做成不同的形状。整体优化设计是在断面优化的基础上，以整个工程的混凝土量为目标函数，选取经济、实用的断面型式。龙滩工程研制的实体重力坝断面设计和体型优化程序，考虑了溢流坝段、河床挡水坝段、岸坡挡水坝段三种典型的断面，河床挡水坝段和溢流坝段的典型断面如图 1.3-14 所示。岸坡挡水坝段体型与河床挡水坝段上部相似，由于其建基面较高，坝高相对较低，可采用与河床挡水坝段不同的下游坡比与起坡高程。对于电梯井、底孔等特殊的坝段，基本断面以外的混凝土（如突出上游的牛腿、溢流堰导墙等），坝体孔洞，坝顶设备重等，在程序中通过附加块来模拟增加或减小的重量。进行大坝总体计算时，溢流坝段、河床挡水坝段上游面采用统一的上游坡比和起坡点高程，在进行大坝总体优化时，取表 1.3-12 中的 8 个设计变量作为优化变量，同时给出每一优化变量的上、下限值。进行坝体断面计算与优化的主要流程如图 1.3-15 所示。

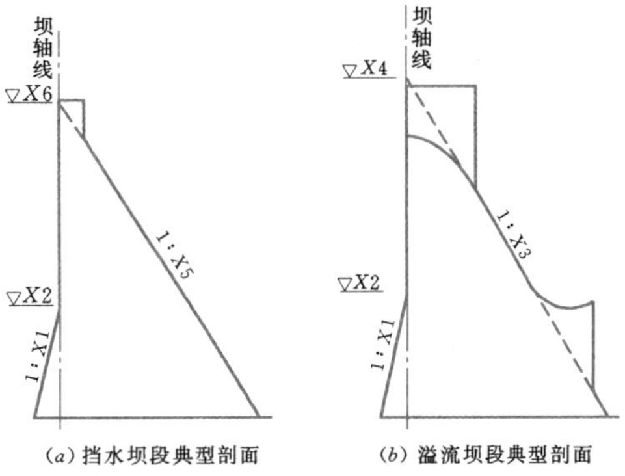

图 1.3-14 典型坝段断面图

表 1.3-12 优化设计变量

优化变量	说　明
X1	大坝上游坡坡比
X2	上游起坡点高程
X3	溢流坝段下游坡坡比
X4	溢流坝段下游坡起坡点高程
X5	河床挡水坝段下游坡坡比
X6	河床挡水坝段下游坡起坡点高程
X7	岸坡挡水坝段下游坡坡比
X8	岸坡挡水坝段下游坡起坡点高程

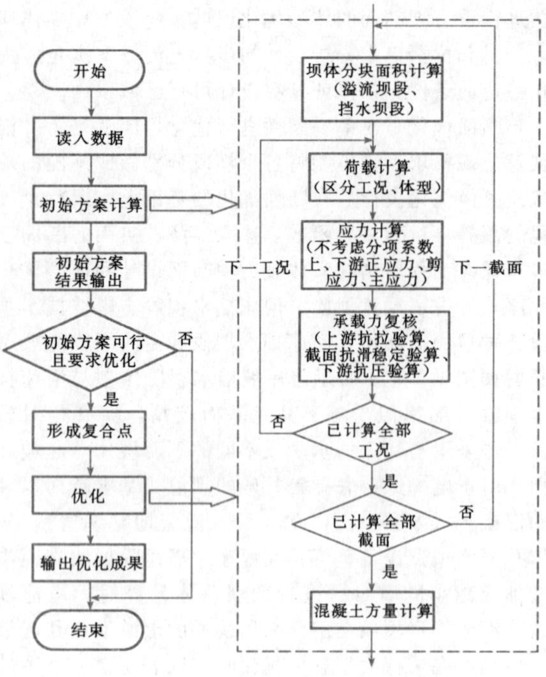

图 1.3-15 重力坝断面优化流程图

三峡混凝土重力坝规模宏大，大坝混凝土工程量约 1600 万 m^3，进行大坝断面优化设计对减少工程量、节约工程投资具有重要意义。针对三峡大坝的特点，参照重力坝设计规范的有关规定及一般设计经验，确定几何约束、抗滑稳定约束和应力约束条件，以大坝混凝土总工程量为目标函数，应用非线性规划方法并选用直接解法中的复合形法求解设计变量，对泄洪坝段和左、右岸厂房坝段三部分进行整体优化设计。大坝总混凝土工程量较初步设计报告减少约 7%。

1.3.4 溢流表孔的水力设计

溢流重力坝一般在坝顶设置闸门，运用闸门调节下泄的洪水流量。闸门顶高程为水库正常蓄水位加闸门设计超高；闸门全开时，应能宣泄设计洪水时溢流坝所分担的泄流量。如不设闸门，溢流坝顶高程应为水库正常蓄水位，则溢洪时库水位将抬高，增加淹没损失，所以只有在山区中、小型重力坝水库淹没损失小时才不用闸门。

设有闸门的溢流坝，因闸门宽度受到结构的限制，需分为若干孔，中间用闸墩隔开。闸墩用以支持闸门，闸墩顶设桥梁。如溢流孔口的宽度为 B，孔口的数目为 N，则溢流总宽度为 $L=NB+(N-1)D$，其中 D 是闸墩的厚度。孔口宽度 B 一般为 12～15m，以利于在每一坝段宽度内设一个溢流孔口。闸门应尽量采用规范中推荐的标准尺寸，以利于闸门设计和制造。

1.3.4.1 幂曲线堰面的水力设计

溢流坝顶形状要求曲线平顺，溢流效率高，坝面不发生负压或不超过容许的负压值，以免发生空蚀。开敞式溢流孔的堰面曲线通常采用幂曲线，如图 1.3-16所示，曲线的方程式如下：

$$x^n = kH_s^{n-1}y \tag{1.3-39}$$

式中 H_s——定型设计水头，按堰顶最大工作水头 H_{zmax} 的 75%～90% 计算，m，H_{zmax} 参见图 1.3-16 (a)、(b)；

k、n——系数，n 值见表 1.3-13，当上游相对堰高 P_1 满足 $P_1/H_s>1.0$ 时，k 值见表 1.3-13，当 $P_1/H_s\leqslant1.0$ 时，取 $k=2.0\sim2.2$；

x、y——堰面曲线的水平与垂直坐标值，m，原点在堰顶的最高点。

表 1.3-13 堰面曲线公式中的系数

上游坝面坡度	k	n
垂 直	2.000	1.850
斜坡（垂直：水平）3：1	1.936	1.836

在原点上游侧宜用三圆弧曲线或椭圆曲线，椭圆曲线方程式为

$$\frac{x^2}{(aH_s)^2}+\frac{(bH_s-y)^2}{(bH_s)^2}=1 \tag{1.3-40}$$

式 (1.3-40) 中的 aH_s 和 bH_s 为椭圆曲线的长半轴和短半轴。当 $P_1/H_s\geqslant2$ 时，$a=0.28\sim0.30$，$a/b=0.87+3a$；当 $P_1/H_s<2$ 时，$a=0.215\sim0.28$，$b=0.127\sim0.163$；当 P_1/H_s 取值小时，a 与 b 相应取小值。若采用倒悬堰顶时［见图 1.3-16 (a)］，应满足 $d>\frac{1}{2}H_{zmax}$。

上游坡倾斜，原点上游堰面曲线采用二圆弧组合的曲线，如图 1.3-16 (c) 所示，其中 e_1、e_2、R_1 和 R_2 的选取见表 1.3-14。重力坝的上游坝坡一般很少缓于 1：3，较缓的坝坡仅适用于支墩坝。

由于堰顶定型设计水头 H_s 小于 H_{zmax}，所以当堰顶水头等于 H_{zmax} 时堰顶附近容许出现负压，但在常遇洪水闸门全开时堰顶附近不宜出现负压。在校核洪水位闸门全开时，负压不得超过 3～6m（水柱）。在正常蓄水位或常遇洪水位闸门部分开启时，可容许有不大的负压值，但应在设计中经论证确定，一般也不超过 3～6m。在 H_{zmax} 时，堰顶可能出现的最大负压见表 1.3-15，可供选择定型设计水头时参考。

当水库正常蓄水位与校核洪水位相差不多时，定

型设计水头 H_s 可选得比正常蓄水位时的堰顶作用水头低，以增大流量系数；如二者相差较大，则 H_s 宜选得比正常蓄水位时的堰顶作用水头高，以免在校核洪水位时堰面出现超过容许的负压。

表 1.3-14　溢流坝 WES 堰面曲线参数

上游坡（垂直：水平）	e_1/H_s	e_2/H_s	R_1/H_s	R_2/H_s	k	n
3∶0	0.175	0.282	0.50	0.20	2.000	1.850
3∶1	0.139	0.237	0.68	0.21	1.936	1.836
3∶2	0.115	0.214	0.48	0.22	1.939	1.810
3∶3	0.119	0	0.45	0	1.873	1.776

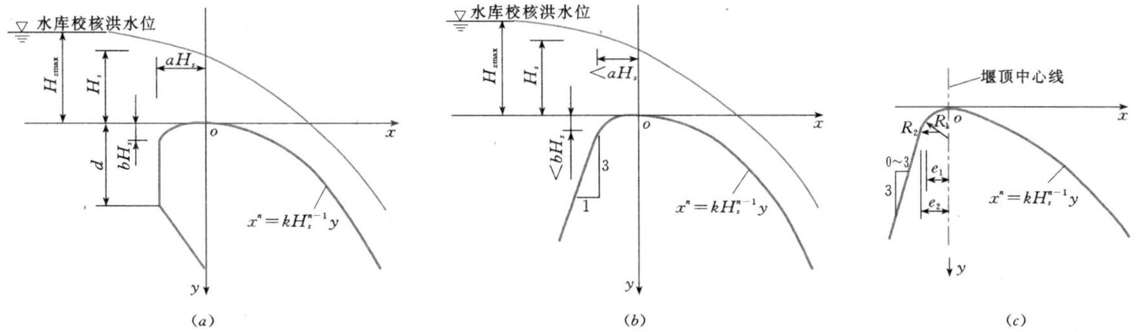

图 1.3-16　开敞式溢流坝的堰面曲线

表 1.3-15　在 H_{zmax} 时堰顶可能出现的最大负压

H_s/H_{zmax}	0.75	0.775	0.80	0.825	0.85	0.875	0.90	0.95	1.0
最大负压（m）	$0.45H_s$	$0.40H_s$	$0.30H_s$	$0.25H_s$	$0.20H_s$	$0.15H_s$	$0.10H_s$	$0.05H_s$	0

1.3.4.2　有胸墙溢流坝的堰面水力设计

我国常用有胸墙的溢流坝，实际上这是高泄洪孔。当水库水位为校核洪水位时，孔口中心以上的最大作用水头 H_{zmax} 与孔口高度 D 的比值（H_{zmax}/D）大于 1.5；或闸门全开时仍属孔口泄流，则堰面曲线（见图 1.3-17）可按下式计算：

$$y=\frac{x^2}{4\varphi^2H_s} \tag{1.3-41}$$

式中　H_s——定型设计水头，一般取堰顶以上最大水头的 56%～77%；

φ——孔口收缩断面上的流速系数，一般取 φ=0.96，如孔前设有检修闸门槽取 φ=0.95；

x、y——以溢流堰最高点为原点的水平和垂直坐标系的坐标值。

原点上游可用单圆、复式圆或椭圆曲线，胸墙底缘也做成椭圆曲线，二者要通盘考虑。

需要指出的是，当库水位低于胸墙底缘时，即成为开敞式溢流坝。当溢流堰顶上作用水头在 1.2D～1.5D 时，流态可能是处于开敞式堰流或孔口泄流的过渡状态，流态来回摆动。即使是 H_{zmax}>1.5D，在库水位下降时，也会出现孔口泄流变堰流的过渡阶段，出现上述的不稳定流态。应通过水工模型试验确定孔流变堰流过渡时的水库水位，在运行中要用闸门加以控制，避免长时间处于此不稳定的流态。库水位在此水位范围内升降时，流态变化常有滞后现象。这些工作情况要在水工模型试验中测定。

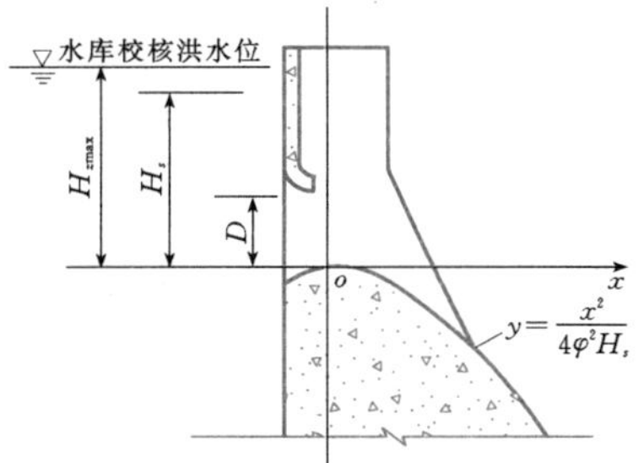

图 1.3-17　有胸墙的溢流重力坝

1.3.4.3 溢流坝断面的水力设计

溢流重力坝的断面要适应重力坝的基本断面。上游坝面是垂直的，或上部是垂直的，下部倾向上游，宜与挡水坝的上游面相一致。溢流坝的顶面是堰面曲线。基本断面的下游坝坡与堰面曲线相切，如图 1.3-18 (*a*)所示，必要时可稍微调整堰面曲线使其相切。如溢流水头较大，堰面曲线较平缓，或基本三角形断面较瘦，可采用向上游突出的倒悬堰顶，突头的垂直面高度要大于 $0.5H_{zmax}$，如图 1.3-18 (*b*) 所示。如溢流水头较小，堰面曲线较陡，或基本断面较肥胖，则可在堰面上游采用斜坡，坡度（垂直：水平）一般为 3∶1～3∶2，如图 1.3-18 (*c*) 所示。

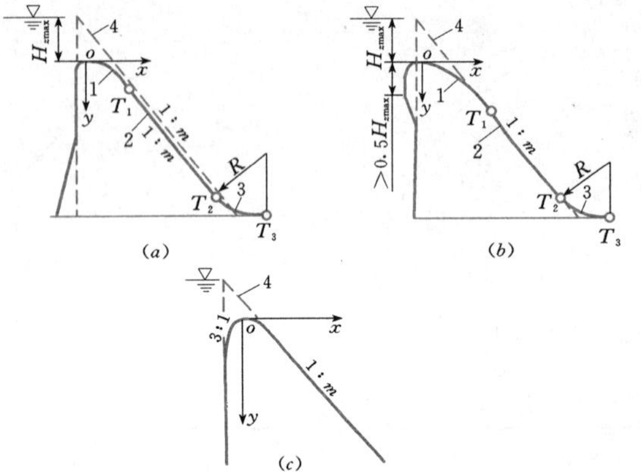

图 1.3-18 溢流重力坝断面

1—堰面曲线；2—直线段；3—反弧段；4—基本三角形

溢流重力坝下游坝坡还要根据实用断面，经过应力和抗滑稳定分析加以修正。溢流重力坝下游坝面两侧导墙的高度，可按波动和掺气水深加安全超高 0.5～1.5m 来确定，溢流坝面上各处的波动和掺气水深可用下式估算：

$$h_b = \left(1+\frac{\zeta v}{100}\right)h \qquad (1.3-42)$$

式中 h——不计入波动和掺气的水深，m；

h_b——计入波动和掺气后的水深，m；

v——不计入波动和掺气的计算断面上的平均流速，m/s；

ζ——修正系数，一般为 1.0～1.4，视流速和断面收缩情况而定，当流速大于 20m/s 时，宜采用较大值。

在溢流重力坝坝趾处常设一反弧段，以改变高速水流的方向，使之与下游消能设施相衔接。对于挑流消能或底流消能，反弧半径 R 可采用 $(4\sim10)h$，其中 h 为遇校核洪水闸门全开时反弧段最低点处的水深。反弧段处的流速愈大，反弧半径宜选用较大值。当反弧下游设置护坦或平直段时，反弧半径应尽量采用较大值；对于戽流消能，反弧半径与流能比 $K=\frac{q}{\sqrt{g}E^{1.5}}$ 有关，一般选择范围为 $\frac{E}{R}=2.1\sim8.4$，E 为水流自戽斗底起算的总能头，m，q 为单宽流量，$m^3/(s\cdot m)$，g 为重力加速度，$9.81m/s^2$；已建的溢流坝，反弧半径的范围为 $(0.2\sim0.5)Z$，其中 Z 是校核洪水位至反弧最低点的高差。

1.3.4.4 闸墩的水力设计

溢流重力坝坝顶有闸墩，闸墩的水力设计应尽量减小水流的侧收缩，加大侧收缩系数 ε，以使水流平顺地通过。ε 根据闸墩厚度及墩头形状而定，一般可取 $\varepsilon=0.90\sim0.95$。闸墩的平面形状，上游端常用半圆曲线、三圆弧曲线或椭圆曲线，如图 1.3-19 (*a*)、(*b*)、(*c*) 所示。由于闸墩头部会受到漂浮物的冲击，故需要有一定的强度。如果检修闸门要支承在闸墩的上游端，则闸墩上游端的中间要有一短平段，以便闸门止水能紧靠在短平段上。

闸墩下游端形状对孔口溢流能力没有影响，但会影响下游坝面上的水流流态。为了减小下游水流的水冠或冲击波，一般把闸墩下游端做成圆滑曲线形［见图 1.3-19 (*a*)、(*b*)］；或流线形［见图 1.3-19 (*c*)］，但不适用于弧形闸门，而且施工也不方便。也有做成半圆曲线或方形的［见图 1.3-19 (*d*)］，以便水流掺气，有助于防止空蚀。近年来，有人建议采用宽尾墩［见图 1.3-19 (*e*)］，把闸墩下游部分用曲线或直线放宽，在平面横水流方向上压缩水流，在立面上扩散水流，对此要通过水工模型试验做进一步研究。

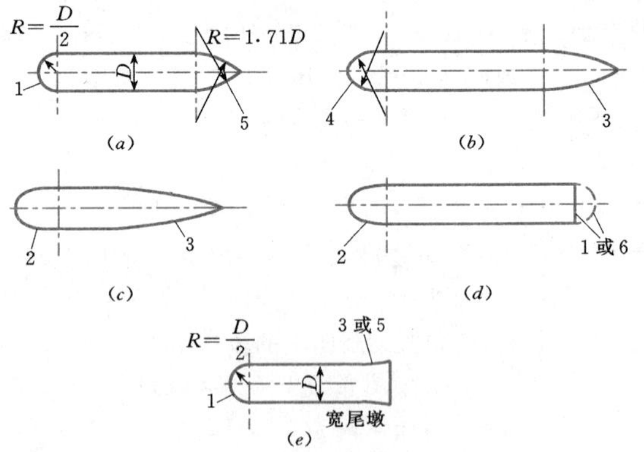

图 1.3-19 闸墩的平面形状

1—半圆曲线；2—椭圆曲线；3—抛物曲线；4—三圆弧曲线；5—圆弧曲线；6—方形

设有闸门的溢流坝，工作闸门一般设在堰顶。工作闸门需要在动水中启闭，常用弧形闸门或平面闸门。弧形闸门启门力小，且无门槽，我国采用的较多。其不足之处是门轴受力集中，且支承在闸墩的下游端，要用钢筋或锚索等将闸门推力传到闸墩的上游部分。此外，弧形闸门工作桥的位置较高，以便弧形闸门开启，加高了部分闸墩的高度。平面闸门的支承门槽位于闸墩的上游侧，闸墩的受力条件较好。闸门可提出工作桥面，因此工作桥位置可稍低。不足之处是要求的启门力大，且有门槽。工作闸门有时也可设在溢流堰顶点下游侧短距离处，这样闸门高度增加不大，而在闸门小开度时，泄流不致引起下游溢流坝面过大的负压。启闭机设置在坝顶的工作桥上，闸门靠自重关闭，拉力开启。

检修闸门一般采用平面闸门，设在工作闸门的上游，两道闸门的间距要能容许人员在其中工作。检修闸门可几个溢流孔合用一扇闸门。对于重要的工程，工作闸门如发生事故，开启后不能关闭，继续溢流将造成很大的水量损失，则应采用事故检修闸门，动水关闭，静水开启。对一般工程则常用检修闸门，静水启闭。事故检修闸门和检修闸门一般需在闸墩设门槽。检修闸门有时也可靠在闸墩的上游端，不设门槽。事故检修闸门、检修闸门和工作闸门之间，都应在两侧闸墩内设旁通管，用阀门控制，或在闸门上另设一小门，以便对两重闸门中的空间充水和泄水。检修闸门、事故检修闸门和旁通阀的启闭、控制设备设在坝顶工作桥上，闸门上小门的启闭一般在闸门顶上操作。当水流经过门槽时，由于水流两侧边界突然变化，在门槽内将发生漩涡，易出现空穴和负压，致使门槽及其下游附近的侧墙和堰顶产生空蚀。当水流经过门槽处的流速大于 12m/s 时，即可能会发生空蚀。为此，要改善门槽的体型。

1.3.5 深式泄水孔的水力设计

重力坝深式泄水孔有泄洪中孔、泄洪深孔、泄洪冲沙孔、供水孔、放水孔和导流底孔等。泄洪底孔一般与冲沙孔结合，称为泄洪冲沙底孔。一般参与泄洪或冲沙的孔口泄流量较大，断面多采用矩形，不与泄洪结合的泄水孔一般流量较小，多采用圆形断面。深式泄水孔可设计成无压孔，即上游端为短的有压段，其后紧接明流段；也可设计成有压孔，全部孔身承受水压。有压孔水道中压力与流态较稳定，一般不会出现空蚀破坏，但衬砌所需费用较大，工作门与检修门分设两处，运行管理也不方便；无压孔进口压力段很短，水头损失小，明流段水力条件明确，衬砌所需钢材较少，但进口段门槽处体型不连续，明流段不易稳定，易产生空蚀破坏。两种坝身泄水孔各有优缺点，应通过技术经济比较选定。深式泄水孔在平面上宜作直线布置，因为高速水流在转弯段易产生空蚀，而且水头损失也大。深式泄水孔在立面上则常有转弯，以改变水流方向，使之平顺地沿下游坝面下泄。

深式泄水孔一般不宜设在表孔溢流坝段，因泄水孔出口会受溢流水股封堵的影响，或泄流水股与溢流水股相互冲击，引起水流的扰动，在泄水孔出口处会产生空蚀。但有时也把深式泄水孔设置在表孔溢流坝内，我国的三峡混凝土重力坝即把泄洪深孔和导流底孔都设在溢流坝段内；施工期导流底孔与泄洪深孔联合泄水；在建成后的运行期导流底孔用混凝土封堵，泄洪深孔和溢流表孔联合泄水。在布置上泄洪深孔居坝段正中，溢流表孔和导流底孔跨横缝布置，溢流表孔、泄洪深孔和导流底孔出口均采用挑流消能。

1.3.5.1 无压泄水孔

一般泄洪中孔、泄洪底孔或冲沙孔多采用此种型式，孔口尺寸较大，断面为矩形，宽比高小，如 3m×8m、4m×8m 等，对坝体应力较为适宜。目前我国各种泄洪或冲沙孔闸门的最高作用水头约 80m，近年来作用水头正在逐渐增大。图 1.1 - 4 为我国三峡重力坝无压泄洪深孔工程布置实例。

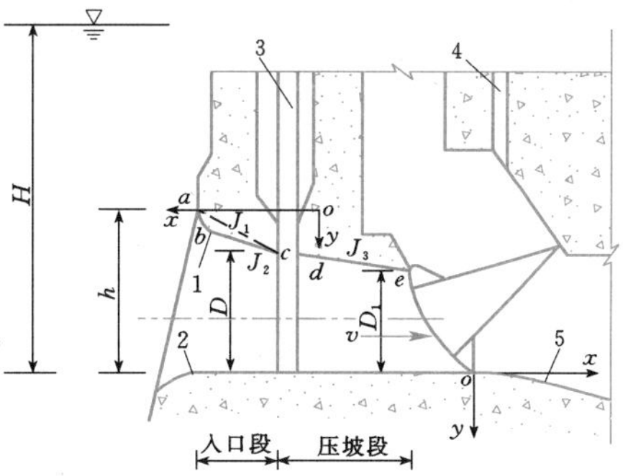

图 1.3 - 20 无压泄水孔上游短有压段

1—进口上唇曲线；2—进口下唇曲线；3—事故检修门槽；4—通气孔；5—无压段底缘线

无压泄水孔上游端为一短有压段，如图 1.3 - 20 所示，其长度一般为 2～3 倍短有压段出口的高度 D_1；过短的短有压段对其内水压力分布不利，水流稳定性差，脉动压力增大。短有压段进出口面积（h 断面与 D_1 断面）之比一般不宜小于 1.7，以保证该段孔壁不发生负压。进口上唇（见图 1.3 - 20 中的 ab 段）一般采用椭圆曲线，侧壁也可采用椭圆曲线，其表达式为

$$\left.\begin{aligned}\left(\frac{x}{k_1 D}\right)^2+\left(\frac{y}{k_1 D/3}\right)^2=1\\ \left(\frac{x}{k_2 B}\right)^2+\left(\frac{z}{k_2 B/3}\right)^2=1\end{aligned}\right\}\qquad(1.3-43)$$

式中 x、y、z——正交坐标系的坐标值，x 与水流平行，y（上下向）和 z（水平向）与水流垂直；

D——压坡段（de 段）进口的高度；

k_1——系数，通常取1，但为了使椭圆长、短半轴为整数，可取稍大于1；

B——泄水孔正常宽度；

k_2——系数，可取0.66～0.81。

bc 段为 ab 段的1/4椭圆在 b 点的切线。进口段的顶部曲线也可采用上述 ab 段的1/4椭圆，不设 bc 段。

进口下唇可做成圆弧曲线或椭圆曲线。短有压段与上唇曲线连接的孔顶做成倾斜直线，如图1.3-20中的 bc 段和 de 段，一般 ab 段的平均坡度 J_1 为0.5左右，水平长度为 $0.6D_1$ 左右；bc 段的坡度 J_2 要不缓于0.1，在 b 点 bc 线与上唇椭圆曲线相切；ac 段总的水平长度一般控制在 $(0.8\sim1.0)D_1$ 为宜；d 点在 bc 的延长线上，de 段的坡度 J_3 为0.25～0.15，e 点为短有压段出口的顶点。短有压段的孔底是水平的，两侧壁是平行的。

短有压段出口紧接无压段，无压孔工作闸门后的布置根据闸门的布置型式一般采用光面式、跌坎式、突扩跌坎式三种型式。其中光面式无压段常采用抛物线和直线陡坡两种布置型式。对小孔口、低水头及低流速、高空化数的无压孔通常采用抛物线型式，反之，则常用直线陡坡型式，以达到提高坝面压力及水流空化数的目的。

无压段泄水孔采用抛物线底缘线时，如图1.3-20所示，抛物线方程见式（1.3-44）。有时为了适应与坝下游面连接，在有压段出口和抛物线之间设一直线段。

$$\left.\begin{aligned} y &= \frac{x^2}{K\varphi^2 H_0} \\ H_0 &= v^2/2g \end{aligned}\right\} \tag{1.3-44}$$

式中 x、y——以抛物线起点为原点的坐标系的坐标值；

H_0——流速水头；

v——抛物线起点断面的平均流速；

K——防止产生负压的安全系数，一般可取4.8～6.4；

φ——流速系数，初设时可取0.95。

无压段孔顶可做成折线，但孔的高度应考虑高速水流掺气后水深增加的因素，留有安全余幅，以保证水流为无压流。孔身为矩形时，孔顶距水面的高度可取最大流量时不掺气水深的30%～50%；孔顶为圆拱形时，其拱脚距水面的高度可取不掺气水深的20%～30%。当无压泄水孔采用下游挑流消能时，无压段底面仍用抛物线，其下游端与挑流坎的反弧曲线相连接，而不与下游坝面相切。对于靠近坝底的冲沙底孔，无压段的底面可做成水平直线，与下游消能设施相衔接。明流段出口宜高出尾水位，防止在无压段出现水跃。

通常门槽是矩形的，当水流流速在12m/s左右时，即可能会产生空蚀。门槽的宽深比 W/D 约为1.5～2.0。门槽型式改进的方法是把门槽下游壁做成先略放宽随即收缩的斜面，如图1.3-21所示。每侧门槽下游壁放宽的距离与门槽宽度之比 $\delta/W=0.05\sim0.08$，斜面坡度 S 为1∶10～1∶12。下游门槽角做成小圆角，半径 $R=0.1D$，或采用 $R=3\sim5$cm。经此改进后，在无压泄流时，断面平均流速若不大于20m/s，不致产生空蚀；超过此流速，还要对门槽进行通气。在压力泄水孔内，由于门槽处压力较高，可容许较高的水流流速，而不致发生空蚀。无压泄水孔的事故检修门槽对流速限制的要求介于二者之间。当然，门槽的形状和尺寸也取决于闸门尺寸和闸门支承行走部分的要求。门槽的水力设计最后要通过水工模型试验来加以验证。

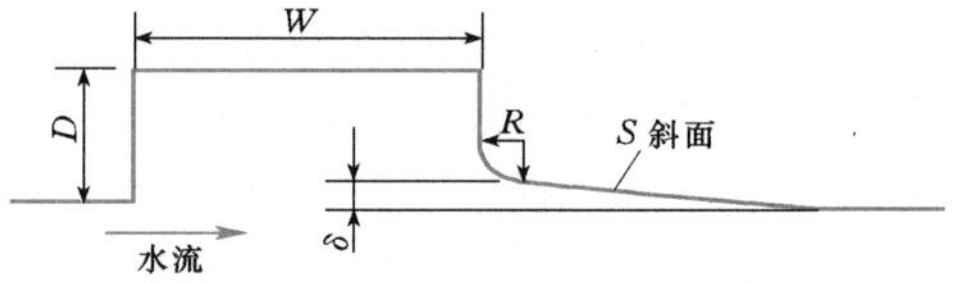

图1.3-21 防空蚀的门槽体型

1.3.5.2 压力泄水孔

泄流能力大的压力泄水孔多采用矩形断面，一般用于泄洪、冲沙或放低水库水位等。泄流能力小的压力泄水孔多采用圆形断面，但有时也用矩形断面。后者一般作为专门泄水的泄水孔。压力泄水孔沿全孔都承受水压，工作闸门可设在坝内，靠近泄水孔的上游端。泄水孔出口断面必须缩小，以保持孔内有压和出口附近顶板与底面不发生负压，避免产生空蚀。这种布置的工作闸门不能部分开启。泄水孔出口泄流可顺着下游坝面下泄，这样泄水孔布置在溢流坝段内。泄水孔的工作闸门也可以设在出口处，出口断面也应缩小，以保持孔内有压。这种布置的工作闸门可部分开启，以调节泄流量，出口泄流可采用单独挑流消能。由于工作闸门在出口端，需在出口端设有启闭机及启闭机室，因此这种泄水孔不能布置在溢流坝段内，出口泄流要有单独的消能设施。

有压泄水孔在孔身全长都是有压的。为了保证在泄流时四周孔壁不产生负压，出口面积应缩小，一般收缩量为孔身断面面积的10%～20%，或进出口面积之比为1.2～1.4，当出口段向下转弯时应用较大值。有压泄水孔的断面沿孔身基本上不变，只是在出口段局部渐变收缩，但两侧孔壁仍保持平行，仅把孔的高度压缩，这样既便于施工，又可使孔内水压力稍大。

1.4 安全系数设计方法

重力坝设计需要工程技术和分析计算。重力坝设计采用的工程技术，有些是从长期建设实践经验中总结得出的规律，还不能定量计算，但需要用科学理论来指导；有些是根据科学理论开发出来的，能够定量分析。重力坝设计计算方法，一部分是从建设经验中分析得出的传统计算方法，另一部分是根据科学理论提出的新计算方法。

重力坝设计的传统计算方法，一般都有与这些计算方法所得成果相对应的安全判据，作为大坝设计的依据。通常采用材料力学法计算坝体应力以及采用刚体极限平衡法分析抗滑稳定，这些分析计算方法与相应的荷载计算和荷载组合方法、介质材料强度参数值的选用以及要求的安全系数是互相配套的，不能仅从理论上在单方面加以合理化。设计规范规定的坝体混凝土抗压强度安全系数不小于4和抗滑稳定安全系数不小于3，这些数值并不是实际的安全度，而只是一个表示大坝安全的计算分析指标。

1.4.1 材料力学法分析计算重力坝应力

1.4.1.1 基本假定

(1) 坝体混凝土为均质、连续、各向同性的弹性材料。

(2) 视坝段为固接于地基上的悬臂梁，不考虑地基变形对坝体应力的影响，并认为各坝段独立工作，横缝不传力。

(3) 假定坝体水平截面上的正应力 σ_y 按直线分布，不考虑孔洞等对坝体应力的影响。

1.4.1.2 边缘应力的计算

在一般情况下，坝体的最大和最小应力都出现在坝面，因此，重力坝设计规范规定必须校核坝体边缘应力是否满足强度要求。计算图形及应力与荷载的正方向如图1.4-1所示。

1. 水平截面上的正应力

假定 σ_y 按直线分布，按偏心受压公式(1.4-1)和式(1.4-2)计算上、下游边缘应力 σ_{yu} 和 σ_{yd}。

$$\sigma_{yu} = \frac{\sum W}{B} + \frac{6\sum M}{B^2} \qquad (1.4-1)$$

$$\sigma_{yd} = \frac{\sum W}{B} - \frac{6\sum M}{B^2} \qquad (1.4-2)$$

式中 $\sum W$——作用于计算截面以上全部荷载的铅直分力的总和，kN；

$\sum M$——作用于计算截面以上全部荷载对截面垂直水流流向形心轴的力矩总和，kN·m；

B——计算截面的长度，m。

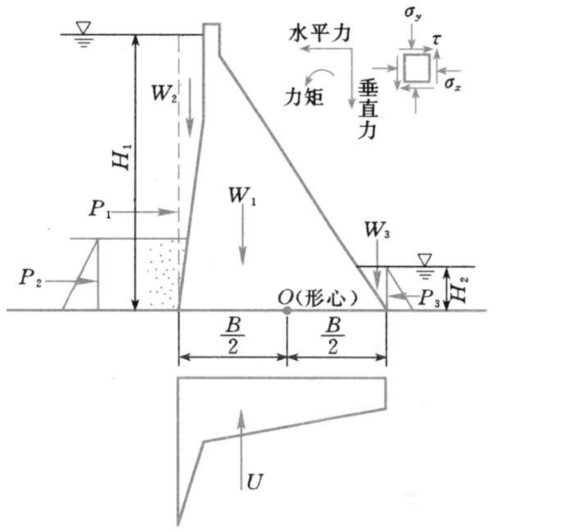

图1.4-1 坝体应力计算图

2. 剪应力

已知 σ_{yu} 和 σ_{yd} 以后，可以根据边缘微分体的平衡条件求解出上、下游边缘剪应力 τ_u 和 τ_d，如图1.4-2(a)所示。

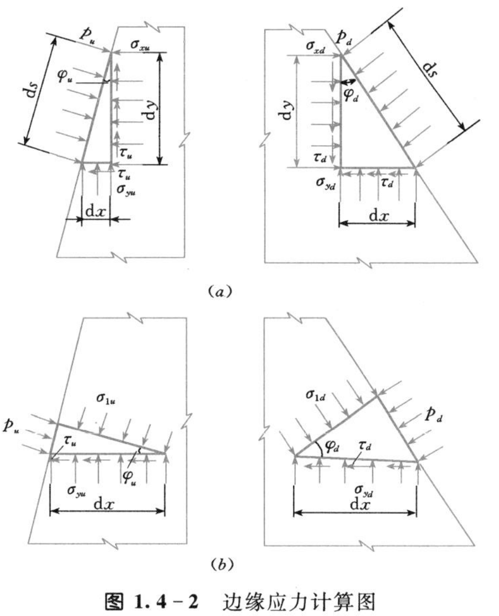

图1.4-2 边缘应力计算图

由上游坝面的微分体，根据平衡条件 $\sum F_y=0$ 可以解出

$$\tau_u = (p_u - \sigma_{yu})n \qquad (1.4-3)$$

式中 p_u——上游面水压力强度（如有泥沙压力时，

应计入在内)，kPa；

n——上游坝坡坡率（$n=\tan\varphi_u$）。

同样，由下游坝面的微分体，根据平衡条件$\sum F_y=0$可以解出

$$\tau_d=(\sigma_{yd}-p_d)m \quad (1.4-4)$$

式中 p_d——下游面水压力强度（如有泥沙压力时，应计入在内)，kPa；

m——下游坝坡坡率（$m=\tan\varphi_d$）。

3. 水平正应力

已知 τ_u 和 τ_d 以后，可以根据平衡条件求得上、下游边缘的水平正应力 σ_{xu} 和 σ_{xd}。

由上游坝面微分体，根据$\sum F_x=0$ 可以解出

$$\sigma_{xu}=p_u-\tau_u n \quad (1.4-5)$$

同样，由下游坝面微分体可以解出

$$\sigma_{xd}=p_d+\tau_d m \quad (1.4-6)$$

4. 主应力

取微分体［见图 1.4-2 (*b*)］，由上游坝面微分体，根据平衡条件$\sum F_y=0$ 可以解出

$$\begin{aligned}\sigma_{1u}&=(1+\tan^2\varphi_u)\sigma_{yu}-p_u\tan^2\varphi_u\\&=\frac{\sigma_{yu}-p_u\sin^2\varphi_u}{\cos^2\varphi_u}\\&=(1+n^2)\sigma_{yu}-p_u n^2\end{aligned} \quad (1.4-7)$$

同样，由下游坝面微分体可以解出

$$\sigma_{1d}=(1+m^2)\sigma_{yd}-p_d m^2 \quad (1.4-8)$$

$$\sigma_{2u}=p_u$$

$$\sigma_{2d}=p_d$$

由式（1.4-7）可以看出，当上游坝面倾向上游（坡率 $n>0$）时，即使 $\sigma_{yu}\geqslant 0$，只要 $\sigma_{yu}<p_u\sin^2\varphi$，则 $\sigma_{1u}<0$，即 σ_{1u} 为拉应力。φ_u 愈大，主拉应力也愈大。因此，重力坝上游坡角 φ_u 不宜太大，岩基上的重力坝常把上游面做成铅直的。

1.4.1.3 内部应力的计算

应用偏心受压公式求出坝体水平截面上的 σ_y 以后，便可利用平衡条件求出截面上内部各点的应力分量 τ 和 σ_x。

在坝体内取单位厚度的微分体，作用在微分体上的力如图 1.4-3 所示，微分体的平衡方程为

$$\frac{\partial\sigma_x}{\partial x}-\frac{\partial\tau}{\partial y}=0 \quad (1.4-9)$$

$$\frac{\partial\sigma_y}{\partial y}-\frac{\partial\tau}{\partial x}-\gamma_c=0 \quad (1.4-10)$$

式中 γ_c——材料重度，kN/m³。

1. 坝内水平截面上的正应力 σ_y

假定 σ_y 在水平截面上按直线分布，即

$$\sigma_y=a+bx \quad (1.4-11)$$

坐标原点取在下游坝面，由偏心受压公式可以得出系数 a 和 b，即

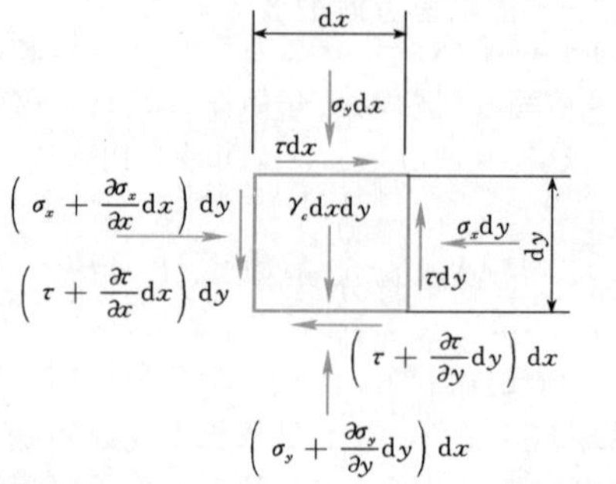

图 1.4-3 坝内应力计算微分体

$$a=\frac{\sum W}{B}-\frac{6\sum M}{B^2}$$

$$b=\frac{12\sum M}{B^3}$$

2. 坝内水平截面上的剪应力 τ

将式（1.4-11）代入式（1.4-10)，经积分并利用边界条件可以得出

$$\tau=a_1+b_1x+c_1x^2 \quad (1.4-12)$$

由式（1.4-12）可以看出，坝内水平截面上的剪应力呈抛物线分布。

3. 坝内沿水平截面的水平正应力 σ_x

将式（1.4-12）代入式（1.4-9)，经积分并利用边界条件可以得出

$$\sigma_x=a_2+b_2x+c_2x^2+d_2x^3 \quad (1.4-13)$$

由式（1.4-13）可以看出，沿水平截面的水平正应力 σ_x 呈三次曲线分布。实际上，σ_x 的分布接近直线，因此，对中小型工程可近似假定 σ_x 呈直线分布。

式（1.4-12）和式（1.4-13）中的系数可利用平衡方程及边界条件直接求得。

4. 坝内主应力 σ_1 和 σ_2

求得任意点的三个应力分量 σ_x、σ_y 和 τ 以后，即可计算该点的主应力和第一主应力的方向 φ_1。

$$\left.\begin{aligned}\sigma_1&=\frac{\sigma_x+\sigma_y}{2}+\sqrt{\left(\frac{\sigma_y-\sigma_x}{2}\right)^2+\tau^2}\\\sigma_2&=\frac{\sigma_x+\sigma_y}{2}-\sqrt{\left(\frac{\sigma_y-\sigma_x}{2}\right)^2+\tau^2}\\\varphi_1&=\frac{1}{2}\arctan\left(-\frac{2\tau}{\sigma_y-\sigma_x}\right)\end{aligned}\right\} \quad (1.4-14)$$

φ_1 以顺时针方向为正，当 $\sigma_y>\sigma_x$ 时，自竖直线量取；当 $\sigma_y<\sigma_x$ 时，自水平线量取。求出各点的主应力后，即可在计算点上以矢量表示其大小，构成主应力图。必要时，还可据此绘出主应力轨迹线和等应力图。

1.4.1.4 考虑扬压力时的应力计算

上述应力计算公式均未计入扬压力。当需要考虑扬压力时，可将计算截面上的扬压力作为外荷载。

1. 求解边缘应力

先求出包括扬压力在内的全部荷载铅直分力的总和$\sum W$及全部荷载对截面垂直水流流向形心轴产生的力矩总和$\sum M$，再利用式（1.4-1）和式（1.4-2）计算σ_y，而τ、σ_x和σ_1、σ_2可根据边缘微分体的平衡条件求得。以上游边缘为例（见图1.4-4），令p_{uu}为上游边缘的扬压力强度，由平衡条件可以得出

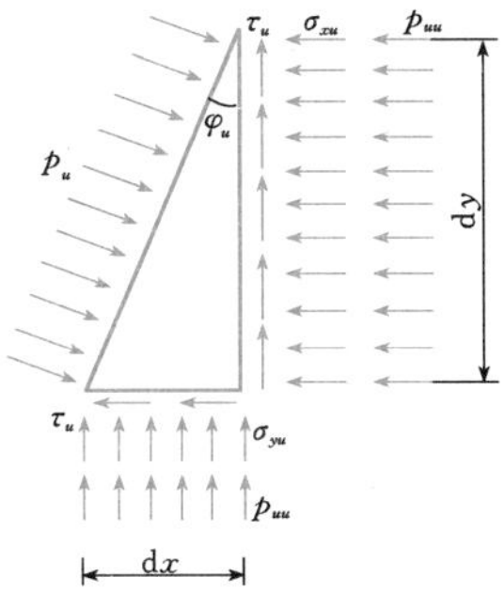

图1.4-4 考虑扬压力时的边缘应力计算图

$$\left.\begin{aligned}\tau_u &= (p_u - p_{uu} - \sigma_{yu})n \\ \sigma_{xu} &= (p_u - p_{uu}) - (p_u - p_{uu} - \sigma_{yu})n^2\end{aligned}\right\} \tag{1.4-15a}$$

令p_{ud}为下游边缘的扬压力强度，由平衡条件可以得出

$$\left.\begin{aligned}\tau_d &= (\sigma_{yd} + p_{ud} - p_d)m \\ \sigma_{xd} &= (p_d - p_{ud}) + (\sigma_{yd} + p_{ud} - p_d)m^2\end{aligned}\right\} \tag{1.4-16a}$$

上、下游边缘主应力为

$$\left.\begin{aligned}\sigma_{1u} &= (1+n^2)\sigma_{yu} - (p_u - p_{uu})n^2 \\ \sigma_{2u} &= p_u - p_{uu} \\ \sigma_{1d} &= (1+m^2)\sigma_{yd} - (p_d - p_{ud})m^2 \\ \sigma_{2d} &= p_d - p_{ud}\end{aligned}\right\} \tag{1.4-17}$$

因为$p_u = p_{uu}$，$p_d = p_{ud}$，式（1.4-15a）、式（1.4-16a）和式（1.4-17）可化简为

$$\left.\begin{aligned}\tau_u &= -\sigma_{yu} n \\ \sigma_{xu} &= \sigma_{yd} n^2\end{aligned}\right\} \tag{1.4-15b}$$

$$\left.\begin{aligned}\tau_d &= \tau_{yd} m \\ \sigma_{xd} &= \sigma_{yd} m^2\end{aligned}\right\} \tag{1.4-16b}$$

$$\left.\begin{aligned}\sigma_{1u} &= (1+n^2)\sigma_{yu} \\ \sigma_{2u} &= 0 \\ \sigma_{1d} &= (1+m^2)\sigma_{yd} \\ \sigma_{2d} &= 0\end{aligned}\right\} \tag{1.4-18}$$

可见，考虑与不考虑扬压力，τ、σ_x和σ_1、σ_2的计算公式是不相同的。

2. 求解坝内应力

可先不计扬压力，利用式(1.4-11)～式（1.4-13）计算出各点的σ_y、σ_x和τ，然后再叠加扬压力引起的应力。

1.4.1.5 容许应力的规定

坝体应力控制标准，对不同的计算方法有不同的规定。当采用材料力学方法分析坝体应力时，重力坝设计规范规定的容许应力如下。

1. 坝基面的正应力σ_y

（1）运用期。在各种荷载组合下（地震荷载除外），坝基面的最大铅直正应力（坝趾垂直应力）σ_{ymax}应小于坝基容许压应力（计算时应计入扬压力）。最小铅直正应力（坝踵垂直应力）σ_{ymin}不应出现拉应力（计算时应计入扬压力）。

（2）施工期。坝趾垂直应力容许有小于0.1MPa的拉应力。

坝基岩体容许承载力宜根据岩石饱和单轴抗压强度，结合岩体结构、裂隙发育程度做相应折减后确定；对软岩可通过三轴压缩试验确定其容许承载力；坝基岩体承载力经验取值可根据表1.4-1选取。

表1.4-1　坝基岩体容许承载力经验取值

岩石单轴饱和抗压强度R^b（MPa）	容许承载力R（MPa）			
	岩体完整，节理间距>1m	岩体较完整，节理间距1.0～0.3m	岩体完整性较差，节理间距0.3～0.1m	岩体破碎，节理间距<0.1m
坚硬岩、中硬岩，R^b>30	(1/7) R^b	(1/8～1/10) R^b	(1/11～1/16) R^b	(1/17～1/20) R^b
软岩，R^b<30	(1/5) R^b	(1/6～1/7) R^b	(1/8～1/10) R^b	(1/11～1/16) R^b

2. 坝体应力

（1）运用期。坝体上游面垂直应力不出现拉应力（计入扬压力），坝体最大主压应力不得大于混凝土的容许压应力。坝体内一般不容许出现拉应力。关于坝体局部区域拉应力的规定：①宽缝重力坝离上游面较远的局部区域容许出现拉应力，但不得超过混凝土的容许拉应力；②溢流坝的堰顶部位出现拉应力时，应配置钢筋；③廊道及其他孔洞周围的拉应力区域宜配置钢筋；有论证时可少配或不配钢筋。

（2）施工期。坝内任何截面上的主压应力不得大

于混凝土的容许压应力，在坝的下游面可以有不大于0.2MPa的主拉应力。

混凝土的容许压应力，应按混凝土的极限抗压强度除以相应的安全系数确定。混凝土的抗压安全系数在荷载基本组合情况下不小于4.0；在特殊组合情况下（地震情况除外）不小于3.5。当坝体局部有抗拉强度要求时，抗拉安全系数不小于4.0。重力坝混凝土极限抗压强度指90d龄期的15cm立方体强度，强度保证率为80%。

地震作用是一种发生概率极小的荷载，由于在动荷载作用下材料强度有所提高，所以，在计入地震作用后，混凝土的容许压应力一般可比正常情况提高30%，并容许出现瞬时拉应力，采用拟静力法计算的抗拉安全系数不小于2.0。

1.4.1.6 对材料力学法计算成果的评价

在材料力学方法中，把重力坝作为偏心受压构件，水平计算截面在受荷载变形后仍为直线，所以σ_y呈直线分布。由于坝基变形对坝体应力的影响，对于靠近坝基处的1/3坝高范围，水平截面上的垂直正应力已不再呈线性分布。在坝基面上材料力学方法计算得到的垂直正应力，实际上成为一个应力指标。

用弹性理论计算无限高的三角形断面重力坝的应力，结果表明沿水平计算截面上的σ_y、σ_x和τ_{xy}都呈直线分布。σ_y呈直线分布的结果，与材料力学方法的计算结果相同。但是实际的重力坝高度是有限的，特别是地基受坝体传来的荷载作用后，坝底地基的剖面线已不再是直线，与材料力学方法中坝底变形后仍为直线的假设不符。而坝底与地基是紧密接触的，为使二者位移相等，必然引起应力调整。最终的应力与坝基变形程度有关，受到坝体混凝土与坝基岩体弹性模量之比的影响。托尔克（F. Tölke）最早提出了岩性均匀的坝基与坝体具有不同弹性模量时的坝体应力分析方法。计算分析中取坝体混凝土弹性模量E_c和坝基岩体弹性模量E_f的比值$\lambda(=E_c/E_f)$为0、0.5、1.0、2.0、∞时，求得坝基面及坝体各水平截面上的应力分布，如图1.4-5所示。分析的成果表明：当地基十分刚硬时，地基反力集中在坝基面的中间部分，在上游端坝踵出现拉应力，下游端压应力降低，在中部出现较大的压应力，应力分布状态偏离线性分布很远；当地基十分软弱时，坝基面的反力集中在上下游端，中间部位降低，呈鞍形分布；当地基刚度在这两个极端之间变化时，地基反力分布状态也在两个极端状态之间作复杂的变化。因此，地基过分刚硬，对上游坝踵的应力情况不利。当然地基也不能太软弱，因为软弱的地基承载能力不足。通常E_c/E_f为1～2较有利。计算结果还证明，地基刚度对坝体应力的影响一般只限于坝高底部1/4～1/3范围内，在以上部位坝体应力分布很接近按材料力学方法求出的成果。近代应力计算方法有了很大发展，对于重要的坝，可以采用更精确的方法计算应力和应变。

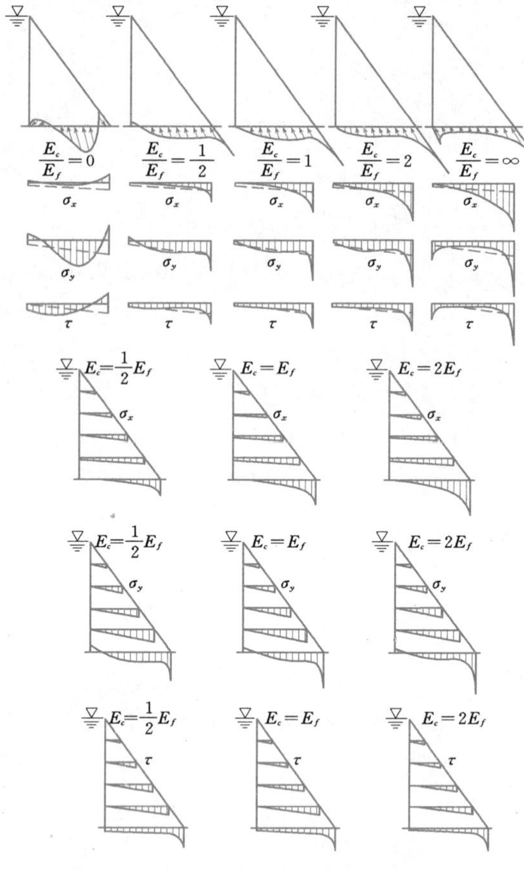

图1.4-5 满库时考虑坝基变形的应力分布

1.4.2 刚体极限平衡法分析重力坝抗滑稳定

抗滑稳定分析是重力坝设计中的一项重要内容，目的是核算坝体沿坝基面或坝基内部缓倾角软弱结构面抗滑稳定的安全度。因为重力坝沿坝轴线方向用横缝分隔成若干个独立的坝段，所以稳定分析可以按平面问题进行。但对于地基中存在多条互相切割交错的软弱面构成空间滑动体或位于地形陡峻的岸坡段，则应按空间问题进行分析。理论分析、试验及原型观测结果表明，位于均匀坝基上的混凝土重力坝沿坝基面的失稳，首先是在坝踵处基岩和胶结面出现微裂松弛区，随后在坝趾处基岩和胶结面出现局部区域的剪切屈服，进而屈服范围逐渐增大并向上游延伸，最后形成滑动通道，导致坝的整体失稳。由于实际工程沿坝基面剪力破坏的机理很复杂，目前重力坝抗滑稳定分析采用的仍是整体宏观的半经验方法。

1.4.2.1 沿坝基面抗滑稳定分析

1. 沿水平坝基面的抗滑稳定分析

坝体抗滑稳定计算主要核算坝基面滑动条件，应按抗剪断强度公式（1.4-19）或抗剪强度公式（1.4-20）计算坝基面的抗滑稳定安全系数。工程实践表明，坝基岩体条件较好，采用抗剪断强度公式是合适的；但当坝基岩体较差时，如软岩或存在软弱结构面时，采用抗剪强度公式也是可行的。

（1）抗剪断强度的计算公式为

$$K' = \frac{f'\sum W + c'A}{\sum P} \tag{1.4-19}$$

式中 K'——按抗剪断强度计算的抗滑稳定安全系数；

f'——坝体混凝土与坝基接触面的抗剪断摩擦系数；

c'——坝体混凝土与坝基接触面的抗剪断黏聚力，kPa；

A——坝基接触面截面积，m^2；

$\sum W$——作用于坝体上的全部荷载（包括扬压力）对滑动平面的法向分值，kN；

$\sum P$——作用于坝体上的全部荷载对滑动平面的切向分值，kN。

（2）抗剪强度的计算公式为

$$K = \frac{f\sum W}{\sum P} \tag{1.4-20}$$

式中 K——按抗剪强度计算的抗滑稳定安全系数；

f——坝体混凝土与坝基接触面的抗剪摩擦系数。

表 1.4-2*a*　坝基面抗滑稳定安全系数 K'

荷载组合		K'
基本组合		3.0
特殊组合	(1)	2.5
	(2)	2.3

表 1.4-2*b*　坝基面抗滑稳定安全系数 K

荷载组合		坝的级别		
		1	2	3
基本组合		1.10	1.05	1.05
特殊组合	(1)	1.05	1.00	1.00
	(2)	1.00	1.00	1.00

按抗剪断强度公式（1.4-19）计算的坝基面抗滑稳定安全系数 K' 值，不应小于表 1.4-2*a* 规定的数值；按抗剪强度公式（1.4-20）计算的坝基面抗滑稳定安全系数 K 值，不应小于表 1.4-2*b* 规定的数值。

坝体混凝土与坝基接触面之间的抗剪断摩擦系数 f'、黏聚力 c' 和抗剪摩擦系数 f 的取值：规划阶段可参考表 1.4-3 选用；可行性研究阶段及以后的设计阶段，应经试验确定；中型工程的中、低坝，若无条件进行野外试验时，宜进行室内试验，并参照表 1.4-3 选用。

在坝体抗滑稳定计算中，经论证可考虑位于坝后的水电站厂房或其他大体积建筑物与坝体的联合作用，但应做好相应的结构设计。具体计算方法后面叙述。

表 1.4-3　坝基岩体力学参数

岩体分类	混凝土与坝基接触面			岩体		变形模量 E_0 (GPa)
	f'	c' (MPa)	f	f'	c' (MPa)	
Ⅰ	1.50～1.30	1.50～1.30	0.85～0.75	1.60～1.40	2.50～2.00	40.0～20.0
Ⅱ	1.30～1.10	1.30～1.10	0.75～0.65	1.40～1.20	2.00～1.50	20.0～10.0
Ⅲ	1.10～0.90	1.10～0.70	0.65～0.55	1.20～0.80	1.50～0.70	10.0～5.0
Ⅳ	0.90～0.70	0.70～0.30	0.55～0.40	0.80～0.55	0.70～0.30	5.0～2.0
Ⅴ	0.70～0.40	0.30～0.05		0.55～0.40	0.30～0.05	2.0～0.2

注 1. f'、c' 为抗剪断参数；f 为抗剪参数。
2. 表中参数限于硬质岩，软质岩应根据软化系数进行折减。

2. 沿倾斜坝基面的抗滑稳定分析

如果坝基内有向上游倾斜的节理裂隙，或坝底混凝土与坝基接触面和水平面相交的倾角为 α [见图 1.4-6 (*b*)]，或是岩基较差，把坝基挖成向上游倾斜的平面时，按抗剪断强度公式计算重力坝抗滑稳定安全系数的公式（1.4-19）应改写为式（1.4-21）。

$$K' = \frac{f'(\sum W\cos\alpha + \sum P\sin\alpha - U) + c'A}{\sum P\cos\alpha - \sum W\sin\alpha} \tag{1.4-21}$$

式中 K'——抗滑稳定安全系数；

$\sum W$——全部铅直荷载，kN，不包括扬压力；

$\sum P$——全部水平荷载，kN；

A——坝底面积，m^2；
U——坝底扬压力，kN；
f'、c'——抗剪断参数。

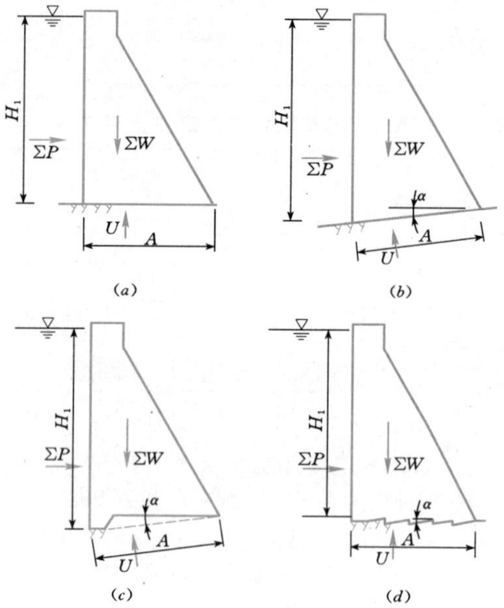

图 1.4-6 重力坝各种沿坝基面滑动的稳定计算图形

从式（1.4-21）可见，由于坝基面向上游倾斜，K'增大，这是有利的，但同时加大了坝基开挖和坝体混凝土的工程量。为了克服这一缺点，可以改为在坝踵做一定宽度和深度的齿槽，如图 1.4-6（*c*）所示。这样坝基开挖和坝体混凝土加大的工程量较小，而 K'仍可按式（1.4-21）计算，滑动面仍为向上游倾斜面，此时 f'和 c'的取值应为岩体中的抗剪断值，一般较混凝土与岩基接触面的值稍高，这种办法在实际工程中是常用的。图 1.4-6（*b*）和（*c*）所示情形的缺点是 H_1 也加大了，增加了 $\sum P$。如把坝基挖成几段向上游倾斜的面，如图 1.4-6（*d*）所示，倾斜段总长占坝底宽度的 75%～80%。这样坝基开挖和混凝土工程量都增加不多，H_1 又不增大，K'可增大。但是在施工中坝基很难开挖成这种形状，而且倾斜段上端的夹角常被损坏，所以此法不常采用。

3. 与其他建筑物联合作用的抗滑稳定分析

当重力坝下游紧靠着水电站厂房时，如图1.1-3所示，重力坝与厂房之间设永久性铅直接缝，靠近底部坝与厂房直接接触，上部接缝中设有软垫层，以减少通过重力坝与厂房连接的截面所传递的弯矩。在这种情况下，重力坝的抗滑稳定计算可考虑坝体与厂房的联合作用。如坝底和厂房都是水平的，则重力坝与厂房之间的传力为 R，水平方向。此时重力坝的抗剪断强度公式为

$$K_1' = \frac{f_1' \sum W_1 + c_1' A_1 + R}{\sum P_1} \tag{1.4-22}$$

厂房的抗剪断强度公式为

$$K_2' = \frac{f_2' \sum W_2 + c_2' A_2}{R - \sum P_2} \tag{1.4-23}$$

式中 $\sum W_1$、$\sum W_2$——坝体和厂房各自的全部铅直荷载，kN，包括各自的底部扬压力在内；
$\sum P_1$、$\sum P_2$——坝体向下游的全部水平荷载和厂房向上游的全部水平荷载，kN；
A_1、A_2——坝底和厂房底的截面积，m^2；
f_1'、c_1'、f_2'、c_2'——坝底和厂房底与岩基接触面的抗剪断参数。

令式（1.4-22）和式（1.4-23）相等解出 R，再将 R 反代回原式可解出 $K'=K_1'=K_2'$。

1.4.2.2 深层抗滑稳定分析研究

1. 双滑面抗滑稳定分析方法

当坝基内存在不利的缓倾角软弱结构面时，在水荷载作用下，坝体有可能连同部分基岩沿软弱结构面产生滑移，即所谓的深层滑动。地基深层滑动的情况十分复杂，失稳机理和计算方法还在探索之中。设计时，首先要查明地基中的主要缺陷，确定失稳边界，研究确定失稳边界上的抗剪断和抗剪强度参数；其次是选择合理的计算方法并规定相应的安全系数；最后是选择提高深层抗滑稳定性的措施以满足安全要求。水利水电工程地质部门分析了以往 30 多个大型水利水电工程 452 组软弱夹层及硬性结构面的现场大型和室内中型原状抗剪断和抗剪试验研究数据，提出结构面、软弱层和断层的力学参数，见表 1.4-4。

表 1.4-4 结构面、软弱层和断层的力学参数

类 型	f'	c'（MPa）	f
胶结的结构面	0.80～0.60	0.250～0.100	0.70～0.55
无填充的结构面	0.70～0.45	0.150～0.050	0.65～0.40
岩块岩屑型	0.55～0.45	0.250～0.100	0.50～0.40
岩屑夹泥型	0.45～0.35	0.100～0.050	0.40～0.30
泥夹岩屑型	0.35～0.25	0.050～0.020	0.30～0.23
泥	0.25～0.18	0.005～0.002	0.23～0.18

注 1. f'、c'为抗剪断参数；f 为抗剪参数。
2. 表中参数限于硬质岩中的结构面，软质岩中的结构面应进行折减。
3. 胶结或无充填结构面的抗剪断强度，应根据结构面的粗糙程度选取大值或小值。

对可能滑动块体的抗滑稳定分析方法，在我国以刚体极限平衡法为主。对重要工程和复杂坝基，必要时可辅以有限元法和地质力学模型试验等方法分析深层抗滑稳定，并进行综合评定，其成果可作为坝基处理方案选择的依据。当坝基岩体内无不利的顺流向断层裂隙及横缝设有键槽并灌浆，核算深层抗滑稳定时可计入相邻坝段的阻滑作用。

很多工程的地基内往往存在多条相互切割交错的断层或软弱夹层，构成复杂的滑动面。在作深层抗滑稳定分析时，应验算几个可能的滑动通道，从中找出最不利的滑动面组合，进而计算其抗滑稳定安全系数。根据滑动面的分布情况综合分析后，可分为单滑面、双滑面和多滑面计算模式。双滑动面为最常见的情况，如图 1.4-7 所示，AB 是一条缓倾角夹层或软弱面，称为主滑裂面，BC 是另一条辅助破裂面，切穿地表。关于 BC 的位置可根据岩体内的结构面拟定，或通过试算选取一条最不利的破裂面。计算时将滑移体分成两块，其分界面可以是岩体内实际存在的另一个结构面，也可为人为设置的面。在其分界面 BD 上引入一个需要事先假定与水平面成 φ 角的内力 Q（抗力）。分别令 ABD 块或 BCD 块处于极限平衡状态，即可演绎出三种不同的计算方法：等安全系数法、被动抗力法及剩余推力法。《混凝土重力坝设计规范》（SL 319—2005）深层抗滑稳定计算采用等安全系数法，按抗剪断强度公式或抗剪强度公式进行计算。

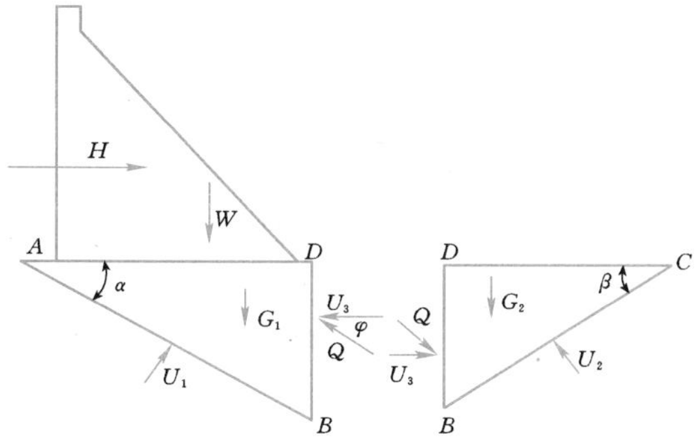

图 1.4-7 双滑动面示意图

(1) 等安全系数法。

1) 采用抗剪断强度公式计算。考虑 ABD 块的稳定，则有

$$K'_1=\frac{f'_1[(W+G_1)\cos\alpha-H\sin\alpha-Q\sin(\varphi-\alpha)-U_1+U_3\sin\alpha]+c'_1A_1}{(W+G_1)\sin\alpha+H\cos\alpha-U_3\cos\alpha-Q\cos(\varphi-\alpha)}\tag{1.4-24}$$

考虑 BCD 块的稳定，则有

$$K'_2=\frac{f'_2[G_2\cos\beta+Q\sin(\varphi+\beta)-U_2+U_3\sin\beta]+c'_2A_2}{Q\cos(\varphi+\beta)-G_2\sin\beta+U_3\cos\beta}\tag{1.4-25}$$

式中 K'_1、K'_2——按抗剪断强度计算的抗滑稳定安全系数；

W——作用于坝体上全部荷载（不包括扬压力，下同）的垂直分值，kN；

H——作用于坝体上全部荷载的水平分值，kN；

G_1、G_2——岩体 ABD、BCD 重量的垂直作用力，kN；

f'_1、f'_2——AB、BC 面的抗剪断摩擦系数；

c'_1、c'_2——AB、BC 面的抗剪断黏聚力，kPa；

A_1、A_2——AB、BC 面的面积，m^2；

α、β——AB、BC 面与水平面的夹角；

U_1、U_2、U_3——AB、BC、BD 面上的扬压力，kN；

Q——BD 面上的作用力，kN；

φ——BD 面上的作用力 Q 与水平面的夹角，夹角 φ 值需经论证后选用，从偏于安全考虑可取 0°。

通过式（1.4-24）、式（1.4-25）及 $K'_1=K'_2=K'$ 求解得 Q、K' 值。经计算求得的 K' 值不应小于表 1.4-2a 的规定。

2) 采用抗剪强度公式计算。对于采取工程措施后应用抗剪断强度公式计算仍无法满足表 1.4-2a 要求的坝段，可采用抗剪强度公式（1.4-26）、式（1.4-27）计算抗滑稳定安全系数，其安全系数指标可经论证确定。

考虑 ABD 块的稳定，则有

$$K_1=\frac{f_1[(W+G_1)\cos\alpha-H\sin\alpha-Q\sin(\varphi-\alpha)-U_1+U_3\sin\alpha]}{(W+G_1)\sin\alpha+H\cos\alpha-U_3\cos\alpha-Q\cos(\varphi-\alpha)}\tag{1.4-26}$$

考虑 BCD 块的稳定，则有

$$K_2=\frac{f_2[G_2\cos\beta+Q\sin(\varphi+\beta)-U_2+U_3\sin\beta]}{Q\cos(\varphi+\beta)-G_2\sin\beta+U_3\cos\beta}\tag{1.4-27}$$

式中 K_1、K_2——按抗剪强度计算的抗滑稳定安全系数；

f_1、f_2——AB、BC 面的抗剪摩擦系数。

通过式（1.4-26）、式（1.4-27）及 $K_1=K_2=K$ 求解 Q、K 值。经计算求得的坝基深层抗滑稳定安全系数 K，在安全系数指标论证时，可参考表 1.4-5 中的数值。

表 1.4-5　坝基深层抗滑稳定安全系数

荷载组合		坝的级别		
		1	2	3
基本组合		1.35	1.30	1.25
特殊组合	(1)	1.20	1.15	1.10
	(2)	1.10	1.05	1.05

(2) 被动抗力法。先令 BCD 块处于极限平衡状态（抗滑稳定安全系数为1），求得抗力 Q 后，再计算 ABD 块沿 AB 面的抗滑稳定安全系数 K'_1，作为整个坝段的抗滑稳定安全系数。

(3) 剩余推力法。先令 ABD 块处于极限平衡的状态，其沿 AB 面的抗滑稳定安全系数为1，求得 Q 后再计算 BCD 块沿 BC 面的抗滑稳定安全系数 K'_2，K'_2 即为整个坝段的抗滑稳定安全系数。

上述三种计算方法中的后两种，由于先令一个块体处于极限平衡状态，也即相当于这一块体的 $K'=1$，因而推算出的另一块体的 K' 值要比等安全系数法为大，相比之下，等安全系数法更为合理。在上述的计算方法中条块间抗力 Q 与水平面的夹角 φ 难以准确给出。根据经验常假定 $\varphi=0$，这样求出的成果偏于安全；或假定 $\tan\varphi$ 等于 BD 面上的 f' 除以安全系数；或采用通用条分法中满足力和力矩平衡的摩根斯顿—普赖斯（Morgenstern - Price）法，通过力矩平衡来确定 φ 值。最后根据工程的重要性和论证的深入程度综合确定 φ 值。

2. 多滑面抗滑稳定分析方法

在坝基深层抗滑稳定分析中，多滑面的情况比较复杂，但可参照双滑面的计算公式，列出各个滑动体的算式，求解安全系数 K' 值。陈祖煜已经证明，在双滑块情况下，等安全系数法和萨尔玛（Sarma）法是等同的。萨尔玛法是在虚功原理的基础上推导出来的一个十分简便的计算公式。这一虚功原理的表达式可以将稳定分析纳入传统塑性力学中结构极限荷载分析的理论框架。这样，也就找到了一个理论体系严格、应用范围不仅限于双滑面的重力坝深层抗滑稳定分析的计算方法。萨尔玛法的基本原理为：

(1) 将某一滑动体离散为 n 个具有倾斜界面的条块，将其推广到重力坝深层抗滑稳定分析，可以使用垂直界面的情况。

(2) 假定底滑面和界面均达到极限平衡，在重力坝深层抗滑稳定分析中，通常在条块界面上只输入一个摩擦角，同时对通过混凝土的那部分界面假定 c 和 φ 均为零。

(3) 建立 n 个条块的静力平衡方程，可以发现，这些方程组中的未知内力和安全系数的总数和方程组数量是相同的，因此，可以唯一确定安全系数 K' 值。

为了方便使用萨尔玛法进行重力坝坝基多滑面的深层抗滑稳定分析，中国水利水电科学研究院将经过扩充的EMU程序纳入了多种分析计算重力坝深层抗滑稳定的内容。

3. 深层抗滑稳定的三维分析

在一些情况下，重力坝坝基存在的软弱结构面的倾向未必与滑动方向完全一致，因此，不同剖面的软弱结构面的位置可能有很大的差别。相应的安全系数也会有很大的差别。另外，有一些软弱结构面在坝轴线方向展布存在较大的变异，有可能尖灭，或者遇断层错断。引入深层抗滑稳定的三维极限平衡分析方法，可以更加符合实际情况。

(1) 极限平衡法——三维斯潘塞（Spencer）法。图1.4-8所示为三维计算模式，图1.4-9所示为作用于条柱的力。本法假定作用在条柱列界面（即平行于 xoy 平面的界面 $ADHE$ 和 $BCGF$）的作用力 Q 为水平方向，作用在条柱行界面（即平行于 yoz 平面的条柱界面 $ABFE$ 和 $DCGH$）的作用力 G 互相平行（G 的方向以 S 轴代表），且与 x 轴的夹角均为 β，各条块底滑面上的剪力 T 与 xoy 平面的夹角为 ρ。这样，如果作用于条柱上的力向垂直于 S 的轴 S' 投影，G 将不出现在平衡方程式中，已知条柱重量 W_i，即可求解条底法向力

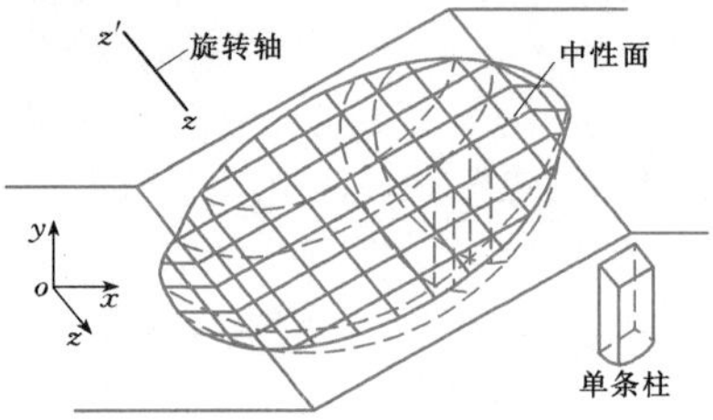

图1.4-8 具有垂直或倾斜界面条柱的滑动体（滑动体的离散模式）

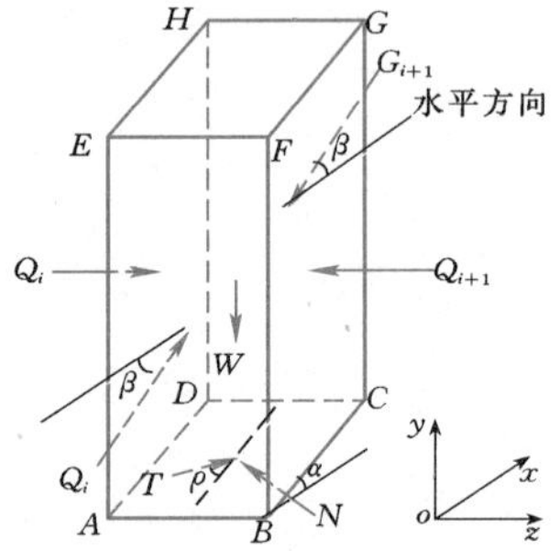

图1.4-9 滑动体三维极限平衡分析方法简图（作用在条柱上的力）

$$N_i=\frac{W_i\cos\beta+(uA_i\tan\varphi_e-c_eA_i)(-m_x\sin\beta+m_y\cos\beta)}{-n_x\sin\beta+n_y\cos\beta+\tan\varphi_e(-m_x\sin\beta+m_y\cos\beta)} \tag{1.4-28}$$

$$c_e=c/F$$

$$\tan\varphi_e=\tan\varphi/F$$

式中 c、φ——材料的抗剪强度指标；

F——安全系数；

n_x、n_y、n_z——条底滑面法线的方向导数；

m_x、m_y、m_z——T 的方向导数，已知 $m_z=\sin\rho$，同时 $m_x^2+m_y^2+m_z^2=1$ 及 $m_xn_x+m_yn_y+m_zn_z=0$。

这一计算公式中不包含未知内力 G，因此从根本上解决了极限平衡分析方法中经常遇到的超静定问题。以下的步骤是建立整个滑动体的静力平衡方程式和绕 z 轴的力矩平衡方程式。

建立与 S' 垂直的 S 方向的整体静力平衡方程式

$$S=\sum[N_i(n_x\cos\beta+n_y\sin\beta)_i+T_i(m_x\cos\beta+m_y\sin\beta)_i-W_i\sin\beta]=0 \tag{1.4-29}$$

建立 z 方向的整体静力平衡方程式

$$Z=\sum(N_in_z+T_im_z)=0 \tag{1.4-30}$$

同时，建立绕 z 轴的整体力矩平衡方程式（以逆时针为正）

$$M=\sum(-W_ix-N_in_xy+N_in_yx-T_im_xy+T_im_yx)=0 \tag{1.4-31}$$

联立式（1.4-29）、式（1.4-30）和式（1.4-31），其中的三个未知数，即 F、β、ρ，可用牛顿—勒普生法求解。

（2）上限解法——三维萨尔玛（Sarma）法。图 1.4-10（a）为条块离散俯视图。应用虚功原理计算三维萨尔玛法安全系数的公式可表示为

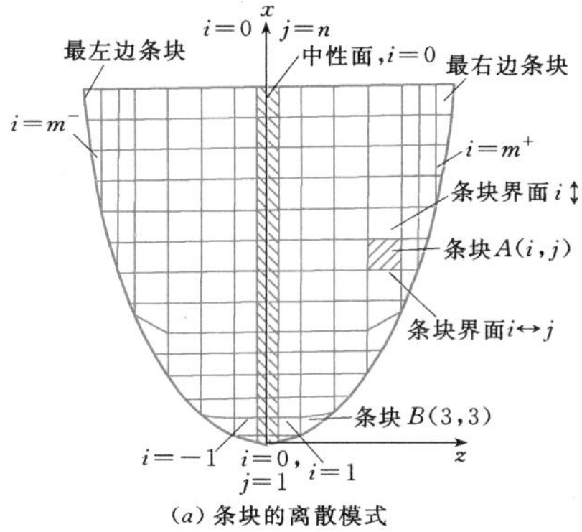

（a）条块的离散模式

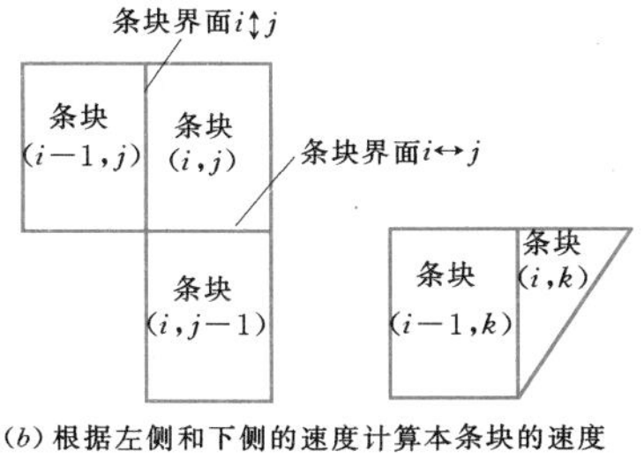

（b）根据左侧和下侧的速度计算本条块的速度

图 1.4-10 三维上限解法速度场的计算

$$\sum D^*_{i\leftrightarrow j,e}+\sum D^*_{i\updownarrow j,e}+\sum D^*_{i,j,e}=WV^*+T^0V^* \tag{1.4-32}$$

其中左侧三项分别为行界面、列界面和底滑面的内能耗散，符号↔、↕分别代表行、列界面。式（1.4-32）中的 W 和 T^0 分别为结构面上的重量和承受的外力，如图 1.4-10 所示。

如果用 Φ 来代表交界面的法向 N 和速度 V 的夹角，则有

$$\Phi(V,N)=\cos\left(\frac{\pi}{2}-\varphi\right)=\sin\varphi \tag{1.4-33}$$

$$\Phi(V,N)=\frac{XL+YM+ZN}{\sqrt{X^2+Y^2+Z^2}\sqrt{L^2+M^2+N^2}} \tag{1.4-34}$$

式中 L、M、N——交界面的法向方向余弦；

X、Y、Z——速度的方向余弦。

编号为（i，j）的条块与编号为（i，$j-1$）和（$i-1$，j）条块的速度协调条件分别为

$$V_{i\leftrightarrow j}=V_{i,j}-V_{i,j-1} \tag{1.4-35}$$

$$V_{i\updownarrow j}=V_{i,j}-V_{i-1,j} \tag{1.4-36}$$

根据关联的流动法则，要求

$$\Phi(V_{i,j},N_{i,j})=\sin\varphi_{i,j} \tag{1.4-37}$$

$$\Phi(V_{i\updownarrow j},N_{i\updownarrow j})=\sin\varphi_{i\updownarrow j} \tag{1.4-38}$$

$$\Phi(V_{i\leftrightarrow j},N_{i\leftrightarrow j})=\sin\varphi_{i\leftrightarrow j} \tag{1.4-39}$$

这样，在已知 $V_{i-1,j}$ 和 $V_{i,j-1}$ 的前提下，通过式（1.4-37）、式（1.4-38）和式（1.4-39）即可求得 $V_{i,j}$ 在 x、y、z 轴的分量。

安全系数 F 值隐含在内摩擦角和黏聚力里，通过对式（1.4-32）的非线性迭代可以求得 F 值。

（3）向家坝水电站重力坝深层抗滑稳定的三维分析。

1）向家坝坝基内倾向下游的缓倾角软弱结构面（T_3^{2-3}、T_3^{2-5}、JC2-1～JC2-8 等）和坝基下游基岩抗力体缓倾向上游的结构面，构成坝基深层滑移的主要通道。对于消力池地基与大坝地基作为整体考虑，所有帷幕和排水均能正常工作这一正常运行工况，坝基未进行加固处理时，泄 3～泄 12 共 10 个剖面的二维稳定安全系数位于 2.5～3.8 之间。其中泄 3、泄 4 和泄 9 三个剖面的安全系数分别为 2.639、2.523 和 2.839，小于 3.0。但是，其他 7 个坝段的安全系数均超过了 3.0，因此，研究各坝段联合稳定分析具有重要意义。

2）对于消力池地基与大坝地基作为整体考虑，所有帷幕和排水均能正常工作这一正常运行工况，正常蓄水位条件下对于沿 T_3^{2-3} 顶面破碎夹泥层和下游抗力体剪出面组合滑动这一滑移模式，当考虑泄 3～

泄12坝段的联合作用后，根据二维剖面重量加权平均得到的三维安全系数为3.149；当不考虑泄3坝段以左、泄12坝段以右岩体阻滑作用时的三维稳定安全系数为3.232；当考虑泄3坝段以左、泄12坝段以右岩体对滑体的阻滑作用后，三维稳定安全系数有一定程度的提高，当$c=500$kPa时，三维安全系数为4.110。

3）对于坝体与消力池分开考虑，坝基下所有帷幕和排水均能正常工作，但消力池按全部透水考虑这一运用方式，正常蓄水条件下对于沿T_3^{2-3}顶面破碎夹泥层和下游抗力体剪出面组合滑动这一滑移模式，当考虑泄3～泄12坝段的联合作用后，根据二维剖面重量加权平均得到的三维安全系数为3.025；当不考虑泄3坝段以左、泄12坝段以右岩体阻滑作用时的三维稳定安全系数为3.024；当考虑上述阻滑作用后，三维稳定安全系数有一定程度的提高，当$c=500$kPa时，三维安全系数为3.863。

4）上述三维计算均假定条块界面作用力为水平方向，即完全不考虑条块间的剪力。因此，计算结果是偏安全的。

1.5　极限状态设计法

1.5.1　重力坝可靠度分析

重力坝及其坝基组成的结构，在施工过程及运行中，都将受到施加于建筑物结构的各种集中力、分布力的作用（如自重、水压力等），还可能受到引起结构外加变形或约束变形的其他作用（如温度变化等）。前者称直接作用，后者称间接作用。我国以往对上述两种作用统称荷载，而《水利水电工程结构可靠度设计统一标准》（GB 50199—94）（以下简称《水工统标》）则把各种荷载统称作用。水工结构上各种作用使结构产生的位移、变形、内力、应力等统称为作用效应（或荷载效应）S；而结构承受作用效应的能力称为结构抗力R。结构设计的任务就是将所设计结构受作用产生的效应与该结构相应抗力做对比，使结构抗力大于结构上的作用。当结构抗力R偏小（不安全）或过大（不经济），则可通过改变结构的材料性质、尺寸甚至结构型式，重新比较结构抗力和作用效应，直至满意为止，从而最终设定结构。

当整个结构（包括地基）或结构的一部分超过某一特定状态，不能满足设计规定的某种功能要求时，称此特定状态为该功能的极限状态。《水工统标》规定，水工建筑物按下列两类极限状态设计。

（1）承载能力极限状态。当结构或结构构件出现下列状态之一时，即认为超过了承载能力极限状态：①作为刚体失去平衡；②超过材料强度而破坏，或因过度的变形而不适于继续承载；③结构或构件丧失稳定；④结构转变为机动体系；⑤土石结构或地基、围岩产生渗透失稳等；⑥地基丧失承载力而破坏；⑦结构或结构构件的疲劳破坏。此时结构是不安全的。

（2）正常使用极限状态。当结构或结构构件影响正常使用或达到耐久性的限值，且结构出现下列状态之一时，即认为达到了正常使用极限状态：①影响结构正常使用或外观的变形；②有影响正常使用的振动；③对结构外形、耐久性以及防渗结构抗渗能力有不良影响的局部损坏等；④影响正常使用的其他特定状态。

结构的功能状态一般可用功能函数来表示，即

$$Z = g(X_1, X_2, \cdots, X_n) \qquad (1.5-1)$$

式中　$X_i(i = 1,2,\cdots,n)$——基本变量和附加变量。

基本变量包括影响结构的各种作用和环境影响，材料和岩土的性能以及几何参数特征；将计算模式的不定性作为附加变量。

对最简单的情况，式（1.5-1）可以写为

$$Z = R - S$$

式中　R——结构抗力；

S——作用对结构产生的作用效应。

当功能函数等于0时，结构处于极限状态。因此，称$Z = g(X_1, X_2, \cdots, X_n) = 0$为极限状态方程。在简单情况时，即$R-S=0$。设计中要求结构能达到或超过承载能力极限状态方程，即$R-S\geqslant 0$，此时结构是安全的。

结构可靠度是结构在规定的时间内、规定的条件下具有预定功能的概率。按可靠度设计理论，所有影响可靠度分析计算结果的量都视为随机变量。其中直接影响结构可靠度的一般可量测到的主要随机变量称基本变量（如作用荷载、材料性能、几何参数），而反映计算模式不定性等的随机变量称为附加变量。所谓“规定的时间”即指考虑各项基本变量与时间关系预定的设计使用年限。所谓“规定的条件下具有预定功能”则指结构在设计基准期内应满足的四项要求：①在正常施工和正常使用时，能承受可能出现的各种作用；②在正常使用时，具有设计规定的工作性能；③在正常维护下，具有设计规定的耐久性；④在出现预计的偶然作用时，主体结构仍能保持必需的稳定性。

结构可靠度分析就是对结构满足上述诸要求的结构可靠性（安全性、适用性、耐久性）进行概率度量。结构在给定的条件下和设计使用年限内能完成预定功能的概率称为可靠概率，用P_s表示；不能完成预定功能的概率称为失效概率，用P_f表示，显然有

$$P_s + P_f = 1 \qquad (1.5-2)$$

采用适当的分析方法求得P_s（或P_f）值或其相应的指标值（即可靠指标β值，见后述），也就定量

知道了结构可靠度，P_s 越大、越接近1，结构的可靠度也愈大。但是要使结构设计达到安全与经济的合理统一，对不同建筑物应有不同的可靠度要求。考虑到以往水工结构设计安全系数有按建筑物级别分三档的传统，《水工统标》规定，水工建筑物的结构安全级别应根据水工建筑物的重要性及其破坏后果的严重性，对应水工建筑物级别按表1.5-1划分为三级。应当注意，表1.5-1所列水工建筑物结构安全级别与该建筑物中某一结构或构件的结构安全级别并非同一概念。《水工统标》规定后者可根据其在水工建筑物中的部位、本身破坏对建筑物安全影响的大小，采用与水工建筑物的结构安全级别相同或降低一级，但地基的结构安全级别应与水工建筑物的结构安全级别相同。《水工统标》还规定，对有特殊安全要求的水工建筑物，其结构安全级别应经专门研究确定。

表1.5-1　水工建筑物结构安全级别

水工建筑物的结构安全级别	水工建筑物级别
Ⅰ	1
Ⅱ	2、3
Ⅲ	4、5

结构从按安全系数法设计到按可靠度理论设计，有一个过渡阶段，分为水准Ⅰ（半概率法）、水准Ⅱ（近似概率法）、水准Ⅲ（全概率法）三种方法。半概率法是对影响结构可靠度的某些参数进行数理统计分析，并与经验相结合，然后引入一些经验系数进行计算，该法对结构可靠度还不能作出定量估计。常用的近似概率法就是一次二阶矩法，它采用概率的方法近似地对结构可靠度进行计算，是目前结构可靠度设计中应用最多的方法。全概率法是完全基于概率论的精确方法，但此法使问题变得过于复杂，目前还难以直接应用。

1.5.1.1　可靠度及失效概率

结构在既定条件和既定时间内完成预定功能的概率，即可靠度为

$$P_s = P[g(\cdot) \geqslant 0] = P[Z \geqslant 0] = 1 - F_Z(0) \tag{1.5-3}$$

式中　Z——安全裕量；

$F_Z(Z)$——Z的累积概率分布函数。

结构的失效概率为

$$P_f = P[g(\cdot) < 0] = P[Z < 0] = F_Z(0) \tag{1.5-4}$$

当结构的功能函数能分解为作用效应S及结构抗力R两个综合变量时，极限状态方程为

$$g(R,S) = R - S = 0 \tag{1.5-5}$$

一般 $S = S(X_1, X_2, \cdots, X_m)$，$R = R(X_{m+1}, X_{m+2}, \cdots, X_n)$，如果它们的概率统计特性可由基本变量 X_1，X_2，…，X_n 按概率原理合成得出时，即可做如上的简化。

如果R、S在统计上互不相关，则

$$\begin{aligned} P_s &= P[(R-S) \geqslant 0] \\ &= \int_{-\infty}^{\infty} f_R(r)\left[\int_{-\infty}^{r} f_S(s)\mathrm{d}s\right]\mathrm{d}r \\ &= \int_{-\infty}^{\infty} f_R(r)F_S(r)\mathrm{d}r \end{aligned} \tag{1.5-6}$$

或者写为

$$P_s = \int_{-\infty}^{\infty} f_S(s)[1 - F_R(s)]\mathrm{d}s \tag{1.5-7}$$

式中　$f_S(\cdot)$、$F_S(\cdot)$——作用效应的概率密度函数和累积概率分布函数；

$f_R(\cdot)$、$F_R(\cdot)$——结构抗力的概率密度函数和累积概率分布函数。

若R、S均为正态分布的随机变量，分别具有相应的均值μ_R、μ_S及均方差σ_R、σ_S，则安全裕量$Z(Z=R-S)$亦为正态分布，其均值为$\mu_Z=\mu_R-\mu_S$，方差为$\sigma_Z^2=\sigma_R^2+\sigma_S^2$，均方差为$\sigma_Z$，如图1.5-1所示。

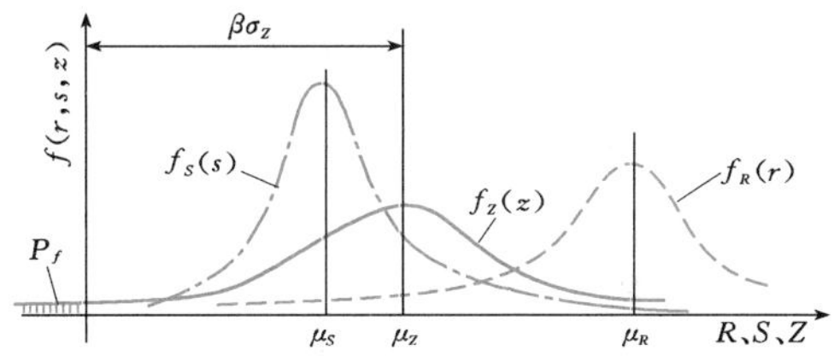

图1.5-1　R、S、Z概率密度图

一般可将它们简写为R：$N(\mu_R、\sigma_R)$，S：$N(\mu_S、\sigma_S)$，Z：$N(\mu_Z、\sigma_Z)$。结构的可靠度可按下式计算：

$$\begin{aligned} P_s &= P[Z \geqslant 0] \\ &= 1 - F_Z(0) \\ &= \Phi\left(\frac{\mu_Z}{\sigma_Z}\right) \\ &= \Phi\left(\frac{\mu_R - \mu_S}{\sqrt{\sigma_R^2 + \sigma_S^2}}\right) \end{aligned} \tag{1.5-8}$$

式中　$\Phi(\cdot)$——标准正态分布下的累积概率分布函数，可以从标准正态分布累积概率分布函数表求得相应的可靠度数值。

图1.5-2（a）为安全裕量Z的概率密度曲线，曲线下$Z<0$部分的面积即为失效概率P_f。在结构可靠性问题中，通常令

$$\beta=\frac{\mu_R-\mu_S}{\sqrt{\sigma_R^2+\sigma_S^2}}=\frac{\mu_Z}{\sigma_Z} \tag{1.5-9}$$

式中 β——可靠性指标。

可以看出：β小，P_f大；β大，P_f小。图1.5-2（b）是将Z经过标准正态化后，$\hat{Z}$的概率密度曲线，标准正态分布为$\hat{Z}$：$N(0,1)$，即$\mu_{\hat{Z}}=0$、$\sigma_{\hat{Z}}=1$，故标准正态化变换式为

$$\hat{Z}=\frac{Z-\mu_Z}{\sigma_Z} \tag{1.5-10}$$

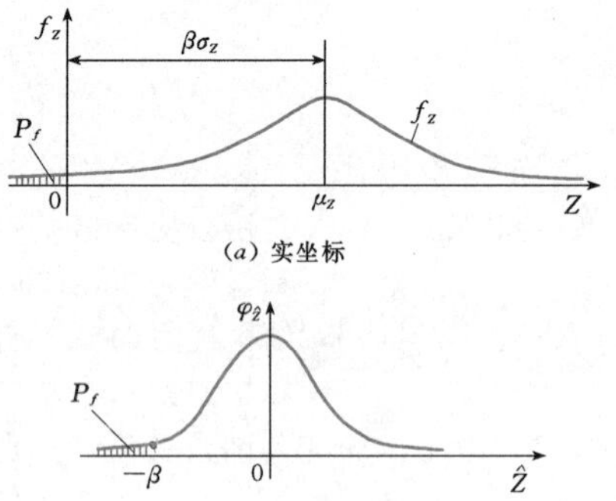

图1.5-2 安全裕量Z的概率密度图

由图1.5-2可见，曲线下自$-\infty$至$+\beta\left(\text{其中}-\beta=-\frac{\mu_Z}{\sigma_Z}\right)$部分的面积即为失效概率。可靠度为

$$P_s=1-P_f=1-\Phi(-\beta)=\Phi(\beta) \tag{1.5-11}$$

不难看出，可靠度P_s与可靠指标β有顺序对应关系。由于正常结构的可靠度常大于0.99，失效概率常小于0.01，叙述不便，因此，习惯用β值说明结构的安全性，不经查表换算，就可比较结构的安全程度，便于工程应用。

可靠指标与中心安全系数的关系为

$$\left.\begin{aligned}\beta&=\frac{K_0-1}{\sqrt{\delta_R^2K_0^2+\delta_S^2}}\\K_0&=\frac{\mu_R}{\mu_S}\\\delta_R&=\frac{\sigma_R}{\mu_R}\\\delta_S&=\frac{\sigma_S}{\mu_S}\end{aligned}\right\} \tag{1.5-12}$$

式中 K_0——中心安全系数，因为规范通常对抗力及作用效应的取值有专门规定，故所得结构的安全系数与K_0有别；

δ_R——结构抗力的变异系数；

δ_S——作用效应的变异系数。

由式（1.5-12）可知，结构的安全性除与中心安全系数K_0有关外，作用及抗力的变异性也有很大影响。当中心安全系数为1时，可靠指标为0，结构的失效概率为50%，是结构状态的转折点。

1.5.1.2 可靠指标

通常当基本变量为正态分布时，可以根据样本的一阶矩（μ）及二阶中心矩（σ^2）准确地求出结构的可靠度。此法称为一次二阶矩法。当极限状态方程式（1.5-5）为线性式，其中R和S是独立随机变量且服从正态分布时，只要知道了它们的均值（一阶矩）和方差（二阶矩），就能容易地计算出可靠指标β，从而得出结构的可靠度P_s。但在实际问题中，结构的极限状态方程大多是非线性式的，变量的准确概率分布也难以确定，因而不能直接采用上述方法。但可以用展开泰勒（Tailor）级数的办法，将S和R线性化后，再进行可靠度计算。如果S和R是在基本变量的平均值处展开成泰勒级数，且仅取级数的线性项，则称为均值一次二阶矩法。

均值一次二阶矩法存在两个问题：①不能考虑随机变量的实际分布；②对非线性极限状态函数，在平均值处按泰勒级数展开，取线性项，计算误差较大，尤其是当同一问题选择不同的极限状态方程时，可能得出不同的β值。针对该法的缺点，将功能函数$g(\cdot)$在设计验算点（功能失效概率最大点）处做泰勒级数展开，取线性项求可靠指标β，这就是具有较高精度的改进一次二阶矩法。在实际工程中，对随机变量为非正态分布的情况，这样会增加计算误差。为了提高计算精度，先将随机变量的非正态分布转化为当量正态分布，然后用改进一次二阶矩法求可靠指标β，这就是国际结构安全度联合委员会（JCSS）推荐的JC法，该法在实际可靠度计算中被广泛采用。

验算点邻近的失效域是失效事件出现概率较大的区域。很明显，作用变量的验算点总是大于其50%分位值；而抗力变量的验算点则小于其50%分位值，即其超越概率大于50%。验算点随结构的具体设计条件而不同，即随极限状态方程和基本变量（作用及抗力）的概率特性而不同。据统计，在实际应用中，一个变量在同类构件、受力特点相似时设计验算点相当一致。因此在制定规范时可以按统计结果给出分项系数。取高分位值（如95%）作为作用的标准值，取低分位值（如5%）作为抗力的标准值，按标准值与验算点的差距定出作用与抗力的分项系数。对于一些敏度系数很低可以不作为随机变量对待的变量，取其均值作为标准值。

《水工统标》中给出的结构设计应达到的β_T值称为目标可靠指标（见表1.5-2）。

表 1.5-2 目标可靠指标 β_T

安全级别		Ⅰ级	Ⅱ级	Ⅲ级
破坏类型	一类破坏	3.7	3.2	2.7
	二类破坏	4.2	3.7	3.2

注 1. 一类破坏系指非突发性破坏，破坏前有明显征兆，破坏过程缓慢。
2. 二类破坏系指突发性破坏，破坏前无明显征兆，或结构一旦发生事故难以补救或修复。

1.5.2 分项系数极限状态设计方法

由于直接采用概率极限状态方法进行结构可靠度设计比较复杂，因此，目前一般采用分项系数极限状态设计法，这样易和设计人员已长期使用而且熟悉的设计方法相联系，设计计算也较易进行。这种设计表达式与单一安全系数法表达式不同，它由一组分项系数和设计代表值组成，反映了由各种原因产生的不定性的影响。各种分项系数一般是根据可靠度分析，并与规定的目标可靠指标相对应确定的，因此设计结果反映了规定的可靠度水平。

1.5.2.1 分项系数

分项系数是在分项系数极限状态设计式中，考虑结构的设计使用年限、安全级别、设计状况、作用（荷载）和材料性能的变异性以及计算模式不定性等与目标可靠指标相联系的系数。分项系数的设置应能保证各种水工结构设计的计算可靠指标最佳地逼近目标可靠指标，且误差绝对值的加权平均值也为最小。现对各分项系数分述如下。

1. 结构重要性系数 γ_0

用以反映不同结构安全级别对结构可靠度的不同要求。《水工统标》规定，对应结构安全级别Ⅰ级、Ⅱ级、Ⅲ级，γ_0 可分别取 1.1、1.0、0.9。

2. 作用分项系数 γ_f

用以反映作用（荷载）对其标准值 F_k 的不利变异，可由作用设计值 F_d 与标准值 F_k 之比来定义。

$$\gamma_f=\frac{F_d}{F_k} \tag{1.5-13}$$

作用分项系数 γ_f 不考虑因施加于结构上的作用换算成结构上的作用效应时的计算不定性。

3. 材料性能分项系数 γ_m

用以反映材料性能对其标准值 f_k 的不利变异，可由材料性能设计值 f_d 与标准值 f_k 之比的倒数来定义：

$$\gamma_m=\frac{f_k}{f_d} \tag{1.5-14}$$

γ_m 为考虑材料试件（包括岩土试件）试验所得性能本身的变异性。正如 γ_f 不考虑作用换算成作用效应（如应力）时的计算不定性一样，γ_m 也不考虑试件材料换算成结构中材料性能的不定性和换算成结构抗力时的计算不定性。这就是说，不同水工结构中，只要作用相同就有同一 γ_f，只要材料相同就有同一 γ_m。

4. 设计状况系数 ψ

用以反映不同设计状况的目标可靠指标不同，对应持久设计状况、短暂设计状况、偶然设计状况，ψ 应取相应的不同值。对应持久设计状况取 1.00，短暂设计状况取 0.95，偶然设计状况取 0.85。

5. 结构系数 γ_d

用以反映作用效应计算模式不定性和抗力计算模式不定性，还包括反映前四个分项系数未反映的其他不定性。

1.5.2.2 作用效应

设计水工结构时，应根据不同设计状况下可能同时出现的作用，按承载能力、正常使用两种极限状态分别进行作用组合，并采用各自最不利的组合进行设计。

结构上的作用按其随时间的变异，分为永久作用（在设计所考虑的时期内始终存在且其变化与平均值相比可以忽略不计的作用，或其变化是单调的并趋于某个限值的作用）；可变作用（在设计使用年限内其量值随时间变化且其变化与平均值相比不可忽略的作用）；偶然作用（在设计使用年限内不一定出现，而一旦出现其量值很大且持续期很短的作用）和地震作用。可能同时出现的永久作用、可变作用组合为基本组合，基本组合与一种可能同时出现的偶然作用或地震作用组合为偶然组合。

1.5.2.3 极限状态设计表达式

当结构按承载能力极限状态设计时，应对持久设计状况、短暂设计状况采用基本组合，对偶然设计状况采用偶然组合。

承载能力极限状态基本组合应采用如式（1.5-15）所示的设计表达式：

$$\gamma_0\psi S(\gamma_G G_k,\gamma_Q Q_k,a_k)\leqslant\frac{1}{\gamma_d}R\left(\frac{f_k}{\gamma_m},a_k\right) \tag{1.5-15}$$

式中 $S(\cdot)$——作用组合的效应设计值函数；
$R(\cdot)$——结构抗力设计值函数；
G_k——永久作用标准值；
γ_G——永久作用分项系数；
Q_k——可变作用标准值；
γ_Q——可变作用分项系数；
a_k——几何参数标准值；
γ_d——承载能力极限状态基本组合的结构系数。

承载能力极限状态偶然组合应采用如式（1.5-16）所示的设计表达式：

$$\gamma_0 \psi S(\gamma_G G_k, A_k, \gamma_Q Q_k, a_k) \leqslant \frac{1}{\gamma_d} R\left(\frac{f_k}{\gamma_m}, a_k\right) \tag{1.5-16}$$

式中　A_k——偶然作用代表值；

γ_d——承载能力极限状态偶然组合的结构系数。

对正常使用极限状态的作用效应，设计状况系数、作用分项系数、材料性能分项系数都取为1.0，并采用如式（1.5-17）所示的设计表达式：

$$\gamma_0 S(G_k, Q_k, f_k, a_k) \leqslant c \tag{1.5-17}$$

式中　$S(\cdot)$——正常使用极限状态的效应函数；

c——结构的功能限值。

1.5.3　极限状态设计法

1.5.3.1　重力坝断面设计原则

直接采用结构目标可靠指标进行水工结构设计，可以比较全面地考虑有关因素变异性对结构可靠性的影响，使设计更趋合理。但考虑水工结构设计的传统习惯和所掌握资料的局限性，《水工统标》和《混凝土重力坝设计规范》（DL 5108—1999）规定采用概率极限状态设计原则，以分项系数极限状态设计表达式进行结构计算，并按材料的标准值和作用的标准值或设计值分别计算基本组合和偶然组合。

重力坝断面设计遵循以下原则：①各基本变量均应作为随机变量；②以现行规范规定的计算方法为基础建立极限状态方程；③要同时满足抗滑稳定和坝趾抗压强度承载能力的极限状态，以及坝踵应力约束条件的正常使用极限状态；④重力坝按其所处的工作状况分为持久设计状况、短暂设计状况和偶然设计状况，对持久状况和短暂状况应考虑承载能力和正常使用两种极限状态，对偶然状况只考虑承载能力极限状态。

1.5.3.2　极限状态设计表达式

承载能力极限状态是指坝体沿坝基面或地基中软弱结构面滑动以及坝体或坝基面应力超过介质材料抗压强度而破坏的临界状态；正常使用极限状态是指坝踵及坝体上游面不出现垂直拉应力和对施工期坝趾及下游坝面拉应力的限制。

1．承载能力极限状态

承载能力极限状态的设计表达式为

$$\gamma_0 \psi S(F_d, a_k) \leqslant \frac{1}{\gamma_d} R(f_d, a_k) \tag{1.5-18}$$

式中　$S(\cdot)$——作用效应函数；

$R(\cdot)$——抗力函数；

γ_0——结构重要性系数；

ψ——设计状况系数；

F_d——作用的设计值；

a_k——几何参数；

f_d——材料性能的设计值；

γ_d——结构系数。

（1）抗滑稳定极限状态作用效应函数为

$$S(\cdot) = \sum P$$

（2）实体重力坝坝趾主压应力计入扬压力情况下的极限状态作用效应函数为

$$S(\cdot) = \left(\frac{\sum W}{B} - \frac{6\sum M}{B^2}\right)(1+m^2)$$

（3）抗滑稳定极限状态抗力函数为

$$R(\cdot) = f'\sum W + c'A$$

（4）坝趾和坝体抗压强度极限状态抗力函数为

$$R(\cdot) = R_a$$

式中　R_a——介质材料的抗压强度。

各基本变量 f'、c'、R_a 及扬压力系数 α 应以设计值代入计算。

重力坝坝基深层存在缓倾角软弱结构面时，可能构成单滑动面、双滑动面和多滑动面的滑动失稳模式，应根据地质结构模型分析确定控制性滑动面，进行极限状态抗滑稳定分析。双斜滑动面为最常见情况（见图1.4-7）。在分项系数极限状态设计法中，坝基深层双斜滑动面抗滑稳定计算采用等安全系数法，即主动滑体 ABD 与被动滑体 BCD 的安全度相等，基本计算公式与式（1.4-24）和式（1.4-25）相同。

主动滑体 ABD 与被动滑体 BCD 的安全度系数 η_i（i=1，2）为

$$\eta_i = \frac{R_i\left(\frac{f_k}{\gamma_m}, a_k\right)}{\gamma_0 \gamma_d \psi S_i(\gamma_G G_k, \gamma_Q Q_k, a_k)} \tag{1.5-19}$$

式中　γ_0、γ_d、ψ、γ_m、γ_G、γ_Q——分项系数。

考虑主动滑体 ABD 与被动滑体 BCD 应具有同等的安全度，即抗力与作用比相同，此时滑动体系达到极限平衡。

$$\eta = \eta_1 = \eta_2 \tag{1.5-20}$$

对于同一坝基断面而言，γ_0、γ_d、ψ 三值数值相同，则式（1.5-19）可简化得为

$$\frac{R_1\left(\frac{f_k}{\gamma_m}, a_k\right)}{S_1(\gamma_G G_k, \gamma_Q Q_k, a_k)} = \frac{R_2\left(\frac{f_k}{\gamma_m}, a_k\right)}{S_2(\gamma_G G_k, \gamma_Q Q_k, a_k)} \tag{1.5-21}$$

主动滑体 ABD 与被动滑体 BCD 各自的抗力函数与作用函数的表达式如下：

对主动滑体的滑面 AB

$$R_1(\cdot)=f'_{d1}[(\sum W+G_1)\cos\alpha-\sum P\sin\alpha-Q\sin(\varphi-\alpha)+U_3\sin\alpha-U_1]+c'_{d1}A_1$$

$$S_1(\cdot)=(\sum W+G_1)\sin\alpha+\sum P\cos\alpha-Q\cos(\varphi-\alpha)-U_3\cos\alpha \quad (1.5-22)$$

对被动滑体的滑面 BC

$$R_2(\cdot)=f'_{d2}[G_2\cos\beta+Q\sin(\varphi+\beta)+U_3\sin\beta-U_2]+c'_{d2}A_2$$

$$S_2(\cdot)=Q\cos(\varphi+\beta)-G_2\sin\beta+U_3\cos\beta \quad (1.5-23)$$

式中　$\sum W$——垂直力之和；

G_1、G_2——岩体 ABD、BCD 重量的垂直作用；

f'_{d1}、f'_{d2}——AB、BC 面的抗剪断摩擦系数；

c'_{d1}、c'_{d2}——AB、BC 面的抗剪断黏聚力；

A_1、A_2——AB、BC 面的面积；

α、β——AB、BC 面与水平面的夹角；

U_1、U_2、U_3——AB、BC、BD 面上的扬压力；

Q、φ——主动滑体与被动滑体之间的作用力及其作用方向与水平面的夹角，φ 可取有限元分析时 BD 面上各点主应力的平均倾角，或可取 $\varphi=\tan^{-1}(f/K)$，f 为 BD 面上摩擦系数的标准值，$K=2.0\sim3.0$。从偏于安全考虑，φ 值可取为零。

式（1.5-22）及式（1.5-23）中的作用荷载和材料性能均采用设计值计算。

$\eta\geqslant1$ 时坝基满足深层抗滑稳定要求。

重力坝坝基存在多滑动面的情况如图 1.5-3 所示。图 1.5-4 为多滑面坝基中任一单独滑动块的受力图。

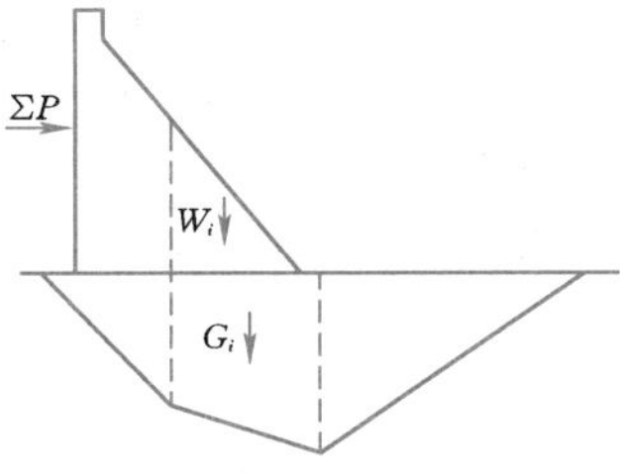

图 1.5-3　坝基多滑面示意图

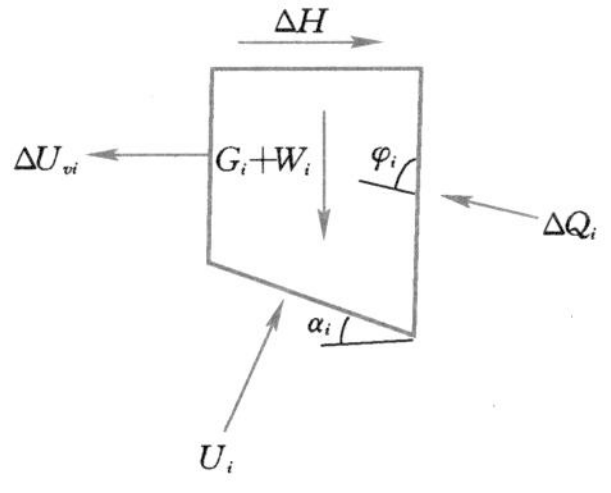

图 1.5-4　单独滑动块受力图

对每一单独滑动块，抗力函数 $R(\cdot)$ 和作用函数 $S(\cdot)$ 可表示为

$$R_i(\cdot)=f'_{di}[(G_i+W_i)\cos\alpha_i-\Delta Q_i\sin(\varphi_i-\alpha_i)-U_i+\Delta U_{vi}\sin\alpha_i-\Delta H_i\sin\alpha_i]+c'_{di}A_i \quad (1.5-24)$$

$$S_i(\cdot)=(G_i+W_i)\sin\alpha_i+\Delta H_i\cos\alpha_i-\Delta Q_i\cos(\varphi_i-\alpha_i)-\Delta U_{vi}\cos\alpha_i \quad (1.5-25)$$

式中　f'_{di}、c'_{di}——滑动面 i 的抗剪断摩擦系数、抗剪断黏聚力；

G_i——滑动块的重量；

W_i——该滑动块上覆坝体的重量；

α_i——底滑面倾角，以倾向下游为正；

ΔQ_i——该滑动块两侧的剪力合力，以指向上游为正；

φ_i——ΔQ_i 与水平向的夹角，从偏于安全考虑，可取为 0；

U_i——该滑动块底面所受扬压力；

U_{vi}——侧面水压合力；

ΔH_i——滑动块所受其他水平向荷载。

式（1.5-24）和式（1.5-25）中的作用和材料性能均采用设计值。

定义各滑动块抗力作用比如式（1.5-26）所示，滑动体系各块体具有同等的抗力作用比 η，此时滑动体系达到极限平衡，坝基整体抗力作用比 η 计算公式与式（1.5-19）相同。

对于同一坝基断面而言，各滑动块的 γ_0、γ_d、ψ 数值相同，式（1.5-19）可简化为

$$\frac{R_1\left(\dfrac{f_k}{\gamma_m},a_k\right)}{S_1(\gamma_G G_k,\gamma_Q Q_k,a_k)}=\frac{R_2\left(\dfrac{f_k}{\gamma_m},a_k\right)}{S_2(\gamma_G G_k,\gamma_Q Q_k,a_k)}=\cdots=\frac{R_n\left(\dfrac{f_k}{\gamma_m},a_k\right)}{S_n(\gamma_G G_k,\gamma_Q Q_k,a_k)} \quad (1.5-26)$$

式（1.5-26）可得到 $n-1$ 个方程，其中含有 n 个未知数 ΔQ_i，再由坝基体系内力平衡条件可得

$$\sum_{i=1}^{n}\Delta Q_i=0 \quad (1.5-27)$$

由式（1.5-26）与式（1.5-27）联立可以求解得各滑动块间的剪力 ΔQ_i，返回代入式（1.5-19）可得到抗力作用比 η，当 $\eta\geqslant1$ 时，即认为满足稳定要求。

2. 正常使用极限状态

正常使用极限状态的设计表达式为

$$\gamma_0 S(F_k,f_k,\alpha_k)\leqslant c \quad (1.5-28)$$

式中　F_k——作用的标准值；

f_k——材料性能的标准值；

c——结构的功能限值。

以坝踵铅直应力不出现拉应力作为正常使用极限状态，实体重力坝的作用效应函数为

$$S(\cdot) = \frac{\sum W}{B} + \frac{6\sum M}{B^2}$$

坝体应力约定压应力为正，拉应力为负。因此，正常使用极限状态设计式为

$$\gamma_0\left(\frac{\sum W}{B} + \frac{6\sum M}{B^2}\right) \geqslant 0$$

即有

$$\left(\frac{\sum W}{B} + \frac{6\sum M}{B^2}\right) \geqslant 0$$

这与单一安全系数法的表达式完全相同。

施工期坝趾处可容许有不大于0.1MPa的垂直拉应力，正常使用极限状态设计式为

$$\frac{\sum W}{B} - \frac{6\sum M}{B^2} \geqslant -0.1\text{MPa}$$

施工期下游坝面可容许有不大于0.1MPa的垂直拉应力。

1.5.3.3 重力坝的分项系数极限状态设计法

我国电力行业的重力坝设计规范规定，重力坝设计采用概率极限状态设计原则，以分项系数极限状态设计表达式作为设计计算方法。重力坝分别按承载能力极限状态和正常使用极限状态进行计算和验算。对于作用效应函数中作用设计值，取标准值乘以分项系数后的数值，表示考虑了结构物荷载可能超载的情况；对于抗力函数中坝体混凝土与坝基岩体抗剪断参数等设计值，采用标准值除以分项系数后的数值，表示考虑了坝体混凝土与坝基岩体抗剪断参数所需的安全储备。

坝体混凝土和坝基岩体之间抗剪断参数标准值f'_k和c'_k的取值见《混凝土重力坝设计规范》（DL 5108—1999）和《水力发电工程地质勘察规范》（GB 50287—2006），与《混凝土重力坝设计规范》（SL 319—2005）和《水利水电工程地质勘察规范》（GB 50487—2008）中的取值基本相同，可参见表1.4-3和表1.4-4。

重力坝的作用分项系数见表1.5-3，混凝土及基岩有关的材料性能分项系数见表1.5-4。对于摩擦系数f'_k和黏聚力c'_k的材料性能分项系数采用不同的数值，静力计算时的结构系数见表1.5-5。

表1.5-3　作 用 分 项 系 数

序号	作用类别		分项系数
1	自重		1.0
2	水压力	(1) 静水压力	1.0
		(2) 动水压力：时均压力、离心力、冲击力、脉动压力	1.05、1.1、1.1、1.3
3	扬压力	(1) 渗透压力（实体重力坝、宽缝和空腹重力坝）	1.2、1.1
		(2) 浮托力	1.0
		(3) 扬压力（有抽排）	1.1（主排水孔之前）
		(4) 残余扬压力（有抽排）	1.2（主排水孔之后）
4	淤沙压力		1.2
5	浪压力		1.2

表1.5-4　材 料 性 能 分 项 系 数

材料性能	抗剪断强度								混凝土和基岩抗压强度 f_c 和 f_R
	混凝土/基岩		混凝土/混凝土		基岩/基岩		软弱结构面		
	摩擦系数 f'_R	黏聚力 c'_R	摩擦系数 f'_c	黏聚力 c'_c	摩擦系数 f'_d	黏聚力 c'_d	摩擦系数 f'_d	黏聚力 c'_d	
分项系数 γ_m	2.0	2.5	2.0	2.5	2.1	2.6	1.6	3.5	1.5
备注			包括混凝土层面						

表1.5-5　结 构 系 数

序号	项目	结构系数	备注
1	抗滑稳定极限状态设计式	1.2	包括建基面、层面、深层滑动面
2	混凝土抗压极限状态设计式	1.8	
3	混凝土温度应力极限状态设计式	1.5	

1.6 有限元法应力计算和承载能力分析

20 世纪 60 年代，有限元法开始应用于计算重力坝和坝基的应力变位。目前，有限元法已广泛地应用于重力坝的设计计算中。按照混凝土重力坝设计规范的要求，高坝及修建在复杂地基上的中坝都应进行有限元计算分析。坝高大于 200m 或特别重要的重力坝还应进行承载能力分析。

用有限元法计算坝体应力时，单元剖分应达到设计所要求的精度，单元的型式应结合坝体体型合理选用，计算模型及计算条件等应尽量接近于工程实际情况。坝体内孔口等结构复杂部位的配筋设计，宜用有限元法确定其应力分布，据以进行钢筋配置。计入扬压力时，有限元法计算的坝基应力，其上游面的垂直拉应力分布宽度，宜小于坝底宽度的 0.07 倍或小于坝踵至帷幕中心线的距离。当坝基岩体内存在软弱结构面、缓倾角裂隙面时，应根据有限元计算结果核算深层抗滑稳定，其成果可作为坝基处理方案选择的依据。

大体积混凝土和岩土介质虽然在细观上呈现不均匀性和不连续性，但在重力坝设计的力学分析中，常常被作为连续介质力学问题。采用能控制加载速度适应试件变形速度的刚性试验机，可以得到混凝土材料和岩体材料的全应力应变曲线。严格说来，岩土介质的应力应变关系是非线性的，要想得到工程上满意的结果就必须采用非线性模型。合理简化应力应变曲线，确定变形模型，正确选择强度准则，对于重力坝的设计计算具有重要意义。

随着有限元理论的日益完善和岩土力学数值计算的发展，已经出现许多商业通用和专业计算软件，并在我国水利水电工程设计中得到广泛应用。其中，国外开发的通用大型有限元软件有 ADINA、ABAQUS、ANSYS 和 Marc 等；国内开发的有岩土介质非线性应力—变形有限元分析软件 NOLM87、TFINE 等。

1.6.1 线性弹性有限元计算分析

在线性弹性模型中，基于广义胡克定律，弹性矩阵 $[D]$ 仅和材料常数有关，单元应力矢量 $\{\sigma\}$ 和单元应变矢量 $\{\varepsilon\}$ 之间属线性关系：

$$\{\sigma\} = [D]\{\varepsilon\}$$

水工结构在小变形情况下服从胡克定律，有限元法求解结构的位移和应力的程序基本上可分为结构的离散化、单元分析和总体分析三个步骤来进行。

在混凝土重力坝和坝基岩体的有限元分析中，除常用的等参单元外，常常需要使用两种特殊的单元，即节理单元和无限区域单元。实际上，这两种单元对应连续体单元厚度趋于零和趋于无限大这两种极限情况。这里仅阐述模拟间断性质的节理单元。

节理单元通常用来描述节理、断层和断裂带、破碎带以及其他软弱结构面的不连续性质。有时还可用来模拟接触性质，这时称为连接单元。平面问题的节理单元可以看做平面矩形单元［见图 1.6-1 (a)］在厚度趋于零时的极限。节理单元的几何性质可用它两端点的坐标和它的厚度（一般很小）来规定。对于四个节点的节理单元［见图 1.6-1 (b)］，每个端点有一对节点，在变形前它们有相同的坐标。单元的坐标插值公式是

$$\left.\begin{aligned} \boldsymbol{x} &= \begin{bmatrix} \frac{1}{2}(1+r) & \frac{1}{2}(1-r) \end{bmatrix} \boldsymbol{x}_e \\ \boldsymbol{x}_e &= [x_1 \quad x_2]^T \end{aligned}\right\} \tag{1.6-1}$$

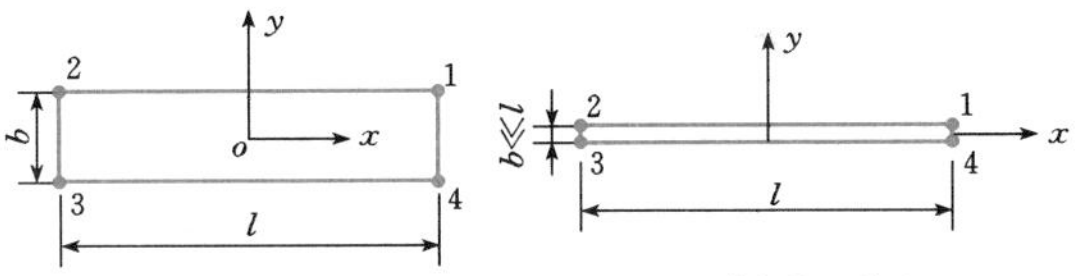

(a) 四节点矩形单元　　(b) 四节点节理单元

图 1.6-1 四节点矩形单元和节理单元

设位移的插值函数与式（1.6-1）有相同的形式，节理单元上下盘的位移分量是

$$\boldsymbol{u}^+ = \begin{bmatrix} \frac{1}{2}(1+r) & \frac{1}{2}(1-r) \end{bmatrix} \begin{Bmatrix} u_1 \\ u_2 \end{Bmatrix}$$

$$\boldsymbol{v}^+ = \begin{bmatrix} \frac{1}{2}(1+r) & \frac{1}{2}(1-r) \end{bmatrix} \begin{Bmatrix} v_1 \\ v_2 \end{Bmatrix}$$

$$\boldsymbol{u}^- = \begin{bmatrix} \frac{1}{2}(1+r) & \frac{1}{2}(1-r) \end{bmatrix} \begin{Bmatrix} u_4 \\ u_3 \end{Bmatrix}$$

$$\boldsymbol{v}^- = \begin{bmatrix} \frac{1}{2}(1+r) & \frac{1}{2}(1-r) \end{bmatrix} \begin{Bmatrix} v_4 \\ v_3 \end{Bmatrix}$$

上下两盘的相对位移是

$$\begin{aligned} \Delta\boldsymbol{u} &= \boldsymbol{u}^+ - \boldsymbol{u}^- \\ &= \begin{bmatrix} \frac{1}{2}(1+r) & \frac{1}{2}(1-r) & -\frac{1}{2}(1-r) & -\frac{1}{2}(1+r) \end{bmatrix} \\ &\quad \times \begin{Bmatrix} u_1 \\ u_2 \\ u_3 \\ u_4 \end{Bmatrix} \end{aligned} \tag{1.6-2}$$

$$\Delta \boldsymbol{v} = \boldsymbol{v}^+ - \boldsymbol{v}^- = \left[\frac{1}{2}(1+r) \quad \frac{1}{2}(1-r) \quad -\frac{1}{2}(1-r) \quad -\frac{1}{2}(1+r)\right] \times \begin{Bmatrix} v_1 \\ v_2 \\ v_3 \\ v_4 \end{Bmatrix} \tag{1.6-3}$$

用 $\Delta \boldsymbol{uv}$ 表示相对位移矢量，$\boldsymbol{\alpha}_e$ 表示节点位移矢量，则有

$$\left.\begin{aligned} \Delta \boldsymbol{uv} &= [\Delta \boldsymbol{u} \quad \Delta \boldsymbol{v}]^{\mathrm{T}} \\ &= [\boldsymbol{u}^+ - \boldsymbol{u}^- \quad \boldsymbol{v}^+ - \boldsymbol{v}^-]^{\mathrm{T}} \\ \boldsymbol{\alpha}_e &= [u_1 \quad v_1 \quad u_2 \quad v_2 \quad u_3 \quad v_3 \quad u_4 \quad v_4]^{\mathrm{T}} \end{aligned}\right\} \tag{1.6-4}$$

由式（1.6-2）和式（1.6-3）得

$$\Delta \boldsymbol{uv} = \boldsymbol{B\alpha}_e \tag{1.6-5}$$

$$\boldsymbol{B} = \begin{bmatrix} \frac{1}{2}(1+r) & 0 & \frac{1}{2}(1-r) & 0 & -\frac{1}{2}(1-r) & 0 & -\frac{1}{2}(1+r) & 0 \\ 0 & \frac{1}{2}(1+r) & 0 & \frac{1}{2}(1-r) & 0 & -\frac{1}{2}(1-r) & 0 & -\frac{1}{2}(1+r) \end{bmatrix} \tag{1.6-6}$$

用相对位移矢量 $\Delta \boldsymbol{uv}$ 描述节理的变形，显然它是自然坐标 r 或整体坐标 x 的函数。对于六个节点的节理单元（见图 1.6-2），单元坐标的插值公式是

$$\boldsymbol{x} = \left[\frac{1}{2}(1+r) - \frac{1}{2}(1-r^2) \quad \frac{1}{2}(1-r) - \frac{1}{2}(1-r^2) \quad 1-r^2\right] \times \begin{Bmatrix} x_1 \\ x_2 \\ x_3 \end{Bmatrix} \tag{1.6-7}$$

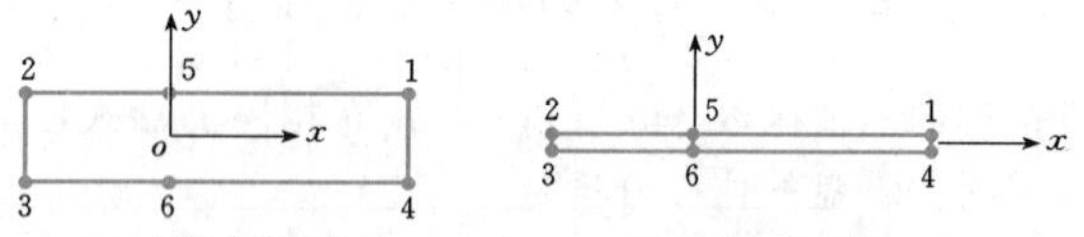

（a）六节点矩形单元　　（b）六节点节理单元

图 1.6-2　六节点矩形单元和节理单元

设位移分量的插值公式与式（1.6-1）的形式相同，这时有

$$\boldsymbol{u}^+ = \left[\frac{1}{2}(1+r) - \frac{1}{2}(1-r^2) \quad \frac{1}{2}(1-r) - \frac{1}{2}(1-r^2) \quad 1-r^2\right] \times \begin{Bmatrix} u_1 \\ u_2 \\ u_3 \end{Bmatrix} \tag{1.6-8}$$

还可类似地给出关于 $\boldsymbol{v}^+$、$\boldsymbol{u}^-$、$\boldsymbol{v}^-$ 的公式。最后得到

$$\Delta \boldsymbol{uv} = \boldsymbol{B\alpha}_e \tag{1.6-9}$$

$$\boldsymbol{\alpha}_e = [u_1 \quad v_1 \quad u_2 \quad v_2 \quad u_3 \quad v_3 \quad u_4 \quad v_4 \quad u_5 \quad v_5 \quad u_6 \quad v_6]^{\mathrm{T}}$$

$$\boldsymbol{B} = \begin{bmatrix} N_1 & 0 & N_2 & 0 & -N_2 & 0 & -N_1 & 0 & N_5 & 0 & -N_5 & 0 \\ 0 & N_1 & 0 & N_2 & 0 & -N_2 & 0 & -N_1 & 0 & N_5 & 0 & -N_5 \end{bmatrix} \tag{1.6-10}$$

$$\left.\begin{aligned} N_1 &= \frac{1}{2}(1+r) - \frac{1}{2}(1-r^2) \\ N_2 &= \frac{1}{2}(1-r) - \frac{1}{2}(1-r^2) \end{aligned}\right\} \tag{1.6-11}$$

$$N_5 = 1 - r^2$$

在节理单元中，用相对位移矢量 $\Delta \boldsymbol{uv}$ 描述变形，导出的 $\boldsymbol{B}$ 矩阵把 $\Delta \boldsymbol{uv}$ 与单元节点位移矢量 $\boldsymbol{\alpha}_e$ 联系起来。$\Delta \boldsymbol{uv}$ 可以看做是 du 沿厚度方向（$x=$ const）的积分在 $b \to 0$ 时的极限，即

$$\Delta \boldsymbol{uv} = \lim_{b \to 0} [b\gamma_{xy} \quad b\varepsilon_y]^{\mathrm{T}} \tag{1.6-12}$$

这个极限值就是穿过节理时位移的间断量矢量。与 $\Delta \boldsymbol{uv}$ 共轭的应力矢量是

$$\boldsymbol{\sigma} = [\tau_{xy} \quad \sigma_y]^{\mathrm{T}} \tag{1.6-13}$$

式中　τ_{xy}、σ_y——节理面（间断面）上的剪应力和正应力。

已知节理材料的弹性模量 E 和泊松比 μ，对于平面应力情况设节理单元的切向刚度 $k_t = E/2(1+\mu)b$ 和法向刚度 $k_n = E/(1-\mu^2)b$，将平面应力改为平面形变时，E 换为 $E/(1-\mu^2)$，而 μ 换为 $\mu/(1-\mu)$，得到平面形变时的切向弹性刚度 $k_t = E/2(1+\mu)b$ 和法向弹性刚度 $k_n = E(1-\mu)/(1+\mu)(1-2\mu)b$。最后得到节理介质的本构方程

$$\boldsymbol{\sigma} = \boldsymbol{D}\Delta \boldsymbol{uv}, \quad \boldsymbol{D} = \begin{bmatrix} k_t & 0 \\ 0 & k_n \end{bmatrix} \tag{1.6-14}$$

这里的 k_t 和 k_n 分别是单位长度的节理在切向和法向上的弹性刚度。节理不仅是一个几何上的间断面，还是具有一定物质属性的物质点组成的面。上述的本构方程描述了这些物质点的弹性（或塑性）性质。

在弹塑性有限元分析中，用这样的模型描述工程岩体中的节理，能反映实际节理的剪胀特性和变形软化性质。还可以得到增量形式的弹塑性关系 $\mathrm{d}\boldsymbol{\sigma} = \boldsymbol{D}_{ep}\mathrm{d}\Delta \boldsymbol{uv}$。对于加载和卸载，材料的反应是不同的。知道了节理单元的 $\boldsymbol{B}$ 矩阵和本构矩阵 $\boldsymbol{D}_{ep}$，就容易写出节理单元的刚度矩阵

$$\boldsymbol{K}_e = \int_e \boldsymbol{B}^{\mathrm{T}} \boldsymbol{D}_{ep} \boldsymbol{B} \mathrm{d}x = \int_{-1}^{1} \boldsymbol{B}^{\mathrm{T}} \boldsymbol{D}_{ep} \boldsymbol{B} \mid J \mid \mathrm{d}r \tag{1.6-15}$$

以及荷载的等效节点力矢量等。计算 $\boldsymbol{K}_e$ 需要在自然坐标系中进行数值积分。需要指出，单元刚度矩阵 $\boldsymbol{K}_e$ 是在局部坐标内写出的。在有限元的总体分析之前，要通过坐标变换得到总体坐标系的刚度矩阵

$$\boldsymbol{K}_e = \boldsymbol{T}_0^{\mathrm{T}} \boldsymbol{K} \boldsymbol{T}_0 \tag{1.6-16}$$

$$\boldsymbol{T}_0 = \begin{bmatrix} \boldsymbol{\Lambda} & & & \\ & \boldsymbol{\Lambda} & 0 & \\ & & \ddots & \\ & 0 & & \ddots \\ & & & & \boldsymbol{\Lambda} \end{bmatrix}, \quad \boldsymbol{\Lambda} = \begin{bmatrix} \cos\alpha & \sin\alpha \\ -\sin\alpha & \cos\alpha \end{bmatrix} \tag{1.6-17}$$

其中 α 是局部坐标的 x' 轴与总体坐标的 x 轴之间的夹角。对于四节点和六节点的节理单元，在式（1.6-17）中分别含有 4 个和 6 个子阵 $\boldsymbol{\Lambda}$。

1.6.2 非线性有限元分析

1.6.2.1 变形模型和强度分析

大体积混凝土和岩土类介质力学性质的显著特点是材料的不均匀性和非连续性，然而在工程结构的力学分析中，仍可以将其看做是一种连续介质，建立连续介质物理力学模型。从宏观角度来看，连续介质力学模型抓住了问题的主要方面，能够在宏观的小尺度范围内描述各种力学量的统计代表值。

1. 非线性问题的分类

在有限元分析的位移法中，非线性以两种不同形式出现。第一种是由非线性本构关系所决定的材料非线性问题；第二种是由变形物体几何形状的有限变化所导致的几何非线性问题。

在材料非线性问题中，应力与应变不成线性比例，研究的是应力和应变之间的关系，即本构关系，但采用小变形理论，只考虑小位移和小应变的情况。

在几何非线性问题中，虽然假设线性应力和应变关系成立，但非线性的应变和位移关系和几何形状的有限变化却引起几何非线性问题。这一类问题包括大应变和大位移。几何非线性问题的一个重要亚类是小应变和大位移的情况，这时结构经历了大的刚体位移和转动，在变形之后建立平衡条件，而固连于物体坐标系中的应变分量仍然假设为无限小。结构弹性屈曲后的性态就是这个亚类的实例。

另外一类非线性问题是由于边界条件的性质随物体的运动发生变化所引起的非线性响应，最典型的例子就是接触问题。通常，此类问题可以在上述两种类型的每一类型中出现，从而使问题变得更为复杂。

2. 变形模型

重力坝的设计计算需要将坝体和坝基作为一个有机联系的整体。对由大体积混凝土和岩体介质共同组成的大坝进行非线性应力分析，通常采用小变形理论，属于材料非线性问题。

采用刚性试验机，并控制加载速度适应试件的变形速度，可以得到全应力应变曲线。岩土介质和混凝土材料的全应力应变曲线如图 1.6-3 所示。

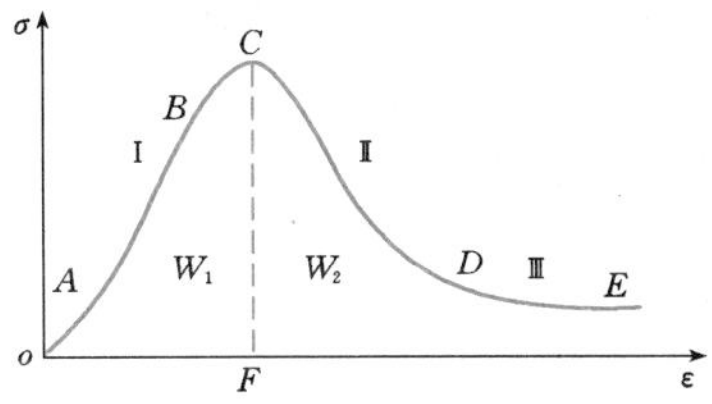

图 1.6-3 全应力应变曲线

材料的应力应变曲线大体可分为三个阶段。第Ⅰ阶段（$oABC$），σ、ε 为非线性上升，第Ⅱ阶段（CD）为应变软化阶段，而第Ⅲ阶段（DE）则为剩余强度阶段，在有些材料中并不出现该阶段。在拉伸情况下，材料的应力应变曲线的变化规律与压缩时相似，但表征各阶段的应力与应变的数值与压缩时有很大的差别。

为求解结构的承载能力，将 σ—ε 曲线模型简化，并将强度极限（σ_t）作为变形特性的转折点，可采用如图 1.6-4 所示的三种基本变形模型。

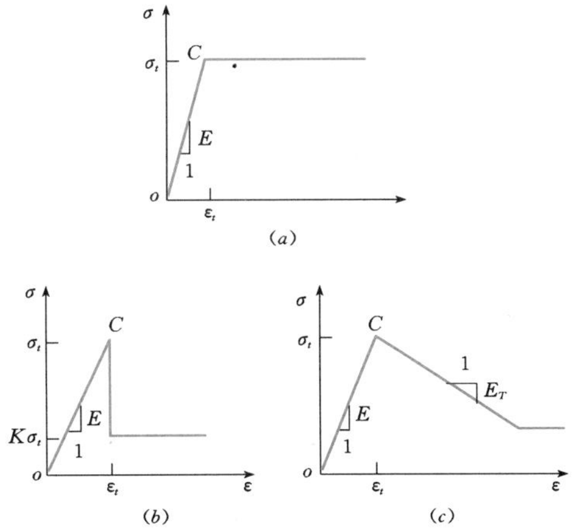

图 1.6-4 基本变形模型

（1）理想弹塑性模型。即假设应力达到最大值后保持不变，而材料的变形仍可继续增长［见图 1.6-4（a）］，写成

$$\sigma = E\varepsilon, \qquad 当\ \varepsilon < \varepsilon_t$$

$$\sigma = \sigma_t = \text{const}, \qquad 当\ \varepsilon > \varepsilon_t$$

该模型适用于材料的应变软化不明显时，即在点 C 附近存在着一段应力下降不明显的情况。

(2) 脆塑性模型。如图 1.6-4 (b) 所示，在该模型中，应力达到最大值便产生“跌落”，下降后的应力值称为剩余强度，写成

$$\sigma = E\varepsilon, \quad 当\ \varepsilon < \varepsilon_t$$

$$\sigma = K\sigma_t, \quad 当\ \varepsilon = \varepsilon_t$$

式中 K——剩余强度系数，且 $0 \leqslant K < 1$。

当应变软化剧烈时，采用该模型可以反映出应力跌落的特性。

(3) 线性软化模型。如图 1.6-4 (c) 所示，将应变软化过程近似为线性的，即

$$\sigma = E\varepsilon, \quad 当\ \varepsilon < \varepsilon_t$$

$$\sigma = \sigma_t - E_T(\varepsilon - \varepsilon_t), \quad 当\ \varepsilon > \varepsilon_t$$

选取不同的斜率 E_T，可以描述材料的不同软化特性。

考虑到材料实验曲线的多样性，也可将上述模型进行不同的组合，由此组成多种组合变形模型。

3. 强度准则

在岩土材料实验中，当 $\sigma = \sigma_t$ 时，材料出现宏观裂纹。在复杂应力状态下，将材料出现宏观裂纹时应力之间所满足的条件称为强度准则。岩土材料的强度准则应包含平均应力，并且能够反映应力、应变张量中球形分量与偏斜分量之间存在的交叉影响。材料变形的复杂性与描述应力应变模型的多样性，是求解这类结构承载能力时首先遇到的问题。合理简化应力应变曲线，正确选择强度准则，对求解具有重要意义。

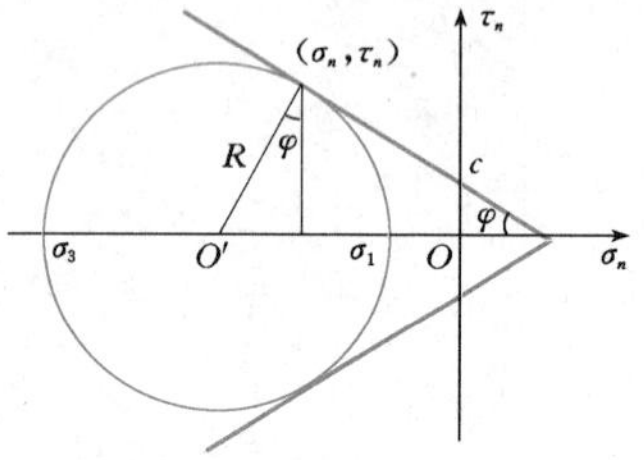

图 1.6-5 莫尔—库仑准则

(1) 莫尔—库仑 (Mohr-Coulomb) 准则。通常岩土介质用库仑剪切破裂准则来表示剪切滑动的开始，它由材料的黏聚力 c 和内摩擦角 φ 来描述，如图 1.6-5 所示。若法线为 n 的截面上的压应力 σ_n 和剪应力 τ_n 满足

$$\tau_n = c - \sigma_n \tan\varphi \qquad (1.6-18)$$

则该截面进入塑性（或出现裂缝）状况。在岩土力学中常取压应力为正，则式 (1.6-18) 中右端负号应改为正号。考虑 φ 角为常数的情形，在式 (1.6-18) 中的 σ_n 和 τ_n 应力平面上将是一对直线。对于更一般的情形，随静水压力的增长，φ 角会逐渐减小，又称为莫尔准则。也可以用曲线（如双曲线、抛物线、摆线等）来表示 φ 值随 σ_n 压应力值的增加而变化的情况。直线或曲线在受拉区闭合，且交于 σ_n 轴，表明在三向等拉时材料会发生破坏。在莫尔—库仑准则中，也可用置换的单向抗拉强度 σ_t' 与置换的单向抗压强度 σ_c' 来表示 c 与 φ，这里 σ_t' 和 σ_c' 是置换 c 和 φ 的两个参数，并不一定是岩土材料实际的抗拉和抗压强度。它们之间的关系为

单轴受拉时

$$\sigma_2 = \sigma_3 = 0, \quad \sigma_t' = \sigma_1 = \frac{2c\cos\varphi}{1+\sin\varphi}$$

单轴受压时

$$\sigma_1 = \sigma_2 = 0, \quad \sigma_c' = -\sigma_3 = \frac{2c\cos\varphi}{1-\sin\varphi}$$

$$\tan\varphi = \frac{\sigma_c' - \sigma_t'}{2\sqrt{\sigma_c'\sigma_t'}}, \quad c = \frac{\sqrt{\sigma_c'\sigma_t'}}{2}$$

此时可将莫尔—库仑准则写成

$$2\sqrt{\sigma_c'\sigma_t'}\tau_n = \sigma_c'\sigma_t' - \sigma_n(\sigma_c' - \sigma_t')$$

由于置换的抗拉强度 σ_t' 可能比实际抗拉强度 σ_t（或 R_t）要大，因此在岩体和混凝土节理单元存在拉应力时，为了更好地取得近似，可以将莫尔—库仑准则与最大拉应力或拉应变准则结合起来，这样做实际上是一个三参数准则，用 R_t、c 和 φ 参数来确定。

$$f(\sigma) = \begin{cases} f_2 = \tau_n - c + \sigma_n \tan\varphi = 0, & \sigma_n < R_t \\ f_3 = \sigma_n - R_t = 0 \end{cases} \qquad (1.6-19)$$

为了用主应力 ($\sigma_1 \geqslant \sigma_2 \geqslant \sigma_3$) 表示莫尔—库仑准则，将

$$\sigma_n = \frac{1}{2}(\sigma_1 + \sigma_3) + \frac{1}{2}(\sigma_1 - \sigma_3)\sin\varphi$$

$$\tau_n = \frac{1}{2}(\sigma_1 - \sigma_3)\cos\varphi$$

代入式 (1.6-18)，则得

$$f(\sigma_1, \sigma_2, \sigma_3, c, \varphi) = \frac{1}{2}(\sigma_1 + \sigma_3)\sin\varphi + \frac{1}{2}(\sigma_1 - \sigma_3) - c\cos\varphi = 0 \qquad (1.6-20)$$

如果不规定 $\sigma_1 \geqslant \sigma_2 \geqslant \sigma_3$，采用对称开拓的方法，可以得到如图 1.6-6 所示的六边形 $ABCDEF$，该六边形的边长相等，但夹角并不相等。而且，六边形的大小是随 $\sigma_m = \frac{1}{3}(\sigma_1 + \sigma_2 + \sigma_3)$ 的增大（即静水压力的减小）而线性缩小，当 $\sigma_1 = \sigma_2 = \sigma_3 = c\cot\varphi$ 时图形收缩成一点 O。因此该准则的屈服面为以 π 平面上六边形为底，以 O 为顶的六棱锥体的侧面。由几何表

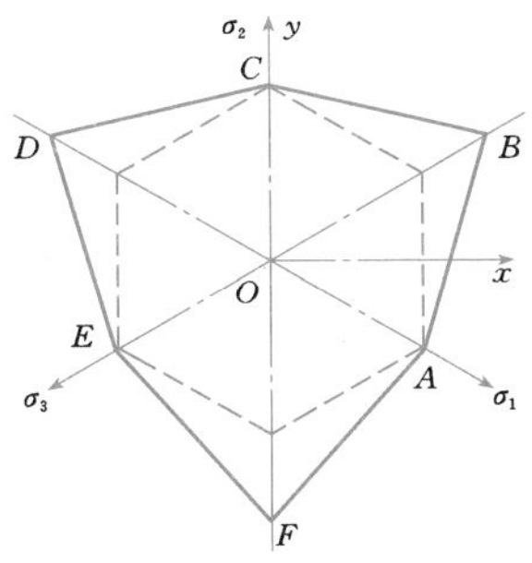

图 1.6-6　莫尔—库仑准则

示可知，在莫尔—库仑准则中考虑了材料拉压强度极限以及静水压力对强度准则的影响。

（2）德鲁克—普拉格（Drucker - Prager）屈服准则。它是米塞斯（Mises）屈服条件的一种简单修正。为考虑静水应力分量对屈服的影响而引入一个附加项。德鲁克—普拉格屈服条件为

$$f(I_1, J_2, k) = \alpha I_1 + \sqrt{J_2} - k = 0 \tag{1.6-21}$$

式中　I_1——应力张量的第一不变量；

J_2——偏应力张量 S_{ij} 的第二不变量；

α、k——正的材料常数。

运用克朗内克（Kronecker）记号 δ_{ij} 及重复出现的下标表示求和

$$I_1 = \sigma_{kk} = \sigma_{11} + \sigma_{22} + \sigma_{33}$$

$$S_{ij} = \sigma_{ij} - \frac{1}{3}\sigma_{kk}\delta_{ij}$$

$$J_2 = \frac{1}{2}S_{ij}S_{ij}$$

在主应力空间中式（1.6-21）的屈服面是一个正圆锥，在 π 平面内的截线是一个圆，如图 1.6-7 所示。式（1.6-21）表明，随着静水压力的增加（$I_1<0$），米塞斯屈服圆的半径将扩大。德鲁克—普拉格给出屈服面参数 α 和 k 与莫尔—库仑条件中黏聚力 c 和摩擦系数 f 之间的关系，证明德鲁克—普拉格屈服条件与平面应变条件下莫尔—库仑屈服条件完全相同。在 π 平面上以六角形内切圆作为屈服破坏条件，这时有

$$\left.\begin{aligned} \alpha &= \frac{\sin\varphi}{\sqrt{3}\sqrt{3+\sin^2\varphi}} = \frac{\tan\varphi}{\sqrt{9+12\tan^2\varphi}} \\ k &= \frac{\sqrt{3}c\cos\varphi}{\sqrt{3+\sin^2\varphi}} = \frac{3c}{\sqrt{9+12\tan^2\varphi}} \end{aligned}\right\} \tag{1.6-22}$$

对应于内角外接圆锥，为受拉破坏。

$$\alpha = \frac{2\sin\varphi}{\sqrt{3}(3+\sin\varphi)}, \quad k = \frac{6c\cos\varphi}{\sqrt{3}(3+\sin\varphi)} \tag{1.6-23}$$

对应于外角外接圆锥，为受压破坏。

$$\alpha = \frac{2\sin\varphi}{\sqrt{3}(3-\sin\varphi)}, \quad k = \frac{6c\cos\varphi}{\sqrt{3}(3-\sin\varphi)} \tag{1.6-24}$$

在式（1.6-22）、式（1.6-23）、式（1.6-24）中的 α、k 作为系数的三个圆锥屈服面中，式（1.6-24）是通过莫尔—库仑不等角六角锥外角点的外接圆锥；式（1.6-22）是内切圆锥；式（1.6-23）是通过其内角点的外接圆锥，介于外接圆锥和内切圆锥之间，其间差别可用 π 平面图表示出来（见图 1.6-7）。

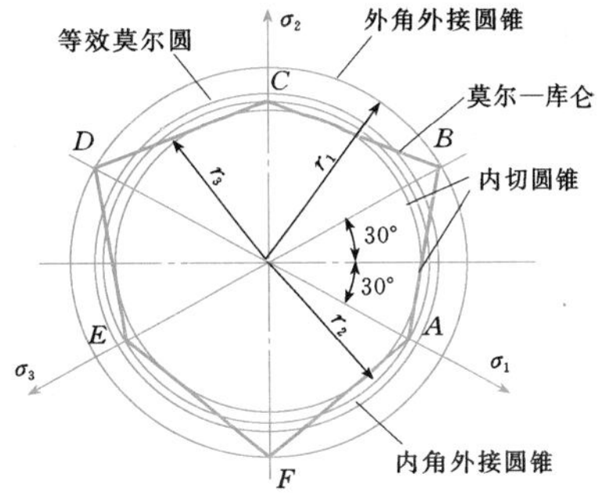

图 1.6-7　各屈服准则在 π 平面上的曲线

比较式（1.6-23）与式（1.6-24）可见：当 φ 较小时，两者的差别较小；$\varphi=0$ 时，差别消失，这时实质上等同于米塞斯条件了。$\varphi=0$ 时，式（1.6-23）或式（1.6-24）仍与式（1.6-22）有差别，前者表示为屈瑞斯卡等边六角形的外接圆，而式（1.6-22）表示等边六边形的内切圆。

此外，经研究后还提出了一种与莫尔—库仑条件等面积圆的屈服条件，依据偏平面上等效圆的面积与莫尔—库仑条件的面积相等，得

$$\alpha = \frac{2\sqrt{3}\sin\varphi}{\sqrt{2\sqrt{3}\pi(9-\sin^2\varphi)}}, \quad k = \frac{6\sqrt{3}c\cos\varphi}{\sqrt{2\sqrt{3}\pi(9-\sin^2\varphi)}} \tag{1.6-25}$$

德鲁克—普拉格（D—P）屈服准则实质上也是一个压剪型的屈服准则，在拉剪区（$I_1>0$）失去了物理实验基础。该准则的锥顶是一个奇异点（角点）。为了使屈服面正则化（光滑化），在 $I_1>0$ 的区域需要对屈服面做修正。殷有泉提出使用一个双曲旋转面近似地替代 D—P 锥面，D—P 锥面为旋转面的渐进面，如图 1.6-8 所示。已知材料的拉伸屈服极限 σ_T，这时修正的 D—P 屈服准则为

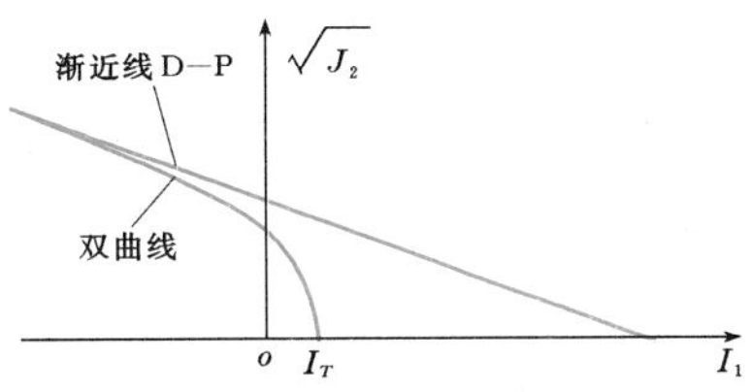

图 1.6-8　修正的 D—P 准则曲线

$$f = \alpha I_1 + \sqrt{J_2 + a^2 k^2} - k = 0 \qquad (1.6-26)$$

$$a = 1 - \frac{\alpha \sigma_T}{k}$$

经过正则化修正后的 D—P 屈服准则称为三参数准则，除了原有的两个参数 α 和 k 以外，还包含第三个参数 σ_T，即拉伸屈服应力。

1.6.2.2 非线性弹性应力分析

混凝土和岩石类材料一般承受的应变量较小。通常在应力超过一定限度（弹性极限或称屈服应力）后，在反复加载卸载过程中，一部分变形是可恢复的，另一部分变形是不可恢复的，前者是可逆的弹性变形，后者是不可逆的塑性变形。塑性变形一般与变形的历史有关，由于这种历史相关性，本构关系应以增量形式表达。然而，由于数学关系式简单，人们习惯使用塑性全量理论。这种理论假设应力全量与应变全量之间存在着一一对应关系，而不去考虑应力和应变变化的历史。严格说来，这种理论在各应力分量的比值保持不变的加载历史（称为简单加载）下是正确的。实验研究表明，在偏离简单加载一个相当大范围内的加载历史下，它也适用。

对于弹性介质，全量形式的本构方程与增量形式的本构方程仅是表述形式的不同，在本质上是完全等价的。无论是割线模量还是切线模量，它们都是应力或应变的状态函数，与变形或应力路径无关，也就是在应力和应变之间存在着单值关系。有了这些割线模量与切线模量的表达式，就可使用全量形式和增量形式的本构方程去分析计算坝工设计中的问题。

对于非线性弹性介质，应力矢量 $\boldsymbol{\sigma}$ 和应变矢量 $\boldsymbol{\varepsilon}$ 之间不再是线性关系，它们之间的关系一般可以写为全量形式

$$\boldsymbol{\sigma} = \boldsymbol{D}_S \boldsymbol{\varepsilon} \qquad (1.6-27)$$

也可以写为增量形式

$$\mathrm{d}\boldsymbol{\sigma} = \boldsymbol{D}_T \mathrm{d}\boldsymbol{\varepsilon} \qquad (1.6-28)$$

式中 $\boldsymbol{D}_S$、$\boldsymbol{D}_T$——割线和切线的弹性矩阵，它们的元素是应变矢量或应力矢量的函数，而与应变和应力的历史无关。

同样地，可以将有限元系统的平衡方程表示成以位移矢量 $\boldsymbol{\alpha}$ 为变量的方程。由于本构方程式（1.6-27）是非线性的，这个方程是一非线性方程组

$$\Psi(\boldsymbol{\alpha}) = K_S(\boldsymbol{\alpha})\boldsymbol{\alpha} - \boldsymbol{R} = 0 \qquad (1.6-29)$$

$$\boldsymbol{K}_S(\boldsymbol{\alpha}) = \sum \boldsymbol{C}_e^{\mathrm{T}} \left(\int_e \boldsymbol{B}^{\mathrm{T}} \boldsymbol{D}_S \boldsymbol{B} \mathrm{d}\boldsymbol{V} \right) \boldsymbol{C}_e \qquad (1.6-30)$$

$\boldsymbol{K}_S$ 是有限元系统的割线刚度矩阵，它是位移矢量 $\boldsymbol{\alpha}$ 的函数。对于一个有限元系统，除了某些最简单的情况，要写 $\Psi(\boldsymbol{\alpha})$ 的显式表达式是很困难的。将式（1.6-29）写为

$$\Psi(\boldsymbol{\alpha}) = \sum \boldsymbol{C}_e^{\mathrm{T}} \int_e \boldsymbol{B}^{\mathrm{T}} \boldsymbol{\sigma} \mathrm{d}V - \boldsymbol{R} = 0 \qquad (1.6-31)$$

这时要将 $\boldsymbol{\sigma}$ 理解为是应变的非线性函数，从而也是位移的非线性函数，因而式（1.6-31）是关于 $\boldsymbol{\alpha}$ 的非线性方程组。于是，求解非线性弹性问题就归结为求解这样的一个非线性方程组问题。求解非线性方程组通常采用应力转移法和初应力法。

1.6.2.3 弹塑性应力分析

1. 弹塑性本构关系

描述弹性介质的状态，既可采用应力状态也可采用应变状态，而本构关系就是这两种状态所应满足的数学表达式。在具体的本构表述中，如果取应力状态作为基本的状态变量而应变为状态函数，则这种表述称为应力空间表述。相反，如果取应变状态作为基本的状态变量而应力为状态函数，则称为应变空间表述。对于非线性弹性介质的本构方程来说，这两种空间表述是完全等价的，对弹塑性介质则不然。

在传统的塑性增量理论中，弹塑性性质的表述包含以下几个方面：①存在一个与应力和变形历史有关的屈服函数或加载函数，它在应力空间中定义了现时的弹性区域；②有一个不变的对称正定的弹性矩阵联系应力和弹性应变，塑性应变为总应变与上述弹性应变之差；③常将屈服（或加载）函数作为塑性位势函数，当应力空间与应变空间的坐标相重叠时，塑性应变增量矢量指向屈服（或加载）面的外法向，这时称之为关联的流动法则；④有一个强化规律，它和加载函数的某些参数（不可逆过程的某种度量）相对应。在变形过程中，加载面随应力点向外扩大表示强化，屈服面保持不变表示理想塑性性质。这些性质满足德鲁克（Drucker）关于稳定材料的公设（在一个应力循环中，外部作用所做之功为非负）。

对于混凝土和岩体类介质材料，有一些新现象十分重要，常需要予以考虑，其中介质的软化性质就是一种重要的特性。在岩石力学中，把这样逐渐的而不是突然的破坏过程称为渐进破坏，对于具有这种渐进破坏的混凝土和岩石类介质，根据依留辛（Ильюшин）公设（在一个应变循环中，外部作用所做之功为非负）在应变空间表述本构关系是特别方便的。

对于岩土类材料，如下几方面的新现象是十分重要的，必须予以考虑：①塑性势函数与屈服（或加载）函数不同，这时称为非关联流动；②弹性系数随塑性变形的发展而变化，称为损伤劣化；③在变形过程中加载面可以扩大或不动，还可以收缩，收缩表示应变软化性质。

一个岩石类材料的物质点的应变也可用六维应变空间中的一个点来代表。通常假设存在一张曲面，它所包围的区域内部所有的点能由纯弹性应变的路径达到，而在这个曲面上的点表示材料将发生进一步的塑性变形。这个曲面就是应变空间的屈服面或加载面，它可数学地表示为

$$F(\boldsymbol{\varepsilon},\boldsymbol{\varepsilon}^p,w^p)=0 \tag{1.6-32}$$

式中 $\boldsymbol{\varepsilon}$——应变矢量（写成一个列阵）；

$\boldsymbol{\varepsilon}^p$、$w^p$——迄今为止物质点经历过的塑性应变和塑性功，$w^p=\int\boldsymbol{\sigma}^{\mathrm{T}}\mathrm{d}\boldsymbol{\varepsilon}^p$，上标 T 表示矩阵的转置。

在式（1.6-32）中假设塑性功 w^p 是仅有的强化参数。

在工程中，屈服函数通常是在应力空间表出的

$$f(\boldsymbol{\sigma},w^p)=0 \tag{1.6-33}$$

可以通过广义胡克定律

$$\boldsymbol{\sigma}=\boldsymbol{D}\boldsymbol{\varepsilon}^e=\boldsymbol{D}(\boldsymbol{\varepsilon}-\boldsymbol{\varepsilon}^p) \tag{1.6-34}$$

建立这两个空间中屈服面之间的转换关系

$$F(\boldsymbol{\varepsilon},\boldsymbol{\varepsilon}^p,w^p)=f[\boldsymbol{D}(\boldsymbol{\varepsilon}-\boldsymbol{\varepsilon}^p),w^p]=f(\boldsymbol{\sigma},w^p) \tag{1.6-35}$$

对于岩石类材料，为表示弹塑性与损伤耦合，假设式（1.6-34）中的弹性矩阵 $\boldsymbol{D}$ 以及它的逆矩阵 $\boldsymbol{C}$ 是塑性功 w^p 的函数，同时 $\boldsymbol{D}$ 和 $\boldsymbol{C}$ 保持对称性。在塑性理论中，由于时间无关性，这里关于速率的时间尺度应理解为它是任意随真实时间 t 单调上升的函数，用“.”表示对这种时间尺度的导数。由式（1.6-34）已知 $\boldsymbol{\varepsilon}^e=\boldsymbol{C}\boldsymbol{\sigma}$，将其微商，并考虑到 $\dot{w}^p=\boldsymbol{\sigma}^{\mathrm{T}}\dot{\boldsymbol{\varepsilon}}^p$，有

$$\dot{\boldsymbol{\varepsilon}}^e=\boldsymbol{C}\dot{\boldsymbol{\sigma}}+\frac{\partial\boldsymbol{C}}{\partial w^p}\boldsymbol{\sigma}\boldsymbol{\sigma}^{\mathrm{T}}\dot{\boldsymbol{\varepsilon}}^p \tag{1.6-36}$$

塑性应变速率假设沿塑性势 $G=G(\boldsymbol{\sigma},w^p)$ 的梯度方向

$$\dot{\boldsymbol{\varepsilon}}^p=\frac{\partial G}{\partial\boldsymbol{\sigma}}\dot{\lambda} \tag{1.6-37}$$

$\dot{\lambda}$ 是一个非负的尺度参数。加载时的本构关系为

$$\dot{\boldsymbol{\sigma}}=(\boldsymbol{D}-\boldsymbol{D}_p)\dot{\boldsymbol{\varepsilon}} \tag{1.6-38}$$

$$\boldsymbol{D}_p=\frac{1}{A+B}\left(\boldsymbol{D}-\frac{\partial\boldsymbol{D}}{\partial w^p}\boldsymbol{C}\boldsymbol{\sigma}\boldsymbol{\sigma}^{\mathrm{T}}\right)\frac{\partial G}{\partial\boldsymbol{\sigma}}\left(\frac{\partial F}{\partial\boldsymbol{\varepsilon}}\right)^{\mathrm{T}} \tag{1.6-39}$$

$$\left.\begin{aligned}A&=-\frac{\partial F}{\partial w^p}\boldsymbol{\sigma}^{\mathrm{T}}\frac{\partial G}{\partial\boldsymbol{\sigma}}\\&=-\left[\left(\frac{\partial f}{\partial\boldsymbol{\sigma}}\right)^{\mathrm{T}}\frac{\partial\boldsymbol{D}}{\partial w^p}\boldsymbol{C}\boldsymbol{\sigma}+\frac{\partial f}{\partial w^p}\right]\boldsymbol{\sigma}^{\mathrm{T}}\frac{\partial G}{\partial\boldsymbol{\sigma}}\\B&=-\left(\frac{\partial F}{\partial\boldsymbol{\varepsilon}^p}\right)^{\mathrm{T}}\frac{\partial G}{\partial\boldsymbol{\sigma}}\\&=\left(\frac{\partial F}{\partial\boldsymbol{\sigma}}\right)^{\mathrm{T}}\frac{\partial G}{\partial\boldsymbol{\sigma}}=\left(\frac{\partial f}{\partial\boldsymbol{\sigma}}\right)^{\mathrm{T}}\boldsymbol{D}\frac{\partial G}{\partial\boldsymbol{\sigma}}\end{aligned}\right\} \tag{1.6-40}$$

引用一个阶梯函数

$$H(l)=\begin{cases}1,l>0\\0,l\leqslant0\end{cases} \tag{1.6-41}$$

考虑到卸载和中性变载的情况，本构关系可写为

$$\mathrm{d}\boldsymbol{\sigma}=[\boldsymbol{D}-H(l)\boldsymbol{D}_p]\mathrm{d}\boldsymbol{\varepsilon}=\boldsymbol{D}_{ep}\mathrm{d}\boldsymbol{\varepsilon} \tag{1.6-42}$$

$$l=\left(\frac{\partial F}{\partial\boldsymbol{\varepsilon}}\right)^{\mathrm{T}}\dot{\boldsymbol{\varepsilon}}$$

上面就一般形式的加载函数 F 给出了弹塑性本构关系。对于一种具体材料来说，只要知道了 F（或 f）、G 以及 $\boldsymbol{D}$ 的具体表达式，就可以得到相应的本构方程。各类岩石介质屈服函数的可能形式已有了一些考虑，而塑性势函数 G 的确定在目前还缺少足够的经验和实验资料。对于岩土材料，有人取屈服函数为

$$f=\alpha I_1+\sqrt{J_2}-k \tag{1.6-43}$$

式中 I_1——应力张量的第一不变量；

J_2——应力偏张量的第二不变量；

α、k——与内聚力和内摩擦有关的材料常数。

将相应的塑性势函数取为

$$G=\theta\alpha I_1+\sqrt{J_2} \tag{1.6-44}$$

式中 θ——另一个材料常数，通常有 $0\leqslant\theta\leqslant1$，$\theta=1$ 表示是关联流动。

2. 弹塑性问题的有限元表述

在弹塑性问题中，材料的性质与应力和变形的历史有关，本构方程必须用增量形式表出。这就需要按荷载作用的实际情况，在小的荷载增量下逐步计算求解。在用增量方法求解时，可以把总荷载分成适当数目的小的荷载增量。经常是按比例施加外载，把结构不发生塑性变形的最大的荷载作为第一个增量，其余的荷载再细分为若干等分。如果实际荷载不是按比例施加的，则要根据实际的加载次序设计荷载增量。现在考虑一个典型的荷载增量 $\Delta\boldsymbol{R}$。在这个荷载增量施加之前已作用有累积荷载 $\boldsymbol{R}_m$，相应的位移、应变、应力和内变量分别用 $\boldsymbol{\alpha}_m$、$\boldsymbol{\varepsilon}_m$、$\boldsymbol{\sigma}_m$ 和 $\boldsymbol{\kappa}_m$ 表示。由于施加了新的荷载增量 ΔR，达到新的累积荷载 $\boldsymbol{R}_{m+1}$。在施加 $\Delta\boldsymbol{R}$ 期间，位移、应变、应力和内变量的增量分别用 $\Delta\boldsymbol{\alpha}$、$\Delta\boldsymbol{\varepsilon}$、$\Delta\boldsymbol{\sigma}$ 和 $\Delta\boldsymbol{\kappa}$ 表示，那么在新的累积荷载

$$\boldsymbol{R}_{m+1}=\boldsymbol{R}_m+\Delta\boldsymbol{R} \tag{1.6-45}$$

下的总位移、总应变、总应力和内变量分别是

$$\left.\begin{aligned}\boldsymbol{\alpha}_{m+1}&=\boldsymbol{\alpha}_m+\Delta\boldsymbol{\alpha}\\\boldsymbol{\varepsilon}_{m+1}&=\boldsymbol{\varepsilon}_m+\Delta\boldsymbol{\varepsilon}\\\boldsymbol{\sigma}_{m+1}&=\boldsymbol{\sigma}_m+\Delta\boldsymbol{\sigma}\\\boldsymbol{\kappa}_{m+1}&=\boldsymbol{\kappa}_m+\Delta\boldsymbol{\kappa}\end{aligned}\right\} \tag{1.6-46}$$

在小变形情况下有

$$\Delta\boldsymbol{\varepsilon} = \boldsymbol{B}\Delta\boldsymbol{\alpha}_e = \boldsymbol{B}\boldsymbol{C}_e\Delta\boldsymbol{\alpha} \tag{1.6-47}$$

而在总荷载 $\boldsymbol{R}_{m+1}$ 下的平衡条件是对总应力 $\boldsymbol{\sigma}_{m+1}$ 列出的，即有

$$\boldsymbol{\Psi}(\boldsymbol{\alpha}_{m+1}) = \sum \boldsymbol{C}_e^{\mathrm{T}}\int_e \boldsymbol{B}^{\mathrm{T}}\boldsymbol{\sigma}_{m+1}\mathrm{d}V - \boldsymbol{R}_{m+1} = 0 \tag{1.6-48}$$

利用式（1.6-46）将式（1.6-48）写成应力或位移增量形式的方程为

$$\boldsymbol{\Psi}(\boldsymbol{\alpha}_{m+1}) = \sum \boldsymbol{C}_e^{\mathrm{T}}\int_e \boldsymbol{B}^{\mathrm{T}}\Delta\boldsymbol{\sigma}\mathrm{d}V - \Delta\boldsymbol{R} + \boldsymbol{\Psi}(\boldsymbol{\alpha}_m) = 0 \tag{1.6-49}$$

$$\boldsymbol{\Psi}(\boldsymbol{\alpha}_m) = \sum \boldsymbol{C}_e^{\mathrm{T}}\int_e \boldsymbol{B}^{\mathrm{T}}\boldsymbol{\sigma}_m\mathrm{d}V - \boldsymbol{R}_m \tag{1.6-50}$$

如果在荷载 $\boldsymbol{R}_m$ 下的解答 $\boldsymbol{\alpha}_m$ 和 $\boldsymbol{\sigma}_m$ 是严格准确的，则有

$$\boldsymbol{\Psi}(\boldsymbol{\alpha}_m) = 0 \tag{1.6-51}$$

这时式（1.6-49）可写为

$$\boldsymbol{\Psi}(\boldsymbol{\alpha}_{m+1}) = \sum \boldsymbol{C}_e^{\mathrm{T}}\int_e \boldsymbol{B}^{\mathrm{T}}\Delta\boldsymbol{\sigma}\mathrm{d}V - \Delta\boldsymbol{R} = 0 \tag{1.6-52}$$

但在实际计算中，有时在未达到式（1.6-51）的条件就转入下一荷载增量的计算，这时要采用式（1.6-49）。式（1.6-49）或式（1.6-52）是关于增量 $\Delta\boldsymbol{\alpha}$ 的非线性方程组，求解这个方程组就可得到系统的位移增量 $\Delta\boldsymbol{\alpha}$。

在得到和求解非线性方程组式（1.6-49）时，需要知道应力增量 $\Delta\boldsymbol{\sigma}$ 与应变增量 $\Delta\boldsymbol{\varepsilon}$ 之间的关系式。弹塑性本构方程是以应力和应变的无限小增量 $\mathrm{d}\boldsymbol{\sigma}$ 和 $\mathrm{d}\boldsymbol{\varepsilon}$ 的形式给出的，而在有限元数值计算中，荷载增量 $\Delta\boldsymbol{R}$ 是以有限大小形式给出的，从而应力增量 $\Delta\boldsymbol{\sigma}$ 和应变增量 $\Delta\boldsymbol{\varepsilon}$ 也是以有限大小的形式给出的，这就需要从

$$\mathrm{d}\boldsymbol{\sigma} = \boldsymbol{D}_{ep}\mathrm{d}\boldsymbol{\varepsilon} = [\boldsymbol{D} - H(l)\boldsymbol{D}_p]\mathrm{d}\boldsymbol{\varepsilon} \tag{1.6-53}$$

出发，利用数值积分的方法得到应力的有限增量 $\Delta\boldsymbol{\sigma}$ 与应变的有限增量 $\Delta\boldsymbol{\varepsilon}$ 之间的关系

$$\Delta\boldsymbol{\sigma} = \int_{\varepsilon_m}^{\varepsilon_m+\Delta\varepsilon}\boldsymbol{D}_{ep}\mathrm{d}\boldsymbol{\varepsilon} = g(\Delta\boldsymbol{\varepsilon}) \tag{1.6-54}$$

上述的 $\Delta\boldsymbol{\sigma}$ 与 $\Delta\boldsymbol{\varepsilon}$ 之间的关系显然是非线性的。

求解非线性方程组 $\boldsymbol{\Psi}(\boldsymbol{\alpha}) = 0$ 采用的方法是增量方法，这是因为弹塑性材料的本构方程具有历史相关性，是用增量形式给出的。由于介质材料在应变软化阶段具有不稳定性，非线性方程组的求解宜使用位移增量法和弧长法。

1.6.3 极限承载能力的研究

研究混凝土重力坝承载能力的实质，就是探求重力坝的破坏机理，进而分析重力坝的安全裕度。混凝土坝失稳或破坏的原因有两种可能。第一种可能是，作用于坝上的外荷载强度由于特殊原因可能超过设计荷载，因而使混凝土坝失稳或遭到破坏。结构物失稳或遭到破坏时的外荷载强度与设计荷载强度之比，称为结构的超载系数，大坝的超载系数则为大坝的安全裕度。第二种可能是，由于基岩和混凝土的不均匀或其他多方面原因，材料劣化，坝体混凝土或坝基岩体的强度参数降低，致使大坝失稳或遭到破坏。可以定义大坝在设计荷载作用下遭到失稳或破坏的材料强度为临界强度或极限强度，大坝材料的标准强度与临界或极限强度之比，则称为强度储备系数。

对于重力坝承载能力的分析研究，考虑到坝体承受的荷载相对比较稳定，可能的超载数值一般都很小，用增加坝前水荷载重度方法产生的应力状态与实际坝体承载状态不符，而坝体混凝土及其浇筑层面或坝基面的抗剪断强度参数，由于多种因素影响很难准确确定，试验数据的离散性往往较大，因此采用材料强度储备系数方法研究混凝土重力坝的承载能力较为适宜。

材料强度储备系数法即从坝体的正常荷载和介质材料强度的标准值出发，在保持坝体正常荷载不改变的情况下，逐步提高介质材料强度的安全储备，也就是逐步降低介质材料强度的计算值，使大坝从稳定的平衡状态过渡到开裂损坏，再到失稳前的临界状态以及最终的极限状态。重力坝的强度储备系数定义为大坝渐进破坏过程中失稳前临界状态相应的介质材料强度储备系数。

研究重力坝的承载能力，要首先明确在弹塑性有限元应力分析中，重力坝失稳前的临界状态的判别方法或准则。目前主要有基于稳定性理论的临界状态判别准则和基于强度理论的临界状态判别准则两种。

1.6.3.1 稳定性分析临界状态判别准则

结构稳定性的判定依靠结构系统偏离平衡状态时的位移与平衡状态的比较。判断工程结构是否产生失稳，目前使用得较普遍的是能量准则。能量准则是指：结构系统总势能 Π 的正定的二阶变分，是保证稳定的静力平衡状态的必要和充分条件。在混凝土重力坝承载能力计算中，在建立失稳准则时，可以直接采用在外部荷载增量作用下，增量步长计算得到的位移增量 $\Delta\boldsymbol{u}$ 和应变增量 $\Delta\boldsymbol{\varepsilon}$ 作为程序中的扰动 $\delta\boldsymbol{u}$ 和 $\delta\boldsymbol{\varepsilon}$。采用系统总势能的变化 $\Delta\Pi$ 来考察系统的稳定性。混凝土重力坝系统的平衡条件可用变分方程形式给出：

$$\begin{aligned}\delta\Pi = &\int_{V_e}\delta(\Delta\boldsymbol{\varepsilon})^{\mathrm{T}}\boldsymbol{D}\Delta\boldsymbol{\varepsilon}\mathrm{d}V + \int_{V_s}\delta(\Delta\boldsymbol{\varepsilon})^{\mathrm{T}}\boldsymbol{D}_{ep}\Delta\boldsymbol{\varepsilon}\mathrm{d}V\\ &-\int_V\delta(\Delta\boldsymbol{u})^{\mathrm{T}}\Delta\boldsymbol{p}\mathrm{d}V - \int_F\delta(\Delta\boldsymbol{u})^{\mathrm{T}}\Delta\boldsymbol{q}\mathrm{d}\boldsymbol{F}\\ =&0\end{aligned} \tag{1.6-55}$$

$$V = V_e + V_s$$

式中 V_e——混凝土的弹性区；

V_s——混凝土达到强度准则后应变软化的断裂区；

F——外部作用力增量 $\Delta \boldsymbol{q}$ 的区域边界；

$\Delta \boldsymbol{p}$——体力荷载增量。

在结构稳定性分析过程中，每一个平衡状态是稳定的还是非稳定的，还要讨论势能的二次变分

$$\Delta \Pi = \delta^2 \Pi$$
$$= \int_{V_e} \delta(\Delta \boldsymbol{\varepsilon})^{\mathrm{T}} \boldsymbol{D} \delta(\Delta \boldsymbol{\varepsilon}) \mathrm{d}V + \int_{V_s} \delta(\Delta \boldsymbol{\varepsilon})^{\mathrm{T}} \boldsymbol{D}_{ep} \delta(\Delta \boldsymbol{\varepsilon}) \mathrm{d}V$$

对于弹性区，有

$$\{\Delta\sigma\} = [D]\{\Delta\varepsilon\}$$

对于应变软化区，有

$$\{\Delta\sigma\} = [D_{ep}]\{\Delta\varepsilon\}$$

这样得到系统的失稳准则为

$$\Delta \Pi = \delta^2 \Pi$$
$$= \int_{V_e} \delta(\Delta \boldsymbol{\varepsilon})^{\mathrm{T}} \delta(\Delta \boldsymbol{\sigma}) \mathrm{d}V + \int_{V_s} \delta(\Delta \boldsymbol{\varepsilon})^{\mathrm{T}} \delta(\Delta \boldsymbol{\sigma}) \mathrm{d}V < 0 \tag{1.6-56}$$

对于任何应变变化场 $\delta\boldsymbol{\varepsilon}$，如果 $\delta^2\Pi>0$，系统是稳定平衡；$\delta^2\Pi=0$ 是一种随遇平衡，也可以看做是稳定的；只有 $\delta^2\Pi<0$，系统处于非稳定状态。由此可见，混凝土介质的应变软化性质以及出现应变软化区是重力坝平衡状态处于非稳定状态的必要条件。因为如果混凝土介质不是软化的，由于［D］的正定性和［D_{ep}］的半正定性，恒有 $\delta^2\Pi>0$，状态是稳定的。此外，局部出现应变软化区后只能使式（1.6－56）中第二项为负，唯有它的绝对值足够大，而且大于前一项弹性区的绝对值，才能够满足 $\delta^2\Pi<0$。式（1.6－56）中第二项应变软化区绝对值的大小，取决于应变软化区的分布形式和范围的大小以及应变软化本构矩阵［D_{ep}］，只有塑性变形和应变软化区发展到一定程度，才可能出现不稳定的平衡状态。由于这里所考察的状态是一个平衡状态，根据能量原理得到的重力坝失稳判别式（1.6－56），满足虚功方程，再根据应变矩阵和刚度矩阵的表达式，失稳准则式（1.6－56）还可改写为

$$\Delta \Pi = \delta^2 \Pi = \{\delta u\}^{\mathrm{T}} [K]_T \{\delta u\} < 0 \tag{1.6-57}$$

式中 $[K]_T$——重力坝系统有限元分析时的正切线刚度矩阵。

因此，判别重力坝系统稳定性的能量准则为

$$\{\delta u\}^{\mathrm{T}} [K]_T \{\delta u\} \begin{cases} > 0, & \text{稳定平衡} \\ < 0, & \text{不稳定平衡} \\ = 0, & \text{临界平衡} \end{cases} \tag{1.6-58}$$

结构平衡状态是否稳定，最终取决于正切线刚度矩阵 $[K]_T$ 的性质：当 $[K]_T$ 正定时，平衡是稳定的；当 $[K]_T$ 负定时，平衡状态是不稳定的；当 $[K]_T$ 奇异（即 $\det[K]_T=0$）时，结构处于临界状态。由于 $[K]_T$ 是实对称矩阵，它的特征值均为实数。设 λ_1 是它的最小的特征值，可以用条件

$$\lambda_1 < 0 \tag{1.6-59}$$

来代替判别重力坝的失稳准则式（1.6－57），因为至少有一个负的特征值的情况，总可以找到一个扰动 δu，使式（1.6－57）成立，即重力坝系统处于非稳定的平衡状态。式（1.6－59）称为特征值形式的失稳准则。

从判别重力坝系统稳定性的能量准则式（1.6－59）可以看出，重力坝系统的平衡稳定性与筑坝材料的本构特性直接相关。当所有的筑坝材料处于弹性状态或者强化塑性阶段时，弹塑性矩阵［D_{ep}］是正定的，因而系统的总体正切线刚度矩阵 $[K]_T$ 也是正定的，所有的特征值为正，所考察的状态必定是一个稳定的平衡状态。

在坝基岩体深层抗滑稳定分析中，可能贯穿的滑动面有时不是单一的平面，采用刚体极限平衡法分析时，如何计算这种滑动面上的滑动力和抗滑力还需研究一个合理的方案。应用上述的稳定性理论研究坝基的承载能力，在计算中一旦发现式（1.6－58）或式（1.6－56)成立，就表明重力坝的坝基已达到临界状态，从而可求出工程的各种安全储备系数。通过变形场的分析，还可得到失稳时的破坏形式。这样就可以将有限元方法的非线性应力和稳定性分析用于研究重力坝和坝基的承载能力。

1.6.3.2 强度分析临界状态判别准则

重力坝承载能力研究的传统方法是强度分析方法，就是对坝体渐进破坏的过程进行分析，确定失稳的临界状态。在大坝承载能力研究中，随着材料强度的逐渐折减，大坝局部范围首先出现受拉破坏或压剪屈服，随后屈服破坏区范围逐步扩展，直到贯通上、下游坝面，导致重力坝整体失稳。在坝体的压剪屈服破坏过程中，屈服破坏区随着材料强度降低的扩展速率，起始与最终阶段差别很大。在起始阶段，由于材料强度计算值的下降，即强度储备数值的逐步增大，屈服破坏区范围的扩展速率很小；第二阶段，随着材料强度计算值的下降，屈服区扩展速率增大；最终阶段，屈服破坏区范围的扩展速率显著增加，直至贯穿上、下游坝面。在龙滩大坝的研究中，将第二阶段屈服破坏区扩展速率增大但尚未明显增加、相应屈服破坏区约占坝体宽度40%～50%的状态，作为坝体失

稳临界状态，这是与稳定性分析的承载能力临界状态相对应的。

1.6.3.3 承载能力分析研究的工程实例

1. 三峡重力坝左厂3号坝段深层抗滑稳定分析

葛修润等采用自主研制的EBP3三维非线性有限元软件，研究了三峡工程左厂3号坝段的深层抗滑稳定问题。在分析中建立了包含基岩内大量节理裂隙和断层并且反映它们的真实产状和分布的三维有限元计算模型。三维计算采用抗剪断强度指标（c'、f'）和残余抗剪强度指标（c、f）同步降低的强度折减方法，其中用K表示强度折减系数或称为强度储备安全系数。在计算分析中通过研究①坝体关键点（坝踵、坝顶、坝趾）位移D与强度折减系数K的变化规律（以下称D—K曲线）；②滑移通道上坝踵和主要长大结构面、岩桥等塑性区发展与K之间的演化规律来综合判断3号坝段的安全系数。即把控制点位移出现拐点、坝踵破坏且滑移通道上单元破坏区域接近完全连通，整体滑移通道接近形成时的K值（基本上）确定为坝段的抗滑安全系数。

图1.6-9给出了坝段中央剖面坝踵C点的顺流向和竖直向位移与强度储备安全系数K的变化曲线，图1.6-10给出了该剖面K=1，2，3，3.2，3.5，4时的塑性区图。

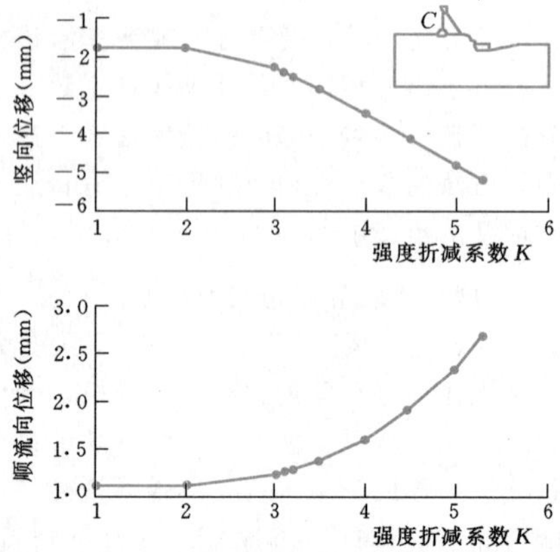

图1.6-9 坝段中央剖面C处位移与K关系曲线

如图1.6-10所示，如果仅从剖面关键点的D—K关系曲线进行分析判断，可以看出3号坝段的安全系数在3.0～3.5之间；若从代表性剖面上坝踵、长大缓倾角结构面、长大缓倾角结构面之间的岩桥几乎全部发生破坏，潜在滑移通道即将形成来分析，可以认为3号坝段的安全系数在3.5～4.0之间。综合分析3个剖面及其上各关键点的位移发展规律和塑性区演化规律，可以认为3号坝段的强度储备安全系数为3.5左右。

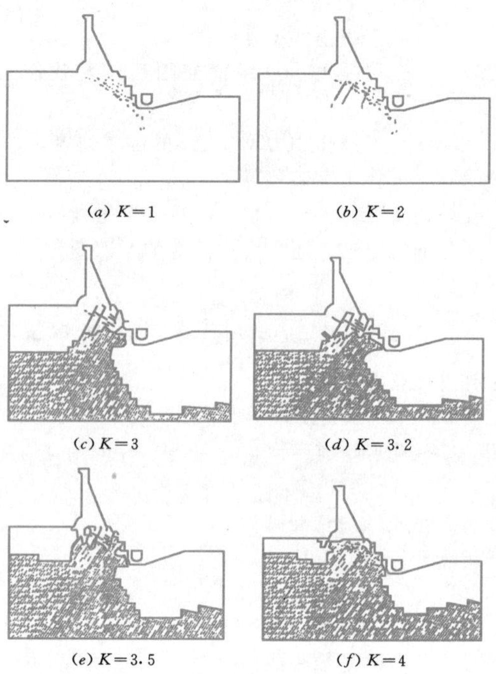

图1.6-10 坝段中央剖面塑性区

2. 龙滩重力坝承载能力分析

龙滩重力坝弹塑性应力和承载能力的分析研究中，采用应变空间表述本构关系的弹塑性理论，考虑坝体混凝土材料应变软化塑性的特点，采用线性软化变形模型，采用筑坝材料物理和力学强度参数的标准计算值，对最高挡水坝段建设后期剖面在正常水位的静水压力、泥沙压力、坝体自重和扬压力等荷载作用下，进行坝体弹塑性应力和稳定性有限元分析。

在龙滩重力坝承载能力的研究过程中，对于重力坝坝体失稳前临界状态的两种判别准则进行了对比分析，同时采用强度分析方法和稳定性分析方法给出的失稳临界状态判别准则。两种准则得到的结果接近，由于根据能量原理得出的失稳准则有定量的数据计算结果作为判别失稳前临界状态的标准，可以减少判别失稳前临界状态标准的人为性；同时也是强度分析中确定失稳临界状态屈服区扩展范围的依据，所以在龙滩碾压混凝土重力坝承载能力的分析研究中，采用结构稳定性理论导出的失稳准则作为判别重力坝失稳前临界状态的主要标准。

在龙滩重力坝弹塑性应力和承载能力的分析研究中，首先根据重力坝设计准则，分析研究坝体应力状态和抗滑稳定安全系数。对于给定的坝基面和坝体材料的抗剪断强度参数f'、c'和残余抗剪强度参数f_r、c_r，用抗滑力和滑动力之比的强度分析方法，求得坝基面及其临近的碾压混凝土层面的抗滑稳定安全系数，见表1.6-1。

表1.6-1　龙滩重力坝抗滑稳定安全系数

计算位置 / 强度取值	坝基面 K_{dp}和K_{dr}	RCC1层面 K_{rsp}和K_{rsr}	RCC1本体 K_{rbp}和K_{rbr}
峰值抗剪断强度 f'和c'标准值	3.048	3.301	3.897
残余抗剪强度参数 f_r和c_r标准值	2.094	2.108	2.296

坝体材料抗剪断强度参数f'、c'以及残余强度参数f_r、c_r计算值的折减有两种不同的方法。第一种方法是简单地将强度参数中的黏聚力c'、c_r和摩擦系数f'、f_r按照相同的比例逐步折减，分析计算重力坝的强度储备系数。第二种方法是考虑到剪切强度参数中黏聚力c'、c_r和摩擦系数f'、f_r的变异系数不同的特点，对于变异系数大的c'和c_r值应有较大的安全储备，变异系数小的f'和f_r宜采用较小的安全储备。于是从f'、c'、f_r和c_r的计算值开始，逐步增加材料强度计算值的保证率P，即将它们的计算值按不同的比例折减。

根据第一种方法，以抗剪断参数f'、c'和残余抗剪参数f_r、c_r的标准值为基准，采用同比例折减上述标准计算值的方法，给出计算采用值；再按照荷载增量的加载方法，用弹塑性有限元法进行坝体承载能力的研究。根据稳定性理论导出的失稳准则，求得坝体失稳临界状态安全储备系数K_c为1.92。出现失稳临界状态时，强度分析的屈服区扩展速率已经明显增大，但尚未急剧增加。相应的屈服破坏区范围约占坝底宽度的40%，如图1.6-11所示。坝体稳定性达到临界状态以后，屈服破坏区的范围扩展速率急剧增加，用强度分析给出的即将贯穿上、下游坝面的屈服破坏状态作为大坝承载能力极限状态，由此得到龙滩碾压混凝土重力坝极限安全储备系数K_l为2.50。从稳定性分析可知，极限状态已永久地改变了原有的平衡位形。坝体从正常状态到达承载能力极限状态的渐进破坏过程如图1.6-11所示。对于第二种抗剪强度参数取值方法，同样根据稳定性理论导出的失稳准则的能量判别式，采用非线性有限元分析方法，分别得到临界状态摩擦系数安全储备系数$K_{cf}=1.330$，临界状态黏聚力安全储备系数$K_{cc}=2.158$；在强度分析失稳临界状态的对比研究中，可以看出坝基面屈服破坏范围约为坝底宽度的50%，如图1.6-11所示。

对于黏聚力和摩擦系数计算值采用不同比例的折减方法，在坝体稳定性达到临界状态以后，屈服破坏区沿着坝基面和碾压混凝土层面的扩展速率急剧增加。这样的现象说明，在c'和c_r值大幅度折减以后，坝基面和层面的抗剪强度有更为明显的降低。由于黏聚力与抗拉强度有关，层面抗拉强度也相应降低。因此，极限状态屈服破坏区的分布形式，与第一种参数取值方法的研究结果相比，已经有许多不同之处，如图1.6-11所示。第二种参数取值方法的极限状态沿着坝基面和碾压混凝土层面的屈服破坏区加大，坝体其他部位的屈服范围相应有所减小，极限状态屈服破

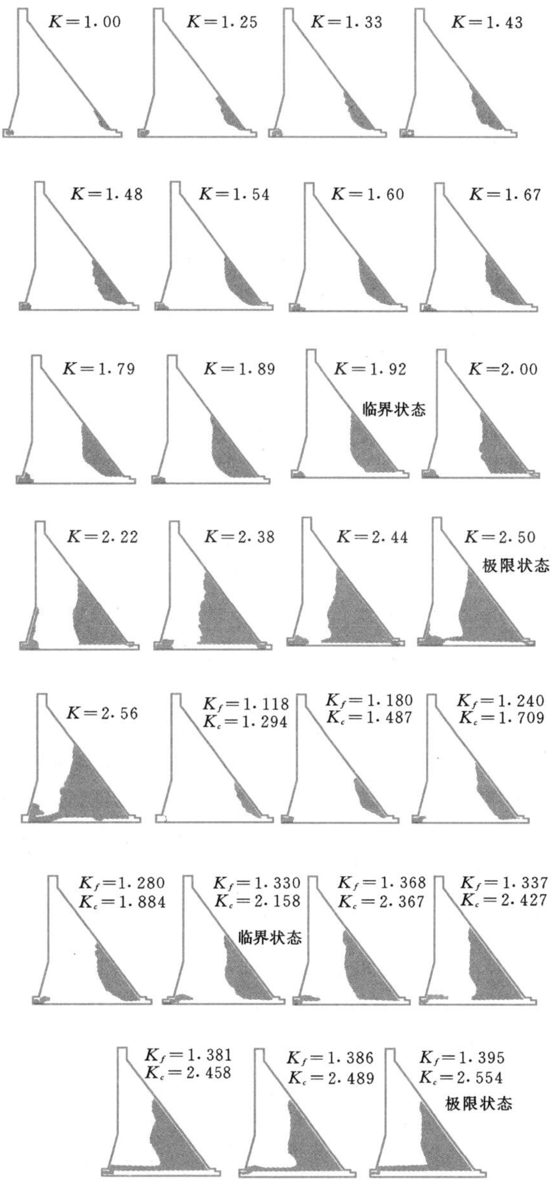

图1.6-11　龙滩重力坝坝体从正常状态到达最终极限状态的渐进破坏过程

坏的危险性加大。因此，最终的极限承载能力与第一种参数取值方法相比有所降低。最后得到的极限状态摩擦系数安全储备系数 K_{If} 为 1.391，极限状态黏聚力安全储备系数 K_{Ic} 为 2.522。龙滩重力坝极限状态的渐进破坏过程如图 1.6-11 所示，全部安全储备系数汇总列在表 1.6-2 中。

表 1.6-2　　　　龙滩重力坝承载能力安全储备系数

坝体状态 / 计算参数取值方法	临界状态		极限状态	
同比例折减抗剪强度参数标准值	安全储备系数 K_c		安全储备系数 K_I	
	1.92		2.50	
提高抗剪强度参数计算值保证率	摩擦系数安全储备系数 K_{cf}	黏聚力安全储备系数 K_{cc}	摩擦系数安全储备系数 K_{If}	黏聚力安全储备系数 K_{Ic}
	1.330	2.158	1.391	2.522
	抗剪强度参数计算值保证率 P		抗剪强度参数计算值保证率 P	
	97.0%		97.8%	

1.7　孔口结构应力计算和配筋设计

1.7.1　闸墩的应力和配筋计算

闸墩是支承闸门的结构，在闸墩顶部有时还要支承工作桥。闸墩在强度上应能承受各种可能出现荷载的作用，故要求有一定的厚度。弧形闸门的闸墩最小厚度为 1.5m，闸门水推力大时，闸墩厚度要增大到 3.5m 或以上。如果坝体的横缝设置在闸墩的中间位置，那么闸墩的厚度还要加大。平面闸门有门槽，门槽深度一般为 1.0～2.0m，宽度为 1.5～4.0m。在门槽处，闸墩缩窄后的厚度不得小于 1.0m，所以闸墩厚度应为 3.0m 以上。如闸墩中设有横缝，闸墩厚度可达 4.0m 以上。

1.7.1.1　平面闸门闸墩的计算

对于使用平面闸门的闸墩，当闸墩两侧闸门都关闭时，闸墩所受的上游水压力最大。闸墩上游端承受水库水压力，门槽承受闸门传来的水压力，所承受的水压力分布明确。当横缝不设在闸墩中间时，闸墩两侧的闸门全关或开启度相同时，闸墩不承受侧向水压力；否则，闸墩将承受侧向水压力。闸墩还承受墩顶桥梁和启闭机的重量、闸门开启时提升力的反作用力和闸墩自重。闸墩水平截面上还作用有扬压力，在闸门关闭的情况下，其值在门槽上游侧等于库水位以下水头，在门槽下游侧可以不计。闸墩可根据三维线弹性有限元方法计算的应力图形配筋。简化计算时，可对任一水平截面Ⅰ—Ⅰ（见图 1.7-1）用材料力学法公式可计算出该水平截面上的垂直应力 σ_y。一般在闸墩上游端 σ_y 是拉应力，拉应力乘面积得拉力，据此配置钢筋，钢筋放置在靠近闸墩上游端的近表面部分。在闸墩底部，拉力要传到溢流堰坝体，钢筋需锚入坝体内。钢筋应伸入溢流堰坝体中拉应力数值小于 $0.7f_t$（f_t 为混凝土轴心抗拉强度设计值）的位置后再延伸一个锚固长度。当底部混凝土内应力分布未确定时，钢筋锚固的深度可按使锚系部分坝体混凝土（$abcd$）的重量等于闸墩底的拉力和坝体 bc 面上的扬压力之和的方法粗略地估算，如图 1.7-1（b）所示。

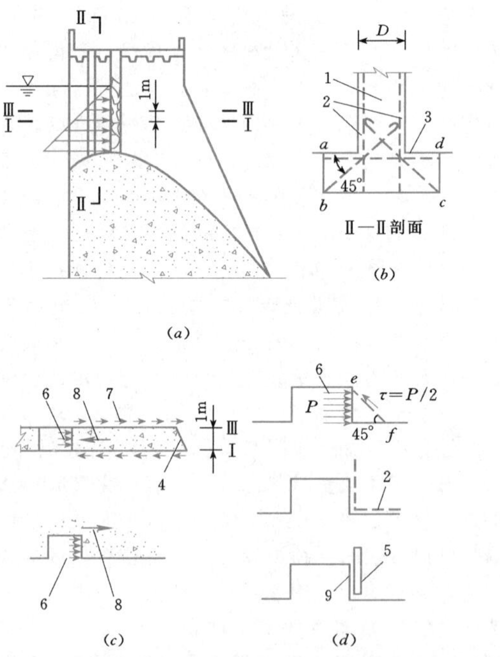

图 1.7-1　溢流重力坝平面闸门闸墩的应力计算简图

1—闸墩；2—钢筋；3—堰顶；4—下游面；5—钢构件；6—门槽水压力；7—剪应力；8—拉力 T；9—门槽下游壁加固

闸墩在门槽处缩窄，如闸墩厚度为 D，门槽处闸墩厚度为 D_1，在计算闸墩底水平截面上的剪应力分布时，可假设剪应力在上、下游方向上为抛物线分布，在闸墩上、下游端的 τ_{xy} 为零，按照总的水平剪力等于计算截面以上总的水平荷载的原则可定出 τ_{xy} 的分布，从而可求出在门槽缩窄处（在假设没有门槽情况下）的剪应力 τ_{xy1}。这样门槽缩窄处的厚度 D_1 应大于或等于 $\tau_{xy1}D/[\tau]$，其中 $[\tau]$ 是混凝土的容许剪应力。门槽缩窄处的厚度 D_1 是上、下相等的，所以计算 D_1 时应取闸墩底的水平截面。门槽缩窄处的混凝土还承受上、下游向的水平拉力。这个拉力可用下面的方法近似地估算：先计算水平截面Ⅰ—Ⅰ的剪应力分布，再计算 1m 以上水平截面Ⅲ—Ⅲ的剪应力分布［见图 1.7-1（a）］。在门槽下游侧，截面Ⅰ—Ⅰ和截面Ⅲ—Ⅲ有剪应力，门槽上受水平水压力，根据水平力的平衡条件，可求出门槽缩窄处在截面Ⅰ—Ⅰ和截面Ⅲ—Ⅲ间的拉力 T，如图 1.7-1（c）所示。根据这个拉力配置钢筋。

门槽下游壁承受闸门传来的水压力，需对门槽部位的混凝土进行局部受压承载力的验算。当闸门门槽高度每延米受载大于 2000kN 时，应对门槽斜截面承载力进行复核。如混凝土压应力为 P，则在 45°斜面上的剪应力 $\tau=P/2$，常超过混凝土的抗剪强度，需要提高混凝土强度等级或配置钢筋、钢构件等进行加固，如图 1.7-1（d）所示。

当两扇闸门门槽距离较近或支承闸门的混凝土厚度较薄时，门槽的配筋可参照壁式连续牛腿进行计算。

1.7.1.2 弧形闸门闸墩的计算

对于使用弧形闸门的闸墩，当闸墩两侧闸门都关闭时，闸门所承受的水压力经支铰传到闸墩上，再通过锚系钢筋、钢构件或预应力钢绞线等把门铰所承受的水压力传到闸墩的上游部分，如图 1.7-2 所示。闸墩上游端常存在有拉应力，要用钢筋锚系到溢流堰顶坝体内。用弧形闸门而有事故检修闸门门槽时，其应力计算方法与平面闸门的门槽相同。

如上所述，弧形闸门所受的水压力，由闸门的支臂传到支铰，再由支铰或牛腿传到闸墩的下游端。因为支铰所受集中力很大，所以要用钢筋或钢构件把支铰或牛腿所受的集中力传递到闸墩的上游部分，依靠整个闸墩来承受闸门水压力。对于小型弧形闸门，可将支承埋设于闸墩内的钢管内，然后用扇形布置的钢筋，把集中力分散传递到闸墩的上游部分，如图 1.7-2（a）所示。

对于稍大的弧形闸门，可将支铰置于闸墩两侧的钢筋混凝土牛腿上，牛腿与闸墩浇筑成一体，用钢筋加固，如图 1.7-2（b）所示。牛腿剪跨比宜小于 0.13，截面尺寸应满足裂缝控制要求。牛腿的纵向受力钢筋可按下式计算：

$$A_s=\frac{r_d Fa}{0.8f_y h_0} \tag{1.7-1}$$

式中 A_s——纵向受力钢筋的总截面面积；

r_d——钢筋混凝土结构的结构系数；

F——作用于牛腿的弧门推力设计值；

a——弧门推力作用点至闸墩边缘的距离；

f_y——纵向受力钢筋的抗拉强度设计值；

h_0——牛腿有效高度。

两侧牛腿承受弯矩的钢筋应穿过闸墩厚度，然后用扇形布置的钢筋把集中力传递到闸墩的上游部分。当水压力较大时，也可在牛腿内埋设型钢，以替代弯矩钢筋，型钢穿过闸墩厚度，和扇形布置的钢筋相连接。

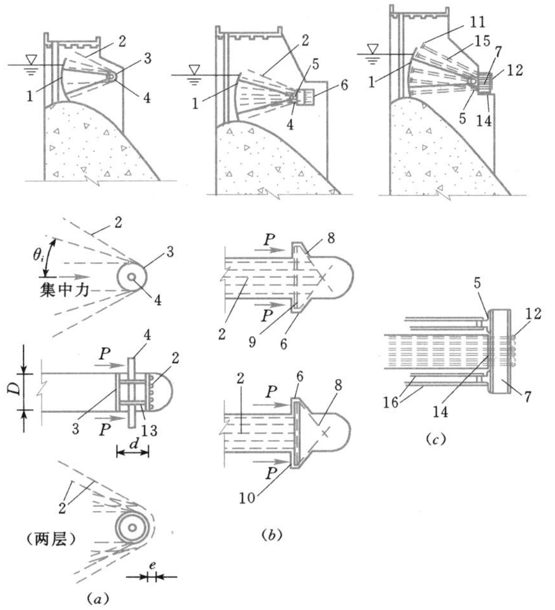

图 1.7-2　溢流坝闸墩弧形闸门门轴支座锚系构造示意图

1—弧形闸门；2—扇形钢筋；3—钢管；4—门铰；5—轴承支座；6—钢筋混凝土牛腿；7—钢牛腿；8—剪力钢筋；9—弯矩钢筋；10—型钢；11—垫板；12—锚具；13—圆形板；14—隔离层；15—钢管（内放预应力钢丝索）；16—闸门支臂

对于特大型弧形闸门，当水压力超过 5000kN 左右，需要研究用扇形布置的预应力高强度钢绞线，把集中力传递到闸墩的上游部分，如图 1.7-2（c）所示。钢绞线放在钢管内，埋置在闸墩混凝土中。扇形布置的钢绞线在施加预应力时，应逐对同时对称地进行，以尽可能使闸墩混凝土受力均匀，避免因受力不均匀而产生裂缝。闸墩应加设构造钢筋。预应力闸墩宜采用三维有限元法进行计算，颈部抗裂验算时，颈部应力可参照《水工混凝土结构设计规范》（DL/T 5057—2009），采用以材料力学公式为基础的应力修正法计算。

当闸墩受两侧或一侧弧门支座推力作用时，闸墩局部受拉区的扇形受拉钢筋截面面积应满足式（1.7-2）或式（1.7-3）：

$$F \leqslant \frac{1}{r_d} f_y \sum_{i=1}^{n} A_{si} \cos\theta_i \tag{1.7-2}$$

$$F \leqslant \frac{1}{r_d}\left(\frac{B_0' - a_s}{e_0 + 0.5B - a_s}\right) f_y \sum_{i=1}^{n} A_{si} \cos\theta_i \tag{1.7-3}$$

式中 F——闸墩一侧弧门支座推力的设计值；

r_d——钢筋混凝土结构的结构系数；

A_{si}——闸墩一侧局部受拉有效范围内的第 i 根局部受拉钢筋的截面面积；

f_y——钢筋的抗拉强度设计值；

B_0'——受拉边局部受拉钢筋中心至闸墩另一边的距离；

a_s——纵向钢筋合力点至截面近边缘的距离；

θ_i——第 i 根钢筋与弧门推力方向的夹角；

n——钢筋的根数。

扇形钢筋与弧门推力方向的夹角不宜大于30°，钢筋在弧门推力方向两侧应对称分布，且应通过支座高度中点截面上的 $2b$ 有效范围内（b 为支座宽度）。钢筋从弧门支座支承面算起的延伸长度，不应小于 $2.5h$（h 为支座高度），宜长短相间地截断。钢筋的另一端应伸过支座高度中点截面并至少有一半钢筋伸至支座底面并采取可靠的锚固措施。

当闸墩一侧闸门关闭、一侧闸门开启时，闸墩两侧受不平衡水压力。用材料力学法计算闸墩垂直应力时，可用以下表达式：

$$\left.\begin{aligned} \sigma_y' &= \frac{\sum W}{A} + \frac{\sum M_x T_1}{I_x} + \frac{\sum M_z D}{2I_z} \\ \sigma_y'' &= \frac{\sum W}{A} - \frac{\sum M_x T_2}{I_x} - \frac{\sum M_z D}{2I_z} \end{aligned}\right\} \tag{1.7-4}$$

式中 $\sum W$——计算水平截面上全部垂直力的总和，包括扬压力在内，kN；

$\sum M_x$、$\sum M_z$——计算水平截面上全部垂直力和水平力（包括扬压力在内）绕通过计算截面形心的 x 和 z 轴的力矩总和，kN·m，x 和 z 轴的方向如图1.7-3所示；

A——计算水平截面的面积，m^2；

I_x、I_z——计算水平截面对通过其形心的 x 轴、z 轴的惯性矩，m^4；

T_1、T_2——计算水平截面形心轴到上、下游墩端的距离，m；

D——闸墩厚度，m。

平面闸门和弧形闸门在关门的一侧传给闸墩的侧向水压力是偏心的，对闸墩产生扭矩，但因闸墩的水平截面较大，该扭矩所引起的剪应力不大，但是弧形闸门由牛腿传给闸墩的集中推力左、右相差很大，分布很不均匀，为此要增加靠近墩壁的锚系钢筋，并需核算因此扭矩而引起的应力。当有横河向地震作用或其他横向力（如车辆制动力）作用时，闸墩将承受侧向振动或侧向作用。如由闸墩单独承受此作用，则闸墩内会产生较大的拉应力，经论证后，可考虑桥梁的支承作用。

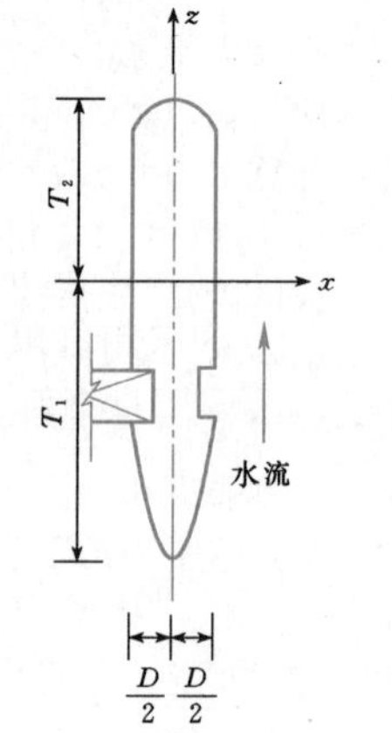

图1.7-3 闸墩溢流侧水压力分布

闸墩中间一般不设横缝。考虑地基不均匀性的情况下，有时也将横缝设置在闸墩中间。这样半边闸墩两侧所受的侧向水压力是不相等的，闸门传给闸墩的水压力也是偏心的。为了维持闸墩的平衡稳定，需要将闸墩加厚。

用材料力学法计算闸墩应力显然是很粗略的。对于大型弧形闸门，闸墩所受荷载较大，应进行三维有限元法计算，求出闸墩和溢流堰顶坝体的应力，要求压应力不超过容许值，拉应力由钢筋承受。在预应力混凝土闸墩的有限元法计算中，应把预应力作为荷载，连同其他荷载一起作用在闸墩上，然后求出闸墩

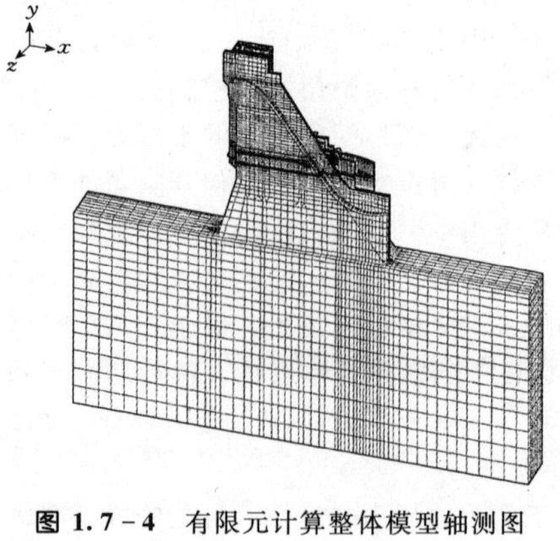

图1.7-4 有限元计算整体模型轴测图

内的应力分布。图 1.7-4 为龙滩水电站底孔坝段及预应力闸墩三维有限元计算整体模型轴测图。

在气温变化时，闸墩较薄，温降或温升较大；而溢流坝堰顶坝体较厚，温度变化较小。所以当闸墩因温降而收缩时，将受到坝体的约束，在闸墩内将产生拉应力，导致产生裂缝。为此，要在闸墩表面附近设置温度钢筋。《水工混凝土结构设计规范》（DL/T 5057—2009）规定，闸墩温度钢筋的配筋率，在闸墩底部 1/4 墩高以下部分，单侧水平向钢筋配筋率宜为 0.002，但不多于 ϕ20@200mm；在 1/4 墩高以上部分，配筋率宜为 0.001，但不多于 ϕ16@200mm。垂直向钢筋配筋率宜为 0.001，但不多于 ϕ16@200mm。有必要时，应采用有限元法进行闸墩的温度应力计算，据此配置温度钢筋。

在工程实践中，闸墩有时会出现裂缝，而加固措施又比较困难。所以在设计中，要精心分析，确定闸墩尺寸，配置钢筋。温度钢筋可稍多设置一些，对控制闸墩裂缝有益，还能起到帮助传递集中力的作用。

1.7.2　泄水孔的应力计算

重力坝设计中，设置在坝身内的泄水孔口（包括导流底孔）作为坝体的一部分，与坝身设计统一考虑。深式泄水孔削弱坝体强度的主要问题是在孔的周缘产生拉应力，常因此而出现孔壁和顶、底板的裂缝，设计中对此问题要认真对待。

1.7.2.1　矩形断面泄水孔的应力计算

泄水孔断面与重力坝一个坝段的断面相比是比较小的，设置泄水孔后，对重力坝整体应力分布的影响也比较小，但在孔身周缘会引起应力的重分布，将产生应力集中和拉应力。泄水孔周缘的应力是三维问题，荷载有内水压力、坝体自重、水库水压力和温度荷载等。

对于中小型工程，孔身周缘的应力分析可用简化计算方法。沿泄水孔取若干个与孔轴线正交的断面，如图 1.7-5（*a*）中有压段内的断面 1—1、无压段内的断面 2—2 等。计算时，先假定重力坝内没有泄水孔，计算出由于坝体自重和水库水压力的作用，在断面 1—1 和断面 2—2 中心点处产生的沿断面 1—1 和断面 2—2 方向的坝体应力 σ_{yd}。然后把 σ_{yd} 作为荷载，作用在断面 1—1 和断面 2—2 的上、下边缘上，如图 1.7-5（*a*）所示。断面边缘距孔身边缘的距离分别为 3*a* 和 3*b*（*a* 和 *b* 分别为泄水孔的高度和宽度）。对这个平面进行有限元法应力计算，可得出泄水孔周缘的应力。以往的研究结果表明：如泄水孔内无内水压力，在 σ_{yd} 作用下，孔顶和孔底中心线上有拉应力 σ_{x2}。此 σ_{x2} 随着距孔顶和孔底距离的增长而逐渐减小，到断面的靠外段处转为压应力。在单位厚度的断面上，总的拉力约为 $0.149b\sigma_{yd}$，据此可计算在泄水孔的顶板和底板内配置的钢筋面积。在孔身的四角处存在较大的集中拉应力，所以孔角要配置斜向钢筋。在孔壁水平中心线处有压应力 σ_{y2}。但数值不大，不起控制作用。

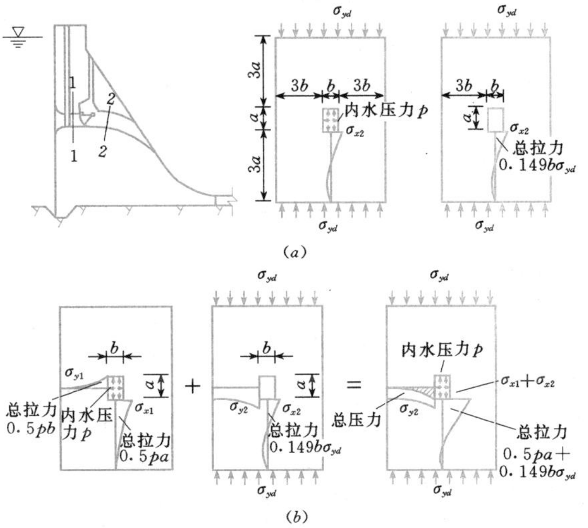

图 1.7-5　矩形泄水孔简化应力计算图形

当泄水孔内有内水压力时，则除了拉应力 σ_{x2} 外，还有由内水压力所引起的孔身周缘拉应力。在孔顶和孔底中心线上的总拉力为 $0.5pa$，如图 1.7-5（*b*）所示。在两侧孔壁中心线上的总拉力为 $0.5pb$。所以，有内水压力的泄水孔在孔顶和孔底中心线上的总拉力为 $0.5pa+0.149b\sigma_{yd}$，实际上的拉力值要比此值小，因为在坝体自重和库水压力作用下，远离孔顶和孔底的部位有压应力。故按此总拉力配置钢筋是偏于安全的。在孔的侧壁，由内水压力引起的拉应力 σ_{y1} 一般小于坝体自重和库水压力引起的压应力 σ_{y2}。

当泄水孔位置很低，内水压力 *p* 很大时，孔顶和孔底中心线上的拉力很大，混凝土容易产生裂缝，因此在工程实践中常对有压段孔身采用钢板衬护。由于孔壁混凝土的变形，钢板衬护承受弯矩和拉力，衬护的应力分布可由有限元应力计算得到。由于坝体内渗透压力使钢衬产生很大的弯矩，需在钢板衬护的外侧加设加劲肋，并且用钢筋将其锚系在坝体混凝土内，如图 1.7-6 所示。

1.7.2.2　圆形断面泄水孔的应力计算

对于圆形压力泄水孔，如孔内流速较大或孔的周缘拉应力较大，一般用钢板衬护。在简化应力分析中，在坝体自重和库水压力作用下，如不考虑衬护的作用，在孔顶和孔底有拉力 $0.192r_0\sigma_{yd}$，其中 r_0 是泄水孔的半径，σ_{yd} 是沿泄水孔断面方向的坝体应力。可按这个拉力在孔周布置钢筋。泄水孔如有内水压力

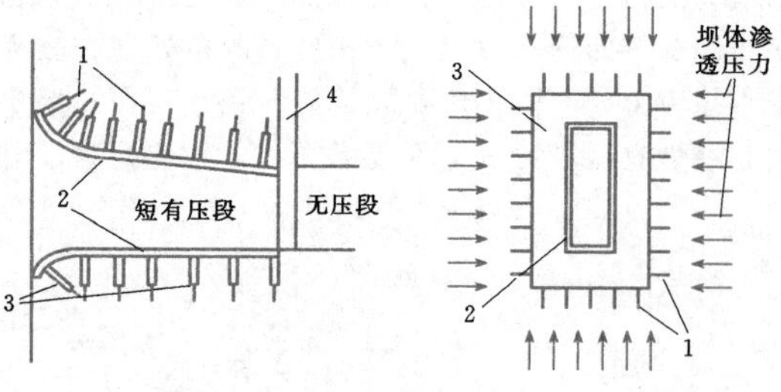

(a) (b)

图 1.7-6 泄水孔短有压段钢板衬护示意图

1—锚系钢筋；2—钢板衬护；3—加劲肋；4—门槽

p 作用，在计算中一般都假定由衬护单独承受，而不考虑孔周缘混凝土与衬护的联合作用。衬护承受的环向拉力为 pr_0。当泄水孔泄流时，孔内水压力很小，衬护外侧有坝体渗透压力作用，为此，衬护要设加劲肋和焊设锚系钢筋。在坝体排水孔幕下游的泄水孔，衬护外侧要设置排水系统。

对于水头小、流速低的圆形压力泄水孔，可不用钢板衬护，按泄水孔周缘混凝土承受的环向拉力 pr_0 加上拉力 $0.192r_0\sigma_{yd}$，配置钢筋，是偏于安全的。

1.7.2.3 泄水孔应力计算方法的评价

显然，上述泄水孔的简化应力分析方法是很粗略的。对于高水头、大断面的深式泄水孔，由于其重要性，必须进行有限元法计算。有限元法分析泄水孔应力是三维的问题，在孔周缘的单元体要分得小些，以便求出应力分布。如有钢衬护也要将其包括在内，作为衬护单元。在计算中要考虑各种可能的工作条件，如工作闸门的关闭和开启等。

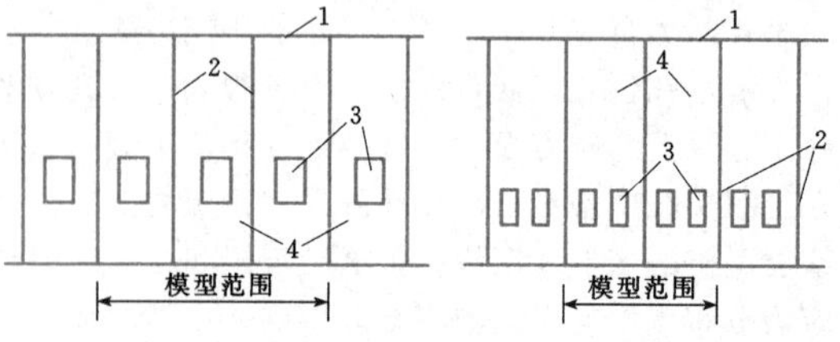

(a) 一个坝段设一个泄水孔 (b) 一个坝段设两个泄水孔

图 1.7-7 重力坝深式泄水孔布置纵向断面

1—坝顶；2—横缝；3—泄水孔；4—坝体

如果坝体横缝可传递侧向压力，且有几个泄水孔并行布置在同一高程（见图 1.7-7），当一个泄水孔闸门开启、相邻的泄水孔闸门关闭时，由于一个孔内有水压力，相邻孔内无水压力，则相邻坝段之间或一个坝段的两侧将受力不均衡。在孔口结构的有限元法计算中，要取包括相邻孔口在内的三个或两个坝段进行分析，如图 1.7-7 中的模型范围所示。如果横缝是永久缝，则可只取一个坝段进行分析。

重力坝泄水孔口应力的监测分析表明，孔口周围温度应力所占比重较大。这是因为在无压泄水孔工作闸门关闭时无压段是空的，在有压泄水孔上游端工作闸门或事故检修闸门关闭时，闸门下游的泄水孔也是空的；在这些无水段内，温度受大气气温影响很大，而坝体温度变化是滞后的且幅度小，所以泄水孔周缘将产生温度应力。在施工过程中，先浇筑泄水孔两侧混凝土，然后浇筑孔顶混凝土，先浇筑的两侧混凝土已部分散热，顶部混凝土是新浇的，会产生温升和温降，但其变形受到两侧混凝土的约束，因而也要产生温度应力，以致出现裂缝。在浇筑长间歇情况下，温度应力将更大。为此，要设置一定数量的温度钢筋。

1.7.3 坝内孔口结构的配筋计算

重力坝坝内孔口属于典型的非杆件体系钢筋混凝土结构，无法按杆件体系的板、梁、柱等钢筋混凝土基本构件承载能力计算公式进行配筋设计。《水工混凝土结构设计规范》（DL/T 5057—2009）推荐按弹性应力图形进行配筋设计。规范推荐以弹性拉应力图形法进行配筋设计，主要是有长期应用经验，但设计结果偏于保守。钢筋混凝土有限元法在很大程度上可以克服弹性应力图形法的缺点，能够深入研究孔口结构的受力特点，推动非杆件结构配筋理论的发展。

由于钢筋混凝土是由两种不同性质的材料组成，两者之间的黏结关系、混凝土的本构关系、混凝土的开裂和裂缝扩展规律十分复杂，使得有限元法在模拟钢筋混凝土非线性特性方面，尤其对于复杂结构的模拟还很不成熟，也还没有比较成熟和简便的计算程序提供分析使用。在今后的实际应用中，既要不断探索理论完备的配筋计算方法，又要采用合理而简便的方法进行设计。

1.7.3.1 孔口结构按弹性受拉应力图形配筋的设计方法

重力坝孔口结构由于体型和受力状态比较复杂，外形尺寸大，空间整体性强，不易简化成杆系结构用结构力学方法计算出控制截面的内力（弯矩 M、轴力 N、剪力 V 或扭矩 T 等），目前通常的做法是用线弹性理论计算出结构的应力状态，并求出截面的应力图形，按照《水工混凝土结构设计规范》（DL/T 5057—2009）附录 D 所确定的原则进行配筋计算。

（1）当截面在配筋方向的正应力图形接近线性分布时，可换算为内力，按内力进行承载能力极限状态计算及抗裂验算或裂缝宽度控制验算。

（2）当截面在配筋方向的正应力图形偏离线性分布较大，可按下式计算受拉钢筋面积：

$$\left.\begin{aligned} T &\leqslant \frac{1}{\gamma_d}(0.6T_c + f_y A_s) \\ T &= Ab \\ T_c &= A_{ct} b \end{aligned}\right\} \quad (1.7-5)$$

式中 T——由荷载设计值（包含结构重要性系数 γ_0 及设计状况系数 ψ）确定的主拉应力在配筋方向上形成的总拉力；

A——截面主拉应力在配筋方向投影图形的总面积（见图 1.7－8）；

b——结构截面宽度；

T_c——混凝土承担的拉力；

A_{ct}——截面主拉应力在配筋方向投影图形中拉应力值小于混凝土轴心抗拉强度设计值 f_t 的图形面积（见图 1.7－8 中的阴影部分）；

A_s——受拉钢筋的面积；

f_y——钢筋抗拉强度设计值；

γ_d——钢筋混凝土结构的结构系数。

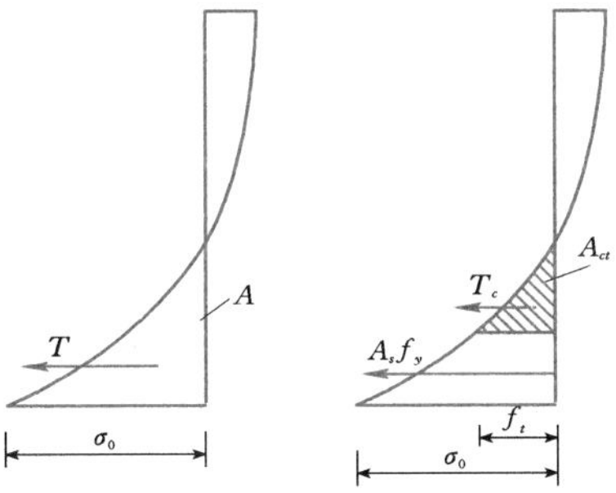

图 1.7－8 按弹性应力图形配筋示意图

（3）按式（1.7－5）计算时，混凝土承担的拉力 T_c 不宜超过总拉力 T 的 30%。

（4）当弹性应力图形的受拉区高度大于结构截面高度的 2/3 时，式（1.7－5）中应取 T_c 等于零。

（5）当弹性应力图形的受拉区高度小于结构截面高度的 2/3，且截面边缘最大拉应力 σ_0 小于或等于 $0.5f_t$ 时，可不配置受拉钢筋或仅配置适量的构造钢筋。

受拉钢筋的配置方式应根据应力图形及结构受力特点确定。当配筋主要为了满足承载能力要求，且结构具有较明显的弯曲破坏特征时，钢筋可集中布置在受拉区边缘；当配筋主要为了控制裂缝宽度时，钢筋应在拉应力较大的范围内分层布置。各层钢筋的数量宜与拉应力图形的分布相对应。对于高坝大孔口，按应力图形进行孔口配筋，往往钢筋量较大、层数较多，如将钢筋集中配置在孔边，将会影响混凝土的施工质量。为保证混凝土施工质量，一般要求一个浇筑层内配置的钢筋不超过三层。对于配置钢筋超过三层的，可将钢筋布置在不同浇筑层内。对于平面上布置的孔口，为防止角隅裂缝开展，宜布置对角线斜筋。

1.7.3.2 钢筋混凝土结构有限元分析方法

目前常用的钢筋混凝土结构有限元模型有三种。第一种是把钢筋和混凝土各自划分为足够小的单元，两者之间的黏结滑移关系用联结单元来模拟，称为分离式模型。第二种是把钢筋和混凝土包含在一个单元之中，分别计算钢筋和混凝土对单元刚度矩阵的贡献，称为组合式模型。第三种也是把钢筋和混凝土包含在一个单元之中，与组合式模型不同的是统一考虑钢筋和混凝土的作用，称为整体式模型。

分离式模型把混凝土和钢筋作为不同的单元来处理。即混凝土和钢筋各自被划分为足够小的单元。在平面问题中，混凝土可划分为三角形和四边形单元，钢筋同样也可划分为与混凝土相同的单元。考虑到钢筋是一种细长材料，通常可忽略其横向抗剪和抗弯作用，这样，可以将钢筋作为线形单元来处理。如此处理，可以大大减少单元数目，并且可避免因钢筋单元划分过细而在钢筋和混凝土的交界处采用很多过渡单元。在分离式模型中，钢筋和混凝土之间可以插入联结单元来模拟钢筋和混凝土之间的黏结和滑移，如图 1.7－9所示。这一点是组合式或整体式有限元模型无法实现的。若钢筋和混凝土之间黏结很好，不会有相对滑移，则两者之间可视为刚性联结，这时也可不用联结单元。至于分离式单元的刚度矩阵，除了联结单元外，与一般的线形单元、平面单元或立体单元并无区别。

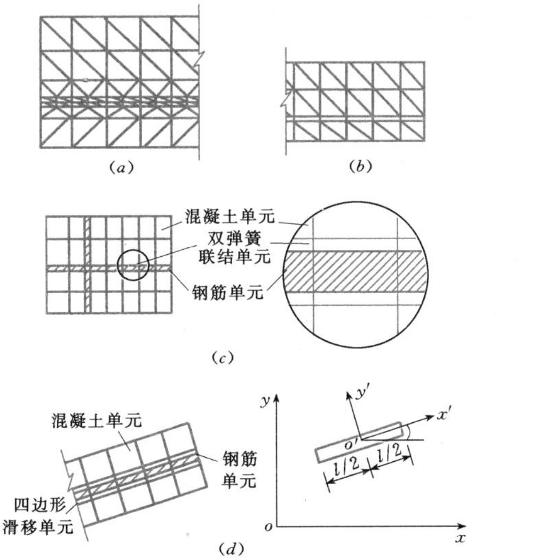

图 1.7－9 分离式钢筋混凝土有限元模型

联结单元用来模拟钢筋和混凝土之间的黏结滑移以及裂缝两侧骨料的咬合作用。常用的联结单元有两种：一为双弹簧联结单元，另一为四边形滑移单元。双弹簧联结单元如图1.7-10所示，在垂直于钢筋和平行于钢筋表面方向设置互相垂直的一组弹簧。这组弹簧是设想的力学模型，具有弹性刚度，但并无实际几何尺寸，所以它可以设置在需要设置联系的任何地方。平行于两种单元接触面的弹簧用以计算相对滑移和黏结应力，垂直于两种单元接触面的弹簧用以考虑钢筋的销栓作用。两种弹簧刚度分别为 k_h 和 k_v。

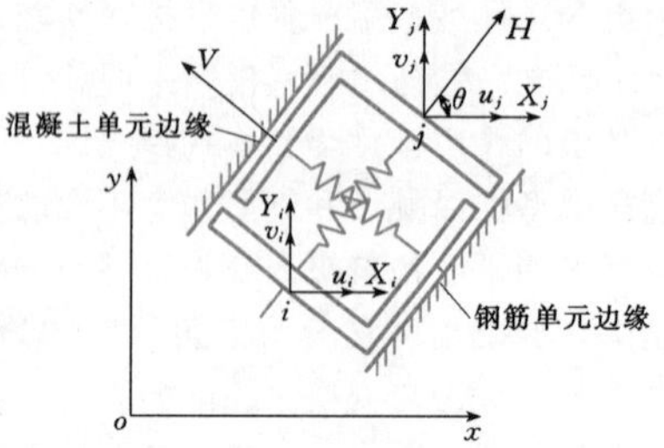

图1.7-10 双弹簧联结单元

弹簧刚度 k_h 和 k_v 受钢筋表面性质、直径和间距、混凝土的品种、强度、构件尺寸、单元划分等许多因素的影响，所以应从试验数据出发，根据具体不同的情况确定。双弹簧联结单元具有形式简单，可以很方便地设置在钢筋与混凝土单元之间，而不影响单元划分的优点。但也有明显的不足，不能反映变形钢筋对混凝土的楔作用。

目前钢筋混凝土有限元方法在理论上已经有大量的研究成果，能考虑混凝土的开裂、材料非线性、钢筋与混凝土之间的黏结、混凝土徐变等因素。按钢筋混凝土有限元分析方法进行结构计算，当验算其设计承载力时，应考虑结构系数 γ_d，并将荷载及材料强度取设计值。当验算裂缝宽度时，荷载及材料强度应取标准值，混凝土初始弹性模量可由混凝土的强度等级查表求得。采用钢筋混凝土非线性有限元法的配筋，关键是确定混凝土材料的本构关系及初始开裂强度、钢筋与混凝土之间黏结关系等。对特别重要的结构，宜配合进行专门的研究工作，以便多种方法的计算成果互相对比和验证。

1.7.3.3 三峡大坝坝内孔口结构应力及配筋分析实例

三峡工程大坝坝内孔洞多，泄洪深孔、电站进水口、排漂孔的孔口尺寸大，作用水头高，运用条件要求多，结构受力复杂。设计研究表明，孔口拉应力大，需布置多达5～6排的 ϕ40@200mm 钢筋，施工十分困难。长江勘测规划设计研究院会同清华大学、河海大学、中国水利水电科学研究院和长江水利科学研究院等研究了止水后移、横缝灌浆及利用有压段钢衬等措施以降低孔口应力，减少钢筋排数；用钢筋混凝土非线性有限元方法进行了应力及混凝土裂缝特性的计算分析，并进行了有关试验工作，取得了可供设计应用的成果。由于三峡重力坝深孔是主要泄水、排沙孔口，必须保证结构安全，运行可靠，选用的措施也要可靠易行，并留有余地。经研究优化后，钢筋布置控制为3排 ϕ40@200mm。有关技术经验如下。

（1）调整深孔进口段结构以降低应力水平。如减少事故闸门井的宽度，加厚前后胸墙，事故检修门采用上游水封，导流底孔事故检修门门槽后移等。

（2）修圆孔口角缘以避免应力急剧集中。修整孔口角缘体型，布置角缘斜筋，增加主筋的锚固长度。钢筋布置在孔口边缘能够有效减小表面裂缝宽度。但若拉应力区较深，为控制深部裂缝宽度，也可考虑钢筋的分散布置。

（3）应用钢筋混凝土结构非线性有限元计算分析成果。在大坝孔口应力分析与配筋优化研究中，钢筋混凝土结构非线性有限元计算能够反映配筋与裂缝的发生、发展、分布、缝深、缝宽等的关系，使结构的配筋更为合理，为设计优化提供了依据。

（4）深孔进水口有压段钢衬延长到坝体第一条纵缝以后。为加强钢衬与周围混凝土的有效结合，采取了加劲肋、锚筋等措施。在钢衬设计中，重视核算抗外水压力的稳定性。电站进水口渐变段原为钢筋混凝土结构，为防止该部位裂缝渗水影响引水钢管及坝体的安全，也采用钢衬，以增强防渗。

（5）调整深孔坝段横缝止水布置。在高程89.00m以上的横缝止水移到坝轴线下游3m，高程85.00m以下的横缝止水在坝轴线以下1m。设计采取了切实措施，以保证止水的效果和可靠性；施工工艺上也采取措施，如刚性架立、压模成型、连续加工等，保证了止水及周围混凝土的质量。

（6）采取了深孔坝段横缝灌浆的措施。横缝灌浆不仅有利于减少孔口应力，还能增强坝体的整体性。

（7）重视坝体内大孔口的温度应力影响。施工中尽管采取措施控制了温度变化，但坝内孔口仍然难免保留残余温度应力。运行中由于温度变化和温差还会增加温度应力。采用降低钢筋的许可应力来补偿是一种可行的方法，也是目前工程中经常采用的方法。试验研究表明：混凝土开裂后，温度作用对缝宽影响很小。温度应力会因裂缝的出现而改变约束条件，从而使得温度应力减小甚至消失，而其他荷载产生的应力将因裂缝的出现而转移到未开裂的部分，所以，对于特别重要的工程，深入研究温度应力与配筋量及裂缝开展的关系是必要的。

1.8 坝基渗流分析

1.8.1 坝基岩体的渗流特性

重力坝一般修建在岩石地基上，大多数岩块的渗透性很弱，与岩体中的裂隙相比可以认为是不透水的，裂隙系统构成了岩体的透水系统。岩体中的裂隙主要由于构造作用所生成，裂隙常可以分成若干组，如果每组裂隙具有大体相同的产状，则裂隙岩体渗透有着明显的各向异性。

过去渗流计算中，经常把岩基渗流当做各向同性的多孔介质渗流问题。但是必须指出，只有当裂隙系统不存在，或裂隙分布混乱而没有固定的方向，或已风化成松散体，或当所有裂隙被充分细的颗粒填满固结而具有与岩体本身相似的透水性时，才能被看做是各向同性的。

1.8.1.1 岩体的渗流特性

天然岩体具有类似图 1.8-1 所示的不连续裂隙系统，裂隙的大小是有限的，它们在同一平面内不能无限的延伸，因此，不连续面组合的连通程度是对整个系统的传导率产生影响的关键特性；另一项重要特性则是裂隙发育密度或单位岩体的裂隙数。裂隙的开度决定其渗透率，排列方向则决定流体可能的流动方向。这样，只有对裂隙的长度、位置、有效开度和排列方向作出准确描述，才能完整地了解这条裂隙的特性。由于岩体节理裂隙的复杂性，很难把裂隙的几何参数（裂隙开度、延伸长度、节理产状）及裂隙内的充填情况调查清楚。许多研究者以统计理论通过计算机生成网络建立裂隙网络水力学，为各向异性的岩体渗流分析奠定了基础。岩体渗流的特征通常归纳为以下六个方面。

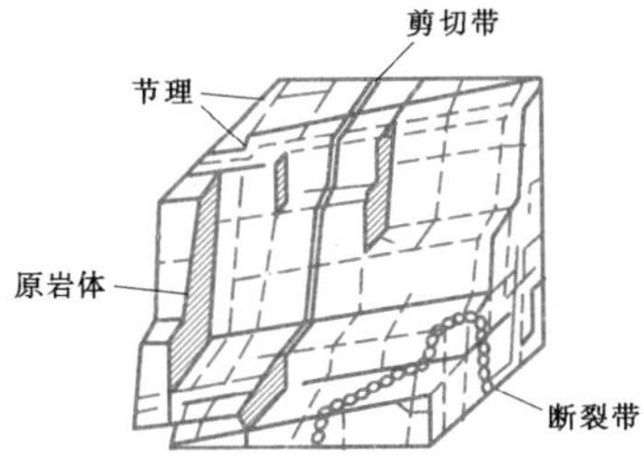

图 1.8-1 裂隙岩体

(1) 样本单元体积大。介质渗透特性的样本单元体积（Representative element volume）代表该介质的最小体积，只要试件体积大于样本单元体积，由试验求得的渗流参数就可以代表该介质更大体积的渗透性。土体是孔隙介质，很小的体积就有大量的孔隙。在小体积土样上作渗流试验所得的参数可以代表大范围土体渗透性。裂隙岩体则完全不同，样本单元体积要足够大，才能反映该介质的渗流特征。

(2) 明显的各向异性。岩体中的裂隙以构造生成为主，常成组分布，使岩体渗流有明显的方向性。把裂隙的渗透性平均到岩体，如果存在一个相对不大的*REV*，则可把岩体视为各向异性等效孔隙介质，其渗透系数用渗透张量 k_{ij} 来表示。

(3) 高度的离散性。土的渗透系数比较稳定，由少数几个试样即可求得其渗透系数。但岩体的渗透系数非常离散。以钻孔压水试验为例，甚至同一钻孔不同孔段的单位吸水率之间可能相差几个量级，因此很难用试验求得确切的渗透张量。

(4) 达西（Darcy）流速与实际流速有较大差异。对土体而言，孔隙的体积占有很大比例，实际流速比达西流速稍大。如考虑渗流曲折，则两者较为接近。但裂隙岩体的情况完全不同，裂隙开度很小，考虑到裂隙内水流的不均一性，岩体渗流的实际流速可能比等效连续介质的达西流速大 4～6 个量级。

(5) 应力环境影响渗流场。对于一般密实的土体，在荷载作用下，如孔隙体积改变很小，渗透系数则较为稳定，应力环境对它的影响不大。岩体中的裂隙则不同，应力增量引发的岩体变形主要是裂隙变形，因而裂隙岩体的渗透张量受应力环境的影响较大。渗透张量的变化引起渗流场的重大变化和渗流体积力分布的重大变化，因而必将引起应力场的显著变化。渗流场与应力场相互影响是裂隙岩体的重要特性。这种相互影响的分析称为耦合分析。

(6) 裂隙岩体具有渗流调节性能。作为孔隙介质的岩块的渗透性一般极小，相对于裂隙而言可以忽略。但岩块的体积比裂隙的体积大得多，通常岩体中岩块内孔隙（包括微小裂隙）的总体积可能比岩体内裂隙的总体积大，裂隙与孔隙存在水力联系，虽然岩块渗透系数很小，但它距裂隙渗距短，因而水体的交换就比较容易实现。

1.8.1.2 裂隙岩体渗流数学模型

岩体渗流的数学模型概括起来有以下三类。

1. 等效连续介质模型

把裂隙的透水性按流量等效原则均化到岩体中，得到以渗透张量表示的等效连续介质模型。利用广义达西定律，即可按孔隙介质渗流理论和方法来分析解决问题。这一模型应用方便，相当多的工程问题都可用这一模型进行近似研究。但必须注意，这一模型用于岩体渗流问题有其局限性，在一些特定情况下采用此模型会导致错误的分析结果。

2. 裂隙网络模型

忽略岩块的透水性，认为水只在裂隙网络中流动，称为裂隙网络模型。在理论上这一模型比连续介质模型更接近实际，是岩体渗流的核心。由于岩体中裂隙分布的随机性，需要建立裂隙网络样本。首先需要对典型岩体内的裂隙进行产状、尺寸、密度、隙宽等几何参数的测量，然后通过统计分析，求得裂隙各几何参数的统计规律，包括其所服从的分布规律后，用蒙特—卡洛（Monte - Carlo）方法生成计算裂隙网络样本。目前二维裂隙网络水力学相对比较成熟，三维裂隙网络水力学尚待深入研究。

3. 裂隙孔隙介质模型

裂隙孔隙介质（fractured porous medium）模型又被称为双重孔隙介质（dual porosity medium）模型。这一模型考虑到岩体裂隙与岩块孔隙之间的水交换。显然，这应是更为切合实际的理想模型，但实施的难度比较大，计算方法尚不成熟。

1.8.2 等效连续介质模型渗流分析

对介质的渗流而言，有孔隙介质和裂隙介质两类。孔隙介质最早是指由土体颗粒组合后形成的孔隙体，在水力梯度作用下，水由一个孔隙向相邻孔隙流动。土体孔隙及其组合形态万千，变化莫测，不可能研究具体孔隙中的水流运动，必须加以简化和抽象，渗流连续介质的概念就应运而生。在一个确定范围内，水流运动服从达西定律的均匀介质称为渗流连续介质。根据达西定律：概化流速 u_i 与水力梯度 J_j 成正比，其比例系数即渗透系数 k。所谓概化流速或称达西流速，不是指孔隙中的实际流速，而定义为流过单位面积的流量。单位面积中即包括颗粒也包括孔隙，因而连续介质是一种抽象概念，其中的水流运行仅服从达西定律，且任一微元体渗透系数 k_{ij} 均相等。在土体中取出一微元体，它可能是固体颗粒，也可能是孔隙，其渗透系数将有天壤之别。但将微元体逐渐扩大到某一实际最小体积，进行试验都将得出基本相同渗透系数。这一最小体积被称为样本单元体积（*REV*）。连续介质即为由样本单元体积构成的介质。对土体而言，其样本单元体积甚小。从工程角度，各种土体都可认为是连续介质进行恒定及非恒定渗流分析。以裂隙为渗水主要通道的岩体视其裂隙构造和密度不同，如果在计算分析中绝大多数单元尺寸均大于 *REV*，也可近似按等效连续介质处理。在孔隙介质渗流力学的基础上，结合岩体渗流特性对连续介质渗流理论进行扩充，便可方便地解决岩体渗流工程问题。由于裂隙中的实际流速比等效连续介质的达西流速要大若干个量级，因此等效连续介质模型只能用作恒定渗流分析，不能用于非恒定渗流分析。

1.8.2.1 渗透张量的性质

各向同性渗透介质的达西定律为

$$u_i = -kJ_i \tag{1.8-1}$$

即某一方向的流速 u_i 与该方向水力梯度 J_i 成正比关系，比例系数 k 即为渗透系数。k 值与方向无关，为一常量。

裂隙岩体的主要透水通道是其中的裂隙，裂隙常成组分布，每组裂隙有较稳定的产状，使岩体渗流具有明显的各向异性。如果岩体中裂隙相对较发育，把裂隙的透水性平均到岩体中去，就得到各向异性渗透介质。这时，某一流速分量不仅与水力梯度相应分量成正比，而且还与水力梯度其他方向的分量成比例，即

$$u_i = -k_{ij}J_j \tag{1.8-2}$$

式中 k_{ij}——渗流张量，记作 $[K]$，在总体坐标系中可表示为

$$[K] = \begin{bmatrix} k_{xx} & k_{xy} & k_{xz} \\ k_{yx} & k_{yy} & k_{yz} \\ k_{zx} & k_{zy} & k_{zz} \end{bmatrix} \tag{1.8-3}$$

式（1.8-2）为各向异性渗透介质的达西定律，也可认为是广义达西定律。

对三维问题，渗透张量共有 9 个系数。由于对称性，$k_{ij}=k_{ji}$，独立的系数仅有 6 个。对二维问题独立的系数为 3 个。渗透张量是等效连续介质渗流模型中最重要的参数。如何决定裂隙岩体的渗透张量，其样本单元体积有多大，都是岩体渗流分析中十分重要的问题。

1.8.2.2 用裂隙几何参数确定渗透张量

1. 一维问题

设有一组与 x 轴平行的裂隙，隙宽为 a，间距为 b，水的运动黏滞系数为 ν，裂隙内水力坡降为 J_x，对于光滑裂隙，其流速为

$$u_x = -\frac{ga^2J_x}{12\nu} \tag{1.8-4}$$

用达西定理表示为

$$u_x = -k_fJ_x \tag{1.8-5}$$

裂隙岩体的渗透系数为

$$k_f = \frac{ga^3}{12\nu b} \tag{1.8-6}$$

2. 二维问题

设有 n_1 组裂隙，图 1.8-2 所示是其中一组。裂隙隙宽为 a，间距为 b，其法线方向与 x 轴夹角为 α，

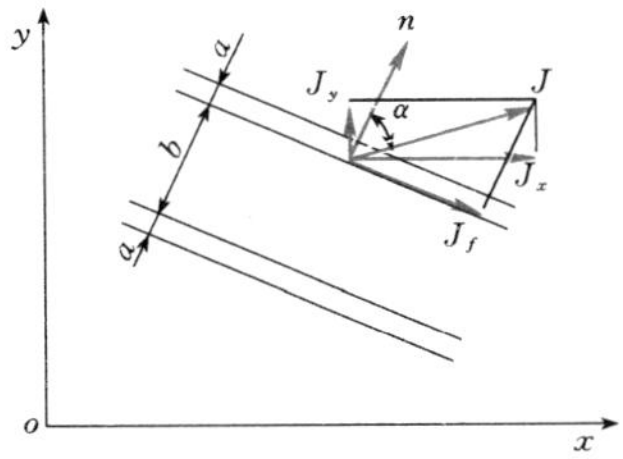

图 1.8-2 二维问题水力比降与渗透张量的关系

法线方向余弦 $n_x=\cos\alpha$、$n_y=\sin\alpha$。平面上最大水力比降为 J，其分量为 J_x、J_y，则裂隙方向水力比降 J_f 为

$$J_f=J_x\sin\alpha-J_y\cos\alpha \tag{1.8-7}$$

J_f 的分量为

$$\left.\begin{aligned}J_{fx}&=J_x\sin^2\alpha-J_y\cos\alpha\sin\alpha\\J_{fy}&=-J_x\cos\alpha\sin\alpha+J_y\cos^2\alpha\end{aligned}\right\} \tag{1.8-8}$$

将 n 组裂隙对渗透张量贡献求和，得等效连续介质渗透张量

$$[K]=\sum_{m=1}^{n}\frac{ga_m^3}{12b_m\nu}(\delta_{ij}-n_i^m n_j^m)J_j^m \tag{1.8-9}$$

式（1.8-9）写成一般矩阵形式为

$$\left.\begin{aligned}[K]&=\begin{bmatrix}k_{xx}&k_{xy}\\k_{yx}&k_{yy}\end{bmatrix}\\k_{xx}&=\sum_{m=1}^{n}\frac{ga_m^3}{12b_m\nu}\sin^2\alpha_m\\k_{xy}=k_{yx}&=\sum_{m=1}^{n}\frac{ga_m^3}{12b_m\nu}(-\sin\alpha_m\cos\alpha_m)\\k_{yy}&=\sum_{m=1}^{n}\frac{ga_m^3}{12b_m\nu}\cos^2\alpha_m\end{aligned}\right\} \tag{1.8-10}$$

3. 三维问题

对三维问题，同理可推出渗透张量表达式为

$$[K]=\sum_{m=1}^{n}\frac{ga_m^3}{12b_m\nu}\begin{bmatrix}1-(n_x^m)^2&-n_x^m n_y^m&-n_x^m n_z^m\\-n_y^m n_x^m&1-(n_y^m)^2&-n_y^m n_z^m\\-n_z^m n_x^m&-n_z^m n_y^m&1-(n_z^m)^2\end{bmatrix} \tag{1.8-11}$$

1.8.2.3 渗流场控制方程式及有限元法

1. 等效连续介质渗流场控制方程式

对渗透各向异性等效连续介质，达西定理可写为

$$u_i=-k_{ij}h_{,j} \tag{1.8-12}$$

式中 k_{ij}——渗透张量。

将式（1.8-12）代入水流连续方程式 $u_{i,i}=0$，当 k_{ij} 在所研究的域中为一常量时，恒定渗流场控制方程为

$$k_{ij}h_{,ij}=0 \tag{1.8-13}$$

2. 求解渗流场的有限单元法

按变分原理，求解式（1.8-13）等价于求如下泛函的极值问题：

$$f(h)=\frac{1}{2}\iiint(k_{ij}h_{,ij})\mathrm{d}x_1\mathrm{d}x_2\mathrm{d}x_3 \tag{1.8-14}$$

将边界条件代入后，可得如下方程式

$$[H]\{h\}=\{Q\} \tag{1.8-15}$$

式中 $[H]$——传导矩阵；

$\{h\}$——待求的水头列阵；

$\{Q\}$——节点流量列阵。

3. 边界条件及其处理方法

对恒定流问题，边界条件有以下三类：

(1) 给定水头和位置，法向流速未知。

(2) 给定法向流速和边界位置，水头未知。

(3) 已知法向流速为 0（即 $u_n=0$）及水头等于高程（$h=x_2$），这种边界称为自由面边界。

对于有压渗流，因不存在自由面，边界位置均为确定。式（1.8-15）中的传导矩阵及右端项均可求得，方程式（1.8-15）是线性问题。边界条件中有位置不确定的自由面边界时，是一个非线性问题。张有天引用非线性应力分析中类似于初应力的概念，提出了分析有自由面渗流的初流量法。通过对初流量值的调整，将非线性分析转换成一系列的线性分析，并编制了程序，给出了二维及三维例题。初流量法迭代过程保持计算网格和总体传导矩阵不变，基本解决了有自由面渗流分析存在的问题。

设置排水孔幕是减小扬压力最有效的措施，但如何正确地设计排水孔幕，有赖于对有排水孔幕的渗流场进行分析。通常采用的近似方法是将排水孔作为有限元网格中的一个给定水头的节点处理（二维问题），这种方法使问题大为简化，被国内外工程界广泛采用。事实上，排水孔的效果与其孔径密切相关，将排水孔作为一个点处理完全没有反映排水孔的尺寸效应，常产生显著的误差。排水孔的直径一般很小，而单元尺寸通常很大，一般情况下，以点代孔夸大了排水孔的作用。由于这种方法处理简单，如何在以点代孔的基础上反映排水孔孔径的影响来减少计算误差，很自然地被工程研究人员所关注。目前采用子结构方法分析有排水孔幕的渗流场，计算精度较高，计算工作量合理，已在实际工程问题中得到应用，并被证明是一个较好的有实用价值的方法。

子结构法的特点是将一个或若干个排水孔布置在单元内部，这样的单元称为排水单元。设排水单元内有 m_1 排、m_2 列均匀布置的 m 个排水孔，将该单元分成 $m=m_1\times m_2$ 个子结构，图 1.8-3 (a) 所示为排水单元（仅示出一个子结构）。由计算精度要求，排水单元宜采用20节点等参单元。从排水单元中取出一个排水子结构，沿排水孔径向按等比关系剖分成若干层单元［见图1.8－3（b）］，最外层的20个节点为排水子结构的出口点，其余为内部点。排水子结构内部剖分不宜少于2层，分层也不宜过多，最多以4层为好。图1.8－3（b）为剖分2层单元的排水子结构及其节点，编号顺序均由程序设计，无需人工输入。

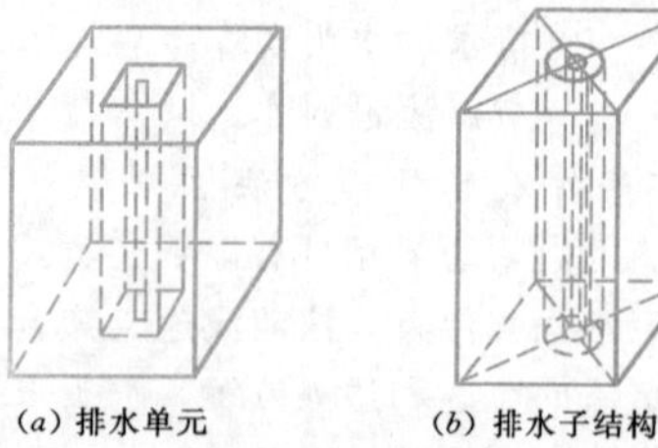

（a）排水单元　　（b）排水子结构

图1.8－3　排水单元及其中一个排水子结构

排水子结构中排水孔边界上的节点均给定水头。对每一个子结构进行分析，将传导矩阵凝聚到其出口点上，再通过排水单元内部函数关系进一步凝聚到排水单元节点上，即为考虑了其内部排水孔幕的排水单元的传导矩阵。这种子结构解法不增加解题的整体自由度，所增加的仅是排水单元内排水子结构的凝聚分析。由于排水子结构带宽很小，凝聚分析所需机时极少。

1.8.3　裂隙岩体渗流与应力耦合分析

岩体的变形主要是裂隙变形，裂隙的开度是岩体渗流的重要参数。岩体应力的变化是裂隙开度改变的敏感因素，岩体渗透特性与岩体的应力场有关，而岩体应力场又与渗流场有关，构成了十分复杂的耦合关系。

1.8.3.1　裂隙水力传导系数

裂隙的水力传导系数与隙宽的平方成正比的关系式，由于没有考虑隙宽是变量的裂隙在应力环境下变形与水力特性的复杂关系，因而不宜用来进行渗流与应力耦合分析。一些研究者通过试验得出描述流量Q与隙宽a_m关系的经验公式

$$Q = \frac{g a_m^n}{12\nu} J \qquad (1.8-16)$$

则裂隙的水传导系数为

$$k_f = \frac{g a_m^{n-1}}{12\nu} \qquad (1.8-17)$$

1.8.3.2　裂隙变形刚度

在法向正应力作用下，裂隙隙宽变形采用双曲线模型公式，令法向变形为υ_n，可写为

$$\upsilon_n = \frac{\sigma_n}{K_n} \qquad (1.8-18)$$

式中　K_n——裂隙的法向刚度。

令$\sigma_n=0$时的初始法向刚度为K_n^0，裂隙最大压缩量为$a_{\max}$，则有（见图1.8－4）

$$K_n = K_n^0 - \frac{\sigma_n}{a_{\max}} \qquad (1.8-19)$$

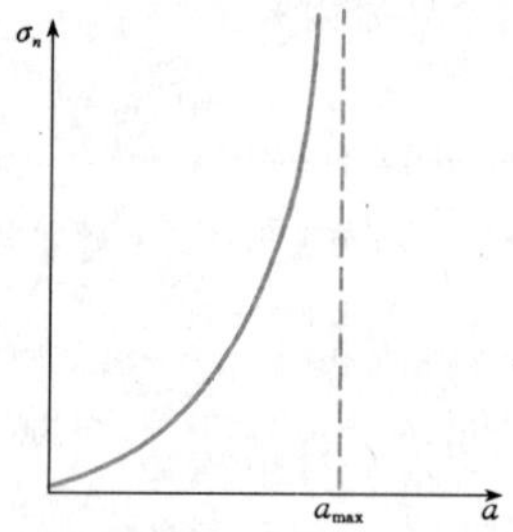

图1.8－4　裂隙法向变形与正应力的关系

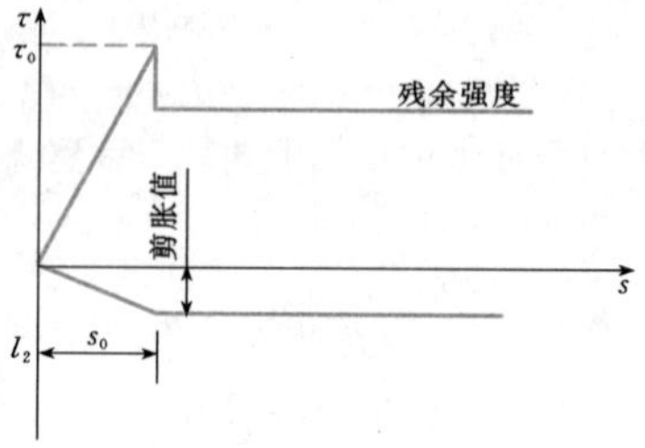

图1.8－5　裂隙剪切变形与剪应力的关系

裂隙剪切变形与剪应力之间的关系如图1.8－5所示，剪应力峰值强度τ_0可用巴顿（Barton）公式确定，即

$$\tau_0 = \sigma_n \tan(\varphi + \Delta\varphi) \qquad (1.8-20)$$

式中　φ——内摩擦角；

$\Delta\varphi$——剪胀角，可由节理粗糙度系数JRC、节理面抗压强度JCS及作用在节理面上的正应力σ_n求得。

当切向位错$s<s_0$时，剪胀值$e_2=s\tan\varphi_d$；$s\geqslant s_0$时，剪胀值$e_2=s_0\tan\varphi_d$。

峰值前的切向刚度K_s为

$$K_s = \frac{\tau}{\upsilon_s} \qquad (1.8-21)$$

1.8.3.3　裂隙岩石的变形本构关系

假定岩块为均质弹性体，裂隙变形由法向变形和切向变形两者叠加而成，可求得裂隙岩体变形本构关系式。对某些工程问题，如坝基或坝肩稳定问题，剪切变形通常甚小，可忽略不计从而使问题大为简化。

1.8.3.4　算例

某重力坝坝高57.2m，底宽50m，计算域长300m（x方向，即从上游往下游的方向）、宽6m（y方向）、高100m（z方向）。共进行了4种工况的耦合分析：

（1）工况 1。基岩内有水平、垂直方向的两组裂隙面。

（2）工况 2。基岩内有三组平行裂隙面。

（3）工况 3。基岩内有三组平行裂隙面，有帷幕。

（4）工况 4。基岩内有三组平行裂隙面，有帷幕和排水孔。

各组裂隙面的连通率均相同，其几何参数见表 1.8－1。坝体渗透性与地基渗透性相比甚小，可不参加渗流分析。坝基应力水平不高，为简化计算，岩体及裂隙均近似按弹性介质考虑。上游水位为 154.20m，下游水位为 103.32m。排水孔直径为 9.0cm。给定排水孔水头边界条件为 103.32m，帷幕厚度为 3m（x 方向）、深 25m。渗流分析水头迭代收敛精度为 0.1m。应力分析时材料力学参数为岩石重度 $\gamma_f=26\text{kN/m}^3$，弹性模量 $E_f=62000\text{MPa}$，泊松比 $\mu_f=0.2$；坝体重度 $\gamma_c=24\text{kN/m}^3$，弹性模量 $E_c=24000\text{MPa}$，泊松比 $\mu_c=0.167$。荷载为水压力、渗流体积力及坝体自重。算例中仅考虑了法向应力 σ_n 对裂隙宽变化的影响，在耦合迭代的应力分析过程中，仅有渗流荷载一项变化，材料的力学参数均不变。

表 1.8－1　各组裂隙面的几何参数（倾向为方位角加 90°）

计算方案	产　状	裂隙间距 b（m）	隙宽 a（mm）
两组裂隙	N0°E，∠0°	1.0	0.1
	N0°E，∠90°	1.0	0.1
三组裂隙	N325°W，NE∠8°	0.5	0.1
	S170°E，NW∠70°	1.0	0.1
	N55°E，SE∠30°	1.0	0.1

图 1.8－6 所示为工况 1 的渗流场等势线。可以看出，考虑渗流应力耦合与不考虑渗流应力耦合的结果有差别。图 1.8－7 所示为各种工况下坝基扬压力的分布。可以看出，考虑应力场的影响，坝基扬压力值将增大。

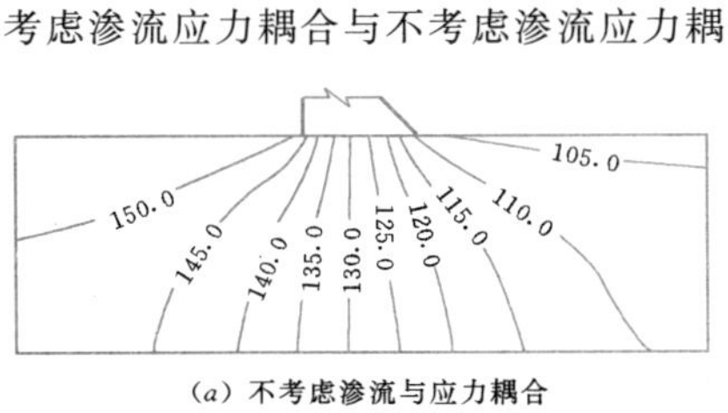

（a）不考虑渗流与应力耦合

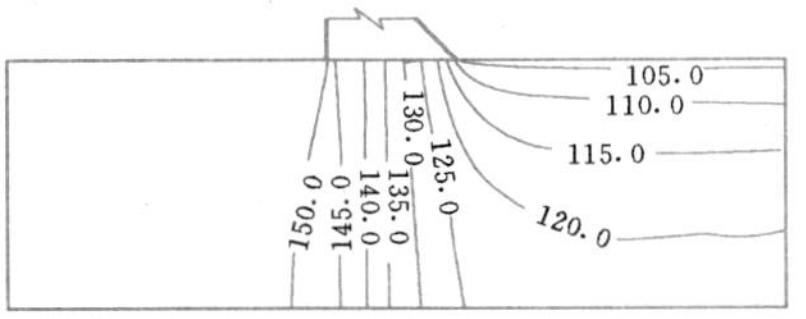

（b）考虑渗流与应力耦合

图 1.8－6　坝基渗流等势线（工况 1）

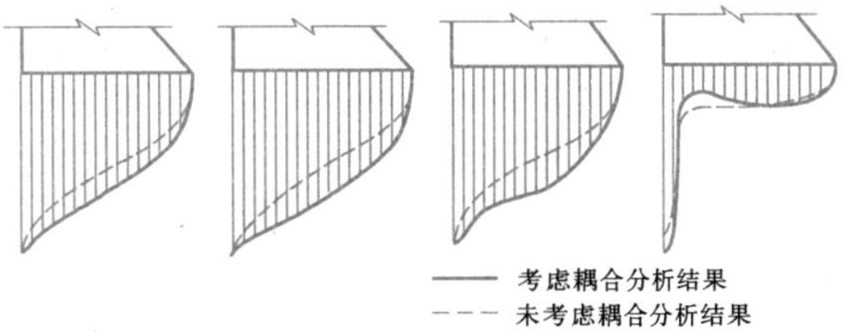

（a）工况 1　（b）工况 2　（c）工况 3　（d）工况 4

图 1.8－7　坝基扬压力分布

1.9 坝基处理设计

1.9.1 坝基处理的目的和要求

任何坝址都会存在缺陷，诸如节理、裂隙、软弱夹层、断层、剪切破碎带等，有时还有溶洞、溶槽、溶缝等岩溶现象。坝基处理设计应该在查清坝址的地质条件及分析大坝对地基的要求的基础上，确定地基处理方案。坝基处理的目的：①使坝基有足够的强度，以支承坝体；②使坝基有足够的抗渗性，以满足渗透稳定的要求；③使坝基有足够的整体性、均匀性和刚度，以满足抗滑稳定的要求和减少不均匀沉降；④减小坝底和岩基内的扬压力；⑤使坝基有足够的耐久性，以防止岩体性质在水的长期作用下发生恶化。

在坝基处理设计中，除坝基外，还要注意坝址上、下游附近地区和两岸坝肩的地质条件以及泄水、引水建筑物运用时对坝基的影响，要求坝基的稳定性和渗漏都在容许范围以内，还要注意施工时期对坝基稳定、位移和渗漏的影响。在岩溶地区进行坝基处理设计时，应认真分析研究坝区范围内岩溶的分布范围、形态特征、地下水活动状况和充填物的性质。此外，还要进行水库库岸处理的设计，防止库岸滑坡和漏水。

坝基处理设计包括坝基开挖、帷幕灌浆、坝基排水、固结灌浆、断层破碎带和软弱结构面处理以及岩溶防渗处理等。

1.9.2 坝基开挖设计

混凝土重力坝要求坝基岩体既有足够的强度和刚度，又有较好的抗渗性和耐久性，使基岩在承受坝体传来的作用力和其他荷载时，保证坝基有足够的抗滑稳定性和良好的工作性能。坝基开挖就是清除天然岩基以上的覆盖层，将岩基中承载力和抗剪强度不能满足要求的风化层、软弱岩层、卸荷带、强溶蚀夹泥带、破碎带和节理裂隙密集区等予以挖除，使坝基岩体强度满足坝基应力要求，保持坝体和岩基稳定，同时满足重力坝对坝基整体性和均匀性的要求。

坝基开挖首先需选定建基面，确定坝基开挖深度。建基面的选择具有很大的技术和经济意义，是一个十分重要而且经常有争议的问题。坝基开挖过浅，不能满足稳定和变形的要求，不安全；坝基开挖过深，则开挖工程量和坝体工程量均加大，工期延长，不经济。同时，过深的开挖也会带来工程结构荷载增大、基坑边坡加高以及高地应力释放等引起的岩体工程等问题。《混凝土重力坝设计规范》（DL 5108—1999）规定“混凝土重力坝的建基面应根据大坝稳定、坝基应力、岩体物理力学性质、岩体类别、基础变形和稳定性、上部结构对基础的要求、基础加固处理效果及施工工艺、工期和费用等技术经济比较确定。原则上应在考虑基础加固处理后，在满足坝的强度和稳定的基础上，减少开挖量。坝高超过 100m 时，可建在新鲜、微风化或弱风化下部基岩上；坝高为 50～100m 时，可建在微风化至弱风化中部基岩上；坝高小于 50m 时，可建在弱风化中部～上部基岩上。两岸地形较高部位的坝段，可适当放宽”。

重力坝的基坑形状要在保证开挖边坡稳定的基础上力求平顺、规则。各坝段地基面的上、下游高差不宜过大，并应尽可能略向上游倾斜。如天然基岩面高差过大或向下游倾斜，则宜开挖成大台阶状，每个台阶的高差不宜过大（如高差不大于 5m），并以缓坡（不陡于 1∶0.6）连接。台阶的位置应与坝体分缝的位置相协调，并和坝趾处的坝体混凝土厚度相适应。为了避免岩基台阶处高差引起坝体内过大的应力集中，应把台阶的棱角去掉。开挖出的岩基面一般都有局部起伏。在岩基面局部起伏处会引起坝底应力集中，在坝块因温度变化而膨胀或收缩时又增加了约束作用。因此有些国家规定，岩基面的局部起伏度不超过 0.5m。我国的规范中对此尚无明确规定，但要求把岩基面开挖平整，岩基面局部起伏度不超过 0.5～1.0m 的要求是适宜的。局部起伏度超过容许值时，应当用混凝土把凹坑填平或局部再加用钢筋，如图1.9-1 所示。

当岩基在坝轴线方向上的岩体质量有较大变化、

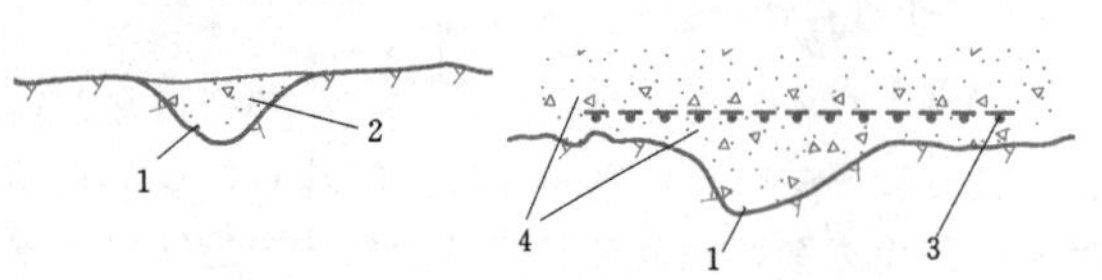

图 1.9-1 岩基面开挖后的凹坑处理

1—岩基凹坑；2—回填混凝土；3—钢筋；4—坝体混凝土

可能产生较大不均匀沉降时，宜在坝体内相应地设置沉降横缝。由于两种岩基的分界线不可能刚好与坝轴线相垂直，所以往往有的坝段要建在两种不同性质的岩基上。此时要校核坝体和岩基的强度和稳定以及位移的倾斜度。必要时，可用开挖或加固处理来限制坝体位移的倾斜度。

在平行坝轴线方向上，两岸岸坡坝段基础的形状，如岩坡平缓则开挖要求与河床坝段相同；如岸坡较陡，因坝段有侧向稳定问题，宜开挖成有足够宽的台阶状，台阶高差一般为 15m，水平段宽度不小于坝段横向宽度的 1/3～1/2。原则上，岸坡坝段应做到独立保持侧向稳定，而不依靠相邻坝段的侧向支承。难以做到时，也可对横缝做灌浆处理，形成整体受力状态，保持坝体侧向稳定。为解决施工期的侧向稳定，除坝基开挖成台阶状，并调整横缝分缝位置外，陡坡段也可采取并缝措施，在并缝处的混凝土表面布置并缝钢筋，如云峰坝左岸和漫湾坝左岸陡坡段的处理（见图 1.9-2）。

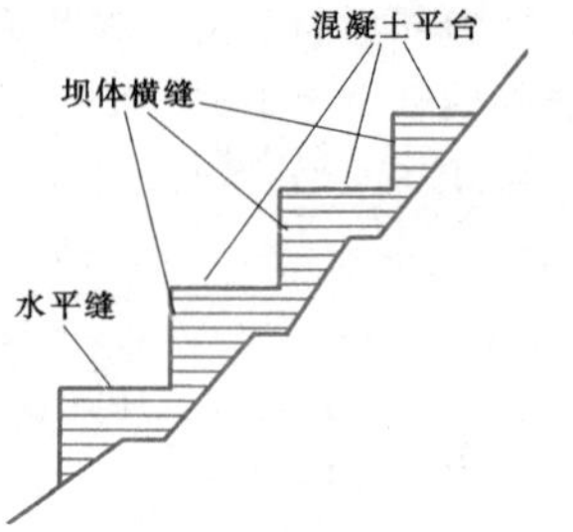

图 1.9-2 岸坡坝段并缝处理

坝基中存在的表层局部工程地质缺陷（如表层夹泥裂隙、强风化区、断层破碎带、节理密集带及岩溶充填物等）均应结合基础开挖予以挖除，并加强对其固结灌浆。对于开挖暴露后或干湿交替条件下易风化、泥化崩解、软化的岩体，如黏土岩、粉砂岩、页岩、泥板岩等，采用预留保护层或者采取喷水泥砂浆、浇混凝土封闭等措施。对于深部岩溶，需根据坝基受力扩散范围和防渗条件确定处理方式。

在浇筑混凝土前，应用高压水枪、砂枪或金属刷把岩基上残留的黏土、污泥、尘土、油渍以及各种杂物等冲洗干净，并将岩基上的积水全部排除。这道工序是确保坝体混凝土与基岩结合强度的重要措施，必须高度重视。

1.9.3 坝基固结灌浆设计

坝基固结灌浆可增强基岩的整体性，减少不均匀变形，提高基岩的变形模量，并可补强开挖爆破和地基卸荷回弹造成的基岩损伤和岩体卸荷，降低基岩的渗透性，增强基岩抗渗透破坏的能力。防渗帷幕上、下游一定范围内的固结灌浆还可起到加厚、加强帷幕防渗性能的作用。

固结灌浆的范围根据地基内的应力分布以及基岩

的条件确定。当高坝及坝基岩体完整性较差时，固结灌浆可在整个坝基范围内进行；坝基岩体质量较好、地质构造不发育时，也可仅在坝基上、下游各1/3～1/4范围内进行。为了减少坝基的变形和增强坝肩岩体的稳定性，有时要把固结灌浆范围扩大到坝基以外。图1.9-3是高坝固结灌浆孔布置的示意图。对断层破碎带及其两侧影响范围内也应加强固结灌浆。岩基下部埋藏的溶洞、溶槽等除进行回填处理外，还应对其顶部和周围岩石加强固结灌浆。固结灌浆孔的深度应根据坝基应力分布情况、坝高和开挖以后的地质条件确定，一般采用5～8m；局部地段及坝基应力较大的高坝基础，可加深至8～15m，甚至更深，帷幕上游区宜根据帷幕深度采用8～15m。

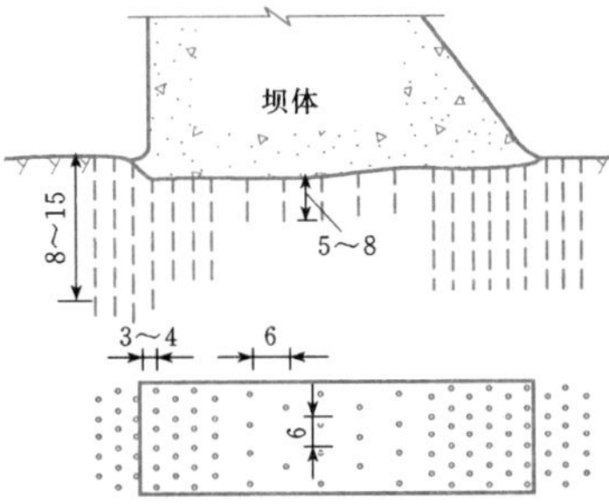

图1.9-3 固结灌浆孔的布置（单位：m）

固结灌浆的钻孔一般是按一定的孔距、排距和布孔形式分区均匀布置。最常用的布孔方式是梅花形和方格形布置。钻孔的孔距、排距取决于基岩的条件，主要是节理裂隙的密度、产状和渗透性，孔距、排距一般为2～4m，常用的是2.5～3m，局部地段视需要加密至1.5～2m。固结灌浆孔按分序加密的方法布置，一般分为两序，特殊情况下可分三序或补充灌浆孔作为后序孔进一步加密。例如Ⅰ序孔间距为6m，Ⅱ序孔距为3m，必要时则进一步加密至1.5m。为提高工效，减少钻、灌机械的移动距离，固结灌浆施工时，可按上述分序加密的原则，在一定范围内的前序孔施工完成后，安排后序灌浆孔的施工。

固结灌浆有钻孔、冲洗、灌浆等工序。灌浆一般采用孔内或孔口阻塞、孔内循环的方法进行，也可采用浆液不循环的纯压式灌浆。一般灌浆孔的基岩段长小于6m时，可采用全孔一次灌浆法；大于6m时，宜分段灌注，可采用自上而下分段灌浆法、自下而上分段灌浆法或孔口封闭灌浆法。固结灌浆孔相互串浆时，可采用群孔并联灌注，但孔数不宜多于3个，并应控制压力，防止混凝土面或岩石面抬动。固结灌浆钻孔可采用钻孔速度较快的潜孔钻机，当特殊部位灌浆要求较高时采用回转式钻机。固结灌浆孔径一般为46～76mm，特殊情况下孔径采用110mm。有盖重固结灌浆应对盖重混凝土进行抬动观测，在灌浆及压水试验过程中进行观测和记录，不容许超过设计容许抬动值，容许抬动值可根据建筑物情况定为100～200μm。

固结灌浆孔采用压力水进行裂隙冲洗，直至回水清净时止。冲洗压力可为灌浆压力的80%，该值若大于1MPa时，采用1MPa。地质条件复杂、多孔串通以及设计对裂隙冲洗有特殊要求时，冲洗方法通过现场灌浆试验或论证确定。固结灌浆孔灌浆前的压水试验应在裂隙冲洗后进行，灌前压水试验孔数不少于总孔数的5%。在泥质充填物的岩溶洞穴和遇水性能易恶化的岩层中，灌浆前可不进行裂隙冲洗。

固结灌浆通常采用水泥浆材，一般情况下用普通硅酸盐水泥或硅酸盐大坝水泥。当有耐酸或其他要求时，可用抗酸水泥或其他类特种水泥。固结灌浆所用的水泥强度等级不应低于32.5，水泥细度的要求为通过80μm方孔筛的筛余量不宜大于5%，为充填细微裂隙，必要时采用干磨或湿磨细水泥。浆液水灰比可采用2∶1、1∶1、0.8∶1、0.6∶1等比级，合适的浆液浓度应通过灌浆试验及工程类比确定，通常采用由稀到浓、逐级变换的方式施灌。目前较多工程开灌就采用浓浆，从开灌到终灌都采用固定水灰比的浓浆，能够收到很好效果。

水泥灌浆时应根据灌浆注入量情况进行浆液变换，当灌浆压力保持不变，注入率持续减少时，或当注入率不变而压力持续升高时，不得改变水灰比；当某一比级浆液的注入量已达300L以上或灌注时间已达30min，而灌浆压力和注入率均无改变或改变不显著时，应改浓一级；当注入率大于30L/min时，可根据具体情况越级变浓。在规定的压力下，当注入率不大于1L/min时，继续灌注30min，灌浆可以结束。固结灌浆结束后，应采用“导管注浆封孔法”或“全孔灌浆封孔法”对灌浆孔进行封孔。

三峡工程混凝土重力坝在施工阶段采用了找平混凝土封闭无盖重固结灌浆。找平混凝土封闭灌浆法是在基础开挖达设计要求后，先浇筑找平混凝土，混凝土厚度一般0.30～0.50m，待找平混凝土达70%的设计强度后，进行固结灌浆施工。固结灌浆采用分序加密、自上而下、孔内循环法，一般分两序施工。Ⅰ序孔灌浆压力一般0.3～0.4MPa，Ⅱ序孔灌浆压力一般0.5～0.7MPa。水泥浆液水灰比采用3、2、1、0.8、0.6、0.5等六个比级，湿磨细水泥浆要求水泥浆经过湿磨机三次湿磨后使用，湿磨水泥浆水灰比为2、1、0.6或1、0.8、0.6等三个比级，并在浆液中掺入高效减水剂。灌浆以湿磨细水泥浆液为主。接触段阻塞器一般跨基岩与混凝土接触面。在设计灌浆压力下，单孔注入率不大于 0.4L/min，群孔不大于 0.8L/min 时，继续灌注 30min 后，结束灌浆作业。

光照水电站碾压混凝土重力坝坝基固结灌浆分成 3 个灌区。坝踵和坝趾各约 0.25 倍坝底宽度范围内，固结灌浆孔距、排距均为 3m，梅花形布置，孔深为 12～15m；坝基中部约 0.50 倍坝底宽度范围内，固结灌浆孔距、排距均为 3m，梅花形布置，孔深为 8～10m。固结灌浆在有压重下进行，最大灌浆压力为 1.5MPa。灌注浆液为水泥粉煤灰浆液，粉煤灰掺量为水泥的 20%，浆液水胶比为 0.6∶1 或 0.5∶1。

1.9.4 坝基防渗帷幕灌浆设计

坝基的帷幕灌浆是把水泥浆通过钻孔灌入岩石的裂隙内，形成一道帷幕，以减少坝基和坝肩的渗漏。防渗帷幕应满足下列要求：①减少坝基和坝肩的渗漏；②在帷幕和排水的共同作用下，使帷幕后坝基面的渗透压力降低，以提高坝体稳定和坝肩岸坡的稳定性；③防止在软弱夹层、断层破碎带、基岩裂隙充填物及抗渗性能差的岩层中产生渗透破坏；④具有可靠的连续性和足够的抗渗性和耐久性。

重力坝的防渗和排水设计，应以坝区的工程地质和水文地质条件以及现场灌浆试验的资料为依据，结合水库功能、坝高，综合考虑防渗和排水的相互关系来确定具体措施。上游灌浆帷幕的位置在坝踵附近，应尽可能设置在靠近上游坝面处，一般设置在离坝踵 1/10～1/15 坝高（H）处。通常在坝体靠上游面（0.06～0.1）H 的部位设置基础廊道，在廊道布置灌浆帷幕，廊道同时可作为排水、监测和帷幕补强用。如果坝踵处存在拉应力区域，则帷幕应避开拉应力区，设置在受压区内。

帷幕灌浆的深度需根据岩基的水文地质条件而定。基岩裂隙一般随着深度增加而减少，并逐渐闭合。当坝基下存在有相对的隔水层时，在一般情况下，封闭式防渗帷幕应伸入该隔水层 3～5m。《混凝土重力坝设计规范》中规定的帷幕防渗标准和岩体相对隔水层的透水率见表 1.9-1。抽水蓄能电站和水源短缺水库坝基帷幕防渗标准和相对隔水层的透水率 q 值控制标准取小值。

表 1.9-1 帷幕防渗标准和岩体相对隔水层的透水率

坝高(m)	帷幕的透水率(Lu)	渗透系数 K (cm/s)	容许渗透坡降 J_0
>100	1～3	2×10^{-5}～6×10^{-5}	20～15
50～100	3～5	6×10^{-5}～1×10^{-4}	15～10
<50	5	1×10^{-4}	10

从水泥可灌性考虑，累积通过率为 85% 的普通水泥的粒径 $d_{85}=0.04$～0.06mm，若岩体裂隙宽度为 δ，则 δ/d_{85} 应不小于 3～5，即普通水泥可灌入的裂隙宽度 δ 不小于 0.12～0.30mm。根据有关研究资料，当灌浆封闭了大于 0.12mm 的裂隙，而残存裂隙小于 0.12mm 时，帷幕的透水率约为 3Lu。另外，当残存裂隙宽度小于 0.15mm 时渗透率约为 5Lu，裂隙渗流基本上呈现层流状态，渗流也不会产生冲蚀充填物的流速，渗透稳定性能够满足要求。所以总体来看，水泥灌浆帷幕的控制标准不应大于 3～5Lu，一般根据不同坝高按表 1.9-1 的透水率值控制。如果相对隔水层埋藏很深，可采用悬挂式帷幕，深度一般为（0.3～0.7）H。

为了防止坝肩发生绕坝渗漏，防渗帷幕伸入岸坡内的深度以及帷幕轴线方向，应根据工程地质和水文地质条件来确定，原则上应到达相对隔水层。对能接到相对隔水层的帷幕，帷幕线延伸至正常蓄水位与需要接到的岩层的相交处即可；不能接到相对隔水层的帷幕，一般延伸至正常蓄水位与两岸蓄水前地下水位的交点 B 处，如图 1.9-4 所示，在 BC' 以上设置排水。如果延伸很远时，可以根据工程要求和其他具体条件确定。帷幕伸入岸坡的深度一般为（0.3～0.7）H，也可以通过渗流分析确定暂时的延伸长度，待蓄水后通过渗漏观测，再确定是否延长。此类工程宜为后续帷幕延伸创造一些条件，如先设置一定长度的灌浆平洞，既方便了后期帷幕施工，又可以布置排水孔及作为监测使用。

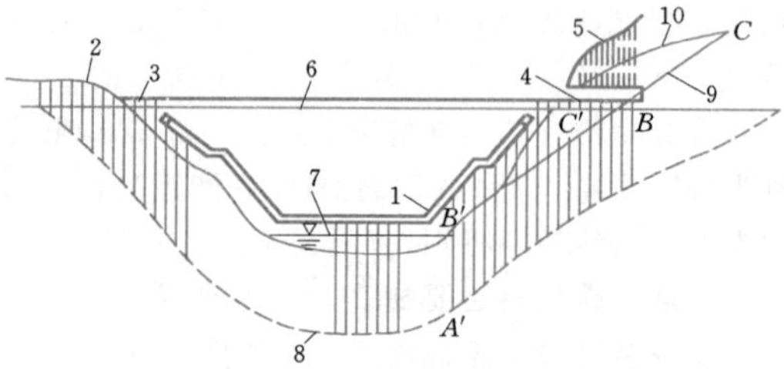

图 1.9-4 防渗帷幕沿坝轴线布置图

1—灌浆廊道；2—山坡钻孔；3—坝顶钻孔；4—灌浆平洞；5—排水孔；6—正常蓄水位；7—原河水位；8—防渗帷幕底线；9—原地下水位线；10—蓄水后地下水位线

我国已建的许多坝，帷幕厚度的确定采用苏联的方法，考虑帷幕的容许渗透坡降和帷幕上水头梯度的关系：

$$T'=\frac{1-\alpha}{J_0}\Delta H \qquad (1.9-1)$$

式中 T'——帷幕厚度，m；

α——扬压力计算中的折减系数；

J_0——帷幕容许的渗透坡降，其值可按表1.9-1选取；

ΔH——上、下游水位差，m。

岩基灌浆所能得到的帷幕厚度 T 与灌浆孔排数有关。由图1.9-5可见，若有 n 排灌浆孔时，T 可按式（1.9-2）计算：

$$T=(n-1)c_1+c' \qquad (1.9-2)$$

式中 c_1——灌浆孔排距，m，一般取（0.6～0.7）c（c 为灌浆孔孔距，m）；

c'——单排灌浆孔的帷幕厚度，m，一般取（0.7～0.8）c。

实际施工的帷幕厚度 T 通常应大于设计帷幕厚度 T'。帷幕灌浆孔距 c 应由现场灌浆试验确定，一般取1.5～3.0m。一般高坝约需灌浆孔2～3排，中坝需1～2排，低坝仅需1排。

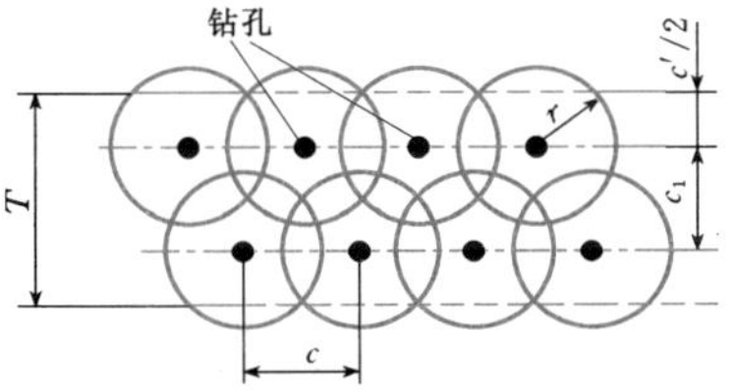

图1.9-5 防渗帷幕厚度

日本、美国等国家在帷幕厚度设计时不考虑容许渗透坡降问题，主要根据坝基岩体的渗透性，结合坝高因素确定。目前该做法已被国内接受并采纳。《混凝土重力坝设计规范》（SL 319—2005）中规定：帷幕排数在考虑帷幕上游区的固结灌浆对加强基础浅层的防渗作用后，坝高100m以上（含100m）的坝可采用2排，坝高100m以下的坝可采用1排；对地质条件较差、岩体裂隙特别发育或可能发生渗透变形的地段或经研究认为有必要加强防渗帷幕时，可适当增加帷幕排数。

当帷幕由几排灌浆孔组成时，一般仅将其中的一排孔钻到设计深度，其余各排的孔深可取设计深度的1/2～2/3。因为在帷幕深处，帷幕两侧的水头差已相对减小。此外，在地基深处灌浆压力也可加大，从而灌浆影响范围（见图1.9-5中的 r）也可扩大。

在施工中，第一序孔亦即主排灌浆孔都应达到帷幕设计深度，而且在每个坝段还应有2～3个孔加深至大于帷幕设计深度。同时可制定帷幕孔的平均单位长度水泥注入量指标。

在施工中，灌浆孔距是逐步加密的。开始的孔距一般约为6m，然后中间加孔，孔距为3m，如在中间孔中试验的透水率（Lu）值已达到要求，对中间孔进行灌浆后即可不再加孔。如透水率值仍大于要求，则在灌浆后应再在中间加孔，孔距为1.5m，并在钻孔中试验透水率值。如此逐步加密，直至中间孔中试验所得的透水率值达到要求为止。这样做可根据各部位地质条件确定灌浆孔间距，最为节省。

灌浆压力是帷幕灌浆的重要参数，直接影响帷幕的防渗性和耐久性，也决定了帷幕孔的孔排距和对施工设备的要求。帷幕灌浆压力在帷幕顶部不宜小于1.0～1.5倍坝上游最大水头，在孔底段，灌浆压力宜提高到2～3倍坝上游水头。近代倾向于采用高压灌浆，以增加浆液的贯入深度、加大孔距，节省费用。在灌浆孔深处采用较高压力不致引起岩体上抬，但是在帷幕顶部，用1.0～1.5倍坝上游水头的灌浆压力可能会把岩层抬起，所以帷幕灌浆一定要在浇筑20～30m高的混凝土作为压重后才开始灌浆。为防止灌浆抬动或限制浆液扩散到不需要的区域，常常对灌浆压力和灌浆注入率两个参数做一定的限制，使两者匹配。灌浆时，要密切监测岩基是否有上抬现象。

钻孔孔径一般为50～80mm，一般用回转式钻机钻孔。近代趋向于采用小灌孔、高灌浆压力，以节省钻孔费用，提高灌浆效果。钻孔通常是垂直的；在有近乎垂直分布的裂隙地段，钻孔宜为倾斜的，以便尽可能多地与裂隙相交；帷幕灌浆孔方向略向上游倾斜，对减小坝下渗透压力有利，但倾角不宜大于10°，以便于施工。对于深帷幕灌浆孔的钻孔方向，在施工中必须严格控制。因为如果相邻钻孔的方向有误差，则在钻孔的下部将相互错开，而形成帷幕缺口，成为漏水通道。

帷幕灌浆主要采用水泥浆，灌浆浆液应由稀至浓逐级变换。浆液水灰比可采用5、3、2、1、0.8、0.6（或0.5）等六个比级。灌注细水泥浆液时，水灰比可采用2、1、0.6或1、0.8、0.6三个比级。在进行帷幕灌浆前一般要用压力水进行裂隙冲洗；在岩溶泥质充填物和遇水后性能易恶化的岩层中进行灌浆时，可不进行裂隙冲洗，而采用高压灌浆的办法解决。帷幕一般采用普通水泥灌浆，对细微裂隙发育的岩层，普通水泥细度难以满足灌浆要求时，可用在工地用磨细机加工磨细水泥或超细水泥；如地下水流速度较大，可在水泥浆内加入速凝剂或用稠浆液；当有抗侵蚀性或其他要求时，则应考虑采用特种水泥。

当灌不进水泥浆时，可采用化学灌浆。我国对化学灌浆有丰富的经验，常用的化学灌浆材料有水玻璃类、丙烯酸盐类、聚氨酯类、环氧树脂类等浆液。化学灌浆一般效果较好，但费用较高，非必要时不宜采用。

坝基帷幕灌浆一般都在坝体基础灌浆廊道内进行。在两岸，可沿岸坡在坝体内设基础灌浆廊道。当要求帷幕伸入岸坡较深或岸坡很陡时，则可在不同高程设置灌浆隧洞进行灌浆。隧洞的高程间距一般为30～40m，与坝体内廊道相连，隧洞用混凝土衬护。隧洞内灌浆孔方向一般是竖直的，上下层帷幕间通过连接帷幕封闭连接，与坝下帷幕联结成一个连续防渗幕。

重力坝坝基帷幕灌浆，一般应在事前进行现场帷幕灌浆试验，确定帷幕灌浆参数和工艺。在施工过程中应根据钻孔和灌浆的实际资料修改防渗帷幕设计。

重力坝坝基和坝肩防渗，经论证后也可采用混凝土截水墙作为帷幕或采用水平防渗铺盖以延长渗径。在岸坡部位如岩体透水性大，做一段混凝土防渗齿墙可能是有利的。如用水平铺盖，则在铺盖和坝体间应做好接缝止水。坝址有顺河向陡倾角断层或破碎带时，可考虑挖深井，然后回填混凝土，与两侧灌浆帷幕相连接。在多泥沙河流上，坝上游淤积可形成天然铺盖，经论证其厚度和渗透系数能确保防渗作用时，设计中可适当考虑其效果，但同时要考虑泥沙淤积需要有一个时间过程。

1.9.5　坝基排水设计

重力坝岩基内有渗流场，虽然渗流量可能很小，但渗透压力可能很大，为此要设置排水，以降低渗透压力。排水降低坝下游岸坡地下水位，对保证岸坡稳定也十分有效。当重力坝下游水位很高时，还可采用抽排方法以降低扬压力。所以，在对坝基做好防渗措施的前提下，还要做好排水措施。在渗漏性极低的岩基内，有时可不做防渗帷幕，但排水是必不可少的。排水孔幕是主要的排水措施，一般在基础灌浆廊道内的下游侧钻设排水孔，以构成排水孔幕；如岸坡内有灌浆隧洞，则也可在隧洞内防渗帷幕的下游侧钻设排水孔。在坝基面上，排水孔与帷幕孔的距离应大于2m，以免削弱帷幕。主排水孔孔深一般为防渗帷幕深度的0.4～0.6倍，高、中坝的主排水孔深度不应小于20m。当地基内有裂隙承压水层或较大的深层透水区时，除加强防渗措施外，排水孔宜穿过这些部位。排水孔的孔距根据岩体渗透性确定，一般为2～3m。排水孔的方向一般是垂直的，也可微向下游倾斜，以减小廊道宽度，但不超过10°。排水孔孔径一般为100～150mm。

主排水孔幕应在帷幕灌浆完成以后钻孔，以免堵塞。排水孔孔口要妥善保护，一般要安装孔口装置，孔口装置便于将孔内渗水集中引排至排水沟内，还可以在上面安装检测渗压和渗量的装置。排水沟通到廊道内的集水井，然后由集水井通过排水管自流排到下游坝面外。如果下游水位高于集水井，则需要用水泵把集水井内的水抽排至下游。如重力坝坝基采用抽排设计，则必然要用水泵把水抽排到下游。过去的排水设计中，一般在集水井内设深水泵，而把电机安装在高出下游水位的电机室内；在目前的设计中，一般把抽水机和电机都安装在集水井上。因为坝基渗漏水量很小，只要设有适当的备用电机和抽水机，有可靠的备用电源，可以保证基础灌浆廊道不被淹没。基础排水系统的布置如图1.9-6所示。

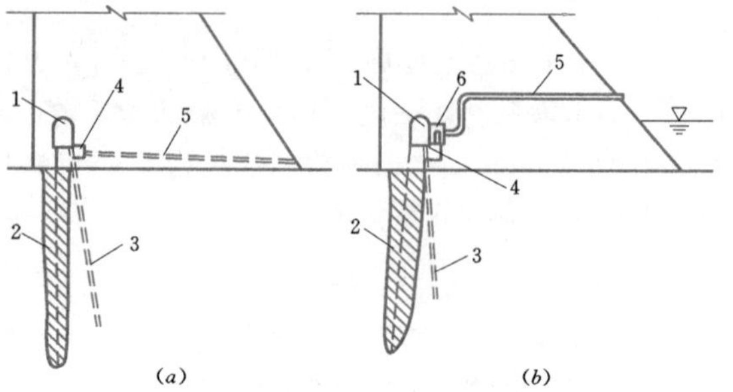

图1.9-6　重力坝基础排水系统示意图

1—基础灌浆排水廊道；2—帷幕；3—主排水孔幕；4—集水井；5—排水管；6—抽水机房

为了充分利用排水的作用，除了设主排水孔幕外，还可沿坝基面设辅助排水孔幕，对于高坝可设辅助排水孔2～3排，中坝可设辅助排水孔1～2排。必要时也可沿横向排水廊道设置排水孔。辅助排水孔幕应在纵向排水廊道内钻孔。采用抽排设计的重力坝，更有必要设置辅助排水孔幕。纵、横向排水廊道应有混凝土底板，其高程与基础灌浆廊道相适应，以便由岩基排出的水可流经基础灌浆廊道内的排水沟流入集水井。排水系统的廊道布置如图1.9-7所示。辅助排水孔孔深一般为6～12m，间距3～5m。排水孔方

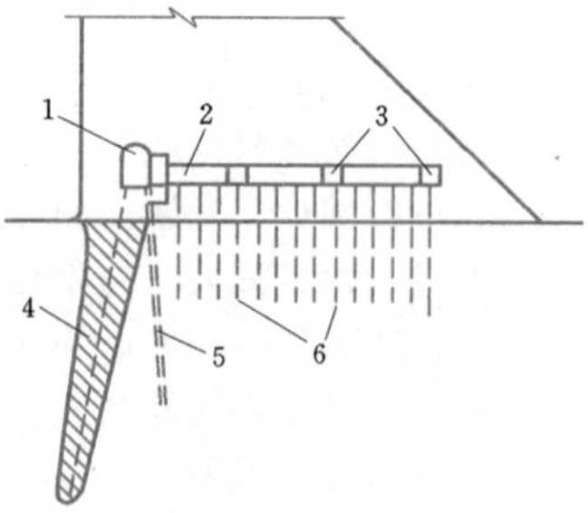

图1.9-7　重力坝基岩排水廊道布置

1—基础灌浆排水廊道；2—横向排水廊道；3—纵向排水廊道；4—帷幕；5—主排水孔幕；6—辅助排水孔幕

向一般为竖直的，也要考虑尽量能与裂隙相交，故有时钻成斜孔。

当排水孔壁有坍塌可能性或排水孔穿过软弱夹层或夹泥裂隙有可能发生管涌时，在排水孔内应设置反滤，以保护排水不致破坏。采用坝基抽排设计的重力坝，在靠近坝趾处也要设基础灌浆廊道，做好下游帷幕灌浆，帷幕深度约为下游水深的 0.3～0.7 倍，如图 1.9－8 所示。

如坝下游的岸坡内地下水位高，可能会导致岸坡崩塌或滑动。为降低帷幕下游的坝肩岸坡岩体内的地下水位，以保证岸坡稳定，可在岸坡坝段的坝体灌浆排水廊道内钻排水孔幕，呈扇形布置，与河床部分坝段下的排水孔幕连成一片。在岸坡坝段内，也可设横向排水廊道，沿廊道钻排水孔，排除坝肩绕渗或由山岭渗来的水。如岸坡陡峻，在灌浆隧洞内进行坝肩帷幕灌浆，则坝肩排水孔幕也应在灌浆隧洞内钻设。在坝肩和坝下游岸坡岩体内，一般还应根据工程地质和水文地质条件，在各高程设顺河向和横河向排水隧洞，形成排水空间系统，沿隧洞顶和底钻排水孔，排除渗水。这些排水隧洞可以不衬护或做透水的衬护。这种排水系统工程量不大，但对提高下游岸坡稳定性的作用很大。排水隧洞的数目、间距和布置要根据地质条件确定。排水隧洞的尺寸只要满足小型钻机能进入工作即可。

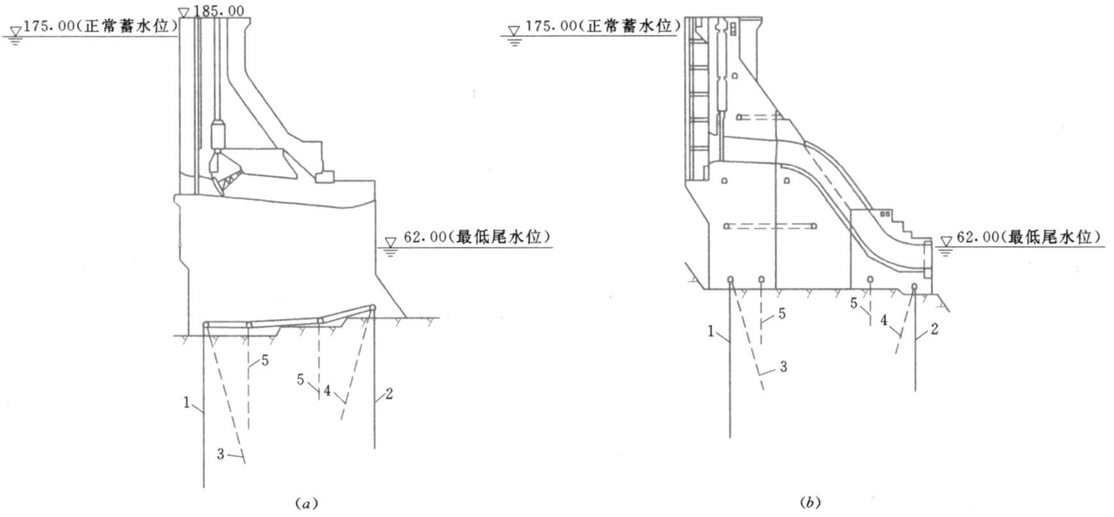

图 1.9－8 封闭抽排方案剖面示意图

1—主帷幕；2—封闭帷幕；3—主排水孔；4—封闭排水孔；5—辅助排水孔

1.9.6 坝基断层破碎带和软弱夹层处理

1.9.6.1 断层破碎带处理

断层破碎带的强度低，压缩变形大，易于使坝基产生不均匀沉降，引起不利的应力分布，导致坝体开裂。如果破碎带与水库连通，还会使坝底的渗流压力加大，甚至产生机械或化学管涌，危及大坝安全。

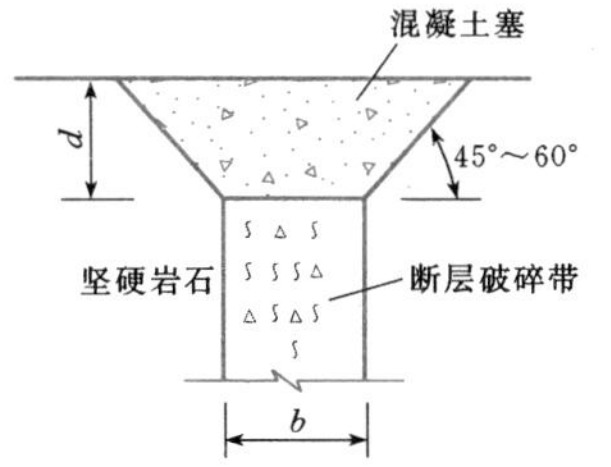

图 1.9－9 坝基顺河向断层破碎带的混凝土塞

对于陡倾角的断层破碎带，如其规模较小、性状较好，则只需适当清挖，用混凝土回填封闭后，加强固结灌浆即可；如规模较大或性状较差，则应将断层破碎带及其两侧的风化岩石挖除到适当的深度或挖至较完整的岩体后，用混凝土回填，形成混凝土塞（见图 1.9－9），把断层破碎带部位的坝基荷载传至两侧坚硬岩体，并对周围和塞下破碎物质加强固结灌浆。

我国设计规范提出，混凝土塞的深度 d 可采用 1.0～1.5 倍断层破碎带的宽度 b。美国内政部垦务局建议采用的计算公式为

$$\left.\begin{array}{l}\text{当 } H < 45\text{m 时，} d = 0.3b + 1.5 \\ \text{当 } H \geqslant 45\text{m 时，} d = 0.0066bH + 1.5\end{array}\right\} \tag{1.9-3}$$

式中 H——地基面以上的坝高，m；

b——破碎带宽度，m；

d——混凝土塞的深度，m。

当用式（1.9－3）计算 d 时，如 b 较小，则 d/b 的比例较大；当 b 增大时，d/b 的比例逐渐减小。这是因为当 b 较大时混凝土塞下的断层破碎带也起一些

支承作用。此外，坝愈高混凝土塞应愈深。对于宽度不大的断层破碎带，如 $b<2\sim3$m，可用上述方法求得混凝土塞的深度。

对于宽度较大的断层破碎带，可把混凝土塞作为两端固支的深梁进行设计。梁上面作用有坝底应力的荷载，下面是断层破碎带反力，要求梁底中间的拉应力不超过混凝土的容许拉应力，同时梁中间的挠度不再因增加梁深而有显著的减小。也可用有限元法来计算混凝土塞梁的应力和挠度。当混凝土塞梁有一定深度后，将起虚拟拱的作用，梁中间的挠度不会因增加深度而有显著的减小，梁底中间可能出现微裂纹，但不影响混凝土塞梁的强度［见图 1.9－10（*a*）］。所以混凝土塞梁的深度可比按式（1.9－3）算出来的值为小。

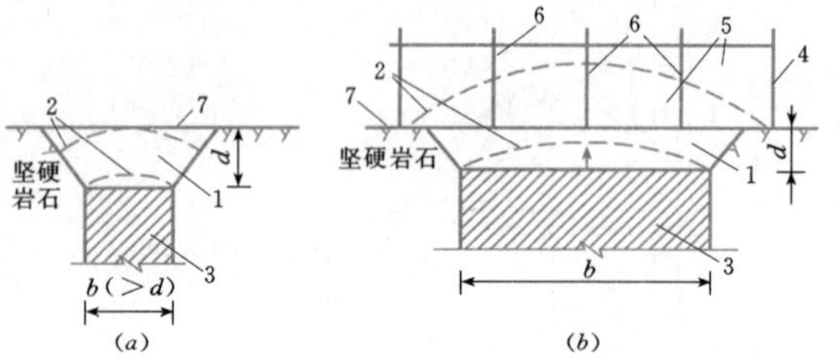

图 1.9－10 重力坝岩基有较宽断层破碎带的混凝土塞

1—混凝土塞梁；2—虚拟拱；3—断层破碎带；4—横缝；5—坝段；6—先期灌浆的横缝；7—岩基面

对于很宽的断层破碎带，如宽度达 30m 左右，用混凝土塞梁来加固，深度 d 将很大，施工很困难，工程量也将很大。为此，可考虑部分坝体与塞梁起联合作用，在坝体中有虚拟拱，承受断层破碎带上的坝基荷载，将其传至两侧坚硬的岩石，如图 1.9－10（*b*）所示。在虚拟拱范围内的坝体，应先冷却至稳定温度，进行横缝灌浆，使坝段联结成一个整体，然后再向上浇筑混凝土。这部分坝体和混凝土塞梁的应力和变位，可用有限元法进行计算。虚拟拱的应力主要是横河向的，是坝体能够承受的。在回填混凝土塞梁的施工中，应注意温度控制，减小混凝土塞梁的收缩，还应做好塞梁两端与岩基的接触灌浆。如混凝土塞梁很长，应设横缝并做好接缝灌浆。

对于贯穿坝基上、下游的断层破碎带的处理范围，应在坝上、下游方向各延伸一适当长度，其处理深度与坝基部位相同。对穿过帷幕或在其附近的顺河向断层，可采用防渗井或采用高压水泥灌浆并辅以化学灌浆的措施进行处理。

对于横河向的陡倾角断层破碎带，在选择坝轴线时就应尽可能避开。在坝轴线上游的横河向断层，水库蓄水后水渗入断层，将加大对坝基的渗透压力，所以坝体应以离断层较远为宜。在坝轴线下游的断层，在水库蓄水后将承受由坝基传来的荷载，会增大坝体的位移，所以坝体应离断层更远，或对断层进行加固处理。如断层不可避免地位于坝体底下，其位置宜尽可能靠近上游，因为该部位坝基在水库蓄水情况下，承受坝体的水平推力较小，同时注意不宜离灌浆帷幕太近。在横河向断层破碎带处理中采用的混凝土塞深度要比顺河向断层破碎带处理中混凝土塞的深度为大，因为要传递坝基内的水平向应力。断层位置愈靠近坝底的下游部位，要求的混凝土塞深度也愈大。混凝土塞的深度设计应满足混凝土塞中的压应力和剪应力不超过容许值的要求，混凝土塞下的断层破碎带能安全承受坝基传来的应力，同时坝基水平位移要在容许范围内。这种混凝土塞的深度约为 1/10～1/4 倍坝底宽度，如图 1.9－11 所示，可用有限元法计算确定。

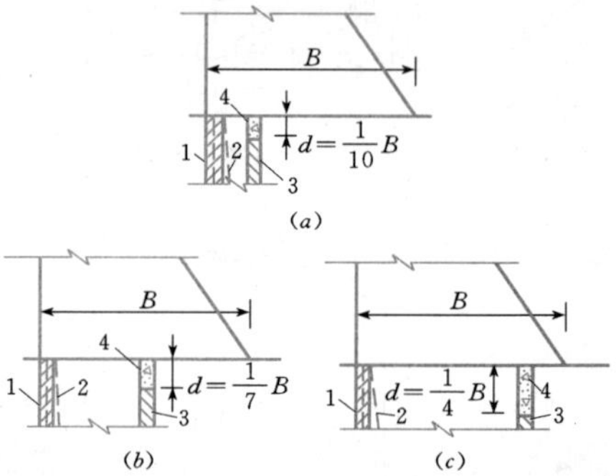

图 1.9－11 重力坝横河向断层破碎带混凝土塞

1—帷幕；2—排水孔幕；3—断层破碎带；4—混凝土塞

在选择坝轴线位置时，应尽可能避开走向为近横河向的缓倾角断层破碎带。如不可避免地位于坝底下时，其相对有利的位置要视其倾向而定。如倾向上游则断层破碎带宜位在靠近坝底上游侧，如倾向下游则宜位在靠近坝底下游侧。

缓倾角断层破碎带的处理较为困难。处理方案一般有清挖、设置深齿槽、增加坝体断面和降低扬压力、利用坝前水重、利用尾部抗力、厂坝联合抗滑以及设置抗剪洞塞和抗剪桩等。对埋藏较浅的缓倾角断层破碎带应予以挖除，对埋藏较深的部分，应论证其对大坝抗滑稳定、地基强度和沉降量的影响，从而确定其处理方案。抗剪洞塞一般是在断层破碎带内开挖一系列沿断层的倾斜洞和一系列水平洞，回填混凝土，组成混凝土塞网格。要求混凝土塞内的压应力和剪应力都不超过容许值，混凝土塞的顶、底应伸入到断层破碎带上下侧的坚硬岩石内一定深度，以防止破裂面越过抗剪洞塞延伸。一般可用有限元法计算来确定混凝土塞的布置和尺寸。缓倾角断层破碎带中混凝土洞塞的布置如图 1.9-12 所示。

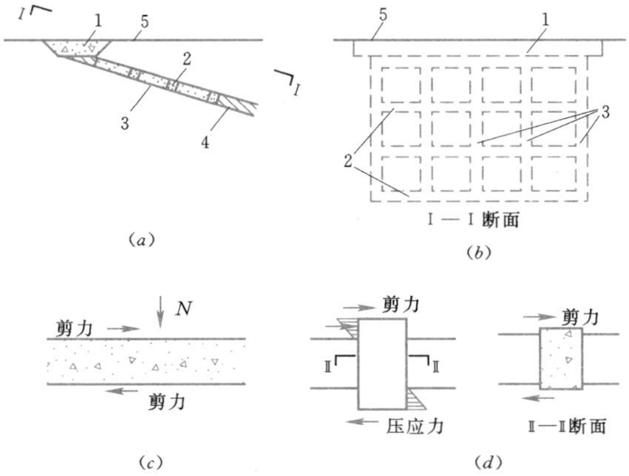

图 1.9-12 顺河向缓倾角断层破碎带采用混凝土塞网格处理的示意图

1—表面混凝土塞；2—水平混凝土塞；3—倾斜混凝土塞；4—断层破碎带；5—基岩面

混凝土塞要传递压应力通过断层破碎带，为此混凝土塞的顶面和底面应与断层破碎带上下两侧的坚硬岩石紧密贴合。当混凝土塞要传递剪应力通过断层时，则随混凝土塞的方向不同，传力情况也不一样。如果剪应力方向与混凝土塞方向平行，如图 1.9-12 (*c*) 所示，则能传的剪力为 fN，其中 N 是混凝土塞所受的正压力，f 是岩石与混凝土之间的摩擦系数。如果混凝土塞的方向与剪应力方向正交，如图 1.9-12 (*d*) 所示，则可能有两种情况：如混凝土塞嵌入岩体不深，则能传的剪力仍为 fN；如果混凝土塞嵌入岩体较深，塞子两侧可传递压应力，则混凝土塞能传递的剪力为 $[\tau]A$，其中 $[\tau]$ 是混凝土的容许抗剪强度，A 是混凝土塞断面Ⅱ—Ⅱ的面积。后一种情况传递剪力的能力较前一种情况为大，但混凝土塞嵌入深度较大，以使两侧岩石能承受压应力。

1.9.6.2 软弱夹层处理

软弱夹层的厚度较薄，遇水易软化或泥化，使抗剪强度降低，不利于坝体的抗滑稳定，特别是连续、倾角小于 30°的软弱夹层，更为不利。

对埋藏较浅的软弱夹层，多用明挖置换的方法，将夹层挖除，回填混凝土。对埋藏较深的软弱夹层，应根据夹层的埋深、产状、厚度、充填物的性质，结合工程的具体情况采用不同的处理措施：①在坝踵部位做混凝土深齿墙，切断软弱夹层直达完整基岩，当夹层埋藏较浅时，此法施工方便，工程量不大，且有利于坝基防渗，使用得较多；②对埋藏较深、较厚、倾角平缓的软弱夹层，可在夹层内设置混凝土塞；③在坝趾处建混凝土深齿墙，切断软弱夹层直达完整基岩，以加大尾岩抗力，这种方法适用于在建坝过程中发现未预见到的软弱夹层或已建工程抗滑稳定的加固处理；④在坝趾下游侧岩体内设钢筋混凝土抗滑桩，切断软弱夹层直达完整基岩，由于抗滑桩的作用不十分明确，目前尚无成熟的计算方法；⑤在坝趾下游岩体内采用预应力锚索以加大岩体的抗力，由于锚固区固结灌浆影响坝基渗流，故应做好坝基排水。实践中常根据实际情况，在同一工程上采用几种不同的处理方法。

1.9.7 岩溶处理

在岩溶地区建坝，坝基内有溶沟、溶槽、溶缝、岩溶漏斗和落水洞等。它们会导致水库漏水和削弱坝基强度。为此，在坝址与水库地质勘探中，要查清岩溶的分布范围和分布规律，岩溶的大小和充填物的性质，还有地下水的流速等。

对岩溶强烈，岩体整体质量难以满足大坝承载力要求的，应予以挖除。对坝基面以下的岩溶，应根据其规模和分布部位，分析对大坝的影响，论证相应的处理措施。主要处理措施有明挖或洞挖开挖回填、混凝土塞、深层置换、固结灌浆和锚固支护等。

对坝基防渗而言，要在岩溶部位做防渗帷幕，可采用灌浆方法。如是溶缝，可用稠水泥浆或水泥砂浆灌成帷幕。如是溶洞、溶槽，且有地下水流动时，则灌入的浆液往往被流动的地下水所带动，不仅灌浆材料耗量过大，而且不易构成帷幕。为此，可先钻大孔把砾石和砂回填到溶洞和溶槽中，然后再钻灌浆孔，先用低压灌水泥浆，再逐步加大灌浆压力，采取高压灌浆的处理方法。高压灌浆的主要特点是不对裂隙和溶洞内的充填物进行冲洗，而是采用 4～6MPa 的灌浆压力，通过对充填物进行挤密、劈裂，用水泥浆对其进行切割包裹，形成水泥结石和黏土类充填物相互交叉的复合体，达到抵挡较高渗透水压力的防渗目的。在乌江渡坝基采用后证明是很有效的，后来在清江隔河岩、高坝洲、水布垭等工程中大量推广应用。

对贯穿水库与下游的溶洞应进行封堵结构设计。对于充填较密实的溶洞，主要防止蓄水后，在长期高水头作用下，充填物产生渗透破坏。有条件的可设置混凝土截水墙（防渗墙），也可以采取灌浆或其他方法形成幕体。具体位置以在帷幕线上与帷幕连成整体为宜。对于未充填、部分充填及充填物强度很低的岩溶管道，需要按照堵头的要求设置挡水结构。堵头材料根据其承受水头大小，可以用混凝土或浆砌块石。位置要位于帷幕线上，与帷幕连成整体。堵头结构型式以溶洞发育形态为基础适当开挖成形，最有利的形状是楔形，对特别不利于挡水的倒楔形，需要通过适当扩挖进行调整。直接挡水的堵头迎水面需要设置铜片止水，并做好回填灌浆，有条件的宜采用微膨胀混凝土。

堵头长度的确定，需综合考虑堵头本身的稳定和应力状况，以及洞周岩体的性质和抗渗性能。堵头长度 L 可按下式初步估算：

$$P = L\left(\frac{fA\gamma_b}{K_1} + \frac{S\lambda c'}{K_2}\right) \tag{1.9-4}$$

式中 P——设计水头的总推力；

K_1——摩擦力的安全系数，可取 1.05～1.15；

K_2——黏聚力的安全系数，一般应大于 4，建议用 4～6；

L、A、S——堵头长度、断面面积、断面周长；

γ_b——混凝土重度；

f——混凝土与岩石的摩擦系数；

λ——抗剪断面积有效系数，可取 0.7～0.75，主要考虑顶部接触不良、接缝灌浆效果不佳、接触面的处理清洗不良和混凝土收缩影响等因素；

c'——混凝土与岩石接触面的抗剪断黏聚力。

1.10 混凝土材料及坝体分区设计

1.10.1 混凝土材料的组成

1.10.1.1 混凝土原材料

重力坝混凝土材料由水泥、掺合料、外加剂、骨料和水等组成，在工程设计中需要对这些原材料的特性提出具体要求和应用原则。

1. 水泥

水位变化区的外部混凝土、有抗冲耐磨要求以及有抗冻要求的混凝土，要优先选用中热硅酸盐水泥、硅酸盐水泥或普通硅酸盐水泥。内部混凝土、位于水下的混凝土和基础混凝土，可选用中热或低热硅酸盐水泥、低热矿渣硅酸盐水泥、矿渣硅酸盐水泥、粉煤灰硅酸盐水泥和火山灰质硅酸盐水泥。

当环境水对混凝土有硫酸盐侵蚀时，要选用抗硫酸盐水泥。由于水泥强度等级愈高，抗冻性及耐磨性愈好，为了保证混凝土的耐久性，对于建筑物外部水位变化区、溢流面和经常受水流冲刷以及受冰冻作用的混凝土，其水泥强度等级不宜低于 42.5MPa。对于大型水利水电工程，优先考虑使用中热硅酸盐水泥或低热硅酸盐水泥。中热硅酸盐水泥的硅酸三钙的含量约在 50%左右，7d 龄期的水化热低于 293kJ/kg（标准规定）；低热硅酸盐水泥矿物组成的特点是硅酸二钙的含量大于 40%，7d 龄期的水化热低于 260kJ/kg（标准规定），实际水泥的水化热在 230kJ/kg 左右。中热和低热水泥的早期强度低，但后期强度增长率大，对降低混凝土的水化热温升的效果十分显著，有利于大体积混凝土温控防裂。

2. 掺合料

普遍选用粉煤灰作为大坝混凝土的主要掺合料，粉煤灰要优先选用火电厂燃煤高炉烟囱静电收集的细灰。由于粉煤灰品质不断提高，特别是Ⅰ级粉煤灰的大量生产，粉煤灰由过去一般作为混凝土填充料，变为如今作为混凝土功能材料使用。在重力坝混凝土中掺入粉煤灰可延长混凝土的凝结时间，改善和易性，有效降低水泥水化热和混凝土绝热温升，抑制碱活性骨料反应（碱硅反应）等。

矿渣粉用作掺合料，具有比粉煤灰更高的活性，而且品质和均匀性更易保证，可降低胶凝材料水化热，改善混凝土的某些性能。在混凝土中可同时掺用粉煤灰和矿渣粉。西南地区的少数工程远离火电厂，为解决运输问题，可就地选材代替粉煤灰，如漫湾工程利用当地凝灰岩经细磨后用作外掺料，大朝山工程采用凝灰岩粉和磷矿渣双掺料，都取得了较好的效果。

3. 外加剂

具有某些特殊功能的高效减水剂和引气剂等优质外加剂的广泛应用，不仅降低了混凝土的单位用水量，减少了水泥用量，降低了混凝土的温升，而且使混凝土的抗裂性和耐久性得以大幅度提高。从 20 世纪 50 年代的塑化剂和 70 年代后期的糖蜜类减水剂，近年来的萘系减水剂，到目前的第三代高效减水剂——羧酸系高效减水剂的应用，表明外加剂技术发展较快，对提高混凝土的强度、耐久性、工作度等起到了重要的作用。

外加剂的种类很多，重力坝混凝土多使用减水剂和引气剂。在混凝土中掺入减水剂，可以改变水泥浆体的流变性能，进而改变水泥及混凝土结构，起到改善混凝土性能的作用，在保持流动性及水胶比不变的条件下，可以减少用水量及水泥用量。混凝土中掺入引气剂，搅拌过程中能引入大量均匀分布的、稳定而封闭的微小气泡，能显著提高混凝土的抗渗性及抗冻性，气泡还可使混凝土弹性模量有所降低，有利于提高混凝土抗裂性能。为了减少水泥用量，改善混凝土的热学力学性能，特别是提高混凝土的抗裂性及耐久性，应选用优质高效减水剂和引气剂。

4. 混凝土骨料

混凝土应首选无碱活性的骨料。混凝土骨料的强度取决于其矿物组成、结构致密性、质地均匀性、物化性能稳定性，它们在很大程度上影响到混凝土的强度，优质骨料是配制优质混凝土的重要条件。骨料的强度一般都要高于混凝土的设计强度。配制水工混凝土的骨料所用岩石强度一般应不低于 20MPa，粗骨料与混凝土抗压强度比不应小于 1.5 倍。骨料石质坚硬密实、强度高、密度大、吸水率小，其坚固性就越好；骨料的石质结晶颗粒越粗大，结构越疏松，构造越不均匀，其坚固性就越差。对有抗冻要求的混凝土，骨料的坚固性要求小于 5%，如混凝土无抗冻要求，骨料的坚固性要求小于 12%。混凝土的线膨胀系数、比热和导热系数在很大程度上受到骨料的影响。当骨料与水泥浆的线膨胀系数之差超过 5.5×10^{-6}/℃时，混凝土抗冻性就会受到影响。不同岩性的骨料的线膨胀系数是不同的，用作混凝土骨料的大多数岩石的线膨胀系数为 $5.5\times10^{-6}\sim13\times10^{-6}$/℃，水泥浆的线膨胀系数为 $1.1\times10^{-5}\sim1.6\times10^{-5}$/℃。

重力坝大体积混凝土的骨料级配对水灰比及灰骨比有影响，关系到混凝土的和易性和经济性。良好的骨料级配，可使骨料间的空隙率和总表面积减少，降低混凝土用水量和水泥用量，改善拌和物和易性及抗离析性，提高混凝土强度和耐久性，且可获得良好的经济性。实际工程中用得较多的砂是粗砂、中砂、细砂。天然砂含泥量应不超过 3%；对于人工砂，一般采用中砂，细度模数宜在 2.2～3.0 范围内，以便减少混凝土用水量；人工砂石粉含量宜为 6%～18%。水工混凝土常根据骨料最大粒径的不同，分为二级配、三级配、四级配。粒径为 5～20mm 骨料的称为小石，粒径为 20～40mm 骨料的称为中石，粒径为 40～80mm 的骨料称为大石，粒径为 80～150（120）mm 骨料的称为特大石。重力坝大体积混凝土的粗骨料粒径配比一般采用四级配，最大粒径 150mm。对于闸墩等较薄的构件和坝体内钢筋较多的部位，粗骨料可用二级配，最大粒径为 40mm，水泥用量将因此而增加。

对于有碱活性的骨料，应进行碱—骨料反应抑制作用的研究。目前多项工程研究结果表明，通过采用低碱水泥（<0.6%）、控制混凝土中的总碱量（<2.5kg/m^3）和加大粉煤灰掺量（≥30%），可以有效地抑制碱—硅酸盐反应。

5. 拌和用水

符合国家标准的生活饮用水可用于拌制各种混凝土。

1.10.1.2　混凝土配合比

重力坝混凝土配合比设计中，除了要满足规定的强度、抗渗、抗冻、抗裂要求外，还要考虑混凝土施工机械（包括振捣器）的能力，使其具有较好的和易性。混凝土的强度主要取决于水泥的强度等级和水胶比，水泥的强度等级愈高，水胶比愈低，混凝土的强度就愈高。在混凝土施工中，要求拌和物的和易性好，和易性一般以坍落度表示。混凝土的用水量多，坍落度大，和易性就好。但用水量多，为保持一定的水胶比，胶凝材料（包括水泥）用量就需增加，而且干缩性也将增加。拌和物中掺加减水剂和引气剂等可增加拌和物的和易性，从而减少用水量，节省水泥。

要减少混凝土中的胶凝材料用量，必须要减少混凝土中的胶凝材料浆用量。较好的级配可以达到这一目的。首先粗骨料的级配要好，某一级骨料的空隙由下一级骨料来充填。粗骨料的空隙由细骨料来充填。细骨料的级配也必须要好，这样的混凝土最为密实，用的胶凝材料浆也最少。细骨料重量占粗、细骨料合重的比例称为砂率。要选择最优的砂率，即细骨料刚好能充填粗骨料的空隙。砂率过高，需要的胶凝材料浆就多，而且在振捣混凝土的拌和物时易出浆或泌水。砂率过低，则粗骨料间的空隙要由胶凝材料浆来充填，需要的胶凝材料浆也多，相应胶凝材料和水量也就多了。粗骨料的最大料径愈大，粗骨料间的空隙就愈少，需要的砂率也就愈低。选择混凝土的配合比，确定合适的砂率是很重要的，应进行试验优选。根据经验数据，二级配、三级配和四级配的大体积混凝土相应的砂率分别为 29%、25%和 21%。

选择混凝土配合比在设计重力坝中是十分重要的，必须做深入的试验研究，既要满足重力坝对混凝土各项设计参数的要求，又要力求经济合理和符合施工条件。

1.10.2　混凝土强度及混凝土强度代表值

大体积混凝土的强度特性是水工混凝土结构设计的基础数据。水利行业和电力行业的重力坝设计规范，分别采用安全系数设计方法和以可靠度理论为基础的分项系数极限状态设计方法，形成了相应的大体积混凝土强度和混凝土强度代表值取值体系。

1.10.2.1　安全系数设计方法用的混凝土强度体系和强度参数

水利行业《混凝土重力坝设计规范》（SL 319—2005）中，大坝混凝土强度用混凝土标号表示。混凝土标号定义为按标准方法制作、养护的边长为

150mm的立方体试件，在90d龄期用标准试验方法测得的具有80%保证率的抗压强度（以MPa计），用符号R表示。坝体大体积混凝土抗压强度是以其标号配一相对较大的安全系数来保证其安全度。混凝土强度设计代表值由下式计算：

$$R^b = u_R(1.0 - 0.842\delta_R) \qquad (1.10-1)$$

式中 R^b——混凝土强度设计代表值（标准值），MPa；

0.842——80%保证率的概率度系数；

u_R——边长150mm立方体标准试件90d龄期的抗压强度均值，MPa；

δ_R——边长150mm立方体标准试件90d龄期抗压强度变异系数。

根据全国28个大中型水利水电工程混凝土立方体试件抗压强度实测数据的统计分析求得的变异系数、混凝土标号和相应的混凝土抗压强度均值见表1.10-1。

表1.10-1　混凝土试件抗压强度统计参数

混凝土标号	R10	R15	R20	R25	R30
标准值 R^b（保证率80%）(MPa)	10	15	20	25	30
变异系数 δ_R	0.24	0.22	0.20	0.18	0.16
抗压强度均值 u_R（MPa）	12.53	18.40	24.04	29.45	34.66

1.10.2.2 分项系数极限状态设计方法的混凝土强度等级及混凝土强度标准值

国家标准规定的混凝土强度等级定义为：按照标准方法制作、养护的边长为150mm的立方体试件，在28d龄期用标准试验方法测得的具有95%保证率的抗压强度（以MPa计），用符号C表示。混凝土强度等级由下式计算：

$$f_c = u_{fcu}(1.0 - 1.645\delta_{fcu}) \qquad (1.10-2)$$

式中 1.645——95%保证率时的概率度系数；

f_c——混凝土强度等级；

u_{fcu}——边长为150mm立方体标准试件28d龄期抗压强度均值；

δ_{fcu}——边长为150mm立方体标准试件28d龄期抗压强度变异系数。

国家标准规定的混凝土强度等级标准，不直接用于重力坝混凝土的设计。在水电工程中，大体积混凝土的强度标准值定义为：按照标准方法制作、养护的边长为150mm的立方体试件，在设计龄期（比如90d）用标准试验方法测得的具有80%保证率的抗压强度（以MPa计），用符号$C_{龄期}$表示。重力坝混凝土的设计龄期一般采用90d，当常态混凝土重力坝施工期较长，经技术论证，设计龄期也可采用180d或更长。

大坝混凝土强度标准值见表1.10-2。

1.10.2.3 大体积混凝土强度的尺寸效应和骨料级配效应

重力坝坝体混凝土一般采用四级配，粗骨料的最大粒径达150mm。为节省试验费用、便于现场试验、质量检查和质量控制，设计和施工规范规定，在确定混凝土配合比及混凝土强度质量检验时均采用小尺寸标准试件，成型时采用湿筛法，将混凝土中的大骨料和特大骨料筛除。湿筛后试件配合比与坝体混凝土配合比已不同，试件中粗骨料减少、胶凝材料含量增加，配合比变化使标准试件测得的混凝土性能与坝体全级配混凝土性能有较大差异，即存在尺寸效应和骨料级配效应。

大体积混凝土强度的尺寸效应和骨料级配效应可以分为三种情况：试件尺寸效应、骨料级配效应、全级配效应（试件尺寸效应和骨料级配效应的联合效应）。试件尺寸效应是指混凝土在骨料尺寸、配合比和龄期相同的条件下，试件尺寸大小和形状对于混凝土抗压强度值的影响。中国水利水电科学研究院对于立方体试件尺寸效应的试验研究结果和美国混凝土学会（ACI）对于圆柱体试件尺寸效应的试验研究结果见表1.10-3。美国胡佛坝混凝土抗压强度尺寸效应的试验结果见表1.10-4。值得注意的是试件超过一定尺寸后，尺寸效应影响即行消失。根据美国内政部垦务局的研究结果，试件尺寸超过ϕ45cm×90cm，抗压强度值趋于稳定。

表1.10-2　大坝混凝土强度标准值

强度种类	$C_{dd}10$	$C_{dd}15$	$C_{dd}20$	$C_{dd}25$	$C_{dd}30$	$C_{dd}35$	$C_{dd}40$	$C_{dd}45$
轴心抗压强度标准值 f_{ck}（MPa）	6.7	10.0	13.4	16.7	20.1	23.4	26.8	29.6

注　1. dd为大坝混凝土设计龄期，采用90d或180d。

2. 大坝混凝土强度等级和标准值可内插使用。

表 1.10-3 不同尺寸试件的相对抗压强度

试件尺寸（cm）	15×15×15	20×20×20	30×30×30	ϕ15×30	ϕ30×60	ϕ45×90	ϕ90×180
相对抗压强度（%）	100	95	93	100	91	86	82

表 1.10-4 胡佛坝混凝土抗压强度试件尺寸效应（骨料最大粒径为 38mm）

试件尺寸 $\phi\times h$（cm）	7.56×15.2	15.2×30.4	20.1×40.2	30.4×60.8	45×90	60.8×121.6
相对抗压强度（%）	103	100	96	98	84	87

由表 1.10-3 和表 1.10-4 中的试验结果可以看出，相同骨料粒径及相同配合比的混凝土，其抗压强度随试件尺寸的增大而逐步降低。ϕ45cm×90cm 试件的混凝土抗压强度为 ϕ15cm×30cm 的试件抗压强度的 86%左右，对于边长 15cm×15cm×15cm 立方体试件强度，上述的强度数值却下降到 69%。根据二滩混凝土坝全级配大试件混凝土抗压强度的试验研究结果，ϕ45cm×90cm 试件全级配混凝土抗压强度为 15cm×15cm×15cm 立方体试件抗压强度的 0.52～0.56 倍。换言之，对于边长为 15cm 立方体试件，抗压强度的尺寸效应为 0.68 倍，而粗骨料级配效应及尺寸效应为边长 15cm 立方体试件的 0.52～0.56 倍。经分析可以得出骨料级配效应的抗压强度比为 0.76～0.83 倍。由此可见，按照已有的试验成果，重力坝坝体混凝土的实际抗压强度仅为边长 15cm 立方体标准试件抗压强度的 0.52～0.56 倍。

1.10.3 坝体混凝土的分区

1.10.3.1 坝体分区的设计原则

坝体混凝土材料分区的影响因素除考虑满足设计上对强度的要求外，还应根据大坝的工作条件、地区气候等具体情况，分别满足耐久性（包括抗渗、抗冻、抗冲耐磨和抗侵蚀）和浇筑时良好的和易性以及低热性等方面的要求。

坝体分区的主要设计原则如下：

（1）在考虑坝体各部位工作条件和应力状态，合理利用混凝土性能的基础上，尽量减少混凝土分区的数量，同一浇筑仓面的混凝土材料最好采用同一种强度等级或不超过两种。

（2）具有相同或近似工作条件的混凝土尽量采用同一种材料指标，如泄洪表孔、泄洪中孔、冲沙孔及导流底孔周边，中表孔隔墙等均可采用同一种混凝土。

（3）便于施工，同时又便于质量控制。

1.10.3.2 坝体材料分区的主要特性

1. 坝体材料分区

混凝土坝根据不同部位和不同工作条件，材料分区一般分为：上、下游水位以上坝体外部表面混凝土；上、下游水位变化区的坝体外部表面混凝土；上、下游最低水位以下坝体外部表面混凝土；坝体基础混凝土；坝体内部混凝土；抗冲刷部位混凝土（如溢流面、泄水孔、导墙和闸墩等）；结构混凝土等。大坝混凝土分区如图 1.10-1 所示，混凝土分区的尺寸一般外部混凝土各区厚度最小为 2～3m，基础混凝土厚度一般为 0.1L（L 为坝体底部边长），并且不小于 3m。

2. 大坝混凝土分区特性要求

大坝混凝土分区特性要求及考虑的主要因素见表 1.10-5。

表 1.10-5 大坝混凝土分区特性要求及主要因素

分区	强度	抗渗	抗冻	抗冲刷	抗侵蚀	低热	最大水灰比	选择各分区的主要因素
Ⅰ	+	−	＋＋	−	−	+	+	抗冻
Ⅱ	+	+	＋＋	−	+	+	+	抗冻、抗裂
Ⅲ	＋＋	＋＋	+	−	+	+	+	抗渗、抗裂
Ⅳ	＋＋	+	+	−	+	＋＋	+	抗裂
Ⅴ	＋＋	+	+	−	−	＋＋	+	
Ⅵ	＋＋	−	＋＋	＋＋	＋＋	+	+	抗冲耐磨

注 表中有“＋＋”的项目为选择各区混凝土等级的主要控制因素，有“＋”的项目为需要提出要求的，有“－”的项目为不需提出要求的。

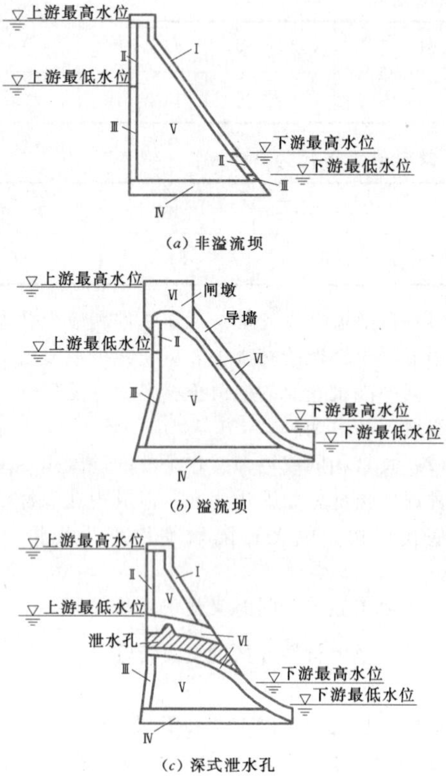

图 1.10-1 重力坝坝体混凝土分区示意图

Ⅰ区—上、下游水位以上坝体外部表面混凝土；Ⅱ区—上、下游水位变化区的坝体外部表面混凝土；Ⅲ区—上、下游最低水位以下坝体外部表面混凝土；Ⅳ区—坝体基础混凝土；Ⅴ区—坝体内部混凝土；Ⅵ区—抗冲刷部位（如溢流面、泄水孔、导墙和闸墩等）的混凝土

3. 大坝混凝土强度及设计龄期

（1）大坝混凝土强度的确定。混凝土的强度包括抗拉强度、抗压强度、抗剪强度等重要的设计指标。重力坝大体积混凝土抗压强度标准值（标号）应根据坝体应力、施工进度、混凝土龄期和安全系数确定。坝体混凝土抗压安全系数，基本组合不应小于 4.0，特殊组合（不含地震情况）不应小于 3.5；当局部混凝土有抗拉要求时，抗拉安全系数不应小于 4.0；在地震情况下，混凝土容许压应力的采用值可比正常情况提高 30%；采用拟静力法计算的抗拉安全系数应不小于 2.0。

（2）大坝混凝土设计龄期的确定。混凝土的强度随着龄期增长，在规定强度等级时应同时规定设计龄期。重力坝大体积混凝土的抗压强度设计龄期为 90d，一般不超过 180d，此外还规定 28d 龄期时的抗压强度不低于 7.5MPa，作为对早期强度的控制。抗拉强度设计龄期采用 28d，一般不采用后期强度。随着粉煤灰等混合料和外加剂应用的日益广泛，特别是粉煤灰等混合料的掺量加大，为充分利用混凝土的后期强度，降低水泥用量，倾向于采用较长龄期作为抗压强度的设计标准。虽然《混凝土重力坝设计规范》规定抗压强度用 90d 龄期，抗渗标号用 28d 龄期，但与国外相比有一定差异。抗压强度龄期有可能研究采用 180d 或更长龄期。目前已有部分重力坝工程大坝混凝土开始研究和采用 180d 的设计龄期。我国乌江渡工程大坝混凝土有长达 10 年的测试成果，从中可以看出，混凝土的强度随龄期一直增长：28d 强度值为 1.0，到 90d 时，强度增长到 1.171～1.332；到 180d 时，强度增长到 1.274～1.468；到 5 年时，强度增长到 1.534～1.823；到 14 年时强度增长到 1.847～2.192。考虑混凝土大坝施工期一般长达数年，采用后期强度进行大坝混凝土设计是可行的。

1.10.4 坝体混凝土的性能

1.10.4.1 混凝土抗压强度和抗拉强度

抗压强度是混凝土的重要技术指标，它与混凝土其他性能有密切关系。影响混凝土抗压强度的因素主要有以下几个：

（1）水灰（胶）比。水灰（胶）比是混凝土强度的决定性因素，水灰（胶）比增大，混凝土强度降低。大坝混凝土在周围的自然环境和使用条件下，还必须具有耐久性。耐久性包括抗渗性、抗冻性、抗磨性、抗侵蚀性以及抗风化性等。水灰（胶）比也是影响大坝混凝土耐久性的一个重要指标，应根据不同分区和外部环境确定。大坝混凝土最大水灰（胶）比见表 1.10-6。

表 1.10-6 大坝混凝土最大水灰(胶) 比

气候分区	大坝混凝土分区					
	Ⅰ	Ⅱ	Ⅲ	Ⅳ	Ⅴ	Ⅵ
严寒和寒冷地区	0.55	0.45	0.50	0.50	0.65	0.45
温和地区	0.60	0.50	0.55	0.55	0.65	0.45

注 在环境水有侵蚀性的情况下，应选择抗侵蚀性较好的水泥，外部水位变化区及水下混凝土的水灰比应较表中减少 0.05。

（2）水泥品种与混凝土强度。在常温下，硅酸盐水泥、普通硅酸盐水泥、中热硅酸盐水泥比矿渣硅酸盐水泥、粉煤灰硅酸盐水泥、火山灰硅酸盐水泥的水化要快，强度发展也快。在水灰比相同的条件下，用前三种水泥配制的混凝土的早期强度比用后三种水泥配制的混凝土的早期强度高，但其 28d 龄期的强度和 90d 龄期的强度则基本相同。一般情况下，混凝土的破坏主要发生在水泥石与骨料的界面上以及水泥石中。而水泥石的强度及水泥石与骨料的界面黏结强度，在水灰比相同时，主要取决于水泥的强度等级，因此，用强度等级高的水泥配制的混凝土的强度也高。

（3）骨料种类及级配。混凝土的强度是由水泥石的强度、水泥石与骨料的界面黏结强度和骨料强度所决定的。常用的粗骨料如卵石或碎石可满足普通混凝土对强度的要求。对普通混凝土来说，骨料强度并非越高越好，但对高强度等级的混凝土，则应采用强度高的骨料。混凝土在单向受压荷载作用下，当荷载达到50%～70%时，在内部开始出现垂直裂缝，裂缝形成时的应力大多取决于骨料的性质。用表面光滑的卵石配制的混凝土的开裂应力比用较粗糙多棱角的碎石配制的混凝土的低，在同等条件下，一般碎石混凝土比卵石混凝土的强度高。针片状骨料比表面积和空隙率较大，和易性较差，容易在颗粒下面形成空穴，以及由泌水形成水隙，对混凝土强度造成不利影响。骨料级配良好、砂率适当时，由于组成了密实的骨架，亦能使混凝土获得较高的强度。此外，骨料吸水率较大，有害杂质过多且品质低劣时，将降低混凝土的强度。

（4）养护条件与龄期。在养护期内必须保持混凝土的饱水状态或接近于饱水状态。养护温度对混凝土强度的发展有很大的影响，养护温度高时，混凝土的强度也高。在正常养护条件下，混凝土的强度在早期发展较快，后期发展逐渐放慢。如果能长期保持适当的温度和湿度，混凝土的强度增长可以持续数十年之久。混凝土的强度随龄期的延长而增大，但增长率随水泥品种及养护温度、掺合料品种及掺量的不同而不同。一般来说，硅酸盐水泥的早期强度增长率大，后期强度增长率小，矿渣硅酸盐水泥的早期强度增长率小，后期强度增长率大。掺粉煤灰混凝土的早期强度增长率小，后期强度增长率大，且粉煤灰掺量越大，早期的强度越低，后期强度增长率越大。

（5）外加剂。外加剂可显著改善新拌混凝土的工作性能，提高混凝土的强度。一般来说，早强剂可以提高混凝土的早期强度，但会降低混凝土的后期强度。相反，缓凝剂由于缓凝作用会降低混凝土的早期强度，但可能会提高混凝土的后期强度。减水剂能降低混凝土的用水量，在水泥用量不变的条件下，可以降低水灰比，提高混凝土各龄期的强度。掺引气剂可减少混凝土的用水量，如保持水灰比不变，则可节约水泥用量，但掺引气剂增加了混凝土的空隙体积，会降低混凝土的强度，一般混凝土的含气量每增加1%，强度下降约5%。

（6）含水状态与温度。混凝土试件在干燥后再进行试验，抗压强度要增大。对水灰比大而空隙水多的水泥浆来说，干燥的影响是很大的。在干燥温度高时，结合水也要消失一部分，以致由于干燥的影响，强度增长就要减少。已经干燥的试件，由于内部及表面产生裂缝，如再浸入水中，则强度比干燥以前更小。试验温度在2～40℃时，一般对混凝土的强度影响较小。但到了0℃以下，混凝土冻结时，内部的裂隙和空隙被冰填充，表观强度增大。特别是早龄期处在湿润状态时，强度增加显著。

（7）试件尺寸与形状。混凝土的抗压强度随试件尺寸的增大而降低。

同抗压强度相比，混凝土的抗拉强度比较低。混凝土的拉压比变化范围大约是1/10～1/16，或者是6%～10%。强度低的混凝土，拉压比的值相对较大，强度高的混凝土，拉压比的值相对较小。轴拉强度一般低于劈拉强度。

1.10.4.2 混凝土弹性模量

混凝土抗压弹性模量的数值与抗拉弹性模量的数值基本相当，后者略大。混凝土强度、龄期、骨料的性质和形态、养护温度等对混凝土的弹性模量有影响。一般混凝土强度越高，弹性模量越大；混凝土的弹性模量随养护温度的提高和龄期的延长而增大；骨料弹性模量越高，其混凝土的弹性模量越大。

1. 混凝土弹性模量与龄期的关系

可用双曲线经验公式或指数曲线经验公式进行拟合：

$$E=\frac{E_0 t}{a+t} \tag{1.10-3}$$

$$E=E_0(1-\beta e^{-rt}) \tag{1.10-4}$$

式中 E——弹性模量，GPa；

E_0——最终弹性模量，GPa；

t——龄期，d；

a、β、r——常数。

2. 混凝土弹性模量与混凝土强度的关系

混凝土的弹性模量与抗压强度之间的关系，近似地用下式表示：

$$E_h=\frac{10^5}{2.2+\dfrac{34.7}{f_c}} \tag{1.10-5}$$

式中 E_h——混凝土的弹性模量，MPa；

f_c——混凝土28d龄期的立方体抗压强度，MPa。

3. 动弹性模量

用动力学方法（共振法、超声法）在很小的应力状态与周期性交变的动荷载下测定的弹性模量称为动弹性模量。由于试件受振动时承受的应力极小，所以动弹性模量几乎完全是弹性的。它近似地等于用静力测定的初始切线弹性模量，比割线弹性模量高。动弹性模量可用超声振动下波的脉冲传播速度来测定，脉冲速度与动弹性模量的关系式为

$$E_d = \rho v^2 \frac{(1+\mu)(1-2\mu)}{1-\mu} \qquad (1.10-6)$$

式中 ρ——混凝土的密度；

v——脉冲速度；

μ——泊松比。

1.10.4.3 混凝土极限拉伸值

国内外测定混凝土极限拉伸值尚无统一的试验方法，有的用轴心受拉试件进行测定，有的用小梁弯曲的方法进行测定。用不同的测定方法，极限拉伸值可能相差很大。我国目前大都以轴心受拉试件断裂时测得的极限应变值代表混凝土的变形能力。目前尚未找到提高混凝土极限拉伸值的经济有效的途径。混凝土极限拉伸值的一般特性有：①强度等级高的水泥配制的混凝土的极限拉伸值较大；②水灰比小的混凝土，强度等级高，极限拉伸值也大；③采用弹性模量低、黏结力好的骨料配制的混凝土的极限拉伸值大，人工骨料混凝土比天然骨料混凝土的极限拉伸值大，灰岩骨料混凝土比花岗岩骨料混凝土的极限拉伸值大；④掺入适量的优质粉煤灰、磷渣或矿渣粉，水灰比随之减小，可提高混凝土的极限拉伸值；⑤极限拉伸值随龄期的增长而增大，但在28d龄期以前增长较快，28d龄期以后增长较小。

1.10.4.4 混凝土抗渗性

1. 混凝土抗渗性指标

抗渗性是混凝土耐久性的重要指标，它是指混凝土抵抗压力水渗透作用的能力，抗渗性好的混凝土抵抗环境介质侵蚀的能力较强。评定混凝土抗渗性有两种方法和指标，即抗渗等级法和渗透系数法。两者的关系见表1.10-7。抗渗等级（标号）可根据作用水头与抗渗混凝土层厚度的比值，即渗透坡降的大小确定。

2. 影响混凝土抗渗性的主要因素

（1）水灰比。水灰比越大，混凝土的抗渗性也就越差。当水灰比超过0.50～0.60时，混凝土的抗渗等级随水灰比的增加急剧降低，其近似关系见表1.10-8。混凝土的抗渗性随骨料最大粒径的增加而降低。

表1.10-7 混凝土抗渗等级和渗透系数的关系

抗渗等级	W1	W2	W4	W6	W8	W10	W12	W16	W30
渗透系数（10^{-8}cm/s）	3.91	1.96	0.783	0.419	0.261	0.177	0.129	0.0767	0.0236
水力坡降 i			$i<10$	$10\leqslant i<30$	$30\leqslant i<50$	$i\geqslant 50$			
部位最小容许值		坝体内部	坝体其他部位按水力坡降考虑						

注 1. 承受侵蚀水作用的建筑物，其抗渗等级应进行专门的试验研究，但不得低于W4。
2. 混凝土的抗渗等级应按《水工混凝土试验规程》（DL/T 5150—2001）或《水工混凝土试验规程》（SL 352—2006）规定的试验方法确定。根据坝体承受水压力作用的时间也可采用90d龄期的试件测定抗渗等级。

表1.10-8 混凝土抗渗等级与水灰比的近似关系

水 灰 比	0.50～0.55	0.55～0.60	0.60～0.65	0.65～0.75
估计28d龄期可能达到的抗渗等级	W8	W6	W4	W2

（2）引气剂。掺引气剂能增加混凝土的和易性，减少泌水以及形成不连通的孔隙，一般能提高混凝土的抗渗性。在其他条件不变时，混凝土含气量越大，抗渗性就越好。掺入优质粉煤灰可以降低混凝土的单位用水量，提高混凝土拌和物的和易性，细化混凝土的孔结构，提高混凝土的密实性，从而提高混凝土的抗渗性。当然，粉煤灰的掺量也应有一个合适的范围，粉煤灰掺量过大，反而会降低混凝土的抗渗性。

（3）养护。潮湿养护有利于水泥水化产物的生长，可以减少水泥石的孔隙体积，提高混凝土的抗渗性。延长混凝土的养护龄期可以提高混凝土的抗渗性，特别是早龄期阶段的养护，对提高混凝土的抗渗性特别有效。

1.10.4.5 混凝土抗冻性

1. 混凝土抗冻性指标

混凝土抗冻性是评价混凝土耐久性的一个参数和指标。抗冻性好的混凝土，对于抵抗温度变化、干湿变化等风化作用的能力也较强，因此，处于温暖地区的工程，为了使其具有一定的抗风化能力，也应提出一定的抗冻性要求。混凝土的抗冻性能用抗冻等级表示，大坝混凝土抗冻等级要求见表1.10-9。

表 1.10-9　　大坝混凝土抗冻等级

气候分区	严寒		寒冷		温和
年冻融循环次数（次）	≥100	<100	≥100	<100	
（1）受冻严重且难于检修的部位 流速大于25m/s、过水、多沙或多推移质过坝的溢流坝；深孔的过水面及二期混凝土	F300	F300	F300	F200	F100
（2）受冻严重但有检修条件的部位 混凝土重力坝上游冬季水位变化区；流速小于25m/s的溢流坝；泄水孔的过水面	F300	F200	F200	F150	F50
（3）受冻较重的部位 混凝土重力坝外露阴面部位	F200	F200	F150	F150	F50
（4）受冻较轻的部位 混凝土重力坝外露阳面部位	F200	F150	F100	F100	F50
（5）混凝土重力坝的水下部位、施工期可能受冻的部位或内部混凝土	F50	F50	F50	F50	F50

注　1. 混凝土的抗冻等级应按《水工混凝土试验规程》（DL/T 5150—2001）或《水工混凝土试验规程》（SL 352—2006）规定的快冻试验方法确定，也可采用90d龄期的试件测定。
2. 气候分区按最冷月平均气温作如下划分：严寒：最冷月平均气温不高于－10℃；寒冷：最冷月平均气温不低于－10℃；温和：最冷月平均气温高于3℃。
3. 年冻融循环次数分别按一年内气温从3℃以上降至－3℃以下，然后回升至3℃以上的交替次数，或一年中月平均气温低于－3℃的期间内设计预定水位的涨落次数统计，并取其中的最大值。
4. 冬季水位变化区指运行期内可能遇到的冬季最低水位以下0.5～1.0m，冬季最高水位以上1.0m（阳面）、2.0m（阴面）、4.0m（尾水区）。
5. 阳面系指冬季大多为晴天，平均每天有4h阳光照射，不受山体或建筑物遮挡的表面，否则均按阴面考虑。
6. 最冷月平均气温低于－25℃地区的混凝土抗冻等级宜根据具体情况研究确定。
7. 抗冻混凝土必须掺加引气剂，其水泥、引气剂、外加剂的品种和数量、水灰比、配合比及含气量应通过试验确定。

2. 影响混凝土抗冻性的主要因素

混凝土的抗冻融性取决于渗透性、浆体水饱和程度、可冻结水的数量、冰冻的速率以及浆体中任何一点到达冰点时，能安全地形成自由表面间的平均最大距离。为了提高混凝土的抗冻性，降低混凝土中毛细管孔隙率，减少混凝土用水量，降低水灰（胶）比，采用高效减水剂和固体减水剂（如Ⅰ级粉煤灰）都是有效的措施。

引气剂的采用大大改善了混凝土的抗冻性。最佳抗冻性所要求的含气量约为砂浆所占体积的9%，以混凝土体积计的含气量则应在4%～7%的范围内，取决于粗骨料的最大粒径。

1.10.4.6 混凝土热学性能

1. 绝热温升

混凝土的绝热温升是指混凝土在绝热条件下，由水泥水化热引起的混凝土的温度升高值。影响混凝土绝热温升的主要因素：①混凝土中的水泥用量越多，绝热温升越大；②水泥中混合材掺量越大，水化热降低越多，在混凝土中掺入粉煤灰等掺合料，减少了水泥用量，可降低混凝土的绝热温升。

2. 比热

混凝土密度降低，水灰比大，水泥用量多，温度提高，比热增大；骨料的岩性对混凝土比热影响较小。

3. 导温系数

混凝土导温系数因骨料种类和用量不同而变化。导温系数随骨料岩石种类而增加的次序为玄武岩、流纹岩、花岗岩、石灰岩、白云岩和石英岩，并且随骨料用量的增多而加大。由于有的骨料可能不是由单一种类岩石组成的，因而对导温系数影响较大。混凝土含气量也是影响导温系数的因素之一，含气使混凝土导温系数降低。

4. 导热系数

影响导热系数的主要因素有骨料的种类与用量、拌和物中的含水量和含气量。一般拌和物中含水量越低，硬化混凝土导热系数越高，水的导热系数是水泥浆的50%［水泥浆导热系数为4.3kJ/（m·h·℃）］；含气量高的混凝土导热系数低于含气量少的混凝土，因为空气的导热系数低。

5. 热膨胀系数

热膨胀系数又称为线膨胀系数，与混凝土的配合比及温度变化时的湿度状态有关。混凝土在空气中养护时的热膨胀系数大于水中养护以及空气与湿气联合养护的热膨胀系数。骨料热膨胀系数大，其配制的混凝土热膨胀系数亦大。

表 1.10-10 给出了几个工程的混凝土热学性能参数。

1.10.5 工程实例

三峡工程混凝土重力坝材料分区及主要性能指标见表 1.10-11。

表 1.10-10 几个工程的混凝土热学性能

工程名称	水胶比	粉煤灰 (%)	导温系数 ($10^{-3}m^2/h$)	导热系数 [kJ/(m·h·℃)]	比热 [kJ/(kg·℃)]	热膨胀系数 (10^{-6}/℃)	最大绝热温升 (℃)
三峡（花岗岩）	0.55	35	3.15	9.46	0.960	8.80	19.60
三峡（花岗岩）	0.50	20	3.23	9.46	1.013	8.80	24.20
向家坝（灰岩）	0.55	40	2.88	7.33	0.929	5.46	26.25
向家坝（砂岩）	0.55	40	3.87	8.17	0.938	10.28	25.06
五强溪（石英岩）	0.55	30	4.16	10.05	1.005	10.00	24.35
龙滩（灰岩）	0.44	32	3.07	8.77	0.967	4.62	23.30

表 1.10-11 三峡工程二期大坝混凝土标号及主要设计指标

序号	混凝土标号	级配	抗冻标号	抗渗标号	极限拉伸值(10^{-4})		限制最大水胶比	水泥品种	最大粉煤灰掺量 (%)	使用部位
					28d	90d				
1	R_{90}200	三	F150	W10	≥0.80	≥0.85	0.55～0.50	中热 52.5	30～35	基岩面 2m 范围内
2	R_{90}200	四	F150	W10	≥0.80	≥0.85	0.55～0.50	低热 42.5	10～15	基础约束区
								中热 52.5	30～35	
3	R_{90}150	四	F100	W8	≥0.70	≥0.75	0.55～0.50	低热 42.5	20	内部
								中热 52.5	40～45	
4	R_{90}200	三、四	F250	W10	≥0.80	≥0.85	0.50	中热 52.5	25～30	水上、水下外部
5	R_{90}250	三、四	F250	W10	≥0.80	≥0.85	0.45	中热 52.5	20～30	水位变化区外部、公路桥墩
6	R_{90}300	二、三	F250	W10	≥0.80	≥0.85	0.45	中热 52.5	20	孔口周边、胸墙、表孔、排漂孔隔墩、牛腿
7	R_{28}350	二	F250	W10			0.35	中热 52.5	20	弧门支承牛腿混凝土
8	R_{28}300	二、三	F250	W10	≥0.85		0.40	中热 42.5	20	底孔、深孔等部位二期及钢管外包混凝土
9	R_{28}250	二、三	F250	W10	≥0.85		0.45	中热 42.5	20	导流底孔回填迎水面外部①

续表

序号	混凝土标号	级配	抗冻标号	抗渗标号	极限拉伸值(10^{-4})		限制最大水胶比	水泥品种	最大粉煤灰掺量(%)	使用部位
					28d	90d				
10	$R_{28}200$	二、三	F150	W10	≥0.80		0.50	低热42.5	10～15	导流底孔回填内部①
								中热52.5	30～35	
11	$R_{28}400$	二	F250	W10			0.30	中热52.5	10～20	大坝抗冲磨部位②
12	$R_{90}150$	三	F100	W6	≥0.60	≥0.65	0.50	中热52.5	50	左导墙碾压混凝土
13	$R_{90}200$	三	F150	W8	≥0.70	≥0.75	0.50	中热52.5	40	右导墙碾压混凝土

注 三期工程大坝混凝土设计指标，对基础约束区和外部混凝土，极限拉伸值调整为28d、90d分别不小于0.85×10^{-4}、0.88×10^{-4}；内部混凝土限制最大水胶比调整为0.6；压力钢管外包混凝土调整为$R_{28}250$；限制最大水胶比0.5；其余均与二期大坝混凝土相同。由于强度单位分别为kg/cm^2和MPa，$R_{90}100$等同R10，其余类推。

① 该部位为泵浇混凝土。

② 该部位的混凝土具有抗冲磨性。

1.11 坝体构造设计

1.11.1 坝顶构造

坝顶一般作为工作道路和交通道路用。坝顶道路宽度应满足运行和交通的需要。考虑到重要大坝工程的安全，坝顶道路一般不作为公共交通用，这样工作道路和交通道路可以结合使用，以减小坝顶宽度。坝顶上游侧设防浪墙，下游侧设防护栏杆，并设有人行道。人行道一般高出坝顶路面20～30cm。坝顶路面应有适当的横向坡度，如2‰，倾向上游，有排水管通至水库。排水管出口最好在正常蓄水位以下，以免坝面被排水污染。

坝顶上游防浪墙顶的高程应高于波浪顶高程。防浪墙一般高1.2m，为钢筋混凝土结构，底部固支在坝顶，墙身应有足够的强度以抵抗波浪与漂浮物的冲击。防浪墙在坝体横缝处也应设置伸缩缝，缝中设一道止水。坝顶下游侧钢管栏杆一般高1.2m，在坝体横缝处设置伸缩节。如坝顶承受较大的冰压力，应校核坝顶强度，必要时应加宽坝顶。但在地震区不宜加宽坝顶，可用钢筋加固。

溢流坝坝顶的工作桥和交通桥应尽量结合使用，工作桥的高度要满足工作闸门与检修闸门启闭的需要。对于平面闸门，一般用门架式启闭机操作，可将闸门提出桥面，因而工作桥桥面的高程可与非溢流坝坝顶齐平，如图1.11-1 (*a*)、(*d*) 所示；如不用门架式启闭机而用卷扬式启闭机，为了将闸门提出溢流水面，则需要将工作桥抬高，或在闸墩上加做安装启闭机的墩台，以便闸门启闭。对于弧形闸门，如坝顶在正常蓄水位以上的超高较大，工作桥桥面也可与非溢流坝坝顶齐平，有时也可在工作桥桥面留一缺口，以便弧形闸门穿过缺口上升，如图1.11-1 (*b*)、(*e*) 所示。必要时也可将工作桥抬高，如图1.11-1 (*c*) 所示。交通桥高程应与非溢流坝坝顶齐平，在平面上应与两侧非溢流坝坝顶道路平顺地连接，且两者的上游坝面最好是在同一平面内。必要时可在溢流坝顶与非溢流坝顶连接部位做过渡的桥梁道路。此外，工作桥和交通桥最好在同一高程，便于使用，又较美观。总之，在布置坝顶工作桥和交通桥时，对几方面的要求都要尽量满足，往往使布置工作较为复杂。一般情况下，溢流坝闸墩的上游端与溢流坝顶上游面齐平。如图1.11-1 (*a*)、(*b*)、(*d*) 所示。但有时为了满足各方面的要求，也可把闸墩上游端突出于溢流坝顶的上游面，如图1.11-1 (*c*)、(*e*) 所示。工作桥和交

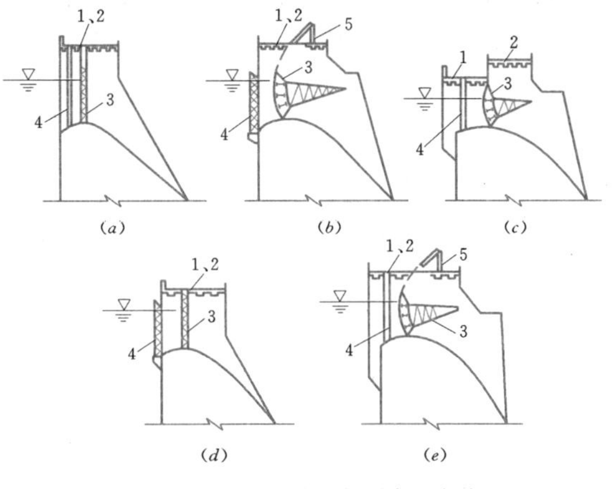

图 1.11-1 溢流坝坝顶布置方式

1—交通桥；2—工作桥，启闭闸门设备置于其上；3—工作闸门；4—检修闸门；5—高压油压启闭机

通桥宜采用预制装配式钢筋混凝土结构。桥梁一端为铰支，一端为辊支，以利于适应温度伸缩。桥梁下应有足够的净空，以便闸门开启。在地震区，为了减轻坝顶部分的重量，工作桥、交通桥可采用钢结构桥梁。

非溢流坝为了得到坝顶道路需要的宽度，可在上、下游两侧做悬臂梁或在坝顶下游侧修建拱桥（见图1.11-2）。在地震区，要加强工作桥和交通桥与闸墩的连接，以增强闸墩的侧向刚度，此时桥梁内将有较大的温度应力。坝顶道路应有照明设施，一般用电灯杆；也可用脚灯，设在防浪墙的下部。溢流坝顶应另设专用的探照灯以增加亮度，供夜间运行闸门时使用。

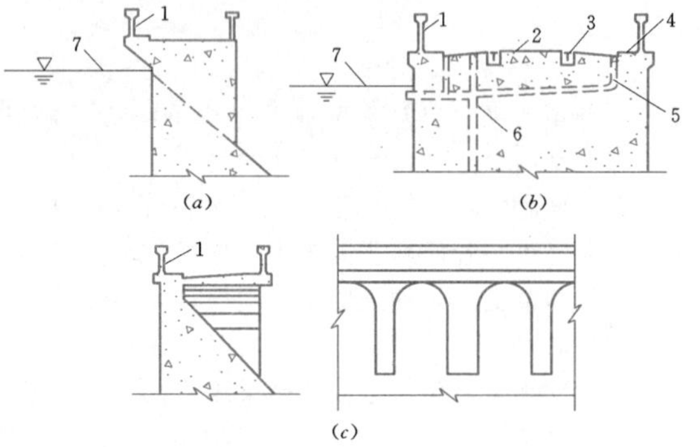

图1.11-2　坝顶结构布置

1—防浪墙；2—公路；3—起重机轨道；4—人行道；5—坝顶排水管；6—坝体排水管；7—最高水位

1.11.2　坝内廊道和通道

重力坝中设置廊道和通道是为了满足下列需要：①进行地基帷幕灌浆及在运行期必要时对帷幕进行补强灌浆；②设置坝基排水孔和在运行期对排水孔进行检修；③集中与排除坝体和地基的渗水，以及对坝体排水管进行检修；④施工中对坝体进行冷却和纵缝、横缝灌浆；⑤运输、安装与运行深式泄水孔闸门和启闭机；⑥设置排水集水井，运输和运行水泵和电动机；⑦对坝体运行情况进行检查，设置各种观测设备，并进行观测；⑧坝内交通、运输；⑨坝内通风；⑩设置各种动力和照明电缆。

在重力坝坝体内设置廊道和通道会削弱坝体的强度，而且给施工带来不便。所以在满足运行和施工要求的前提下，应尽可能减少廊道和通道的数目和尺寸，使一个廊道或通道有多种用途。

1.11.2.1　廊道和通道的布置

重力坝宜设置基础灌浆廊道，一般位于坝踵附近离上游坝面约1/15～1/10倍坝面上的作用水头处，以满足渗径的要求。廊道底到岩基的混凝土厚度约为3～8m，以承受灌浆压力。基础灌浆廊道一般同时用来设置主排水孔幕。廊道底板纵向坡度应平顺，以便钻机移动。在两岸岸坡坝段，基础灌浆廊道的纵向坡度一般近似地平行于开挖后的坝基面，但宜缓于45°，并设置扶手。坡度较陡的长廊道，应分段设置安全平台，安全平台间高差一般为15～20m，以便行人休息。当岸坡坝基纵向坡度陡于45°时，可做成竖井，竖井间设平台，平台间高差一般为15～20m，帷幕灌浆和排水孔幕在竖井内进行作业。也可在岸坡岩体内开挖帷幕灌浆隧洞，应与基础灌浆廊道或竖井连接，使防渗帷幕成为整体。

在基础灌浆廊道的最低部位设置集水井，如坝体很长，可加设集水井，以收集从岩基和坝体排出的渗水。集水井的尺寸视估计的渗流量而定，一般宽4m、长4m、深4m。集水井上设水泵房，水泵最少要有两台，互为备用，并需有备用电源；集水由水泵抽排，经排水管至下游坝外。如基础灌浆廊道高于下游最高水位，则渗水可通过水管或横向廊道自流排到下游坝外。在岸坡坝段，渗水可从基础灌浆廊道分几个高程经水管或横向廊道自流排到下游坝外。

高、中坝或对坝基采用抽排措施时，设置有辅助排水孔。为此，要设置纵向（横河向）基础排水廊道，并用横向基础排水廊道与靠近上游坝面的基础灌浆廊道相连。当岸坡较陡时，为了钻辅助排水孔，有时需设置排水竖井。这些基础排水廊道的底高程最好能使排出的渗水自流排到基础灌浆廊道的集水井内，以便工作人员可进入基础排水廊道检修排水孔。如这些廊道紧靠基岩面，则廊道底也应铺筑混凝土板，以便工作人员在其内工作。

重力坝坝体内还应设纵向检查和排水廊道，同时可用作观测廊道。纵向廊道每隔约30m高差设置一层。纵向廊道离上游坝面的距离约为1/15～1/10倍坝面上的作用水头，最小不少于3m。如纵向廊道与泄水孔或导流底孔在不同高程上相交叉时，上下相距的距离不宜小于3～5m，通过应力分析确定，以防止混凝土开裂贯通。坝内如有泄水孔闸门启闭机室时，要有纵向廊道通至闸门启闭机室，作为交通运输通道。闸门启闭机室的尺寸视启闭机尺寸和闸门开启的空间要求而定。

坝体内的各层纵向廊道都要有靠近岸坡的横向廊道作为交通廊道，通至坝下游岸坡，与岸坡上的人行道相连接。一条纵向廊道至少有两个对外横向交通廊道。在下游最高水位以下的纵向廊道和基础灌浆廊道不设横向交通廊道，而用竖井或倾斜纵向廊道与其上的纵向廊道相通；如设横向交通廊道，则进出口处应设挡水门。

在坝顶附近设纵向观测廊道，以量测坝顶位移和沉降等。在寒冷地区，观测廊道离坝顶应保持足够的距离，以免顶部混凝土冻裂。坝内其他廊道也都可兼作观测用。在高坝内常设2～3个垂线井，以观测坝体各高程的位移，从坝顶观测廊道直到岩基垂线竖井，一般应紧靠检查和排水纵向廊道的下游侧，以方便观测。为此，各高程的纵向廊道最好布置在一个纵向竖直面上。如相差太远，不易调整到满足上述要求时，则应设短横向廊道，连通到垂线竖井。

对于坝体内的各层纵向廊道，应在两岸岸坡坝段内设竖井或倾斜廊道互相连通，并设有连接平台。如纵向廊道较长，应沿纵向每隔200～300m，在上、下层廊道间设置便梯，廊道内应有适宜的通风条件，一般可利用横向交通廊道通风。横向廊道进出口均应设格栅门，既可通风，又保安全。对于大中型工程的高坝，在坝体内应设置1～2座电梯，以利交通和运输，为此要设电梯竖井。电梯竖井在各层纵向廊道高程处设有短横向廊道，与纵向检查和排水廊道相连接。图1.11-3为重力坝廊道和竖井布置的示意图。

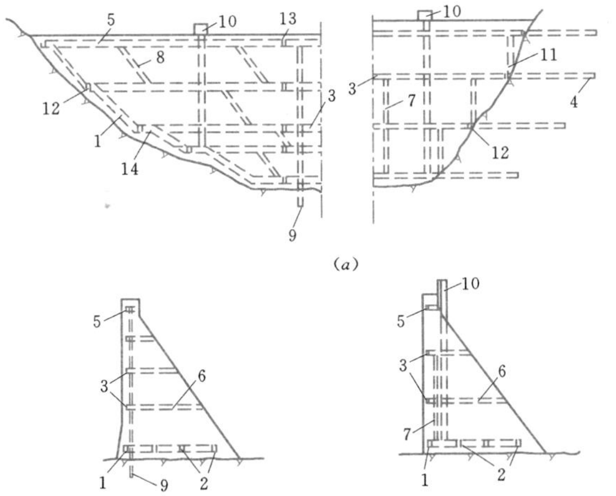

图1.11-3　重力坝廊道和竖井布置示意图

1—基础灌浆廊道；2—基础排水廊道；3—纵向检查和排水廊道；4—坝肩帷幕灌浆隧洞；5—观测廊道；6—交通廊道；7—交通竖井；8—交通斜廊道；9—悬锤竖井；10—电梯竖井；11—基础灌浆竖井；12—下游面进出口；13—通风出口；14—平台

1.11.2.2　廊道和竖井的形状和尺寸

为便于施工和廊道交叉接头，廊道断面宜做成矩形。认为应力条件较好是传统的廊道断面型式——半圆拱顶，下部为长方形，实际上，如采用平顶，由坝体自重和上游水压力所产生的应力荷载，可由廊道顶部混凝土内的虚拟拱承受，虚拟拱以下的顶部混凝土会产生微裂缝，可设置钢筋以分散和限制裂缝。纵向廊道位在靠近上游坝面，上游坝面水压力也由廊道上游混凝土内虚拟拱承受，廊道侧壁并未因此做成拱形。廊道周围混凝土内的应力主要是温度应力，拱顶平底形廊道和矩形廊道的温度应力差别不大。

基础灌浆廊道一般宽度为2.5～3.0m，高3.0～4.0m，应根据所用钻机尺寸和灌浆工作的空间要求而定。为了减小廊道尺寸，宜采用高效率轻型钻机，基础灌浆廊道宽度可小于2.5m，高度不超过3.0m。

基础排水廊道一般宽1.5～2.5m，高2.2～3.5m，如用高效轻型钻机，可缩小断面尺寸。纵向检查和排水廊道、观测廊道、交通廊道等的断面，最小宽度为1.2m，最小高度为2.2m。通至闸门启闭机室的运输廊道尺寸必须能通过闸门和启闭机的各个部件。

基础灌浆竖井的断面也宜做成矩形，尺寸与基础灌浆廊道相同。基础排水竖井断面尺寸与基础排水廊道相同。交通、检查等竖井一般做成圆形，直径为1.25m。电梯竖井的断面可做成矩形或圆形。

1.11.2.3　廊道和竖井周围应力的计算

廊道和竖井的尺寸很小，对重力坝的整体应力分布影响不大，但在廊道和竖井周围的混凝土内将产生局部应力。由坝体自重和上游水压力所产生的廊道周围应力可由混凝土内的虚拟拱承受。廊道顶板、底板和侧壁有局部拉应力，可能会产生微裂缝，但一般问题不大。廊道周围应力计算可取有廊道的平面矩形隔离体，其侧边距廊道壁3倍廊道宽，顶、底边距廊道顶、底面3倍廊道高，将无廊道时重力坝内廊道中心部位的应力σ_x、σ_y和τ_{xy}加在隔离体周边，然后用有限元法计算求出廊道周围的应力。

廊道周围的温度应力是由两种原因产生的。一是施工期的温度应力。廊道底部和两壁的混凝土先浇筑，而廊道顶部混凝土后浇筑，由于这两部分混凝土的温升、散热和弹性模量增长有时间差，顶部混凝土的收缩受到两壁混凝土的约束而产生温度拉应力。粗略计算，假定两部分混凝土的温升散热时间差引起的等效温差为10℃左右，则由此在廊道顶面产生的温度拉应力约2MPa，向上逐渐减小。二是廊道内温度的年变化引起廊道周围的内外温差。假定廊道内温度的年变幅为10℃，在最低温度时，从稳定温度下降5℃，廊道表面因此而产生的温度拉应力约为1MPa。所以廊道顶面在两种温度拉应力组合的情况下，可能产生裂缝。而两侧和底板面的温度应力主要是后一种温度应力，故不致产生裂缝。从这样的定性分析可见，廊道顶板应设置温度钢筋，两侧壁和底板可不设置温度钢筋。顶板温度钢筋应根据温度拉应力的分布配置。温度钢筋一般采用一排 ϕ28@200mm 或两排 ϕ25@250mm。

1.11.2.4 廊道构造

矩形廊道顶部应设温度钢筋，两端要伸入两壁。传统的拱顶平底形廊道顶部钢筋较多，也应伸入两壁，侧墙和底板也设置钢筋。钢筋布置如图 1.11-4 所示。实践表明，设置温度钢筋后矩形廊道顶板一般无裂缝产生，而拱顶廊道一般也不产生裂缝，但是如果温度钢筋配置不够，将会出现裂缝。

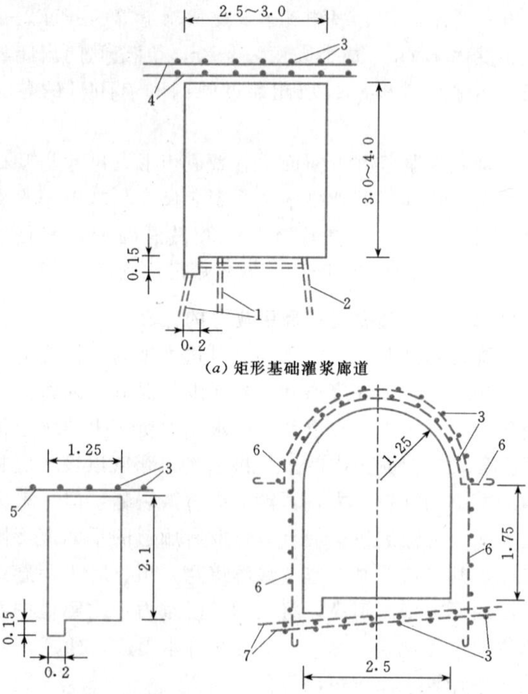

(a) 矩形基础灌浆廊道

(b) 检查和排水廊道

(c) 拱顶形基础灌浆廊道

图 1.11-4 重力坝廊道构造（单位：m）

1—灌浆孔；2—排水孔；3—钢筋 ϕ20@450mm；4—钢筋 ϕ25@250mm；5—钢筋 ϕ28@200mm；6—钢筋 ϕ25@450mm；7—钢筋 ϕ25@300mm

基础灌浆廊道和纵向检查、排水廊道要在上游侧底部设排水沟。排水孔幕排出的水要用排水管通至上游排水沟。廊道四周的壁面应做得平整。纵向廊道在穿过重力坝横缝处，其周围混凝土内应设一道铜片止水。横向廊道穿过重力坝纵缝，周围也应设一道橡胶（PVC）止水。这些止水可兼作止浆片用。廊道照明一般都设在顶部，宜用嵌入式灯具，既整洁，又不占工作空间。输电线路宜用埋管式，电器和开关设备等应注意保护和防潮，绝缘良好，以保证安全。

1.11.3 坝体分缝

重力坝的体积很大，不可能整体一次浇筑完成，必须分块浇筑，以便施工。为此要设工作缝。在施工期间，水泥在水化凝固时要发热，使混凝土升温而膨胀；由于受到基岩的约束，坝体内产生压应力；随后坝体散热，混凝土降温而收缩，受到基岩的约束，在坝体内产生拉应力。但是由于混凝土的初期弹性模量低，后期弹性模量高，因此后期产生的拉应力比初期产生的压应力大，最终在坝体内产生的是拉应力，这个拉应力会导致坝体混凝土裂缝。为此，应在坝体内设置温度收缩缝，以减小基岩的约束，降低坝体施工期的温度拉应力，防止产生裂缝。如相邻坝段修建在不同的岩基上，不同基岩承受荷载作用后的沉降量不同，在坝体内造成较大应力集中，也会产生裂缝。为此，在不同岩基分界处的坝体内应设置沉降缝，以适应地基的不均匀沉降，避免引起坝体内的应力集中。

重力坝坝体内有三种缝：横缝、纵缝和水平工作缝。

1.11.3.1 横缝

重力坝横缝是垂直于坝轴线的竖直缝。重力坝一般以悬臂梁结构承受水库水压力，所以设置横缝基本上不损伤重力坝的强度。横缝中靠上游端设有止水，以防止沿横缝漏水。横缝有温度收缩缝和沉降缝两种。

横缝的间距与坝基条件、混凝土的降温散热措施、温度应力和施工条件等因素有关，应通过技术经济比较确定。岩基弹性模量愈高，对坝体的约束力愈大，横缝间距应愈小。施工过程中温度控制较严，温度应力较小，横缝间距可大些。设置横缝虽对坝体强度影响不大，但间距过小，对坝的整体性不利，且横缝增多，增加模板和止水材料用量，增加造价；间距过小，混凝土浇筑仓面过小，对施工不利。横缝间距过大，则温度应力增大，易产生裂缝。《混凝土重力坝设计规范》（SL 319—2005）中规定，横缝间距一般为 15～20m，超过 22m 或小于 12m 时，应有论证。

温度横缝有永久性的和临时性的两种。

1. 永久性横缝

永久性温度横缝常做成竖直平面，缝中不设键槽，不进行灌浆，冬季坝体收缩时，横缝稍张开，夏季横缝将挤紧。高坝上游面附近的横缝止水采用两道止水片。第一道止水片至上游坝面的距离应超过混凝土的冰冻深度，一般不小于 1.0～2.0m。在第一道止水上游的这部分横缝内可贴沥青油毛毡，在上部可避免缝两侧混凝土因冻胀而损坏，在下部可加强止水。对于高坝，两道止水都应采用铜片，铜片厚一般为

1.0～1.6mm，视承受的水头大小选用。对于中低坝，第一道止水用铜片，第二道止水可用橡胶止水带。铜片止水一般做成可伸缩的“⌒”形，每侧埋入混凝土的长度一般为20～25cm。止水片的接长和安装要注意保证施工质量。

以前的做法是在两道止水片之间设置一道沥青井，第二道止水片下游设排水或检查井，图1.11-5（*a*）、（*b*）、（*c*）所示为几种不同布置型式的横缝止水。

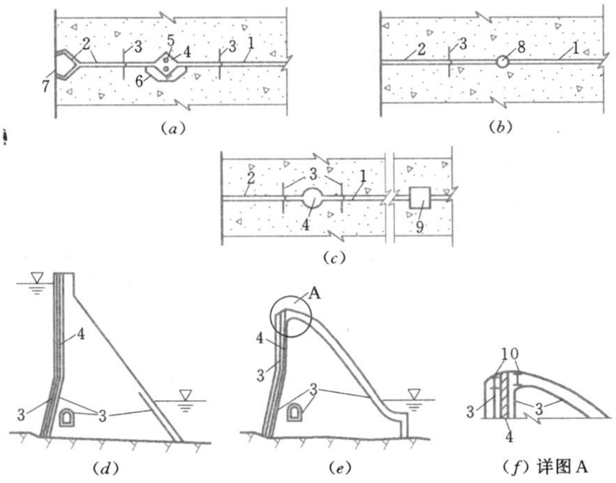

图1.11-5　横缝止水

1—横缝；2—沥青油毡；3—止水片；4—沥青井；
5—加热电极；6—预制块；7—钢筋混凝土塞；
8—排水井；9—检查井；10—闸门底坎预埋件

止水片及沥青井伸入基岩约30～50cm。对于非溢流坝段和横缝设在闸墩中间的溢流坝段，止水片必须延伸到最高水位以上，沥青井则需到坝顶。在横缝止水下游，宜设排水孔，直径为30～40cm，通至廊道内。必要时还可设检查井，井的断面尺寸约1.2m×0.8m，井内设爬梯和休息平台，并与检查廊道相连通。对设在溢流孔中间的横缝，过水面一侧止水片上端应与上游坝面的止水相连，同时到溢流坝过水面的距离为1.0～1.5m，要大于混凝土的冰冻深度。非溢流坝段下游最高水位以下的缝间和穿越横缝的廊道及孔洞周边均需设止水片，如图1.11-5（*d*）、（*e*）所示。溢流坝面止水必须与闸门底坎预埋钢件相连接，预埋钢件在横缝处中断，止水与钢件用铆钉连接。

鉴于已建工程大坝安全定期检查发现有不少沥青井失效，且多半无法恢复，《混凝土重力坝设计规范》（SL 319—2005）提出，高坝上游面附近的横缝止水应采用两道止水片，其间宜设一道排水井或经论证的其他措施。三峡、向家坝等工程均采用了两道止水间设排水井的型式，如图1.11-6所示。

在坝体结构缝迎水面设置止水检查槽对于结构缝

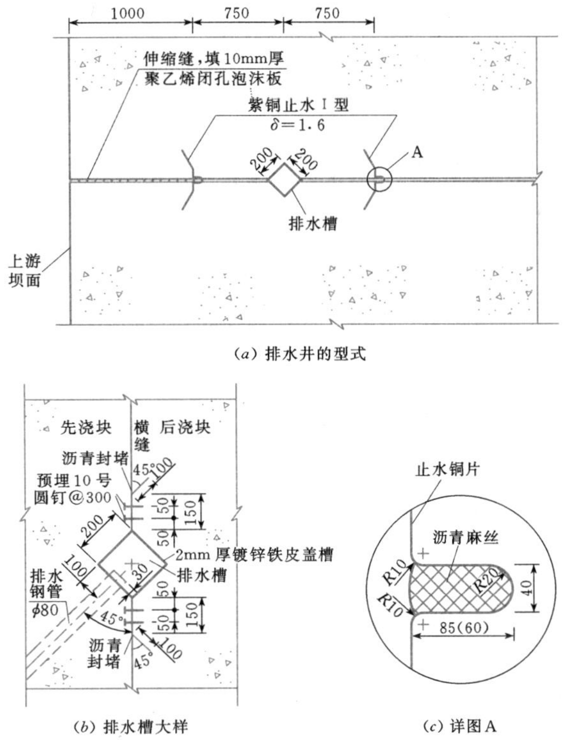

图1.11-6　向家坝工程横缝止水（单位：mm）

止水渗漏检查和处理是非常有效的，止水检查槽骑缝设于两道止水片之间，一般在设有廊道部位分隔形成独立的区段，各段上下端均通过埋管与廊道连通，正常情况下具有观察止水渗漏和排水减压作用，因而也被称为排水槽。通过向槽内压水即可确定是否存在止水渗漏缺陷以及漏水部位，必要时可通过向槽内灌注止水材料起到封闭堵漏的作用。

2. 临时性横缝

临时性横缝主要用于下述几种情况：①河谷狭窄，做成整体式重力坝，可在一定程度上发挥两岸山体的支承作用，有利于坝体的强度和稳定；②岸坡较陡，将各坝段连成整体，可以改善岸坡坝体的稳定性；③坐落在软弱破碎带上的各坝段，连成整体后，可增加坝体刚度；④在强地震区，将各坝段连成整体，可提高坝体的抗震性能。

临时性温度横缝在坝体混凝土冷却到接近稳定温度场后，应对横缝进行灌浆，把各坝段连成整体。横缝灌浆分区进行，每区高度9～15m，每一灌浆区的面积一般为200～400m^2。在灌浆区四周和廊道周围，横缝内要设止浆片，上、下游坝面的止水片可利用作为止浆片。横缝在靠近坝底处也应设置止浆片，以免浆液堵塞地基的排水设施。临时性温度横缝内应设垂直向楔形键槽，以便传递水平向剪应力，把全坝连成整体。在地震区建坝，传递剪应力更为需要。键槽还起增加沿缝面渗径的作用。键槽深一般约 10cm，槽底宽约 20cm，两边做成缓坡，如图 1.11-7 所示。

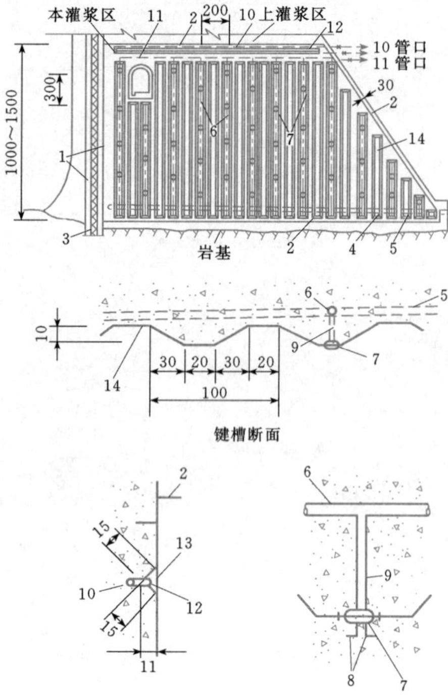

图 1.11-7 重力坝临时温度横缝灌浆系统布置（单位：cm）

1—止水铜片；2—止浆片；3—沥青井；4—ϕ38 进浆管；5—ϕ38 回浆管；6—ϕ38 升管；7—ϕ50 出浆盒；8—盖脚；9—ϕ38 出浆支管；10—ϕ38 冲洗管；11—ϕ38 出浆管；12—三角形通气槽；13—金属盖板；14—键槽

为了对横缝进行灌浆，在先浇筑的混凝土坝段的横缝侧设置灌浆管路系统。在灌浆区底部靠近横缝处混凝土内埋设 ϕ38mm 的进浆管，从坝下游面向上游水平延伸，到灌浆区上游侧后又折返为回浆管通至下游坝面外。进浆管和回浆管的进口和出口也可布置在下一灌浆区的廊道内。设置回浆管的目的是为了保持浆液流动，以免凝固堵塞进浆系统。沿回浆管约每隔 2m 接一根 ϕ38 的垂直升管，埋设在键槽底部位的混凝土内。沿升管约每隔 3m 用三通和出浆支管连到缝面的出浆盒，出浆盒在横缝内呈棋盘形交错布置。升管向上通至灌浆区顶部，与水平的 ϕ38 出浆管相连，出浆管通至下游坝面外或廊道内。出浆管的作用是保持浆液在升管内流动。在出浆管以上缝壁设深约 10cm 的三角形水平通气槽，槽的两端底部设支管与埋设在混凝土内的 ϕ38 冲洗管相连，冲洗管也通至坝面外或廊道内，兼作通气和出浆用。进浆管、回浆管、出浆管和冲洗管的进口或出口都要装设阀门。

在坝段混凝土冷却到设计规定的温度后，横缝张开宽度到 0.5mm 以上时，才能顺利地进行灌浆。灌浆前需先冲洗缝面，从进浆管进水，冲洗管和出浆管出水，以检查灌浆系统是否通畅，并使缝面混凝土饱和。当一个坝段的一侧横缝灌浆时，如另一侧的横缝尚未灌浆，则应在另一侧的横缝内通过灌浆系统进行充水，并保持该横缝内的水压力约为灌浆压力的一半，以避免坝面承受过大的侧向压力。缝面经冲洗后开始灌浆，由进浆管进浆，回浆管回浆，升管内浆液逐步上升，经出浆盒浆液流至横缝内。升管内未流入横缝的浆液经出浆管流出。横缝内的空气经通气槽和冲洗管排出。最后，当缝内充满浆液，多余的浆液从冲洗管流出时，可关闭回浆管、出浆管和冲洗管的出口阀门，使横缝内灌浆压力维持半小时，以便浆液挤紧，该区灌浆即告结束。灌浆压力不宜过高，在灌区的顶部约为 0.2～0.3MPa，以能将浆液压紧为度。上述重力坝临时温度横缝灌浆系统的布置和构造如图 1.11-7 所示。溢流重力坝的临时温度横缝一般设置在溢流孔口中间，灌浆系统布置也如图 1.11-7 所示。

1.11.3.2 纵缝

重力坝纵缝的方向与坝轴线平行，缝面须能传递压应力和剪应力，故对纵缝应进行灌浆，以保证坝体能整体工作。纵缝是临时性温度缝，一般做成竖直的，便于施工。纵缝间距一般比横缝间距为大，二者比例可根据仓面面积限制和尽量减少纵缝数目的原则选定。

纵缝缝面应设水平向键槽。为了更好地传递压力和剪力，键槽应呈斜三角形，槽面大致沿主应力方向，在缝面上布设灌浆系统，如图 1.11-8 所示。待坝体冷却到接近稳定温度，坝块收缩至缝的张开度达

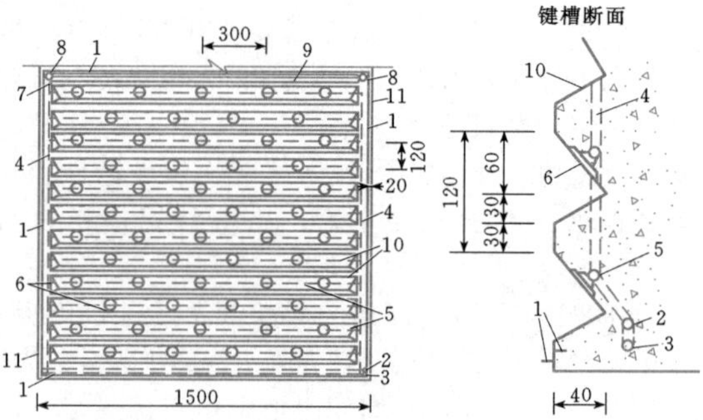

图 1.11-8 纵缝灌浆系统布置图（单位：cm）

1—止浆片；2—ϕ38 进浆管；3—ϕ38 回浆管；4—ϕ38 升浆管；5—ϕ38 水平管；6—出浆盒；7—ϕ38 出浆管；8—ϕ38 冲洗管；9—三角形通气槽；10—键槽；11—横缝

到0.5mm以上时再进行灌浆。灌浆沿高度分区进行，分区高度为10～15m。为了灌浆时不使浆液从缝内流出，必须在缝的四周设置止浆片。灌浆压力必须严格控制，太高可能在坝块底部产生过大的拉应力，使坝体遭到破坏；太低又不能保证灌浆质量。一般进浆管的压力控制在0.35～0.45MPa，回浆管的压力控制在0.2～0.25MPa。

纵缝两侧的坝块可以单独浇筑上升，但高差不宜太大。若相邻坝块的高差超过某个限度，常因后浇混凝土的温度和干缩变形造成缝面的挤压和剪切，这样不但影响纵缝灌浆效果，而且可能使刚浇不久、强度仍然较低的后浇块的键槽出现剪切裂缝。为此，常根据键槽面不产生挤压的要求，对纵缝两侧浇筑块的高差作适当限制。在横缝灌浆的重力坝内，相邻坝段的纵缝位置在平面上应相互错开，以免各坝段纵缝在同一位置形成薄弱面。

近年来，由于温度控制和施工技术水平的不断提高，有些高坝采用通仓浇筑，不设纵缝。通仓浇筑施工简便，可加快施工进度，坝的整体性较好，但高坝采用通仓浇筑时，应有专门论证。施工中必须进行严格的温度控制，应注意防止施工期和蓄水以后上游面产生深层裂缝。

1.11.3.3 水平工作缝

重力坝的混凝土需要分层浇筑施工。水平施工缝是上、下层浇筑块之间的结合面。浇筑块厚度一般为1.5～4.0m，在靠近基岩面附近用1.5m左右的薄层浇筑，以利散热，减少温升，防止开裂。上、下层之间常间歇3～7d。纵缝两侧相邻坝块的水平施工缝不宜设在同一高程，以免削弱坝体水平截面的抗剪强度。上层混凝土浇筑前，必须用风水枪或压力水冲洗施工缝面上的浮渣、灰尘和水泥乳膜，使表面成为干净的麻面，再均匀铺一层2～3cm厚的水泥砂浆或细骨料混凝土，然后浇筑。水平施工缝的处理质量关系到大坝的强度、整体性和防渗性，处理不好将成为坝体内的薄弱面，必须予以高度重视。

1.11.4 坝体防渗和排水

重力坝上游坝面部分混凝土有防渗要求，应采用抗渗混凝土，其厚度约为1/15～1/10倍的坝面上工作水头，最小不少于3m。又如上游坝面、溢流坝面以及下游坝面最高尾水位以下部分的横缝中均应设止水。廊道和各种孔洞穿过纵、横缝处也应设止水。当沿坝轴线方向坝基岸坡很陡时，为了防止岸坡坝段坝体与基岩脱开漏水，应沿坝基面采取防渗措施，一般在坝体与基岩接触面处设置止水基座或止水埂。

为减小渗水对坝体的不利影响，在靠近坝体上游面需要设置排水孔幕。排水孔幕至上游面的距离，一般要求不小于坝前水深的1/10～1/15，且不小于2.5～3.0m，以便将渗流坡降控制在许可范围以内。排水孔可采用拔管、钻孔或预制无砂混凝土管成孔，间距2～3m，内径15～25cm。孔径不宜过小，否则易被堵塞。渗水由排水孔进入廊道，然后汇入集水井，经由横向排水孔自流或用水泵抽水排向下游。排水孔与廊道的连通多采用直通式，如图1.11－9所示。上、下层检查与排水廊道之间的排水孔应布置成竖直或接近竖直的方向，中间不能转弯，以便检查和清理。最上一层排水孔顶端通至坝顶附近的观测廊道，排水孔排出的渗漏水应流入下一层纵向廊道的排水沟内。为了不让渗水沿廊道壁下流，排水孔下端应用弯管直接通到下层廊道的排水沟。清理工作应定期进行，以防排水孔堵塞。不能清理的排水孔应视为无效。

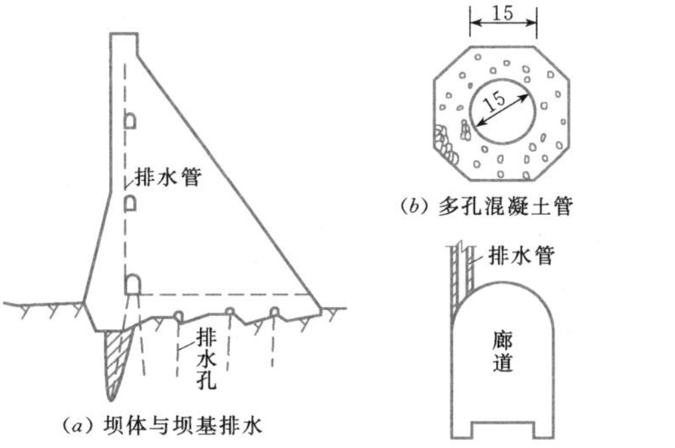

(a) 坝体与坝基排水

(b) 多孔混凝土管

(c) 排水管与廊道的直通式连接

图1.11－9 坝体排水管（单位：cm）

1.11.5 深式泄水孔穿过坝体纵缝的构造

深式泄水孔明流段一般不需要钢板衬护，但应注意过水表面的平整度，不容许有突坎或跌坎。如有不平整处，应严格按标准磨平修整。无压泄水孔穿过纵缝处，在周围混凝土的接缝内应设置铜止水片。

有压泄水孔如有钢板衬护，在穿过纵缝处应做好

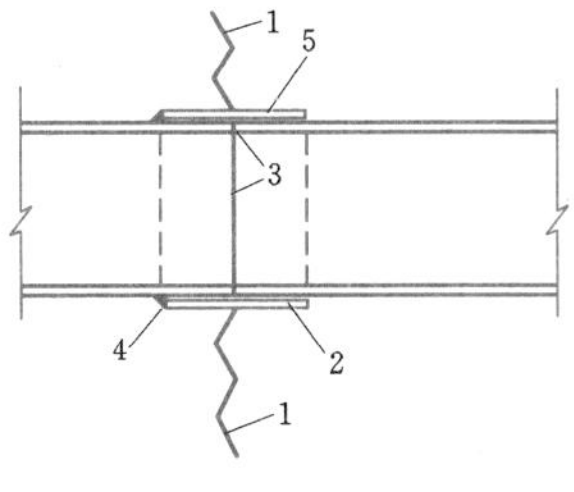

图1.11－10 重力坝有压泄水孔钢衬护穿过纵缝的构造

1—纵缝；2—管套；3—焊缝磨平；4—焊接；5—涂沥青

管套，以便坝体和钢衬能自由伸缩。待坝体冷却到稳定温度后，才把管套内的钢衬焊接好，并把焊缝磨平，其构造如图 1.11-10 所示。管套的内外壁面要涂沥青，钢衬的内壁应涂耐冲油漆。

1.12 重力坝的修补和加高设计

1.12.1 混凝土的裂缝修补

混凝土裂缝是重力坝施工期经常出现的问题，大部分是由于温度应力过大所致，也有一部分是由于坝基地质条件不良、不均匀沉陷产生的。表面细小裂缝的危害性较小，但深层和贯穿裂缝的危害性较大；下游坝面裂缝危害性较小，但上游坝面裂缝危害性较大；有些危害性较小的裂缝因所处环境条件的变化会逐渐延伸扩大为危害性较大的裂缝。因此，必须认真细致地检查坝体混凝土裂缝的情况；对每一条已被发现的裂缝，要分析其产生裂缝的原因和可能导致的危害，分析裂缝的稳定性和扩展性，在进行分类和评估的基础上，选定裂缝修补和补强方法。

1.12.1.1 裂缝成因及发展趋势分析

1. 裂缝成因分析

裂缝成因分析对于修补或加固是至关重要的。忽视裂缝成因，盲目行事，会导致修补及加固的失效。混凝土裂缝的根本原因是混凝土结构中的应力超过了强度。由于混凝土的抗拉强度大约只有其抗压强度的1/20～1/12，因此裂缝的出现绝大多数是拉应力过大所致，只有少数挤压裂缝是因压剪应力大引起的。

混凝土产生裂缝的原因很多，主要影响因素有材料、施工、环境、结构与荷载等方面。

（1）材料因素。水泥品种不适宜，水化热过高，水泥安定性差，水泥受潮或库存时间过长；砂石骨料质量低劣，含泥量大或使用了碱骨料。

（2）施工因素。混凝土配合比不恰当，拌和不均匀，仓面设备配备或覆盖范围不够，存在骨料分离现象，平仓振捣跟不上，支承刚度低，模板变形，模板缝隙漏水或仓面加水，养护措施不当等。

（3）环境因素。基岩约束强，下层混凝土对上层混凝土约束大，温度、湿度变化大，水分蒸发大，干缩拉应力大，寒潮引起的温度梯度大（保温不善），出现反复冻融等。

（4）结构因素。结构内力超出其承载力，结构孔洞、体型突变部位应力集中，分缝、分块不合理，地基软硬不均、处理措施不当等。

（5）荷载因素。外荷作用过大，超出结构的承受能力；动载及施工期荷载超过其设计荷载。

大体积混凝土产生裂缝，往往是与地基约束强、混凝土胶凝材料用量大、冷却水供应不足、保温养护工作不完善等有关。混凝土层间缝则一般出现在新老混凝土结合部位，主要与层间间歇期过长、浇筑层面处理工艺不当等有关，仓面水引排不彻底等影响因素也会造成混凝土层间缝。诱发混凝土裂缝的客观因素很多，但规律是比较清楚的，只要重视，裂缝可以减少和控制。重力坝混凝土施工强度高、施工环境复杂，混凝土裂缝在工程中仍具有一定的普遍性，至今难以完全避免。混凝土裂缝的宽度、长度和深度是相关联的，一般较宽的裂缝，既深又长，对建筑物结构的整体性危害较大，需要认真研究处理。

2. 裂缝发展趋势分析

定性分析裂缝要判断是否存在导致裂缝进一步扩展的条件。一般来说，位于基础约束区和混凝土表面受气温变化影响较大区域，或虽位于混凝土内部但尚未达到稳定温度的裂缝；位于结构拉应力区且方向与拉应力方向接近正交的裂缝；承受高压水劈裂作用的裂缝；或裂缝部位承受频繁往复交变荷载作用时，裂缝继续扩展的可能性比较大。也就是说，这些部位裂缝的开度和分布范围还在发展变化之中。

定量分析裂缝需根据计算分析，把握裂缝稳定性与应力场、温度场、渗流场等的相互关系，必要时，应模拟现场实际状况和施工过程对混凝土坝进行荷载作用及温度徐变应力仿真计算，并对主要不利因素进行敏感性分析。

1.12.1.2 裂缝类型及检查方法

1. 裂缝分类

在坝体裂缝检查的基础上，对裂缝进行分类，有助于裂缝危害性的评估和选择正确的补强处理方案。

裂缝分类的方法较多：有按深度分的，如深层缝、浅层缝、表面缝；有按变化特性分的，如活缝、死缝、扩展缝（非稳定裂缝）；有按危害性分的，如贯穿裂缝、非贯穿裂缝；有按是否含水分的，如干缝、湿缝；有按成因分的，如温度缝、干缩缝、荷载缝、沉陷缝等。

根据三峡工程的经验，重力坝大体积混凝土和钢筋混凝土的裂缝分别分为四类。

（1）重力坝大体积混凝土的裂缝分类如下：

1）Ⅰ类，即龟裂及细微裂缝。表面裂缝缝宽 $\delta<0.2$mm，缝深 $h\leqslant30$cm，性状表现为龟裂或细微不规则形状。多由于干缩所致，一般对结构应力、耐久性和安全无大的影响。但由碱骨料膨胀引起的表面裂

缝和龟裂对耐久性影响较大。

2）Ⅱ类，即浅层裂缝。缝宽 $0.2mm \leqslant \delta < 0.3mm$，缝深 $30cm < h \leqslant 100cm$，平面缝长 $300cm \leqslant L < 500cm$，呈规则状，多由于气温骤降且保温不善所致，对结构应力、耐久性和安全运行有轻微影响。

3）Ⅲ类，即深层裂缝。缝宽 $0.3mm \leqslant \delta \leqslant 0.5mm$，缝深 $100cm < h \leqslant 500cm$，缝长 $L > 500cm$，或平面达到 1/3 坝块宽度，侧面大于 1～2 个浇筑层厚度，呈规则状，多由于内外温差过大或较大的气温骤降时保温不善所致，对结构影响较大。

4）Ⅳ类，即贯穿裂缝。缝宽 $\delta > 0.5mm$，缝深 $h > 500cm$，平面贯穿全仓（或一个坝段），缝深超过 2 个浇筑层。若从基础向上开裂且平面贯穿全仓，则为基础贯穿裂缝。这种裂缝主要由于基础温差超过设计标准，或在基础约束区受较大气温骤降影响，且在后期降温中继续发展等原因所致。它对结构的整体性、应力分布、耐久性和安全运行均是非常不利的。

（2）重力坝钢筋混凝土的裂缝分类如下：

1）Ⅰ类，表面缝宽 $\delta < 0.2mm$，缝长 $L < 100cm$，缝深 $h \leqslant 30cm$。

2）Ⅱ类，表面缝宽 $0.2mm \leqslant \delta < 0.3mm$，缝长 $100cm \leqslant L < 200cm$，缝深 $30cm < h \leqslant 100cm$，且不超过结构厚度的 1/4。

3）Ⅲ类，表面缝宽 $0.3mm \leqslant \delta < 0.4mm$，缝长 $200cm \leqslant L < 400cm$，缝深 $100cm < h \leqslant 200cm$，或大于结构厚度的 1/2。

4）Ⅳ类，表面缝宽 $\delta \geqslant 0.4mm$，缝长 $L \geqslant 400cm$，缝深 $h \geqslant 200cm$ 或基本将结构裂穿（大于 2/3 结构厚度）。

2. 裂缝检查

（1）表面普查。裂缝普查的目的是为裂缝后续检查分析和分类奠定基础。裂缝普查包括表面缝宽、缝长、走向、所在部位及其形态随时间、气温和干湿环境的变化等。普查时应据实描述和图示。凡表面缝宽 $\delta > 0.05mm$ 者，一般由肉眼便可看到，有时为了更清晰地看清裂缝，可在仓面上先洒水冲水再用风吹干或晒干，这样可查到比头发丝还细的裂缝。更细小的裂缝需借助仪器（如读数放大镜、塞尺等）测定。块体侧面上的缝可借助望远镜进行普查。掌握裂缝的一般发生规律可以提高普查效率。易产生裂缝的部位有：结构长宽比较大时，长边的 1/2、1/3 或 1/4 处；结构断面或形状突变处；孔洞周边和进、出口处；不同强度等级混凝土结合部位；基础及新、老混凝土结合处，尤其是长间歇之后浇筑的混凝土部位；长期暴露部位；混凝土质量较差部位等。

（2）缝深检查。对结构要害部位的裂缝，深层裂缝与贯穿裂缝及影响建筑物安全运行的裂缝，要在普查的基础上进行重点检测，此时需要检测缝深。检测缝深的常用方法主要有：①凿槽观测法；②钻孔压水法；③超声波探测法；④裂缝检测仪检测法；⑤孔内电视录像法。

1.12.1.3 裂缝危害性分析及评估

裂缝对混凝土结构的危害性各不相同，只有那些影响结构承载、稳定、耐久性的裂缝才可能危及建筑物的安全使用，一般来说，Ⅰ类、Ⅱ类裂缝对大坝安全不构成危害，Ⅲ类、Ⅳ类及关键部位的裂缝具有不同程度的危害。对裂缝的危害性分析和评估，主要包括以下内容：

（1）根据裂缝检查结果和相关资料，分析裂缝产生的原因，开展必要的计算和试验，估计在最不利情况下裂缝的发展趋势和最终规模。

（2）分析裂缝在最不利工况下的应力和张开状态，以及对坝体稳定和应力分布的影响，分析裂缝对建筑物安全及质量指标的影响。

（3）根据裂缝所在部位的结构特点和设计要求，评价裂缝对建筑物运行功能的影响。

1.12.1.4 混凝土裂缝的修补和补强加固

裂缝的补强处理，应根据缝的情况（裂缝的宽度、长度、深度），所处的部位，对坝体防渗和结构安全运行的影响等采取相应的加固措施。常用的有表面嵌缝、缝面灌浆、铺设限裂钢筋等。对影响结构受力和大坝整体性的裂缝，应根据计算分析，采用凿槽回填混凝土、加设预应力锚杆、锚索等措施加固。坝体迎水面裂缝的防渗处理，除需采用表面嵌缝、缝面灌浆处理外，必要时还应增加柔性的表面防渗材料覆盖，在廊道内设置缝面排水孔以降低水压力劈裂作用等。

1. 裂缝处理原则

混凝土裂缝处理，要通过裂缝检查获得必要的数据资料，再根据裂缝所在的部位、原因、裂缝规模、危害性评定等，进行综合分析研究，确定合理处理方案。混凝土裂缝补强处理措施应达到恢复结构的整体性，限制裂缝的扩展，满足结构的强度、防渗、耐久性和建筑物安全运行的目的和要求。

重力坝混凝土裂缝的处理标准可根据其不同的分布、部位以及对建筑物安全的影响程度确定。对于已经造成了建筑物受力状态改变，渗水、漏水、钢筋锈蚀等危害性较大的裂缝，因其破坏了建筑物的整体性，降低了建筑物的耐久性，危害建筑物安全运行，因而必须进行处理。对于表面轻微裂缝（如Ⅰ类缝），如果不会带来钢筋锈蚀也不影响混凝土的耐久性，一般部位可以不处理，对位于重要部位，如高流速区的裂缝，则应根据运行条件作应有的防渗抗冲修补处理。因裂缝所在的部位和外界的环境等不同，有一部分原为危害较小的裂缝，可能会延伸发展为危害严重的裂缝。对存在这种可能性的裂缝应在全面分析的基础上，采取预防性加固和必要的监测措施。对重要部位出现的Ⅲ类、Ⅳ类裂缝，应进行裂缝补强处理方案设计，以保障建筑物安全运行。

2. 处理时段选择

裂缝补强处理时段应考虑裂缝的性质。对已经稳定的混凝土裂缝（死缝），可及时处理；对尚未发展稳定的裂缝（活缝和发展缝），有条件时应待其稳定后再行处理或采用特殊方法（用弹性材料等）处理，要避免处理后重新张开；对浇筑层面发生的裂缝一般采用在上层混凝土浇筑前铺设限裂钢筋等办法进行处理。

裂缝处理季节一般宜选择在裂缝开度较大时处理。若在裂缝开度较小时灌浆，既不易灌进，当开度增大时浆体又承受较大拉力，因此，裂缝灌浆时间选择在低温季节，即每年的2月和3月为佳。

3. 裂缝修补方法

裂缝修补处理的基本方法可分成三种，即表面修补法、内部修补法和锚固法。位于混凝土表面且其表面有防渗漏、抗冲磨等要求的裂缝，应进行表面处理；对削弱结构整体性、强度、抗渗能力和导致钢筋产生锈蚀的裂缝，要进行内部处理；对危及建筑物安全运用和正常功能发挥的裂缝，除进行表面处理、内部处理外，还需采取锚固或预应力锚固等结构措施进行处理。

（1）表面修补法。对于在混凝土施工过程中仓面上出现的裂缝，处理措施有沿裂缝铺设骑缝钢筋（ϕ28～36，L=4.5m）；缝口凿槽嵌缝，必要时埋设灌浆管后期灌浆。凿槽嵌缝材料一般为环氧砂浆或预缩水泥砂浆或微膨预缩水泥砂浆等。泄水孔（洞）的表面裂缝一般可采取贴嘴灌浆、凿槽嵌填环氧砂浆或预缩水泥砂浆处理，以及缝口涂刷水泥基防渗材料等；坝体上、下游面表面裂缝，因运行期承受水压力作用，宜采取贴嘴（或打斜孔）灌浆，凿槽嵌填防渗材料外加粘贴防渗堵漏材料，并设保护板，有时还需采取缝面排水减压等措施。表面修补包括了缝口凿槽嵌缝，缝口贴橡皮板形成防渗层，缝口涂刷（喷涂），贴环氧玻璃丝布等处理措施，适用于表层裂缝修补或深层裂缝修补，如图1.12-1和图1.12-2所示。

（2）内部修补法。裂缝内部修补措施主要是水泥

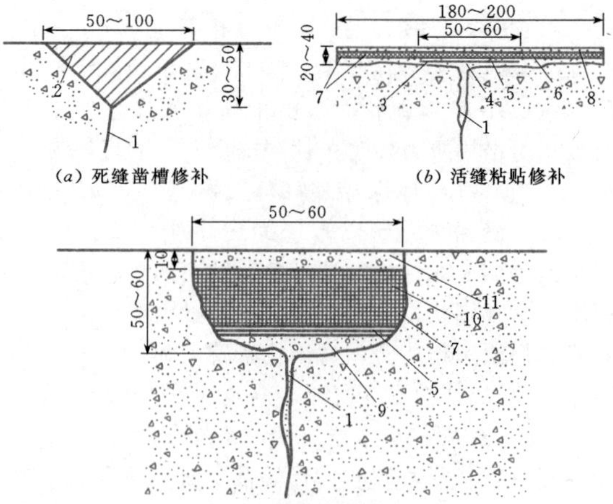

（a）死缝凿槽修补　（b）活缝粘贴修补

（c）活缝充填修补

图 1.12-1　缝口凿槽粘贴充填示意图（单位：mm）

1—裂缝；2—砂浆；3—树脂基液；4—树脂砂浆；
5—隔离膜；6—橡胶片；7—胶黏剂；
8—弹性树脂砂浆；9，11—水泥基砂浆；
10—弹性嵌缝材料

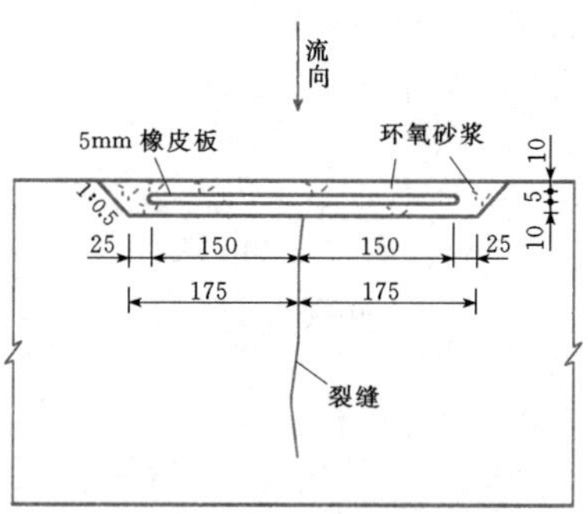

图 1.12-2　缝口贴橡皮示意图（单位：mm）

灌浆和化学灌浆。以恢复结构强度和整体性为目的时，应选用强度和弹性模量高于母体混凝土，且黏结性能好的浆材；以恢复结构防渗性和耐久性为目的时，应选用柔软致密，可灌性较好的浆材。

1）水泥灌浆。水泥浆液是一种悬浮颗粒浆材，可灌性比化学材料差，即使采用粒径在30μm以下的磨细水泥或超细水泥，理论上可以灌入0.15mm的裂缝，但由于裂缝缝面往往宽窄不一、粗糙不平和有杂质充填，实际效果很难保证，水泥浆在其凝固时体积发生收缩，灌后缝内尚存有更细裂缝，因而目前已很少采用，一般只用于裂缝总体宽度在1mm以上的大范围裂缝的前期处理。

2）化学灌浆。化学灌浆所使用的材料，其性能事前应进行必要的试验，选择毒性低、适应性好的材料。化学灌浆施工基本工艺流程是：钻孔→清缝→埋管（贴嘴）→嵌缝（压水或压气）→灌浆→封

孔→检查。当采用贴嘴灌浆时，嘴间距15～20cm；采用斜孔加贴嘴灌浆时，斜孔孔间距一般为1～2m，灌浆压力在被处理结构和设备条件容许的前提下尽量提高，但需随进浆速度的减慢逐渐升高。化学灌浆材料可分为补强材料和堵漏材料两大类，补强材料常用的有环氧类和甲凝，堵漏材料常用的有聚氨酯类和丙烯酸盐。也有工程使用固化强度较高的聚氨酯作补强材料和使用低弹性模量的环氧树脂作堵漏材料的情况。

（3）锚固法。对严重影响结构整体受力的深层裂缝、贯穿裂缝，除采取灌浆等措施外，还应采用锚固措施。预应力锚固技术具有受力明确，能恢复结构的整体和承载能力等特性，是混凝土裂缝结构补强的重要手段。

1.12.2 坝体渗漏处理

重力坝坝体渗漏包括结构缝止水渗漏和坝体混凝土渗漏。结构缝止水片渗漏处理既要达到封堵漏水通道的目的，又要使处理材料能够适应结构缝的伸缩变形，修补材料多采用柔性材料。止水检查方式主要是压风压水，设有止水检查槽的部位从预埋管路进行；未设止水检查槽的部位从外表面打孔压水，压水时缝口需临时封闭。压水压力一般按运行水头的0.8～1.5倍取值，压水合格标准可参照混凝土防渗层透水率标准（0.1Lu）换算成分区漏量，但漏量不是唯一标准，对发现的外部漏水点，不论其漏量是否达标，均应予以处理。压风检查一般用来帮助查找漏点，为避免发生抬动，风压一般不超过0.1MPa。

在坝体结构缝迎水面设置止水检查槽对于结构缝止水渗漏检查和处理是非常有效的，止水检查槽骑缝设于两道止水片之间，一般在设有廊道部位分隔形成独立的区段，各段上下端均通过埋管与廊道连通，正常情况下具有观察止水渗漏和排水减压作用，因而也被称为排水槽。通过向槽内压水即可确定是否存在止水渗漏缺陷以及漏水部位，必要时可通过向槽内灌注止水材料起到封闭堵漏作用。

混凝土渗漏主要由混凝土局部不密实或抗渗指标偏低引起，处理原则上是前堵后排，凡是有条件的应尽量从迎水面封堵，根据渗漏的程度和影响选择迎水面涂刷防水涂层或粘贴防渗盖片、对混凝土防渗层灌注止水材料等不同的处理措施，封堵后仍有渗漏可辅以排水截引措施。若混凝土渗漏范围和危害较大，必要时应补做混凝土防渗板，即在迎水面再浇一层混凝土防渗层。

丹江口大坝河床19～33号坝段混凝土浇筑质量事故（冷缝、架空）较严重，且上游坝面裂缝较多，混凝土的抗渗性及耐久性均较差，这些坝段尚在二期围堰保护下施工，经研究比较，除了对已发现的浇筑质量事故进行灌浆处理外，决定在上游增设混凝土厚防渗板。防渗板底部最大厚度10m，顶部厚度6～7m，防渗板底部设基础灌浆廊道，上部设坝面排水廊道。横缝止水为两道紫铜片加沥青井。防渗板与老坝面的结合，采用沿老坝面预留1.1m厚宽槽，待防渗板及坝体混凝土冷却至稳定温度后回填二期混凝土，使板、坝结合成整体。在宽槽顶部，分别于高程117.50m及108.00m设置并缝廊道，廊道底部加强配筋。

1.12.3 过流表面缺陷修补及补强

混凝土过流表面缺陷包括：①过流断面轮廓线误差，一般由于施工测量放线不准或模板变形所致；②平整度超过设计容许值；③横向接缝处或模板接缝的错台；④未清除的砂浆块、钢筋头；⑤蜂窝、麻面等表面缺陷。由于上述缺陷的存在，当高速水流下泄时，有可能导致空蚀破坏；当含沙水流通过时，则易发生冲磨破坏。这两种破坏相互作用将加速溢流面的破坏速度，导致新的表面不平整。

过流面平整度控制标准取决于建筑物作用水头、下泄流速、单宽流量，并应在充分考虑建筑物等级、参照国家有关规范和国内外已建工程实例、综合各种因素的基础上拟定。在容许高度范围内所有的不平整，应一律进行缓坡处理，并按表1.12-1规定的坡度磨平；当流速大于30～35m/s时，除磨平外，还应同时采取其他防蚀措施。

过流表面蜂窝、麻面、气泡的处理标准，通常在高速水流区过流表面出现单个缺陷的直径和深度不大于5mm时，可只进行打磨处理；超过此标准的，需要进行修补处理。

1.12.3.1 过流面缺陷修补和补强方法

1. 升坎的凿除和磨平

根据不平整度控制标准，当升坎高度超过标准要求时，先以风镐凿除，预留0.5～1.0cm保护层，再用手持电动砂轮研磨平整；对凿除超标的补凹坑用砂轮磨平。处理升坎的施工方法如图1.12-3所示。当凿除深度大于30～50cm，且面积较大时，可用静态爆破挖除，并预留保护层。

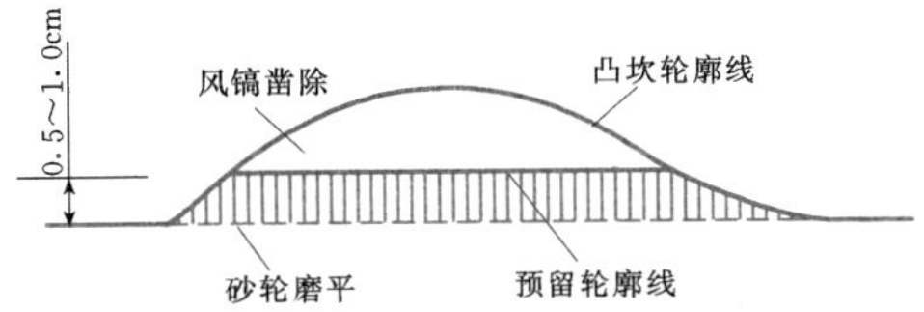

图1.12-3 升坎凿磨示意图

表 1.12-1 表面不平整度控制和处理标准

水流空化数 σ		>1.70	1.70～0.61	0.60～0.36	0.35～0.31	0.30～0.21		0.20～0.16		0.15～0.10		<0.10
掺气设施						不设	设	不设	设	不设	设	修改设计
实体高度控制（mm）		≤30	≤25	≤12	≤8	<6	<25	<3	<10	修改设计	<6	
磨成坡度	正面坡	不处理	1/5	1/10	1/15	1/30	1/5	1/50	1/8		1/10	
	侧面坡	不处理	1/4	1/5	1/10	1/20	1/4	1/30	1/5		1/8	

2. 蜂窝、麻面的凿除和填补

对数量集中、超过规定的蜂窝、麻面，先进行凿除（凿除的深度由所选用的修补材料类型决定），消除缺陷填补范围内残存的浮皮、砂粒，再将填补面清洗干净，然后用专用工具将凹坑边缘切割成整齐榫式坡口，凿挖深度必须满足修补材料的最低要求，并保证钢筋周边有不少于 5cm 的空间。涂刷相应的黏结剂和砂浆，填补后压实抹平。按三峡工程处理标准规定，对超标准的气泡，先用小钢钎凿开并清除孔周的乳皮，经清洗和吸干水分后，深度在 5mm 以内的采用胶泥修补；深度在 25mm 以内的坑采用修补砂浆填补，25mm 以上的采用修补砂浆或小石混凝土修补。

1.12.3.2 修补材料

修补材料基本上可分成水泥基和有机合成两大类。水泥基类材料的变形性能与被修补面比较接近，施工操作简单，具有碱性防锈作用，而且性能稳定，施工中通常优先考虑使用这类材料。有机合成类材料的力学指标优越，且对细小缺陷的修补效果比较好，但存在老化问题，因而常用在运行要求比较高且又不受阳光直射的部位（如泄洪孔洞内）。有机合成类材料大多对施工环境要求比较高，一般要求洁净、干燥，通风良好、温度变化小。另外有机材料价格比水泥类贵，但这在选择修补材料时不是主要的考虑因素，因为毕竟保证修补效果是最重要的，且修补材料消耗量相对比较小。重力坝过流表面缺陷修补经常使用的修补材料主要有：①预缩砂浆；②环氧胶泥、环氧砂浆、丙乳砂浆；③小石混凝土、自密实混凝土；④喷混凝土（砂浆）。

1.12.4 重力坝的加高设计

重力坝的分期加高分为计划内的加高和因发展需要提出的加高两种情况。为提高水库蓄水量（用于防洪、供水、发电等）的加高和为了改善坝体应力和稳定条件以及减缓或避免坝顶的冻融、冻胀破坏等的加高，属于计划外的加高，设计和施工要复杂一些。为优化投资，一次设计分期施工的加高，属于计划内的加高，这种情况通常在大坝初期建设时，为后期加高创造了一定的便利条件，如丹江口大坝在初期工程施工时，对河床坝段下游水位以下的坝体已按后期加高断面施工到水面以上，为后期加高简化施工导流创造了条件，同时在大部分下游坝面设置了键槽，简化了后期加高时对坝体表面的处理工程量；龙滩工程非溢流坝段在初期建设时，按照后期加高的坝体断面施工浇筑到初期的坝顶，后期坝体由坝顶直接加高。

大坝加高前需对原坝体进行全面检查，对新发现的裂缝或发展延伸的原有裂缝及表面混凝土的碳化层必须先进行处理与凿除，加固防渗帷幕，以免留下安全隐患。

1.12.4.1 分期加高方式

国内外重力坝加高方式大体上可分为后帮式、前帮式、外包式和坝顶直接加高式等；按新浇筑坝体与原坝体的结合牢固情况可分为整体式、半整体式和分离式。上述的加高方式如图 1.12-4～图 1.12-9 所示。

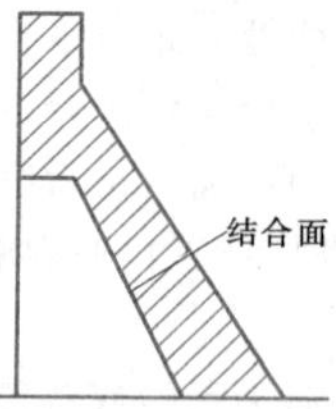

图 1.12-4 后帮式加高

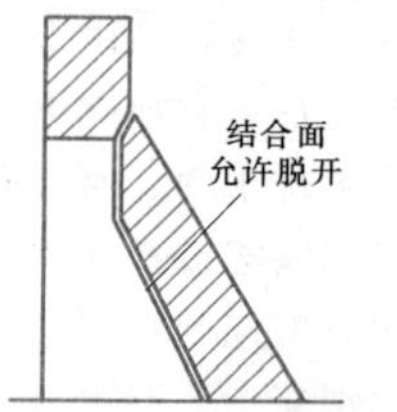

图 1.12-5 分离式加高

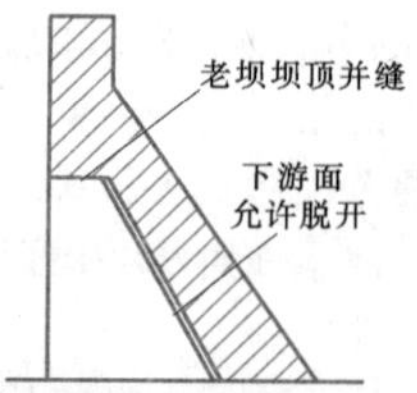

图 1.12-6 后帮半整体式

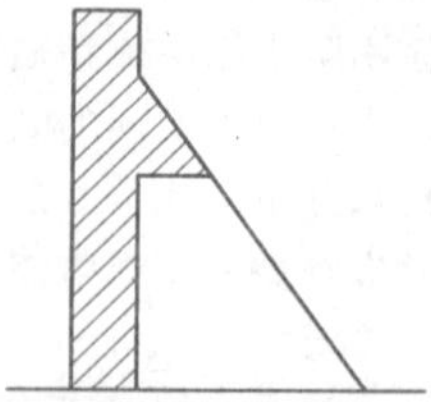

图 1.12-7 前帮式加高

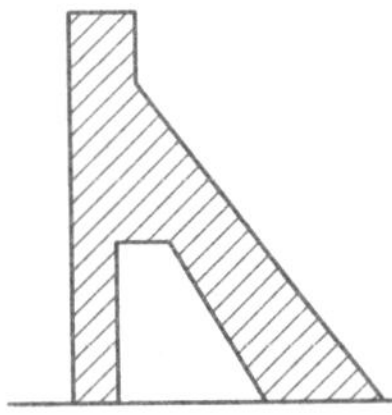

图 1.12-8 外包式加高

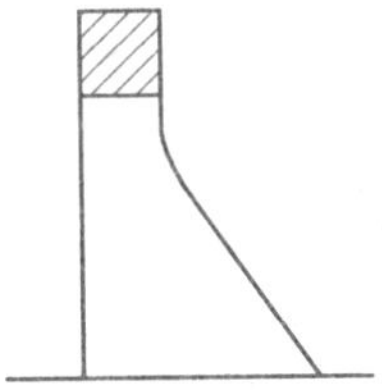

图 1.12-9 坝顶直接加高

1.12.4.2 分期加高坝体应力和稳定计算

重力坝分期加高的坝体应力分析，属于边界条件性质由于结构位移发生变化所引起的非线性问题（即接触问题），后帮式加高这一问题相对更为突出。改善加高坝体非线性应力叠加问题的措施有：施工时尽量降低上游库水位，减少老坝体承受的水压力；下游面设置键槽，必要时设置接缝灌浆系统，加强新老坝体之间的传力作用；选取合适的混凝土材料使新老混凝土的弹性模量比较接近；实施严格的温控和保温措施，减少因气温年变幅引起的结合面的张开，同时可避免因气温骤降造成的后浇混凝土的开裂。在原坝体顶面除设置必要的锚固措施外，还需埋设止、排水系统以减少层面的扬压力。大坝的补强加固和分期加高，对于高坝还应进行有限元仿真分析，以期对大坝的安全作出合理的评价。

1. 计算内容

大坝分期加高的应力、稳定计算比一般大坝要复杂一些，需要考虑以下方面：

(1) 加高前的大坝在加高后的荷载作用下，其应力、稳定和温度场的变化情况。

(2) 加高前的大坝和新浇筑的混凝土在加高过程中，对应于新浇混凝土水化热作用的应力状态和新、老混凝土结合面应力情况。

(3) 大坝加高后，新、老坝体在各种控制荷载下的应力状态及发展情况，特别是加高前大坝的上游坝面、坝踵和新、老混凝土结合面的应力情况。

(4) 长期运行条件下的坝体和新、老结合面的应力变化趋势情况。

2. 计算条件

分期加高大坝应力计算属于非线性应力分析，需要考虑加高时大坝的应力状态，温度场，新、老坝体材料性能差异，新浇混凝土施工时的温度，以及新、老坝体之间结合面构造等许多因素，具体分析如下。

(1) 加高时大坝的温度场和应力状态。大坝加高后新、老坝体的应力状态决定于加高前大坝的温度场和坝体应力，以及加高前大坝施工过程、温控措施、施工温度、大坝施工期间裂缝、裂缝处理措施、运行维护等因素，准确计算加高前大坝的真实应力状况比较困难。实际分析时，需要尽可能收集加高前的大坝施工记录，根据记录资料模拟大坝施工过程，结合大坝运行期间的监测成果分析大坝应力状态。

(2) 坝体材料物理力学性能。混凝土的物理力学性能与龄期关系密切，且受环境湿度等条件的影响，大坝加高时，应对坝体不同部位取样进行相关物理力学试验。需要通过试验确定的物理力学参数包括：混凝土的弹性模量，抗拉、抗压强度，线膨胀系数和热力学参数等。

(3) 大坝施工时的荷载。大坝施工时可能承受的荷载较为复杂，主要有坝体自重，上游面的水、沙压力，坝基渗透压力及扬压力；当大坝在挡水条件下加高时，选择合适的上游水位对新、老坝体承担荷载的比例有较为明显的影响，通常较低的上游水位对减小老坝体承担的荷载有利，但水位降低过多会影响加高期间的效益，一般加高期间的坝前水位应经分析比较确定。丹江口大坝加高时，从控制大坝上游面及坝踵应力角度出发，限制贴坡混凝土施工期间的上游水位不高于 142.00m。

(4) 大坝加高时机选择。大坝新、老坝体应力、结合面状态与大坝加高时老坝的温度场、新浇筑混凝土的环境温度以及新浇混凝土的温度控制关系密切，在进行分期加高大坝应力分析时，需要结合施工组织设计和进度安排，多方案分析比较，选择合适有利的加高施工期和相应的新浇混凝土温度控制措施。

3. 坝体应力计算方法

(1) 材料力学法。坝体应力分析是分期加高重力坝设计的主要工作内容之一。材料力学分析方法具有计算方法简单，应用广泛的优点，且在长期的设计研究工作中积累了丰富的经验，形成了一套完整的控制指标。根据大坝加高工程的施工及运行特点，在采用材料力学法进行分期加高重力坝的结构分析时，对整体式加高的坝体可假定新、老混凝土物理、力学性质相同，且新、老混凝土作为一个整体同时承受新增加的水压荷载作用。计算分析步骤简述如下：

1) 计算加高前坝体的应力状态。

2) 计算大坝加高完成后水库水位抬高前，在新扩大坝体自重作用下新、老坝体的应力状态。

3) 计算新的工况下，在相应于水位抬高增加的水压力、扬压力、泥沙压力等荷载作用下新、老坝体的应力状态。

4) 将上述计算成果进行叠加。

上述计算中，要注意前一步骤已考虑的荷载作用，后一步骤不再重复计算。对于其他加高形式，可参考确定计算步骤和计算内容。值得说明的是，由于材料力学分析方法系建立在一系列基本假定的基础上，分析中难以全面考虑温度变化、混凝土收缩、大坝基础变形等因素对坝体应力的影响。因此，大坝加高设计中，还应结合大坝加高施工过程，采用有限元等其他方法进行对比分析，以对加高后大坝的工作状态进行更加全面、接近实际状态的研究。

（2）有限元法。有限元仿真分析分期加高大坝的坝体应力时，通常需要比较多的资料，一般要有原大坝的施工过程、蓄水过程等资料，需要大坝加高施工过程、蓄水过程等资料，大坝各种观测资料和分析试验结果等，采用有限元仿真应力分析，并根据大坝安全监测资料进行修正拟合，最后可以确定大坝在不同时期各部位的坝体应力状态和新、老坝体结合面的结合状态。

由于仿真过程应力分析对原大坝施工及运行资料的完整性、系统性要求比较高，所需的数据量很大，实际上早期建设的大坝的工程记录资料很难完全满足仿真分析的要求，有时必须做简化处理。如忽略原大坝的施工过程，根据大坝所在地多年平均气温及年变幅拟合年内气温变化曲线；用水库表面水温多年平均值及年变幅，水库不同深度处水温多年平均值和年变幅拟合年内水温变化曲线；假定原坝体及基础初始温度为坝址处多年平均气温，将暴露面取为气温，上游水面以下取水温，结合大坝的安全监测资料或施工记录，计算若干年后（一般不少于 20 年）某一时间的坝体温度场作为原坝体的温度场，然后模拟大坝加高的实际过程。采用这种方法仅能分析大坝在加高前后的应力状态，反应不同的加高方案和加高施工过程对加高前后坝体应力变化的影响，可用于方案的初步比较和大坝加高后原坝体应力的发展趋势和新浇坝体应力状态的分析。

4. 重力坝稳定分析

重力坝分期加高的稳定分析，应视加高方式确定。采用前帮式或外包式进行大坝加高时，在大坝加高施工时须放空水库，加高施工期间原大坝未承受水平荷载，大坝与一次建成的情况差别不大（尤其是结合面比较牢固的情况），因此，大坝的抗滑稳定计算可采用普通重力坝设计的方法。

采用后帮方式进行大坝加高时，若原坝施工期挡水，加高时原坝已承担了加高期间的水库水压力，大坝加高后将进一步承担因水库蓄水位抬高增加的水压力，加高后的大坝水平断面上剪应力分布与一次建成并蓄水的剪应力分布有较大的差别，如果仍采用整个大坝综合计算稳定，则有可能由于水平截面上剪应力分布不均匀，导致算出的安全系数与真实值有比较大的区别，偏于不安全。在进行丹江口大坝加高设计时，稳定复核按以下两种方式进行：

（1）按有限元法计算成果，将原大坝和加高坝水平截面上的正应力和剪应力各自分别积分，算出法向力 W 和切向力 Q，按设计规范规定的方法对原大坝和加高坝进行抗滑稳定分析，要求原大坝和加高坝的安全系数均满足现行设计规范要求。

（2）大坝建基面稳定分析，按两种情况计算：对于直接加高的大坝，稳定按现行设计规范的方法进行计算；对于采取其他形式加高的大坝，在按有限元法进行稳定复核的同时，也需要按设计规范规定的方法对坝体稳定性进行复核。

参考文献

[1] 华东水利学院．水工设计手册：第五卷　混凝土坝［M］．北京：水利电力出版社，1987.

[2] 周建平，钮新强，贾金生．重力坝设计二十年［M］．北京：中国水利水电出版社，2008.

[3] 潘家铮．重力坝设计［M］．北京：水利电力出版社，1987.

[4] 张光斗，王光纶．水工建筑物［M］．北京：水利电力出版社，1992.

[5] DL 5108—1999 混凝土重力坝设计规范［S］．北京：中国电力出版社，2000.

[6] SL 319—2005 混凝土重力坝设计规范［S］．北京：中国水利水电出版社，2005.

[7] 水利水电规划设计总院．水利水电工程结构可靠度设计统一标准专题文集［S］．成都：四川科学技术出版社，1994.

[8] 《水利水电工程施工手册》编委会．水利水电工程施工手册：第3卷　混凝土工程［M］．北京：中国电力出版社，2002.

[9] 林继镛．水工建筑物［M］．4版．北京：中国水利水电出版社，2006.

[10] 沈长松，王世夏，林益才，等．水工建筑物［M］．北京：中国水利水电出版社，2008.

[11] DL 5180—2003 水电枢纽工程等级划分及设计安全标准［S］．北京：中国电力出版社，2003.

[12] GB 50201—94 防洪标准［S］．北京：中国计划出版社，1994.

[13] DL 5077—1997 水工建筑物荷载设计规范［S］．北京：中国电力出版社，1997.

[14] DL 5073—2000 水工建筑物抗震设计规范［S］．北京：中国电力出版社，2000.

[15] GB 50287—2006 水力发电工程地质勘察规范［S］．北京：中国计划出版社，2006.

[16] GB 50487—2008 水利水电工程地质勘察规范［S］．北京：中国计划出版社，2008.

[17] DL/T 5057—2009 水工混凝土结构设计规范［S］．北京：中国电力出版社，2009.

[18] GB 50199—94 水利水电工程结构可靠度设计统一标准［S］．北京：中国计划出版社，1994.

第2章

拱　　坝

本章以《水工设计手册》（第1版）框架为基础，结合现代拱坝设计方法与内容，将原6节扩充为9节。内容调整和修订主要包括八个方面：①丰富了基本概念、基本理论、基本方法，总结了现代拱坝设计要点，叙述了现代拱坝设计准则；②增加了拱坝枢纽布置设计，结合工程实例介绍了拱坝枢纽布置原则和方法；③明确了拱坝建基面确定原则与评价内容，介绍了拱坝体型布置与体型优化设计方法；④阐述了现代拱坝应力分析技术，即多拱梁法和有限元—等效应力法及其代表性计算程序，简介了“悬臂梁计算”、“拱圈计算”方法，删去了“纯拱法”和“拱冠梁法”；⑤就坝肩抗滑稳定分析，在介绍平面和三维刚体极限平衡法分析的基础上，增加了刚体弹簧元法；⑥针对地质条件复杂的高拱坝设计，增加了拱坝整体三维非线性有限元分析方法和地质力学模型试验方法及工程应用实例；⑦丰富了拱坝基础处理技术和坝体附属结构设计要求；⑧列举了大量国内外拱坝建设实例，尤其是坝高超过200m的超高拱坝实例，包括代表性坝型与结构、有关参数与监测数据。为了避免重复，减少篇幅，常规适用的技术理论和方法，如作用或荷载、混凝土材料、温度荷载和温控措施、地基处理措施、拱坝抗震设计等，请参见本手册其他相关章节。

章主编　王仁坤　赵文光

章主审　计家荣　陈丽萍　赵永刚

本章各节编写及审稿人员

<table>
<tr><th>节次</th><th>编　写　人</th><th>审稿人</th></tr>
<tr><td>2.1</td><td rowspan="2">饶红玲</td><td rowspan="2">王仁坤
计家荣</td></tr>
<tr><td>2.2</td></tr>
<tr><td>2.3</td><td>曾　勇</td><td>王仁坤</td></tr>
<tr><td>2.4</td><td>陈丽萍　张　冲</td><td rowspan="2">陈丽萍
计家荣</td></tr>
<tr><td>2.5</td><td>陈丽萍　张　冲　张国新</td></tr>
<tr><td>2.6</td><td>唐忠敏　张建海</td><td rowspan="2">赵文光
赵永刚</td></tr>
<tr><td>2.7</td><td>杨　强　薛利军</td></tr>
<tr><td>2.8</td><td>曾　勇</td><td>赵永刚</td></tr>
<tr><td>2.9</td><td>曹去修　尤　林</td><td>赵文光</td></tr>
</table>

第2章 拱 坝

2.1 概 述

拱坝是一个空间壳体结构，作用在坝上的外荷载主要通过拱梁的作用传递至两岸山体，依靠坝体混凝土的强度和两岸坝肩岩体的支承，保证拱坝的稳定。拱坝能充分发挥混凝土材料的性能，因而能减小坝身断面，节省工程量。只要两岸坝肩具有足够大的坚硬岩体，稳定可靠，拱坝的潜在安全裕度较其他混凝土坝高，抗震性能较好，是经济性和安全性都比较优越的坝型。

2.1.1 拱坝的分类

2.1.1.1 按坝的高度分类

拱坝按高度可分为高坝、中坝和低坝。水利行业和电力行业的混凝土拱坝设计规范[2-3]在坝高的划分上存在一些差异，见表2.1-1，表中H为最大坝高。最大坝高在200m及以上的拱坝又称超高拱坝。

表2.1-1 坝高划分

坝高分类	电力行业规范	水利行业规范
高坝	$H>100$m	$H>70$m
中坝	$H=50\sim100$m	$H=30\sim70$m
低坝	$H<50$m	$H<30$m

2.1.1.2 按坝的厚度分类

拱坝的厚度通常以厚高比来衡量。厚高比为拱坝最大高度处的坝底厚度（B）和最大坝高（H）的比值，以此将拱坝分为

（1）薄拱坝：$\dfrac{B}{H}<0.2$。

（2）中厚拱坝：$\dfrac{B}{H}=0.2\sim0.35$。

（3）厚拱坝（或称重力拱坝）：$\dfrac{B}{H}>0.35$。

拱坝弧高比（拱坝坝顶弧长L与最大坝高H的比值）可在一定程度上反映河谷的跨度。图2.1-1是国内外82个已建、在建及设计中的拱坝的弧高比与厚高比的统计关系图，图中L、B及H分别为拱坝的坝顶弧长、拱冠梁处的坝底厚度及最大高度。在所统计的拱坝中，坝高大于250m的拱坝有5座，200～250m的有10座，150～200m的有21座，100～150m的有30座，70～100m的有16座。

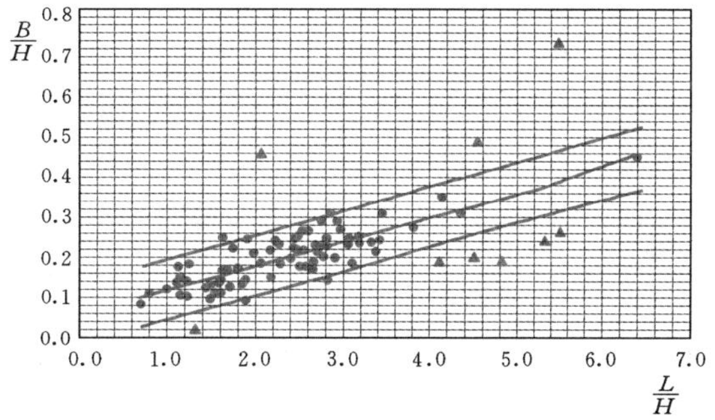

图2.1-1 拱坝弧高比与厚高比关系图

从图2.1-1可见，厚高比与弧高比存在一定的相关性，但散点分布的带宽较大，表明厚高比在一定程度上能反映拱坝的厚薄，而其代表性较差。除8个较离散的点外（表明这几个拱坝的厚高比不能反映拱坝的平均厚度，图2.1-1中三角形点），对剩下的74个工程的厚高比进行回归分析，其均值方程分布为线性。设$B_m=\dfrac{B}{H}$，$L_m=\dfrac{L}{H}$，则B_m的均值方程为

$$B_m = 0.0591L_m + 0.0568 \tag{2.1-1}$$

相应的相关系数$R=0.833$，样本标准差$S=0.0306$。

按正态分布的0.05分位值确定的带宽的上下限方程为

$$B_{m上下限}=0.0591L_m+0.0568\pm2S \tag{2.1-2}$$

根据均值线及带宽上下限方程，可绘出厚拱坝与中厚拱坝及中厚拱坝与薄拱坝的分界线。

划分拱坝厚薄时，引入弧高比虽然在一定程度上能够反映河谷跨度的影响，但还不能反映河谷形态的影响。国际上所采用的拱坝柔度系数C，则既可反映河谷跨度的影响，又可反映河谷形态的影响，是一种衡量拱坝厚薄的较合理的指标[39]。柔度系数C反映了坝体单位坝高的柔度，用下式表示：

$$C = \frac{F^2}{VH} \tag{2.1-3}$$

式中 C——坝体柔度系数；

F——拱坝中曲面的展开面积，m^2；

V——坝体基本体型的混凝土方量，m^3；

H——最大坝高，m。

柔度系数是一个无量纲数，数值愈大反映坝体的相对柔度愈大，坝体相对厚度也愈小。但如何用柔度系数来界定拱坝的厚薄程度，目前尚缺乏成熟的准则。表2.1-2提供部分代表性拱坝的柔度系数供设计参考，表中除溪洛渡拱坝坝址为U形河谷外，其他拱坝坝址均为V形河谷。

表 2.1-2　部分代表性拱坝的柔度系数值

坝　名	拉西瓦	小湾	东风	溪洛渡	二滩	莫瓦桑	瓦依昂	康特拉	科尔布赖恩
国　家	中国	中国	中国	中国	中国	瑞士	意大利	瑞士	奥地利
坝顶弧长 L(m)	475.8	892.8	254.0	681.5	769.0	520.0	190.5	400.0	619.0
坝高 H(m)	250.0	294.5	153.0	285.5	240.0	237.0	265.5	222.0	200.0
拱冠底厚 B(m)	49.00	72.91	25.00	60.00	55.75	53.50	22.70	27.00	33.00
厚高比 $\frac{B}{H}$	0.196	0.248	0.163	0.216	0.232	0.225	0.085	0.122	0.165
弧高比 $\frac{L}{H}$	1.90	3.03	1.66	2.45	3.21	2.19	0.72	1.80	3.10
柔度系数 C	10.02	12.42	13.00	10.88	13.30	7.00	7.50	15.00	19.00

2.1.1.3　按坝的结构分类

（1）坝基周边嵌固的拱坝。坝基周边固定在基岩上的拱坝。

（2）设周边缝的拱坝。近基础部位设置周边缝和周边垫座，形成拱坝与地基之间的一种连接结构，从而达到改善坝身和基础受力条件的效果，如瓦依昂拱坝、英古里拱坝等。

（3）设底部结构诱导缝的拱坝。部分坝段，尤其是河床坝段，为避免坝踵拉应力导致无规则裂缝，可以在拱坝基础混凝土内设置短缝。对这类结构短缝必须做好防渗和排水处理；短缝的末端还应设置并缝廊道，以消除应力集中的影响，如小湾拱坝。

（4）有重力墩（或推力墩、翼坝、垫座）的拱坝。为了改善拱坝一岸（或两岸）与地基的连接条件，在坝的一端（或两端）设置重力墩（或推力墩、翼坝、垫座），起到改善拱坝对称性，增强其拱座承载力和改善大坝应力和稳定条件的作用，如黑部川拱坝、姆拉丁其拱坝、锦屏一级拱坝、李家峡拱坝、龙羊峡拱坝等。

（5）空腹拱坝。当坝体较厚时，在坝身内留设空腔，以减少工程量，并有利于降低坝基的扬压力和坝身混凝土的散热，同时在空腔内也可布置水电站厂房，如枫树坝拱坝、蒙特纳尔拱坝。

（6）铰拱坝。在拱座（或同时在拱冠）处设置铰缝，成为双铰（或三铰）拱坝，以改善坝身和坝基的应力情况。

（7）预应力拱坝。对拱坝施加预应力，以抵消由于荷载引起的拉应力，改善坝体的应力状态。

铰拱坝及预应力拱坝仅限于中小型工程中应用。

2.1.1.4　按坝体曲率分类

（1）单曲拱坝。只在水平断面内呈弧形，铅直断面不弯曲的拱坝。若在整个高度内坝的外半径不变，上游面形成铅直的圆筒形，则称为圆筒拱坝。

（2）双曲拱坝。在水平和铅直断面内都有曲率的拱坝。

2.1.1.5　按水平拱的型式分类

（1）圆拱。拱圈水平截面为单心的圆弧拱，这是最常用的水平拱型式。

（2）二心拱。拱圈水平截面为由两个圆心的圆弧段组成的不对称拱，适用于不对称河谷。

（3）三心拱。拱圈水平截面为由三个圆心的圆弧段组成的拱，可以适应河谷的形状，减小或加大拱端的曲率半径，用以改善坝身应力或增加坝肩稳定。

（4）抛物线拱。拱圈水平截面为抛物线形的拱，可以改善坝身应力和增加坝肩稳定。

（5）椭圆拱。拱圈水平截面为椭圆形的拱，可以改善坝身的应力分布和增加坝肩稳定。

（6）对数螺旋线拱。拱圈水平截面为对数螺旋线形的水平拱，便于适应两岸河谷的形状变化。

（7）混合曲线拱（统一二次曲线拱）。对不同高程的水平截面拱圈采用不同的二次曲线，形成由不同曲线组成的混合型拱坝。

2.1.1.6　按水平拱的厚度变化分类

（1）等厚度拱。水平截面为厚度不变的水平拱。

(2) 变厚度拱。水平截面为变厚度的水平拱，一般从拱冠至拱座逐渐加厚，改善坝体和坝基的应力分布条件。

2.1.1.7 按建筑材料和施工方法分类

按建坝材料分类，可分为常态混凝土拱坝、碾压混凝土拱坝、浆砌石拱坝（块石或条石）。建坝材料的差异，也导致施工方法的差异。

表2.1-3～表2.1-5列出了国内外一些拱坝工程实例，供参考。

2.1.2 拱坝设计要点

2.1.2.1 建基面确定

拱端嵌入岩体的深度直接影响拱坝体型、水推力大小和工程量的多少，是关系拱坝安全性、工期和工程投资的关键问题，是拱坝设计中必须关注的重点。混凝土拱坝设计规范[2-3]给出了确定拱坝建基面的基本原则，但在工程设计中还需要结合坝基地质条件，具体问题具体分析。拱坝建基面应选择在地质条件相对较好、岩性相对均匀的较完整～完整的坚硬岩体上，确保基础具有足够的强度、刚度；满足拱座抗滑稳定和拱坝整体稳定以及基础抗渗性和耐久性的要求。落实到具体工程，需要结合坝基工程地质条件、岩体及结构面特征，考虑坝基处理的可行性，合理确定嵌深位置。对于超高拱坝建基岩体的确定，尤其是Ⅲ级岩体的利用，要有专门的论证。

2.1.2.2 体型设计

拱坝体型设计是否合理，关系到拱坝的安全性和经济性。体型设计应综合考虑坝址河谷形状、地质条件、坝体布置、泄洪消能、应力状态、拱座稳定、工程投资和施工条件等因素，通过拱圈线型的优选确定。拱梁分载法及刚体极限平衡法是拱坝体型设计计算的基本方法。设计采用的拱坝体型应满足规范规定的强度、稳定安全要求；应力分布均匀，方便施工，经济合理，安全可靠。中、高拱坝设计，通常需要开展体型优化设计。

2.1.2.3 拱座稳定分析

据调查分析，拱坝事故绝大多数都是由于拱座的原因引起的，很少因为坝体结构首先破坏。拱座抗滑稳定安全性需要在查清坝址地质条件、坝肩岩体结构、岩体及结构面性状的基础上，分析确定两岸坝肩各种可能的滑移边界及滑移模式，采用刚体极限平衡法逐一进行计算分析和评价；对具有较大不确定性的影响因素，如结构面的产状、力学参数，坝肩抗力体防渗和减排效果等还需要进行敏感性分析。对于高拱坝或地质条件十分复杂的拱坝，除应用刚体极限平衡法外，还应采用三维数值计算方法或拱坝地质力学模型试验等，开展正常作用、超载作用或降强作用等情况下的整体稳定分析，全面评价拱座稳定安全性。对于拱座出露的较大规模断层、剪切破碎带和软弱岩体等不利地质条件，应研究其对拱座抗变形、抗滑稳定的可能影响，并采取挖除、锚固或混凝土置换等措施进行处理，以确保拱坝基础稳定、安全、可靠。

2.1.2.4 地质缺陷处理

拱坝坝基内难免存在一些软弱层带，如断层破碎带、挤压破碎带、蚀变带、软弱岩层、溶隙溶洞、全～强风化夹层等地质缺陷。地质缺陷对大坝的影响主要体现在三个方面：降低坝基抗变形能力，造成坝体应力恶化，降低坝体承载能力；降低坝基（坝肩）抗滑稳定安全度；形成集中渗漏通道，容易导致裂隙岩体的冲蚀破坏。地质缺陷处理一般应根据其所在部位、产状、规模、组成物质及其特性，通过相应的计算分析或模型试验，研究其对坝体和坝基的应力、变形稳定、抗滑稳定、渗透稳定的影响程度，参考已有的工程经验拟定不同处理方案（包括处理范围及处理措施），经计算分析和模型试验研究，选择满足坝体强度及拱座稳定要求，且技术可行、经济合理的处理方案。中、低坝也可参照其他工程经验，并结合施工条件，经技术经济比较，确定适宜的处理措施。地质缺陷经过处理后，应确保拱坝整体安全的要求。

2.1.2.5 温度控制设计

拱坝施工期混凝土的温度控制和防裂设计，同样是拱坝设计需要高度关注的问题。如施工期坝体混凝土温度控制不到位，容易出现温度裂缝，甚至出现劈头裂缝、贯穿性裂缝，均将影响施工质量，甚至对结构安全造成不利影响。拱坝混凝土施工温控设计，即结合坝址区自然条件、坝体结构特点、混凝土性能以及施工技术等进行温度控制及防裂设计，制定合理的温度控制标准及防裂措施，提出不同施工时段、不同部位的混凝土浇筑温度及控温要求。

2.1.2.6 抗震设计

拱坝的抗震安全关系到下游地区工农业生产和人民生命财产的安全，必须高度重视。应结合工程规模及抗震要求，开展工程地震危险性分析与地震安全性评价。按照抗震设计规范要求对拱坝进行抗震安全性验算，并研究采取必要的防震抗震工程措施。目前有关混凝土拱坝在地震作用下的动力分析技术已经取得了很大的进步，对坝—水—地基系统的地震响应分析，可以考虑河谷地震动的不均匀输入、拱坝结构横缝张开以及地基辐射阻尼的影响等，还可开展大型振动台高拱坝整体动力模型试验研究等。

表 2.1-3 我国部分已建及在建坝高大于50m拱坝的特性

序号	坝名	位置		坝型	坝高 H（m）	坝顶弧长 L（m）	拱冠厚度（m）		$\frac{B}{H}$	$\frac{L}{H}$	中心角 φ（°）	最大应力（MPa）			泄洪方式 孔数－宽×高（m）	坝基岩性	建设时间
		河流	地点				顶部	底部 B				计算方法	拉应力	压应力			
1	锦屏一级	雅砻江	四川	抛物线双曲拱坝	305.0	552.25	16.00	63.00	0.207	1.810	95.7	拱梁分载法	1.19	7.77	表孔：4－11×12 深孔：5－5×6 隧洞：1－13×10.5	大理岩、砂板岩	2008年～
2	小　湾	澜沧江	云南	抛物线双曲拱坝	294.5	892.79	12.00	72.91	0.250	3.030	90.1	拱梁分载法	1.18	10.37	表孔：5－11×15 中孔：6－6×7 隧洞：1－13×13.5	角闪斜长片麻岩、黑云花岗片麻岩	2002～2010年
3	溪洛渡	金沙江	四川/云南	抛物线双曲拱坝	285.5	681.51	14.00	60.00	0.216	2.451	95.6	拱梁分载法	1.31	8.92	表孔：7－12.5×13.5 深孔：8－6×6.7 隧洞：14×19	玄武岩	2009年～
4	拉西瓦	黄　河	青海	对数螺旋线双曲拱坝	250.0	475.80	10.00	49.00	0.196	1.900	92.4	拱梁分载法	0.82	7.32	表孔：3－13×9.5 中孔：2－5.5×6.0 底孔：1－4×6	花岗岩	2002～2010年
5	二　滩	雅砻江	四川	抛物线双曲拱坝	240.0	769.00	11.00	55.74	0.232	3.210	91.5	拱梁分载法	0.99	8.82	表孔：7－11×12 中孔：6－6×5 隧洞：2－13×15	玄武岩、正长岩	1991～1998年
6	构皮滩	乌　江	贵州	抛物线双曲拱坝	232.5	552.55	10.25	50.28	0.216	2.380	88.0	拱梁分载法	1.15	7.46	表孔：6－12×13 中孔：7－7×6 隧洞：1－10×9	灰岩	2004～2010年
7	大岗山	大渡河	四川	抛物线双曲拱坝	210.0	622.42	10.00	52.00	0.248	2.964	93.5	拱梁分载法	1.02	6.41	深孔：4－6.0×6.6 隧洞：1－16×20	花岗岩	2011年～
8	龙羊峡	黄　河	青海	重力拱坝	178.0	396.00	15.00	80.00	0.450	2.210	85.0	拱梁分载法	1.76	6.36	表孔：2－12×17 中孔：1－8×9 深孔：1－5×7 底孔：1－5×7	花岗岩、长岩、变质砂板岩	1976～1989年

续表

序号	坝名	位置		坝型	坝高 H（m）	坝顶弧长 L（m）	拱冠厚度（m）		$\frac{B}{H}$	$\frac{L}{H}$	中心角 φ（°）	最大应力（MPa）			泄洪方式 孔数—宽×高（m）	坝基岩性	建设时间
		河流	地点				顶部	底部 B				计算方法	拉应力	压应力			
9	李家峡	黄　河	青海	三心双曲拱坝	165.0	407.20	8.00	47.00	0.285	2.470	97.7	拱梁分载法	1.24	7.52	左表孔：1－17×16 表孔：6－13×19 右中孔：1－8×9 中孔：2－4×4 底孔：1－5×7 滑雪道：3－10×7.5	黑云母质混合岩、角闪斜长岩	1987～1999年
10	东　江	耒　水	湖南	双曲拱坝	157.0	363.00	7.00	35.00	0.223	2.310	95.0	拱梁分载法	0.98	6.86	滑雪道：3－10×7.5	花岗岩	1978～1987年
11	东　风	乌　江	贵州	抛物线双曲拱坝	153.0	254.35	6.00	25.00	0.163	1.660	95.0	拱梁分载法	1.63	4.94		石灰岩	1982～1993年
12	隔河岩	清　江	湖北	三心重力拱坝	151.0	653.50	8.00	75.50	0.500	4.330	82.3	拱梁分载法	1.04	5.41	表孔：7－12×18.2 深孔：4－4.5×6.5 底孔：2－4.5×6.5	变质混合岩、角闪斜长岩	1987～1996年
13	白　山	第二松花江	吉林	三心重力拱坝	149.5	676.50	9.00	62.80	0.420	4.530	80.3	拱梁分载法	0.98	6.57	表孔：4－12×13 中孔：3－6×10.5	混合岩	1975～1987年
14	江　口	芙蓉江	重庆	椭圆双曲拱坝	140.0	155.61	6.00	15.00	0.232	2.410	92.8						
15	藤子沟	龙　河	重庆	椭圆双曲拱坝	124.0	335.44	5.00	20.01	0.171	2.870	90.5	拱梁分载法	1.17	5.79	表孔：3－12×11.5	砂岩、泥岩	2002～2005年

续表

序号	坝名	位置		坝型	坝高 H（m）	坝顶弧长 L（m）	拱冠厚度（m）		$\frac{B}{H}$	$\frac{L}{H}$	中心角 φ（°）	最大应力（MPa）			泄洪方式 孔数－宽×高（m）	坝基岩性	建设时间
		河流	地点				顶部	底部 B				计算方法	拉应力	压应力			
16	风 滩	西 水	湖南	空腹重力拱坝	112.5	488.0	6.00	前腿 19.00 空腹 20.20 后腿 11.50	0.540	4.340	115.0	拱梁分载法	1.47	6.37	表孔：13－14×12 底孔：1－6×7	砂岩	1970～1979年
17	紧水滩	龙泉溪	浙江	三心双曲拱坝	102.0	350.60	5.00	26.50	0.260	3.440		拱梁分载法	1.84	6.13	中孔：2－7.5×7.0 浅孔：2－8.6×8.0	花岗斑岩	1981～1988年
18	石 门	褒 河	陕西	双曲拱坝	88.0	258.00	5.00	27.35	0.310	2.950	129.0	拱梁分载法	0.98	3.92	中孔：6－7×8	石英岩、云母岩	1969～1973年
19	龙 首	黑 河	甘肃	抛物线双曲拱坝	80.0	140.84	5.00	13.50	0.170	1.760	94.6	拱梁分载法	1.21	3.24	表孔：2－10×7 中孔：3－5×5.5	硅质和砂砾质板岩	1999～2002年
20	响洪甸	西淠河	安徽	重力拱坝	87.5	361.00	5.00	39.00	0.450	4.130	117.0	拱梁分载法	0.74	2.94	泄洪隧洞	正长岩、凝灰岩	1956～1958年
21	泉 水	汤盆水	广东	双曲拱坝	80.0	185.00	3.00	9.00	0.112	1.750	76.4	拱梁分载法	0.78	5.93	滑雪道：2－9×6.5	花岗岩	1972～1974年
22	流溪河	流溪河	广东	双曲拱坝	78.0	208.00	2.00	22.00	0.282	2.670	120.0	拱梁分载法	0.92	3.18	坝顶溢流：7×11.5	花岗岩	1956～1958年
23	王屋山	铁山河	河南	双曲拱坝	77.3	105.45	1.60	19.00	0.178	1.560	114.0	拱梁分载法	0.88	3.29	岸边溢洪	石英砂岩	1971～1975年
24	陈 村	青弋江	安徽	重力拱坝	76.3	419.00	8.00	53.25	0.700	5.490	103.0	拱梁分载法	0.40	2.14	表孔：4－12×6	砂岩、页岩	1958～1972年
25	雅溪一级	小安溪	浙江	双曲拱坝	75.0	227.00	3.50	25.90	0.345	3.030	115.5	拱梁分载法	0.97	3.02	表孔：6－10×3.2	熔凝灰岩	1970～1977年
26	里石门	始丰溪	浙江	双曲拱坝	74.3	208.50	4.00	15.50	0.208	2.810	134.0	拱梁分载法	0.98	4.24	表孔：8－10×5.1	熔凝灰岩	1973～1977年

续表

序号	坝名	位置		坝型	坝高 H（m）	坝顶弧长 L（m）	拱冠厚度（m）		$\frac{B}{H}$	$\frac{L}{H}$	中心角 φ（°）	最大应力（MPa）			泄洪方式 孔数－宽×高（m）	坝基岩性	建设时间
		河流	地点				顶部	底部 B				计算方法	拉应力	压应力			
27	天堂山	高明水	广东	双曲拱坝	72.0	296.80	5.00	22.00	0.306	4.122	95.0	拱梁分载法	1.75	3.39	表孔：5－8×7.5	石英砂岩	1981～1993年
28	新愚公	铁山河	河南	双曲拱坝	71.0	83.00	4.00	34.50	0.146	1.170	114.0					石英砂岩	1969～1970年
29	古　城	沩水河	北京	双曲拱坝	70.0	79.90	3.00	14.00	0.200	1.140	109.0	拱梁分载法	1.48	3.84	表孔：5－6×5	白云岩	1973～1979年
30	恒　山	唐峪河	山西	双曲拱坝	68.7	145.30	2.50	15.00	0.219	2.110	139.6	拱梁分载法	1.12	4.21	宽顶堰	安山岩	1958～1968年
31	流清河	流清河	山东	双曲拱坝	68.0	202.79	4.75	13.60	0.200	3.010	83.0	拱梁分载法	1.28	3.74	岸边溢洪道	花岗岩	1972～1981年
32	乌拉斯台	乌拉斯台河	新疆	双曲拱坝	62.4	222.30	3.00	23.00	0.369	3.580	130.0	拱梁分载法	0.95	2.71	坝顶溢流	石灰岩	
33	红　岩	猫跳河	贵州	双曲拱坝	60.0	111.00	3.00	9.03	0.150	1.850	116.0	有限元法	0.98	2.94	中孔：5－7×6.4	灰岩、白云岩	1971～1974年
34	欧阳海	春陵水	湖南	双曲拱坝	58.0	192.70	3.26	13.88	0.239	3.320	116.7	拱梁分载法	1.54	4.61	大孔口：5－11.5	花岗岩	1967～1970年
35	托　海	喀什河	新疆	重力拱坝	57.2	179.24	3.50	15.07	0.264	3.130	108.6	拱梁分载法	1.51	3.13	中孔：3－5×5.5	角砾凝灰岩	
36	河　口	永庆河	四川	双曲拱坝	57.0	102.64	3.00	14.00	0.246	1.800	120.0	拱梁分载法	0.32	3.11	表孔：9－8×5	石灰岩	1957～1979年
37	窄巷口	猫跳河	贵州	双曲拱坝	54.8	139.40	3.00	8.70	0.159	2.550	113.0	拱梁分载法	1.12	8.60	滑雪道：5－10×4	灰岩	1965～1970年
38	丰　乐	丰乐水	安徽	双曲拱坝	54.0	207.40	2.50	12.50	0.230	3.840	136.0	拱梁分载法	0.73	2.84	坝顶溢流：50.5	砂岩、页岩	1972～1976年
39	松柏山	南明河	贵州	双曲拱坝	52.5	118.90	3.80	8.65	0.164	2.265	116.7	拱梁分载法	1.28	3.12	表孔：3－3.1×7		1977～1980年
40	上　标	标　溪	浙江	双曲拱坝	50.7	105.60	4.00	8.09	0.160	1.830	100.0	拱梁分载法			左溢洪道：20	流纹斑岩	

表 2.1-4 国外部分坝高 100m 以上拱坝的特性

编号	坝名	外文名	国家	坝型	坝高 H（m）	坝顶弧长 L（m）	坝顶厚度（m）	坝底厚 B（m）	厚高比 $\frac{B}{H}$	弧高比 $\frac{L}{H}$	顶中心角 φ（°）	最大拉应力（MPa）	最大压应力（MPa）	泄洪方式		坝基岩性	建设时间
														型式	孔数－宽×高（m）		
1	英古里	Ингури	苏联	双曲拱坝	271.5	640.0	10.0	50.0	0.180	2.36	102.0		10.4	坝体中孔＋底孔		石灰岩、白云岩	1965～1982年
2	瓦依昂	Vajont	意大利	双曲拱坝	265.5	190.5	3.4	22.7	0.085	0.72		0.9	7.0	表孔	10－6.6×3.5	白云石灰岩	1956～1960年
														底孔	2.5×2		
3	萨扬·舒申斯克	Саян－Шушенск	苏联	重力拱坝	242.0	1068.0	25.0	114.0	0.490	4.45	102.0	1.0	11.5	双层孔口	6－6×8	变质石英砂岩	1969～1980年
															8－5×5		
4	莫瓦桑	Mauvoisin	瑞士	双曲拱坝	237.0	520.0	14.0	53.5	0.225	2.19	110.0	1.5	10.5	底泄水孔 表面溢洪道		砂质砂岩、钙质页岩	1951～1960年
5	契尔盖	Циркей	苏联	双曲拱坝	232.5	333.0	6.0	30.0	0.129	1.43		1.6	8.5	马蹄形隧洞		石灰岩	1963～1977年
6	康特拉	Contra	瑞士	双曲拱坝	222.0	400.0	7.0	27.0	0.122	1.80		1.5	10.5		5－2.5×10	片麻岩	1961～1965年
7	埃尔卡洪	Elcajon	洪都拉斯	双曲拱坝	226.0	382.0 (300)	7.0	48.0	0.210	1.69				表岸坡、深孔，短隧洞		石灰岩	1980～1985年
8	鲍尔德（胡佛）	Hoover	美国	重力拱坝	221.4	379.2	13.7	202.0	0.910	1.70					2×4	安山岩、角砾岩	1931～1936年
9	姆拉丁其	Mratinje	南斯拉夫	双曲拱坝	220.0	269.0	4.5	29.3	0.130	1.22	105.0		10.0	中孔 底孔	3－13×52	石灰岩	1968～1970年
10	格兰峡	Glen Canyon	美国	重力拱坝	216.4	458.0	10.7	91.5	0.530	2.11		0.8	5.2	放水孔	2×2	软弱砂岩	1957～1966年
11	柳冲	Luzzone	瑞士	双曲拱坝	208.0	530.0	10.0	36.0	0.170	2.55		2.0～3.0	6.0		3－3×3	片麻岩	1958～1963年

续表

编号	坝名	外文名	国家	坝型	坝高 H（m）	坝顶弧长 L（m）	坝顶厚度（m）	坝底厚 B（m）	厚高比 $\frac{B}{H}$	弧高比 $\frac{L}{H}$	顶中心角 φ（°）	最大拉应力（MPa）	最大压应力（MPa）	泄洪方式		坝基岩性	建设时间
														型式	孔数－宽×高（m）		
12	罗斯	Ross	美国	重力拱坝	204.0	384.0	10.0	95.0	0.470	1.88		1.9	11.6			花岗岩、片麻岩	
13	德兹	Dez	伊朗	双曲拱坝	203.5	240.0	4.6	21.0	0.103	1.18		1.4	99.0	深孔	4－15×10.2	钙质砾岩	1958～1963年
14	阿尔门德拉	Almendra	西班牙	三心双曲拱坝	202.0	567.0	10.0	27.0	0.134	2.81						花岗岩	1965～1974年
15	卡隆Ⅰ	Karun Ⅰ	伊朗	双曲拱坝	200.0	380.0	6.1	28.3	0.140	1.90				滑雪式溢洪道	3－20×15	石灰岩	1970～1978年
16	科尔布赖恩	Kolubrein	奥地利	双曲拱坝	200.0	619.0	10.0	33.0	0.165	3.10						片麻岩	1974～1978年
17	新布拉湾	New Bullads Bay	美国	双曲拱坝	194.0	585.0	7.6	59.3	0.307	3.46	117.0	1.7	99.0	滑雪式泄槽		斑状角闪岩	1966～1970年
18	黑部川第四	Kurobe 4	日本	双曲拱坝	188.0	447.0	10.0	38.0	0.202	2.38		2.4	9.5	坝顶		花岗岩	1958～1963年
19	卡泽	Kates	莱索托	双曲拱坝	185.0	710.0		50.0	0.270	3.84							
20	莫西罗克	Mossyrock	美国	双曲拱坝	184.7	368.5	8.5	38.1	0.206	2.00			8.0	坝顶溢流孔	4－13×15.2	玄武岩	1963～1968年
21	迪聂	Tignes	法国	重力拱坝	180.0	295.5	10.0	43.5	0.240	1.64	111.0		5.0～6.0		2－2.5×3.0	石灰岩	1950～1952年
22	卡拉杰	Koradj	伊朗	双曲拱坝	180.0	390.0	8.0	32.0	0.180	2.12		1.0	7.0			正长岩	1957～1962年
23	埃莫索恩	Emosson	法国	双曲拱坝	180.0	435.0	9.0	34.0	0.189	2.42		1.8	7.8			角闪岩、片麻岩	1968～1972年
24	饿马	Hungry Horse	美国	重力拱坝	171.9	611.7	10.0	98.0	0.570	3.56						白云岩、石灰岩	1948～1953年

续表

编号	坝名	外文名	国家	坝型	坝高 H（m）	坝顶弧长 L（m）	坝顶厚度（m）	坝底厚 B（m）	厚高比 $\frac{B}{H}$	弧高比 $\frac{L}{H}$	顶中心角 φ（°）	最大拉应力（MPa）	最大压应力（MPa）	泄洪方式		坝基岩性	建设时间
														型式	孔数－宽×高（m）		
25	依迪基	Ldikki	印度	双曲拱坝	170.7	365.7	7.6	19.8	0.116	2.14		0.7		混孔	8－6×7.8	花岗岩、片麻岩互层	1966～1976年
26	阿马卢扎	Amaluza	厄瓜多尔	重力拱坝	170.0	396.0										花岗岩、闪长岩	
27	维德拉鲁	Vidraru	罗马尼亚	双曲拱坝	166.0	307.0	6.0	25.0	0.150	1.80			4.7			花岗岩、片麻岩	
28	卡博拉巴萨	Cabora Bassa	莫桑比克	四次抛物线拱坝	163.5	303.0	4.0	21.0	0.130	1.85		1.5	8.8		8－7.8×6	片麻岩、花岗岩	1970～1978年
29	黄　尾	Yellow Tail	美国	重力拱坝	158.5	442.0	6.7	44.0	0.280	2.79			6.2（13.4）		2－7.6×2.5	厚层灰岩	1961～1966年
30	戈克西卡亚	Gokcekaya	土耳其	双曲拱坝	159.0	480.0	6.0	20.0		3.02	107.4	0.1	8.7		3－16×12.5	片麻岩	1967～1973年
31	斯贝盖里	Speochieri	意大利	双曲拱坝	156.5	192.0	2.8	15.8	0.100	1.23	140.0		5.3		5－10	石灰岩	1955～1957年
32	择芙列拉	Zevreila	瑞士	双曲拱坝	156.0	256.0	7.0						4.4			石灰岩	
33	择济耶	Zeuzier	瑞士	双曲拱坝	156.0	256.0	7.0	25.6	0.164	1.64	101.0					石灰岩	1954～1957年
34	蒙特纳尔	Monteynare	法国	重力拱坝坝内厂房	155.0	210.0	5.0	54.0		1.40	120.0				2－9×13	石灰岩	1955～1962年
35	奈川渡	Negavado	日本	双曲拱坝	155.0	355.5		35.0	0.230	2.29						花岗岩	1965～1969年
36	普拉斯木兰	Place Moulin	意大利		155.0	678.0	6.7	47.1	0.304	4.37			8.6	自翻式闸门		石灰岩	1959～1965年

续表

编号	坝名	外文名	国家	坝型	坝高 H (m)	坝顶弧长 L (m)	坝顶厚度 (m)	坝底厚 B (m)	厚高比 $\frac{B}{H}$	弧高比 $\frac{L}{H}$	顶中心角 φ (°)	最大拉应力 (MPa)	最大压应力 (MPa)	泄洪方式		坝基岩性	建设时间
														型式	孔数－宽×高 (m)		
37	布米佛	Bumiphot (Yanhee)	泰国	双曲拱坝	154.0	467.0	6.0	52.2		3.00					2×2		1957～1964年
38	弗莱敏峡	Flaming Gorge	美国	双曲拱坝	153.0	391.7	8.3	39.9	0.163	1.66		0.9	6.2			石英岩、砂岩	1958～1964年
39	圣纪斯迪那	Sta. Giustina	意大利	单曲拱坝	152.5	124.2	3.5	16.5	0.108	0.81		1.0	4.7			石灰岩、白云岩	1946～1950年
40	库布衲拉	Cupnara	瑞士	双曲拱坝	152.0	340.0	7.0	24.0	0.158	2.20						次板岩	1962～1966年
41	宰尔夫雷拉	Zerureila	瑞士	双曲拱坝	151.0	504.0	7.0	35.0	0.232	3.34	113.0		5.4			结构片麻岩	1953～1957年
42	罗泽兰	Rose Land	法国	双曲拱坝	150.0	220.0	6.0	22.0				2.0	7.5	底孔		结晶灰岩	1956～1961年
43	莫　瑞	Moiry	瑞士	双曲拱坝	148.0	610.0	5.5	34.0	0.230	4.10						片麻岩	1954～1958年
44	多尼尔	Donnels	美国	双曲拱坝	145.0	293.0	3.0	12.5	0.090	1.90						花岗岩	
45	里莫尔恩	Limmern	瑞士	双曲拱坝	145.0	375.0	9.0	25.0	0.172	2.57			7.0		10孔 $B=45$	石灰岩	1956～1962年
46	瓦勒底赖	Valle di Lei	意大利	抛物双曲坝	143.0	690.0	15.0	28.1	0.200	4.80		1.8	7.4		24孔 $B=3$	片麻岩、灰岩	1957～1961年
47	莫罗点	Morrow Point	美国	双曲拱坝	142.0	220.0	3.0	15.9	0.110	1.50		0.6	6.3		4－4.58×4.58 4－4.5×5.1	云母石英岩、片麻岩	1963～1966年
48	网达扎尔	Atazar	西班牙	三心拱坝	141.0	370.0	6.0	36.7	0.260	2.62			5.0			片岩、石英岩	1965～1972年
49	川　治	Kauahee	日本	双曲拱坝	140.0	320.0	8.0	23.3	0.170	2.30			7.5	坝顶		凝灰岩、砾岩	1970～1977年

续表

编号	坝名	外文名	国家	坝型	坝高 H（m）	坝顶弧长 L（m）	坝顶厚度（m）	坝底厚 B（m）	厚高比 $\frac{B}{H}$	弧高比 $\frac{L}{H}$	顶中心角 φ（°）	最大拉应力（MPa）	最大压应力（MPa）	泄洪方式		坝基岩性	建设时间
														型　式	孔数－宽×高（m）		
50	阿尔杰特维拉	Aldead-avilla	西班牙	重力拱坝	139.5	250.0	7.5	45.0	0.320	1.80	120.0		4.7		8－7.85×14 2－15.2×37	花岗岩、片麻岩	1959～1963年
51	雷诺的赖		意大利	双曲拱坝	138.0	635.0	15.0	28.0	0.203	4.60		0.4	8.8				
52	弗里拉	Frera	意大利	双曲拱坝	138.0	315.0	5.0	33.7	0.244	2.28						石英岩	1956～1959年
53	科尔顿	Gordom	澳大利亚	双曲拱坝	137.0	160.0	3.0	19.7	0.144	1.17						石英岩	
54	肯肯诺Ⅱ	Cancano Ⅱ	意大利		136.0	381.4	5.0	30.9	0.227	2.80						石灰岩	1953～1957年
55	柳米依	Lumiei	意大利	双曲拱坝	136.0	138.0	3.2	14.2	0.110	1.00	115.0	0.8	5.0			白玉岩、石灰岩	1943～1952年
56	诺维罗	Nouillo	墨西哥	双曲拱坝	135.0	180.0	7.9	35.0	0.260	1.32						千枚岩	1960～1964年
57	苏斯圭达	Susqueda	西班牙	双曲拱坝	135.0	510.0	5.0	23.0	0.170	3.78						花岗岩	1964～1967年
58	阿贡德尔托罗		阿根廷	双曲拱坝	133.5	283.0				2.30			5.0			石灰岩、安山岩	1971～1974年
59	高根第一	Takane No.1	日本	抛物双曲拱坝	133.0	276.0		24.0	0.180	2.08			5.6			白云岩	1965～1969年
60	卡布里尔	Cabril	葡萄牙	双曲拱坝	132.0	290.0	4.5	19.0	0.140	2.10	110.0		7.0			花岗岩各向异性	1951～1954年
61	伯乌列加尔德	Beauregard	意大利	重力拱坝	132.0	408.0	5.0	30.2	0.230	3.09						云母页岩	1953～1957年
62	伯勒扎尔	Relesar	西班牙	双曲拱坝	132.0	490.0	5.5	29.0	0.220	3.20				左岸、右岸	3－7×7 3－10×10	花岗岩	1957～1963年

续表

编号	坝名	外文名	国家	坝型	坝高 H（m）	坝顶弧长 L（m）	坝顶厚度（m）	坝底厚 B（m）	厚高比 $\frac{B}{H}$	弧高比 $\frac{L}{H}$	顶中心角 φ（°）	最大拉应力（MPa）	最大压应力（MPa）	泄洪方式		坝基岩性	建设时间
														型式	孔数—宽×高（m）		
63	宾埃勒欧依达诺	Bin el Ouidane	摩洛哥	双曲拱坝	132.0	290.0	5.0	28.0	0.212	2.20						石灰岩	1951～1954 年
64	斯佩盖尼	Specchieri	意大利	双曲拱坝	132.0	192.0		15.8	0.120	1.45							
65	萨利姆	Salime	西班牙	重力拱坝	131.5	250.0	9.0										
66	矢木泽	Yagisawa	日本	双曲拱坝	131.0	402.0	7.9	29.5	0.220	3.00							1959～1966 年
67	斯格纪斯	Schelgeis	奥地利	双曲拱坝	131.0	722.0	9.0	34.0	0.250	5.50		1.0	6.0			花岗岩	1969～1971 年
68	埃斯特卡拉	Estcaiera	西班牙		130.5	571.0				4.30			8.0			结晶片麻岩	
69	散普科	Samruco	瑞士	重力拱坝	130.0	363.0	8.0	69.0	0.530	2.70							1952～1956 年
70	一濑川	Hitotsuse	日本	双曲拱坝	130.0	416.0	4.0	23.0		3.20		1.1			2—13×6.7 4—15×8.2	石英岩	1960～1963 年
71	拉索特	Lasautet	法国	重力拱坝	130.0	80.0	5.8	75.0	0.580	0.60						石灰岩、白云岩	
72	契克泰斯	Chrotas	意大利	双曲拱坝	130.0	230.0	5.0	37.5	0.290							石灰岩	
73	乌格朗	Vonglang	法国	双曲拱坝	130.0	425.0	5.0	25.0	0.190	2.60						花岗岩、片麻岩	1962～1969 年

续表

编号	坝名	外文名	国家	坝型	坝高 H（m）	坝顶弧长 L（m）	坝顶厚度（m）	坝底厚 B（m）	厚高比 $\frac{B}{H}$	弧高比 $\frac{L}{H}$	顶中心角 φ（°）	最大拉应力（MPa）	最大压应力（MPa）	泄洪方式		坝基岩性	建设时间
														型　式	孔数一宽×高（m）		
74	阿尔任林独苏		葡萄牙	双曲拱坝	130.0							0.7				石灰岩	
75	卡里巴	Kariba	赞比亚	双曲拱坝	128.0	617.0	13.0	30.0	0.240	4.82	128.4		6.5		6−9×9		1955～1960年
76	纳勒普斯	Nalps	瑞士	双曲拱坝	128.0	480.0	7.0	23.0	0.180	3.75						片麻岩	1958～1962年
77	真名川		日本	抛物线拱坝	128.0	360.0	6.0	26.3	0.205	2.90	75.0					石灰岩、花岗岩	1967～1976年
78	欧伟海	Owyhee	美国	重力拱坝	127.0	254.0	9.0	81.0	0.040	2.00						片麻岩、石灰岩	1928～1932年
79	瓦尔诺安纳	Val Noana	意大利		126.0	145.9	2.6	21.6	0.170	1.16						流纹岩、凝灰岩	1956～1958年
80	本德·科拉	Poute Cola	意大利	双曲拱坝	125.0	288.4		22.5	0.180	2.31							
81	格兰卡赖窝	Grancarevo	南斯拉夫	双曲拱坝	123.0	349.0	4.6	27.0	0.210	2.80				表孔滑雪道	4 2	石灰岩	1963～1967年
82	科普斯	Kops	奥地利	双曲拱坝	122.0	420.0	6.0	30.0	0.250	3.33			5.6	无门溢洪道	4	结晶片麻岩、云母片岩	1961～1965年
83	鲍　尔	Bort	法国	重力拱坝	121.0	390.0	6.0	80.0	0.670	3.24					B=13.2	片麻岩、云母片岩	1946～1952年
84	格比坦	Gebiden	瑞士	双曲拱坝	120.0	325.0	3.0	17.5	0.150	2.70		1.7	7.0		7−2.5×7	凝灰岩	1964～1967年
85	川　俣	Kawanata	日本	双曲拱坝	120.0	137.0	6.7	38.0	0.320	1.14					2−3.2×23.22	凝灰岩	1960～1965年
86	松　达	Sounda	刚果（布）	双曲拱坝	120.0	340.0	3.6	15.0	0.130	2.80				滑雪道		石英片麻岩	
87	佛鲁门多扎		意大利	重力拱坝	120.0		5.0	40.0	0.330					底孔			

续表

编号	坝名	外文名	国家	坝型	坝高 H（m）	坝顶弧长 L（m）	坝顶厚度（m）	坝底厚 B（m）	厚高比 $\frac{B}{H}$	弧高比 $\frac{L}{H}$	顶中心角 φ（°）	最大拉应力（MPa）	最大压应力（MPa）	泄洪方式		坝基岩性	建设时间
														型式	孔数－宽×高（m）		
88	努拉格阿鲁宾	Nuaghe Arrubbin	意大利	双曲拱坝	119.0	295.0	3.8	28.8	0.242	2.48						片麻岩	
89	吉阿布罗		美国		119.0	179.0	4.9	27.5	0.230	1.50						花岗片麻岩	
90	圣马利亚		瑞士	双曲拱坝	117.0	560.0	8.0	21.0	0.180	4.80						花岗岩	1964～1968年
91	新丰根	Shintoyone	日本	双曲拱坝	116.5	311.0	6.0	19.6	0.170	2.70		2.2	8.7	坝顶	2－13.8×8		1969～1973年
92	杜　康		伊拉克	薄拱坝	116.0	240.0	6.2	28.9	0.250	2.05		1.4	3.6			石灰岩	1956～1960年
93	圣埃斯特班	Son Esteban	西班牙	重力拱坝	115.0	295.0								坝顶	6－15×6.2	辉绿岩	
94	卡斯特罗多波特	Castelodo Bode	葡萄牙	重力拱坝	115.0	402.0	7.0	53.0	0.460	3.50				坝身滑雪道	2－14×10	结晶片岩、片麻岩	
95	圣罗萨	Santa Rose	墨西哥	双曲拱坝	114.0	136.0	2.5	13.5	0.120	1.20						流纹岩	1958～1963年
96	格列规		瑞士	重力拱坝	114.0	260.0	2.0	62.0	0.540	2.30						花岗岩	1928～1932年
97	帕柯依玛	Pacoima	美国	双曲拱坝	113.5	180.0	3.2	30.0	0.270	1.60		0.2	3.6			闪长片麻岩	
98	萨　朗		法国	重力拱坝	113.0	225.0				2.00						花岗岩	
99	德罗森	Drossen	奥地利	双曲拱坝	112.0	357.0	7.0	25.0	0.220	3.20						云母片岩	
100	池　原		日本	双曲拱坝	111.0	460.0	12.0	25.0	0.230	4.15		2.2	6.5			砂岩、黏板岩	1962～1965年
101	弗尔切布左	Forte Buso	意大利	双曲拱坝	110.0	320.0	5.0	32.5	0.290	2.90						片麻岩、页岩	1950～1956年

续表

编号	坝名	外文名	国家	坝型	坝高 H（m）	坝顶弧长 L（m）	坝顶厚度（m）	坝底厚 B（m）	厚高比 $\frac{B}{H}$	弧高比 $\frac{L}{H}$	顶中心角 φ（°）	最大拉应力（MPa）	最大压应力（MPa）	泄洪方式		坝基岩性	建设时间
														型 式	孔数－宽×高（m）		
102	勒佩尔	Ropel	智利	双曲拱坝	109.6	342.0	5.8	17.7	0.160	3.14						花岗岩	1961～1967年
103	芒弗尔特	Monforo	葡萄牙	双曲拱坝	108.0	510.0		8.0	0.070	4.70				虹吸溢洪道		花岗岩	
104	拉帕兰	Laparon	法国	双曲拱坝	106.0	280.0	3.8	16.5	0.160	2.65						片麻岩	
105	小　涉		日本	三心双曲拱坝	105.0	293.0	4.0	20.0	0.190	2.80		3.5	8.5	坝顶 中孔	5－9.5×5.6 2－3×3	花岗岩	1964～1969年
106	邦达来	Boundary	美国	双曲拱坝	103.6	155.0	2.4	9.8	0.090	1.50		1.4	5.5	两岸孔口	7－5.2×6.4	石灰岩、白云岩	1963～1967年
107	丰平峡	Hoheikgo	日本	抛物线拱坝	103.0	305.0		18.0	0.230	2.95				坝顶 底孔	5－6×6 2－ϕ2.2	安山岩、熔岩	1967～1972年
108	板　本		日本	双曲拱坝	103.0	257.0	4.0	12.9	0.130	2.50		0.9	8.8	坝顶		砂岩、黏板岩互层	1959～1962年
109	新成羽		日本	重力拱坝	103.0	259.0		48.8	0.630	2.80				厂房顶	6－10×7.8	安山岩、角砾岩	
110	帕　克	Parker	美国	重力拱坝	102.0									坝顶	5－15.2×5.2	花岗岩、片麻岩	
111	拉拜利斯	La Baells	西班牙	双曲拱坝	102.0	433.0				4.30							
112	刀　利		日本	双曲拱坝	101.0	229.5		16.0	0.160	2.30						角闪岩、安山岩	1960～1966年
113	友　米	Eume	西班牙	双曲拱坝	100.0	240.0				2.40				坝顶			
114	汤伊索列芒		伊朗	双曲拱坝	100.0	198.0	5.0	11.3	0.110	1.98				坝顶隧洞		砂岩、石灰岩、黏板岩	
115	毕可特	Picote	葡萄牙	双曲拱坝	100.0		11.6	17.5	0.180			0.5	3.0	坝顶支墩溢流板		花岗岩	1955～1958年

表 2.1-5　　已建拱坝经历地震考验情况

坝　名	国家	建设时间	坝高（m）	库容（亿 m^3）	地震日期	烈度	震级	受损情况
二　滩	中国	1998 年	240.0	58.00	2008 年 9 月 30 日		6.1	* *
胡　佛	美国	1936 年	221.4	348.50	1936 年		5.0	* *
康特拉	瑞士	1965 年	220.0	10.50	1965 年 1 月			渗漏增大
黑部川第四	日本	1963 年	188.0	1.99	1963 年		5.0	* *
斯太农	希腊	1935 年	185.0				6.5	* *
德　基	中国	1974 年	181.0	2.32	1999 年 9 月 21 日		7.3	* *
维德·阿洛斯	罗马尼亚	1965 年	167.0	4.65	1977 年 6 月 4 日	7.5		* *
蒙特拉德	法国	1962 年	155.0	24.00	1963 年 4 月 25 日	7.5	5.0	* *
奈川渡	日本	1969 年	155.0	1.23	1984 年		6.8	* *
坎内耳斯	西班牙	1960 年	150.0	6.78	1962 年 6 月 9 日	5.0		* *
柳米依	意大利	1952 年	136.0	0.73	1976 年 5 月 6 日	7.0	6.5	* *
苏斯圭达	西班牙	1967 年	135.0	2.33	1969 年 2 月 28 日		8.0	渗漏增大
卡布里勒	葡萄牙	1954 年	132.0	71.90	1969 年 2 月 28 日	6.0	8.0	* *
乌格朗	法国	1969 年	130.0	60.50	1971 年 6 月 21 日		4.5	* *
沙　牌	中国	2002 年	130.0	0.18	2008 年 5 月 12 日		8.0	表观检查无损
卡里巴	赞比亚	1959 年	128.0		1963 年		5.5	* *
格兰卡赖窝	南斯拉夫	1967 年	123.0	12.80			3.0	渗漏增大
帕柯依玛	美国	1929 年	113.5	0.06			6.6/6.8	局部破坏
皮夫地卡多尔	意大利	1949 年	112.0	6.84		7.0		* *
腊贝尔	智利	1968 年	112.0	68.00	1968 年 3 月 3 日	8.0	7.7	局部破坏
上椎叶	日本	1955 年	110.0	0.92	1961 年 2 月 27 日			* *
帕特·多夫纳	罗马尼亚	1971 年	108.0	0.56	1977 年 3 月 4 日	6.0		* *
脱拉尼特扎	罗马尼亚	1974 年	98.0	0.74	1977 年 3 月 4 日			* *
鸣　子	日本	1957 年	95.0	0.50	1962 年 4 月 3 日			渗漏增大
蒙蒂西洛	美国	1957 年	93.0	19.80				渗漏增大
谷　关	中国	1961 年	85.1		1999 年 9 月 21 日		7.3	局部破坏
大吐久加	美国	1932 年	77.0	0.83	1971 年 2 月 9 日		6.6	渗漏增大
罗　比	美国	1938 年	76.0	4.80	1947 年 11 月 23 日	7.0		* *
圣阿尼塔	美国	1927 年	76.0		1971 年 2 月 9 日		6.6	* *
棱　北	日本	1960 年	75.0	0.22	1961 年 2 月 27 日			* *
佛雷尔	秘鲁	1958 年	72.0	2.00	1960 年 1 月		4.0	开裂、漏水
布罗西溪	美国	1970 年	65.0	0.22	1973 年		6.6	渗漏增大
殿　山	日本	1970 年	64.5	1.23	1960 年 12 月 26 日	5.0/6.0		* *
安比斯塔	意大利	1957 年	59.0	0.39	1976 年 5 月 6 日	9.0	6.5	* *
吉勃腊塔	美国	1920 年	50.0	1.20	1925 年 6 月 25 日	7.0	6.3	渗漏增大
巴齐斯	意大利	1954 年	50.0	2.20	1976 年 5 月 6 日		6.5	* *
渥迪凯拉	葡萄牙	1958 年	41.0	3.50	1969 年 2 月 28 日	7.0	8.0	渗漏增大
卡非诺	意大利	1914 年	40.0	0.09				* *
里普可伏	南斯拉夫	1958 年	38.0	0.22	1963 年 7 月 26 日		5.4	渗漏增大
巴罗莎	澳大利亚	1902 年	36.0		1954 年 3 月 1 日		5.5	坝体有裂缝
马特卡	南斯拉夫	1938 年	30.0	0.35	1963 年 7 月 26 日	11.0	5.4	渗漏增大
西里斯	南非	1953 年	24.0	4.00	1969 年 9 月 29 日		6.6	开裂漏水

注　* * 表示无损伤。

2.2 设计准则

2.2.1 混凝土的物理力学参数

拱坝坝体混凝土的物理力学参数，原则上应根据实际采用的原材料和配合比，由试验确定。当无试验资料时，可根据《水工混凝土结构设计规范》（DL/T 5057—2009）选用有关数据。

2.2.1.1 坝体混凝土强度等级

（1）坝体混凝土强度等级用混凝土抗压强度标准值表示，即$C_{龄期}$抗压强度标准值（MPa）。混凝土抗压强度标准值由标准方法制作、养护的边长为150mm立方体试件，在90d龄期用标准试验方法测得的具有80%保证率的抗压强度确定。

（2）在无试验资料时，抗拉强度标准值可取为0.08倍抗压强度标准值。

（3）混凝土不同龄期的抗压强度增长率，应通过试验确定。在预可行性研究阶段或对于中、低拱坝，无试验资料时可按表2.2-1采用。

（4）由于坝体耐久性要求，中、高拱坝坝体混凝土强度等级不应低于$C_{90}15$。

2.2.1.2 混凝土重力密度和弹性模量

混凝土重力密度（或重度）和弹性模量由试验确定，在预可行性研究阶段或对于中、低拱坝，在无试验资料时可取下列数值：

表2.2-1　混凝土不同龄期的抗压强度比值

水泥品种	混凝土龄期						
	7d	28d	60d	90d	180d	360d	备注
普通硅酸盐水泥	0.55～0.65	1.0	1.10	1.15	1.20		
矿渣硅酸盐水泥	0.45～0.55	1.0	1.20	1.30	1.40		
火山灰质硅酸盐水泥	0.45～0.55	1.0	1.15	1.25	1.30		
硅酸盐水泥+30%粉煤灰	0.55	1.0	1.25	1.40	1.65	1.90	正长岩骨料

注　1. 表中数值是以28d的强度为1.0时的比值。
2. 表中前三项数字未计入掺合料及外加剂的影响，其数值摘自《水工混凝土结构设计规范》（DL/T 5057—2009）；后一项系根据二滩工程试验成果得到。

（1）重力密度$\rho=24kN/m^3$。

（2）泊松比$\mu=1/6\sim1/5$（我国多采用1/6，美、日等国常用1/5）。

（3）弹性模量，考虑混凝土的徐变等影响，拱坝应力分析采用坝体混凝土持续弹性模量，坝体混凝土持续弹性模量可取试件瞬时弹性模量的0.6～0.7倍，通常为18～24GPa。当坝体混凝土设计强度为$C_{90}25$～$C_{90}35$时，一般采用21GPa。

2.2.1.3 混凝土热学参数

混凝土热学参数由试验确定，在无试验资料时，可参照本卷第6章选取有关计算参数。

2.2.1.4 混凝土抗渗和耐久性能

混凝土的抗渗、抗冻、抗冲耐磨、抗腐蚀等，都属混凝土的耐久性范畴。通常是通过控制坝体混凝土抗渗、抗冻、水胶比、最低水泥用量、最低强度等指标来保证混凝土的耐久性能。

1. 混凝土的抗渗等级

《混凝土拱坝设计规范》（DL/T 5346—2006）仅规定了大坝混凝土的抗渗等级下限值，对中、低坝，混凝土抗渗等级不低于W6；对高坝，混凝土抗渗等级不低于W8。表2.2-2列出了国内部分典型拱坝工程采用的抗渗等级，可供参考。

2. 混凝土抗冻等级

混凝土抗冻等级也是衡量混凝土耐久性的重要指标之一。由于拱坝是依靠混凝土强度来保证坝体的安全，因此，拱坝的抗冻要求高于重力坝的抗冻要求（见表2.2-3）。

3. 混凝土最大水胶比

在保证混凝土强度要求的前提下，减小混凝土水胶比是提高混凝土耐久性的重要因素，混凝土最大水胶比不应大于表2.2-4所列数值。

表2.2-2　我国部分典型拱坝工程采用的抗渗等级

工程名称	锦屏一级	小湾	溪洛渡	二滩	东风	东江	李家峡	江口	藤子沟	龙首
坝高（m）	305.0	294.5	285.5	240.0	153.0	157.0	165.0	140.0	124.0	80.0
抗渗等级	W12	W12	W12	W12	W10	W8	W10	W8	W8	W8

表 2.2-3　　混凝土抗冻等级

气候分区	严寒		寒冷		温和
年冻融循环次数（次）	≥100	<100	≥100	<100	
1. 受冻严重且难于检修部位：流速大于 25m/s、过冰、多沙或多推移质过坝的溢流坝、深孔或其他输水部位的过水面及二期混凝土	F300	F300	F300	F200	F100
2. 受冻严重但有检修条件部位：上游面冬季水位变化区；流速小于 25m/s 的溢流坝、泄水孔的过水面	F300	F200	F200	F150	F50
3. 受冻较严重部位：大坝外露阴面	F200	F200	F150	F150	F50
4. 受冻较轻部位：大坝外露阳面和水下部位混凝土	F200	F150	F100	F100	F50

注　1. 气候分区标准作如下划分：严寒—最冷月平均气温<−10℃；寒冷—−10℃≤最冷月平均气温≤−3℃；温和—最冷月平均气温>−3℃。
2. 年冻融循环次数分别按一年内气温从 3℃以上降至−3℃以下，然后回升至 3℃以上的交替次数；或一年中日平均气温低于−3℃期间预定水位的涨落次数统计，取其中大值。
3. 冬季水位变化区指运行期内可能遇到的冬季最低水位以下 0.5～1.0m 至冬季最高水位以上 1.0m（阳面）、2.0m（阴面）、4.0m（水电站尾水区）。
4. 阳面指冬季大多为晴天，平均每天有 4h 以上阳光照射，不受山体或建筑物遮挡的表面，否则按阴面考虑。
5. 最冷月平均气温低于−25℃地区的混凝土抗冻等级宜根据具体情况研究确定。

表 2.2-4　　混凝土最大水胶比

气候分区	混凝土部位				
	水上	水位变化区	水下	基础	抗冲磨
严寒和寒冷地区	0.50	0.45	0.50	0.50	0.45
温和地区	0.55	0.50	0.50	0.50	0.45

2.2.2　坝基岩体的物理力学参数

拱坝是一种依靠坝和地基联合挡水的高次超静定结构。拱坝受载后，将通过压力拱的形式将外荷载转换成拱端推力传递给两岸山体，形成坝体的支承以维持坝/地基挡水体系的稳定，因此，地基的工程地质条件、水文地质条件、岩体结构（包括结构面）及其物理力学特性将直接影响坝肩的稳定。另外，地基作为坝体的约束边界，其抗变形能力（地基刚度）将直接影响拱坝的体型设计和坝体的受力性态。

2.2.2.1　坝基岩体的工程地质分类

在坝基（坝肩）岩体风化卸荷分带、岩石、岩体以及结构面质量分级的基础上，结合试验的或工程类比的各类岩体及结构面物理力学参数的选取，进行坝基岩体工程地质分类，岩体工程地质分类方法见本手册第一卷的有关内容。

2.2.2.2　岩体的物理力学参数

岩体物理力学参数，特别是结构面（软弱结构面和刚性结构面）的物理力学参数，均应通过试验和（或）工程类比，并考虑试验试件的代表性分析确定。各项参数试验值的整理修正与分析确定，要符合有关规范的规定。预可行性研究阶段无试验资料时，可参照参考文献［5、6］，借鉴类似工程地质条件的岩体力学试验资料，并结合具体情况综合研究确定。

总结近期设计建设的几座高拱坝，表 2.2-5～表 2.2-10 给出了坝基岩体物理力学参数的选取情况，可供参考。

2.2.3　作用和作用效应组合

《混凝土拱坝设计规范》（DL/T 5346—2006）中将原习惯采用的“荷载”与“荷载组合”，分别改称为“作用”和“作用效应组合”，含义不尽相同。本节内容同时引入了电力行业标准及水利行业标准的规定。因此，在以下叙述中两种名称均兼顾使用。

2.2.3.1　作用（荷载）

施加在拱坝结构上的作用（荷载）有静水压力、泥沙压力、扬压力、浪压力、自重、温度以及泄洪时的动水压力、偶然地震和其他可能出现的作用（荷载）。

对于拱坝，除了自重、温度、扬压力的计算需要作特殊考虑外，其余作用（荷载）计算均可参照《水工建筑物荷载设计规范》（DL 5077—1997）进行。

表 2.2-5　　溪洛渡拱坝坝基岩体物理力学参数

岩类		风化分带	岩体结构	声波波速 (km/s)	变形模量 (GPa)		抗剪(断)参数		
类	亚类				水平	垂直	c' (MPa)	f'	f
Ⅰ		新鲜，局部微风化	整体块状	5.5～6.0	24～36		2.80	1.64	1.00
Ⅱ		微风化～新鲜	块状	5.0～6.0	17～26	12～16	2.50	1.35	0.99
Ⅲ	Ⅲ$_1$	弱风化下段	块状	4.5～5.5	10～12		2.20	1.22	0.92
			次块状		11～16	9～11			
	Ⅲ$_2$	弱风化上段	镶嵌结构	4.0～5.3	5～7	4～6	1.40	1.20	0.84
Ⅳ	Ⅳ$_1$	弱风化上段卸荷	碎裂结构	2.7～4.5	3～4	2.5～3.5	1.00	1.02	0.70
	Ⅳ$_2$	弱风化上段强卸荷	碎裂结构	2.5～4.0	0.9～2.0	0.5～1.0	0.50	0.70	0.56
Ⅴ		强风化夹层，层间层内错动带	<2.5	0.5～0.8	0.3～0.4	0.05	0.35	0.30

表 2.2-6　　拉西瓦拱坝坝基岩体物理力学参数

岩类		风化分带	岩体结构	声波速度 (km/s)	变形模量 (GPa)	抗剪断参数	
类	亚类					c' (MPa)	f'
Ⅰ		微风化～新鲜	整体块状	5～6	20～25	3.0～4.0	1.2～1.4
Ⅱ		微风化	块状～次块状	4～5	15～20	2.0～3.0	1.1～1.2
Ⅲ	Ⅲ$_1$	弱风化下段	次块状	4	10～15	1.0～2.0	1.0～1.1
	Ⅲ$_2$	弱风化上段	镶嵌～碎裂	3	5～10	0.8～1.0	0.8～1.0
Ⅳ	Ⅳ$_1$	强风化下段	镶嵌～碎裂	2～3	3～5	0.5～0.8	0.6～0.8
	Ⅳ$_2$	强风化上段	碎裂	2	1～3	0.3～0.5	0.5～0.6
Ⅴ		全强风化	散体	<2			

表 2.2-7　　小湾拱坝坝基岩体物理力学参数

岩类		风化分带	岩体结构	声波波速 (km/s)	变形模量 (GPa)		抗剪断参数	
类	亚类				水平	垂直	c' (MPa)	f'
Ⅰ		微风化～新鲜	整体结构	≥5.0	22～28		2.20	1.48
Ⅱ		微风化～新鲜	块状结构	≥4.5	16～22		1.70	1.43
Ⅲ	Ⅲ$_a$	弱风化中、下段，完整性较差的微风化～新鲜岩体	次块状～块状结构	4.5～4.0	12～16		1.30	1.20
	Ⅲ$_{b1}$	微风化卸荷岩体		4.0～3.5	8～12		1.00	1.15
	Ⅲ$_{b2}$	微风化卸荷岩体	次块状		6～8		0.75	1.10
Ⅳ	Ⅳ$_a$	弱风化上段，弱风化中、下段蚀变岩体	裂隙块状结构	3.5～2.5	5～10	4～6	0.60	1.00
	Ⅳ$_b$	断层影响带，节理密集蚀变岩带	镶嵌结构		2～4	1.5～3.0	0.30	0.90
	Ⅳ$_c$	断层碎裂岩带	碎裂结构		0.5～2.0		0.30	0.80
Ⅴ	Ⅴ$_a$	强风化、强卸荷岩带	松弛结构	2.5～1.5				
	Ⅴ$_b$	全风化、泥化岩带	散体结构					

表 2.2-8　　大岗山拱坝坝基岩体物理力学参数

<table>
<tr><th colspan="2">岩　类</th><th rowspan="2">风化分带</th><th rowspan="2">岩体结构</th><th colspan="2">变形模量（GPa）</th><th colspan="3">抗剪（断）参数</th></tr>
<tr><th>类</th><th>亚类</th><th>水平</th><th>垂直</th><th>c'（MPa）</th><th>f'</th><th>f</th></tr>
<tr><td colspan="2">Ⅱ</td><td>微风化～新鲜</td><td>块状结构</td><td>18～25</td><td>15～22</td><td>2.0</td><td>1.3</td><td>0.90</td></tr>
<tr><td rowspan="2">Ⅲ</td><td>Ⅲ1</td><td rowspan="2">弱风化下段～微新岩体，弱卸荷</td><td>次块状</td><td>9～11</td><td>6～8</td><td>1.5</td><td>1.2</td><td>0.75</td></tr>
<tr><td>Ⅲ2</td><td>镶嵌结构</td><td>6～9</td><td>4～6</td><td>1.0</td><td>1.0</td><td>0.65</td></tr>
<tr><td colspan="2">Ⅳ</td><td>弱风化上限卸荷</td><td>状裂～碎裂</td><td>2.35～3.50</td><td>1.0～1.5</td><td>0.7</td><td>0.8</td><td>0.60</td></tr>
<tr><td colspan="2">Ⅴ</td><td>全强风化</td><td>散体结构</td><td>0.25～0.50</td><td>0.2～0.3</td><td>0.1</td><td>0.4</td><td>0.35</td></tr>
</table>

表 2.2-9　　锦屏一级拱坝坝基岩体物理力学参数

<table>
<tr><th colspan="2">岩　类</th><th rowspan="2">岩　层</th><th rowspan="2">风化分带</th><th rowspan="2">岩体结构</th><th rowspan="2">声波波速（km/s）</th><th colspan="2">岩体变模（GPa）</th><th colspan="3">抗剪（断）参数</th></tr>
<tr><th>类</th><th>亚类</th><th>平行</th><th>垂直</th><th>f'</th><th>c'（MPa）</th><th>f</th></tr>
<tr><td colspan="2">Ⅱ</td><td>3、4、5层大理岩</td><td>微～新无卸荷</td><td>厚层～块状</td><td>>5.5</td><td>21～32</td><td>21～30</td><td>1.35</td><td>2.00</td><td>0.95</td></tr>
<tr><td rowspan="7">Ⅲ</td><td rowspan="2">Ⅲ1</td><td>6层大理岩</td><td>微～新无卸荷</td><td>中厚层状</td><td rowspan="2">4.5～5.5</td><td rowspan="2">10～14</td><td rowspan="2">9～13</td><td rowspan="2">1.07</td><td rowspan="2">1.50</td><td rowspan="2">0.85</td></tr>
<tr><td>3层大理岩</td><td>微风化弱卸荷</td><td>次块状</td></tr>
<tr><td rowspan="5">Ⅲ2</td><td>河床3层大理岩</td><td>弱风化弱卸荷</td><td rowspan="3">次块～镶嵌</td><td rowspan="5">3.8～4.8</td><td rowspan="5">6～10（砂板岩取低值）</td><td rowspan="5">3～7（砂板岩取低值）</td><td rowspan="5">1.02</td><td rowspan="5">0.90</td><td rowspan="5">0.68</td></tr>
<tr><td>两岸大理岩</td><td rowspan="3">微风化弱卸荷</td></tr>
<tr><td>变质砂岩</td></tr>
<tr><td>粉砂质板岩</td><td>薄层状</td></tr>
<tr><td>煌斑岩脉X胶结好的断层泥</td><td>微～新无卸荷</td><td>镶嵌～次块状</td></tr>
<tr><td colspan="2" rowspan="2">Ⅳ</td><td colspan="2">大理岩中松弛融蚀裂隙集中带
砂板岩拉裂松弛岩体</td><td>板裂～碎裂</td><td><3.5</td><td rowspan="2">2～3</td><td rowspan="2">1～2</td><td rowspan="2">0.60</td><td rowspan="2">0.40</td><td rowspan="2">0.45</td></tr>
<tr><td>煌斑岩脉X</td><td>强～弱风化</td><td>碎裂</td><td></td></tr>
<tr><td colspan="2">Ⅴ</td><td>松散断层破碎带、层间挤压破碎带</td><td>强～弱风化</td><td>碎裂～散体</td><td></td><td>0.3～0.6</td><td>0.2～0.4</td><td>0.30</td><td>0.02</td><td>0.25</td></tr>
</table>

表 2.2-10　　二滩拱坝坝基岩体物理力学参数

<table>
<tr><th colspan="2">岩　类</th><th rowspan="2">岩　层</th><th rowspan="2" colspan="2">风化分带</th><th rowspan="2">岩体结构</th><th rowspan="2">声波波速（km/s）</th><th rowspan="2">变形模量（GPa）</th><th colspan="3">抗剪（断）参数</th></tr>
<tr><th>类</th><th>亚类</th><th>c'（MPa）</th><th>f'</th><th>f</th></tr>
<tr><td colspan="2">A</td><td>正长岩辉长岩</td><td colspan="2" rowspan="2">新鲜～微风化</td><td>整体结构</td><td>5.8</td><td>35.0</td><td>5.0</td><td rowspan="2">1.73</td><td rowspan="4">0.66～0.75</td></tr>
<tr><td colspan="2">B</td><td>玄武岩</td><td>整体块状</td><td>5.7</td><td>25.0</td><td>4.0</td></tr>
<tr><td rowspan="2">C</td><td>C_1</td><td>正长岩</td><td rowspan="5">弱风化</td><td rowspan="2">下段</td><td>块状</td><td>5.3</td><td>15.0</td><td>3.2</td><td>1.43</td></tr>
<tr><td>C_2</td><td>玄武岩</td><td>块状～镶嵌</td><td>5.1</td><td>10.0</td><td>2.0</td><td>1.20</td></tr>
<tr><td rowspan="2">D</td><td>D_1</td><td>正长岩</td><td rowspan="2">中段</td><td>镶嵌或块状</td><td>4.4</td><td>5.0～8.0</td><td>1.2</td><td>0.84</td><td rowspan="2">0.55</td></tr>
<tr><td>D_2</td><td>玄武岩</td><td>镶嵌～碎裂</td><td></td><td>4.0</td><td></td><td></td></tr>
<tr><td rowspan="3">E</td><td>E_3</td><td>各类岩体</td><td>上段</td><td>块裂～碎裂</td><td>3.0～3.1</td><td>3.0～5.0</td><td>0.5</td><td>0.70</td><td>0.53</td></tr>
<tr><td>E_2</td><td>绿泥石阳起石</td><td colspan="2" rowspan="2">微风化～新鲜</td><td>碎裂～镶嵌</td><td rowspan="2">5.0</td><td>0.8～1.5</td><td rowspan="2">0.6～0.8</td><td rowspan="2">0.58</td><td rowspan="2"></td></tr>
<tr><td>E_1</td><td>裂面绿泥石</td><td>镶嵌～碎裂</td><td>2.5</td></tr>
<tr><td colspan="2">F</td><td>各类岩体</td><td colspan="2">全强风化</td><td>散体</td><td></td><td>0.5～1.0</td><td>0.1～0.2</td><td>0.50</td><td></td></tr>
<tr><td colspan="2">断层带</td><td></td><td colspan="3"></td><td></td><td>0.3～1.0</td><td>0.05～0.20</td><td>0.36～0.50</td><td></td></tr>
</table>

1. 自重

拱坝作为空间壳体结构，其自重通常由拱与梁共同承担，但权重不一。计算分析中通常需考虑不同阶段自重的作用形式，以拱梁分载法为例，若坝体混凝土全部浇筑完成后才进行横缝灌浆，则假定全部自重均由悬臂梁承担，不参加拱梁分载法中的变位调整。若坝身混凝土浇筑到某一高程后即进行下部坝体横缝灌浆，则灌浆前浇筑的混凝土自重由悬臂梁单独承受；灌浆以后浇筑的混凝土自重参加拱梁分载法中的变位调整。

2. 温度作用

温度作用是根据拱坝横缝灌浆以后测算的坝体混凝土温度变化量来确定的。横缝灌浆以前的混凝土温度变化仅对各自坝块产生应力，不参加拱梁分载法的变位调整。有关坝体混凝土温度变化和浇筑块的温度应力计算参见本卷第6章。

拱坝的温度荷载计算，仅需考虑拱坝横缝灌浆以后的温度变化，按运行期坝体混凝土温度与施工期封拱温度之差确定，并应分别考虑温升和温降两种状况。对于拱坝坝体温度作用分布，可分解为以下三个部分（见图2.2-1）。

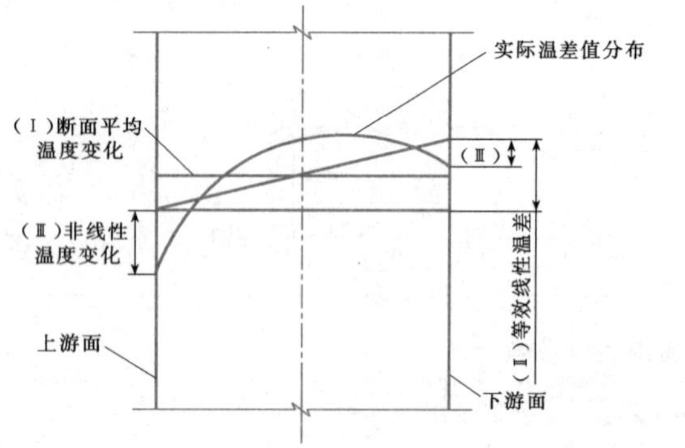

图2.2-1 坝体内温度分布示意图

（1）断面平均温度变化（Ⅰ）。断面内的平均温度是指坝体水平厚度方向的平均温度。在同一水平拱断面内厚度有变化时，根据不同的厚度采用相应的不同数值。

（2）上、下游方向温度的等效线性温差（Ⅱ）。坝内温度分布一般呈曲线分布，等效线性温差是指按照温度分布图面积一致和一次矩一致原则将实际温度分布换算而成的直线温度分布。

（3）上、下游方向温度的非线性温差（Ⅲ）。这里所指的上、下游方向温度的非线性温差，是实际温度曲线分布与等效直线温度分布之间的温差。

断面平均温度的变化（Ⅰ）对坝体变形、拱圈推力和弯矩、悬臂梁弯矩等都有很大的影响；上、下游方向温度的等效线性温差（Ⅱ）对拱圈弯矩有相当大的影响，并影响到拱、梁系统的荷载分配；上、下游方向的非线性温差（Ⅲ），仅对局部应力有影响。在拱梁分载法设计计算中，仅计入（Ⅰ）和（Ⅱ）两种温度荷载；用有限元法进行坝体应力分析时，应同时计入（Ⅰ）、（Ⅱ）和（Ⅲ）三个部分的温度作用。

3. 扬压力

扬压力按作用部位不同，应分别按作用在坝内、坝基面和坝肩抗力体滑移面等情况进行计算。

（1）坝基面上的扬压力。拱坝一般设有排水孔，扬压力图形可分为以下三种情况：

1）帷幕灌浆孔与第一道主排水孔布置在同一基础廊道内，坝基下游排水廊道还设有第二道排水幕，形成主、副排水系统。扬压力分布如图2.2-2（*a*）所示。α_1 取0.25～0.4，α_2 取0.1～0.2。α_1 折减位置在基础廊道中心线上。

2）坝基设有防渗帷幕和排水孔，帷幕灌浆孔及排水孔分别布置在有一定距离的上、下游两个廊道内时，在坝踵处的扬压力为 H_1（上游水深），帷幕中心线上为 $H_2+\alpha_1 H$（H 为上下游水位差），排水线上为 $H_2+\alpha_2 H$，坝趾处为 H_2，其间均以直线连接。α_1 取0.4～0.6，α_2 取0.2～0.35。

3）坝体厚度较薄，仅在紧接帷幕后设置一道排水，扬压力分布如图2.2-2（*b*）所示，α_1 取0.25～0.4。就减少扬压力而言，排水的作用大于防渗帷幕的作用，坝基工程地质条件良好时可不设防渗帷幕，但需设排水孔，扬压力分布如图2.2-2（*b*）所示，α_1 取0.3～0.45。

（2）抗力体滑移面上的扬压力。拱座抗滑稳定分析中，两岸坝肩抗力体滑移面上的扬压力分布，在拱端上游端点处为 H_1，滑移面剪出部位为 H_2，帷幕和

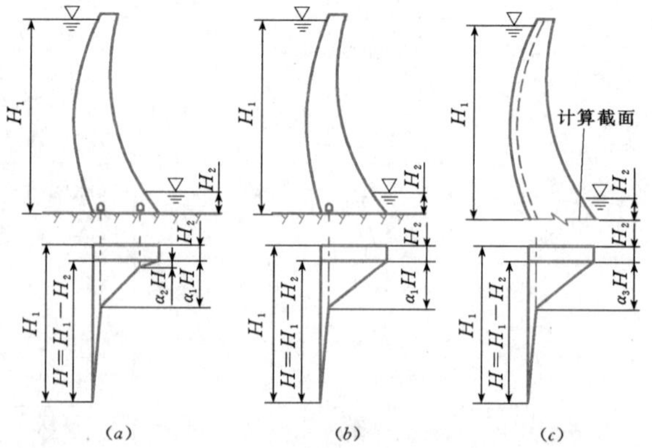

图2.2-2 扬压力分布示意图

排水孔处的折减系数因受地下水和三向渗流及部分排水孔失效的影响，α_1、α_2 较坝基面上给出的相应参考值大，各控制点间渗压按线性变化。对地质条件复杂的或特别重要的高坝，应由三向渗流分析或渗流试验确定扬压力分布；对于排水失效情况，可取 H_1 至 H_2 呈直线变化计算扬压力。

(3) 坝体层面上的扬压力。厚拱坝和中厚拱坝坝体内部层面上的扬压力分布，如图 2.2-2 (*c*) 所示。上游坝面为计算层面以上的上游水深 H_1，下游坝面为计算层面以上的下游水深 H_2，坝体排水管线上为 $H_2+\alpha_3(H_1-H_2)$；其间以直线连接，α_3 根据混凝土质量在 0.15～0.30 之间选取。如未设坝体排水管时，上游坝面处为 H_1，下游坝面处为 H_2，其间以直线连接。

2.2.3.2 作用效应组合（荷载组合）

1. 电力行业规范[2]

作用效应组合应根据不同设计状况下可能同时出现的作用，采用最不利的组合。作用效应组合分为基本组合和偶然组合。持久设计状况和短暂设计状况采用基本组合，偶然设计状况采用偶然组合。偶然组合中只考虑一种偶然作用，如地震或校核洪水。作用效应组合应按表 2.2-11 的规定采用。计算作用效应时，直接采用作用标准值进行计算。

表 2.2-11　　作 用 效 应 组 合

设计状况	作用组合	设计情况		作用类别									
				自重	静水压力	正常温升	正常温降	扬压力	泥沙压力	浪压力	动水压力	冰压力	地震作用
持久	基本组合	① 正常蓄水位＋温升		√	√	√		√	√	√			
		② 正常蓄水位＋温降		√	√		√	√	√	√			
		③ 设计洪水位＋温升		√	√	√		√	√	√	√		
		④ 死水位＋温升		√	√	√		√	√	√			
		⑤ 死水位＋温降		√	√		√	√	√	√			
		⑥ 冰冻情况		√	√		√	√	√			√	
短暂	基本组合	★① 横缝部分灌浆		√		√							
		★② 横缝部分灌浆		√			√						
		★③ 横缝部分灌浆坝体挡水		√	√	√		√					
偶然	偶然组合	校核洪水情况		√	√	√		√	√	√	√		
		地震情况	① 正常蓄水位＋温升	√	√	√		√	√	√	√		√
			② 正常蓄水位＋温降	√	√		√	√	√	√	√		√
			③ 常遇低水位＋温升	√	√	√		√	√				√
			④ 常遇低水位＋温降	√	√		√	√	√				√

注　带★号的温度作用，系指施工期温度场与封拱温度之差。

2. 水利行业规范[3]

荷载组合可分为基本组合和特殊组合两类。基本组合由基本荷载组成，特殊组合除相应的基本荷载外，还应包括某些特殊荷载。荷载组合应按表 2.2-12 的规定确定。

2.2.4 拱坝混凝土强度安全标准

下列控制标准仅适用于坝高 200m 以下的拱坝，超过 200m 的拱坝，其控制标准，特别是拉应力控制标准，应进行专门研究。

2.2.4.1 拱梁分载法坝体强度安全系数

1. 拱梁网格剖分

用拱梁分载法计算坝体应力时，应结合地形、地质条件合理布置拱梁网格体系，在应力梯度变化较大部位宜加密网格，采用不少于 4 向变位调整的拱梁分载法程序进行分析。

2. 坝体压应力控制标准

(1) 电力行业规范[2]。拱坝应力控制指标，按不同的水工建筑物结构安全级别来确定。水工建筑物结

表 2.2-12

荷 载 组 合

荷载组合	主要考虑情况		自重	静水压力	温度荷载：设计正常温降	温度荷载：设计正常温升	扬压力	泥沙压力	浪压力	冰压力	动水压力	地震荷载
基本组合	（1）正常蓄水位情况		√	√	√		√	√	√	√		
	（2）正常蓄水位情况		√	√		√	√	√	√			
	（3）设计洪水位情况		√	√		√	√	√	√			
	（4）死水位（或运行最低水位情况）		√	√		√	√	√	√			
	（5）其他常遇的不利荷载组合											
特殊组合	（1）校核洪水位情况		√	√		√	√	√	√		√	
	（2）地震情况	1）基本组合1＋地震荷载	√	√	√		√	√	√	√		√
		2）基本组合2＋地震荷载	√	√		√	√	√	√			√
		3）常遇低水位情况＋地震荷载	√	√		√	√	√	√			√
	（3）施工期情况	1）未灌浆	√									
		2）未灌浆遭遇施工洪水	√	√								
		3）灌浆	√		√							
		4）灌浆遭遇施工洪水	√	√		√						
	（4）其他稀遇的不利荷载组合											

注　1. 上述荷载组合中，可根据工程的实际情况选择控制性的荷载组合进行计算分析。

2. 地震较频繁地区，当施工期较长时，应采取措施及时封拱，必要时对施工期的荷载组合尚应增加一项"上述情况＋地震荷载"，该地震荷载可按设计烈度降低1度考虑。

3. 表中"特殊组合 施工期情况 3）灌浆"状况下的荷载组合，也可为自重和设计温升的温度荷载组合。

构安全级别按表2.2-13划分为三级。

表2.2-13 水工建筑物结构安全级别

水工建筑物级别	水工建筑物结构安全级别
1	Ⅰ
2、3	Ⅱ
4、5	Ⅲ

拱坝应力按分项系数极限状态表达式进行控制：

$$\gamma_0 \psi S(\cdot) \leqslant \frac{1}{\gamma_d} R(\cdot) \qquad (2.2-1)$$

$$R(\cdot) = \frac{f_k}{\gamma_m}$$

式中 γ_0——结构重要性系数，对应于安全级别为Ⅰ、Ⅱ、Ⅲ级的建筑物，分别取1.1，1.0，0.9；

ψ——设计状况系数，对应于持久状况、短暂状况、偶然状况，分别取1.00，0.95，0.85；

$S(\cdot)$——作用效应函数，为由拱梁分载法或弹性有限元法计算出的主应力；

$R(\cdot)$——结构抗力函数；

f_k——坝体混凝土强度；

γ_m——材料性能的分项系数，取$\gamma_m=2.0$；

γ_d——结构系数，按表2.2-14采用。

表2.2-14 结构系数 γ_d

计算方法	受力状况	基本组合 偶然组合
拱梁分载法	抗 压	2.00
	抗 拉	0.85
有限元法	抗 压	1.60
	抗 拉	0.65

注 地震情况下的结构分项系数应遵循《水工建筑物抗震设计规范》(DL 5073—2000)的规定。

(2) 水利行业规范[3]。坝体容许压应力等于混凝土极限抗压强度除以安全系数。对基本荷载组合，1、2级拱坝的安全系数采用4.0，3级拱坝的安全系数为3.5；对于非地震情况特殊荷载组合，1、2级拱坝的安全系数采用3.5，3级拱坝的安全系数采用3.0。

(3) 水利和电力两个行业规范抗压强度标准的差异见表2.2-15。

3. 坝体拉应力控制标准

容许主拉应力控制指标见表2.2-16。

表2.2-15 抗压安全系数的比较

规 范		电力行业规范					水利行业规范				
容许应力表达式		$S(\cdot)<[\sigma]=f_k/(r_0\psi r_d r_m)$					$\sigma<[\sigma]=f_k/K$				
建筑物等级		1	2	3	4	5	1	2	3	4	5
抗压安全系数	基本组合（持久状况）	4.40	4.00	4.00	3.60	3.60	4.00	4.00	3.50		
	基本组合（短暂状况）	4.18	3.80	3.80	3.42	3.42	3.50	3.50	3.00		
	偶然组合（偶然状况）或称非地震情况特殊荷载组合	3.74	3.40	3.40	3.06	3.06	3.50	3.50	3.00		
	偶然组合（地震情况）	执行DL 5073—2000的规定					执行SL 203—97的规定				

注 1. 表中安全系数与150mm立方体试件混凝土强度配套。
2. 基本组合（短暂状况）在参考文献[3]中划为特殊组合（含施工期情况）。

表2.2-16 拱坝容许主拉应力控制指标（拱梁分载法成果）

工况＼规范	电力行业规范	水利行业规范
基本组合（持久状况）	由式(2.2-1)控制，大于1.2MPa时采用1.2MPa	1.2MPa
基本组合（短暂状况）	由式(2.2-1)控制，大于1.2MPa时采用1.2MPa	1.2MPa
施工期未封拱坝段	0.5MPa	0.5MPa，合力作用点在坝体厚度中间2/3范围，倾覆安全系数大于1.2
偶然组合（偶然状况）或称非地震情况特殊荷载组合	同基本组合（持久状况）	1.5MPa

2.2.4.2 线弹性有限元法坝体强度安全系数

采用有限元法分析时，应力成果应进行等效线性处理。应力控制指标见表2.2-17。

《混凝土拱坝设计规范》(DL/T 5346—2006) 同时要求，如坝面个别点拉应力不满足表2.2-17的要求，应研究坝体可能开裂范围，评价裂缝稳定性和对坝体的影响。任何情况下开裂不能扩展到坝体上游帷幕线，并需对可能出现裂缝的部位预先采取必要的防渗排水措施。

2.2.5 拱座抗滑稳定安全标准

2.2.5.1 电力行业规范[2]

用刚体极限平衡法分析拱座稳定时，1、2级拱坝及高拱坝应满足式(2.2-2)承载能力极限状态设计表达式，其他则应满足式(2.2-2)或式(2.2-3)承载能力极限状态设计表达式，不同建筑物的安全级别见表2.2-13。

表2.2-17 拱坝容许主应力控制指标(等效有限元法成果)

		电力行业规范	水利行业规范
容许主压应力控制指标		由式(2.2-1)控制	控制标准与拱梁分载法相同
容许最大拉应力值	基本组合(持久状况)	由式(2.2-1)控制，大于1.5MPa时采用1.5MPa	1.5MPa
	基本组合(短暂状况)	由式(2.2-1)控制，大于1.5MPa时采用1.5MPa	2.0MPa
	施工期未封拱坝段	0.5MPa	0.5MPa
	特殊组合(校核洪水)	由式(2.2-1)控制，大于1.5MPa时采用1.5MPa	2.0MPa

$$\gamma_0\psi\sum T\leqslant\frac{1}{\gamma_{d1}}\left(\frac{\sum f_1N}{\gamma_{m1f}}+\frac{\sum c_1A}{\gamma_{m1c}}\right)\qquad(2.2-2)$$

$$\gamma_0\psi\sum T\leqslant\frac{1}{\gamma_{d2}}\frac{\sum f_2N}{\gamma_{m2f}}\qquad(2.2-3)$$

式中 γ_0——结构重要性系数，对应于安全级别为Ⅰ、Ⅱ、Ⅲ级的建筑物，分别取1.1，1.0，0.9；

ψ——设计状况系数，对应于持久状况、短暂状况、偶然状况，分别取1.00，0.95，0.85；

T——沿滑动方向的滑动力，10^3kN；

f_1——抗剪断摩擦系数；

N——垂直于滑动方向的法向力，10^3kN；

c_1——抗剪断黏聚力，MPa；

A——滑裂面的面积，m^2；

f_2——抗剪摩擦系数；

γ_{d1}、γ_{d2}——两种计算情况的结构系数；

γ_{m1f}、γ_{m1c}、γ_{m2f}——两种表达式的材料性能分项系数。

式(2.2-2)和式(2.2-3)中的抗剪断强度参数、抗剪强度参数应取材料的峰值强度平均值。

采用式(2.2-2)和式(2.2-3)进行计算时，相应的分项系数应满足表2.2-18的规定。

表2.2-18 抗滑稳定分项系数

按式(2.2-2)	γ_{m1f}	2.4
	γ_{m1c}	3.0
	γ_{d1}	1.2
按式(2.2-3)	γ_{m2f}	1.2
	γ_{d2}	1.1

注 有关地震组合情况下的各项分项系数应按《水工建筑物抗震设计规范》(DL 5073—2000) 的规定执行。

2.2.5.2 水利行业规范[3]

采用刚体极限平衡法进行抗滑稳定分析时，1、2级拱坝及高拱坝应按式(2.2-4)计算，其他则可按式(2.2-4)或式(2.2-5)进行计算：

$$K_1=\frac{\sum(Nf_1+c_1A)}{\sum T}\qquad(2.2-4)$$

$$K_2=\frac{\sum Nf_2}{\sum T}\qquad(2.2-5)$$

式中 K_1、K_2——抗滑稳定安全系数。

按式(2.2-4)或式(2.2-5)计算时，相应的安全系数应符合表2.2-19的规定。

表2.2-19 抗滑稳定安全系数

荷载组合		建筑物级别		
		1	2	3
按式(2.2-4)	基本	3.50	3.25	3.00
	特殊(无地震)	3.00	2.75	2.50
按式(2.2-5)	基本			1.30
	特殊(无地震)			1.10

2.2.5.3 水利和电力行业规范安全性的对比

1. 抗剪断分析安全性对比

在水利规范中，不论$\frac{\sum c_1A}{\sum T}$与$\frac{\sum f_1N}{\sum T}$所占权重是

否一样，安全系数是一致的。在电力规范中，安全系数随$\frac{\sum c_1 A}{\sum T}$与$\frac{\sum f_1 N}{\sum T}$所占权重不同而变化。

2. 纯摩安全性对比

两个规范的纯摩安全系数对比见表 2.2-20。

表 2.2-20　纯摩安全系数对比

规范＼荷载组合	基本组合（持久状况）	基本组合（短暂状况）	偶然组合（偶然状况）
电力行业规范	1.19	1.13	1.01
水利行业规范	1.30		1.10

2.2.5.4　纯摩公式使用范围

尽管水利、电力两行业规范均规定，拱座抗滑稳定分析的纯摩公式仅适用于3级及以下的建筑物，但实际上国内外很多高坝工程大都进行了纯摩分析。

美国内政部垦务局拱坝设计规范规定，按纯摩公式计算拱座抗滑稳定时，要求$K_2 \geqslant 1.5$，与建筑物等级无关。

契尔盖拱坝最大坝高232.5m，坝肩岩体稳定受断层及软弱夹层控制，用纯摩公式计算，要求$K_2 \geqslant 1.5$。

英古里拱坝坝高271.5m，要求$K_2 \geqslant 1.8$。

日本黑部川第四拱坝坝高188m，抗剪参数采用屈服强度（峰值平均值的60%），要求$K_2 \geqslant 1.5$。

如将式（2.2-5）应用至1级建筑物，在基本组合时，相当于安全系数应达到1.45。

表2.2-21为国内部分中、高拱坝按照纯摩公式计算的拱座抗滑稳定安全系数。

表 2.2-21　我国部分拱坝拱座抗滑稳定安全系数 K_2

坝　名	坝　型	坝高（m）	坝基岩石特征	分析方法	f_2	K_2 控制值	附注
锦屏一级	双曲拱坝	305.0	大理岩、砂板岩	整体	0.33～0.97	1.30	在建
小　湾	双曲拱坝	294.5	角闪斜长片麻岩、黑云母花岗片麻岩	整体		1.30	建成
溪洛渡	双曲拱坝	285.5	玄武岩	整体	0.30～1.31	1.30	在建
二　滩	双曲拱坝	240.0	正长岩、玄武岩	整体	0.60～1.10	1.30	建成
龙羊峡	重力拱坝	178.0	花岗闪长岩、变质砂板岩	整体	0.25～0.60	1.10～1.30	建成
李家峡	双曲拱坝	165.0	黑云母质混合岩、角闪斜长岩	整体	0.40～0.45	1.30	建成
东　江	双曲拱坝	157.0	花岗岩	整体	0.62～0.73	1.10	建成
白　山	重力拱坝	149.5	变质混合岩、角闪斜长岩		0.55～0.60	1.30	建成
风　滩	空腹拱坝	112.5	石英砂岩		0.25～0.60	1.05～1.30	建成
紧水滩	双曲拱坝	102.0	花岗斑岩		0.25～0.79	1.10～1.15	建成
石　门	双曲拱坝	88.0	云母石英片岩、石英片岩	整体	1.00～1.18	1.20～1.50	建成
泉　水	双曲拱坝	80.0	花岗岩	平面	0.50～0.70	1.00	建成
流溪河	双曲拱坝	78.0	花岗岩	平面	0.59	1.00	建成
雅溪一级	双曲拱坝	75.0	熔凝灰岩	整体	0.30～0.50	1.00	建成
里石门	双曲拱坝	74.3	凝灰岩		0.50～0.60	1.00～1.05	建成

由以上表明：

（1）美国、苏联、日本等国的工程，1、2级拱坝要求纯摩安全系数$K_2 \geqslant 1.5$。

（2）国内高坝采用纯摩公式计算的抗滑稳定安全系数在1.0～1.3之间，原因在于摩擦系数f_2整理取值方法不同，一般较国外取值偏低20%～30%[4]。已建工程的分析计算成果，由于在f_2的取值方法上不完全统一，存在工程校准分析上的困难，故规范规定仅适用于3级建筑物。

（3）欧洲一些国家只采用纯摩公式分析。

参照国内工程设计经验，对高坝也应配合抗剪断公式进行纯摩分析，以便于对拱座抗滑稳定条件和安全性进行综合评判。

2.3 拱坝枢纽布置

拱坝枢纽工程一般有拱坝，泄水、排沙建筑物，消能防冲建筑物，引水发电建筑物，通航建筑物，过鱼、灌溉取水、排漂建筑物，施工导流建筑物和其他临时建筑物等。

工程开发目标和任务决定枢纽工程所包含的建筑物及其类型。各类建筑物在空间上、在施工过程中和运行中有着密切的联系和相互影响。枢纽布置的任务就是根据坝址地形、地质、水文等自然条件以及枢纽的综合利用要求，统筹进行各类建筑物的布置。枢纽布置方案需要设计研究数个甚至数十个可能的布置方案，并进行综合技术、经济、环境条件的比较，优选确定。由于拱坝枢纽多位于狭窄河谷，且坝体单薄，平面上呈弧形，因此，枢纽布置较其他坝型枢纽更为复杂。

2.3.1 坝址选择

拱坝坝址选择需要仔细地研究地形地质条件、枢纽建筑物布置条件以及工程施工布置条件。

从地形地质条件而言，坝址宜选择区域地质条件稳定、河谷相对狭窄、地形完整、山体雄厚、地质条件相对较好的岩基坝址。坝基坝肩一定范围的基岩要求相对完整均匀，具有足够的强度和抗变形能力，无较大规模的断层及破碎带，抗力体雄厚、稳定。

枢纽布置要求各建筑物协调紧凑，既能避免施工干扰问题，又能避免运行干扰问题，还要因地制宜地设计建筑物以减少工程量。

从施工条件而言，坝址附近要有数量足够、质量合格、便于开采加工和运输的天然建筑材料，施工场地和生活营地相对开阔，具有可实施的交通、设施布置等施工环境条件。

2.3.2 枢纽布置基本原则

拱坝枢纽布置就是要安排好各个建筑物的位置。首先，拱坝是主体，要比选坝线与体型，使坝体应力分布均匀良好，满足坝基强度和坝肩抗滑稳定要求，并力求节省工程量；其次，是泄洪建筑物，要选择最优泄洪消能方式，避免泄洪和消能对其他建筑物的影响，安排好泄洪建筑物是拱坝枢纽布置中的关键问题；再次，合理布置引水发电建筑物，要根据主厂房的位置，选择引水建筑物和尾水建筑物的布置，狭窄河谷要优选地下厂房方案。除此以外，枢纽布置上还要考虑施工导流、通航、排沙、放空等建筑物的布置以及生态流量泄放等要求，研究施工导流设施、泄水泄洪设施永临结合的可能性。由于泄洪消能、电站引水和尾水以及通航等均涉及水力学问题，所以，对选定的拱坝枢纽布置方案最终要通过水工整体模型试验加以验证。

1. 优先选择拱坝坝线与体型

拱坝是枢纽工程的中心，也是枢纽布置的重点。在选择拱坝坝线时要考虑地质条件、地形条件、枢纽布置总体要求、施工条件等，决定拱坝位置。要比选坝线与体型，使拱坝应力分布均匀良好，满足强度要求和坝肩岩体抗滑稳定要求，且节省工程量。拱坝坝型是采用重力拱坝还是双曲拱坝，视具体情况确定。一般而言，坝址河谷狭窄，地质条件较好，适宜布置双曲拱坝；河谷相对宽缓，岩性稍差或地质条件复杂，可布置重力拱坝。

2. 合理布置泄洪消能建筑物

拱坝枢纽中泄洪建筑物的布置，应根据枢纽泄洪规模、水头、泄洪功率等，结合大坝下游河道的地形地质条件、泄洪建筑物对坝体结构及稳定的影响、拱坝体型、厂房布置以及施工条件（包括导流和度汛）、运行维修条件等因素，经综合技术经济比较择优选定。

（1）在进行高坝枢纽泄水建筑物设计时，可尽量利用水库调洪削峰能力，减少枢纽泄洪流量；在常遇洪水条件下具备多种泄洪组合方式，以提高运行调度的灵活性；开敞式进口泄水设施具有较强的超泄能力，在设计洪水和校核洪水条件下泄洪可靠性高，可优先选用。

（2）对于泄洪量不太大且地形地质条件较合适的工程，设置岸边泄洪（溢洪道和泄洪洞）是经济合理、技术可行的方式。对于泄洪量较大的工程，一般优先考虑坝身泄洪。坝身泄洪可采用表孔（或浅孔）、中孔、深孔、底孔中的一种或几种。在单一岸边泄洪或坝身泄洪因受技术或经济方面的限制不能满足要求时，通常考虑坝身泄洪与岸边泄洪（溢洪道、泄洪洞）的组合形式。近年来，国内几座泄洪量较大的高拱坝多采用分散泄洪、分区消能、按需防护的布置原则，采取坝身孔口泄洪和岸边隧洞泄洪的组合方式，通过分区消能来减轻冲刷并减少防护工程量。

（3）当选择坝身泄洪时，坝顶表孔具有泄洪能力大、超泄能力强，便于排污、闸门开启和检修方便等优点，是坝身泄洪首选的布置型式。当设置坝体泄洪中孔或泄洪底孔时，应避开坝体高应力区和基础约束区，避免对坝体结构的不利影响。当坝身孔口数量较多、尺寸较大时，坝体局部应力集中和坝体刚度削弱问题需引起高度关注。

（4）坝身孔口泄洪水流应尽量挑射入槽，远离坝趾。水流归槽平顺稳定，减少水舌与岸坡的角度，避免对近坝下游岸坡的冲刷。对于宽河谷，要防止下泄水流集中使岸边回流过大，避免回流淘刷岸坡。

（5）对于特定消能区，要考虑具体条件下所需的水垫深度，力求水力学条件与消能区的工程地质条件（抗冲能力）相适应。如果地质条件较差，要尽量降低单宽流量，或采用钢筋混凝土防护的水垫塘；为增大消能区水体厚度，利用水垫消能，可修建二道坝形成水垫塘；下泄水流在入水前，应使其扩散、掺气或对冲，提高水流入水前的消能率，削弱水流冲刷能力，降低单位面积消能区的消能量。

（6）对于多泥沙河流，要重视泥沙淤积对枢纽工程的不利影响。布置一定数量的底孔或深孔，以满足水库泥沙调度和降低库水位的要求。

3. 合理协调引水发电建筑物布置

引水发电建筑物的布置主要是确定发电厂房的布置。厂房的布置应根据拱坝的结构特征、地形地质条件、引水建筑物的可能布置和泄洪要求等综合考虑，择优选择。

（1）因水电站厂房的过流量相对泄洪建筑物小，流速低，没有消能问题，一般是在首先满足泄洪建筑物布置要求的前提下再研究厂房的布置。

（2）厂房布置存在多种可能性，常见的有河床坝后厂房方案、岸边坝后厂房方案及地下厂房方案。坝后厂房通常是紧凑而经济的；但如果坝后河床有其他布置要求，或坝后空间有限，河床厂房布置不下，也可在坝后两岸设置地面厂房。一些工程为了更多地利用水头和利用好的地形地质条件，也采用了岸边地面厂房方案。如果主河道有其他布置要求，两岸又十分陡峻，通常采用地下厂房布置型式。

（3）在地下厂房布置中，首部厂房布置的优点是可以尽量缩短高压引水道长度，不设上游调压井，同时使发电系统的地下洞室群避开拱坝坝肩主要持力岩体，施工开挖干扰较小。由于首部厂房在“水库内”，成为库区地下厂房，必须重视防渗、排水和地下洞室群的围岩稳定和处理问题。对于岩溶发育的地层，采用此种方案尤其要谨慎。中部厂房布置应注意厂房尽量不要位于拱坝的主要持力岩体区，以避免拱端传力对地下洞室群的不利影响，并应避免地下洞室群的开挖对坝肩主要持力岩体的松弛影响。

（4）应重视地下厂房洞室群围岩的地质条件，主要是地质结构面产状、长大的结构面、岩体地下水渗透、高应力等。输水管道或隧洞尽量短且平顺，以减少水头损失和水击作用。

4. 兼顾施工导流建筑物的布置

（1）拱坝枢纽中，导流建筑物通常采取隧洞导流，围堰挡水，基坑全年施工方案；为减少导流建筑物工程量，有的工程也采用枯期隧洞导流、汛期围堰过水方式。高拱坝枢纽为满足中后期施工导流需要，坝内还需要设置导流底孔，导流底孔完成使命后即予以封堵。汛期基坑过水的导流设施，虽规模小、投资省，但大坝施工受过水影响。基坑全年施工的导流隧洞规模相对较大，上、下游围堰较高，导流工程投资较大，但大坝工期不受过水影响，有利工程提前发挥效益。

（2）对于高拱坝，导流洞受流速和闸门启闭能力的限制，运行水头也受到限制。这样就需要在坝身的较低部位设一定泄洪能力的导流底孔。在施工中期，导流底孔与导流洞共同承担导流任务；在导流洞封堵后，导流底孔与永久泄洪建筑物共同承担导流任务。中、后期导流任务完成后，导流底孔即予以封堵。

（3）需布置多条导流洞时，导流洞可布置在一岸或两岸，可设置不同的进口高程以适应不同的流量和上、下游水位，并可减少工程难度。

（4）将导流隧洞与永久设施结合利用可使枢纽布置紧凑，又可节省一定投资，如与发电尾水洞结合，或与泄洪洞结合，或利用导流洞改造为扩机厂房等。

5. 高度重视高边坡的稳定

拱肩槽开挖必然出现高边坡工程，必须确保边坡稳定，消除不稳定边坡对拱坝的影响。在坝后地面厂房布置中应注意厂房背面和侧面的边坡稳定；如果河谷狭窄，岸坡高陡，则要注意高位岩体的崩落，威胁地面厂房及其他地面建筑物的安全。枢纽各进出水口工程边坡、溢洪道边坡、水垫塘边坡等均需确保安全稳定。泄洪雾化对边坡稳定有极为不利的影响，需特别重视泄洪雾化区自然边坡和工程边坡的稳定。高地震区还需重视高位岩体的崩落以及危岩体的抗震安全，采取工程措施消除其对地面建筑设施安全的威胁。

6. 重视泄洪雾化的影响

当拱坝枢纽采用挑流消能或跌流消能，尤其是坝身多层孔口泄洪时，要特别重视泄洪雾化对枢纽建筑物、下游两岸山体、电气设备、输电线路、交通道路和各种洞口等的不利影响。在泄洪雾化可能造成比较大的危害时，重要设施要避开泄洪雾化区，如无法避开，要采取必要的保护措施。在下游河床两岸有危害性滑坡体，或边坡稳定条件较差时，慎用挑流或跌流式消能方式，尽可能不采用表、中（深）孔对撞、左右深孔对撞等泄洪雾化较大的消能方式。

7. 充分考虑水库的泄洪排沙

多泥沙河流上的水利水电工程，水库淤积问题比较突出。对于多泥沙河流，枢纽工程中若无排沙设施，或排沙建筑物布置、设计得不合理，则可能造成严重的泥沙淤积。为了解决或缓解水库淤积所带来的不利影响，应在深入研究水库泥沙运动规律的基础上，合理布置设计枢纽泄水排沙建筑物，针对水库淤积的不同阶段采取合理的运行排沙方式。通过合理调度，调水调沙，降低水库泥沙淤积速度，延长水库使用寿命。

8. 重视水库放空的要求

枢纽工程设置放空建筑物以降低库水位或放空水库，一方面是为了大坝或其他建筑物检修的需要，另一方面是为了公共安全。具体到一个枢纽工程，是否设置放空建筑物，还要结合工程的重要性、潜在风险、水库特性等统筹考虑。一般情况下，大型水库工程应具备在特殊情况下（如地震、战备）具有快速降低库水位的能力并具备低水位运行的条件。

2.3.3　枢纽布置典型方案和工程实例

2.3.3.1　泄洪孔口布置

泄洪消能建筑物布置对于拱坝枢纽布置是重要的，有时甚至是控制性的。拱坝枢纽主要有三种泄洪布置方式：坝身泄洪（可细分为坝身、坝肩、坝侧泄洪），岸边泄洪（溢洪道和泄洪洞）及坝身泄洪与岸边泄洪组合。

1. 坝身泄洪

坝身泄洪包括表孔、中孔和深孔（或底孔），如图 2.3-1 所示。以最大坝高的 1/2 为分界线，若孔口的进口底高程在此分界线以上，则为中孔；如果孔口的进口底高程在此分界线以下，则为深孔（或底孔）。另外，从水力特性出发，将工作水头大于 60m 的孔口有时也归入深孔之列。进口高程较低的孔口统称为底孔。

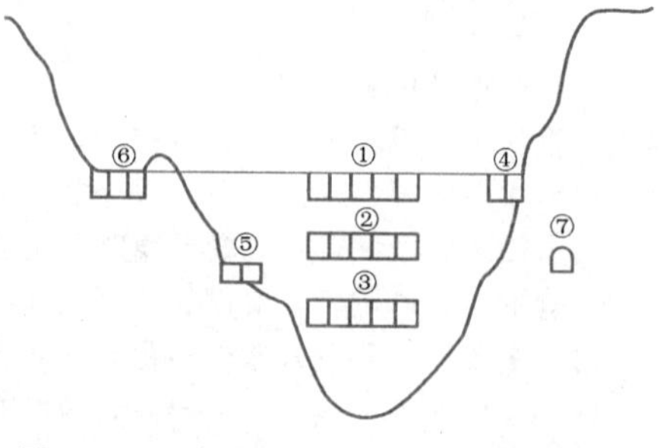

图 2.3-1　各类泄水建筑物的立面相对位置

①—坝身中部表孔；②—坝身中部中孔；③—坝身中部深孔(底孔)；④—坝肩表孔；⑤—坝侧中孔(深孔)；⑥—溢洪道；⑦—泄洪洞

有些工程表孔、中孔、深孔（底孔）布置在坝身对应河床的中部区，出口采用跌流或挑流消能，如美国的摩西罗克（Mossyrock），我国的隔河岩、二滩、溪洛渡、锦屏一级、小湾、构皮滩等。有些工程中孔、深孔布置在坝的两侧或坝肩，坝肩表孔进口在坝体内，出口通常与较陡的岸边泄槽结合形成滑雪式溢洪道，坝侧深孔进口位置较低，通常与较缓的岸边泄槽结合形成坝侧泄水道。伊朗的卡拉杰，我国的东江、李家峡、紧水滩等采用了坝肩坝侧孔口泄洪。其中卡拉杰、东江为坝肩表孔溢洪道，李家峡、紧水滩为坝侧中、深孔泄水道。

较早设计和施工的拱坝，由于担心坝身开孔会影响大坝的结构安全，多数采用岸边泄洪。随着拱坝计算分析技术的进展，高水头、大尺寸闸门制造技术的提高，泄洪消能技术的发展，坝身泄洪消能逐渐被普遍采用。采用坝身泄洪后可以不用或少用岸边泄洪，节省工程量和投资，通常是一个比较经济的选择。

摩西罗克、卡拉卡亚（Kalakaya，土耳其）、新成羽川（日本）、蒙台纳尔（Monteynara，法国）等采用了坝身表孔泄洪，萨扬·舒申斯克、卡里巴（Kariba，赞比亚）等采用了坝身中孔泄洪，卡博拉巴萨（Cabora Bassa，莫桑比克）等采用了坝身表孔、深孔泄洪。近年来，我国修建的一批具有“高坝、大流量、窄河谷”特点的拱坝，都优先考虑坝身开孔泄洪方式，见表 2.3-1。

2. 岸边溢洪道与泄洪洞

岸边溢洪道进水口在坝端或坝外，泄槽全部或大部开挖山体形成。岸边溢洪道与坝肩表孔滑雪式溢洪道的区别还在于岸边溢洪道的泄槽较长，可将水流输送到距坝较远的下游。

伊朗的卡拉杰、墨西哥的皮·科里斯及我国的龙羊峡等采用了岸边溢洪道泄洪。

泄洪洞进口和泄水道全部布置在一岸（或两岸）山体内。泄洪洞是常见的拱坝泄洪布置方式，美国的胡佛、格兰峡，我国的二滩、溪洛渡、锦屏一级等采用了泄洪洞。

3. 组合式泄洪

对于泄量较大的工程，通常根据泄量大小和地形地质条件的不同，采用两种、三种甚至四种泄洪方式的组合。

龙羊峡采用了坝侧中孔、深孔与岸边溢洪道组合泄洪；美国的饿马、黄尾，洪都拉斯的埃尔卡洪，以及我国的二滩、锦屏一级、溪洛渡等采用了坝身泄洪与泄洪洞泄洪的组合方式；东江等采用了坝肩坝侧泄洪设施与泄洪洞组合泄洪；乌江渡等采用了坝身泄洪、坝肩坝侧泄洪设施与泄洪洞组合泄洪；东风等采用了坝身泄洪、岸边溢洪道与泄洪洞组合泄洪。

表 2.3-1　　我国拱坝坝高 150m 以上坝身孔口泄洪工程实例

坝名	省份（河流）	坝型	最大坝高（m）	坝身孔口最大总泄量（m^3/s）	坝身泄洪方式			坝基岩石
					型式	孔数	宽×高（m）	
锦屏一级	四川（雅砻江）	双曲拱坝	305.0	1276.5×4	表孔	4	11×12	大理岩 砂板岩
				1097×5	深孔	5	5×6	
小湾	云南（澜沧江）	双曲拱坝	294.5	8140	表孔	5	11×15	片麻岩
				8846	深孔	6	6×7	
溪洛渡	四川、云南（金沙江）	双曲拱坝	285.5	2771×7	表孔	7	12.5×13.5	玄武岩
				12880	深孔	8	6.0×6.7	
拉西瓦	青海（黄河）	双曲拱坝	250.0	5985	表孔	3	13.0×9.5	花岗岩
					深孔	2	5.5×6.0	
					永久底孔	1	4.0×6.0	
二滩	四川（雅砻江）	双曲拱坝	240.0	9600	表孔	7	11×12	玄武岩 正长岩
				6700	中孔	6	6×5	
构皮滩	贵州（乌江）	双曲拱坝	232.5	15080	表孔	6	12×13	灰岩
				10760	中孔	7	7×6	
大岗山	四川（大渡河）	双曲拱坝	210.0	5462	深孔	4	6.0×6.6	花岗岩
龙羊峡	青海（黄河）	重力拱坝	178.0	5033	左侧中孔	1	8×9	花岗岩
					右侧深孔	1	5×7	
					右侧底孔	1	5×7	
乌江渡	贵州（乌江）	拱型重力坝	165.0	2611×4	坝身中部表孔	4	13×19	灰岩
				2611×2	坝肩表孔	2	13×19	
				577×2	坝侧深孔	2	4×4	
李家峡	青海（黄河）	双曲拱坝	165.0	6340	左侧中孔	1	8×10	片岩 混合岩
					右侧中孔	1	8×10	
					左侧深孔	1	5×7	
东江	湖南（耒水）	双曲拱坝	157.0	1430×3	左岸潜孔滑雪式溢洪道	1	10.0×7.5	花岗岩
					右岸潜孔滑雪式溢洪道	2	10.0×7.5	
东风	贵州（乌江）	双曲拱坝	153.0	3900	左坝肩表孔溢洪道	1	15×21	灰岩
				2124	表孔	3	11×7	
				2740	中孔	3	5×6（3.5×4.5）	
隔河岩	湖北（清江）	重力拱坝	151.0	24150	表孔	7	12.0×18.2	灰岩
					深孔	4	4.5×6.5	

2.3.3.2 厂房布置

拱坝枢纽中，发电厂房的布置主要有四类：①坝后式厂房；②坝后较远处地面厂房；③左（右）岸地下厂房；④组合式厂房。

1. 坝后式厂房

坝后式厂房的布置型式主要有“一”字形布置厂房、一侧或两侧布置厂房、双排机组厂房等。

在拱坝坝后横河紧靠坝的下游布置厂房，电站厂房基本占满坝下游的河床。通常是紧凑而经济的，最常见的是“一”字形布置，如东江、紧水滩等。为了减少主厂房在横河方向的长度以及解决一些其他问题，坝后厂房可以斜置（如龙羊峡等），也可以布置成弧形（如萨扬·舒申斯克等）。

当电站厂房布置在坝后还有一定富裕的空间时，厂房可布置在坝后的中部，也可布置在坝后的一侧或两侧，构成岸边厂房布置。有时为了适应布置要求，也可以将厂房在岸边斜置。如果厂房顺一岸布置难以安排，也可将厂房分设在左右两岸，形成两岸岸边厂房布置。为了充分利用布置坝后式厂房后的剩余位置，可将泄水建筑物布置在厂房的一侧（如萨扬·舒申斯克）或两侧（如龙羊峡）。

当水电站厂房占满了坝下游的河床仍嫌长度不足，且差得较多时，采用双排机组是一种有效的解决办法（如李家峡）。为充分利用有限的河谷宽度，将泄水建筑物重叠布置在厂房上，形成厂房与泄水建筑物的重叠式布置。

2. 坝后较远处地面厂房

如果紧接坝后河槽有其他布置要求，或厂房布置不下，也可以在离坝较远处，利用适当的地形条件（如冲沟、河道拐弯或地形扩宽等）设置地面厂房。如白山拱坝枢纽 2×300MW 的二期厂房就是利用大坝下游 450m 河道左岸冲沟布置地面厂房。隔河岩拱坝枢纽利用地形于坝后一定距离处的突扩部位设置 1200MW 的地面厂房。

3. 地下厂房

如果主河道有其他布置要求，两岸又十分陡峻，常会采用左岸（或右岸）坝肩山体布置地下厂房。地下厂房布置的主要优点在于“让开”正面河床用以安排泄洪和导流，这在我国高拱坝枢纽布置中是经典的布置型式。

地下厂房布置依主厂房在输水道中的位置分为首部厂房、中部厂房、尾部厂房。

(1) 首部厂房。首部厂房位于坝轴线延长线的上游。首部厂房布置的优点是可以尽量缩短高压引水道长度，不需设置上游调压井，同时使发电系统的地下洞室群避开拱端基础主要持力区，施工开挖扰动较小。当然由于在“水库内”，地下水源丰富，必须重视防渗、排水和地下洞室群的围岩稳定和处理问题，对于岩溶发育的地层更是如此。如果尾水较长，可能需要设置尾水调压井。

(2) 中部厂房。将厂房布置在拱坝坝肩靠中下游的地下岩体内。中部厂房位置的选择主要考虑洞室工程地质条件、防渗排水条件、输水系统水力学条件等因素。值得注意的是，中部厂房不宜位于拱坝的主要持力岩体内，既要避免拱端作用对地下洞室群围岩变形稳定的不利影响，又要避免因洞室开挖爆破对坝肩主要持力岩体承载能力的影响。较为理想的中部厂房布置方案是既不需要设置上游调压井，也不需要设计下游调压井。

(3) 尾部厂房。尾部厂房布置是将主厂房布置在水道接近尾部的地方，尾水洞很短，但引水洞往往较长，甚至不可避免地要设置上游调压井。上游调压井最高水位高于库水位，要特别重视高压水渗漏可能带来的不利影响。

4. 组合式厂房

在一个拱坝枢纽中设置两类厂房称为组合式厂房。日本的奈川渡拱坝枢纽设两组厂房，一组为坝后厂房，装 2 台机组，另一组为顺河向岸边厂房，装 4 台机组。白山枢纽也设两组厂房，是分期建设的，一期为地下厂房，二期为岸边厂房。

2.3.3.3 枢纽布置工程实例

根据泄水建筑物与引水发电系统的相对关系，拱坝枢纽布置方案大体可归纳为以下 7 种常见型式：①坝身泄洪、坝后河床厂房；②坝身泄洪、坝后岸边厂房；③坝身泄洪、地下厂房；④坝肩（侧）泄洪、坝后厂房；⑤泄洪洞泄洪、坝后厂房；⑥组合式泄洪、坝后厂房；⑦组合式泄洪、地下厂房。

1. 坝身泄洪、坝后河床厂房

当坝的前沿宽度（一般按常水位时的河流宽度考虑）既可容纳厂房，又可容纳泄洪建筑物时可采用坝身泄洪、坝后式厂房布置。其特点是枢纽建筑物布置非常紧凑，但由于厂房及尾水区与泄洪水舌入水区很近，必须注意避免泄洪对厂房及尾水区（涉及机组稳定运行）的影响。萨扬·舒申斯克电站装机 6400MW，最大泄水流量 $13300m^3/s$，最大坝高 242m，坝顶弧长 1068m，坝基宽 100m，是采用此类布置方式中最高、泄量最大的重力拱坝。

2. 坝身泄洪、坝后岸边厂房

坝身泄洪、坝后岸边厂房也是一种常用的布置方式，特别是拱坝位于峡谷出口时。隔河岩电站（见图

2.3-2）坝址位于不对称U形河谷尾端，底宽110～120m，出峡谷后，河床变宽。大坝为重力拱坝，坝高151m，坝顶弧长654.45m，坝顶厚8m，坝底厚75.5m。厂房位于右岸岸边，此处地形比较开阔，采用隧洞引水，洞线顺直且比较短。4条直径9.5m、长444m的引水隧洞平行布置，后接直径8m、长165m的压力钢管。主厂房尺寸为141m×39m×65m（长×宽×高），装机4台，单机容量30MW。泄洪建筑物全部布置在坝身的中间坝段，设7个表孔，孔口尺寸12.0m×18.2m，为第一层泄洪建筑物，设计泄量19950m^3/s。中孔4个，孔口尺寸4.5m×6.5m，为第二层泄洪建筑物，设计泄量4200m^3/s。另外在低高程还设有2个闸门尺寸4.5m×6.5m的放空兼导流孔。坝身泄洪全部采用挑流入混凝土衬砌的水垫塘消能。

这种布置需要考虑泄洪对厂房尾水的影响和泄洪雾化对厂房及电器设备的影响。该工程由于厂房布置在右岸山体后，已经避开了水舌的正下方，因此两种影响均不大。

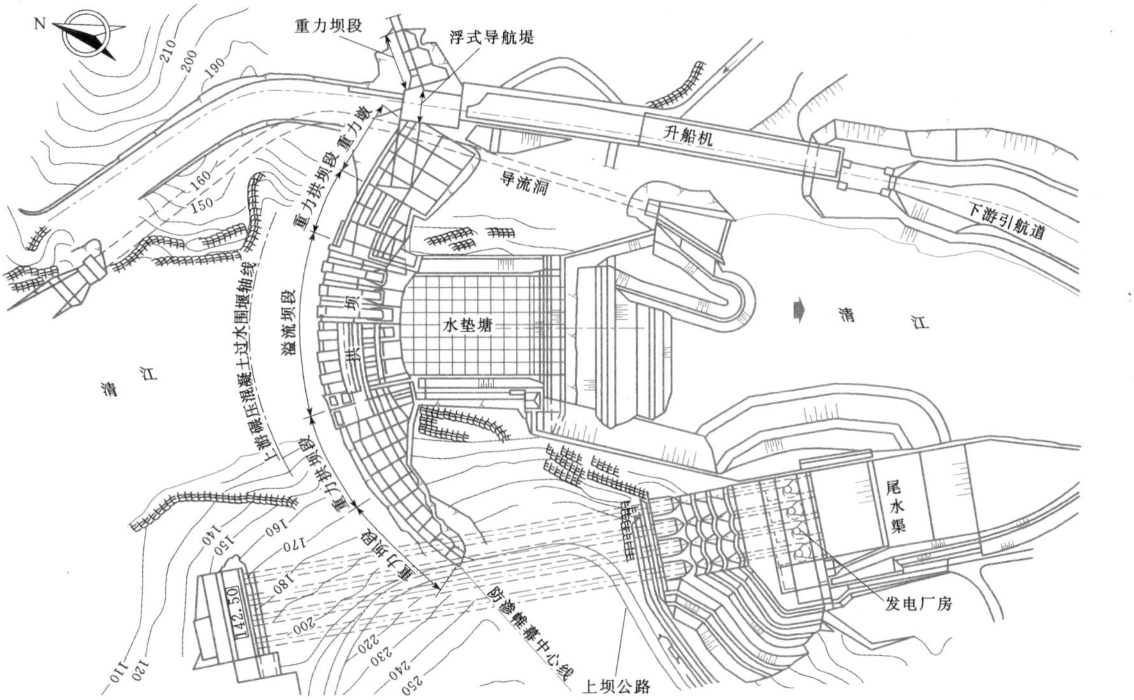

图2.3-2 隔河岩拱坝枢纽平面布置（单位：m）

3. 坝身泄洪、地下厂房

坝身泄洪、地下厂房是很常见的一种枢纽布置方式，由于厂房位于地下，比较容易处理大坝、厂房、泄洪建筑物之间的关系，因此得到广泛的应用。卡博拉巴萨（莫桑比克）、卡里巴（赞比亚和津巴布韦）、拉西瓦等均采用这一布置方式。

拉西瓦双曲拱坝（见图2.3-3）坝高250m，坝底厚49m。采用表、深孔泄洪，最大泄量5985m^3/s。3个表孔尺寸为13.0m×9.5m，最大工作水头14m，单孔泄量1489m^3/s；2个深孔尺寸为5.5m×6.0m，最大工作水头140.9m，单孔泄量759m^3/s。坝后设水垫塘消能。水电站厂房和引水发电系统均设在右岸地下，引水系统一洞一机，尾水系统一洞两机。总装机6×620MW。

4. 坝肩（侧）泄洪、坝后式厂房

李家峡、紧水滩等是这类典型布置的代表工程。其枢纽布置特点厂房占据了坝后河宽的全部或绝大部分位置，采用坝身泄洪式布置已无条件，泄洪方式采用坝肩（侧）泄洪。如果工程的泄量不是特别大，则坝后式厂房、坝肩（侧）泄洪枢纽布置是一种常用的、比较紧凑、经济的布置方式。

紧水滩双曲拱坝（见图2.3-4）最大坝高102m，坝顶弧长350.6m，坝顶厚5m，坝底厚26.5m，坝址处河床宽约100m。坝后主厂房长108.4m，安装间长18.1m，主厂房与安装间占满了坝后河床。泄水建筑物布置在厂房两侧，基本上是对称布置，左右均设置中孔和深孔各一个，通过泄槽将水流导向下游。工程设计泄量11700m^3/s，校核泄量14900m^3/s，是狭窄河谷中按坝后式厂房、坝肩（侧）泄洪布置中泄量较大的工程。

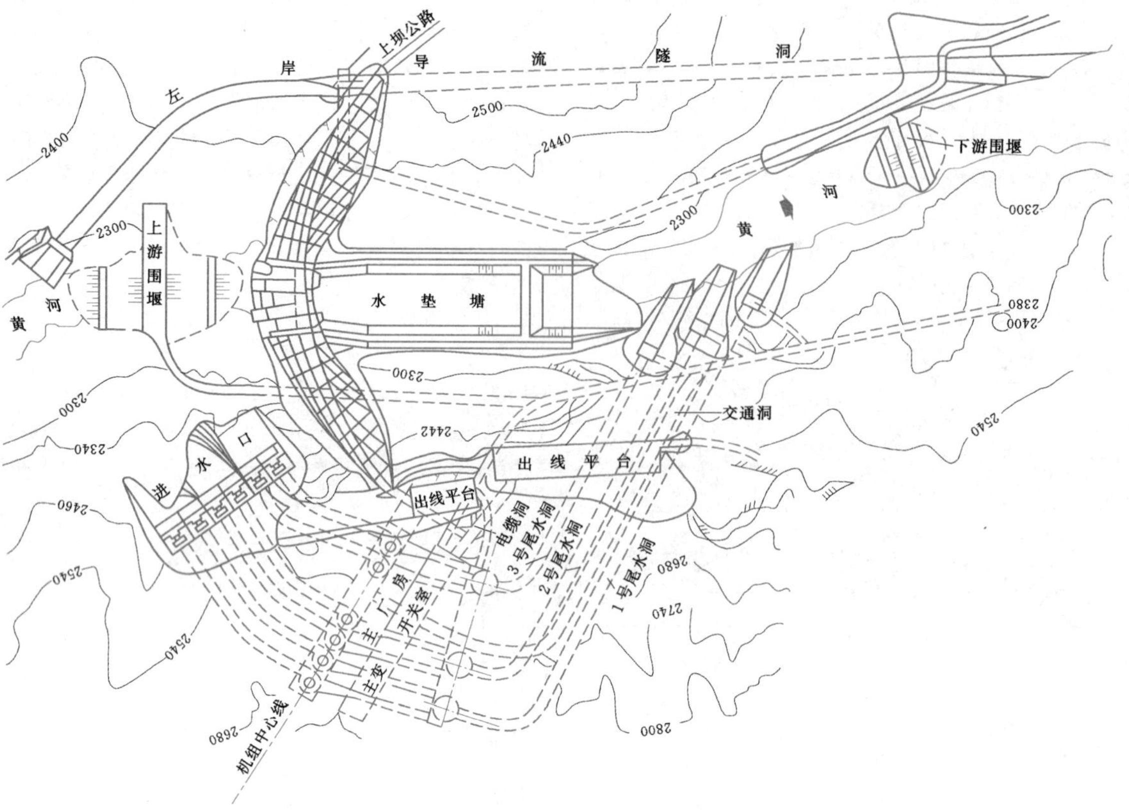

图 2.3-3　拉西瓦双曲拱坝枢纽平面布置（单位：m）

5. 泄洪洞泄洪、坝后式厂房

胡佛、契尔盖、格兰峡等是这类典型布置的代表工程。从平面布置上看，泄洪洞最好布置在凸岸，一方面洞线可以布置成直线，水流流态好；另一方面洞线长度较短，节省工程量。若要在顺直河段上布置泄洪洞，弯道需布置在进口有压段，而明流段不宜转弯。布置泄洪洞需较好的地质条件，进出口需要适当的地形地质条件，尽量减少高边坡。

6. 组合式泄洪、坝后式厂房

龙羊峡、东江等是这类典型布置的代表工程。

龙羊峡重力拱坝（见图 2.3-5）坝高 178m，坝顶弧长 396.00m，坝顶厚 15m，坝底厚 80m。由它形成的水库是黄河上游的龙头水库，总库容 247 亿 m^3，经水库调节后，最大泄洪量由 10500m^3/s 调节为 6000m^3/s。坝后式厂房布置在河床中部，装机 4 台，单机容量 320MW。泄洪建筑物由坝侧泄水道和岸边溢洪道组成。右侧设控制断面 5m×7m 的深孔和底孔各一个，校核泄量 1340m^3/s 和 1490m^3/s；左侧设控制断面 8m×9m 的中孔一个，校核泄量 2203m^3/s。另在右岸布置溢洪道，设 2 个 12m×17m 的表孔，校核泄量 4493m^3/s。该工程的泄洪能力大于需要的校核泄量，溢洪道与任何一个泄水道组合，就能满足或基本满足泄放校核洪水的要求。

7. 组合式泄洪、地下厂房

对于大泄量的工程，采用地下厂房、组合式泄洪的布置方式是比较适合的，也是比较常见的。根据泄量大小和地形地质条件的不同，可以采用两种、三种甚至四种泄洪方式的组合。普尔里·罗克斯（南非）、邦达瑞（美国）、埃尔卡洪（洪都拉斯）等均采用这一布置方式。

20 世纪 80 年代以后，我国相继在大江大河上修建一批高拱坝，如二滩、构皮滩、小湾、溪洛渡、锦屏一级等。这些高拱坝基本特点是：河谷狭窄，地形陡峻，地质条件复杂，拱坝高度都在 200m 以上；泄洪流量大，水头高，泄洪消能问题突出；装机容量大，一般不小于 3000MW；施工导流和施工布置困难等。总的说来，“高水头、大流量、窄河谷”是这些工程的主要特点，其枢纽布置均采用了坝身表孔、中深孔和泄洪洞组合泄洪、地下厂房的布置方式。

在这些工程中，1998 年建成的二滩水电站是最具代表性的工程，其枢纽布置格局对其后修建的构皮滩、小湾、溪洛渡、锦屏一级等有重要的影响。

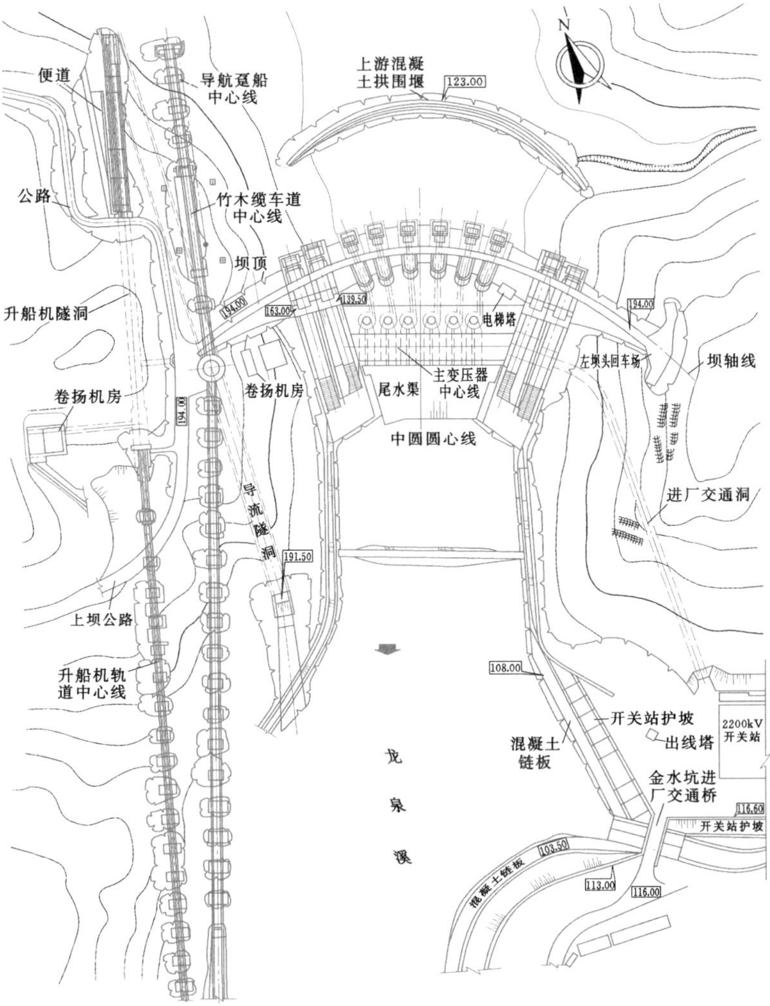

图 2.3-4 紧水滩拱坝枢纽平面布置（单位：m）

二滩水电站枢纽（见图 2.3-6）位于二滩峡谷段，两岸谷坡陡峻，河道平直，河谷狭窄。河谷呈大致对称 V 形，左岸谷坡 25°～45°，右岸谷坡 30°～45°，枯水位水面宽 80～100m，正常蓄水位处谷宽 600～700m。设计洪水流量 $20600m^3/s$，校核洪水流量 $23900m^3/s$，每年经常出现的洪水流量为 7000～$8000m^3/s$，泄洪总功率 39000MW。泄洪消能建筑物的选择与布置是二滩水电站枢纽布置的关键问题之一。

二滩坝址及消能区河床狭窄，两岸谷坡陡峻，枯水期河床水面仅宽 80～100m，河床难以承受从坝身下泄的全部泄水功率，需采用坝身孔口及岸边泄洪设施联合泄洪。岸边泄洪设施考虑了泄洪洞和拱坝两岸滑雪道式溢洪道泄洪消能。通过比较，采用了泄洪隧洞。坝身设表、中孔分层出流，双层多孔分散水流，分区消能，表、中孔水流空中撞击消能，坝下游设水垫塘、二道坝消能。采用表孔、中孔、泄洪隧洞三套泄洪设施后，每套设施在单独运行时能承担常年洪水量的宣泄，任两套泄洪设施与厂房机组部分过流组合可宣泄 50～100 年一遇洪水（即接近历史调查洪水），全部泄洪设施运行可满足 1000 年一遇设计洪水、5000 年一遇校核洪水的宣泄能力。三套设施的组合，有互为备用、运行灵活的功能。

当河床位置让给泄洪消能建筑物后，没有布置地面厂房的任何条件，只能将引水发电系统转移至地下。地下厂房布置在左岸，具体布置时分析比较了首部地下厂房、中部地下厂房和尾部地下厂房三种布置方案，其中，中部坝肩地下厂房的工程地质条件较为优越，主厂房洞室深埋 200～400m，岩体强度高，构造轻微，厂房与上游库区和下游的中滩沟均有一定距

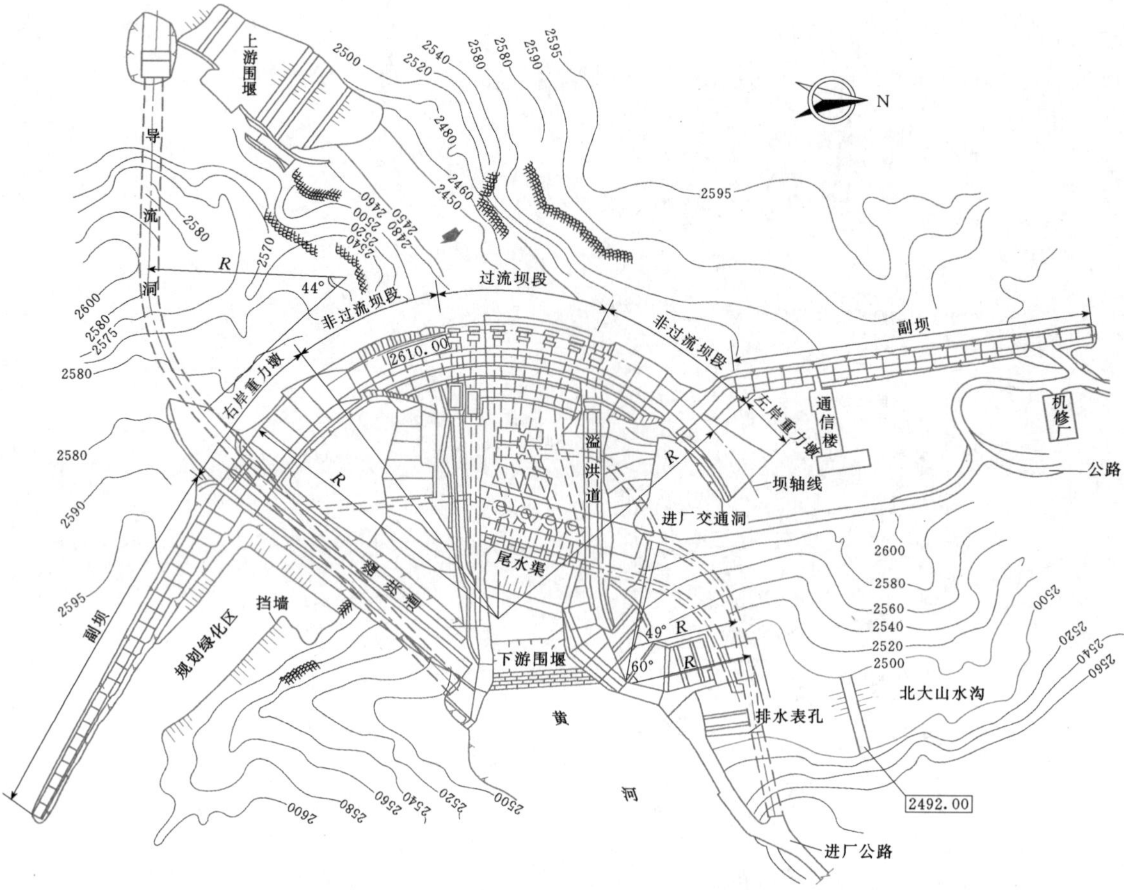

图 2.3-5　龙羊峡拱坝枢纽平面布置（单位：m）

离，布置上较为灵活，围岩稳定条件相对较好，防渗排水问题也较容易解决，具有修建大型地下洞室的条件，故中部坝肩地下厂房为选定方案。

最终确定的二滩水电站枢纽布置总体格局为：枢纽主要建筑物由双曲拱坝，坝身泄洪表、中孔，坝下水垫塘和二道坝，右岸 2 条泄洪隧洞，左岸地下厂房等建筑物组成。大坝为抛物线型双曲拱坝，坝顶高程 1205m，最大坝高 240m，坝顶弧长 774.7m，坝顶宽 11m，坝底最大厚度 55.74m。地下厂房位于左岸坝肩的岩体内，主厂房、主变室、尾水调压室三大洞室平行布置。主厂房尺寸为 280.29m×25.5m×65m（长×宽×高，下同），装机 6×550MW。主变室尺寸为 214.9m×18.3m×24.6m，尾水调压室尺寸为 203m×（16.5～19.8m）×（59.6～68.8m）。泄洪建筑物由坝身表孔、深孔和泄洪洞组成。在坝顶中部设 7 个表孔，弧形闸门尺寸 11m×12m（宽×高，下同），总泄量 9600m^3/s。深孔 6 个，闸门尺寸为 6m×5m，总泄量 6700m^3/s。坝身总泄量 16300m^3/s。坝下游设混凝土衬护的水垫塘消能。两条泄洪洞设在右岸，洞长分别为 848m 和 1129m，最大泄量 7600m^3/s。泄洪洞进、出口距坝区均较远，与坝身泄洪形成两个独立的泄洪消能区。

溪洛渡水电站枢纽（见图 2.3-7）位于溪洛渡峡谷中段，河道顺直，谷坡陡峻无沟谷切割，基岩裸露，河谷呈对称的 U 形，河谷宽高比约 2.0。坝顶高程 610m，最大坝高 285.5m，水库总库容 126.7 亿 m^3，调节库容 64.6 亿 m^3，电站装机容量 13860MW。枯水期水位 370m，江面宽 70～110m，正常蓄水位 600m 高程相应谷宽 500～535m。设计洪水流量 43700m^3/s，校核洪水流量 52300m^3/s，泄洪总功率近 100000MW，具有世界上泄量最大的拱坝和装机容量最大的地下厂房，为已建成的二滩水电站泄洪功率的 3 倍。

枢纽工程由拦河大坝、泄洪设施、引水发电建筑物等组成，具有“高拱坝、大泄量、多机组”的特点。枢纽泄洪采取分散泄洪、分区消能、按需防护的布置原则。

泄水及消能建筑物由坝身 7 个表孔和 8 个深孔、坝

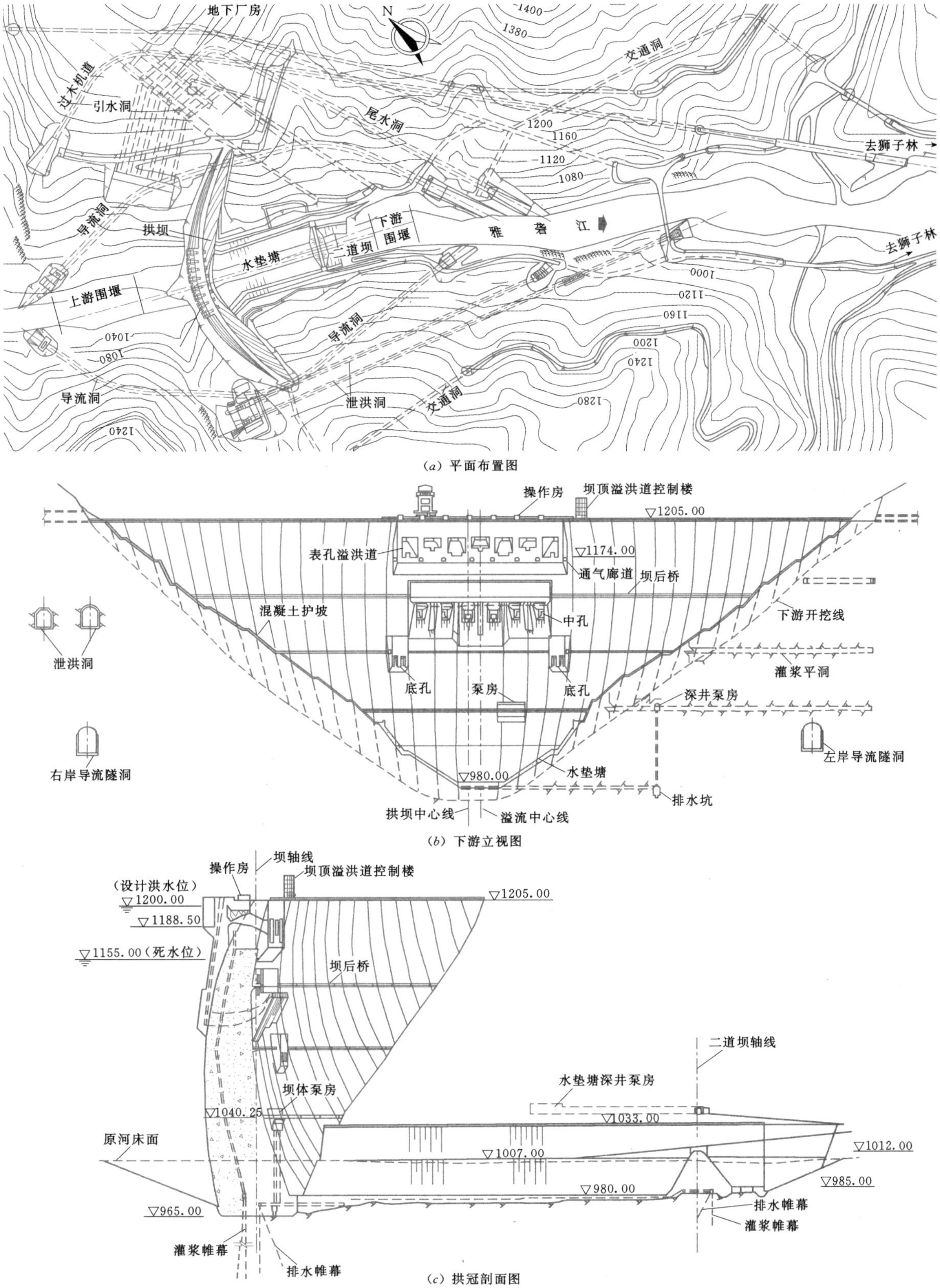

(a) 平面布置图

(b) 下游立视图

(c) 拱冠剖面图

图 2.3-6 二滩水电站枢纽(单位:m)

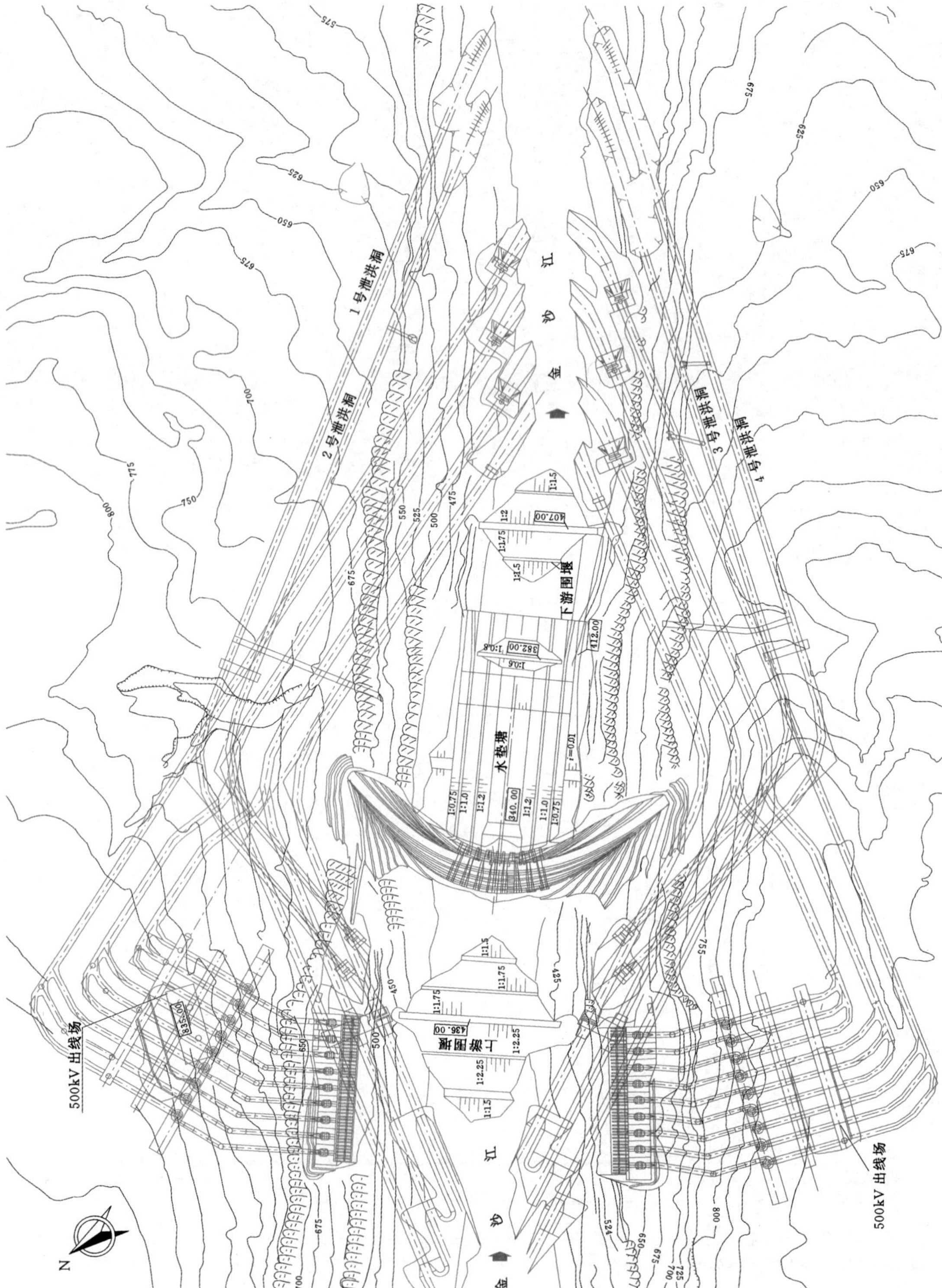

图 2.3-7　溪洛渡水电站枢纽布置平面（高程单位：m）

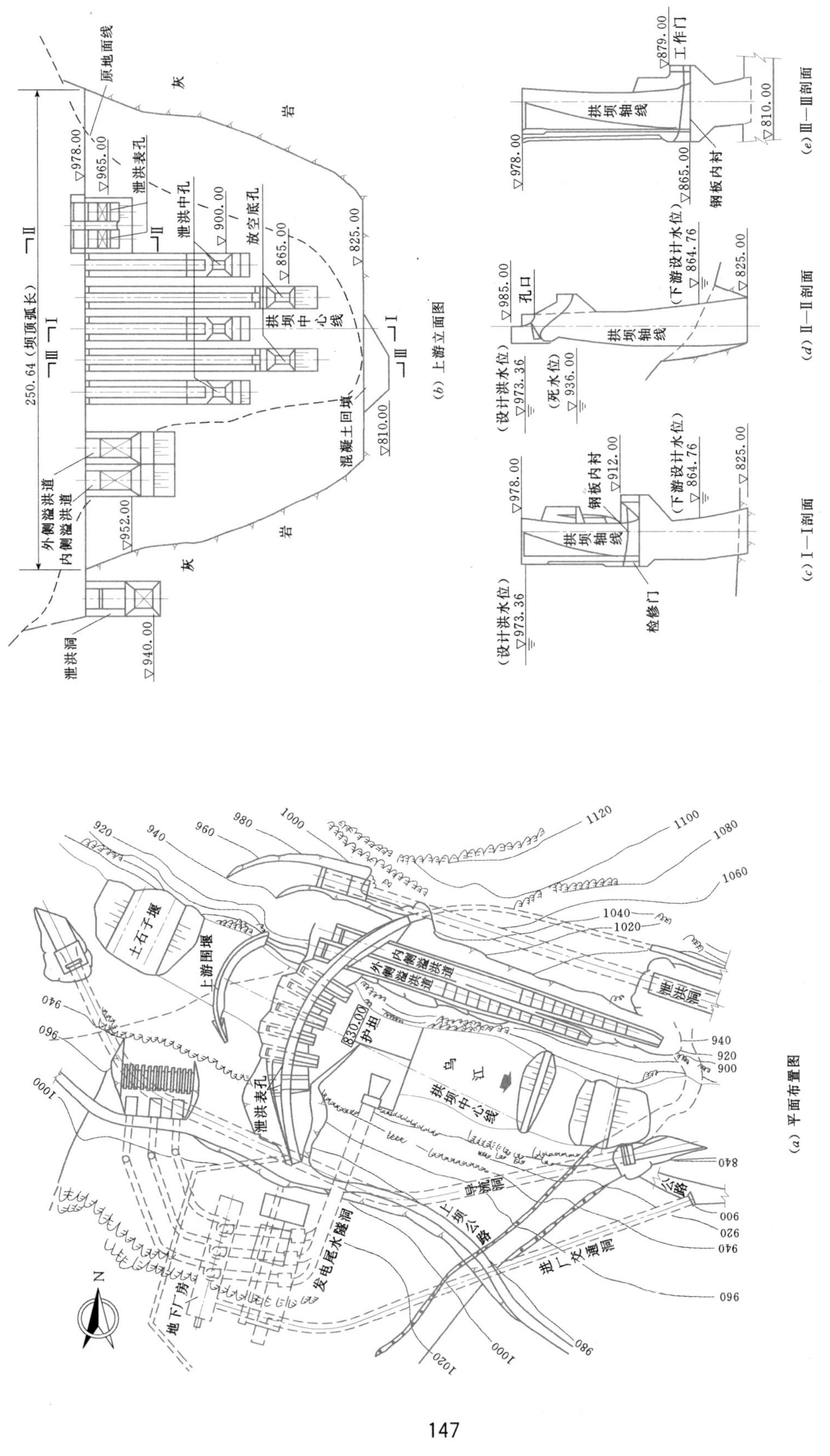

图 2.3-8　东风拱坝枢纽（单位：m）

后水垫塘和二道坝、左右岸各2条泄洪洞组成。坝身孔口采用“分层出流、空中碰撞、水垫塘消能”的布置型式。7个表孔在平面上呈圆弧形布置，控制断面尺寸12.5m×13.5m（宽×高）。8个泄洪深孔控制断面尺寸6.0m×6.7m（宽×高）。坝身孔口在设计（校核）洪水位下，7孔表孔+8孔深孔的最大泄量Q=21642～32277m^3/s(设计～校核)，约占总泄量的66%。

4条泄洪洞孔口断面14.00m×12.00m（宽×高），单洞泄流量为3858～4182m^3/s（设计～校核），4洞泄量Q=15432～16728m^3/s（设计～校核），约占总泄量的34%。

左、右岸首部地下厂房基本呈对称布置于坝线上游库区山体内，分别由主机间、安装间、副厂房、主变室、9条压力管道、9条母线洞、9条尾水管及尾水连接洞、调压室、3条尾水洞、2条出线井以及通排风系统、防渗排水系统等组成，构成以三大洞室为主体、纵横交错、上下分层的大规模地下洞室群。

东风工程是采用四种泄洪方式组合的实例，如图2.3-8所示。坝址河谷呈略不对称的U形，两岸为75°～85°的峭壁，河床十分狭窄，枯水期河面宽50～60m。大坝为抛物线双曲拱坝，坝顶高程978m，最大坝高153m，坝顶弧长254.35m，坝顶宽6m，坝底厚度25m。厂房布置在右岸地下，三洞三机，三条尾水洞汇入一条尾水主洞，装机3×190MW。泄洪建筑物由坝身表孔、深孔和左岸溢洪道、泄洪洞组成。在坝顶设3个表孔，平板闸门尺寸11m×7m（宽×高），最大泄量2124m^3/s。在坝身890m左右高程处设3个中孔，两大一小，工作水头80m，大中孔闸门尺寸为5m×6m，小中孔闸门尺寸为3.5m×4.5m，总泄量2740m^3/s。坝身总泄量4864m^3/s。溢洪道和泄洪洞均设在左岸，基本上平行布置，溢洪道在内侧，泄洪洞在外侧。溢洪道进口堰顶高程为950m，孔口尺寸为15m×21m，溢洪道长270.4m，泄槽宽15m，沿程收缩到9.5m，最大泄量3900m^3/s。泄洪洞长525.1m，弧形闸门尺寸为12m×21m，洞身为城门洞形，断面尺寸12.0m×17.5m，最大泄量3560m^3/s。溢洪道、泄洪洞末端距坝区均较远，与坝身泄洪形成三个独立的泄洪消能区。

2.4 拱坝建基面及拱坝体型设计

2.4.1 拱坝建基面

拱坝主要是以压力拱的形式，将荷载传到两岸山体，并以坝—基础的联合作用完成正常的挡水任务。它是狭窄河谷上经济性与安全性都比较优越的坝型之一，由于拱坝依靠两岸山体的抗力来维持坝体稳定，这就要求拱坝必须修建在与之相适应的地基条件上，即大坝地基必须具有足够的承载能力和基础稳定安全可靠性。

坝基嵌入深度越大，基岩完整性越好，承载能力越高，对大坝安全性越有利，但随着坝基嵌深的增大，拱跨加大，库水压力增大，坝体强度和坝肩抗滑稳定的负担加重，此外，嵌深过大还涉及高地应力引起的开挖回弹变形、高边坡等复杂岩体工程问题。因此，现代拱坝设计需要合理选择拱坝可利用岩体及拱坝的合理嵌深。在保证工程安全的前提下，建基面浅嵌可显著减少坝基开挖和大坝混凝土工程量，缩短工期，节省投资。

2.4.1.1 基本要求

建基面应选择在天然状态下地质条件相对较好、岩性相对均匀的较完整坚硬岩体上，以满足地基强度和刚度的要求、拱座抗滑稳定要求以及抗渗和耐久性要求。

建基面开挖形状应平顺规则，左右岸形状大致对称，岸坡角变化平缓，避免周边有过大的突变。局部坝基地质缺陷造成的超挖、欠挖，应进行回填或开挖。

建基面岩性应相对均匀，避免岩体软硬突变。局部明显的地质缺陷，如较大的软弱带、断层等，应采取混凝土置换处理，确保拱坝建基面有良好的受力工作属性。

2.4.1.2 规范规定

《混凝土拱坝设计规范》（SL 282—2003）规定，拱坝地基除应满足整体性、抗滑稳定性、抗渗和耐久性等要求外，还应根据坝体传来的荷载、坝基内的应力分布情况、基岩的地质条件和物理力学性质、坝基处理的效果、工期和费用等，综合研究确定。根据坝址具体情况，结合坝高，选择新鲜、微风化或弱风化中、下部的基岩作为建基面。

《混凝土拱坝设计规范》（DL/T 5346—2006）规定，坝基的开挖深度，应根据岩体的类别和质量分级、基岩的物理力学性质、拱坝对基础的承载要求、基础处理的效果、上下游边坡的稳定性、工期和费用等，经技术经济比较研究确定。高坝应开挖至Ⅱ类岩体，局部可开挖至Ⅲ类岩体。中、低坝的要求可适当放宽。

我国部分拱坝建基面确定情况见表2.4-1。

规范所规定的建基面确定原则适用于坝高200m以下的拱坝，对于200m以上的超高拱坝，建基面的确定应进行专门深入的研究。

表 2.4-1　　我国部分高度 200m 以下拱坝建基面确定工程实例

工程名称	坝　型	坝高（m）	基　岩	建基面确定标准	坝基开挖量（万 m^3）	坝体工程量（万 m^3）	建成时间
龙羊峡	重力拱坝	178.0	花岗闪长岩、变质砂板岩	微风化	114.00	165.00	1989 年
乌江渡	拱型重力坝	165.0	三叠系玉龙山灰岩	微风化	70.00(厂坝基础)		1982 年
李家峡	双曲拱坝	165.0	前震旦系混合岩、片岩	弱风化下限	81.00	125.00	1999 年
东　风	双曲拱坝	153.0	三叠系永宁灰岩	微风化	37.34	48.30	1993 年
东　江	双曲拱坝	157.0	花岗岩	微风化、新鲜		42.00	1987 年
白　山	重力拱坝	149.5	前震旦系混合岩	新鲜、微风化	67.00	166.30	1987 年
凤　滩	空腹拱坝	112.5	板溪群砂岩	弱风化下限	53.00	113.00	1979 年
紧水滩	双曲拱坝	102.0	花岗斑岩	新鲜			1988 年
石　门	双曲拱坝	88.0	石英岩、云母	弱风化			1973 年
泉　水	双曲拱坝	80.0	斑状花岗岩	微风化、弱风化	5.02	6.00	1974 年
陈　村	重力拱坝	76.3	志留纪砂页岩互层	微风化、强风化下部	41.60	75.80	1972 年
里石门	双曲拱坝	74.3	凝灰岩	微风化			1977 年

二滩、构皮滩以及溪洛渡等高拱坝建基面选择的经验表明，在研究采用适当地基处理措施的基础上，合理利用弱风化岩体作为超高拱坝地基可大大减少坝基开挖和大坝混凝土工程量，具有显著的经济效益。表 2.4-2 给出了国内外已建和在建超高拱坝工程建基面情况。

表 2.4-2　　国内外坝高超过 200m 的拱坝建基面利用情况表

坝　名	国家	坝高（m）	弧高比	厚高比	建基面岩体利用情况	备注
锦屏一级	中国	305.0	1.810	0.207	微风化弱卸荷Ⅲ$_1$类大理岩、砂板岩为主	在建
小　湾	中国	294.5	3.300	0.247	微～新黑云母花岗片麻岩、角闪斜长片麻岩为主	已建
溪洛渡	中国	285.5	2.450	0.216	弱风化下段玄武岩为主	在建
英古里	苏联	271.5	2.360	0.184	石灰岩、白云灰岩、白云岩弱卸荷带	已建
瓦依昂	意大利	265.5	0.720	0.085	白云石灰岩，固结灌浆后变形模量达 7.5GPa 以上	已建
拉西瓦	中国	250.0	1.903	0.196	花岗岩和变质岩微～新岩体为主	已建
二　滩	中国	240.0	3.210	0.232	正长岩、玄武岩的弱风化下段为主	已建
莫瓦桑	瑞士	237.0	2.190	0.225	砂质砂岩、钙质页岩，建基于新鲜基岩	已建
构皮滩	中国	232.5	2.380	0.216	灰岩，建基建于Ⅰ、Ⅱ级岩体，局部利用Ⅲ级岩体	已建
契尔盖	苏联	232.5	1.430	0.129	石灰岩，基岩利用要求声波 V_p 大于 4500m/s	已建
康特拉	瑞士	222.0	1.800	0.122	瓦岩、云母岩，建基岩体变形模量达 11GPa	已建
姆拉丁其	南斯拉夫	220.0	1.220	0.133	石灰岩，地基灌浆前变形模量在 5～7GPa 满足要求	已建
格兰峡	美国	216.4	2.110	0.530	砂岩夹少量页岩，要求开挖深于卸荷裂隙深度	已建
大岗山	中国	210.0	2.964	0.248	中、低高程为微～新花岗岩，上部为弱风化下段	在建
柳　冲	瑞士	208.0	2.548	0.173	片麻岩、页岩	已建
德　兹	伊朗	203.5	1.179	0.103	砾岩，按承载力和稳定确定嵌深	已建
阿尔门德拉	西班牙	202.0	2.807	0.134	花岗岩	已建
科尔布赖恩	奥地利	200.0	3.130	0.165	花岗片麻岩，坝基岩石变形模量 17～35GPa	已建

2.4.1.3 设计思路与工作步骤

拱坝合理建基面的确定，主要设计思路与工作步骤如下：

(1) 通过坝址勘探及岩体物理力学试验，确定坝址各级岩体的分布，查清主要地质缺陷，正确评价坝基岩体质量，进行坝基岩体工程地质分类，研究确定各类岩体物理力学特征与参数建议值。

(2) 研究地质缺陷的处理方法，借鉴类似工程经验，评价岩体固结灌浆提高岩体整体性和抗变形能力的幅度。正确评价其物理力学特性的改善程度，并确定工程设计的相关参数及取值。

(3) 根据建基面确定的基本要求，拟定数个比选建基面方案，参照规范方法分析拱坝应力、坝肩抗滑稳定，开展各设计参数的敏感性分析及拱坝对基础条件的适应性分析，初步评价建基面方案的合理性与可行性。

(4) 对局部明显的地形、地质缺陷，根据对拱坝受力状态及安全性影响的不同，研究采用针对性的地基处理措施，确保大坝地基稳定安全，最大限度减少大面积、大范围开挖。

(5) 开展拱坝整体稳定分析与安全评价，开展基础处理措施效果分析，深入评价高拱坝建基面设计的可行性。

(6) 在完成上述各项研究及相关方案安全分析评价的基础上，综合技术经济比较，最终确定合理建基面。

2.4.2 拱坝体型

选择拱坝体型时应综合考虑坝址河谷形态（宽高比）、工程地质条件、枢纽泄洪量、坝体应力分布和拱座稳定、坝体混凝土量和坝基开挖量、坝体受力条件、基础的适应性和施工条件等因素的影响，通过多方案研究比较，择优确定。

在选定了拱坝坝轴线的位置、拱圈线型和中心角后基本确定了两岸拱座的位置、拱端合力方向和全坝水平曲率。故应首先拟定坝轴线曲线方程、中心角及其相应坐标位置。当坝轴线为圆弧时，需先拟定圆心位置、坝轴线半径和半中心角。

通常当河谷为U形时，可采用单曲拱坝或双曲拱坝；当河谷为V形时可采用双曲拱坝；当河谷宽高比大于3或拱座基岩地质地形条件较差时可设计成较厚的拱坝；当河谷宽高比小于2且拱座基岩地质地形条件较好时可设计成较薄的拱坝。

拱坝体型的设计变量包括拱圈中心线方程、拱冠梁曲线、拱冠及拱端的厚度、曲率半径等，约束条件包括应力、倒悬度、中心角等。设计中，需考虑下列因素：

(1) 拱坝应具有一定的自适应能力。拱坝体型要适应地基的不均匀和非对称性，以及坝身孔口的影响，始终保持大坝处于有利的工作状态。

(2) 拱端作用应有利于坝肩稳定。合理选择水平拱圈的中心角，采用较扁平的拱圈布置，尽量使拱推力指向山体内部，有利于坝肩的抗滑稳定。拱圈最大中心角宜在75°～110°之间。

(3) 合理设计悬臂梁断面，改善坝体应力状态。从已有高拱坝的设计建设经验看，上、下游坝面倒悬度宜控制在0.3以内。

(4) 确保高拱坝具有适宜的抗震能力。对于高拱坝坝体抗震设计，通常采取“静载设计、动载复核”的设计思路。根据地震动响应分析，评价大坝地震动特性和抗震安全性，开展必要的抗震措施设计。

拱坝体型设计大多采用拱梁分载法计算坝体应力，以应力水平和应力分布规律为判据，通过多种拱圈线型及拱冠梁曲线型式的比选和优化确定。

2.4.2.1 确定拱冠梁

取河谷可利用基岩剖面线的最低点作为拱冠梁位置，河谷底部较平坦时可取在谷底的中心部位。

1. 选择拱冠梁厚度

顶拱厚度 T_c 主要依据坝高、拱坝结构布置、坝顶交通等条件研究选取，顶拱厚度一般大于3.0m。

底部厚度 T_b 可按下式估计：

$$\frac{T_b}{H}=0.0591L+0.0568\pm0.0612 \qquad (2.4-1)$$

式中 L——拱坝的坝顶弧长。

地基均匀、V形河谷可选小值，地基较差、U形河谷可选大值。通常在拱坝形状初步拟定并作应力分析后，再对拱冠底部厚度作进一步调整。

2. 选择拱冠梁体型

拱冠梁剖面通常先拟定上游面曲线，其形式有：圆弧或圆弧组合、二次曲线、三次曲线以及其他类型的曲线（适用于双曲拱坝）；直线或折线（适用于单曲拱坝）。

当上、下游坝面为曲线时，拱冠梁剖面形式主要受坝面连续条件及坝体纵向曲率因素的控制，坝面平顺连续是坝体获得较好应力分布条件的重要保证。

应结合各层水平拱拱座位置和中心角，合理设置断面曲率，以改善大坝施工与运行过程中的应力状态，通常坝面倒悬度不宜超过0.3，自重拉应力不宜超过0.5MPa。拱坝施工中，横缝封拱灌浆要求坝段混凝土具有足够的龄期以及温控要求，不可避免要出现高悬臂坝块。如果坝体纵向曲率过大，坝面会因自重产生较大拉应力，容易在坝面产生水平裂缝。

（1）直线或折线型拱冠梁剖面。上游坝面直线、拱冠梁厚度和下游坝面直线如图 2.4－1 所示。

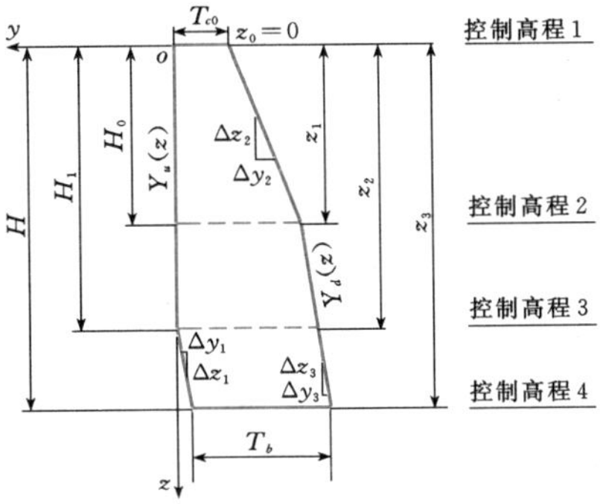

图 2.4－1　铅直线拱冠梁剖面布置

1）拱冠梁上游坝面直线 $Y_u(z)$：可将拱冠梁上游坝面线拟定为一个或多个直线段，以两个直线段为例，上游坝面线方程为

$$z_0 \leqslant z \leqslant z_2,\ Y_u(z) = 0.0 \tag{2.4-2}$$

$$z_2 \leqslant z \leqslant z_3,\ Y_u(z) = (z - H_1)\frac{\Delta y_1}{\Delta z_1} \tag{2.4-3}$$

2）拱冠梁下游坝面直线 $Y_d(z)$：拱冠梁下游坝面线可拟定为一个直线段（两个控制高程）、两个直线段（三个控制高程）等，两个直线段下游坝面线方程为

$$\left.\begin{aligned} & z_0 \leqslant z \leqslant z_1 \\ & Y_d(z) = T_{c0} + (z - z_0)\frac{\Delta y_2}{\Delta z_2} \end{aligned}\right\} \tag{2.4-4}$$

$$\left.\begin{aligned} & z_1 \leqslant z \leqslant z_2 \\ & Y_d(z) = T_{c0} + H_0\frac{\Delta y_2}{\Delta z_2} + (z - z_1)\frac{\Delta y_3}{\Delta z_3} \end{aligned}\right\} \tag{2.4-5}$$

$$\left.\begin{aligned} & z_2 \leqslant z \leqslant z_3 \\ & Y_d(z) = T_{c0} + H_0\frac{\Delta y_2}{\Delta z_2} + (z - z_1)\frac{\Delta y_3}{\Delta z_3} \\ & \quad - (z - H_1)\frac{\Delta y_1}{\Delta z_1} \end{aligned}\right\} \tag{2.4-6}$$

3）拱冠梁厚度 $T_c(z)$：根据拱冠梁上、下游坝面直线 $Y_u(z)$、$Y_d(z)$ 即可确定拱冠梁厚度沿坝高的变化：

$$\left.\begin{aligned} & z_0 \leqslant z \leqslant z_1 \\ & T_c(z) = T_{c0} + (z - z_0)\frac{\Delta y_2}{\Delta z_2} \end{aligned}\right\} \tag{2.4-7}$$

$$\left.\begin{aligned} & z_1 \leqslant z \leqslant z_2 \\ & T_c(z) = T_{c0} + H_0\frac{\Delta y_2}{\Delta z_2} + (z - z_1)\frac{\Delta y_3}{\Delta z_3} \end{aligned}\right\} \tag{2.4-8}$$

$$\left.\begin{aligned} & z_2 \leqslant z \leqslant z_3 \\ & T_c(z) = T_{c0} + H_0\frac{\Delta y_2}{\Delta z_2} + (z - z_1)\frac{\Delta y_3}{\Delta z_3} \\ & \quad - (z - H_1)\frac{\Delta y_1}{\Delta z_1} \end{aligned}\right\} \tag{2.4-9}$$

（2）圆弧型拱冠梁剖面。当拱冠梁上游面采用圆弧时，只需确定坝顶、坝底和中部任一处的坝厚，即可得到下游面三点，并通过此三点作一圆弧，定出下游面。当拱冠梁上游面采用不同圆心和半径的两段圆弧组成时，可按设计拟定的 β_1、β_2、β_3 三个参数拟定上游面曲线，如图 2.4－2 所示。其中：A 为拱冠梁最上游点；C 为拱冠梁与顶拱上梁侧交点，β_1 为 AC 水平投影长度与坝高 H 的比值，β_2 为坝踵 B 和坝轴线投影 D 间的水平距离与坝厚 T_b 的比值；β_3 为切点 A 和坝踵 B 间的水平距离与坝厚 T_b 的比值。

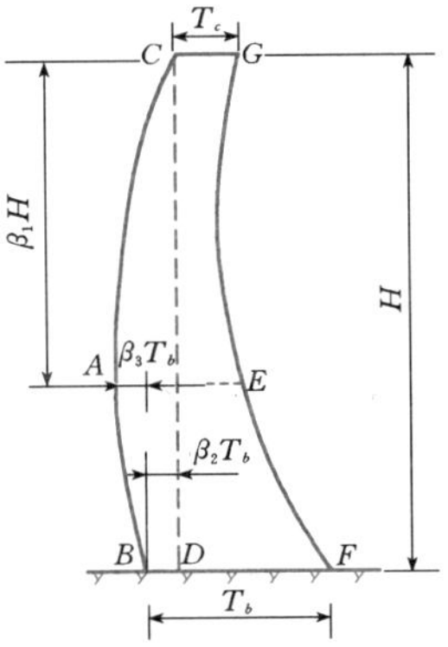

图 2.4－2　β_1、β_2、β_3 三个参数拟定的拱坝上游面曲线

拱冠梁上游由 CA 和 AB 两段圆弧组成，其圆心均位于通过切点 A 的水平面上。令圆弧 CA 和 AB 的半径分别为 R_1 和 R_2，则 R_1、R_2 可分别用式（2.4－10）和式（2.4－11）求得：

$$R_1 = \left[\frac{\beta_2 + \beta_3}{2} + \frac{\beta_1^2}{2(\beta_2 + \beta_3)}\left(\frac{H}{T_b}\right)^2\right]T_b \tag{2.4-10}$$

$$R_2 = \left[\frac{\beta_3}{2} + \frac{(1 - \beta_1)^2}{2\beta_3}\left(\frac{H}{T_b}\right)^2\right]T_b \tag{2.4-11}$$

A 点处的坝厚 T_a 可先根据该点高程两岸拱座岩面间的直线距离 L_a 按式（2.4－12）初步估算：

$$T_a = 0.7L_a\frac{\beta_1 H}{[\sigma]} \tag{2.4-12}$$

然后，将坝厚和高程点绘关系曲线，如有不够平顺之处，需适当调整 T_a 和 T_b，得出下游面三点，通过此三点作一圆弧，即得下游面曲线。

当上游面采用二次抛物线时，可由 β_1、β_2 两个参数按曲线方程式（2.4－13）确定其形状：

$$y = \frac{\beta_2 T_b}{2\beta_1 - 1}\left[-2\beta_1\left(\frac{z}{H}\right) + \left(\frac{z}{H}\right)^2\right] \tag{2.4-13}$$

坝顶 C、切点 A、坝底 B 三点处坝厚的估算同上。

坝厚 T 和该点在坝顶以下的高度 y 的关系也可用二次抛物线表示：

$$T = \alpha_1 + \alpha_2 \frac{z}{H} + \alpha_3 \frac{z^2}{H^2} \qquad (2.4-14)$$

根据 C、A、B 三点坝厚即可确定三个待定系数 α_1、α_2、α_3，然后将坝厚 T 与高度 z 的关系、上游坝面横坐标 y 和高度 z 的关系相应叠加，可得出下游坝面曲线的方程式。

（3）三次多项式拱冠梁剖面。三次多项式定义拱冠梁剖面包括拟定上游坝面曲线 $Y_u(z)$、拱冠梁厚度 $T_c(z)$ 和下游坝面曲线 $Y_d(z)$，如图2.4-3所示。拱冠梁上游坝面曲线、拱冠厚度等参数沿高程的变化，应使整个上下游坝面保持处处连续，使坝体获得较好的应力分布。

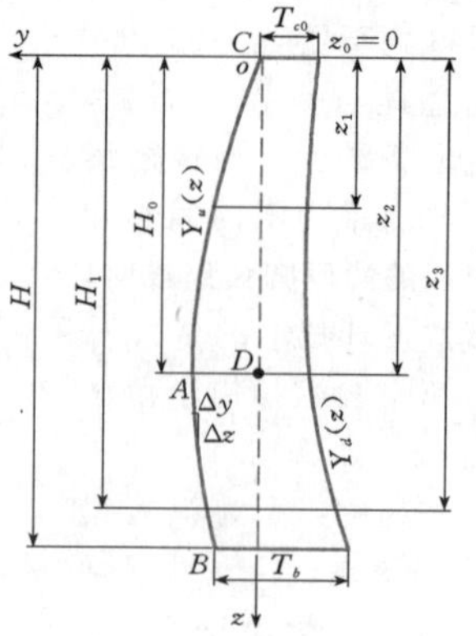

图2.4-3 三次多项式拱冠梁剖面布置

1）拱冠梁上游坝面曲线 $Y_u(z)$：拱冠梁上游坝面曲线为三次多项式（4个控制高程）

$$Y_u(z) = a_1 z + a_2 z^2 + a_3 z^3 \qquad (2.4-15)$$

将除坝顶高程（$z_0 = 0.00$）之外的其余3个控制高程 z_i 和 $y_{ui}(i=1, 2, 3)$ 代入式（2.4-15），即可求得各待定系数。

$$\begin{bmatrix} a_1 \\ a_2 \\ a_3 \end{bmatrix} = [Z]^{-1} \begin{bmatrix} y_{u1} \\ y_{u2} \\ y_{u3} \end{bmatrix} \qquad (2.4-16)$$

$$[Z] = \begin{bmatrix} z_1 & z_1^2 & z_1^3 \\ z_2 & z_2^2 & z_2^3 \\ z_3 & z_3^2 & z_3^3 \end{bmatrix} \qquad (2.4-17)$$

A 点至坝顶的距离 H_0 由下述方程求得：

$$a_1 + 2a_2 H_0 + 3a_3 H_0{}^2 = 0 \qquad (2.4-18)$$

A 点至坝轴线的距离为

$$A_u = a_1 H_0 + a_2 H_0{}^2 + a_3 H_0{}^3 \qquad (2.4-19)$$

坝面各点的倒悬度为

$$\lambda = | a_1 + 2a_2 z + 3a_3 z^2 | \qquad (2.4-20)$$

一般说来，$H_0 = (0.55 \sim 0.80)H$；$A_u = (0.12 \sim 0.20)H$，最大倒悬度 $\lambda_{max} \leqslant 0.3$。若 λ_{max} 不能满足要求，则需要重新拟定上游坝面曲线。

上游坝面曲线除上述方法拟定外，也可以由 A 点的位置（H_0）、A 点处 $Y_u(H_0) = 0$ 和最大倒悬度 $\lambda_{max} = \dfrac{\Delta y}{\Delta z}$（$B$ 处）这三个已知条件来确定。

2）拱冠梁厚度 $T_c(z)$：拱冠梁厚度沿坝高的变化曲线亦拟定为三次多项式：

$$T_c(z) = T_{c0} + b_1 z + b_2 z^2 + b_3 z^3 \qquad (2.4-21)$$

$$\begin{bmatrix} b_1 \\ b_2 \\ b_3 \end{bmatrix} = [Z]^{-1} \begin{bmatrix} T_1 - T_{c0} \\ T_2 - T_{c0} \\ T_3 - T_{c0} \end{bmatrix} \qquad (2.4-22)$$

式中 T_{c0}——拱冠剖面的坝顶厚度；

T_1、T_2、T_3——对应于 Z_1、Z_2、Z_3 处的坝体厚度；

b_1、b_2、b_3——待定系数。

将 b_1、b_2、b_3 代回式（2.4-21），可以求得拱冠梁剖面的坝底厚度 T_b

$$T_b = T_{c0} + b_1 H + b_2 H^2 + b_3 H^3 \qquad (2.4-23)$$

3）拱冠梁下游坝面曲线 $Y_d(z)$：通过拱冠梁上游坝面曲线 $Y_u(z)$ 和坝厚曲线 $T(z)$，按图2.4-3所示的坐标系即可确定拱冠梁下游坝面曲线 $Y_d(z)$：

$$\begin{aligned} Y_d(z) &= Y_u(z) - T(z) \\ &= -T_{c0} + (a_1 - b_1)z + (a_2 - b_2)z^2 \\ &\quad + (a_3 - b_3)z^3 \end{aligned} \qquad (2.4-24)$$

拱冠梁剖面确定后，任一高程水平拱圈上、下游曲线和拱轴线的顶点也随之确定。

2.4.2.2 确定水平拱圈

拱圈线型除通常采用的单心圆拱外，为适应河谷形状，改善稳定与应力状况，也可采用多心圆拱、椭圆拱、抛物线拱、对数螺旋线拱等变曲率拱型，通常自拱冠向拱端曲率逐渐减小，但有时在两岸坝肩稳定充分可靠的情况下，为节省工程量，也可自拱冠向拱端增加曲率。

河谷狭窄、左右岸对称的坝址，单心圆拱即可适用。当河谷不对称以致单心圆拱不能适应时，若基岩良好，一般可用双心拱，这种拱圈的左右侧有不同的圆心轨迹（靠陡岸一侧的拱用较大的曲率），但这两条圆心轨迹线均应位于拱坝基准面上；两岸地形不对称或地基变形模量差异较大时，一般采用非圆形变厚度的二次曲线，在拱圈左右半拱采用不同的曲率，以不对称的布置求得相对合理的应力分布条件。

对宽河谷，除单心圆拱外，还可研究采用三心拱、椭圆拱或其他适合的二次曲线拱形，以取得更好的结构性能。

目前国内外拱圈线型多采用变厚度、非圆形的拱圈剖面，如三心圆、抛物线、对数螺旋线、椭圆、统一二次曲线和混合曲线等，以适应不对称的地形地质条件。

1. 拱圈基本线型

为了确定拱坝体型的几何形状，首先需要确定拱冠梁剖面沿高程的中心线位置及相应坝体厚度。拱冠梁中心线坐标用 $Y_c(z)$ 表示。

拱坝坐标系坐标轴方向规定如图 2.4-4 所示，拱圈中任意截面的厚度 T 可由式（2.4-25）中之一来确定：

$$\left.\begin{aligned}T&=T_c+(T_a-T_c)\left(\frac{S}{S_a}\right)^{\gamma}\\T&=T_c+(T_a-T_c)\left(\frac{\tan\varphi}{\tan\varphi_a}\right)^{\gamma}\\T&=T_c+(T_a-T_c)\left(\frac{\varphi}{\varphi_a}\right)^{\gamma}\\T&=T_c+(T_a-T_c)\left(1-\frac{\cos\varphi}{\cos\varphi_a}\right)^{\gamma}\end{aligned}\right\}\qquad(2.4-25)$$

式中 T_c——拱冠处截面的厚度；

T_a——拱冠与拱端处截面的厚度（T_{aR} 或 T_{aL}）；

S——所求厚度截面处到拱冠的拱轴线弧长；

S_a——拱端到拱冠的拱轴线弧长；

φ_a——拱端处的中心角；

φ——所求厚度截面处的中心角（φ_R 或 φ_L）；

γ——厚度变化指数，通常取 $\gamma=2$。

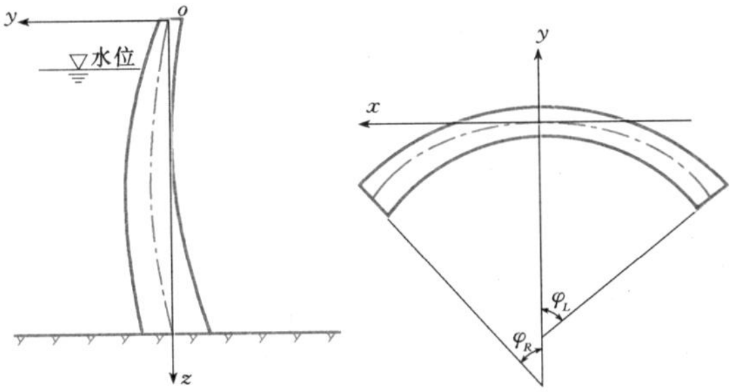

图 2.4-4 拱坝基本体型及坐标轴约定示意图

式（4.2-25）中的第 4 个公式通常为多心圆拱型任意截面厚度 T 的计算公式。

（1）抛物线拱坝。拱圈拱轴线方程为

$$y+\frac{x^2}{2R}=0\qquad(2.4-26)$$

式中 R——抛物线在拱冠处的左拱圈或右拱圈的曲率半径。

（2）对数螺旋线拱坝。拱圈拱轴线方程为

$$\rho=\rho_0 e^{\cot\beta\theta}\qquad(2.4-27)$$

式中 β——对数螺旋线的极切角；

ρ_0——拱冠处的极半径；

ρ、θ——极坐标系中的坐标极半径和极角，如图 2.4-5 所示。

（3）椭圆拱坝。拱圈拱轴线方程为

$$\frac{x^2}{R_x^2}+\frac{y^2}{R_y^2}=1\qquad(2.4-28)$$

式中 R_x——椭圆在 x 轴的半径；

R_y——椭圆在 y 轴的半径，如图 2.4-6 所示。

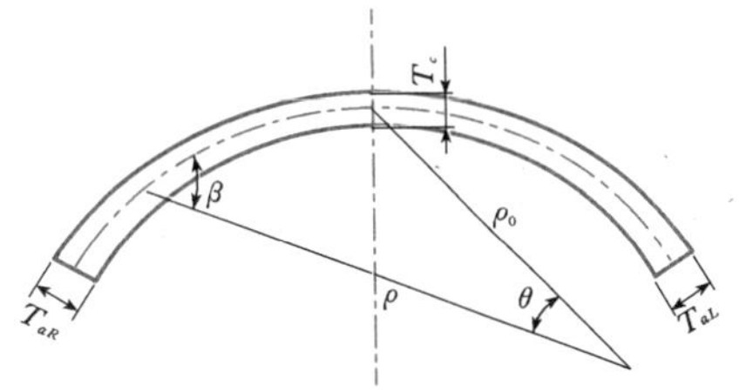

图 2.4-5 对数螺旋线拱圈示意图

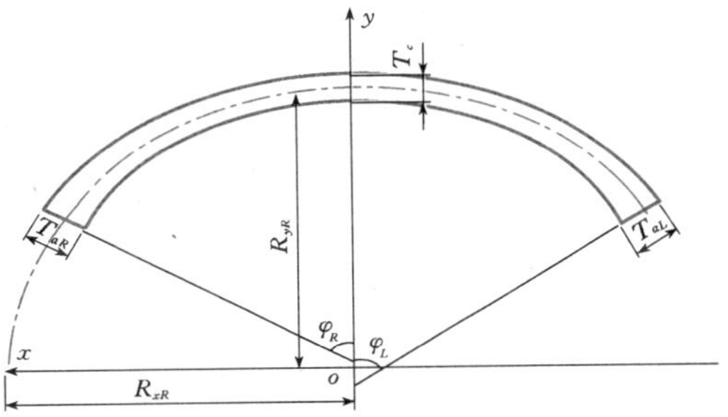

图 2.4-6 椭圆拱圈示意图

（4）统一二次曲线拱坝。拱圈拱轴线方程为

$$x^2+Ay^2+By=0\qquad(2.4-29)$$

式中 A——线型系数；

B——与拱冠处曲率半径倍数有关的参数。

当 $A=0$ 时，式（2.4-29）退化为抛物线形式；当 $A=1$ 时，退化为圆；当 $A>0$ 且 $A\neq1$ 时退化为椭圆；当 $A<0$ 时，退化为双曲线。

抛物线、圆（单心圆、双心圆）、椭圆、双曲线拱坝均是统一二次曲线拱坝的子集。

（5）三心圆拱坝。三心圆拱坝（见图 2.4-7）中部等厚圆拱相应于拱冠梁是对称的，左边拱与右边拱的厚度是渐变的。

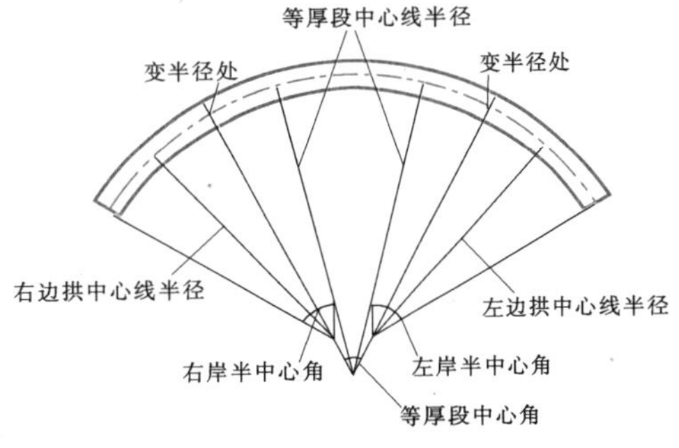

图 2.4-7 三心圆平面拱圈示意图

2. 水平拱拟定

通常可以利用拱圈中心线和拱厚函数描述水平拱

圈的形状。以中心角为自变量的曲率半径方程用于描述拱圈中心线较简洁，可较好地概括几种常用拱圈曲线的型式。

在标有岩面线的水平剖面（通常取5～10个）图上，找出最适宜的拱座位置和推力方向的适宜范围，按已确定的拱形，通过拱冠梁位置拟定水平拱的内外弧曲线。如拱形为圆拱，则需拟定各层水平拱的圆心位置、半径、中心角和坝厚等。如拱形为抛物线、对数螺旋线、椭圆和统一二次曲线等，则需拟定各层水平拱的曲率半径、中心角、线型参数和坝厚等。

河谷对称时，平面图上水平拱的圆心位置（三心或多心圆拱时则取中央拱段的圆心）宜在一条直线上。将圆心位置、半径、中心角等和高程点绘成关系曲线。适当地调整圆心轨迹线，使这些关系曲线成为光滑的连续曲线，同时使拱坝和基岩的接触边界线也成为光滑的连续曲线。

（1）多心圆线型水平拱圈。多心圆线型水平拱圈采用中心线描述，包括三心圆、五心圆等等厚或变厚的水平拱圈线型，如图2.4-8所示。

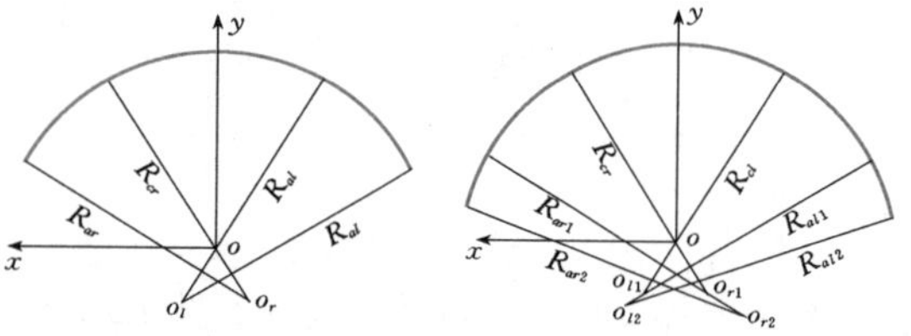

(*a*) 三心圆线型水平拱圈　　(*b*) 五心圆线型水平拱圈

图2.4-8　多心圆线型拱圈

以三心圆拱为例，三心圆线型拱圈左、右岸分别由两段圆弧组成，其中中间拱段（简称中拱）为左、右岸共用一个圆心，左、右两边的两个拱段（简称边拱）各用一个圆心，共有三个圆心，故称为三心圆拱圈。

三心圆水平拱圈的中拱圆弧和边拱圆弧在交接处相切，中拱圆弧的圆心在o点。左岸中拱圆弧半径为R_{cl}，半中心角为α_{ol}，边拱圆弧的圆心为o_l，圆弧半径为R_{al}，半中心角为α_l。右岸中拱圆弧半径为R_{cr}，半中心角为α_{or}，且左、右岸中拱圆弧半径相等。右岸边拱圆弧的圆心为o_r，圆弧半径为R_{ar}，半中心角为α_r。

各层水平拱剖面的拟定首先应根据圆心的取值选定水平拱圈线型。在地形图上拟定坝轴线及拱端坐标位置，一般拱圈中心线左、右两端顶拱切线和岩面等高线的交角不小于30°，且左、右两侧大致相近。可选择拟定圆弧半径R或中心角α，根据方程即可求得另一参数。

（2）混合曲线水平拱圈。采用中心角为自变量的曲率半径方程可以概括抛物线、对数螺旋线、椭圆和统一二次曲线等常用的拱圈曲线型式。在拱圈的中心角φ处，混合曲线拱圈中心线的曲率半径方程为

$$R=\frac{R_0 e^{k|\varphi|}}{(\cos^2\varphi+\alpha\sin^2\varphi)^\beta}\qquad(2.4-30)$$

式中　R_0——拱冠梁处的拱圈曲率半径；

φ——中心角，左岸侧为负，右岸侧为正；

α、β、k——线型参数。

对左右岸侧的拱圈，可分别定义不同的拱圈曲率半径方程，即左、右岸侧各有一组参数，如R_{0l}、α_l、β_l、k_l和R_{0r}、α_r、β_r、k_r，见表2.4-3。α、β、k取不同值时，混合曲线代表不同的拱圈曲线。

表2.4-3　拱圈混合曲线与其他几种曲线间的关系

拱圈线型	α值范围	β值范围	k值范围
混合曲线	任意	任意	任意
单心圆	1	任意	0
	任意	0.0	0
抛物线	0	1.5	0
椭圆线	>0	1.5	0
双曲线	<0	1.5	0
二次曲线	任意	1.5	0
悬链线	0	1.0	0
对数螺旋线	1	任意	任意
	任意	0.0	

各层水平拱剖面的拟定首先应根据α、β、k的取值选定水平拱圈线型。一般拱圈中心线左、右两侧顶拱切线和建基面等高线的交角不小于30°，且左、右两侧大致相近。可选择拟定曲率半径R或中心角φ，再根据式（2.4-30）推求另一参数。

2.4.2.3　初拟拱坝体型

通过以上方法可以获得拱坝初始体型。在此基础上，需要使用数值分析方法检验拱坝体型的合理性。在目前的拱坝设计实践中，通常使用拱梁分载法计算拱坝的应力分布和拱端作用力，并复核坝肩抗滑稳定，力求坝体应力及坝肩抗滑稳定都满足设计要求。

拱座稳定安全系数不足时，可通过适当调整中心角，改变推力方向，从而改善坝肩的受力状态；当拱坝应力过大或者过小时，可适当调整拱坝厚度，从而改善坝体应力分布形态。在整个拱坝体型方案的选定中，通常需要数次迭代才能最终获取合适的体型。

目前，一些成熟的拱坝分析程序可以将体型比选

纳入拱坝的优化设计中，而对于一些相对功能不够完善的拱坝分析程序，拱坝体型比选和拱坝优化设计分开进行。

通过拱坝体型比较，最终确定拱坝体型方案。然后绘制出拱坝平面布置图、沿坝轴线展开的纵剖面图等，这些布置图例如图 2.4-9 所示。

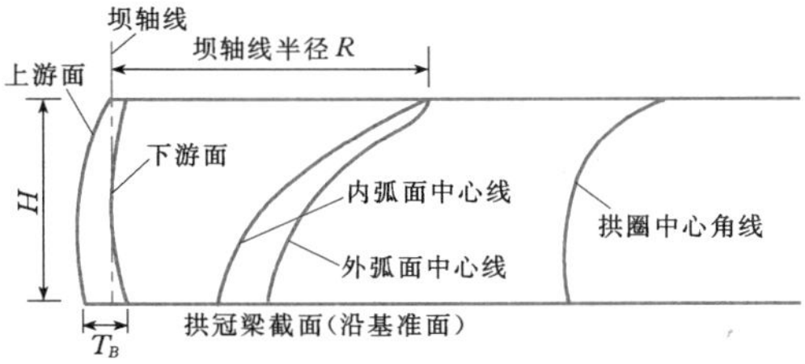

(a) 纵剖面图

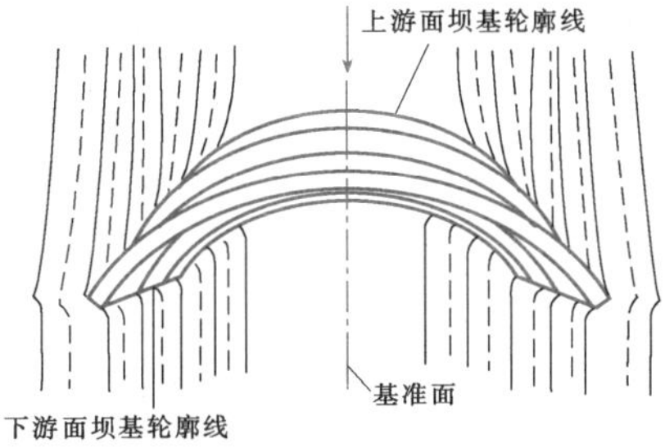

(b) 平面布置图

图 2.4-9　拱坝体型方案布置示意图

2.4.3　拱坝体型优化

2.4.3.1　优化方法

拱坝优化设计中的结构应力分析方法通常是拱梁分载法。在拱坝优化计算过程中，重复计算工作量十分浩大，绝大部分计算时间均用于应力计算。因此，应力近似分析方法的选择对计算精度、计算时间都有直接影响。

1. 内力展开法

内力展开法认为内力与荷载是平衡的，当结构尺寸变化时荷载基本保持不变，故内力变化也不大。基于这一原理将控制点的内力 $F(X)$（包括轴力、剪力、弯矩、扭矩）展开成一阶泰勒级数

$$F(X)=F(X^0)+\sum_{i=1}^{n}\frac{\partial F}{\partial X_i}(X_i-X^0) \qquad (2.4-31)$$

在优化计算过程中，对任何一个新的设计方案不必进行拱坝应力分析，而是由式（2.4-31）计算控制点的内力，然后由材料力学公式计算各控制点的应力。

2. 罚函数法

罚函数法是将一个有约束的极值问题转变为一系列无约束极值问题。构造罚函数

$$P(X,r)=V(X)-r\sum\log(1-G_i) \qquad (2.4-32)$$

式中　$P(X,r)$——罚函数；
r——罚因子；
G_i——第 i 个约束；
$V(X)$——目标函数。

式（2.4-32）右边第二项为惩罚项，其作用是促进约束条件得到满足。当设计点趋近约束边界时，此惩罚项迅速增大，从而确保设计点在可行域内部移动。对一系列 r 值求 $P(X,r)$ 的无约束极小值，当 $r\to 0$ 时，即得到原问题的最优解。

3. 序列二次规划法（SQP）

序列二次规划法的概念是将一个非线性规划问题，在指定点 X_0 附近把目标函数按泰勒级数展开成二次项，再将约束函数展成一次项，即将原问题变成一个二次规划问题，数学表达式为

极小化：

$$V(x)=[D]\{X\}+\frac{1}{2}\{X\}^{\mathrm T}[G]\{X\} \qquad (2.4-33)$$

约束：

$$[A]\{X\}\leqslant\{b\},\{X\}\geqslant\{0\} \qquad (2.4-34)$$

式中　$[D]$、$[G]$、$[A]$——矩阵；
$\{X\}$、$\{b\}$、$\{0\}$——列阵。

式（2.4-34）可采用 Lemke 及 Wolfe 两种典型方法求解。

2.4.3.2　目标函数与约束函数

1. 目标函数

拱坝结构优化计算中，一般以拱坝的体积作为目标函数，可表示为

$$V(X)=\int_0^H\int_{\varphi_L}^{\varphi_R}TR\,\mathrm d\varphi\,\mathrm dZ \qquad (2.4-35)$$

式中　T、R——拱轴线上积分点处的拱厚和曲率半径；
φ_L、φ_R——积分高程的左、右半拱的拱端中心角；
Z——高程。

当采用准则法和数学规划法相结合的优化计算方法时，目标函数表达如下：

（1）采用准则法来优化坝体曲率，即取拱轴线逼近压力中心线的准则，并考虑到拱座稳定条件的要求，目标函数为

$$F_1=\sum(P_i\sum|\Delta n|)+\sum\left(\frac{1}{\beta_i^l-[\beta_i^l]}+\frac{1}{\beta_i^r-[\beta_i^r]}\right)Q_i \qquad (2.4-36)$$

式中　Δn——积分点 n 处的偏心距；
P_i、Q_i——权重，有 $P_i=1.0\sim2.0$（对中部拱圈取最大值）；$Q_i=0.05\sim0.15$（对稳定

影响较大的拱圈取最大值)；

β_i、$[\beta_i]$——下游拱端切线与等高线之间的夹角和容许夹角，其上角标 l 和 r 分别表示左、右岸。

(2) 在对梁的纵向曲率调整时，目标函数为

$$F_2 = \sum | \overline{Y_i} + \Delta_i - Y_i | \qquad (2.4-37)$$

式中　Δ_i——计算点 i 处的偏心距；

$\overline{Y_i}$、Y_i——调整前、后拱冠梁中心线的 y 轴坐标。

(3) 采用数学规划法来优化拱坝的体积，目标函数为

$$V(X) = \sum \frac{1}{2}(F_i + F_{i+1})\Delta Z_i \qquad (2.4-38)$$

式中　X——仅取坝体厚度为设计变量；

F_i、F_{i+1}——第 i 层与第 $i+1$ 层拱圈的面积；

ΔZ_i——第 i 层与第 $i+1$ 层的高差。

2. 约束函数

约束函数包括几何约束、应力约束和稳定约束，它们必须全面满足设计规范的规定，并考虑到施工和结构布置上的要求。

(1) 几何约束。通常以坝轴线、坝厚、中心角、坝面凸性、拱圈厚度变化、坝踵及坝趾边线光滑性等为几何约束。根据坝址的地形与地质条件，可确定坝轴线移动范围，按照坝顶交通及布置等方面的要求，可决定坝顶最小厚度。有的工程还规定最大坝底厚度，以避免坝体设置纵缝，简化施工。为了便利施工，必须对坝体表面倒悬予以限制：

$$s \leqslant [s] \qquad (2.4-39)$$

式中　s——上、下游面最大倒悬度；

$[s]$——容许值，一般取 0.3。

坝顶最小厚度 T_c 根据防护、交通、抗屈曲等条件而定。如按抗屈曲要求，则 T_c 可用下式确定：

$$T_c = \frac{2\varphi_c r_c}{\pi}\sqrt{\frac{3f}{2E}} \qquad (2.4-40)$$

式中　r_c——坝顶拱圈半径；

φ_c——半中心角；

E——坝体混凝土弹性模量；

f——混凝土设计抗压强度。

如基岩条件较好，则不限制拱中心角。条件较差时，可根据基岩地质和稳定情况加以限制。此外，还应限制拱端切线和利用岩面等高线在下游方向的交角不得小于 30°。如坝址有规模较大的断层，可限制拱座和该断层的最小距离不小于设计规定值。坝顶溢流的拱坝，有时还要求溢流落点与坝趾保持一定距离，以免洪水淘刷危及坝基。

(2) 应力约束。以坝体应力大小、分布及敏感性为应力约束。在各种荷载组合下，各部位主应力或正应力均应满足设计规范的要求。拱坝各控制点的应力都要检查，在水压力、淤沙压力、自重及温度荷载的作用下，坝体主应力必须满足下列条件：

$$\frac{\sigma_1}{[\sigma_1]} \leqslant 1 \quad \frac{\sigma_2}{[\sigma_2]} \leqslant 1 \qquad (2.4-41)$$

式中　σ_1、σ_2——第一、第二主应力；

$[\sigma_1]$、$[\sigma_2]$——容许应力。

为了保证施工期的安全，接缝灌浆以前不同时期坝块因自重而产生的拉应力必须满足以下条件：

$$\sigma_t \leqslant [\sigma_t] \qquad (2.4-42)$$

式中　σ_t——施工期拉应力；

$[\sigma_t]$——施工期容许拉应力。

(3) 稳定约束。以两岸变形的均匀性为变形约束，以拱推力角为稳定约束。在各种荷载组合下两岸坝肩的抗滑稳定安全系数均应满足设计规范的要求。

坝体抗滑稳定有以下三种表示方式，可根据地质条件及坝体重要性选用其中一种。

1) 抗滑稳定系数约束

$$\frac{[K]}{K_i} \leqslant 1 \qquad (2.4-43)$$

式中　K_i——抗滑稳定系数；

$[K]$——容许最小值。

2) 拱端合力角约束

$$\psi \leqslant [\psi] \qquad (2.4-44)$$

式中　ψ——拱端合力角；

$[\psi]$——容许最大值。

合力角是指拱圈拱端合力与 x 轴的夹角，如图 2.4-10 所示。

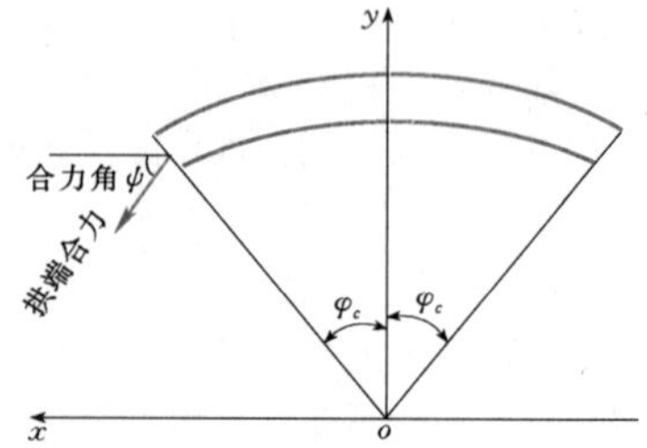

图 2.4-10　拱端合力角和半中心角

3) 拱圈半中心角约束

$$\varphi_c \leqslant [\varphi_c] \qquad (2.4-45)$$

式中　φ_c——拱圈半中心角；

$[\varphi_c]$——容许最大半中心角。

2.4.3.3　动力优化计算方法

拱坝动力优化计算采用序列二次规划法。动应力分析方法为振型叠加法。与静力优化一样，在动力优化计算中，大部分计算时间是用于动应力的分析，因此关键在于振型的敏度分析。

1. 振型敏度分析

特征值问题的基本方程为

$$AX_i = \lambda_i M X_i \tag{2.4-46}$$

特征向量的敏度分析可采用振型法。振型法是用几个特征向量的线性组合表示，即特征向量的敏度如下：

$$\frac{\partial X_i}{\partial x} = \sum_{j=1}^{n} C_{ij} X_j \tag{2.4-47}$$

对式（2.4-46）求导并将式（2.4-47）代入得到

$$(A - \lambda_i M)\sum_{j=1}^{n} C_{ij} X_j = \frac{\partial \lambda_i}{\partial x} M X_i - \left(\frac{\partial A}{\partial x} - \lambda_i - \frac{\partial M}{\partial x}\right) X_i \tag{2.4-48}$$

式（2.4-48）左乘以 X_i^{T}，并利用正交条件得到

$$\frac{\partial \lambda_i}{\partial x} = X_i^{\mathrm{T}}\left(\frac{\partial A}{\partial x} - \lambda_i \frac{\partial M}{\partial x}\right) X_i \tag{2.4-49}$$

由式（2.4-49）可求出特征值 λ_i 的敏度。

2. 拱坝地震反应的敏度分析

当设计变量 X_0 变为 $X_0 + \Delta X$ 时，拱坝的特征值与特征向量按下式计算：

$$\lambda_j(X_0 + \Delta X) = \lambda_j(X_0) + \sum_{i=1}^{p} \frac{\lambda_j}{\partial X_i} \Delta X_i \tag{2.4-50}$$

$$x_j(X_0 + \Delta X) = x_j(X_0) + \sum_{i=1}^{p} \frac{\lambda_j}{\partial X_i} \Delta X_i \tag{2.4-51}$$

根据反应谱理论求出 j 阶振型的地震分布荷载后，即可求出 j 阶振型的地震反应。将各阶振型反应加以组合，可得到 $X_0 + \Delta X$ 处的地震反应。把 $X_0 + \Delta X$ 处的静、动应力叠加得到总应力

$$\sigma(X_0 + \Delta X) = \sigma_s(X_0 + \Delta X) + \sigma_d(X_0 + \Delta X) \tag{2.4-52}$$

式中 σ_s、σ_d——静应力与动应力。

总应力的敏度为

$$\frac{\Delta \sigma}{\Delta X} = \frac{\sigma(X_0 + \Delta X) - \sigma(X_0)}{\Delta X} \tag{2.4-53}$$

拱坝几何形状比较复杂，形状设计方案比较所需的计算、绘图工作量很大，在拱坝优化中初始方案愈靠近最优化点，计算时间就愈短。拱坝体型优化设计的目的是在短时间内求得在该坝址具体条件下符合设计要求的最经济的方案。

拱坝形状分析是先设置若干约束条件，以坝体体积作为目标函数，用数学规划法求解拱坝体型。这无疑是数学意义上的较为精确的定量分析解。由于拱坝计算分析模型——拱梁分载法本身精度有限，它仅仅是一种较近似的分析方法。同时，与拱坝体型设计密切相关的边界条件（如地基变形模量）却很难从野外试验成果中得出很确定的量值，即便野外作业试验点很多，量测成果也较为精确，但在施工过程中，受开挖爆破作业及地应力释放的影响，地基变形模量也会发生变化，灌浆处理也难以恢复到与原状岩体性状一致。因此，用数学规划方法求解的最优体型只是针对某一种分析计算方法，在特定边界条件下数学意义上的最优体型，而不一定是适应能力最佳的体型，一旦边界条件产生变化，很可能不能满足设计要求。拱坝优化体型应是通过不断反复调整的敏感性分析，优选出满足约束要求且适应性强的相对较优体型。对于高坝优选体型还应通过有限单元法的验证。

2.5 拱坝应力分析与强度设计

拱坝是一个空间壳体结构，其几何形状和边界条件都很复杂，难以确定坝体的真实应力状态。在工程设计中，根据分析需要常作一些合理的简化。目前拱坝应力分析的常用方法有拱梁分载法、有限单元法和模型试验法等。以往采用的圆筒法、纯拱法等计算方法，由于其计算精度低，已经不能满足现代工程设计需要，基本不再使用。

拱梁分载法作为一种传统拱坝应力计算方法，已有 70 多年的历史，积累了丰富的实践经验，并建立了一套较完整的应力控制标准。美国内政部垦务局最早提出的“试载法”主要依靠手算，发展到今天，拱梁分载法已经程序化，并主要依靠计算机。经验证明，按照拱梁分载法所设计的拱坝是安全可靠的，且物理概念明确，易为设计人员所接受，并被世界上许多国家规范确定为基本计算方法。

我国拱坝设计规范 SL 282—2003 及 DL/T 5346—2006 规定拱梁分载法是拱坝应力分析的基本方法。对高拱坝或情况比较复杂的拱坝，如坝内设置大孔洞、地基条件复杂等，除采用拱梁分载法计算分析外，还应进行有限元法分析；根据工程的重要程度，必要时还应采用非线性有限元法进行分析。

2.5.1 拱梁分载法

2.5.1.1 基本原理

拱梁分载法的理论基础是工程力学上的两条基本原理，即内外力替代原理和唯一解原理。根据拱梁杆件系统相同点变位一致原理，将拱坝视为由若干水平拱圈和竖直悬臂梁组成的空间结构，荷载由梁系和拱系分担，荷载分配由变位一致来确定，通过建立变位方程，一次求解外荷载在拱梁系统上的分配，从而分别计算出拱、梁杆件系统的内力、变位和应力。可

见，拱梁分载法是一种将壳体结构转化为拱梁杆件结构计算问题的方法，力学概念直观，处理手段巧妙。

在计算节点变位这一过程当中，拱梁分载法尚需要一些简化假定和简化处理方式：①坝体混凝土和基础岩石均为均质的各向同性弹性体；②拱坝与基岩的连接面在平面上与拱弧线正交，即为半径方向；③坝体轴向应力沿坝厚方向为直线分布；④采用结构力学的平截面假定，即拱截面在受力变形后仍维持平面；⑤拱系统与梁系统在一定范围内，拱（或梁）的分载是按线性分布，整个拱坝结构的受力特性可用有限的几个拱系统杆件单元和梁系统杆件单元来反映；⑥地基变形采用伏格特（Vogt）地基假定。

目前，拱坝设计计算的绝大部分都可以采用专门的计算程序进行，但不同程序对计算中某些细节的处理不同，程序之间存在一定差异，计算成果也不尽一致。

2.5.1.2 调整向数选择

拱梁分载法是基于变位协调原理建立的方程组求解，而每一节点上荷载、内力和变位均有 6 个分量。建立变位协调方程就是要建立 6 个变位分量的协调方程组，分别要考虑 3 个线变位和 3 个角变位，按其重要性依次为：①径向变位分量、②切向变位分量、③绕竖向 z 轴的角变位分量、④绕切向的角变位分量、⑤竖向变位分量和⑥绕径向轴的角变位分量。拱梁的 6 个变位分量如图 2.5-1 所示。

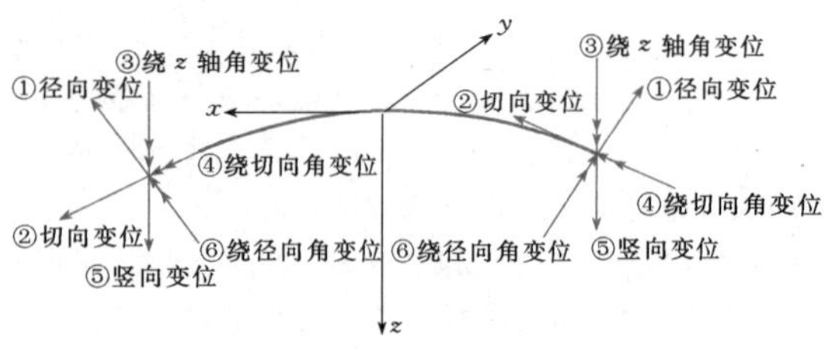

(a) 拱6个变位分量

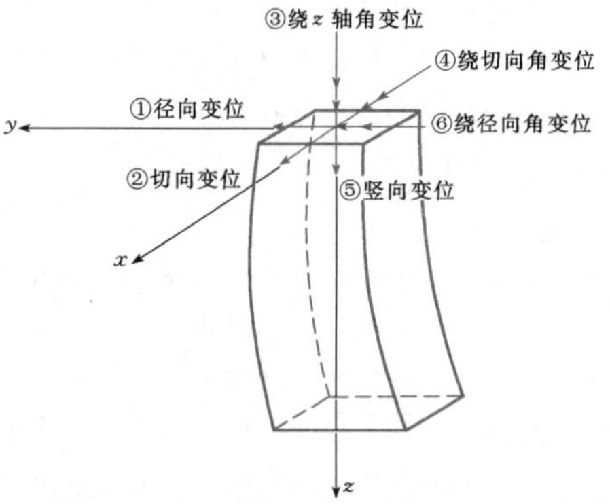

(b) 梁6个变位分量

图 2.5-1 拱和梁的 6 个变位分量

拱梁分载法应考虑①～⑥这 6 个分量，且通过每一个节点 6 个变位分量的协调条件来建立协调方程并求解，即为六向全调整。实际计算中可以考虑 6 个分量之间的关系，选择考虑分量①～③作为独立变量，其余 3 个分量由独立变量表示，通过 3 个变位分量的协调条件求解 3 个独立变量，即为三向调整。选择考虑分量①～④作为独立变量，增加绕切向的角变位协调条件即为四向调整。选择考虑分量①～⑤作为独立变量，增加竖向变位协调条件即为五向调整。

混凝土拱坝设计规范所规定的设计控制标准主要是根据三向或四向调整分析软件，对已建工程进行校验分析后制定的。采用拱梁分载法进行应力分析时，应结合地形地质条件合理布置拱梁网格体系，在应力梯度变化较大处宜加密网格。对于高坝，宜采用不少于四向变位调整的拱梁分载法程序进行计算。

2.5.1.3 拱梁体系与荷载划分

1. 拱梁体系的设置

采用拱梁分载法计算拱坝变位和应力时，理论上切取拱、梁单元的数量越多，计算结果越精确。实际计算中通常只需切取有限数目的拱、梁单元作为代表进行分析，其结果就可以满足工程设计需要。

拱圈单元个数的选取，应根据坝高、地质和地形条件确定。如地质条件均一、岸坡变化不大，水平拱可按等间距布置；如果地基的变形模量或岸坡形状（岸坡角）变化较大，拱圈单元的个数和间距应能体现这种地形和地质上的变化。梁布置在河谷最深处及拱端点，悬臂梁与水平拱成正交体系，如河床段较宽则需在河床坝段适当增加梁数。

采用“梁站在拱端上”的布置后，当河谷最深处只有一个拱冠梁时，如拱圈个数为 n，则梁的个数应为 $2n-1$ 个，除基础节点外，内部节点数为 $(n-1)^2$，河床部位每增加一个悬臂梁，将增加 $n-1$ 个内部节点。

拱梁体系的具体切取方法如下：

（1）确定水平拱圈。拟定拱圈计算层数，选定各层计算代表性拱圈，确定各水平拱圈的中心轴线。计算该中心轴线各点坐标、法线方向及沿法线方向的拱厚，并将荷载换算成节点荷载作用在该轴线上，从而将一个空间体系转化成一个以各拱圈轴线表示的杆件体系，变位协调也按轴线进行，该轴线的法线方向也就是梁的剖面方向。

（2）确定拱坝参照面与悬臂梁。首先要确定整个拱坝的参照面。参照线的选择要兼顾到各层拱圈，即在平面图上使此参照线位于所有或大多数拱圈之内。通过此线作一垂直的柱形曲面即为拱坝的参照面，如

图 2.5-2 所示。

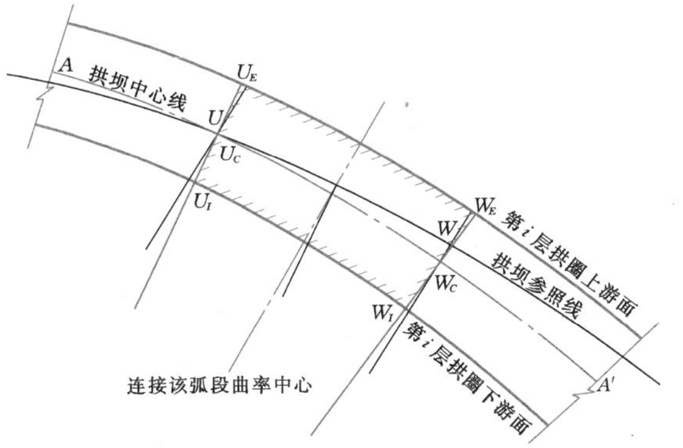

图 2.5-2 拱坝参照面与第 i 层拱圈的梁位

根据“梁站在拱端上”的假定，确定悬臂梁的数目。每层拱圈的左、右拱端将各布置一条悬臂梁。通过基础层拱圈轴线端点作铅垂面，并与参照面正交，连接该基础层以上各层拱圈轴线与该铅垂面的交点，即为站在该层拱圈上的梁位。

以上述铅垂面为中心，在参照面上切取单位宽度弧段 UW，连接 OU、OW（O 为参照面在该弧段上的曲率中心），与第 i 层拱圈轴线分别交于 U_C 与 W_C，通过 U_C 与 W_C 两点再作第 i 层拱圈轴线该弧段上的法线（径向线），分别与第 i 层拱圈的外弧线交于 U_E 与 W_E，与内弧线交于 U_I 与 W_I，则 U_CW_C 即为该悬臂梁水平截面的平均宽度，U_EW_E 与 U_IW_I 所包围的面积（阴影部分）即为悬臂梁在该处的截面积。

2. 荷载的划分和施加

施加到拱、梁杆件单元系统上的荷载分为外荷载和内荷载。

（1）外荷载。拱坝横缝灌浆以前施加的荷载，如坝体混凝土重量和当时已存在的少量水压力应由悬臂梁单独承担，由此引起梁的变位不参加拱梁的变位协调。计算梁的总应力时，将其产生的应力作为悬臂梁初始应力计入。拱坝封拱灌浆以后作用于坝体的各种外荷载应根据其性质分别施加到梁、拱杆件单元上，由这些外荷载引起的变位参加拱、梁的变位协调，所产生的拱梁应力为拱坝后期应力，后期应力与初始应力叠加得到总应力。拱坝封拱以后作用于坝体的各种外荷载大致可分为三类：

1）第一类荷载为需要求解的在拱梁系统上的分配荷载，可以采用单位荷载分别施加在梁与拱上。这类荷载有上游水压力（如坝顶设表孔时则不包括堰顶以上的水压力，该部分水压力只能先施加在梁上）、泥沙压力、下游水压力、地震惯性力和动水压力等。

2）第二类荷载为不直接参与荷载分配的荷载，应分别施加在拱或梁两种体系上，这类荷载主要是造成坝体混凝土体积变化的温度变化和收缩。上下游温度梯度的变化对梁径向变位和角变位的影响列为梁的初变位中计算，均匀变温影响列入拱的初变位中计算，该两项初变位均列入变位协调方程中，影响拱梁荷载分配的计算结果。

3）第三类荷载为施工期的变化荷载，如封拱以前浇筑的坝体，其自重只能施加在梁上，不参加荷载分配，也不计算变形，自重应力只作为梁的初始应力。在封拱高程以上浇筑的坝体，其自重以及可能挡水的水压力施加在未封拱部分的悬臂梁上，梁基底内力和封拱部分坝体挡水压力参加对已封拱部分坝体的拱、梁荷载分配。

（2）内荷载。内荷载通常称为自平衡荷载，这些荷载总是成对出现，数值相等、方向相反，一个作用在拱上，另一个作用在梁上。这些荷载可自由选择，只要保证作用在拱上的内荷载等于作用在梁上相应点方向相反的内荷载即可。从物理意义上讲，这些内荷载代表假定作用在拱圈和悬臂梁系统之间的相互作用力。

3. 基础点荷载分配

在拱梁各节点建立的变位协调方程中，考虑到“梁是站在拱端上”假定，在基础点上拱或梁的变位均等于基础变位，不能建立方程。因此基础点上的拱、梁荷载通常按其邻点荷载采用插值近似求解而得。经验表明，这些假定对荷载分担和应力成果的影响很小。如果没有特殊要求，可以认为这种处理具有足够实用的精度。对基础点径向荷载常用的插值假定有下面三种：

（1）拱坝两岸较高处基础点的拱荷载移用该层拱相邻点的拱荷载，河谷较低处的基础点的拱荷载移用该点悬臂梁上面邻点的拱荷载。中部基础点的拱荷载可自拱或梁上的邻点移用或取两者的平均值。

（2）两岸边坡点的拱梁荷载按 $\cos^2\psi$ 与 $\sin^2\psi$ 的比例分担，ψ 为岸坡角。河床底部点的拱荷载移用该点悬臂梁上邻点的拱荷载。

（3）对基础点的水平扭转荷载与切向荷载通常假定：拱坝中部和下部的基础点可从梁上的该点相邻两点线性外延或直接移用最近点的值；拱坝上部基础点荷载可自拱相邻点荷载移用或相邻点外延而得。

2.5.1.4 地基变模取值

1. 伏格特地基模型

拱坝地基通常位于形状不规则的峡谷，严格计算其变形较为困难。在拱梁分载法计算中，地基变形是采用伏格特地基假定，即在半无限均质弹性地基上施加单位荷载确定相应的变位系数。伏格特地基模型具有四个基本假定：

(1) 假定基础变形与基础表面的形状无关。据此，可将拱坝基础面这一空间曲面展开摊平，并沿坝轴拉直成一个不规则的平面，如图 2.5-3 所示。再按图形面积相等、图形对拱坝轴线的面积一次矩相等的原则，概化成一个长度为 b、宽度为 a 的当量矩形。

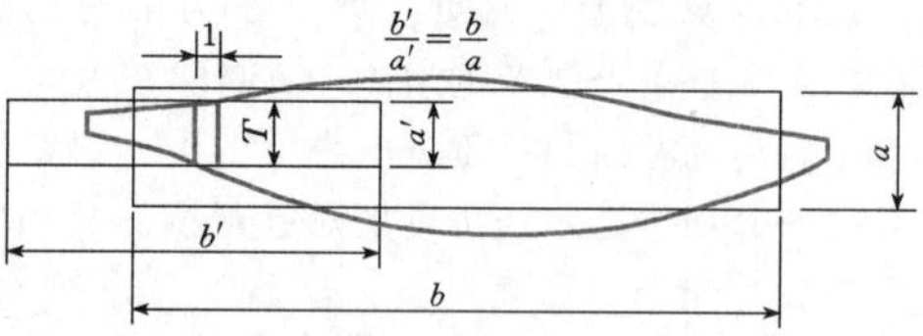

图 2.5-3 拱坝地基概化模型

(2) 假定展开摊平后的当量矩形为半无限弹性体的表面的一部分。

(3) 对任一计算高程坝体基础厚度为 T 的基础变位，认为是一个宽度为 $a'=T$、长度为 b'、与概化当量矩形相似的矩形，即$\frac{b'}{a'}=\frac{b}{a}=m$。在 b'方向受均布单位荷载时，在中线部位的平均变形与当量矩形中线部位的平均变形相同，即基础各部位的变形都是当量矩形长宽比的函数，沿厚度方向的平均变位值与单元面积上的平均变位值相同。

(4) 不考虑水库中水压力、泥沙压力荷载对基础变位的影响。

依据上述 4 项假定，借助于鲍辛涅斯克和西罗基的理论公式推导，可计算得到单位荷载施加于矩形基础上的 $k_1 \sim k_6$ 共 6 个基础变位值（其中 k_6 习惯称之为$\angle k_3$），6 个伏格特系数定义为在半无限均质地基上，地基变形模量为 1.0×10^{-3}MPa 时，作用单位法向力 p_0、单位切向力 q_0、单位弯矩 M_0 和单位扭矩 M_0，建基面产生的平均法向、切向和转角变位。这 6 个变位值即为伏格特系数，它仅仅是地基泊松比和当量矩形长宽比 m 的函数。

通过伏格特系数，可用式（2.5-1）～式（2.5-6）计算在单位建基面宽度内单位力或力矩（含扭矩）引起的基础面平均线变位和平均转角变位。

单位力矩引起的转角变位为

$$\alpha' = \frac{k_1}{E_r T^2} \tag{2.5-1}$$

式中 T——单宽杆件的厚度；

E_r——基础岩石的弹性模量。

单位法向力引起的法向线变位为

$$\beta' = \frac{k_2}{E_r} \tag{2.5-2}$$

单位径向剪力引起的径向剪切变位为

$$\gamma' = \frac{k_3}{E_r} \tag{2.5-3}$$

单位扭矩引起的扭转角变位为

$$\delta' = \frac{k_4}{E_r T^2} \tag{2.5-4}$$

单位径向剪力引起的转角变位 α''等于单位力矩引起的径向剪切变位 γ''，其值为

$$\alpha'' = \gamma'' = \frac{k_5}{E_r T} \tag{2.5-5}$$

单位切向剪力引起的切向剪切变位为

$$\angle\gamma' = \frac{\angle k_3}{E_r} \tag{2.5-6}$$

6 个伏格特系数 $k_1 \sim k_6$ 是在令地基变模 $E=1.0$ 时，由半无限均质弹性地基理论公式得到的数值解。因此，上述公式中地基变模 E 值也应采用与计算伏格特系数假定一致的半无限均质弹性地基变模值。

上述计算成果仅是以建基面（两岸坝肩为斜面，河床为水平面）法向和切向为准的局部坐标变位成果，与拱、梁网格剖分系统坐标不同，在计算拱（梁）杆件单元之力系引起的基础变位时，需将作用在拱（梁）基础上的力转换成作用在建基面上的力系，在得到建基面上的变形成果后，再将建基面上的变形值转换成拱梁网格坐标系统的变形值。在力系和变形的转换分析中，唯一的参变量是岸坡角 ψ（拱端切向剖面上岸坡线与铅直线的夹角）。基础变位系数经换算后为

$$\alpha = \alpha'\cos^3\psi + \delta'\sin^2\psi\cos\psi \tag{2.5-7}$$

$$\beta = \beta'\cos^3\psi + \gamma'\sin^2\psi\cos\psi \tag{2.5-8}$$

$$\gamma = \gamma'\cos\psi \tag{2.5-9}$$

$$\alpha_2 = \alpha''\cos^2\psi \tag{2.5-10}$$

实际上，各计算高程的拱坝基础为形状复杂、变形特性不均匀的复杂地基，以往只能作粗糙的处理，现在可采用弹性有限元法将复杂地基近似转换成相当的均质半无限地基，并取其综合变形模量来计算伏格特系数，其计算步骤为：①对拱梁分载法计算中的各个设计高程，分别截取一定范围的拱向、梁向平面有限元计算域。根据域内各级岩体分区及其变形模量的取值，计算在单位荷载作用下的拱向、梁向变形。②按应变能相等原理，分别计算拱向、梁向的坝基综合变形模量。③将拱向、梁向变模综合，得出能近似反映实际地形地质条件坝基各个设计高程的综合变形模量。

(1) 有限元模型处理。分别切取拱向和梁向剖面进行计算。为了使计算成果能与半无限均质地基的伏格特基本假定接近，计算模型应做两种转换处理：

①将不均质地基转换成均质地基；②将实际边界条件地基转换成半无限地基。两种转换可合并一次处理，具体处理步骤是：①计算实际地基的变形时将空单元部分的变形模量 E 置“0”。②以建基面作为半无限地基的自由边界面，将边界面以上的岩体变形模量置“0”，将自由边界面以下空单元部分的变模作为实体地基处理。③比较两种模型在坝基范围的平均变形，得到等效变模。当地基计算范围足够大时，有限元模型与半无限均质地基大致等效。

(2) 拱、梁向综合变模的加权平均。在拱（或梁）剖面实际地基有限元计算中，主要施加三种荷载，即单位法向荷载、单位切向荷载和单位弯矩。任何一种单位荷载作用均可产生法向、切向和转角变位，只能取其主变位相同进行等效。由于地基的不均匀性，不同单位荷载作用下计算所得到的综合变模有一定差异，拱向（或梁向）综合变形模量可通过加权平均法获得。

2. 有限元地基代替伏格特地基

拱梁分载法就其原理来讲是准确的方法，但在实际计算中由于采用了一些简化，其结果是近似的，普遍采用的伏格特地基假定就是一个简化的例子。伏格特地基假定要求对地基变模取单值，地基变模如何取值成为拱梁分载法的关键。当地基岩性分布越复杂，地基变模取值的难度越大。为了考虑岩性分布的不均匀性，反映实际岩石情况，可采用三维有限元法来确定地基变位系数，以代替伏格特地基变位系数进行拱坝应力分析。

沿坝基的长度方向取单位长度，称为单位坝基，建立局部坐标系如图 2.5-4 (*a*) 所示。假定荷载（或作用力）和变位仅考虑 5 个分量，如图 2.5-4 (*b*) 所示，则在局部坐标系中的荷载向量 $\{P\}$ 和地基变位向量 $\{\delta\}$ 可分别表示为

$$\{P\}=[p_1\quad p_2\quad p_3\quad p_4\quad p_5]$$
$$\{\delta\}=[\delta_1\quad \delta_2\quad \delta_3\quad \delta_4\quad \delta_5]$$

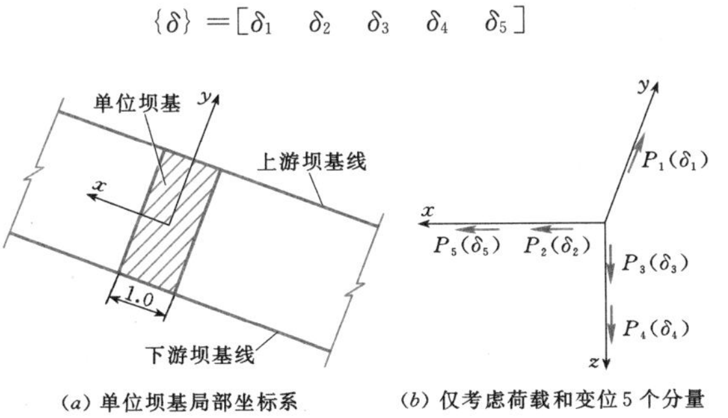

(*a*) 单位坝基局部坐标系　　(*b*) 仅考虑荷载和变位5个分量

图 2.5-4　坐标系及荷载、变位分量

根据试载法计算原理，将有限元地基变位系数的计算模型描述如下：

(1) 视坝基为弹性空间体。

(2) 设拱坝传递给坝基上的某种力系为 P，在某单位坝基的相应力系为 p，且在坝基力系 P 作用下，某单位坝基处产生的变位等效于沿坝基长度方向作用均匀力系 p 时所产生的地基变位。

(3) 当在单位坝基上作用的力系 $p=1$ 时，称单位坝基中线上各点地基变位的平均值为地基变位系数，于是可得到地基变位系数的计算为

$$\{\delta\}=[\Delta]\{p\} \tag{2.5-11}$$

式中　$[\Delta]$ ——单位荷载下的地基变位系数矩阵。

地基变位系数由有限元计算得到，再通过坐标变换可转化为拱向和梁向的地基变位系数，然后代入拱梁分载法程序计算拱坝应力。

2.5.1.5　基础变形计算

主要以四向调整（包括 3+2*M* 法）的拱梁分载法计算软件为基础，分别对基础变形、悬臂梁和拱圈计算简述如下。

梁、拱的基础变位可按坐落于岸坡上的梁、拱（见图 2.5-5 及图 2.5-6）与坐落于河床段上的梁（见图 2.5-7）两种情况分别计算。

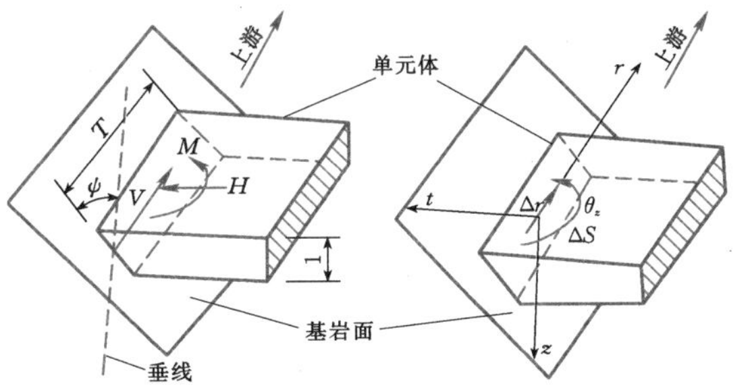

图 2.5-5　拱端力系及基础变位

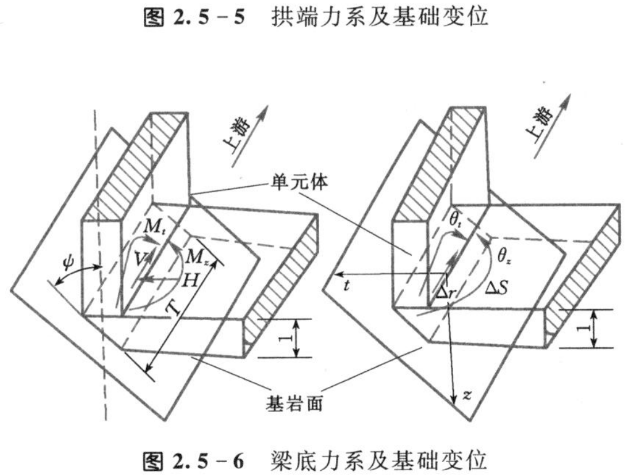

图 2.5-6　梁底力系及基础变位

1. 岸坡上梁、拱的基础变位

岸坡上的梁、拱位于同一基础上，两者的基础变位应该相同，通常处理方法是认为“梁站在拱端上”的，这种网格剖分体系可以达到将整个坝体连续无间

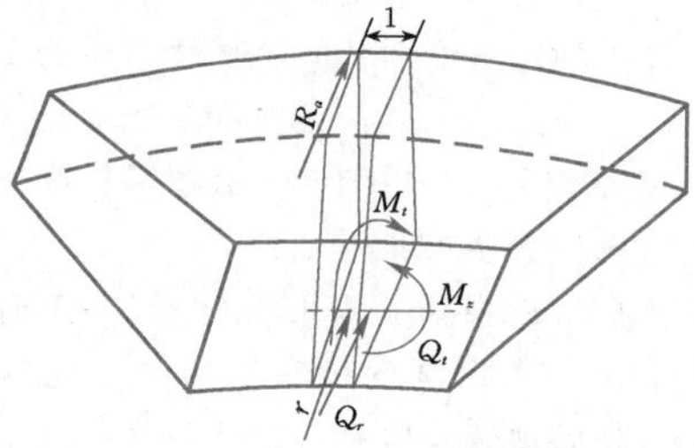

图2.5-7 河床段悬臂梁底力系

断、无镶嵌剖分的效果，同时把一条拱和两端上的梁视为一组关联结构，拱、梁变形可以相互影响。拱端基础除作用由拱传来的内力外，还作用由梁底传来的力（径向剪力、切向剪力和水平扭矩），可视为作用在拱端的集中荷载，计算拱在这些集中荷载及其他荷载使用下的拱座基底变位（水平绕 z 轴的角变位 θ_{zA}、径向变位 Δr_A、切向变位 ΔS_A 以及绕拱圈轴线转动的角变位 θ_{SA}），这些变位也就是梁底的基础变位，其计算式如下：

$$^{*}\theta_{zA}=M_z\alpha+V\alpha_2 \tag{2.5-12}$$

$$\Delta r_A=V\gamma+M_z\alpha_2 \tag{2.5-13}$$

$$^{*}\Delta S_A=-H\beta \tag{2.5-14}$$

式中 M_z——拱端弯矩（绕 z 轴力矩）；

H——拱端轴向力；

V——拱端剪力；

$*$——左拱，对右拱端取反号。

此外，还需计算梁基的径向角变位，表示为

$$\Delta\theta_{SA}=\frac{M_t(\alpha'\sin^3\psi+\delta'\sin\psi\cos^2\psi)+Q_r(\alpha''\sin^2\psi)}{\overline{B}_A} \tag{2.5-15}$$

式中 M_t——梁底径向弯矩；

Q_r——梁底切向剪力；

ψ——岸坡角；

$\overline{B}_A$——在参照线上取单宽1m时梁基底截面的平均宽度。

所有上述基础变位的计算，均由拱梁分载法分析程序完成，需要输入的数据仅为荷载（水位、温度、淤沙压力参数）、当量矩形的长宽比、泊松比、拱坝体型参数和各高程的地基综合变形模量等。

2. 河床水平段上悬臂梁的基础变位

对坐落于河床水平段上的悬臂梁，其基础变位不受拱端力系的影响，也不存在建基面坐标系与拱梁网格剖分坐标系不同的问题。但应注意的是河床坝段，规定悬臂梁单元是在参照面上切取单宽1m，因此，梁底的平均宽度存在换算的问题，计算式如下：

$$\Delta r_A=\frac{Q_r\gamma'+M_t\gamma''}{\overline{B}_A} \tag{2.5-16}$$

$$\Delta S_A=\frac{\dfrac{-Q_t}{\gamma'}}{\overline{B}_A} \tag{2.5-17}$$

$$\theta_{SA}=\frac{M_t\alpha'-Q_t\alpha''}{\overline{B}_A} \tag{2.5-18}$$

$$\theta_{zA}=\frac{M_z\delta'}{\overline{B}_A} \tag{2.5-19}$$

式中 M_z——梁底截面上的扭矩；

Q_t——梁底截面上的剪力。

2.5.1.6 悬臂梁计算

悬臂梁计算的主要任务是计算梁在各种荷载和单位三角形荷载作用下的变位和内力。每种变位都受到所有各种荷载的影响，但在实用上某种变位只有几种荷载的影响的主要的，其余影响可以略去，以简化计算。通常，梁的径向变位和角变位需计算径向荷载、垂直扭转荷载、当坝型为双曲拱坝时的切向荷载以及梁分担的其他荷载在不同高程所引起的径向变位分量；梁的切向变位需计算切向荷载、当坝型为双曲拱坝时的径向荷载以及梁分担的其他荷载在不同高程所引起的切向变位分量；梁的水平扭转角变位需计算水平扭转荷载、切向荷载以及梁分担的其他荷载所引起的扭转角变位。梁的径向变位、角变位和切向变位都应按矢量计算和累计。

1. 悬臂梁水平截面特性

由悬臂梁切取过程可知，悬臂梁具有以下特性：

（1）悬臂梁的中心线均处于通过站在拱端的梁基作的铅垂面上。

（2）由于各层拱圈的曲率不同，切割的悬臂梁是一个空间扭曲的悬臂梁。

（3）由于各层拱圈轴线与参照面位置的相对关系不同，各层拱圈位置上的悬臂梁平均宽度是不相等的。

按照目前惯用的对梁、拱的切取方法，规定所有悬臂梁的水平截面均按其截取的参照线的长度为1m进行计算，悬臂梁中心线保持在同一铅垂面上，同一悬臂梁在不同高程处除定圆心外，圆心（曲率中心）的位置是不同的，曲率半径方向也在改变，因此切割出的悬臂梁是一个空间扭曲的悬臂梁（见图2.5-8～图2.5-10）。

各层拱圈上悬臂梁水平截面的几何特性需根据坝型（单曲、双曲）和拱圈类型（圆、抛物线等）的不同，通过平面几何法计算求得。

2. 悬臂梁的变位计算

（1）一般性公式。由弯矩产生的径向变位为

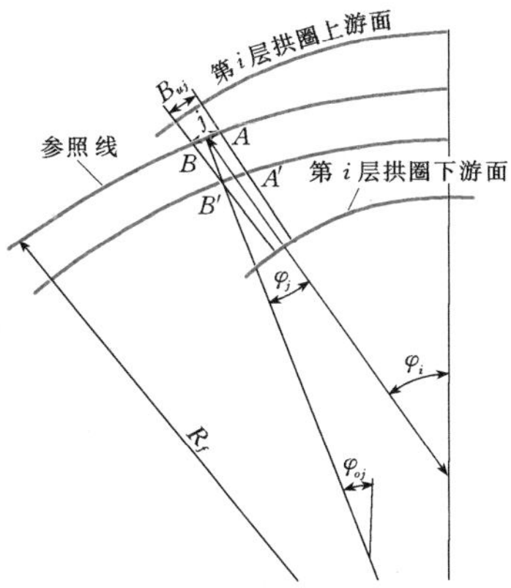

图 2.5-8　梁 i 在拱圈 i 上的梁截面示意图

$$\sum\left(\sum\frac{M_i}{EI_i}\Delta Z\right)\Delta Z$$

由径向剪力产生的径向变位为

$$\sum\frac{K_1Q_r}{GA_i}\Delta Z$$

由切向剪力产生的切向变位为

$$\sum\frac{K_2Q_t}{GA_i}\Delta Z$$

由水平扭矩产生的扭转角变位为

$$\sum\frac{M_i}{2GI_i}\Delta Z$$

上述各高程梁的变位可从梁基向顶部用逐段叠加法求出。但当计算径向变位与切向变位时，因上、下两截面的径向线间有一个夹角 $\varphi_{j,i}$（见图 2.5-9），需考虑变位在各个方面的分量，并按矢量叠加。式中的 K_1、K_2 为考虑剪应力分布形状的系数，可取 $K_1=1.25$，$K_2=1.0$。

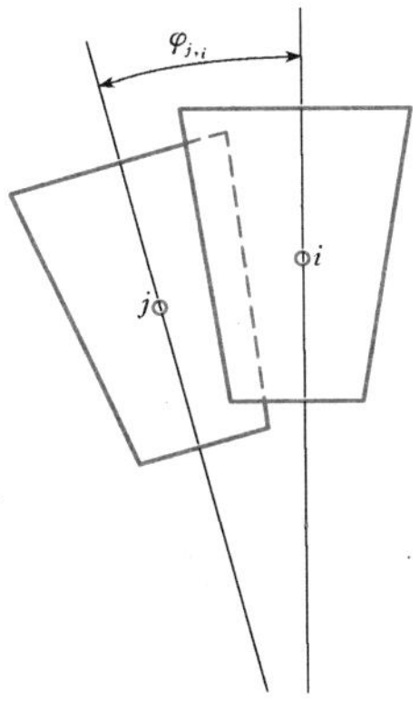

图 2.5-9　梁 i 在拱圈 i 及拱圈 j 上

（2）由弯矩产生的梁分段角变位增值和径向角变位。由弯矩产生的分段角变位增值为

$$d\theta_{im}=\frac{\Delta Z_{i+1}}{2}\left[\left(\frac{M_t}{EI}\right)_i+\left(\frac{M_t}{EI}\right)_{i+1}\cos\varphi_{i+1,i}\right]\tag{2.5-20}$$

由弯矩产生的第 i 点的径向角变位为

$$\theta_i=\theta_{tA}\cos\varphi_{n,i}+\sum_{j=i}^{n-1}d\theta_j\cos\varphi_{j,i}\tag{2.5-21}$$

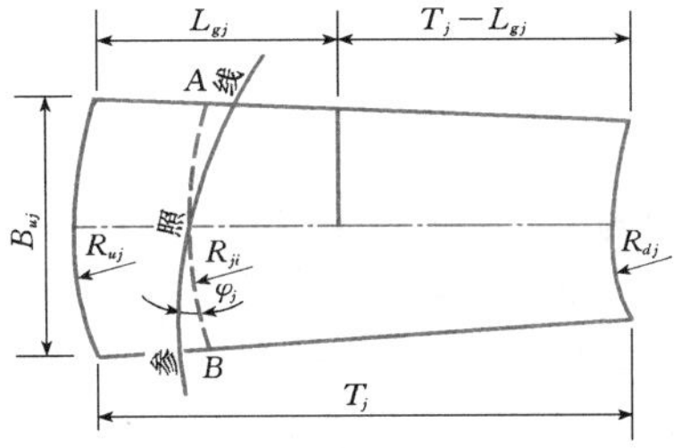

图 2.5-10　悬臂梁宽度与参照面相互关系

式中　θ_{tA}——梁基的径向角变位；

$\varphi_{j,i}$——梁上第 j 点径向与第 i 点径向之间的夹角；

$\varphi_{n,i}$——梁底第 n 点与第 i 点径向之间的夹角。

（3）梁分段的径向变位增值。由弯矩产生的分段径向变位增值为

$$\delta r_{im}=\frac{\Delta Z_{i+1}}{2}(\theta_i+\theta_i\cos\varphi_{i+1,i})\tag{2.5-22}$$

由径向剪力产生的分段径向变位增值为

$$\delta r_{iv}=\frac{\Delta Z_{i+1}}{2}\left[\left(\frac{K_1Q_r}{GA}\right)_i+\left(\frac{K_1Q_r}{GA}\right)_{i+1}\cos\varphi_{i+1,i}\right]\tag{2.5-23}$$

梁分段径向变位增值为

$$\delta r_i=\delta r_{im}+\delta r_{iv}\tag{2.5-24}$$

（4）梁分段的切向变位增值。由切向剪力产生的分段切向变位增值为

$$\delta s_i=\frac{\Delta Z_{i+1}}{2}\left[\left(\frac{K_2Q_t}{GA}\right)_i+\left(\frac{K_2Q_t}{GA}\right)_{i+1}\cos\varphi_{i+1,i}\right]\tag{2.5-25}$$

（5）梁的径向变位。梁的径向变位包括：①梁基径向变位 Δr_A 对第 i 点径向的分量；②梁分段径向变位 δr_i 对第 i 点径向的分量；③梁基切向变位 Δs_A 对第 i 点径向的分量；④梁分段切向变位 δs_i 对第 i 点切向的分量。梁上第 i 点的径向变位 Δr_i 可按下式计算：

$$\Delta r_i=\Delta r_A\cos\varphi_{n,i}+\sum_{j=i}^{n-1}\delta r_j\cos\varphi_{j,i}\pm\left(\Delta s_A\sin\varphi_{n,i}+\sum_{j=i}^{n-1}\delta s_j\sin\varphi_{j,i}\right)\tag{2.5-26}$$

式（2.5-26）中的“±”号［或式（2.5-27）中的“∓”号］，上面一个符号系计算左边梁时用，下面一个符号系计算右边时用（下同）。变位以右为正（左右均以从下游向上游看为准）。

（6）梁的切向变位。梁上第 i 点的切向变位 Δs_i 可按下式计算：

$$\Delta s_i = \Delta s_A \cos\varphi_{n,i} + \sum_{j=i}^{n-1} \delta s_j \cos\varphi_{j,i}$$

$$\mp \left(\Delta r_A \sin\varphi_{n,i} + \sum_{j=i}^{n-1} \delta r_j \sin\varphi_{j,i} \right) \quad (2.5-27)$$

（7）梁分段的水平扭转角变位增值。由水平扭转荷载、切向荷载等产生的水平扭矩 M_z 引起的梁分段水平扭转角变位增值 $\delta\theta_{zi}$ 可按下式计算：

$$\delta\theta_{zi} = \pm \frac{\Delta Z_{i+1}}{2} \left[\left(\frac{M_z}{2GI} \right)_i + \left(\frac{M_z}{2GI} \right)_{i+1} \right] \quad (2.5-28)$$

（8）梁的水平扭转角变位。梁上第 i 点的水平扭转角变位 θ_{zi} 可按下式计算：

$$\theta_{zi} = \theta_{zA} + \sum_{j=i}^{n-1} \delta\theta_{zj} \quad (2.5-29)$$

梁的水平扭转角变位以逆时针方向为正。

2.5.1.7 拱圈计算

用纯拱法或拱梁分载法分析拱坝时，需在若干高程处切取单位高度的水平拱圈，计算拱圈在径向、切向、扭转、温度变化等和各种荷载作用下的内力和变位。拱圈按支承在弹性拱座上的超静定结构进行分析，根据连续条件，按一般结构力学方法求得拱冠处超静定内力 M_0、H_0、V_0。

求得拱圈内力 M_0、H_0、V_0 后，可视为外力，则拱圈任一截面的内力 M、H、V 可用下面的公式计算（见图 2.5-11）：

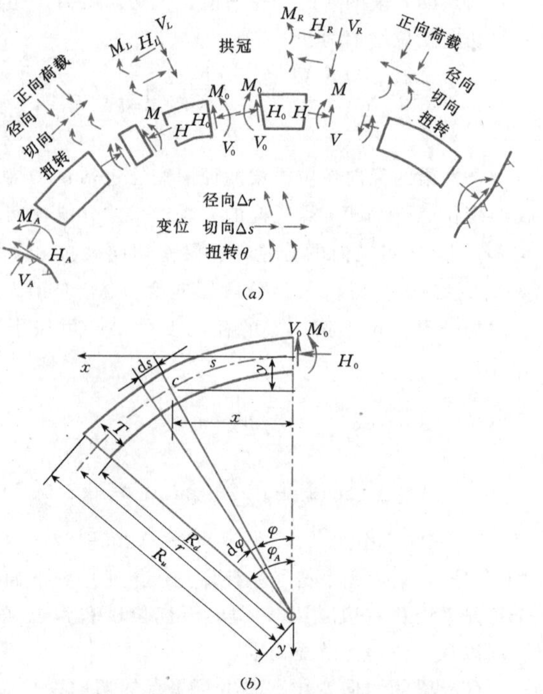

图 2.5-11 拱圈截面内力

左（L）边拱

$$\left.\begin{aligned} M &= M_0 + H_0 y + V_0 x - M_L \\ H &= H_0 \cos\varphi + V_0 \sin\varphi + H_L \\ V &= H_0 \sin\varphi + V_0 \cos\varphi - V_L \end{aligned}\right\} \quad (2.5-30)$$

右（R）边拱

$$\left.\begin{aligned} M &= M_0 + H_0 y - V_0 x - M_R \\ H &= H_0 \cos\varphi + V_0 \sin\varphi + H_R \\ V &= H_0 \sin\varphi + V_0 \cos\varphi - V_R \end{aligned}\right\} \quad (2.5-31)$$

M_0、H_0、V_0 均为拱圈形常数和载常数的函数。形、载常数的定义和计算见表 2.5-1。

求得拱圈任一截面的内力 M、H、V 及拱端内力 M_A、H_A、V_A 后，该截面的变位可用下面的公式计算。

对于拱圈的左边部分，任一中心角为 φ（与拱座间中心角为 $_L\varphi_A$）的截面的变位为

$$\left.\begin{aligned} {}_L\theta &= {}_LA_1 M + {}_LB_1 H + {}_LC_1 V - {}_LD_1 + {}_LM_A a_L + {}_LV_A a_{2L} \\ {}_L\Delta r &= {}_LC_1 M + {}_LB_2 H + {}_LC_2 V - {}_LD_2 \\ &\quad + ({}_LM_A a_L + {}_LV_A a_{2L})_L X_A - {}_LH_A \beta_L \sin_L\varphi_A \\ &\quad + ({}_LV_A r_L + {}_LM_A a_{2L}) \cos_L\varphi_A \\ {}_R\Delta s &= -{}_LB_1 M - {}_LB_3 H - {}_LB_3 V + {}_LD_3 \\ &\quad - ({}_LM_A a_L + {}_LV_A a_{2L})_L y_A \\ &\quad - ({}_LV_A r_L + {}_LM_A a_{2L}) \sin_L\varphi_A \\ &\quad - {}_LH_A \beta_L \cos_L\varphi_A \end{aligned}\right\}$$

(2.5-32)

对拱圈的右边部分，任一中心角为 φ（与拱座间中心角为 $_R\varphi_A$）的截面的变位为

$$\left.\begin{aligned} {}_R\theta &= -{}_RA_1 M - {}_RB_1 H - {}_RC_1 V + {}_RD_1 - {}_RM_A a_R \\ &\quad - {}_RV_A a_{2R} \\ {}_R\Delta r &= {}_RC_1 M + {}_RB_2 H + {}_RC_2 V - {}_RD_2 \\ &\quad + ({}_RM_A a_R + {}_RV_A a_{2R})_R x_A - {}_RH_A \beta_R \sin_R\varphi_A \\ &\quad + ({}_RV_A r_R + {}_RM_A a_{2R}) \cos_R\varphi_A \\ {}_R\Delta s &= -{}_RB_1 M + {}_RB_3 H + {}_RB_3 V - {}_RD_3 \\ &\quad + ({}_RM_A a_R + {}_RV_A a_{2R})_R y_A \\ &\quad + ({}_RV_A r_R + {}_RM_A a_{2R}) \sin_R\varphi_A \\ &\quad + {}_RH_A \beta_R \cos_R\varphi_A \end{aligned}\right\}$$

(2.5-33)

2.5.1.8 拱坝应力计算通用程序

目前国内有许多拱梁分载法应力分析程序，较常用并具有一定代表性的有以下几种。

1. 中国水电顾问集团成都勘测设计研究院 ADSC-CK 拱梁分载法应力分析程序

ADSC-CK 程序于 20 世纪 80 年代初期开始研制，是我国最早模拟具有新颖拱圈形状和复杂地基条件的拱坝拱梁分载法应力分析程序之一。通过二十几

表 2.5-1　　左半拱圈的形常数及载常数

形常数	拱圈	基础	载常数	拱圈	基础	均匀温度 t	温度梯度 $\frac{l_1}{T}$
${}_LA_1$	$\int_0^s \frac{ds}{EI}$	$+a$	${}_LD_1$	$\int_0^s \frac{M_L ds}{EI}$	$+{}_AM_L a + {}_AV_L a_2$	0	$-\frac{ct_1 r}{T}(\varphi_A-\varphi)$
${}_LB_1$	$\int_0^s \frac{y ds}{EI}$	$+ay_A + a_2\sin\varphi$					
${}_LC_1$	$\int_0^s \frac{x ds}{EI}$	$+ax_A + a_2\cos\varphi_A$	${}_LD_2$	$\int_0^s \frac{M_L x ds}{EI} + \int_0^s \frac{H_L \sin\varphi ds}{EA} + 3\int_0^s \frac{V_L \cos\varphi ds}{EA}$	$+{}_AM_L a x_A$ $+{}_AH_L\beta\sin\varphi_A$ $+{}_AV_L r\cos\varphi_A$ $+{}_AM_L a_2\cos\varphi_A$ $+{}_AV_L a_2 x_A$	$-cty_A$	$-\frac{ct_1 r^2}{T}[1-\cos(\varphi_A-\varphi)]$
${}_LB_2$	$\int_0^s \frac{xy ds}{EI} - \int_0^s \frac{\sin\varphi\cos\varphi ds}{EA} + 3\int_0^s \frac{\sin^2\varphi\cos\varphi ds}{EA}$	$+ax_Ay_A + a_2x_A\sin\varphi_A + a_2y_A\cos\varphi_A - \beta\sin\varphi_A\cos\varphi_A + r\sin\varphi_A\cos\varphi_A$					
${}_LC_2$	$\int_0^s \frac{x^2 ds}{EI} - \int_0^s \frac{\sin^2\varphi ds}{EA} + 3\int_0^s \frac{\cos^2\varphi ds}{EA}$	$+ax_A^2 + 2a_2x_A\cos\varphi_A + \beta\sin^2\varphi_A + r\cos^2\varphi_A$	${}_LD_3$	$\int_0^s \frac{M_L y ds}{EI} + \int_0^s \frac{H_L \cos\varphi ds}{EA} + 3\int_0^s \frac{V_L \sin\varphi ds}{EA}$	$+{}_AM_L a y_A$ $-{}_AH_L\beta\cos\varphi_A$ $+{}_AV_L r\sin\varphi_A$ $+{}_AM_L a_2\sin\varphi_A$ $+{}_AV_L a_2 y_A$	$+ctx_A$	$-\frac{ct_1 r^2}{T}[(\varphi_A-\varphi) - \sin(\varphi_A-\varphi)]$
${}_LB_3$	$\int_0^s \frac{y^2 ds}{EI} - \int_0^s \frac{\cos^2\varphi ds}{EA} + 3\int_0^s \frac{\sin^2\varphi ds}{EA}$	$+ay_A^2 + 2a_2y_A\sin\varphi_A + \beta\cos^2\varphi_A + r\sin^2\varphi_A$					

注　右半拱圈的形常数、载常数公式相同，但${}_RC_1$、${}_RB_2$ 及${}_RD_2$ 各项符号与左半拱相反，所有脚标 L 都相应改为 R。

年的工程实践运用和对程序的不断扩充和完善，是一套使用方便、应用广泛、功能较完善的拱坝应力分析程序。

ADSC-CK 程序集三向调整法、四向调整法、五向调整法和全调整法等多种方法于一体，可以由用户选择使用。具有前后处理功能，分析结果可用图形化、表格化表示。

拱圈线型主要包括：单心、双心、三心等厚、变厚圆拱圈；抛物线、椭圆线、双曲线、对数螺弦线、统一二次曲线、混合曲线。

该程序成功运用于我国最先建成的坝高超过200m的二滩高拱坝的设计、优化、施工及运行等各个阶段的拱坝体型设计和反馈分析。目前正运用于施工建设中的300m级溪洛渡、锦屏一级高拱坝的设计及施工等阶段拱坝体型设计和优化研究。

该程序还运用于沙牌、大岗山、双江口、两河口、李家峡、东风、小湾等几十个大中型工程的拱坝体型设计及优化研究，表明其具有极强的实用价值，且有较高的计算精度，在国内水电工程拱坝体型设计和优化研究中广泛运用。并运用于《混凝土拱坝设计规范》（DL/T 5346—2006）修编的计算分析。

2. 中国水利水电科学研究院拱梁分载法应力分析程序

拱坝应力分析及体型优化软件 ADASO 是由中国水利水电科学研究院于1980年开始编制的，1985年开始应用于拱坝设计，在广泛的实际工程应用中，采用由小型到中型、到大型和特大型的步骤，不断改进数学模型和计算方法。该软件可进行拱梁分载法静动力分析以及拱坝体型优化设计，使用方便，功能较为完善。

ADASO 软件可进行常规的拱坝静力分析和静动力分析，同时对拱坝既可进行静力优化，也可进行动力优化；优化的目标函数可以是坝体体积（单目标优化），也可以是坝体体积+最大计算应力（双目标优化）；优化的约束条件可满足拱坝设计多方面的要求，包括容许应力、施工期应力、中心角、倒悬、坝体厚度、保凸等，具有多样化的前后处理功能、分析结果可用图形化及表格化表示。

ADASO 软件已在国内得到较广泛的应用，至今已应用于百余座拱坝工程的设计。较典型的拱坝工程有世界上第一座实际采用优化方法设计的拱坝——瑞洋拱坝以及小湾、江口、招徕河、藤子沟、锦潭、下会坑等拱坝，参与方案论证的典型工程有李家峡、二滩、白鹤滩、溪洛渡、锦屏一级、拉西瓦等拱坝。

3. 浙江大学 ADAO 拱梁分载法应力分析程序

浙江大学于1985年开始研制，1990年起应用于拱坝设计，并在长期的应用中得到不断扩充和改进，是一套使用方便、应用较广、功能较完善的拱坝应力分析和体型优化集成系统，可进行拱梁分载法静动力分析、坝肩稳定分析、有限元等效应力法应力分析及拱坝体型优化设计。

ADAO 软件集三向调整法、四向调整法、五向调整法和全调整法等多种方法于一体，可供用户选择使用；具有前后处理功能，分析结果可图形化、表格化。

ADAO 软件已在国内得到较广泛的应用。采用 ADAO 软件进行拱坝设计或应用 ADAO 软件的优化和计算成果参与方案论证的水利水电设计院有数十家，拱坝工程有数百座。较典型的拱坝工程有白鹤滩、构皮滩、华光潭、九井岗、大奕坑等拱坝，参与方案论证的典型工程有溪洛渡、锦屏一级、拉西瓦、小湾等拱坝。

4. 河海大学 ADAO-HH 拱梁分载法应力分析程序

ADAO-HH 分载位移法是河海大学基于传统的试载法提出的拱坝应力分析方法，并采用拱坝非线性分载位移法，推导了非线性状态下拱坝截面内力与曲率关系的公式，确定了拱坝开裂分析中混凝土破坏条程序模块，使该程序可以用于拱坝非线性分析、超载分析和开裂分析。该程序的应力分析采用分载位移法，优化方法采用收敛速度快、计算稳定性好的改进序列二次规划法，坝肩稳定采用刚体极限平衡法，地震动力分析采用响应谱法。

该程序先后用于二滩、拉西瓦、李家峡、小湾、溪洛渡和松塔等数十座拱坝的合理体型论证与体型优化设计，并结合国家电力公司《混凝土拱坝设计规范》的修编，计算了已建具有代表性的十余座拱坝，为规范修编提供了依据。

2.5.2 弹性有限元—等效应力法

在静荷载作用下，完整的固体力学问题可以用平衡方程、几何方程、本构方程和边界条件来描述。拱坝的应力分析是一个固体力学问题，有限单元法和试载法的本质区别在于几何方程和边界条件的不同。以往的计算结果表明，在离坝基交界面较远处，有限单元法和试载法的结果相当接近，而在交界面附近，两者的结果相差较大，有限元计算在坝基面附近容易产生局部虚假应力集中。显然，这种差别具有明显的局部效应。为了消除有限元结果的局部应力集中现象，我国学者提出了弹性有限元—等效应力法[42-44]。

2.5.2.1 等效应力的计算方法

众所周知，试载法的应力是通过截面内力来计算的，其特征是正应力沿坝厚线性分布，因此不可能产生应力集中。如果将有限元法算得的应力合成为截面内力，并用与试载法类似的方法再计算应力，这种应力与原来的有限元应力是静力等效的，故称之为等效应力。由于其沿坝厚线性分布，从而消除了应力集中。

拱坝的三个主要应力分量可以用梁应力 σ_z、拱应力 σ_t 和拱梁扭转应力 τ_{tz} 来表示，根据拱坝的曲率从有限元的坐标向应力转换而来。相应的等效应力表示为 $\bar{\sigma}_z$、$\bar{\sigma}_t$、$\bar{\sigma}_{tz}$，由梁、拱截面的有限元内力计算。

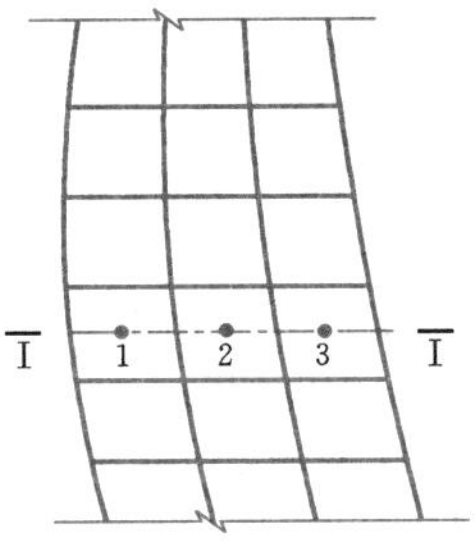

图 2.5-12　梁截面示意图

以梁应力为例，假定有限元计算时沿拱坝的厚度布置 3 排单元，如图 2.5-12 所示。取单位宽度的梁，沿单元中心点作一梁截面Ⅰ—Ⅰ。设 $\overline{N}_z$ 和 $\overline{M}_z$ 分别为根据有限元结果算得的Ⅰ—Ⅰ截面的等效轴力和弯矩，则线性分布的等效梁向正应力 $\bar{\sigma}_z$ 可由材料力学公式算得：

$$\bar{\sigma}_z(r)=\frac{\overline{N}_z}{A}+\frac{\overline{M}_z r}{J_b} \qquad (2.5-34)$$

式中　r——截面坐标，由截面中心指向上游；

J_b——梁截面的惯矩；

A——截面的面积。

若已知截面的厚度为 T，则对于单位宽度的梁截面，$A=T$，$J_b=\frac{1}{12}T^2$。将 $r=\pm\frac{T}{2}$ 代入式（2.5-34）可得上、下游处的等效梁应力为

$$\left.\begin{aligned}\bar{\sigma}_z^u&=\frac{\overline{N}_z}{T}+\frac{6\overline{M}_z}{T^2}\\ \bar{\sigma}_z^d&=\frac{\overline{N}_z}{T}-\frac{6\overline{M}_z}{T^2}\end{aligned}\right\} \qquad (2.5-35)$$

类似地，可以得到上、下游处的等效拱应力和扭剪应力为

$$\left.\begin{aligned}\bar{\sigma}_t^u&=\frac{\overline{N}_t}{T}+\frac{6\overline{M}_t}{T^2}\\ \bar{\sigma}_t^d&=\frac{\overline{N}_t}{T}-\frac{6\overline{M}_t}{T^2}\end{aligned}\right\} \qquad (2.5-36)$$

$$\left.\begin{aligned}\bar{\tau}_{tz}^u&=\frac{\overline{Q}_{tz}}{T}+\frac{6\overline{M}_{tz}}{T^2}\\ \bar{\tau}_{tz}^d&=\frac{\overline{Q}_{tz}}{T}-\frac{6\overline{M}_{tz}}{T^2}\end{aligned}\right\} \qquad (2.5-37)$$

式中　$\overline{N}_t$、$\overline{M}_t$——拱截面上的等效轴力、弯矩；

$\overline{Q}_{tz}$、$\overline{M}_{tz}$——等效拱梁扭剪力、扭矩。

设有限元计算得到的 3 个单元形心点（见图 2.5-12）的应力为 σ_1、σ_2、σ_3，如图 2.5-13 所示。由此三点的应力值可构造有限元应力沿坝厚的分布为

$$\sigma(r)=\frac{9}{2T^2}\left(r+\frac{T}{3}\right)r\sigma_1-\frac{9}{T^2}\left(r-\frac{T}{3}\right)\left(r+\frac{T}{3}\right)\sigma_2+\frac{9}{2T^2}\left(r-\frac{T}{3}\right)r\sigma_3 \qquad (2.5-38)$$

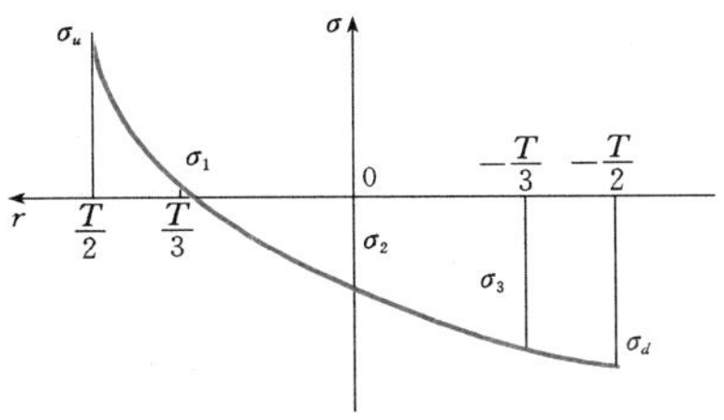

图 2.5-13　有限元应力分布

根据内力合成公式

$$\overline{N}=\int_{-\frac{T}{2}}^{\frac{T}{2}}\sigma(r)\mathrm{d}r \qquad (2.5-39)$$

$$\overline{M}=\int_{-\frac{T}{2}}^{\frac{T}{2}}\sigma(r)r\mathrm{d}r \qquad (2.5-40)$$

算得截面等效内力为

$$\overline{N}=\left[\frac{3}{4}(\sigma_1+\sigma_3)+\frac{1}{2}\sigma_2\right]\frac{T}{2} \qquad (2.5-41)$$

$$\overline{M}=\frac{1}{2}(\sigma_1-\sigma_3)\left(\frac{T}{2}\right)^2 \qquad (2.5-42)$$

由式（2.5-35）～式（2.5-37）可以算出上、下游处的等效应力为

$$\left.\begin{aligned}\bar{\sigma}^u&=\frac{9}{8}\sigma_1+\frac{1}{4}\sigma_2-\frac{3}{8}\sigma_3\\ \bar{\sigma}^d&=\frac{9}{8}\sigma_3+\frac{1}{4}\sigma_2-\frac{3}{8}\sigma_1\end{aligned}\right\} \qquad (2.5-43)$$

将 σ_1、σ_2、σ_3 分别用梁应力 σ_z、拱应力 σ_t 和拱梁扭转应力 τ_{tz} 代替，就可分别算出上、下游处的等效的梁应力 $\bar{\sigma}_z^u$、$\bar{\sigma}_z^d$，拱应力 $\bar{\sigma}_t^u$、$\bar{\sigma}_t^d$，拱梁扭转应力 $\bar{\tau}_{tz}^u$、$\bar{\tau}_{tz}^d$。

根据已算出的坝面点的 3 个应力分量，可以通过坝面微元体的平衡条件求出另外 3 个应力分量。已知坝面的法向正应力为 $\bar{\sigma}_n$，坝面上的剪应力等于 0，故坝面微元体的平衡条件为

$$\begin{Bmatrix}\bar{\sigma}_n l\\ \bar{\sigma}_n m\\ \bar{\sigma}_n n\end{Bmatrix}=\begin{bmatrix}\bar{\sigma}_r & \bar{\tau}_{rt} & \bar{\tau}_{zr}\\ \bar{\tau}_{rt} & \bar{\sigma}_t & \bar{\tau}_{tz}\\ \bar{\tau}_{zr} & \bar{\tau}_{tz} & \bar{\sigma}_z\end{bmatrix}\begin{Bmatrix}l\\ m\\ n\end{Bmatrix} \qquad (2.5-44)$$

式中　l、m、n——坝面法线在 r—t—z（水平拱径向—水平拱切向—竖向）坐标系中

的方向余弦；

$\bar{\sigma}_r$、$\bar{\tau}_{rt}$、$\bar{\tau}_{zr}$——待求的坝面点的等效径向正应力、切向剪应力、竖向剪应力。

求解式（2.5-44）可得

$$\left.\begin{aligned}\bar{\tau}_{rt} &= \frac{m}{l}(\bar{\sigma}_n - \bar{\sigma}_t) - \frac{n}{l}\bar{\tau}_{tz} \\ \bar{\tau}_{zr} &= \frac{n}{l}(\bar{\sigma}_n - \bar{\sigma}_z) - \frac{m}{l}\bar{\tau}_{tz} \\ \bar{\sigma}_r &= \bar{\sigma}_n - \frac{m}{l}\bar{\tau}_{rt} - \frac{n}{l}\bar{\tau}_{zr}\end{aligned}\right\} \qquad (2.5-45)$$

2.5.2.2 薄层单元的应用

建基面是拱坝应力集中的地方，是拱坝最大应力之所在。传统有限单元法（位移元）往往不能直接求得单元表面的应力，只能得到高斯点或形心点的应力。通常的处理方法是用高斯点应力外推求得单元表面应力，外推后应力容易失真。因此，有人建议直接采用建基面上单元的高斯点应力或形心点应力表示建基面应力。然而，由于应力集中，应力数值的大小将显著地依赖于单元的尺寸，随单元尺寸的减小而急剧增大，很难作为拱坝的表征应力。为了避免这种应力不稳定现象，有人建议采用距离坝基面一定高度处（如坝高的1/50～1/20）的应力作为拱坝的表征应力，用于强度设计。这种做法虽然避免了计算坝基面上数值不稳定的应力，但是由于这种约定是任意的，而且还可能低估大坝的危险性，所以并不是一种好的办法。

为了求得数值稳定的坝基面应力，建议沿拱坝与基础的交界面布置一层薄层单元，并尽量使薄层单元的长棱边与坝基面平行，短棱边与坝基面垂直。设薄层的厚度为 h，其他棱边或周围单元的棱边最大长度为 B，研究表明，当 $\frac{h}{B} > 0.001$ 时不会发生由于薄层单元法向刚度过大而造成的刚度矩阵病态。

采用薄层单元和有限元等效应力法可以得到消除应力集中的、数值稳定的坝基面应力，薄层单元的厚度拟为最大坝高的1/200～1/50[40]。

2.5.2.3 基于有限元等效应力法的强度设计准则

在探讨拱坝的应力控制标准时，必须充分认识其结构型式和力学特征。拱坝是一种主要以压力拱形式传递荷载的复杂超静定结构，其压应力是维持系统平衡所必需的基本应力，应该要求有较高的强度储备，而拉应力则是局部的且可能随地基裂隙的开展或坝体的局部开裂而消失，局部的高拉应力仅是衡量大坝可能开裂范围大小的一种指标。因而，在确定拱坝的应力控制标准时，区别对待抗压和抗拉问题是合理的，也是必要的。

1. 压应力准则

对于压应力，建议继续采用现行规范的准则，要求拱坝的设计最大压应力：

$$\sigma_{c\max} \leqslant [\sigma_c] \qquad (2.5-46)$$

式中 $[\sigma_c]$——容许压应力，等于混凝土的极限抗压强度除以安全系数 K_c。

当按水利行业标准设计时，由于有限元等效应力法与试载法的最大主压应力结果比较接近，可继续采用现行规范的安全系数，见表2.5-2。

表2.5-2 拱坝抗压安全系数 K_c［《混凝土拱坝设计规范》(SL 282—2003)］

荷载组合	基本荷载组合		特殊荷载组合	
建筑物等级	1、2	3	1、2	3
K_c	4.0	3.5	3.5	3.0

当按电力行业标准设计时，安全标准与上述标准有两点差异：一是采用分项系数来表达安全标准，如用单一安全系数表达，则 K_c 相当于结构重要性系数 γ_0、设计状况系数 ψ、材料系数 γ_m 和结构系数 γ_d 四者的乘积；二是以建筑物的安全等级来确定各分项系数。对应关系见表2.5-3。

表2.5-3 拱坝抗压安全系数 K_c［《混凝土拱坝设计规范》(DL/T 5346—2006)］

设计状况	持久状况			短暂状况			偶然状况（无地震）		
建筑物安全等级	Ⅰ	Ⅱ	Ⅲ	Ⅰ	Ⅱ	Ⅲ	Ⅰ	Ⅱ	Ⅲ
建筑物等级	1	2、3	4、5	1	2、3	4、5	1	2、3	4、5
结构重要性系数 γ_0	1.1	1.0	0.9	1.1	1.0	0.9	1.1	1.0	0.9
设计状况系数 ψ	1.00			0.95			0.85		
结构系数 γ_d	1.6			1.6			1.6		
材料系数 γ_m	2.0			2.0			2.0		
单一安全系数 K_c	3.520	3.200	2.880	3.344	3.040	2.736	2.992	2.720	2.448

2. 拉应力准则

对于拉应力，问题相对比较复杂，即使是消除了应力集中后的有限元等效应力，当坝体较高时其最大数值也往往难于满足现行规范的应力控制标准。为解决高拱坝拉应力难以满足容许拉应力要求的问题，规范同时规定在保证抗压和稳定安全度的前提下，应容许拱坝发生局部的开裂。

在容许局部开裂和屈服的设计原则下，应以控制拉应力区的范围为标准。在有限元等效应力的线性化假定下，沿拱坝厚度方向拉应力的范围可以用上、下游面拉、压应力的比值 ξ 来表示。《混凝土拱坝设计规范》（DL/T 5346—2006）建议将拉应力区控制在坝体厚度的 1/10 以内比较合适，并规定在任何情况下拉应力区不应超过帷幕线。

考虑到有些拱坝在某些设计工况（如温降）下有可能出现上部拱圈大范围受拉的情况，且拉压应力值都不大，不能完全用拉应力区的范围进行控制。因此，仍保留现行规范中容许拉应力的要求，即在基本荷载组合下不得大于 1.2MPa，在特殊荷载组合下不得大于 1.5MPa。

综合起来，建议拉应力控制标准采用：①拱坝的拉应力在基本荷载组合下不得大于 1.2MPa，在特殊荷载组合下不得大于 1.5MPa；②当第①条不能满足时，要求拉应力区控制在坝体厚度的 1/10 以内。

2.5.3 拱坝混凝土强度设计

拱坝坝身较薄，一般都采用通仓浇筑，所以对混凝土的强度、抗渗性、抗冻性、抗裂能力、抗化学反应（如碱骨料反应）以及均匀性等性能要求都比重力坝的大体积混凝土要高。混凝土主要性能通过以下参数控制：设计龄期、抗压强度、抗拉强度、极限拉伸、线膨胀系数、自身体积变形、绝热温升、抗冻等级、抗渗等级、粉煤灰掺量、用水量和坍落度等。

拱坝混凝土强度设计主要包括混凝土设计强度标准值确定、混凝土骨料选择、混凝土主要力学及热学试验、混凝土强度分区。

拱坝混凝土设计强度与坝体内的应力息息相关，各国坝工专家或规范都以最大主压应力的安全系数来选取其强度。混凝土的强度在相同原材料、相同配合比情况下，与其所用的试件尺寸、形状、龄期、试验条件（养护环境、加荷速率、受力状态）等关系密切。

2.5.3.1 混凝土设计强度

拱坝设计规范[2-3]规定：混凝土抗压强度标准值应由标准方法制作、养护的边长为 150mm 立方体试件，在 90d 龄期用标准试验方法测得的具有 80%保证率的抗压强度确定。混凝土抗拉强度标准值为 0.08 倍抗压强度标准值。

混凝土强度保证率 P(%) 是指混凝土强度总体中大于等于设计强度等级的概率，在混凝土强度正态分布曲线图中以阴影面积表示，如图（2.5－14）所示。低于设计强度等级 $\left(\dfrac{f_{cu,k}}{f_d}\right)$ 的强度出现的概率为不合格率。

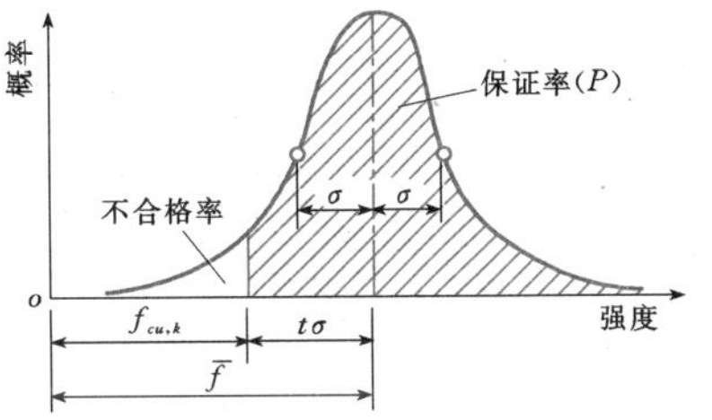

图 2.5－14 混凝土强度保证率 P(%) 示意图

工程中 P(%) 值可根据统计周期内混凝土试件强度不低于要求强度等级的组数 N_0 与试件总组数 N（$N \geqslant 25$）之比求得，即

$$P = \frac{N_0}{N} \times 100\% \qquad (2.5-47)$$

在实际工程中，根据拱坝应力控制标准和坝体应力分析成果，确定混凝土设计抗压强度或混凝土设计强度标准值。

2.5.3.2 混凝土设计龄期

混凝土设计龄期的采用标准对工程施工及经济效益影响较大，确定拱坝设计龄期主要应考虑的因素有：①工程规模及浇筑周期；②混凝土胶凝材料掺用量及后期强度增长；③大坝温度控制及施工进度；④国内外工程设计龄期类比。

一般拱坝混凝土的浇筑周期较长，特别是高混凝土拱坝至少为 2～3 年，甚至更长的时间，在 90d 龄期内不会承受设计荷载，而且大体积混凝土一般掺有粉煤灰等掺合料，其后期强度增长较快，与 90d 龄期强度相比，180～365d 龄期混凝土强度可提高 10%～25%。因此，根据拱坝工程的规模、施工期长短和重要性，设计龄期亦可采用 180d 或更长的龄期。180～360d 的设计龄期在国内外一些重大工程上已有运用，见表 2.5－4。

二滩工程是国内最先建成的坝高 200m 以上的薄拱坝，大坝混凝土浇筑期长达 43 个月。蓄水前，坝体受力最大的中下部位混凝土龄期均已超过 180d，且坝体混凝土掺有 30%的粉煤灰，混凝土强度在龄期 90d 以后仍有较大增长率。根据试验提供的混凝土强度与龄期发展系数见表 2.5－5。

表 2.5-4 国内外部分工程采用的混凝土设计龄期

坝 名	国家	坝高（m）	设计强度（MPa）	设计龄期（d）	建设时间
溪洛渡	中国	285.5	40.0	180	在建
英古里	苏联	271.5	34.3	180	1965～1982年
萨扬·舒申斯克	苏联	242.0	29.4	180	1969～1980年
二 滩	中国	240.0	35.0	180	1991～1998年
莫西罗克	美国	184.7	32.5	365	1963～1968年

表 2.5-5 正长岩骨料四级配混凝土强度与龄期发展系数

项 目	龄 期 （d）			
	14	28	90	180
抗 压	0.74	1.00	1.45	1.65
抗 拉	0.74	1.00	1.20	1.30
抗 弯	0.78	1.00	1.45	1.65

表 2.5-5 表明，90d 龄期的 C35 混凝土实际强度约相当于 180d 龄期的 C40 混凝土。二滩拱坝最大压应力控制标准为 8.0MP，实际强度安全系数高达 4.98。当采用 180d 龄期 C35 混凝土时，实际强度安全系数仍有 4.38。考虑到混凝土强度在 180d 龄期以后仍有一定增长，因此，混凝土采用 180d 龄期设计，85%的强度保证率，其强度安全是有保证的，同时由于减少了水泥用量，混凝土温控措施得到简化。

国内在建的小湾、溪洛渡、锦屏一级等工程也同样采用 180d 的混凝土设计龄期。

2.5.3.3 混凝土强度分区

拱坝混凝土强度分区以拱坝静力计算成果为基础，参照拱坝动力计算成果，结合结构布置的需要进行，即根据河谷形态、基础条件以及上、下游坝面主应力的分布进行混凝土强度分区。

拱坝中低部高程为拱坝主要受力区域，拱坝与基础接触的一定高程范围内即基础约束区域对混凝土要求最高，通常为拱坝混凝土设计强度最高控制值。

仅对拱坝大体积混凝土而言，混凝土强度分区一般分 2～3 个区域为宜，以高强度混凝土区域为控制，且相邻区域的混凝土强度差别不宜过大。

有其他技术要求的混凝土，如坝顶路面混凝土有交通要求，孔口出口段预应力结构混凝土有预应力结构的相关要求，廊道和孔口的钢筋混凝土结构以及坝上排架、弧门牛腿、启闭机房、轨道梁、各种梁、板、柱等结构应根据结构计算，选定相应的强度等级和配合比。同时，应重视上游坝面劈头裂缝的处理以及冻融地区拱坝消落区的坝面保护。

溪洛渡拱坝根据拱坝静动应力大小范围及分布规律，结合坝体附属建筑物布置和结构要求的特点，按抗压强度等级将拱坝混凝土分 A、B、C 三个区域。拱坝与基础接触的一定高程范围内拱坝的主要受力区域以及表孔、深孔有结构变化的一定范围均分为 A 区，采用 $C_{180}40$ 混凝土；脱离基础约束区域的一定高程范围分为 B 区，采用 $C_{180}35$ 混凝土；其余区域分为 C 区，采用 $C_{180}30$ 混凝土。

2.6 拱坝坝肩抗滑稳定分析

拱坝的安全性取决于坝体结构的安全性和坝基的安全性。由于坝体结构本身的安全性很高，在两岸坝肩岩体变位量小和基岩稳定的情况下，拱坝一般不会从坝内首先发生破坏。因此，拱坝坝基变形稳定和抗滑稳定就成为拱坝安全的关键。

准确评价坝基（坝肩）变形稳定和抗滑稳定是拱坝设计所面临的最困难问题之一。第一，它所研究的对象是天然的岩体。每一座拱坝的坝址都有其独特的地形条件、工程地质条件、水文地质条件以及岩体力学特性。第二，上述地质条件和岩体力学性质不容易被认识、了解和把握，只能通过有限的勘探手段，在有限的几个点或线上去测定，难以做到全面、准确。第三，岩体材料属不连续介质，含有潜在的和显现的不连续结构面，其产状、特性、形式、分布千变万化。这种不连续介质的性质不仅取决于岩石（块）本身的性质，而且更主要地取决于不连续结构面的性质。第四，拱座上的作用，除了坝体传来的推力外，岩块的自重、岩体内的渗透压力、初始应力等都将对坝基变形和稳定构成重要影响。由此可见，坝基岩体受到各种结构面如断层、节理、夹层、裂隙的切割，构成多种不同特性的非线性材料组合体，加上勘测、试验等手段的制约，以及高压渗流的长期作用对岩体物理力学特性的影响，导致拱坝坝肩变形和稳定分析的复杂性。

拱坝坝肩抗滑稳定分析有多种方法，经常使用的有刚体极限平衡法、有限元计算法和地质力学模型试验法。在拱坝坝肩抗滑稳定分析方法中，刚体极限平衡法为基本方法，对高坝或地质条件复杂的拱坝，在基本方法分析评价的基础上，还应采用有限元计算或地质力学模型试验，分析拱坝—地基在正常运用工况、降强和超载作用下的坝基坝肩变形稳定和抗滑稳定安全性，结合工程类比，综合评价拱坝安全性。

2.6.1　坝肩岩体的滑动条件

坝肩坝基的可能滑移形式与受力情况、地形地质和工程情况有关。坝肩岩体受力后，可能单块滑移，也可能两块或多块滑移。单块或多块滑移中，各滑块的界面情况可能相同，也可能不同，有的处于拉张状态，是拉开面；有的处于错移状态，是可能滑移面。块体的滑动可以沿一个面发生滑移，也可以沿相邻两个面的交线方向发生滑移；各块间的滑向可以统一，也可以各异。根据拱坝坝肩抗力体岩体失稳滑移条件，坝肩岩体的滑移通常需有滑块上游边界、滑块下游边界、滑块侧面边界、滑块底面边界等滑动条件，如图 2.6－1 和图 2.6－2 所示。

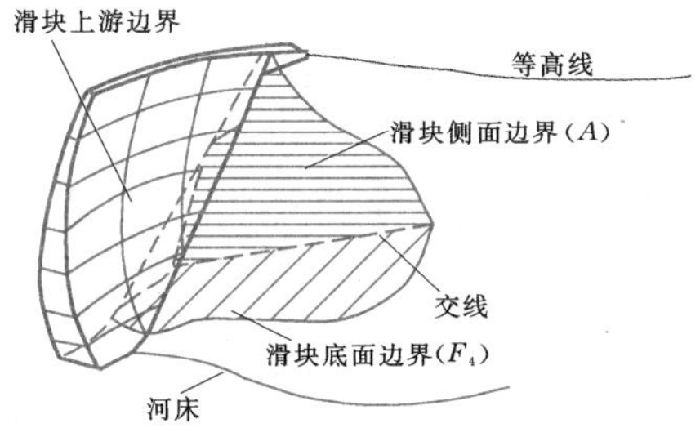

图 2.6－1　拱坝坝肩滑块滑移界面典型三维示意图

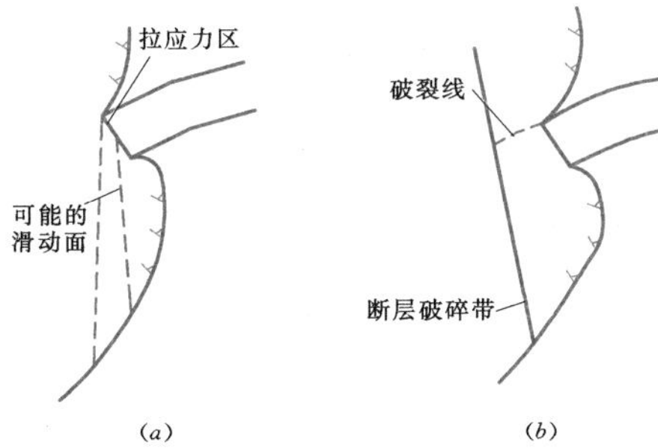

图 2.6－2　滑块上游边界条件

2.6.1.1　滑块上游边界

根据计算分析和工程经验，大坝上游面地基内存在拉应力区，容易形成铅直向拉裂缝，因此滑动体的上游边界一般假定从拱座的上游面开始。当拱座上游部分存在拉应力时，还需核算在拱座面上拉应力末端处开始滑动的情况［见图 2.6－2（*a*）］。若坝肩附近有顺河流方向的断层破碎带，则有可能在断层破碎带与拱座间的岩体内发生破裂，然后沿着断层破碎带向下游方向滑动［见图 2.6－2（*b*）］。

2.6.1.2　滑块下游边界

滑动岩体的下游应具有临空面或其他结构面（见图 2.6－3），使滑动岩体脱离坝肩，向下游方向发生破裂、滑动。

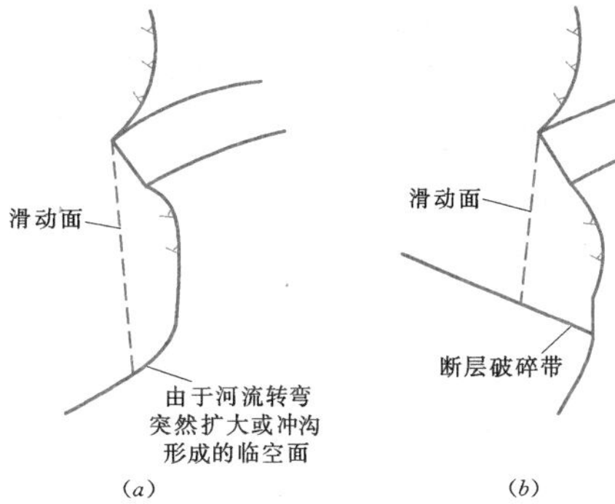

图 2.6－3　滑块下游边界条件

2.6.1.3　滑块侧面边界

滑块的侧滑面通常由单一的断层破碎带、优势陡倾裂隙、岩脉等形成［见图 2.6－4（*a*）、（*b*）］，也可能由一系列陡倾裂隙组成的错台形成，每一错台的小陡面均为成组陡倾不连续面的一部分［见图 2.6－4（*c*）］。

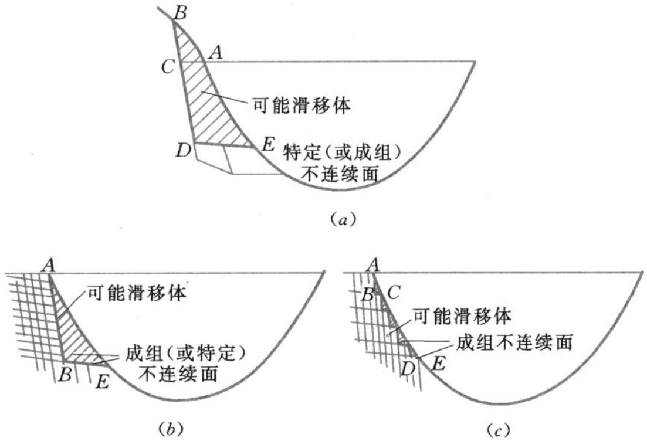

图 2.6－4　拱坝坝肩可能滑移体侧滑面与底滑面组合情况示意图

2.6.1.4　滑块底面边界

滑动岩体的底部一般为缓倾角的节理裂隙或软弱层面。若坝底存在着缓倾角的软弱层面或断层破碎带，下游又有出露面，则滑块沿此缓倾角面滑动，尤为危险（见图 2.6－5）。当坝肩岩体中发育有成组的缓倾角裂隙时，滑块底部的滑移面可能由一系列错台的缓面形成，每一错台的小缓面均为成组缓倾角不连续面的一部分。

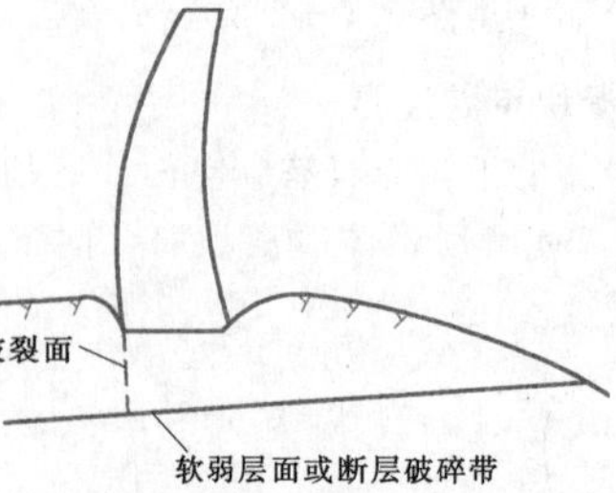

图 2.6-5 坝底存在软弱层面或断层破碎带

2.6.2 二维刚体极限平衡法

2.6.2.1 单位高度拱圈的稳定计算

一般采用单位高度的水平拱来计算各个高程的坝肩基岩稳定，并确定各个高程必需的坝肩基岩等高线范围。在计算中不考虑坝体和岩体铅直重量的抗滑作用，是偏于安全的。如果各高程水平拱的坝肩稳定都能满足设计要求，就保证了整个坝肩基岩的稳定。

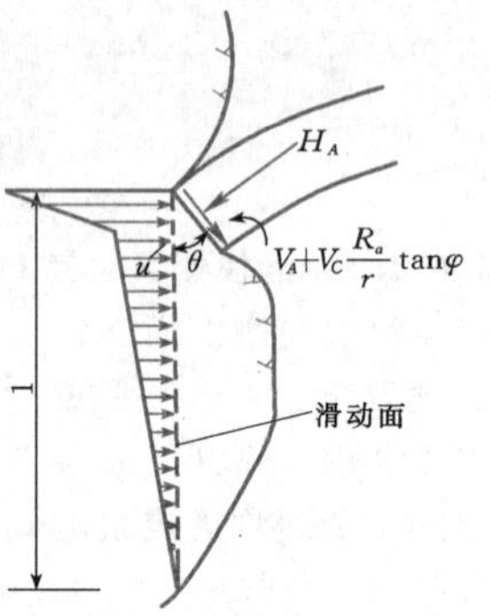

图 2.6-6 拱座滑动面及扬压力示意图

令拱座处轴向力为 H_A，剪力为 V_A，单宽悬臂梁（在坝轴线处梁宽为 1）底部剪力为 V_C，当按纯拱法计算时，$V_C=0$，作用在滑动面上的扬压力为 u（见图 2.6-6），滑动面与拱座径向面间的夹角为 θ，则滑动面上的稳定安全系数为

$$K_1=\frac{f\left[H_A\cos\theta-\left(V_A+V_C\frac{R_a}{r}\tan\varphi\right)\sin\theta-u\right]+cl}{H_A\sin\theta+\left(V_A+V_C\frac{R_a}{r}\tan\varphi\right)\cos\theta} \tag{2.6-1a}$$

$$SF_1=\frac{\frac{1}{\gamma_{d1}\gamma_{m1f}}f\left[H_A\cos\theta-\left(V_A+V_C\frac{R_a}{r}\tan\varphi\right)\sin\theta-u\right]+\frac{1}{\gamma_{d1}\gamma_{m1c}}cl}{\gamma_0\psi\left[H_A\sin\theta+\left(V_A+V_C\frac{R_a}{r}\tan\varphi\right)\cos\theta\right]} \tag{2.6-1b}$$

式中 φ——两岸纵坡与铅直线的交角；

R_a——拱坝坝轴线的半径；

r——计算拱圈的中心线半径；

l——滑动面的抗剪断长度；

f——滑动面上的摩擦系数；

c——滑动面上的黏聚力；

SF_1、K_1——按《混凝土拱坝设计规范》（DL/T 5346—2006）和《混凝土拱坝设计规范》（SL 282—2003）计算得到的抗剪断抗滑稳定安全系数。

对于变中心拱坝，式（2.6-1a）和式（2.6-1b）中的 $\frac{R_a}{r}\tan\varphi$ 应改为 $\frac{\tan\varphi}{B_A}$（以下同），B_A 为悬臂梁底部截面的平均宽度。

扬压力用 $u=\frac{1}{2}\beta hl$ 来表示。β 为扬压力作用系数，一般取 0.3～0.5，亦可从滑动面上的扬压力分布图形换算求得；h 为滑动面高程上的上游水头。

滑动面上的正交力为

$$N=H_A\cos\theta-\left(V_A+V_C\frac{R_a}{r}\tan\varphi\right)\sin\theta$$

滑动面上的滑动力为

$$Q=H_A\sin\theta+\left(V_A+V_C\frac{R_a}{r}\tan\varphi\right)\cos\theta$$

则式（2.6-1）变为

$$K_1=\frac{f\left(N-\frac{1}{2}\beta hl\right)+cl}{Q} \tag{2.6-2a}$$

$$SF_1=\frac{\frac{1}{\gamma_{d1}\gamma_{m1f}}f\left(N-\frac{1}{2}\beta hl\right)+\frac{1}{\gamma_{d1}\gamma_{m1c}}cl}{\gamma_0\psi Q} \tag{2.6-2b}$$

满足稳定安全时，必需的滑动面长度为

$$l=\frac{K_1Q-fN}{C-\frac{1}{2}f\beta h} \tag{2.6-3a}$$

$$l\geqslant\frac{\gamma_0\psi Q-\frac{1}{\gamma_{d1}\gamma_{m1f}}fN}{\frac{1}{\gamma_{d1}\gamma_{m1c}}c-\frac{1}{\gamma_{d1}\gamma_{m1f}}\frac{1}{2}\beta h} \tag{2.6-3b}$$

将各个滑动面所必需的坚岩滑动面长度 l_1、l_2、l_3…连成包络线，即为该高程坝肩需要的坚岩范围。在这范围内，必须针对坝基地质缺陷进行加固处理（见图 2.6-7）。

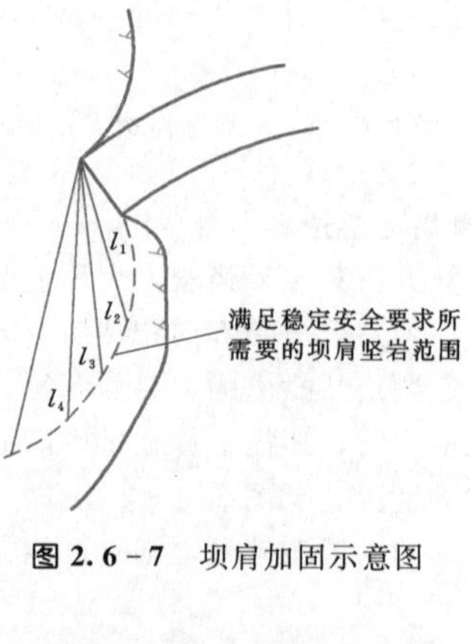

图 2.6-7 坝肩加固示意图

2.6.2.2 浅层滑动的稳定分析

拱坝的建基面是拱坝系统中的一个薄弱部位。从施工过程分析，混凝土入仓与振捣时的骨料分离、基坑开挖过程中的应力松弛和爆破震动影响、固结灌浆和接触灌浆的效果等，均可能使建基面成为坝体安全的一个薄弱部位。从受力条件分析，建基面又是基础应力最大、最集中的部位，上游坝踵有拉剪开裂的危险，下游坝趾区有压剪屈服的可能，上游拉剪开裂区如与下游压剪屈服区连通，就会导致坝体沿浅表层（含建基面）的滑移问题。有鉴于此，混凝土拱坝设计规范[2-3]规定，"对于平面曲率较小、岸坡平缓或岸坡有顺坡节理等复杂地质构造的拱坝，应复核坝基浅层稳定安全性。"在工程实践中，如出现下述情况，应按照上述规定进行拱坝沿建基面（或浅表层）的抗滑稳定分析。

(1) 平面曲率较小且岸坡平缓。这是指拱坝跨高比较大的V形或U形河谷，通常为重力拱坝，坝体"拱向"作用较弱，"梁向"作用很强。

(2) 岸坡近建基面受陡倾结构面控制，坝肩可能滑移失稳块体几乎贴近于建基面。

(3) 对于典型的U形或梯形河谷，河床部位坝段占有较大的宽度，且在近建基面基础内有不利的缓倾角结构面。

(4) 坝体平面曲率较小且拱端为非径向开挖，如出现开挖面走向几乎与河流平行的情况。

拱坝沿建基面浅层滑动问题比较复杂，不同类型的问题可采用不同的分析方法，但简便的做法是将其看成类似重力坝单个坝段的抗滑稳定问题进行计算和分析。由于浅层稳定大多出现在局部地段，属平面（沿建基面或沿近建基面）滑动形式，此类稳定条件与重力坝单个坝段的稳定条件较为接近，因此，可选择单个坝段（或单宽坝段）进行二维稳定分析，将由拱梁分载法求得的内力作为荷载，施加于坝体基础面上的微分单元，用刚体极限平衡法分析该微分单元体沿基础（或带有部分岩体）的滑动稳定性。

是否要进行拱坝沿建基面（或浅层）抗滑稳定安全性复核，国内外一直存在争议。原因在于对滑移模式有不同的认识。坝基滑移失稳，总是通过位移变化的累积，存在位移由量变到质变（突变）的过程。由于拱坝的整体作用，在位移累积变化过程中，同时也伴随着内力调整，并寻求新的平衡，这个调整和重新平衡的过程，也是阻止位移进一步发展的过程。因此，按单块体滑动模式来分析拱坝的抗滑稳定安全是偏保守的。

小湾拱坝河床坝段比较宽阔，近建基面下又存在延伸较长的缓倾卸荷裂隙，直接影响河床部位坝段的稳定。为此，复核沿下卧缓倾贯穿性裂隙面上的抗剪（断）强度，判断是否满足屈服条件尤为重要，若滑裂面上的抗剪（断）强度能满足要求，可认为坝基稳定；若结构面已进入屈服阶段，需进一步分析内力转移和重分布后，结构面对岸坡坝段及拱坝整体稳定条件的影响。并通过上述分析，确定处理措施。

由此可见，沿建基面滑动稳定问题，对中、低拱坝工程而言，可采用通常的二维分析方法进行稳定计算分析。对重要工程，应通过多种分析手段，充分考虑拱坝的整体作用，综合分析评价拱坝安全性。

2.6.3 三维刚体极限平衡法

2.6.3.1 计算原理及方法

1. 基本假定

三维刚体极限平衡法是目前拱坝坝肩抗滑稳定分析的主要手段，其基本假定如下：

(1) 滑移体视为刚体，不考虑其中各部分间的相对位移。

(2) 只考虑滑移体上力的平衡，不考虑力矩的平衡，认为后者可由力的分布自行调整满足，因此在拱端作用的力系中也不考虑弯矩的影响。

(3) 忽略拱坝内力重分布作用的影响，认为拱端作用在岩体上的力系为定值。

(4) 达到极限平衡状态时，滑裂面上的剪力方向将与滑移的方向平行，指向相反，数值达到极限值。

2. 电力行业规范规定的计算公式

《混凝土拱坝设计规范》(DL/T 5346—2006) 中规定，用刚体极限平衡法分析拱座稳定时，应满足以下的承载能力极限状态设计表达式：

$$SF_1=\frac{\dfrac{\sum f_1 N}{\gamma_{d1}\gamma_0\psi\gamma_{m1f}}+\dfrac{\sum c_1 A}{\gamma_{d1}\gamma_0\psi\gamma_{m1c}}}{\sum T}\geqslant 1.0 \quad (2.6-4)$$

$$SF_2=\frac{\dfrac{\sum f_2 N}{\gamma_{d2}\gamma_0\psi\gamma_{m2f}}}{\sum T}\geqslant 1.0 \quad (2.6-5)$$

式中的 SF_1、SF_2 分别为按《混凝土拱坝设计规范》(DL/T 5346—2006) 计算得到的抗剪断、抗剪稳定安全系数。

3. 水利行业规范规定的计算公式

《混凝土拱坝设计规范》(SL 282—2003) 中规定，刚体极限平衡法采用式 (2.2-4) 或式 (2.2-5) 计算；对于1、2级工程或高坝，应按式 (2.2-4) 计算。

2.6.3.2 块体组合及滑移模式

根据两岸坝肩岩体结构面的产状及结构面组合情况，坝肩抗滑稳定分析的滑动块体常有以下组合形式：一陡一缓、两陡一缓和阶梯状滑块。一陡一缓滑块由一个陡面（侧滑面）和一个缓面（底滑面）组成，两陡一缓块体由两个陡面和一个缓面组成。其中一陡一缓和两陡一缓组合形式又可分别有大块体和小块体两种形式。大块体是由通过顶拱或超出顶拱范围的陡面与缓面和上游拉裂面组合构成的块体；小块体是由通过建基面的陡面与缓面和上游拉裂面组合构成的块体。阶梯状滑块则是由多个陡面与多个缓面组合构成的块体。各种块体形式如图 2.6-8 所示。

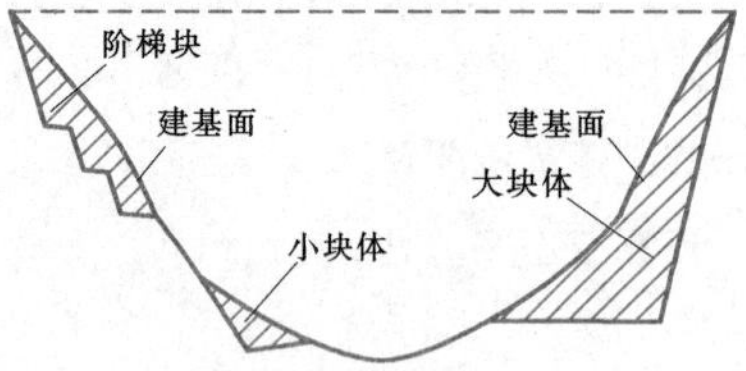

图 2.6-8　坝肩抗滑稳定块体组合形式示意图

坝肩滑块的可能滑移模式有单面滑动、双面滑动。单面滑动的块体通常沿着底滑面滑动；双面滑动块体沿着陡、缓面的相交棱线滑动。

2.6.3.3　滑动面扬压力取值

块体扬压力的计算有以下两种基本方法：

（1）根据坝址三维渗流场分析成果进行计算，这种计算反映了裂隙岩体的渗流特性与压力分布，精度较高。

（2）按《混凝土拱坝设计规范》（DL/T 5346—2006）规定的方法进行计算，在一般情况下或工程的前期设计阶段可采用此种方法进行渗压计算。滑动块体边界面的上游侧渗压取全水头；下游出露点渗压取零（当出露点高于下游尾水位时）；在上、下游之间，渗压分布假定为线性变化，由此所确定的作用于滑动面上的总扬压力 μ_0 称为最大扬压力。

计算中，可能由于滑块的长度较大，根据上述方法计算得到的扬压力较大，与实际情况存在较大差异。对多个拱坝工程坝基三维渗流场分析成果及有关工程实测资料的分析表明，拱坝绕坝渗流作用范围大致在 2～3 倍坝基宽度内，因此，扬压力计算中可以考虑渗径长度的影响修正渗压分布。

考虑防渗帷幕及排水孔作用的影响，扬压力折减系数参见本章 2.2 节的相关内容。

2.6.3.4　滑面力学参数取值

（1）滑面由特定的结构面形成，包括断层、软弱岩带、层间挤压错动带及连通性好的节理裂隙密集带等，此时滑面力学参数可直接采用特定结构面相应的力学参数。

（2）滑面由优势裂隙形成。通常做法是考虑坝基岩体质量分级及岩体裂隙的连通率等因素，根据滑动面所穿过的各级岩体所占的面积百分比进行综合加权计算，得出综合力学参数。

2.6.3.5　刚体极限平衡法稳定计算

1. 计算简图

典型的三维稳定分析计算简图如图 2.6-9 所示。图中的 $ABGF$ 为拱坝建基面，产状为 $\varphi\angle\theta$；$AEJF$ 为拱端上游拉裂面（简称 P_1），产状为 $\varphi_1\angle\theta_1$，作用荷载为水压力；$EDIJ$ 为侧滑面（简称 P_2），产状为 $\varphi_2\angle\theta_2$；$FGHIJ$ 为底滑面（简称 P_3），产状为 $\varphi_3\angle\theta_3$。块体上的作用有：H_a 为拱端轴向力，位于水平面内；V_a 为径向剪力，位于水平面内；V_c'（$=V_c\tan\theta$）为梁底剪力，位于水平面内；U_1 为垂直作用于 P_1 面的渗透压力；U_2 为垂直作用于 P_2 面的渗透压力；U_3 为垂直作用于 P_3 面的渗透压力；W 为坝体及坝基滑块的总重量，垂直向下，$W=W_1\tan\theta+W_2$，$W_1\tan\theta$ 为作用在块体上的坝体和水体自重，W_2 为块体自重。

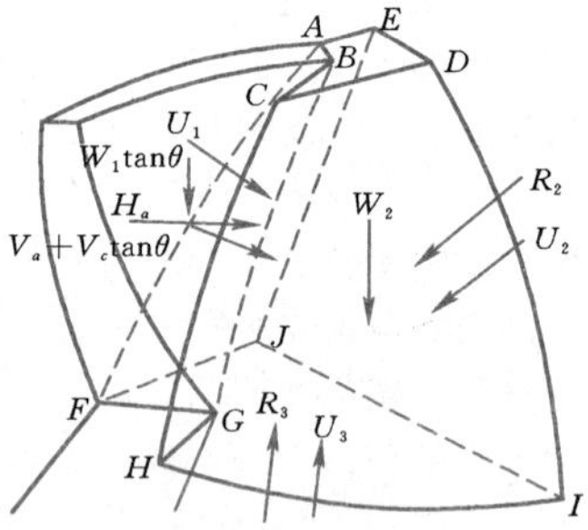

图 2.6-9　空间抗滑稳定计算简图

2. 合力计算

采用矢量代数法计算作用在滑动块体上的合力 R 和方向 φ_r、θ_r：

$$R=\sqrt{R_x^2+R_y^2+R_z^2} \tag{2.6-6}$$

$$\theta_r=\arcsin\frac{|R_x|}{R} \tag{2.6-7}$$

$$\varphi_r=\begin{cases}\arctan\dfrac{R_y}{R_x}, & R_x>0\\ \arctan\dfrac{R_y}{R_x}+180°, & R_x<0\\ 90°, & R_x=0,R_y>0\\ 270°, & R_x=0,R_y<0\end{cases} \tag{2.6-8}$$

3. 抗滑稳定安全系数计算

首先计算侧滑面和底滑面上的反力 R_2 和 R_3，以及沿侧滑面 P_2 和底滑面 P_3 交线方向 $\vec{e}$ 的分力 S；然后，利用下式求解坝肩滑块抗滑稳定安全系数 K_1 或 SF_1。

$$K_1=\frac{R_2f_2+R_3f_3+c_2A_2+c_3A_3}{S} \tag{2.6-9}$$

$$SF_1=\frac{\frac{1}{\gamma_{d1}\gamma_{m1f}}(R_2f_2+R_3f_3)+\frac{1}{\gamma_{d1}\gamma_{m1c}}(c_2A_2+c_3A_3)}{\gamma_0\psi S} \tag{2.6-10}$$

式中 f_2、c_2、A_2——侧滑面 P_1 上的摩擦系数、黏聚力、滑动面积；

f_3、c_3、A_3——底滑面 P_3 上的摩擦系数、黏聚力、滑动面积。

2.6.3.6 典型实用程序介绍

目前，国内有关拱坝坝肩抗滑稳定分析的计算程序较多，各有特色。下面介绍在实际工程中运用效果较好的 EASA2009 拱坝坝肩开挖计算及刚体极限平衡法抗滑稳定分析程序。

EASA2009 程序由中国水电顾问集团成都勘测设计研究院和四川大学共同研发。该程序具有较强的前处理功能和任意多约束面块体抗滑稳定计算功能，已广泛应用于高拱坝工程设计。

该程序的主要功能如下：

(1) 空间三维地形模拟显示。将三维地形用平面网格和高程坐标控制，用系列平面拟合地形曲面。能够灵活控制模拟精度，对地形情况进行精确模拟，也便于对局部地区地形因开挖等影响而发生的变化进行反映，具有很强的适应各种地形变化情况的能力。

(2) 开挖边坡的开口线坐标计算、任意切剖面的面积计算、切剖形状图形显示和开挖方量计算。

(3) 拱坝坝肩可能失稳岩体的自动切剖。能够对包含坝踵上游拉裂面的双面切割的失稳岩体、三面切割失稳岩体、双面切割阶梯状失稳岩体、三面切割阶梯状失稳岩体进行块体切剖计算。输入各滑动面的走向、倾角、面上任意点的坐标以及坝体上游坝踵拉裂面的定义折线，程序便能对块体能否切出进行判断并自动切出块体，绘出该块体的平面投影图及从各个切剖方向剖切该块体时的剖面形状，并计算剖面面积等。

(4) 可能失稳岩体上作用荷载的计算。输入岩体容重，调用相应模块计算岩体的体积和自重荷载，绘出从不同剖切方向切剖失稳岩体的剖面形状，并计算剖面的面积；块体上作用渗压的计算可采用下列两种方式：①输入上、下游水位及其各个滑动面上的渗压分布模式，调用相应模块计算各滑动面的面积及渗压，绘出相应的形状显示图；②对于进行了坝区渗流场分析的情况，输入坝区渗流场分析成果，计算各个滑动面上作用的渗压。通过该项功能可以比较在不同的坝基防渗排水设计方案下，滑动块体上渗压的变化情况，分析比较不同防排方案对坝肩稳定的影响。输入通过坝体应力分析得出的沿坝基不同计算高程的坝肩推力，计算作用在滑动块体上的坝体推力合力。

(5) 三维刚体极限平衡法坝肩稳定安全系数计算。完成可能滑动块体切剖及块体上作用荷载的计算以后，输入各个滑动面上的岩体力学参数，分别根据抗剪和抗剪断计算公式，采用韦伯顿矢量法分析块体滑移模式，并计算抗滑稳定安全系数。

2.6.4 刚体弹簧元法

2.6.4.1 刚体弹簧元原理

刚体弹簧元方法（Rigid Body Spring Model, RBSM，简称刚体元）是假定结构为刚体元与弹簧元的集合体，刚体元通过分布在接触面上的弹簧系统连接在一起。在结构受力状态下，刚体元本身不发生变形，结构的变形能完全储存在接触面的弹簧系统中，结构的变形通过单元间的相对变形来体现。

2.6.4.2 刚体元计算方法

1. 拱坝坝肩（静力）抗滑稳定安全系数

刚体元分析可方便地求得总滑动力及总阻滑力。滑动体的整体抗滑安全系数定义为总阻滑力与总滑动力之比。阻滑力的计算公式为

$$F_Z=\int_{a_c}(c-\sigma_n f)\mathrm{d}a \tag{2.6-11}$$

二维情况下，滑动力可写为

$$F_H=\int_{a_c}|\tau_s|\mathrm{d}a \tag{2.6-12}$$

三维情况下，滑动力可写为

$$F_H=\int_{a_c}\sqrt{\tau_s^2+\tau_t^2}\mathrm{d}a \tag{2.6-13}$$

式中 c——黏聚力；

f——摩擦系数；

a_c——处于滑动面上的单元交界面，若 a_c 被拉坏，则不计入积分。

抗滑安全系数可表示为

$$K_s=\frac{\sum_{i=1}^{n}F_Z}{\sum_{i=1}^{n}F_H}=\frac{\sum_{i=1}^{n}\int_{a_c}[c-\sigma_n\tan\varphi]\mathrm{d}a}{\sum_{i=1}^{n}\left[\int_{a_c}\sqrt{\tau_s^2+\tau_t^2}\mathrm{d}a\left(\frac{\vec{\tau}}{|\vec{\tau}|}\right)\vec{a}\right]} \tag{2.6-14}$$

式中 n——滑移面上交界面的总数。

2. 拱坝坝肩（动力）抗滑稳定安全系数

在刚体元地震动力分析中，求得任意时刻滑动体交界面上的正应力和剪应力，积分得到滑动体上的下滑力和总的阻滑力，从而可求得该时刻的瞬时安全

系数。

研究域的初始静应力场 σ_s，在动荷载作用下，各点应力将因地震作用而产生附加动应力场 σ_d。由此各时刻的总应力场 σ_t 为

$$\sigma_t = \sigma_s + \sigma_d \tag{2.6-15}$$

刚体元单元交界面上正应力 σ_n 及剪应力 τ_s、τ_t 均为时间 t 的函数。动安全系数量值可由下式求得

$$K_d = \frac{\sum_{i=1}^{n}\int_{a_c}[c_0 + \sigma_n(t)\tan\varphi]\mathrm{d}a}{\sum_{i=1}^{n}\int_{a_c}\sqrt{\tau_s(t)^2 + \tau_t(t)^2}\mathrm{d}a} \tag{2.6-16}$$

2.6.4.3 刚体弹簧元的主要优势

（1）刚体元放松了单元间界面位移协调性，可用于模拟不连续变形，且计算相对简洁。

（2）刚体元分析中可以直接求出交界面上的面力，并方便地求得总下滑力及总阻滑力，求得任意给定的可能滑动面抗滑安全系数。

（3）在实际计算中，首先根据工程勘查资料和工程经验判断滑动面可能出现的位置和方位，而后在划分刚体元网格时将滑动面作为网格线。在求得各交界面面力后，即可求得滑动体的抗滑安全系数。刚体元的这个优点使得最危险滑动块体的搜索成为可能。

（4）在动力分析（包括时域分析及频域分析）中，可以评价危险滑块的动安全系数随时间的变化情况，克服了刚体极限平衡法的不足。

（5）刚体弹簧元计算所得滑动块体安全系数的规律性较好，与传统的刚体极限平衡理论具有可比性。因此，刚体弹簧元方法也可以看成是一般刚体极限平衡法的改进方法。

2.6.4.4 典型实用程序介绍

四川大学水电学院研制开发的二维、三维刚体元数值分析软件，包含多种屈服函数，可处理多种荷载情况（包括体力、面力、集中力、变温荷载、地震力），主要功能如下：

（1）各向同性及正交各向异性弹性体变形及应力分析。

（2）采用应力转移法进行弹塑性分析并判断岩层破坏类型。

（3）刚体元动力分析，包括时域分析及频域分析。

该程序计算可输出：单元形心位移及转角；节点位移；单元交界面高斯点面力；由交界面面力反推的节点应力；指定滑动块体抗滑安全系数。在动力计算中还输出：特征频率及振型；位移、速度、加速度；动应力；动安全系数等。该程序目前已应用于溪洛渡、锦屏一级、小湾、向家坝、百色等大型水电工程坝肩（基）及边坡稳定性分析。

2.7 拱坝整体稳定分析

拱坝的整体稳定性是指拱坝与地基系统在极限荷载作用下抵抗变形破坏的能力。在《混凝土拱坝设计规范》（SD 145—85）和《混凝土拱坝设计规范》（SL 282—2003）中被称为变形稳定性，在《混凝土拱坝设计规范》（DL/T 5346—2006）中称为整体稳定性。拱坝整体稳定分析的研究对象是拱坝与地基组成的一个整体系统，由于需要考虑材料进入非线性工作阶段后拱坝与地基内力的非线性调整，拱坝整体稳定分析属于变形稳定分析。进行整体稳定分析的目的是为了获取拱坝地基系统在极限平衡状态（系统破坏时的临界状态）下的整体安全度，以此建立其整体稳定性的评价标准，如极限承载能力、抵抗破坏的变形能力、最大安全储备等。

目前常用的整体安全度包括超载安全度、强度储备安全度以及综合安全度。由于拱坝具有较强的超载能力，为了使拱坝地基系统处于极限平衡状态，常用的手段是增加上游水压力或降低材料的抗剪强度，以系统达到极限平衡状态时荷载变化或强度变化的倍数来评价拱坝的整体稳定性。前者称为超载安全度，后者称为强度储备安全度。有时采用两者结合的方法，既考虑荷载增加又考虑强度折减，以两种安全度的乘积表征系统的安全度，称为综合安全度。

拱坝整体稳定的主要分析方法有基于非线性有限元的变形体极限分析方法和地质力学模型试验。地质力学模型试验虽然对破坏过程有直观的认识，但周期长、成本高、研究方案单一，难以模拟渗流、温度等荷载。因此，目前拱坝整体稳定的研究以变形体极限分析方法为主，必要时再辅以地质力学模型试验。

国内针对高拱坝整体稳定分析自主开发的三维非线性有限元分析程序中，有清华大学的 TFINE 和河海大学的 SID3D 等程序。国际商业通用非线性有限元程序 ABAQUS、ANSYS 和 $\mathrm{FLAC^{3D}}$（三维快速拉格朗日分析）等也被进一步开发以用于拱坝整体稳定分析。开展高拱坝整体地质力学模型试验的研究单位有清华大学、四川大学、河海大学、武汉大学、长江科学院等大学和研究机构。

针对建立在现代数值方法基础上的拱坝整体稳定性分析，尚缺乏公认的安全评价体系和控制标准。目前往往采取工程类比的方法进行极限安全评估。针对这一问题也有学者提出相关理论。例如，清华大学提出的变形加固理论，基于最小塑性余能原理，提出了结构失稳的严格定义，发展了基于塑性余能及其变分

的结构稳定性判据，该理论在国内若干高拱坝整体稳定分析中得到应用。建立一套具有完备理论基础和较高实用价值的安全评价体系和控制标准，是一项具有重大意义和必要性的工作，需要继续开展相关的研究。

另外，由于拱坝具有较强的超载能力，在其进入极限平衡状态之前，坝体或地基的局部损伤破坏（如开裂、滑移、破碎等）早已发生，使结构出现较大的非线性变形，从而使拱坝较早地丧失正常工作能力。在拱坝整体稳定分析的范围内，直接研究开裂和局部化难度很大。因此，拱坝的非线性应力变形分析、从局部损伤到整体失效的破坏演变过程、局部和整体破坏的机理以及控制破坏的措施是当前拱坝整体稳定分析中的重要研究内容。

2.7.1 三维非线性有限元法

2.7.1.1 数值方法概述

在拱坝整体稳定分析中，一般将拱坝和坝基视为弹塑性结构，时效因素一般不考虑。一般而言，弹塑性结构的稳定性主要应从屈曲和极限分析两方面进行探讨。

屈曲分析从弹性压杆稳定发展而来，屈曲失稳为结构性失稳。弹塑性结构的屈曲分析将 Lagrange—Dirichlet 定理在增量意义上进行拓展，最终归结为弹塑性有限元结构切向刚度矩阵的正定性问题。应用于拱坝整体稳定，屈曲分析存在几个问题：①就目前国内高拱坝的体型而言，屈曲不是控制性因素；②屈曲分析要考虑材料硬（软）化特性，而目前坝基岩体参数取值大体上只能满足理想弹塑性分析；③与弹性结构不同，弹塑性结构的分叉点一般不是稳定极限，需要进一步考虑二次屈曲；④计算结构整体切向刚度矩阵的特征值工作量太大，尤其是需要逐步分析。

拱坝整体稳定分析的侧重点是在坝基（肩），传统上在整体稳定中拱坝主要被视为传力结构，所以基于理想弹塑性模型的极限稳定分析应是拱坝整体稳定分析的主要方法。极限分析有以下几种方法：①采用小变形弹塑性有限元程序逐步加载，计算不收敛（排除数值方法干扰后）的状态即为极限状态，对应的荷载即为极限荷载，该方法能适应复杂的破坏路径，简单、灵活，建议作为拱坝整体稳定性分析的基本方法；②将材料简化为刚塑性材料，在有限元法框架内搜索极限承载力的上、下限，该方法计算量也很大，且难以适应复杂破坏路径（如降强、非比例加载），无法反映加载过程中的结构应力和变形状态；③刚体极限平衡法、DDA、DEM 分析均属于极限分析范畴，但属于非连续介质分析，这些方法在拱坝整体稳定分析中也有尝试，计算量和难度都很大。

三维弹塑性有限元分析中，网格剖分、荷载及加载方式、屈服准则及迭代格式、稳定判据均对分析结果有很大影响，为使计算成果具有可比性，需要有统一而适当的规定和限制。目前各研究单位对这些问题的处理和认识尚不统一。以下主要介绍在 TFINE 程序分析中所采用的一些约定和方法。

2.7.1.2 计算模型的建立

1. 计算网格剖分

一般要求计算范围在上游不小于 1 倍坝高、下游不小于 2 倍坝高、左右两岸不小于 2 倍坝高的范围内，坝基模拟深度为 1 倍坝高，坝顶以上可再截取 1 倍坝高以内坝坡。顺河向水平坐标轴和垂直向坐标轴构成的坐标平面与拱冠梁剖面重合。上下游、两侧及上下共 6 个人工截面均应与 3 个坐标平面平行，上截面节点保持自由，对其余 5 个截面上的所有节点均施加与该截面垂直的单向约束。

2. 模拟的主要对象

模型应按照实际情况，对坝体进行较为精确的模拟。对于关系到坝体稳定的关键构造，如软弱夹层、断层、置换体、抗滑平洞及竖井等构造，应尽量做到准确模拟其形状和材质。坝体的其他附属建筑，如厂房、消力池等设施，可不考虑。

2.7.1.3 材料模拟及本构关系

岩体和混凝土材料具有各向异性、非关联、硬（软）化、流变等非线性特征，相应的本构模型也非常丰富，如线性和非线性弹性力学模型、弹塑性力学模型、黏弹性和黏塑性模型、内时理论模型、损伤力学模型、断裂力学模型等。但是，在高拱坝整体稳定性分析的工程实践中，由于计算规模和计算收敛性的限制，对材料的模拟一般采用关联理想弹塑性模型。同时这与现有的岩体和混凝土试验参数取值的水平是一致的。

1. 混凝土材料

三维弹塑性有限元分析中，对混凝土材料的模拟采用 Ottosen 的四参数模型。此模型于 1977 年由 Ottosen建立，具有与试验结果符合较好且计算简单的优点。

混凝土材料的破坏准则可以表示为

$$g(\sigma_1,\sigma_2,\sigma_3)=0 \qquad (2.7-1)$$

式中 σ_1、σ_2、σ_3——主应力。

式（2.7-1）在等倾线和 π 平面坐标下可采用如下形式：

$$f(I_1,J_2,\cos 3\theta_\sigma)=A\frac{J_2}{f_c'^2}+\lambda\frac{\sqrt{J_2}}{f_c'}+B\frac{I_1}{f_c'}-1=0 \qquad (2.7-2)$$

$$\lambda=\lambda(\cos 3\theta_\sigma)$$

式中 A、B——参数；

λ——$\cos 3\theta_\sigma$ 的函数；

θ_σ——应力罗德角。

参数 A、B 用来确定破坏曲面在子午线上的曲线形式，函数 λ 用来确定破坏曲面在 π 平面上的横截面形状。Ottosen 采用薄膜比拟法导出了函数 λ

$$\lambda=\begin{cases}k_1\cos\left[\dfrac{1}{3}\arccos(k_2\cos 3\theta_\sigma)\right] & \cos 3\theta_\sigma\geqslant 0\\ k_1\cos\left[\dfrac{\pi}{3}-\dfrac{1}{3}\arccos(k_2\cos 3\theta_\sigma)\right] & \cos 3\theta_\sigma<0\end{cases}\tag{2.7-3}$$

式中 k_1——尺寸参数；

k_2——形状参数，$0\leqslant k_2\leqslant 1$。

A、B、k_1、k_2 四参数由试验确定。

Ottosen 四参数模型的特点是：①只用到四个参数就能较好地描述混凝土的本质特征；②破坏曲面是一光滑的外凸曲面；③破坏曲面在子午线上的投影为一抛物线，并和等倾线负方向不相交，r_t/r_c 在 π 平面附近为 0.5，随围压的增大而增大，但始终小于 1；④破坏曲面在 π 平面上的投影，在静水压力较小时接近于三角形，并随着静水压力的增加趋近于圆形；⑤当$A=0$，$\lambda=$常数时，即退化为 D—P 准则。

2. 坝基岩体

莫尔—库仑准则由于存在角点，计算不易收敛，三维弹塑性有限元分析中普遍采用的屈服条件为 D—P 准则：

$$f=\alpha I_1+\sqrt{J_2}-k\leqslant 0\tag{2.7-4}$$

$$I_1=\sigma_1+\sigma_2+\sigma_3$$

$$J_2=\frac{(\sigma_1-\sigma_2)^2+(\sigma_2-\sigma_3)^2+(\sigma_3-\sigma_1)^2}{6}$$

α 和 k 有多种取值方法，可根据实际情况确定。在 π 平面上，若 D—P 准则为莫尔—库仑六边形的外接圆，则

$$\alpha_1=\frac{2\sin\varphi}{\sqrt{3}(3-\sin\varphi)},\quad k_1=\frac{6c\cos\varphi}{\sqrt{3}(3-\sin\varphi)}$$

其中 φ 和 c 为材料的摩擦角和黏聚力。若 D—P 准则为莫尔—库仑六边形的内接圆，则

$$\alpha_2=\frac{2\sin\varphi}{\sqrt{3}(3+\sin\varphi)},\quad k_2=\frac{6c\cos\varphi}{\sqrt{3}(3+\sin\varphi)}$$

研究表明不同的 α 和 k 取值可导致结构极限承载力差异达数倍。在 D—P 准则为莫尔—库仑六边形内切圆时，对应于平面应变条件下 D—P 准则与 M—C 准则相同。TFINE 采用 $\alpha=\dfrac{\alpha_1+\alpha_2}{2}$，$k=\dfrac{k_1+k_2}{2}$。混凝土和岩体为低抗拉材料，故有抗拉条件：

$$\sigma_1\leqslant\sigma_t,\quad \sigma_2\leqslant\sigma_t,\quad \sigma_3\leqslant\sigma_t\tag{2.7-5}$$

式中 σ_t——材料单轴抗拉强度。

若材料抗拉强度没有给出，TFINE 按式 $\sigma_t=\dfrac{c}{\tan\varphi}$确定抗拉强度。材料有三种破坏模式：①剪切破坏，相对于 D—P 准则；②拉坏，式（2.7－5）；③拉—剪破坏，即材料既拉坏又剪坏。在程序流程上，首先判断抗拉条件是否满足，若不满足，则调整应力满足之；其次再按 D—P 准则判断调整应力。

在三维非线性有限元稳定分析中，稳定性表现为解的收敛性。高拱坝及坝基的特点宜于造成三维畸形网格、高度不均匀的材料分区、高量级荷载，这都对收敛性有很不利的影响。TFINE 采用了基于 D—P 准则的鲁棒迭代算法和积分策略，该方法可有效改善计算的收敛性，并确保计算收敛到正确解上。设某一点初始应力为 σ_0 且满足 $f(\sigma_0)\leqslant 0$，应变为 ε_0，如图 2.7－1所示。对某一个加载步或迭代步，由位移法求得该点应变增量为 $\Delta\varepsilon$，它对应于弹性试应力 $\sigma_1=\sigma_{ij}^1=\boldsymbol{D}:(\varepsilon_0+\Delta\varepsilon)$，这里 $\boldsymbol{D}$ 为弹性张量。若 $f(\sigma_1)>0$，则将应力调整至屈服面。将关联正交流动法则近似成增量形式，并以 σ_1 确定 $\dfrac{\partial f}{\partial\sigma}$ 的代表值，即可确定调整后应力 σ 及转移应力

$$\Delta\sigma^p=\sigma_1-\sigma=n\sigma_{ij}^1-p\delta_{ij}\tag{2.7-6}$$

$$n=\frac{w\mu}{\sqrt{J_2}}$$

$$p=-mw+3nI_1$$

$$m=\alpha(3\lambda+2\mu)$$

$$w=\frac{f}{3\alpha m+\mu}$$

$$\lambda=\frac{E\nu}{(1+\nu)(1-2\nu)}$$

$$\mu=\frac{0.5E}{1+\nu}$$

式中的 J_2、I_1、f 均由 σ_1 确定；λ、μ 为拉梅常数；E、ν 为杨氏模量和泊松比。

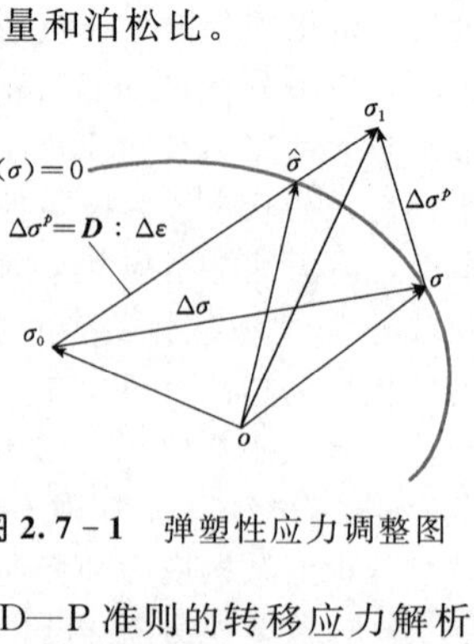

图 2.7－1 弹塑性应力调整图

上述基于 D—P 准则的转移应力解析解，从应力调整过程来说相当于线性预测—径向校正方法；从本

构关系积分策略来说相当于最近点投射法。作为广义中点法的一个特例，最近点投射法具有一阶精度而且是无条件稳定的，能适应大的应变增量。该方法避免了常规算法精细的步长划分并无需形成弹塑性矩阵，可极大地提高计算效率。

3. 裂隙及结构面的模拟

由于地质作用的结果，自然岩体中存在节理、断层、软夹层等不连续界面。不连续体力学的有限元法，通常是采用特殊的单元模拟岩体的不连续面。

高拱坝整体稳定性分析程序 TFINE 采用基于分离节点技术（Split Node Technique）的二维、三维节理单元模拟裂隙和结构面，可以方便地模拟处在连续岩体中的断层、不连续的层面、软弱夹层等。

一般不同单元上的同一节点，其位移是相同的；而节点分离技术的基本思路就是针对特殊局部的分离节点其位移依赖于各自所属的单元。这样一个分离节点，当它属于结构面一侧的单元时，其位移为 u^+，当它属于结构面另一侧时，其位移为 u^-。这样，用一批分离节点就可以表示一条裂隙或结构面。其有限元网格与不用分离节点的网格是相同的。具体的模拟方法可参考有关文献。

上述结构面的模拟，是分别考虑结构面及岩石的力学特性，利用岩石及结构面的力学参数建立的等效本构方程。完整岩石的力学参数不难由实验得到，然而包括天然节理的试件采集及其力学参数的实验都较难实施。因而，在实用中关于各组节理的 K_n、K_s 等参数的合理取值常会遇到较大的困难。

2.7.1.4 主要荷载及施加方式

1. 上、下游水沙荷载

水荷载及泥沙荷载对大坝的作用按面力（包括上、下游坝面）进行处理。计算大坝面力和坝基渗流荷载的上、下游水位要统一，一般取上游正常蓄水位及相应的下游水位。水荷载及泥沙荷载大小分别按下式进行计算，荷载分量方向依模型实际结构面确定：

$$P_w = \gamma H \tag{2.7-7}$$

$$P_{sb} = \frac{1}{2}\gamma_{sb} h_s{}^2 \tan^2\left(45° - \frac{\varphi_s}{2}\right) \tag{2.7-8}$$

垂直作用于结构表面的面力为 $\{p\} = [p_x \quad p_y \quad p_z]^{\mathrm{T}}$，其等效节点荷载为

$$\{P\}^e = \int_S [N]^{\mathrm{T}}\{p\}\mathrm{d}S = \int_{-1}^{1}\int_{-1}^{1}[N]^{\mathrm{T}}\{p\} \mid J \mid \mathrm{d}\xi\mathrm{d}\eta \tag{2.7-9}$$

式中 $[N]$ ——形函数矩阵；

$|J|$ ——雅可比矩阵行列式。

若 p 取水荷载则得到静水压力对应的等效节点荷载，若 p 取泥沙荷载则得到泥沙压力对应的等效节点荷载。

2. 自重

坝体自重作为体积力按整体一次施加，施工过程影响可不考虑。作用于模型中第 i 种材料的体积力为 $\{p_i\} = [0 \quad 0 \quad \gamma_i]^{\mathrm{T}}$，其等效节点荷载为

$$\begin{aligned}\{P\}^e &= \int_V [N]^{\mathrm{T}}\{p_i\}\mathrm{d}V \\ &= \int_{-1}^{1}\int_{-1}^{1}\int_{-1}^{1}[N]^{\mathrm{T}}\{p_i\} \mid J \mid \mathrm{d}\xi\mathrm{d}\eta\mathrm{d}\zeta\end{aligned} \tag{2.7-10}$$

3. 温度荷载

拱坝温度荷载的计算，一般只需考虑坝身收缩缝灌浆以后的温度变化，按封拱温度与预期运行期间坝体混凝土温度之间的差值确定。温度荷载仅考虑坝体部分，应考虑温升和温降两种情况，且以温降荷载为主。

大坝运行后，坝内任意截面某一时刻的温度分布量值与该截面的封拱温度分布之差，可分解为三个部分单独作用再叠加：温差的平均值 t_m、等效线性温差 t_d 和非线性温差。计算中非线性温差可以不考虑。

计算得坝体模型各节点温差值，由此计算单元初始应变 $\{\varepsilon_0\} = [\alpha\Delta T \quad \alpha\Delta T \quad \alpha\Delta T \quad 0 \quad 0 \quad 0]^{\mathrm{T}}$

则温度荷载等效节点力为

$$\begin{aligned}\{P\}^e &= \int_V [B]^{\mathrm{T}}[D]\{\varepsilon_0\}\mathrm{d}V \\ &= \int_{-1}^{1}\int_{-1}^{1}\int_{-1}^{1}[B]^{\mathrm{T}}[D]\{\varepsilon_0\} \mid J \mid \mathrm{d}\xi\mathrm{d}\eta\mathrm{d}\zeta\end{aligned} \tag{2.7-11}$$

4. 地应力

地应力场一般按自重应力场考虑，可在整体计算模型中删除坝体或将坝体材料设置为极低弹性模量的弹性材料，通过对坝基施加自重荷载进行非线性有限元分析求得。自重荷载量值巨大，岩体参数取值一般较为保守。在计算难以收敛的情况下，提供计算的自重应力场应确保全面满足屈服条件，平衡条件可适当放松。地应力场的荷载计算方式与自重场相同。

5. 坝基渗透压力

对坝基按渗流荷载应按体积力进行处理。计算大坝面力和坝基渗流荷载的上、下游水位要统一，一般取上游正常蓄水位及相应的下游水位；坝基渗流荷载仅考虑蓄水后相对于天然状态的浸润面变动部分的荷载增量。

6. 荷载组合

荷载组合分为基本组合和特殊组合，可根据工程

实际选择控制性的荷载组合进行计算。

7. 荷载施加方式及超载分析

正常工况加载顺序为：坝体自重＋水荷载＋泥沙荷载＋温度荷载＋渗流荷载。在正常工况的基础上，针对上游坝面水荷载 P_0 进行超载计算，按增加水容重的方式进行超载。

2.7.1.5　非线性计算方法及主要程序

有限元分析中的非线性主要包括材料非线性、几何非线性和边界条件非线性。在拱坝的整体稳定分析中，采用小变形假设且没有涉及接触单元，因此非线性主要指的是材料非线性。以下对非线性代数方程组的求解作一般性的讨论，对材料非线性问题及几何非线性问题都适用。

1. 非线性计算的基本原理

非线性问题有限元离散化的结果将得到下列形式的代数方程组：

$$\psi(a) \equiv P(a) + f \equiv K(a)a + f = 0 \quad (2.7-12)$$

该方程的具体形式通常取决于问题的性质和离散的方法。参数 a 代表未知函数的近似解，在以位移为未知量的有限元分析中，它是节点位移向量。表 2.7-1 所列为借助重复求解线性方程组以得到非线性方程组解答的一些常用方法。

表 2.7-1　　求解非线性方程组的常用方法

名称	算法流程	说明	图示
直接迭代法	①给定初始试探解 $a=a^0$； ②计算 $K^0=K(a^0)$， $\psi^0=K^0a^0+f$； ③对于 $n=0，1，2，\cdots$， 如果 $\Vert\psi^n\Vert\leqslant\varepsilon$ 则停止转入步骤④，否则 $a^{n+1}=-(K^n)^{-1}f$， $K^{n+1}=K(a^{n+1})$， $\psi^{n+1}=K^{n+1}a^{n+1}+f$； ④$a^n$ 为方程组的解	①a^0 通常可以从先求解一线弹性问题得到； ②每次迭代需要形成新的系数矩阵 K^n，并对它进行求逆计算； ③这里还隐含着 K 可以显式地表示成 a 的函数，所以只适用于与变形历史无关的非线性问题； ④当 P—a 曲线是凸的情况，通常解是收敛的；当 P—a 曲线是凹的情况，解可能是发散的	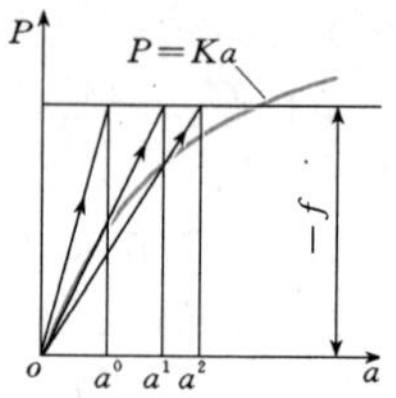
牛顿法	①给定初始试探解 $a=a^0$； ②计算 $K_T^0=K_T(a^0)$， $\psi^0=K_T^0a^0+f$； ③对于 $n=0，1，2，\cdots$， 如果 $\Vert\psi^n\Vert\leqslant\varepsilon$ 则停止转入步骤④，否则 $\Delta a^n=-(K_T^n)^{-1}\psi^n$， $a^{n+1}=a^n+\Delta a^n$， $K_T^{n+1}=K_T(a^{n+1})$， $\psi^{n+1}=K_T^{n+1}a^{n+1}+f$； ④$a^n$ 为方程组的解	①a^0 通常可以从先求解一线弹性问题得到； ②每次迭代需要形成新的切线系数矩阵 K_T^n，并对它进行求逆计算； ③这里还隐含着 K_T 可以显式地表示成 a 的函数，所以只适用于与变形历史无关的非线性问题； ④一般情况下，牛顿法具有较好的收敛性	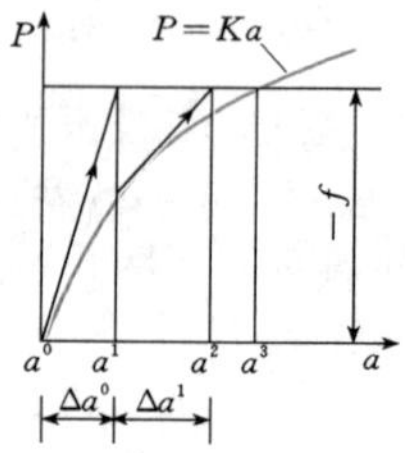
修正的牛顿法	①给定初始试探解 $a=a^0$； ②计算 $K_T^0=K_T(a^0)$， $\psi^0=K_T^0a^0+f$； ③对于 $n=0，1，2，\cdots$， 如果 $\Vert\psi^n\Vert\leqslant\varepsilon$ 则停止转入步骤④，否则 $\Delta a^n=-(K_T^0)^{-1}\psi^n$， $a^{n+1}=a^n+\Delta a^n$， $\psi^{n+1}=K_T^0a^{n+1}+f$； ④$a^n$ 为方程组的解	①a^0 通常可以从先求解一线弹性问题得到； ②每次迭代不需要形成新的切线系数矩阵 K_T^n，只需要生成初始切线刚度矩阵 K_T^0 并对其求逆，从而节省计算时间，其代价是收敛速度降低，但对大规模问题总体上还是合算的； ③另一种折中方案是再迭代若干次（如 m 次）以后，更新 K_T^0 为 K_T^m，再进行以后的迭代，在某些情况下，这种方案是很有效的	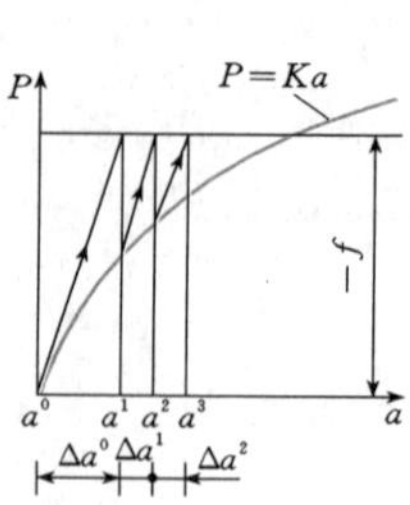

弹塑性材料非线性问题，一般情况下由于应力依赖于变形的历史，这时将不能用形变理论，而必须用增量理论进行分析。在此情况下，不能将 K 表示成 a 的显式函数，因而也就不能直接用上述方法求解，而需要与以下讨论的增量方法相结合进行求解。

增量解法首先将荷载分为若干步：f_0，f_1，f_2，…，相应的位移也分为若干步：a_0，a_1，a_2，…。假设第 m 步荷载 f_m 和相应的位移 a_m 已知，而后让荷载增加为 $f_{m+1}(=f_m+\Delta f_m)$，再求解 $a_{m+1}(=a_m+\Delta a_m)$。如果每步荷载增量 Δf_m 足够小，则解的收敛性是可以保证的。同时可得到加载过程各个阶段的中间数值结果，便于研究结构位移和应力等随荷载变化的情况。

增量法中，式（2.7-12）改写为

$$\psi(a)=P(a)+\lambda f=0 \qquad (2.7-13)$$

式中 λ——荷载变化的参数。

对式（2.7-13）求导可得

$$\frac{\mathrm{d}a}{\mathrm{d}\lambda}=-K_T^{-1}(a)f_0 \qquad (2.7-14)$$

式（2.7-14）提出的是一典型的常微分方程组问题，目前广泛采用的方法是将牛顿法或修正的牛顿法用于每一增量步，如图 2.7-2 所示。

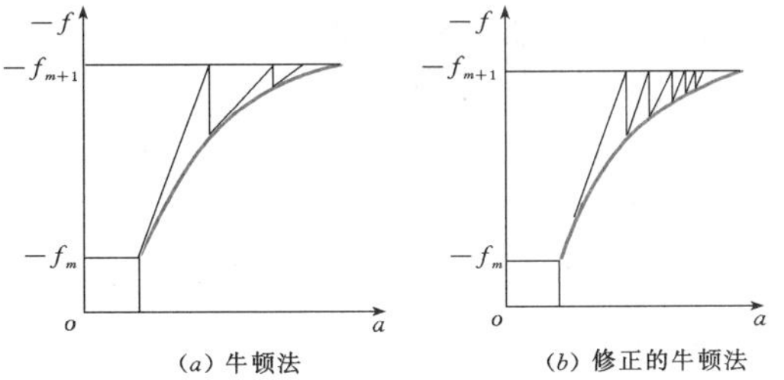

图 2.7-2 牛顿法解增量方程的迭代过程示意图

2. 计算的收敛性问题及处理

非线性有限元计算中，根据收敛准则检验解是否满足收敛要求。如已满足，则认为此增量步内迭代已经收敛。对于每个增量步执行上述迭代，直至全部时间内的解被求得。常用的收敛准则有

位移收敛准则：$\| \Delta a^{(n)} \| \leqslant er_D \| a^t \|$

平衡收敛准则：$\| \Delta Q^{(n)} \| \leqslant er_F \| \Delta Q^{(0)} \|$

能量收敛准则：$(\Delta a^{(n)})^{\mathrm{T}} \Delta Q^{(n)} \leqslant er_E (\Delta a^{(n)})^{\mathrm{T}} \Delta Q^{(0)}$

拱坝及其基础是一个非常复杂的体系，有限元模型规模很大（节点数目往往在 10^5 数量级以上），几何形状也不具规整性，这就导致模型在某一荷载（如自重荷载）或某一荷载级别（如 1 倍水荷载）作用下到达全局收敛非常困难，而往往存在局部无法收敛的情况。在这种情况下，很多的商业软件将终止计算，无法施加下一级别荷载，从而无法完成整个工况的计算。这显然是不合理的，因为局部计算奇异可能是由于数值计算误差导致的，而且即使局部失效，也不一定影响整体稳定性。因此，适用于大规模结构稳定性计算的有限元程序，既需要在局部不收敛的情况下继续施加下一级荷载，又需要考虑上一级荷载产生的不平衡力的影响。TFINE 的处理方法是将上一级荷载产生的不平衡力作为外荷载加入下一级荷载。这样做的实质是增加了上一级荷载的迭代次数。

3. 主要分析程序简介

国内针对高拱坝整体稳定分析自主开发的三维非线性有限元分析程序有清华大学的 TFINE 和河海大学的 SID3D 等程序；国际商业通用非线性有限元程序 ABAQUS、ANSYS 和 $\mathrm{FLAC^{3D}}$（三维快速拉格朗日分析）等也被用于拱坝整体稳定分析。开展高拱坝整体地质力学模型试验的研究单位有清华大学、四川大学、河海大学、长江科学院等大学和研究机构。

清华大学水电系开发的 TFINE 已有 20 多年历史，主要特点之一是提出了基于 D—P 准则的弹塑性鲁棒算法，可确保复杂岩体结构计算的收敛性。在此程序上集成实现了变形加固理论、三维多重网格法、断裂损伤及局部化分析、网格自适应算法、基于三维有限元的结构极限承载力分析、并行求解技术、适应拱坝设计的后处理系统。已应用于国内主要的高拱坝工程，包括白鹤滩、小湾、溪洛渡、锦屏一级、大岗山、二滩、李家峡、拉西瓦、紧水滩、东风等。

河海大学力学系开发了 SID3D 程序，以收敛性和突变性作为稳定判据，它包括两个部分，第一部分为非线性有限元应力分析 ADAP3D—2003（有限单元法连续变形分析）和 BKEM2003—1（块体单元法非连续变形分析），第二部分为塑性极限分析 PLIMIT。有限元应力分析部分备有接口，可以接入通用的商业程序，如 MARC、ANSYS、ABAQUS 等。该程序功能较强，有多种材料非线性本构模型，可以考虑材料的不均匀性和各向异性，能够模拟施工加载过程，包括地应力、渗流和开挖时地应力的释放过程。该程序已成功应用于多个工程，如溪洛渡、小湾、锦屏一级、白鹤滩等高拱坝的应力变形和整体稳定性分析，以及基础加固方案的优化研究，计算成果合理，有较好的精度，为这些工程的设计提供了科学依据。

2.7.1.6 计算成果整理及安全评价

1. 大坝及基础变形

有限元计算完后，一般统计大坝上、下游面关键高程拱冠梁以及拱端顺横河向位移（如表 2.7-2 为某坝计算后大坝以及拱端位移统计表）。根据计算后

表 2.7-2 **某拱坝顺河向位移（基本荷载组合）** 单位：mm

位置	高程（m）	610.00	590.00	560.00	520.00	480.00	440.00	400.00	360.00	332.00
上游面	左拱端	8.9	11.7	13.8	15.7	17.1	15.3	17.4	21.6	20.9
	拱冠	131.8	130.0	127.3	121.6	111.0	84.1	70.6	42.7	22.3
	右拱端	7.3	10.5	12.7	15.0	16.4	17.7	17.8	17.9	20.0
下游面	左拱端	11.1	15.7	21.1	25.4	27.7	22.7	23.5	24.9	21.3
	拱冠	132.5	131.0	128.7	123.2	113.0	95.9	71.0	39.7	21.0

的变形结果，分析大坝、基础变形分布特征，找出拱冠梁、拱端等部位的最大变形特征值。

通过大坝和基础变形分析，可得到坝体顺河向位移最大值等数值，可作为评价大坝安全的指标之一。为保证大坝安全，大坝与基础变形应该协调，如果基础变位过大，对结构应力影响就大，甚至会产生严重后果。反映基础岩体抗变形能力的岩体参数主要是岩体变形模量。通过基础整体变模上、下浮动和不同高程区拱端基础变模交叉浮动，包括左右岸基础变模的不对称浮动等，浮值范围约为 30%～40%，由此分析对坝体应力的敏感程度。如果坝体压应力的变化控制在容许应力的 2%～5%，拉压应力超限区亦控制在坝面 5%以内，高拱坝建基面基础岩体的变形模量只要满足如下要求，坝体结构可具有较好的基础适应能力（下面以 λ_E 表示坝体混凝土变形模量与基础岩体变形模量之比）。

（1）拱坝上部建基面基础岩体的变形模量可以较中、下部基础小，但 λ_E 值必须小于 4.0；对应拱梁分载法计算的上部基础综合变形模量应不小于 5.0GPa。

（2）大坝中、下部建基面基础是拱坝主要承力区，岩体变形模量须大于大坝混凝土变形模量的 1/3 以上，即要求 λ_E 小于 3.0。实例分析表明，高拱坝中下部基础岩体变形模量的最佳量值为：中部基础不低于 8.0～10.0GPa；下部尤其河床部位基础岩体的变形模量不低于 10.0GPa。

（3）建基面基础岩体应尽量均匀，避免岩体软硬突变，同岸相邻计算（拱梁分载法）高程地基综合变形模量之比应不大于 2.0。

基础局部地质缺陷需通过基础处理，以满足基础承载要求。

2. 坝体应力及基础附加应力

拱坝主要以压力拱的形式传递荷载，要求拱坝的抗压强度有一定的安全储备。另一方面，拱坝局部区域不可避免要出现拉应力，甚至局部开裂。因此，还要对拉应力进行控制。现行的《混凝土拱坝设计规范》（DL/T 5346—2006）应力控制标准主要以拱梁分载法计算成果为拱坝强度设计控制标准。有限元计算结果一般高于拱梁分载计算成果，对有限元计算应力成果，整理成果时一般除给出上、下游面拉压应力矢量分布图（见图 2.7-3）或者第一、第三主应力云图以外，还需给出上、下游面应力特征值，见表 2.7-3。

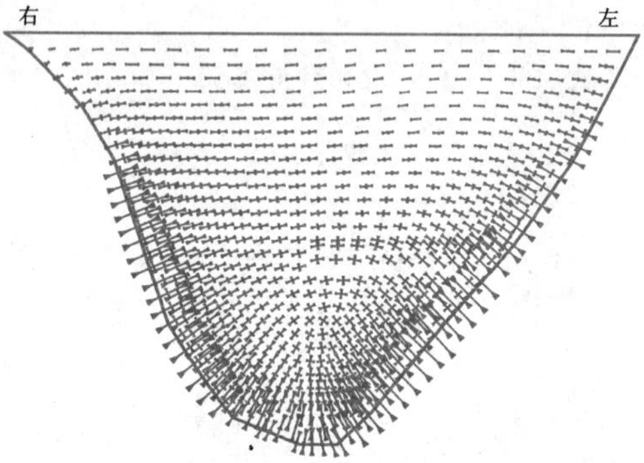

图 2.7-3 坝上游坝面主应力矢量图
（由 TFINE 程序计算）

拱坝设计中，需要结合工程特点，制定合适的应力控制水平。通常坝体应力水平与坝的高度成正比例。超高拱坝的应力水平比一般高拱坝要高，但如应力控制水平定得过高，拱坝体型较薄，几何刚度太小，不利于拱坝自调整作用，不够妥当。定得过低，坝体厚度较大，又不经济。通过分析研究已建成拱坝的工作属性后，认为拱坝的控制压应力为 8～9MPa（对应拱梁分载法计算）较为适宜。可结合基础地质条件与河谷形态，取用合适的量值。如基础地质条件较差，左右岸河谷对称性差，取低值；反之，可取高值。体型设计中，拉应力是衡量拱坝可能开裂范围的一种指标，仍需严格控制。建议拱坝的拉应力控制水平仍参照现行规范执行，即基本组合下的主拉应力：上游面 1.2MPa，下游面 1.5MPa。具体坝体及基础应力可以用应力安全系数表示。有限元应力控制标准目前可采用工程类比法。

3. 整体安全度和抗滑安全度

在三维非线性有限元分析成果的基础上，可类比

表 2.7-3　某坝基本荷载组合拱坝特征应力值（负值表示压应力）

位　置	项　　目	应力值（MPa）	高程（m）	说　　明
上游面	坝踵最大拉应力	0.20		最小压应力－0.40
	最大压应力	－8.64	500.00	拱冠梁右侧部位
	左拱端最大拉应力	0.17	610.00	
	右拱端最大拉应力	0.00	610.00	－0.18
下游面	坝址最大压应力	－10.27		
	左拱端最大压应力	－15.80	380.00	
	右拱端最大压应力	－16.59	380.00	
	坝面最大拉应力	1.13	470.00	拱冠梁右侧部位

地质力学模型试验整理出整体超载安全度：$K_{\lambda 1}$（大坝起裂安全度）、$K_{\lambda 2}$（非线性变形起始安全度）、$K_{\lambda 3}$（极限安全度）。一般要求 $K_{\lambda 1}\geqslant 1.5\sim 2.0$；$K_{\lambda 2}\geqslant 3.0\sim 4.0$；$K_{\lambda 3}\geqslant 6.0$ 同时应要求在 K_1 超载状态下，坝踵开裂区不击穿帷幕。

除整体安全度外，局部安全度对设计也有重要指导意义。将非线性有限元分析的应力成果整理出类似抗滑稳定的安全系数，包括点、面、块的安全系数，是一种常用的分析方法。此方法便于与拱座抗滑稳定分析联系起来，相互验证，易于理解。需要强调的是，非线性有限元分析的应力成果充分反映了非线性内力的调整，这与拱座抗滑稳定分析中以试载法确定拱端力有本质区别。

点安全系数的定义方式可以有很多。TFINE 采用与 D—P 准则相一致的点安全系数（其他尚有基于 M—C 准则的若干点安全系数定义）：

$$P=\frac{k-\alpha I_1}{\sqrt{J_2}} \tag{2.7-15}$$

显然对任何应力状态，必有 $P\geqslant 1$。进一步的细分包括：①弹性区，$P>1$；②剪切破坏区，$P=1$；③拉坏区，$P\geqslant 1$；④ 拉—剪破坏区，$P=1$。点安全度反映某点最不利方向上的抗滑安全系数，岸坡区域上某些点安全度较低，主要反映的是边坡稳定，与拱座抗滑稳定关系不大。

典型的拱座滑体受力如图 2.7-4 所示。侧滑面 *nom* 上的法向力、剪力、渗透压力分别为 R_1、S_1、U_1，底滑面 *lom* 上的法向力、剪力、渗透压力分别为 R_2、S_2、U_2，它们均可由有限元法应力成果积分而得。侧滑面和底滑面抗剪强度参数分别为 f_1、c_1 和 f_2、c_2。另外，由有限元法应力成果计算出的侧滑面及底滑面剪力 S_1、S_2 的方向一般不平行于交线 *om*，与之的夹角为 α_1、α_2。

基于有限元法的滑块沿交线抗滑安全度可由下式计算：

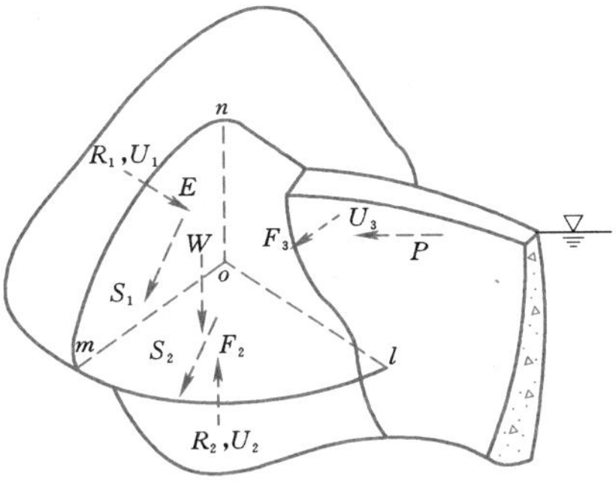

图 2.7-4　典型拱座抗滑稳定分析示意图

$$K=\frac{f_1(R_1-U_1)+c_1A_1+f_2(R_2-U_2)+c_2A_2}{S_1\cos\alpha_1+S_2\cos\alpha_2} \tag{2.7-16}$$

滑面安全度计算公式如下：

$$\left.\begin{aligned}K_1&=\frac{f_1(R_1-U_1)+c_1A_1}{S_1}\\K_2&=\frac{f_2(R_2-U_2)+c_2A_2}{S_2}\end{aligned}\right\} \tag{2.7-17}$$

如果有限元计算中考虑了渗流场，则应力场已反映了渗流的影响，渗透压力在式（2.7-16）、式（2.7-17）中就不予考虑。由于按渗流场计算的渗透压力与在拱座抗滑稳定分析中按设计图形给出的渗透压力往往差别较大，而渗透压力又对抗滑安全系数影响很大。建议渗透压力按设计图形确定，滑面法向力和剪力按不考虑渗流场的有限元应力成果确定。长、大节理组的连通率在有限元分析中难以充分模拟其效果，在上述分析中可将连通率反映在滑面抗剪强度参数上。对大型非均一滑面，可分区计算法向力、剪力、渗透压力，按不同分区抗剪强度参数计算阻滑力。

为计算滑面受力，一般要求滑面和有限元单元面重合，这在三维网格剖分中难度很大，更不用说最危险滑块搜索了。在TFINE基础上发展的多重网格法较好地解决了这一难点，它可将有限元的应力成果转移到任一滑面（平面或曲面）上，进而分析滑面的稳定状态，包括滑面的应力、屈服区及剪应力的分布及变化过程。三维有限元的应力成果依托于结构网格，以高斯点应力成果精度最高。多重网格法的思路是，将平面或曲面滑面剖分成平面或曲面网格（该滑面网格和三维有限元网格完全独立），滑面上各个节点应力由有限元高斯点应力值插值得到，具体步骤如图2.7-5所示：先搜索与滑面P中A节点距离最近的一个高斯点B，取其所在单元M所有高斯点进行应力插值。

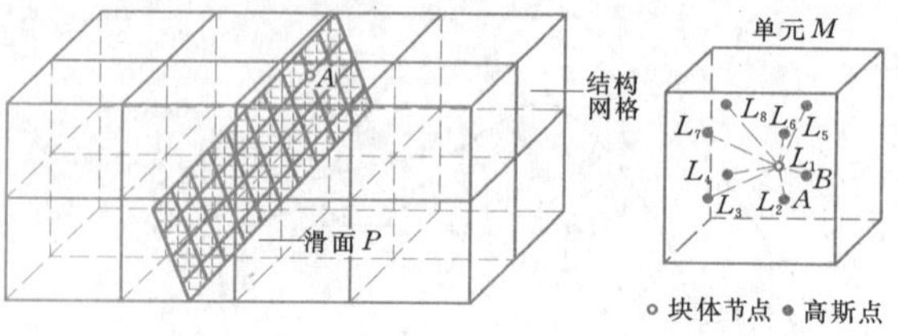

(a) 滑面与结构网格示意图　　(b) 权函数示意图

图2.7-5 多重网格示意图

确定建基面受力或拱端力可采用在TFINE基础上发展的高精度的直接内力法。常规的基于有限元法的拱端力算法涉及应力插值和曲面积分，误差大且计算繁琐。直接内力法采用有限元法中标准的体积积分解决这一难点。考虑拱坝隔离体的平衡条件，可得

$$\boldsymbol{F}_c = \sum\int \boldsymbol{B}^{\mathrm{T}} \boldsymbol{\sigma} \mathrm{d}V - \boldsymbol{F}_d \qquad (2.7-18)$$

式中　$\boldsymbol{B}$——应变矩阵；

$\boldsymbol{\sigma}$——单元应力向量，求和仅对坝体单元进行；

$\boldsymbol{F}_d$——坝体外荷载向量。

由式（2.7-18）求得的$\boldsymbol{F}_c$中对应建基面节点的节点力即为建基面内力。在此基础上，可求得建基面各高程段受力，并进行以下分析：求各段建基面拱端力和推力角；求各段建基面抗滑安全系数；求各段建基面等效应力。进行超载过程中的建基面抗滑稳定分析，可对坝基浅层抗滑稳定作出判断。

4. 屈服及开裂区域

拱坝地基系统中存在各种微细裂纹，判断结构体系能否安全使用，最为重要的标准是判断结构中存在的微观或宏观裂纹是否将继续扩展并导致结构破坏，这种扩展可以缓慢而稳定并仅在荷载增加时存在，或者，裂纹扩展到一定程度突然变为不稳定扩展。判断指标分别是线弹性断裂力学的应力强度因子和弹塑性断裂力学对应的J积分。根据虚拟裂缝模型，结合有限元分析来模拟裂缝扩展过程比较方便。裂缝开展可归纳为三种类型，即拉开型（拉力作用）、滑移型（剪力作用）和撕开型（扭矩作用）。对于拱坝裂缝，往往是在压（或拉）、剪、弯、扭作用下形成的复合型裂缝，特别在主应力为高压应力时，对断裂参数有很大的影响，该方面研究仍不完善。目前用断裂力学法来研究坝体已有裂缝或原有设置的缝（如小湾拱坝底部的诱导缝）的稳定情况，有一定参考价值。

近年来，以变形加固理论，特别是其中的不平衡力指标分析判断坝踵开裂位置和深度取得了积极的进展[19]，并在超高拱坝溪洛渡、白鹤滩、松塔、马吉、小湾等的设计和建设中得到了应用。

另外，在对坝体和地基岩体的屈服范围与程度及对其他结构如帷幕的影响分析与比较时，一般建议范围限定值，例如开裂深度为坝厚的1/6～1/4，不危及帷幕正常运行等。在超载或降强工况下，可以按超载和降强倍数与坝体开裂深度、开裂区域的关系，评价大坝以及基础的安全性。

5. 正常工作状态安全评价

在进行整体非线性有限元分析时，首先应进行基本荷载工况作用下坝体及地基的受力性态分析，研究基础稳定安全状况、坝和地基屈服情况、坝踵开裂和裂缝的开展情况等。具体研究内容与参考准则阐述如下。

（1）坝与基础位移。在基本荷载工况作用下，坝体变位分布应与拱梁分载法或弹性有限元—等效应力法的分析、规律一致。拱冠中上部或顶拱拱冠处的变位最大，逐渐向坝周边变小。地基位移应满足由表及里逐渐减小的趋势，并且在结构面附近不应出现宏观的位移错动。进行结构敏感性分析时，其位移分布规律、位移大小以及位移的最大值等不应出现大幅度变化。如果可以进行实时分析，则位移曲线应收敛，不能出现宏观发散的趋势。坝体变位绝对值的大小，取决于河谷宽窄与基础地质条件等，不能给出明确控制值。通过二滩、溪洛渡、锦屏一级、小湾等高拱坝的整体有限元分析，顶拱拱冠处变位可达10cm以上，建基面基础顺河向变位多在1～3cm，在这样的量级内，基本上是合理的。

（2）坝体应力。坝体应力分布规律应与拱梁分载法一致，仅基础周边出现应力集中现象，压应力集中更明显。合理建基面及拱坝体型要求整个大坝绝大部分区域处于受压状态，且超过拱梁分载法控制压应力的区域占大坝坝面的比例一般不超过10%为宜；拉应力区域不超过坝面比例的3%～5%。拱冠梁断面基础部位上游拉应力与下游压应力之比应小于1/6，即使是假定混凝土不抗拉的极端情况下，开裂范围也

能不超过防渗帷幕的位置。对于上部高程建基面，该比值可适当放宽到1/4。此外，在进行结构敏感性分析时，整个结构的应力分布规律、应力水平等不应出现大的变化。

(3) 点安全度、面安全度和滑块安全度。

1) 点安全度指标是一个标量，反映的是局部岩体部位的抗剪裕度，点安全度不足，并不一定意味着局部区域就失稳，但可以初步了解基础岩体内抗剪裕度的大小及分布情况，尤可用于研究建基面基础的稳定条件。我国主要高拱坝建基面岩体的点安全度系数按式(2.7-15)计算，普遍在1.5以上(除去少量应力集中区)。

2) 在核算坝肩稳定时，首要条件是滑块的总体安全度满足要求，但对每一滑面上的情况也需注意。一般而言，对于明显的地质结构面应特别注重其面安全度的情况。用有限元分析成果核算滑移面抗滑安全系数，较刚体极限平衡法分析更接近真实，其控制标准也可比刚体极限平衡法为低。应用TFINE程序，通过对二滩、李家峡、龙羊峡等拱坝工程的分析计算，建议一般单一结构面和组合块体纯摩安全系数应不小于1.3，剪摩安全系数应不小于2.0。

3) 拱坝设计规范要求在正常工况下高拱坝坝肩滑块安全系数应在3.5以上。这一要求经常难以满足，在超高拱坝中该问题尤为突出，往往会导致巨大的加固量。清华大学采用基于非线性有限元的抗滑稳定分析法，分析超载工况下这些滑块的滑面和滑块稳定安全系数的计算成果，见表2.7-4。分析表明，个别拱坝在正常荷载作用下坝肩特征滑块安全系数难以满足规范要求，但在超载3.0倍水荷载以上，仍能确保特定滑块抗滑安全系数大于1.0。

表2.7-4 部分工程坝肩滑块稳定安全系数

工程名称	滑块	地应力	正常工况	1.5倍水荷载	2倍水荷载	2.5倍水荷载	3倍水荷载	3.5倍水荷载	4倍水荷载	5倍水荷载
溪洛渡(在建)	C3右岸		5.274		4.917		4.674		4.462	4.362
	C3左岸		5.175		3.593		2.888		2.494	2.241
白鹤滩(设计)	F17—LS331	4.15	3.47	3.26	3.05	2.89	2.75	2.64		
	F17—LS3318	2.16	2.74	2.73	2.65	2.58	2.62	2.68		
锦屏一级(在建)	右岸R3	5.31	4.83	4.72	4.62	4.53	4.46	4.39		
	右岸R16	3.09	3.00	2.99	2.99	2.98	2.98	2.98		
	右岸R24	1.73	1.81	1.86	1.90	1.95	2.01	2.06		
	右岸R31	3.55	3.51	3.59	3.68	3.79	3.90	4.02		
	右岸R32	1.60	1.66	1.70	1.74	1.78	1.82	1.87		
马吉(设计)	左岸F53		4.29	3.06	2.56	2.21	1.99	1.84		
	右岸f32		4.54	2.61	1.97	1.77	1.70	1.67		
松塔(设计)	左岸f41		9.28	8.98	6.90	6.06	6.55	7.08		
	右岸M5		4.88	4.02	3.43	3.00	2.69	2.45		
大岗山(在建)	左岸β_{21}	2.12	2.41	2.51	2.60	2.70	2.79	2.89		
	左岸裂隙3	2.42	2.86	3.03	3.22	3.41	3.62	3.84		
	左岸裂隙4	1.67	1.97	2.08	2.19	2.29	2.40	2.52		
	左岸β_{28}	2.47	2.82	2.95	3.08	3.22	3.38	3.55		
	右岸β_4	4.68	8.72	7.79	6.43	4.89	4.15	3.62		
	右岸f65	2.37	2.46	2.52	2.59	2.70	2.79	2.87		

(4) 坝踵开裂深度和范围。拱坝坝踵应力状态比较复杂，在有限元分析模型中，坝踵处于角缘拉应力集中区，拉应力大小和分布范围与坝高、体型、地基特性等因素有关，而且决定了坝踵开裂的风险度，直接影响坝体的防渗效果和大坝的整体稳定性。因此，坝踵开裂条件就成为建基面优化需考虑的重要内容。计算可采用弹塑性有限元法。为了跟踪裂缝开展情况，通常采用在坝踵加密网格的局部子结构模型进行

处理。对于超高拱坝，绝对不容许坝踵产生裂缝是很难的。设计主要考虑的是限制裂缝的开展，将裂缝扩展长度控制在防渗帷幕前较浅的范围内。根据一些工程的实际经验，这个长度以在不超过坝底宽度 1/10 的范围内比较合适。

6. 超载状态安全评价

进行超载分析时，一般假定大坝与基础岩体的力学参数不变，在基本组合工况的基础上，增加水荷载，直到基础破坏失稳，所得到的水荷载超载倍数称作超载安全系数。

超载分析是当前国内外常用的方法，处理较为简单，设计者易于接受和引用。超载分析有助于研究大坝具有的超载能力（包括极限承载能力），有助于了解大坝超载破坏时的开裂机制和裂缝发展路径，有助于开展超高拱坝薄弱部位研究，从而采取针对缺陷部位的处理措施和其他结构措施。

超载计算时，只对大坝承受的水荷载进行超载，其他荷载保持不变，相应的水荷载超载方式通常采取提高水容重的方法。地质力学模型试验进行超载试验时，也采取按比例增加水推力的方法，便于相互比较。一般以 0.5 倍水容重的相应水压力作为超载基数，逐级加载。在正常荷载工况基础上，超载 0.5 倍水容重，则超载系数为 1.5；超载 1.0 倍水容重，则超载系数为 2.0；以此类推。

拱坝最终的极限平衡状态采用以下的准则进行判断。①变形准则：当特征部位的相对位移过大，或在变形曲线中出现拐点时，就认为拱坝有沿建基面滑移的趋势，拱坝已到极限平衡状态；②静力准则：当自然拱破坏或建基面材料全部屈服致使应力无法转移，非线性计算不收敛时（排除计算上的因素），拱坝达到极限平衡状态。

但是对于复杂的岩体结构，往往在主导破坏模式（如拱坝极限承载能力）发生之前，次要破坏模式早已发生。通常，结构从受力到破坏的整个变形过程可分为三个阶段，即弹性变形阶段、塑性变形阶段和全面破坏阶段。超载计算过程中，可以用类似于地质力学模型试验的三个超载倍数来衡量结构的安全度，其定义分别为：起裂超载系数 $K_{\lambda1}$——拱坝或基础局部开始开裂时的超载倍数；非线性变形超载系数 $K_{\lambda2}$——系统整体开始出现非线性屈服变形时的超载倍数；极限超载系数 $K_{\lambda3}$——系统整体失稳，表现为坝体底部屈服区贯穿，自然拱破损，开裂屈服区贯穿坝体及基础等。

7. 强度储备安全评价

强度储备系数法主要认为岩体或结构面的抗剪断强度参数 f' 和 c' 值具有一定的安全储备，将其降低 K_f 倍后基础失稳，则 K_f 为强度储备安全系数。

目前，强度储备系数法主要考虑材料强度的不确定性和可能的弱化效应，以此研究结构在设计上的强度储备程度。

8. 能量法判据及安全评价

这里介绍干扰能量判据。根据 Dirichlet 定理，物体在平衡位形上的势能 Π 具有极小值或极大值，若 Π 为极小值，该平衡位形是稳定的，其数学表达式为 $\delta\Pi=0$，$\delta^2\Pi>0$；若 Π 为极大值，则该平衡是不稳定的，其数学表达式为 $\delta\Pi=0$，$\delta^2\Pi<0$；当 $\delta^2\Pi=0$，表明物体在微小偏离后势能不变，平衡是随遇的。在数值分析中，$\delta^2\Pi$ 值可以考察物体受扰动后势能的增量 $\Delta\Pi$，$\Delta\Pi$ 值与 $\delta^2\Pi$ 值一样可以判断物体是否稳定，而 $\Delta\Pi$ 值可以通过数值计算方法得到。

在初始稳定性问题中，原先的平衡位置是处于小变形状态，经扰动失稳后应当考虑转角的影响，即计入几何非线性效应。亦即是，由分析初始稳定问题，求最小临界荷载时的相应小转角小应变及应变与转角同阶的平衡位形，转变为小转角小应变及应变与转角平方项同阶的临界状态问题。参考文献［32］推导了有限元离散后干扰能量的非线性表达式。由于不同的干扰位移可以对应不同的干扰能力值，而能够作为稳定性判据的是最小干扰能量值。干扰能量法首先要寻找最不利干扰位移（即干扰能量最小的干扰位移），最不利干扰位移可按参考文献［31］、［32］中的方法确定。

稳定安全系数按参考文献［31］、［32］中的定义为

$$K_s=\frac{\Delta U}{\Delta W} \tag{2.7-19}$$

式中 ΔU——受到干扰后存储在物体内部的变形能增量，它是使系统回复原位的因素，称为干扰内能；

ΔW——外力在干扰位移上所做的功，它将消耗系统的能量。

鉴于干扰能量是标量，因此可以极为方便地进行局部和整体稳定性分析。若考察一个单元的稳定性，只需计入相邻单元的作用力，便可计算出 ΔU^e 和 ΔW^e，则该单元的稳定安全系数为

$$K_s^e=\frac{\Delta U^e}{\Delta W^e}$$

若考察某一局部区域的稳定性，只需在上述基础上进行代数相加，得到相应的 $\Delta U'$ 和 $\Delta W'$，从而求出该区域的稳定安全系数

$$K_s'=\frac{\Delta U'}{\Delta W'}$$

在计算得到考察体单元的单元干扰能量后，便可

给出考察体的干扰能量等值线（面），显然数值最小的干扰能量等值线（面）且又有临空面的就是考察体内最危险的潜在滑动面，而该滑动面上各点最不利干扰位移的合矢量方向就是最不利的滑向。

2.7.1.7 变形稳定及加固分析

在超载或降强的过程中，拱坝在最终整体溃坝之前（如超载分析中超载系数接近 K3 时），坝踵开裂、坝趾压剪屈服、断层错动等局部破坏现象早已发生，控制抗滑稳定并不能完全阻止这些局部破坏的发生和发展。在常规弹塑性有限元分析中，塑性区通常范围较大，难以准确判断破坏的起始位置。

以下重点介绍近年来发展起来的变形加固理论，其基本思想具体到拱坝可表述为：①拱坝和坝基是一个复杂的高次超静定结构，在外荷载作用下进入非线性工作区后，大坝和坝基内力会自行调整以适应外荷载；②拱坝系统的自我调整能力是有限的，一旦外荷载水平高到超出了拱坝系统自我调整能力的极限，拱坝就会破坏，即各类局部破坏虽然破坏机制差异很大，但都是有关联的；③如果拱坝系统自我调整能力的不足是局部的，破坏也是局部的（如坝踵开裂），如果这种不足是全局性的，就会导致整体溃坝；④加固措施的本质就是提供加固力，以弥补拱坝系统自我调整能力的不足。

变形加固理论这样定义变形体结构的稳定性：在给定外荷载下，如不存在同时满足平衡条件、变形协调条件、本构方程的力学解（包括位移场和应力场），结构失稳，反之结构稳定。对给定外荷载下的变形体结构，可构造出满足平衡条件和变形协调条件的应力场 $\boldsymbol{\sigma}_1$ 以及满足本构关系和变形协调条件的应力场 $\boldsymbol{\sigma}$。这两个应力场差值记为 $\Delta\boldsymbol{\sigma}^p=\boldsymbol{\sigma}_1-\boldsymbol{\sigma}$，它可以理解为塑性应力，其大小可用塑性余能范数 ΔE 来衡量，它是一个非负标量：

$$\Delta E=\frac{1}{2}\int_V \Delta\boldsymbol{\sigma}^p:\boldsymbol{C}:\Delta\boldsymbol{\sigma}^p\,\mathrm{d}V=\frac{1}{2}\int_V(\boldsymbol{\sigma}_1-\boldsymbol{\sigma}):\boldsymbol{C}:(\boldsymbol{\sigma}_1-\boldsymbol{\sigma})\,\mathrm{d}V\geqslant 0 \tag{2.7-20}$$

式中 V——结构体积；

$\boldsymbol{C}$——弹性柔度张量。

对于稳定结构，这两个应力场可以重合；对于失稳结构，则无法重合。通过对所有可能的应力场 $\boldsymbol{\sigma}_1$ 和 $\boldsymbol{\sigma}$ 进行搜索，可以确定最小塑性余能 $\Delta E_{\min}$ 及其对应的应力场。可用最小塑性余能范数判断结构稳定性：如果 $\Delta E_{\min}=0$，结构稳定；如果 $\Delta E_{\min}>0$，结构失稳。

稳定结构如果受到一个微小扰动，根据其定义式，塑性余能范数的一阶和二阶变分分别为：$\delta(\Delta E_{\min})=0$，$\delta^2(\Delta E_{\min})\geqslant 0$。如果对一个稳定结构，至少存在一个微小扰动，使得 $\delta^2(\Delta E_{\min})>0$，则该结构处于临界稳定状态或极限状态。稳定结构的应力场 $\boldsymbol{\sigma}_1=\boldsymbol{\sigma}$ 一般不唯一，若其处于弹性工作状态，真实应力场由弹性力学的最小余能原理确定；若其处于弹塑性工作状态，真实应力场由弹塑性力学的最小余能原理确定。

对失稳结构，变形加固理论证明了由关联理想弹塑性材料构成的失稳结构服从最小塑性余能原理，即失稳结构总是趋向塑性余能 ΔE 最小的变形状态。应力场 $\boldsymbol{\sigma}_1$ 满足平衡条件，故在有限元分析框架下应有

$$\sum_e\int_{V_e}\boldsymbol{B}^{\mathrm{T}}\boldsymbol{\sigma}_1\,\mathrm{d}V=\boldsymbol{F} \tag{2.7-21}$$

式中 下标 e——对所有单元求和；

$\boldsymbol{F}$——外荷载节点力向量。

两个应力场的差值 $\Delta\boldsymbol{\sigma}^p=\boldsymbol{\sigma}_1-\boldsymbol{\sigma}$ 的等效节点力就是不平衡力 $\Delta\boldsymbol{Q}$

$$\Delta\boldsymbol{Q}=\sum_e\int_{V_e}\boldsymbol{B}^{\mathrm{T}}\Delta\boldsymbol{\sigma}^p\,\mathrm{d}V \tag{2.7-22}$$

将 $\boldsymbol{\sigma}_1=\boldsymbol{\sigma}+\Delta\boldsymbol{\sigma}^p$ 代入式（2.7-21）可得

$$\sum_e\int_{V_e}\boldsymbol{B}^{\mathrm{T}}\boldsymbol{\sigma}\,\mathrm{d}V=\boldsymbol{F}-\Delta\boldsymbol{Q} \tag{2.7-23}$$

注意应力场 $\boldsymbol{\sigma}$ 全面满足屈服条件，故其等效节点力可视为结构的自承力。故式（2.7-23）可理解为在节点力水平上，结构自承力＝外荷载－不平衡力，这说明，结构在外荷载 $\boldsymbol{F}$ 的作用下，若无法自稳（即无法全面满足屈服条件），可以对结构施加一个与不平衡力 $\Delta\boldsymbol{Q}$ 大小相等、方向相反的加固力（即为 $-\Delta\boldsymbol{Q}$），此时结构全面满足屈服条件和平衡条件，处于稳定状态。由此而论，不平衡力就是结构体系自我调整能力的不足，也就是失稳结构所需加固力。

加固效果主要应从使失稳结构稳定下来的角度来衡量和评价。岩土数值分析的一个普遍问题是过低估计了加固效果，其根本原因在于不平衡力系是自平衡力系，故由圣维南原理可知，加固措施对结构变位、应力、屈服区的影响仅限于加固措施的附近。注意塑性余能 ΔE 就是不平衡力的范数，故最小塑性余能原理要求在给定荷载下失稳结构总是趋于加固力最小化、自承力最大化的变形状态，这与边坡分析中潘家铮最大最小原理以及隧洞新奥法施工原理是完全一致的。

拱坝整体结构给定了荷载和材料参数，相当于给定了拱坝整体安全度 K，包括超载系数或强度储备系数。常规弹塑性计算策略实际上遵循了最小塑性余能原理的思想，计算初期将结构视为失稳结构，构造出

应力场 $\boldsymbol{\sigma}_1$ 和 $\boldsymbol{\sigma}$ 并进行优化搜索，以确定最小塑性余能 $\Delta E_{\min}$ 及其对应的应力场。在该整体安全度 K 下，常规弹塑性有限元分析通过迭代计算，使结构的塑性余能 ΔE 不断减少并最终趋于一个最小的稳定值 $\Delta E_{\min}$。如果 $\Delta E_{\min}=0$ 或者说计算收敛，这就是常规意义上的弹塑性有限元分析。如果 $\Delta E_{\min}>0$，结构失稳，此时计算成果除按常规给出外，尚可整理出以下三方面成果：

（1）最优加固力确定。此时 $\Delta E_{\min}$ 对应的残余不平衡力系 $\Delta\boldsymbol{Q}_{\min}$ 即为整体安全度 K 下结构所需最优加固力系，可用于确定断层加固力、坝趾锚固力。这与基于刚体极限平衡法的加固分析是一致的，即一定的安全系数对应于一定的加固力。

（2）局部破坏位置及模式判断。不平衡力可视为结构体系自我调整能力的不足，故从最小残余不平衡力系 $\Delta\boldsymbol{Q}_{\min}$ 的大小和分布规律可以判断结构破坏的位置和严重程度。

（3）整体稳定性评价。结构的最小塑性余能 $\Delta E_{\min}$ 与超载系数 K 之间的关系曲线可作为结构整体变形稳定性的判据。将若干拱坝的 $K—\Delta E_{\min}$ 关系曲线放在一起进行对比分析，如图 2.7-6 所示，可判断各工程的相对整体稳定性。

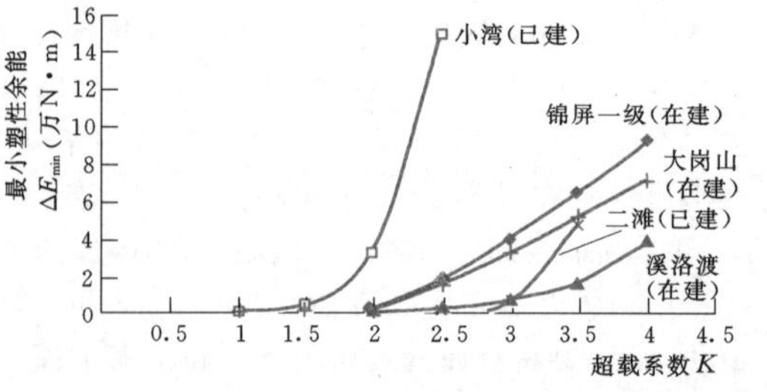

图 2.7-6 部分超高拱坝坝基 $K—\Delta E_{\min}$ 关系曲线对比图（小湾建基岩体参数取考虑开挖卸荷作用的低值）

变形加固理论是岩土工程领域新近提出的理论和方法。但鉴于岩土工程的特点，迄今尚无一种岩土理论或方法能完全反映岩土介质的客观条件，或是能够考虑岩土工程中的各种复杂影响控制因素，因此该理论在工程实际应用方面，尚需进一步验证和完善。

2.7.2 地质力学模型试验

地质力学模型试验又称地壳力学模型试验或岩石力学模型试验。其研究对象是工程结构与周围岩体相结合的实体，既可以精确模拟工程结构的特点，也能近似地模拟岩体及层理、节理、断层等地质因素对岩体工程稳定性的影响。高拱坝地质力学模型主要通过超载加荷或降强加荷，或者降强和超载联合作用综合加荷，通过逐级加载直至大坝模型破坏的方式，研究高拱坝的坝体或基础的开裂破坏扩展机制，浅层抗滑以及大坝与基础应力分布、变形状态和整体安全度。

2.7.2.1 地质力学模型设计

1. 模型的相似原理

拱坝地质力学模型试验的设计首先需运用模型的相似原理：即指在模型上重现的物理现象应与原型相似，即要求模型材料、模型形状和荷载等均须遵循一定的规律。按照相似理论，所有无量纲相似系数应等于 1.0，即

应变 $C_\varepsilon=\dfrac{\varepsilon_p}{\varepsilon_m}=1.0$

泊松比 $C_\mu=\dfrac{\mu_p}{\mu_m}=1.0$

内摩擦角 $C_f=\dfrac{f_p}{f_m}=1.0$

式中的下标 p 和 m 分别代表原型和模型。

满足上述要求，就能确保应力应变关系全过程相似，即材料屈服面相似，强度条件相似。在静力试验中，可以任选两个参数的模型比例尺作为设计模型的基准，其他参数则依据上述理论要求及相关公式而推定，通常采用：

容重比例尺 $C_\gamma=\dfrac{\gamma_p}{\gamma_m}=1.0$

几何比例尺

$$C_l=\frac{l_p}{l_m}\text{（该值由设计者自己来选定）}$$

应力比例尺 $C_\sigma=\dfrac{\sigma_p}{\sigma_m}=C_\gamma C_l$

弹性模量比例尺 $C_E=\dfrac{E_p}{E_m}=C_\sigma$

由以上诸式可得

$$E_m=\frac{E_p}{C_\sigma}=\frac{E_p}{C_\gamma C_l}$$

对高坝三维地质力学模型试验，目前常采用的比例尺为 1∶350～1∶200。

2. 模型材料

由以上相似原理可知，模型采用的材料应为高密度、低强度、低变模的材料。为了模拟岩石的抗剪强度，还需采用低黏结剂的材料，以便模拟岩体的综合特征，以使其破坏形式符合岩体的特性。

模型材料选用的原则：除满足前面提到的各种相似关系外，还应尽量做到：①成本低、性能稳、凝固前具有较好的和易性，便于施工、修补及易加工；②在制成砌块后能保持性能稳定，最好不受或尽量少受气温、湿度等自然环境变化的影响，以保证成果的可信度；③选用环保材料；④选用的原料应充分考虑到不同加工工艺的要求，选用的材料保证模型在加荷和正常试验量测时间内无显著的徐变产生；⑤在进行

应力试验时，模型材料应满足在弹性和非弹性阶段应变和变位状态与结构材料的完全相似。

针对模型材料的测定主要有材料弹性常数的测定，抗压强度、抗拉强度和抗剪强度的测定以及材料断裂韧度的测定。这些参数的测定方法应该遵循ASTM设计标准D2938和国际岩石力学学会制定的标准。目前高拱坝地质力学模型的材料制作主要分为大坝材料的制作，基础岩体模拟材料的制作以及软弱断层、夹层、蚀变带、Ⅳ级结构面等。表2.7-5为国内主要研究单位采用的模型材料配比。

表2.7-5　　国内一些岩体力学模型材料和配比

材料和配比	密度 (g/cm^3)	变形模量 (0.1MPa)	单轴抗压强度 (0.1MPa)	制作单位
重晶石粉∶砂∶石膏∶水∶甘油 5450∶1815∶326∶1000∶145	2.41	380	2.30	长江科学院
重晶石粉∶石膏∶水∶甘油∶淀粉 35∶1∶6.8∶0.86∶0.136	2.40	3140	3.82	清华大学
重晶石粉∶石膏∶水∶甘油 25∶1∶5.5∶2.37	2.30	710	0.97	清华大学
乳胶∶附加剂∶铁粉∶水泥∶砂∶石膏 100∶(5.75～17)∶(500～750)∶(0～200)∶(30～40)∶(5～15)	2.46	100～1250		河海大学
重晶石粉∶石灰石粉∶机油∶石蜡 75∶18∶5∶2	2.60	996	3.28	清华大学
重晶石粉∶石灰石粉∶机油∶石蜡∶钙塑板粉 71∶20∶7.8∶1∶0.2	2.60	415	2.61	清华大学
重晶石粉∶石灰石粉∶机油∶石蜡 82∶7∶9∶2	2.60	50		清华大学
铁粉∶重晶石粉∶橡胶水（膜）∶14%松香酒精∶饱和石蜡酒精 700∶350∶60∶37.5∶12.5	3.77	3950	4.80	武汉大学
铁粉∶红丹粉∶重晶石粉∶氯丁橡胶（膜）∶松香酒精 467∶66.7∶234∶63∶30	3.68	3800	5.50	武汉大学

3. 模型制作与加工

拱坝模型模拟范围应保证：上、下游面坝基宽度应分别不小于0.5～1.0倍、2.0～3.0倍的坝底宽；坝基深度约在1.0～1.5倍坝底宽或不小于0.8倍坝高；拱坝两岸拱座离模型槽壁的水平距离不小于1.0～2.0倍坝高。

坝体材料一般采用弹性模量较高的石膏材料或石膏硅藻土混合料加工浇制成厚度为10～20cm的长方体，按照拱坝的上、下游面坐标进行精细雕刻。

基础岩体以能尽量模拟主要节理、断层及软弱夹层为准。对基础中断层裂隙的模拟，一般采用脱水石膏材料，断层夹泥用加纸方式模拟，有白报纸、电光纸、牛皮纸等，根据夹泥厚度和摩擦系数不同进行组合选用。

4. 试验系统与加载方法

高拱坝地质力学模型试验中的荷载模拟，目前一般只模拟水荷载、泥沙荷载以及自重荷载，温度荷载还很难模拟。水荷载可采用油压千斤顶组及扩散垫层来施加。按坝体承受的三角形水荷载分n层千斤顶模拟。图2.7-7所示为某拱坝上游面千斤顶分布，所模拟的水荷载如图2.7-8所示。上游面千斤顶施加油压的顺序是由坝体底部开始逐层向上施加直到坝体顶部，卸载过程与此相反。

目前拱坝地质力学模型试验的加载方式，一般采用超载法、强度储备系数法以及综合法等。

图2.7-7　拱坝上游面千斤顶布置图

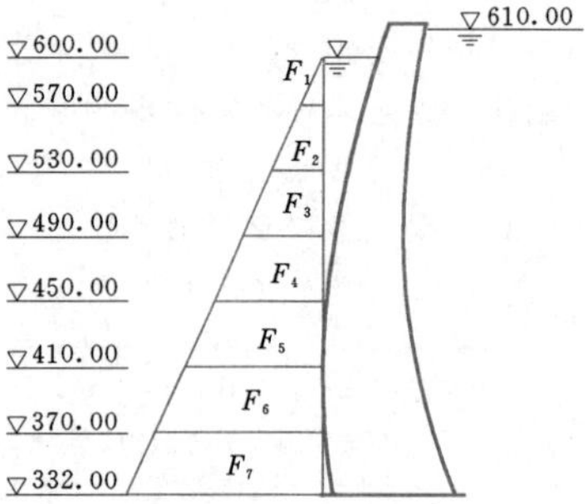

图 2.7-8 某拱坝水荷载分区示意图

5. 试验量测布置

试验的量测工作包括坝体的应力与变形，坝肩岩体变形，岩体内断层、软弱结构面的相对变形以及上游坝踵开裂监测等，量测仪器布置方案如下：

(1) 坝体应力。一般在坝体上、下游面，分别在拱冠梁、左右1/4拱梁以及拱端对称布置应变片，图2.7-9所示为某坝下游面应变片布置。

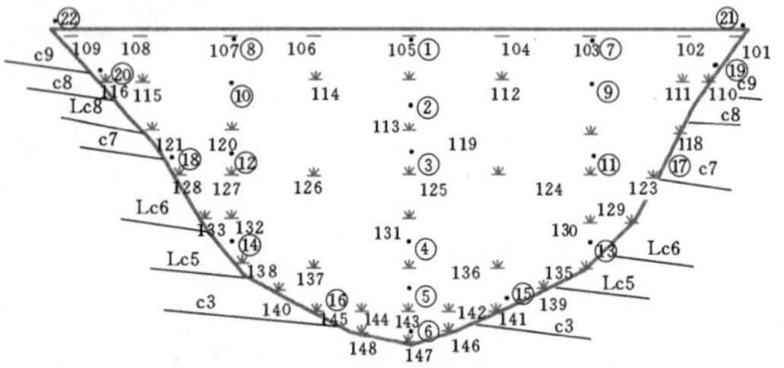

图 2.7-9 某坝下游面应变片及位移计分布图

(图中圆圈表示位移计)

(2) 坝体变形。一般在坝体下游面布置变形测点，每个测点均布有径向和切向位移计（各1个），可测得不同部位测点的切向和径向绝对变形值，从而可计算出变形值和变形方向，如图2.7-10所示。

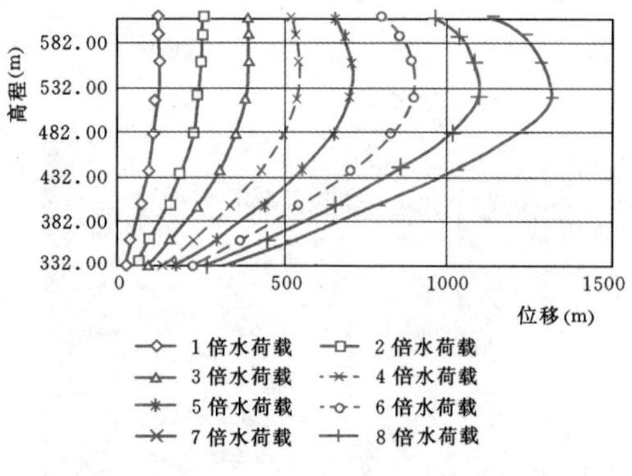

图 2.7-10 某坝拱冠梁Y向位移与荷载倍数的过程曲线

(3) 基础岩体的变形。一般在左右岸坝肩关键部位（如拱端、断层、软弱结构面）附近分别布置测点，每个测点均安装有横河向和顺河向位移计各1支，以监测坝肩岩体在不同荷载作用下各处的绝对变形值。对于坝肩内部断层的监测一般在模型砌置阶段布置内部相对位移计，监测其相对变形，量测其走向或倾向的相对变化值。

(4) 坝踵开裂监测。在上游坝踵处一般布置拐弯单片应变片，通过应变量判断开裂过程。在坝踵一般设置微型摄像头监测记录坝踵开裂过程，与应变片一起判断坝踵起裂安全系数。随着科技的发展，可采用声发射等先进技术监控坝踵开裂前兆。

2.7.2.2 模型试验成果采集

1. 坝体及基础变形

根据试验位移计量测的结果可分析坝体、基础和主要监测软弱结构面内外变形情况。通过曲线（见图2.7-10）可知量测部位在不同超载倍数情况下线性、非线性的开裂变形过程，为加固设计提供参考。

2. 坝体应力

通过测量数据，根据应变量测结果容易计算出大坝上、下游面的应力分布（见图2.7-11），通过坝面应力分布规律分析大坝开裂过程与荷载之间的关系，作为大坝整体安全度评价指标之一。

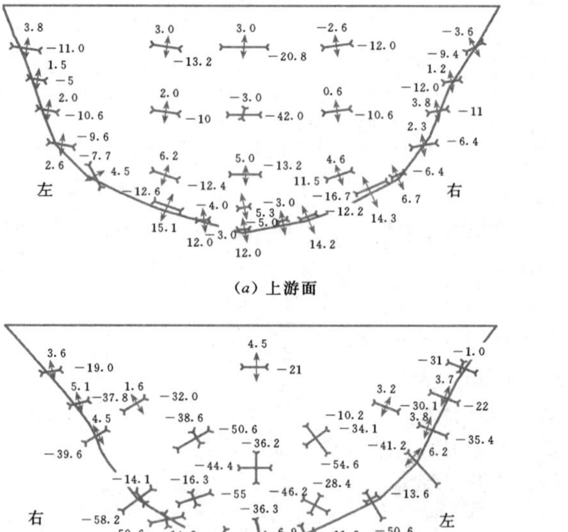

(a) 上游面

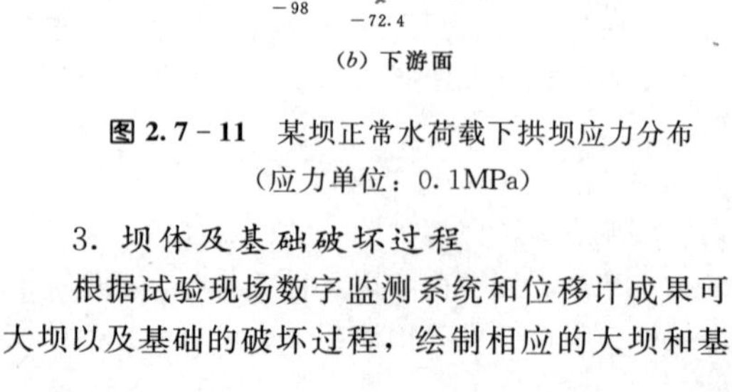

(b) 下游面

图 2.7-11 某坝正常水荷载下拱坝应力分布

(应力单位：0.1MPa)

3. 坝体及基础破坏过程

根据试验现场数字监测系统和位移计成果可分析大坝以及基础的破坏过程，绘制相应的大坝和基础破坏过程图（见图 2.7－12），由破坏过程图确定基础需要加固的薄弱环节以及大坝、基础起裂时的超载倍数。

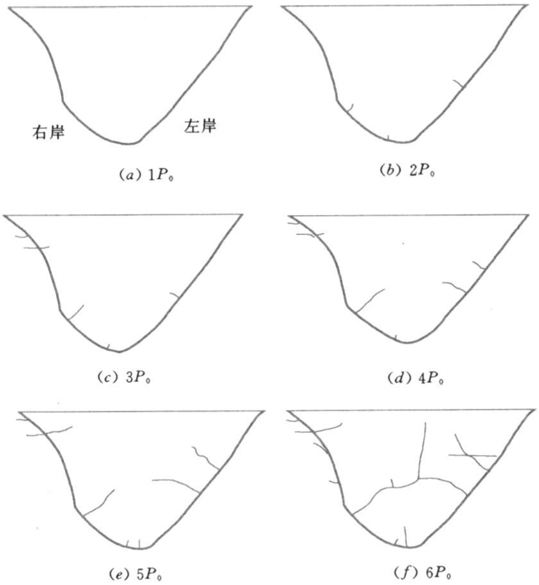

图 2.7－12 某坝坝体下游面开裂过程示意图

试验后通过平切地质力学模型，可以揭示不同平切高程的坝肩岩体破坏状态（见图 2.7－13）。通过揭示坝肩破坏区域及其形态，可对坝肩薄弱环节进行有针对性的加固设计。

2.7.2.3 试验成果分析及拱坝整体安全度评价

根据位移、应力和破坏过程确定大坝整体超载安全度，如根据位移大坝变形曲线（见图 2.7－10）以

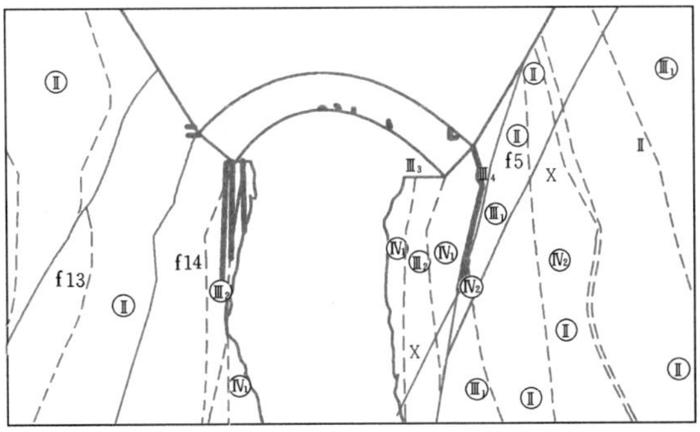

图 2.7－13 某坝 1730.00m 高程破坏示意图

及大坝开裂破坏过程确定大坝起裂超载安全度 $K_{\lambda1}$、结构非线性变形超载安全度 $K_{\lambda2}$ 以及极限超载安全度 $K_{\lambda3}$。

地质力学模型已广泛运用于高拱坝结构破坏和坝肩稳定性的分析研究，积累了大量的研究成果。由于目前拱坝设计规范中对试验成果的控制指标没有明确规定，如何认识和评价试验的结果是工程上所关心的问题，多采用工程类比法，即与已建、在建的同类工程进行比较来综合评价。表 2.7－6 汇总了清华大学脆性结构实验室完成的多座拱坝大坝整体超载能力的安全度（$K_{\lambda1}$、$K_{\lambda2}$、$K_{\lambda3}$）。

通过对表 2.7－6 中各参数进行回归统计和误差分析，可得出一些有意义的结果，用于指导大坝设计：①大坝起裂超载安全度 $K_{\lambda1}$ 与弧高比成反比；②结构非线性超载安全度 $K_{\lambda2}$ 与厚高比成正比，而与弧高比基本无关；③大坝极限超载安全度 $K_{\lambda3}$ 与厚高比成正比，而与弧高比的关系不明显。

表 2.7－6　典型高拱坝地质力学模型试验安全度及坝体主要参数

编号	工 程 名 称	坝高 (m)	弧长 (m)	坝底厚 (m)	厚高比	弧高比	$K_{\lambda1}$	$K_{\lambda2}$	$K_{\lambda3}$
1	紧水滩	102.0	350.6	26.5	0.26	3.44	2	3.9	10
2	东风（厚坝）	153.0	254.4	25.0	0.16	1.66	2	4	12
3	李家峡（地基未处理）	165.0	407.2	47.0	0.29	2.47	1.6	3	5.4
4	铜头（地基处理）	75.0	110.0	15.3	0.20	1.47	1.5	1.5	4.0
5	薯沙溪	82.3	222.8	14.0	0.17	2.71	1.25～1.3	2.5	3.5
6	锦屏一级（地基未处理）（2003 年）	305.0	698.1	72.0	0.24	2.29	1.5～2	3～4	5～6
7	锦屏一级（地基处理）（2003 年）	305.0	568.6	58.0	0.19	1.86	2	3.5～4	6～7
8	锦屏一级（地基处理）（2006 年）	305.0	552.2	63.0	0.21	1.81	2.5	4～5	7.5
9	小湾	294.5	892.8	72.9	0.25	3.03	1.5～2	3	7
10	二滩	240.0	769.0	55.8	0.23	3.21	2	4	11～12
11	构皮滩（地基处理）	232.5	552.6	50.3	0.22	2.38	2.4	4.4	8.6
12	拉西瓦（2004 年）	250.0	475.8	49.0	0.20	1.90	2.18	3.5～4	7～8
13	溪洛渡	285.5	681.5	60.0	0.22	2.45	1.8～2	4.5	8.5
14	大岗山	210.0	622.4	52.0	0.25	2.97	2	4.5	9.5

2.8 拱坝地基处理

拱坝地基（又称坝基）是指与拱坝相互作用的地质区域，包括拱坝建基面、坝基岩体以及上、下游一定范围的岸坡、坝肩抗力体等。该区域内岩体的应力、变形和渗流状况将随拱坝的施工和运行而发生变化。拱坝地基经处理后应具有足够的强度、刚度及整体性，能够承受拱坝传来的荷载，满足拱座抗滑稳定和拱坝整体稳定要求；具有足够的抗渗性能和有利的渗流场，能够控制渗透量和降低渗透压力，满足渗透稳定要求；具有足够的耐久性，避免在水的长期作用下恶化，保证坝基长期良好的性能。

拱坝地基处理设计应根据坝址地质条件，通过拱坝结构分析和稳定分析，兼顾相邻建筑物的布置，考虑施工程序及施工技术等因素，选择安全、经济和有效的处理方案。地基处理措施通常有不宜利用岩体的挖除、固结灌浆、接触灌浆、防渗排水、软弱层带的混凝土置换、锚喷支护和预应力锚固等。坝基表层一定深度的风化卸荷岩体不能满足拱坝对地基的要求，不可利用时，将其挖除是直接有效的措施。固结灌浆是常用的、有效的改善坝基岩体不均匀程度、提高岩体整体性、降低岩体渗透性的地基处理措施。对一定规模的软弱岩层、夹层、断层破碎带、溶洞等不良地质缺陷进行局部挖除、置换，设抗剪洞或传力洞以及进行针对性灌浆补强等是常用的处理措施。帷幕灌浆和排水是基础渗流控制的主要措施。化学灌浆往往作为固结灌浆或帷幕灌浆在水泥浆灌注效果不佳时的补充措施。当坝肩上、下游边坡稳定安全性不能满足设计要求时，开挖、锚喷支护以及预应力锚固是通常采取的加固措施。

2.8.1 坝基开挖

两岸拱座利用岩面宜开挖成全径向面[通过该高程拱圈圆心的方向，如图2.8-1（a）所示]，以利于坝体和坝肩抗力体的应力传递和稳定条件。如果拱座厚度较大，径向开挖导致边坡开挖过高、工程量过大，或因其他因素不能全断面开挖成径向时，也可采用非全径向开挖。非全径向开挖包括上游非径向和下游非径向，如图2.8-1（b）、（c）所示，上游非径向角不宜超过30°，非径向面与拱坝中心线的夹角不小于10°，下游非径向角不宜大于15°。多数拱坝工程采用上游非径向开挖。

坝基开挖宜两岸对称。河床部分利用岩面的上、下游高差不应过大，宜略向上游倾斜。两岸坝肩开挖后的利用岩面纵坡应该和缓平顺，避免突变，不宜开挖成台阶状。

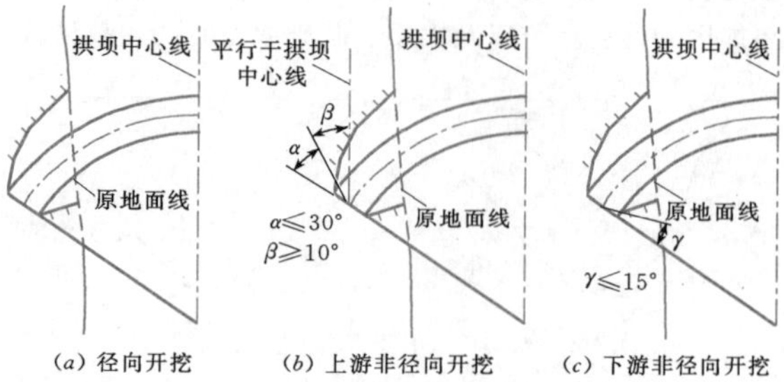

图2.8-1 拱端开挖形状示意图

2.8.2 坝基固结灌浆

固结灌浆的目的主要如下：

（1）改善坝基裂隙岩体的力学性能，增强基岩的整体性，缓解不均匀变形，提高基岩的变形模量。

（2）降低坝基岩体的渗透性。防渗帷幕部位基岩可借固结灌浆提高帷幕灌浆压力和加强浅表层帷幕防渗性能。

（3）断层破碎带及其两侧影响带经固结灌浆后，可提高其变形模量和抗渗性。

固结灌浆设计应根据开挖后坝基岩体工程地质条件、受力条件、坝基及拱座的变形控制及稳定要求，对灌浆范围、钻孔布置、孔深、灌浆方法、灌浆压力、裂隙冲洗方式、灌浆材料、检测方法与标准等进行专门研究和设计。为论证灌浆效果，验证有关设计参数，需针对固结灌浆要解决的主要问题和工程特点进行专门的灌浆试验，以取得必要的数据作为设计依据。拱坝与重力坝基本类似，可参照本卷第1章的相关内容。与重力坝固结灌浆相比，拱坝固结灌浆设计中应注意以下方面。

2.8.2.1 灌浆范围

固结灌浆的范围主要根据坝基的工程地质条件、岩体破碎情况、受力情况和上部结构的要求确定。

（1）拱坝作用于基础岩体上的荷载较大，且较集中，因此多数拱坝，尤其是高拱坝，采取全坝基固结灌浆。少数地质条件较好的中、低拱坝，只在断层、裂隙密集带、断层破碎带等局部进行固结灌浆。一些重力拱坝，考虑到坝底中部应力较小，只在坝踵、坝趾区域进行固结灌浆，中部区域不布置或减少固结灌浆孔。

（2）结合开挖后的地质条件或根据灌浆时的吸浆情况，在断层破碎带及其两侧影响带、裂隙密集带等区域加密、加深固结灌浆孔。

（3）高拱坝的拱端及坝踵、坝趾等高应力区或坝基上、下游边缘存在软弱构造带的部位，一般向坝基面外扩大固结灌浆的范围或加深、加密固结灌浆孔。

(4) 如果两岸坝肩存在不利于变形稳定和抗滑稳定的破碎岩体和较大规模构造带时，除采取置换回填混凝土和锚固措施外，有时也采取深孔固结灌浆进行处理。

(5) 在坝基混凝土置换回填的周围，一般布置固结灌浆，以提高处理效果。

2.8.2.2 灌浆深度

拱坝固结灌浆分为浅孔（孔深 5～8m)、中孔（孔深 8～15m）和深孔（孔深 15m 以上)。固结灌浆的孔深应根据坝基应力分布情况、开挖后岩石破碎程度、裂隙产状、夹泥等地质条件，参照灌浆试验成果确定。孔深一般宜采用 5～8m，孔排距宜采用 2～4m。若基岩比较破碎，坝基应力较高，或在帷幕附近区域需固结灌浆加强帷幕作用时，应加深固结灌浆，孔深可达 8～15m。对于高拱坝以及地基中有特殊加固要求的情况，也可以研究采用深孔，固结灌浆深度可达 20～30m，甚至更深。

2.8.2.3 固结灌浆压力

根据灌浆压力，固结灌浆可分为普通固结灌浆和高压固结灌浆两类。普通固结灌浆用于固结坝基开挖后形成的松弛层，孔深 5～15m，孔排距 1.5～5.5m，灌浆压力不大于 2MPa，灌浆孔通常布置成梅花形或方格形。高压固结灌浆应结合断层破碎带、软弱岩层、软弱夹层及裂隙密集带的分布进行布置，孔深 15～30m，孔排距 1.5～3m，灌浆最大压力可达2.0～6.0MPa。

龙羊峡、李家峡、恒山、石门、锦屏一级等拱坝在坝基加固处理中都采用了深孔高压固结灌浆。二滩高压固结灌浆最大灌浆压力为 3.5MPa，李家峡为 5.0MPa，龙羊峡为 6.0MPa。

除普通固结灌浆外，在以下几种情况下可研究采用深孔高压固结灌浆：

(1) 坝基内断层破碎带、软弱夹层、裂隙密集带等规模较大、影响极为不利时，通常采用混凝土置换等措施进行处理。但如果规模不大，如仅数厘米且基本无泥，影响有限，一般采用深孔高压固结灌浆即可。

(2) 当断层破碎带、软弱夹层、裂隙密集带等规模较大，在采取置换洞塞、传力洞塞后，常采用深孔高压固结灌浆对置换洞塞、传力洞塞周围以及没有被置换的断层破碎带、软弱夹层、裂隙密集带进行补强。

(3) 对近坝基础内特定的破碎区域进行深孔高压固结灌浆。

值得注意的是，高压固结灌浆施工中容易造成坝体和岩体抬动变形以及浆液扩散范围过大，因此，多数情况下，尤其是对于缓倾角裂隙发育的基岩，应根据灌浆试验确定灌浆压力。

多数情况下，深孔高压固结灌浆通常可以由地表打深孔进行。当地表不具备施工条件时，可以利用附近已有的各种天然勘探或施工洞进行钻灌，也可开设专门的灌浆廊道进行灌浆。对于地下传力结构附近的深孔高压固结灌浆，通常在传力结构中预留永久灌浆廊道或临时灌浆廊道，灌浆结束后再封堵。

2.8.2.4 二滩拱坝地基固结灌浆实例

二滩拱坝最大坝高 240m，对坝基质量要求很高。电站坝基岩性主要由二叠系玄武岩以及入侵其间的正长岩、与正长岩同源的辉长岩、构造活动形成的变质玄武岩及局部存在的由构造和热液蚀变综合作用形成的裂面绿泥石化、绿泥石—阳起石化的玄武岩等岩石组成。建基面较大部分为弱风化中段岩体，有 3 条弱透水软弱岩带横布左、右岸，岩体完整性差且不均一。岩体浅部透水率 $q>10$Lu，深部 $q<1$Lu。坝基范围内无贯穿性构造断裂带，断层不发育。坝址处在高地应力区。

根据岩石强度、岩体结构、围岩效应、水文地质条件等多种因素将坝基岩体质量等级划分为 A、B、C、D、E、F 级及断层带。坝基可以利用的岩体类型为：①优良岩体（A～C 级)，可直接作为拱坝基础，普通水泥常规灌浆处理；②一般岩体（D 级)，经过水泥灌浆处理后可作为大坝坝基；③较差岩体（E_1、E_2 级)，不能直接作为坝基，需加固补强或局部置换等特殊处理；④较差岩体（E_3 级)，不能直接作为坝基，需全部置换；⑤松散岩体（F 级)，不能作为坝基，需全部置换。二滩坝基开挖后，各级岩体所占比例大致为：A 级 13.06%，B_2 级 9.55%，C_1、C_2 级 49.84%，D_1、D_2 级 16.75%、E_1 级 0.78%、E_2 级 0.32%、E_3 级 9.70%。

根据灌浆试验成果及相关分析研究，二滩拱坝坝基固结灌浆设计的相关情况如下。

1. 固结灌浆主要目的

(1) 解决表（浅）层因爆破松动和应力松弛所造成的岩体损伤对坝基质量的影响，增加岩体刚度。

(2) 提高局部 D 级岩体的变形模量，以满足高拱坝应力和稳定的要求。

(3) 用作 E、F 级岩体和断层及破碎带经置换处理后的补强灌浆。

2. 灌浆范围

二滩坝基由于嵌入深度较浅，下游坝趾位于弱风化岩体，因此除全坝基实施固结灌浆外，其固结灌浆范围还向上游扩大 5m，向下游扩大 10m。同时利用抗力体内部部分排水平洞对拱座风化裂隙岩体进行深孔固结灌浆。

3. 灌浆分区设计

根据大坝建基面各区域的具体地质情况、受力特点以及由现场灌浆试验提供的灌浆参数，基础固结灌浆按不同的分区设计。按使用浆材的差异，将灌浆分为两大类，即采用普通水泥浆材的常规灌浆和采用超细水泥浆液的特殊灌浆。常规灌浆主要用于处理 A～C 级岩体，按孔深分为 3 个灌浆区：13m、18m 和 25m 深度区。特殊灌浆主要用于处理弱风化岩体 D_1 以及 E_1 和 E_2 等软弱岩体，按孔深分为 3 个灌浆区：13m、18m 和 25m 深度区。

坝基固结灌浆分区如图 2.8－2 所示。

固结灌浆基本孔向为竖直孔。对地质条件较好的正长岩坝段及 D 级岩体较多的玄武岩坝段采用无盖重

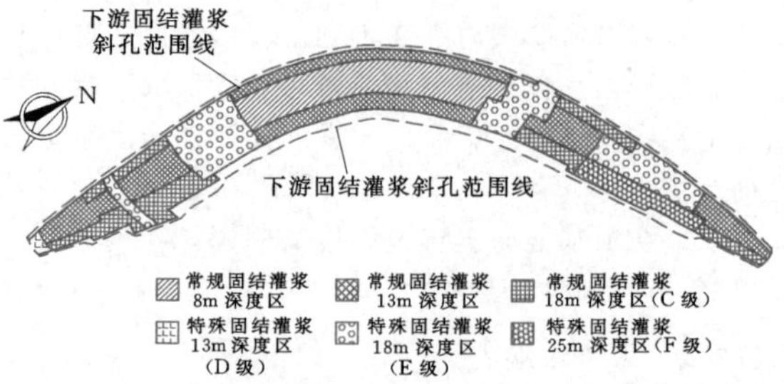

图 2.8－2 二滩坝基固结灌浆平面分区示意图

灌浆。坝踵、坝趾外的扩大灌浆区，采用斜孔灌浆，上、下游斜孔分别为一排和四排，各排与竖直方向夹角 7°递增，孔深根据斜孔所在分区的灌浆孔深确定。不同区域灌浆主要参数见表 2.8－1。

国内外若干拱坝坝基固结灌浆设计资料见表 2.8－2。

表 2.8－1　二滩坝基固结灌浆参数

灌浆类型	孔、排距与布孔形式	孔深	孔向	浆材	灌浆压力	适用岩级	备　注
常规灌浆	3m×3m，方格形布孔	8m、13m 和 18m	建基面内灌浆孔均为垂直孔，大坝建基面外灌浆孔均为斜孔	52.5 普通硅酸盐水泥	表层 0～5m 段的灌浆压力为 0.4MPa，以下为 1.5MPa	主要用于处理 A～C 级岩体	各序孔均普通水泥浆材灌浆
特殊灌浆	2.1m×2.1m，梅花型布孔	13m、18m 和 25m		52.5 普通硅酸盐水泥及超细水泥	Ⅰ、Ⅱ、Ⅲ序孔最大灌浆压力分别为 1.5MPa、2.0MPa、3.5MPa	D_1 级、E_1 级、E_2 级等软弱岩体	Ⅰ、Ⅱ序孔普通水泥浆材灌浆，Ⅲ序孔超细水泥浆材灌浆

表 2.8－2　国内外部分高拱坝固结灌浆资料

工程名称	国家	坝高（m）	建基面岩性	孔距（m）	孔深（m）	建基面外扩灌范围（m）	灌浆压力（MPa）	备　注
锦屏一级	中国	305.0	大理岩 砂岩 板岩	3×3	10～25	上游 5，下游 10	5m 以下无盖重 3.0～3.5；5m 以上有盖重 2.0～2.5	招标设计基本方案
溪洛渡	中国	285.5	玄武岩	2.5×2.5	10～25	上游 5，下游 10	0～5m 段引管有盖重最大 3.5；0～5m 段有盖重最大 3.5；无盖重灌浆最大压力 3.5	
拉西瓦	中国	250.0	花岗岩	常规固结灌浆 3.0×3.0；加强固结灌浆 1.5×1.5	常规固结灌浆 10、15、20；加强固结灌浆 20～30	上游 6，下游 6	常规固结灌浆 1.0～1.5；加强固结灌浆 2.5	河床坝段采用有盖重固结灌浆，岸坡坝段采用一期无盖重、二期在坝内引管的有盖重固结灌浆

续表

工程名称	国家	坝高(m)	建基面岩性	孔距(m)	孔深(m)	建基面外扩灌范围(m)	灌浆压力(MPa)	备注
构皮滩	中国	232.5	灰岩	1.25～2.5	一般12、15、20、25；帷幕前两排孔深25～35；层间错动带、断层等地质缺陷部位适当加深，孔深25～30	上游5，下游10	坝基固结灌浆以有盖重灌浆为主，最大灌浆压力2.0	
小　湾	中国	294.5	片麻岩片岩	2.5～3.0	基本孔深10～25；软弱破碎带等影响到坝肩的变形和稳定时，根据需要进行深孔固结灌浆	上游5，下游10	最大灌浆压力2.5	
二　滩	中国	240.0	正长岩玄武岩	常规灌浆3，特殊灌浆2	13～25	上游5，下游10	常规灌浆1.5；特殊灌浆3.5	
东　风	中国	153.0	灰岩	3.0×2.5	有盖重孔深为10，无盖重为5；帷幕两侧各设一排15固结孔；坝前铺盖有盖重最大孔深为40，一般为5～10		有盖重0.5～1.0；无盖重0.3～0.4	Ⅰ序孔为无盖重灌浆孔，Ⅱ序孔为有盖重灌浆孔
隔河岩	中国	151.0	灰岩	3	6～12	10～20		
乌江渡	中国	165.0	灰岩	3	10		0.8～1.5	NWW向不连续面单耗833kg/m；断层单耗400kg/m
白　山	中国	149.5	混合岩		坝趾$\frac{1}{3}$处为15，坝踵$\frac{2}{3}$处为8	坝趾外10，坝踵外5	1.2	河床灌70%，坝肩全灌
紧水滩	中国	102.0	花岗斑岩	7～9	3		0.25～0.35	
东　江	中国	157.0	花岗岩	2～6	6～8			
龙羊峡	中国	178.0	花岗闪长岩、变质砂板岩	3	10～20	上、下游外各2排	0.3～6.0	有盖重灌浆
李家峡	中国	165.0	混合岩片岩		两岸15，河床30	上、下游各2～3排		
英古里	苏联	271.5	石灰岩白云岩		30			平均深15m
莫瓦桑	瑞士	237.0	片岩角砾岩	3～6	10			
奈川渡	日本	155.0	花岗岩	3	3～30		0.3～0.5	30m处灌浆压力为2.5MPa

续表

工程名称	国家	坝高(m)	建基面岩性	孔距(m)	孔深(m)	建基面外扩灌范围(m)	灌浆压力(MPa)	备 注
罗泽兰	法国	150.0	结晶板岩		20～30		2	
上椎叶	日本	110.0	砂岩	2.5	16		0.5	
康特拉	瑞士	222.0	片麻岩		上游为$\frac{1}{3}T$；下游为$\frac{2}{3}T$（T为拱厚）			
契尔盖	苏联	232.5	石灰岩		中下部为20，上部为15		4	
戈　登	澳大利亚	140.0	石英岩	1.5～4.5	6～12			
川　治	日本	140.0	角砾岩闪长岩	3	20		0.6	
川　俣	日本	120.0	凝灰岩	2.0～2.5	30		2.4	
卡拉杰	伊朗	180.0	正长岩	5	9.2～15.2			
格兰峡	美国	216.0	砂岩	6	7.6～15.2			

2.8.3 坝基防渗与排水

坝基防渗与排水的主要作用是减少两岸坝肩和河床坝基的渗透性，提高坝肩与坝基的稳定性，防止坝基软弱夹层、断层破碎带、岩体裂隙充填物等软弱层带可能产生的渗透破坏，减小坝基渗流对两岸边坡稳定产生的不利影响。帷幕灌浆材料一般以普通水泥浆液为主，但对于细微裂隙较多的岩体或含泥裂隙等，处理效果如不理想，可采用细水泥浆（干磨细水泥浆、超细水泥浆、湿磨细水泥浆）作补充灌浆处理。在水泥灌浆难以取得理想效果的情况下，也可研究化学灌浆进行局部补强。在顺河向断层破碎带上加强其防渗可靠性，要研究采用混凝土防渗塞井的必要性。有时也需研究其他辅助防渗措施。

2.8.3.1 防渗标准

灌浆帷幕的防渗标准以透水率指标来表示。混凝土拱坝设计规范规定，防渗帷幕及其下部相对隔水层岩体的透水率（q）根据不同坝高采用下列标准：

（1）坝高在100m以上，q=1～3Lu。

（2）坝高为100～50m，q=3～5Lu。

（3）坝高在50m以下，q≤5Lu。

抽水蓄能电站或水源短缺水库可适当提高标准。

中高拱坝工程，在帷幕工程量较大时，可根据不同部位的情况和要求确定不同的控制标准，但以不超过三种为宜。如离岸边较远或上部水头较小的部位，防渗标准可以放宽一些；河床及两岸近坝部位，防渗标准应从严控制。

根据渗流理论，具有相同透水性的等厚度岩层，处在浅层的渗漏量大而处在深层的渗漏量小，当达到相当深度后，由于渗径的延长使渗透流速大大降低，愈往深部，对帷幕防渗标准的要求也应愈低。因此，只要将帷幕延伸到经计算渗透量已经很小的岩层，即使该岩层的透水性大于要求标准，也可认为帷幕达到了不透水岩层。

2.8.3.2 帷幕灌浆设计

1. 帷幕布置

防渗帷幕的位置、深度、方向以及伸入岸坡内的长度应根据工程地质、水文地质和地形条件、坝基的稳定情况和防渗要求研究确定，两岸部位的帷幕应与河床部位的帷幕保持连续性，避免出现缺口和空白。

（1）帷幕位置。帷幕位置主要按以下原则布置：

1）防渗帷幕线的位置应根据坝基应力情况布置在压应力区，并靠近上游面。

2）两岸山体防渗帷幕应延伸到相对隔水层。

3）当两岸山体无相对隔水层或相对隔水层很远时，防渗帷幕应延伸至水库正常蓄水位与水库蓄水前地下水位线相交处。

4）当正常蓄水位与水库蓄水前两岸地下水位线相交点很远或无法相交时，在保证拱座抗滑稳定和渗流稳定的前提下，可暂定延伸长度，一般为 0.5～0.7 倍坝高，待水库蓄水后根据坝肩渗漏情况再决定是否将防渗帷幕延伸或进行补强。

帷幕向两岸延伸的部分应尽可能地向上游折转。若折向下游，将使坝肩大部分岩体中的水位抬高，对坝肩岩体及大坝的稳定不利。坝肩部位通常地下水位较高，再加上绕坝渗漏的影响，扬压力（岩层中的孔隙水压力）就相对较高，对于拱坝，尤其应注意这种影响。此外，从帷幕本身的稳定考虑，折向下游也不好，这样幕后岩体将变薄，出溢速度将增大，帷幕容易遭到破坏。

岩溶地区的防渗帷幕应在查明岩溶分布范围及发育规律的基础上，选择经济合理的帷幕线路。帷幕轴线宜布置在岩溶发育微弱的地带或地下分水岭，如必须通过岩溶暗河或管道时，应用混凝土回填、高喷灌浆、防渗墙、二次灌浆等封堵沿线洞穴。在岩溶地区，帷幕线可能延伸数公里，如东风拱坝，最大坝高 153m，防渗线总长 3650m，防渗帷幕面积为 55 万 m^2。

(2) 帷幕深度。防渗帷幕的深度应满足下列要求：

1) 当坝基下存在相对隔水层时，防渗帷幕应伸入到该岩层内不少于 5m；不同坝高的相对隔水层的透水率（q）值标准与相应位置防渗帷幕防渗标准一致。

2) 当坝基下相对隔水层埋藏较深或分布无规律时，帷幕深度可参照渗流计算结果，并考虑工程规模、地质条件、地基的渗透性、排水条件等因素，按 0.5～0.7 倍坝前静水头选择。对地质条件特别复杂地段的帷幕深度应进行专门论证。

河床部位帷幕灌浆通常在坝内灌浆廊道内进行。对两岸坝肩帷幕，为了施工方便而又不使钻孔深度过深，常在两岸专门设置多层平洞，在平洞内进行帷幕灌浆。平洞的高程间距一般为 30～50m，与坝体内廊道相连。各层灌浆平洞内所钻灌浆孔上下相互衔接形成帷幕。一般情况下，上层平洞灌浆孔孔深应达到下层平洞底板高程以下 5.00m，上层帷幕下端与下层帷幕灌浆廊道间设置衔接帷幕。图 2.8－3 为二滩拱坝坝肩帷幕灌浆平洞帷幕衔接示意图。

当帷幕由几排灌浆孔组成时，一般仅将其中的一排孔钻到设计深度，其余各排的孔深可取设计深度的 1/2～2/3。因为在帷幕深处，帷幕两侧的水头差已相对减小。此外，在地基深处灌浆压力也可加大，从而影响灌浆范围。

2. 排数与孔距

防渗帷幕的排数与孔距应根据工程地质条件、水文地质条件、作用水头、容许水力坡降及拱坝稳定要求等，并主要依据灌浆试验确定。施工过程中应根据灌浆试验及施工资料分析对帷幕灌浆布置、排数与孔距等进行调整。一般软弱岩石取多排，坚硬岩石取少排。

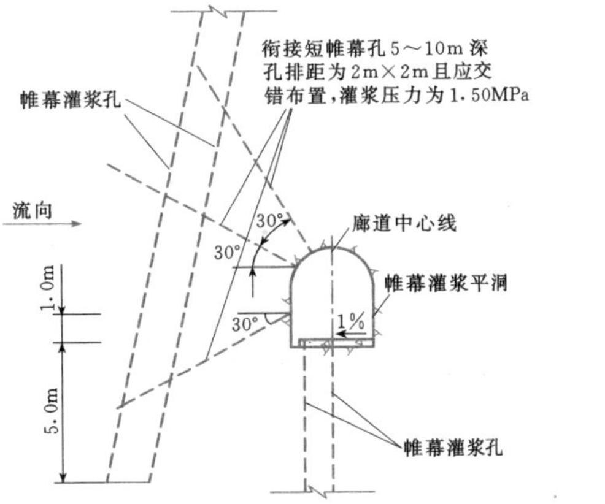

图 2.8－3 二滩拱坝坝肩帷幕灌浆平洞帷幕衔接示意图

混凝土拱坝设计规范在总结以往经验的基础上，提出大致的设计原则：帷幕灌浆孔的排数，通常情况下，对于完整性好、透水性弱的岩体，中坝及低坝可采用 1 排，高坝可采用 1～2 排；对于完整性差、透水性强的岩体，低坝可采用 1 排，中坝可采用 1～2 排，高坝可采用 2～3 排。若考虑帷幕前固结灌浆对基础浅层所起的阻渗作用，可考虑减少 1 排。当帷幕由主副 2 排帷幕组合而成时，副帷幕孔深可取主帷幕孔深的 1/2。

当帷幕有多排布孔时，除非地质条件完全清楚，一般应先施工主排孔，后施工副排孔。通过主排孔的施工可以进一步了解地质情况，明确哪些部位需要几排孔，哪些部位可做少量加密孔。

帷幕孔距宜采用 1.5～3.0m，排距应略小于孔距。布置时不宜用标准的孔距均匀布孔，软弱层带部位可适当加密孔距。

帷幕钻孔方向宜倾向上游，顶角宜在 0°～15°选择，宜穿过岩层的主要裂隙和层理面。对于深帷幕灌浆孔的钻孔方向，在施工中必须精密控制。因为如果相邻钻孔的方向有误差，则在钻孔的下部将相互错开，而形成帷幕缺口，成为漏水通道。

3. 施工工艺

帷幕灌浆的工艺包括：灌浆方法、灌浆段长及压力、灌浆材料、水泥灌浆的浆液起始水灰比及变浆条件、灌浆结束标准等。

拱坝的帷幕灌浆工艺与重力坝基本一致，可参照本卷第 1 章相关内容。

部分拱坝的帷幕灌浆资料见表 2.8－3。

表 2.8-3　部分拱坝的帷幕灌浆资料

工程名称	国家	坝高（m）	建基面岩性	孔距（m）	排数	最大孔深（m）	确定原则	最大孔深与坝高比	灌浆平洞高差（m）
锦屏一级	中国	305.0	大理岩 砂岩 板岩	2.0	高程 1829.00m 以上 1 排，1829～1601m 2 排	171	高程 1829.00m 以上 $q \leqslant 3$Lu；以下 $q \leqslant 1$Lu		最大 60
溪洛渡	中国	285.5	玄武岩	2.0	河床坝基 $q \geqslant 3$Lu 区域 3 排，其他区域 2 排；两岸岸坡高程 347.00～563.00m 2 排或 3 排，高程 563.00～610.00m 1 排	152	高程 563.00m 以上，$q \leqslant 3$Lu；高程 563.00m 以下，$q \leqslant 1$Lu		最大 75
构皮滩	中国	232.5	灰岩	2.0～2.5	大坝坝基、两岸近河地段布置 2 排；地下厂房周边布置 2 排；两岸远岸段布置 1 排		大坝坝基及地下厂房周边防渗帷幕 $q < 1$Lu，其余部位防渗帷幕 $q < 3$Lu		最大 70.5
小　湾	中国	294.5	片麻岩 片岩		坝高大于 185m 设 3 排；坝高大于 45m 设 2 排；坝高小于 45m 设 1 排	120	$q \leqslant 1$Lu		
二　滩	中国	240.0	正长岩 玄武岩	1.5	2 排	120	经验公式 $D=\frac{H}{3}+C$，且 $q \leqslant 1$Lu	约为$\frac{1}{2}$	一般 50～55；最大 59
乌江渡	中国	165.0	灰岩	2.0	河床 3 排；岸坡 2 排	80，局部 260	>1.5 倍水头	约为$\frac{1}{2}$	一般 30～40；最大 48
龙羊峡	中国	178.0	花岗闪长岩	2.0～2.5	2 排	80		约为$\frac{1}{2}$	一般 35～51；最大 60
东　江	中国	157.0	花岗岩	1.0～1.3	一般 2 排；断层 3 排	50	$q \leqslant 1$Lu	约为$\frac{1}{3}$	
英古里	苏联	271.5	石灰岩 白云灰岩	1.7	2 排	180		约为$\frac{1}{2}$	
莫瓦桑	瑞士	237.0	片岩 角砾岩	3.0～6.0	2 排	河床 200		约为$\frac{1}{1}$	
康特拉	瑞士	220.0	片麻岩						
埃莫索恩	法国	180.0	角页岩		2 排	80		约为$\frac{1}{2}$	

续表

工程名称	国家	坝高（m）	建基面岩性	孔距（m）	排数	最大孔深（m）	确定原则	最大孔深与坝高比	灌浆平洞高差（m）
契尔盖	苏联	232.5	石灰岩	3.0	1～3排	河床60	地勘资料和模型试验		
姆拉丁其	南斯拉夫	220.0	石灰岩			河床100		约为$\frac{1}{2}$	
戈　登	澳大利亚	140.0	石英岩			65		约为$\frac{1}{2}$	
川　治	日本	140.0	角砾岩 闪长岩				河床1倍坝高，左岸$\frac{2}{3}$坝高		
格兰峡	美国	216.4	砂岩	3.0	2排	30～75		$\frac{1}{3}$	
黑部川第四	日本	188.0	花岗岩		1排	河床115	q=0.5～1Lu	约为$\frac{1}{2}$	

2.8.3.3 排水设计

在帷幕的下游设置排水措施能迅速排除渗水，降低坝基扬压力，是增加坝基岩体抗滑稳定的一个重要措施，尤其对拱座岩体的稳定，排水常常较帷幕更加有效。排水孔的布置应根据坝基帷幕设置情况、相对隔水层的位置、裂隙分布情况、水文地质条件等坝基工程地质条件以及作用水头、容许水力坡降、拱坝稳定要求及坝基岩体受力等其他情况确定。一般排水系统与帷幕同时采用，可分为坝肩坝基排水、两岸山体排水和其他排水三个部分。排水布置应注意防止渗水的渗透坡降过大，引起地基软弱带的渗透破坏和帷幕侵蚀等，对于重要拱坝，排水设计宜通过现场渗流稳定试验、渗流有限元分析加以检验。由于拱坝坝基高应力区的封闭作用，易形成较高的渗压，对拱坝工作条件比较不利，坝基岩体高压应力区应加强排水。

坝肩坝基排水一般是在灌浆帷幕的下游设置排水幕，通常设一道排水幕（主排水幕）即可。对于重力拱坝、高拱坝、排水要求较高的拱坝等，视情况宜在主排水幕后设1～3道副排水幕。两岸山体排水对象一方面是绕过灌浆帷幕的渗水，另一方面是山体内部的自然渗水或泄洪雾化与降雨造成的地表入渗水。对于山体来的渗水，根据控制渗压的范围，可在帷幕下游一定深度的山体内设置“排水洞＋排水孔”，对于高坝以及两岸地形较陡、地质条件较复杂的中坝，宜在两岸布置多层纵横向“排水洞＋排水孔”。山体排水中，可以上下层排水洞用排水孔连接形成排水幕，也可从各层排水廊道中向上向一边或放射状全方位设置排水孔。二滩拱坝的排水布置如图2.8-4所示。

部分工程利用帷幕灌浆平洞布置排水幕，上游侧布置防渗帷幕，下游侧布置排水幕。排水幕离灌浆帷幕近则排水效果较好，但愈靠近帷幕，将产生过大的渗透坡降，帷幕愈易遭破坏，且排水孔愈易穿入“实际”幕体，影响帷幕的正常工作。所以，主排水孔通常向下游倾斜，排水孔与帷幕下游侧的距离宜不小于防渗帷幕孔中心距的1～2倍，且不小于2～4m。部分工程将灌浆平洞和排水平洞分开布置。

除了专门的排水廊道和排水洞外，排水设计宜考虑利用坝后不封堵的地勘平洞、交通洞、锚固洞等地下洞加强排水，尽量保持大部分拱坝基础处于相对“干燥”的状态。对于规模较大的拱坝，基础排水量较大，渗流区域也较大，设计中应进行全面的排水规划设计，保证排水在施工期、初期蓄水期及正常运行期做到控制排放，尽量自流，并保证具备足够的排水监测条件。

为了避免近坝基础内断层起不利的隔水作用，有时单独针对断层设置排水。如排水孔穿过断层，应特别注意设置孔内反滤措施，防止断层渗透破坏。排水孔应在相应部位的接触灌浆、固结灌浆、帷幕灌浆等完成后钻孔。

拱坝两岸岸坡相对较陡，边坡稳定条件较差，若采用坝身泄洪消能布置，则泄洪雾化造成的“降雨”远远大于该地区天然降雨若干倍，对拱坝下游坝肩及两岸边坡构成极为不利的影响。在这种情况下，应加强坝下游坝肩及两岸边坡的防渗和排水，采用喷混凝土、贴坡混凝土进行坡面防水，坡面设置系统排水孔进行边坡表层排水，视情况设置其他深部排水措施。

排水孔的孔深、孔距应根据帷幕灌浆和固结灌浆的深度及基础的工程地质、水文地质条件确定。主排水孔孔深宜为帷幕孔深的0.4～0.6倍，坝高50m以上的坝基主排水孔孔深不应小于10m，副排水孔深宜为主排水孔的0.7倍。当坝基内有裂隙承压水层、较大的深层透水区时，除加强防渗措施外，排水孔宜穿过此层。坝基下存在相对隔水层或缓倾角结构面时，宜根据其分布情况进行相应调整。主排水幕排水孔的孔距宜采用2～3m，副排水幕排水孔的孔距宜采用3～5m。

排水孔孔径宜大一些，目的是便于清理检查和防止淤塞。一般俯孔孔径为110～150mm，仰孔孔径为90～110mm；对地质条件好的岩体，孔径可取小值，否则宜取大值。

2.8.3.4　二滩拱坝基础防渗与排水实例

二滩拱坝坝基岩体透水性总体上具有随深度增加由强渐弱的垂直分带特征。坝基面位于中等～弱透水带，岩体透水率为1～5Lu，少部分岩体透水率为5～10Lu。考虑到弱透水性的隐裂隙岩体，帷幕灌浆降低渗压的效果并不明显。为了降低坝基渗压，满足拱座稳定要求，采取帷幕为辅、设置多道排水幕切断渗水为主的设计思想。

平面上，在拱坝与二道坝基础下各设置一道防渗帷幕，阻止渗流从水库和下游尾水渗入坝基，两道防渗帷幕之间设置5道排水，并形成拱坝和水垫塘两个独立的封闭式抽排系统。

拱坝基础帷幕的走向，曾研究了与拱座面不同交角的几种方案。分析计算表明，帷幕中心线走向垂直流向或略偏向上游对拱座基础应力最为有利。经综合分析，确定河床部位和右岸，帷幕中心线近似平行于拱坝坝轴线，左岸则垂直河流向，插入拱座山体内部，与折向上游的地下厂房幕连成一体。

根据坝高确定帷幕防渗标准：高程1130.00m以上，坝高为65m，要求不大于3Lu，帷幕采用单排孔，孔距为2.0m；高程1130.00m以下，要求$q \leqslant$ 1Lu，帷幕采用双排孔，孔距为2.0m，排距为1.5m，交错布置。

孔深根据渗透地质剖面，并按经验公式$H/3+$(8～25m)确定（H为上游水深）。拱冠剖面主帷幕最大深度为105m，副帷幕按2/3倍主帷幕孔深确定。帷幕最大深度位于地下厂房前部，深度为270m。

右岸大坝至泄洪洞帷幕基本在基础廊道中进行，部分在坝顶高程，一孔到底，不存在连接问题。左岸帷幕分别在基础廊道和五层灌浆平洞中进行，上、下层帷幕的连接采用在平洞上游侧设置4排交错布置的浅孔，浅孔采用5.0m和10.0m两种，灌浆压力均为1.5MPa，灌浆压力根据地质情况和承受水头大小综合考虑，分区设计，最大设计压力为6.5MPa。

基础排水按工程部位分为坝基排水系统和水垫塘排水系统两部分。坝基排水系统由2道排水幕、坝内集水井和1号深井泵房组成。第一道排水位于帷幕中心线下游10m，第二道排水位于坝趾处，1号深井泵房设在高程1040.00m的坝后平台上。水垫塘排水系统由抗力体内的3道排水幕、水垫塘二道坝基础排水廊道和集水井以及2号深井泵房组成。2号深井泵房设在左岸拱坝抗力体内。

坝基下排水孔深度取为0.5倍主帷幕深度，孔距为3.0m；坝趾排水孔孔深在高程1150.00m以上为30.0m，以下为50.0m，孔距为5.0m；抗力体排水孔的具体孔深按各部位情况而定，以钻至距地表1.0m为原则，孔距为5.0m；水垫塘基础排水廊道排水孔深度为10.0～30.0m，孔距为5.0m。

二滩坝基帷幕与排水平面布置与典型剖面如图2.8-4和图2.8-5所示。

2.8.4　接触灌浆

接触灌浆的主要作用是提高基础接触面上的受力性能，并防止沿基础接触面渗漏。接触灌浆一般在以下几种情况下采用：

(1) 坝基岸坡部位接触灌浆。坡基两岸岸坡坡度大于50°时，坝体混凝土由于散热降温，体积收缩，混凝土与基岩之间可能出现微小裂隙。为了使坝体与基础面很好地结合，提高坝基接触面上的受力性能，防止沿接触面渗漏，提高大坝整体性，应于坝体混凝土充分冷却收缩后、基础排水孔钻设前对接触面进行接触灌浆。

(2) 较大断层塞两侧壁陡于45°时，亦需设置接触灌浆，以使断层塞更好地向两侧壁传力。

(3) 地基处理传力洞、抗剪洞塞等边壁和顶部，在回填灌浆以后，待混凝土温度降低并干缩稳定时，混凝土与岩石间有可能拉开，此时也需进行接触灌浆。

坡基两岸岸坡接触灌浆的施工方法主要有钻孔埋管灌浆法、预埋管灌浆法或直接钻孔灌浆法。

采用钻孔埋管灌浆法或预埋管灌浆法，即在基础面上设置若干个接触灌浆区，其四周设置止浆体（其

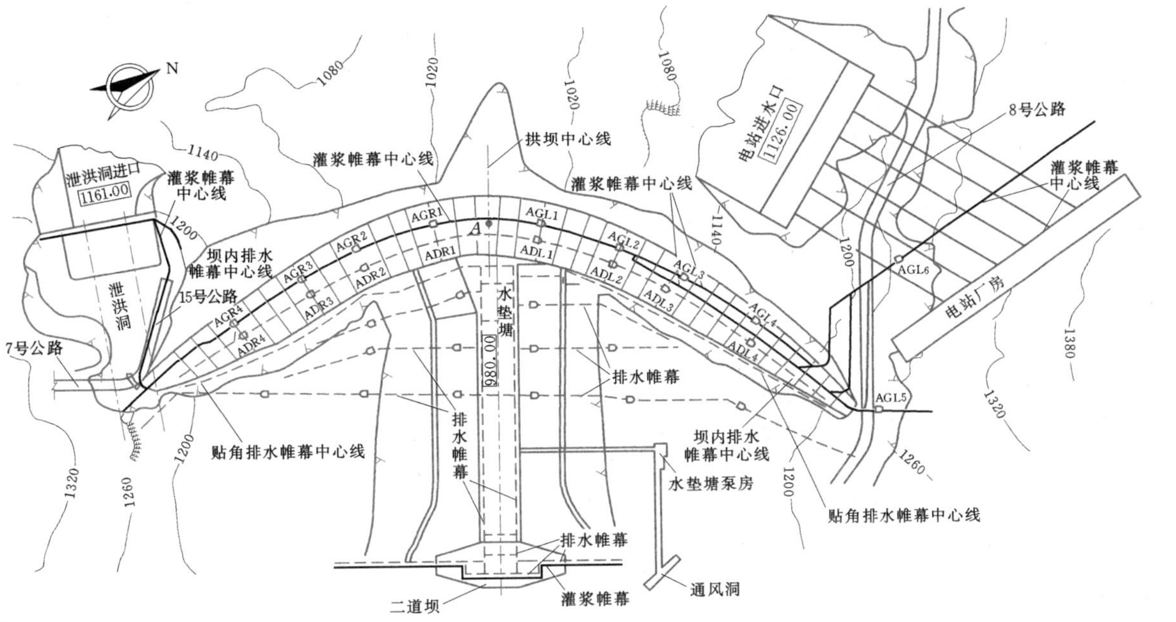

图 2.8-4 二滩坝基帷幕与排水平面布置图（单位：m）

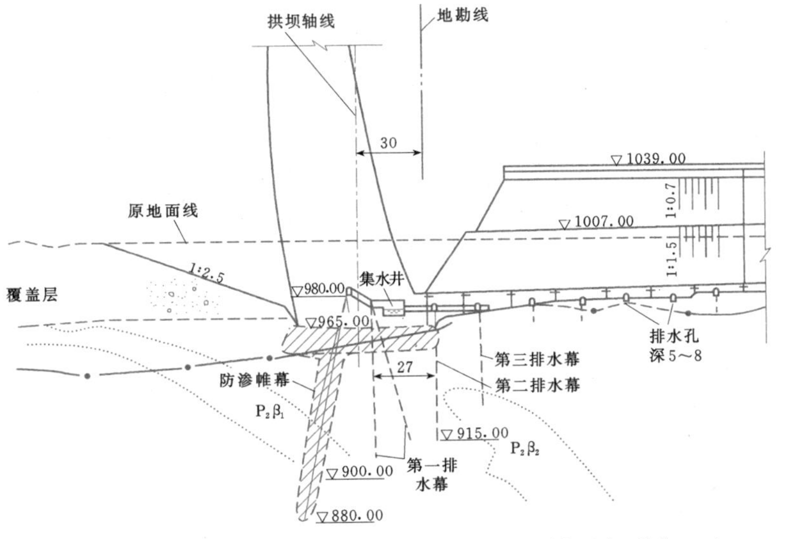

图 2.8-5 二滩坝基固结灌浆、帷幕灌浆与排水典型剖面图（单位：m）

上设置止浆片），形成封闭的灌浆区。灌浆区底部设置进回浆主管，主管上连接若干支管，支管与若干接触灌浆孔相连接，灌区顶部设置出浆和排气设施，进、回浆主管引入廊道或坝外。预埋管灌浆法接触灌浆是先在基础面上打孔，铺设支管和总管，然后浇筑混凝土。钻孔埋管灌浆法接触灌浆是在坝体混凝土浇筑后，先进行固结灌浆，然后钻孔穿混凝土深入基岩，待混凝土降至稳定温度，在排水孔未施工前进行灌浆。采用预埋管灌浆法接触灌浆，铺设灌浆管路后，后期固结灌浆施工易打断接触灌浆管路，所以钻孔埋管灌浆法接触灌浆较可靠。

采用钻孔埋管灌浆法时，可按 9～15m 高差形成封闭灌区，灌区内按混凝土分层进行钻孔和埋管，孔位应上、下层错开，各孔斜向钻穿混凝土，深入基岩 0.2～0.5m。每孔以控制灌浆面积 $5m^2$ 左右为宜。采用预埋管灌浆方法时，应根据岸坡具体情况分成若干个封闭的灌区，面积以不大于 $200m^2$ 为宜，灌区建基面应相对平整，通常要求不平整度不大于 10cm。

钻孔埋管灌浆法或预埋管灌浆法灌浆施工技术要求与坝体接缝灌浆基本相同。图 2.8－6 为构皮滩陡坡段坝体与岸坡接触面接触灌浆布置图。

在许多情况下，预埋管灌浆法接触灌浆的实际施工效果并不理想，主要原因是在混凝土浇筑过程中，如支管与钻孔或支管与主管连接不牢，容易被流态混凝土推掉、堵塞；若有盖重灌浆在接触灌浆前施工，可能打断接触灌浆预埋管路；由于要等待混凝土降至稳定温度并干缩稳定后再进行接触灌浆，主进回浆管长期暴露在外，极易造成管路堵塞或被埋掉；另外，混凝土与基岩间的裂隙也很小，有时难以灌入浆液。所以，采用预埋管灌浆法接触灌浆应特别精细施工，严格按有关要求做好灌浆管路的安装、检查、维护、灌前准备工作以及严格遵守灌浆施工技术要求。

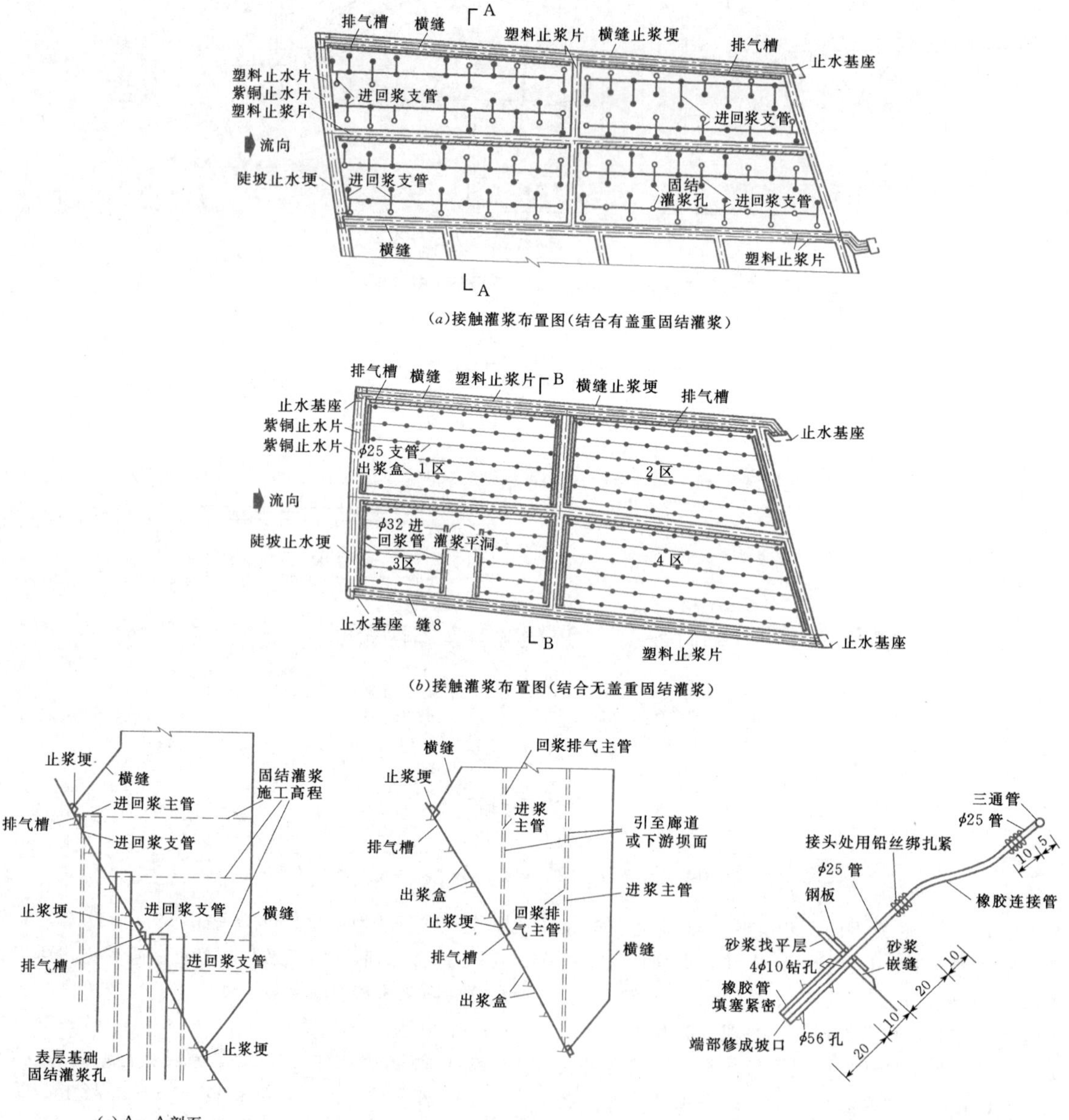

(a)接触灌浆布置图（结合有盖重固结灌浆）

(b)接触灌浆布置图（结合无盖重固结灌浆）

(c) A—A 剖面　(d) B—B 剖面　(e)灌浆盒大样

图 2.8－6 构皮滩陡坡段坝体与边坡接触面接触灌浆布置图（单位：cm）

另外，对于规模较小、坡度较缓、岩基较好的岸坡，也可采用直接钻孔灌浆法。直接钻孔灌浆法类似于有盖重条件下的固结灌浆，应受坝块混凝土温度和龄期的限制。采用该法避免了在要浇筑的仓内打孔埋设灌浆系统相互干扰的现象，排除了接触灌浆系统在浇筑过程中屡遭损坏的症结。采用直接钻孔灌浆法时，应在岸坡坝段适当部位分层设置适应钻孔灌浆施工的横向廊道或平台，以便日后进入廊道或平台进行岸坡接触灌浆。施工时应先从上、下游边缘开始施灌。直接钻孔灌浆典型图如图 2.8-7 所示。

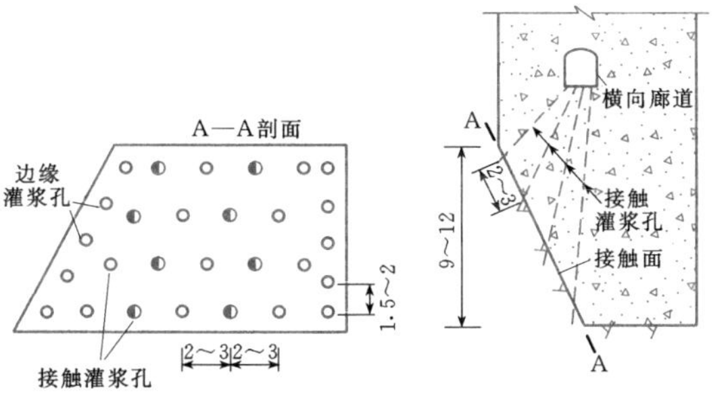

图 2.8-7 岸坡接触灌浆（直接钻孔灌浆法）布孔示意图（单位：m）

有的工程岸坡接触灌浆主要结合固结灌浆和帷幕灌浆，采用了两种方法实施：①结合固结灌浆，在建基面岩体无盖重固结灌浆完成后，在坝体混凝土浇筑之前，对浅表 0～5m 孔段岩体重新钻孔，并采取引管至坝后贴角或其他部位，在其上部坝体浇筑高度大于 30.0m，且当坝体混凝土温度冷却至封拱温度后进行灌注，浅表 0～5m 孔段岩体重复固结灌浆与接触灌浆一并进行；②在帷幕灌浆区结合帷幕灌浆，在进行接触灌浆部位的帷幕灌浆轴线上，待坝体形成基础廊道后，上部坝体混凝土浇筑一定高度，且混凝土冷却到稳定温度后，在基础廊道实施帷幕灌浆，其浅表段可作为接触灌浆，灌浆压力按帷幕灌浆压力即可。

对于较大断层塞两侧壁接触灌浆，一般可简化设置。可在断层塞浇筑后，在两侧壁上钻孔并埋设灌浆管路，引至廊道内或坝后，待混凝土塞充分收缩后进行灌浆。

对于基础处理传力洞、抗剪洞塞等边壁和顶部的接触灌浆，一般在顶部顶拱中心角 90°～120°范围内打风钻孔，深入岩石 0.3～0.5m，孔距 3m 左右，由孔内引出直径 25mm（1 英寸）的支管，支管再接入直径 38mm（1.5 英寸）的进回浆主管。如洞塞内无廊道，则主管引出洞外，若有小廊道亦可就近引入小廊道，待洞顶回填灌浆完成，混凝土温度充分降低并干缩稳定后，进行接触灌浆。另外，也可结合洞壁固结灌浆进行接触灌浆。

2.8.5 软弱层带处理

软弱层带一般指严重挤压破碎带、断层破碎带、剪切带、软弱岩层、局部裂隙构造发育的岩体、全～强风化夹层、泥化夹层、层间蚀变带、岩溶蚀变带、泥质岩、黏土质粉砂岩表层等。软弱层带一般承载能力和抗变形能力较差，变形模量常仅数百到 2000MPa，坝基有软弱层带分布时，坝基综合变形模量降低，可能导致坝体应力条件恶化，坝体变形不对称，降低坝体承载安全度；顺软弱层带形成可能滑裂面，常常是控制拱坝坝肩稳定及边坡稳定的主要因素；软弱层带一般渗透性强，沿软弱层带形成集中渗漏通道，渗透稳定性也差。

对于坝基坝肩一定范围内的软弱层带，应根据其所在部位、产状、宽度、组成物质以及有关特性，通过相应的计算分析或模型试验，研究其对坝体和坝基应力、变形稳定、抗滑稳定、渗透稳定的影响程度，参考已有的工程经验制定处理方案。

2.8.5.1 处理目的和要求

(1) 使软弱岩层和断层破碎带、软弱夹层等不利结构面有足够的强度，以支承坝体。

(2) 使坝基有足够的整体性、均匀性和刚度，以满足结构应力的要求和减少不均匀沉降。

(3) 使大坝抗滑稳定满足要求。

(4) 保证软弱岩层和断层破碎带、软弱夹层等不利结构面有足够的防渗性能，满足渗透稳定的要求。

2.8.5.2 处理措施

软弱层带的处理应根据其特性、规模、位置及对工程的影响程度等因素，选择固结灌浆、高压固结灌浆、化学灌浆、断层塞、混凝土置换、抗剪（抗滑）或传力混凝土结构、锚固等处理措施或综合处理措施。

1. 坝基倾角较陡软弱层带处理措施

对于坝基倾角较陡（>50°）的一定规模的软弱层带，宜采用下列处理措施。

(1) 组成物为胶结良好、质地坚硬的构造岩，如角砾岩、片状岩、碎块岩等，对整个坝基的传力、稳定和变形的影响较小时，可加强固结灌浆，或进行高压固结灌浆即可，也可进行混凝土塞局部置换处理，并进行固结灌浆，如有必要可对两侧及深层岩体进行高压固结灌浆。

(2) 软弱层带规模不大，但组成物质为糜棱岩、断层泥等软弱构造岩，对整个坝基的强度、稳定和变形有一定影响时，宜进行混凝土塞局部置换处理，如有必要可对两侧及深层岩体进行高压固结灌浆。

(3) 软弱层带规模较大，组成物质为糜棱岩、断层泥等软弱构造岩，对整个坝基的强度、稳定和变形有较明显影响时，应在坝基一定范围内进行混凝土置换、高压水泥灌浆、高喷冲洗灌浆等处理，必要时可增加化学灌浆处理（如环氧类浆材）。

采用置换法处理软弱层带，开挖时应注意减少对完好岩体的损伤，开挖后应及时回填混凝土，并应加强回填灌浆、接触灌浆和固结灌浆。

2. *坝基缓倾角软弱层带处理措施*

对于坝基缓倾角（＜50°）软弱层带，应根据其部位、工程特性、对坝体应力和坝基变形以及对抗滑稳定性的影响程度，采取措施处理。对于埋藏较浅的部位一般予以挖除；对于埋藏较深的部位，应根据其对坝体应力和坝基变形以及对抗滑稳定性的影响程度，研究是否需要处理及处理措施，通常顶部可以采用混凝土置换塞，对下面埋藏较深的部分，处理方法主要有以下几种。

(1) 斜井（孔）。沿软弱层带走向，间隔一定距离，顺层面打斜井，再回填混凝土，并在井壁进行浅孔固结灌浆。对于薄层的软弱带，也可顺层面打斜孔，进行强力冲洗，尽量把软弱夹层冲掉，然后灌浆或回填细骨料混凝土，并在高压下把残留的软弱物质挤紧。

(2) 平洞。在不同深度，顺破碎带走向打平洞，再回填混凝土，沿洞壁进行灌浆。

(3) 当软弱层带延伸很长，充填物软弱，影响带宽，上部结构荷载影响很大时，可考虑联合采用斜井与平洞。

3. *两岸拱座岩体内软弱层带处理措施*

如两岸拱座岩体内存在断层破碎带、层间错动带等软弱结构面，影响拱座稳定安全时，必须对两岸拱座基岩采取相应的加大处理措施，如抗滑键、传力洞、传力墙、高压固结灌浆等。

4. *防渗处理措施*

当坝基内的软弱层带有可能成为相对集中坝基渗漏通道或可能发生局部渗透破坏时，应根据具体情况、作用水头、库水侵蚀性等因素进行专门的防渗处理，如高压冲洗置换处理、防渗井塞等。

2.8.5.3 混凝土置换（混凝土塞）设计

混凝土置换塞是软弱层带表部处理最常见的基础处理手段，一般应用情况如图 2.8-8 所示。

软弱层带表部做混凝土塞的主要目的，是使塞体附近的坝体不因软弱层带的存在而过分恶化其工作条件，同时也可以使坝基水力梯度最大部分的渗流条件有所改善。在图 2.8-8 (*a*) 中，一般情况下，b 值可取 0.5～1.0m，塞体两侧应开挖成斜坡，坡度可为 45°～60°，坡度太陡塞体工作条件不好，太缓则混凝土塞作用降低，工程量增加较多。对于贯穿坝基上、下游面的断层破碎带，应在坝基范围以外上、下游处扩大断层破碎带处理范围，扩大范围长度一般为 1～2 倍 B（断层破碎带的宽度），其深度与坝基部位相同。

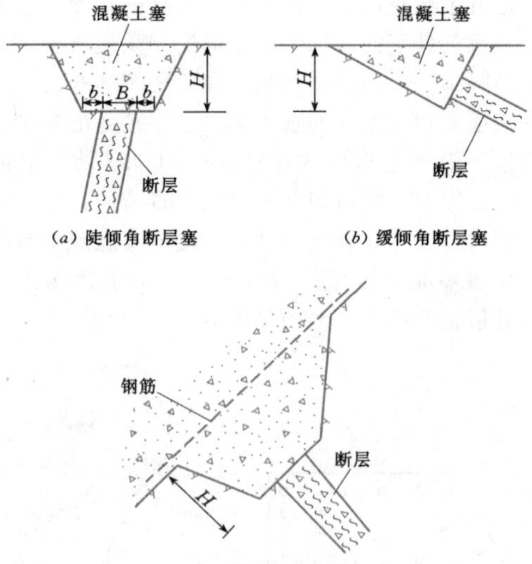

(*a*) 陡倾角断层塞　　(*b*) 缓倾角断层塞

(*c*) 斜坡地段断层塞

图 2.8-8 基础表面混凝土塞

混凝土塞设计的关键是确定塞的深度，以确定塞的尺寸。对于一般规模软弱层带混凝土塞的深度可为 1.0～1.5 倍 B。对于规模较大的断层，则需进行仔细研究。理论上讲，混凝土塞深度越大，处理效果越好，但处理过深，不仅工程量及施工难度大大增大，且所增加的效果愈来愈小，再考虑到开挖时对基础总有一定的损害以及回填混凝土的温度和收缩应力等因素，过深的置换是不可取的。一般情况下，主要从混凝土塞应力、稳定、坝基防渗三个方面分析确定混凝土塞深度。

2.8.5.4 软弱岩带深部处理

在拱坝坝基软弱岩带处理措施中，表层固结灌浆、混凝土塞等属于表部处理措施。在软弱岩带深部进行开挖，设置各种各样地下混凝土或钢筋混凝土置换传力结构和防渗结构，并辅以灌浆和必要的岩锚，属于深层处理措施。对存在大规模软弱岩带的工程，一般均采取深部处理措施进行处理。

国内外若干拱坝坝基软弱岩带深部处理情况见表 2.8-4。

表 2.8-4　国内外若干拱坝坝基软弱岩带深部处理情况

工程名称	国家	坝高(m)	建基面岩性	建成时间	深部处理结构类型（配套措施）	说明
锦屏一级	中国	305.0	大理岩、砂岩、板岩	在建	混凝土垫座，固结灌浆，混凝土网格置换，预应力锚索	(1) 为提高砂板岩Ⅳ$_2$级岩体的承载能力和抗变形能力，并结合对建基面出露的f5、f8断层的局部置换，在左岸高程1730.00～1885.00m布置混凝土垫座； (2) 根据断层、煌斑岩脉、深部裂缝、Ⅳ$_2$级岩体及弱卸荷岩体的分布，对左岸高程1885.00～1650.00m抗力体进行固结灌浆； (3) 对垫座置换范围以外的f5 (f8) 断层设置2层混凝土置换平洞，在两层平洞间设置4条混凝土置换斜井； (4) 布置4层混凝土置换平洞和4条混凝土置换斜井对煌斑岩脉进行置换； (5) 利用f5 (f8) 断层及煌斑岩脉X网格开挖形成的施工通道对其进行加密固结灌浆； (6) 布置抗力体预应力锚索，锁固f5 (f8) 断层及煌斑岩脉X及其两者之间楔形岩体
小湾	中国	294.5	片麻岩、片岩	2010年	混凝土置换	在拱端附近，对断层F11进行槽塞置换，在一定深部范围内设置网格形洞井塞置换并辅以高压固结灌浆；利用地质勘探洞、排水洞跟踪蚀变带E1、E4、E5、E9，进行纵向和横向洞塞置换，并与处理断层F11的洞井塞相连，形成空间框架结构
龙羊峡	中国	178.0	花岗闪长岩	1989年	传力洞塞，传力槽塞，墙体格构置换，顺向抗剪洞塞，横向抗剪洞塞，表部混凝土塞加深（固结灌浆、预应力锚固）	近坝8条断层，集中处理5条，并对另一条T168进行稳定处理；总计地下处理混凝土和钢筋混凝土量75000 m^3，为坝体混凝土的4.55%；地下处理施工先后共7年，每岸打设4～5层施工通道和部分斜井，后期回填
乌江渡	中国	165.0	玉龙山灰岩	1982年	混凝土防渗墙，传力洞塞，置换墙体，横向剪力洞塞（固结灌浆）	传力洞塞为处理NWW向裂隙密集带，45m×12m×20m（长×宽×高）；F50置换处理长75m，宽3～4m；地下混凝土处理总量25483m^3，为坝体混凝土的1.38%；拱形重力坝，开挖、混凝土交替进行
凤滩	中国	112.5	砂岩、石英砂岩	1979年	防渗井塞，抗剪洞塞，置换固结灌浆	F100，F1防渗井塞；左岸2层水平夹泥纵向抗剪洞塞置换深38m，右岸3层水平夹泥洞塞；左坝头上游有沟，坝头单薄，岩层倾向下游河床
紧水滩	中国	102.0	花岗斑岩	1988年	防渗井塞，置换洞塞（固结灌浆）	对7条断层设置了5～6m的防渗浅井塞，右岸断层进行了少量置换
白山	中国	149.5	混合岩	1987年	防渗井塞（固结灌浆）	W2做了2个深15～20m、断面3m×3m的防渗井塞，F3也有

续表

工程名称	国家	坝高(m)	建基面岩性	建成时间	深部处理结构类型(配套措施)	说　明
天堂山	中国	72.0	石英砂岩	1993年	置换墙体，传力洞塞（固结灌浆）	右岸F18置换深约15m，右坝头F15处采用了3个传力洞塞处理
窄巷口	中国	54.8	灰岩、泥质页岩、石灰质页岩	1970年	大开挖深混凝土回填，大开挖并加混凝土洞塞，覆盖层防渗墙（固结灌浆、插锚筋）	右岸半高以上的厚层页岩大开挖（水平深21.5m）并回填混凝土形成深塞；底部F71，大开挖和洞塞各半，总长32m；河床采用槽孔钢筋混凝土防渗墙；右岸坝身做钢筋混凝土垫层；F71由煤页岩和黏土岩组成
流溪河	中国	78.0	花岗岩	1958年	格构式置换（固结灌浆）	两岸有顺河向垂直结构面，为解决传推力和抗剪，左右岸均设传力洞塞，河床下8m有软弱带，挖竖井检查并回填混凝土，形成支承井塞，约为坝体混凝土的6%
英古里	苏联	271.5	石灰岩、白云岩	1982年	顺河向混凝土置换墙体底部柱式井塞（固结灌浆）	5条断层置换，最深者达百米；设计置换量为100000m³（实际施工达162180m³），为坝体混凝土的2.14%
黑部川第四	日本	188.0	花岗岩	1963年	置换墙体，置换体，格架置换（固结灌浆）	最大置换体空间尺寸为60m×20m×70m（长×宽×高），置换量为55237m³
奈川渡	日本	155.0	花岗岩	1969年	置换墙体（多层），深混凝土塞（固结灌浆、预应力锚固）	总置换量为30000m³，为坝体混凝土的4.55%；主要用高压水枪冲挖，嘴径20mm，最大压力10～15MPa，有效射程6m，历时24个月，平均强度800m³/月；断层处理占坝体造价的6.5%
姆拉丁其	南斯拉夫	220.0	石灰岩	1970年	传力洞塞	7个传力洞塞，断面5m×7m，长50～67m，顶端扩大，处理量为坝体的1.90%；处理右岸E=2500MPa的裂隙密集带
蒙特依纳德	法国	150.0	石灰岩	1962年	格构式处理（固结灌浆）	1m宽的顺河断层，内有黏土物质，采用了5层平洞和5条井塞垂直交叉地下传力系统，水平洞塞面积为5m²，处理量为坝体的0.65%
里萨山卡伯尔	伊朗	200.0	石灰岩	1977年	混凝土防渗墙	右岸建造了30m×2m×120m（长×宽×高）的防渗墙，混凝土量为7200m³，为坝体混凝土的0.48%，截断右岸岩深通道

2.9 坝体构造及附属结构设计

2.9.1 坝顶高程

坝顶高程（或防浪墙顶高程）为水库正常蓄水位或校核洪水位加上Δh，并择其大值确定，同时应高于水库最高静水位。Δh由下式计算：

$$\Delta h = h_{1\%} + h_z + h_c \tag{2.9-1}$$

式中　Δh——防浪墙顶（或坝顶）高程至正常蓄水位或校核洪水位的高差，m；

$h_{1\%}$——累积频率为1%的波高，m；

h_z——波浪中心线至正常蓄水位或校核洪水位的高差，m；

h_c——安全超高，m，按表2.9-1采用。

$h_{1\%}$按以下规定计算[10]：

(1) 丘陵、平原地区水库，宜按鹤地水库公式计算（适用于库水较深，v_0<26.5m/s及D<7.5km）：

$$\frac{gh_{2\%}}{v_0^2} = 0.00625 v_0^{1/8}\left[\frac{gD}{v_0^2}\right]^{1/3} \tag{2.9-2}$$

$$\frac{gL_m}{v_0^2}=0.0386\left[\frac{gD}{v_0^2}\right]^{1/2} \qquad (2.9-3)$$

式中 v_0——计算风速，m/s；

D——风区长度，m；

$h_{2\%}$——累积频率为2%的波高，m；

L_m——平均波长，m；

g——重力加速度，9.81m/s^2。

表 2.9-1　坝顶安全超高 h_c　单位：m

相应水位	拱坝级别		
	1	2	3
正常蓄水位	0.7	0.5	0.4
校核洪水位	0.5	0.4	0.3

(2) 内陆峡谷水库，宜按官厅水库公式计算（适用于 v_0<20m/s 及 D<20km）

$$\frac{gh}{v_0^2}=0.0076v_0^{-1/12}\left[\frac{gD}{v_0^2}\right]^{1/3} \qquad (2.9-4)$$

$$\frac{gL_m}{v_0^2}=0.331v_0^{-1/2.15}\left[\frac{gD}{v_0^2}\right]^{1/3.75} \qquad (2.9-5)$$

式中 h——当$\frac{gD}{v_0^2}$=20～250时为累积频率5%的波高$h_{5\%}$，当$\frac{gD}{v_0^2}$=250～1000时为累积频率10%的波高$h_{10\%}$。

累积频率为P(%)的波高h_P与平均波高h_m的关系可按表2.9-2换算。

h_z由下式计算：

$$h_z=\frac{\pi h_{1\%}^2}{L_m}\cot\frac{2\pi H}{L_m} \qquad (2.9-6)$$

2.9.2 坝顶布置

坝顶结构尺寸应满足结构和设备布置以及交通、观测、照明等运行要求。非溢流坝段坝顶宽度应根据拱坝剖面设计确定，必要时可在坝的上、下游面增设悬臂结构，增加坝顶宽度，坝顶宽度不宜小于3m。溢流坝顶结构型式和尺寸应结合溢流方式、闸门及其启闭设备布置以及闸门启闭、坝顶交通、监测检修等运行要求确定。坝顶工作桥和交通桥宜采用装配式钢筋混凝土结构或预应力钢筋混凝土结构，桥下净空应满足泄流要求。坝顶结构应经济、适用、美观，启闭机室和排架应满足强度和刚度的要求。

坝顶上游一般设置防浪墙，下游设置防护栏杆。防浪墙宜采用与坝体连成整体的钢筋混凝土结构，墙身应有足够的厚度以抵挡波浪及漂浮物的冲击，在坝体横缝处应留伸缩缝并设止水。坝顶路面应具有横向坡度，并设置相应的排水措施。坝顶用作公路时，公路侧边的人行道宜高出路面20～30cm。

坝顶布置应综合考虑动力电缆、监测电缆、照明电缆（或电线）的电缆沟设置。电缆沟布置应考虑优化电缆长度，并便于安装和检修，还应设置排水通道。

表 2.9-2　累积频率为 P 的波高与平均波高的比值

$\frac{h_m}{H_m}$	P (%)									
	0.1	1	2	3	4	5	10	13	20	50
0	2.97	2.42	2.23	2.11	2.02	1.95	1.71	1.61	1.43	0.94
0.1	2.70	2.26	2.09	2.00	1.92	1.87	1.65	1.56	1.41	0.96
0.2	2.46	2.09	1.96	1.88	1.81	1.76	1.59	1.51	1.37	0.98
0.3	2.23	1.93	1.82	1.76	1.70	1.66	1.52	1.45	1.34	1.00
0.4	2.01	1.78	1.68	1.64	1.60	1.56	1.44	1.39	1.30	1.01
0.5	1.80	1.63	1.56	1.52	1.49	1.46	1.37	1.33	1.25	1.01

注　H_m为水域平均水深，m。

当其横向穿越坝顶时，沟盖板应有足够的承重能力。

应合理布置坝顶照明设施，并考虑美观。在高地震区，应尽量减轻坝顶结构的重量，尽量不做大悬臂结构，坝顶结构之间联结要牢靠，以提高结构的抗震稳定性。图2.9-1为构皮滩拱坝坝顶布置图。

2.9.3 坝体分缝

按分缝构造和功能作用不同，拱坝接缝一般可分为横缝、纵缝、水平缝和周边缝等。按分缝位置可分水平缝、坝身缝、坝踵缝、底逢、周边缝等；就接缝存在时间的久暂而言，又可分为临时性接缝和永久性接缝两类。拱坝纵缝和横缝在坝体冷却收缩、缝隙张开到一定程度时，需进行压力灌浆，使接缝消失，以满足拱坝结构设计的力学要求，故属于临时性接缝；水平缝也属此种，但不需要灌浆。周边缝则有的属于临时性，有的属于永久性。

2.9.3.1 横缝

1. 横缝布置

横缝是拱坝的主要接缝，其主要功能为：将坝体

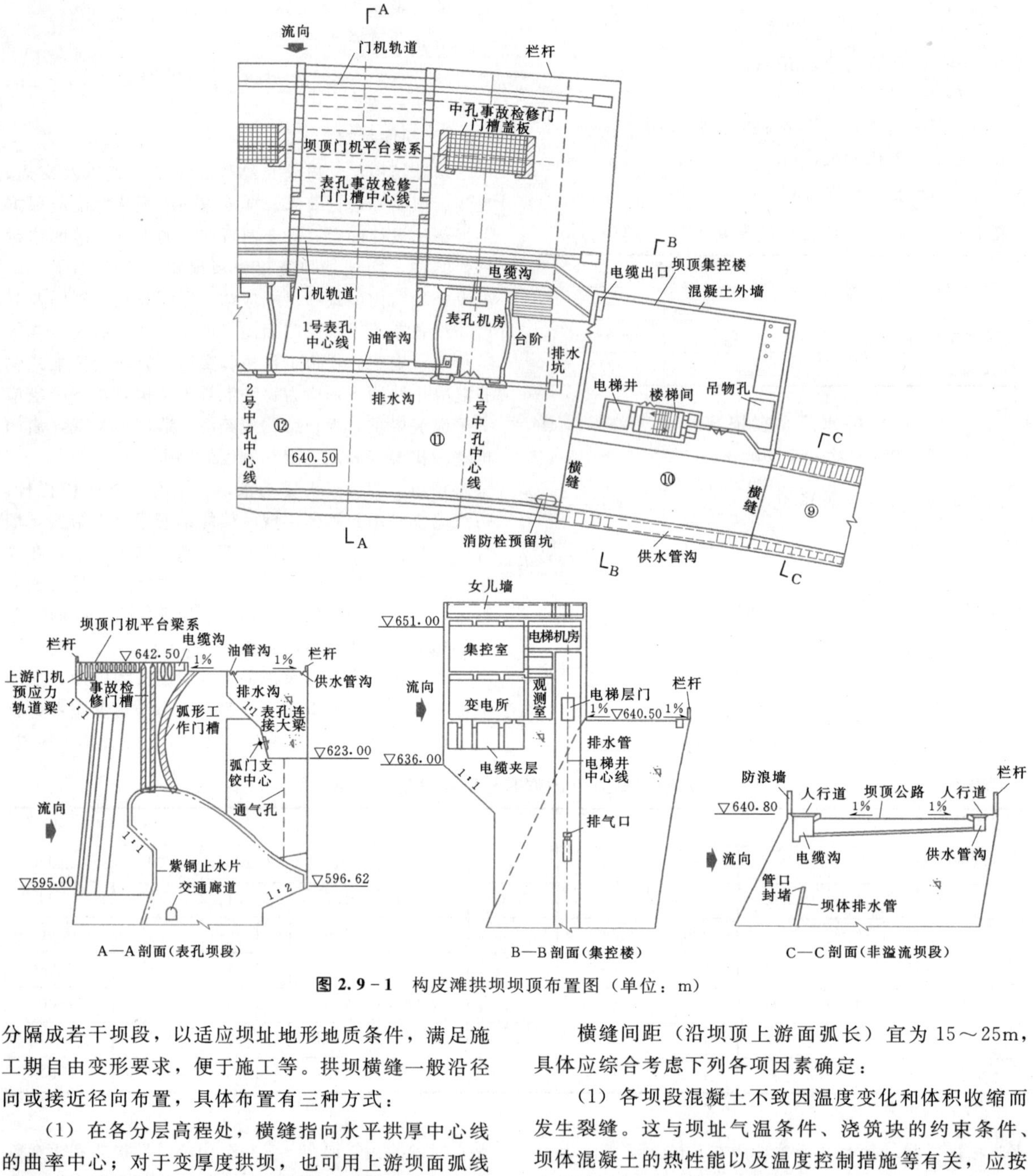

A—A 剖面（表孔坝段）　　B—B 剖面（集控楼）　　C—C 剖面（非溢流坝段）

图 2.9-1　构皮滩拱坝坝顶布置图（单位：m）

分隔成若干坝段，以适应坝址地形地质条件，满足施工期自由变形要求，便于施工等。拱坝横缝一般沿径向或接近径向布置，具体布置有三种方式：

（1）在各分层高程处，横缝指向水平拱厚中心线的曲率中心；对于变厚度拱坝，也可用上游坝面弧线代替拱厚中心线。分层高度视浇筑块放样的精度要求及浇筑层厚度而定。定中心拱坝的横缝为竖向垂直面，双曲拱坝的横缝为分层连续的竖向扭曲面。

（2）横缝以某一高程的径向为准，其他高程均与其一致，此时全部横缝都将是竖向垂直面。

（3）横缝在不同高程分别采用上述两种方式（缝面由若干竖向扭曲面和垂直面组成）。国内外部分拱坝横缝设置情况见表 2.9-3 和表 2.9-4。

横缝间距（沿坝顶上游面弧长）宜为 15～25m，具体应综合考虑下列各项因素确定：

（1）各坝段混凝土不致因温度变化和体积收缩而发生裂缝。这与坝址气温条件、浇筑块的约束条件、坝体混凝土的热性能以及温度控制措施等有关，应按第 6 章的要求进行设计和计算。

（2）结合水工枢纽总体布置的需要，使坝段宽度与坝体附属结构及建筑物（如坝内泄水管道、溢流段和坝后厂房等）布置相适应，并保证各附属工程布置合理，结构应力状态良好。

（3）坝体混凝土经采取适当温控措施后，在横缝灌浆时，要求横缝的张开度达到 0.5mm 以上，以确保横缝灌浆质量。横缝间距若小于 10m，常不能满足

表 2.9-3　　国内部分拱坝横缝设置情况

序号	坝名	所在省份	坝型	最大坝高（m）	坝顶弧长（m）	拱冠厚度（m）		横缝间距（m）	横缝方式	备注
						坝顶	坝底			
1	德基	台湾	A	181.0	220.0	4.0	19.8	12.0	(1)	已建
2	龙羊峡	青海	B	178.0	396.0	15.0	80.0	机组坝段：24.0 其他坝段：22.0～24.0	(1)	已建
3	乌江渡	贵州	C	165.0	368.0	22.0	119.5	机组坝段：23.0 左右泄洪洞坝段：18.0，24.0 升船机坝段：14.0，17.0 其他坝段：18.0～21.0	(1)	已建
4	东江	湖南	A	157.0	363.0	7.0	35.0	河床坝段：14.1～15.7 左右岸坝段：13.0～19.0	(1)	已建
5	白山	吉林	B	149.5	676.5	9.0	62.8	机组坝段：24.0 导流底孔坝段：20.0 高泄水孔坝段：18.0 深泄水孔及其他坝段：16.0	(1)	已建
6	石门	陕西	A	88.0	258.0	5.0	27.4	16.0	(1)	已建
7	紧水滩	浙江	A	102.0	350.6	5.0	26.5	16.5	(1)	已建
8	凤滩	湖南	B	112.5	488.0	6.0	65.5（空腹宽 20.2）	机组坝段：24.0，26.0 溢流坝段：18.0 其他坝段：16.0	(1)	已建
9	响洪甸	安徽	B	87.5	361.0	5.0	39.0	河床坝段：14.0 左右岸坝段：15.75～22.0	(1)	已建
10	泉水	广东	A	80.0	185.0	3.0	9.0	20.0	(1)	已建
11	流溪河	广东	A	78.0	208.0	2.0	22.0	12.0	(3)	已建
12	陈村	安徽	B	76.3	419.0	8.0	53.3	11.0～15.0 27.0（中间某坝段因度汛要求加大缝距，已在中部开裂）	(1)	已建
13	雅溪一级	浙江	A	75.0	227.0	3.5	25.9	18.0	(1)	已建
14	里石门	浙江	A	74.3	208.5	4.0	15.5	12.0，16.0	(1)	已建
15	恒山	山西	A	68.7	145.3	2.5	15.0	15.0～19.0	(1)	已建
16	古城	北京	A	70.0	79.9	3.0	14.0	15.0	(2)	已建
17	苇子水	北京	A	68.6	113.6	3.4	13.4	15.0	(2)	已建
18	红岩	贵州	A	60.0	111.0	3.0	9.03	13.0	(3)	已建
19	大水峪	北京	B	59.0	215.5	4.0	19.5	15.0	(2)	已建
20	欧阳海	湖南	A	58.0	192.7	3.3	13.9	20.0	(1)	已建
21	窄巷口	贵州	A	54.8	139.4	3.0	8.7	15.0	(3)	已建
22	丰乐	安徽	A	54.0	207.4	2.5	12.5	14.0～16.0	(2)	已建
23	修文	贵州	A	49.0	95.8	3.0	8.3	11.0～16.5	(1)	已建

续表

序号	坝 名	所在省份	坝型	最大坝高(m)	坝顶弧长(m)	拱冠厚度(m)		横 缝 间 距(m)	横缝方式	备 注
						坝顶	坝底			
24	隔河岩	湖北	B	151.0	653.5	8.0	75.5	18.0～24.0	(2)	已建
25	二 滩	四川	A	240.0	769.0	11.0	55.8	17～24坝段：22 1、39坝段：10 其余：20	(2)	已建
26	构皮滩	贵州	A	232.5	552.6	10.3	50.3	20.0～24.0	(2)	已建
27	溪洛渡	四川	A	285.5	681.5	14.0	60.0	约23.0	(2)	在建
28	锦屏一级	四川	A	305.0	552.2	16.0	63.0	20.0～25.0	(2)	在建
29	大岗山	四川	A	210.0	622.4	10.0	52.0	约22.0	(2)	在建
30	拉西瓦	青海	A	250.0	475.8	10.0	49.0	溢流坝段：23.0 非溢流坝段：21.0 两端分别为18.5和20.1	(2)	已建
31	小 湾	云南	A	294.5	892.8	12.0	72.9	20.0～26.0	(2)	已建

注 坝型A为双曲拱坝，B为重力拱坝，C为拱形重力坝。

表2.9-4 国外部分拱坝横缝设置情况

序号	坝 名	国家	最大坝高(m)	坝顶弧长(m)	拱冠厚度(m)		横缝间距(m)	备注
					坝顶	坝底		
1	英古里	苏联	271.5	640.0	10.0	50.0	16.0，右岸垫座底部8.0	已建
2	瓦依昂	意大利	265.5	190.5	3.4	22.7	坝上部一般15.0，两岸底部大于15.0	已建
3	莫瓦桑	瑞士	237.0	520.0	14.0	53.5	18.0	已建
4	契尔盖	苏联	232.5	333.0	6.0	30.0	16.5	已建
5	康特拉	瑞士	222.0	400.0	7.0	27.0	16.0	已建
6	姆拉丁其	南斯拉夫	220.0	269.0	4.5	29.3	16.0～18.0	已建
7	格兰峡*	美国	216.0	458.0	10.7	91.5	12.2～21.3	已建
8	阿尔门德拉	西班牙	202.0	567.0	10.0	27.0	27.0	已建
9	科尔布赖恩	奥地利	200.0	619.0	10.0	33.0	20.0	已建
10	德 兹	伊朗	203.5	240.0	4.6	21.0	10.0～15.0	已建
11	伊迪克	印度	196.0	365.9	7.6	24.4	16.7	已建
12	新布拉湾	美国	194.0	585.0	7.6	59.3	25.0	已建
13	黑部川第四	日本	188.0	447.0	10.0	38.0	13.0，17.0	已建
14	莫西罗克	美国	184.7	368.5	8.5	38.1	16.7	已建
15	埃莫松	瑞士	180.0	552.0	9.0	48.0	17.0	已建
16	卡拉杰	伊朗	180.0	390.0	8.0	32.0	15.0	已建

续表

序号	坝　名	国家	最大坝高（m）	坝顶弧长（m）	拱冠厚度（m）		横缝间距（m）	备注
					坝顶	坝底		
17	卡博拉巴萨	莫桑比克	163.5	303.0	4.0	21.0	15.0	已建
18	黄　尾*	美国	158.5	442.0	6.7	44.0	16.2	已建
19	戈克西卡亚	土耳其	159.0	480.0	6.0	20.0	15.0	已建
20	莫罗点	美国	142.0	220.0	3.0	15.9	12.2	已建
21	宰尔夫雷拉	瑞士	151.0	504.0	7.0	35.0	18.0	已建
22	罗泽兰	法国	150.0	220.0	6.0	22.0	13.0	已建
23	金格瓦特	瑞士	147.0	430.0	7.0	19.0	16.2	已建
24	瓦勒底赖	意大利	143.0	690.0	15.0	28.1	12.0	已建
25	川　治	日本	140.0	320.0	8.0	23.3	16.0	已建
26	阿尔杰特维拉*	西班牙	139.5	250.0	7.5	45.0	12.4	已建
27	拉斯普泰斯	西班牙	138.0	580.0	5.0	26.0	18.0（坝上部 20m 为 54.0）	已建
28	弗里拉	意大利	138.0	315.0	5.0	33.7	15.0	已建
29	卡布里尔	葡萄牙	132.0	290.0	4.5	19.0	13.0	已建
30	契克泰斯	意大利	130.0	230.0	5.0	37.5	12.5	已建
31	一濑川	日本	130.0	416.0	4.0	23.0	15.0	已建
32	真名川	日本	128.0	360.0	6.0	26.3	15.0	已建
33	卡里巴	赞比亚	128.0	617.0	13.0	30.0	15.0	已建
34	大卡里窝	南斯拉夫	123.0	349.0	4.6	27.0	12.0～15.0	已建
35	邦达来	美国	119.0	226.0	2.4	9.8	17.6（坝中间高程泄水孔处为 12.2）	已建
36	新丰根	日本	116.5	311.0	6.0	19.6	15.0	已建
37	上椎叶	日本	110.0	340.0	7.0	21.0	20.0	已建
38	克里斯泰尔	美国	106.5	225.5			15.0(坝上部为 30.0)	已建
39	拉拜利斯	西班牙	102.0	433.0			18.0(坝上部为 36.0)	已建
40	爱维朗	西班牙	54.0	218.0			13.0(坝上部为 26.0)	已建
41	特格泽	埃塞俄比亚	185.0	425.6	5.6	28.0	20.0	在建

注　标有 * 的为重力拱坝，其余均为双曲拱坝。

必需的张开度要求；如采用加速冷却措施，将增大浇筑块的温度应力，且横缝间距越小，横缝越多，灌浆设备和工程费用均将增多，工期也越长，这显然是不经济的。

（4）各坝段的浇筑面积与混凝土的初凝时间和浇筑能力相适应，防止在浇筑块内出现冷缝；如坝段长度过大，则可考虑设置纵缝，以减小浇筑块的尺寸。

（5）在坝基断层破碎段、岩性不均匀或坝基面形状有显著变化的部位，应在该部位增设接缝，以防止坝体在该处因应力集中而发生裂缝。

（6）在倾斜岸坡上宜采用较小缝距，以防止在与岸坡正交方向发生裂缝。此外，横缝底部与坝基面或垫座面的夹角不得小于 60°，并尽可能接近正交，避免浇筑块出现尖角而易损坏。

美国和西班牙的一些倒悬较大的薄型双曲拱坝，横缝并非全部通至坝顶。其中 1/2 或 2/3 的横缝仅延伸到坝高中部，通缝与断缝均匀相间布置。因坝体上部向下游倒悬较多时，上部横缝可处于闭合状态，故采用增大上部横缝间距的布置。

坝内横缝中断后，应采取防裂措施，具体方法有：①在横缝上层混凝土底部设置贯通坝体厚度的圆孔，待混凝土充分收缩后再将圆孔回填密实；②在缝端上层混凝土底面跨缝布置一定数量和长度的加强钢筋。

2. 横缝键槽

拱坝横缝缝面上一般均设置键槽，键槽的型式应满足下列要求。

(1) 有利于传递相邻坝段作用力，以增强坝的整体性。

(2) 灌浆时浆液沿键槽面流动所受到的阻力较小，有利于接缝灌浆。

(3) 键槽面不致因温度变化而张开。

(4) 便于施工模板的标准化和重复使用。

横缝键槽沿铅直向布置，宜采用梯形、圆弧形或球形（见图 2.9-2～图 2.9-4）。其主要目的是增加浇筑块之间的抗剪力，在接缝灌浆后使拱向形成整体。这对于高地震地区的拱坝尤为重要，也有利于增加施工期坝体的临时稳定。

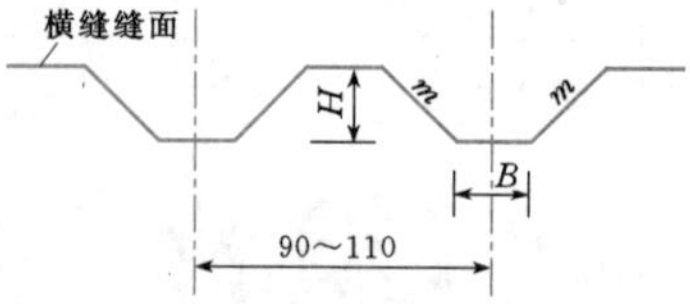

图 2.9-2 横缝梯形键槽示意图（单位：cm）

H—键槽深度，宜为 15～20cm；B—键槽底宽，宜为 15～30cm；m—键槽坡度，宜为 1∶1.5～1∶2.0

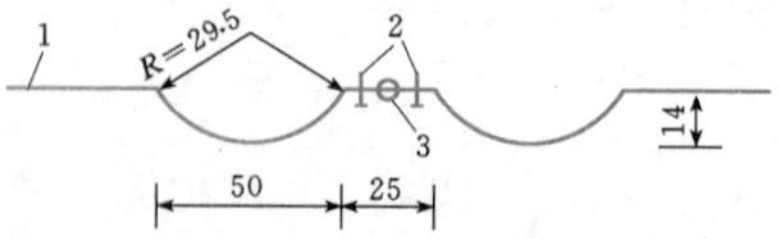

图 2.9-3 东风拱坝横缝圆弧形键槽示意图（单位：cm）

1—横缝缝面；2—预埋 5cm 铁钉，间距 60cm；3—ϕ30cm 升浆管，由塑料管拔出而成

薄型双曲拱坝也有不设置键槽的实例，如日本的川俣、美国的克里斯泰尔等坝，横缝面上作用的压力远大于切力，不致发生沿缝面滑移的现象。但对于重力拱坝和建于强震区的各种拱坝或跨越大断层破碎带的横缝，仍应设置键槽。

2.9.3.2 纵缝

纵缝用以防止坝段上、下游方向因长度过大而发生裂缝。纵缝设置应研究拱坝体型、底宽、浇筑能力及温控措施等因素确定。当坝体厚度小于 60m 时，一般不考虑设置纵缝。但坝体厚度超过 60m 时，应研究设置纵缝的必要性和纵缝设计方案。

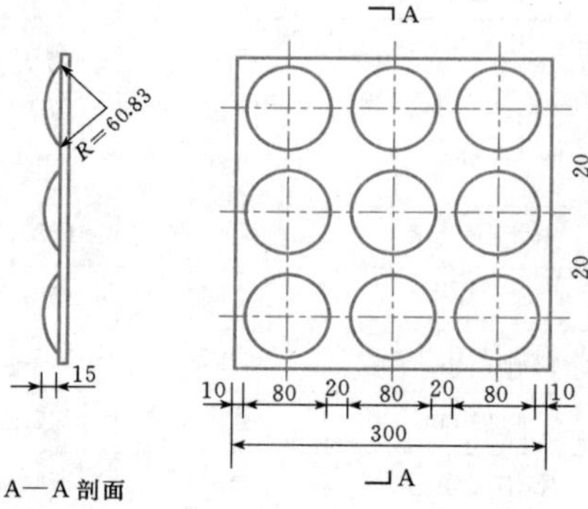

图 2.9-4 二滩拱坝横缝球形键槽示意图（单位：cm）

拱坝纵缝缝面宜采用铅直面，需要分期蓄水的重力拱坝，也采用斜向纵缝。纵缝应与下游坝面正交，避免浇筑出现尖角。需要在某一高程并缝时，缝顶需设置圆形孔洞或廊道，并配置并缝钢筋。在严寒地区，纵缝不宜通至坝面，并在离坝面一定距离处中断。纵缝缝端上层混凝土底部应布置加强钢筋。相邻坝段的纵缝宜错开 5～8m，以有利于增强拱坝的整体性。

确定纵缝间距时应考虑的因素原则上与横缝相同，近年来也趋向于通过加强温度控制来减少纵缝的设置。只要坝体材料选择和温度控制恰当，设置纵缝的条件可以放宽，如我国二滩（最大拱端厚度 58.5m)、构皮滩（最大拱端厚度 58.4m)、拉西瓦（最大拱端厚度 54.7m)、溪洛渡（最大拱端厚度 64m)、锦屏一级（最大拱端厚度 66m）以及美国的新布拉湾坝（底宽 59.3m）均未设置纵缝。

国内外部分拱坝纵缝设置情况见表 2.9-5。龙羊峡、英古里拱坝的纵缝布置如图 2.9-5 和图 2.9-6 所示。

纵缝一般采用水平向斜三角形键槽，以利于传递竖向切力。键槽面的方向宜与坝体在该处的主应力方向一致。一般可按最高库水位时的主应力情况、分区分别采用不同的键槽面方向，以便于键槽加工的标准化。常用的纵缝键槽型式和尺寸如图 2.9-7 所示。

2.9.3.3 宽缝

缝宽一般约为 0.7～1.1m，必要时可增大。待两侧坝块充分收缩和冷却到稳定温度后，采用流态或压浆混凝土回填。较早采用宽缝的有美国的茂文（Merwin)

表 2.9-5　　国内外部分拱坝纵缝设置情况

序号	坝名	国家	坝型	最大坝高（m）	坝底厚度（m）	横缝间距（m）	纵缝道数	最大分块长度（m）
1	隔河岩	中国	B	151.0	75.5	18.0～24.0	2	37.0
2	龙羊峡	中国	B	178.0	80.0	22.0～24.0	3	22.0
3	乌江渡	中国	C	165.0	119.5	14.0～24.0	4	28.5
4	白　山	中国	B	149.5	62.8	16.0～24.0	1	32.6
5	响洪甸	中国	B	87.5	39.0	14.0	1	21.5（仅一个坝段设置纵缝）
6	陈　村	中国	B	76.3	53.3	11.0～27.0	1	33.0（采用斜向纵缝）
7	英古里（坝体）	苏联	A	221.5	50.0	16.0	1	25.0
8	英古里（垫座）	苏联	A	271.5	86.0	16.0	2	30.0
9	格兰峡	美国	B	216.0	91.5	12.2～21.3	1	37.3

注　1. 坝型 A 为双曲拱坝；B 为重力拱坝；C 为拱形重力坝。
2. 纵缝道数指河床坝段纵缝数。

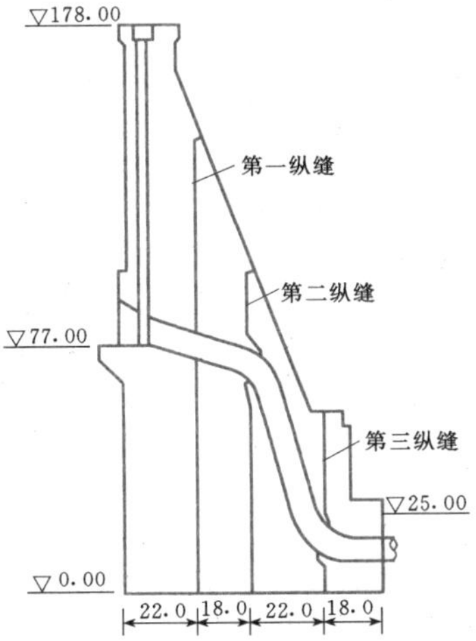

图 2.9-5　龙羊峡拱坝纵缝布置图（单位：m）

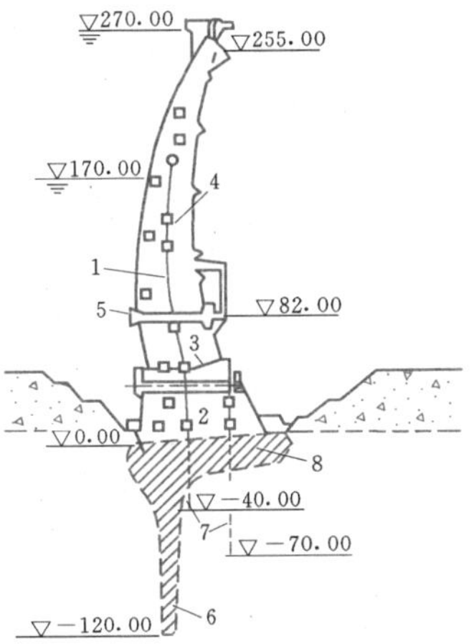

图 2.9-6　英古里拱坝纵缝布置图（单位：m）
1—纵缝；2—垫座；3—周边缝；4—分期浇筑块；5—泄水孔；6—帷幕灌浆；7—坝基排水孔；8—固结灌浆区

重力拱坝（坝高为 98m）和法国的鲍尔（Bort）重力拱坝（坝高为 121m）。鲍尔重力拱坝沿坝基面出露的较大断层破碎带上，横缝和纵缝均采用宽缝；为适应坝基处理的需要，缝宽达 4m。美国邦达来双曲拱坝，上部的横缝采用宽缝，缝内随两侧混凝土浇筑后填入卵石并捣紧，当坝块上升到一定高度后，采用一定压力灌入水泥砂浆，使坝块结合成整体。这种方式可减少坝体向下游倒悬所产生的初应力。瑞士的道尔（Des Toules）拱坝由一期坝高 25m 加高至 86m，新老坝块间的纵缝采用宽缝，并采用压浆混凝土回填。

为了减小或补偿宽缝回填混凝土的收缩，可采用膨胀混凝土进行回填。

2.9.3.4　水平缝

水平缝一般指浇筑层间的施工缝。在坝基面或老混凝土面以上强约束区浇筑层高度一般为 1.5～2m，其他部位为 3～6m，具体尺寸应根据浇筑能力和温控措施确定。水平缝的处理方式和效果将直接影响缝面的抗拉、抗剪强度和抗渗能力，应制定严格的施工技

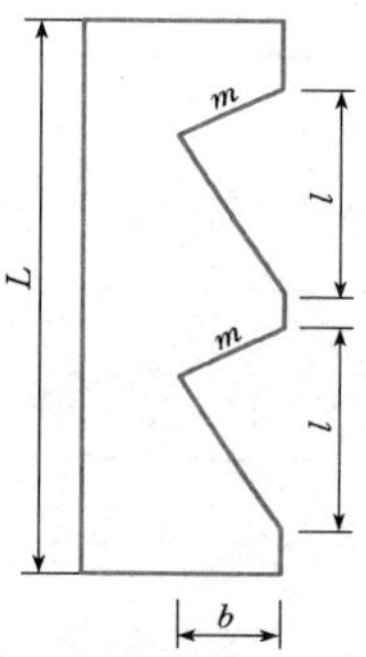

图 2.9-7　纵缝键槽示意图

L—浇筑分层高度，约为 300cm；l—键槽开口高度，不宜小于 100cm；b—键槽深度，约为 30～40cm；m—键槽坡度（垂直∶水平），约为 1∶1.2～1∶1.5

术规程，具体要求参见本卷第 1 章的有关内容。

当拱坝设置纵缝时，同一坝段相邻浇筑块的水平缝面一般保持 20～30cm 的高差，水平缝面离廊道顶的距离不宜小于 1.5m。水平缝与基岩面相交应避免出现尖角，并尽可能使其接近正交。

水平缝面的间歇时间应严格控制，夏季一般为 5～10d，冬季不宜超过 5d，并采取表面保温措施。此外，还应严格避免大面积长间歇薄层浇筑，以防止发生裂缝。

相邻坝段和坝块施工期浇筑高差不宜超过 12m，以免侧面因长期暴露而产生裂缝，并防止收缩缝键槽受到挤压而影响灌浆质量。

2.9.3.5　周边缝

周边缝是设置在双曲拱坝坝体和垫座之间的缝，其作用如下：

（1）改变坝体与建基面直接连接的边界条件。当坝址河谷形状不规则或坝基存在地质缺陷等不利条件时，仍有可能获得经济合理的拱坝体型设计。

（2）有利于优选拱坝体型。当周边缝位置拟定后，如坝基实际开挖深度与预计略有差别时，只需适当调整垫座高度，而不必修改拱坝体型，从而提高拱坝体型优化设计的工作效率。

（3）改善坝体上游面的应力状态。周边缝多为连续光滑曲面，可使拱坝上游面的拉应力减小或消失，使坝体和垫座间的应力分布较为均匀，并可利用垫座扩大与坝基的接触面积，从而减少坝基压应力。

（4）减小坝体传至垫座的弯矩，从而减小坝基面拉应力，避免灌浆帷幕因受拉而破坏。

（5）可以提前浇筑垫座混凝土，尽快有效保护易被风化的基岩面，为坝基灌浆创造较好条件，并方便施工。

自 20 世纪 30 年代意大利拱坝首先采用周边缝技术以来，国内外已有不少工程效仿。表 2.9-6 列出了国内外部分拱坝设置周边缝的情况，其中一些坝的周边缝轮廓如图 2.9-8 所示。

表 2.9-6　国内外部分拱坝周边缝设置情况

序号	坝　名	国家	最大坝高（m）	垫座以上坝高（m）	垫座底厚（m）	坝底厚（m）	备　注
1	英古里	苏联	271.5	221.5	86.0	50.0	①*
2	德　兹	伊朗	203.0	172.0		21.0	②*
3	黑部川第四	日本	188.0			38.0	③*
4	德　基	中国	181.0			19.8	④*
5	普拉斯—木兰	意大利	153.0	140.0	47.0	41.5	
6	诺维洛	墨西哥	140.0	133.0		35.0	⑤*
7	留米意	意大利	136.5			14.0	缝面涂沥青砂浆
8	圣—罗赛	墨西哥	114.0				⑥*
9	派夫—迪—卡杜尔	意大利	111.5	55.0		26.0	⑤*
10	伐尔—加列纳	意大利	92.4			15.2	
11	沙里达	墨西哥	92.0				⑦*
12	奥西格里泰	意大利	76.0				世界上第一座周边缝拱坝（1937 年建成）
13	马蒂里奇	美国	68.6	58.0			采用滑动底缝**
14	奥克马里托	委内瑞拉	57.0				⑧*
15	光　明	中国	26.0	20.0		2.0	采用滑动底缝

注　标有 * 的周边缝轮廓如图 2.9-8 所示，标有 * * 的如图 2.9-12 所示。

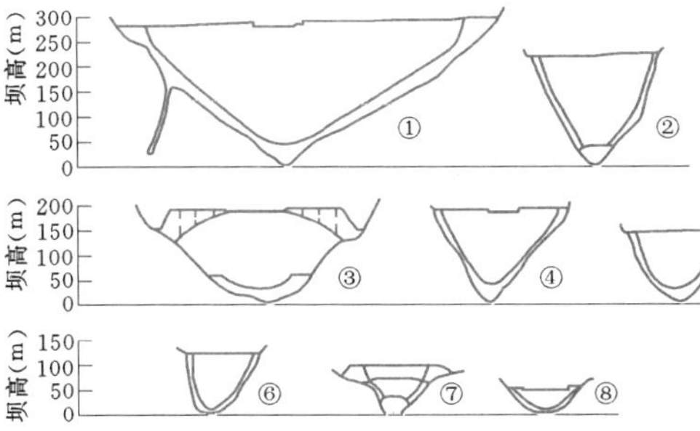

图 2.9-8　部分拱坝周边缝示意图

周边缝在拱坝径向剖面上多为圆弧曲线。英古里拱坝周边缝的圆弧半径与该处坝体厚度相等，缝面略向上游倾斜，与坝体径向剖面上的压力线正交。压力线的方向按各种可能荷载组合下的均方根值确定，其周边缝型式如图 2.9-9 所示。意大利伐尔—加列纳拱坝的周边缝型式如图 2.9-10 所示。周边缝在拱坝坝轴线剖面上一般为二次曲线或卵形曲线，如图 2.9-8 和图 2.9-10 所示。

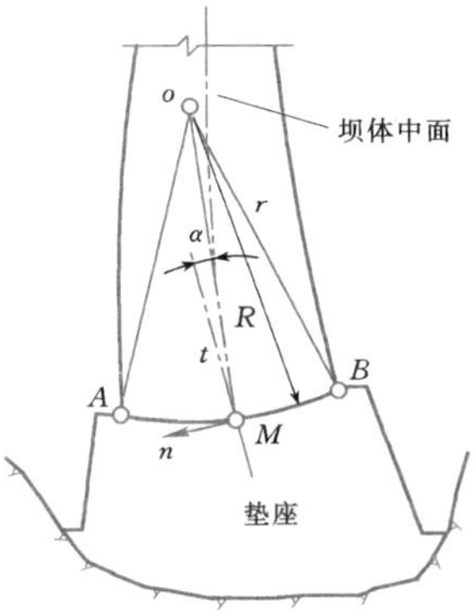

图 2.9-9　英古里拱坝周边缝径向剖面图

周边缝的典型构造和处理方式如图 2.9-11 所示。垫座混凝土浇筑后表面不做冲毛处理，直接浇筑坝体混凝土，缝的上游端布置钢筋混凝土防渗塞，周围填以沥青防水材料。防渗塞的下游侧埋设止水铜片，并设置排水孔道。意大利的拱坝周边缝常采用钢筋网加强，瑞士的拱坝周边缝常与一般浇筑层面相同，有的在缝内布置灌浆系统，必要时可进行灌浆。西班牙的拱坝周边缝常设计成光滑曲面，缝面不做冲毛处理，直接浇筑坝体混凝土。

周边缝的衍生形式有底缝、半周边逢和坝踵缝。

1. 底缝

有的拱坝将河床坝段的周边缝做成滑动底缝。在垫座面上涂以沥青或铺设其他摩擦系数较低的材料。如美国的马蒂里奇拱坝，垫座的顶面上先涂石墨胶，再铺设涂有石墨胶的石棉板，容许坝体沿缝面滑动，具体布置如图 2.9-12 所示。我国浙江的光明拱坝将垫座面磨光后涂以沥青，缝上游侧设有橡皮止水片。

经模型试验和应力分析表明，设有滑动底缝的拱坝可有效地减小坝体底部的竖向拉应力。但滑动底缝

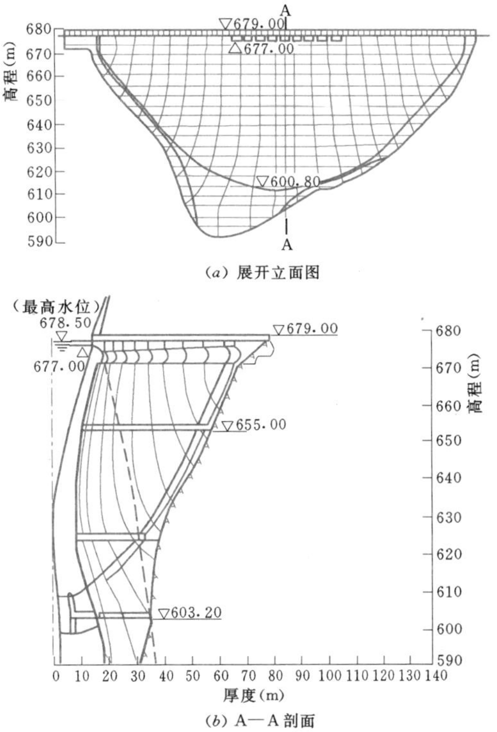

图 2.9-10　伐尔—加列纳拱坝周边缝布置图（单位：m）

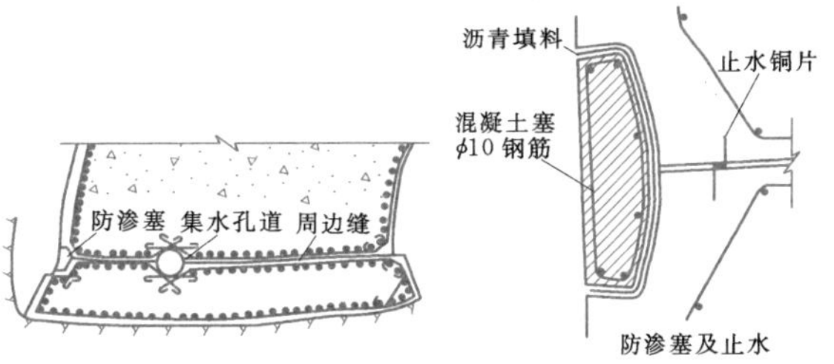

图 2.9-11　拱坝周边缝典型构造图（单位：mm）

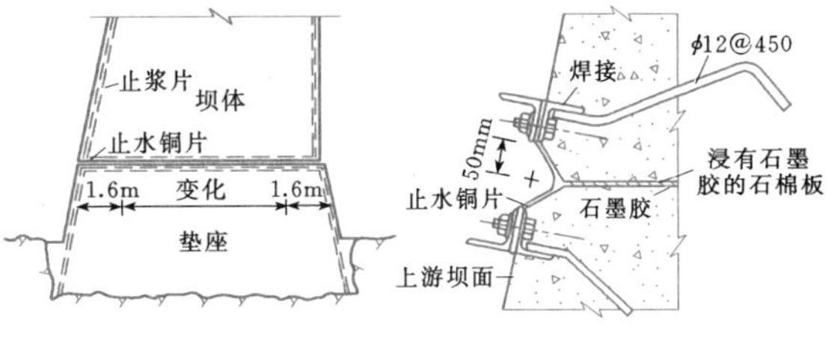

图 2.9-12　马蒂里奇拱坝滑动底缝构造图

（包括一般的周边缝）将不同程度地削弱拱坝的整体刚度，可能增加坝体下游侧底部的环向水平拉应力和竖向压应力，坝体和垫座间的抗滑稳定安全度明显低于一般浇筑缝，因此，设置拱坝周边缝，特别是滑动底缝，应经过充分的论证。

2. 半周边缝

半周边缝的长度介于周边缝和底缝的长度之间，其基本设计思想是，在基础“板”作用约束强烈的拱坝中下部设缝，以尽量消除这种约束；在“膜”约束占主要地位的大坝上部不仅没有必要设缝，还要对拱坝“上抬”加强约束。

3. 坝踵缝

在宽河谷内修建拱坝，往往因为坝踵拉应力过大，超过坝体混凝土或坝体与基岩接触面的抗拉强度，如果不采取有效预防和控制措施，坝踵混凝土或坝基面势必产生裂缝。实践和理论研究表明，如果在坝踵预计拉裂区预设坝踵缝和与之配套的控制廊道，则可限制裂缝沿坝踵缝扩展，并止于控制廊道，达到控制裂缝部位和深度的目的。

坝踵缝一般布置在河床坝段或拉应力过大部位，随坝基规则、平顺变化，从上游面开始，水平通至控制廊道。该廊道可利用帷幕灌浆廊道，也可专门设置。坝踵缝高于坝基面一定高度，以利于大坝向基础传递应力，也可设置在坝基面上，需经过技术比较确定。

坝踵缝基本上只传递压力。坝踵缝拉裂后，坝体应力将重新分布。坝体应力将通过控制廊道下游侧混凝土向坝基传递，故要求该部位坝体有足够厚度，以控制坝体应力小于容许值。

应针对坝踵缝设置相应的防渗排水系统，包括止水片、排水孔以及灌浆系统等；缝面上下层需配置钢筋，控制廊道断面最好为椭圆形，以利改善坝踵应力及其分布。瑞士 123m 高的宏格林拱坝，坝踵缝和控制廊道设置在坝体内［见图 2.9－13（*a*）］。南非的维尔伍德拱坝，坝踵缝和控制廊道布置在拱坝上游面理论体型之外［见图 2.9－13（*b*）］。罗克斯拱坝的坝踵缝和控制廊道亦在理论上游面之外［见图 2.9－13（*c*）］。法国的劳札斯拱坝，坝踵检查廊道的上游侧设置了不灌浆的坝踵缝［见图 2.9－13（*d*）］。图 2.9－13（*e*）、（*f*）所示为南非的卡策拱坝，最大坝高 185m，坝顶长 710m，大坝弧高比 3.84，该坝基岩为玄武岩，含角砾岩层，岩层大体呈水平，设置了坝踵缝，缝长 9m，约为坝底宽度 60m 的 1/6。罗克斯拱坝设有坝踵缝，如果卡策坝仍按照罗克斯方式于上游面设置止水“干缝”，则坝踵混凝土所承受的水力梯度高达 100∶1，工作条件十分不利。该坝放弃了这种做法，于缝内设扁平塑料袋，确保上、下混凝土面不粘接，同时它还提供了一个单独的隔离仓，与水库相通，以使该缝上、下混凝土表面压力保持与库压相同，从而防止了水力坡降过大和可能的水力劈裂。坝踵缝向下游倾斜 20°，消除了沿缝产生剪滑的问题。缝下部为 1.5m 厚的钢筋混凝土板，并与基岩锚固，锚筋长 10m，缝面上部表面设有钢筋。缝内设重复灌浆阀，当水库水位接近最高值和接缝开度最大时可进行灌浆。这样，在止水破坏时可防坝踵缝过量漏水，在接缝堵塞或出现其他故障时可防止坝踵附近混凝土水力坡降过高。缝内设有单独的排水系统。此外，这种缝还可改善坝基内角砾岩层和其他不连续面的静力工作条件。

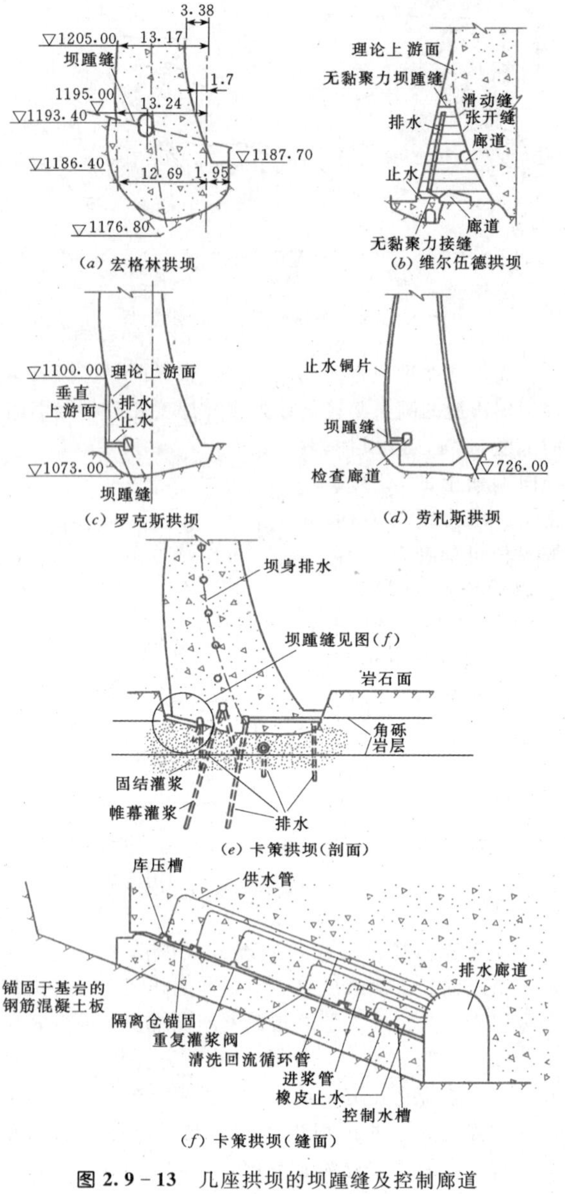

图 2.9－13 几座拱坝的坝踵缝及控制廊道

（单位：m）

2.9.3.6 永久伸缩缝

拱坝的永久伸缩缝多设置于坝体（包括坝顶溢流板）与坝后厂房或重力墩与翼坝间。其缝宽应根据两侧建筑物的可能最大变位差和填缝材料确定，一般为2～5cm，填缝材料有软木、沥青油毛毡和其他易压缩的防水材料。溢流板与厂房间的伸缩缝在迎水侧应加设止水片。

2.9.4　接缝灌浆

2.9.4.1　灌浆系统布置

横（纵）缝灌浆系统应分层或分区独立布置。横缝灌浆分层高度一般以9～12m为宜，不超过15m。如每层缝面面积过大，则应分成若干区，每区面积以300～450m²为宜，不宜大于600m²。纵缝灌浆分层高度一般与横缝一致，也有与横缝不同的实例，但应注意将纵缝与横缝分区水平止浆片可靠连接，以防横缝灌浆时浆液经由纵缝进入上层横缝灌区。

接缝灌浆压力宜选择0.3～0.6MPa，层顶灌浆压力可适当降低。灌浆过程中应监测灌浆缝的增开度，使其不超过容许值，一般横缝不应大于0.5mm，纵缝不应大于0.3mm。灌浆时尚需在相邻缝内通水平压，使相邻缝底部压力差不大于0.2MPa，必要时也可在邻缝同时灌浆。

拱坝全部横缝都需要进行接缝灌浆，但对于上重下拱的拱坝型式，接缝灌浆则在某一高程结束，拱坝上部重力坝横缝不灌浆。例如隔河岩坝址为不对称的U形河谷，右岸较陡，左岸较缓，建坝基岩（石龙洞组灰岩）在平面投影上呈弧形分布，出露高程较低，因此大坝设计为重力拱坝，并在左岸设置重力墩。横缝灌浆顶高程在河床中间部位为181.30m，左岸降至重力墩顶部高程150.00m，右岸降至高程160.00m，相应形成不同灌浆高程的拱坝（又称斜拱）坝型（见图2.9-14）。

国内部分拱坝的横缝分区和灌浆压力见表2.9-7。

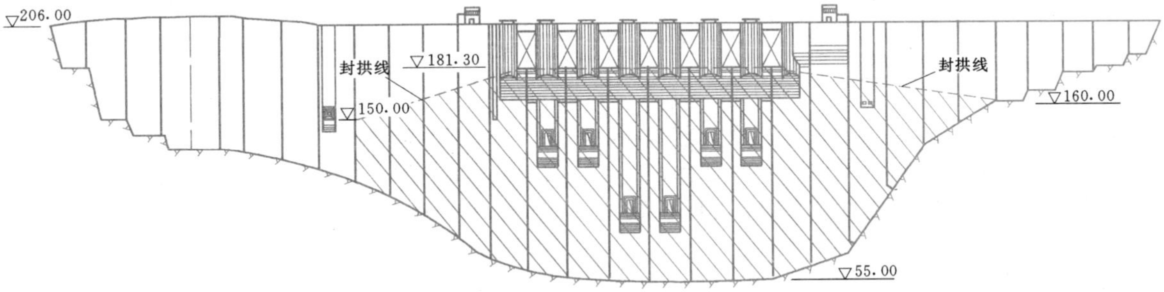

图2.9-14　隔河岩重力拱坝接缝灌浆布置图（单位：m）

表2.9-7　　国内部分拱坝横缝灌浆分区和灌浆压力

序号	坝　名	灌区高度(m)	最大灌区面积(m^2)	灌浆压力（0.1MPa）（未注明者为层底处压力）	备注
1	乌江渡	12～15	≤300	2.0（层顶），4.0～6.0	
2	白　山	9	364		
3	凤　滩	15	400～500		
4	石　门	10～25	300～420	2.0～4.0	
5	响洪甸	15，17	300～540	2.0～3.5（层顶）	
6	泉　水	15	120	一般为5，渐减至拱冠及坝顶为2～3	
7	流溪河	12	200	3.0～5.0	
8	陈　村	12，18	350	6.0	
9	里石门	8，10	121	3.0	
10	古　城	9，12.2，13	110		
11	红　岩	10，15，20	90	4.0	
12	大水峪	13，17	195	3.0～6.0	
13	苇子水	11，13，16，17.6	150		

续表

序号	坝 名	灌区高度（m）	最大灌区面积（m^2）	灌浆压力（0.1MPa）（未注明者为层底处压力）	备注
14	欧阳海	8，9，10	110	5.0，泄水孔闸墩处2.0	
15	丰 乐	9，12	140	2.5～3.0（层顶）	
16	隔河岩	9～11	495		斜拱
17	二 滩	12，15	850	回浆口处为3.5	
18	构皮滩	9，12，15	548	排气槽处为3.0	
19	溪洛渡	9～12	730	缝顶为3.5	
20	锦屏一级	9	540	缝顶为3.0～5.0	
21	拉西瓦	7.5～12.5	400	排气槽处为2.5～3.0	
22	小 湾	9～12	610	排气槽处为5.0	

2.9.4.2 出浆方式

按横（纵）缝灌浆管的布置和构造主要可分为点出浆式、线出浆式和面出浆式三种。

1. 点出浆式

早期的横（纵）缝多采用点出浆方式，近20年来，国内拱坝横（纵）缝灌浆已很少采用这种方式。部分工程在陡坡坝段接触灌浆中仍采用点出浆方式。

2. 线出浆式

线出浆方式多采用拔管法成孔，其特点是灌浆浆液沿骑缝的预留孔道全线出浆。将管内充以一定气压的塑料管临时固定在先浇坝块预留的半圆槽内，待后浇块浇筑完毕后放出管内空气，将管拔出后即形成骑缝孔道。线出浆式灌浆系统是我国设计者的创新技术，取得了较好的效果。图2.9-15和图2.9-16所示分别为横缝和纵缝线出浆式灌浆系统布置图。

与点出浆式相比，线出浆式的优点是：出浆范围大，在相同的灌浆压力下可较快地达到要求的最终浆液稠度，增强可灌性，提高灌浆效率和质量，减少施工工序，降低工程费用。

3. 面出浆式

面出浆方式的特点是取消了缝面预埋的升浆管、出浆盒或塑料拔管系统，而用灌区底部预留水平出浆槽代之，故又可称为“出浆槽式”。为减少缝内阻力，将常规梯形键槽改为球面键槽，二滩水电站拱坝即采用这种方式（见图2.9-17）。实践表明，出浆槽方式结构简单，施工方便，节省材料，施工进度快。一旦发现管路堵塞，即可重新设一套出浆槽和回浆管路，并不受浇筑块先后顺序的制约，转缝灵活。

二滩拱坝横缝灌浆过程中，对灌浆较不顺利的缝进行了钻孔取芯、声波测试和压水试验等检查措施，检查成果见表2.9-8。检查结果表明浆液结石充填率达99%以上（跨缝取芯回收中51.9%含缝芯样完全胶结在一起），压水试验结果，透水率基本为零。

2.9.4.3 止浆

在各灌浆区和横（纵）缝沿廊道的周边均应布置止浆片，止水片可兼作止浆用。止浆片或止水片的接头应焊接良好，并应防止锈蚀和损坏。止水（浆）片处的混凝土，特别是止水（浆）片角缘处应振捣密实，避免出现架空，否则灌浆时将发生串浆或漏浆，从而影响灌浆质量。止浆片至上、下游坝面的距离要求同止水片，在严寒地区该距离宜适当增大。

止浆片多采用聚氯乙烯或橡胶制成，型式多样，选用灵活。止浆材料及其结构型式应满足《水工建筑物塑性嵌缝密封材料技术标准》（DL/T 949—2005）和《水工建筑物止水带技术规范》（DL/T 5215—2005）的相关规定。

2.9.4.4 灌浆

1. 灌浆的时间和程序

拱坝横（纵）缝必须进行接缝灌浆，在浆液结石达到预期强度后，坝体方能挡水受力。施工期临时度汛或水库初期蓄水前，拱坝部分拱圈可能尚未完成封拱，此时应对拱坝和部分悬臂梁联合挡水进行专门论证，以保证拱坝施工期和运行初期的安全。灌浆的时间和程序应符合下列规定。

（1）蓄水前应完成蓄水初期最低库水位以下各灌浆区的接缝灌浆及其验收工作。未完灌浆区的接缝灌浆应在库水位低于灌浆区底部高程时进行。

（2）灌浆区坝体混凝土温度应降到设计规定值；缝的张开度不宜小于0.5mm；除顶层外，灌浆区上部应设置一定厚度的同冷区或过渡区，并使灌浆区与同

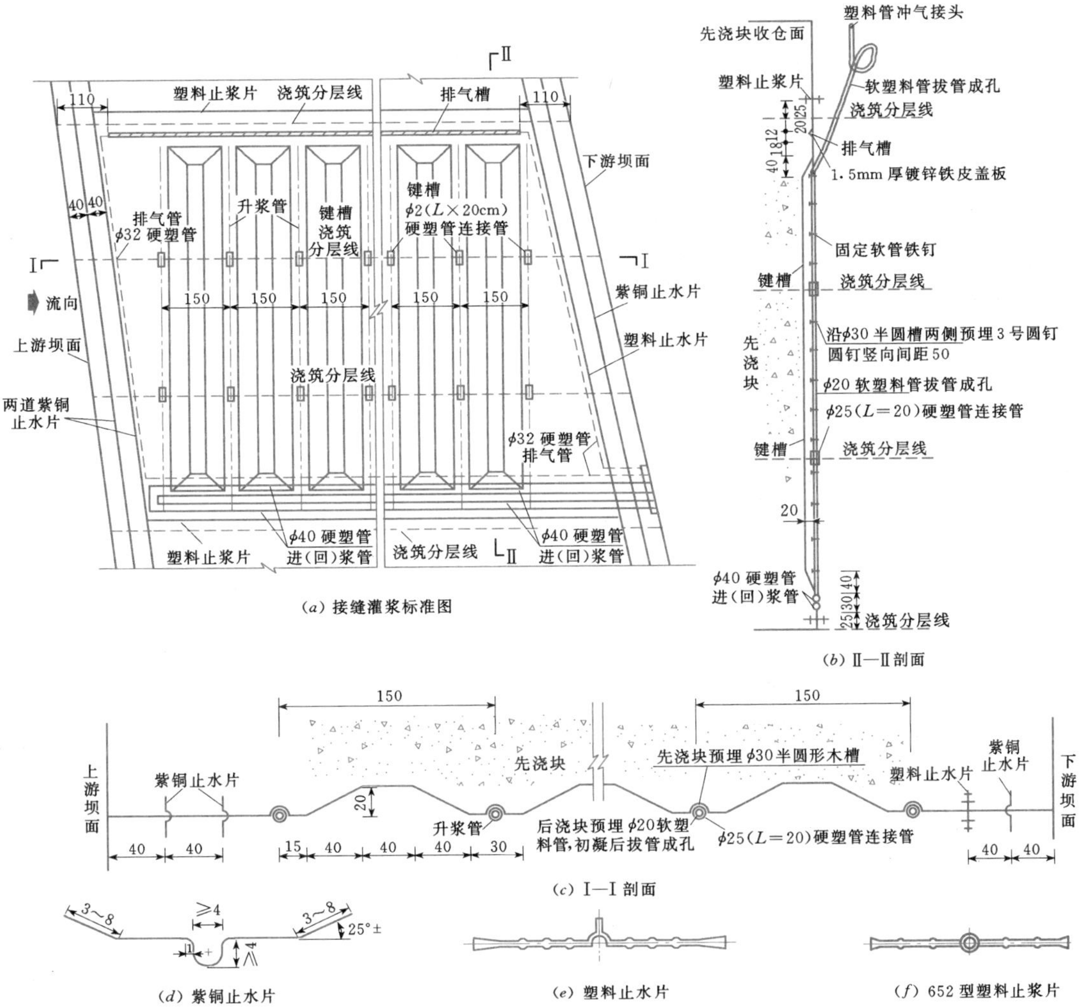

图 2.9-15 横缝线出浆式灌浆系统布置图（单位：cm）

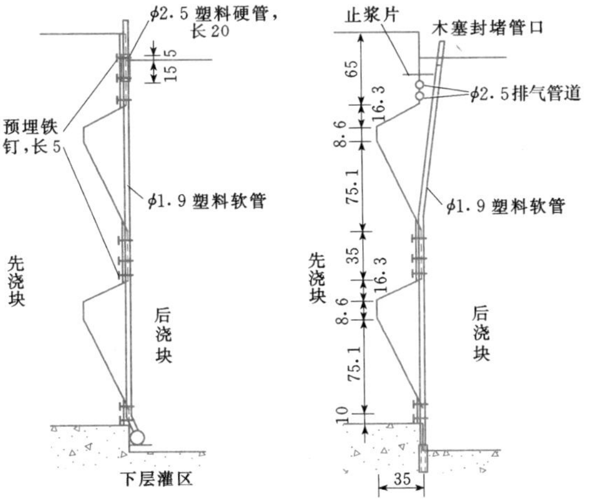

图 2.9-16 纵缝线出浆式灌浆系统布置图（单位：cm）

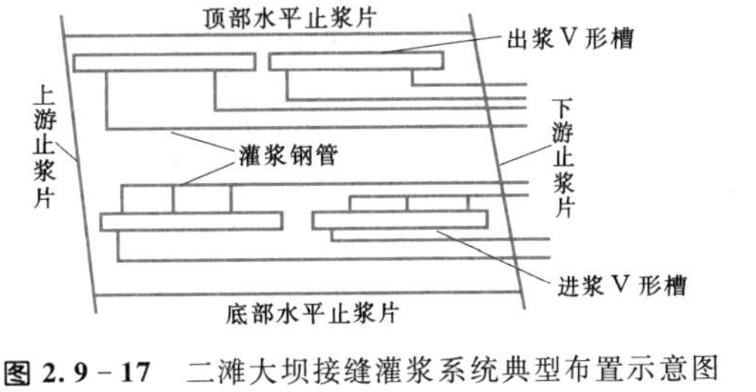

图 2.9-17 二滩大坝接缝灌浆系统典型布置示意图

冷区或过渡区温度一致；缝两侧坝体混凝土龄期不宜小于 90d，过渡区的混凝土龄期不宜小于 28d。在混凝土坝体内应根据接缝灌浆的需要埋设一定数量的测温计和测缝计。

（3）灌浆应从最低层起向上逐层进行，同一层内的横缝灌浆宜自大坝中部向两岸推进。

（4）各坝段的同一灌浆层内，横缝灌浆宜先于纵

表 2.9-8　　二滩拱坝横缝部分灌区钻孔检查结果表

缝号	孔径(mm)	孔深(m)	孔与缝面关系	芯样直径(mm)	缝面胶结率(%)	浆液充填率(%)	结石厚度(mm)	透水率(Lu)	声波波速(m/s)
23/24	172	6.30	骑缝	145	53.5	100	0.9～2.1	0	3000～4000
22/23	172	6.00	骑缝	145	22.7	100	1.0～2.56	0	4000～5000
19/20	172	6.50	骑缝	145	100.0	100	2	0	4000～5000
23/24	76	1.54	跨缝	56		99	2	0	
23/24	76	1.68	跨缝	56		100	2	0	
18/19	172	6.50	骑缝	145	65.3	100	0.9～3.44	0	4000～5000
24/25	172	5.60	骑缝	145	0	100	2.7～3.4	0	
13/14	76	5.00	跨缝	56	100.0	100	2	0	
20/21	48	2.00	跨缝					0	
22/23	48	2.00	跨缝					0	
19/20	172	5.30	骑缝	145	63.6	100	2.6～3.4	0	4000～5000
28/29	172	5.52	骑缝	145	76.6	100	1.0～3.1	0.18	3500～5000
21/22	172	4.70	骑缝	145	61.8	100	1.9～2.52	0.16	3800～5500
25/26	172	6.85	骑缝	145	60.2	100	2.5～3.6	0	4000～5000
28/29	172	9.25	骑缝	145	61.1	100	1.7～2.0	0	4000～5000
27/18	172	6.80	骑缝	145	94.7	100	0.7～3.5	0.24	
27/28	172	4.20	骑缝	145	75.2	100	1.5～2.8	0.59	3000～5000
13/14	172	3.60	骑缝	145	50.6	100	2.6～3.6	0.05	3000～4500
8/9	172	7.89	骑缝	145	45.3	99	0.6～1.2	0	
9/10	172	4.46	骑缝	145	7.7	94	0.8～1.4	0.4	4000～5000
27/28	172	2.80	骑缝	145	0	95	0.8～1.4	0	3800～5000
22/23	172	12.32	骑缝	145	18.5	83	1.48～2.2		
13/14	172	4.89	骑缝	145	29.2	96	0.9～1.5	0	2000～5000
15/16	76	8.00	跨缝	56	0	100	0.84～0.94	0	
15/16	76	8.00	跨缝	56	0	100	1.84	0	
15/16	76	8.00	跨缝	56	100.0	100	2.16	0	
15/16	76	8.25	跨缝	56	100.0	100	2.16	0.3	
15/16	76	13.00	跨缝	56	0	100	1.06	0	
15/16	76	13.25	跨缝	56	0	100	1.7	0.3	

缝灌浆。对于分成若干区的横缝，或纵缝多于一道时，灌浆宜由下游向上游逐区或逐道进行，或先灌上游第一道纵缝，再从下游向上游推进。

(5) 同一高程的横缝（或纵缝）灌浆区，一个灌浆区灌浆结束3d后，其相邻的横缝（或纵缝）灌浆区方可灌浆。若相邻的灌区已具备灌浆条件，可采用同时灌浆方式，也可采用逐区连续灌浆方式。当采用连续灌浆时，前一灌区灌浆结束后8h以内，必须开始后一灌浆区的灌浆，否则仍应间隔3d后再进行灌浆。

(6) 同一坝缝的下一层灌浆区灌浆结束10d后，上一层灌浆区方可开始灌浆。若上、下层灌浆区均已具备灌浆条件，可采用连续灌浆方式，但上层灌浆区灌浆应在下层灌浆区灌浆结束后4h以内进行，否则仍应间隔10d后再进行灌浆。

2. 灌浆材料

拱坝接缝（触）灌浆材料应以水泥为主，必要时采用化学材料。水泥品种应根据灌浆目的和环境水的侵蚀作用等确定，一般情况下可采用硅酸盐水泥或普通硅酸盐水泥。当有抗侵蚀或其他要求时，应使用特种水泥。水泥强度等级可为42.5或以上，且必须符合《通用硅酸盐水泥标准》（GB 175—2007）或所采用的其他水泥的标准。水泥细度宜为通过80μm方孔筛的筛余量不大于5%。

浆液水灰比可采用2、1、0.6（或0.5）三个比级。一般情况下，开始可灌注水灰比为2的浆液，待排气管出浆后，浆液水灰比可改用1。当排气管出浆水灰比接近1，或水灰比为1的浆液灌入量约等于灌区容积时，即改用水灰比为0.6（或0.5）的浆液灌注，直至结束。当缝面张开度较大，管路畅通，两个排气管单开出水量均大于30L/min时，开始就可灌注水灰比为1或0.6的浆液。目前大多数工程采用固定水灰比，浓浆灌注也取得很好的效果，如二滩工程。

当灌浆区的缝面张开度小于0.5mm时，可采取以下措施：①使用通过71μm方孔筛筛余量小于2%的水泥浆液，或使用细水泥浆液；②在水泥浆液中加入减水剂，改善浆液的流动性能；③在缝面增开度限值内，适当提高灌浆压力；④采用环氧树脂浆液的化学灌浆，这种浆液可灌入张开度为0.2mm的缝内，浆液硬化后，黏结力强，收缩性小，强度高，稳定性好；⑤经论证后采用同冷层超冷方式，使缝张开达到灌浆要求。

3. 灌浆结束条件

当排气管排浆达到或接近灌浆浆液浓度，且管口压力或缝面增开度达到0.5mm，注入率不大于0.4L/min时，持续20min，灌浆即可结束。

在闭浆升压时，如缝面增开度增大的趋势明显并接近0.5mm时，应采取减少进浆压力、增加邻缝平水压力等措施，但水压力保证在灌区顶部不超过0.20MPa。若这些措施均无效果，增开度持续增加超过0.5mm，应立即停止灌浆，并打开顶部管路放浆，以降低缝内浆液压力。此时，无论灌浆区顶部压力是否升至0.35MPa，以增开度0.5mm为控制标准结束灌浆。灌浆结束时，应先关闭各管口阀门后再停机，闭浆时间不宜少于8h。

2.9.5 坝内廊道及交通

拱坝内设置的廊道有下列用途：

（1）施工期在坝内进行坝基防渗帷幕的钻孔和灌浆，排水系统的钻孔和引水，并便于运行期帷幕和排水的检修和补强。

（2）布置坝体观测设施，便于坝内情况的检查及交通。

（3）便于接缝灌浆。

拱坝坝体应力较高，廊道（含竖井）对坝体局部应力有一定影响。为避免过多削弱坝体，对于厚度小于10m左右的薄拱坝，一般不设置纵向廊道。

坝内廊道按布置的部位可分纵向廊道、横向廊道和竖井等。

2.9.5.1 纵向廊道

纵向廊道沿拱坝的弧线方向布置，按其用途可分为以下三类。

1. 基础廊道

主要供坝基防渗帷幕和排水系统的钻孔和灌浆，并兼作坝内观测、检查和交通等用。为确保廊道底板坡度平缓和盖重灌浆，廊道底板厚度不小于3m。基础廊道在平面上沿拱圈呈弧线或折线布置，顺岸坡升至一定高程后终止或转向两岸延伸。宜布置平洞或横向廊道以便基础廊道对外交通。基础廊道坡度较陡时，应设置平台及扶手。若两岸坡度大于45°时，可结合平洞分层布置，以减缓爬坡。岸坡段基础廊道与横缝系统的间距不小于1m。

2. 检查交通廊道

主要用于坝内观测、检查和交通。多层廊道的层高应根据拱坝高度和需要以及邻层廊道的连接型式确定。各层廊道可采用电梯、竖井、坝后桥等方式相互连通。

3. 坝基排水廊道

如坝体厚度较大，为进一步降低坝基扬压力，可在坝基面中点至下游侧三分点范围内布置廊道。坝基渗水可汇流至集水井后采用水泵抽出，亦可设法通过自流引出坝外，自流出口应高于下游最高水位。

纵向廊道上游壁至上游坝面的距离宜为坝面作用水头的0.05～0.10倍，且不小于3m。廊道断面可为圆形顶拱直墙式或矩形。廊道的尺寸一般为：①基础廊道应根据灌浆机具尺寸和工作空间要求确定，宽度宜为2.5～3.0m，高度宜为3.0～4.0m；②检查交通廊道的宽度不宜小于1.2m，高度不宜小于2.2m；③坝基排水廊道的宽度宜为1.5～2.0m，高度宜为2.5～3.0m。

坝基排水廊道与横向廊道直接连通，各层检查交通廊道与岸坡灌浆廊道连接，并经横向廊道通至坝外。

2.9.5.2 横向廊道

沿拱坝径向布置，主要供纵向廊道对外交通，也可供观测和检查之用。横向廊道出口宜布置在左右岸非溢流段范围内，出口高程不宜低于下游最高水位，否则应设置止水可靠和启闭灵便的堵水门，以确保坝内廊道使用安全。

2.9.5.3　竖井

坝高 80～100m 以上的高拱坝宜设置竖井，主要供坝内竖向交通及监测之用。竖井与各层纵向廊道连接并直通坝顶。

2.9.5.4　廊道及交通布置的一般要求

廊道与横缝间距不应小于 1m，与坝内其他孔洞间的净距离不宜小于 3m，或通过应力分析确定。廊道的布置宜避开拉应力区。廊道、竖井等孔洞交叉部位的受力情况比较复杂，宜采用空间有限单元法计算，视应力计算成果配置钢筋。

廊道内应设排水系统，廊道两侧（或一侧）应设排水沟，排水沟尺寸宜为 25cm×25cm，底坡 3‰左右。凡廊道底面位于下游水位以上均可用自流排水，位于下游水位以下应设动力抽排。廊道和竖井内应有良好的照明、通风、保温和用电安全设施，以利于人员工作和减小坝体温度应力。廊道通向坝外的进、出口应设门以确保安全和防寒。在泄洪和施工度汛时，应有防止廊道进水的措施。

坝内廊道断面尺寸应满足多方面的要求，各层廊道要相互连通，并与坝后桥和其他相邻建筑物及两岸坝肩相通。在满足施工和运行要求的前提下，应尽量减少坝内廊道，以避免恶化坝体应力，加快施工进度，特别是薄拱坝。

布置监测廊道时，应考虑监测室的设计，或设置专用的副廊道。监测室的尺寸应根据设备布置和监测需要确定。倒垂孔设置时，应避免在主廊道中心线上打孔，可在廊道下游侧设置的副廊道上钻孔。

坝上的交通布置应满足施工期和运行期的运用要求，将坝内外交通连接为一个空间交通系统。施工期实施基础帷幕灌浆、排水、坝体接缝灌浆、大坝观测、金结设备安装调试等，以及运行期对大坝和引水、泄水建筑物进行管理维护，均要求方便的交通运输、运行操作条件。

坝下游面应根据运行期安全巡视、施工期接缝灌浆和坝内交通连接等需要合理分层布置坝后桥，布置高程应与坝身孔洞和廊道布置相协调。坝后桥应考虑检修设备及人行荷载作用，施工期运用时，还需考虑施工荷载作用，并宜与坝体整体连接，其伸缩缝应与拱坝横缝布置相对应。上下层之间的连接，除了考虑设置机械通道（如电梯）外，还可通过下游坝面或岸坡设置人行通道，也可利用下游拱端贴角设置楼梯，供上下交通之用。

高坝往往要设置电梯及人行楼梯。电梯井可在坝内、坝外或坝内外相结合布置。电梯井和人行楼梯的设置要以既不恶化坝体应力，又便于交通运输为原则。龙羊峡、乌江渡、白山拱坝设置两部电梯，东江、紧水滩设置一部电梯。对中、低坝（如石门、响洪甸、泉水等）可不设电梯，以坝后桥及其垂直向“之”字形连接梯为交通通道。

构皮滩拱坝廊道布置如图 2.9-18 所示。

2.9.5.5　上、下游贴角设计原则

(1) 上、下游贴角水平宽度应根据坝基开挖边坡及基础处理确定。一般坝体下游贴角水平宽度为 5.0～6.0m，上游贴角水平宽度为 2.5～3.0m。

(2) 拱坝蓄水后，上游贴角混凝土和基岩会被拉开，而下游贴角混凝土受压。为了保证蓄水后拱坝上游坝踵及贴角不被拉裂，在上游贴角和基岩之间预先涂抹一层沥青。同时，为保证下游贴角与基岩处于受压状态，并保护下游抗力体不受风化影响，在下游贴角与边坡接触部位进行固结灌浆和接触灌浆，便于充分传力给下游抗力体。

(3) 贴角在两坝肩设计成台阶状，每个台阶高度等于浇筑层高度（3.0m 或 1.5m）；贴角的高程还应和坝后桥及下游廊道出口相一致。

(4) 贴角混凝土技术要求和温控措施与大坝混凝土一致。

(5) 当开挖后的地形高度小于贴角高度时，可不设贴角。

2.9.6　坝体止水和排水

2.9.6.1　止水

横缝上游面、下游最高洪水位以下的横缝下游面、溢流面以及陡坡坝段坝体与地基接触面等部位，均应设置止水。

止水片设计应研究止水部位的受力状况，根据其重要性、作用水头、检修条件等因素确定止水材料和布置型式。承受高水头的横缝止水，宜设两道退火紫铜片或不锈钢片；承受中等水头的横缝止水、溢流面止水、陡坡坝段与边坡接触面止水，宜设一道退火紫铜片或不锈钢片；承受较低水头的横缝止水、校核尾水位以下的横缝止水，可采用一道塑料止水带或橡胶止水带。

止水铜片或不锈钢片两侧埋入混凝土内的长度宜为 20～25cm，止水片的接头和接缝应保证焊接质量。塑料止水带或橡胶止水带应根据工作水头、气候条件、所在部位和施工条件等因素，选用合适的标准型号，并应控制安装变形。止水片与坝面的距离宜为

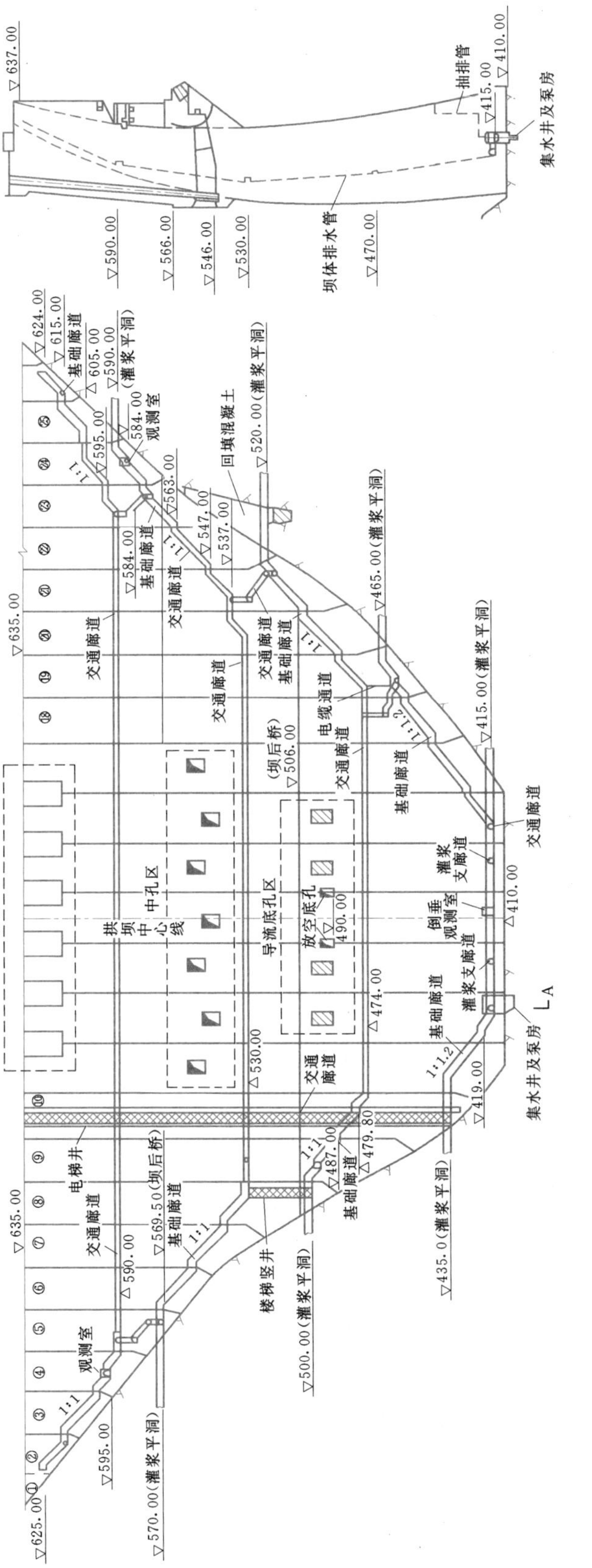

(a) 大坝廊道及集水井布置上游立视图

(b) A—A 剖面

图 2.9-18　构皮滩拱坝廊道布置图（单位：m）

20～50cm。

横缝止水或基础止水必须与坝基妥善连接，止水片埋入基岩深度宜为30～50cm，必要时止水槽混凝土基座应采用锚筋与基岩连接。

止水材料及其结构型式应满足《混凝土拱坝设计规范》（DL/T 5346—2006）和《混凝土拱坝设计规范》（SL 282—2003）的相关规定。

2.9.6.2 排水

坝内一般采用竖向排水管，并与各层纵向廊道连通。为防止堵塞，排水管道不宜设急弯。排水管至上游坝面距离与承压水头、坝体混凝土容许水力坡降、上游坝面暴露频率、外界温度变幅及坝内孔洞、廊道布置等有关，应综合研究确定。中、低坝一般为承压水头的1/20～1/10，但不得小于2m，高坝需经专门论证后确定。溢流坝内的排水管顶部距溢流面一般为2m。排水管间距的选取应考虑混凝土的抗渗特性和施工质量，一般为2.5～3.5m。排水管内径一般为15～20cm，过去多采用预制无砂混凝土管，或用塑料拔管后留下的圆孔或花管代替。采用拔管法应在混凝土终凝前反复转动管子，防止管子凝固在混凝土中拔不出来。

排水孔在施工过程中应妥善保护，如被堵塞则应予以疏通或重新补打排水孔。

排水管中的渗水一般排至纵向廊道的排水沟内，而后汇入经统筹设计的排水系统。廊道底面高于校核尾水位时，可采用自流排水；廊道底面低于校核尾水位时，应设集水井并由水泵抽排。在排水系统中，需在控制部位设置量水堰，通过量测各部位的渗漏量和总渗漏量，了解坝体和坝基的渗漏变化，结合工程安全监测，评价工程安全性。

2.9.6.3 抽水泵房

1. 抽水泵房设置条件

若具备条件，坝体和坝基渗流应首选自流排水。当下游水位较高，难以实现完全自流排水时，下游最高水位以下部分则应采用抽排，因而需要设置积水井和抽水泵房。

2. 积水井容积确定

应通过渗流计算、参考类似工程经验并适当留有余地，确定单位时间设计总渗流量，扣除可自流部分即是单位时间设计抽排量。确定了单位时间设计抽排量后，可根据拟选泵型（深井泵或井用潜水泵）、台数等确定积水井容积。

3. 泵房布置

泵房布置应考虑基础廊道布置、渗控布置、坝内外交通和施工条件等因素进行研究设计，既可布置于坝内，也可布置于坝外，布置于坝内的应避开坝体受拉区。

构皮滩拱坝高程495.00m以上坝体和基础渗水通过自流排入下游河道，高程495.00m以下渗流通过基础廊道汇入12号坝段积水井内。设计抽排量为$300m^3/h$，积水井有效容积$120m^3$，选用3台流量为$250m^3/h$的井用潜水泵（其中两台工作、一台备用）将积水抽入水垫塘。

2.9.7 坝身孔口配筋

1. 孔口应力

坝内开孔以后，在孔洞周围特别是角缘处，常产生不利的应力集中或较高的应力，容易产生裂缝，所以应计算分析和进一步复核孔洞周围的应力状态。

孔口尺寸相对于坝体断面一般都很小，属于小孔口问题，即孔口对原始应力场的影响仅限于孔口周围的局部范围（例如3倍孔口直径范围），对坝体整体的应力状态影响不大。

以前多用弹性力学理论和光弹试验研究孔口应力问题，现在基本采用有限元数值计算，坝体及其孔洞的三维应力分析常可以同时完成。

2. 三维有限元解

拱坝应力状态呈典型三维分布特性，孔口简化为二维计算必然损失精度，平面切片位置还需要论证。构皮滩拱坝和拉西瓦拱坝三维计算成果表明，深孔（中孔、底孔）沿流向拉应力不容忽视，而二维计算难以反映流向应力分布。按现在计算机的容量和速度，已经有条件做带孔口和闸墩的拱坝三维整体应力分析。对水头较高、断面较大的泄洪中孔、底孔，宜用三维有限元法作为主要分析手段。

用三维有限元法进行拱坝孔口应力分析时可采用两种方法：①对带孔（含闸墩）的拱坝直接进行整体分析，孔口和闸墩附近采用密集网格，离孔口较远处采用稀疏网格，中间采用过渡单元；②简化计算，即先对无孔口拱坝整体做三维应力分析，再切出包含孔口的部分坝体，范围是孔口尺寸的3～5倍，加密网格，在其边界施加整体分析得到的已知位移，解出孔口周围及闸墩的应力场。

3. 孔口配筋

孔口周围通常需要配置钢筋，根据弹性阶段的截面应力图形，拉应力大于混凝土轴心抗拉强度的部分由钢筋承受。求得孔口周边应力分布后，按水工混凝土结构设计规范配筋。

美国内政部垦务局认为，孔口周围的应力可用有限元法在不同的荷载假定下确定。如果孔口周围混凝土的拉应力小于混凝土抗压强度的5%，一般不需要钢筋；如拉应力大于混凝土抗压强度的5%，则需配置钢筋以限制混凝土开裂。

按弹性拉应力图形配筋方法存在以下问题。

(1) 拉应力图形是由未开裂的均质弹性体确定的，而混凝土开裂前，钢筋的应力很小，只有在混凝土开裂后钢筋才能发挥其强度；但是混凝土开裂后，结构的拉应力图形变化很大。用开裂前的拉应力图形作为开裂后钢筋强度计算的依据是这种方法的根本缺陷。

(2) 按该法进行配筋只能对结构强度提供一种保证，但是由于没有考虑材料进入塑性、混凝土开裂以及局部钢筋屈服后产生的应力重分布，无法对结构的正常使用状态（如裂缝开展深度、宽度）做出基本正确的估计。

进一步的工作是用三维非线性钢筋混凝土有限元法深入研究孔洞的应力状态。现有研究成果表明，如果按非线性有限元数值计算成果进行配筋，其配筋量要低于线弹性理论计算的配筋量。亦即按开裂前的拉应力图形进行配筋可以保证孔口结构强度要求，而且有相当的安全裕度，计算方法是保守的。

4. 孔口钢衬

坝内孔口裂缝几乎是不可避免的。坝身泄水孔口（如泄水中孔、放空底孔等）往往承受较高水压力，孔口表面混凝土中的细微裂缝在高压水作用下易于发生劈裂破坏，导致裂缝进一步扩展。为避免水力劈裂并提高抗冲蚀能力，高压泄水孔口采用钢衬保护常常是必要的，因此需要研究泄水孔口钢衬设计方案。

2.9.8 其他

如果拱坝坝址总体条件较好，只是局部存在缺陷，例如两岸坝肩利用基岩面高程偏低、基岩内有断层破碎带或河床底部有深槽等情况，只需局部修补就可使其满足坝基两岸基本对称和相对均匀的要求，那么选择拱坝方案仍然是经济合理的。局部修补的主要措施有拱端加厚、混凝土垫座、推力墩、重力墩和翼坝等。

1. 拱端加厚

当拱端及其附近基岩内的应力分布情况不利时，可采用仅在拱端附近的上游侧或下游侧或同时适当加大厚度，而不改变拱坝其他部分尺寸的方法来改善上述部位的应力分布。一般可先按等厚拱坝计算拱端作用力和应力分布，按规定要求拟定拱端加厚尺寸，最终按不等厚拱坝进行复核。我国的东江拱坝采用拱端附近下游侧加厚方案后，应力分布情况有显著改善。

2. 垫座

设置垫座也可以起到改善坝基应力分布的作用。垫座多与坝体一起浇筑，例如日本的坂本拱坝和我国的丰乐拱坝。垫座尺寸根据坝基应力和基岩承载力确定。当采用拱梁分载法计算拱坝应力时，可采用下列两种假定计入垫座的作用：①如垫座厚度比坝厚稍大，可视垫座为坝体的延长部分；②如垫座厚度较大，则一般视作坝基的组成部分。在有限元法计算分析中，可按坝体和垫座尺寸具体划分单元，从而获得比较精确的成果。对于设置周边缝的情况，也可采用有限单元法计算坝体和垫座应力。

此外，垫座还可减小坝体在地震时的振动程度，这从意大利安比斯塔拱坝的模型试验中已得到证明。

3. 推力墩、重力墩、翼坝

坝顶拱座可利用基岩面高程偏低，形成较大台阶时，可设置推力墩、重力墩、翼坝等结构来弥补这一缺陷，使拱端作用力通过推力墩等结构传递至基岩。如拱端至坝肩基岩较远或坝肩基岩承载能力较低时，可采用重力墩，将拱端作用力由重力墩承担。重力墩与坝头间的缺口可布置翼坝，翼坝一般折向上游与基岩岸坡连接。翼坝可用以拦挡库水，并可延长库水到拱坝及其下游侧基岩内的渗径，降低坝肩岩体内的渗透压力，因此，在推力墩的上游侧也可布置翼坝。

重力墩的变形对拱坝应力有较大影响，在采用有限元法分析时，假定拱坝与重力墩联合作用更为合适。重力墩沿建基面或基岩内软弱夹层的抗滑稳定安全性控制指标通常是确定重力墩尺寸的控制因素。

推力墩和重力墩一般采用实体，其顶部通常可布置泄洪建筑物。翼坝与重力墩或推力墩之间多用伸缩缝分开。翼坝一般按重力坝要求进行设计。

参 考 文 献

[1] 华东水利学院. 水工设计手册：第五卷 混凝土坝[M]. 北京：水利电力出版社，1987.

[2] DL/T 5346—2006 混凝土拱坝设计规范 [S]. 北京：中国电力出版社，2007.

[3] SL 282—2003 混凝土拱坝设计规范 [S]. 北京：中国水利水电出版社，2003.

[4] SD 145—85 混凝土拱坝设计规范 [S]. 北京：水利电力出版社，1985.

[5] DL 5108—1999 混凝土重力坝设计规范 [S]. 北京：中国电力出版社，2000.

[6] SL 319—2005 混凝土重力坝设计规范 [S]. 北京：中国水利水电出版社，2005.

[7] DL/T 5057—2009 水工混凝土结构设计规范 [S]. 北京：中国电力出版社，2009.

[8] GB 50287—2006 水力发电工程地质勘察规范 [S]. 北京：中国计划出版社，2009.

[9] DL/T 5368—2007 水利水电工程岩石试验规程 [S]. 北京：中国电力出版社，2000.

[10] DL 5077—1997 水工建筑物荷载设计规范 [S]. 北京：中国电力出版社，1998.

[11] DL/T 949—2005 水工建筑物塑性嵌缝密封材料技术标准 [S]. 北京：中国电力出版社，2005.

[12] DL/T 5215—2005 水工建筑物止水带技术规范 [S]. 北京：中国电力出版社，2005.

[13] GB 175—2007 通用硅酸盐水泥标准 [S]. 北京：中国标准出版社，2008.

[14] 《中国水力发电工程》编审委员会. 中国水力发电工程（水工卷）[M]. 北京：中国电力出版社，2000.

[15] 周建平，钮新强，贾金生. 重力坝设计二十年 [M]. 北京：中国水利水电出版社，2008.

[16] 朱伯芳，高季章，陈祖煜，等. 拱坝设计与研究 [M]. 北京：中国水利水电出版社，2002.

[17] 李瓒，陈兴华，郑建波，等. 混凝土拱坝设计 [M]. 北京：中国电力出版社，2000.

[18] 张光斗，王光纶. 水工建筑物 [M]. 北京：水利电力出版社，1994.

[19] 孙钊. 大坝基岩灌浆 [M]. 北京：中国水利水电出版社，2004.

[20] 李瓒，陈飞，郑建波，等. 特高拱坝枢纽分析与重点问题研究 [M]. 北京：中国电力出版社，2004.

[21] 杨强，薛利军，王仁坤，等. 岩体变形加固理论及非平衡态弹塑性力学 [J]. 岩石力学与工程学报，2005，24（20）：3704-3712.

[22] 杨强，刘耀儒，陈英儒，等. 变形加固理论及高拱坝整体稳定与加固分析 [J]. 岩石力学与工程学报，2008，27（6）：1121-1136.

[23] 陈英儒，杨强，刘耀儒，等. 高拱坝坝基断层加固力研究 [J]. 水力发电学报，2008，27（6）：62-67.

[24] 杨强，陈新，周维垣，等. 推求拱坝极限承载力的一种有效算法 [J]. 水利学报，2002，11：60-65.

[25] 杨强，朱玲，翟明杰. 基于三维非线性有限元的坝肩稳定刚体极限平衡法机理研究 [J]. 岩石力学与工程学报，2005，24（19）：3403-3409.

[26] 杨强，刘福深，周维垣. 基于直接内力法的拱坝建基面等效应力分析 [J]. 水力发电学报，2006，25（1）：19-23.

[27] 乔治·海默尔·李. 实验应力分析 [M]. 黄杰藩，等译. 北京：高等教育出版社，1960.

[28] 陈兴华，等. 脆性材料结构模型试验 [M]. 北京：水利电力出版社，1984.

[29] 中国水利水电科学研究院，南京水利科学研究院. 水工模型试验. 2 版 [M]. 北京：水利电力出版社，1985.

[30] 周维垣. 高等岩石力学 [M]. 水利电力出版社，1989.

[31] 周维垣，林鹏，杨若琼，等. 高拱坝地质力学模型试验方法与应用 [M]. 北京：中国水利水电出版社，2008.

[32] 周维垣，杨强. 岩石力学数值计算方法 [M]. 北京：中国电力出版社，2005.

[33] 王勖成，邵敏. 有限单元法基本原理与数值方法 [M]. 北京：清华大学出版社，1997.

[34] 卓家寿，邵国建，陈振雷. 工程稳定问题中的滑坍面、滑向及安全度的干扰能量法 [J]. 水利学报，1997，8：80-84.

[35] 邵国建，卓家寿，章青. 岩体稳定性分析与评判准则研究 [J]. 岩石力学与工程学报，2003，22（5）：691-696.

[36] 陈在铁，任青文. 基于结构可靠度理论的高拱坝失效概率研究 [J]. 江苏科技大学学报：自然科学版，2007，21（4）：24-28.

[37] 任青文，杜小凯. 基于最小变形能原理的加固效果评价理论 [J]. 工程力学，2008，25（4）：5-9.

[38] 蒋锁红. 混凝土拱坝基础处理工程技术 [M]. 北京：科学出版社，2005.

[39] 饶宏玲. 拱坝体形参数统计分析 [J]. 水电站设计，2004（3）.

[40] 饶宏玲. 拱坝拱座稳定的刚体极限平衡法的分项系数分析 [J]. 水电站设计，2005（3）.

[41] 覃先峰. 工程拱坝设计施工新技术标准实用手册. 长春：银声音像出版社，2009.

[42] 朱伯芳. 国际拱坝学术讨论会综述 [J]. 水力发电，1988（8）.

[43] 傅作新，钱向东. 有限单元法在拱坝设计中的应用 [J]. 河海大学学报，1991，19（2）：8-15.

[44] 钱向东. 基于有限元等效应力法的拱坝强度设计准则探讨 [J]. 河海大学学报，2003，31（3）：318-320.

[45] 王仁坤，赵文光，杨建宏，等. 300m 级混凝土拱坝合理建基面的研究与应用 [R]. 成都，2008.

第3章

支　墩　坝

本章以《水工设计手册》（第1版）框架为基础，内容调整和修订主要包括五个方面：①重点介绍了该坝型工作原理和适应性、主要特点和设计要求、结构设计方法和细部构造设计；②在第1版的基础上增补了有限元分析方法和抗震设计等方面的内容；③根据不同历史条件下修建的支墩坝的运行情况，增加了“支墩坝加固处理”一节；④较系统地介绍了国内外几座著名支墩坝工程设计、运行等方面的情况，供设计者参考；⑤根据本卷编写风格的统一要求，对第1版的章节编排进行了调整和适当归并。

章主编　王红斌　张燎军

章主审　蒋效忠　秦　湘

本章各节编写及审稿人员

节次	编　写　人	审稿人
3.1	王红斌　张燎军　张汉云	蒋效忠 秦　湘
3.2	王红斌　李兆进　许长红	
3.3		
3.4	张燎军　龚存燕	
3.5	张燎军　赵晓红	
3.6	张燎军　王红斌	

第3章 支 墩 坝

3.1 概 述

支墩坝（见图 3.1－1）是由一系列沿坝轴线方向排列的支墩和挡水面板组成的挡水建筑物。面板可以是由支墩支承的平板或拱筒，也可以是由扩大支墩头部而形成的大头。挡水面板（指平板、拱或大头，下同）直接承受水压力、泥沙压力等，再经过支墩传至地基。

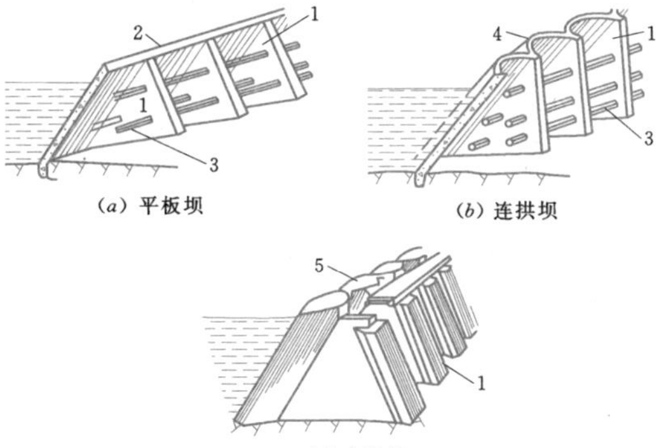

(*a*) 平板坝　(*b*) 连拱坝　(*c*) 大头坝

图 3.1－1　支墩坝的类型

1—支墩；2—平面面板；3—刚性梁；4—拱形面板；5—大头

3.1.1 支墩坝的分类

3.1.1.1 按挡水面板型式分类

1. 平板坝

平板坝（见图 3.1－2）是支墩坝的最简单型式，挡水面板为钢筋混凝土平板，并常以简支的型式与支墩连接。面板跨中的弯矩较大，其经济性取决于水头，坝高一般在 40m 以下。只有当面板采用预应力结构时，才能增加坝高。

2. 连拱坝

连拱坝（见图 3.1－3）由拱形的钢筋混凝土挡水面板承受水压力。温度变化、地基变形对支墩和面板的应变应力均有影响，因而连拱坝对地基的要求更高。

3. 大头坝

大头坝（见图 3.1－4、图 3.1－5）通过扩大支墩头部而起挡水作用，其体积较平板坝、连拱坝大，也称为大体积支墩坝。大头和支墩共同组成单独的受力单元，对地基的适应性较好，受气候条件限制较小，因此，大头坝的适用范围广泛，我国已建有多座单支墩和双支墩的高大头坝。

4. 其他类型的支墩坝

支墩坝还有多孔球形坝（见图 3.1－6）和撑墙拱

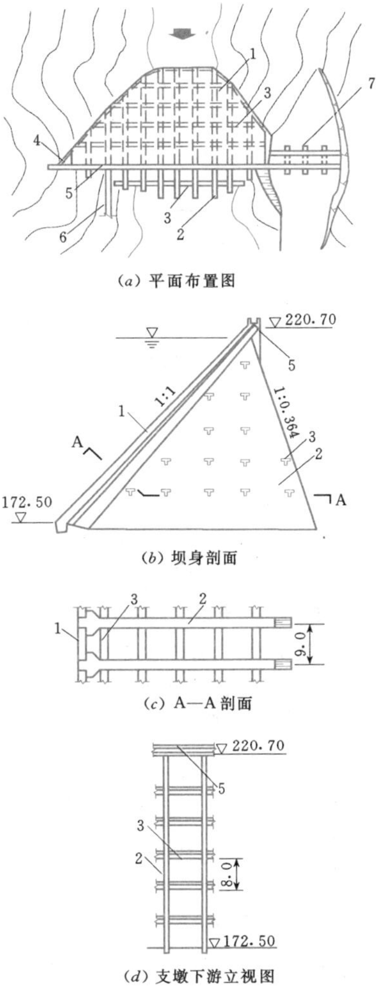

(*a*) 平面布置图

(*b*) 坝身剖面

(*c*) A—A 剖面

(*d*) 支墩下游立视图

图 3.1－2　平板坝布置图（单位：m）

1—平板；2—支墩；3—加劲梁；4—重力式边墩；5—坝顶交通桥；6—引水渠；7—溢洪道

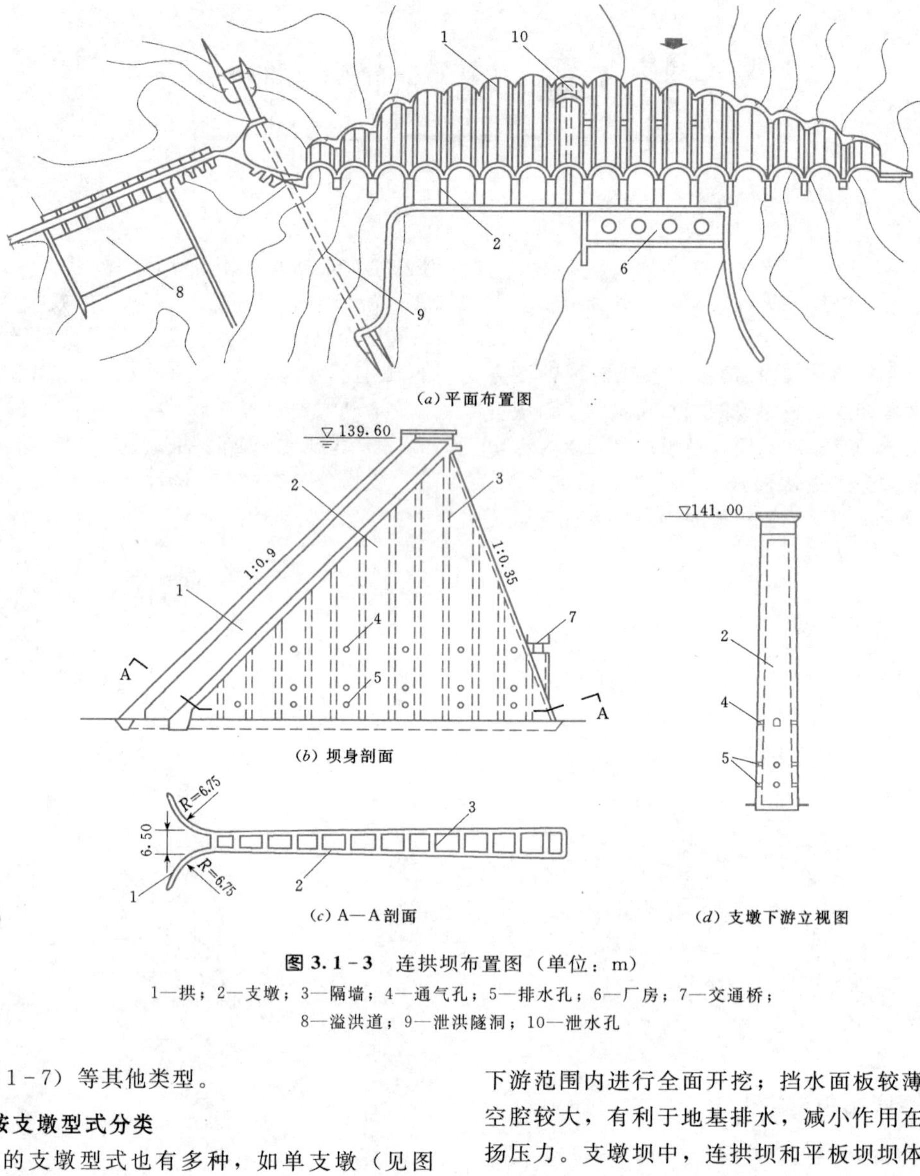

(a) 平面布置图

(b) 坝身剖面

(c) A—A 剖面　　(d) 支墩下游立视图

图 3.1-3　连拱坝布置图（单位：m）

1—拱；2—支墩；3—隔墙；4—通气孔；5—排水孔；6—厂房；7—交通桥；8—溢洪道；9—泄洪隧洞；10—泄水孔

坝（见图 3.1-7）等其他类型。

3.1.1.2　按支墩型式分类

支墩坝的支墩型式也有多种，如单支墩（见图 3.1-2、图 3.1-4）、双支墩（见图 3.1-5）、格式支墩（见图 3.1-8）和空腹支墩（见图 3.1-3）等。

3.1.1.3　按筑坝材料分类

支墩坝的支墩和挡水面板可以采用不同的材料修筑，有混凝土和钢筋混凝土支墩坝、钢支墩坝、浆砌石支墩坝和混合式支墩坝等。

3.1.2　支墩坝的特点和设计要求

3.1.2.1　支墩坝的特点

（1）混凝土用量少、地基开挖量少，但混凝土钢筋含量较大。支墩坝有倾斜的挡水面板，可利用上游水重增加大坝的抗滑稳定性；一般不需要在坝基上、下游范围内进行全面开挖；挡水面板较薄，支墩间的空腔较大，有利于地基排水，减小作用在坝底面上的扬压力。支墩坝中，连拱坝和平板坝坝体混凝土用量节省较多（见图 3.1-9）。与同等高度的重力坝相比，大头坝可节省混凝土量 20%～40%，连拱坝可节省 30%～60%。平板坝和连拱坝钢筋用量较大，而大头坝钢筋用量较少，仅需在大头局部和孔洞周边布置钢筋。

（2）能充分发挥材料强度，但混凝土容易开裂。

支墩的厚度可根据其受力情况进行调整，以充分利用坝工材料的抗压强度。连拱坝则可进一步将面板做成拱形结构，使材料的强度更能充分发挥，但对上游面板混凝土的抗裂和抗渗性能有较高的要求。支墩坝坝体结构较为单薄，改善了施工期混凝土的散热条件；但由于暴露面多，对温度变化较敏感，容易产生裂缝。

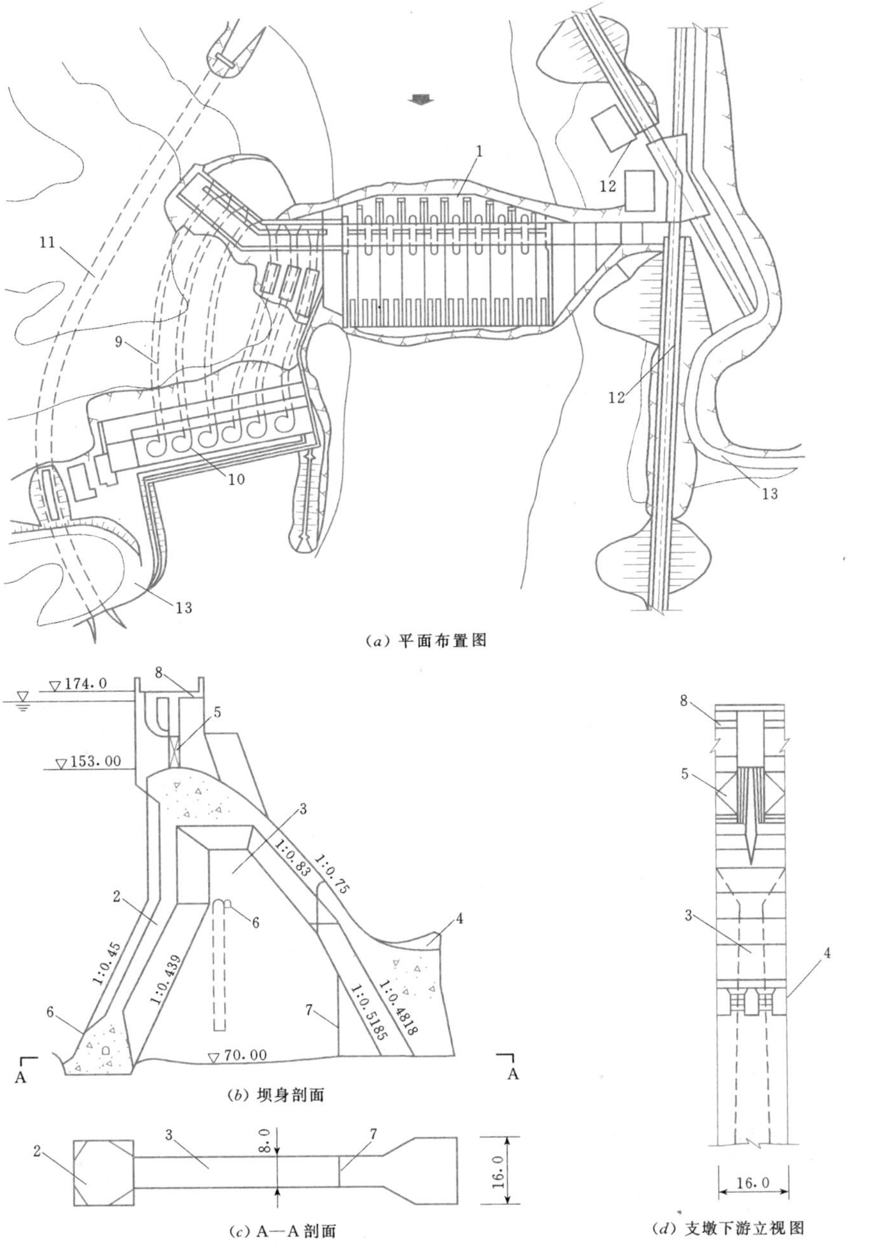

(*a*) 平面布置图

(*b*) 坝身剖面

(*c*) A—A 剖面

(*d*) 支墩下游立视图

图 3.1－4　单支墩大头坝布置图（单位：m）

1—大头坝；2—大头；3—支墩；4—差动鼻坎；5—溢洪道闸门；6—廊道；7—纵缝；8—坝顶桥；9—引水隧洞；10—厂房；11—导流隧洞；12—船滑道；13—公路

（3）坝身可以溢流、坝内可布置引水发电系统。大头坝接近宽缝重力坝，坝身可以溢流，单宽流量可以较大，当坝基岩体质量好、抗冲刷能力强时，可采用挑流消能。平板坝因结构单薄，单宽流量不宜过大，以防坝体流激振动。连拱坝坝身一般设置溢流设施。支墩内或支墩间空腔可布置引水发电系统。

（4）对坝基地质条件要求随不同面板型式而异。因支墩应力较高，所以对地基的要求较重力坝严格，尤其是连拱坝对地基要求更为严格。平板坝因面板与支墩常设成简支连接，对地基的要求有所降低，在非岩石或软弱岩基上亦可修建较低的平板坝。

（5）工程量少，施工条件有所改善。因坝基基坑开挖、清理等工作量少，地基处理简单，便于在一个枯水期就将坝体抢建出水面；支墩间的空腔还可布置底孔，便于施工导流；同时，因支墩坝结构较薄，暴露面多，虽有利于施工期混凝土散热，但对温度又较

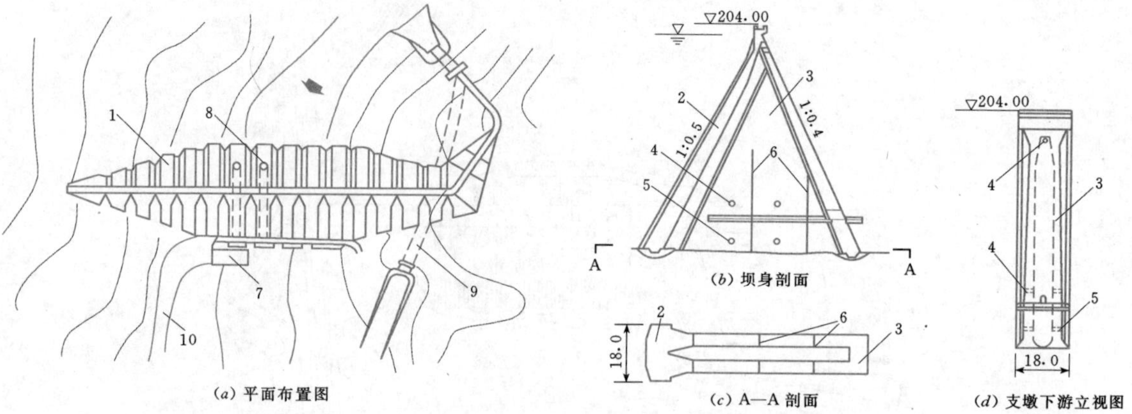

图 3.1-5 双支墩大头坝布置图（单位：m）

1—大头坝；2—大头；3—支墩；4—通气孔；5—排水孔；6—纵缝；7—厂房；8—导流底孔；9—导流兼泄洪隧洞；10—进厂公路

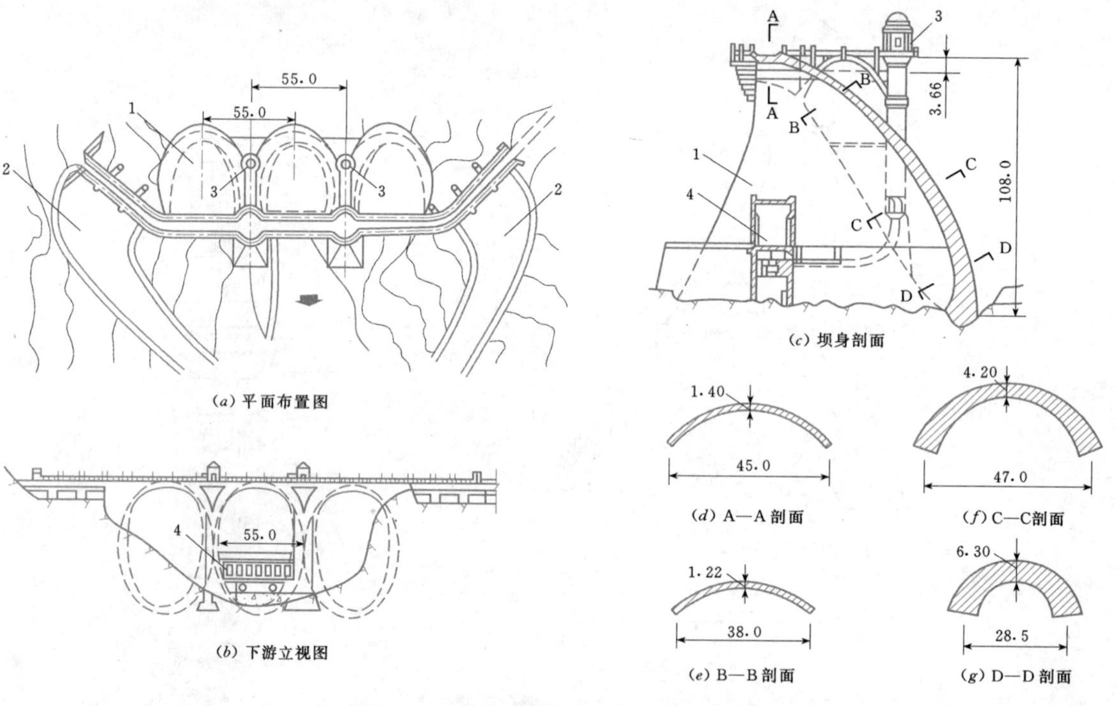

图 3.1-6 多孔球形坝布置图（单位：m）

1—球形坝；2—溢洪道；3—进水塔；4—厂房

敏感，施工期、运行期温度变幅大时，尤其在高寒地区，易产生裂缝。支墩坝模板相对复杂且用量大（尤以连拱坝为甚），混凝土强度等级比重力坝的要高，因此混凝土单价较高。

（6）侧向稳定性差。支墩因本身单薄又互相分立，侧向稳定性比纵向（上、下游方向）稳定性低，抵抗横向地震作用的能力较低；位于岸坡的支墩横向稳定性差，部分支墩空腔内（空腹支墩）或支墩两侧水压力不平衡可能引起侧向失稳。此外，支墩是一块单薄的受压板，当作用力超过临界值时，即使支墩内应力未超过材料的破坏强度，支墩也会因丧失纵向稳定性而破坏。因此为增加支墩的侧向刚度，需采取一定的增强措施。

3.1.2.2 支墩坝设计的基本要求

1. 支墩坝修建的地形条件

支墩坝一般适合修建于断面接近梯形、宽高比大

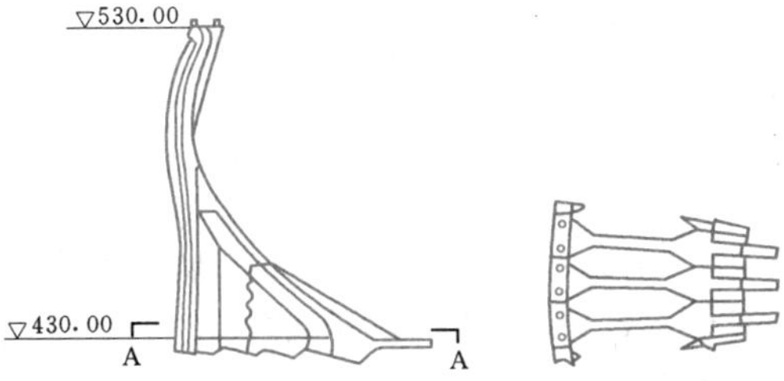

(a) 坝身剖面　　(b) A—A 剖面

图 3.1-7　撑墙拱坝（单位：m）

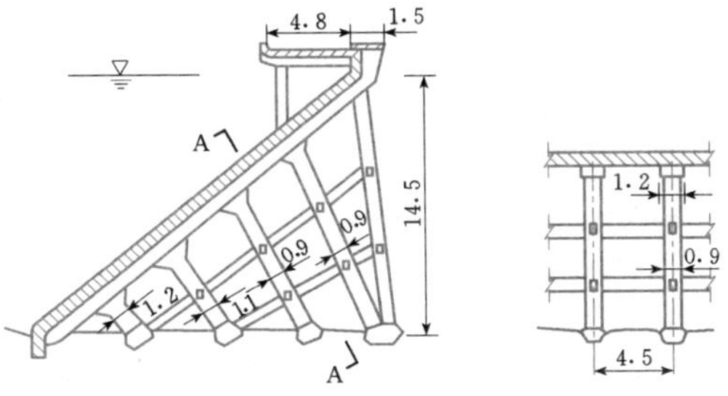

(a) 坝身剖面　　(b) A—A 剖面

图 3.1-8　格式支墩坝（单位：m）

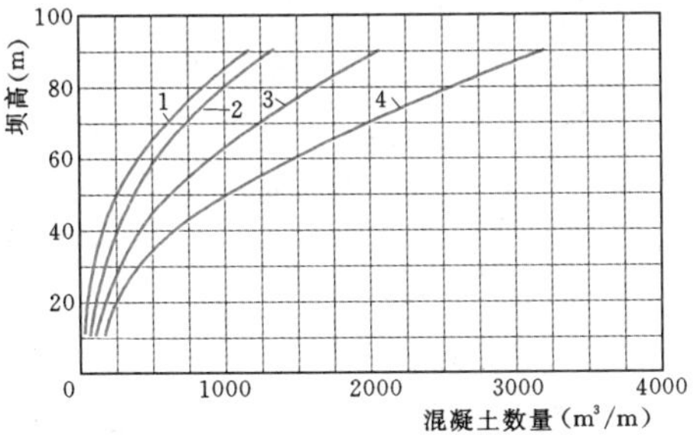

图 3.1-9　各型支墩坝及重力坝坝高与混凝土数量关系曲线

1—连拱坝；2—平板坝；3—大头坝；4—重力坝

于 3.0 的河谷。河谷越宽，支墩坝较重力坝越经济。河谷宽高比小于 3.0，但河床两岸地形或地质条件不宜修建拱坝时，修建支墩坝也可能是经济的。

2. 支墩坝对地基的要求

支墩坝要求坝基具有足够强度以承受坝体压力，有足够的整体性和均匀性以满足坝基抗滑稳定和减少不均匀沉陷，有足够的抗渗性以满足渗透稳定，有足够的耐久性以防止岩体在渗水的长期作用下发生恶化。支墩坝还应重视岸坡的稳定性以保证岸坡坝段的稳定。

连拱坝对坝基地质条件的要求较高，大头坝次之，简支式平板坝再次之。除低坝外，各型支墩坝均要求修建于基岩上，除需满足重力坝所要求的一般条件外，还需特别重视岸坡稳定、支墩地基稳定，尤其要重视支墩下各种可能的不利组合滑动面的抗滑稳定问题。

3. 支墩坝的施工要求

由于支墩坝的构件较薄，受气候条件件的影响很大。当支墩坝的断面尺寸较大时，施工期必须采取严格的温度控制措施，以防混凝土温升过高产生过大温差而导致裂缝。在严寒或气温变幅较大的地区，为了防止混凝土在施工期和运行期因温差过大而导致裂缝，需要采取保温或加热措施。在特别严寒的地区或高山区，薄壁结构需采取特殊的防冻保温措施。不论严寒地区或一般地区，为了防止混凝土损坏，可适当加厚支墩或面板的厚度，设置温度钢筋，采用抗冻等级较高的混凝土；上游迎水面混凝土采用真空作业法施工，或在上游坝面铺设防渗层（如三毡四油等），或在下游面加设一道薄的钢筋混凝土保温墙（见图 3.1-10）和其他类型的隔热层，也可将支墩下游面扩大或加盖预制板以形成封闭的空腔。

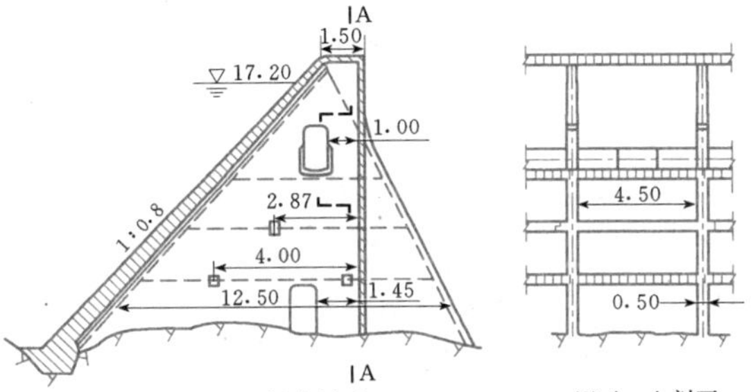

(a) 坝身剖面　　(b) A—A 剖面

图 3.1-10　带有保温墙的平板坝剖面图（单位：m）

在严寒地区修建支墩坝，应根据混凝土浸水条件的不同，按部位具体分析其冻融次数，提出混凝土的抗冻要求，合理采用抗冻等级和其他技术措施。同时，在施工时充分进行潮湿养护，严防混凝土早期受冻。

设有收缩缝或称纵缝（包括“双缝”）的支墩坝，其纵缝的灌浆或“双缝”的混凝土回填以及连拱坝的封拱灌浆工作，应安排在低温或其他气温有利的季节进行，必要时还需研究设置二次灌浆或重复灌浆的设施。具体的灌浆时间、灌浆压力和灌浆温度等应经过技术经济比较选定。

支墩坝的体型复杂，施工工序及施工模板用量亦较多，个别部位在施工上有一定难度，对于各型支墩坝可以根据具体条件采取各不相同的施工方法和措施。连拱坝可以适当增大支墩中心距，或采用大跨度拱，也可以固定内拱净跨。大头坝可以简化空腔布置，尽量减少一些立面交叉和异型模板，减少过大倒悬等。

4. 支墩坝的抗震要求

在地震区修建支墩坝，应研究地震对支墩坝的影响，采取适当的防震措施。

支墩的刚度较小，自振周期较大，抵抗横向地震作用的能力较差，应进行支墩抗震安全复核。当挡水面板与支墩为刚性连接时，由于支座间的变位差较大，应进行面板内动应力的复核。此外，支墩的横向稳定也需要进行抗震安全校核。为了增加支墩的横向刚度和稳定，支墩可设加劲肋、加劲梁、撑墙，做成空腹支墩或变厚支墩。大头坝则宜采用双支墩，或将支墩下游面适当扩大成悬臂头，甚至使相邻支墩的下游悬臂头互相紧靠而形成封闭空腔，或将支墩空腔下部填以低等级混凝土。

5. 支墩坝的防渗止水要求

支墩坝的挡水面板因厚度较薄，面板内渗透梯度较大，应具有足够的抗渗性和抗侵蚀性，并要保证混凝土施工质量，处理好各种接缝。必要时还可在迎水面加做防渗层，如涂敷沥青或贴三毡四油等。

6. 支墩坝的材料要求

支墩坝可以根据坝高不同和坝的各个部位对抗渗、抗冻及强度等的不同要求而采用不同的混凝土强度等级。混凝土龄期可根据建筑物型式、气候条件和受荷时间等因素选用28d、60d、90d甚至180d。混凝土除强度等级外，还需根据具体条件提出抗渗和抗冻等级。相邻部位混凝土强度等级级差不宜过大。

3.1.3 支墩坝的发展现状

由于支墩坝具有节省建筑材料的独特优点，在坝工建设上占有一定地位，尤其是连拱坝和大头坝，建坝高度已有较大的突破。我国20世纪50年代以来修建的代表性支墩坝工程有：佛子岭连拱坝（高74.4m）、梅山连拱坝（高88.2m）、磨子潭双支墩大头坝（高82.0m）、双牌双支墩大头坝（高58.8m）、柘溪单支墩大头坝（高104.0m）、桓仁单支墩大头坝（高78.5m）、新丰江单支墩大头坝（高105.0m）、金江平板坝（高54.0m）、龙亭平板坝（高46.0m）等。目前世界上规模最大的支墩坝是巴西和巴拉圭共建的伊泰普（Itaipu）坝，坝高196.0m；最高的连拱坝是加拿大丹尼尔·约翰逊（Daniel Johnson）坝，坝高214.0m。

20世纪50年代，新中国成立初期，因国家贫困、经济实力差、技术水平不高，施工机械化程度低，出于水利水电工程基本建设的需要，这种能够节省材料的支墩坝得到了较快发展，不少支墩坝至今仍然发挥着重要作用。在当时的支墩坝设计与施工中，太过看重支墩坝单薄、节省水泥、易于混凝土散热的优点，而没有看到它们对气温变化十分敏感，比重力坝更容易出现裂缝的不足，因此，也留下了一些工程质量缺陷。

支墩坝施工较复杂，安全可靠性较差，工程规模受到限制，因此，这类坝型已逐渐被淘汰。20世纪80年代，我国仅建成高66.0m的西枝江、高129.0m的湖南镇两座大头坝，到20世纪末期，除小型水利水电工程低坝外已经很少修建。

从目前混凝土筑坝技术、混凝土温控和防裂技术的角度对支墩坝进行评价，由于结构单薄，对气温变化十分敏感，总体来说，在寒冷地区不适宜建造支墩坝。单支墩大头坝，下游封闭可以隔断运行期气温变化，施工中严格控制混凝土温升，支墩不设纵缝可防止发生裂缝。连拱坝由于对温度过于敏感，不便于机械化施工。

尽管如此，我国在已建成支墩坝的运行管理、监测、补强加固的研究和实践上取得了一定经验。随着科学技术的发展，应力分析方法、结构模型试验以及施工工艺水平等的不断改进和提高，在合适的条件下仍可研究采用支墩坝这一坝型。

3.1.4 已建支墩坝统计

截至2010年，我国已建的装机容量在15MW以上的水利水电工程中，支墩坝有26座，按不同时期、不同坝型和坝高的统计数量分别见表3.1-1和表3.1-2。

典型支墩坝工程的主要数据见表3.1-3～表3.1-5。

表3.1-1　我国各时期所建混凝土支墩坝

时段 坝型	1949～1959年	1960～1969年	1970～1979年	1980～1989年	合计	所占百分比（%）
平板坝	4	4	2		10	38.5
连拱坝	2				2	7.7
大头坝	5	4	4	1	14	53.8

表3.1-2　我国已建混凝土支墩坝按坝高统计

坝高（m） 坝型	130～101	100～71	70～31	≤30	合计	所占百分比（%）
平板坝			5	5	10	38.5
连拱坝		2			2	7.7
大头坝	3	2	9		14	53.8

表 3.1-3 平板坝工程设计的主要参数

序号	坝名	国家	最大坝高（m）	支墩中心距（m）	坝坡（°）		支墩厚度（m）		平板厚度（m）		地基情况	建设时间	备注
					上游	下游	顶部	底部	顶部	底部			
1	金江	中国	54.00	9.0	45	70	0.44	1.60	0.70	1.95	石英砂岩、砂质页岩互层	1958年	
2	龙亭	中国	46.00	7.5	51	59 73	1.12	1.12		1.34 1.81	流纹斑岩	1973年	坝顶溢流，单宽流量 53.60$m^3/(s \cdot m)$
3	双江口	中国	14.60	6.0	45	72	0.33	1.20	0.55	1.70	砂质岩	1958年	中央溢流，单宽流量 32.15$m^3/(s \cdot m)$
4	罗德里格兹（Rodriguez）	墨西哥	73.00	6.7	45		0.48	1.68	0.63	1.68	流纹岩、花岗岩，拱形基础跨过断层	1941年	支墩长度 76m
5	泊桑王国（Possum Kingdom）	美国	57.60		50		2.44	2.74	1.52	2.74	页岩	1944年	支墩长度 78m
6	拉·卜勒尔（La Prele）	美国	45.00	5.5	40	82	0.35	1.27	0.30	1.37		1910年	
7	斯东尼峡谷（Stoney Gorge）	美国	42.40	5.5	45		0.46		0.38	1.27	页岩	1928年	中央溢流，单宽流量 28.30$m^3/(s \cdot m)$
8	康巴马拉（Combamala）	意大利	42.00	5.5	55	73	0.35	1.85	0.40	1.37	胶结砾岩	1916年	
9	约旦河（Jordan River）	加拿大	38.40	5.5	77	44	0.30	1.07	0.30	0.98		1921年	
10	瓜加波（Guajabol）	美国	36.60	5.5	44	75	0.35	1.07	0.30	1.40		1913年	

表 3.1-4 连拱坝工程设计的主要参数

序号	坝名	国家	最大坝高（m）	拱中心角（°）	支墩型式	支墩中心距（m）	上游坡度（°）	支墩厚度（m）		拱厚度（m）		地基情况	建设时间	备注
								顶部	底部	顶部	底部			
1	梅山	中国	88.24	180	空腹支墩	20.00 19.50	48	0.55～0.60		0.55～0.60	2.00	细料花岗岩，节理较发育	1956年	
2	佛子岭	中国	74.40	180	空腹支墩	20.00	48	0.60	2.00	0.60	1.91	变质岩	1954年	
3	丹尼尔·约翰逊 (Daniel Johnson)	加拿大	214.00		单支墩	162.00	59		14.00	6.70	25.30	安山岩。河床中央拱下部有冲积层，深53m	1968年	表内上栏为中央拱的数据，下栏为其余拱的数据。拱的局部应力达10MPa，一般小于7MPa
			138.00			76.30				3.00	7.90			
4	格朗德瓦尔 (Grandval)	法国	88.00	180		50.00	50	1.50	5.50	1.70	4.90	粗玄武岩，右岸覆盖细砂岩	1959年	
5	巴尔特勒 (Bartlett)	美国	87.19	180	空腹支墩	18.29	48	0.61	2.19	0.30	0.79	细料花岗岩	1938年	
6	欢乐湖 (Lake Pleasant)	美国	78.03	96	空腹支墩	18.29	47	0.46	1.68	0.38	1.25	玄武岩为主	1927年	施工中支墩发生裂缝，后加固，靠支墩上游部位加撑墙；支墩上游面加预应力钢轨；支墩内填约1.2m厚的混凝土底板；三心拱
7	梯尔素 (Tirso)	意大利	72.84	133	单支墩	15.01	57	2.50	7.25	0.50	1.68	粗面岩。基础为坚硬岩石，下伏有一层薄的砂岩，再下为黑色凝灰岩，易溶解。砂岩与凝灰岩均挖去，至新鲜岩石，回填混凝土	1923年	上游面做有防水层。梯形支墩，顶部4.88m，下部65.84m，浆砌条石
8	卡斯特罗 (Castrola)	意大利	68.88			15.90						花岗岩部分风化，坝轴线拐向下游，以适应基础	1923年	

续表

序号	坝 名	国家	最大坝高(m)	拱中心角(°)	支墩型式	支墩中心距(m)	上游坡度(°)	支墩厚度(m)		拱厚度(m)		地基情况	建设时间	备 注
								顶部	底部	顶部	底部			
9	奈 贝	法国	65.00			50.00			7.00	2.00				拱圈不加筋，所需混凝土只及重力坝的40%
10	阿森西尔(Asensire)	挪威	57.91	180		13.11		0.61	2.51	0.41	1.07		1922年	
11	大道尔顿(Big Dalton)	美国	54.88	140	空腹支墩	18.29	48	0.61	1.30	0.61	2.19	闪长岩	1928年	三心拱
12	萨德兰(Sutherland)	美国	54.86	130	单支墩	18.29	45	1.00	3.05	0.46	1.93	花岗岩	1928年	三心拱。支墩加有水平拱和梁的横撑
13	帕瓦纳(Pavana)	美国	53.95	180	单支墩	16.60	60	1.98	6.10	0.71	1.13		1925年	坝两端为大头坝，拱筒上部接穹形
14	棕榈谷(Palmdale)	意大利	53.34	100	单支墩	7.32	45	0.38	1.52	0.61	1.70		1924年	施工过程中出现收缩和温度裂缝。顶部3m是垂直的
15	小 石(Litter Rock)	美国	52.73		单支墩	7.32	46	0.38	1.71	0.31	1.13	砂卵石地基，坝两端建于岩石	1924年	干燥沙漠气候
16	梯 栋(Tidone)	意大利	52.12	180		10.01	45	0.71	2.20	0.37	1.10	页岩	1925年	最大支墩有基础底板以减小压应力
17	奥迪维拉什(Odivelas)	葡萄牙	50.00		单支墩	50.00				2.50	4.00		1973年	5个拱6个支墩；拱为双曲拱，中间支墩设有溢流槽；最大压应力4MPa，最大拉应力2MPa
18	阿诺克思(Anyox)	加拿大	47.55	100	单支墩	7.32	48	0.46	3.07	0.70	1.70		1924年	最低气温−30℃

续表

序号	坝名	国家	最大坝高(m)	拱中心角(°)	支墩型式	支墩中心距(m)	上游坡度(°)	支墩厚度(m)		拱厚度(m)		地基情况	建设时间	备注
								顶部	底部	顶部	底部			
19	本尼·巴德尔(Beni Bahdel)	阿尔及利亚	47.00	180	单支墩	20.00	44	2.00	4.00	0.61	1.68	页岩	1837年	
20	贷尔山(Mountain Dell)	美国	45.72	120	单支墩	10.67	50	0.46	2.44	0.30	1.22	基岩有裂隙	1917年	下部为三铰拱。在7年内没有一个带铰的拱发生过大的位移而使拱上游面所涂敷的水泥层面发生裂缝。1925年坝高由33.55m加高至45.72m
21	吉洛特	法国	45.00			24.00			7.60					混凝土量为重力坝的1/3，拱未加筋，坝高拟再加高至56m
22	威根德律福特(Wagendrift)	南非	44.00			63.00				1.30～1.32	2.00～2.40		1964年	双曲连拱坝，中间两拱坝顶溢流，单宽流量约$10m^3/(s·m)$。中央支墩设有泄水孔
23	潘萨可拉(Pensacola)	美国	42.70	150	空腹支墩	25.60	48	0.61	1.52			石灰岩	1940年	三心拱。东端为布置溢洪道的重力坝段
24	豪杰湖(Lake Hodges)	美国	41.45	120	单支墩	7.32	45	0.46	1.27	0.46	2.13		1917年	未完成的拱，过水时最大水深6.1m，未发生裂缝，坝顶一部分布置溢洪道，过流量$170m^3/(s·m)$。在施工过程中曾遇到地震，在1937年加固
25	洞溪(Cave Creek)	美国	36.58	130	单支墩	13.41	56	0.31	3.10	0.31	1.22	斑岩岩脉胶结的砾岩	1922年	上游面在顶部接近垂直，在坝高27.43m处上游坡变为56°
26	马来(Murray)	美国	35.68			9.14	45			0.31	0.76	云母片岩	1917年	虹吸式溢洪道，顶部12m是垂直的

表 3.1-5 大头坝工程设计的主要参数

序号	坝名	国家	最大坝高(m)	支墩型式	坝段宽度(支墩中心距)(m)	坝坡		支墩厚度(m)		大头厚度(m)		地基情况	建设时间	备注
						上游坡	下游坡	顶部	底部	顶部	底部			
1	湖南镇	中国	129.00	单支墩		1∶0.20	1∶0.68					流纹斑岩	1980年	梯形坝。河床有5个坝段布置5孔坝顶开敞式溢洪道，溢流面下支墩内设有4个深式泄水孔
2	新丰江	中国	105.00	单支墩	18.00	1∶0.50	1∶0.50	4.50	7.50			花岗斑岩，右岸风化较深	1960年	坝顶溢流，单宽流量78m^3/(s·m)。后因水库发生诱发地震，大坝进行了加固
3	柘溪	中国	104.00	单支墩	16.00	1∶0.00 1∶0.45	1∶0.65		8.00		14.80	石英岩、砂质板岩、砂岩	1962年	坝顶溢流，最大单宽流量136m^3/(s·m)。因大头产生劈头裂缝，后采取加固措施
4	磨子潭	中国	82.40	双支墩	18.00	1∶0.30 1∶0.40 1∶0.50	1∶0.40	2.80	4.20		13.40	片麻岩	1958年	
5	双牌	中国	58.80	双支墩	18.00 23.00	1∶0.30 1∶0.60	1∶0.50	3.00	4.80 3.80	11.00	13.00	砂岩、泥质板岩	1960年	地基有软弱夹层构成的滑动面，采取预应力锚固措施
6	涔天河	中国	46.00	双支墩	18.00 23.00	1∶0.50	1∶0.50		3.20 3.70		9.46 11.50	紫红色细砂岩	1970年	
7	伊泰普（主坝）(Itaipu)	巴西、巴拉圭	196.00	双支墩	34.00	1∶0.46	1∶0.58					玄武岩	1982年	1983年上半年第一台机组投产，1988年19台机组全部投入运行，电站总装机容量1260万kW

续表

序号	坝名	国家	最大坝高(m)	支墩型式	坝段宽度(支墩中心距)(m)	坝坡		支墩厚度(m)		大头厚度(m)		地基情况	建设时间	备注
						上游坡	下游坡	顶部	底部	顶部	底部			
8	罗泽兰(Rose Land)	法国	150.00		20.00	1∶0.00	1∶0.75	5.50	7.50		9.00	结晶片岩	1961年	河床段为拱；两侧为大头坝
9	阿尔坎塔拉	西班牙	135.00		22.00	1∶0.45	1∶0.50					花岗岩、板岩	1969年	
10	畑薙第一	日本	125.00	单支墩 双支墩	16.20	1∶0.50	1∶0.50					黏板岩、页岩	1962年	
11	阿尔比尼亚	瑞士	115.00		15.00 18.00							花岗岩	1960年	非溢流坝
12	泽雅(Зейская)	苏联	115.00	单支墩	24.00	1∶0.15	1∶0.80		5.00		11.00	闪长岩	1979年	
				双支墩	15.00				7.00					
13	安契帕(Ancipa)	意大利	112.00	双支墩	22.00	1∶0.45	1∶0.45	2.50	5.25	2.24	6.29	砂岩夹有泥灰岩透镜体	1952年	
14	奥别拉尔	瑞士	105.00		18.00							片麻岩	1953年	设有基础底板的非溢流坝
15	法拉皇后(Empress Faran)	伊朗	105.00			1∶0.45	1∶0.48		4.50		14.00	石英岩、泥页岩	1967年	
16	拉普包尔	德意志民主共和国	105.00		16.00							页岩	1958年	设有基础底板
17	马丁(Martin)	墨西哥	105.00	单支墩		1∶0.57							1930年	
18	井川	日本	103.60	单支墩	14.00	1∶0.55	1∶0.50	3.80	5.80	2.67	4.38	砂岩、千枚岩、黏板岩夹有不良黏土，多破碎带	1957年	坝顶溢流，单宽流量 $73m^3/(s \cdot m)$。设有基础底板

续表

序号	坝名	国家	最大坝高（m）	支墩型式	坝段宽度（支墩中心距）（m）	坝坡		支墩厚度（m）		大头厚度（m）		地基情况	建设时间	备注
						上游坡	下游坡	顶部	底部	顶部	底部			
19	列捷里赫斯包登	瑞士	98.60		18.00							片麻岩	1950年	设有基础底板的非溢流坝
20	山治阿科莫地伏拉埃里	意大利	95.70		15.00								1943年	
21	巴依那·巴什塔	南斯拉夫	90.00	双支墩	21.00	1∶0.65	1∶0.65					页岩		单宽流量120m³/(s·m)，消力池消能。设有基础底板
22	拉梯亚（Latiyan）	伊朗	87.00	双支墩	28.00	1∶0.45	1∶0.48						1967年	
23	马尔嘎比西纳（Malga Bissina）	意大利	87.00	双支墩	22.00	1∶0.45	1∶0.50						1957年	
24	佐委列托	意大利	83.00		18.00							片麻岩	1956年	
25	狄克桑斯（Dixence）	瑞士	81.00	双支墩	26.00	1∶0.04	1∶0.25 1∶0.43 1∶0.81 1∶0.85			4.10	6.70	片麻岩	1937年	
26	米兰德（Mirande）	葡萄牙	80.00	单支墩	14.50	1∶0.44	1∶0.50	5.50	7.20		3.50	结晶片岩、花岗岩	1960年	弧形坝顶，河床溢流
27	大森川	日本	72.00	单支墩	18.00	1∶0.50	1∶0.50			2.56	4.60	页岩	1959年	坝顶溢流，单宽流量47m³/(s·m)。设有基础底板
28	畑薙第二	日本	69.00	双支墩								页岩	1961年	坝顶溢流
29	阿尔·马塞那（Al Massina）	摩洛哥	68.00	单支墩	15.00	1∶0.40	1∶0.50	6.00	6.00		11.70		1979年	

续表

序号	坝　名	国家	最大坝高 (m)	支墩型式	坝段宽度（支墩中心距）(m)	坝坡		支墩厚度 (m)		大头厚度 (m)		地基情况	建设时间	备　注
						上游坡	下游坡	顶部	底部	顶部	底部			
30	萨比翁 (Sabbione)	意大利	66.00	双支墩	22.00	1∶0.45	1∶0.45	3.03	4.15	2.74	3.63	坚硬的石灰质页岩	1952年	
31	潘达诺·德·阿维欧 (Pantano Davio)	意大利	65.00	双支墩	22.00	1∶0.45	1∶0.45						1956年	
32	伊泰普（副坝）(Itaipu)	巴西、巴拉圭	64.50	单支墩	19.00	1∶0.58	1∶0.46				20.42	玄武岩	1982年	右岸副坝。支墩由上游向下游逐渐变厚
33	保·姆格里斯 (Bau Muggeris)	意大利	63.00	双支墩	22.00	1∶0.45	1∶0.45					千枚岩，右岸有破碎斑岩	1949年	
34	康纳尔	印度	62.00										1954年	溢流坝
35	斑美蒂 (Ben Metir)	突尼斯	60.00	单支墩	14.00	1∶0.45	1∶0.55					黏土砂岩互层	1954年	
36	帕拉卡纳 (Pracana)	葡萄牙	60.00	单支墩	13.00	1∶0.30	1∶0.43 1∶0.70		4.00			页岩	1951年	
37	温布里巴尔 (Wimbleball)	英国	60.00	单支墩		1∶0.52	1∶0.52					泥灰岩、砂岩夹页岩	1977年	
38	奥列佛	德意志联邦共和国	58.70		18.00								1957年	
39	特诺那 (Trona)	意大利	58.00	双支墩	24.00	1∶0.05	1∶0.78 1∶0.64					斑质砾岩	1942年	坝顶溢流
40	普布罗 (Pueblo)	美国	50.60	单支墩	23.00	1∶0.40	1∶0.45		5.90		17.53			
41	英　格 (Inga)	扎伊尔	48.00	双支墩	18.00	1∶0.55	1∶0.40						1977年	

3.2 支墩坝布置

3.2.1 坝址选择及支墩坝布置

在水利水电工程中，大坝通常占有主要地位，坝址和坝型的比选是工程设计的首要任务。在坝址地形地质条件适当的情况下，譬如河谷形状接近于梯形断面，宽高比大于3.0，支墩坝不失为可比较坝型之一。在确定支墩坝枢纽位置方案时，应根据支墩坝的特点，因地制宜布置泄水建筑物、引水发电系统和其他建筑物，统筹研究合理解决综合利用要求。

当河谷两岸岸坡陡峻、相邻两支墩地基高差悬殊或地基坚固性和稳定性较差时，可考虑修建能传递侧向力的支墩坝，如在支墩间增加支撑或在相邻支墩尾部相互连接形成封闭式支墩，并对地基进行适当加固。

3.2.2 坝身泄水设施布置

支墩坝坝身可以溢流。我国已建成的溢流平板坝与连拱坝的设计单宽流量均较小，一般为10～20m^3/(s·m)，溢流平板坝单宽流量最大可达50m^3/(s·m)。低水头的溢流平板坝可以不设溢流面板，让水舌自由跌落；也可设计成带鼻坎的溢流面板，使水流抛射远离坝基（见图3.2-1）。溢流面板的厚度根据板上静水、动水压力及自重等荷载计算确定，一般不小于1.0m。平板坝内布置泄水孔的工程实例如图3.2-2、图3.2-3所示。

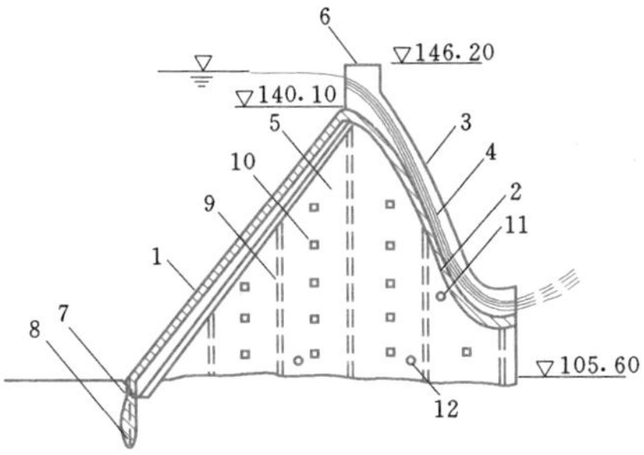

图3.2-1 溢流平板坝剖面图（单位：m）

1—挡水面板；2—溢流面板；3—导墙；4—水舌；5—支墩；6—坝顶；7—齿墙；8—帷幕灌浆；9—隔墙；10—加劲梁；11—通气孔；12—排水孔

连拱坝溢流由于拱与溢流面板之间的连接较复杂，不便设置控制闸门，因此，溢流式连拱坝通常设计为开敞式溢流堰，这类溢洪道适用于枢纽设计洪水很小且布置岸边溢洪道和泄洪隧洞及其他泄洪设施很不经济等情况。连拱坝坝身的泄水方式有以下几种：

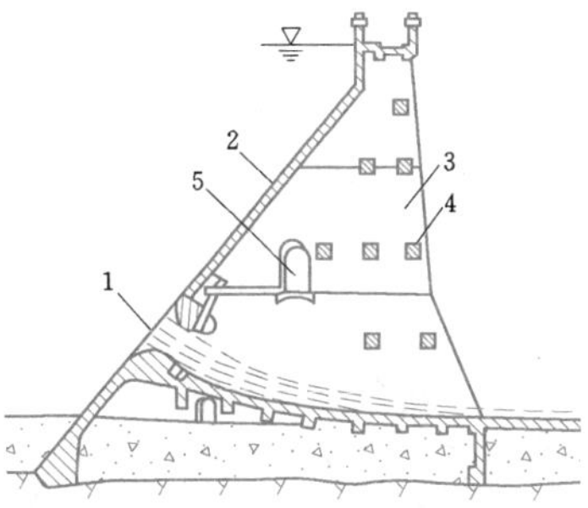

图3.2-2 布置泄水孔的平板坝剖面图

1—泄水孔；2—挡水面板；3—支墩；4—加劲梁；5—廊道

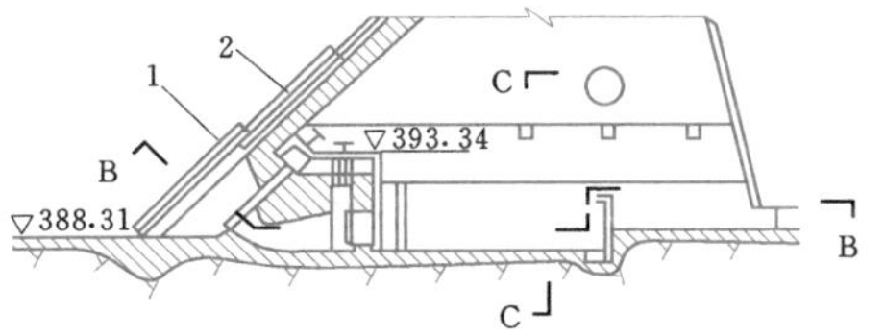

(a) A—A 剖面

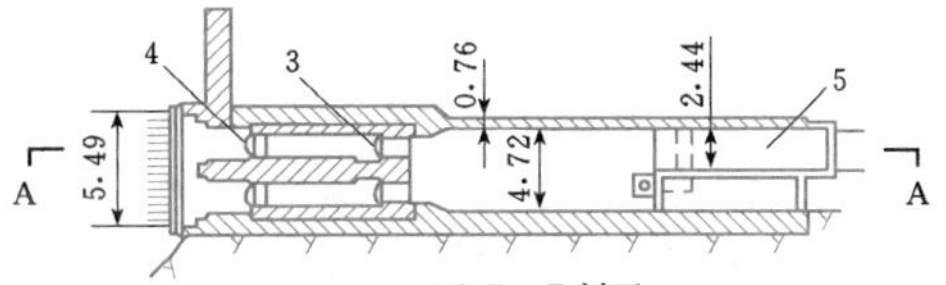

(b) B—B 剖面

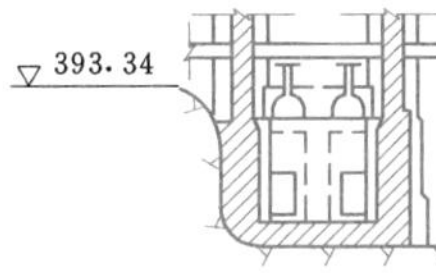

(c) C—C 剖面

图3.2-3 平板坝内布置泄水底孔（单位：m）

1—拦污栅；2—备用拦污栅；3—阀门；4—事故阀；5—出水口

(1) 在坝顶布置溢洪道。

(2) 利用连拱坝的拱形做成井式溢洪道（见图3.2-4）。

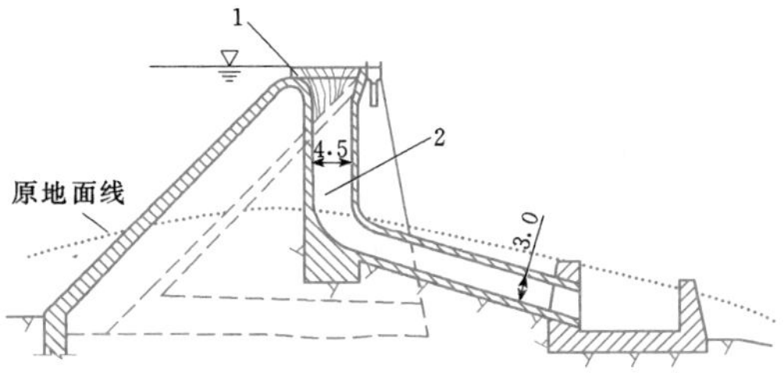

图3.2-4 布置有井式溢洪道的连拱坝剖面图（单位：m）

1—拦污栅；2—井式溢洪道

(3) 溢流水舌从坝顶自由跌落。

(4) 在连拱坝的空腹支墩内布置泄水孔(见图3.2-5)。

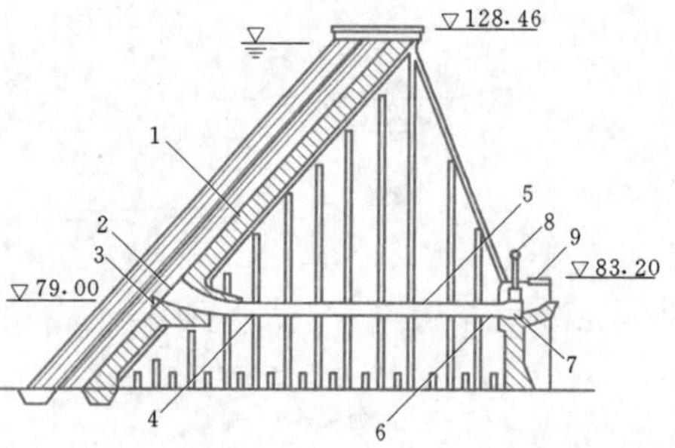

图 3.2-5 布置有泄水孔的连拱坝剖面图(单位:m)

1—闸门轨道;2—喇叭口(由方形变圆形);3—闸门挡板;4—管架及管座梁;5—钢管;6—排水管;7—由圆形变方形管段;8—高压阀门;9—公路挢

大头坝可直接由坝顶泄洪,或在坝身设置泄水管等,通过较大的单宽流量也不致引起大坝共振。已建成的单支墩大头坝单宽流量有的超过 $100m^3/(s \cdot m)$,双支墩大头坝单宽流量有的达到 $120m^3/(s \cdot m)$。

湖南资水上的柘溪溢流坝,采用的就是坝顶泄洪布置。就双支墩坝而言,可以从双支墩内空腔布置泄水管或输水管,如伊泰普坝压力引水管路就是从双支墩内空腔穿过坝体的。就单支墩而言,则需在支墩内埋设管道,在埋管处局部加厚支墩。

坝上设有闸门控制的溢洪道时,闸墩的布置方式有两种:一种是布置在支墩的中心线上;另一种是布置在坝段间的伸缩缝上。

平板坝、连拱坝因结构单薄,本身泄洪能力较小。当枢纽设计泄洪流量较大,仅靠坝身泄水不能满足要求时,应根据枢纽布置条件,研究采用岸边式溢洪道、泄洪隧洞或其他泄水建筑物。

3.2.3 发电厂房布置

在综合利用的水利水电工程中,支墩内可布置管道用于引水发电、灌溉农田或向城市和工业供水。发电厂房一般布置在坝后。如果连拱坝的跨度较大,利用支墩间的空间布置厂房也可能是经济的,如图3.2-6、图3.2-7所示。

3.2.4 坝体的其他布置要求

支墩坝坝顶应设人行或公路桥,平板坝和大头坝坝顶桥的设置可参见第1章的相关内容。

平板坝内交通检查廊道的设置,需根据实际需要和坝的高低而定。在坝较高的情况下,设置这种廊道对坝内检查维修和观测提供了方便条件。当设有交通检查廊道时,支墩间还需设交通桥。交通检查廊道一般宽1.2~1.5m,高2.2~2.5m。连拱坝一般不设坝基灌浆廊道,帷幕灌浆可布置在齿墙部位。

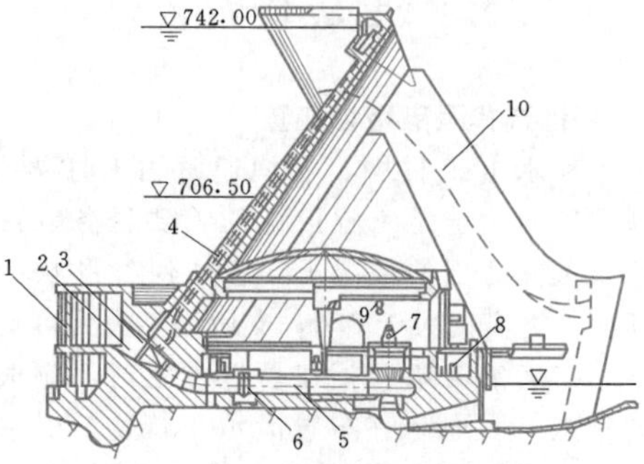

图 3.2-6 连拱坝支墩间空腔内布置水电站厂房的剖面图(单位:m)

1—拦污栅;2—进水口;3—平板闸门;4—通气孔;5—发电引水管;6—蝴蝶阀;7—主机;8—备用柴油机;9—吊车;10—溢洪道

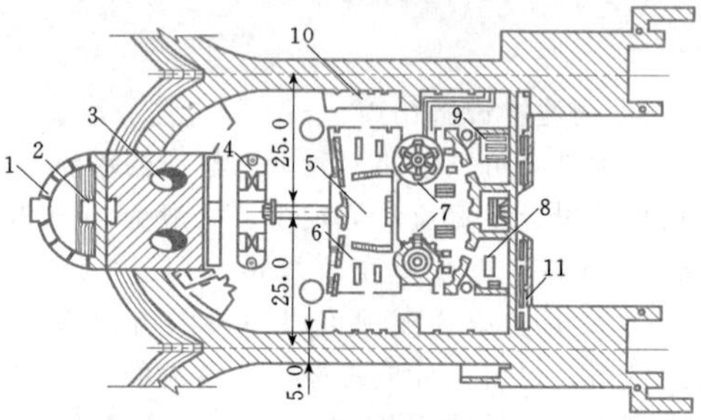

图 3.2-7 连拱坝支墩间空腔内布置水电站厂房的平面图(单位:m)

1—拦污栅;2—进水口;3—发电引水管;4—闸门井;5—中央控制室;6—继电器;7—主机;8—备用柴油机组;9—蓄电池室;10—电缆室;11—叠梁

大头坝介于宽缝重力坝和轻型支墩坝(平板坝、连拱坝)之间,属于大体积混凝土结构。大头坝的坝内布置与重力坝基本相同,一般需设坝基灌浆廊道,坝基灌浆廊道一般宽2.5~3.0m,高3.0~3.5m。当设置坝基灌浆廊道时,需在靠近基础部位将头部适当扩大。大头坝一般设交通、检查和观测廊道,对于中、高坝大致每隔20~30m设置一层廊道。对于高坝,由于交通和内部观测的需要,有时还需要设置电梯井和观测井。

为增强支墩坝的侧向稳定性,在单支墩上可设加劲梁或加劲肋;对空腹支墩可在其间做隔墙;对大头坝也可建双支墩大头坝。

典型的支墩坝坝体断面布置如图3.2-8和图3.2-9所示。

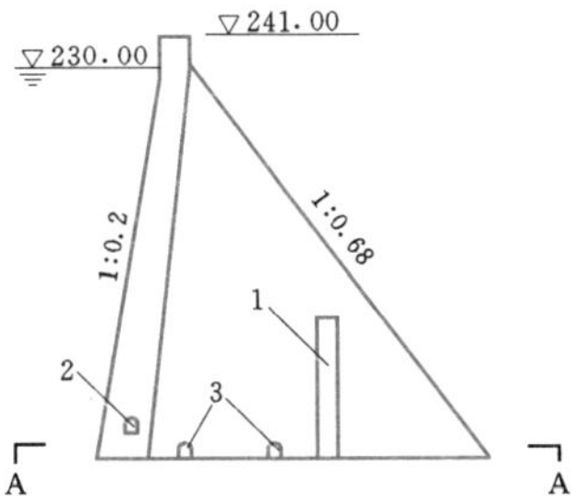

(a) 坝身剖面

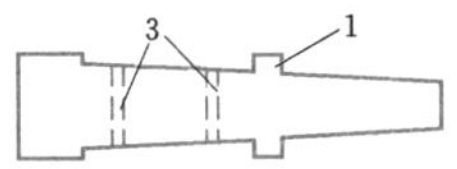

(b) A—A 剖面

图 3.2-8 梯形坝剖面图（单位：m）

1—加劲肋；2—灌浆廊道；3—排水廊道

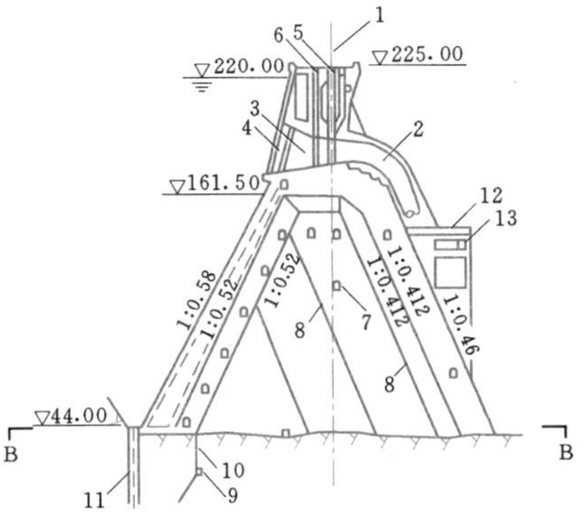

(a) A—A 剖面

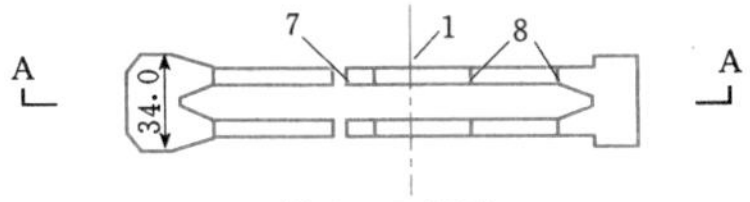

(b) B—B 剖面

图 3.2-9 伊泰普大头坝剖面图（单位：m）

1—坝轴线；2—压力钢管；3—进水口；4—拦污栅；5—工作闸门槽；6—检修闸门槽；7—廊道；8—纵缝；9—排水平洞；10—排水孔；11—帷幕灌浆；12—下游平台；13—通风廊道

3.2.5 典型支墩坝工程

1. 佛子岭连拱坝

1954 年建成的佛子岭坝是我国最早的混凝土连拱坝，最大坝高 74.40m，支墩是由两片墩墙凭借垂直隔墙连接而成的空腹支墩。上游坡度1：0.9，下游坡度 1：0.35，空腹支墩外侧为等宽，宽度 6.5m，顶宽为 2.5m。墩顶和墩底厚度分别为 0.6m 和 2.0m。挡水半圆拱的内半径为 6.75m，中心角为 180°，拱圈顶厚、底厚分别为 0.6m、2.0m。拱圈与支墩成刚性连接，斜拱的坡度与支墩坡度一致。

坝顶长 510m，由 21 个半圆拱和 20 个支墩（支墩中心距为 20m）及左右岸重力坝段组成。右岸布置 5 孔开敞式溢洪道，最大泄洪流量 5950m^3/s。右厂房布置在拱腔内，安装 3 台 3MW 和 2 台 1MW 机组；左厂房布置在支墩后，安装 2 台 10MW 机组。工程布置及标准剖面如图 3.2-10 所示。

2. 梅山连拱坝

1956 年建成的梅山连拱坝，最大坝高 88.24m，是我国最高的混凝土连拱坝。支墩的结构型式，上、下游坡度，支墩的厚度及顶宽，挡水半圆拱的内半径，拱圈与支墩连接型式，斜拱的坡度等均与佛子岭坝相同。但支墩外侧宽度从上游的 6.5m 渐变至坝趾处的 8.74m，拱圈顶厚、底厚分别为 0.6m、2.5m。

坝顶长 545m，由 16 个半圆拱和 15 个支墩及左右岸重力坝段组成。右岸边布置 7 孔开敞式溢洪道，最大泄洪流量 6190m^3/s。同侧布置有直径 6.0m 的泄洪隧洞，最大泄量 630m^3/s。9 号拱上设 1 孔尺寸为 2.25m×2.25m 的排沙孔。厂房布置在河床 5～8 号支墩后，安装 4 台 10MW 机组。工程布置及标准坝剖面如图 3.2-11 所示。

3. 磨子潭双支墩大头坝

1958 年建成的磨子潭双支墩大头坝，最大坝高 82.40m，底宽 71.5m，上游坝坡 1：0.3～1：0.5，下游坝坡 1：0.4，坝顶宽度 4m，每个坝段宽 18.0m，变厚度的双支墩两片墩墙的厚度平均值为 3.5m，墩墙间空腔宽为 6m，大头悬出长度平均为 1.5m，空心度（坝段间距与坝段实际支墩等值厚之比）为 1.89。

坝顶长 339m，由 14 个大头坝段和两岸重力坝段组成。右岸边布置 6 孔开敞式溢洪道，最大泄洪流量 2280m^3/s。左岸布置有直径 5.7m 的泄洪隧洞，最大泄洪流量 426m^3/s。右侧河床坝后厂房内安装 1 台 16MW 机组。工程布置及标准剖面如图 3.2-12 所示。

4. 新丰江单支墩大头坝

1960 年建成的新丰江单支墩大头坝，最大坝高 105.00m。单支墩的上、下游坡度均为 1：0.5，设计最大底宽 97m，坝顶宽 7.0m，每个坝段宽 18m，其顶、底部分别为 4.5m 和 7.5m，大头顶、底部最小厚度分别为 2.52m 和 4.02m。溢流坝段在河槽右部，设有 15m×10m（宽×高）表面溢流孔 3 个，堰顶高程 111.56m，每孔最大泄量 3800m^3/s，鼻坎挑流消能。在水库发生诱发地震后，为确保大坝安全，又在左岸增建了 1 条直径为 10m、长 778m 的泄洪洞，最大泄量为 1700m^3/s，进水口位于正常蓄水位以下 46.00m，高程 70.00m。厂房为坝后式布置，位于河床左侧。安装 4 台竖轴混流式水轮发电机组，机型为

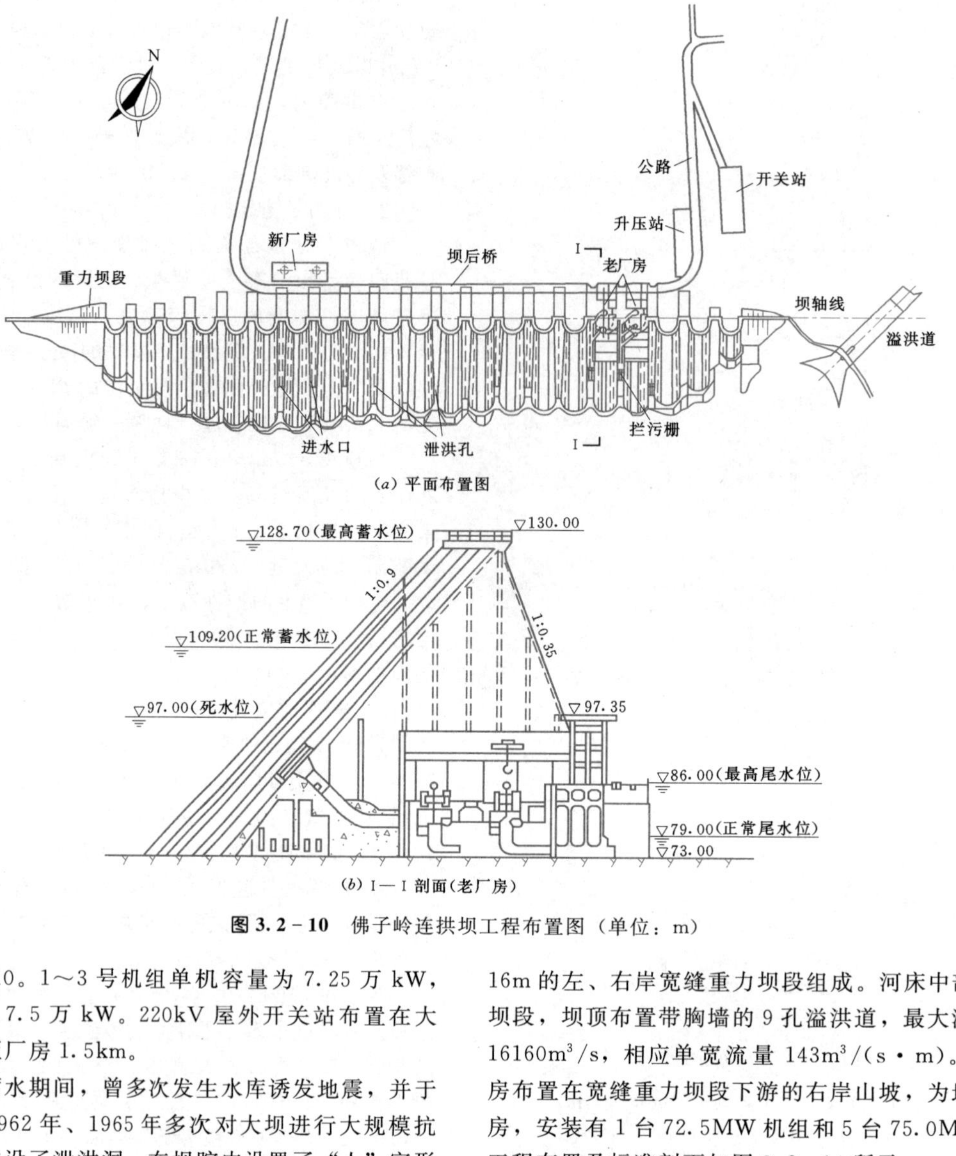

图 3.2-10 佛子岭连拱坝工程布置图（单位：m）

HL662—410。1～3 号机组单机容量为 7.25 万 kW，4 号机组为 7.5 万 kW。220kV 屋外开关站布置在大坝下游，距厂房 1.5km。

水库蓄水期间，曾多次发生水库诱发地震，并于 1961 年、1962 年、1965 年多次对大坝进行大规模抗震加固，增设了泄洪洞，在坝腔内设置了“人”字形撑墙，并将支墩下游开敞部分封闭，坝内基岩面以上回填部分混凝土。工程布置及标准剖面如图 3.2-13 所示。

5. 柘溪单支墩大头坝

1962 年建成的柘溪单支墩大头坝，最大坝高 104.00m。上游坝坡 1：0.0～1：0.45，下游坝坡非溢流坝段 1：0.65，溢流坝段 1：0.75。支墩底部厚度为 8m，钻石型大头底部厚度为 14.8m，坝段宽度 16m，为封闭式单支墩坝。空心度为 1.54。后来，因少数坝段大头部位产生劈头裂缝，部分坝腔已用混凝土回填。

坝顶长 320m，由 19 个支墩坝段和 11 个每个宽 16m 的左、右岸宽缝重力坝段组成。河床中部为溢流坝段，坝顶布置带胸墙的 9 孔溢洪道，最大泄洪流量 16160m^3/s，相应单宽流量 143m^3/(s・m)。发电厂房布置在宽缝重力坝段下游的右岸山坡，为地面明厂房，安装有 1 台 72.5MW 机组和 5 台 75.0MW 机组。工程布置及标准剖面如图 3.2-14 所示。

6. 桓仁单支墩大头坝

1967 年建成的桓仁单支墩大头坝，最大坝高 78.50m。上游坝坡 1：0.0～1：0.4，下游坝坡 1：0.55。支墩顶、底厚度分别为 6.0m 和 7.0m，钻石型大头顶部厚度 7.43m，坝段宽度 16.0m，为封闭式单支墩大头坝。

坝顶长 593.3m，由 32 个宽 16m 的大头坝段和两岸重力坝段组成，河床中部布置 12 孔坝顶泄洪开敞式溢洪道，最大泄洪流量 22100m^3/s。坝内设 2 个 4.0m×6.0m 的泄洪中孔，最大泄量 1100m^3/s。右河床坝后厂房内安装 1 台 72.5MW 机组和 2 台 75.0MW 机组。工程布置及标准剖面如图 3.2-15 所示。

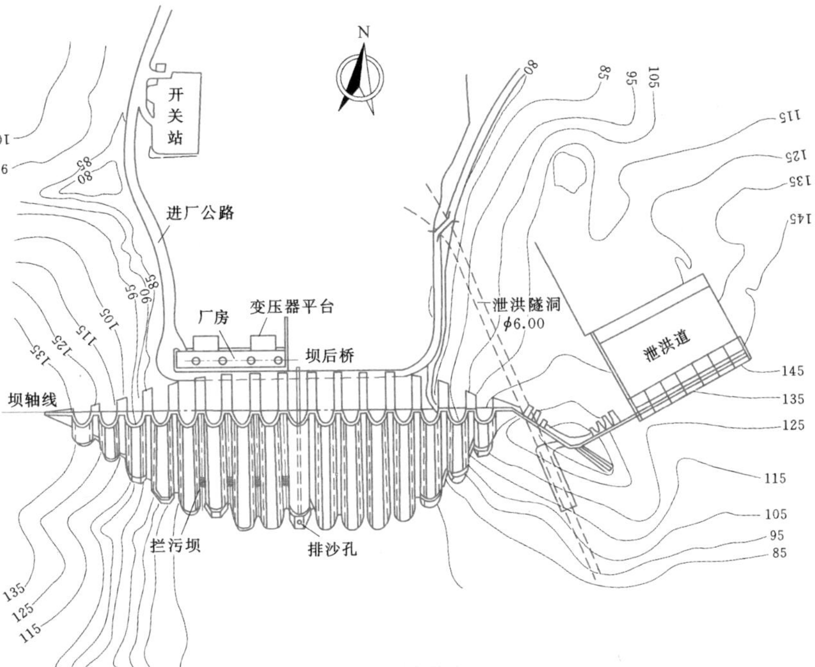

(*a*) 平面布置图

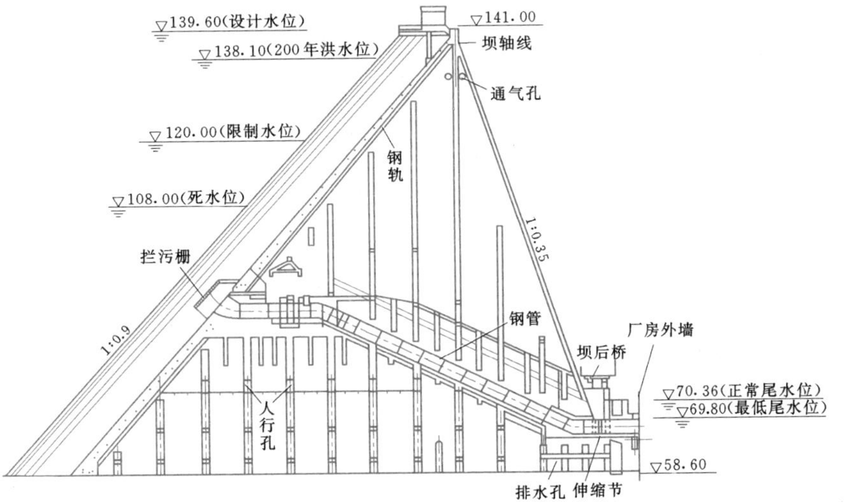

(*b*) 输水钢管坝段剖面图

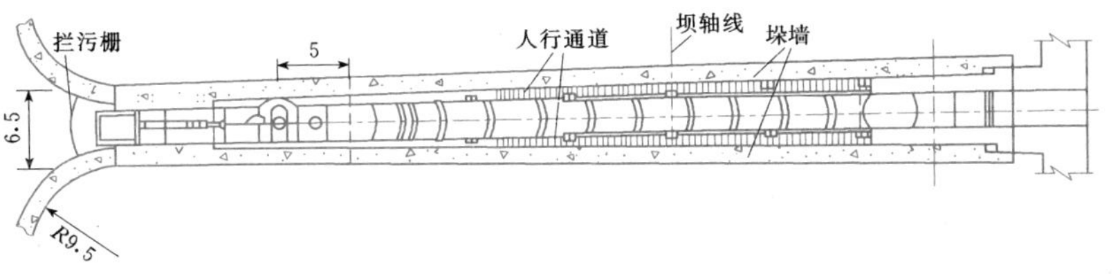

(*c*) 输水管坝段平面图

图 3.2-11 梅山连拱坝工程布置图（单位：m）

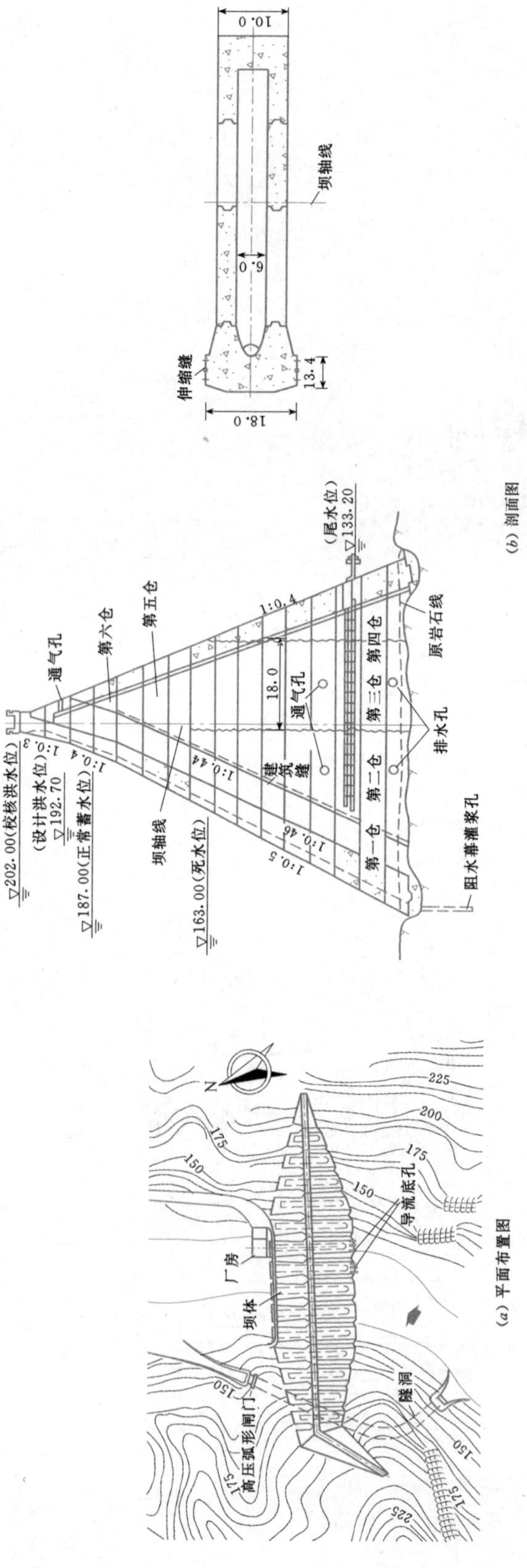

图 3.2-12　磨子潭大头坝工程布置图（单位：m）

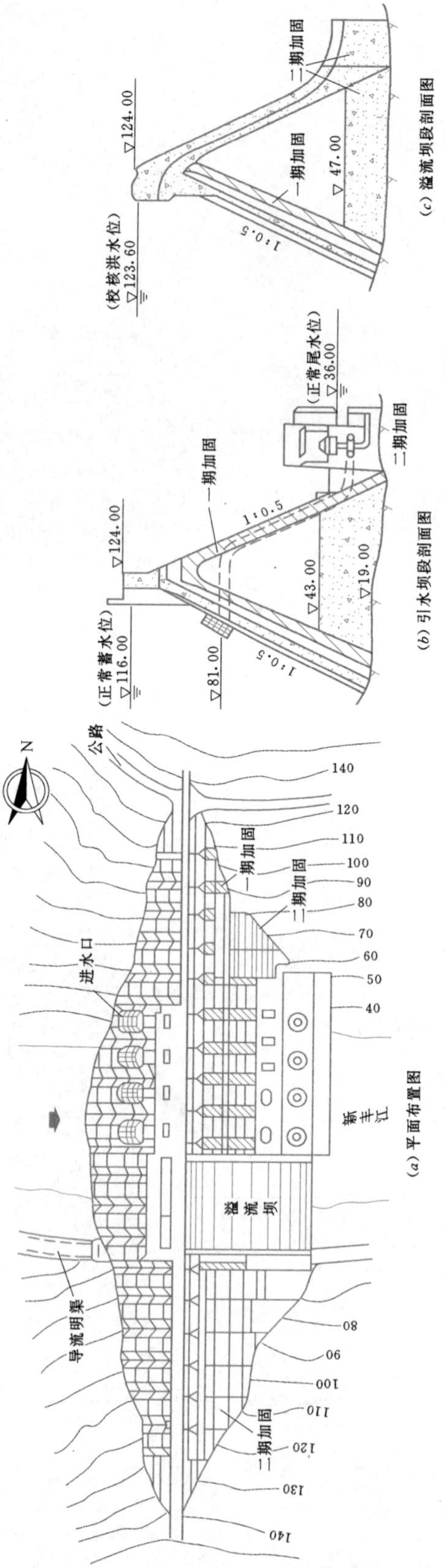

图 3.2-13　新丰江大头坝工程布置图（单位：m）

7. 湖南镇重力式梯形支墩坝

1980年蓄水发电的湖南镇重力式梯形支墩坝，最大坝高129.00m，是我国已建成的最高支墩坝。上、下游坝坡分别为1∶0.2和1∶0.68，最大底宽109.12m，坝顶宽7.0m，坝体水平截面呈梯形，从上游面宽度20m（即坝段宽度）渐变至坝趾宽度9.0m（溢流坝段）～6.0m（部分非溢流坝段），大头底部厚度为18.2m，顶部厚度为9.88m。支墩底部厚度平均为12.5m，顶部厚度平均为10.94m。

坝顶长440m，由18个梯形支墩（每个坝段宽20m）及两岸重力坝段组成。河床中部布置5孔坝顶开敞式溢洪道，最大泄洪流量9600m³/s；溢流坝段4个支墩内各设1个2.5m×4.0m的泄水中孔，单孔最大泄量350m³/s。左岸坝后厂房内安装1台100.0MW机组，右岸布置引水式电站取水口，发电厂在坝址下游7km处，厂内安装4台42.5MW机组，后经增容改造，单机容量增大至50MW，两座电站总装机容量300MW。工程布置及标准剖面如图3.2-16所示。

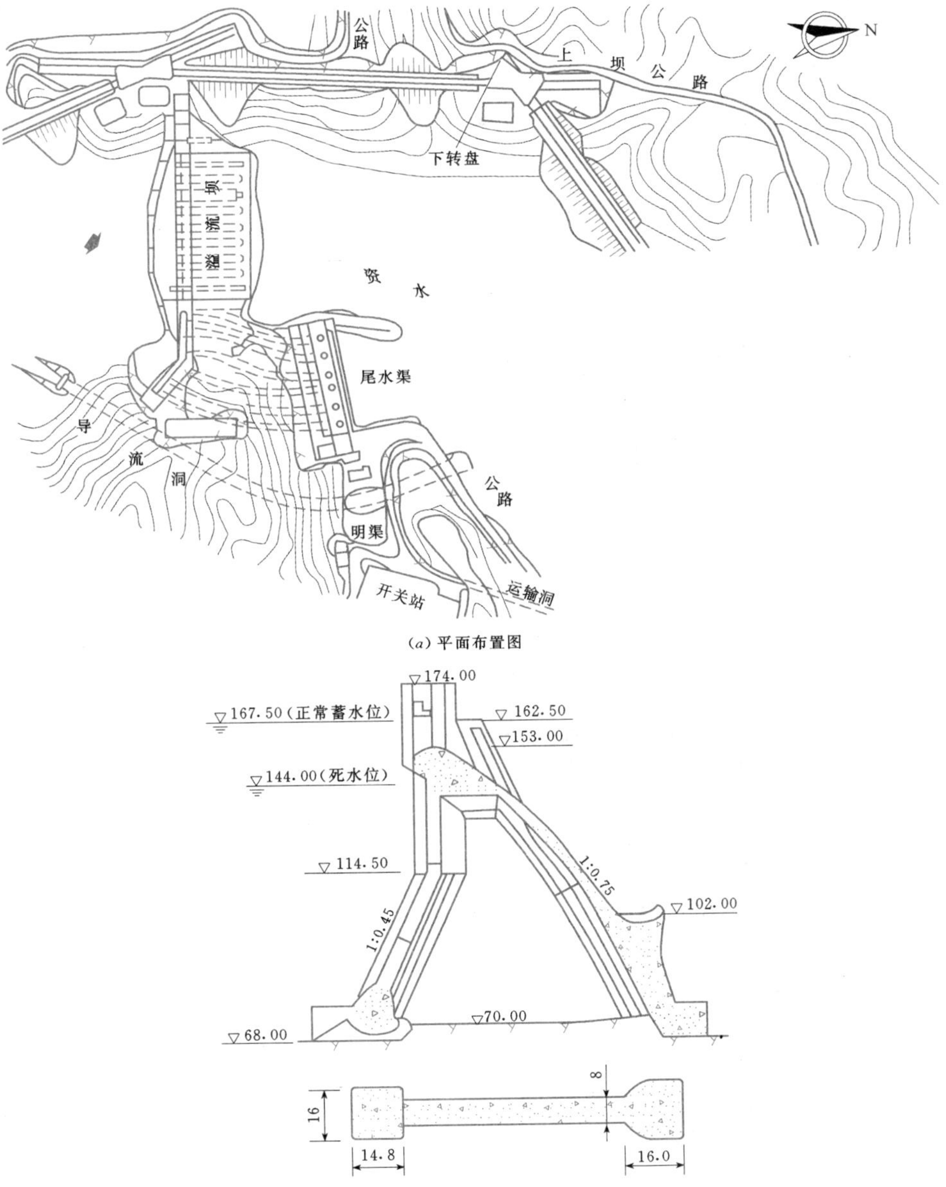

(a) 平面布置图

(b) 溢流坝剖面图

图3.2-14 柘溪大头坝工程布置图（单位：m）

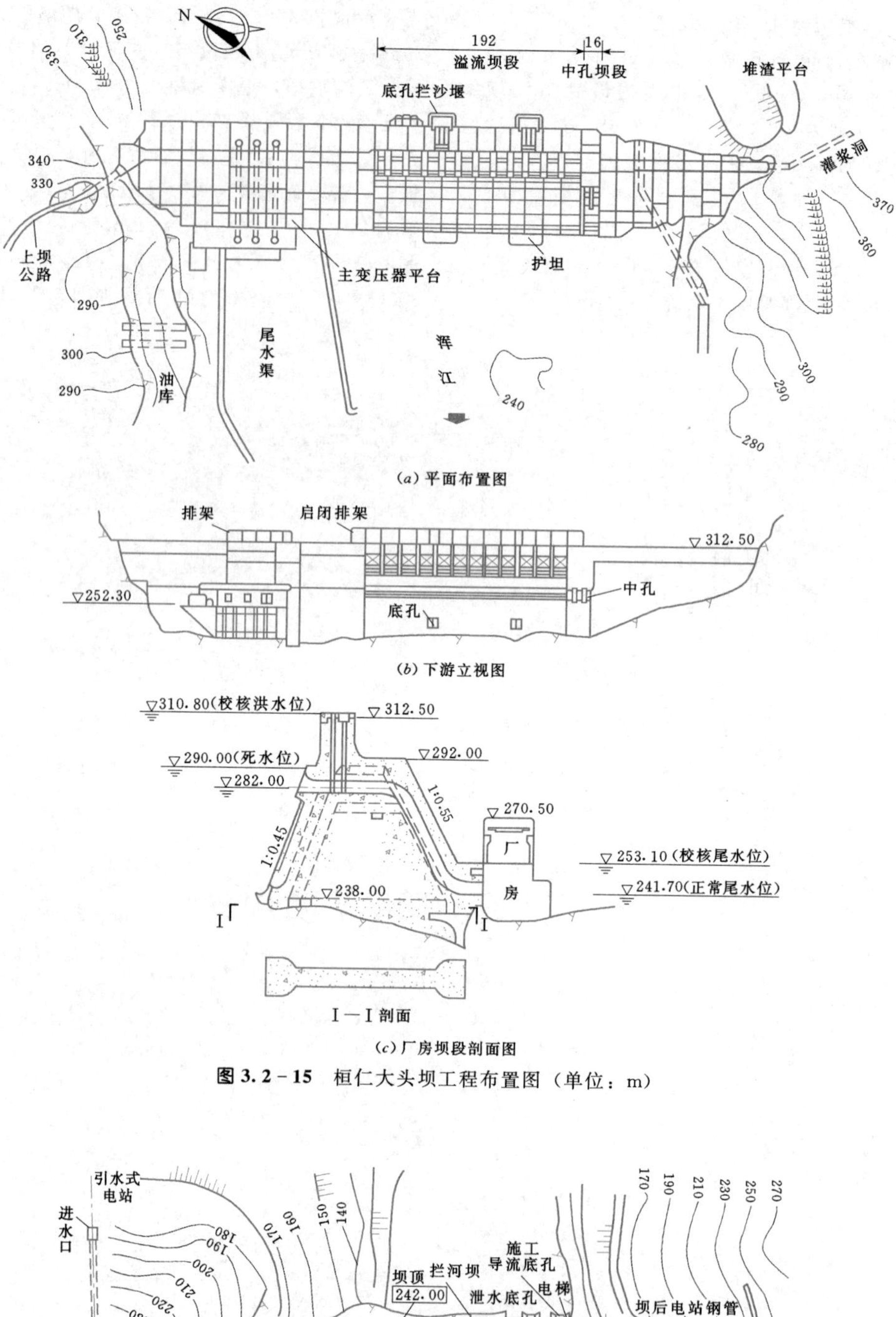

图 3.2-15　桓仁大头坝工程布置图（单位：m）

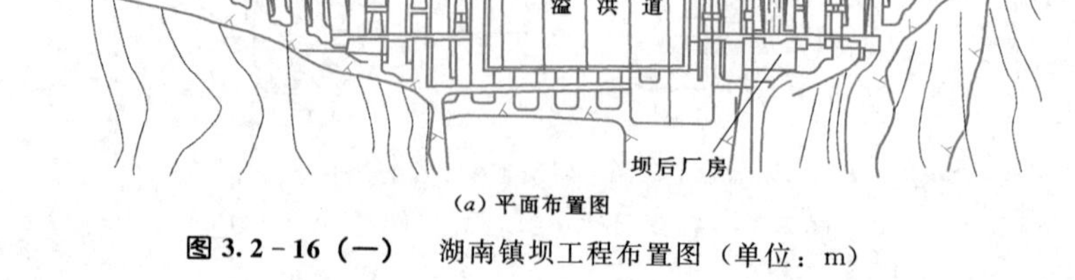

图 3.2-16（一）　湖南镇坝工程布置图（单位：m）

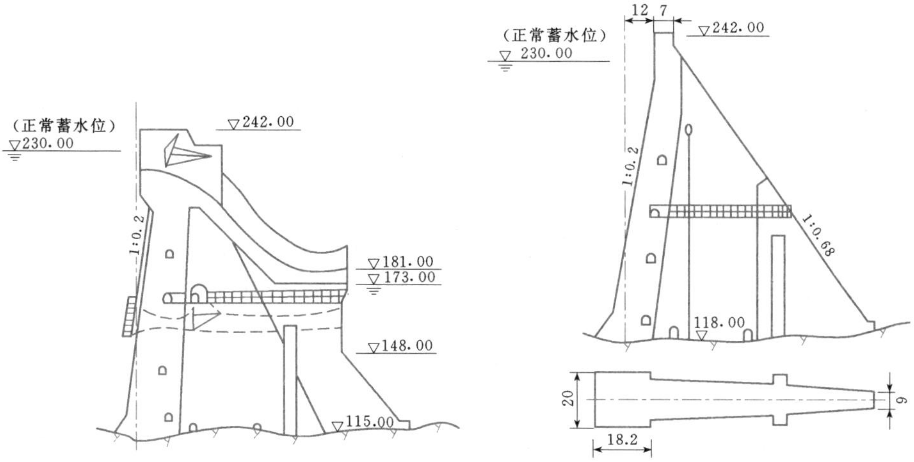

(b) 溢流坝段剖面图　　(c) 非溢流坝段剖面图

图 3.2-16（二） 湖南镇坝工程布置图（单位：m）

3.3 支墩坝断面设计

3.3.1 设计标准和准则

3.3.1.1 一般设计规定

支墩坝基本断面参数包括上、下游坝坡，上游挡水面板厚度及支墩厚度。支墩坝断面由坝或支墩的抗滑稳定、面板强度和支墩上游面是否容许出现拉应力等条件决定。

支墩坝基本断面的设计原则与混凝土重力坝的设计原则基本相同，即用刚体极限平衡法计算的抗滑稳定安全性需满足设计规定的要求，用材料力学法计算的坝基水平截面及坝体水平截面上的上、下游面应力应满足设计规定的要求。稳定安全系数和应力控制标准参见本卷第1章的相关内容。

挡水面板的混凝土强度应满足《混凝土面板堆石坝设计规范》（DL/T 5016—1999）的有关要求。

3.3.1.2 洪水设计和抗震设计标准

支墩坝的洪水设计标准和抗震设计标准参见本卷第1章的相关内容。

3.3.1.3 荷载及其组合

1. 设计荷载的特点

支墩坝设计计算的荷载与重力坝设计基本相同，可参见本卷第1章的相关内容。但在支墩坝的抗滑稳定和应力计算时，自重的计算与重力坝有区别，前者自重需根据坝的构造来确定。当挡水面板与支墩刚性连接时，或其间虽有接缝，但仍能保证坝的整体工作时，则可将挡水面板的自重全部计入；当挡水面板与支墩用缝分开而不能确保坝的整体工作时，则计算断面要扣除挡水面板部分，即挡水面板的重量不能全部传到支墩上，只计算其作用于支墩上游面的法向分量。

在梅山坝的抗滑稳定计算中，虽然拱形面板与支墩呈刚性连接，但拱筒内设有收缩缝断开，除靠近基础部分的拱筒外，其他部分拱筒的自重全部计入作用在支墩的荷载之内。佛子岭坝拱形面板收缩缝未断开，龙亭坝和高洋坝采用面板与支墩简支连接，且在面板与墩肩的支承面上采取减少摩擦力的措施，面板又嵌入地基，这些坝的面板的自重只计自重作用于支墩上游面的法向分量。

磨子潭、湖南镇等大头坝的头部较厚，在头部与支墩的接缝面上采用了构造措施使其与支墩能起整体作用，在抗滑稳定计算中，头部按全部自重计算加入支墩自重内。

2. 荷载组合的特点

支墩坝设计计算工况与重力坝、拱坝设计基本相同，分为基本荷载组合与特殊荷载组合，但组合中的荷载计算有所区别：

(1) 当支墩未与挡水面板形成整体或支墩下游面为开敞式时，尚需核算支墩在侧向荷载下的稳定和应力。侧向荷载有土压力、地震荷载及支墩两侧的水位差形成的水压力。土压力列为基本荷载，地震荷载列为特殊荷载。

(2) 利用大头坝支墩间空腔布置泄水底孔时，支墩侧向水压力列为基本荷载；施工期或运行期坝体被迫过水而形成的支墩侧向水压力一般列为特殊荷载。

(3) 支墩坝应力计算方法及其控制标准系以材料力学法计算结果及其相应的控制指标为准，支墩坝应力值为包括纵向（顺水流方向）和横向（坝轴线方向）荷载产生应力的叠加值。

根据对我国20世纪50年代建造的佛子岭坝多年运行观测资料的分析研究，得到连拱坝上游面拉应力和支墩及坝体变形最不利工况如下：

（1）冬季低温和高水位工况为支墩坝上游面拉应力控制工况。

（2）夏季高温和高水位工况以及遇寒潮袭击时的工况为坝体变形最不利工况。因水压力作用、拱圈和支墩的温度变形均使支墩向下游位移；气温骤降也使支墩靠下游的纵缝局部张开，使支墩产生较大位移。

3.3.2 混凝土的物理力学性质

混凝土的物理常数，原则上应根据实际采用的原材料和混凝土配合比由试验确定。当无试验资料时，可参照本手册有关建筑材料和温度应力计算等章节选用有关数据。

3.3.3 基岩的物理力学性质

影响基岩强度和其他物理力学性质的因素很多。除了岩石的种类和性质外，还有岩体结构情况、风化卸荷程度、节理裂隙性状等。应根据室内试验、现场试验以及基岩工程地质分类等，综合研究确定岩体及其结构面的物理力学参数。

3.3.4 基本断面设计

3.3.4.1 基本断面设计要求

1. 坝基接触面和坝体水平截面的抗滑稳定要求

对于连拱坝、平板坝，每个支墩都应进行抗滑稳定分析；对于大头坝、梯形坝，每个坝段都应进行抗滑稳定分析。

我国早期设计修建的佛子岭、梅山、磨子潭等坝，均采用抗剪断公式和抗剪公式进行抗滑稳定安全系数计算。用抗剪公式时，安全系数 $K\geqslant1.1$；用抗剪断公式时，安全系数 $K\geqslant2.0$。佛子岭、梅山、龙亭等支墩坝抗滑稳定计算中，只计算支墩底面与基岩接触面上的黏聚力，而不计支墩两侧与基岩接触面上的黏聚力。

新丰江坝加固设计以及20世纪80年代初湖南镇坝的设计中，均以抗剪断公式为主计算抗滑稳定安全系数，最小安全系数与混凝土重力坝的基本相同。

2. 支墩坝建基面或支墩水平截面上、下游面的应力要求

在进行佛子岭坝、梅山坝支墩上、下游面的应力分析时，假定水平截面上正应力成直线分布，不计温度变化等对应力的影响，按拱筒与支墩连接的三种假定计算上游面应力。

（1）假定拱筒、支墩之间是无摩擦力的接缝。拱筒自重的两个分力：一是垂直于支墩上游面，由支墩传到基础；二是平行于支墩的上游面，由拱筒本身直接传至基础。

（2）假定拱筒和支墩是一整体，计算断面包括拱筒。

（3）拱筒被收缩缝隔开，拱筒自重由支墩承受，但计算断面不包括拱筒。

上述三种假定计算所得的支墩坝上游面应力见表3.3-1。

表3.3-1　上游面应力　单位：MPa

条件	佛子岭坝（水深50m处）		梅山坝（水深85m处）	
	正压应力	主拉应力	正压应力	主拉应力
第1种假定	+0.03	−0.55	+0.35	−0.28
第2种假定	+0.01	−0.85		
第3种假定				+0.36

由表3.3-1可见，按不同假定算得的主应力多数为拉应力，竖直应力为正应力。按第2种假定算得的主拉应力偏大，佛子岭、梅山两坝按第1种假定计算时，上游面竖向应力均为正应力。

3.3.4.2 平板坝基本断面设计

平板坝的基本断面设计包括：上下游边坡、挡水和溢流面板的厚度、支墩间距、墩厚、面板与支墩的连接方式等。

1. 平板坝上、下游坡角

平板坝由支墩和面板组成。由于平板坝自身重量较轻，为了利用水重增加坝的抗滑稳定性，上游坝坡一般均设计成斜坡。小型平板坝也可将上游面设计成竖直面。为了提高平板坝的稳定性，可在支墩间填筑石渣或砂砾石料。

平板坝上游坝面的倾角根据坝基摩擦系数而定。一般在岩石基础上，支墩的上游坡角（φ）为40°～60°，下游坡角（ψ）为60°～80°，如图3.3-1所示。

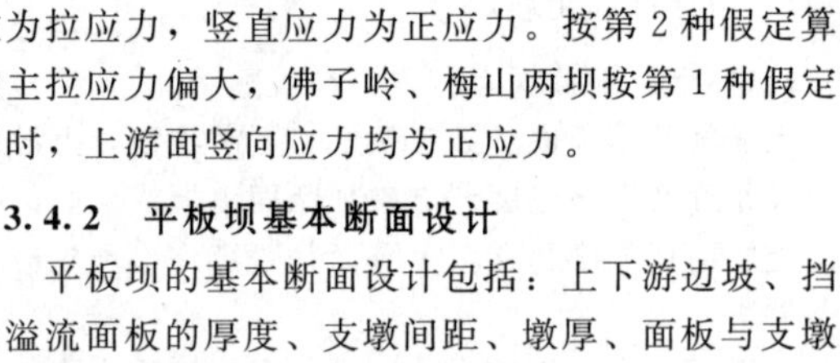

图3.3-1 支墩基本三角形剖面示意图

2. 挡水面板的厚度

挡水面板顶部厚度必须满足结构强度、构造布置

以及方便施工等要求，一般不小于0.5m。当机械化施工时，顶部厚度应适当增大。底部厚度应根据计算确定。

面板的设计必须保证在受拉区不产生裂缝，并应满足《水工混凝土结构设计规范》（DL/T 5057—2009）的抗裂要求。受拉区需布置受力钢筋，受压区一般不需受力钢筋，但需布置温度钢筋和构造钢筋。当板内主拉应力较大时，一般采取修改断面，用增加板厚的办法来减小主拉应力。

3. 溢流面板的厚度

溢流面板的厚度一般不小于1.0m，个别的可为0.5m，需根据板上静水、动水压力及自重等荷载计算确定。溢流堰面一般做成非真空式，溢流时不应产生负压。

4. 平板坝支墩设计

平板坝多采用单支墩。支墩间距（中心距 l）一般是5～10m。如采取结构措施，间距也可适当增大。

面板的弯矩虽随支墩间距加大而增加，但支墩的个数减少，支墩和面板的厚度增加，便于机械化施工。因此，适当加大支墩间距可能是有利的。

支墩基本剖面的上、下游坡度及支墩厚度要根据抗滑稳定安全性和支墩上游面的拉应力等条件研究确定。在相同的支墩体积下，上游坡愈缓，对抗滑稳定愈有利，但上游坡愈缓，愈易产生拉应力；相反，上游坡愈陡，对应力条件有利而对抗滑稳定不利。

支墩间距与上、下游坝坡也有一定关系，需要通过经济比较来选择，可根据基础开挖、混凝土方量、施工模板和钢筋用量等因素，以工程投资最省为条件进行优化设计，选择最优支墩间距和上、下游坝坡。

平板坝支墩厚度的最小尺寸应满足气候变化、温度控制和施工条件的要求并随坝高而变化，支墩底部长度（指上下游方向）一般为坝高的1.0～1.5倍。根据已有资料统计，得出下列经验公式，可供初步估算厚度之用。

$$d_0 = \frac{H}{200} + 0.20 \tag{3.3-1}$$

$$d_b = \frac{H}{36} + 0.20 \tag{3.3-2}$$

式中 H——坝高，m；

d_0——支墩顶部厚度，m；

d_b——支墩底部厚度，m。

支墩一般不配置受力钢筋，但在靠近挡水面板附近的拉应力区，和在面板分缝附近一定区域内需要布置纵向受力钢筋或温度钢筋。有时在支墩上游面和两侧布置温度钢筋，并由水平的与倾斜的（或竖直的）钢筋组成钢筋网。

支墩的水平断面基本上为矩形。但为了支撑挡水面板，在上游面需加厚成悬臂式的墩肩。墩肩的宽度一般为0.5～1.0倍板厚，其轮廓尺寸可参考图3.3-2。墩肩断面一般为折线形。墩肩与支墩连接处为了避免应力集中，亦可做成圆弧形，半径为1.0～2.0m，如图3.3-2（c）所示。

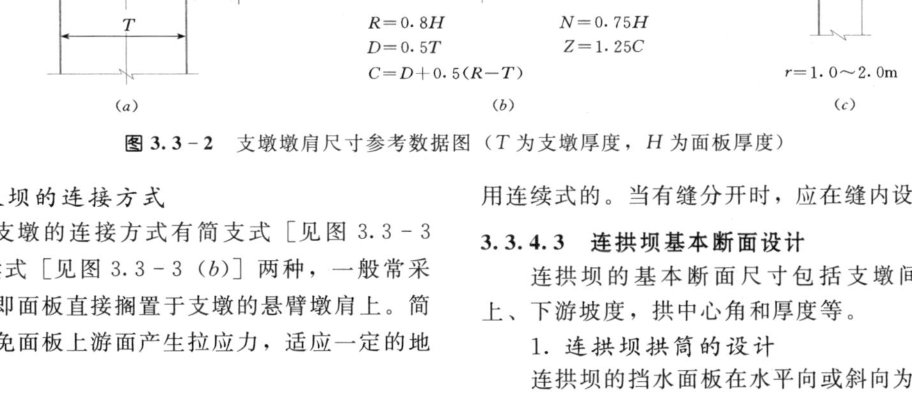

图3.3-2 支墩墩肩尺寸参考数据图（T 为支墩厚度，H 为面板厚度）

5. 平板坝的连接方式

面板与支墩的连接方式有简支式［见图3.3-3（a）］和连续式［见图3.3-3（b）］两种，一般常采用简支式，即面板直接搁置于支墩的悬臂墩肩上。简支式可以避免面板上游面产生拉应力，适应一定的地基变形。

溢流面板可采用简支式（见图3.3-4），也可采用连续式的。当有缝分开时，应在缝内设置止水片。

3.3.4.3 连拱坝基本断面设计

连拱坝的基本断面尺寸包括支墩间距，墩厚，上、下游坡度，拱中心角和厚度等。

1. 连拱坝拱筒的设计

连拱坝的挡水面板在水平向或斜向为一圆弧形的拱。拱在沿高度方向均采用等内半径和等中心角。拱

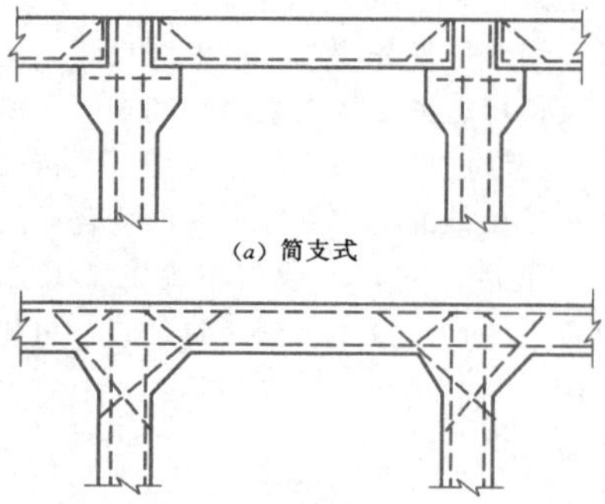

(a) 简支式

(b) 连续式

图 3.3－3 平板坝面板与支墩连接方式示意图

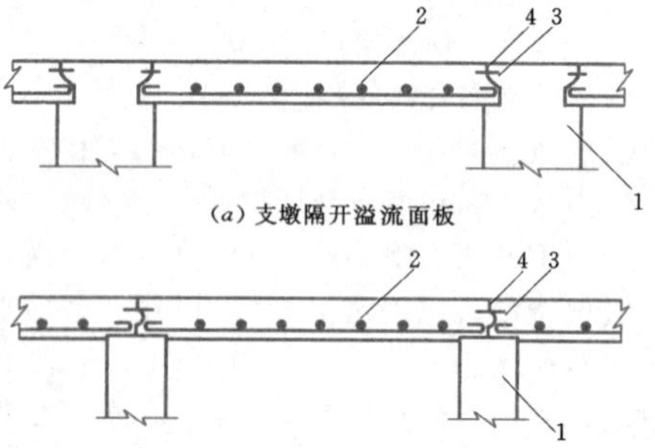

(a) 支墩隔开溢流面板

(b) 支墩不隔开溢流面板

图 3.3－4 简支式溢流面板结构图

1—支墩；2—溢流面板；3—止水片；4—缝（内填沥青）

中心角一般为 135°～180°，也有采用 90°～120°的。拱中心角愈大，受温度变化及地震时支墩相对位移的影响较小，拱座处的剪力亦较小。连拱坝的拱中心角可根据坝坡及坝址温度变化等条件进行经济比较确定，在温度变化较小的地区可采用较小的中心角。在进行拱中心角的经济比较时，还需结合支墩一并考虑，以期达到整个坝体的经济性。

拱厚是沿高度变化的，顶部为 0.6m 左右，在气候严寒和机械化施工条件下，以不小于 1.0m 为宜，大跨度机械化施工的连拱坝拱顶厚度不小于 2.0m。拱的底部厚度取决于坝高、支墩间距和拱内含筋率，应由结构计算确定，一般为 1.0～3.0m。丹尼尔约翰逊连拱坝（Daniel Johnson）的拱底厚度达到 25.3m。由于拱的厚度是沿高度变化的，因此拱筒的内外拱面不可能同时为圆柱形。为便于施工，一般将内拱做成圆柱形。拱的厚度在水平截面内（水平拱）或垂直于支墩上游面的截面内（倾斜拱）通常是不变的，仅在个别情况下，由于结构的需要而在拱座处适当地加厚。

2. 连拱坝的支墩设计

连拱坝的支墩型式有实体式（即单支墩）和空腹式（即空腹支墩）两种。支墩间距（即中心距 l）的经验数据如下：

（1）当坝高 $H<30$m 时，$l=10\sim18$m。

（2）当坝高 $H=30\sim60$m 时，$l=15\sim25$m。

（3）当坝高 $H>60$ 时，$l=20\sim40$m。

由于拱的特性，间距适当加大是有利的。加大间距可使拱与支墩的厚度增加，结构刚度亦将相应增大，亦有利于机械化施工和在支墩内采用预应力技术等。

连拱坝支墩的基本剖面亦为三角形，其尺寸由坝的抗滑稳定安全性与限制支墩上游面的拉应力两个因素来决定。一般经验是：连拱坝上游坡角（φ）为 45°～60°，下游坡角（ψ）为 70°～80°。支墩间距和上、下游坡角的选择是一个技术经济问题，需要经过技术经济比较决定。

根据连拱坝支墩的抗滑稳定要求和上游面拉应力条件，可以求得支墩最优间距和最优坝坡。最优上游坝坡与坝高的关系式为

$$l_{op}=1.1-3.3333\times10^{-3}H \qquad (3.3-3)$$

式中 l_{op}——最优上游坝坡，即上游坝面与铅直线夹角的正切值；

H——坝高，m。

实体式支墩的厚度一般为拱厚的 1.5～2.0 倍，顶部厚度一般为 0.5～2.0m，支墩底部厚度一般为 2.0～7.0m 或更厚。

空腹式支墩是由两片墩墙和上、下游面板及隔墙构成。墩墙的厚度大致等于拱的厚度。支墩的厚度（指两片墩墙的外缘距离）一般为 4.0～8.0m。隔墙的间距一般为 6.0～12.0m。隔墙可以做成铅直的，也可以平行于支墩下游面。为了使空腹式支墩内外温度分布均匀以减少温度应力，在墩墙与隔墙中常设置通气孔。为平衡支墩墩墙与隔墙两侧的水压力，还需设置排水孔。

在支墩中布置受力钢筋的情况较少，仅在支墩侧面设置适量的温度钢筋，有时在支墩上游面与拱相连接的地方或支墩与加劲梁、加劲肋相连接处布置钢筋，但支墩与拱相连接的部位，特别是靠近拱的伸缩缝处，支墩内是需要设置钢筋的。

3. 连拱坝的连接方式

拱座与支墩的连接方式常见的有两种：一种是刚性连接［见图 3.3－5、图 3.3－6（a）］；另一种是拱座与支墩脱开，而在拱座处用一刚度较大的连接平板将相邻两拱座连接起来。连接平板搁置在支墩上，有时两者的缝间还填以沥青等［见图 3.3－6（b）、（c）］。

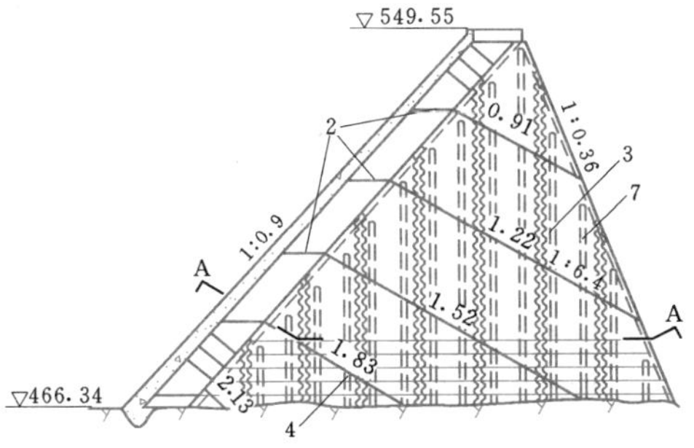

(*a*) 坝身剖面(沿拱中心线)

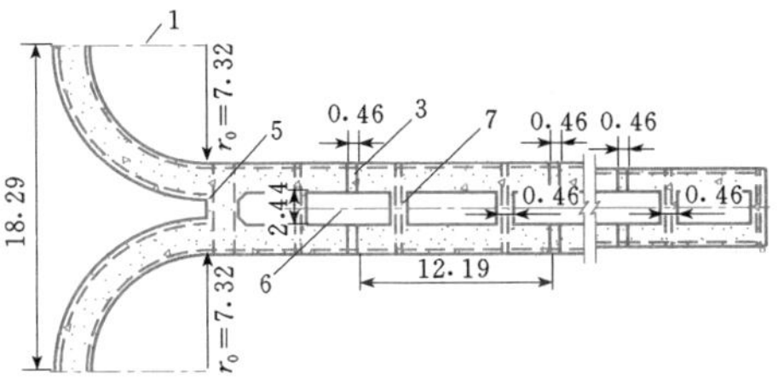

(*b*) A—A 剖面

图 3.3-5 拱座与空腹支墩连接图（单位：m）

1—拱中心线；2—支墩等厚线；3—纵缝；4—施工缝；5—钢筋；6—支墩内的空腹；7—隔墙

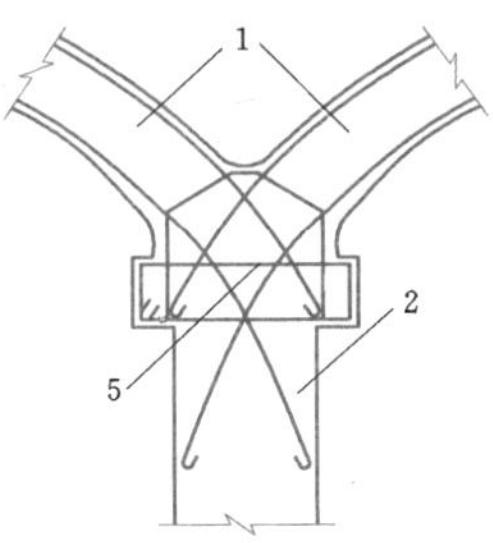

(*a*) 拱与支墩刚性连接

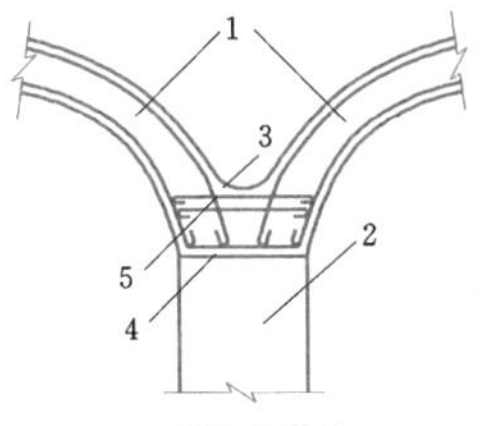

(*b*) 拱与支墩脱开

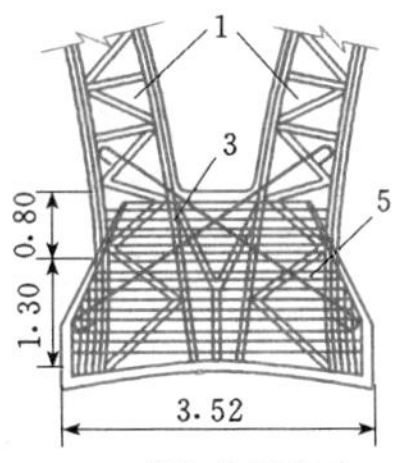

(*c*) 拱与支墩脱开

图 3.3-6 拱座与支墩连接型式图（单位：m）

1—拱；2—支墩；3—连接平板；4—缝（内填沥青）；5—钢筋

刚性连接可能引起较大的温度收缩应力，使拱筒与支墩的上游面产生裂缝，而且拱筒对地基的变形亦较为敏感；但可增加坝的整体性，对支墩的侧向稳定有帮助。拱与支墩脱开的方式可减少拱与支墩工作时的相互影响。

3.3.4.4 大头坝基本断面设计

大头坝是由大体积混凝土支墩和悬臂式大头所构成，基本剖面为三角形。有时为了改善应力或满足其他要求（如布置进水口或溢洪道），需将上、下游坝面做成适当的折坡。溢流面形状按堰面曲线要求决定。溢流坝下游坡不宜过缓，以免增加过大的悬空模板而给施工带来困难。溢流式大头坝一般将支墩顶部和下游面扩大成悬臂作为溢流面板。

大头坝的基本断面设计包括：上、下游坡度，坝段宽度及支墩间距，墩厚，头部型式，支墩型式等。

1. 大头坝基本尺寸

（1）大头坝坝段宽度。影响大头坝大头跨度（即坝段间距：两支墩的中心距 l）的主要因素有地形、地质、坝高、施工、地震、经济性以及与溢流孔口尺寸、机组间距相协调等。坝段间距加大、支墩坝厚度加大可提高侧向刚度，利于机械化施工，也减少了伸缩缝及止水。单支墩大头坝的坝段宽度（或坝段间距、支墩中心距）要小些，双支墩的大些，且随坝高的增加而略有增加。在某些情况下，坝段间距的选择还受溢洪道闸门布置和水电站厂房机组段间距等的影响。大头跨度的经验数据为：①当坝高 $H<45$m 时 $l=10\sim18$m；②当坝高 $H=45\sim60$m 时 $l=12\sim22$m；③当坝高 $H>60$m 时 $l=16\sim25$m。单支墩大头坝坝段间距多采用 14～18m，双支墩多采用 18～25m。伊泰普双支墩大头坝的支墩间距达 34m。

（2）支墩厚度。大头坝基本剖面的坝坡、支墩厚度等应通过经济比较选定。当大头跨度 l 一定时，大头跨度 l 与支墩平均厚度 B 之比 S 越大则支墩越薄，反之支墩越厚。过于单薄的支墩侧向刚度不足，抗冻耐久性也差，故支墩厚度应满足一定的要求，S 的常用范围见表 3.3-2，由此可算出支墩的平均厚度。

表 3.3-2　S 的常用范围

坝高 H (m)	$S=\dfrac{l}{B}$	坝高 H (m)	$S=\dfrac{l}{B}$
40	1.4～1.6	60～100	1.8～2.0
60	1.6～1.8	>100	2.0～2.4

（3）上、下游坡度。在大头跨度和支墩平均厚度拟定之后，即可根据抗滑稳定和应力要求试算确定上、下游边坡。目前建造的大头坝，其上、下游边坡大多为 1：0.4～1：0.6，在不考虑地震力的情况下，最常见的是上、下游坡都作成 1：0.45～1：0.55。大头坝的空心度一般为 1.5～2.0，坝愈高空心度愈大，见表 3.3-3。

表 3.3-3　　部分大头坝的剖面尺寸

工程名称	支墩型式	坝高（m）	上游坡率 n	下游坡率 m	大头跨度（m）
伊泰普	双支墩	196.0	0.58	0.46	34
阿尔坎塔拉	双支墩	130.0	0.45	0.45	22
柘　溪	单支墩	104.0	0.45	0.55	16
桓　仁	单支墩	78.5	0.40	0.55	16
磨子潭	双支墩	82.0	0.50	0.40	18
双　牌	双支墩	58.8	0.60	0.50	18、23
涔天河	双支墩	46.0	0.50	0.50	18、23

需要指出的是，在采用薄支墩的情况下，为了维持坝体稳定，需放缓上游边坡 n，以利用部分水重，并使 $m+n$ 增加，但上游坡过缓，对支墩应力不利。

（4）大头坝的头部型式。基本尺寸确定后，即可进一步拟定大头坝和支墩的型式及尺寸。单支墩大头坝的头部型式有四种：平头式、圆头式、钻石头式和T型式。圆头式与钻石头式的大头坝能使上游面水压力合力集中于支墩的轴线上，头部内拉应力较小，大头头部一般无需布设受力钢筋。就头部应力条件而言，虽然平头式和T型式便于施工，但头部应力条件较差；圆头式应力情况最好，但体型较复杂；钻石头式的优缺点介于前两者之间。近代大头坝特别是双支墩大头坝，多采用钻石头式。图 3.3-7 所示为大头坝的各种头部型式，图 3.3-8 所示为各种头部应力分布。

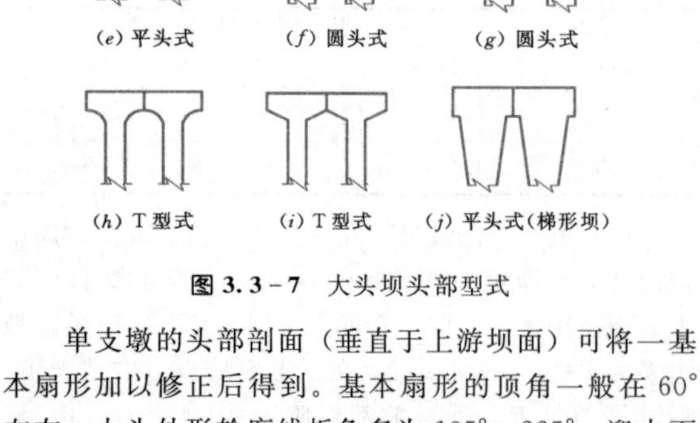

(a) 钻石头式（单支墩）　(b) 钻石头式（单支墩）　(c) 钻石头式（双支墩）　(d) 钻石头式（双支墩）
(e) 平头式　(f) 圆头式　(g) 圆头式
(h) T型式　(i) T型式　(j) 平头式(梯形坝)

图 3.3-7　大头坝头部型式

单支墩的头部剖面（垂直于上游坝面）可将一基本扇形加以修正后得到。基本扇形的顶角一般在60°左右。大头外形轮廓线折角多为135°～225°。迎水面与横缝（即伸缩缝）间的折角，当采用平头式或在横缝间采取灌浆预压、头部配置受力钢筋或采取其他措施时，也有采用90°～110°的。单支墩的头部中间还有设置空腔的，如图 3.3-9 所示。

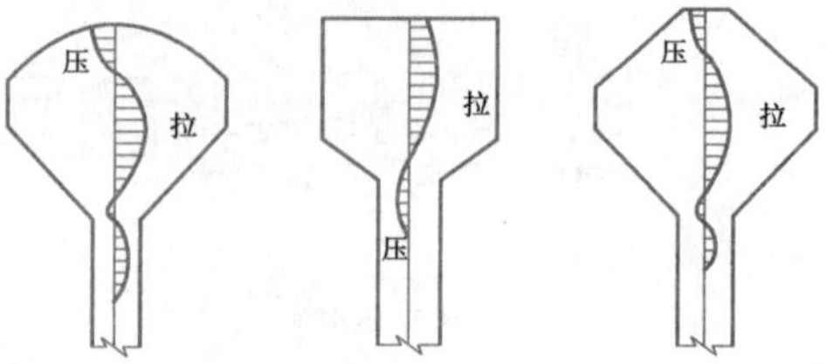

(a) 圆头形　(b) 平头形　(c) 钻石头形

图 3.3-8　大头坝的头部应力分布

图 3.3-10～图 3.3-13 所示为钻石头式头部尺寸的一些参考数据。

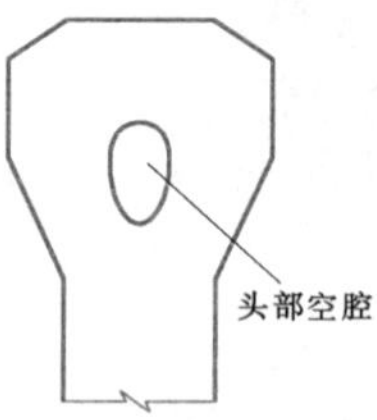

图 3.3-9　有空腔的单支墩头部型式

大头坝的头部和支墩一般视为整体，接缝应按施工缝处理，缝面做梯形榫槽和布置连系钢筋。也有将大头坝的头部搁置在支墩上的，其间留有一道永久性缝。从静力条件看，头部与支墩间的缝面承受压力，一般可不灌浆，但也有灌浆的。为了排除大头坝头部内的渗水，有时需在头部设置排水管。

图 3.3-10　单支墩大头坝钻石式头部尺寸参考数据（T 为支墩厚度）

$a=(0.8\sim2.6)T$；$b=(0.45\sim1.25)T$；
$c=(0.3\sim1.0)T$；$d=(1.0\sim2.0)c$；
$e=(0.6\sim2.2)T$；$l=(2.0\sim4.2)T$

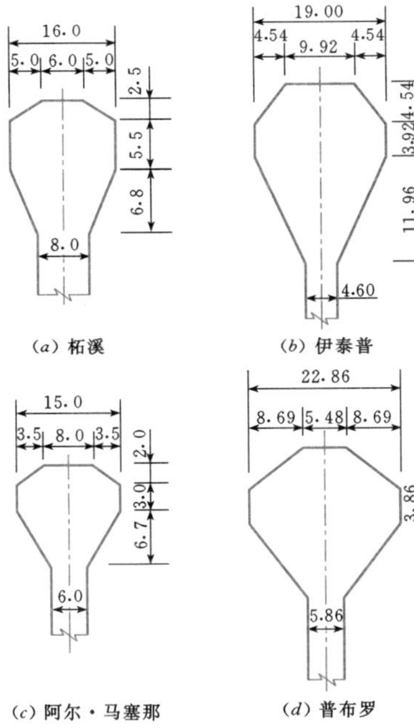

图 3.3-11 单支墩大头坝钻石头式头部尺寸实例（水平剖面，单位：m）

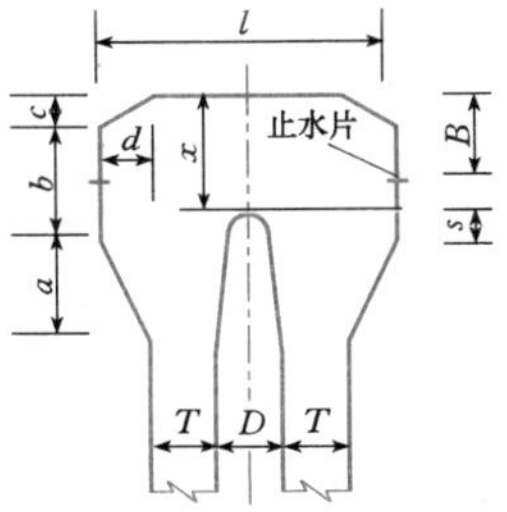

图 3.3-12 双支墩大头坝钻石头式头部尺寸参考数据（H 为水头）

$a=5.0\sim7.0$；$b=(0.07\sim0.09)H$；

$c=1.5\sim3.0$；$d=(1.0\sim2.0)c$；

$l=22.0\sim24.0$；$T=(0.04\sim0.05)H$；

$D=6.0\sim8.0$；$s=2.0\sim3.0$；

$x/B=1.20\sim1.45$

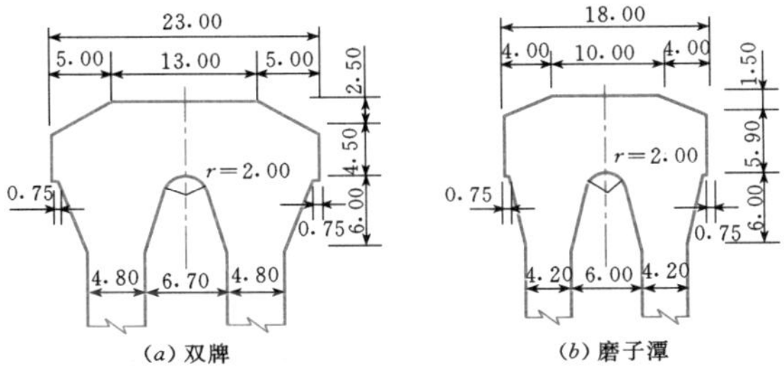

图 3.3-13 双支墩大头坝钻石头式头部尺寸实例（水平剖面，单位：m）

大头之间设伸缩缝，缝内有止水片和沥青井。横缝可以全部灌浆，也可以既设止水设备又部分灌浆。伊泰普大头坝横缝间设三道聚氯乙烯止水片，其布置如图 3.3-14 所示。

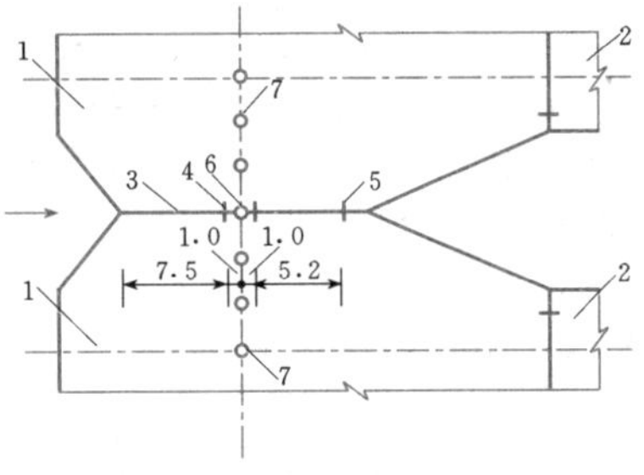

图 3.3-14 伊泰普大头坝横缝止水及排水布置图（单位：m）

1—大头；2—支墩；3—横缝；4—止水片；5—止水止浆片；6—横缝排水孔；7—头部排水孔

（5）支墩型式。大头坝的支墩型式（见图 3.3-15）有单支墩、双支墩，两者均可同样满足坝体抗滑稳定和强度方面的要求，所需混凝土量也基本相同。

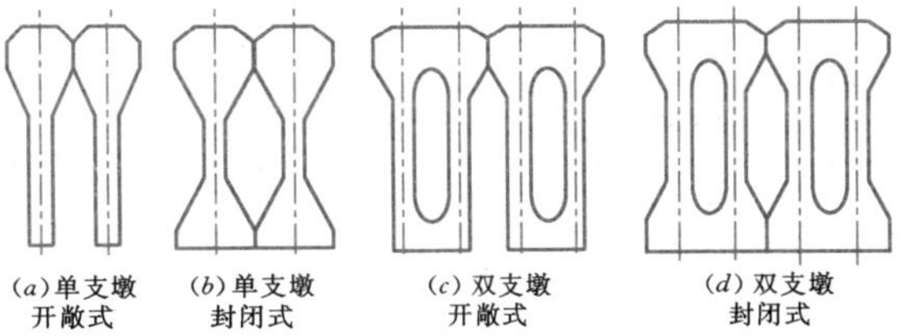

图 3.3-15 大头坝支墩型式

单支墩的支墩较厚，有利于机械化施工，但也有较大内外温差而易导致裂缝的缺点；支墩间的空间便于布置较大的引水管道和泄水孔洞；在较陡的岸坡上布置单支墩、开挖量较少。双支墩的优点是横向抗震能力较大，支墩较薄，易于散热；双支墩的坝段间距便于布置大机组的坝后厂房。一般宽阔河床多用双支墩。有时为了适应工程需要，在一座坝中可采用单支墩与双支墩的混合布置。

用封闭式支墩可以增加基础承压面积并能适当调整坝基应力的分布，封闭式支墩还可增加支墩的侧向稳定。封闭式支墩的缺点是施工较复杂，造价也较高。有下列情况时，可研究采用封闭式支墩：①坝顶溢流；②坝址位于地震区或严寒地区；③坝区温差很大；④坝基地质条件较差。

从大头坝实际工程应用情况来看，封闭式单支墩应用最为广泛，开敞式双支墩多用于高坝，开敞式单支墩多用于低坝，封闭式双支墩较少采用。

封闭式的单、双支墩下游头部多用平头式，最小厚度考虑结构强度以及施工要求确定，一般为 2.0～3.0m，开敞式双支墩下游面板厚度一般与支墩厚度接近。

大头坝支墩厚度有水平及竖直方向均为等厚的，也有竖直或水平方向变厚的。等厚支墩便于施工，竖直变厚支墩（支墩厚度由下向上逐步减薄）有利于抗震，也较合理地利用了混凝土的材料强度。水平变厚支墩有两种型式：一种是从上游向下游支墩厚度逐渐减小，如湖南镇梯形坝（见图 3.2-8）；另一种是从上游向下游支墩厚度逐渐增大，如柘溪单支墩大头坝的第 5 号支墩和伊泰普单支墩大头坝。支墩顶部的最小厚度应满足结构要求和施工要求，一般不小于 1.0～2.0m，用机械化施工时不小于 2.5～3.5m。支墩底部厚度需根据坝基应力及坝体稳定条件计算确定。

双支墩的空腔布置可参考表 3.3-4 中所列的经验数据。

2. 大头坝优化设计

大头坝优化设计方法已应用于伊泰普等大头坝设计中，所得最优多边形剖面较用传统方法求得剖面的混凝土量少 8%～12%。优化设计方法分为两步：第一步初步选定剖面尺寸，第二步最终确定剖面，即在优化可行区内，用较多的剖面在更细的网格中寻求最优解。

表 3.3-4　　双支墩大头坝基本剖面及空腔尺寸的参考数据

序号	坝　名	国家	最大坝高 H（m）	支墩中心距 l（m）	上游坝坡 n	下游坝坡 m	支墩空腔尺寸（m）			空心度①	建设时间	备　注
							c	D	T			
1	伊泰普 (Itaipu)	巴西、巴拉圭	196.00	34.0	0.58	0.46	4.80	12.40	6.00	1.75	1982 年	
2	阿尔坎塔拉 (Alcantara)	西班牙	135.00	22.0	0.45	0.45	2.50	7.00	5.00	1.64	1969 年	
3	安契帕 (Ancipa)	意大利	112.00	22.0	0.45	0.45	3.50	7.00	4.00	1.82	1952 年	
4	拉梯亚 (Latiyan)	伊朗	87.00	28.0	0.45	0.48	5.38	5.75	5.75	1.79	1967 年	
5	马尔嘎比西纳 (Malga Bissina)	意大利	87.00	22.0	0.45	0.50	2.85	7.00	4.65	1.67	1957 年	
6	磨子潭	中国	82.00	18.0	0.50	0.40	2.50	6.00	3.50②	1.89	1958 年	
7	狄克桑斯 (Dixence)	瑞士	81.00	26.0	0.04	0.81	4.00	8.00	5.00	1.67	1937 年	
8	萨比翁 (Sabbione)	意大利	66.00	22.0	0.45	0.45	3.00	7.00	4.50	1.64	1952 年	
9	潘达诺·德·阿维欧 (Pantano D'Avio)	意大利	65.00	22.0	0.45	0.45	2.88	7.00	4.62	1.64	1956 年	
10	保·姆格里斯 (Bau Muggeris)	意大利	63.00	22.0	0.45	0.45	3.50	7.00	4.00	1.75	1949 年	
11	特诺那 (Trona)	意大利	58.00	24.0	0.05	0.64	3.70	7.40	4.60	1.61	1942 年	
12	英格 (Inga)	扎伊尔	48.00	18.0	0.55	0.40	1.75	7.50	3.50	1.54	1977 年	

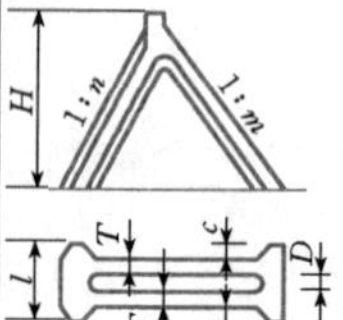

① 空心度系指双支墩大头坝基本剖面全部为实体时的混凝土量与相应剖面的实际混凝土量的比值，或坝段间距（支墩中心距）与坝段实际剖面的支墩等值厚度之比。

② 采用变厚支墩的平均值。

优化设计通常以坝体工程量或造价为目标函数，要求在满足应力、稳定、几何形状等约束条件的范围内，以目标函数极小为原则确定坝体的形状和主要尺寸。其中应力约束条件包括上、下游坝面竖向正应力和主应力均不超过容许值；稳定约束条件包括沿坝的建基面和坝基内部滑裂面的抗滑稳定安全系数不小于规定值；几何约束条件包括上、下游坝坡限制在容许范围内，坝的长度（指上、下游方向）从基础至坝顶逐步减少，不出现倒悬。

该坝的优化计算程序框图如图 3.3-16 所示。

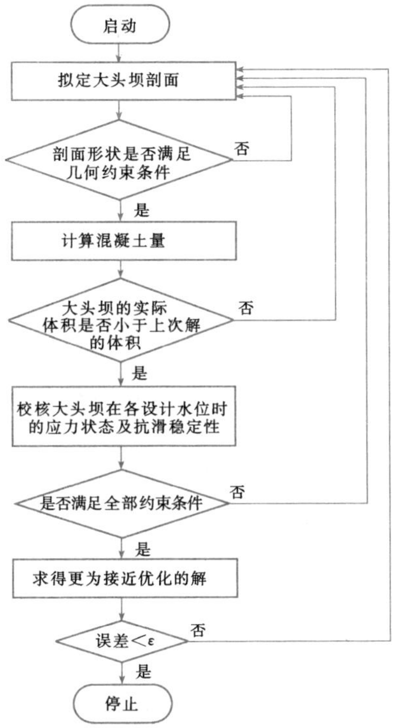

图 3.3-16 大头坝剖面优化计算程序框图

3.3.5 构造设计

3.3.5.1 平板坝构造设计

1. 平板坝分缝止水设计

(1) 平板与支墩的止水。平板与支墩间多采用键槽（榫槽）结合，做成曲折形的伸缩缝，缝内有一个键槽（榫头）[见图 3.3-17 (*a*)] 或两个键槽（榫头）[见图 3.3-17 (*b*)]，缝内填注沥青和设置止水片。平板与墩肩的接触面亦涂敷沥青以减少摩阻力。

(2) 平板分缝止水。平板本身有两种接缝：一种为水平的施工缝，缝内设有矩形、三角形或梯形的榫（见图 3.3-18），并布置连系钢筋。另一种为伸缩缝（见图 3.3-19），沿面板上下方向每隔 15～25m 设一道，缝内填以沥青并设置止水片。施工缝与伸缩缝的

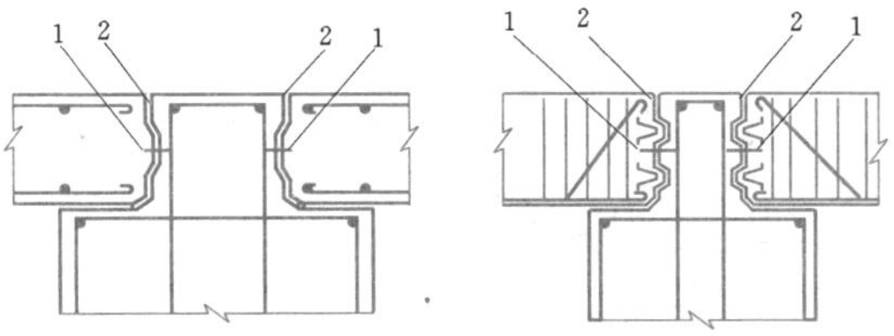

(*a*) 缝内一个榫　　(*b*) 缝内两个榫

图 3.3-17 平板与支墩间伸缩缝图

1—止水片；2—伸缩缝（缝内填注沥青）

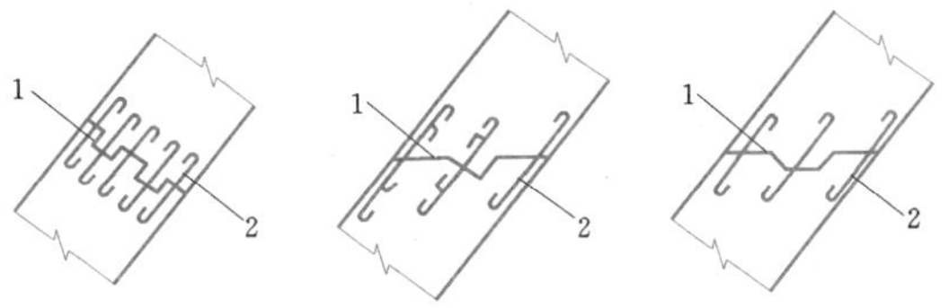

(*a*) 矩形阵键槽　　(*b*) 三角形键槽　　(*c*) 梯形键槽

图 3.3-18 平板施工缝

1—施工缝；2—连系钢筋

间距较底部为小。当相邻两支墩间的高差较大，面板下部形成一个三角形的平面时，为简化平板的受力条件，可在三角形面板与上部面板之间设一道伸缩缝。

(3) 支墩分缝。支墩沿一定高度设一道施工缝。施工缝一般是水平的，也可略向上游倾斜，缝内设置键槽。在高坝的支墩中，有时还需要设置临时性的温度收缩缝，即纵缝，以免支墩发生贯穿性裂缝。如支墩中设有倾斜的收缩缝，则面板中所设的伸缩缝最好与其相衔接，以减少支墩对面板的影响。平板坝支墩的分缝型式及缝的处理要求与连拱坝基本相同。

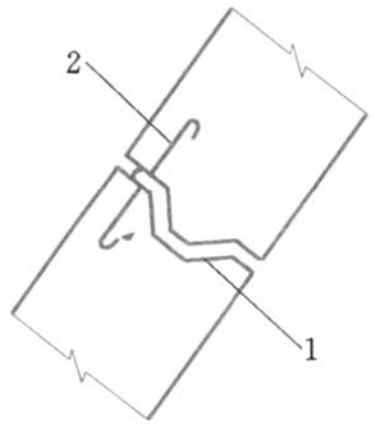

图 3.3-19 平板伸缩缝

1—伸缩缝（缝内填注沥青）；2—止水片

2. 地基处理

平板坝一般在上游面板基脚部位做成齿墙嵌入岩基内。齿墙既可作为面板的基座，也可起防渗阻水作用。由于面板较薄，一般不设置灌浆廊道。平板坝支墩间的空腔较大，具有较好的天然排水条件。当支墩间设有连续的基础底板时，基础底板需有排水措施。平板坝地基是否进行帷幕灌浆，需视坝高和坝址地质条件而定。

3.3.5.2 连拱坝构造设计

1. 支墩和拱筒的连接

连拱坝的支墩和拱筒一般采用钢筋混凝土结构，

支墩与拱座之间多用刚性连接，如图 3.3-6 (*a*) 所示。为了减小温度应力和防止由于支墩沉陷引起拱筒开裂，也有采用脱开布置型式的，如图 3.3-6 (*b*)、(*c*) 所示。

2. 连拱坝地基处理

拱与地基相连接的底拱部分，有在拱筒范围内做一整块底板的，也有仅在拱圈围内设齿墙的，拱与地基的连接一般设有齿墙（见图 3.3-20）。当地势较平坦时，可以浇筑一个混凝土拱台作为拱筒的基础，其上做成对称底拱。河床两岸地势一般较陡，则可浇筑一个混凝土斜拱台，在其上做成不对称底拱。

拱与齿墙（拱台）的连接方式有不分缝的，也有分缝的。一是拱与齿墙（拱台）固接，拱筒纵向钢筋伸入齿墙（拱台）内，使拱筒下部产生悬臂梁的作用；二是拱与齿墙（拱台）分开，做成铰接，拱可以自由变位，能适应较大的温度变化。在分缝处填注止水材料和埋设止水片，防止漏水。

3. 连拱坝分缝止水设计

(1) 拱的分缝止水设计。拱的施工缝与伸缩缝必须垂直于拱筒轴线方向。施工缝内宜设置键槽。伸缩缝间距一般为 15～20m 或不大于 0.8～1.2 倍拱跨，严寒地区可适当缩小。缝内埋设止水片和沥青油毛毡等，如图 3.3-21 所示。

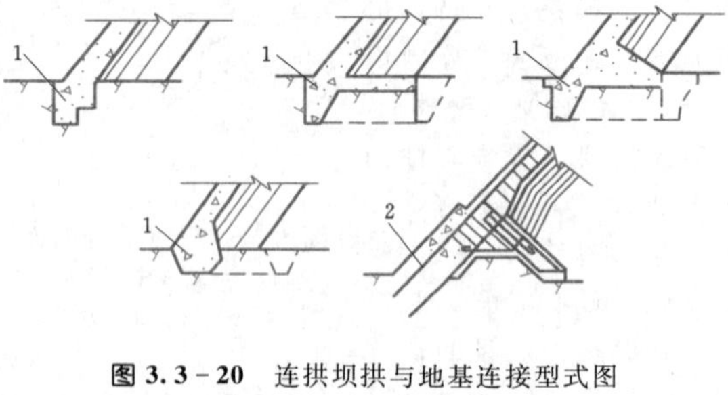

图 3.3-20 连拱坝拱与地基连接型式图

1—齿墙；2—锚筋

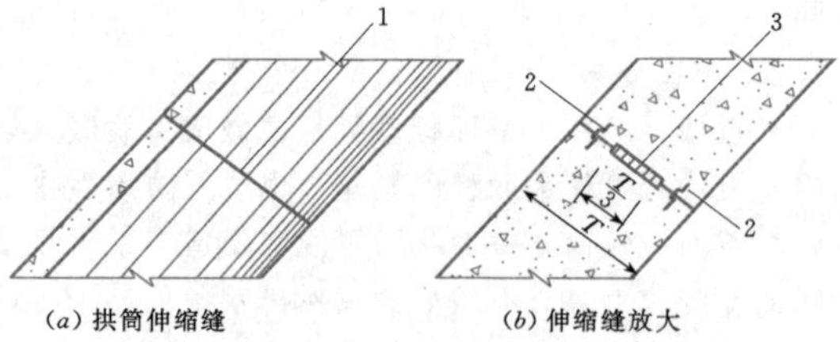

图 3.3-21 拱筒伸缩缝图

1—伸缩缝；2—止水片；3—沥青油毛毡

(2) 支墩的分缝止水设计。支墩中的施工缝一般做成水平的，或略向上游倾斜。缝间设有键槽。当支墩的长度（沿上下游方向）超过 30m 时，一般应研究设置收缩缝（即纵缝）的必要性。支墩设置纵缝的，要在水库蓄水之前坝体温度达到灌浆所要求的温度后，选择有利季节进行灌浆封缝。纵缝的间距一般为 8～12m，多布置成竖直向或稍微倾斜，也可沿第一主应力轨迹线或接近此轨迹线的倾斜方向布置。为了避免纵缝向上延展，在缝端需要布置钢筋。有时在缝的终端做一圆孔，以减少应力集中。

在连拱坝支墩中采用的另一种收缩缝是双缝、又称宽缝或明缝。双缝是在浇筑块之间预留一定的空隙，空隙宽度一般为 0.5～1.5m。缝面呈锯齿状，缝内有连系钢筋。待混凝土充分收缩后，在有利的封缝季节，将双缝空隙用混凝土填满。为减少回填混凝土的收缩量，应尽量采用不收缩或微膨胀水泥并降低其入仓温度。

3.3.5.3 大头坝构造设计

(1) 分缝设计。大头坝各坝段的接触面上一般设有永久性的伸缩缝。当支墩长度（沿上下游方向）超过 30m 时，与平板坝和连拱坝一样，应研究在支墩中设置收缩缝（即纵缝）的必要性。纵缝的布置型式有以下几种：

1) 沿第一主应力方向布置的斜缝［见图 3.3-22 (*a*)］；

2) 沿第二主应力方向布置的斜缝［见图 3.3-22 (*b*)］；

3) 垂直缝［见图 3.3-22 (*c*)］；

4) “品”字缝［见图 3.3-22 (*d*)］；

5) 组合缝［见图 3.3-22 (*e*)］，系由两种或多种上述型式的缝组合而成。

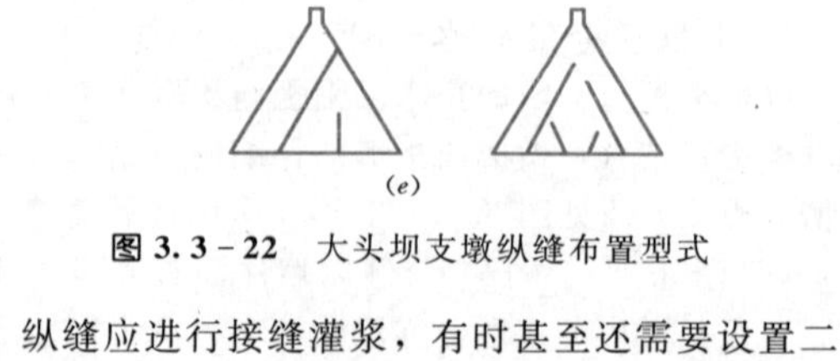

图 3.3-22 大头坝支墩纵缝布置型式

纵缝应进行接缝灌浆，有时甚至还需要设置二次灌浆系统。在不灌浆的缝中不仅应设有键槽，还需布置适量的插筋，以保证接缝结合良好和支墩的整体作用。一般大头与支墩的接缝面布置梯形键槽，有时在水平浇筑层面上也布置梯形键槽。

(2) 止水设计。支墩坝伸缩缝内应设置有效的止水设施，如紫铜片、塑料止水片、沥青井等（见图3.3-23）。为了改善大头头部的应力状态（包括施加预应力）和防止劈头裂缝扩展，必要时可在大头之间的横缝进行部分或全部灌浆。

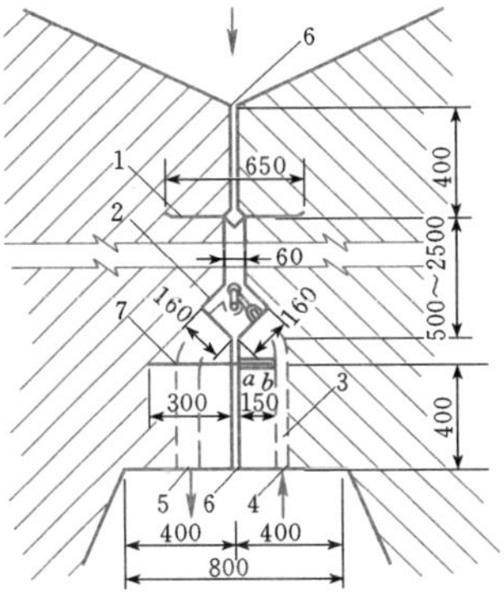

图 3.3-23 伸缩缝止水设施（单位：mm）

1—﹀形穿孔紫铜片（厚2mm）；2—沥青井；3—加热管；4—进蒸汽管；5—排沥青管；6—伸缩缝（缝内充填沥青）；7—穿孔紫铜片（厚2mm，*ab*段涂以沥青）

3.3.5.4 支墩坝的材料分区设计

大头坝支墩厚度较重力坝薄，且有较大空腔，施工期自然散热条件较重力坝有利。但大头坝在施工工艺、混凝土质量、温度控制及防裂措施等方面的要求较重力坝更为严格。支墩坝可以根据坝高不同和坝的各个部位，对强度、抗渗、抗冻等不同要求而采用不同的混凝土强度等级和抗渗、抗冻等级。相邻部位混凝土强度等级级差不宜过大。

坝高为20～100m时，挡水面板混凝土强度等级采用28d龄期C20～C25，支墩采用C15～C20；当支墩较厚（如单支墩大头坝）时，则可在支墩内部强度要求较低的部位采用C10～C15号混凝土；对于基础底板、溢流面板等部位多采用C20或C20以上的混凝土。混凝土龄期可根据建筑物型式、气候条件和受荷时间等因素选用28d、60d、90d甚至180d。

伊泰普大头坝头部及基础部位混凝土采用360d龄期抗压强度为21MPa、18MPa，骨料最大粒径为76mm。支墩基础以上部位混凝土采用360d龄期，抗压强度为21MPa、18MPa、14MPa，骨料最大粒径为152mm。其材料强度分区如图3.3-24所示。基础部位的混凝土浇筑层厚50～75cm，其他部位采用浇筑标准层厚2.5m。

3.3.5.5 支墩坝混凝土温度控制设计

支墩坝混凝土温度控制设计参见本卷第6章相关内容。以下介绍伊泰普支墩坝施工中的混凝土温度控制措施。

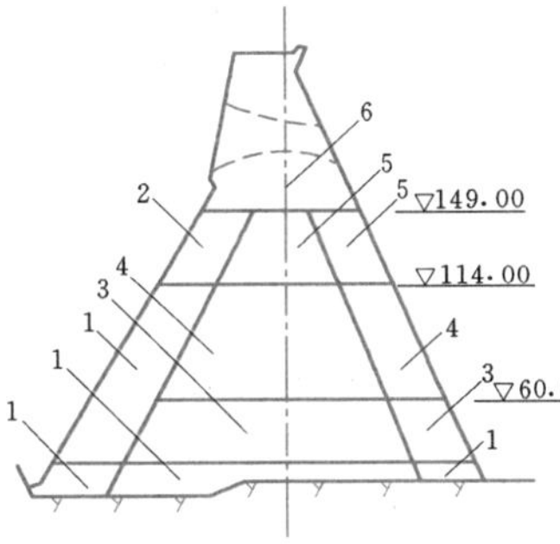

图 3.3-24 伊泰普大头坝混凝土强度分区（单位：m）

1—B-21MPa；2—B-18MPa；3—A-21MPa；4—A-18MPa；5—A-14MPa；6—坝轴线；A—最大骨料粒径152mm；B—最大骨料粒径76mm

伊泰普坝混凝土入仓温度规定为7℃，拌和温度为6℃。考虑到坝区夏季气温可能超过40℃，为满足温控标准要求，设计采取了多种冷却方式：

（1）水泥和水泥混合材料在磨细后冷却到4℃左右。

（2）四种级配的粗骨料（粒径5～152mm）在通往拌和楼的冷却隧洞内被预冷。在隧洞进口洞段内喷洒2.5℃冷水，在隧洞出口洞段用振动筛使骨料充分脱水。

（3）粒径较大的三种级配粗骨料在拌和楼的料斗中通冷气继续冷却。骨料进入拌和机时温度随粒径不同而变化于-2～7℃。

（4）一部分拌和用水采用5℃冷却水，而大部分用-5℃冰片。

（5）冷却隧洞、混凝土拌和楼、储料斗及输送骨料的皮带机等都采取了隔热措施。

3.3.6 建基面选择及坝基处理

3.3.6.1 支墩坝建基面的确定

支墩坝建基面的确定包括建基面岩体质量标准和基坑开挖形状。支墩坝建基面岩体质量标准稍高于重力坝，中高支墩坝建基岩体最好是新鲜或微风化岩体。平板坝及连拱坝的面板和支墩在坝基范围往往挖槽嵌固，但大头坝的支墩部位一般不需挖槽嵌固。

当地质条件许可时，支墩底部与地基接触面还可开挖成稍向上游倾斜的阶梯形面，上游倾斜面大致与库满时的第一主应力方向垂直，如图3.3-25所示，以图3.3-25（*a*）所示齿坎型式较好。

当地基的承载能力较低或岩性不均一，或存在较大规模的断层破碎带或有倾向下游的缓倾角软弱夹层时，应根据工程的特点研究采取相适应的处理措施，

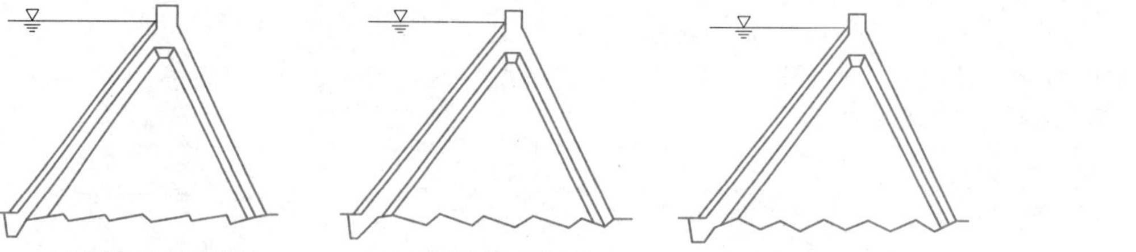

（a）主要齿坎面倾向上游　（b）主要齿坎面倾向下游　（c）齿坎面上下游对称

图 3.3-25　支墩与地基接触面齿坎型式

如扩大支墩基脚（见图 3.3-26），采取合理的施工程序和适当的分缝方式（见图 3.3-27），在坝趾处施加顶应力以增加坝体稳定性等（见图 3.3-28），防止大坝沿这些不利的结构面产生深、浅层滑动。

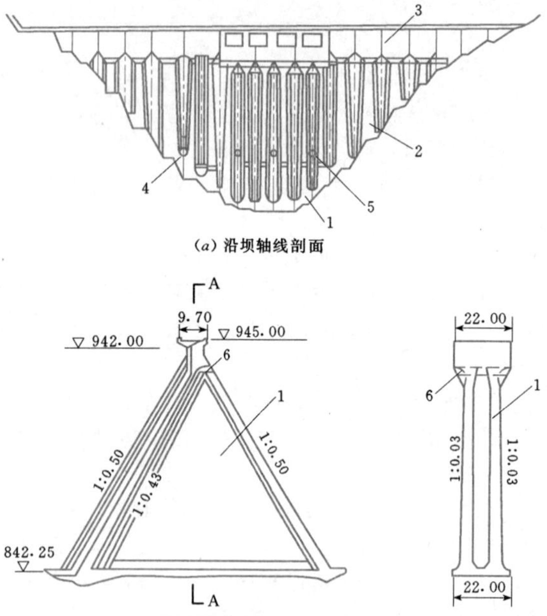

（b）坝身剖面　（c）A—A 剖面

图 3.3-26　支墩扩大地基处理（单位：m）

1—双支墩大头坝；2—单支墩大头坝；3—伸缩缝；4—放水管；5—压力钢管；6—通气孔

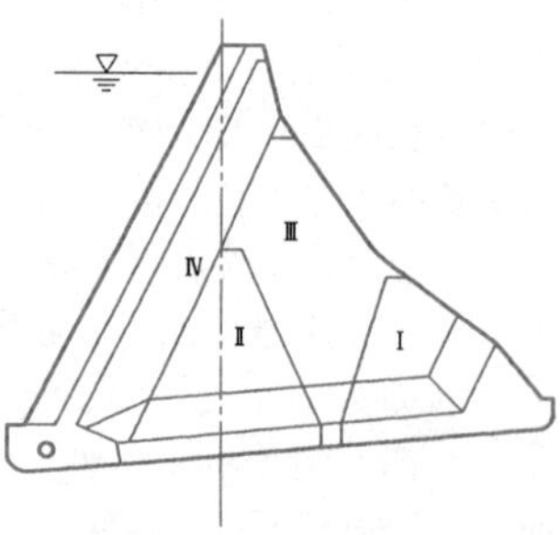

图 3.3-27　混凝土浇筑程序及分缝

（分块浇筑顺序为Ⅰ→Ⅱ→Ⅲ→Ⅳ）

支墩坝岸坡坝段，如果基岩岸坡较陡，为保证支墩的侧向稳定，均应开挖成台阶状。连拱坝的岸坡坝段一般采用重力坝与岸坡连接，所有支墩坝岸坡坝段坝基均应设置平台，平台的宽度一般考虑使支墩坐落在平台上，确保支墩的侧向稳定和满足施工的需要。

为了使支墩基岩不致因开挖台阶而影响坝基的整体性，并减少开挖量，有时采取调整支墩间距和支墩厚度，或限制双支墩两片墩墙的高差，使开挖成连续小平台，并与支墩近底部的厚度局部扩大相结合的办法，连接成片并相互支撑，确保坝基与支墩的侧向稳定。

3.3.6.2　支墩坝坝基灌浆和排水

支墩坝上游面坝基截水墙下均采用灌浆帷幕。帷幕排数、孔深、孔距、排距等，根据水头、坝基透水率和坝型由灌浆试验成果而定。一般幕深达到基岩透水率 q 为 1～3Lu 处，或为水头的 30%～50%。帷幕排数，平板坝、连拱坝一般为 1 排，局部为 2 排。大头支墩坝坝高小于 70m 的，帷幕采用 1 排；坝高超过 70m 及岩体裂隙发育、透水率较高的，应研究采用 2 排或更多的灌浆帷幕。

支墩坝坝基的固结灌浆，不同坝型、不同部位有不同的要求。平板坝、连拱坝一般只在面板和支墩与坝基连接部位及坝基开挖受爆破影响的范围进行固结灌浆。大头坝的坝基进行全面固结灌浆。此外，由于支墩坝岸坡坝段支墩坝基高差较大，在岩体侧壁上增加固结灌浆，一般高差 4m 布置一排。

支墩坝坝基的排水孔视不同坝型而定。平板坝、连拱坝一般在河床部位不设排水孔，但应特别注意岸坡坝段陡坡部位的排水问题。大头坝无论河床坝段和岸坡坝段，均在帷幕线下游设纵向排水孔，而且在岸坡坝段坝基沿上下游方向打排水孔，将岸坡渗水沿横向排向下游。

3.3.6.3　坝基断层处理

基岩裂隙或断层可以通过灌浆加固，亦可挖除破碎岩石之后回填混凝土，或可修建一横跨破碎带的楔形混凝土塞或支承拱，借以将荷载传递到两侧基岩上

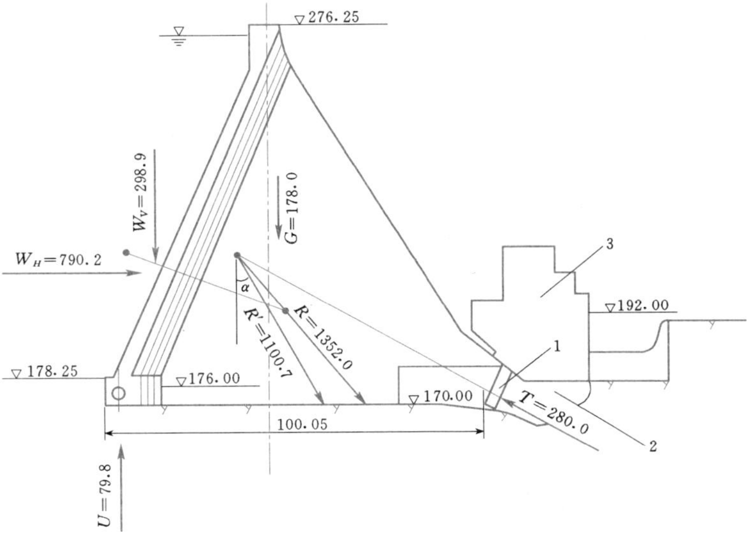

图 3.3-28　支墩坝下游抗力墩和调节荷载的预应力垫板

1—装有扁千斤顶的活动接缝；2—抗力墩；3—发电厂房

R—合力；R'—施加预应力后的合力；α—施加预应力后的合力与铅直线的交角（力的单位：kN；高程及尺寸单位：m）

去。也有采取在坝基下顺软弱层或破碎带开挖纵横向隧洞并回填混凝土和灌浆，再加基础排水的方案。伊泰普坝即采用这种措施处理了坝基下的软弱层（见图 3.3-29）。

3.3.6.4　坝基处理工程实例

1. 桓仁单支墩大头坝

坝基岩体属中生代侏罗—白垩纪凝灰岩系，凝灰岩与凝灰集块岩互层，与坝基接触的有第 9 层安山凝灰集块岩、第 10 层安山凝灰岩和第 11 层安山凝灰集块岩。河床以第 11 层岩石为主，两岸为第 9 层、第 10 层岩石。岩层走向 NE，倾向 NW，倾向下游右岸，倾角 15°～20°。

坝基岩石一般致密坚硬，抗风化能力强。大坝建基于新鲜岩面上，坝基下有断层 F_1 穿过（自 13 号坝段上游斜穿至 22 号坝段下游，为高倾角平推正断层），坝基下的第 9 层及第 10 层均含产状与岩层一致的软弱夹层，以第 10 层的性状最差，其抗剪强度低，压缩性大，控制着坝基的稳定性和坝基的不均匀沉陷。

3～8 号坝段坝基下第 10 层岩层及其夹层埋藏深浅不一，采用明挖和洞挖相结合的方法进行处理。当第 10 层岩层埋藏深度小于 5.0m 时采用明挖，埋深度大于 17.0m 时不进行处理，深度在两者之间采用洞挖。除在支墩底下进行洞挖外，沿下游面板底部也进行洞挖，两洞互相贯通。洞挖高度取决第 10 层岩层厚度，一般为 3.5～8.5m，以挖除第 10 层岩石及第 11 层顶部含绿泥石较多的岩石。洞顶第 9 层岩石

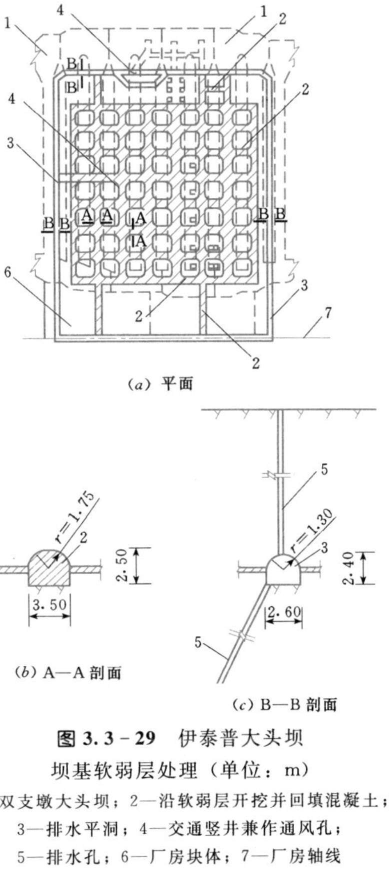

图 3.3-29　伊泰普大头坝坝基软弱层处理（单位：m）

1—双支墩大头坝；2—沿软弱层开挖并回填混凝土；3—排水平洞；4—交通竖井兼作通风孔；5—排水孔；6—厂房块体；7—厂房轴线

挖至新鲜岩石。洞挖混凝土回填后才浇筑上部支墩基础部位的混凝土，然后进行洞顶混凝土回填灌浆工作。软弱夹层处理如图3.3-30所示。其他坝段坝基下第10层及软弱夹层埋藏较浅，分布范围小，全部采用明挖。

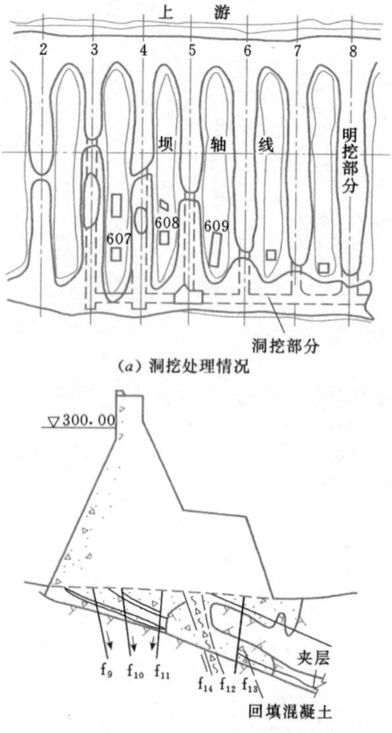

(b) 4号坝段洞挖回填混凝土

图3.3-30 桓仁大头坝坝基软弱夹层处理（单位：m）

2. 梅山连拱坝

坝基岩石为细粒花岗岩，抗压强度高。坝址区没有较大断层，右岸有近EW向的F_1、F_2和F_3等小断层及三组花岗岩的冷凝收缩节理，其中EW、NE向的两组陡节理切右岸坝基，破坏了右岸岩体的整体性；另一组为缓倾角节理，系不明显的大尺度波状节理，呈断续分布，大多倾向河床，倾角约15°～20°，其延伸不长，不连续，裂隙表面粗糙。

建坝时认为坝基为较高强度的花岗岩，承载安全度高，扬压力对连拱坝稳定安全的影响较小，故坝基只做一般性常规处理。施工中，右岸坝基沿陡裂隙开挖，支墩布置在陡坡平台上，14号、15号支墩建基面高差达10m，在拱筒及支墩上游基槽内虽然进行了帷幕灌浆，但孔深及幕厚偏小，坝基未打排水孔。

投入运行后的安全监测中发现：①支墩上、下游及侧向变位异常；②右坝肩坝基透水性明显增加；③拱筒及支墩混凝土出现裂缝。

水库放空后进一步检查发现，在大坝上游面接近岩基处已经开裂，裂缝自16号拱右侧开始，向左延伸经15号拱基插入14号拱台，并贯穿14号拱台混凝土，至13号支墩上游墩脚而逐渐尖灭，长达101m。在15号、16号拱前有岩基裂缝，主要的陡裂隙张开与缓裂隙错动，裂隙张开度一般为5～17mm，未发现拱后基岩面出现明显的错动。

分析异常现象的原因，首先，右岸坝基是一个三面临空的单薄山脊，临河床面的山坡坡度大于45°，地质条件较差，裂隙发育并普遍充填有高岭土等风化物；其次，14号、15号相邻支墩基础高差达10～12m，14号支墩两片墩墙高差达8m，对侧向稳定极为不利；再有连拱坝体型单薄，侧向刚度较小，容易出现侧向滑移，特别是在高水位作用下，由于设计帷幕深度和厚度不足，使陡裂隙的封闭效果很差，又因未打排水孔，裂隙渗水使风化物泥化，陡裂隙面上的侧向渗透压力增大，并可能引起滑动面上扬压力增大，造成基岩上力的平衡状态改变，导致支墩侧向失稳。

针对以上情况，研究采取了如下加固处理措施：

(1) 自13号支墩至右岸重力坝段上游范围内的坝基加设一道由2～3排孔组成的防渗帷幕。

(2) 自12号支墩以右至右岸重力坝段坝基，包括山坡上支墩墩脚下游15m范围内，全面进行深孔固结灌浆。

(3) 增加12～16号拱后及重力坝段沿坝轴线及12～15号支墩右侧基础排水孔以及坝下泄洪洞左侧的基础排水孔，并用排水管引走。

(4) 在14号拱台右侧至重力坝段上游岩体20m左右范围内做盖面混凝土。

(5) 在12号拱和13号拱内浇筑混凝土重力墩，14～15号拱内浇筑混凝土横向支承墙，12～15号支墩内回填混凝土，并于14～16号拱内从支承墙顶面钻孔布置预应力锚筋锚固在基岩内，孔深37m。共布置锚束110根，设计张拉力160MN。加固处理布置如图3.3-31所示。

3. 双牌双支墩大头坝

坝址为奥陶—志留系泥质砂岩、板岩，其产状走向N10°～20°E，倾向NE，倾角40°～90°，层间错动发育。坝基存在五层软弱夹层，夹层走向N330°～340°W，倾向SW，倾角7°～20°，倾向下游，夹层厚度一般为1～3cm，局部10cm，夹层物质主要为板岩碎片及岩粉，充填黄色黏土。夹层随着远离断层面逐渐变薄以致尖灭，并与三条垂直断层互相切割，条件复杂。以上情况是在工程投入运行十年后，于1971年因坝基渗水异常而进行补充勘探工作而查明的。

大坝运行安全监测中发现，6号、7号坝段间扬压力测孔压力偏离，渗出黄色物，渗漏量加大，判断

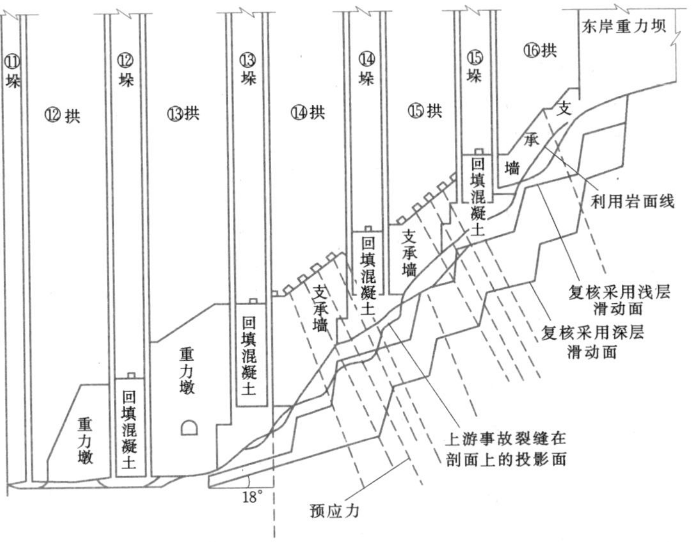

(a) 右岸坝基滑动面及加固

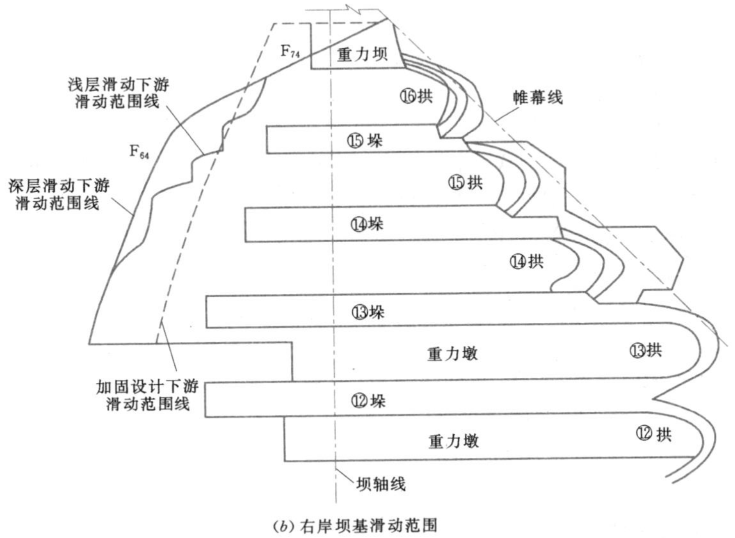

(b) 右岸坝基滑动范围

图 3.3-31 梅山连拱坝右岸坝基加固处理

该部位已发生机械管涌，帷幕已局部失效，并有继续恶化趋势，同时溢流坝挑水鼻坎下游河床经多年泄洪冲刷，冲坑最大深度达 18m，使坝基下游基坑出现临空面，坝基有沿夹层滑动的危险，必须采用加固处理。

为了提高坝基软弱夹层的抗滑能力及修补加强灌浆帷幕等，采取了下列加固措施：

（1）在坝趾延长鼻坎段混凝土约 24m，并将该鼻坎混凝土块用预应力锚索穿过夹层锚固于深部完整岩体上，孔深 35.0m。设置预应力锚索 274 孔，单孔平均张拉力 3250kN，共计预应力 890500kN。预应力损失实测值为 4.4%。锚筋桩平面布置呈梅花形，纵横间距 3m，布置在大坝鼻坎延长部分的底部，孔径 130mm，平均每孔深 36m。锚筋孔倾向上游，倾角 70°。

（2）坝体空腔内回填石渣以增加其自重。

（3）上游帷幕进行补强，保证其完整性。

（4）在预锚区进行全面固结灌浆，增设第二道排水孔。

3.4 支墩坝应力计算

3.4.1 坝体应力计算

支墩坝或支墩的内部应力分析方法很多，一般有：①应力函数法；②几何法；③简捷法；④有限元法；⑤模型试验法。应根据不同的坝型采用有针对性的方法进行计算。

对连拱坝采用应力函数法、几何法。应力函数法是用弹性理论来计算支墩坝应力的常用方法，适用于断面尺寸和荷载的边界条件较简单的情况。支墩为三角形或梯形，厚度按直线变化，坝面上的荷载为直线分布。梅山坝曾用该法计算支墩的内部应力，该坝的支墩厚度是沿两个方向变化的，计算时，假设拱筒与支墩之间是无摩擦的接缝，并略去面板和隔墙的影响，只考虑两片铅直的支墩墙。这样计算简便，但成果只能是近似的。几何法是用材料力学方法计算支墩应力，假定水平截面上的竖向应力按直线分布，计算出墩内各点的竖向应力后，根据点的静力平衡条件求出切应力和水平正应力，即可推算出各点的主应力及其轨迹。该法可考虑支墩厚度的变化，梅山、佛子岭坝等曾用该法计算。上述两种方法的计算结果比较接近。

对大头坝采用几何法、简捷法、有限元法等。简捷法是几何法的简捷解法，据几何法计算支墩应力的结果，一般在水平截面上的水平正应力接近于直线变化，切应力呈抛物线分布，因此可将这种情况作为计算时的补充假定，一般先算出各点的应力成分，再计算该点的主应力、切应力及它们的作用方向，算出坝身内各种应力的分布，工作量节省很多，计算结果与几何法很接近。磨子潭大头坝曾用几何法和简捷法两种进行计算对比，计算结果十分接近。

湖南镇梯形坝曾用材料力学法、弹性理论数值有限差分法、有限元法（平面及三维）、石膏结构模型、光弹模型试验进行坝体应力分析，由于计算成果资料较多，这里主要将坝体表面应力的成果列出对比，如图3.4-1所示。

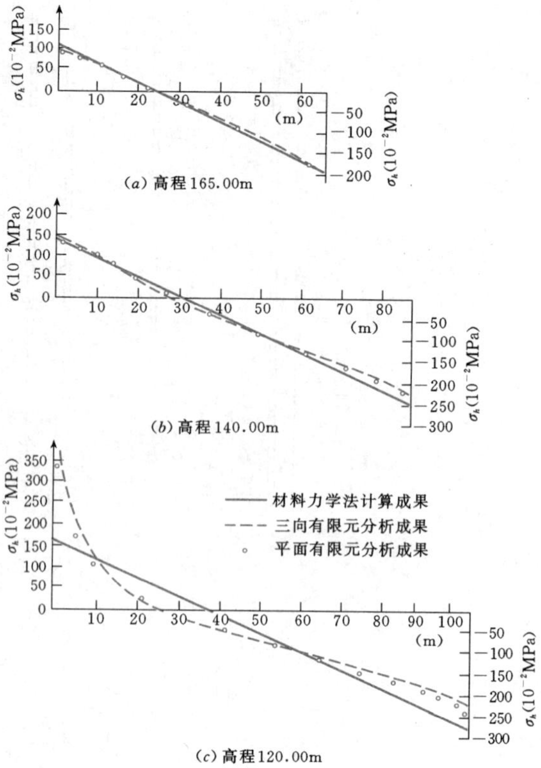

图3.4-1　湖南镇坝水压力作用下坝体水平截面垂直应力 σ_h 分布图

3.4.1.1　平板坝的平板应力计算

平板坝的结构计算包括平板内力计算、墩肩应力计算、支墩应力计算以及配筋计算等。

（1）简支式平板通常取单位宽度的板条，按两端简支于支墩的墩肩上的梁来计算。作用于平板上的基本荷载如下：

1）均匀分布的水压力。

$$p=\gamma_w h \tag{3.4-1}$$

或

$$p=\gamma_w(h_1-h_2) \tag{3.4-2}$$

式中　p——均匀分布的水压力；

γ_w——水的容重；

h——水头；

h_1——上游计算点水位；

h_2——下游计算点水位。

2）均匀分布的自重（只计法向分量）。

$$W_1=a\gamma_c\cos\varphi_1 \tag{3.4-3}$$

式中　W_1——均匀分布的自重；

a——平板厚度；

γ_c——钢筋混凝土板的容重；

φ_1——坝的上游面倾角。

平板坝的面板计算如图3.4-2所示，墩头计算如图3.4-3所示。

3）平板两端与墩肩之间的摩阻力（见图3.4-4）。

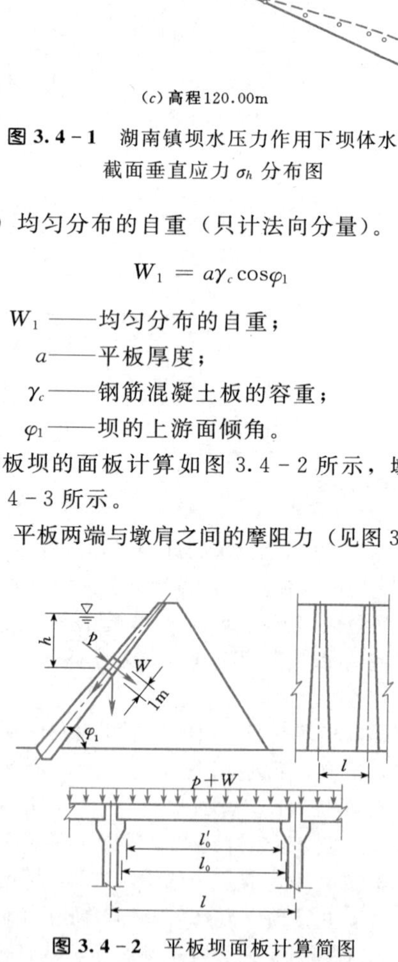

图3.4-2　平板坝面板计算简图

$$u = Rf \quad (3.4-4)$$

式中 u——平板两端与墩肩之间的摩阻力；

R——支墩对平板的反力；

f——板与墩肩之间的摩擦系数，其间若敷有沥青一般可采用0.1～0.3，当温度高时取最小值，温度低时取最大值，地震时可取0.5。

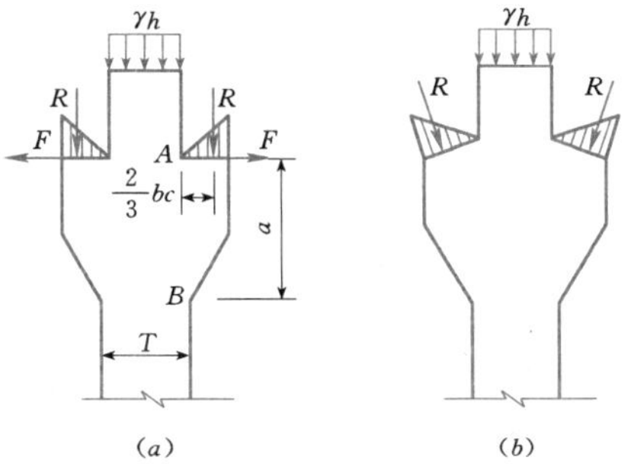

图3.4-3 平板坝墩头计算图

此外，作用于平板上的力，有时还有泥沙压力、浪压力、冰压力等。

(2) 简支式平板的最大弯矩及剪力计算。平板坝的面板常简支于支墩，可截取水平单宽板条，按简支梁计算。板条的计算跨度 l_1 可取为

$$l_1 = l'_0 + \frac{2}{3}b_c \quad (3.4-5)$$

式中 l'_0——面板在支墩间的净跨；

b_c——墩肩宽度。

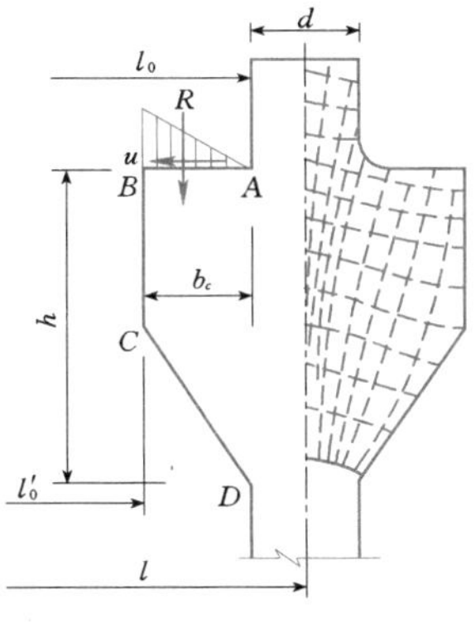

图3.4-4 平板坝墩肩受力图

一般假定墩肩对板条的反力呈三角形分布（见图3.4-4），如荷载只有静水压力及自重，则板条的最大弯矩和最大剪力为

$$M_{max} = \frac{l_1^2}{8}(\gamma_w h + \gamma_c a\cos\varphi_1) \quad (3.4-6)$$

$$Q_{max} = R = \frac{1}{2}(\gamma_w h + \gamma_c a\cos\varphi_1)l_0 \quad (3.4-7)$$

墩肩反力的合力与支墩对平板的反力 R 等值反向，故求得最大弯矩和剪力后，可对面板配筋。由于对面板的抗渗、抗冻要求高，配筋满足强度要求的同时还要校核面板抗裂，必要时可修改面板的厚度。

(3) 降温情况下板条将收缩，但板条与墩肩之间有摩阻力 F，不能自由收缩，摩阻力为

$$F = Rf \quad (3.4-8)$$

板条中产生的最大温度拉力即为 F，可据此配置温度钢筋。

简支式平板坝面板的底部实际上用齿墙与地基相嵌固，以增强坝的防渗与抗滑能力。故作较精确的分析时，可考虑按底边固接而两侧简支的三边支承板计算其内力。

对于连续式平板坝面板的内力分析，可垂直上游坝面截取单宽连续梁或多跨框架进行计算。当连续平板搁置于支墩时，按连续梁计算；当连续平板与支墩刚性连接时，按多跨框架计算。

计算支墩应力有材料力学法、有限单元法等。对支墩头部应力的精细分析可采用有限单元法计算或光弹性试验，在求得应力分布后进行配筋。

3.4.1.2 连拱坝应力计算

1. 连拱坝拱应力计算

连拱坝拱的应力计算，通常是垂直上游坝面截取单位宽度拱圈来进行。在靠近坝顶或水面处以及接近基础部位有一段拱筒受到较大的边界影响，其影响长度可用下式估计：

$$L = 2\sqrt{rT} \quad (3.4-9)$$

式中 L——拱筒受边界影响的长度；

T——拱壁厚度；

r——拱壁中心线半径。

拱的应力计算根据其所在的不同部位，有以下四种情况：

(1) 中间部位，即图3.4-5 (a) 中的 BC 部位、图3.4-5 (b) 中的 CF 部位，不考虑边界影响，可按普通弹性拱理论计算，但需考虑剪力、轴向力和拱座变形的影响。

(2) 受水面影响部位，即图3.4-5 (b) 中的 EF 部位，需要考虑梁的作用。拱、梁荷载的分担可根据径向位移协调的条件求得。拱座外缘的拉应力经过调整后将可减少。

(3) 底拱部位，即图3.4-5中 CC' 断面以下部位，受基础边界的影响，有悬臂梁的作用，可用试载法计算。拱筒底部 DD' 断面以下与基础连接段，其拱的中心角一般均小于拱筒的中心角且逐渐变小。底拱与基础之间的连接如能确保其固结，则考虑悬臂梁的作用；否则不考虑悬臂梁的作用。

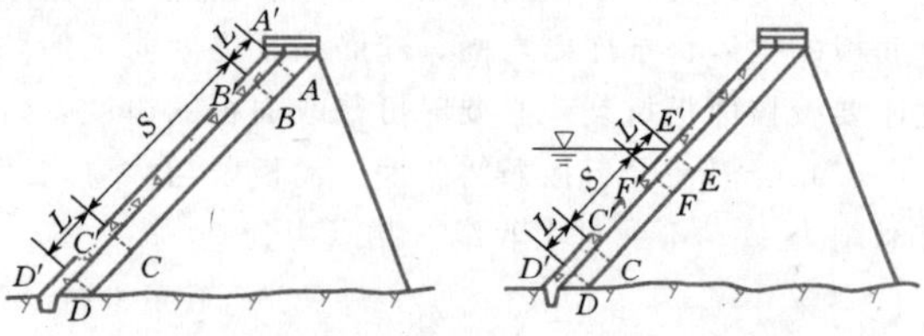

图 3.4-5 连拱坝拱筒边界影响范围图

L—拱筒受边界影响的长度；

S—拱筒受边界影响较小部分

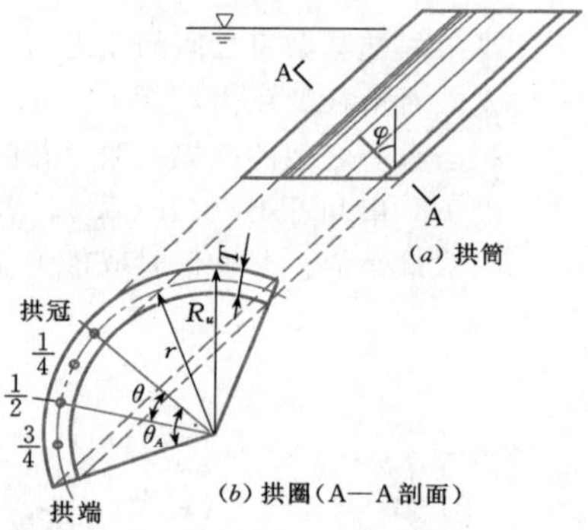

图 3.4-6 拱圈应力计算符号图

(4) 顶拱部位，即图 3.4-5 (a) 中 BB' 断面以上的部位，包括 BB' 断面以上的拱和在拱筒上部特别加宽与加厚所形成的一个椭圆形平拱，它与支墩顶部连成坝顶人行道，并具有加强拱筒顶部的作用。这一部分拱由于边界条件过于复杂，用试载法分析甚繁，可采用双铰拱和无铰拱理论进行近似计算。这样不仅较为简单，且计算成果亦偏于安全。

2. 中间部分拱圈应力计算

拱圈应力的计算采用一般结构力学分析方法。连拱坝的内拱多采用定半径定圆心，计算边界条件较拱坝简单。

(1) 拱的应力计算步骤。

1) 计算拱圈基本数据 R_u、γ、T、θ_A、$\cos\varphi$、E、γ_c、$\frac{r}{T}$、$\frac{12r}{T}$、$\frac{12r^2}{T^2}$、$\frac{12r^3}{T^3}$。其中：R_u 为拱圈外半径，r 为拱中心线半径，T 为拱厚，θ_A 为拱冠（拱顶）至拱端夹角，φ 为拱圈倾角，E 为拱圈的混凝土弹性模量，γ_c 为拱圈的钢筋混凝土容重，如图 3.4-6 所示。

2) 计算拱座常数 α、β、γ，形常数 A_1'、B_1'、B_{31}、B_{32}，载常数 D_1'、D_{31}、D_{32}。其中：α 为拱座常数，$\frac{\alpha}{ET^2}$ 即为由于单位力矩引起的垂直拱座面的角变位；β 为拱座常数，$\frac{\beta}{E}$ 即为由于单位轴向力引起的垂直拱座面的线变位；γ 为拱座常数，$\frac{\gamma}{E}$ 即为由于单位剪力引起的拱座平面内的线变位。

3) 计算拱冠内力 M_0、N_0。其中：M_0 为拱冠弯矩，N_0 为拱冠轴向力。

4) 根据拱冠内力及外荷载，计算沿拱圈 1/4、1/2、3/4 点及拱端等各处内力 M、N、Q。其中：M 为拱圈任一断面的弯矩；N 为拱圈任一断面的轴向力；Q 为拱圈任一断面的剪力。由此可绘制拱圈内力分布图。用材料力学方法可计算拱圈任意断面的应力。

5) 在拱圈的内力值求得之后，可计算拱圈各点的转角、径向及切向变位。

(2) 拱座常数 α、β、γ 的计算。

1) 若连拱坝的支墩是单支墩，而荷载及结构又均对称，则拱座变形影响甚小，通常可忽略不计，即令 $\alpha=\beta=\gamma=0$，各个拱圈可以独立地视为两端固定的拱进行计算。

2) 若连拱坝的支墩是空腹支墩，拱座影响在拱圈应力计算中应予以考虑。但 β 和 γ 的影响仍较微小，可以略去不计，而仅计算 α 的影响。α 的计算公式为

$$\alpha=\left(\frac{T}{T_1}\right)^2\alpha_m \tag{3.4-10}$$

$$\alpha_m=12\frac{a_1}{T_1}[M]+3 \tag{3.4-11}$$

$$[M]=\frac{T_1^2(a_1+q\rho)(b_1\rho^3+c_1)+b_1^3\rho^3(b_1\rho^3+4c_1)}{T_1^2(a_1+q\rho)(a_1+b_1\rho^3+c_1)+b_1^3\rho^3(b_1\rho^3+4c_1)+4a_1b_1^2(b_1\rho^3+3c_1)} \tag{3.4-12}$$

$$\rho=\frac{T_1}{T_2} \tag{3.4-13}$$

$$c_1=K'EI_z \tag{3.4-14}$$

$$K'=\frac{5.5(1-\mu^2)}{ET_2^2} \tag{3.4-15}$$

$$q=\frac{kEb_1}{G} \tag{3.4-16}$$

式中 T_1——空腹支墩上游面板厚度；

a_1——空腹支墩两墩墙中心距的 $\frac{1}{2}$；

b_1——空腹支墩上游面板至支墩内第一道隔墙垂直距离的平均值；

T_2——墩墙厚度；

I_z——墩墙的惯性矩；

k——断面剪力分布系数，在矩形断面中可取 $k=1.25$；

G——抗剪弹性模量；

μ——泊松比。

以上各式中的符号如图 3.4-7 所示。

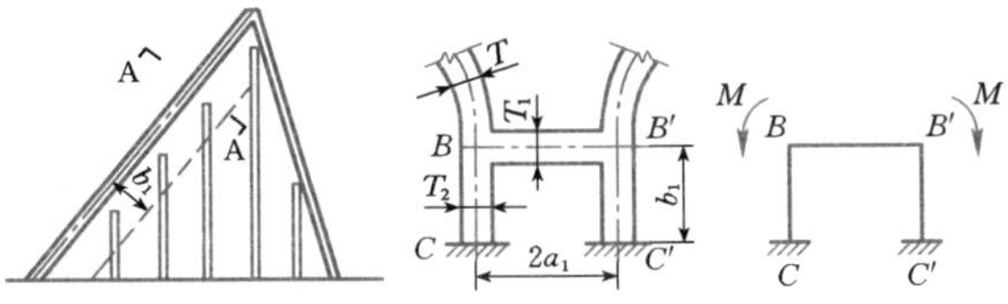

(a) 沿空腹支墩中心线剖面　(b) A—A 剖面　(c) 计算框架图式

图 3.4-7　空腹支墩拱座影响计算图

(3) 形常数 A_1'、B_1'、B_{31}、B_{32} 的计算。

$$A'_1=\theta_A \tag{3.4-17}$$

$$B'_1=\theta_A-\sin\theta_A \tag{3.4-18}$$

$$B_{31}=\theta_A-2\sin\theta_A+\frac{\theta_A+\sin\theta_A\cos\theta_A}{2} \tag{3.4-19}$$

$$B_{32}=2\theta_A-\sin\theta_A\cos\theta_A \tag{3.4-20}$$

式中　θ_A——拱冠（拱顶）至拱端的夹角，以 rad 计。

(4) 载常数 D_1'、D_{31}、D_{32} 的计算。

1) 均匀径向荷载：

$$D'_1=\theta_A-\sin\theta_A \tag{3.4-21}$$

$$D_{31}=\theta_A-2\sin\theta_A+\frac{\theta_A+\sin\theta_A\cos\theta_A}{2} \tag{3.4-22}$$

$$D_{32}=2\theta_A-\sin\theta_A\cos\theta_A-\sin\theta_A \tag{3.4-23}$$

2) 渐变径向荷载：

$$D'_1=\theta_A-\frac{3}{2}\sin\theta_A+\frac{1}{2}\theta_A\cos\theta_A \tag{3.4-24}$$

$$D_{31}=1\frac{5}{8}\theta_A-2\frac{1}{2}\sin\theta_A+\frac{1}{2}\theta_A\cos\theta_A-\frac{1}{4}\theta_A\cos^2\theta_A+\frac{5}{8}\cos\theta_A\sin\theta_A \tag{3.4-25}$$

$$D_{32}=\frac{\theta_A\cos^2\theta_A}{2}-\sin\theta_A+\theta_A-\frac{\sin\theta_A\cos\theta_A}{2} \tag{3.4-26}$$

3) 自重荷载：

$$D'_1=\sin\theta_A-\theta_A\cos\theta_A-(\theta_A-\sin\theta_A) \tag{3.4-27}$$

$$D_{31}=-\frac{5}{4}\theta_A+3\sin\theta_A-\theta_A\cos\theta_A-\frac{1}{2}\theta_A\sin^2\theta_A-\frac{3}{4}\sin\theta_A\cos\theta_A \tag{3.4-28}$$

$$D_{32}=\theta_A\sin^2\theta_A-\frac{1}{2}(\theta_A-\sin\theta_A\cos\theta_A) \tag{3.4-29}$$

均匀径向荷载、渐变径向荷载及自重荷载分别如图 3.4-8～图 3.4-10 所示。

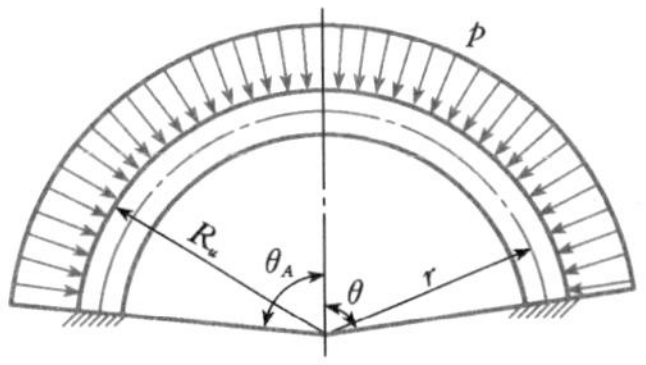

图 3.4-8　均匀径向荷载图

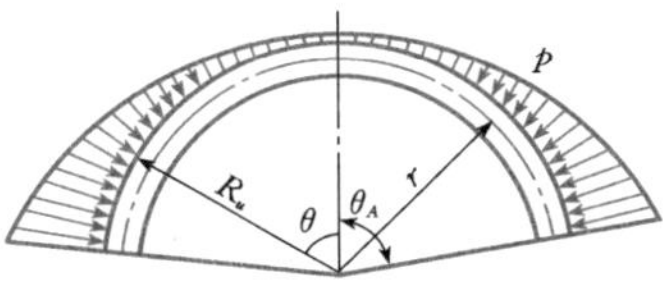

图 3.4-9　渐变径向荷载图

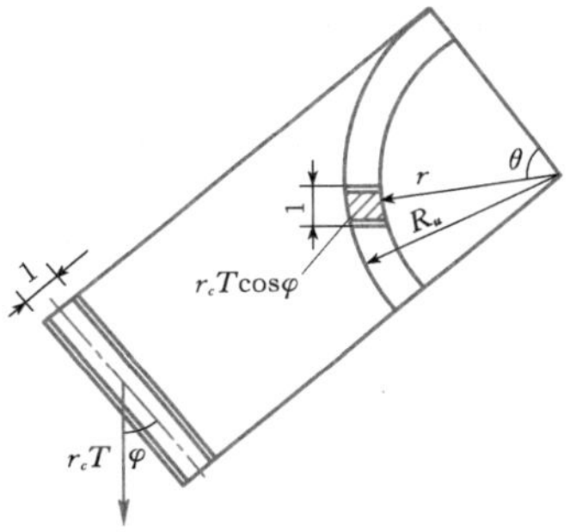

图 3.4-10　拱圈自重荷载图

(5) 拱冠内力 M_0、N_0 的计算（$\theta_0=0$）。

1) 均匀径向荷载：

$$N_0=pR_u\frac{A_1D_3-B_1D_1}{K} \tag{3.4-30}$$

$$M_0=pR_uT\frac{D_1B_3-D_3B_1}{K} \tag{3.4-31}$$

$$K=A_1B_3-B_1^2 \tag{3.4-32}$$

$$A_1=\frac{12r}{T}A'_1+a \tag{3.4-33}$$

$$B_1=\frac{12r^2}{T^2}B'_1+\frac{ra}{T}\text{versin}\theta_A \tag{3.4-34}$$

$$B_3=\frac{12r^3}{T^3}B_{31}+\frac{r}{T}B_{32}+\frac{ar^2}{T^2}\text{versin}^2\theta_A \tag{3.4-35}$$

$$D_1=\frac{12r^2}{T^2}D'_1+\frac{ar}{T}\text{versin}\theta_A \tag{3.4-36}$$

$$D_3=\frac{12r^3}{T^3}D_{31}+\frac{r}{T}D_{32}+\frac{ar^2}{T^2}\text{versin}^2\theta_A \tag{3.4-37}$$

$$\text{versin}\theta_A=1-\cos\theta_A \tag{3.4-38}$$

$$p=\gamma_wh \tag{3.4-39}$$

式中 γ_w ——水的容重；

h——水深。

拱的内力（弯矩、轴向力、剪力）的正负号如图3.4-11所示，即弯矩使拱圈外缘受压者为正，轴向力以压力为正，剪力以图示方向为正。

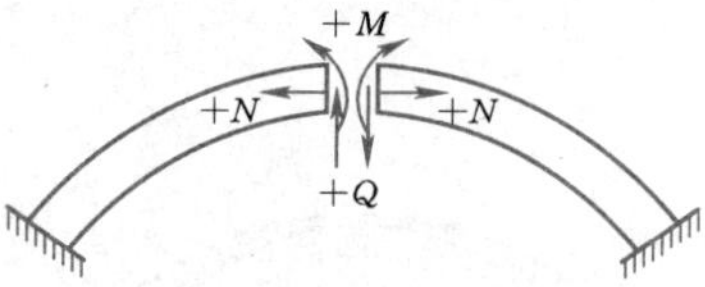

图 3.4-11 拱圈内力符号图

2）渐变径向荷载：

$$N_0 = Z\frac{A_1D_3 - B_1D_1}{K} \tag{3.4-40}$$

$$M_0 = ZT\frac{D_1B_3 - D_3B_1}{K} \tag{3.4-41}$$

$$D_1 = 12\frac{r^2}{T^2}D_1' + \frac{ar}{T}\left(\text{versin}\theta_A - \frac{\theta_A\sin\theta_A}{2}\right) \tag{3.4-42}$$

$$D_3 = 12\frac{r^3}{T^3}D_{31} + \frac{r}{T}D_{32} + \frac{ar^2}{T^2}\left(\text{versin}\theta_A - \frac{\theta_A\sin\theta_A}{2}\right)\text{versin}\theta_A \tag{3.4-43}$$

其中

$$p = \gamma_w R_u \text{versin}\theta\cos\varphi \tag{3.4-44}$$

$$Z = \gamma_w R_u^2\cos\varphi \tag{3.4-45}$$

3）自重荷载：

$$N_0 = W\frac{A_1D_3 - D_1B_1}{K} \tag{3.4-46}$$

$$M_0 = WT\frac{D_1B_3 - D_3B_1}{K} \tag{3.4-47}$$

$$D_1 = \frac{12r^2}{T^2}D_1' + \frac{r}{T}a(\theta_A\sin\theta_A - \text{versin}\theta_A) \tag{3.4-48}$$

$$D_3 = \frac{12r^3}{T^3}D_{31} + \frac{r}{T}D_{32} + \frac{ar^2}{T^2}(\theta_A\sin\theta_A - \text{versin}\theta_A)\text{versin}\theta_A \tag{3.4-49}$$

$$W = \gamma_c Tr\cos\varphi \tag{3.4-50}$$

式中 γ_c ——拱圈钢筋混凝土容重。

4）温度荷载：

$$N_0 = \frac{A_1D_3}{K} \tag{3.4-51}$$

$$M_0 = -T\frac{D_3B_1}{K} \tag{3.4-52}$$

其中

$$D_3 = \varepsilon trE\sin\theta_A \tag{3.4-53}$$

式中 t ——温度变化值；

ε——拱圈混凝土线膨胀系数。

（6）拱圈任一点内力 M、N、Q 的计算。一般计算1/4、1/2、3/4点及拱端等处的内力。

1）均匀径向荷载：

$$N = pR_u - (pR_u - N_0)\cos\theta \tag{3.4-54}$$

$$M = M_0 - (pR_u - N_0)y \tag{3.4-55}$$

$$Q = -(pR_u - N_0)\sin\theta \tag{3.4-56}$$

式中 θ——拱冠至拱圈任一点的夹角；

y——拱冠至拱圈任一点的距离。

2）渐变径向荷载：

$$N = N_0\cos\theta + Z\left(\text{versin}\theta - \frac{1}{2}\theta\sin\theta\right) \tag{3.4-57}$$

$$M = M_0 + N_0y - Zr\left(\text{versin}\theta - \frac{1}{2}\theta\sin\theta\right) \tag{3.4-58}$$

$$Q = N_0\sin\theta - Z\left(\frac{1}{2}\sin\theta - \frac{1}{2}\theta\cos\theta\right) \tag{3.4-59}$$

3）自重荷载：

$$N = N_0\cos\theta + W\theta\sin\theta \tag{3.4-60}$$

$$M = M_0 + N_0y - Wr(\theta\sin\theta - \text{versin}\theta) \tag{3.4-61}$$

$$Q = N_0\sin\theta - W\theta\sin\theta \tag{3.4-62}$$

4）温度荷载：

$$N = N_0\cos\theta \tag{3.4-63}$$

$$M = M_0 + N_0y \tag{3.4-64}$$

$$Q = N_0\sin\theta \tag{3.4-65}$$

3. 作内力组合

在求得各种荷载下的拱圈内力之后，即作内力组合。根据拱圈不同部位选择最不利的控制情况，按水工混凝土结构进行配筋计算。

对于拱圈不同部位在何种情况下发生最大拉、压应力，需组合各种可能发生的情况进行比较，选择一种最不利的情况。

从一般设计经验来看，拱圈所受的荷载组合中，库空时不一定比库满时有利。因为薄圆拱适宜承受均匀径向水压力等荷载，而库空低温时的拉力可能比库满时为大。但库空时拱圈开裂所造成的危害性较小，故安全系数可稍低些。因此一般以库满情况决定拱圈厚度，而以库空情况决定拱圈配筋。

4. 温度荷载

连拱坝拱圈应力计算中，温度荷载作为基本荷载考虑。由于拱端常采用刚性连接，拱端伸缩变化余地较小（拱端采用铰接者除外）。拱圈较薄，对气温变化反应比较敏感，拱圈上下游面水温与气温变化幅度较大，加之连拱坝的拱圈一般是一次施工封拱，混凝土浇筑后初凝时内部温度较高，不能像拱坝一样等待混凝土充分收缩后，在低温季节封拱灌浆，故拱内温度收缩应力较大。

连拱坝拱圈上、下游面的水下部分考虑水温影响，与空气接触部分应考虑气温影响。当拱圈较薄时，拱内温度变化可近似按上、下游面平均温度变化计算。在设计时需考虑库满与库空两种情况，分别计算其温度变化值。

关于水温、气温和地温资料统计和分析方法、支墩与拱圈（包括平板坝）的温度及温度应力计算（包括施工期和运行期），参见本卷第6章。

3.4.1.3 大头坝的头部应力计算

1. 大头坝的头部应力

大头坝的头部应力计算分析，以往只计算上游面所直接承受的水压力、泥沙压力和自重等基本荷载。头部应力控制条件一般为：在只考虑水压力而不考虑自重及渗透压力时，迎水面应为压应力，容许内部有少量拉应力出现，其抗拉安全系数在基本荷载组合时应大于4.0；在特殊荷载组合时应大于3.5。在考虑水压力、渗透压力及自重时，迎水面及内部抗拉安全系数应不小于2.1～2.8。如头部迎水面出现拉应力或内部拉应力很大时，则需修改头部结构形状、调整止水位置和在伸缩缝内采取措施（如在伸缩缝内设置“砂浆棒”，如图3.4-12所示，或在缝内进行部分灌浆等），以限制侧向变形。

伊泰普双支墩大头坝的头部为钻石头式。由于水压力而产生的大头中的拉应力，是通过有限单元法计算修改头部尺寸，并调整和确定止水位置，利用侧向水压力来减少的。

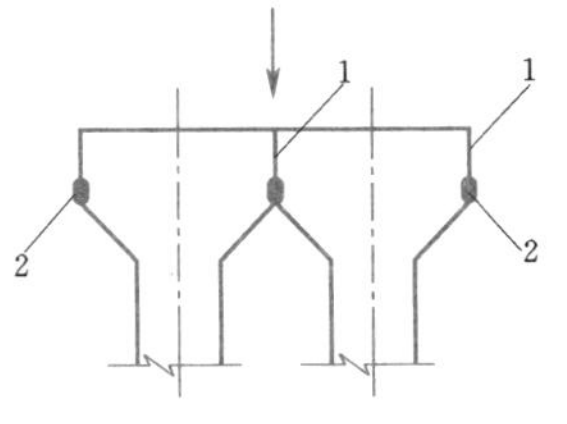

图3.4-12 砂浆棒布置示意图

1—伸缩缝；2—砂浆棒

由于大头坝劈头裂缝的发生，对大头的应力分析进行了一些研究，认为解决大头坝劈头裂缝问题必须从两方面着手：一是解决大头坝混凝土强度、施工质量及温度控制等方面的问题；二是在大头应力分析中，除考虑静水压力、泥沙压力及自重等荷载外，还必须在头部应力中计入渗透压力和温度应力。渗透压力和温度应力应作为基本荷载加以考虑，并应满足《水工混凝土结构设计规范》（DL/T 5057—2009）的相关要求。大头坝头部迎水面不容许发生裂缝。否则，缝内水压将会恶化大头内部应力状态和危及整个坝的安全。

计算大头坝头部应力，通常垂直于上游坝面切取一平面，将头部应力作为平面变形问题来分析。由于大头坝的头部边界条件比较复杂，直接应用弹性理论的解析法进行应力分析比较困难，往往只能借助于数值法和试验法求得其应力近似值。有限差分法的计算工作量较大，现已较少采用。用有限单元法计算大头坝的头部应力是一种有效的方法，可以方便地用有限单元法作多种头部形状、尺寸和止水布置的方案比较，以选择头部应力情况最为理想的方案。

大头中的应力值应满足水工混凝土容许强度的要求。

2. 大头坝头部的渗透压力

(1) 流网法。可适用于各种边界条件，精度亦能符合一般要求。上游第一道止水以前的边界为第一条等压线 $P=1.0H$（H 为水头）；下游末道止水以后的边界为末条等压线 $P=0$；在大头与支墩间的纵缝上、支墩两侧和大头中的排水孔边线上，都是 $P=0$。然后在边界线内绘制流网。

(2) 折线法。当大头中无排水孔时，可按图3.4-13所示方法进行初步估算，以折线表示各断面压力分布（图中所示阴影部分）。

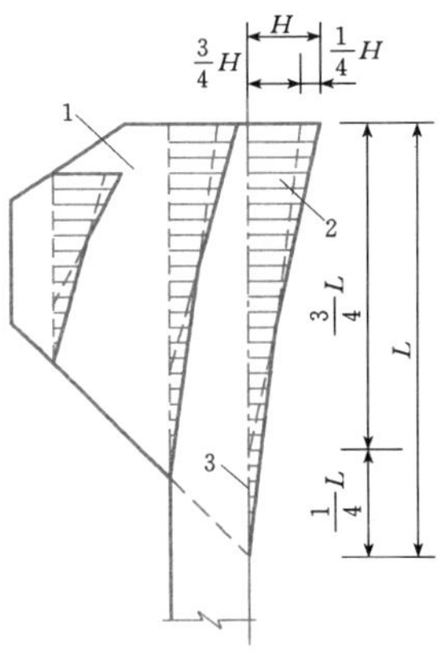

图3.4-13 大头坝头部渗透压力分布图（折线法）

1—大头水平剖面；2—渗透压力分布（阴影部分）；3—大头对称中心线；H—所取水平面剖面处的水头

3.4.1.4 支墩应力计算

1. 支墩的应力计算方法

支墩坝支墩应力计算常用的方法有材料力学法、斜柱法、几何法、弹性理论法和有限元法。材料力学法、斜柱法、几何法和弹性理论法不考虑地基变形的影响，计算所得靠近墩底的应力只是近似的；对重要支墩坝的支墩应采用有限元法计算，考虑地基变形的影响。

(1) 材料力学法。支墩应力用材料力学法计算时，可以不同部位的典型坝段为研究对象，分别取不同高程的水平截面（包括坝底面）进行。随着支墩与挡水面板（或头部）的连接关系不同，计算截面可以是包括头部在内而适当均化的形状，也可以是去除面板后支墩本身的简化形状，常用的最简单截面形状就是等厚矩形，也有简化为梯形或更接近实际截面图形的。应注意的是，计算以跨度为 l 的坝段为对象，而水平计算截面厚度 $d<l$，故如采用简化的矩形计算截面，其负担的面板传来的水压力等荷载应为整个坝段 l 范围内的量值。亦即支墩所受水压力强度 p' 应按计算截面上游水深 h 用下式计算：

$$p' = \gamma h \frac{l}{d} \qquad (3.4-66)$$

其他经面板传给支墩的荷载也要参照此原则处理。

支墩各高程水平计算截面形态及所受荷载都确定后，各截面边缘或任一点的垂直正应力可仿照重力坝用偏心受压公式计算，进而水平正应力、剪应力以及主应力也都可参照重力坝应力分析的材料力学法系列公式进行计算。有区别的计算细节如下：

1) 支墩坝水平计算截面不取简化矩形而用实际形态时，应将截面的几何特性参数（形心轴位置、截面惯性矩等）以及各截面以上坝段的重心求出备用。

2) 支墩所受作用力有侧向（横河向）分量时，计算垂直正应力的偏心受压公式应考虑双向弯矩（并按各自不同轴的形心惯性矩求应力）。

3) 扬压力对支墩坝应力的影响远小于重力坝，不必作过细分析，尤其轻型支墩坝非坝基部位的截面应力，可忽略扬压力。

(2) 斜柱法。斜柱法是计算支墩应力的一种简捷近似方法，是将支墩分为几条斜柱（一般是3～5条，可视坝高情况增减）来分析，如图3.4－14所示。

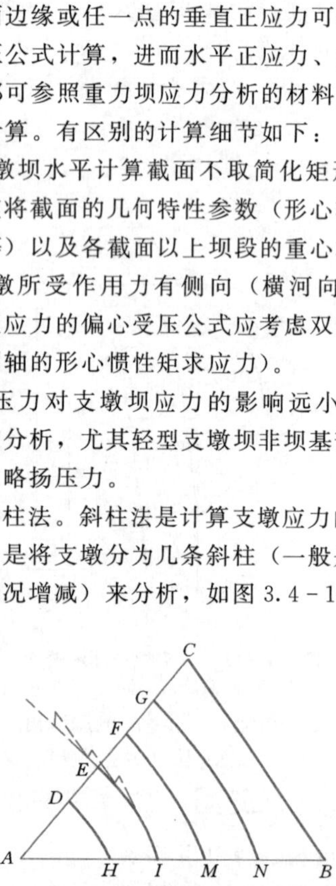

图3.4－14 斜柱条图

斜柱分界线的做法如图3.4－15所示。从上游面 b 点开始，先作一矢量 $a'b$ 代表作用于 b 点上的边界压力 P_0（P_0 是沿上游面单位宽度上的压力），延长 $a'b$ 至支墩内 c 点，取 bc 长度乘以 c 点处支墩厚度（或 bc 段的支墩平均厚度）和支墩混凝土容重，得出沿 bc 方向单位宽度的支墩自重 ω_1，在 $a'b$ 上取线段 $a'a$ 等于 bc，在 a 点作铅直线段 ad 代表 ω_1，连 dc，延长至另一点 e。再用上述方法，计算 ce 间的自重，设为 ω_2，在 de 上取线段 df 等于 ce，在 f 点作 fg 代表 ω_2，连 ge，延长至另一点 h。如此继续进行下去，即可得出斜柱之分界线 $bcehk\cdots$。

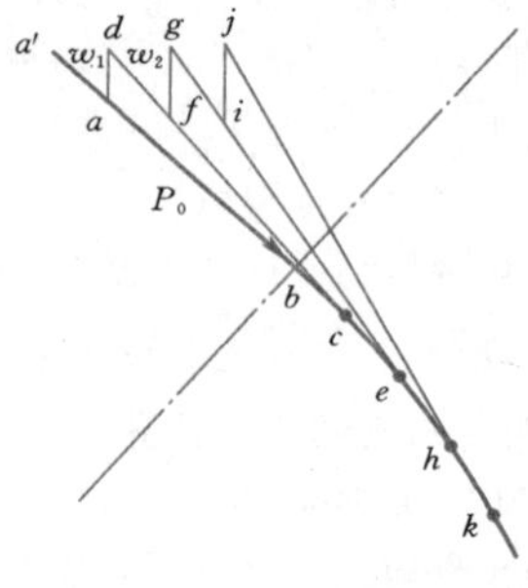

图3.4－15 斜柱边界线绘制图

斜柱边界线确定之后，即可将每条斜柱单独取出进行应力计算。计算方法是沿每条斜柱轴线划分成若干块，算出每块重量及重心位置（计算时应注意支墩是等厚还是变厚），然后将每块的重量及边界力（指外荷载或上一块的合力）合成，求出合力的大小与位置。当斜柱各块的计算断面和作用力求得之后，即可计算各断面法向正应力。作用于各块断面上的合力可以化为对断面形心的法向力和力矩，然后按式（3.4－67）计算各断面上法向正应力（见图3.4－16）。

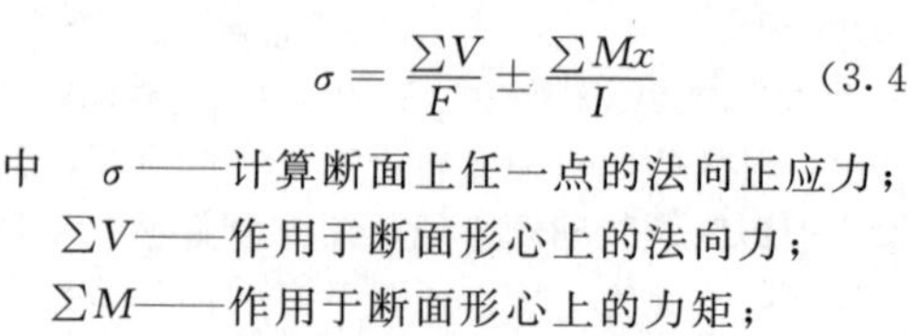

(a) 斜柱各断面应力成果　(b) 斜柱各块所受荷载

图3.4－16 斜柱应力计算图

$$\sigma = \frac{\sum V}{F} \pm \frac{\sum Mx}{I} \qquad (3.4-67)$$

式中 σ——计算断面上任一点的法向正应力；

$\sum V$——作用于断面形心上的法向力；

$\sum M$——作用于断面形心上的力矩；

F——断面面积；

I——断面对形心轴的惯性矩；

x——计算点至断面形心轴的距离。

斜柱法所得应力成果不十分精确，一般多用于初步估算阶段。

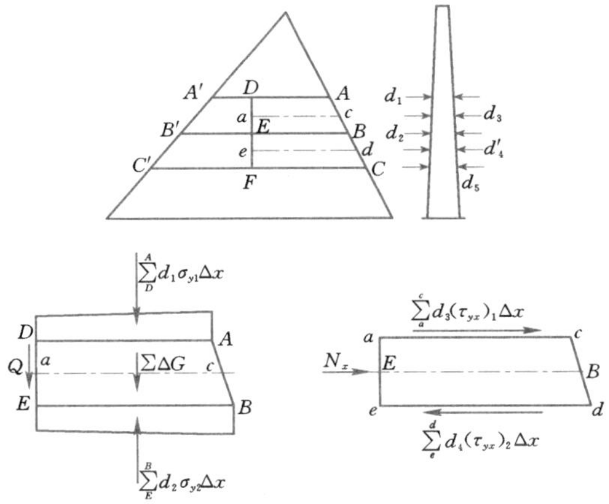

图 3.4-17 几何法计算图

(3) 几何法。假定水平断面上的竖向正应力呈直线变化。在按材料力学法求出竖向正应力之后，即用几何法计算各点的竖向和水平向剪应力及水平向正应力。如图 3.4-17 所示，当 $A'-A$、$B'-B$、$C'-C$ 三个水平断面上的竖向正应力 σ_y 已知后，即按下列公式计算总剪力和剪应力：

$$Q = \sum_{E}^{B} d_2 \sigma_{y2} \Delta x - \sum_{D}^{A} d_1 \sigma_{y1} \Delta x - \sum \Delta G \tag{3.4-68}$$

$$(\tau_{xy})_1 = \frac{Q}{A_1} \tag{3.4-69}$$

式中 Q——支墩垂直断面 $D—E$ 上的总剪力；

d_1、d_2——支墩水平断面 $D—A$、断面 $E—B$ 上分段内的平均厚度；

Δx——支墩水平断面 $D—A$、断面 $E—B$ 沿 x 轴方向（水平方向）计算的分段长度；

$\sum \Delta G$——支墩水平断面 $D—A$、断面 $E—B$ 之间的支墩重量；

$(\tau_{xy})_1$——a 点剪应力，即垂直断面 $D—E$ 上的平均剪应力；

A_1——支墩垂直断面 $D—E$ 的面积。

同理求得支墩垂直断面上 e 点的剪应力 $(\tau_{xy})_2$，由此求得 E 点剪应力 τ_{xy} 为

$$\tau_{xy} = \frac{1}{2}[(\tau_{xy})_1 + (\tau_{xy})_2] \tag{3.4-70}$$

式中 τ_{xy}——E 点的剪应力，即垂直断面 $a—e$ 上的平均剪应力。

对于支墩任一点均有

$$\tau_{xy} = \tau_{yx} \tag{3.4-71}$$

式中 τ_{xy}、τ_{yx}——支墩任一点的竖向、水平向剪应力。

支墩垂直断面上的总水平力及水平向正应力，可按下式计算：

$$N_x = \sum_{e}^{d} d_4 (\tau_{yx})_2 \Delta x - \sum_{a}^{c} d_3 (\tau_{yx})_1 \Delta x \tag{3.4-72}$$

$$\sigma_x = \frac{N_x}{A} \tag{3.4-73}$$

式中 N_x——支墩垂直断面 $a—e$ 上的总水平力；

d_3、d_4——支墩水平断面 $a—c$、$e—d$ 上分段内的平均厚度；

$(\tau_{yx})_1$、$(\tau_{yx})_2$——支墩水平断面 $a—c$、$e—d$ 上分段内的平均剪应力；

Δx——支墩水平断面 $a—c$、$e—d$ 上沿 x 轴方向计算的分段长度；

σ_x——E 点的水平向正应力，即垂直断面 $a—e$ 上的平均水平正应力；

A——支墩垂直断面 $a—e$ 的面积。

在支墩从上而下分层计算求得各点的水平向和竖向正应力 σ_x、σ_y 与剪应力 τ_{xy} 之后，即可按材料力学公式计算主应力及其轨迹，并绘制各种应力分布图、等应力线图及主应力轨迹图等。

(4) 有限元法。支墩坝的支墩，可以一个坝段为对象，用有限元法分析应力。计算范围连同地基一起考虑单元的划分。一般在顺河方向上从坝踵向上游，以及从坝趾向下游各延伸一倍坝高，在铅直向也大致取一倍坝高的深度，如此形成计算对象及单元。所取岩基范围的下边界限视为固定。单元划分在支墩下部应较密（尤其在坝踵及坝趾附近应更密些），地基深部可较稀。支墩应力有限元法计算步骤可参考重力坝应力分析的有关内容。

2. 支墩的墩肩与墩头应力计算

(1) 平板坝的墩肩应力计算。平板坝的墩肩 AB 面上（见图 3.4-4）承受挡水面板传来的力，并假定力的分布呈三角形，其合力 R 即为支墩对挡水面板的反力。在墩肩 AB 面上除反力外，还有温度变化时挡水面板伸缩所产生的摩阻力 u。特别是温降时，摩阻力对墩肩根部的受力条件不利。摩阻力 u 可按式 (3.4-4) 计算。

在一般情况下，支墩两侧墩肩所承受的荷载是对称的。但在某些情况下，同一支墩的两侧墩肩所受的力是不对称的，如坝顶布置有溢洪道时，或施工过程和蓄水过程中相邻挡水面板上升的高程不一致等。

在墩肩中受力条件最差的是墩肩根部 AD 断面，最大拉应力发生在 A 点，最大压应力发生在 D 点。

当墩肩宽度 $b_c=\frac{1}{2}(l_0-l_0')=\frac{1}{2}(l-l_0'-d)$ 时，在断面 AD 上由反力 R 产生的弯矩 M_R 可按下式计算：

$$M_R=\frac{2}{3}Rb_c \tag{3.4-74}$$

由摩阻力 u 产生的弯矩 M_u 可按下式计算：

$$M_u=\frac{1}{2}uh \tag{3.4-75}$$

在断面 AD 的形心处所承受的总弯矩 M、剪力 Q、轴向力 N 分别为

$$M=M_R+M_u \tag{3.4-76}$$

$$Q=R \tag{3.4-77}$$

$$N=u \tag{3.4-78}$$

式中，l、l_0、l_0'、d、b_c、h 见图 3.4-4。

如需更精确地了解平板坝墩肩的内部应力情况，则可在支墩某一高程处垂直于上游面切取墩肩的单位宽度，用有限元法计算。

平板坝的墩肩一般可以做成如图 3.4-18 所示的结构型式。图 3.4-18（a）所示结构型式的墩肩受力图［见图 3.4-18（b）］和墩肩内部应力图（见图 3.4-19、图 3.4-20），供初步设计时参考。图 3.4-19 中所示为墩肩承受平板反力时的应力系数。实际应力值等于应力系数乘以 $2\frac{R}{T}$ 的值。R 为墩肩承受的平板反力，沿上游坝面单位宽度（即 1m，见图 3.4-18）计算，单位为 10kN；T 为支墩厚度，单位为m。

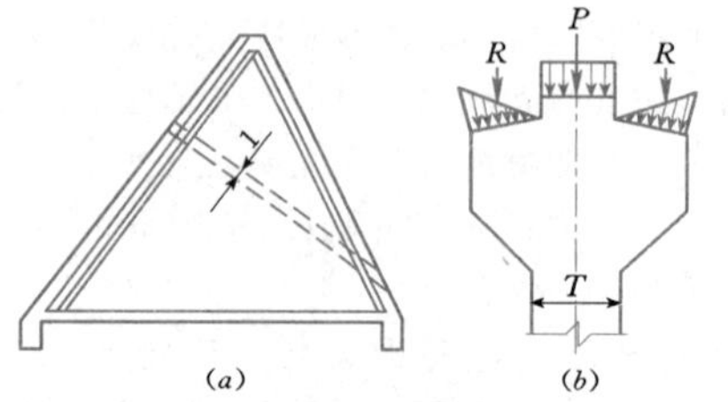

图 3.4-18　墩头受力图

图 3.4-20 中所示为墩头承受均布荷载时的应力系数。实际应力值等于应力系数乘以 $\frac{P}{T}$ 的值。P 为支墩上游平头部分（墩头）所受均布荷载的合力，沿上游坝面单位宽度（即 1m，见图 3.4-18）计算，单位为 10kN；T 为支墩厚度，单位为 m。

根据上述分别计算得出的实际应力值进行叠加，求得各点的正应力和剪应力，而后计算主应力及其轨迹，绘制各种应力分布图、主应力轨迹图等。墩肩应力应满足有关设计规范规定的要求。必要时可在墩肩内配置受力钢筋。

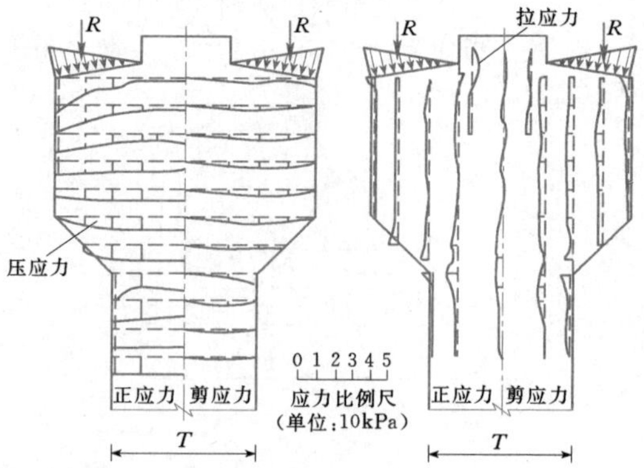

图 3.4-19　墩肩应力图（墩肩承受平板反力时）

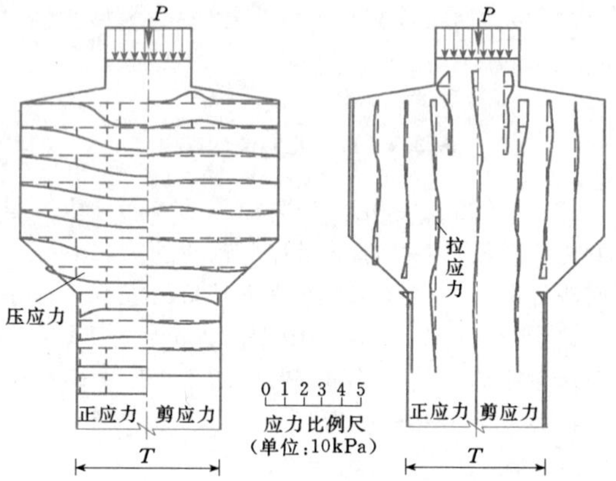

图 3.4-20　墩肩应力图（墩头承受均布荷载时）

墩肩的设计与荷载分布形式有很大关系。应尽可能控制承压面积在墩肩的中间部分，还可将墩肩面做成一定的倾斜度。

（2）连拱坝的单支墩墩头应力计算。连拱坝的单支墩墩头应力计算，通常是垂直上游坝面切取一单位宽度的墩头作为平面问题来分析。根据弹性理论和光弹性试验的结果分析，以采用如图 3.4-21 所示的墩头的断面型式和尺寸为宜。这种结构型式的应力条件

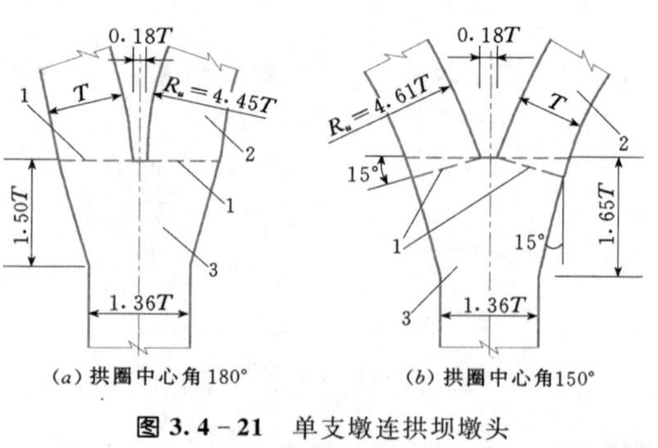

图 3.4-21　单支墩连拱坝墩头断面型式及尺寸

1—拱端；2—拱圈；3—支墩

较好、体型简单、体积也较小。图中所示为拱圈中心角 150°与 180°两种情况下的断面尺寸。如拱圈中心角在 150°～180°之间时，其断面尺寸可以进行内插。

单支墩连拱坝的拱圈和墩头通常是浇筑成整体的，因此拱端的弯矩、轴向力及剪力将传到墩头上。当拱圈中心角为 180°时，轴向力作用于平行支墩中心线的竖向平面内。此时剪力影响甚微，可以忽略不计。

图 3.4-22、图 3.4-23 分别为拱圈中心角 180°、拱端传递弯矩和轴向力时墩头的内部应力图。图 3.4-24、图 3.4-25 和图 3.4-26 分别为拱圈中心角 150°，拱端传递弯矩、轴向力与剪力时，墩头的内部应力图。以上各图中所示墩头内部的应力图，系由弹性理论和光弹性试验所得结果。

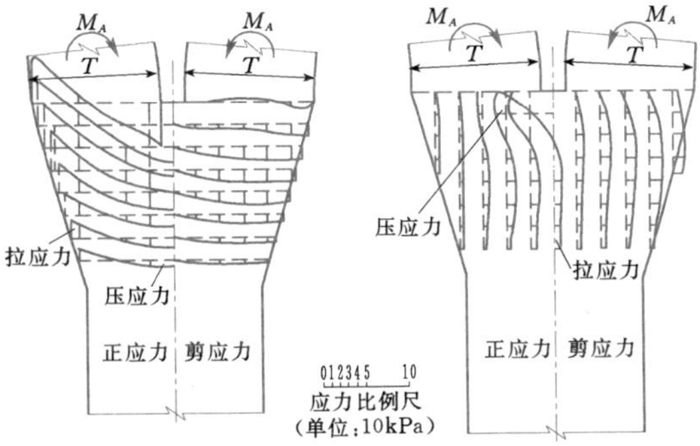

图 3.4-22　墩头应力图（拱圈中心角 180°，拱端传递弯矩）

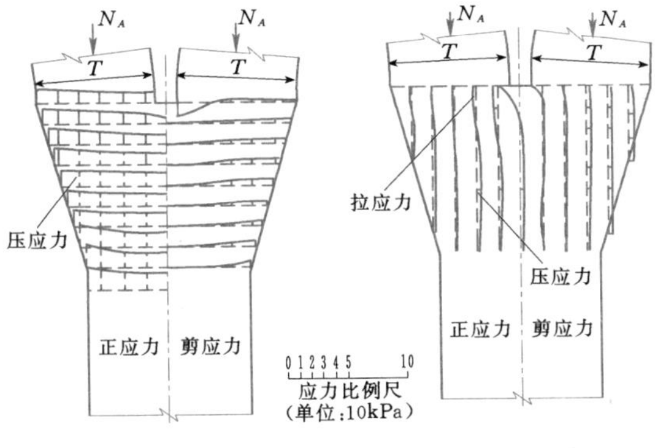

图 3.4-23　墩头应力图（拱圈中心角 180°，拱端传递轴向力）

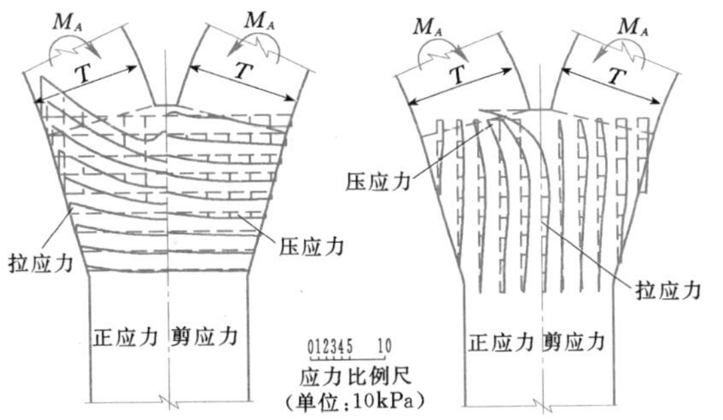

图 3.4-24　墩头应力图
（拱圈中心角 150°，拱端传递弯矩）

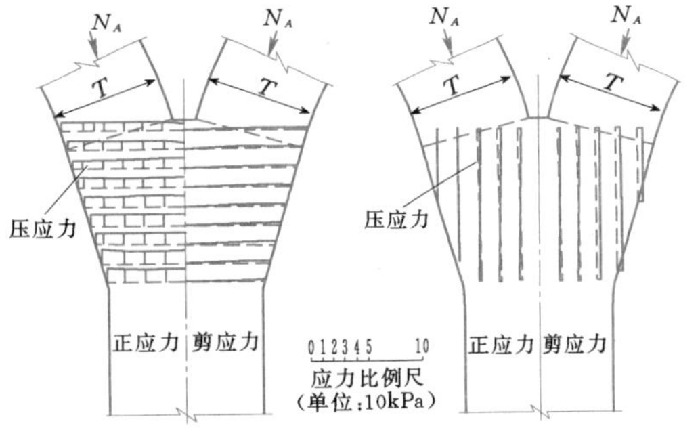

图 3.4-25　墩头应力图
（拱圈中心角 150°，拱端传递轴向力）

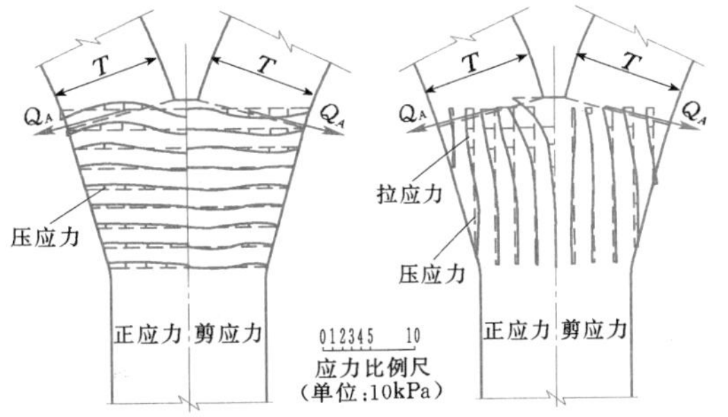

图 3.4-26　墩头应力图
（拱圈中心角 150°，拱端传递剪力）

图 3.4-22～图 3.4-26 中应力曲线的使用方法为：①从图 3.4-22、图 3.4-24 中查得应力系数，再乘以 $\frac{M_A}{T^2}$ 后可得实际应力值；②从图 3.4-23、图 3.4-25 中查得应力系数，再乘以 $\frac{N_A}{T}$ 后可得实际应力值；③从图 3.4-26 中查得应力系数，再乘以 $\frac{Q_A}{T}$ 后可得实际应力值。在上述各图中：M_A 为单位拱圈的拱端弯矩；N_A 为单位拱圈的拱端轴向力；Q_A 为单位拱圈的拱端剪力；T 为拱圈厚度。

根据拱端传给墩头的弯矩、轴向力和剪力，分别求得墩头内各点应力值而后进行叠加，再计算各点主应力及其轨迹，绘制各种应力分布图及主应力轨迹图等。墩头内的应力应满足有关规范规定的要求。必要时可在墩头内配置受力钢筋。

(3) 连拱坝空腹支墩面板的应力计算。

1) 上游面板是空腹支墩的一个重要组成部分。它连接两片墩墙并构成支墩的上游挡水板，两端与拱筒相连。应力分析时，可垂直于上游坝面切取单位宽度，作为连拱框架进行计算。由于上游面板中心到支墩空腹内的第一道隔墙的距离（y 值）是一变数（见图 3.4-27），故需根据空腹支墩的结构布置和荷载情况，选取几个不同高程的截面进行分析，选择最不利的应力情况进行配筋。空腹支墩下游面板的结构和受力条件均较简单，可按墩墙和隔墙一样处理。以下仅介绍空腹支墩上游面板的应力计算。

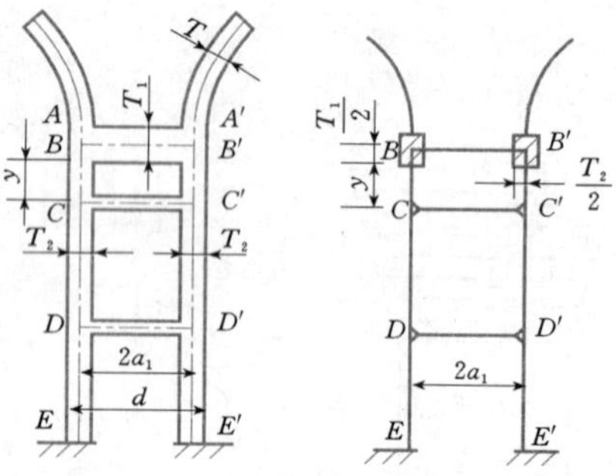

图 3.4-27　连拱坝空腹支墩面板计算图

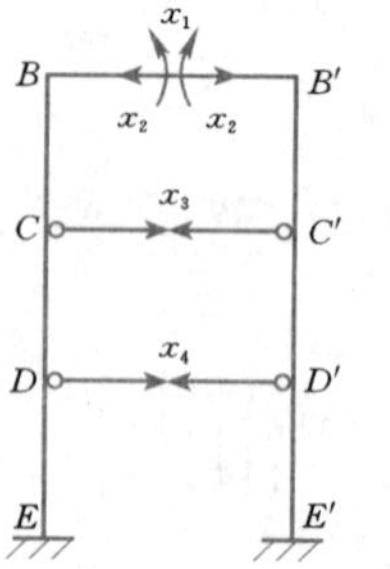

图 3.4-28　框架计算图

2) 计算中，一般假定框架在第三道隔墙处作为固定端，支墩空腹内的第一道和第二道隔墙作为两端铰支的支承杆，只承受压力或拉力，不承受弯矩。为简化计算，在同一框架内假定墩墙厚度是相等的，即取墩墙的平均厚度计算。经过以上简化后，框架即为一个四次超静定结构（见图 3.4-28），可用结构力学方法进行内力计算。

3) 框架上承受的主要荷载有：①面板上的水压力（含泥沙压力等）；②面板自重分力；③拱端传来的弯矩、轴向力和剪力；④温度荷载。假定面板承受水温变化，框架其余部分承受气温变化，然后计算所产生的最大温差和温度应力。

4) 在用结构力学中的力矩分配法、角变位移法和最小功法求解框架内力时，除考虑弯矩影响外，还需考虑轴向力和剪力的影响以及拱圈支座变形的影响。但在初步计算中，往往忽略轴向力和剪力的影响。

5) 在初步计算时，忽略隔墙的影响，可采用力矩分配法。由于面板与墩墙一般较厚，计算中需考虑节点宽度影响，如图 3.4-29 所示。计算步骤和方法如下：

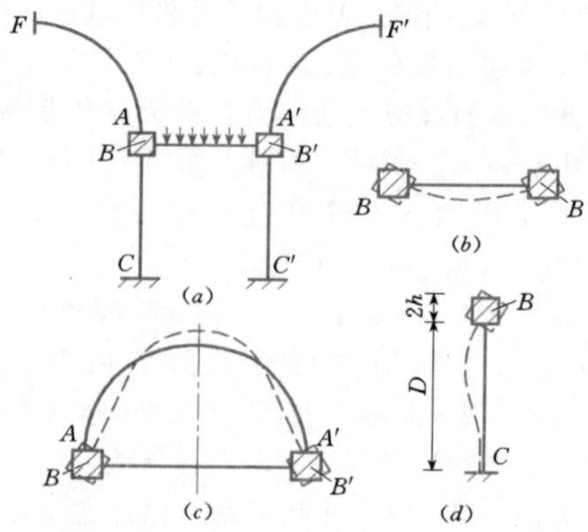

图 3.4-29　按力矩分配法计算简图
（考虑节点宽度影响）

a) 计算面板 BB'、墩墙 BC 和拱 AF 的抗挠劲度。

$$S_{BB'}=\frac{2EI_{BB'}}{d'} \tag{3.4-79}$$

$$S_{BC}=\frac{4EI_{BC}}{y}\left[1+\frac{3h}{y}+3\left(\frac{h}{y}\right)^2\right] \tag{3.4-80}$$

$$C_{BC}=\frac{1}{2}\,\frac{1+3\left(\frac{h}{y}\right)}{1+3\left(\frac{h}{y}\right)+3\left(\frac{h}{y}\right)^2} \tag{3.4-81}$$

$$S_{BF}=ET^3\left[\frac{1}{18.85r}+\frac{(1.273r+2h)^2}{7.147r^3}\right] \tag{3.4-82}$$

式中　$S_{BB'}$——面板的抗挠劲度；
S_{BC}——墩墙的抗挠劲度；
S_{BF}——拱圈的抗挠劲度；
$I_{BB'}$——面板截面的惯性矩；
I_{BC}——墩墙截面的惯性矩；
d'——面板的净跨距；
h——面板厚度的 $\frac{1}{2}$；
y——面板至第一道隔墙的距离；
E——混凝土弹性模量；
C_{BC}——从 B 点到 C 点的力矩传递系数；
r——拱圈半径；
T——拱圈厚度。

以上各尺寸符号如图3.4-30（a）所示。

b) 计算节点 B（或 B'）的固端弯矩。由于水压力及泥沙压力产生的固端弯矩为

$$M_{F1}=\frac{1}{12}pd'^2+\frac{1}{4}pd'T_2+\frac{1}{2}p(T_2-T)T \tag{3.4-83}$$

式中 p——水压力和泥沙压力强度；

d'——面板净跨度；

T_2——墩墙厚度；

T——拱圈厚度。

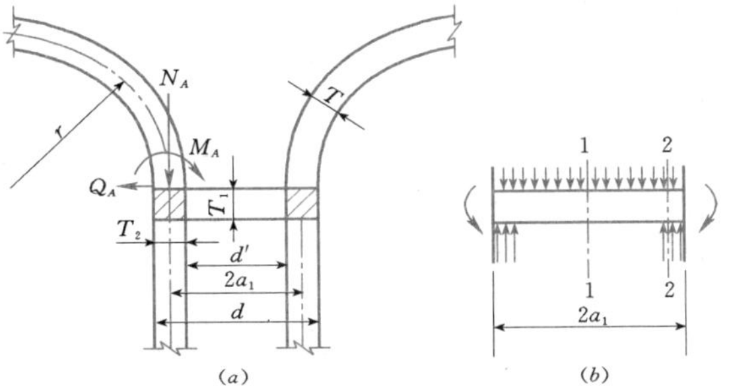

图 3.4-30 面板内力计算图

由于面板自重产生的固端弯矩为

$$M_{F2}=\frac{1}{12}wd'^2+\frac{1}{4}wd'T_2+\frac{1}{8}wT_2^2 \tag{3.4-84}$$

$$w=\gamma_c T_1\cos\varphi \tag{3.4-85}$$

式中 w——面板自重垂直其上游面的分量；

γ_c——面板钢筋混凝土容重；

T_1——面板厚度；

φ——面板上游面倾角。

由于拱端内力产生的固端弯矩为

$$M_{F3}=M_A-\frac{N_A}{2}(T_2-T)-Q_A\frac{T_1}{2} \tag{3.4-86}$$

式中 M_A、N_A、Q_A——拱端弯矩、轴向力和剪力；

T、T_1、T_2——拱圈、面板和墩墙的厚度。

拱端弯矩在库满时常为负值，即与图 3.4-30 (*a*) 中所示方向相反，故计算面板中央弯矩时应用最小拱端弯矩，求面板两端负弯矩时应用最大值。

由于面板与墩墙相对温差产生的固端弯矩为

$$M_{F4}=\frac{3EI_{BC}}{y^2}\varepsilon a_1(t_d-t_u) \tag{3.4-87}$$

式中 ε——混凝土膨胀系数；

a_1——空腹支墩两墩墙中心距的$\frac{1}{2}$；

t_u——面板上游面温度（即水温）；

t_d——面板下游面及墩墙的温度（即气温）。

库满时水温高于气温则 $t_u>t_d$；水温低于气温则 $t_u<t_d$；$\frac{t_u+t_d}{2}$ 为面板的平均温度。

由于面板上、下游面温差产生的固端弯矩为

$$M_{F5}=-\frac{EI_{BB'}}{T_1}(t_d-t_u)\varepsilon \tag{3.4-88}$$

c）在求出各项固端弯矩后，即按各种不同设计情况加以组合，再按抗挠劲度分配到三个杆件上去，即得三个杆件在节点中心的弯矩。

对于面板的弯矩分布，除已求得的固端弯矩外，还需计算面板在简支情况下承受水压力、泥沙压力和面板自重（只计垂直其上游面的分量）的弯矩值，然后进行叠加。其计算简图如图 3.4-30 (*b*) 所示。对于面板设计起控制作用的是其跨度中央［即图 3.4-30 (*b*) 中所示 1—1 断面］的正弯矩和净跨边［即图 3.4-30 (*b*) 中所示 2—2 断面］的负弯矩。

6）面板的最大剪力值在净跨边，其计算公式为

$$Q=\frac{1}{2}(p+w)d' \tag{3.4-89}$$

面板内侧两端常布置有贴角，在内力分析时可不考虑，仅在进行面板两端抗剪强度计算时才予以考虑。当面板有贴角时，除需核算净跨边的抗剪强度外，还需在贴角消失处核算其抗剪强度。

7）在面板弯矩和剪力求出后，即按规范规定进行水工钢筋混凝土结构计算，满足强度和抗裂等要求。

面板不单纯是受弯受剪构件，同时还有一定的轴向力作用。如按偏心受压构件进行配筋计算，可节省钢筋 10%～12%。但初步计算时，通常将其作为受弯构件。

墩墙主要是受压构件，仅在面板附近处有一定弯矩，但这些弯矩沿墩墙迅速减少，墩墙可基本按受压构件进行配筋计算。墩墙所受压力主要是拱端传来的轴向力和面板的支承反力等。

（4）刚度要求。当连拱坝的拱圈之间系用刚性较大的平板连接并搁置于支墩上时，除需对连接平板进行内力分析，满足强度要求外，还需满足拱对连接平板的刚度要求。一般这种刚性连接平板的厚度应大于拱厚，并需配置一定量的钢筋。

3. 支墩基础底板应力计算

当支墩地基地质条件较差，承载能力较低，或有其他结构要求时，需将支墩基础适当扩大（见图 3.4-31），甚至将坝的基础全部做成底板（见图

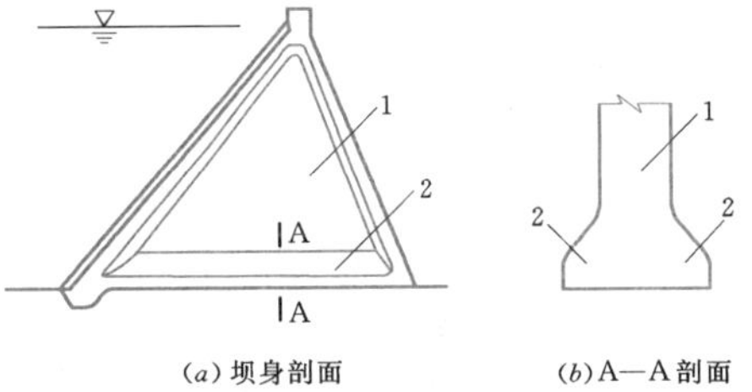

图 3.4-31 支墩扩大基础图

1—支墩；2—扩大基础

3.4－31)。底板可以按支墩中心距（即坝段宽度）分缝做成单跨式；亦可跨越几个支墩而后分缝做成连续式。当支墩扩大基础或设有基础底板时，应有可靠的排水设施，以减少扬压力。

支墩扩大基础部分的内力是将支墩基础反力作为外荷载来计算的。一般情况，扩大基础的断面较大，设计时以不配置钢筋为原则。为了节省混凝土方量而做成短板的，一般需要配置钢筋。

支墩基础底板一般切取垂直于支墩侧面单位宽度的一条（见图3.4－32）按弹性基础梁计算。基础梁的长度以伸缩缝或沉陷缝为准。基础梁的内力计算需考虑库空和库满两种情况。

如需精确计算，基础底板的内力分析还可按弹性基础板计算。

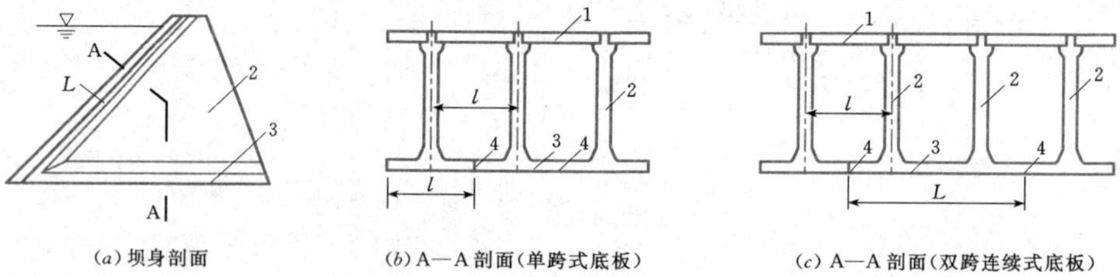

图3.4－32 支墩基础底板图

1—挡水面板；2—支墩；3—基础底板；4—底板分缝线

3.4.2 坝基强度核算

3.4.2.1 控制标准

在支墩坝的基本剖面确定之后，需要进行坝基或支墩基础的强度核算，其中主要是计算坝踵和坝趾的应力是否满足设计或规范规定的要求。应力计算方法主要依据材料力学理论，将坝体或支墩视作整体，平板坝、连拱坝和大头坝均适用。

支墩坝（或支墩）坝基强度和坝的整体应力的一般控制条件是：上游面的竖向正应力及主应力不容许出现拉应力，仅在某些低坝，或在特殊荷载的情况下，或在施工情况下，才容许出现少量的拉应力，如0.05MPa；下游面的竖向正应力和最大主压应力应不大于混凝土和地基容许应力值。

上述应力值系包括纵向（顺水流方向）和侧向（坝轴线方向）荷载共同作用时所得成果。当支墩侧向有拉应力出现时，应限制在拉力区范围。在承受地震荷载时，支墩侧向应力的控制可参考《水工建筑物抗震设计规范》（DL 5073—2000），可考虑容许出现瞬时拉应力，但需核算仅由地震荷载引起的拉应力。

应力计算时，坝的计算断面和自重需根据坝的构造来确定。当挡水面板与支墩刚性连接时；或其间虽有接缝，但仍能保证坝的整体工作时，则可将挡水面板的断面和自重全部计入。当挡水面板与支墩用接缝分开但不能确保坝的整体工作时，则计算断面需要扣除挡水面板部分；挡水面板的重量不能完全传到支墩上，只计算其作用于支墩上游面的法向分量，这将减少支墩上游面的竖向正（压）应力，这对坝的抗滑稳定是不利的。

3.4.2.2 计算方法

1. 水平面上竖向正应力计算公式

$$\sigma_y = \frac{\sum V}{F} \pm \frac{\sum M_z x}{I_z} \pm \frac{\sum M_x z}{I_x} \qquad (3.4-90)$$

式中 σ_y——水平面上任一点的竖向正应力；

$\sum V$——竖向力总和；

$\sum M_x$、$\sum M_z$——作用于坝体上的力对 $x-x$、$z-z$ 轴的力矩总和；$x-x$ 为通过坝基水平截面形心的水平轴，顺水流方向；$z-z$ 为通过坝基水平截面形心的水平轴，垂直水流方向；

F——坝基水平截面面积；

I_x、I_z——坝基水平截面对 $x-x$、$z-z$ 轴的惯性矩；

x、z——计算点至 $z-z$、$x-x$ 轴的距离。

2. 上、下游面最小、最大竖向正应力计算公式（坝基水平截面为矩形）

$$\sigma_{y\min} = \frac{\sum V}{F} - \frac{\sum M_z x_u}{I_z} - \frac{\sum M_x z_u}{I_x} \qquad (3.4-91)$$

$$\sigma_{y\max} = \frac{\sum V}{F} + \frac{\sum M_z x_d}{I_z} + \frac{\sum M_x z_d}{I_x} \qquad (3.4-92)$$

式中 $\sigma_{y\min}$、$\sigma_{y\max}$——上、下游面的最小、最大竖向正应力（压应力为正，拉应力为负）；

$\sum V$——竖向力总和（力的方向以向下为正）；

x_u、x_d——上、下游面的计算点至 $z-z$ 轴的距离；

z_u、z_d——上、下游面的计算点至 $x-x$ 轴的距离；

$\sum M_z$——作用于坝体上的力对 $z-z$ 轴的力矩总和（力矩以上游面产生拉应力为正）；

$\sum M_x$——作用于坝体的力对 $x-x$ 轴的力矩总和（力矩以指定的一侧产生拉应力为正），当支墩无侧向荷载时 $\sum M_x=0$。

当坝基水平截面为非矩形时，上、下游面的最小、最大竖向正应力需根据竖向力 $\sum V$ 和力矩 $\sum M_x$、$\sum M_z$ 分别产生的压应力和拉应力组合后来判定。

3. 补充说明

当挡水面板搁置在支墩上而不能保证其整体工作时，以上各公式中只计算支墩的截面积和惯性矩，扬压力按实际作用图形计算，其余荷载均按全跨考虑。

当挡水面板与支墩能起整体作用时，上下游面的压力强度即按作用于临水面的水压力和泥沙压力等荷载直接计算。当挡水面板搁置在支墩上而不能保证其整体作用时，则应将全跨（即一个坝段）所承受的荷载化为作用于支墩上的压力强度进行计算，即

$$p'=\gamma_w h\,\frac{l}{d} \qquad (3.4-93)$$

式中 p'——支墩上的压力强度；

h——水深；

γ_w——水的容重；

l——支墩中心距（即坝段间距）；

d——支墩厚度。

当坝面除水压力外还有泥沙压力或其他荷载作用时，可用上述类似方法计算。

应用有限元法能较准确地进行坝基和支墩的应力分析。计算中可以考虑不同岩石的弹性模量以及实际坝基面的几何形状（包括具有折线台阶状基础面、“高低腿”）等因素。

3.4.3 抗震计算

3.4.3.1 概述

支墩坝是一种轻型结构，其抗震能力一般不及重力坝。《水工建筑物抗震设计规范》（DL 5073—2000）未对支墩坝抗震设计作出明确规定，可根据支墩坝类型参考相近坝型进行抗震计算。在地震设计烈度 7 度以上的地区修建支墩坝时，需要进行抗震设计，即进行抗震计算和采取抗震结构及工程措施。对于 1、2 级水工建筑物宜根据需要进行动力分析和试验研究加以校核。对高度超过 100m 的高坝应进行动力分析，对于地震烈度高于 9 度的支墩坝应进行专门研究。

抗震计算中所考虑的地震荷载，一般包括地震惯性力、动水压力和动土压力等。支墩坝混凝土材料的动态强度和弹性模量的标准值可较静态强度标准值提高 30%，混凝土动态抗拉强度标准值可取动态抗压强度标准值的 10%。由于地震可沿任何方向发生，应根据支墩坝的抗震设防类别，采用合理的抗震计算方法进行地震作用效应分析。对设计烈度在 7 度及以上的支墩坝，依据其重要性宜采用动力法计算，包括振型分解反应谱法或时程分析法。

纵向地震系指顺水流方向的地震。地震烈度在 6 度及以下时，应力分析一般可采用拟静力法，即在外荷载中计入地震荷载。但据新丰江大坝抗震研究，地震时坝顶水平向加速度放大很多，故对于坝顶应力计算不能沿用一般静力法。

横向地震系指垂直水流方向的地震，或指沿坝轴线方向的地震。由于支墩坝的横向刚度小，振动周期较大，故需分别进行静力分析和动力分析。

竖向地震一般可使坝的应力较正常情况增加或减少 10%左右，故大坝的地震荷载一般只考虑水平向地震作用。但对设计烈度为 8、9 度的支墩坝，应同时计入水平向和竖向地震作用。竖向设计地震加速度的代表值应取水平向设计地震加速度代表值的 2/3。支墩坝总的地震效应可将竖向地震作用乘以 0.5 的遇合系数后与水平向地震作用效应直接相加。

对钢筋混凝土构件采用动力法计算地震效应时，应对地震效应进行折减，折减系数取 0.35。

坝体顶部是抗震薄弱部位，宜适当增加刚度，提高顶部混凝土强度等级，力求减轻重量，避免坝顶过于偏向上游和有单薄的突出部分。顶部折坡宜改用弧形，坝面和支墩顶部的几何形状宜尽量平缓，避免突变以减少应力集中。

3.4.3.2 拟静力法

1. 平板坝、大头坝

大头坝在抗震强度计算中容许出现瞬时拉应力，但需核算仅由地震荷载引起的拉应力。混凝土的抗拉安全系数不应小于 2.5。

纵向及横向地震时，支墩的应力和稳定分析、平板坝的平板和大头坝头部的地震应力，按静力法计算均可引用本章有关公式。计算时只需将地震荷载计入。

2. 连拱坝

（1）纵向地震。计算时将支座视为刚固（见图 3.4-33），拱圈即为固端拱。

1）拱圈自重惯性力产生的内力计算：

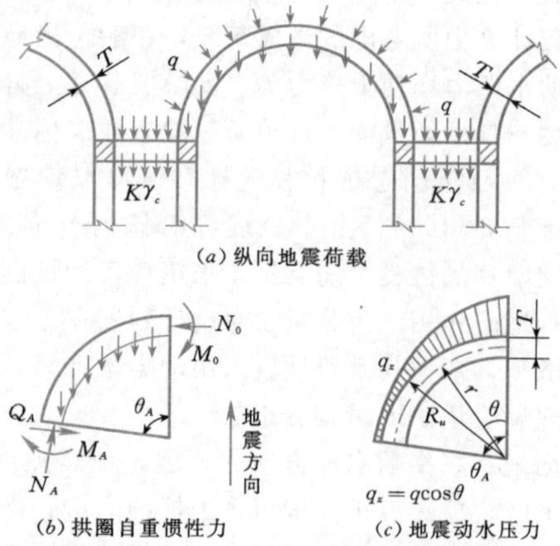

图 3.4-33 连拱坝纵向地震荷载图

拱冠内力为

$$M_0 = K\gamma_c Tr^2 Z_0 \quad (3.4-94)$$

$$N_0 = K\gamma_c TrZ_1 \quad (3.4-95)$$

$$Z_1 = \left[8\sin^2\theta_A - \frac{7}{2}\theta_A\sin2\theta_A + \theta_A^2\cos2\theta_A - 2\theta_A^2 + k(\theta_A\sin2\theta_A - 2\theta_A^2\cos2\theta_A)\right] \Big/ \left[2\theta_A^2 + \theta_A\sin2\theta_A - 4\sin^2\theta_A + k(8\theta_A^2 - 2\theta_A\sin2\theta_A)\right] \quad (3.4-96)$$

$$k = \frac{1}{12}\left(\frac{T}{r}\right)^2 \quad (3.4-97)$$

$$Z_0 = \frac{2\sin\theta_A}{\theta_A} - (1+\cos\theta_A) - Z_1\left(1 - \frac{\sin\theta_A}{\theta_A}\right) \quad (3.4-98)$$

式中 M_0、N_0——拱冠弯矩、轴向力；

K——地震系数；

γ_c——拱圈钢筋混凝土（或混凝土）容重；

T、r、θ_A——如图 3.4-33 所示。

左半拱圈任一点的内力为

$$M = K\gamma_c Tr^2[-\theta\sin\theta - \cos\theta + 1 + Z_0 + Z_1(1-\cos\theta)] \quad (3.4-99)$$

$$N = K\gamma_c Tr[\theta\sin\theta + Z_1\cos\theta] \quad (3.4-100)$$

$$Q = K\gamma_c Tr[-\theta\sin\theta + Z_1\cos\theta] \quad (3.4-101)$$

式中 M、N、Q——左半拱圈任一点的弯矩、轴向力、剪力；

θ——如图 3.4-33 所示。

求左拱端的内力时，可在式（3.4-99）～式（3.4-101）中将 $\theta = \theta_A$ 代入。

2）拱圈承受上游地震动水压力时内力的计算，假定拱圈任一点的地震动水压力按 $q_z = q\cos\theta$ 分布［见图 3.4-33（c）］。

拱冠内力为

$$M_0 = qR_u rU_0 \quad (3.4-102)$$

$$N_0 = qR_u U_1 \quad (3.4-103)$$

$$U_0 = \left[-\theta_A^2\cos\theta_A - \frac{1}{2}\theta_A^2\cos2\theta_A + \theta_A\sin\theta_A + \frac{5}{4}\theta_A\sin2\theta_A - \frac{1}{2}\theta_A\sin2\theta_A\cos\theta_A + \frac{1}{2}\theta_A\sin\theta_A\cos2\theta_A - 2\sin^2\theta_A + \frac{1}{4}\sin\theta_A\sin2\theta_A + k(-3\theta_A^2 - 4\theta_A^2\cos\theta_A + \theta_A^2\cos2\theta_A + 7\theta_A\sin\theta_A + \theta_A\sin2\theta_A + \theta_A\sin2\theta_A\cos\theta_A - \theta_A\sin\theta_A\cos2\theta_A - 2\sin2\theta_A\sin\theta_A)\right] \Big/ \left[2\theta_A^2 + \theta_A\sin2\theta_A - 4\sin^2\theta_A + k(8\theta_A^2 - 2\theta_A\sin2\theta_A)\right] \quad (3.4-104)$$

$$U_1 = \left[\frac{1}{2}\theta_A^2\cos2\theta_A - \frac{5}{4}\theta_A\sin2\theta_A + 2\sin^2\theta_A + k(3\theta_A^2 - \theta_A^2\cos2\theta_A - \theta_A\sin2\theta_A)\right] \Big/ \left[2\theta_A^2 + \theta_A\sin2\theta_A - 4\sin^2\theta_A + k(8\theta_A^2 - 2\theta_A\sin2\theta_A)\right] \quad (3.4-105)$$

式中 q——拱冠处按地震荷载公式计算的动水压力；

R_u——如图 3.4-33 所示。

左拱端内力为

$$M_A = qR_u r\left[-\frac{1}{2}\theta_A\sin\theta_A + U_0 + U_1(1-\cos\theta_A)\right] \quad (3.4-106)$$

$$N_A = qR_u\left(\frac{1}{2}\theta_A\sin\theta_A + U_1\cos\theta_A\right) \quad (3.4-107)$$

$$Q_A = qR_u\left(-\frac{1}{2}\theta_A\cos\theta_A - \frac{1}{2}\sin\theta_A + U_1\sin\theta_A\right) \quad (3.4-108)$$

式中 M_A、N_A、Q_A——左拱端的弯矩、轴向力、剪力。

空腹支墩的上游面板视为固端梁计算，只需将地震荷载计入。

（2）横向地震。

1）拱圈自重惯性力所产生内力的计算。为反对称情况，在拱冠处只有剪力 Q_0（见图 3.4-34）。

拱冠剪力为

$$Q_0 = K\gamma_c Try_0 \quad (3.4-109)$$

$$y_0 = \frac{3\theta_A - \frac{3}{2}\sin2\theta_A - 2\theta_A\sin^2\theta_A + k(4\theta_A\sin^2\theta_A + \sin2\theta_A - 2\theta_A)}{2\theta_A - \sin2\theta_A + k(8\theta_A + 2\sin2\theta_A)} \quad (3.4-110)$$

拱端内力为

$$M_A = K\gamma_c Tr^2(-\sin\theta_A + \theta_A\cos\theta_A + y_0\sin\theta_A) \quad (3.4-111)$$

$$N_A = K\gamma_c Tr(-\theta_A\cos\theta_A - y_0\sin\theta_A) \quad (3.4-112)$$

$$Q_A = K\gamma_c Tr(-\theta_A\sin\theta_A + y_0\cos\theta_A) \quad (3.4-113)$$

2）拱圈承受地震动水压力时内力的计算，假定动水压力按 $q_z = q\sin\theta$ 分布（见图 3.4-35），拱冠处仍只有剪力 Q_0。

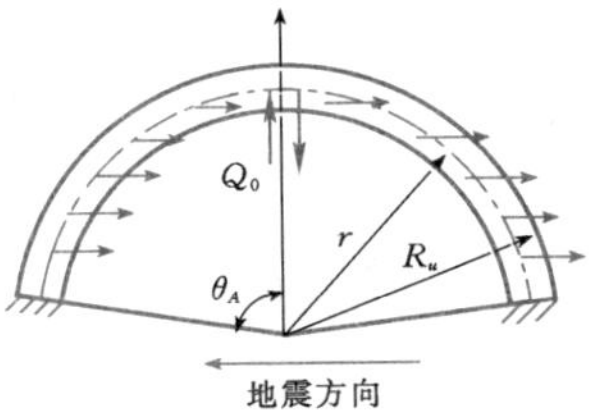

图 3.4-34 横向地震拱圈自重惯性力图

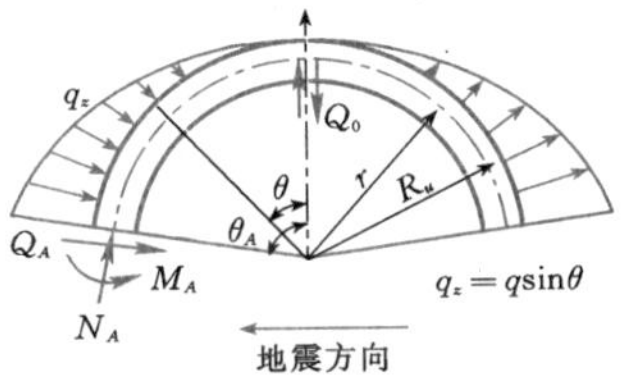

图 3.4-35 横向地震动水压力图

拱冠剪力为

$$Q_0 = qR_u x_0 \quad (3.4-114)$$

$$x_0 = \frac{\theta_A - \frac{3}{4}\sin2\theta_A + \frac{1}{2}\theta_A\cos2\theta_A + k(\theta_A - \theta_A\cos2\theta_A)}{2\theta_A - \sin2\theta_A + k(8\theta_A + 2\sin2\theta_A)} \quad (3.4-115)$$

拱端内力为

$$M_A = qR_u r\left[x_0\sin\theta_A - \frac{1}{2}(\sin\theta_A - \theta_A\cos\theta_A)\right] \quad (3.4-116)$$

$$N_A = -qR_u\left[x_0\sin\theta_A - \frac{1}{2}(\sin\theta_A - \theta_A\cos\theta_A)\right] \quad (3.4-117)$$

$$Q_A = qR_u\left(x_0\cos\theta_A - \frac{1}{2}\theta_A\sin\theta_A\right) \quad (3.4-118)$$

3.4.3.3 反应谱法

反应谱法因其计算简便，广泛为各国的规范所采纳。结构地震反应分析的反应谱法是将结构所受的最大地震作用通过反应谱，转化成作用于结构的等效侧向荷载，然后根据这一荷载用静力分析方法求得结构的地震内力和变形。振型分解反应谱法是在振型叠加法的基础上推导出的一种近似方法，这个方法需要事先求出结构的若干个振型和频率，但是，可以直接利用标准的设计反应谱求各振型的最大动力反应（即最大绝对加速度、最大相对速度和最大相对位移）。振型分解反应谱法的优点是可以采用由统计方法得到的标准反应谱，避免了选择地震加速度记录的困难，计算存储量和运算时间最省，它的缺点是不能用于非线性振动情况。

需要注意的是，目前应用的加速度反应谱属于弹性分析范畴，当结构在强烈地震下进入塑性阶段时，用此法进行计算将不能得到真正的结构地震反应。对于长周期结构，地震动态作用下的地面运动速度和位移可能对结构的破坏具有更大影响，但是振型分解反应谱法对此无法做出估计。

3.4.3.4 时程分析法

时程分析法是根据输入的工程场地地震加速度记录或人工加速度时程曲线，采用逐步积分的方法对工程的动力方程进行直接积分，从而求得工程结构在整个地震时间历程中每一瞬时的位移、速度、加速度、内力变化规律，能够观察结构在强震作用下从弹性到非弹性阶段的内力变化以及结构可能发生的开裂、损坏甚至溃决的破坏全过程。根据时程分析结果，可进行结构抗震性能、承载能力的分析和抗震安全性评价。

采用时程法对结构进行地震效应分析时，需直接输入地震波加速度时程曲线，而地震波是个频带较宽的非平稳随机振动，受断层位置、板块运动形式、震中距、波传递途径的地质条件、场地土构造和类别等多种因素的影响。时程分析成果表明，输入地震波不同，所得出的地震反应相差甚远。由于未来地震动的随机性和不同地震波计算结果的差异性，因此，合理选择地震波来进行直接动力分析是保证计算结果可靠的重要问题。

一般而言，地震波的峰值应反映建筑物所在地区的烈度，而其频谱组成反映场地的卓越周期和动力特性。当地震波的作用较为强烈以至结构某些部位强度达到屈服进入塑性时，时程分析法通过结构刚度的变化可求出弹塑性阶段的结构内力与变形。这时结构薄弱层间位移可能达到最大值，从而造成结构的破坏，直至倒塌。作为重要结构抗震设计的一种计算方法，采用时程分析法的主要目的在于检验规范反应谱法的计算结果、弥补反应谱法的不足和进行反应谱法无法做到的结构非弹性地震反应分析。

时程分析法的主要功能如下：

（1）校正由于采用反应谱法振型分解和组合求解结构内力和位移时的误差，特别是周期长达几秒以上的高耸结构、由于设计反应谱在长周期段的人为调整以及计算中对高阶振型的影响估计不足而产生的误差。

(2) 可以计算结构在非弹性阶段的地震反应，对结构进行大震作用下的变形验算，从而确定结构的薄弱层和薄弱部位，以便采取适当的抗震构造措施。

(3) 可以计算结构和各结构构件在地震作用下每个时刻的地震反应（内力和变形）。

国内外学者的研究表明，虽然对建筑物场地的未来地震动难以准确地定量确定，但只要正确选择工程场地地震动主要参数及所选用的地震波能够基本符合这些主要参数，时程分析结果就可以较真实地体现未来地震作用下的结构反应，满足工程所需要的精度，能够更精确细致地体现结构的抗震薄弱部位，以利于进行抗震设计。

由于时程分析法费时较多，在地震波的输入和确定计算参数方面尚有一定困难，因此目前主要在较为重要的、特殊的、复杂的大坝或设计烈度较高的大坝的抗震设计时采用。

3.4.4 有限元法在支墩坝设计计算中的应用

有限元法已经广泛应用于大坝结构设计计算，以下以湖南镇大头坝有限元分析为例介绍有限元法在支墩坝中的应用。

1. 有限元应力分析

分析采用的基本参数为：混凝土 $E_c=2\times10^4$ MPa，泊松比 $\mu_c=0.2$，$\gamma_c=24.0\ \text{kN/m}^3$；基岩（流纹斑岩）$E_f=1.5\times10^4$ MPa，$\mu_f=0.2$；水的容量 $\gamma_w=10.0\text{kN/m}^3$。

荷载及其组合考虑了正常蓄水位、设计洪水位和校核洪水位时的水压力，坝体自重，扬压力。现选择设计洪水位水压力＋自重荷载和设计洪水位水压力＋自重荷载＋扬压力两类荷载组合进行分析。

用有限元法分析了高 114.0m 的非溢流坝段和高 129.0m 的溢流坝段，均采用三角形单元。非溢流坝段坝体共分 130 个单元，坝基共分 157 个单元，合计 287 个单元，175 个节点。溢流坝段相应部位的单元及节点数约增加 20%，坝踵附近局部单元加密用细网格。溢流坝各点主应力（σ_1）分布如图 3.4-36 和图 3.4-37 所示，建基面相应各点竖向拉应力 σ_y 的分布如图 3.4-38 所示。

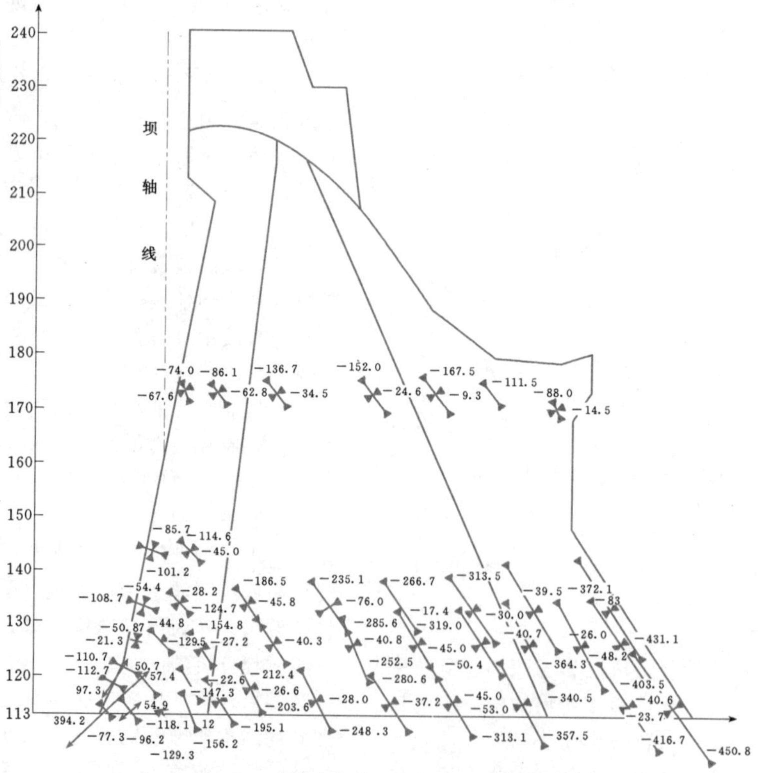

图 3.4-36 湖南镇大头坝主应力分布图

（坝体自重＋水压力，应力单位：10^{-2}MPa）

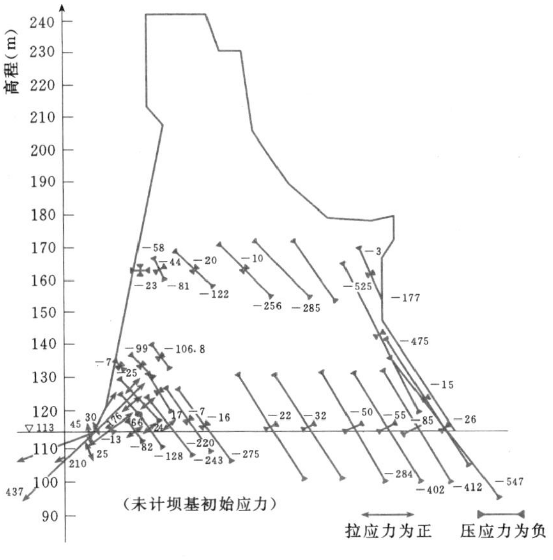

图 3.4-37 湖南镇大头坝主应力分布图（水压力＋扬压力＋坝体自重，应力单位：10^{-2}MPa）

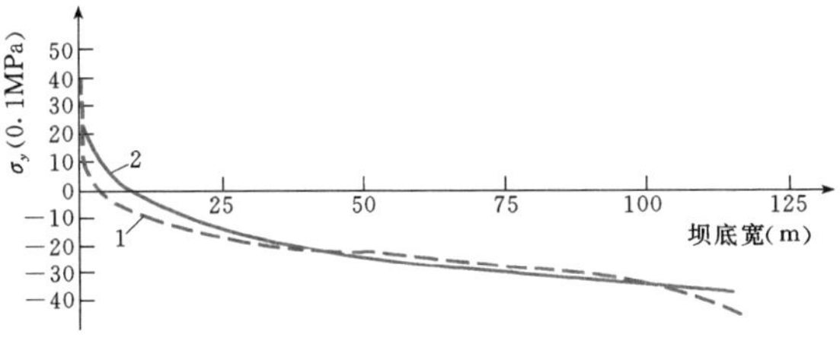

图 3.4-38 湖南镇大头坝有限元分析沿建基面的 σ_y 分布图

1—自重＋坝面水压力；2—自重＋坝面水压力＋扬压力

由图 3.4-36、图 3.4-37 可见，坝踵处主拉应力集中，沿建基面主拉应力区非溢流坝段高 11.0m、宽 19.0m，溢流坝段高 19.0m、宽 29.0m。主拉应力区占坝底宽度分别为 16.3%和 24.6%，建基面以上 13.0m 截面处主拉应力区相对宽度达 12.2%。竖向拉应力区非溢流坝段宽约 5.0m，溢流坝段宽约 8.5m，相对宽度分别为 4.2%和 7.2%。

用材料力学法计算同一断面，同样的荷载组合，坝踵处竖向应力均为正压应力，其值分别为 0.64MPa（不计扬压力）和 0.15MPa（计扬压力）。

国内外部分大头坝用有限元法分析坝体应力的成果见表 3.4-1。

2. 大坝开裂分析

(1) 拉应力判别开裂。坝踵最大主拉应力达 4.0MPa，已超过混凝土的抗拉强度，为此作过两种分析：①当坝建基面开裂到离坝踵 20.5m 处时，假定库水渗到裂缝面作用全部水头，在缝端仍有较大拉应力（1.56MPa）；假定裂缝延伸到 29m 处，这时缝端附近坝体均为压应力［见图 3.4-39 (*a*)］，裂缝不再扩展，达到稳定。②假设裂缝向坝基开裂，如无初始地质构造压力存在，可能存在沿坝基流纹斑岩原生柱状节理发育的节理面近垂直向下开裂。分析表明，一旦沿基岩开裂后，原水平裂缝即闭合，且原坝踵处的拉应力转为压应力［见图 3.4-39 (*b*)］。这样的开裂，坝体是安全的。

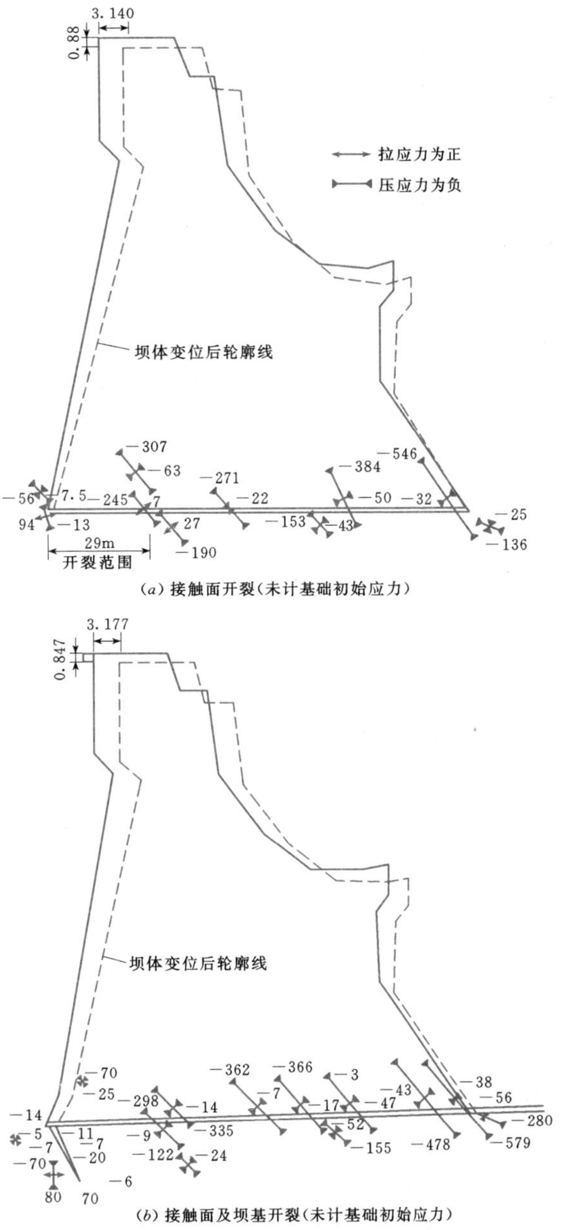

图 3.4-39 湖南镇大头坝的主应力及变形图（应力单位：10^{-2}MPa，长度单位：cm）

(2) 断裂力学分析。1987年中国水利水电科学研究院对该坝12号坝段的坝踵及建基面用断裂力学方法研究了胶结面开裂对坝体应力和稳定的影响，在水压和自重作用下坝踵、坝趾的应力见表3.4－2。分析表明：①在正常蓄水位下，裂缝扩展长度约5m；当坝踵无缝时，抗拉强度显然超过容许值，抗压强度安全系数为1.667；坝踵出现长4.5m的裂缝后，由于应力重新分布，坝体主拉应力为0.175MPa，最大主压应力为－3.868MPa，均小于混凝土的容许强度。②在设计洪水位下，坝踵无缝和缝长12m的情况下，坝踵正应力、坝趾正应力、最大主拉应力和最大主压应力都比正常蓄水位的相应值大；坝踵胶结面有一条长12m的裂缝时，坝体最大主拉应力为0.182MPa，最大主压应力为－4.277MPa，均小于混凝土的容许强度。研究表明，在正常蓄水位和设计洪水位下，坝踵胶结面裂缝不会危害帷幕的安全，并且在抽水有效的情况下，坝体的稳定安全能满足要求。

表3.4－1　国内外部分大头坝有限元法分析坝体应力成果

坝名（国家，坝型，建成时间）		坝高 H（m）	底宽 B（m）	宽高比 B/H	$\frac{E_f}{E_c}$	有限元法计算成果：正、主拉应力区宽度 b（m）	有限元法计算成果：相对宽度（%）	荷载组合	说明
湖南镇（中国，梯形坝，1979年）	溢流坝段	129.0	116.2	0.90	$\frac{1.5\times10^4}{2\times10^4}$	5.0（正拉应力）	4.2	自重＋设计洪水位水压力	扬压力作为体积力计算
						19.0（主拉应力）	16.3	自重＋设计洪水位水压力	
						8.5（正拉应力）	7.2	自重＋设计洪水位水压力＋扬压力	
	非溢流坝段	113.0	102.0	0.90		29（主拉应力）	24.6	自重＋设计洪水位水压力	
						13.5（主拉应力）	13.3	自重＋设计洪水位水压力	
新丰江（中国，单支墩大头坝，1974年）		105.0	97.0	0.94	1.0（比值）	13.6（主拉应力）	14.0	自重＋正常蓄水位水压力	坝体剖面为第一次加固的剖面
华列斯（英国，单墩大头坝）		63.1	74.4	1.18	$\frac{1}{2}$、$\left(\frac{1}{10}\sim\frac{1}{4}\right)$	5.4（正拉应力）	7.2	自重＋水压力＋渗透压力	位于复杂的岩石地基，从坝踵至坝基中部为泥岩 $\frac{E_f}{E_c}=\frac{1}{2}$；坝趾附近 $\frac{E_l}{E_c}=\frac{1}{4}\sim\frac{1}{10}$
						11.3（主拉应力）	15.2	自重＋水压力	
						28.9（主拉应力）	38.9	自重＋水压力＋渗透压力	
莱克华（印度，双墩大头坝）		192.0	172.8	0.90	1.0（比值）	25.0（主拉应力）	14.5	自重＋水压力＋扬压力	

表3.4－2　湖南镇大头坝12号坝段坝踵、坝趾应力　单位：MPa

计算工况	坝踵正应力 σ_{yu}	坝趾正应力 σ_{yd}	最大主拉应力：坝体	最大主拉应力：缝端	最大主压应力：坝体	最大主压应力：缝端
正常蓄水位，无缝	0.204	－1.426	1.938		－3.678	
正常蓄水位，缝长4.5m	－1.202	－1.676	0.175	4.980	－3.868	－6.433
设计洪水位，无缝	1.100	1.559	3.140		－4.043	
设计洪水位，缝长12m	－1.289	－1.982	0.182	9.199	－4.277	－9.387

3.5 支墩坝稳定分析

3.5.1 抗滑稳定分析

3.5.1.1 分析对象

支墩坝由面板和支墩两部分组成。支墩坝抗滑稳定分析的对象要根据面板与支墩的连接方式而定：当面板与支墩的连接能保证整体作用时，应取一个坝段为计算对象，如大头坝、拱与支墩刚性连接的连拱坝；当面板与支墩的连接不能保证起整体作用时，则取一个支墩为计算对象，如简支平板坝、拱搁置在支墩上的连拱坝。

3.5.1.2 计算荷载

支墩坝抗滑稳定分析是以一个坝段为研究对象，其荷载为作用于一个坝段间距（l）内挡水面板与支墩上的全部荷载，如图 3.5-1 所示。

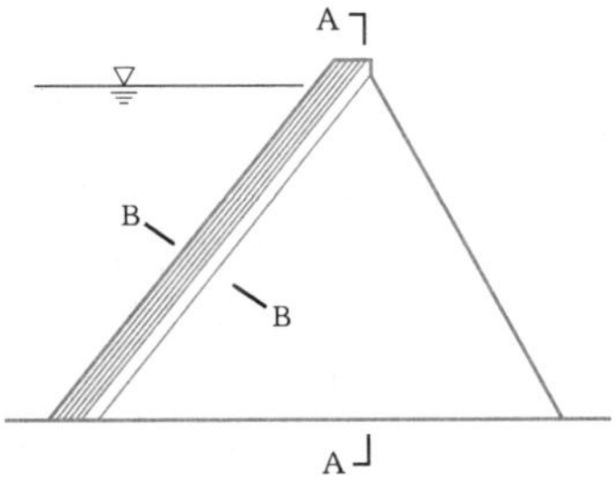

(*a*) 坝身剖面

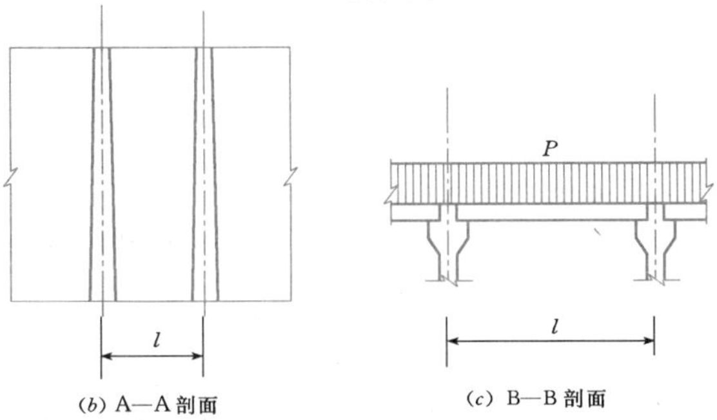

(*b*) A—A 剖面　　(*c*) B—B 剖面

图 3.5-1　支墩坝抗滑稳定分析荷载计算单元图

支墩坝抗滑稳定计算所考虑的荷载与作用力有：自重、静水压力、波浪压力、冰压力、土压力、浮托力、渗透压力、泥沙压力、地震荷载等。其计算方法与公式详见本手册相关章节。但支墩坝的自重与渗透压力的计算方法与重力坝有区别。

1. 自重

支墩坝的自重包括面板和支墩两部分。支墩的自重在抗滑稳定计算中全部计入；面板的自重视面板与支墩的连接方式以及接缝面的处理情况而定。

（1）当面板与支墩刚性连接；或两者的接缝面处理能保证面板与支墩起整体作用，如接缝面上设有足够的梯形键槽并布置有连系钢筋，甚至缝面进行过灌浆处理；或面板搁置在与支墩连成整体的台座或基础底板上时，面板自重可在抗滑稳定计算中全部计入。

（2）当面板只搁置在支墩上，缝面涂敷沥青或铺设三毡四油，面板能沿支墩面上下滑动，且面板又直接嵌入地基时，在抗滑稳定计算中只能计入面板自重作用于支墩上游面的法向分量，如图 3.5-2 所示。

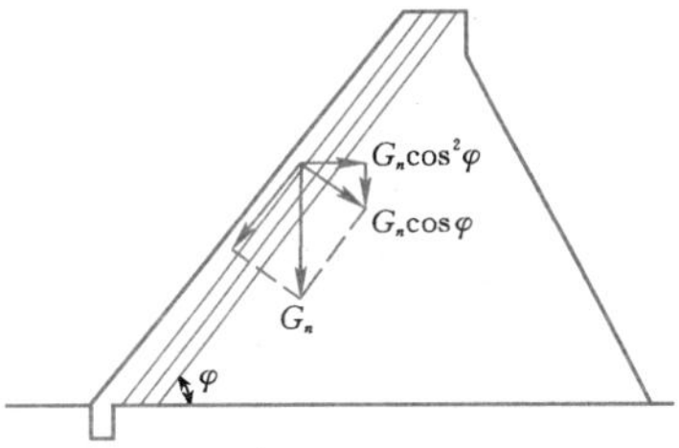

图 3.5-2　面板自重力的分析图

（3）平板坝的面板较薄，为改善面板受力条件，常在面板与墩肩的接触面上采取措施以减少摩阻力，故其面板自重在抗滑稳定计算中不能全部计入。但也有在平板坝的面板与墩肩之间的缝面上布置键槽，以利用面板的全部自重。

连拱坝的自重是全部或部分计入，需视拱筒与支墩的具体连接方式而定。

大头坝的头部较厚，在抗滑稳定计算中，头部自重的作用较大，故多在头部与支墩的接缝面上采取结构措施，使其能起整体作用。

2. 扬压力

支墩坝的扬压力（包括渗透压力和浮托力）的计算，可参考宽缝重力坝扬压力计算方法。

岩基上的平板坝与连拱坝，面板厚度较薄，支墩间空腔排水条件较好，渗透压力较小，一般在初步计算中可以忽略不计；软基上的支墩坝，或支墩坝带有基础地板，或支墩设有扩大基础时，则需根据坝基帷幕灌浆、排水设施等布置，参考软基上闸坝或实体重力坝的渗透压力计算方法；位于岸坡和岸边的支墩基础，不仅有顺水流向的渗流，还有绕坝渗流，必要时还需进行三向渗流计算和试验，以确定渗压值。

当核算坝基深层滑动稳定时，需要进行专门研究沿深层滑动面上的渗透压力分布图形。一般在初步计算时，可根据坝基帷幕灌浆设计情况，假定坝基渗流遵循达西定律，用流网法近似计算。

3.5.1.3 荷载组合及工况

支墩坝抗滑稳定计算的荷载组合及计算工况与重

力坝基本相同，分为基本荷载组合与特殊荷载组合。基本荷载组合中包括正常蓄水位工况、设计洪水位工况、冰冻工况；特殊荷载组合中包括校核洪水位工况、地震工况，以及需要进行核算的施工工况、排水失效工况等。

当支墩未和挡水面形成整体或支墩下游面为开敞式时，支墩又承受侧向荷载，则支墩坝的抗滑稳定安全度低于重力坝。作用于支墩上的侧向荷载主要有土压力、地震荷载以及支墩两侧的水位差形成的水压力等。土压力列为基本荷载，地震荷载列为特殊荷载。

支墩侧向水压力是列入基本荷载组合，还是列入特殊荷载组合，需根据大坝受力状况而定。如利用大头坝支墩间空腔布置泄水底孔，支墩经常承受侧向水压，则列为基本荷载组合。如属施工期或运行期坝体被迫过水，而造成支墩侧向水压力，一般列为特殊荷载组合。

出现坝体过水的可能情况有：①施工期坝址出现超过导流标准的洪水，或采用过水围堰施工的情况；②施工期或运行期，坝体已经挡水且水库蓄水位较高，近坝库区发生滑坡，涌浪漫坝过水的情况；③运行期出现超过设计标准的洪水。

3.5.1.4 支墩坝抗滑稳定分析内容

支墩坝的抗滑稳定分析包括：①坝体与地基接触面顺水流方向的滑动；②沿地基内软弱结构面的浅层与深层滑动；③侧向滑动；④纵向与侧向组合而成的滑动。

（1）当存在下列情况时，除了要计算纵向抗滑稳定及深、浅层滑动外，还需要计算其侧向及组合抗滑稳定：①支墩承受侧向荷载，如横向地震荷载或侧向水压力、侧向土压力；②位于岸坡上的支墩两侧有陡坡或陡坎；③支墩建基面倾斜；④支墩地基下有倾向河床的岩层面、软弱夹层和其他结构面。

（2）单纯的侧向滑动情况只有在库空时才会出现。如库空时支墩有侧向荷载，或虽无侧向荷载，支墩基础或地基下有倾向河床的滑动面，由坝体自重产生了滑动力，此时需要单独核算侧向滑动稳定。当支墩基脚扩大至互相接触时，或支墩下游面扩大而形成封闭式支墩时，则支墩的侧向滑动稳定可以不必验算。

由于支墩坝的结构特点和工作条件，遇到坝基深层滑动问题的机会较重力坝为多，其中不仅有一般重力坝所需研究的顺水流方向的滑动问题，还需核算侧向及其他组合方向的抗滑稳定安全系数。深层滑动的力学分析方法主要有：刚体极限平衡法、有限单元法、结构地质力学模型法等。

3.5.1.5 抗滑稳定计算公式

支墩坝抗滑稳定分析中，沿坝基面滑动及深层滑动计算方法和公式可参考重力坝相关方法和公式。但各类计算公式及所采用的安全系数、地质参数，其定义及取值准则均不相同。

由于支墩坝的支墩多嵌入基岩内，嵌入基岩内的支墩底部及两侧均有阻滑作用。因此，较低的支墩坝抗滑稳定可采用抗剪断强度公式进行核算；高支墩坝则可按抗剪强度与抗剪断强度两类公式同时进行验算，经过比较论证后采用较合理的成果。

3.5.2 侧向抗倾和应力分析

支墩坝的基本断面确定后，需进行坝体或支墩的内部应力分析及支墩坝的侧向抗倾和应力分析。侧向抗倾稳定和应力分析时的作用和抗力的计算公式与抗滑稳定计算时相同。

支墩坝的侧向抗倾稳定分析是核算其抗倾稳定安全系数能否满足要求，核算支墩侧面应力是否在容许范围内。当支墩抗倾稳定安全系数或应力条件不满足要求时，则需采取结构加强措施。比如在支墩间设置加劲梁或加劲墙。加劲梁或加劲墙的布置，一般根据侧向荷载大小经计算确定。如果侧向荷载较大，可将支墩下游面做成封闭式。

支墩的型式不同，其侧向抗倾稳定计算公式也不同，以下给出无加劲梁的单支墩、有简支式挡水面板的单支墩、双支墩、有加劲梁的支墩的计算公式。

3.5.2.1 侧向抗倾稳定安全系数

1. 无加劲梁的单支墩

无加劲梁的单支墩，侧向抗倾稳定计算的一般公式（见图 3.5-3）为

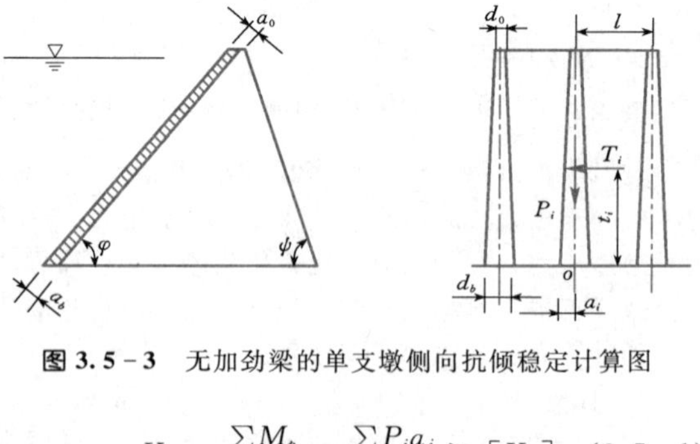

图 3.5-3 无加劲梁的单支墩侧向抗倾稳定计算图

$$K_0=\frac{\sum M_p}{\sum M_n}=\frac{\sum P_i a_i}{\sum T_i t_i}\geqslant[K_0] \quad (3.5-1)$$

式中 K_0 ——侧向抗倾稳定安全系数；

$[K_0]$ ——侧向抗倾覆稳定安全系数容许最小

值，库满情况下 $[K_0]=1.4\sim1.6$，库空情况下 $[K_0]=1.15\sim1.30$，$[K_0]$ 取值的大小需根据支墩承受荷载的组合情况以及坝的重要性而定；

$\sum M_p$——所有的力对建基面旋转点的稳定力矩总和；

$\sum M_n$——所有的力对建基面旋转点的倾覆力矩总和；

P_i——产生稳定力矩的力；

T_i——产生倾覆力矩的力；

a_i、t_i——相应于 P_i、T_i 对建基面旋转点 o 的力臂。

2. 简支式挡水面板的单支墩

简支式挡水面板的单支墩侧向抗倾稳定计算（见图 3.5-4）公式如下：

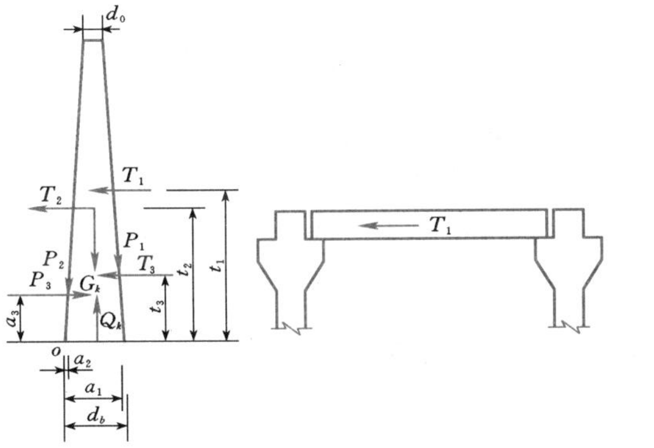

图 3.5-4 简支式挡水面板的单支墩侧向抗倾稳定计算图

1）在库满时，式（3.5-1）可写为

$$K_0=\left\{\frac{d_b}{2}\left[\left(G_k-\frac{1}{2}Q_k\right)+\left(G_n-\frac{1}{2}Q_n\right)\cos^2\varphi+P_u\right]+P_1a_1+P_2a_2+P_3a_3\right\}/(T_1t_1+T_2t_2+T_3t_3)\geqslant[K_0] \quad (3.5-2)$$

式中 K_0、$[K_0]$——同式（3.5-1）；

d_b——支墩底部宽度；

G_k——支墩自重；

G_n——挡水面板自重；

Q_k、Q_n——支墩、挡水面板竖向地震惯性力；

P_u——挡水面板上水压力等荷载的竖向分力（包括两个半跨）；

φ——支墩上游面倾角；

P_1——作用于支墩一侧的水重或土重；

P_2——作用于支墩另一侧的水重或土重；

P_3——作用于支墩另一侧的侧向水压力或土压力；

a_1、a_2、a_3——相应于 P_1、P_2、P_3 对建基面旋转点 o 的力臂；

T_1——作用于挡水面板上的侧向地震惯性力；

T_2——作用于支墩上的侧向地震惯性力；

T_3——作用于支墩上的侧向水压力或土压力；

t_1、t_2、t_3——相应于 T_1、T_2、T_3 对建基面旋转点 o 的力臂。

2）在库空时，K_0 的计算只要将式（3.5-2）中的 P_u 项去掉即可。

3. 双支墩

双支墩大头坝的侧向抗倾稳定仍按式（3.5-1）计算，其旋转中心 o 可依图 3.5-5 所示图例选择。

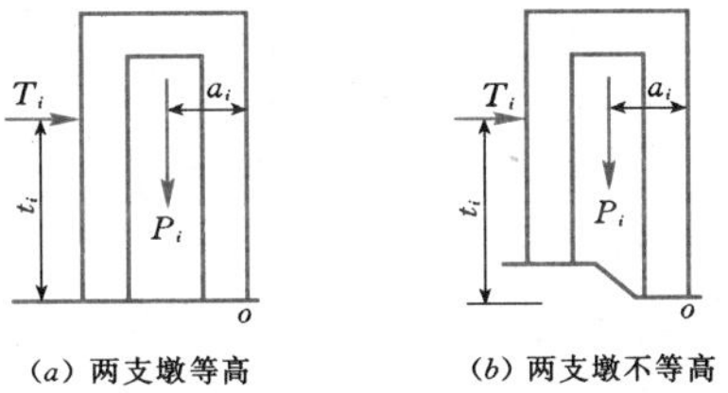

(a) 两支墩等高　(b) 两支墩不等高

图 3.5-5 双支墩侧向抗倾覆稳定计算图

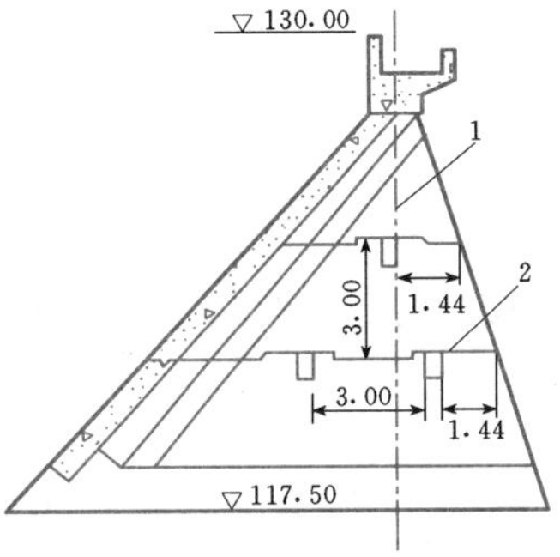

图 3.5-6 刚性梁布置图（单位：m）

1—坝轴线；2—刚性梁

4. 有加劲梁的支墩

当支墩侧向抗倾稳定安全系数不满足要求时，可在支墩间设置刚性梁（加劲梁）。梁的布置一般沿高度间隔 4～8m，水平间隔 5～12m。佛子岭工程两岸平板坝即设有两排刚性梁，如图 3.5-6 所示。梁的断面宽 0.3m，高 0.5m，梁内布置 4 根直径 25mm 的受力钢筋。

刚性梁设计考虑的荷载有：支墩与面板侧向地震惯性力或其他侧向力、自重及施工临时荷载等。

有侧向地震惯性力时，刚性梁的计算方法对重要工程最好采用动力分析方法。如未作动力分析可假定支墩每一排刚性梁是从一岸一直延续到另一岸。坝内 n 跨即有 n 个刚性梁。n 个刚性梁中有 n_a 个受压，n_l 个受拉。各个刚性梁承受的地震惯性力按部位分配，如图 3.5-7 所示。

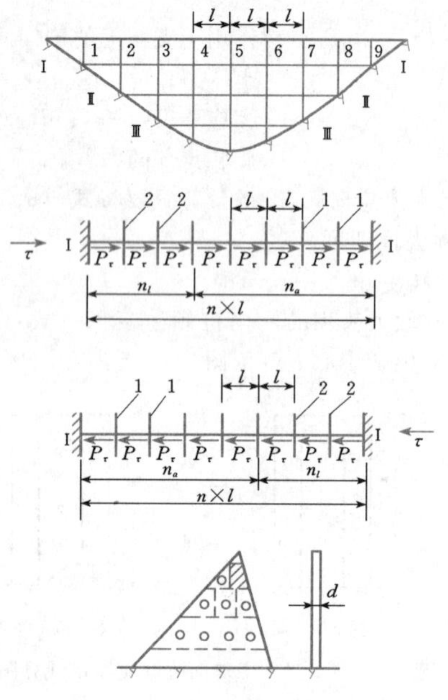

图 3.5-7 侧向（横向）地震时的刚性梁作用力计算图

1—受压梁；2—受拉梁

计算时各支墩间距相等，刚性梁的混凝土受压或受拉弹性模量相等。

1）当各受压或受拉刚性梁的应力相等时，有

$$\frac{n_a}{n_l}=\frac{\sigma_l}{\sigma_a}\frac{E_a}{E_l}=B \tag{3.5-3}$$

$$n_l+n_a=n \tag{3.5-4}$$

$$n_l=\frac{n}{1+B} \tag{3.5-5}$$

$$n_a=\frac{Bn}{1+B} \tag{3.5-6}$$

式中 n_a——受压刚性梁个数；

n_l——受拉刚性梁个数；

n——刚性梁个数；

σ_a——受压刚性梁的应力；

σ_l——受拉刚性梁的应力；

E_a——刚性梁混凝土受压弹性模量；

E_l——刚性梁混凝土受拉弹性模量。

2）当各受压或受拉刚性梁的应力不相等时，有

$$E_lA_l\sum(1+2+3+\cdots+n_a)=E_aA_a\sum(1+2+3+\cdots+n_l) \tag{3.5-7}$$

$$n_l+n_a=n$$

式中 A_a——受压刚性梁的断面面积；

A_l——受拉刚性梁的断面面积。

在求得受压和受拉刚性梁个数后，即可计算梁的作用力。在侧向地震惯性力作用下，靠两岸的梁所受压力或拉力为最大，向中间逐渐减小。梁最大压力为 n_aP_n，最大拉力为 n_lP_n。P_n 为某一刚性梁承受的按部位所分配的地震惯性力。其余各梁所受的力依次类推。计算时需考虑靠近岸边的梁既可能承受最大压力，又可能承受最大拉力。

当计算刚性梁自重和施工临时荷载所产生的内力时，需根据梁与支墩的连接方式（固端或铰接），按一般结构力学方法进行。

在计算各种荷载作用下刚性梁的内力之后，进行叠加，而后按钢筋混凝土结构要求进行设计。

3.5.2.2 侧向抗倾应力

当坝基为水平时，侧向抗倾应力 σ_y 可按式（3.5-8）计算：

$$\sigma_y=\frac{\sum V}{A}\pm\frac{\sum M_zx}{I_z}\pm\frac{\sum M_xz}{I_x} \tag{3.5-8}$$

式中 σ_y——水平截面上任一点的竖向正应力；

$\sum V$——竖向力总和；

$\sum M_x$、$\sum M_z$——作用于坝体上的力对 $x-x$、$z-z$ 轴的力矩总和；$x-x$ 为通过坝基水平截面形心的水平轴，顺水流方向；$z-z$ 为通过坝基水平截面形心的水平轴，垂直水流方向；

A——坝基水平截面面积；

I_x、I_z——坝基水平截面对 $x-x$、$z-z$ 轴的惯性矩；

x、z——计算点至 $z-z$、$x-x$ 轴的距离。

3.5.3 弹性稳定（纵向弯曲）计算

支墩坝（包括支墩及拱）一般不会发生结构弹性失稳，当支墩厚度满足一定要求时，甚至可不必进行其纵向弯曲稳定计算。但是，对于坝较高而厚度较薄的支墩和跨度较大而厚度较薄的拱，有必要校核其弹性稳定性。特别是在施工过程中由于模板严重走样，结构的断面及尺寸、结构物的轴线达不到设计要求时，则更应重视结构的弹性稳定问题。

由于支墩型式不一样，其弹性稳定计算有些差别，以下就不同的支墩型式［包括无加劲肋和加劲梁的单支墩、有加劲肋的单支墩、有加劲梁的单支墩、

有隔墙的空腹支墩、双支墩（大头坝）、拱］分别进行介绍，计算方法有静力法、能量法等。为了简化计算，对支墩或拱的弹性稳定计算都是以一个单位宽度的柱条或拱圈为研究对象。这些计算方法多是近似的，求得的结果可能与实际有出入，必要时还需进行一定的试验验证。

3.5.3.1　无加劲肋和加劲梁的单支墩

1. 静力法

静力法按理想弹性柱进行计算。即在支墩靠下游面（接近于第一主应力方向）切取几个柱条（见图3.5-8），并将柱条视作上端自由、下端固定的完全平直的中心受压柱，荷载全部集中作用于顶部，计算其临界压力，选其最小值核算纵向弯曲稳定。

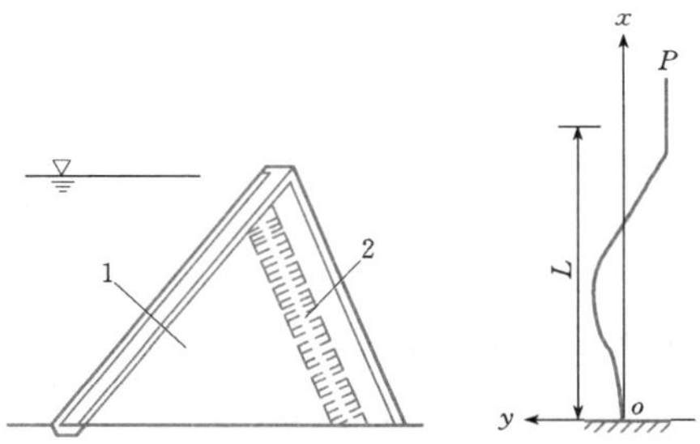

(*a*) 坝身剖面　　(*b*) 计算图式

图 3.5-8　无加劲梁和加劲肋的单支墩纵向弯曲计算图（静力法）

1—支墩；2—柱条

柱条的临界压力计算公式为

$$P_c = \frac{\pi^2 EI}{4L^2} \tag{3.5-9}$$

式中　P_c——柱条的临界压力；

L——柱条长；

E——柱条的弹性模量；

I——柱条截面的惯性矩。

柱条截面宽度一般取单位宽度计算，厚度按支墩实际厚度计算。变厚的支墩则取平均值计算。

求得临界压力之后，即可计算柱条截面上的临界应力：

$$\sigma_c = \frac{P_c}{A} \tag{3.5-10}$$

式中　σ_c——柱条截面上的临界应力；

P_c——柱条的临界压力；

A——柱条截面积。

支墩的第一主应力应不大于柱条相应部位临界应力的1/3～1/2，即

$$k = \frac{\sigma_c}{\sigma_1} \geqslant 2 \sim 3 \tag{3.5-11}$$

式中　k——安全系数；

σ_c——柱条的临界压力；

σ_1——相应柱条的第一主应力（取最大值）。

2. 能量法

由于支墩一般是自上而下变厚的。柱条所受荷载，除柱顶所受压力外，尚有沿柱条分布的荷载，如图3.5-9所示。在考虑这些因素后，可用能量法计算临界荷载。

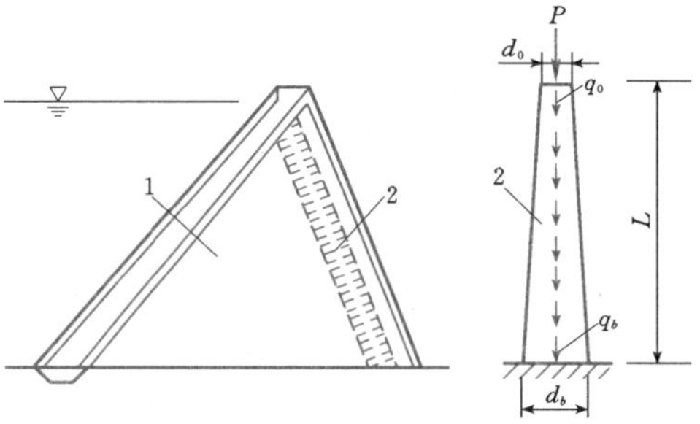

(*a*) 坝身剖面　　(*b*) 计算图式

图 3.5-9　无加劲梁和加劲肋的单支墩纵向弯曲计算图（能量法）

1—支墩；2—柱条

柱条临界荷载的计算公式为

$$Q_c = \psi \frac{EI_m}{L^2} \tag{3.5-12}$$

$$I_m = \frac{bd_m^3}{12} \tag{3.5-13}$$

$$\psi = \frac{\pi^2(1+\mu)(2+\xi)(r_1 + r_3 z + r_2 z^2)}{2(1+\theta)^3(c_1' + c_3 z + c_2' z^2)} \tag{3.5-14}$$

$$z = \frac{r_1 c_2' - r_2 c_1'}{r_2 c_3 - r_3 c_2'} + \left[\left(\frac{r_1 c_2' - r_2 c_1'}{r_2 c_3 - r_3 c_2'}\right)^2 + \frac{r_1 c_3 - r_3 c_1'}{r_2 c_3 - r_3 c_2'}\right]^{1/2} \tag{3.5-15}$$

$$c_1' = 0.14868 + 0.03267\xi + 0.25\mu(2+\xi) \tag{3.5-16}$$

$$c_2' = 2.14868 + 0.69934\xi + 2.25\mu(2+\xi) \tag{3.5-17}$$

$$c_3 = 0.60792 + 0.22797\xi \tag{3.5-18}$$

$$r_1 = 0.0692 + 0.1844\theta + 0.3156\theta^2 + 0.4308\theta^3 \tag{3.5-19}$$

$$r_2 = 17.6378 + 22.6160\theta + 17.8824\theta^2 + 22.8639\theta^3 \tag{3.5-20}$$

$$r_3 = -1.8860 - 2.54888\theta - 0.1868\theta^2 + 4.6217\theta^3 \tag{3.5-21}$$

$$\theta = \frac{d_b}{d_0} \tag{3.5-22}$$

$$\xi = \frac{q_b - q_0}{q_0} \tag{3.5-23}$$

$$\mu=\frac{P}{q_m L} \qquad (3.5-24)$$

式中　Q_c——柱条的临界荷载；

L——柱条长；

E——柱条的弹性模量；

I_m——柱条截面的惯性矩；

b——柱条的宽度；

d_m——柱条的平均厚度；

ψ——系数；

d_0——柱条顶部厚度；

d_b——柱条底部厚度；

q_0——柱条顶部的分布荷载；

q_b——柱条底部的分布荷载；

μ——柱条所受集中荷载与分布荷载之比；

P——柱条所受集中荷载；

q_m——柱条所受分布荷载平均值。

在计算前，先需按斜柱法求出沿柱条的分布荷载 q 值。即取出一斜柱（柱条），划分为若干块，计算每块分界线上的压力（见图 3.5-10）。

柱条分布荷载由下式计算：

$$q=\frac{P_n-P_{n-1}}{x_n-x_{n-1}} \qquad (3.5-25)$$

式中　q——沿柱条的分布荷载；

P_n、P_{n-1}——柱条截面 n、$n-1$ 处的压力值；

x_n、x_{n-1}——柱条截面 n、$n-1$ 处沿柱长方向的坐标值。

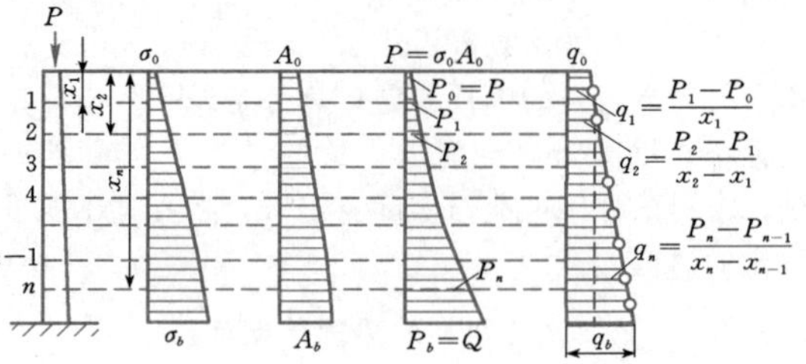

图 3.5-10　q 值计算图

q 值一般呈梯形分布。为简化计算，可用下式直接计算 ξ 值：

$$\xi=\frac{4[(P_b-P_0)-2(P_m-P_0)]}{4(P_m-P_0)-(P_b-P_0)} \qquad (3.5-26)$$

式中　P_0——柱条顶部的压力；

P_m——柱条平均厚度处的压力；

P_b——柱条底部的压力。

当柱条顶部压力值 P_0 很小时，$\mu\to 0$。此时 ψ 值可不用式（3.5-14）计算，而直接查用表 3.5-1。

在柱条的临界荷载求出之后，与柱条实际最大压力值比较，并要求有一定的安全系数。

$$K=\frac{Q_c}{P+q_m L}\geqslant 2\sim 3 \qquad (3.5-27)$$

式中　K——安全系数；

Q_c——柱条的临界荷载。

表 3.5-1　　当 $\mu=0$ 时的 ψ 值

θ \ ξ	0.0	0.5	1.0	1.5	2.0	2.5	3.0
1.0	7.838	8.763	9.497	10.104	10.611	11.041	11.409
2.0	12.471	14.112	15.458	16.558	17.529	18.341	19.043
3.0	14.392	16.414	18.098	19.517	20.733	21.779	22.692
4.0	15.307	17.532	19.403	20.992	22.359	23.545	24.584
5.0	15.823	18.170	20.154	21.846	23.310	24.582	25.700

3.5.3.2　有加劲肋的单支墩

为了增加单支墩的纵向弯曲稳定，往往在支墩上设加劲肋用以增加支墩的惯性矩，如图 3.5-11 所示。加劲肋一般沿铅直方向或第一主应力的倾斜方向布置，间距一般为 8～14m，厚约 2m。也有同时采用加劲肋与加劲梁的。

1. *静力法*

有加劲肋的单支墩纵向弯曲计算与无加劲肋的基本相同，可采用式（3.5-9）、式（3.5-10）、式（3.5-11），仅需将其中的柱条截面积和截面惯性矩改换为相应有肋的柱条截面积和截面惯性矩。

2. *能量法*

用能量法计算有肋单支墩纵向弯曲，仍采用式（3.5-12）计算其临界荷载，但需将 ψ 值计算公式（3.5-14）改用下列公式中的 r_1、r_2、r_3 计算。

$$r_1=x_1+0.297357634x_2+0.130690968x_3-0.430771763x_4 \qquad (3.5-28)$$

$$r_2=81x_1+38.67621874x_2-28.82378131x_3-22.86248004x_4 \qquad (3.5-29)$$

$$r_3=-3.647562611x_2-2.735671958x_3-1.886055773x_4 \qquad (3.5-30)$$

$$x_1=\theta^3+\frac{12\varepsilon\alpha}{\beta}\left(\frac{2}{3}\alpha^2+\frac{1}{2}\theta^2+\alpha\theta\right)\quad(3.5-31)$$

$$x_2=3(1-\theta)\left[\theta^2+\frac{4\varepsilon\alpha}{\beta}(\theta+\alpha)\right]\quad(3.5-32)$$

$$x_3=3(1-\theta)^2\left(\theta+\frac{2\varepsilon\alpha}{\beta}\right)\quad(3.5-33)$$

$$x_4=(1-\theta)^3\quad(3.5-34)$$

$$\alpha=\frac{a}{d_0}\quad(3.5-35)$$

$$\beta=\frac{b}{d_0}\quad(3.5-36)$$

$$\varepsilon=\frac{e}{d_0}\quad(3.5-37)$$

式中 d_0——柱条顶部厚度；

b——柱条宽度；

a、e——加劲肋尺寸，如图 3.5-11 所示；

θ——同式（3.5-22）；

α、ε——加劲肋的截面函数，如加劲肋截面尺寸沿高度变化时，可取其平均值。

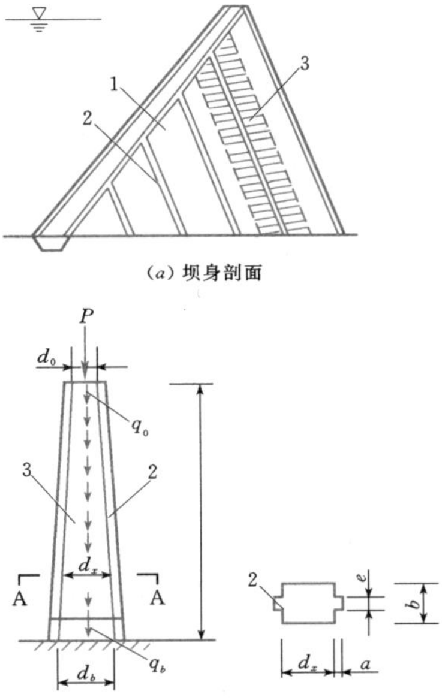

（a）坝身剖面

（b）计算图式　（c）A—A 剖面

图 3.5-11 有加劲肋的单支墩纵向弯曲计算图

1—支墩；2—加劲肋；3—柱条

在采用式（3.5-12）时，还需将柱条截面平均厚度处的惯性矩 I_m 改换为相应有肋柱条截面平均厚度处的惯性矩，其余均参照相应无加劲肋的公式计算。

在临界荷载 Q_c 求出后，采用式（3.5-27）可计算相应的安全系数。

3.5.3.3 有加劲梁的单支墩

为了增加单支墩的纵向弯曲稳定，或为抵抗横向地震或其他横向荷载，可在支墩间设置加劲梁（亦称刚性梁），如图 3.5-12 所示。梁的布置一般为沿铅直方向的间距为 4～8m，水平方向为 5～12m。加劲梁的断面有方形或长方形的。

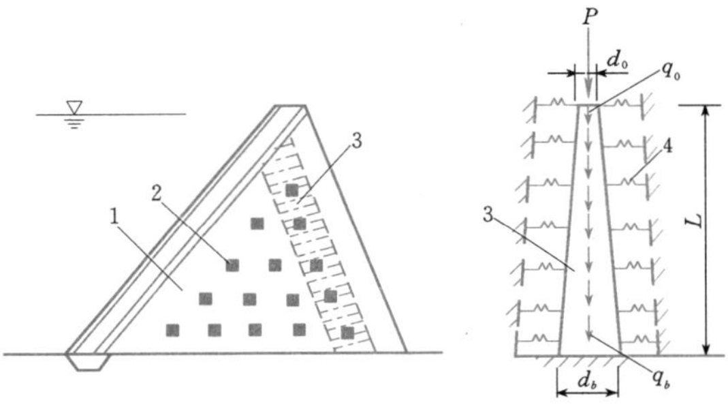

（a）坝身剖面　（b）计算图式

图 3.5-12 有加劲梁的单支墩纵向弯曲计算图

1—支墩；2—加劲梁；3—柱条；4—弹性支座

加劲梁与支墩的连接方式有铰接的、固接的，也有铰接和固接相间布置的，铰接式如图 3.5-13 所示。

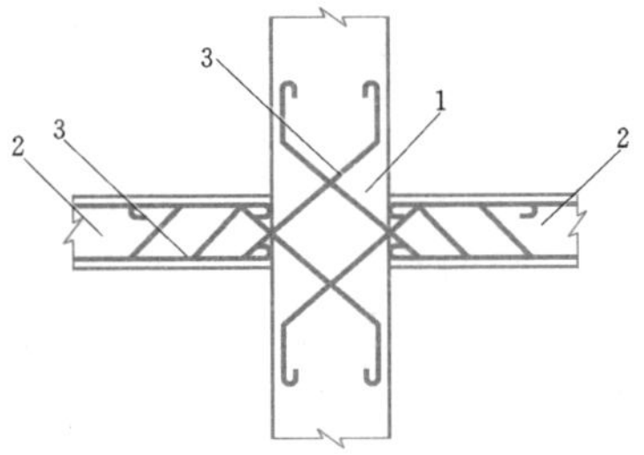

图 3.5-13 加劲梁与支墩铰接示意图

1—支墩；2—加劲梁；3—钢筋

固接方式由于温度和混凝土收缩的影响，在加劲梁内出现附加应力，在支墩内也引起附加应力。固接式的加劲梁对支墩变位和沉陷有较大的敏感性，铰接式则可容许支墩与加劲梁之间有一定的相对变位。但固接可以增加支墩纵向弯曲的稳定性，提高安全度。

在为增加支墩纵向弯曲稳定而设置加劲梁时，仍先按一般经验作加劲梁的布置并拟定断面尺寸，据此计算弹性介质柔性系数 k 和系数 c 的值，进行纵向弯曲稳定性核算。设计时各坝段之间加劲梁采用相同的断面，并从一岸延续至另一岸。加劲梁内需配置一定的受力钢筋。

1. 连续弹性介质法

计算图式仍取靠支墩下游面（接近第一主应力方向）的柱条，如图 3.5-12 所示。当加劲梁较多、分布均匀时，可将加劲梁的影响视为均匀的连续弹性介质进行计算，并假定柱条没有重量，下端视作固定，荷载集中作用于顶部，计算其临界压力。

(1) 当加劲梁与支墩铰接时，其临界压力为

$$P_c = \psi \frac{EI}{L^2} \qquad (3.5-38)$$

式中 P_c——柱条的临界压力；

L——柱条长；

E——柱条的弹性模量；

I——柱条截面惯性矩，如柱条自上而下变厚时，取其平均值；

ψ——系数，取值可查表 3.5-2。

弹性介质柔性系数 k 的计算公式为

$$k = \frac{\pi^2 EAl}{U^2 l_1} \qquad (3.5-39)$$

式中 E——加劲梁的弹性模量；

A——加劲梁的截面积（如有钢筋，应考虑钢筋的换算面积）；

l——支墩之间的距离；

l_1——加劲梁之间的距离；

U——在河谷横断面中最长一根劲梁的长度（指延续长度）。

l、l_1、U 的含义如图 3.5-14 所示。

表 3.5-2　　ψ 值 表

$\frac{kL^4}{EI}$	0	1.2	2.31	6.3	12.95	19.5	29.1	58.5	100
ψ	2.467	2.828	2.88	3.58	4.686	5.60	6.80	9.54	11.9
$\frac{kL^4}{EI}$	150	200	250	300	350	400	450	500	
ψ	14	15.8	17.2	18.4	19.7	20.8	21.9	22.9	

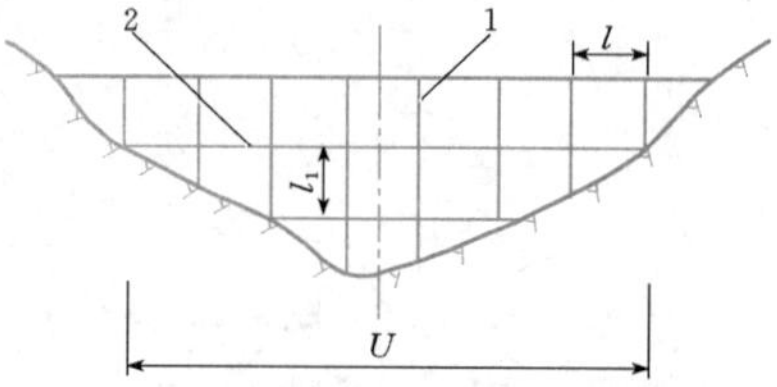

图 3.5-14　k 值计算表

1—支墩；2—加劲梁

当 $\frac{kL^4}{EI} > 500$ 时，临界压力可直接由下式计算：

$$P_c = \sqrt{EIk} \qquad (3.5-40)$$

(2) 当加劲梁与支墩固接时，临界压力为

$$P_c = \psi \frac{EI}{L^2} + c \qquad (3.5-41)$$

$$c = \frac{12EI_1}{ll_1} \qquad (3.5-42)$$

式中 I_1——加劲梁截面的最小惯性矩。

当 $\frac{kL^4}{EI} > 500$ 时，临界压力可直接由下式计算：

$$P_c = \sqrt{EIk} + c \qquad (3.5-43)$$

求得临界压力后，可用式(3.5-10)、式(3.5-11)分别计算柱条的临界应力和抵抗纵向弯曲的安全系数。

2. 能量法

按连续弹性介质法计算有加劲梁的单支墩纵向弯曲时，未考虑支墩断面的变化、沿柱条的分布荷载和加劲肋的影响（当有加劲肋时）。如需考虑这些影响，可用能量法计算。其临界荷载的计算公式为

$$Q_c = \psi \frac{EI_m}{L^2} \qquad (3.5-44)$$

当有加劲肋时，柱条截面平均厚度处的惯性矩 I_m 需改换为相应有肋柱条截面平均厚度处的惯性矩。系数 ψ 的计算公式为

$$\psi = \frac{\pi^2 (1+\mu)(2+\xi)(r_1 + r_3 Z + r_2 Z^2)}{2(1+\theta)^3 (c_1' + c_3 Z + c_2' Z^2)} \qquad (3.5-45)$$

$$Z = \frac{r_1 c_2' - r_2 c_1'}{r_2 c_3 - r_3 c_2'} \pm \left[\left(\frac{r_1 c_2' - r_2 c_1'}{r_2 c_3 - r_3 c_2'} \right)^2 + \frac{r_1 c_3 - r_3 c_1'}{r_2 c_3 - r_3 c_2'} \right]^{1/2} \qquad (3.5-46)$$

$$r_1 = K_1 + \frac{4(1+\theta)^3}{\pi^4} \left(\frac{3}{2} \mp \frac{4}{m\pi} \right) \frac{kL^4}{EI_m} + \frac{m^2 (1+\theta)^3}{2\pi^2} \frac{cL^2}{EI_m} \qquad (3.5-47)$$

$$r_2 = K_2 + \frac{4(1+\theta)^3}{\pi^2} \left[\frac{3}{2} \pm \frac{4}{(m+2)\pi} \right] \frac{kL^4}{EI_m} + \frac{(m+2)^2 (1+\theta)^3}{2\pi^2} \frac{cL^2}{EI_m} \qquad (3.5-48)$$

$$r_3 = K_3 + \frac{8(1+\theta)^3}{\pi^4} \left[1 \mp \frac{4}{m(m+2)\pi} \right] \frac{kL^4}{EI_m} \qquad (3.5-49)$$

$$K_1 = m^4 \left[x_1 + 2x_2 \left(\frac{1}{4} - \frac{1}{m^2\pi^2} \right) + 2x_3 \left(\frac{1}{6} - \frac{1}{m^2\pi^2} \right) + 2x_4 \left(\frac{6}{m^4\pi^4} - \frac{1}{8} - \frac{3}{2m^2\pi^2} \right) \right] \qquad (3.5-50)$$

$$K_2=(m+2)^4\left\{x_1+2x_2\left[\frac{1}{4}-\frac{1}{(m+2)^2\pi^2}\right]-2x_3\left[\frac{1}{6}+\frac{1}{(m+2)^2\pi^2}\right]+2x_4\left[\frac{6}{(m+2)^4\pi^4}-\frac{1}{8}-\frac{3}{2(m+2)^2\pi^2}\right]\right\}\tag{3.5-51}$$

$$K_3=\frac{4m^2(m+2)^2}{\pi^2}\left\{-x_2-x_3\frac{m(m+2)}{(m+1)^2}+x_4\left[\frac{6}{\pi^2}-\frac{3}{2}+\frac{3}{2(m+1)^2}\right]\right\}\tag{3.5-52}$$

$$c_1'=c_1+\frac{\mu(2+\xi)m^2}{4}\tag{3.5-53}$$

$$c_2'=c_2+\frac{\mu(2+\xi)(m+2)^2}{4}\tag{3.5-54}$$

$$c_1=\frac{m^2}{4}-\frac{1}{\pi^2}+\frac{\xi}{2}\left(\frac{m^2}{6}-\frac{1}{\pi^2}\right)\tag{3.5-55}$$

$$c_2=\frac{(m+2)^2}{4}-\frac{1}{\pi^2}+\frac{\xi}{2}\left[\frac{(m+2)^2}{6}-\frac{1}{\pi^2}\right]\tag{3.5-56}$$

$$c_3=\frac{m(m+2)}{\pi^2}\left[2+\frac{m(m+2)}{(m+1)^2}\xi\right]\tag{3.5-57}$$

式中的 x_1、x_2、x_3、x_4 分别按式(3.5-31)、式(3.5-32)、式(3.5-33)、式(3.5-34)计算。

m 是受压柱条弯曲后的波数，其值为1，3，5，7，…。计算时，需先假定 $m=1$，3，5，7，…，并分别代入以上各式中计算出相应的 r_1、r_2、r_3、c_1'、c_2'、c_3 及 Z 值（Z 值有两个根，要分别计算），求出相应的临界荷载 Q_c。在各个 m 值下，找出最小的 Q_c，才是真正的临界值。在计算 r_1、r_2、r_3 值时，当 m 取值为1，5，9，…时，在公式中有正负双号的地方，选用上面的一个符号；当 m 取值为3，7，11，…时，用下面的符号。一般 $\frac{kL^4}{EI}$ 的值越大，则发生最小临界荷载 Q_c 的波数 m 越大。

当 $\frac{kL^4}{EI}$ 的值在1000以下时，用能量法计算可以得到较接近于实际的 Q_c 值；当 $\frac{kL^4}{EI}$ 值超过1000很多时，所得 Q_c 值过大。故能量法计算只适宜于 $\frac{kL^4}{EI}<1000$ 的情况，此时可取 $m=1$，而求 c_1'、c_2'、c_3、r_1、r_2、r_3 的公式可简化如下：

$$c_1'=0.14868+0.03267\xi+0.25\mu(2+\xi)\tag{3.5-58}$$

$$c_2'=2.14868+0.69934\xi+2.25\mu(2+\xi)\tag{3.5-59}$$

$$c_3=0.60792+0.22797\xi\tag{3.5-60}$$

$$\begin{aligned}r_1=&0.0692+(0.7842+3.5683\alpha+8\alpha^2)\frac{\varepsilon\alpha}{\beta}+\left[0.1844+(1.9999+8.4317\alpha)\frac{\varepsilon\alpha}{\beta}\right]\theta\\&+\left(0.3156+3.2159\frac{\varepsilon\alpha}{\beta}\right)\theta^2+0.43080\theta^3\\&+0.0093117(1+\theta)^3\frac{kL^4}{EI_m}\\&+0.05066(1+\theta)^3\frac{cL^2}{EI_m}\end{aligned}\tag{3.5-61}$$

$$\begin{aligned}r_2=&17.6378+(151.0586+464.1106\alpha+648\alpha^2)\frac{\varepsilon\alpha}{\beta}\\&+\left[22.6160+(161.9935+507.8894\alpha)\frac{\varepsilon\alpha}{\beta}\right]\theta\\&+\left(17.8824+172.9480\frac{\varepsilon\alpha}{\beta}\right)\theta^2+22.8639\theta^3\\&+0.079024(1+\theta)\frac{kI}{EI_m}+0.45594(1+\theta)^3\frac{cL^2}{EI_m}\end{aligned}\tag{3.5-62}$$

$$\begin{aligned}r_3=&-1.8860-(16.4140+43.7708\alpha)\frac{\varepsilon\alpha}{\beta}\\&-\left[2.5488+(10.9427-43.7708\alpha)\frac{\varepsilon\alpha}{\beta}\right]\theta\\&-\left(0.1868-27.3568\frac{\varepsilon\alpha}{\beta}\right)\theta^2\\&+4.6217\theta^3+0.047272(1+\theta)^2\frac{kL^4}{EI_m}\end{aligned}\tag{3.5-63}$$

式中的 θ、ξ、μ、α、β、ε、k、c 分别按式(3.5-22)、式(3.5-23)、式(3.5-24)、式(3.5-35)、式(3.5-36)、式(3.5-37)、式(3.5-39)，式(3.5-42)计算；L、E、I_m 同式(3.5-12)，当有加肋时，柱条截面平均厚度处的惯性矩 I_m 需改换为相应有肋柱条截面平均厚度处的惯性矩。

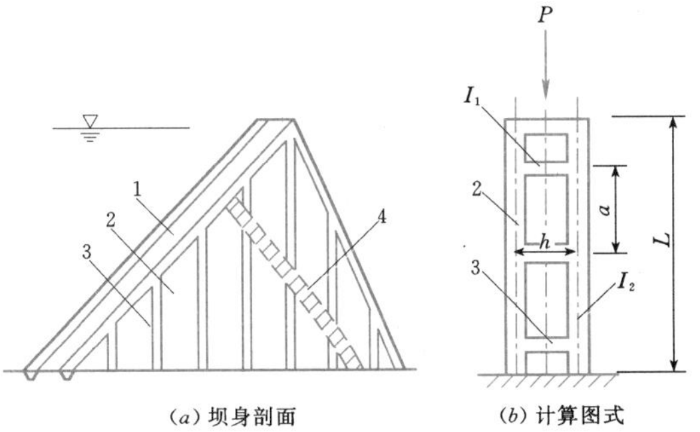

图3.5-15 空腹支墩纵向弯曲计算图

1—拱；2—墩墙；3—隔墙；4—柱条

3.5.3.4 有隔墙的空腹支墩

为了增加支墩的纵向弯曲稳定和抵抗横向荷载的能力，可采用带隔墙的空腹支墩。空腹支墩由两片墩墙和墩墙间的若干隔墙及上、下游面板相连而成，两片墩墙的总厚度等于或略大于实体支墩的厚度，墩墙厚度与连拱坝的拱圈厚度大致相等。

1. 静力法

计算时，仍在空腹支墩靠近下游面（接近于第一主应力方向）切取柱条作为计算对象（见图 3.5-15），其临界压力可按下列公式计算。

（1）当隔墙（或加劲板）较多，在 5～8 个以上时，其临界压力由下式计算：

$$P_c = \alpha \frac{\pi^2 EI_m}{4L^2} \tag{3.5-64}$$

$$\alpha = \frac{1}{1+\frac{\pi^2 EI_m}{4L^2}\left(\frac{ah}{12EI_1}+\frac{a^2}{24EI_2}\right)} \tag{3.5-65}$$

式中 P_c——柱条的临界压力；
E——弹性模量；
I_m——柱条在平均厚度处的截面惯性矩（不计隔墙）；
L——柱条长度；
a——隔墙（或加劲板）的间距；
h——在墩墙平均厚度处两墩墙的中心距；
I_1——隔墙截面惯性矩；
I_2——一片墙在平均厚度处的截面惯性矩。

（2）当隔墙（或加劲饭）的节间 $n\left(=\frac{L}{a}\right)$ 为任意数目时，其临界压力由下式计算：

$$P_c = \frac{\pi^2 EI_m}{4L^2}\frac{\omega}{k} \tag{3.5-66}$$

$$k = 1+\frac{\pi^2 EI_m}{4L^2}\left(\frac{ah}{12EI_1}+\frac{a^2}{24EI_2}\right)\omega \tag{3.5-67}$$

$$\omega = \frac{2n^2}{\pi^2}\left(1-\cos\frac{\pi}{n}\right) \tag{3.5-68}$$

$$n = \frac{L}{a} \tag{3.5-69}$$

式中 n——柱条中隔墙的节间数；
P_c、E、I_m、L——同式（3.5-64）；
a、h、I_1、I_2——同式（3.5-65）。

ω 值还可查表 3.5-3 得到。

表 3.5-3 ω 数值表

n	1	2	3	4	5	6	∞
ω	0.41	0.81	0.91	0.95	0.97	0.98	1.00

（3）在求出临界压力 P_c 之后，即可按公式（3.5-10）、式（3.5-11）计算相应的临界应力和安全系数。

2. 能量法

空腹支墩亦可用能量法计算其临界荷载，所得结果接近于实际些。临界荷载的计算公式为

$$Q_c = \psi \frac{EI_m}{L^2}\frac{\omega}{k} \tag{3.5-70}$$

$$k = 1+\frac{\psi EI_m}{L^2}\left(\frac{ah}{12EI_1}+\frac{a^2}{24EI_2}\right)\omega \tag{3.5-71}$$

式中 Q_c——临界荷载；
ω——按式（3.5-68）计算；
E、I_m、L——同式（3.5-64）；
a、h、I_1、I_2——同式（3.5-65）；
ψ——系数，可查表 3.5-1，或用式（3.5-14）计算。

当临界荷载 Q_c 求出后，再按式（3.5-27）计算相应的安全系数。

3.5.3.5 双支墩（大头坝）

以下介绍双支墩坝纵向弯曲稳定分析的两种近似方法：有侧移框架计算方法和能量法。对第一种方法，考虑在低温季节温度下降坝体收缩，各坝段在伸缩缝处脱开，支墩发生侧移，以此作为最不利情况。但伸缩缝收缩后的间隙较小，所以侧移也是有限的，故支墩实际的纵向弯曲稳定性比上端自由的构件有所提高。但从偏于安全考虑仍可将支墩上端视作完全自由，切取单位宽度框架进行计算。对第二种方法，可考虑支墩变厚度及其分布荷载等的影响。

有人建议对坝高在 125m 以下且坝高与支墩平均厚度之比小于 25 的大头坝，可不必计算其纵向弯曲稳定。

1. 有侧移框架计算法

双支墩（大头坝）的纵向弯曲稳定计算，亦在靠支墩下游面附近接近于第一主应力方向切取一单位宽度的框架（见图 3.5-16），假定其上端自由且有侧移，底部为弹性固定端，荷载集中作用于顶部，计算其临界压力。

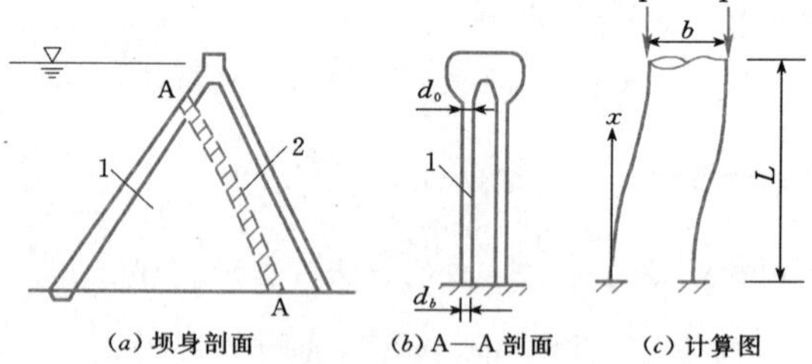

图 3.5-16 双支墩（大头坝）纵向弯曲计算图

1—支墩；2—柱条

在选取计算图式时，不切取带有下游面板的槽形或Ⅱ形截面（当双支墩为封闭式时）的柱条，因其抵抗纵向弯曲的能力较大。

临界压力计算公式为

$$P_c = \psi^2 \frac{EI_m}{L^2} \tag{3.5-72}$$

$$\tan\psi = \frac{\left(1+\dfrac{\alpha}{\beta}\right)\psi}{\dfrac{EI_m}{\beta L}\psi^2 - \dfrac{\alpha L}{EI_m}} \tag{3.5-73}$$

$$\alpha = \frac{E_r d_b^2}{5.5} \tag{3.5-74}$$

$$\beta = \frac{Ed_0^2}{5.5} \tag{3.5-75}$$

式中 P_c——柱（一个支墩，下同）的临界压力；
E——柱的弹性模量；
I_m——柱平均厚度处的截面惯性矩；
L——柱长；
ψ——系数；
α——基础的角变系数；
β——柱顶端的角变系数。
d_0——柱的顶部厚度；
d_b——柱的底部厚度。

在求出柱（即一个支墩）的临界压力 P_c 后，再用式（3.5-10）、式（3.5-11）计算相应的支墩临界应力和安全系数。

2. 能量法

考虑支墩的变厚度影响，除柱顶的集中荷载外，还有沿柱条的分布荷载。计入这些影响可用能量法计算其临界荷载：

$$Q_c = \psi \frac{EI_m}{L^2} \tag{3.5-76}$$

$$\psi = \frac{16(1+\mu)(2-\xi)}{(2-\theta)^3\pi^2} \times \frac{r_1 + r_2 z + r_3 z^2}{c_1 + c_2 z + c_3 z^2} \tag{3.5-77}$$

$$r_1 = 3.044034 - 2.7155010\theta + 1.1934840\theta^2 - 0.2107330\theta^3 + \frac{(2-\theta)^3\pi^2\beta L}{32EI_m} \tag{3.5-78}$$

$$r_2 = 10.335426 + 1.8924030\theta - 5.2965720\theta^2 + 1.6711270\theta^3 \tag{3.5-79}$$

$$r_3 = 48.704545 - 73.0568190\theta + 56.1067440\theta^2 - 15.8772370\theta^3 \tag{3.5-80}$$

$$z = \frac{r_1c_3 - r_3c_1}{r_3c_2 - r_2c_3} \pm \sqrt{\left(\frac{r_1c_3 - r_3c_1}{r_3c_2 - r_2c_3}\right)^2 + \frac{r_1c_2 - r_2c_1}{r_3c_2 - r_2c_3}} \tag{3.5-81}$$

$$c_1 = 0.148679 - 0.116006\xi + \frac{\mu(2-\xi)}{4} \tag{3.5-82}$$

$$c_2 = 0.720506 - 0.535137\xi + \frac{8\mu(2-\xi)}{3\pi} \tag{3.5-83}$$

$$c_3 = 1 - 0.717327\xi + (2-\xi)\mu \tag{3.5-84}$$

$$\xi = \frac{q_b - q_0}{q_b} \tag{3.5-85}$$

$$\mu = \frac{P}{q_m L} \tag{3.5-86}$$

$$\theta = \frac{d_b - d_0}{d_b} \tag{3.5-87}$$

式中 Q_c——柱的临界荷载；
E、I_m、L——同式（3.5-72）；
β——同式（3.5-75）；
q_b——柱底分布荷载；
q_0——柱顶分布荷载；
P——柱顶所受集中荷载；
q_m——柱所受分布荷载平均值；
L——柱长；
d_0——柱的顶部厚度；
d_b——柱的底部厚度。

当柱的临界荷载 Q_c 求出之后，即可用式（3.5-27）计算其安全系数。

3.5.3.6 拱的弹性稳定

连拱坝等厚度拱圈在承受均匀径向荷载，如水压力、泥沙压力（见图 3.5-17）时，其沿拱轴的径向临界荷载可用下式计算：

$$q_c = \frac{kEI}{r^3} \tag{3.5-88}$$

式中 q_c——沿拱圈的径向临界荷载；
E——拱圈的弹性模量；
I——拱圈的截面惯性矩；
r——拱轴半径；
k——系数，可由表 3.5-4 查得，其中的 θ_A 为拱冠至拱端的夹角，如图 3.5-17 所示。

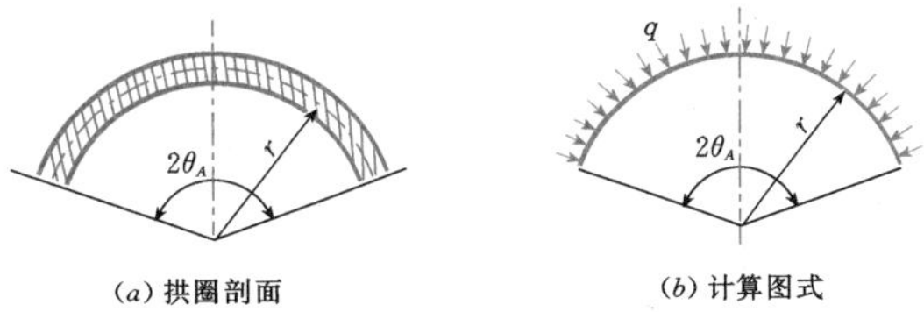

(a) 拱圈剖面　(b) 计算图式

图 3.5-17 拱的弹性稳定计算图

表 3.5-4 **k 值 表**

中心角 $2\theta_A$	无铰拱	双铰拱	三铰拱
30°	294.00	143.00	108.00
60°	73.30	35.00	27.60
90°	32.40	15.00	12.00
120°	18.10	8.00	6.75
150°	11.50	4.76	4.32
180°	8.00	3.00	3.00

拱的临界轴力为

$$N_c = \frac{kEI}{r^2} \qquad (3.5-89)$$

式中 N_c——拱的临界轴力；

E、I、r——同式（3.5-88）。

在拱轴的径向临界荷载（或拱的临界轴力）求出后，即可根据拱圈所承受的最大均匀径向荷载（或相应的拱圈轴力）计算拱的弹性稳定安全系数。

一般情况下，连拱坝拱的弹性稳定是足够的，只有在坝很高而拱的跨度大、拱圈又很薄的情况下才可能有所例外。

3.5.3.7 弹性模量与安全系数

1. 弹性模量

混凝土的弹性模量 E，随着应力的增加而降低，尤其在构件接近丧失稳定时，E 值会降低很多。因此在弹性稳定（纵向弯曲）计算时，不能采用一般试验数据。

弹性稳定分析中的 E 值可采用下式计算：

$$E = \frac{4E_1E_2}{E_1 + E_2 + 2\sqrt{E_1E_2}} \qquad (3.5-90)$$

$$E_2 = \frac{2.6R}{\varepsilon_R} \qquad (3.5-91)$$

式中 E_1——相应于较小应力时的弹性模量，一般采用设计规范中建议的数值；

E_2——构件丧失稳定时的弹性模量；

R——混凝土的极限抗压强度；

ε_R——混凝土的受压极限变形，一般取为 0.0015～0.0020。

2. 安全系数问题

当荷载或应力接近临界荷载或临界应力时，纵向弯曲（或弹性失稳）的变形开始急剧增加，并且受压构件很快达到完全失去稳定性的阶段。丧失稳定性与丧失强度同样危险。因此，一般纵向弯曲稳定的安全系数不能小于强度安全系数。

此外，弹性稳定安全系数的大小还与计算公式所作假定关系很大。如计算假定条件偏于不安全方面，则安全系数需适当提高。如计算假定条件中含有较多的安全因素，则安全系数可以采用偏小数值。

在考虑不同岩石地基情况的影响后，实际采用的安全系数为

$$\eta = \beta K \qquad (3.5-92)$$

式中 η——实际采用的弹性稳定性安全系数；

K——一般常采用的安全系数，可参考强度安全系数；

β——考虑计算假定条件的影响系数，有些文献对于坚固岩石地基取 β=1.0～1.1，中等岩石地基取 β=1.1～1.3，较差岩石地基取 β=1.3～1.6。

3.6 支墩坝加固处理

3.6.1 概述

我国所建的高支墩坝中，由于设计和施工未达到预计的要求，致使少数坝在修建时及运行后或出现裂缝，或出现基础深、浅层抗滑稳定问题，或需要进行抗震加固处理。支墩坝加固处理措施与一般的混凝土重力坝相似。大头支墩坝的头部劈头裂缝是支墩坝最为常见的问题，与重力坝相比，支墩坝的抗震能力较差。因此，本节主要分析支墩坝的头部劈头裂缝问题及其抗震加固处理措施。

3.6.2 支墩坝裂缝成因分析

1. 平板坝裂缝成因

平板坝的平板一般是简支的，平板与支墩之间约束作用很小，一般很少出现裂缝；支墩一般未严格控制温度，部分支墩会出现一些裂缝。

支墩坝对温度变化十分敏感和容易裂缝，支墩坝不但应防止发生贯穿性裂缝、深层裂缝，临水面部位的表面裂缝亦应尽量避免，防止其后期扩展。实践经验和研究表明：支墩坝的裂缝是可以通过严格的混凝土施工工艺与温度控制来避免的。工程造价中增加了这方面的支出后，支墩坝仍然是一种经济的坝型。如伊泰普大头坝要求混凝土拌和温度为 6℃，入仓温度为 7℃，并严格控制混凝土施工工艺和质量。从国内已建的磨子潭大头坝、梅山连拱坝以及国外已建的一些高支墩坝来看，运行情况是良好的。

设计方面应研究如何预防支墩坝发生裂缝。对于大头坝，应改进其头部型式（包括头部与支墩的连接段），以使其内部应力分布更趋合理；研究大头应力计算条件及如何合理地计入温度荷载与渗透压力等；研究伸缩缝止水设施的合理位置和缝内是否灌浆或采取其他措施。必要时还可在坝体迎水面设防水层。各种支墩坝挡水面板的设计，必须满足《水工混凝土结构设计规范》（DL/T 5057—2009）中所规定的抗裂要求。

2. 连拱坝裂缝成因

连拱坝拱筒裂缝的主要原因是支墩先浇筑，拱筒后浇筑，由于水化热温升，拱筒在支墩的约束下产生拉应力。蓄水后，夏季气温很高，支墩温度也很高，

水库下部水温低于气温，因此拱筒温度低于支墩，产生拉应力，与早期温度应力、水压力和自重等引起的拉应力叠加，拱筒产生裂缝。反过来，冬季支墩温度低于拱筒，有的支墩也产生裂缝。另外，拱台直接浇筑在基岩上，且断面较大，水化热温升较高，受到基岩的强约束而产生裂缝。

3. 大头坝裂缝成因

大头坝断面比连拱坝厚得多，施工期内部水化热无法向侧面散发，混凝土最高温度与实体重力坝相近，遇到寒潮难免产生表面裂缝。蓄水后，库水温度低，大头内部温度高，在表面产生拉应力，使原有表面裂缝扩展为大的劈头裂缝。

大头坝裂缝的发生与当时对大头坝产生裂缝的危害性认识不足，对混凝土施工工艺要求不严，温控措施不力有关；也与大头坝这种结构防裂要求较高，对温度变化的反应比较敏感，容易产生裂缝有关。此外，从大头坝体型上分析，在大头范围内沿头部中心线方向易产生水平向拉应力，平头型比钻石头型更易产生拉应力。

混凝土大头坝通常发生的裂缝有三种类型：①贯穿性裂缝；②深层裂缝；③表面裂缝。以往认为第①类裂缝对坝的危害最大，第②类次之，第③类更次之。但从实践来看，大头坝头部迎水面的竖直表面裂缝有可能逐步发展成"劈头"缝（指坝段中心线附近在上游面发生的垂直裂缝），从而危及大坝安全。

3.6.3 支墩坝加固处理

3.6.3.1 裂缝修补与补强加固的必要性

当发现支墩坝出现危及大坝安全的裂缝时，应积极采取措施及时进行修补。裂缝修补与补强加固要根据调查结果、原因分析以及裂缝的影响，结合设计对混凝土结构提出的使用要求（承载能力、耐久性、安全性、防水性、气密性及美观等）进行综合评判。

《混凝土坝养护修理规程》（SL 230—98）对裂缝修补与补强加固的必要性判断作出下列规定：

（1）对钢筋混凝土结构裂缝，应将调查测得的裂缝宽度与表 3.6-1 对照，并从耐久性或防水性角度判断是否需要修补。

（2）对大坝上游面、廊道和大坝下游面的渗水裂缝，应判断为需要修补或补强；对坝顶和大坝下游面不渗水的裂缝，应研究裂缝的影响并判断是否需要修补。

（3）裂缝处局部脱落、剥离、松动并已威胁人和物的安全时，应判断为需要修补的裂缝。

（4）根据裂缝开裂原因分析构件的承载能力可能下降时，必须通过计算确定构件开裂后的承载能力，以判断是否需要补强加固。

表 3.6-1 钢筋混凝土结构需要修补的裂缝宽度 单位：mm

环境类别	按耐久性要求		按防水性要求
	短期荷载组合	长期荷载组合	
一	>0.40	>0.35	>0.10
二	>0.30	>0.25	>0.10
三	>0.25	>0.20	>0.10
四	>0.15	>0.10	>0.05

注 1. 环境条件：一类为室内正常环境；二类为露天环境，长期处于地下或水下的环境；三类为水位变动区，或有侵蚀性地下水的地下环境；四类为海水浪溅区及盐雾作用区，潮湿并有严重侵蚀性介质作用的环境。
2. 大气区与浪溅区的分界线为设计最高水位加 1.5m；浪溅区与水位变动区的分界线为设计最高水位减 1.0m；水位变动区与水下区的分界线为设计最低水位减 1.0m；盐雾作用区为离海岸线 500m 范围内的地区。
3. 冻融比较严重的三类环境条件的建筑物，可将其环境类别提高为四类。

3.6.3.2 裂缝处理及加固的一般方法

根据裂缝的稳定性，国内外学者把混凝土结构裂缝分为死缝、活缝和扩展缝。对以上三种裂缝需要研究采用不同的修补方法。对死缝可用刚性材料填充修补；对活缝则应用弹性材料修补，对活缝的修补有时选在引起活动的因素消除后再进行；对扩展缝，首先必须消除引发的裂缝因素，否则修补后裂缝仍会继续出现。

裂缝修补除了以恢复防水性和耐久性为主要目的外，也有从结构安全及美观角度出发而进行修补的。在满足修补目的的前提下，还必须考虑经济性，明确修补范围及修补规模等。裂缝修补措施归纳为前堵、后排。对迎水面裂缝一般采取先堵漏、再排水措施，以减少裂缝渗漏量和缝内水压力，防止裂缝继续扩展。已有研究表明：当大头坝迎水面有裂缝存在而缝内无水压作用时，坝的应力状态和安全度并无大的改变。如大头坝的劈头缝无缝内水压时，其安全度只降低 5%～7%，应力增加 5%～14%。处理裂缝的措施还有施加预应力锚固（每孔预应力可达 400～500kN），支墩间加置撑梁、撑拱和撑墙，也可在空腔内回填一部分混凝土或面板上游加混凝土防渗板等。

国内外的裂缝修补方法很多，归纳起来有三大类。

1. 充填法

这是一种适合于修补较宽裂缝（$\delta>0.5$mm）的方法，具体做法是沿裂缝处凿U形或V形槽，槽顶宽约10cm，在槽中充填密封材料（见图3.6-1）。充填材料可为水泥砂浆、环氧砂浆、弹性环氧砂浆、聚合物水泥砂浆等。如果钢筋混凝土结构中的钢筋已经锈蚀，则将混凝土凿除到能够充分处理已经生锈的钢筋部分，将钢筋除锈，然后进行防锈处理，再在槽中充填聚合物水泥砂浆或环氧树脂砂浆等材料，如图3.6-2所示。

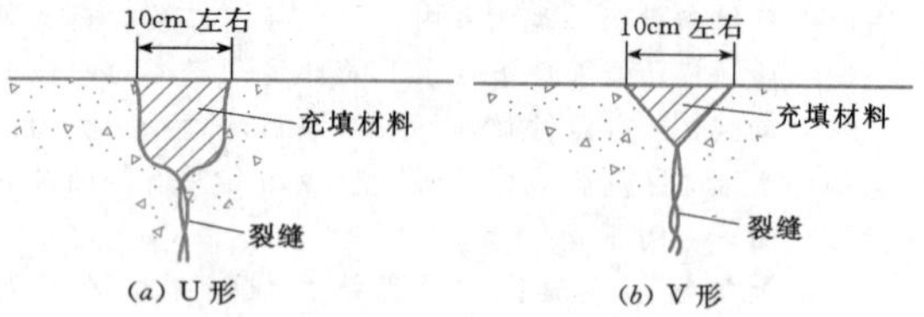

图3.6-1 裂缝充填修补法

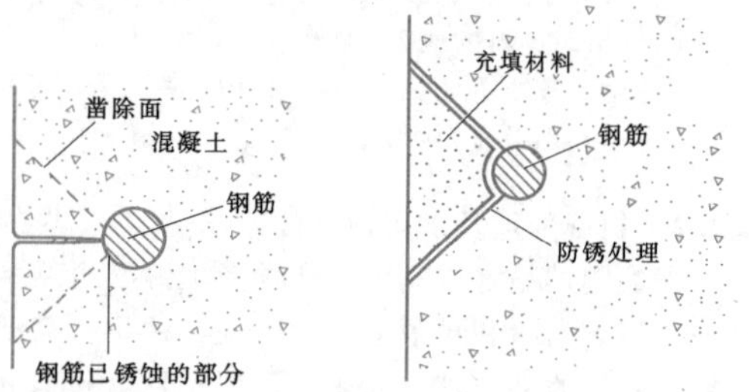

图3.6-2 钢筋已经腐蚀的充填修补法

2. 注入法

注入法分压力注入法（灌浆法）与真空吸入法两种。压力灌浆法适用于较深、较细的裂缝；而真空注入法则是利用真空泵使缝内形成真空，将浆材吸入缝内，该法适用于各种表面裂缝的修补。灌浆材料有水泥浆材、普通环氧浆材、弹性环氧浆材、弹性聚氨酯浆材、水溶性聚氨酯浆材等。

3. 表面覆盖法

这是一种在微细裂缝（一般宽度小于0.2mm）的表面上涂膜，以提高其防水性及耐久性为目的的修补方法。分涂覆裂缝部分及全部涂覆两种方法。其缺点是修补工作无法深入到裂缝内部，对延伸裂缝难以追踪其变化。

表面覆盖法所用材料视修补目的及其建筑物所处环境的不同而异，通常采用弹性涂膜防水材料、聚合物水泥膏、聚合物薄膜（粘贴）等。施工时，首先用钢丝刷子将混凝土表面打毛、清除表面附着物，用水冲洗干净后充分干燥，然后用树脂充填混凝土表面的气孔，再用修补材料涂覆表面。

3.6.3.3 抗震加固

支墩坝的抗震能力较重力坝差，应加强抗震加固设计。

1. 横河向抗震加固

支墩坝抗御轴向地震的侧向刚度很差，抗震加固可以着重于把各墩间连接起来使之形成整体，使之具有足够的侧向刚度。为此，可在各坝墩间增筑混凝土墙贯通全坝，并在撑墙的坝墩间灌浆。

2. 顺河向抗震加固

顺河向地震抗震加固主要是确保大坝顺河向的抗滑稳定性。加固时可以在坝腔回填混凝土及坝后贴坡，在综合考虑抗滑稳定和坝踵应力的要求后，确定坝腔回填混凝土的高度。

3. 坝体上部加大刚度

在地震时，大头坝上部加速度大，反应较强烈，头部容易发生断裂，是工程抗震中的薄弱部位，故坝体上部宜适当加大刚度，减轻重量，提高混凝土强度，在折坡处要避免突变，尽量采用弧形过渡。

有的工程在支墩坝坝趾处设抗力墩施加预应力，以增加坝的稳定性（见图3.3-28）。

3.6.4 支墩坝加固处理工程实例

3.6.4.1 柘溪单支墩钻石头型大头坝裂缝加固

1. 坝体裂缝情况

柘溪坝于1959年12月开始浇筑混凝土，各个坝段高程96.00～126.00m范围内的混凝土大致在1960年3月～8月浇筑。浇筑后不久均出现较多的表面裂缝，其中迎水面裂缝124条。各个坝段迎水面裂缝均以坝段对称中心线附近的垂直裂缝最长，一般长约25～35m，裂缝开度0.1～0.2mm，裂缝深度为2cm左右（3号、7号墩为10cm）。对裂缝采取了凿槽喷浆处理，少数裂缝在槽内设置了钢丝网。

1969年6月，1号支墩在高程114.50m坝轴线下游20m的检查廊道支墩中心线附近出现了垂直裂缝，如图3.6-3（*a*）所示，其最大开度为2.5mm，缝内有严重射水现象，测得漏水量为6L/s，在空腔打排水孔卸压后，漏水量最大曾达40L/s。经检查，裂缝是由施工期的表面裂缝发展而来的。裂缝的范围：迎水面在高程90.00～130.00m内，最大开度为3mm，往下游裂至坝轴线下43m左右，向下裂至基础，裂缝的面积估计有2000m^2，占整个大坝剖面面积的45%。

1977年5月，2号支墩在排水孔位置的裂缝出现漏水，漏水量为4.02L/s，裂缝范围：迎水面高程

97.80～126.00m，最大开度约 2mm，往下游裂至主坝轴线下 20m 左右，裂缝面积约 600m²，裂缝位置在高程 100.00m 处向右偏离中心线 1.1m，如图 3.6－3（*b*）所示。

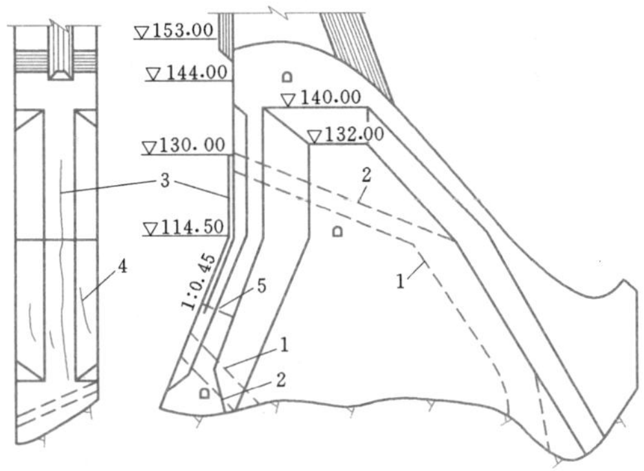

（*a*）1 号支墩劈头裂缝范围

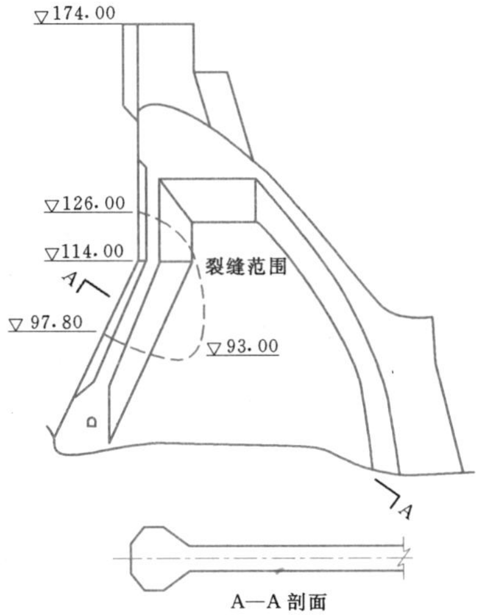

（*b*）2 号支墩劈头裂缝范围

图 3.6－3 柘溪大头坝 1 号、2 号支墩劈头裂缝示意图（单位：m）

1—1969 年 7 月裂缝区域线；2—1970 年 2 月裂缝区域线；3—环氧胶泥裂缝堵漏；4—施工期表面裂缝；5—水平裂缝

2. 劈头裂缝的成因分析

（1）施工期裂缝。施工期裂缝产生的首要原因是温度控制不够，大头部位混凝土内外温差过大。柘溪坝昼夜温差一般达 10～15℃，最大达 20℃。此外，秋末冬初季节浇筑的混凝土，因拆模过早或受寒潮袭击等，使混凝土内、表温差更大。加之混凝土的均匀性差，水泥中掺烧土量较多，混凝土早期强度低和施工质量不好等，导致大量劈头裂缝的产生。

（2）运行后裂缝。柘溪坝运行 7～8 年后，1 号支墩在 5～6 月期间出现危害性的劈头裂缝，又过了 7～8 年，2 号支墩也出现了同类裂缝。主要原因是大坝运行期的准稳定温度场和温度应力，高程 100.00m 以下库水温度低且变化大，又不能及时往坝内传导，从而在表面引起较大拉应力。同时，由于混凝土温度传导有滞后现象，5 月前后为坝内混凝土温度最低时期，因此，裂缝在此时扩展。1 号、2 号支墩靠近右岸厂房左侧进水口附近，使迎水面水温变化大且偏低；检查廊道在左侧的出口紧靠 1 号、2 号支墩，亦使空腔温度受外界气温影响。施工期原有裂缝的存在是后期裂缝扩展的重要因素。缝内水压力的存在会在缝端产生一个较大的劈力，由于混凝土温度变化会引起裂缝开度的变化，进而引起缝压力状态的变化和劈缝力的变化，低水温又会使混凝土内部温度降低，恶化混凝土的温度状态。

3. 劈头裂缝应力分析

（1）当头部无裂缝时，在迎水面水压力作用下，用平面有限元法计算大头内部中心线上最大拉应力仅有 0.01*P*。大头表面为压应力。

（2）当大头发生劈头裂缝后，在缝内渗水压力和迎水面水压力的共同作用下，大头表面拉应力最大为 0.025*P*，应力分布如图 3.6－4 所示。

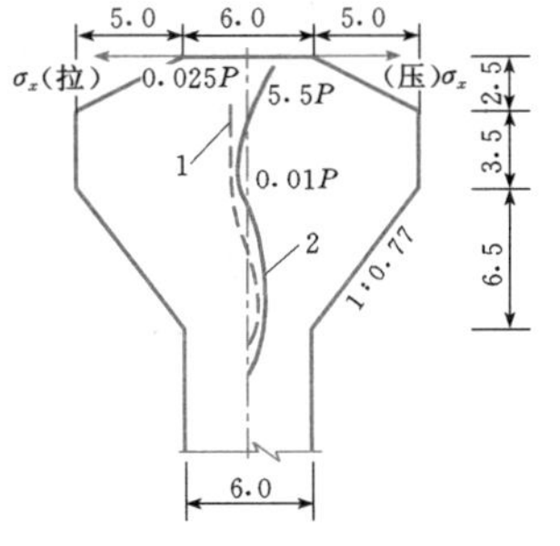

图 3.6－4 柘溪大头坝头部应力分布图

（尺寸单位：m；应力单位：MPa）

1—渗水压力＋迎水面水压力作用应力；

2—迎水面水压力作用应力；

P—上游水压力

（3）当 1 号、2 号支墩的头部竖向裂缝长 40m、水平深入支墩内 20m，作用水头分别为 50m、70m 时，用平面光弹试验和平面有限元法计算所得的大头头部缝端拉应力见表 3.6－2。

4. 裂缝稳定性分析

为了分析裂缝稳定性，采用断裂力学方法对柘溪坝大头裂缝进行了研究，并用三向光弹和三维有限元法计算应力强度因子。对 2 号支墩大头裂缝进行应力强度因子计算，假定大头裂缝是线弹性半无限体内的半椭圆形片状裂缝，不考虑伸缩缝有侧向限制，把裂缝简化为垂直裂缝内承受各种分布压力的半椭圆表面裂缝。半无限体内的半椭圆形片状裂缝缝内的压力有：①打排水孔后缝内承受三角形分布水压力（不打排水孔时，缝内承受均匀分布水压力）；②自重；③上、下游静水压力；④渗透压力在缝面上产生的压力。用三维有限元法计算的应力强度因子 K_I 均大于 C20 混凝土的断裂韧度 $K_{Ic}=500\text{N/cm}^{3/2}$；而且 C20 混凝土和钻孔取样断裂韧度试验成果也有前者大于后者，必须采取加固措施。

表 3.6-2　　柘溪坝头部裂缝缝端应力计算成果

部　位	承受荷载	研究方法	缝内拉应力（MPa）	备　　注
1号支墩	迎水面水压＋缝内水压	平面光弹试验	＋1.47	作用水头为 50m
		平面有限元法计算	＋1.55	
2号支墩	迎水面水压＋缝内水压	平面光弹试验	＋2.40	作用水头为 70m
		平面有限元法计算	＋5.23	

对柘溪坝头部裂缝缝端的研究表明，在缝内水压力及迎水面水压力的共同作用下，当裂缝深超过 3m 时是不稳定的；即使有侧向限制，当裂缝深超过 6m，作用水头超过 50m 时，缝端拉应力都将超过混凝土的抗拉强度。

5. 迎水面裂缝及大坝加固处理

（1）临时处理措施。

1）1号坝段裂缝迎水面堵漏：曾进行了两次。第一次采用瓷土堵漏，其操作简便、见效快，但容易损坏，可靠性差。第二次堵漏采用水下环氧砂浆粘贴（见图 3.6-5），于水位较低时（142.70m）开始施工。为了使水下环氧砂浆粘贴牢固，在黏结面上施加了 0.0045MPa 左右的压力。施工中用 3900kg 吊篮作为加压用，以钢丝绳悬吊于坝顶扒杆上，由钢丝绳的偏角产生水平分力以满足压力要求。堵漏前后总漏水量分别为 0.434L/s 和 0.09L/s。

2）2号坝段裂缝迎水面堵漏：由于2号坝段裂缝漏水时正值汛期，要求用最短的时间完成堵漏。经试验采用环氧树脂掺聚酰胺树脂以生石灰作填料，把堵漏材料制成胶泥状，用手糊上坝面的办法，收到较好的效果。该配方的优点是早期黏结抗压强度较高，室内试验 2d 龄期一般为 1.6～1.7MPa；不粘手，容易粘在混凝土上，便于施工。其缺点是耐久性差，容易脱壳。堵漏前漏水量为 3.019L/s，堵漏后漏水量为 0.008L/s。

3）排水孔：由于迎水面堵漏不可能做到"滴水不漏"，因此排水是必不可少的工程措施之一。1号坝段共打了 23 个排水孔，分布在高程 94.00～121.00m。2号坝段共打排水孔 22 个，分布在高程 97.50～127.50m，离迎水面最近处为 6～7m，排水孔孔径 50mm（见图 3.6-5）。

4）预应力锚固：为在裂缝漏水时此坝段能承受部分渗水压力，在裂缝范围和靠近裂缝边缘的坝体进行了预应力锚固。锚固孔大部分布置在迎水面下游 20m 以前，纵横间距 2m，即每 4m^2 一孔，共 108 孔。每个锚固孔装 18 根 $\phi5$ 高强度钢丝（极限强度 1700MPa），每孔预应力 400kN，共 103 孔。2号坝段每孔装 24 根 $\phi5$ 高强度钢丝，预应力 530kN。

5）混凝土三角塞：根据偏光弹性试验成果，在各坝段头部伸缩缝后上、下方向加做一道混凝土三角塞（见图 3.6-5）作为侧向支承，也能承受一定的裂缝面内水压力，支承力沿各坝段传至两岸基岩。经过这样处理之后，即使在迎水面堵漏失效的情况下，配合排水孔及预应力锚固的作用，坝体应力不致过分恶化。混凝土三角塞的平面尺寸为底宽 1.5m，高 1.28m。1号坝段两侧的塞子从高程 93.50m 做到 128.00m；其他坝段，根据传力情况三角塞的顶部高程依次降低，低部高程依次提高。三角塞混凝土于 1970 年 7～9 月浇筑，全部混凝土量约 300m^3。

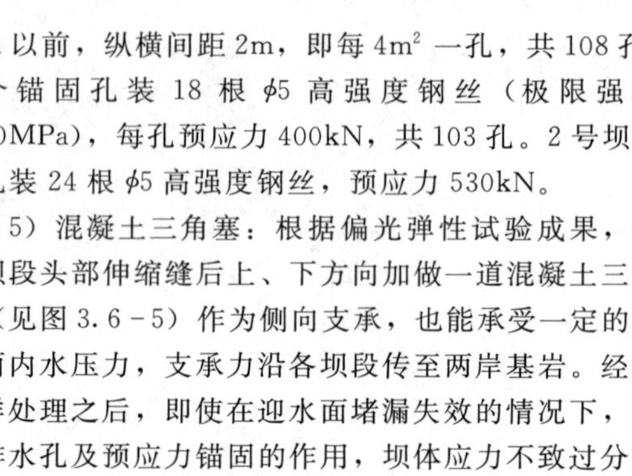

图 3.6-5　柘溪坝支墩裂缝初步处理示意图（单位：m）

1—环氧胶泥堵漏；2—排水孔；3—混凝土三角塞；4—预应力锚固；5—1号支墩劈头缝；6—2号支墩劈头缝；7—坝段中心线；8—检查廊道中心线；9—耳缝（假设的）

6）坝段裂缝堵漏：各坝段的迎水面裂缝均用2号坝段堵漏的配方进行了堵漏。每坝段均打了8个对穿的排水孔，以监视表面裂缝的发展。排水孔分布在高程 96.00～119.00m，约每 3m 一个，位置离迎水面 11～12m。

（2）永久处理措施。永久处理方案针对中心线附近的垂直裂缝（劈头缝）和偏离中心线在大头悬臂附近的垂直裂缝（耳缝），采取堵、排、空腔加固和预应力锚固等综合措施。

1）堵：对各坝段迎水面所有裂缝包括劈头缝、耳缝和水平缝均进行了水下堵漏。堵漏材料用环氧树脂。考虑施工方便，用 1 号坝段采用的配方及加压办法。

2）排：对 3～8 号坝段两侧每隔 3m 打一孔排水孔，从高程 93.00～136.50m，两侧交错排列，即每 1.5m 有一排水孔穿过可能扩展的裂缝，排水孔孔径 50mm。

3）在空腔内加固：保证大坝在任何部位的迎水面裂缝出现扩展的情况下均能安全运行。空腔加固方案比较了重力式、拱撑墙和预应力锚固三种，最终采用重力式方案，即在空腔内回填混凝土。空腔加固后已出现大面积裂缝的 1 号、2 号坝段的安全度大大提高。

4）预应力锚固：由于空腔回填加固施工时间较长，为了增加在这时段内 3～8 号坝段可能出现裂缝扩展时的安全度，在 3～8 号坝段的大头部位设锚固孔两排，从高程 93.00～127.00m，6 个支墩共设锚固孔 182 个，每孔预加力 530kN。

（3）加固处理效果。加固后裂缝是否稳定，需经缝端强度因子的计算。计算取 2 号支墩高程 100.00m 截面，裂缝长 26.5m，承受水头 70m。计算中假定缝内水压力各种不同情况，得到的 K_I 值均小于 500N/cm$^{3/2}$，说明 2 号支墩裂缝是稳定的。1 号支墩裂缝经同样计算，结果相同，说明也是稳定的。从 1985 年加固工程全面完成以来，未再发现裂缝扩展情况，大坝水平位移值呈减少趋势，基础扬压力值均小于设计值。

3.6.4.2 新丰江单支墩大头坝抗震加固

1. 基本情况

新丰江坝坝高 105m，由 20 个间距为 18m 的大头坝段和左、右岸重力坝段组成，河床左侧 6～9 号为发电引水坝段，右侧 10～13 号为溢流坝段，其余为非溢流坝段。坝基为花岗斑岩，左岸及河床基岩风化甚浅，右岸风化较深。原设计时地震烈度为 6 度，未予设防，水库于 1959 年 10 月 20 日蓄水。约一个月后，在库区发生有感地震，其中一次震中烈度为 6 度。为确保大坝安全，于 1961 年按 8 度地震烈度对大坝进行了加固。大坝加固工程完成后，于 1962 年 3 月 19 日发生了里氏 6.1 级地震，震中烈度为 8 度，震中距坝区 3km，大坝又进行第二次加固，提高了设计标准。经过第一、二期加固之后，发生过几次里氏 4～5 级地震，之后几十年来，一直运行正常，发挥了工程效益。

2. 抗震加固方案及加固效果

新丰江坝原设计为开敞式单支墩，按大坝实际情况进行了抗震研究（当时库水位 110.60m）。坝体在地震时的最大拉应力都是出现在强震时发生裂缝的高程 108.00m 处，说明大坝上部刚度较小，发生地震时，坝顶动力系数很大，在坝体上部产生很大的水平惯性力，因而产生很大的拉应力。该高程为断面突变部位，成为整个坝体的最薄弱处，以致地震时发生断裂。

在抗震加固时，首先确定加强大坝横向（坝轴线方向）的整体性。各支墩之间增设撑墙贯通全坝，并在撑墙与支墩间灌浆。撑墙选用∧型式，以使支墩在下游面连成整体，同时还改善了上游大头的支承条件，并使支墩腹板形成三边支承。加固设计按 7 度设防，通过计算和模型试验，大坝坝基最大拉应力在横向（坝轴线方向）为 0.122MPa，纵向（顺水流方向）为 0.1MPa。第一期加固后，当水库蓄水水深达 91.6m 时，坝区发生 8 度地震，坝顶附属建筑物有部分损坏，右岸 13～17 号坝段在高程 108.00m 高程处产生了长 82m 的水平贯穿裂缝，沿裂缝向下游面渗水，左岸 2～5号坝段在高程 108.00m 附近出现局部裂缝。但在强震下，各坝段的上、下大头，支墩及∧形撑墙均未发生破坏，基础渗漏没有增加，仍保持完整。观测证明，大坝基础并未因强震而沿基础面产生滑动或沉陷，说明单支墩大头坝只要各坝段互相连接起来，在强震下是能够保证横向稳定的。上、下游坝坡分别为 1：0.5，也能满足在强震下抗滑稳定的要求。

为了确保大坝安全，坝体又进行了第二期加固处理，以进一步提高设防标准。在坝内空腔部位回填了一定高度的混凝土，右岸挡水坝和溢流坝下游回填了部分混凝土。第二期加固前的验算设计采用的水平加速度为 0.15g，竖向地震加速度为 0.075g。加固后进行了动力特性实测，坝体沿坝轴方向和顺水流方向的刚度进一步提高，坝的整体作用与单支墩的动力特性比较，抗震能力提高了 37%，顶部拉应力降低了 30%，此外在裂隙比较发育的右岸地基进行了深度为 25～30m 的固结灌浆。

为了测定在支墩加固前后坝体自振特性的变化以验证加固效果，对坝体的自振周期和阻尼值均进行了原型观测，其成果见表 3.6-3。

由表 3.6-3 可见，加固使坝体顺河向、横河向的自振周期均有降低，提高了坝体刚度，特别是横河向刚度，加强了坝的整体性。

自第二期加固以来，该坝又经历了震级分别为里氏 5.1 级和里氏 4.5 级的地震，大坝安然无恙，说明两次加固措施是有效的。

表 3.6-3　　新丰江坝加固前后自振周期 T 和阻尼值 C

振动方向＼项目	一期加固前		一期加固后		二期加固后	
	T (s)	C	T (s)	C	T (s)	C
顺河向	0.19	0.05	0.17	0.04	0.15	0.05
横河向	0.17	0.06	0.1		0.09	

参考文献

[1] 华东水利学院. 水工设计手册：第五卷 混凝土坝 [M]. 北京：水利电力出版社，1987.

[2] 左东启，王世夏，林益才. 水工建筑物：上册 [M]. 南京：河海大学出版社，1995.

[3] 王世夏. 水工设计的理论和方法 [M]. 北京：中国水利水电出版社，2000.

[4] 朱诗鳌. 坝工技术史 [M]. 北京：中国水利水电出版社，1995.

[5] 朱伯芳. 混凝土坝理论与技术新进展 [M]. 北京：中国水利水电出版社，2009.

[6] 潘家铮. 重力坝设计 [M]. 北京：水利电力出版社，1987.

[7] 周建平，钮新强，贾金生. 重力坝设计二十年 [M]. 北京：中国水利水电出版社，2008.

[8] 朱经祥，石瑞芳. 中国水力发电工程：水工卷 [M]. 北京：中国电力出版社，2000.

[9] DL/T 5057—2009 水工混凝土结构设计规范 [S]. 北京：中国电力出版社，2009.

[10] DL 5108—1999 混凝土重力坝设计规范 [S]. 北京：中国电力出版社，2000.

[11] DL/T 5016—1999 混凝土面板堆石坝设计规范 [S]. 北京：中国电力出版社，2000.

[12] DL 5073—2000 水工建筑物抗震设计规范 [S]. 北京：中国电力出版社，2001.

[13] SL 230—98 混凝土坝养护修理规程 [S]. 北京：中国水利水电出版社，1999.

[14] 陈厚群. 水工混凝土结构抗震研究进展的回顾和展望 [J]. 中国水利水电科学研究院学报，2008，6 (4).

[15] 高尔泽 A R. 坝工手册 [M]. 陆焕生，边启光译. 北京：水利电力出版社，1990.

[16] 陈厚群. 中国水电工程的抗震安全 [A]. 联合国水电与可持续发展研讨会文集 [C]，2004.

[17] 中国水力发电工程学会. 现代水利水电工程抗震防灾研究与进展 [M]. 北京：中国水利水电出版社，2009.

[18] 侯顺载，李金玉，等. 高拱坝全级配混凝土动态试验研究 [J]. 水力发电. 2002，(1)：51-53.

[19] 常晓林，黄东军，等. 重力坝抗滑稳定设计表达式及分项系数研究 [J]. 岩土工程学报，2007，29 (8)：1219-1223.

[20] 杜俊慧，陆述远. 重力坝沿坝基面破坏机理及失稳准则研究 [J]. 武汉水利电力大学学报，1994，27 (1)：88-93.

[21] 沈聚敏，周锡元，等. 抗震工程学 [M]. 北京：中国建筑工业出版社，2000.

[22] 水利电力部水文水利管理司. 水工建筑物养护修理工作手册 [M]. 北京：水利电力出版社，1979.

[23] 牛运光. 病险水库加固实例 [M]. 北京：中国水利水电出版社，2002.

[24] 孙志恒，鲁一晖，岳跃真. 水工混凝土建筑物的检测、评估与缺陷修补工程应用 [M]. 北京：中国水利水电出版社，2004.

第4章

砌　石　坝

由于砌石重力坝、砌石拱坝的结构特性分别属于重力坝、拱坝范畴，为避免篇幅冗长与较多内容雷同，故本章修订仍沿用《水工设计手册》（第1版）的编写方法，即只对砌石坝自身固有特点及其与混凝土坝分析方法不同之处进行阐述，并着重结合具体工程加以说明，而不重复混凝土重力坝、拱坝设计完整体系。本章内容增加了近20多年来砌石坝工程设计的一些新内容，主要包括：充分体现2006年颁布的《砌石坝设计规范》（SL 25—2006）中的一些规定；对砌石坝的发展现状加以概括性阐述；增加了20世纪90年代以后建成的一些高砌石坝的相关内容，尤其是21世纪近十年来建成的百米以上的高坝，例如2002年建成的高102.4m的江西上饶下会坑砌石双曲拱坝、2007年完成加高至107.5m的河南辉县宝泉砌石重力坝；增加了有限元方法分析砌石坝应力应变的实例；增加了近年来问世的堆石混凝土坝的简要介绍；增加了砌石坝施工技术要求与施工实例。章节由第1版的8节调整为6节，具体章节作如下调整：浆砌石体的物理力学性能调整为砌石体设计指标，并列入4.2节中阐述；砌石坝的一般布置与坝体构造在具体坝型中阐述；将原属其他坝型的砌石空腹重力坝并入砌石重力坝中；将砌石支墩坝并入其他坝型；增加了施工工艺及技术要求与施工实例。

章主编　束一鸣

章主审　秦　湘　林益才

本章各节编写及审稿人员

节次	编　写　人	审稿人
4.1	束一鸣	秦　湘 林益才
4.2		
4.3		
4.4		
4.5		
4.6		

第4章 砌 石 坝

4.1 概 述

砌石坝是用块石和（或）条石砌筑而成的坝。根据砌筑方式的不同，分为浆砌石坝和干砌石坝。前者用水泥砂浆或细石混凝土等胶凝材料砌筑块石或条石而成；后者则不用胶结材料，直接用比较规整的石料砌筑而成。本章所述的是浆砌石坝，不包括干砌石坝。

根据坝型的不同，砌石坝主要分为砌石重力坝和砌石拱坝，与混凝土重力坝和混凝土拱坝虽体型相似，却在筑坝材料与施工工艺等方面大相径庭。在坝型结构方面，砌石坝不属于土石坝范畴，无论是砌石重力坝、砌石拱坝，其应力、稳定分析方法基本与其对应的混凝土坝相同。因此，这两种砌石坝坝型的应力、稳定计算方法及公式在本章中不再重复阐述，可参见本卷对应混凝土坝型的相关内容。

早在公元前214年，我国广西灵渠建造了由铧嘴与大小天平组成的“人”字形溢流砌石坝，引湘入漓，并基本定量为“三分漓水七分湘”，至今仍在正常运行；公元833年，浙江宁波建造了名为它山堰的溢流砌石坝，坝长126m，坝高27m。

由于砌石坝的建造需要较多人工和工序，所以砌石坝建造的兴衰具有强烈的时代印记。在中国、印度等人口大国，当社会生产力水平较低时，砌石坝建造相对较多；当社会生产力水平相对较高时，砌石坝建造相对较少。我国在改革开放前的20世纪六七十年代，建造了较多的各类砌石坝。近十多年来，随着经济社会的快速发展，筑坝新技术也不断发展，砌石坝的建造相对较少，但其设计建造水平有较大程度的提高，建造的高坝相对较多。2006年发布的《砌石坝设计规范》（SL 25—2006）体现了这一时期的设计和施工水平。

砌石坝在我国建造的地域分布较广，包括华北、华中、西南、华南、华东等地。表4.1-1为我国已建成的砌石坝数量（截至2010年年底）。

表4.1-1　　截至2010年我国已建成的砌石坝统计表　　单位：座

坝的类别		砌石重力坝	砌石拱坝	支墩坝	其他	合计
合计		794	1568	83	282	2727
按库容分（亿 m^3）	大（2）型（1.0～10）	18	4	3	11	36
	中型（0.1～1.0）	168	125	13	179	485
	小（1）型（0.01～0.1）	234	550	18	39	841
	小（2）型（0.001～0.01）	374	889	49	53	1365

注　本表数据来自《砌石坝设计规范》（SL 25—2006）和中国大坝协会。

4.1.1 砌石坝的分类

砌石坝按结构型式分类，主要有砌石重力坝（其中包括实体重力坝、宽缝重力坝和空腹重力坝）、砌石拱坝和砌石支墩坝，还有为数不多的砌石硬壳坝、砌石框格填渣坝等。

在已建砌石重力坝中，高度超过100m的有1座。河南宝泉砌石重力坝，坝高107.5m，是我国目前最高的砌石坝，也是唯一的一座一级砌石坝。坝高85～100m的有3座，其中：河北朱庄，坝高95m；河南石门，坝高90.5m；云南渔洞，坝高87m。部分砌石重力坝的工程特性见表4.1-2。

在已建砌石拱坝中，坝高100m及以上的有3座，其中：江西下会坑，坝高102.4m；河南群英，坝高101.3m；贵州盐津桥，坝高100m。坝高85～100m的有4座，其中：江西井冈冲，坝高92m；湖南长潭岗，坝高87.1m；福建东固，坝高86.5m；福建雷公口，坝高86.3m。部分砌石拱坝的工程特性见表4.1-3。

表 4.1-2 我国部分砌石重力坝工程特性表[1]

序号	工程名称	地点	库容（万 m^3）	坝高（m）	底厚（m）	坝体建筑材料	坝体防渗措施	泄洪方式	坝基岩性	基岩摩擦系数	地基处理	建成时间
1	朱庄	河北沙河	43600	95.0	111.0	水泥砂浆砌石	混凝土防渗面板	坝身溢流	石英砂岩，有软弱夹层		灌浆排水，增加压重，并缝等	1979 年
2	宝泉	河南辉县	6850	91.1（加高前） 107.5（加高后）	102.9	水泥砂浆砌石	混凝土防渗面板	坝身溢流	花岗片麻岩		帷幕	2007 年加高
3	石门	河南辉县	3000	90.5	79.0	水泥砂浆砌石	混凝土防渗面板	坝顶挑流	片麻岩		排水	1974 年
4	渔洞	云南昭通	36300	87.0	84.9	细石混凝土砌石	混凝土防渗面板	坝顶弧门			帷幕	1998 年
5	口上	河北武安	24600	77.0	58.0	水泥砂浆砌石	混凝土防渗面板	挑流	石英砂岩		灌浆	1969 年
6	青天河	河南博爱	1726	72.0	67.0	水泥砂浆砌石	混凝土防渗面板	坝身挑流	白云质灰岩	0.60	帷幕	1972 年
7	葫芦口	四川威远	7580	71.0	64.3	水泥砂浆砌石	混凝土防渗面板	坝身、底流消能	砂泥岩互层有软弱夹层		帷幕排水，坝后抗力体加重	1979 年
8	皎口	浙江鄞县	10960	66.0		细石混凝土砌石	混凝土防渗面板	坝顶弧门	凝灰流纹斑岩	0.60～0.65	帷幕、断层挖截水井	1974 年
9	长诏	浙江新昌	16400	64.0		细石混凝土砌石	混凝土防渗面板	坝顶弧门	凝灰岩	0.30～0.70	帷幕，断层挖截水井，坝后混凝土齿墙	1978 年
10	黄龙带	广东从化	9000	63.0	50.0	水泥砂浆砌石	混凝土防渗墙	坝顶弧门	花岗岩		帷幕	1976 年
11	黄岑	湖南宜章	1470	60.6	54.0	水泥砂浆砌石	混凝土防渗面板	坝顶	花岗岩		截水井、灌浆	1975 年
12	峰头	福建云霄	17700	59.6	54.8	细石混凝土砌石	混凝土防渗面板	坝顶弧门	似斑状花岗岩		排水	1987 年
13	金家洞	湖南溆浦	1480	58.0	49.7	水泥砂浆砌石	混凝土防渗面板	坝顶弧门	燧石	0.70	帷幕、排水	1973 年
14	大江边	湖南祁阳	5000	55.0	48.5	水泥砂浆砌石	混凝土防渗面板	坝顶	砂岩		帷幕、排水、截水墙	1972 年
15	黑龙滩	四川仁寿	35600	53.0	67.4	水泥砂浆砌石	混凝土防渗面板	旁侧溢洪道	砂岩夹页岩		帷幕、加固坝体	1972 年
16	龟石	广西钟山	59000	42.7	38.0	水泥砂浆砌石	混凝土防渗面板	坝身弧门	花岗岩		帷幕	1966 年
17	水府庙	湖南湘乡	37000	35.4	28.0	水泥砂浆砌石	混凝土防渗面板	坝顶弧门	砂质板岩	0.53	帷幕	1959 年

表 4.1-3 **我国部分砌石拱坝工程特性表**[1]

序号	工程名称	地点	库容(万 m^3)	坝高(m)	底厚(m)	河谷形状/跨高比	厚高比	最大中心角(°)	坝体建筑材料	坝身防渗措施	泄洪方式	坝基岩性	建成时间
1	下会坑	江西上饶	3500	102.4	20.50	2.36	0.200	99.69	细石混凝土砌石	混凝土防渗面板	坝顶	花岗岩	2002年
2	群　英	河南修武	1950	101.3	52.00	V形/1.30	0.510	80.00	水泥砂浆及小石子砂浆砌石	混凝土防渗面板	坝顶挑流	石灰岩	1971年
3	盐津桥	贵州仁杯	3355	100.0	12.00～13.20	1.09	0.145	96.00	细石混凝土砌石	混凝土防渗面板	岸边溢洪道	白云岩	2003年
4	井冈冲	江西井冈山	1517	92.0	24.00	V形/2.80	0.261	99.90	细石混凝土砌石	混凝土防渗面板	坝顶	砂岩	1994年
5	长潭岗	湖南凤凰	9970	87.6	15.00	V形/2.40	0.172	108.00	细石混凝土砌石	混凝土防渗面板	坝顶	石灰岩	1997年
6	东　固	福建德化	5200	86.5	13.00	V形/2.30	0.150		细石混凝土砌石	坝体自身防渗	坝顶	花岗岩	2002年
7	雷公口	福建建阳	4700	86.3					细石混凝土砌石	坝体自身防渗	坝顶		1998年
8	桑　园	福建福鼎	8000	84.2	19.50	V形/2.44	0.230		细石混凝土砌石	坝体自身防渗	坝顶		1995年
9	观音岩	贵州施秉	13200	82.2	13.90	V形/1.70	0.169	98.00	细石混凝土砌石	混凝土防渗面板	坝顶	白云质灰岩	1993年
10	东石岭	河北沙河	7073	82.0	41.00	U形/2.50	0.500	109.50	水泥砂浆砌石	混凝土防渗面板	坝顶挑流	石英砂岩及花岗片麻岩	1969年
11	大江口	湖南涟源	4430	82.0	25.00	梯形/2.13	0.310	97.80	细石混凝土砌石	混凝土防渗面板	坝顶	灰岩	1992年
12	金　坑	浙江青田	2420	80.6	20.00	梯形/3.02	0.248	110.00	细石混凝土砌石	混凝土防渗面板	坝顶	花岗岩	1984年
13	南　溪	福建福鼎	5600	67.3	18.82	V形/3.31	0.292	128.00	细石混凝土砌石		坝顶	凝灰流纹岩	1979年
14	天福庙	湖北远安	6380	63.3	20.00	2.78	0.320	91.50	细石混凝土砌石	混凝土防渗面板	坝顶	石灰岩	1978年
15	板　峡	广西永福	9820	60.3	17.00	梯形/2.60	0.282	113.80	细石混凝土砌石	混凝土防渗面板	坝顶	石英砂岩夹页岩	1981年
16	河　口	四川威远	6740	57.0	14.00	V形/1.64	0.246	120.00	水泥砂浆砌条石	水泥砂浆勾缝	旁侧溢洪道	砂岩夹页岩	1972年
17	东　溪	福建仙游	2282	57.0	18.96	V形/2.58	0.330	106.00	细石混凝土砌石		坝顶	流纹斑岩	1979年
18	岩鹰山	贵州修文	930	56.0	16.00	V形/2.50	0.286	121.00	水泥砂浆混凝土砌石	混凝土防渗墙	旁侧溢洪道	白云质灰岩有页岩夹岩	1972年
19	官　厅	四川青神	1291	52.8	15.20	V形/1.99	0.288	120.00	水泥砂浆砌条石	混凝土防渗面板	旁侧溢洪道	泥质砂岩	1976年
20	长沙坝	四川威远	3470	52.0	15.00	U形/2.50	0.308	110.00	水泥砂浆砌条石	水泥砂浆勾缝	坝顶	砂岩夹页岩	1971年
21	桐坑溪	浙江天台	250	48.0	5.00	V形/1.34	0.104	143.00	细石混凝土砌石	混凝土防渗墙	坝顶	花岗岩	1972年

砌石坝按照高度可分为高坝、中坝和低坝，高度在70m以上为高坝，高度在30～70m为中坝，高度在30m以下为低坝。

大型水利水电工程中的一级砌石坝和高度超过100m的砌石坝，设计时应进行必要的专题研究。

4.1.2 砌石坝的特点和设计要求

1. *砌石坝的特点*

(1) 可以就地取材。一些山区丘陵地带，土地资源宝贵，土料相对缺乏，而石料蕴藏丰富，可用以砌筑坝体，胶凝材料所用的砂砾料也可就地取材。与混凝土坝相比，水泥、钢材、木材用量较小。

(2) 施工技术简单。在相当多的地区，石料加工与砌筑是当地群众的传统民间工艺，具有砌石坝施工技术基础。小规模的细石混凝土等胶凝材料的浇筑技术也易于掌握，温控措施相对简单。

(3) 坝顶具有溢流条件。与同样为当地材料坝的土石坝相比，砌石坝可以坝顶溢流，对于大多数中小型工程，不需再建岸边溢洪道。

(4) 施工度汛风险小。与土石坝相比，砌石坝的施工导流与度汛易于解决，施工期可预留缺口导流度汛，此外砌石坝容许洪水漫顶，很大程度上降低了施工度汛的风险。

(5) 施工受天气影响小。与土料碾压施工相比，阴雨潮湿天气对砌石坝的施工影响较小，全年有效施工时间较长。

(6) 节省造价。在具备建造砌石坝条件的地区，劳动力价格相对较低，与混凝土坝相比，不仅可大量节省三材，而且总造价同样可大量节省。

(7) 施工设备利用可因地制宜。在相对贫困、劳动力相对富裕的地方，可多利用人力资源；在相对富裕、劳动力相对紧缺的地方，可多利用机械设备。

(8) 易于分期加高，维护简单。分期加高对于砌石工艺相对容易，有些砌石坝根据当地经济、社会发展需要，在若干年内进行了数次加高。砌石坝的日常维护与修缮也相对容易。

(9) 施工期较长，所需劳动力较多。砌石坝施工尽管也利用较多机械设备，例如，水平运输可利用装载汽车或缆索，竖向运输可利用吊机或吊车，但与混凝土坝或土石坝相比，块石砌筑仍需依赖较多人工，劳动生产力较低。

(10) 砌筑质量难以严密控制。由于块石砌筑仍需大量人工，与大规模机械施工相比，施工质量有效控制率相对不高。

砌石坝的上述特点使其在我国小水电及农田水利工程中得到较多应用。

2. *工程设计要求*

(1) 选择合适坝址。砌石坝的坝址选择除需考虑水资源和水能资源特点以外，还需考虑具有与混凝土坝相近的对坝址地质、地形的要求，同时应考虑坝址附近具有丰富的合格石料料源，坝址地形利于施工布置。当然，坝址选择仍应符合河流规划、综合利用要求。

(2) 选择合理坝型。砌石坝具有与混凝土坝几乎相同的坝型，在坝型选择时，除了考虑坝型适应地质、地形等当地条件外，还需从节省造价、便利施工、缩短工期等方面综合考虑，例如，坝址均适宜建重力坝（包括空腹重力坝）、拱坝、支墩坝时，建拱坝与支墩坝比重力坝节省造价，而建拱坝比建支墩坝节省工期，以选择拱坝为宜。

(3) 大坝具有足够的水安全性。砌石坝的防渗能力、对高速水流的适应能力均低于混凝土坝，专门设置的混凝土防渗体、混凝土溢流层等不仅应满足防渗、泄流防冲等安全要求，也应满足大坝整体运行安全的要求。当然，与混凝土坝相比，砌石坝更应具有足够的泄流能力，具有足够的安全超高，做好关键部位的防渗、防冲刷、防侵蚀设计。

(4) 具有足够的稳定性与强度。砌石坝与其他任何大坝一样，其稳定安全性与强度安全性是设计最重要的指标之一。砌石重力坝及砌石支墩坝坐落的建基面、砌石拱坝的坝肩及抗力体必须满足稳定性要求；砌石坝坝体应力必须满足坝体材料强度要求。

(5) 体型与构造布置要适应砌石坝特点。砌石坝的水泥水化热比混凝土坝小得多，所以分缝要求相对较低，分缝间距相对较大，砌石体分缝还应与混凝土防渗体分缝相协调；中小型砌石坝的坝内廊道应尽量布置在混凝土垫层中；考虑到砌石工艺的限制，对于双曲拱坝的倒悬度应控制在砌石工艺限制范围之内。

(6) 坝体设计应充分考虑当地建造工艺。砌石坝坝体布置设计过程应充分了解当地建造工艺及建造水平，例如混凝土防渗体设置、混凝土溢流面设置等；施工工期设计应考虑当地机械化施工水平，应鼓励采用机械化施工工艺，例如混凝土溢流面采用滑模工艺、混凝土运输浇筑采用缆索工艺等；此外，也应鼓励采用新材料，例如土工膜防渗、混凝土溢流面下塑料排水管等。

(7) 重视做好地基处理。尽管砌石坝对坝基基岩弹性模量要求比混凝土坝低，但对于基岩的抗渗性与强度的要求并不能降低。对于裂隙发育、基岩破碎或存在渗漏通道的地基，应研究采取适当的地基处理措施，使其满足稳定、强度、防渗的要求。

4.1.3 砌石坝的发展现状

我国砌石坝发展大致经历了三个阶段。20世纪50年代及以前为自然发展阶段，表现为建造规模小、数量少、技术水平低；20世纪六七十年代为百花齐放式的大规模发展阶段，表现为建造数量突飞猛进，坝型种类多样，建造的中高坝较多；20世纪80年代以后为有限发展阶段，表现为建造数量显著减少，但100m及以上的高坝增加，设计、施工及研究水平提高。

(1) 坝型种类多样。除砌石实体重力坝、砌石拱坝以外，还建造了数量不少的空腹砌石重力坝、砌石大头坝、砌石连拱坝、砌石硬壳坝、砌石框格坝等。

(2) 中高坝逐渐增多。20世纪70年代及以前，砌石高坝（70m及以上）的比例不到1%，其中100m级高坝仅有1座。90年代以来，虽然修建的砌石坝数量不多，但高坝数量增多，其中有3座坝高度超过100m。

(3) 高砌石拱坝数量增多[2]。在已建的砌石坝中，拱坝占60%；4座100m以上的砌石坝中，有3座为砌石拱坝。拱坝的体型也由单曲发展到双曲，由单心圆拱发展到多心圆、抛物线、对数螺旋线。不少砌石拱坝还进行了体型优化。

(4) 胶凝材料性能明显改善。以往多采用水泥砂浆砌筑石料，现在除了坝体表面还用水泥砂浆外，其他部位已全部改用细石混凝土。混凝土中还普遍掺加粉煤灰和外加剂，以减少水泥用量、降低水化热、改善和易性。

(5) 砌石工艺得到改进。为了减少砌缝，节省胶凝材料，增加石料用量，提高坝的整体性，砌筑石料由过去的平铺改为竖立，一次砌筑高度可达1m，从而使砌石坝的含石率达到50%～55%，单位坝体水泥用量100kg左右，坝体密度达到2350kg/m^3。

(6) 施工机械化程度提高。施工方法逐步由过去的全部人工操作逐步转化为机械化操作，水平运输采用汽车和皮带机，垂直运输采用吊车和门机，砌筑坝体时采用振捣器振捣，胶结材料充填密实。

(7) 广泛采用新材料。一些加高砌石坝在新老砌石之间以及溢流坝在混凝土溢流面与砌石坝体之间，设置高分子材料排水管或排水沟，不仅施工方便，而且排水效率高。

(8) 坝身溢流应用普遍。近年来建造的砌石重力坝与砌石拱坝基本上均为坝顶溢流，单宽流量甚至超过100m^3/(s·m)，既简化了施工导流程序，又节省了工程投资。

4.2 砌石体材料及其设计指标

4.2.1 砌石体石料

1. *石料质地与外形*

砌石体所用石料应新鲜完整，质地坚硬，无裂隙，无剥落层。风化、半风化、易风化的岩石不可用作砌石坝石料。

砌石体石料按外形可分为毛石、块石、粗料石三种。

(1) 毛石。无一定规格形状，单块重量大于25kg，中部或局部厚度不小于20cm，最大边长（长、宽、高）不大于100cm。

(2) 块石。外形大致呈方形，上下两面基本平行或大致平整，无尖角、无薄边，块厚大于20cm，最大边长不大于100cm。

(3) 粗料石。棱角分明，六面基本平整，同一面最大高差不大于最大长边的3%，石料长度大于50cm，宽度、高度不大于25cm。

近年来砌石坝施工机械化程度不断提高，石料尺寸比以往有所加大，兼顾施工技术和砌筑质量，对于上述石料尺寸，不论何种施工方法，竖缝一次填入混凝土的高度约为40cm，高100cm的石料，分2～3层填入混凝土，所以石料不论横放还是竖放均可满足施工要求。

2. *石料强度*

砌石坝石料的抗压强度根据其饱和抗压强度，划分为$R_s \geqslant 100$MPa、80MPa、60MPa、50MPa、40MPa、30MPa六级。

选用砌石坝石料，应在料源勘察基础上进行物理力学性质试验。石材的抗压强度测定执行《水利水电工程岩石试验规程》(SL 264—2001) 第5.4条款岩块单轴抗压强度试验方法。当抗压强度值介于两强度等级之间时，则采用低强度等级。

中小型工程无试验条件时，可按表4.2-1采用。

4.2.2 砌石坝胶凝材料

1. *胶凝材料类型与强度指标*

砌石体的胶凝材料类型主要有水泥砂浆、一级配混凝土和二级配混凝土（亦称细骨料混凝土或细石混凝土）。

常用的水泥砂浆强度等级分为5MPa、7.5MPa、10MPa、12.5MPa四种。

常用的混凝土强度等级为10MPa、15MPa、20MPa三种（边长150mm立方体、90d抗压强度，保证率80%）。

表 4.2-1　部分石料的物理力学试验成果[3]

石料名称	干密度 ρ_d(kg/m³)	线膨胀系数 $\alpha(10^{-6}/℃)$	极限强度(MPa) 干抗压 R_d	饱和抗压 R_s	抗拉 f_t	抗弯 f_f	弹性模量 E_e(GPa)	备注
砂岩	2100～2400	9.02～11.20	45～100	40～60	1.0～3.0	4～8	4～12	主要参照四川红色砂岩试验资料
石灰岩	2600～2800	6.75～6.77	110～150	80～140	4.0～6.0	13～28	50～70	主要参照河南、湖南试验资料
花岗岩	2500～2700	5.60～7.34	90～160	72～150	4.0～8.0	10～22	30～60	主要参照湖南、广西、山东试验资料
石英岩大理岩	2700～2800	6.50～10.12	100～120	80～100	4.5～6.0	6～16	20～30	主要参照陕西试验资料

2. 胶凝材料中的水泥与骨料

胶凝材料中水泥强度等级，常用的有 32.5MPa、42.5MPa、52.5MPa 三种。

砌石坝混凝土骨料应符合以下规定。

(1) 骨料的品质应符合《水工混凝土试验规程》(SL 352—2006) 的规定。

(2) 细骨料分为天然砂和人工砂两类，混合砂是由人工砂和天然砂混合而成，是人工砂的一种。人工砂不应包括软质岩、风化岩石的颗粒，天然砂与人工砂粒径均宜小于 5mm。配置胶凝材料宜选用中砂，当选用粗砂或细砂时，应相应提高或降低砂率，以满足胶凝材料和易性与强度的要求。

(3) 粗骨料分碎石和砾石，碎石是由机械破碎经筛分而成的人工碎石，砾石为天然卵石。粗骨料按粒径分级：当最大粒径为 20mm 时，分成 5～20mm 一级；当最大粒径为 40mm 时，分成 5～20mm、20～40mm 两级。

胶凝材料的配合比应满足砌石体强度和施工和易性的要求。配合比设计首先要根据基础资料进行初步计算，得出“理论配合比”；其次，经过试验室试拌调整，提出一个满足施工和易性的“基准配合比”；然后，开展密度、强度及其他物理力学参数的测试，视需要进行必要的调整，确定满足设计和施工要求的“施工配合比”。

胶凝材料中掺用粉煤灰具有改善胶凝材料的和易性及物理力学性能，降低胶凝材料的水化热温度，节约水泥，降低工程造价等效果，已被广泛应用并积累了很多成功的经验。粉煤灰混凝土设计是以“基准配合比”为基础，以等稠度、等强度为原则，用超量取代法进行调整。粉煤灰的掺量和胶凝材料中掺入其他掺合料、外加剂时，最优掺量应通过试验确定。表 4.2-2 为部分已建工程胶凝材料配合比，可供设计研究参考。

4.2.3　砌石体设计指标

砌石体的施工方法主要有传统的坐浆法和后来发展的直接砌筑法。直接砌筑法就是在处理好的砌石体层面上不坐浆直接安放毛石，视石料形状以竖向安放为主，分坝段或结合永久缝大面积安放，然后分层浇灌胶凝材料，用插入式振捣器有序振捣，同时用撬棍对石料进行适当的撬动，以保证胶凝材料能充分填实空隙，连续施工，直至安放石料的地段全部浇灌而成。待胶凝材料初凝后，用压力水将表面冲毛，当胶凝材料达到一定强度后(约 2.5MPa)，按上述方法继续施工。直接砌筑法应用广泛。

1. 砌石体设计密度

砌石体的设计密度 ρ_d 可根据砌石体类别进行选用。

毛石砌石体：ρ_d = (2.10～2.35) $\times 10^3$ kg/m³

块石砌石体：ρ_d = (2.20～2.40) $\times 10^3$ kg/m³

粗料石砌石体：ρ_d = (2.30～2.50) $\times 10^3$ kg/m³

在选取砌石体的设计密度值时，应考虑胶凝材料种类、施工技术及砌筑方法。采用混凝土砌石体机械振捣的直接砌筑法时，ρ_d 可采用上述范围值中的高值；对于砂浆砌石体，尤其对于人工捣实的砌石体，ρ_d 应取低值或降低取值。应按照规范要求，按《水工混凝土试验规程》(SL 352—2006) 中的干密度检测方法进行必要的复核。

2. 砌石体线膨胀系数

砌石体线膨胀系数 α 一般采用经验值，也可按《水工混凝土试验规程》(SL 352—2006) 规定的方法试验确定。砌石体的线膨胀系数 α 可在 (6～8) $\times 10^{-6}$/℃范围内选用。

3. 砌石体变形模量

砌石体是由强度相差较大的石料和胶凝材料砌筑

表 4.2-2 部分已建工程胶凝材料配合比[3]

工程名称	混凝土强度等级（MPa）	水泥强度等级（MPa）	重量配合比（水泥：砂：小石）	水灰比	砂率（%）	混凝土材料用量（kg/m³）					骨料细度模数	备注
						水	水泥	砂	小石（5～20mm）	小石（20～40mm）		
龙岭下	10	42.5	1∶2.87∶4.80	0.72	37	182	252	725	1182			
南溪	10	42.5	1∶2.20∶4.30	0.63	33	179	283	624	1210		5.150～5.320	砂子细度模数 $FM=2.5\sim3.0$
东溪	10	42.5	1∶2.40∶5.38	0.69	31	165	246	587	660	660		
峰头	10	42.5	1∶2.70∶5.55	0.75	32	172	230	628	642	642		砂子细度模数 $FM=2.22$
官厅	10	42.5	1∶2.46∶5.00	0.69	33	180	260	640	1300			
蒲圻	10	32.5	1.2.92∶3.08	0.65	49	200	308	899	949			
皎口	15	42.5	1∶2.38∶6.15	0.65	28	152	234	558	578	862		龄期 90d（以下同）
	15	42.5	1∶2.39∶6.45	0.62	27	142	229	574	591	887		加塑化剂
	10	42.5	1∶2.87∶6.39	0.70	31	152	217	623	555	832		
	10	42.5	1∶3.03∶6.73	0.68	31	142	209	633	560	845		加塑化剂
	7.5	42.5	1∶3.44∶6.97	0.78	33	152	195	670	544	816		
	7.5	42.5	1∶3.60∶7.29	0.75	33	142	189	680	552	826		加塑化剂
	7.5	42.5	1∶3.67∶4.68	0.85	44	192	226	830	1058			
长诏	10	42.5	1∶3.40∶6.05	0.79	36	164	207	704	626	626		
	10	42.5	1∶3.62∶6.45	0.79	36	156	197	714	635	635		加塑化剂
大江口	15	42.5	1∶1.78∶2.36	0.50	43	192	384	684	907		4.914	砂子细度模数 $FM=2.80$
	15	42.5	1∶1.70∶2.35	0.50	42	195	390	663	916		4.935	
	15	42.5	1∶1.53∶1.73	0.62	47	264	426	653	737		4.780	
	15	42.5	1∶1.41∶1.87	0.61	43	260	426	600	797		4.914	
	15	52.5	1∶2.04∶3.06	0.60	40	193	321	655	983		5.410	
	15	52.5	1∶1.94∶2.92	0.52	40	193	337	655	983		5.410	

而成，并受多种因素影响，变形特性较为复杂。砌石体的变形模量 E_0 和弹性模量 E_e 根据《砌石坝设计规范》（SL 25—2006）附录B的方法试验测定。

（1）根据已有试验经验，砌石体试件尺寸边长大于等于70cm才能满足砌石体的特定条件。

（2）边长大于等于70cm×70cm的试件应按《砌石坝设计规范》（SL 25—2006）附录D方法进行试验测定。

（3）对于边长小于等于60cm×60cm的砌石体试件可依据《水工混凝土试验规程》（SL 352—2006）第5条款全级配混凝土试验方法进行。

对无条件试验的工程，可按表4.2-3选用。

表 4.2-3　　砌石体的变形模量 E_0 与弹性模量 E_e 值[1]　　单位：GPa

砌石体种类	石料饱和抗压强度 R_s(MPa)	胶凝材料强度等级(MPa)											
		混凝土				水泥砂浆							
		≥15.0		10.0		12.5		10.0		7.5		5.0	
		E_0	E_e	E_0	E_e	E_0	E_e	E_0	E_e	E_0	E_e	E_0	E_e
毛石砌石体	≥100	6.5	11.5	6.0	11.0	6.0	11.0	5.5	10.0	5.0	9.0	4.0	7.0
	80	6.0	11.0	5.0	9.0	5.0	9.0	4.5	8.0	4.0	7.0	3.0	5.5
	60	5.0	9.0	4.5	8.0	3.5	6.5	3.0	5.5	3.0	5.5	2.5	4.5
	50	4.0	7.0	4.0	7.0	2.0	3.5	2.0	3.5	2.0	3.5	2.0	3.5
	40	3.5	6.5	3.5	6.5	1.5	2.5	1.5	2.5	1.5	2.5	1.5	2.5
	30	3.0	5.5	3.0	5.5	1.0	2.0	1.0	2.0	1.0	2.0	1.0	2.0
毛石占70%、块石占30%的砌石体	≥100	7.9	14.1	7.4	13.4	7.4	13.4	6.7	12.4	6.2	11.1	5.2	8.7
	80	6.9	12.5	6.1	11.0	6.1	11.0	5.6	10.0	4.9	8.7	3.9	7.2
	60	5.6	10.5	5.3	9.4	4.3	7.9	3.8	6.9	3.6	6.6	3.1	5.6
	50	4.3	7.6	4.3	7.6	2.5	4.4	2.3	4.1	2.3	4.1	2.3	4.1
	40	3.7	6.7	3.7	6.7	2.0	3.4	1.8	3.1	1.8	3.1	1.8	3.1
	30	3.2	5.8	3.2	5.8	1.3	2.5	1.3	2.5	1.3	2.5	1.3	2.5
毛石占30%、块石占70%的砌石体	≥100	9.7	17.5	9.2	16.9	9.2	16.6	8.7	15.6	7.8	13.9	6.1	10.9
	80	8.1	14.5	7.5	13.6	7.5	13.6	7.0	12.6	6.1	10.9	5.1	9.4
	60	6.4	11.5	6.3	9.4	4.3	9.7	4.8	8.7	4.4	8.0	3.9	7.0
	50	4.7	8.4	4.7	8.4	3.1	5.6	2.7	4.9	2.7	4.9	2.7	4.9
	40	3.9	6.9	3.9	6.9	2.6	4.6	2.2	3.9	2.2	3.9	2.2	3.9
	30	3.4	6.2	3.4	6.2	1.7	3.1	1.7	3.1	1.7	3.1	1.7	3.1
块石砌石体	≥100	11.0	20.0	10.5	19.0	10.5	19.0	10.0	18.0	9.0	16.0	7.0	12.5
	80	9.0	16.0	8.5	15.5	8.5	15.5	8.0	14.5	7.0	12.5	6.0	11.0
	60	7.0	12.5	7.0	12.5	6.0	11.0	5.5	10.0	5.0	9.0	4.5	8.0
	50	5.0	9.0	5.0	9.0	3.5	6.5	3.0	5.5	3.0	5.5	3.0	5.5
	40	4.0	7.0	4.0	7.0	3.0	5.5	2.5	4.5	2.5	4.5	2.5	4.5
	30	3.5	6.5	3.5	6.5	2.0	3.5	2.0	3.5	2.0	3.5	2.0	3.5
粗料石砌石体	≥100	10.0	18.0	9.5	17.0	9.5	17.0	9.0	16.0	8.0	14.5	7.0	12.5
	80	8.0	14.5	8.0	14.5	7.5	13.5	7.0	12.5	6.5	11.5	5.5	10.0
	60	7.5	13.5	7.0	12.5	6.5	11.5	6.0	11.0	5.5	10.0	4.5	8.0
	50	6.5	11.5	6.0	11.0	5.5	10.0	5.0	9.0	4.5	8.0	4.0	7.0
	40	5.5	10.0	5.0	9.0	4.0	7.0	4.0	7.0	4.0	7.0	3.5	6.5
	30	4.0	7.0	4.0	7.0	3.0	5.5	3.0	5.5	3.0	5.5	3.0	5.5

注　胶凝材料为混凝土的采用机械振捣、直接砌筑法砌筑的毛石砌石体，E_0、E_e 值可按表列毛石砌石体提高10%左右。

4. *砌石体泊松比*

砌石体泊松比 μ 宜采用 0.2～0.25。

5. *砌石体强度*

（1）抗压强度。砌石体的极限抗压强度 f_{cc}，对 2 级建筑物应按《砌石坝设计规范》（SL 25—2006）附录 B 的方法进行试验；对 3 级建筑物，当无条件试验时，可按表 4.2-4 或表 4.2-5 选用。

（2）抗拉强度。砌石体的抗拉强度 f_t，对 2 级建

表 4.2-4　砌石体极限轴心抗压强度 f_{cc} 值[1]　单位：MPa

砌石体种类	石料饱和抗压强度 R_s	胶凝材料强度等级					
		混凝土		水泥砂浆			
		15.0	10.0	12.5	10.0	7.5	5.0
毛石砌石体	≥100	14.4	11.2	11.2	9.6	8.0	6.8
	80	13.2	10.2	10.2	8.8	7.5	6.0
	60	11.6	8.8	8.8	7.6	6.4	5.2
	50	10.4	8.0	8.0	6.8	6.0	4.8
	40	9.2	7.0	7.0	6.0	5.2	4.4
	30	8.0	6.0	6.0	5.2	4.4	3.6
毛石占 70%、块石占 30% 的砌石体	≥100	17.3	13.5	13.5	11.5	9.6	8.1
	80	15.8	12.3	12.3	10.6	8.9	7.2
	60	13.9	10.6	10.6	9.2	7.7	6.3
	50	12.5	9.6	9.6	8.2	7.2	5.8
	40	10.8	8.4	8.4	7.2	6.3	5.2
	30	8.8	7.2	7.2	6.3	5.2	4.4
毛石占 30%、块石占 70% 的砌石体	≥100	21.2	16.5	16.5	14.1	11.6	9.9
	80	19.4	15.0	15.0	13.0	10.8	8.8
	60	16.9	13.0	13.0	11.2	9.5	7.7
	50	15.2	11.6	11.6	10.2	8.8	7.0
	40	13.0	10.4	10.4	8.8	7.7	6.4
	30	10.0	8.8	8.8	7.7	6.4	5.6
块石砌石体	≥100	24.0	18.8	18.8	16.0	13.2	11.2
	80	22.0	17.1	17.1	14.8	12.2	10.0
	60	19.2	14.8	14.8	12.8	10.8	8.8
	50	17.3	13.2	13.2	11.6	10.0	8.0
	40	14.6	11.8	11.8	10.0	8.8	7.2
	30	10.8	10.0	10.0	8.8	7.0	6.4
粗料石砌石体	≥100	26.4	22.0	22.0	19.6	17.2	14.8
	80	24.4	19.9	19.9	18.0	15.6	13.7
	60	21.2	17.2	17.2	15.8	13.8	12.0
	50	18.9	15.3	15.3	14.4	12.8	10.8
	40	15.4	13.2	13.2	12.6	11.2	9.6
	30	10.8	10.8	10.8	10.8	9.6	8.4

注　胶凝材料为混凝土的毛石砌石体采用机械振捣、直接砌筑法值 f_{cc} 可提高 5%～10%。

表 4.2-5　　砌石体容许压应力[1]　　单位：MPa

砌石体总类	石料饱和抗压强度 R_s	基本荷载组合						特殊荷载组合					
		胶凝材料强度						胶凝材料强度					
		混凝土		水泥砂浆				混凝土		水泥砂浆			
		15.0	10.0	12.5	10.0	7.5	5.0	15.0	10.0	12.5	10.0	7.5	5.0
毛石砌石体	≥100	5.1	4.0	4.0	3.4	2.9	2.4	6.0	4.7	4.7	4.0	3.3	2.8
	80	4.7	3.6	3.6	3.1	2.6	2.1	5.5	4.2	4.2	3.7	3.0	2.5
	60	4.1	3.1	3.1	2.7	2.3	1.9	4.8	3.7	3.7	3.2	2.7	2.2
	50	3.7	2.9	2.9	2.4	2.1	1.7	4.3	3.3	3.3	2.8	2.5	2.0
	40	3.3	2.4	2.4	2.1	1.9	1.6	3.8	2.8	2.8	2.5	2.2	1.8
	30	2.9	2.1	2.1	1.9	1.6	1.3	3.3	2.5	2.5	2.2	1.8	1.5
毛石占70%、块石占30%的砌石体	≥100	6.2	4.8	4.8	4.1	3.4	2.9	7.2	5.6	5.6	4.8	4.0	3.4
	80	5.7	4.3	4.3	3.8	3.1	2.6	6.6	5.1	5.1	4.5	3.6	3.1
	60	4.9	3.7	3.7	3.3	2.8	2.3	5.8	4.5	4.5	3.8	3.2	2.7
	50	4.4	3.4	3.4	2.9	2.5	2.1	5.1	4.0	4.0	3.4	3.0	2.4
	40	3.8	2.9	2.9	2.6	2.3	1.9	4.5	3.5	3.5	3.0	2.7	2.2
	30	3.2	2.6	2.6	2.3	1.9	1.6	3.7	3.0	3.0	2.7	2.2	1.9
毛石占30%、块石占70%的砌石体	≥100	7.6	5.9	5.9	5.0	4.2	3.5	8.8	6.9	6.9	5.9	4.8	4.1
	80	7.0	5.3	5.3	4.6	3.8	3.2	8.1	6.2	6.2	5.5	4.4	3.8
	60	6.1	4.6	4.6	4.0	3.4	2.7	7.0	5.4	5.4	4.7	4.0	3.3
	50	5.4	4.2	4.2	3.6	3.2	2.5	6.3	4.8	4.8	4.2	3.7	2.9
	40	4.6	3.7	3.7	3.2	2.7	2.3	5.3	4.1	4.1	3.7	3.3	2.6
	30	3.6	3.2	3.2	2.7	2.3	2.0	4.1	3.7	3.7	3.3	2.6	2.3
块石砌石体	≥100	8.6	6.7	6.7	5.7	4.7	4.0	10.0	7.8	7.8	6.7	5.5	4.7
	80	7.9	6.0	6.0	5.3	4.3	3.6	9.2	7.0	7.0	6.2	5.0	4.2
	60	6.9	5.2	5.2	4.6	3.9	3.1	8.0	6.2	6.2	5.3	4.5	3.7
	50	6.1	4.7	4.7	4.1	3.6	2.9	7.1	5.5	5.5	4.8	4.2	3.3
	40	5.1	4.2	4.2	3.6	3.1	2.6	6.0	4.9	4.9	4.2	3.7	3.0
	30	3.9	3.6	3.6	3.1	2.6	2.3	4.5	4.2	4.2	3.7	3.0	2.7
粗料石砌石体	≥100	9.4	7.9	7.9	7.0	6.1	5.3	11.0	9.2	9.2	8.2	7.2	6.2
	80	8.7	7.0	7.0	6.4	5.6	4.9	10.2	8.2	8.2	7.5	6.5	5.5
	60	7.5	6.1	6.1	5.7	5.0	4.3	8.8	7.0	7.0	6.5	5.8	5.0
	50	6.6	5.5	5.5	5.1	4.6	3.9	7.8	6.2	6.2	6.0	5.3	4.5
	40	5.5	4.8	4.8	4.6	4.0	3.4	6.4	5.4	5.4	5.2	4.7	4.0
	30	3.9	3.9	3.9	3.9	3.4	3.0	4.5	4.5	4.5	4.5	4.0	3.5

注　本表所列数值为按28d龄期设计的砌石体试验资料分析所得。

筑物应按《水工混凝土试验规程》（SL 352—2006）第5条款全级配混凝土抗拉试验方法或现场测定，但试件砌筑方法应与现场施工方法相同。试验表明，胶凝材料与石料接触面或砌石体层缝面的抗拉强度总是低于石料或胶凝材料本身的抗拉强度，故测定砌石体层缝面或接触面的抗拉强度是主要的，试验方法主要有轴向拉伸和纯弯曲方法两种，可按《水工混凝土试验规程》（SL 352—2006）中6.4、6.5条款的方法进行。对于断面大于50cm×50cm的大试件可在现场采用纯弯曲方法进行。不论是室内试验还是现场试验，试件砌筑方法必须与现场施工方法相同。

表4.2-6为砌石体力学试验实测成果，表4.2-7为砌石体抗剪（断）强度试验统计表，可供参考。

表 4.2-6　　砌石体力学试验实测成果[1]

砌石体种类	石料饱和抗压强度 R_s（MPa）	石料名称	试体面积（cm^2）	胶凝材料及砌筑方法	胶凝材料强度等级（MPa）	试体纵波速度（km/s）	抗压强度 f_{cc}（MPa） 初裂强度	屈服强度	极限强度	变形模量 E_0（GPa）	弹性模量 E_e（GPa）	抗拉强度 f_t（MPa）	干密度 ρ_d（kg/m^3）	试验地点
毛石砌石体	≥80	花岗岩	5000	二级配混凝土直接砌筑法	20.0	4.10	8.01	11.62	20.33	9.35	15.58		2400	江西下会坑
					15.0	4.10	7.44	10.80	18.70	8.00	13.40	1.55	2380	
毛石砌石体	≥80	冰碛岩	6400	一级配混凝土坐浆法	15.0	4.30	5.20	8.30	16.20	8.54	14.23	1.32	2410	湖南玉龙岩
					10.0	4.00	3.90	6.70	13.70	7.82	13.03	1.13	2390	
块石砌石体	≥80	石灰岩	10000	水泥砂浆坐浆法	10.0		3.30	5.80	8.10	5.08	8.67	0.67		湖南廖家坪
					7.5		2.60	4.60	7.30	4.41	7.34	0.61		

表 4.2-7　　砌石体抗剪（断）强度试验统计表[1]

石料与胶凝材料组合	石料饱和抗压强度 R_s（MPa）	胶凝材料强度等级（MPa）	试验实测组数			抗剪（断）强度指标 算术平均值			95%保证值		
			f'	c'	f	f'	c'（MPa）	f	f'	c'（MPa）	f
Ⅰ	≥100	10.0～12.5	6	6	16	1.280	0.955	0.72	1.126	0.805	0.645
Ⅱ	60～100	10.0			5			0.56			0.497
Ⅲ	≥100	5.0～7.5	18	18	42	1.045	0.816	0.61	0.975	0.707	0.583
Ⅳ	60～100	2.5～5.0	1	1	13	0.690	0.840	0.58			0.508

注　胶凝材料除第Ⅰ种组合中有一部分为一级配混凝土外，其余均为水泥砂浆。

砌石体极限抗拉强度可从表4.2-8中选用。

6. 抗剪强度

抗剪强度指标是工程设计中一项必要的参数，包括砌石坝沿垫层混凝土或基岩接触面的抗滑稳定，砌石体与垫层混凝土或砌石体本身的抗滑稳定，对2级建筑物应通过现场试验确定抗剪强度参数。对3级建筑物无条件试验时，可根据坝基岩体特征、砌石体强度、胶凝材料类别和强度等级由表4.2-9与表4.2-10查得。

表4.2-8　　砌石体极限抗拉强度 f_t[1]　　单位：MPa

类别	破坏形式	砌体种类	f_t 计算方法	胶凝材料强度等级				
				15.0	12.5	10.0	7.5	5.0
轴心抗拉	沿灰缝接触面通缝	各种砌石体	f_t	0.42	0.36	0.30	0.24	0.18
	沿灰缝接触面齿缝	毛石砌石体	$0.7\times 2f_t$	0.59	0.50	0.42	0.34	0.25
		粗料石、块石砌石体	$r\times 2f_t$	0.84	0.72	0.60	0.48	0.36
弯曲抗拉	沿灰缝接触面通缝	各种砌石体	$1.9f_t$	0.80	0.68	0.57	0.46	0.34
	沿灰缝接触面齿缝	毛石砌石体	$1.9\times 0.7\times 2f_t$	1.12	0.96	0.80	0.64	0.48
		粗料石、块石砌石体	$1.9r\times 2f_t$	1.60	1.37	1.14	0.91	0.68

注　1. 表中 r 为砌合系数，其值等于石料砌合长度与每层砌石厚度之比，制表时假定粗料石、块石砌石体的砌合长度等于每层砌石厚度，因而 $r=1$。当 $r\neq 1$ 时，应按实际情况采用。

2. 通过极限抗拉强度试验，取得砌石体沿灰缝接触面通缝破坏时的极限抗拉强度 f_t，然后按表中所列砌石体抗拉强度计取方法计取其他类别的破坏形式时的极限抗拉强度 f_t 值。

3. 根据毛石砌石体纯弯曲抗拉试验结果，采用机械振捣、直接砌筑法砌筑的毛石砌石体，极限抗拉强度 f_t 值可提高10%左右。

表4.2-9　　砌石体垫层混凝土与基岩体接触面抗剪断及抗剪参数参考值[1]

岩体工程分类	岩体综合评价	坝基岩体特征	抗剪断参数		抗剪参数
			f'	c'（MPa）	f
Ⅰ	很好的岩体	完整、新鲜、致密坚硬、裂隙不发育、巨厚层、厚层状的岩体。饱和抗压强度 $R_s>100$MPa，变形模量 $E_0>20$GPa，声波纵波速度 $V_p>5$km/s	1.2～1.5	1.3～1.5	0.70～0.75
Ⅱ	好的岩体	完整、新鲜、坚硬、微裂隙、厚层状的岩体。饱和抗压强度 $R_s=60\sim100$MPa，变形模量 $E_0=10\sim20$GPa，声波纵波速度 $V_p=4\sim5$km/s	1.0～1.3	1.1～1.3	0.60～0.70
Ⅲ	中等岩体	完整性较差、微风化、中等坚硬、微裂隙、层状的岩体。饱和抗压强度 $R_s=30\sim60$MPa，变形模量 $E_0=5\sim10$GPa，声波纵波速度 $V_p=3\sim4$km/s	0.9～1.2	0.7～1.1	0.50～0.60
Ⅳ	较差的岩体	完整性差、弱风化、较软弱、有裂隙、中厚层状的岩体，或节理不发育、层理片理较发育、易风化的、薄层状的岩体。饱和抗压强度 $R_s=15\sim30$MPa，变形模量 $E_0=2\sim5$GPa，声波纵波速度 $V_p=2\sim3$km/s	0.7～0.9	0.3～0.7	0.35～0.50

注　1. 本表不包括基岩内有软弱夹层或软弱结构面的情况，表中岩体即坝基基岩。

2. 垫层混凝土与基岩接触面上的抗剪断参数不得超过垫层混凝土本身的抗剪断参数值，垫层混凝土强度为15.0MPa。

3. 对于Ⅰ、Ⅱ类岩体，如建基面起伏差较大时，则接触面上的抗剪断参数可采用垫层混凝土的抗剪断参数。

表 4.2-10　砌石体与垫层混凝土或砌石体本身的抗剪断参数及抗剪参数参考值[1]

砌石体所用石料饱和抗压强度 R_s（MPa）	抗剪断、抗剪参数	胶凝材料强度（MPa）					
		混凝土		水泥砂浆			
		15.0	10.0	12.5	10.0	7.5	5.0
>100	f'	1.1～1.4	1.0～1.3	1.0～1.3	0.9～1.2	0.8～1.0	0.7～0.9
	c'（MPa）	1.0～1.1	0.8～0.9	0.9～1.0	0.8～0.9	0.7～0.8	0.5～0.6
	f	0.65～0.75	0.65～0.75	0.65～0.75	0.65～0.75	0.55～0.65	0.50～0.60
60～100	f'	0.9～1.2	0.8～1.1	0.8～1.1	0.7～1.0	0.6～0.8	0.5～0.7
	c'（MPa）	0.8～1.0	0.6～0.7	0.7～0.8	0.6～0.7	0.5～0.6	0.4～0.5
	f	0.55～0.65	0.55～0.65	0.55～0.65	0.55～0.65	0.50～0.60	0.40～0.50
30～60	f'	0.8～1.1	0.7～0.9	0.7～0.9	0.6～0.8	0.5～0.7	0.4～0.6
	c'（MPa）	0.5～0.8	0.4～0.6	0.4～0.7	0.4～0.6	0.3～0.4	0.2～0.3
	f	0.45～0.55	0.45～0.55	0.45～0.55	0.45～0.55	0.40～0.50	0.30～0.40

注　表中 c' 值在采用时宜根据工程具体情况加以修正。

4.3 砌石重力坝

砌石重力坝与混凝土重力坝的结构原理相同，由于建筑材料有所区别，两者在设计与施工方面有不同之处。本节主要阐述砌石重力坝在设计、施工中与混凝土重力坝的不同之处。

4.3.1 体型与结构布置

4.3.1.1 实体非溢流坝

1. 剖面设计

三角形基本剖面的顶点应在正常蓄水位以上，基本剖面上部设坝顶结构，坝顶宽度可根据施工条件、设备布置、运行与交通等需要确定。

与混凝土重力坝相同，上游坝坡可为直立面、斜面或折面。斜面或折面的坡度一般为 1∶0.05～1∶0.20。下游坝坡一般为 1∶0.65～1∶0.80。倾斜坡面可将石料顺坡面倾斜砌筑，应保证倾斜砌筑块石的可靠粘接，倾斜坡面也可采用坡面形状异形石水平砌筑，而异形石施工比较费工。为便于施工，倾斜剖面也可采用粗料石水平砌筑成台阶型剖面。

各坝段的上游坝坡应保持协调一致，以利于防渗体的连接布置。

2. 坝体防渗

我国已建的砌石坝防渗结构，大都采用混凝土面板或混凝土心墙，也有不专设防渗结构的，称作坝体自防渗。

（1）混凝土防渗面板。设置在砌石坝体上游面起防渗作用的混凝土或钢筋混凝土层，称混凝土防渗面板。

中、高砌石坝多采用防渗面板，与设置防渗心墙相比较，其特点是面板处于坝体上游面，便于检查与维修；但需钢筋、模板，面板对温度变化较敏感，需采取防裂缝措施。

防渗面板的底部厚度为防渗最大水头的 1/60～1/30，为施工方便，防渗面板顶部厚度不小于 0.3m。防渗面板或心墙混凝土的抗渗等级应根据其承受的水头按《水工混凝土结构设计规范》（SL 191—2008）确定，见表 4.3-1。

表 4.3-1　混凝土抗渗等级

面板承受水头 h（m）	<30	30～70	70～150
抗渗等级	W4	W6	W8

防渗面板应满足抗冻要求，应根据气候分区、冻融循环次数、表面局部小气候、冰冻等因素按表 4.3-2 选用抗冻等级。

为防止面板混凝土裂缝，需设置伸缩缝；伸缩缝间距根据当地气温变化和施工情况分析确定，一般为 15～25m。通常，混凝土面板需布置温度钢筋，面板混凝土强度等级大都采用 15～20MPa。面板设计还需提出混凝土抗裂性能指标，如混凝土极限拉伸值。为了便于施工质量控制，通常以相应的混凝土抗压和抗拉强度代替。

防渗面板与坝体的连接处理，可以与坝体连成整体，也可以与坝体分开，但连成整体的较多。

面板与坝体连成整体时，面板混凝土与砌石体多采用毛面结合，或设置连接钢筋；当面板与坝体分开时，应保证水位骤降时面板的稳定性，保证面板变形的独立性和强度安全。为利于面板的施工和结构稳定，有的砌石坝上游面略呈正坡。

表 4.3-2　　混凝土抗冻等级

气候分区	严寒		寒冷		温和
年冻融循环总次数（次）	≥100	<100	≥100	<100	
受冻严重难于检修部位	F300	F300	F300	F200	F100
受冻严重但有修复条件的部位	F300	F200	F200	F150	F50
常年水位以下部位	F200	F150	F100	F100	F50

注 1. 气候分区按最寒冷月平均气温（t_a）划分：严寒区 $t_a<-10℃$；寒冷区 $-10℃\leqslant t_a\leqslant-3℃$；温和区 $t_a>-3℃$。

2. 年冻融循环次数分别按一年内气温从+3℃以上降至-3℃以下，然后回升到+3℃以上的交替次数，或一年中日平均气温低于-3℃期间设计预定水位的涨落次数统计，取两者中最大值。

3. 混凝土的抗冻等级应按《水工混凝土试验规程》（SL 352—2006）规定的快冻试验方法确定，也可采用 90d 或 180d 龄期的试件测定。

砌石坝混凝土面板浇筑采用的模板有内拉式模板、斜面拆移式内拉钢模板、拉杆支承式预制混凝土模板、无拉条的预制混凝土模板等，这些模板应用方便，效果较好。

宝泉水库为浆砌石重力坝，原坝高 91.0m，大坝分期修建于 1975 年、1982 年和 1994 年，2007 年完成大坝加高，形成宝泉抽水蓄能电站下水库，坝高为 107.5m。原坝体防渗设计为强度等级 20MPa 的混凝土防渗心墙，由于当初施工条件所限，混凝土质量较差，没有达到设计抗渗性能要求。大坝加高设计中，经过技术经济比较，推荐采用钢筋混凝土面板作为坝体防渗方案，如图 4.3-1 所示。

图 4.3-1 宝泉砌石重力坝原防渗心墙改为防渗面板

高程 176.00～190.00m，面板厚度 1.4m，高程 190.00m 以上面板厚度 1.0m，面板通过锚筋固定在原坝面上，锚筋直径 28mm，单根长度 2.6m，间排距水下 1.5m、水上 1.0m。面板近上游面设钢筋网，直径 14mm，间距 20cm×20cm，设伸缩缝，间距 15m，缝内设止水。高程 235.00m 以下设两道止水，一为铜片止水，一为 PVC 止水带，高程 235.00m 以上仅设一道铜片止水。由于高程 176.00～190.00m 水库无法放空，采用水下不分散混凝土浇筑，而高程 190.00m 以上为普通混凝土[4]。

（2）混凝土防渗心墙。混凝土防渗心墙一般设置在离上游迎水面 0.5～2.0m 的砌石坝体内，如图 4.3-2（*b*）所示。因防渗心墙设置在坝体内部，不需要模板，且对气温、水位变化的反应不如防渗面板敏感，因此小型工程也可以不分缝，不配钢筋，但需控制混凝土浇筑温度和水灰比。由于防渗心墙处于坝体内部，混凝土受两面砌体的约束，若不分缝或不配筋，难免产生干缩裂缝，且不易检查与维修，所以，分缝并设止水、配置适当的温度钢筋对保证防渗心墙质量，提高其防渗性能有利。

防渗心墙的上游面为一层形状规则的粗料石砌体或块石砌体，也可采用混凝土预制块砌体。心墙下游面常与块石砌体或毛石砌体相连。

防渗心墙混凝土的抗渗等级与外部保护层混凝土的抗冻等级，分别根据表 4.3-1 和表 4.3-2 确定。

混凝土防渗面板和混凝土防渗心墙应嵌入建基面 1～2m，并与坝基防渗设施相连接。

（3）坝砌体自防渗。不专门设置混凝土防渗结构的砌石坝称为坝砌体自防渗。

一种砌体自身防渗形式是用一级、二级配混凝土作胶凝材料，使用机械振捣的砌石坝，每上升 3～5m，采用钻孔检查透水率，如压水试验达不到要求的，及时进行灌浆处理，整个新砌层的透水率满足设计要求后，再继续上升。我国福建省的砌石坝大都采用这种砌石体自防渗技术。

另一种砌体自防渗形式是上游坝面用高强度水泥砂浆勾深缝护面的水泥砂浆砌粗石坝，高度低于 50m 的砌石坝可采用这种防渗形式，砌体厚度一般在 1.0m 以上。勾缝时需将砌缝凿成宽度不小于砌缝宽、深度约为宽度两倍的矩形或梯形槽，将缝压填密实，勾成平缝或凸缝。应采用细砂的10.0～12.5MPa的高强度等级水泥砂浆，水泥砂浆应较稠，灰砂比1∶2～1∶1，水灰比0.5以下，以增大黏结和抗裂强度。若使用膨胀水泥或者普通水泥中掺入10%～15%的黏土，更有利于防渗防裂。

(4) 其他防渗体。

1) 钢丝网喷浆护面防渗。在砌石坝上游面设置单层或双层钢丝网，用水泥砂浆喷护，形成防渗层，不需模板，造价较低，但须保证喷浆质量。护面厚度约5～6cm，分两次喷射。钢丝规格一般为直径1～2mm，网格尺寸为1cm×1cm～2cm×2cm。

2) 土工膜防渗。据国际大坝委员会不完全统计，国际上数十座老化的混凝土重力坝和圬工坝的修复都采用了土工膜防渗技术。

通过锚杆、螺母及钢条将土工膜固定在上游砌体上，形成防渗体。土工膜可采用PVC（聚氯乙烯）或PE（聚乙烯），膜厚约1～3mm，膜与膜之间可采用焊接方法搭接。若采用抗老化土工膜，可不再设置保护层；若采用普通土工膜，膜的上游面需设置砌石保护层，以防止土工膜在紫外线作用下迅速老化。

3. 分缝、止水与排水

砌石重力坝的防渗面板或防渗心墙设置横缝，缝距10～15m。20世纪五六十年代建设的砌石重力坝，尤其是中低坝工程，大部分坝体不分缝，而后来趋于设缝。尤其对于高砌石坝，坝体应设置横缝。由于砌石体的温度变形明显小于混凝土材料，所以砌石体分缝的间距可以大于混凝土面板或心墙，一般为20～40m。应该指出，砌石体分缝与混凝土防渗体分缝应该间隔一定距离。岸坡坝段的侧向稳定往往不易满足要求，可适当调整横缝间距，减小坝段宽度或平行坝轴线方向开挖足够宽度的台阶式平台。此外，也可将全部或部分坝段的横缝通过接缝灌浆连成整体以保证坝体侧向稳定。

混凝土面板或心墙的横缝应设置止水，对于高坝，应设置两道止水，中、低坝的止水可以简化。止水材料一般为紫铜片止水带、塑料止水带或橡胶止水带，可以根据工作水头、气候环境、施工条件等因素合理选用。止水设置构造与混凝土坝大致相同。

混凝土防渗体的横缝止水需伸入基岩0.3～0.5m，必要时可设置锚筋以加强止水带基础混凝土与基岩的结合。

在岸坡陡峻的坝段，当坝体混凝土温降或干缩情况下，接触面容易出现缝隙，并可能成为渗漏通道，影响坝体的安全，因此应在坝体与基岩接触面设置止水，或采取必要的补强措施。

砌石重力坝宜设置坝体竖向排水，可采用预制无砂混凝土管，也可采用塑料盲沟。坝体竖向排水应设置在横缝止水的后面，位于上游防渗面板下游约2m处；若坝体不设防渗面板，则竖向排水孔到上游坝面的距离约为1/20～1/15水头，且不小于3m。竖向排水管管距约为3～5m，管径约为15cm，竖向排水管管顶通至坝顶（设置盖板）或纵向廊道，下部通至检查廊道或水平排水管，通往下游的水平排水管的高差约为10～20cm。

坝体分缝、排水及止水布置实例如图4.3-2所示。

4. 坝内廊道与孔洞

(1) 坝内廊道。砌石重力坝同样可设置用于基础灌浆、排水、观测及检查、交通等功用的坝内廊道。坝内廊道常采用混凝土或钢筋混凝土结构。

中、高坝工程多在上游竖向排水管后面的坝体中下部位置设置纵向基础灌浆及排水廊道，并兼作观测与交通廊道。除此以外，也可在坝体中部设置交通及观测廊道。

纵向廊道的上游壁至上游坝面的距离约为0.05～0.10倍的坝面作用水头，且不小于3m。

基础灌浆廊道底面至基岩面的距离不小于1.5倍的廊道宽度，廊道断面宜采用城门洞形，廊道宽度约为2.5～3.0m，高度约为3～4m。岸坡纵向廊道的坡度不陡于45°。

若坝内需设置多层廊道，则层间距离约为20～40m，且各层廊道应互相连通。

坝基排水廊道宜在基岩面或靠近基岩面处布置，廊道宽度约为1.2～2.5m，高度约为2.2～3.0m。图4.3-3为广西龟石砌石重力坝分期施工的廊道设置。

(2) 坝内孔洞。砌石重力坝也可在适当高度设置泄水孔，在坝体底部设置导流底孔，导流底孔可兼作放空孔或排沙孔，孔洞常采用混凝土或钢筋混凝土结构。

应该指出，坝内廊道与孔洞应统筹布置，设置在坝体应力较小的部位。坝内廊道或孔洞的立体交叉的净距应不小于3m。

图4.3-4为浙江长诏砌石重力坝的导流底孔的布置。

5. 砌石体的连接

(1) 砌石体与混凝土防渗心墙的连接。与混凝土防渗墙接触的前后砌石体面应该是新鲜的粗糙面，并保持湿润，无泥土及砂浆等黏附层，当砌石体达到一定高度与厚度时再浇筑混凝土防渗心墙。

(2) 砌石体与混凝土垫座的连接。在混凝土垫座上砌筑料石前，应将接触面的混凝土凿毛并冲洗干净，然后再铺筑浆砌石体。

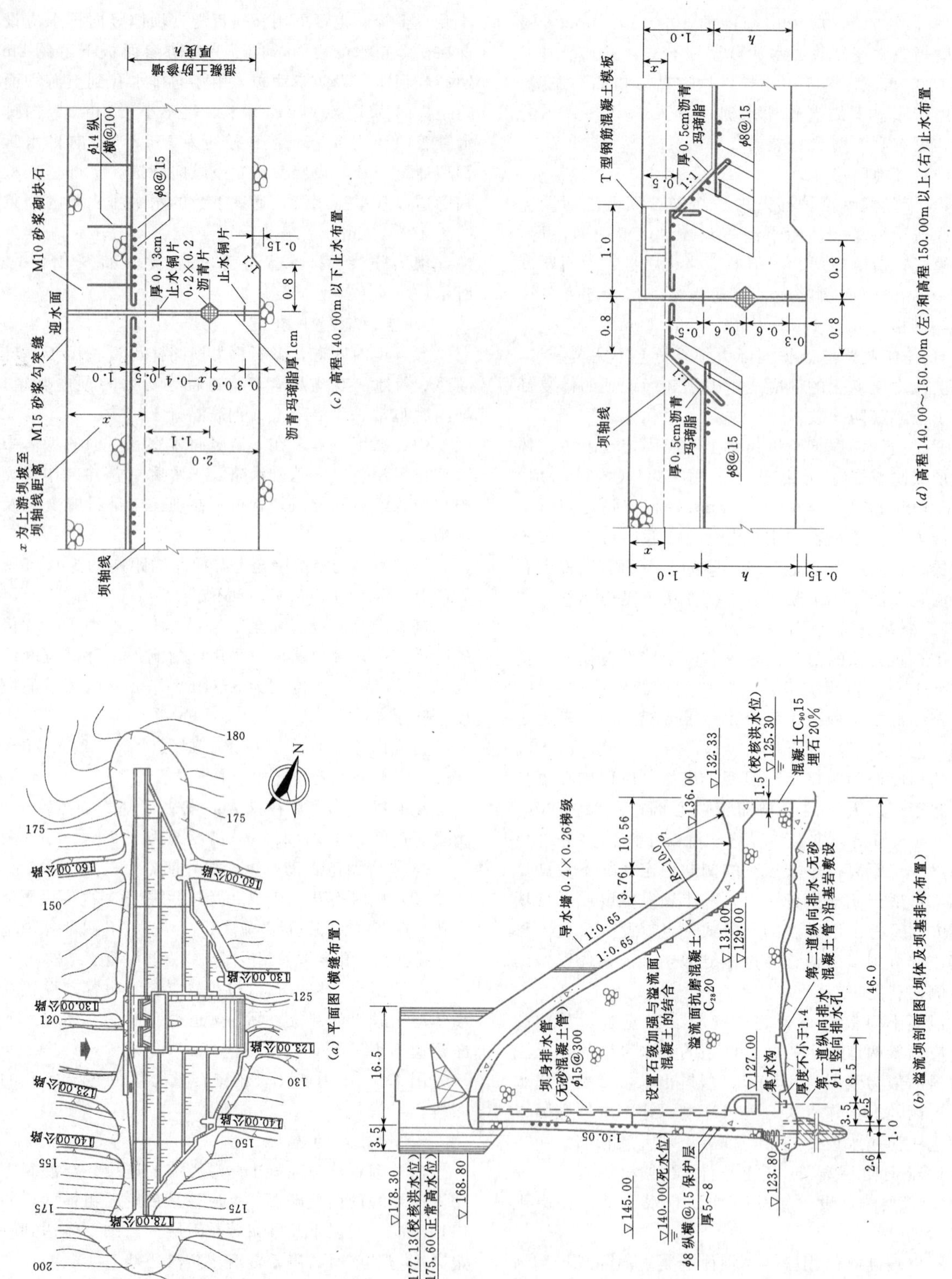

图4.3-2 广东黄龙带砌石重力坝坝体分缝、排水及止水布置（单位：m）

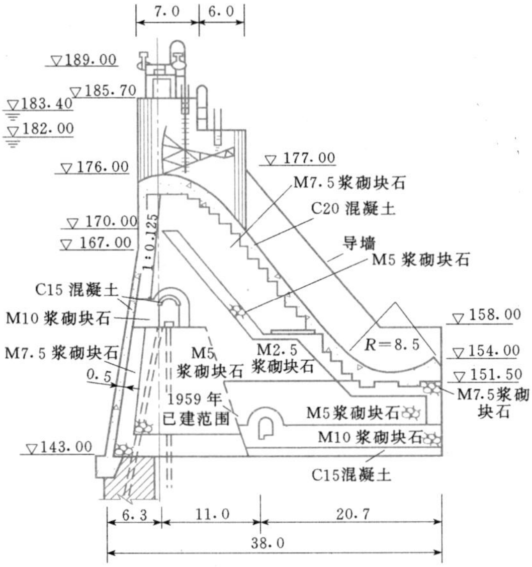

图 4.3-3 广西龟石砌石重力坝分期施工的廊道设置（单位：m）

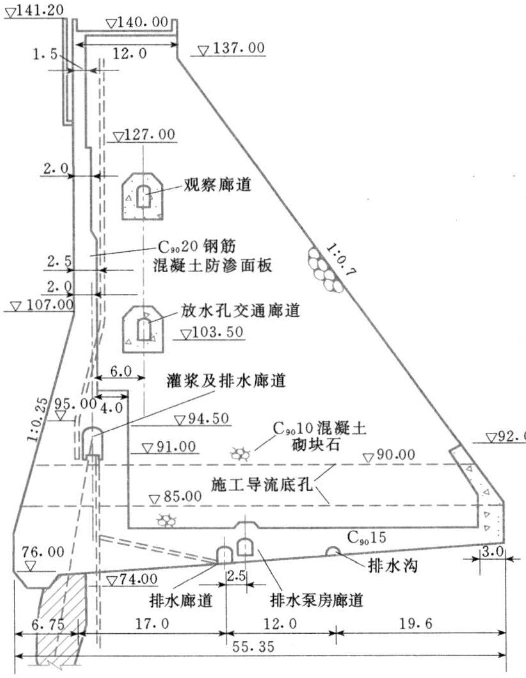

图 4.3-4 浙江长诏砌石重力坝导流底孔布置（单位：m）

(3) 砌石体与孔口混凝土壁的连接。在已经完成的砌石体浇筑孔口混凝土时，应适当分缝，设置止水，浇筑顶面混凝土或重要部位混凝土时，可进行接触灌浆或回填灌浆。

(4) 砌石体与混凝土溢流面的连接。在溢流面曲线段与挑流鼻坎反弧段部位的砌石体内应预埋钢筋伸出，再浇筑混凝土。当设置混凝土横梁支承挑流鼻坎悬臂时，混凝土横梁与下面的砌石体需用钢筋连接。

(5) 砌石体与基岩的连接。砌石重力坝与岩基的连接主要有以下两种方式。

1) 通过混凝土垫座连接。垫座多用于坝基河床地形不规整、岩性分布不均匀或岩性软弱的部位，主要作用是调整不规整地形、加强砌石坝体与地基的结合，提高抗滑稳定性和抗渗性，改善应力分布等。图 4.3-5 为采用垫座的浙江皎口砌石重力坝剖面。

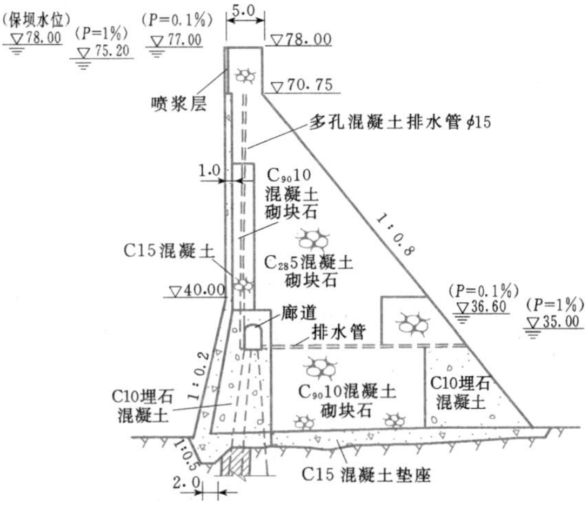

图 4.3-5 浙江皎口砌石重力坝混凝土垫层布置（单位：m）

混凝土垫座面积稍大于坝体底部面积，变形模量应与相邻砌石体相近。垫座自身应满足防渗要求，并与上部坝体及下部基岩衔接密实，防止在上下接触带或本身部位形成渗漏通道，构成可靠的防渗系统。垫座宜用 15MPa 强度等级以上的混凝土或埋石混凝土，竖向厚度约为 1.0m。为适应不良地基情况，也可采用钢筋混凝土垫座。

垫座混凝土的温度控制和抗裂要求，可参照《混凝土重力坝设计规范》（SL 319—2005）中的有关规定。

2) 砌石体与基岩直接连接。工程规模不大，坝基基岩坚硬、完整、地形较规整，且基岩阻水问题易于解决时，也可将坝身砌石体直接与基岩连接。基坑修整完毕后，需先铺一层厚约 5cm 的水泥砂浆，接着砌石，为避免石块直接与基坑岩面接触，应保证必要的铺浆厚度，以利于砂浆与石块、砂浆与基岩的结合，并增强接触面的抗滑稳定性及抗渗性。所铺砂浆的强度等级一般应高于砌体的砂浆强度等级，宜用

15MPa 以上强度等级的砂浆，灰砂比约为 1：1。

(6) 砌石体与土体的连接。当砌石体与岸坡土体（土坝或土坡）连接时，应设置刺墙延长渗径，并校核接触面的渗透稳定性，与土体接触的砌石坝坝面坡度应缓于 1：0.3～1：0.5，以免土体固结沉陷时脱离接触面而形成裂缝，必要时应设置排水反滤设施。

4.3.1.2 实体溢流坝

只要地质、地形合适，砌石溢流重力坝采用挑流消能型式比较简单，且节省工程量。砌石重力坝坝顶溢流面挑流消能结构布置可有三种型式。

(1) 坝顶堰面曲线段与反弧挑坎段采用钢筋混凝土，在上下两端曲线之间的斜直段采用浆砌料石，其结构如图 4.3-6 (*a*) 所示。这种型式的溢流堰面曲线段尤其是反弧段对曲线连续平滑的要求高，采用混凝土结构施工时比较容易满足要求，但在同一个溢流面上采用不同的施工工艺，难免互相干扰。

(2) 溢流面全部采用浆砌料石，其结构如图 4.3-6 (*b*) 所示。如果砌石料尤其是曲线段的砌石料加工精细，砌筑质量高，溢流面砌石的抗冲耐磨性能也可满足要求。但是，砌石料的加工和砌筑工艺均费时费工，可经过技术经济比较后选择。

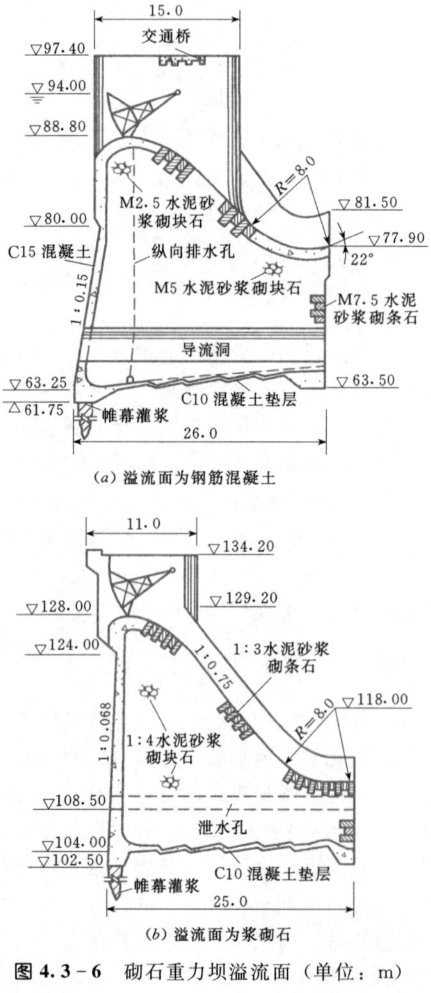

(*a*) 溢流面为钢筋混凝土

(*b*) 溢流面为浆砌石

图 4.3-6 砌石重力坝溢流面（单位：m）

(3) 全部采用钢筋混凝土，其结构如图 4.3-3 所示。这种型式的特点：钢筋混凝土结构施工容易实现曲线段的连续平滑，施工质量容易保证，且整个溢流面为同一种工艺，施工相对简便。尤其溢流坝面采用滑模施工工艺，可省去大量木模制作、架立和拆卸等繁复工序，节省大量木材和劳力，缩短工期，并容易达到坝面光滑平整，抗空蚀性能增强。朱庄、葫芦口水库溢流坝面采用滑模施工，质量较佳。葫芦口水库溢流坝分三跨，总面积 6200m^2，用滑模施工，两个半月时间完成，平均每日完成钢筋混凝土 88m^3。

钢筋混凝土溢流面与砌石坝体接触处应根据需要设置排水管，将渗水排向下游，排水管可采用工厂生产的带反滤的塑料排水管或塑料盲沟。

4.3.1.3 砌石空腹重力坝

混凝土空腹重力坝自 20 世纪 50 年代出现后，六七十年代我国首先采用砌石建造空腹重力坝。与实体重力坝相比，空腹重力坝具有节省坝体工程量和坝基开挖量、有效减小坝基扬压力、有利于坝体中下部的施工散热、空腹空间利用（例如布置发电厂房）等优点，但也具有断面设计较复杂（需体型调整至腹拱周边拉应力区域最小）、空腹倒悬部分施工比较繁复（腹拱拱圈部分宜采用钢筋混凝土结构）、空腹周边应力复杂等缺点。

由于砌石空腹重力坝的断面设计及后述的应力分析方法与混凝土空腹重力坝基本相同，所以本节不再赘述，只是介绍一些我国建造的空腹重力坝实例。

1. 湖南岩屋潭空腹重力坝

坝高 66m，库容 1.03 亿 m^3，地基为震旦系冰碛岩，河床覆盖层厚 8m，于 1978 年建成。在设计及施工布置上，该工程具有以下特点。

(1) 为了保证工程质量，加快施工进度，空腹顶部高程以下的坝体材料采用块石混凝土，以上为浆砌石，采用坝体缺口溢洪度汛，施工期由原实体重力坝方案的 3 年缩短为 1 年 8 个月。该坝的横断面如图 4.3-7 所示。

(2) 合理选择空腹坝断面。经数次修改，空腹形状采用异径圆拱，拱顶上游半径 4.5m，中心角 90°，下游为受压区，半径 9m，中心角 63°，两圆弧与相应上、下游坝腿内缘相切连接，使自重与水压力的合力线大体与空腹几何长轴平行，以避免或减小坝踵和空腹顶部拉应力。经光弹断面模型试验和有限元分析，

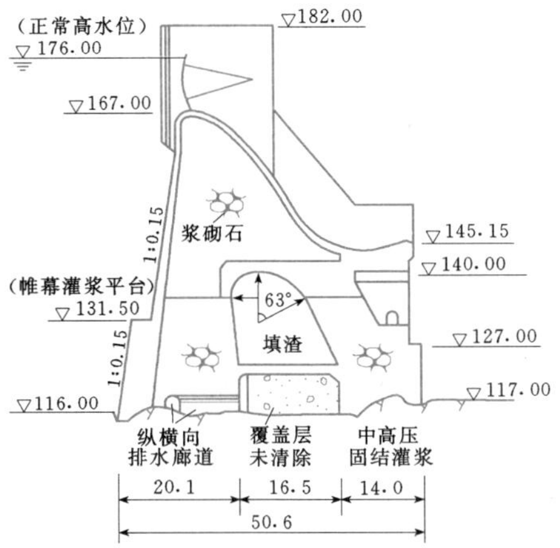

图 4.3-7 湖南岩屋潭空腹重力坝(单位:m)

空腹内缘基本为压应力区,上游小拱顶部有 0.3MPa 的局部拉应力。由于应力情况良好,钢筋用量很少,坝体用筋量为 $0.85kg/m^3$。空腹尺寸为 16.5m×24m×59m(宽×高×长),空腹底宽和高分别为坝底宽、坝高的 1/3。空腹面积为实体重力坝断面积的 20%,减少水下清基量 25%,减少大坝工程量 15%。

(3)空腹范围内覆盖层保留减少开挖。在枯水季节抢建大坝前、后腿,减少水下清基和混凝土浇筑量达 25%,有利于快速抢出枯水面。在砂卵石覆盖层上浇筑 1.5m 厚混凝土底板,在底板上堆渣,既可利用渣重增强坝体抗滑稳定性,也可用填渣代模,节省空腹施工的脚手架和模板工程量。空腹填渣与坝面同时升高,为保证坝面施工场地及缺口溢洪度汛提供了有利条件。

2. 陕西岱峪空腹重力坝

大坝位于陕西省蓝田县秦岭北麓的岱峪河上,坝高 60m,如图 4.3-8 所示,坝基为中生代粗粒花岗岩,河床砂砾石覆盖层厚 1~4m。坝址附近有丰富的花岗岩石料,坝体采用细石混凝土砌块石空腹重力坝,上游面设置钢筋混凝土防渗墙。经过有限元与光弹性试验,对断面进行优化。设计施工特点如下。

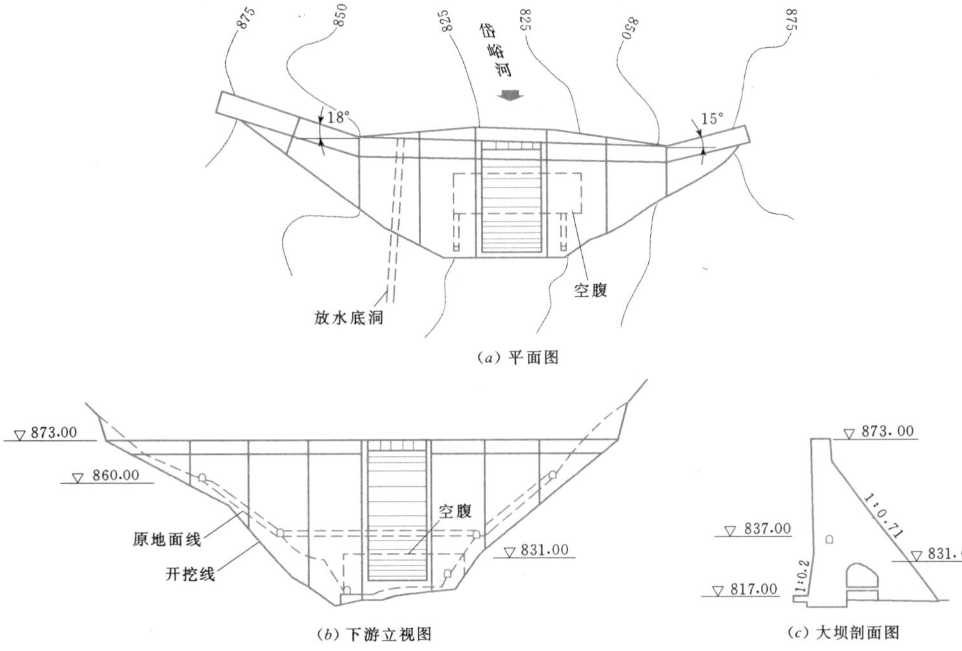

图 4.3-8 岱峪空腹重力坝(单位:m)

(1)开孔率为 7.91%,小于一般开孔率 15%,以改善坝踵和孔周边的应力状态。空腹断面为椭圆形,椭圆轴线与水平面夹角为 60°。坝基宽度为 45.3m,空腹宽度为 12.4m,如图 4.3-9 所示。

(2)空腹前腿承受约 50% 的水平荷载,前腿底部在自重和水压力作用下,剪应力很大,垂直应力很小,所以前腿应具有较大厚度。原初设中前腿设有基础灌浆廊道,由于廊道使前腿应力状态恶化,因此,将基础灌浆廊道抬高至空腹以上,此外为保证防渗安全,将前腿材料改为强度等级为 10MPa 的块石混凝土。空腹后腿为偏心受压构件,底部几乎全部受压,在基础面的上游部位有较小的拉应力,所以,后腿采用浆砌石。

(3)空腹重力坝的空腹施工有许多成功的经验,

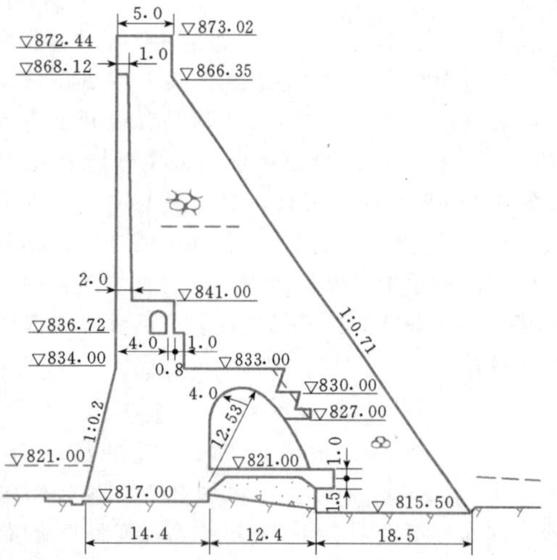

图 4.3-9　岱峪空腹重力坝横剖面图（单位：m）

如吊预制的拱架、拱肋、拱板，悬吊式木支架，空腹内回填砂砾石等。该工程为节省造价，未购置起吊设备，而采用满堂脚手木支撑现浇混凝土封拱的施工工艺。封拱前，前后腿为嵌固在基岩上可自由伸缩的柱状结构，温度应力只是表现为初期基岩上第一层混凝土的收缩应力，封拱混凝土硬化后，形成包括前后腿在内基础嵌固在基岩上的拱形结构，对温度变化敏感，由于封拱时间选在低温季节，所以，基本保证全年处于温升状态，坝踵和坝趾处于受压状态。

3. 江西大塅砌石空腹重力坝

坝高 44.3m，库容 1.21 亿 m^3，基岩为板溪群石英角岩，采用砌石变体型空腹填渣重力坝，如图 4.3-10 所示。在断面形状设计方面，有以下几个特点。

（1）采用较实体重力坝外部轮廓更小的断面（称为变体型），以节省工程量。

（2）空腹内设置一变截面的圆弧腹拱，拱度为 1/6，拱冠厚度为跨度的 1/15，计 0.8m。腹拱上填石渣，以提高抗滑稳定性。

（3）将上游坝坡的下部做成直立的“贴坡式”（约为坝高的 20%左右），以改善坝踵应力。

（4）因校核尾水较深，在空腹内抽水，保持腹内水深为 1m。

采取上述空腹坝的断面，应力状态较好，节约方量也多。单位坝长非溢流坝断面的方量，较实体坝节约 28.36%，其中缩小坝坡占 9.41%，空腹占 18.95%（开孔率为 21.86%）。

砌石空腹重力坝因空腹断面轮廓较复杂，腹拱以采用素混凝土为宜。为了加快施工进度及保证腹拱以下的坝体质量，也可考虑选择类似岩屋潭的复合材料断面，即施工困难、应力较复杂的顶拱以下部位，采用块石混凝土；顶拱以上应力及施工均较简单的部位，采用浆砌石。

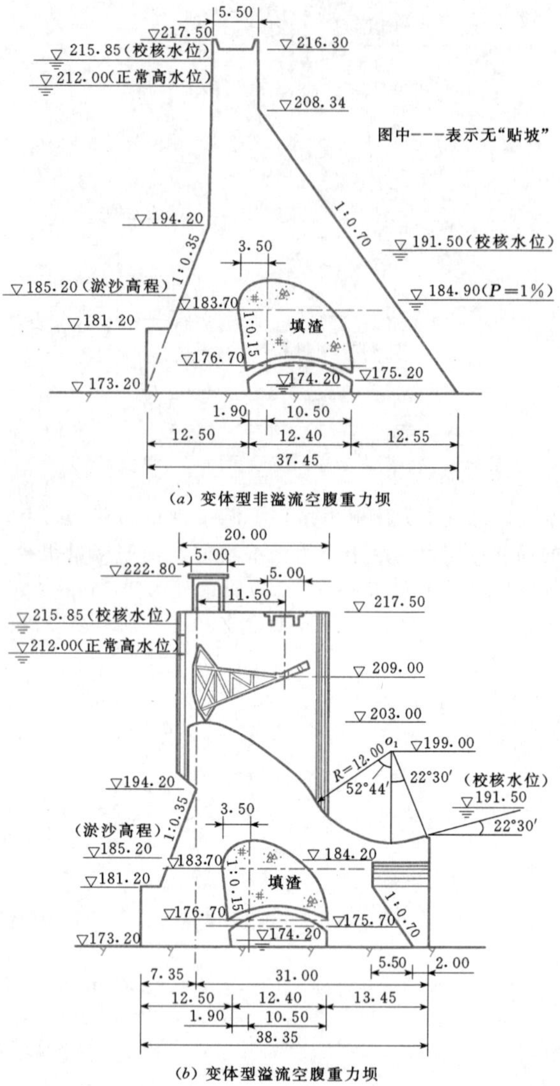

(a) 变体型非溢流空腹重力坝

(b) 变体型溢流空腹重力坝

图 4.3-10　江西大塅砌石空腹重力坝（单位：m）

4.3.2　稳定与应力分析

1. 荷载与荷载组合

砌石重力坝作用荷载种类及其荷载组合与混凝土重力坝基本相同，详见《砌石坝设计规范》（SL 25—2006）。

2. 砌石重力坝稳定分析

砌石重力坝的稳定分析方法与混凝土重力坝基本相同。一般砌石重力坝设置坝基混凝土垫层，所以需考虑以下三种情况的抗滑稳定。

（1）沿垫层混凝土与基岩接触面之间的滑动。

(2) 沿砌石体与垫层混凝土接触面之间的滑动。

(3) 砌石体之间的滑动。

坝体抗滑稳定计算公式与混凝土重力坝相同，抗剪断强度与抗剪强度公式分别参见式（1.4－19）和式（1.4－20）。坝体抗滑稳定安全系数应不小于表1.4－2中相应的规定值。

当坝基岩体内存在软弱结构面、缓倾角结构面时，应计算深层抗滑稳定。计算方法与混凝土重力坝相同，此处不再阐述。

3. *砌石重力坝应力分析*

砌石重力坝的应力分析（包括坝面应力计算及内部应力计算）与混凝土重力坝相同，只是具有混凝土防渗体的砌石重力坝需考虑混凝土与砌石体的弹性模量等效问题。混凝土防渗体与砌石坝坝体弹性模量相差较大，坝体水平截面垂直正应力可用下述方法计算。

考虑坝体分层异弹性模量特性，按折算断面转化为均质体计算。

水平截面垂直正应力 σ_y 按直线分布，用类似于钢筋混凝土中的钢筋面积折算法，将混凝土防渗体虚拟扩大 E_c/E_s 倍，以体现两者弹性模量的变化（E_c 为混凝土防渗面板弹性模量，E_s 为砌石坝体弹性模量），然后根据混凝土防渗体与砌石坝体交界面上的变形协调条件，在假定两者泊松比 μ 相同的条件下，用弹性理论推得扩大后的混凝土防渗体垂直正应力 σ_y，再乘以一个应力放大系数 E_c/E_s，即为实际的砌石重力坝防渗体的应力。

分层异弹性模量截面如图4.3－11所示。

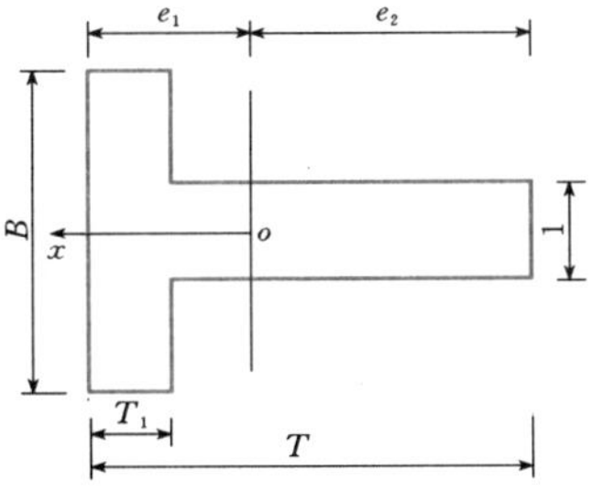

图4.3－11 分层异弹性模量截面

有关参数可按下列公式计算：

$$B = \frac{E_c}{E_s} \tag{4.3-1}$$

$$A = T + BT_1 - T_1 \tag{4.3-2}$$

$$e_1 = \frac{1}{2}\,\frac{T^2 + (B-1)T_1^2}{A} \tag{4.3-3}$$

$$e_2 = T - e_1 \tag{4.3-4}$$

$$J = \frac{1}{3}[Be_1^3 - (B-1)(e_1 - T_1)^3 + e_1^3] \tag{4.3-5}$$

式中 B——应力放大系数；

E_c——混凝土防渗面板弹性模量，GPa；

E_s——坝体砌石弹性模量，GPa；

A——折算面积，m^2；

T——坝厚，m；

T_1——防渗面板厚，m；

e_1——折算面积形心与上游面距离，m；

e_2——折算面积形心与下游面距离，m；

J——折算截面面积矩，m^4。

坝体水平截面上游端点垂直正应力可按下式计算：

$$\sigma_{yn} = \left(\frac{\sum W}{A} + \frac{e_1 \sum M}{J}\right)\frac{E_c}{E_s} \tag{4.3-6}$$

式中 σ_{yn}——坝体水平截面上游端点垂直正应力，kPa；

$\sum W$——作用在计算截面以上全部荷载的铅直分力总和，kN；

$\sum M$——作用在计算截面以上全部荷载对截面形心的力矩总和，kN·m。

坝体水平截面下游端点垂直正应力可按下式计算：

$$\sigma_{ym} = \frac{\sum W}{A} - \frac{e_2 \sum M}{J} \tag{4.3-7}$$

式中 σ_{ym}——坝体下游面垂直正应力，kPa。

砌石重力坝坝体上下游端点的剪应力、水平正应力及坝体内部应力的计算公式与混凝土重力坝相同。

砌石体抗压强度安全系数，基本荷载组合时应不小于3.5，特殊荷载组合时，应不小于3.0，砌石体抗压强度参见表4.2－4。用材料力学法计算坝体应力时，坝基面垂直正应力应小于砌石体容许压应力和地基容许承载力，砌石体容许压应力参见表4.2－5；坝基面最小垂直正应力不应出现拉应力，施工期下游坝基垂直拉应力应不大于100kPa；坝体内一般不得出现拉应力，坝体最大主压应力应小于砌石体容许压应力。

4. *砌石空腹重力坝*

砌石空腹重力坝的应力分析方法与混凝土空腹重力坝基本相同。

砌石空腹重力坝的坝体应力，坝踵部位坝基面以上3%～5%坝高处（高坝宜取小值，中、低坝宜取大值），不出现拉应力，坝趾部位主压应力不超过砌体的容许压应力和地基的容许承载力。

4.3.3 地基处理

与混凝土重力坝的地基处理相仿，砌石重力坝的地基处理包括开挖、固结灌浆和帷幕灌浆、坝基排水等。

砌石重力坝的地基处理与建基面的确定直接有关，而建基面的确定与岩体类别、岩体的物理力学性质、基础加固工艺及效果、坝体对地基稳定、刚度的要求有关，应通过技术经济比较确定。坝高 100m 以上，宜建在新鲜、微风化或弱风化下部基岩上；坝高 50～100m 时，宜建在微风化或弱风化中部基岩上；坝高 50m 以下时，宜建在弱风化中部或上部基岩上。两岸地形较高时，可适当放宽要求。如云南昭通渔洞砌石重力坝[5]，坝高 87m，经多方案技术经济比较后，基面选择于新鲜、微风化或弱风化下部基岩上。河床部分建基面高程为 1904.00m，为弱风化玄武岩，岩体静纵波波速大于 3500m/s。

对于岩基良好的中小型工程，也可采用基面开挖增加坝基的抗滑能力，如将基岩面开挖成倾向上游 3°～5°的斜坡，坡度不宜过大，借助坝体重力的分力增大抗滑安全系数，如图 4.3-12（*a*）所示；将基岩面开挖成倾向上游的齿坎，如图 4.3-12（*b*）所示；将坝基面顺坝轴线方向开挖成并列的沟槽，如图 4.3-12（*c*）所示，借凸凹沟槽的齿坎作用，提高抗滑稳定安全性。

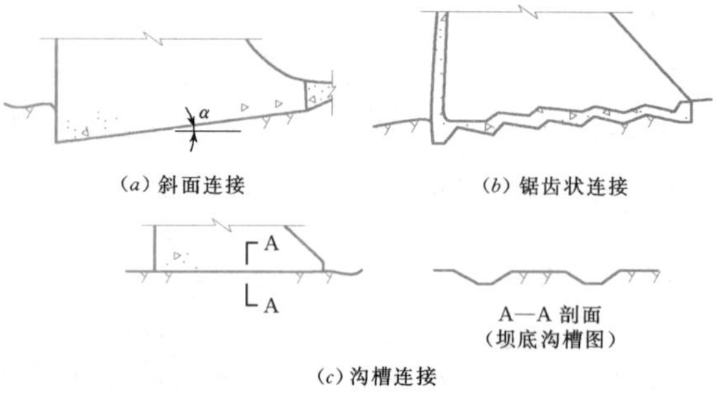

图 4.3-12　坝基连接

对于地基中较浅的、规模较大的软弱破碎带可进行挖除处理；对于有一定埋深、分布不大的破碎带可采用洞挖混凝土置换措施进行处理；对于倾角较大的软弱破碎带可采用局部混凝土深齿墙、混凝土塞，或采用混凝土墙、水泥灌浆或化学灌浆等措施处理，并加强排水措施。

云南渔洞砌石重力坝，左岸由于岩体相对破碎，建基面标准定为开挖至块裂结构，裂隙中没有连续的夹泥层，裂面无泥膜，岩石间咬合较紧密，不松弛，岩体表面纵波波速值大于 3000m/s。浙江长诏大坝对坝趾底下的 8 号夹泥层进行局部洞挖后回填混凝土塞处理。朱庄砌石重力坝 9 号坝段，岩体较破碎，经深孔固结灌浆后，其变形模量取值由原来的 2500MPa 提高到 4000MPa，坝基除在灌浆帷幕后设置主排水孔外，在坝基及消力池底板地基内还设有 7 排排水孔，以进一步减小渗压，在坝基及消力池地基内还设承压水排水孔，以削减承压水的压力水头，在坝基及消力池内各设一集水井，用以抽水进一步减小渗压，并可降低浮托力。

对于岩溶地区应根据岩溶的规模和溶缝透水性程度选择防渗处理措施，主要有防渗帷幕灌浆和混凝土防渗墙。当坝基存在埋藏不深、上下游连通的溶洞时，只要施工条件合适，可采用开挖并回填混凝土方式处理。当灌浆帷幕轴线上存在埋藏较深、上下游连通的溶洞或强透水溶缝时，可采取逐层洞挖、逐个回填混凝土形成连续防渗墙，也可采用槽式洞挖后回填混凝土形成防渗墙。

4.4　砌 石 拱 坝

砌石拱坝属于拱坝范畴，在枢纽布置、坝肩抗滑稳定要求、地基处理等方面，与混凝土拱坝基本相同，尽管坝体砌石材料与混凝土存在差异，但一般仍作为均质弹性体考虑，所以其设计原理和分析方法与混凝土拱坝相同。

4.4.1　体型与结构布置

1. *砌石拱坝布置的特点*

由于砌石材料的物理力学性质与混凝土不同，砌石体的施工方法与混凝土浇筑也不相同，所以，体现在砌石拱坝坝体布置和结构设计上的要求也不相同，主要体现在以下几个方面。

（1）设置合适的坝面倒悬度。砌石拱坝坝体为逐层砌筑而成，砌体的抗拉、抗剪强度均较混凝土低，适应复杂体型的能力也不如混凝土拱坝，所以，在砌石拱坝体型设计中，对坝面倒悬度及异形轮廓必须合理设置，从保证坝体安全和便于砌筑施工考虑，根据已建砌石双曲拱坝的经验，坝体最大倒悬度一般不超过 0.3。

（2）采用高标准的砌石材料。与混凝土拱坝相比，砌石材料的弹性模量较低，整体性较差，变形较大，抗拉、抗剪强度较低，所以，为满足应力、变形要求，应尽可能选择砌体强度及整体性较高、施工质量易于保证的坝体材料。通常，用条石砌筑的拱坝优于用毛石浆砌的拱坝；用细石混凝土砌石的拱坝，优于一般砂浆砌筑的拱坝；设置混凝土防渗体的拱坝，优于纯砌体的拱坝。

（3）坝基岩体质量可以适当放宽。由于砌体的强度约为混凝土强度的 1/3～1/2，变形模量也比混凝土低得多，所以砌石拱坝与拱座基岩的变形模量的差别相对较小，因而，砌石拱坝对拱座基岩的强度及变形模量的要求，可以比混凝土拱坝有所放宽。

（4）应尽量避免出现高应力区。由于砌石体的胶结材料强度等级和容许应力较难提高，所以，在砌石拱坝设计中，应通过合理的结构措施或地基处理，避免出现较大范围的高应力区。当结构措施难以达到目的时，在应力较高的控制性部位，也可以采用高强度混凝土。

（5）分缝与温控相对简单。与混凝土相比，砌体中石料所占成分较大，水泥用量一般较少，发热量也较小，砌石拱坝的温度控制可以适当放宽要求，坝体分缝分块的要求也可适当放宽，缝距约为混凝土拱坝的两倍。在气温年变幅不太大的地区，若避免高温季节施工，严格控制砌筑质量，有的中小型砌石拱坝不分缝或只分1～2条横缝。

2. 拱坝体型的特点

与混凝土拱坝基本相同，砌石拱坝的体型主要取决于河谷的形态及其地质条件。我国已建砌石拱坝中，中低坝以定中心的单曲拱坝为多。修建于V形河谷的高拱坝一般为变中心变半径的双曲拱坝，如江西下会坑、井冈冲，贵州盐津桥，湖南长潭岗，福建雷公口等。由于地形所限，坝高100m以上也可建造砌石重力拱坝，如河南群英砌石重力拱坝，坝高101.3m。图4.4-1为江西下会坑砌石双曲拱坝，图4.4-2为河南群英砌石重力拱坝。

图4.4-1 江西下会坑砌石双曲拱坝

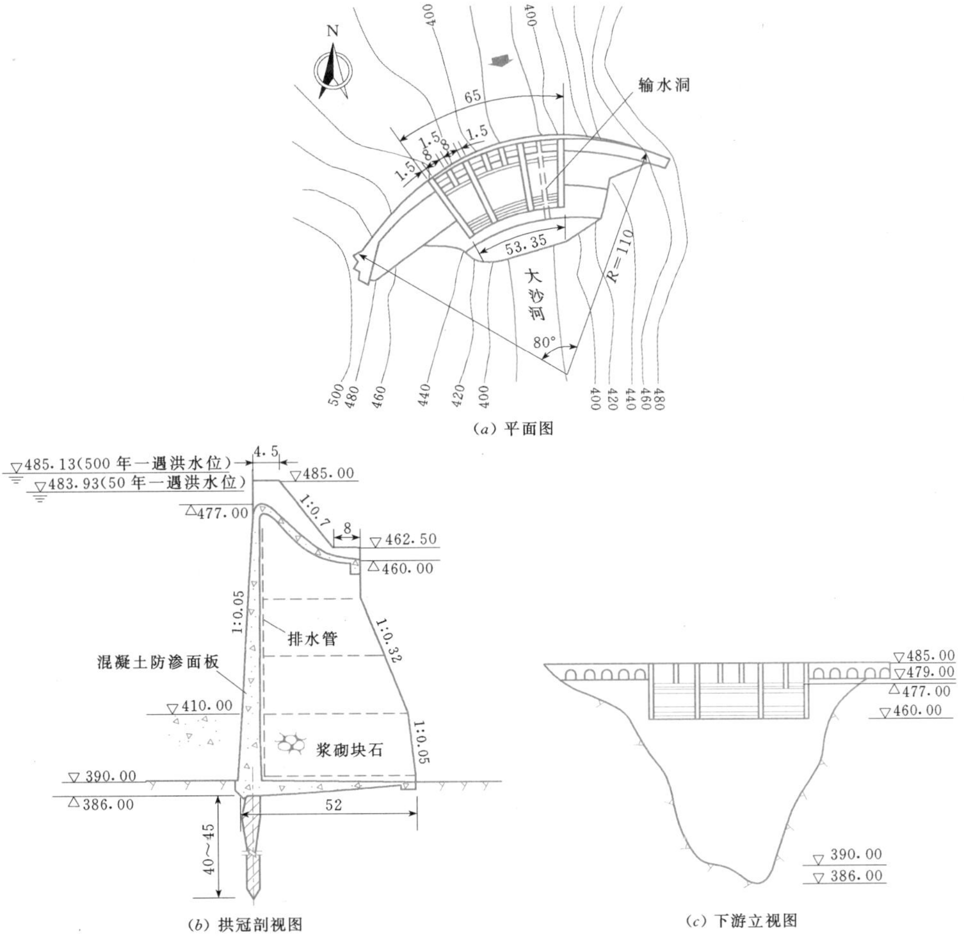

图4.4-2 河南群英砌石重力拱坝（单位：m）

只要地形合适，砌石拱坝的平面拱圈大都采用等截面的圆弧形拱圈。有的为了均化拱端应力及节省工程量，采用拱端厚度扩大的二心拱圈或拱端半径扩大的三心拱，或为了适应不对称的河谷地形左右拱圈采用不同曲率的二心拱。图4.4-3为浙江桐坑溪砌石圆弧拱坝，图4.4-4为贵州观音岩砌石拱坝变截面圆弧拱，图4.4-5为贵州红卫水库砌石拱坝三心拱布置，图4.4-6为甘河沟水库砌石拱坝二心拱布置。

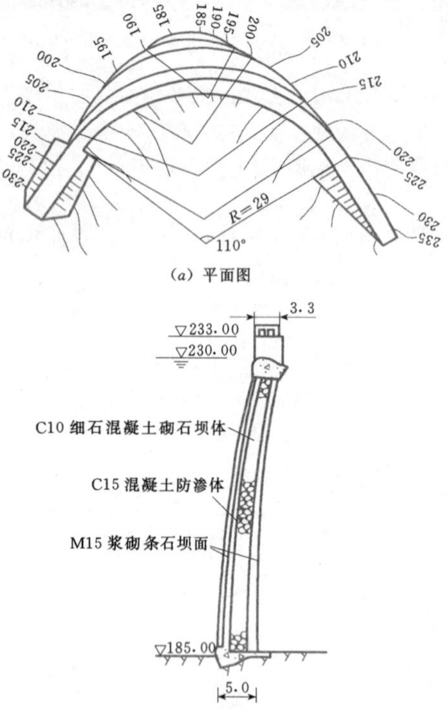

图4.4-3 浙江桐坑溪砌石圆弧拱坝（单位：m）

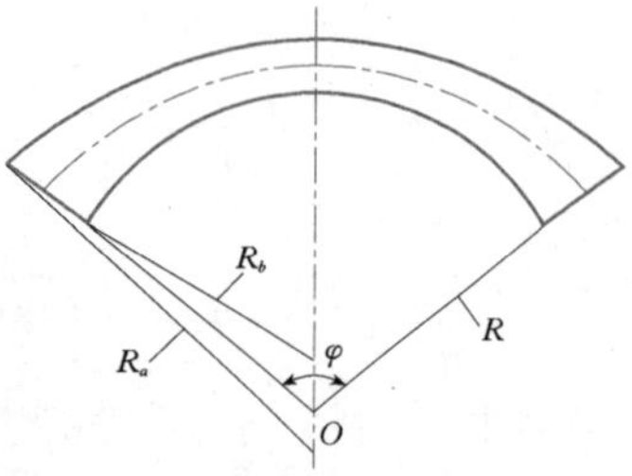

图4.4-4 贵州观音岩砌石拱坝变截面圆弧拱

砌石拱坝顶部圆弧拱最大中心角以80°～110°为宜，砌石拱坝悬臂梁的倒悬度不宜大于0.3。

砌石双曲拱坝的断面初选，应根据坝址的地形地质条件，参照一般混凝土双曲拱坝的方法进行。单曲

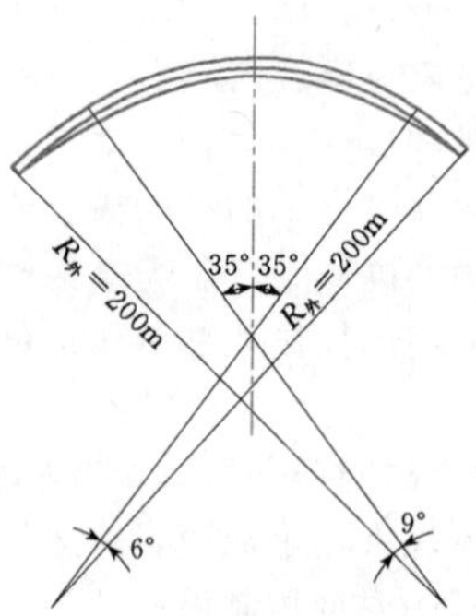

图4.4-5 贵州红卫水库砌石拱坝三心拱布置

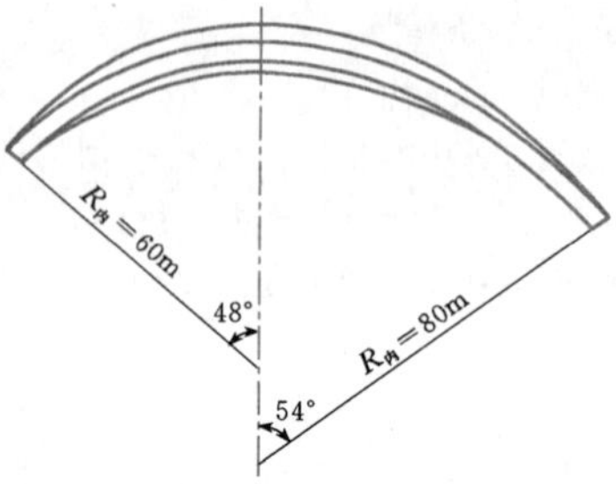

图4.4-6 甘河沟水库砌石拱坝二心拱布置

或接近单曲的中小型砌石拱坝的断面初选，一般参照类似的已建工程进行。

对于中小型砌石拱坝悬臂梁的顶厚与底厚可参考以下经验公式：

$$\frac{T_B}{H}=0.132\left(\frac{L}{H}\right)^{0.269}+\frac{2H}{1000} \qquad (4.4-1)$$

式中 T_B——坝底厚度，m；

H——最大坝高，m；

L——顶拱弦长，m。

式（4.4-1）是根据国内174座砌石拱坝资料进行回归分析所得，适用于$H=10\sim60$m，$\frac{L}{H}=1.0\sim6.0$。按式（4.4-1）结果绘成的曲线组如图4.4-7所示。

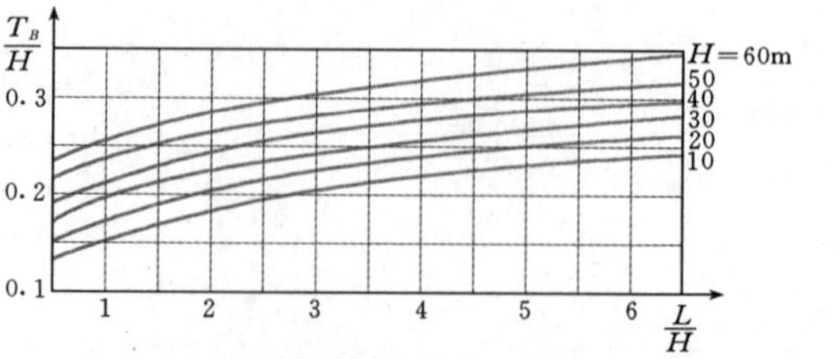

图4.4-7 $\frac{T_B}{H}$与$\frac{L}{H}$关系曲线

根据国内186座砌石拱坝资料（$H=10\sim100$m）进行回归分析，得到式（4.4-2），适用于$H=60\sim100$m，$\frac{L}{H}=0.8\sim3.5$。

$$\frac{T_B}{H}=0.0832\left(\frac{L}{H}\right)^{0.632}+\frac{2H}{1000} \qquad (4.4-2)$$

根据170座砌石拱坝资料分析，得到坝顶厚度T_C的经验公式，即式（4.4-3）。该式适用于$H=10\sim100$m，$L=10\sim200$m。

$$T_C=0.4+0.01(L+3H) \qquad (4.4-3)$$

式中　T_C——坝顶厚度，m。

3. 分缝及封拱的要求

对于中、高砌石拱坝，一般都设置施工横缝以防止较大温度应力带入运行期。已建砌石拱坝的施工横缝分缝方式有以下几种。

（1）在两岸拱端附近设置宽缝，缝宽0.8～1.2m。因施工简便，对防止坝端出现裂缝比较有效，在实际工程中这种分缝方式较多。

（2）砌体和混凝土防渗体都按一定距离设置横缝，缝距与砌石重力坝类似。因这种设置横缝的方式施工麻烦，在实际工程中采用较少。

（3）在拱冠设置宽缝或窄缝，这种设缝方式仅在少数工程中采用。

大多数中小砌石拱坝（包括有防渗心墙的某些拱坝）未设横缝，不设横缝的砌石拱坝应满足地质条件好，施工质量及砌筑温度控制严格，坝顶厚度在3m以上等条件，否则，在两拱端附近5～20m，蓄水位以上往往容易产生从坝顶向下的横向裂缝。当然，具有混凝土防渗体的砌石拱坝，防渗体仍需分缝。表4.4-1为部分砌石拱坝分缝情况。

表4.4-1　部分砌石拱坝分缝情况

序号	工程名称	地　点	坝高（m）	坝顶长（m）	分缝情况	运用情况
1	下会坑	江西上饶	102.4	247.4	防渗面板设置窄缝，缝距15m，采用接缝灌浆；砌体设置宽缝4条，河床段缝距60m，岸坡段缝距40m，采用C20混凝土回填及回填灌浆	正常
2	桑　园	福建福鼎	84.2	257.0	砌体拱端设置宽缝2条，缝宽1m	正常
3	大江口	福建涟源	82.0	224.0	防渗面板缝距14m，砌体缝距20～30m，缝宽0.4m	正常
4	观音岩	贵州施秉	82.2	131.3	砌体拱端设置宽缝2条，缝宽0.6m	正常
5	马安关	湖北勋西	40.6	145.0	在拱冠处设一横缝，先后设宽缝及窄缝	正常
6	桐坑溪	浙江天台	48.0	60.3	砌筑夏初、夏末分缝，缝距15～20m；春季不分缝，盛夏停砌；冬末封拱	正常

设置横缝的砌石拱坝，封拱时的坝体温度控制与混凝土拱坝类似，封拱温度应控制在封拱季节的年平均气温以下，但不低于5°C。严寒地区的砌石拱坝的封拱温度应经过专门论证确定。窄缝采用灌浆封拱，宽缝采用回填混凝土封拱，类似二期混凝土浇筑。

不设横缝的整体上升的砌石拱坝，砌筑时的日平均气温宜在年平均气温以下，但不宜低于5°C。若砌筑时的日平均气温超过年平均气温，应采取降温措施。

福建福鼎桑园砌石拱坝为变厚三心圆弧双曲砌石拱坝，最大设计坝高84.2m，坝顶宽度4.0m，坝顶弧长257.0m，坝底厚20.0m，厚高比0.226。坝体在两端各设置1条横缝，缝宽1.0m，待气温降至年平均温度以下即进行封拱。

4.4.2 应力与稳定分析

4.4.2.1 应力分析

1. 应力分析方法

设置防渗体的砌石拱坝可视为各向异性的结构体，而不专门设置混凝土防渗体的砌石拱坝可视为各向同性的均质体进行分析。砌石坝设计规范规定，坝体应力分析，宜以拱梁分载法计算成果作为衡量强度安全的标准，对于2级及以上或情况比较复杂的砌石拱坝，除用拱梁分载法计算外，还应采用有限元法验算。实际上，在20世纪80年代以后建造的中等高度以上的砌石拱坝除了采用拱梁分载法计算外，基本上都采用三维有限元法进行验算或进行结构优化。

对于整体上升不设横缝的砌石拱坝，在拱梁分载法分析中，自重应参与荷载分配，这与设有横缝的混凝土拱坝有所不同。

针对具有混凝土防渗体的砌石拱坝的单向异性的应力分析，武汉大学水电学院提出按折算断面的方法计算成层异弹性模量的拱坝结构，是砌石拱坝考虑横向非均质影响的一种分析方法，可用于中小型拱坝的设计。

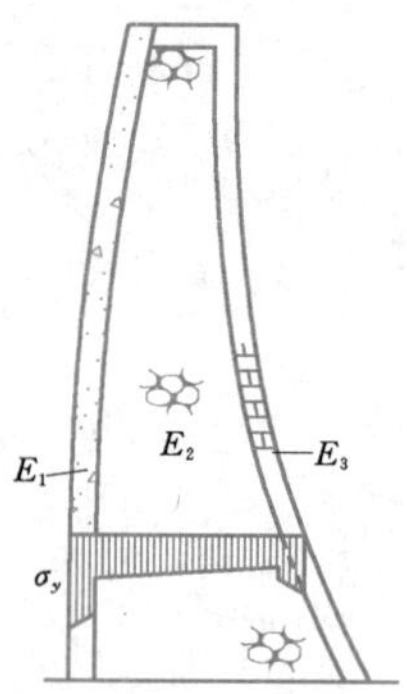

图 4.4-8 成层异弹性模量剖面

设有如图 4.4-8 所示的砌石拱坝拱冠梁剖面，E_1、E_2、E_3 分别为防渗面板、浆砌块石及下游面浆砌条石的弹性模量。假定在两层不同弹性模量的接触面上没有相互错动，即接触面满足形变连续条件，设以 σ_{y1} 和 σ_{y2} 分别表示接触面各一侧的梁应力，则按平面应力公式有：

$$\sigma_{y1} = \frac{E_1}{1-\mu_1^2}(\varepsilon_y + \mu_1 \varepsilon_x) \tag{4.4-4}$$

$$\sigma_{y2} = \frac{E_2}{1-\mu_2^2}(\varepsilon_y + \mu_2 \varepsilon_x) \tag{4.4-5}$$

令泊松比 $\mu_1 = \mu_2$，则接触面两侧应力比近似地为

$$\frac{\sigma_{y1}}{\sigma_{y2}} \approx \frac{E_1}{E_2} \tag{4.4-6}$$

即接触面的应力可按弹性模量比呈阶梯状变化。高弹性模量的一侧（如混凝土防渗板及浆砌料石等）承担了较大的应力。

既然应力比等于弹性模量比，可以仿效钢筋混凝土计算中所用的将钢筋断面转化为混凝土断面的折算断面法，分析计算多种材料的拱坝。按折算断面法，将所取单位高度拱环的断面按弹性模量比化为 T 形或“工”字形，若取浆砌块石高度为 1，则防渗板折算高度为$\frac{E_1}{E_2}$，下游面浆砌条石折算高度为$\frac{E_3}{E_2}$，如图 4.4-9 所示。然后计算折算断面面积 A、断面惯性矩 J 和断面形心。从形心至圆心的距离，称为当量半径 $r_{当}$。设一矩形当量断面，其厚度为 $T_{当}$，而其断面惯性矩与上述折算断面的惯性矩 J 相等，则

$$T_{当} = \sqrt[3]{12J} \tag{4.4-7}$$

然后根据半中心角 φ_A 和算出的$\frac{T_{当}}{r_{当}}$，按纯拱法查纯拱法计算表，得到拱的内力系数，再按偏心受压公式计算应力。若用试载法或拱冠梁法，则可先按 φ_A 和$\frac{T_{当}}{r_{当}}$查出拱的变位系数，再按通常的方法求荷载分

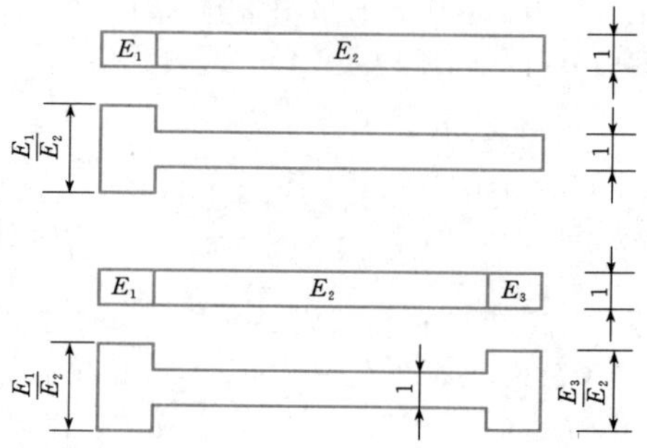

图 4.4-9 折算断面示意

配。对于薄拱坝或较小的工程，可先用通常计算均质拱坝的方法求出荷载分配和梁、拱内力，再用折算断面法计算断面有关参数，然后用偏心受压公式计算拱与梁的应力。

2. 应力控制标准

砌石拱坝采用拱梁分载法计算坝体主压应力和主拉应力时，用于校核砌石体容许压应力的安全系数，对于基本荷载组合采用 3.5，对于特殊荷载组合采用 3.0。当无试验资料时，砌石体容许压应力可按表 4.2-5 采用。表 4.2-5 中砌石体的容许压应力表示为

$$[\sigma_P] = \frac{1.25 f_{cc}}{K} \tag{4.4-8}$$

式中 f_{cc}——砌石体极限轴心压应力，可从表 4.2-4 中查得；

K——抗压强度安全系数；

1.25——轴心受压换算为弯曲受压的系数。

由于砌石体的抗拉强度小于混凝土，所以，非地震荷载组合时，砌石拱坝容许出现较小计算拉应力；地震荷载组合时砌石拱坝出现计算拉应力的限制可适当放宽。

砌石拱坝计算拉应力控制可参考表 4.4-2 采用。

表 4.4-2 砌石拱坝计算拉应力控制参考值[1] 单位：MPa

胶凝材料强度	毛石砌体		粗石、块石砌体	
	拱坝周边	其他部位	拱坝周边	其他部位
7.5	0.70	0.55	1.00	0.80
10.0	0.90	0.70	1.20	1.00
12.5	1.00	0.85	1.35	1.20
15.0	1.10	1.00	1.50	1.40

表 4.4-3 和表 4.4-4 为部分砌石拱坝的计算应力与容许压应力，其中表 4.4-3 中的计算压应力均小于容许压应力，而表 4.4-4 中的一些砌石拱坝的计算压应力接近或超出容许压应力。表 4.4-5 为部

表 4.4-3　部分 3 级砌石拱坝最大计算应力与容许压应力[1]

序号	工程名称	地点	坝高（m）	库容（万 m^3）	坝的级别	最大计算应力（MPa）		按规范查容许压应力（MPa）	坝体材料
						压应力	拉应力		
1	索溪峪	湖南慈利	86.0	3240	3	3.60	0.740	6.0	混凝土砌块石
2	大江口	湖南涟源	82.0	4430	3	3.64	1.040	5.3	混凝土砌块石
3	长潭岗	湖南凤凰	87.6	9970	3	5.03	1.000	5.3	C10 混凝土砌石
4	南　溪	福建福鼎	67.3	6690	3	3.62	0.895	5.3	混凝土砌条石
5	峡口肚	广西昭平	64.0	1181	3	4.24	2.000	5.3	C10 混凝土砌石
6	天福庙	湖北远安	63.3	6253	3	3.51	1.230	4.6	水泥砂浆砌条石
7	板　峡	广西永福	60.3	8740	3	2.67	1.500	6.9	C15 混凝土砌块石
8	乌　源	广西富川	58.0	1415	3	4.48	0.120	6.9	C15 混凝土砌石
9	茅　溪	湖南大庸	57.0	5630	3	3.37	0.340	5.3	混凝土砌块石
10	胜　利	四川酉阳	55.2	1218	3	2.95	0.670	4.4	水泥砂浆砌条石
11	龙岭下	福建浦城	53.0	1290	3	3.50	1.600	5.3	混凝土砌块石
12	水　埠	福建泰宁	50.7	1270	3	3.40	1.350	5.3	混凝土砌石
13	官　舟	贵州沿河	46.0	2030	3	3.08	1.620	5.3	C15 混凝土砌石
14	东　风	贵州习水	46.0	1250	3	4.00	1.870	4.6	M10 砂浆砌块石
15	小　桥	四川涪陵	45.0	1126	3	3.70	1.170	4.4	水泥砂浆砌条石
16	山虎关	四川武隆	45.0	1075	3	3.61	1.280	4.4	水泥砂浆砌条石
17	山　花	广西藤县	45.0	3886	3	2.40	1.130	4.6	M10、M15 砂浆砌块石
18	马安关	湖北郧西	42.6	1675	3	2.67	1.650	5.3	混凝土砌块石

续表

序号	工程名称	地 点	筑坝石料		坝底厚（m）	厚高比	河谷宽高比	体型	建成时间	备 注
			岩 类	强度等级（MPa）						
1	索溪峪	湖南慈利	石英砂岩	80	22.5	0.262	1.83	双曲	1978年	多拱梁法按开裂计算
2	大江口	湖南涟源	石灰岩	60	25.0	0.298	2.32	双曲	1992年	
3	长潭岗	湖南凤凰	石灰岩	60	15.0	0.184	2.50	双曲	施工中	
4	南 溪	福建福鼎	流纹岩	60	18.8	0.280	3.86	双曲	1983年	
5	峡口肚	广西昭平	砂 岩	60	8.0	0.125	1.71	双曲	已建成	
6	天福庙	湖北远安	石灰岩	60	20.0	0.320	2.78	双曲	1978年	
7	板 峡	广西永福	砂 岩	60	17.0	0.283	2.75	双曲	1983年	
8	乌 源	广西富川	砂 岩	60	16.0	0.276	3.31	双曲	已建成	
9	茅 溪	湖南大庸	石灰岩	60	15.0	0.263	2.32	双曲	1979年	
10	胜 利	四川酉阳	砂 岩	40	23.0	0.417	2.65	单曲	1979年	
11	龙岭下	福建浦城	凝灰熔岩	60	15.0	0.280	2.34	双曲	1976年	
12	水 埠	福建泰宁	云母石英片岩	60	14.0	0.276	2.60	双曲	1978年	
13	官 舟	贵州沿河	石灰岩	60	11.0	0.275	3.25	双曲	1982年	
14	东 风	贵州习水	石灰岩	60	10.5	0.230	1.70	双曲	1973年	
15	小 桥	四川涪陵	砂 岩	40	8.6	0.191	2.44	单曲	1981年	
16	山虎关	四川武隆	砂 岩	40	11.0	0.244	2.50	单曲	1977年	
17	山 花	广西藤县	长石石英砂岩	60	7.0	0.190	2.49	双曲	1980年	
18	马安关	湖北郧西	片麻岩	60	7.7	0.212	2.62	双曲	1979年	

注 1. 应力分析方法除注明者外，都为拱冠梁法。
2. 胶凝材料未标注强度等级的，为C10；石料未标注种类的，按块石计，条石按粗料石计。

表 4.4-4　部分砌石拱坝最大计算应力与容许压应力[1]

序号	工程名称	地点	坝高(m)	库容(万 m^3)	坝的级别	最大计算应力(MPa)		按规范查容许压应力(MPa)	坝体材料
						压应力	拉应力		
1	流清河	山东崂山	83.0	260	4	5.88	2.05	5.7	M10 砂浆砌条石
2	方　坑	浙江武义	80.0	710	3	3.99	0.95	2.7	C10 混凝土砌毛石
3	小岗岭	浙江江山	64.0			5.48	1.40	5.3	C10 混凝土砌块石
4	神　口	湖北蒙阳	60.0	2495	3	3.66	1.78	3.6	水泥砂浆砌块石
5	金　花	广西岑溪	53.0	468	4	5.71	1.50	5.3	C20 混凝土砌块石
6	富　强	广西昭平	52.9	400	4	4.35	1.53	5.3	C10 混凝土砌块石
7	长沙坝	四川威远	52.0	3470	3	4.57	2.06	4.4	M10 砂浆砌条石
8	钓鱼台	陕西宝鸡	48.8	272	4	4.47	2.83	6.0	C10 混凝土砌块石
9	铁炉坑	福建寿宁	37.0	117	4	5.23	3.97	3.1	C10 混凝土砌毛石
10	乌龙矶	河北承德	24.0	55	5	4.32	3.28	4.6	M10 砂浆砌块石
11	磄　沟	陕西洛南	20.7	15	5	4.00	1.00	4.0	M7.5 砂浆砌块石
12	石　门	山东崂山	20.0	18	5	6.80	4.00	5.3	M10 砂浆砌块石
13	高竹洋	福建松溪	20.0	33	5	4.05	3.30	4.4	M7.5 砂浆砌块石
14	后壁山	福建寿宁	19.5	12	5	5.06	4.19	4.6	M10 砂浆砌块石
15	龙琯峡	福建寿宁	19.4	22	5	3.55	2.83	2.7	C10 混凝土砌毛石
16	坪　坑	福建寿宁	18.5	65	5	4.48	3.97	4.6	M10 砂浆砌块石
17	龙　礤	福建寿宁	18.4	12	5	5.59	4.93	4.6	M10 砂浆砌块石
18	小车岭	福建寿宁	17.0	10	5	4.57	3.93	2.7	C10 混凝土砌毛石

续表

序号	工程名称	地点	筑坝石料		坝底厚（m）	厚高比	河谷宽高比	体型	建成时间	备注
			岩类	强度等级（MPa）						
1	流清河	山东崂山	粗粒花岗岩	60	13.60	0.184	2.48	双曲	已成 68m	
2	方坑	浙江武义	凝灰流纹岩	60	10.00	0.125	1.58	双曲	已建成	
3	小岗岭	浙江江山	花岗岩	60	10.00	0.156	2.30	双曲	已建成	
4	神口	湖北蒙阳	千枚岩、板岩	40	14.00	0.250	2.47	双曲	已建成	
5	金花	广西岑溪	混合岩	50	5.50	0.104	2.72	双曲	已建成	
6	富强	广西昭平	砂岩	60	5.00	0.100	2.57	双曲	已建成	
7	长沙坝	四川威远	砂岩	40	16.00	0.340	2.74	单曲	1971年	
8	钓鱼台	陕西宝鸡	花岗岩	80	9.00	0.210	3.40	双曲	1978年	
9	铁炉坑	福建寿宁	凝灰岩	60	2.74	0.074	2.01	双曲	1978年	
10	乌龙矶	河北承德	石灰岩	60	1.80	0.090	3.13	双曲	1982年	多拱梁法分析
11	礓沟	陕西洛南	片麻花岗岩	60	3.00	0.140	2.20	单曲	1982年	
12	石门	山东崂山	花岗岩	80	2.70	0.135	3.35	单曲	1966年	
13	高竹洋	福建松溪	花岗岩	80	2.00	0.100	3.20	单曲变厚	1977年	
14	后壁山	福建寿宁	流纹岩	60	1.50	0.077	2.82	单曲变厚	1980年	
15	龙琯峡	福建寿宁	流纹岩	60	1.86	0.096	2.06	单曲变厚	1981年	
16	坪坑	福建寿宁	流纹岩	60	1.57	0.085	2.43	单曲变厚	1983年	
17	龙磜	福建寿宁	流纹岩	60	1.33	0.072	2.74	单曲变厚	1979年	
18	小车岭	福建寿宁	流纹岩	60	1.20	0.071	2.62	单曲变厚	1981年	

注 1. 除注明者外，均为拱冠梁法计算应力成果。

2. 毛石又称乱块石，块石又称方块石，条石又称料石或粗石。

表 4.4-5　**部分砌石拱坝两种计算方法最大应力成果**[1]

序号	工程名称	地点	库容（万 m^3）	坝高（m）	坝底厚（m）	厚高比	河谷宽高比	体型	筑坝石料		顶拱厚（m）	校核正常水位差值（m）	最大拉应力（MPa）		
									岩类	强度等级（MPa）			拱冠梁法		
													数值	荷载组合	发生部位
1	井冈冲	江西井冈山	3800	92.0	24.000	0.261	2.74	双曲	砂岩	60	6.795	0.73	1.91	1	拱冠梁底上游面
2	长潭岗	湖南凤凰	9970	87.6	15.000	0.171	2.36	双曲	石灰岩	60	6.160	1.68	1.09	1	5 号拱拱冠下游面
3	金坑	浙江青田	2420	80.6	20.000	0.248	2.96	双曲	花岗岩	60	4.200	7.90	1.75	2	拱冠梁 5 号层上游面竖向
4	方坑	浙江武义	510	76.0	10.000	0.147	1.54	双曲	凝灰岩	60	3.200	2.90	1.00	2	拱冠梁 3 号层上游面竖向
5	流清河	山东崂山	230	68.0	13.600	0.200	2.71	双曲	花岗岩	60	5.125	2.50	1.34	2	拱冠梁 5 号层上游面竖向
6	南溪	福建福鼎	6760	67.3	18.820	0.280	2.18	双曲	流纹斑岩	60	4.500	6.40	1.02	2	拱冠梁底上游面
7	木浪河	贵州兴义	4710	66.5	7.836	0.135	1.55	双曲	白云岩	60	3.539	7.00	0.89	1	4 号拱拱冠下游面
8	毛拉洞	海南保亭	4895	66.0	14.250	0.227	2.56	单曲	花岗岩	60	4.080	4.93	1.03	2	4 号拱拱冠上游面
9	香溪口	贵州赤水	1750	64.5	20.000	0.356	3.39	双曲	砂岩	40	5.000	4.57	1.41	2	拱冠梁上游面
10	东溪	福建仙游	2282	57.0	18.960	0.330	2.58	双曲	流纹斑岩	60	4.000	2.97	0.65	2	拱冠梁 4 号层上游面竖向
11	岩鹰山	贵州修文	930	56.0	19.000	0.339	2.26	单曲	白云质灰岩	60	5.000	0.00	0.76	1	4 号拱拱端上游面
12	龙岑下	福建浦城	1418	52.0	15.000	0.288	2.15	双曲	凝灰熔岩	60	3.420	3.28	0.55	1	5 号拱拱冠下游面
13	长沙坝	四川威远	3470	52.0	16.000	0.310	2.15	单曲	砂岩	40	3.000	4.25	0.60	1	4 号拱拱端上游面
14	新荣溪	福建柘荣	454	51.0	10.760	0.210	2.49	双曲	砂岩	60	3.000	3.00	0.64	1	拱冠梁底上游面
15	桐坑溪	浙江天台	280	48.8	5.000	0.102	1.01	双曲	花岗岩	60	3.300	3.00	1.91	1	拱冠梁底上游面
16	九道拐	贵州凤岗	4260	48.0	12.500	0.266	3.49	单曲	白云岩	60	5.000	9.21	1.83	2	拱冠梁底上游面
17	白溪关	湖南古丈	1640	47.0	10.000	0.210	2.17	单曲	石灰岩	60	5.000	1.70	1.05	1	拱冠梁底上游面
18	界溪	福建政和	1750	47.0	10.000	0.210	2.00	双曲	花岗岩	60	3.000	2.50	0.54	1	5 号拱拱冠下游面

续表

序号	工程名称	地点	最大拉应力（MPa）			最大压应力（MPa）						拱坝体积（万 m^3）	修建时间
			多拱梁法			拱冠梁法			多拱梁法				
			数值	荷载组合	发生部位	数值	荷载组合	发生部位	数值	荷载组合	发生部位		
1	井冈冲	江西井冈山	1.30	2	左5号梁底上游面 SP12	4.73	1	拱冠梁底下游面	3.67	2	拱冠梁底下游面 SP21	16.43[a]	1989～2000年
2	长潭岗	湖南凤凰	2.16	1	左、右6号梁底下游面 SP21	4.64	2	1号拱拱端下游面	4.92	2	左、右4号梁底下游面 SP21	10.59[a]	1990～2003年
3	金　坑	浙江青田	2.21	2	右3号梁底上游面 SP12	4.87	2	顶拱拱端下游面	5.17	2	左3号梁底下游面 SP22	12.28[a]	1978～1984年
4	方　坑	浙江武义	0.72	1	拱冠梁5号层下游面 SP22	3.33	2	拱冠梁底下游面	2.66	2	拱冠梁3号层下游面 SP22	4.00	1970～1983年
5	流清河	山东崂山	2.05	2	拱冠梁底上游面 SP12	4.32	2	拱冠梁底下游面	3.15	2	右3号梁底下游面 SP22	9.30	1973～1981年
6	南　溪	福建福鼎	0.63	1	拱冠梁5号层下游面 SP22	3.23	2	拱冠梁底下游面	2.76	2	右3号梁底下游面 SP22	7.50	1974～1983年
7	木浪河	贵州兴义	1.61	2	6号梁底下游面 SP21 对称	3.39	2	3号拱拱端下游面	3.49	2	3号梁底下游面 SP22	1.70[a]	1994～1999年
8	毛拉洞	海南保亭	1.42	2	右4号梁底上游面 SP12	2.81	2	顶层拱端下游面	2.65	2	顶层拱冠上游面 SP12	4.44[a]	1995～2006年
9	香溪口	贵州赤水	1.42	2	左6号梁5号层上游面 SP12	3.02	2	拱冠梁底下游面	2.97	2	拱冠梁5号层下游面 SP21	11.13[a]	1987～1994年
10	东　溪	福建仙游	0.51	1	拱冠梁5号层下游面 SP22	2.65	2	拱冠梁底下游面	1.86	2	左3号梁底下游面 SP22	5.24	1972～1979年
11	岩鹰山	贵州修文	1.15	2	拱冠梁底层上游面 SP12	1.94	1	3号拱拱端下游面	2.24	1	左4号梁底下游面 SP22	4.30	1972年
12	龙岑下	福建浦城	0.78	1	拱冠梁5号下游面 SP22	1.82	2	拱冠梁底下游面	1.60	1	拱冠梁2号层上游面 SP12	3.96	1974～1976年
13	长沙坝	四川威远	0.78	1	拱冠梁5号下游面 SP22	2.13	2	顶层拱端下游面	2.11	2	顶层拱冠上游面 SP12	3.80[a]	1968～1971年
14	新荣溪	福建柘荣	0.79	1	拱冠梁5号下游面 SP22	2.39	2	拱冠梁下游面	2.24	2	右3号梁底下游面 SP22	3.15	1977～1982年
15	桐坑溪	浙江天台	1.34	1	底层拱冠下游面 SP22	4.56	1	拱冠梁下游面	3.16	2	左6号梁4号层下游面 SP21	0.78[a]	1969～1972年
16	九道拐	贵州凤岗	1.37	2	拱冠梁底层上游面 SP11	3.17	2	拱冠梁下游面	2.81	2	顶层拱冠上游面 SP12	3.03[a]	1990～1993年
17	白溪关	湖南古丈	1.68	1	拱冠梁1号层下游面 SP22	2.47	1	拱冠梁下游面	3.15	1	拱冠梁3号层下游面 SP22	2.00[a]	1976～1982年
18	界　溪	福建政和	0.69	1	拱冠梁5号层下游面 SP22	2.04	1	拱冠梁下游面	1.97	2	右3号梁底下游面 SP22	2.46	1974～1979年

注　1. 荷载组合1为正常蓄水位＋温降；荷载组合2为校核洪水位＋温升。

2. 拱层编号从顶至底为0～6号，多拱梁法梁编号拱冠梁为7号，向两拱端依次为左6～1号，右6～1号。

3. 最大拉、压应力，拱冠梁法指拱向或梁向正应力，多拱梁法指主应力；上游面第一、第二主应力标为SP11、SP12，下游面第一、第二主应力标为SP21，SP22；第一主应力与主平面方向垂直，第二主应力与第一主应力方向垂直；主应力角α为主平面与x'轴的夹角，x'轴为原切线轴旋转β_d或β_u而得。B_d、β_u为内、外拱弧切线与拱圈径向剖面法线的夹角。a为拱坝方量，未带a者未计入溢流坝顶以上坝体方量，底层拱以下的垫座方量未计入。

分砌石拱坝分别用多拱梁法和拱冠梁法计算的最大应力。

采用三维有限元法分析砌石拱坝应力时，应力计算成果应进行等效处理，即将断面上的应力分布按合力和一次矩相同的条件，用材料力学方法转化为等效的线性分布，可基本消除由于单元剖分不规则引起的局部应力集中现象。

对于重要的砌石拱坝也可采用拱坝极限分析法进行核算，坝体强度安全系数 K_J 为极限荷载与设计荷载的比值，对于基本组合 $K_J \geqslant 3.2$，对于特殊组合，$K_J \geqslant 2.9$。表 4.4-6 为部分工程在校核洪水位工况下坝体强度安全系数，表 4.4-7 为部分工程的坝体强度安全系数的试验值与计算值的比较。

砌石拱坝拱端重力墩、推力墩的应力计算与混凝

表 4.4-6　　坝体强度安全系数及拱座岩体稳定安全系数[1]

砌石拱坝名称	桐坑溪	流清河	南溪	朝阳	岩鹰山	瓮坑
坝体强度安全系数	4.26	3.35	3.90	3.11	3.22	3.39
拱座抗滑稳定安全系数		1.53	1.61	2.35	1.67	1.41

表 4.4-7　　坝体强度安全系数试验值与计算值比较[1]

模 型 名 称		丰乐	东江	梅花
坝体强度安全系数	试验值	11.6～12.2	8.8	1.3
	计算值	10.61	7.8	1.4

注　1. 丰乐坝试验为安徽省水利科学研究所所做。
2. 东江坝试验为中南勘测设计研究院所做。
3. 梅花坝试验和计算均为广西大学所做。
4. 材料计算强度取模型材料实际的轴心抗压极限强度。

土拱坝相同。

河海大学对井冈冲砌石拱坝的坝体应力情况进行了计算分析[6]。江西井冈冲水库位于赣江支流蜀水上游左溪上，是一座兼有发电、防洪、旅游、供水、养殖等综合效益的中型水库。大坝为细石混凝土砌石双曲拱坝，坝顶高程 730.00m，最大坝高 92.0m，坝顶宽 5.0m，坝底宽 24.0m，厚高比 0.26，最大倒悬度 0.252，坝轴线半径 160.0m，坝顶拱弧中心角 99.9°。大坝上游面设有混凝土防渗面板，底厚 3.00m，顶宽 0.80m。大坝防渗面板混凝土强度等级为 20MPa，坝体二级配混凝土砌块石强度等级为 15MPa。坝址多年平均气温 15.5℃。

该坝为中厚拱坝，为节省篇幅，此处略去计算参数。依据规范可不计扬压力的影响，各计算工况和荷载组合如下：

工况Ⅰ：水库正常蓄水位＋相应下游水位（无水）＋设计正常温降＋泥沙压力（淤沙高程 663.00m，下同）＋坝体自重。

工况Ⅱ：水库死水位＋相应下游水位（无水）＋设计正常温升＋泥沙压力＋坝体自重。

工况Ⅲ：水库校核洪水位＋相应下游水位（645.00m）＋设计正常温升＋泥沙压力＋坝体自重。

针对井冈冲大坝的体型结构，拱梁分载法计算模型将大坝划分为 10 拱 21 梁，拱梁布置如图 4.4-10 所示。

大坝的三维有限元分析的网格空间布置，共划分等参单元 19469 个，节点 24162 个，如图 4.4-11 所示。

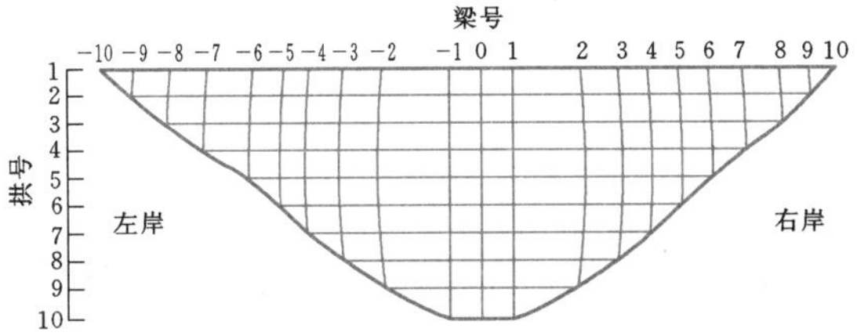

图 4.4-10　江西井冈冲砌石拱坝拱梁布置

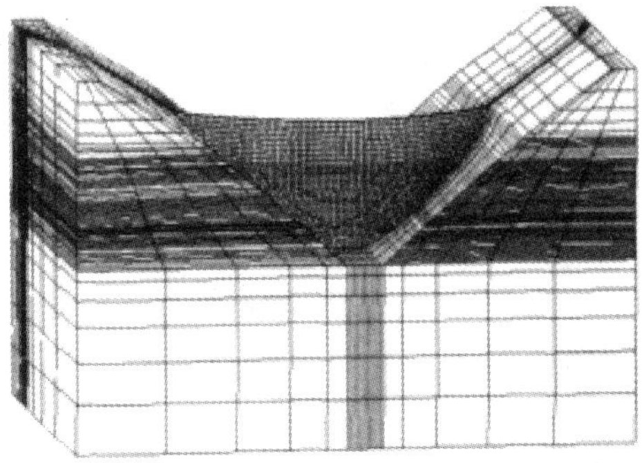

图 4.4-11　江西井冈冲砌石拱坝三维有限元网格剖分

表 4.4-8 拱梁分载法计算的大坝上下游坝面最大主应力 单位：MPa

工 况	上游坝面最大主拉应力	上游坝面最大主压应力	下游坝面最大主拉应力	下游坝面最大主压应力
Ⅰ	0.91（10拱0梁）	3.29（3拱0梁）	0.70（9拱0梁）	3.87（6拱—5梁）
Ⅱ	0.47（9拱0梁）	3.15（8拱—3梁）	1.05（8拱—3梁）	1.13（6拱0梁）
Ⅲ	1.03（8拱—3梁）	2.67（1拱0梁）	无拉应力	4.07（6拱—5梁）

拱梁分载法计算成果详见表4.4-8，可见大坝的主压应力和主拉应力均能满足规范要求。

三维有限元等效应力法计算成果如下：①工况Ⅰ，大坝上游坝面周边均出现了拉应力，其余基本为压应力区，这其中两拱端拉应力约0.20MPa，最大拉应力出现在拱冠梁底部附近，约为1.29MPa。该工况下压应力极值出现在上游坝面约2/3坝高附近和下游坝面1/3坝高以下的周边，最大值分别为1.60MPa和2.80MPa。②工况Ⅱ，大坝整体向上游变位，坝体最大主拉应力约为0.43MPa，发生在下游坝面周边的1/2坝高处，最大压应力值为4.21MPa，发生在上游坝面拱冠梁底部。③工况Ⅲ，大坝拉应力主要出现上游面约1/3坝高以下、两拱端下游面附近以及拱冠梁下游面坝顶附近，其中拱冠梁底部最大值为1.84MPa（对于非地震情况特殊荷载组合，容许拉应力不得大于2.0MPa），大坝压应力极值发生在拱冠梁上游面半坝高处、拱冠梁上游面顶部以及下游面约1/3坝高附近的周边，最大压应力分别为0.614MPa、3.05MPa和4.16MPa，均小于容许值6.0MPa。可见大坝的主压应力和主拉应力均能满足规范要求。

4.4.2.2 拱座稳定分析

砌石拱坝拱端稳定分析与混凝土拱坝拱端稳定分析的方法相同，一般以整体空间问题加以分析。当拱端岩体结构比较简单，无复杂滑裂面时，可按应力分析时的分层进行逐层分析拱端稳定。稳定分析采用刚体极限平衡原理，抗剪断计算公式和抗剪公式可参见式（2.6-6）和式（2.6-7）。相应安全系数应不小于表4.4-9规定的数值。

表 4.4-9 抗滑稳定安全系数

安全系数	采用公式	荷载组合		建筑物级别 2	建筑物级别 3
K'	式（1.4-19）	基本		3.25	3.00
		特殊	1	2.75	2.50
			2	2.25	2.00
K	式（1.4-20）	基本		1.40	1.30
		特殊	1	1.20	1.10
			2	1.10	1.00

注 1. 特殊荷载组合1包括校核洪水位情况、施工期情况和其他稀遇的不利荷载组合。
2. 特殊荷载组合2指地震情况的荷载组合。

部分砌石拱坝拱座抗滑稳定安全系数，可参见表4.4-6。

需要指出的是，砌石拱坝因砌缝影响，坝体弹性模量较低，对拱座变形反应比较敏感。拱座基岩较弱时计算应力可能降低，但由于变形量大，很容易引起不均匀变形或应力集中，导致应力及稳定情况恶化。这些情况在极限平衡法的常规分析计算中往往反映不出，如果进行三维有限元计算，应重视分析拱端基岩变形问题，采取措施控制拱端变形量。

砌石拱坝拱端重力墩、推力墩的稳定计算与混凝土拱坝相同。

下面以贵州盐津桥[7]和江西下会坑[8]砌石拱坝为例，简要介绍砌石拱坝的拱端稳定计算。

（1）盐津桥水库位于贵州省境内，是一个以灌溉、发电、供水及旅游为目的的综合水利工程。坝址河床高程为569.00m，正常高水位650.00m，坝型为细石混凝土砌块石对数螺旋线双曲薄拱坝，最大坝高100m（含垫座）。

右坝肩下游地形为陡崖，地形坡角为 70°～80°，为斜向坡，相对高差约 124m。高程 597.00～660.00m 内距坝端下游 20～50m 岩体具有临空面。根据地形地质条件以及拱端布置情况分析，影响右坝肩下游岩体稳定的不利地质单元主要有卸荷裂隙 L_1 与软弱夹层 N_j4、N_j5 组成的地质单元；卸荷裂隙 L_2 与岩石层理构成的地质单元；卸荷裂隙 L_3 与软弱夹层 N_j6、N_j7、N_j8 组成的地质单元；卸荷裂隙 L_3 与岩石层面组成的地质单元；卸荷裂隙 L_4 与岩石层面构成的地质单元；卸荷裂隙 L_5 与岩石层理构成的地质单元，如图 4.4-12 所示。根据各地质单元与拱端的相交情况确定拱端对可能滑移体的作用力大小。

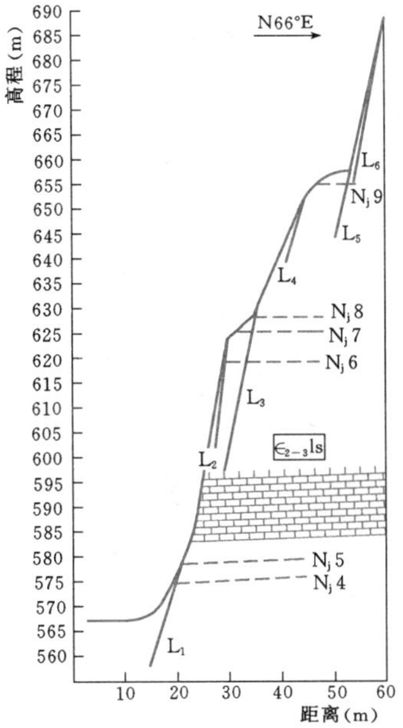

图 4.4-12 右坝肩下游地质剖面

根据上述分析，主要针对 L_3 和 L_5 与其他结构面组成的滑移体进行稳定性分析，坝肩不利滑移体的滑移模式及其稳定状况如图 4.4-13 和图 4.4-14 所示。

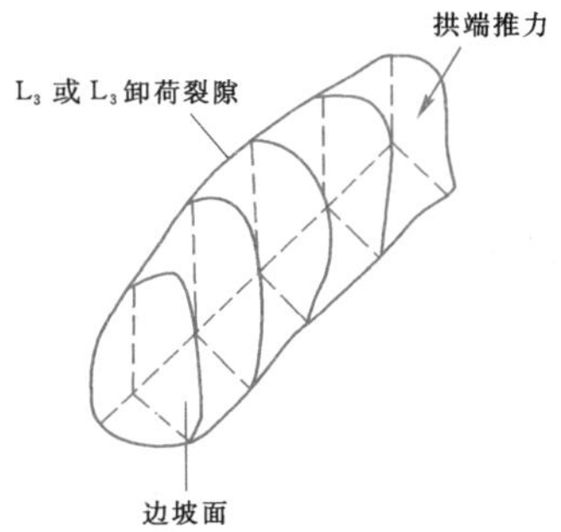

图 4.4-13 滑移体模型Ⅰ

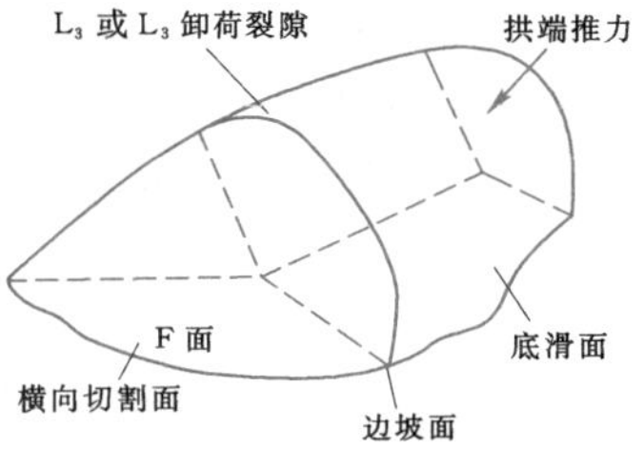

图 4.4-14 滑移体模型Ⅱ

对卸荷裂隙 L_1、卸荷裂隙 L_2、卸荷裂隙 L_4 组成的不利地质单元，考虑其与河谷临空面之间的岩体较单薄，其稳定性问题主要是避免岩体崩塌波及边坡稳定。对卸荷裂隙 L_3、卸荷裂隙 L_5 组成的不利地质单元，采用三维刚体极限平衡法，按抗剪公式分别计算岩体的稳定安全系数，计算结果见表 4.4-10。

从表 4.4-10 可知 L_5 裂隙的安全系数较大，而 L_3 所组合的滑移体稳定安全系数较小，且小于规范规定的抗滑稳定安全系数要求。

根据上述计算结果，卸荷裂隙 L_3 与岩石层面、X 节理组成的可能滑移体需进行加固处理。

（2）江西上饶下会坑水库，是信江二级支流花厅水开发的骨干工程，以发电为主，兼顾防洪、养殖及旅游等功用。大坝为浆砌石双曲薄拱坝，最大坝高 102.4m，厚高比 0.2，是目前国内最高的砌石拱坝，

表 4.4-10　右坝肩下游岩体抗滑稳定分析成果

序号	稳定分析 结构面	地 质 单 元	正常情况 安全系数	校核情况 安全系数
1	侧向切割面 底滑面 横向切割面	L_3 卸荷裂隙 岩层层面 X 节理（F 面）	0.866	0.74
2	侧向切割面 底滑面 临空面	L_3 卸荷裂隙 N_f8 软弱夹层 侧向河谷及下游边坡	0.27	
3	侧向切割面 底滑面 横向切割面	L_5 卸荷裂隙 岩层层面 X 节理（F 面）	2.09	

工程于2002年建成运行。

坝址区属构造侵蚀低山地形，两岸山体雄厚，河谷狭窄，呈V形，河床宽约35m，河床底高程328.00～330.00m。坝基出露的地层岩性主要为燕山早期中细粒黑云母花岗岩，浅红色，块状构造，花岗结构，岩石致密坚硬。根据施工阶段的地质成果，坝基揭露的主要断层共有24条，其中左坝肩F_{24}断层规模较大，性状较差，其他断层规模小，性状好。坝基裂隙主要以中陡倾角为主。坝基河床部位岩石为新鲜和微风化岩石，左右两坝肩高程350.00～390.00m坝基岩石为弱风化中下部岩体，左右两坝肩高程390.00m以上坝基岩石为弱风化中上部岩石。

为了提供较为准确的地质参数，在左坝肩下游布置开挖的一个平洞（PD28），分别对弱风化和微风化岩体进行现场变形试验，对较发育及具代表性的陡倾角裂隙进行野外剪切试验，对缓倾角裂隙取原状岩块样进行室内中型剪试验。由于不存在由断层形成（或参与形成）的对坝肩稳定不利的滑移体，未对断层进行试验。试验结果为，沿拱端方向的岩体变形模量平均值$E_0=7.77$GPa，岩体弹性模量平均值$E=9.84$GPa，均小于其他方向的岩体变形模量与弹性模量平均值，说明沿拱端方向岩体相对易于产生变形，这与结构面的发育程度与方向相吻合，剪切试验结果详见表4.4-11。根据试验成果，结合坝基裂隙发育及连通等情况，确定坝基岩体及结构面力学参数的选取以试验的峰值强度小值为依据。参数选取根据原位测试及室内试验成果确定，详见表4.4-12。

表4.4-11　　软弱结构面抗剪强度（单点摩擦）试验成果表

试验方法	试件编号	抗剪摩擦试验						试验位置	备注
		峰值摩擦强度		屈服摩擦强度		f_y/f	c_y/c		
		f	c（MPa）	f_y	c_y（MPa）				
现场试验	τ_1	1.05	0.57	0.81	0.32			PD28	
	τ_4	0.99	0.72	0.83	0.21			PD28	
	平均	1.07	0.56	0.75	0.34	0.70	0.60		微机拟合
	τ_2	0.80	0.37	0.61	0.17			PD28	
	τ_3	0.85	0.48	0.68	0.22			PD28	
	平均	0.94	0.29	0.71	0.11	0.76	0.38		微机拟合
室内伺服中剪	τ中s_1	0.71	0.41	0.56	0.34	0.79	0.83	左坝肩	微机拟合
	τ中s_2	0.82	1.25	0.68	0.90	0.83	0.72	左坝肩	微机拟合
	τ中s_3	0.87	0.98	0.67	0.85	0.77	0.87	左坝肩	微机拟合

表4.4-12　　坝基岩体及结构面物理力学指标地质建议值

岩性	饱和重度（kN/m³）	变形模量（GPa）	弹性模量（GPa）	泊松比	抗剪强度	抗剪断强度	
					f	f'	c'（MPa）
弱风化花岗岩	26.0	6.0～6.5	7.0～8.5	0.20			
微风化花岗岩	26.2	7.5～10.0	10.0～13.0	0.20			
陡倾角裂隙					0.70	0.80	0.30
缓倾角裂隙					0.60	0.70	0.45
断层					0.45～0.50		

大坝上游存在一铅直的贯穿性横向切割面，沿坝头向下游存在一陡倾角的侧向切割面，在计算坝段底部存在一缓倾角的底部切割面，由此形成楔形计算滑移体。横向切割面承受的水压力为全水头，而侧向、底部的切割面承受的水压力考虑帷幕、排水的作用而按全水头乘0.5的折减系数计。抗滑稳定计算成果见表4.4-13。计算成果表明，大坝完建蓄水后在设计与校核工况下坝肩抗滑稳定安全性满足规范要求。

表 4.4-13　坝肩抗滑稳定系数计算成果表

工况	计算位置	计算范围（高程）(m)	K_f	K'_f
正常蓄水位＋温降	左坝肩	423.50～410.00	1.44	6.88
		423.50～395.00	1.42	4.76
		423.50～380.00	1.37	4.78
		423.50～365.00	1.44	4.58
		423.50～350.00	1.49	3.46
		423.50～336.00	1.55	3.76
		423.50～323.00	1.34	3.22
	右坝肩	423.50～410.00	3.14	20.93
		423.50～395.00	2.39	10.31
		423.50～380.00	2.10	7.04
		423.50～365.00	1.58	4.89
校核洪水位＋温升	左坝肩	423.50～410.00	1.57	4.51
		423.50～395.00	1.59	4.31
		423.50～380.00	1.42	4.42
		423.50～365.00	1.45	4.41
		423.50～350.00	1.54	4.22
		423.50～336.00	1.60	4.03
		423.50～323.00	1.39	3.22
	右坝肩	423.50～410.00	2.88	14.82
		423.50～395.00	2.66	10.35
		423.50～380.00	2.31	7.63
		423.50～365.00	1.68	5.13

4.4.3　地基处理

砌石拱坝的坝基处理与混凝土拱坝基本相同。

1. 坝基开挖与坝基灌浆及排水

坝基开挖设计中，应对爆破提出要求。砌石拱坝两岸拱座利用岩面宜开挖成径向面；如拱端厚度较大而使开挖量过大时，也可采用半径向面。岸坡平行于轴线方向，不应有大的坡角及台阶。整个坝基利用岩面的纵坡应平顺，无突变。在建基面与砌石拱坝之间根据需要设置混凝土垫层。

当拱座附近基岩有不良地质情况，浅层分布时可挖除；分布稍深时，在清除表面附近软弱带后，对拱座进行加固处理（如固结灌浆、锚固等），一般比深挖更恰当。当基岩的强度及变形模量等于或略高于坝身砌体时，便不必再进行深挖，以免增大应力、变形及坝体工程量。

高拱坝应尽可能在拱座上游设置防渗灌浆帷幕，防止水库渗漏；在拱座下游和岸坡设置可靠的排水，以增强坝肩稳定性。为了改善拱端应力分布，控制变形，增强稳定性，两岸拱座一般均需固结灌浆，再用垫座与岸坡基岩连接，有的砌石拱坝采用拱端局部扩大或曲率变缓的断面型式。为了与其他措施相配合，有时也需接触灌浆或回填灌浆，砌石拱坝用灌浆处理不良地基，其布置原则与混凝土拱坝基本相同。表4.4-14为部分砌石拱坝采用帷幕灌浆和固结灌浆处理裂隙、断层破碎带的情况，可供参考。

福建桑园水库为砌石双曲拱坝[9]，坝高84.2m，坝顶高程306.70m，坝基弱风化岩体总体占82.3%，而弱风化上部岩体则占到54.9%。为了有效利用占50%多的弱风化带上部岩体，设计不同孔深、不同密度的固结灌浆，固结灌浆孔的排距为1.5～3m，孔深为4～9m，其中最大孔深超过10m以上。通过固结灌浆后测得的弱风化上部岩体（Ⅲ级岩体）的地震波速提高了30%～35%，相应的岩体力学指标提高25%左右，即相当于弱风化下部（Ⅱ级）的岩体质量。

表 4.4-14　部分砌石拱坝帷幕灌浆和固结灌浆处理裂隙带情况[3]

序号	坝名	地点	坝型	坝高 (m)	地基情况	帷幕灌浆								固结灌浆						备注
						孔深 (m)	孔距 (m)	排距 (m)	单位耗灰量 (kg/m)	灌浆压力 (kg/cm²)	孔数	总深 (m)	单位吸水率 ω [L/(min·m)]	孔深 (m)	孔距 (m)	排距 (m)	灌浆压力 (kg/cm²)	孔数	总深 (m)	
1	群英	河南焦作	重力拱坝	101.3	寒武系灰岩，坝肩裂隙发育	45	2.50		一般240，最大700		坝基30 坝肩12	1235 745	≤0.02							1971年建成，运行正常
2	大江口	湖南涟源	拱坝	82.0	灰岩，坝基坝肩裂隙发育，左岸较严重，有顺河断层两条		3.00	1.5	单位吸浆率115		河床138		≤0.01	3～7	3.60		4～12			1/2H以下有两排帷幕孔，以上有一排孔；河床两断层间作副帷幕，深度为主帷幕的2/3；河床基面排水，孔距2m；另设深层排水，孔深1/2～2/3主帷幕深度，孔距3～5m
3	河口	四川威远	拱坝	57.0	侏罗系砂页岩互层，坝基砂岩裂隙发育，右岸较破碎	坝基 第一排 27及17相间； 第二排13； 坝肩一般30	1.66 3.21 2.00		总95.5	3～5		总2420	≤0.03 (固结≤0.05)	坝基15 右岸3	2.87～3.10 3.50	3排	3			1972年建成，运行良好
4	长沙坝	四川威远	拱坝	52.0	侏罗系砂岩，岸坡有页岩夹层，坝基砂岩中夹页岩透镜体和破碎带，岩基裂隙发育	30～50	3.00	两排 2.5			82	3108		8～20	2.50～5.00	6排2.5		363	2876	1971年建成后，有绕渗现象，后灌浆处理，右岸仍有少量渗漏
5	闽东	福建周宁	重力拱坝	41.0	中粒花岗岩，河谷陡峻，断裂发育	20							≤0.01	4	3.00					坝基全面固结灌浆；1971年建成后坝基有渗漏，后补充灌浆处理

不但解决了坝基的防渗问题，还提高了弱风化上部岩体的强度。

对于地基条件较好的低坝，若拱座无专门的防渗排水设施，为了防止绕坝头渗水进入坝体，在坝端采用厚 30cm 以上的混凝土垫座与基岩连接。某些砌石拱坝与基岩连接情况，如图 4.4-15 所示。

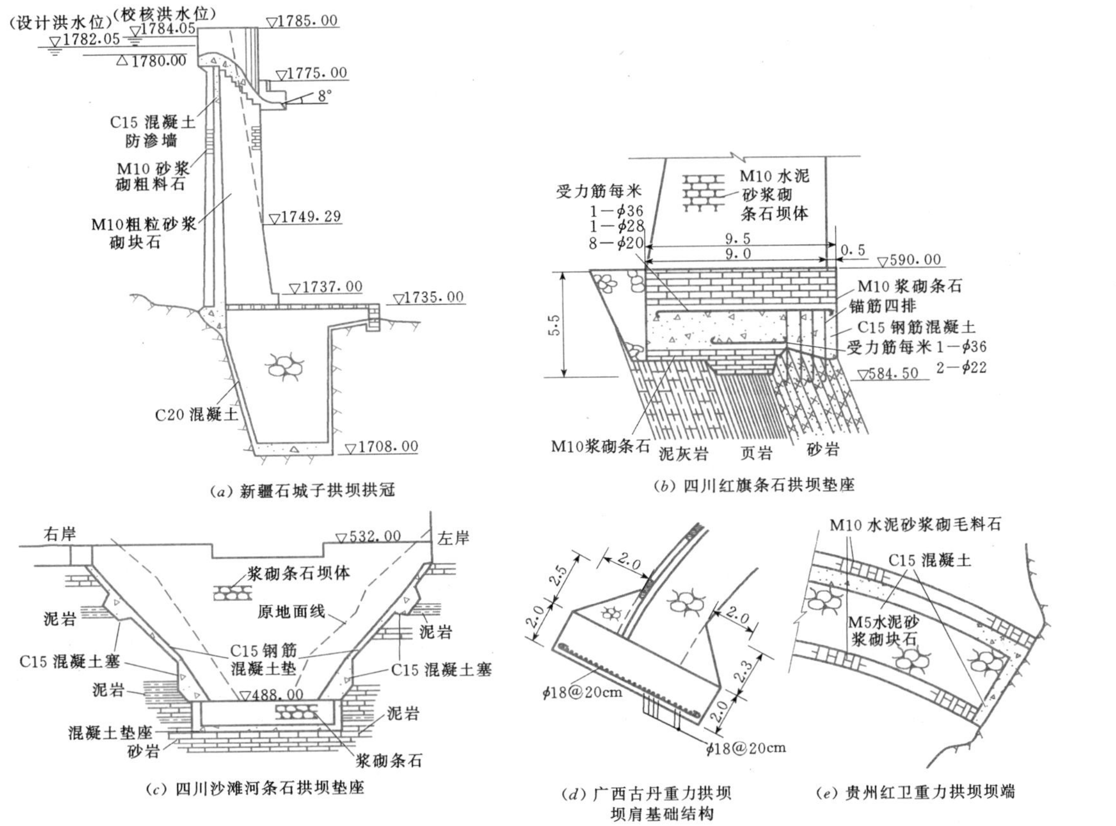

(a) 新疆石城子拱坝拱冠　(b) 四川红旗条石拱坝垫座

(c) 四川沙滩河条石拱坝垫座　(d) 广西古丹重力拱坝坝肩基础结构　(e) 贵州红卫重力拱坝坝端

图 4.4-15　某些砌石拱坝与基岩的连接剖面（单位：m）

2. 混凝土塞

混凝土塞包括平洞、竖井柱等型式，用于断层、裂隙或软弱夹层的控制性部位，对抗滑、防渗都有利。例如福建东溪砌石拱坝，坝高 57.0m，右坝肩距正常水位 8m 的高度以上有一条顺坡缓倾角卸荷大裂隙 T_{70}，宽 10～30cm，为高岭土化和糜棱岩化物质充填。此裂隙与陡倾角的 F_2 断层（破碎带宽 0.2～1m）及顺河节理将坝头切割，组成危险岩体。对卸荷大裂隙采用挖槽和打洞相结合的方式清理，再浇筑混凝土填塞。明槽长 9m，洞长 8.2m，底板沿裂隙面挖深 1～3m，洞顶高出正常水位 1m，而后用混凝土回填，如图 4.4-16 所示。明挖部分进行固结灌浆及锚固，回填部分与坝体在结构上分开。贵州永乐砌石拱坝，坝高 57.4m，两岸有 7 层沿层面的炭质、泥质夹层，倾角平缓，倾向左岸。夹层厚 3～10cm。根据夹层不同厚度沿切向开挖成 2.5m×2.5m、2m×2m、1.5m×1.5m 几种断面的平洞，至夹层基本尖灭为止。平洞伸向上游，插锚筋，用强度等级为 15MPa 的混凝土埋块石或凝砌块石回填。

福建桑园砌石拱坝河床坝基 F_{14} 区域性顺河向断层开挖后，发现比初设预计的规模大得多，断裂带总宽 18m，其中上游基坑断层破碎带宽为 2m，下游为 5m。破碎带分为 2 个充填不同的结构带，上盘充填断层泥、高岭土带，上游宽 0.9m，下游宽 2.2m，结构松散、软弱；下盘碎裂岩带上游宽 1.1m，下游宽 2.8m，挤压致密，并具有一定的强度。为了能充分利用断层破碎带中胶结致密的碎裂岩带的强度，对此带仅挖深 1.0m 左右，而断层泥、高岭土带则挖深 2.0m 左右，至高程 220.00m 后回填混凝土。此外，为了加强破碎带底部的强度及混凝土塞与结构面的整体性，在底部和面层布设 2 层钢筋网，在 2 个侧壁上布置锚杆。断层撬挖上游延伸 5m，下游延伸 3m。灌浆帷幕处设置截水墙，深至高程 218.00m，下游坝面位置设置防淘墙槽，深至高程 217.00m。此外，断层

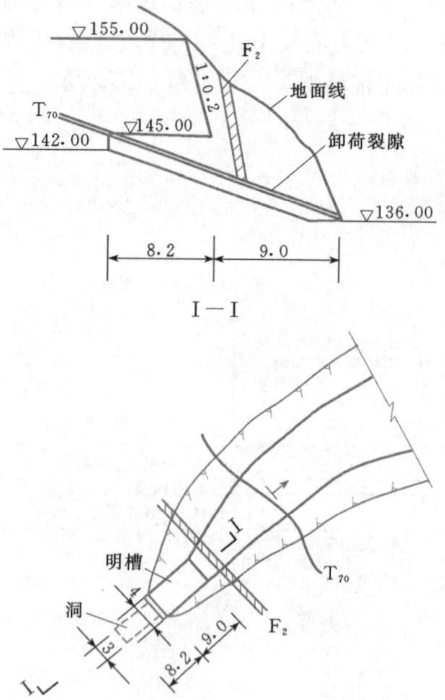

图 4.4-16 东溪拱坝右坝肩裂隙处理（单位：m）

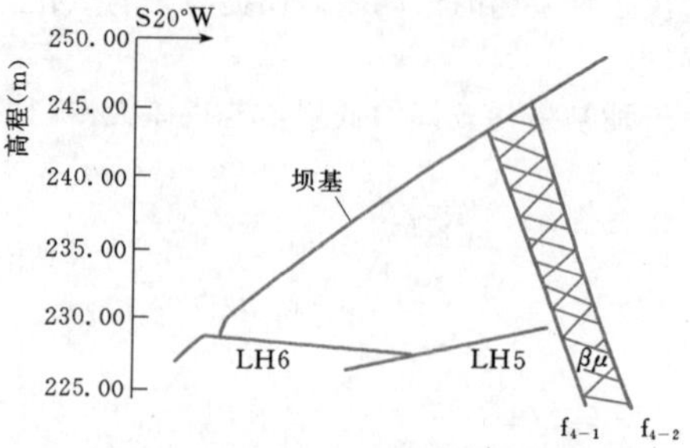

图 4.4-17 福建桑园砌石拱坝肩缓倾卸荷裂隙与高倾角断层组合关系横剖面

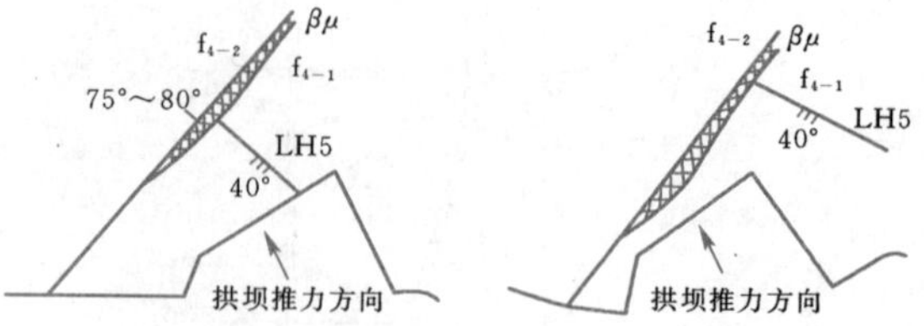

(a) 高程235.00m (b) 高程240.00m

图 4.4-18 福建桑园砌石拱坝右坝肩平切面

带除常规的固结灌浆处理外，沿断层破碎带上布设2排孔、排距3m，孔深10m左右的14个深固结灌浆孔加固处理。整个断层破碎带处理效果较好。

3. 锚固

当坝肩岩性新鲜、坚硬而完整性较差（例如受断层、大裂隙影响等）时，采用锚索进行锚固，施工简便，效果较好，实际工程应用广泛。

福建桑园砌石拱坝右坝肩高程228.00m附近有LH5、LH6和LH7三条卸荷裂隙相互贯通，与高程245.00m发育的f_{4-1}、f_{4-2}断层切割，组合成对坝肩稳定可能存在影响的块体，结构面分别张开0.005～0.02m、0.002～0.005m和0.002～0.05m，并充填岩屑。断层f_{4-1}、f_{4-2}的产状为：N35°E，SE∠75°～80°，宽0.05～0.1m，充填碎屑、硅、钙质、黄铁矿等，如图4.4-17和图4.4-18所示。对存在的问题采取锚杆和深固结灌浆处理。在高程230.00～235.00m布置3排21个锚杆束（3～5根ϕ25锚杆）灌浆孔，孔深3.5～9.1m，孔径ϕ91～110，排距2m，深度穿过LH5底面以下1m；在高程245m布置3排27个锚杆灌浆孔，其中一、二排方向为垂直穿过f_{4-1}、f_{4-2}结构面，共19孔（ϕ25锚杆），孔深4～6m。第三排为锚杆（ϕ30锚杆）灌浆孔，共8孔，孔径ϕ91，孔深7.5～8.5m，穿过f_{4-1}、f_{4-2}断层；此外，进行全面深固结灌浆。

前述拱座稳定分析中介绍的贵州盐津桥砌石拱坝基岩的卸荷裂隙L_3与软弱夹层N_j8以及临空面所构成的可能滑移体采用预应力锚索加固，由于裂隙外侧岩体较薄，且卸荷裂隙L_1、L_2、L_4前的岩体如果发生滑移或崩塌对边坡岩体的稳定影响较大，故采用混凝土支护和喷锚支护，同时改善锚索周边的支撑条件，并可增加裂隙的稳定性。

根据《水工预应力锚固设计规范》（SL 212—98），边坡加固处理的重要的永久性锚固工程，稳定性安全系数$K_c \geqslant 1.8$，故此选择设计情况$[K_c]=1.8$，校核情况$[K_c]=1.5$。所需锚索力为

$$T=\frac{K_cQ-F}{A} \tag{4.4-9}$$

式中 K_c——岩体稳定安全系数；

Q——可能滑移体上的滑动力；

F——可能滑移体上的抗滑力；

A——抗滑系数。

根据计算结果与地形条件以及施工条件，选择1000kN级预应力锚索，共95根。选择7股，每股钢绞线由7根ϕ5mm、公称直径ϕ15.24mm的高强低松弛钢绞线组成锚索。利用锚索体与岩体之间的黏结强度条件确定内锚固长度：

$$L_m=\frac{KP}{3.14DC_i} \tag{4.4-10}$$

式中 L_m——锚固段长度，m；

K——锚固段长度的安全系数；

P——单根锚杆超张拉力；

D——锚杆孔直径；

C_i——胶结材料同孔壁的黏结强度。

计算所需内锚固长度为 $L_m=10.0$m，锚索体自由段长为5m。考虑地下水位的影响，为避免锚索因地下水的侵蚀而发生断裂失效，锚索采用双层保护型式，即第一层为钢绞线上涂油脂并用PE塑料包裹，第二层为钢绞线束外封闭的PVC波纹管，并采用全段灌注式锚索。

锚墩设计根据地质条件，右岸地层岩性为 C_{2-31} S，中厚层白云岩，呈层状结构，岩体完整性较好。分析卸荷裂隙 L_3 前岩体，综合取值为 $[\sigma]=3.5$MPa，$\mu=0.15$，$E=4.5$GPa。锚墩稳定安全系数取1.5，采用C30混凝土，为梯形正棱台。

整个锚固工程的施工程序为：水泥砂浆锚杆施工→混凝土护壁施工→喷射混凝土施工→锚索造孔→穿索→内锚段注浆→锚墩混凝土浇筑→张拉→自由端注浆→外锚头保护。

4. 钢筋混凝土垫座

当基岩岩性不均一或遇裂隙密集等局部软弱带时，可用钢筋混凝土垫座跨过软弱岩层或局部软弱带，以改善应力分布，减小不均匀变形。四川长沙坝条石拱坝，坝高52.0m，两坝肩为厚层砂岩，有厚2～4m的页岩夹层数处，作了厚1m的钢筋混凝土垫座，跨过页岩岩层，如图4.4-19所示。

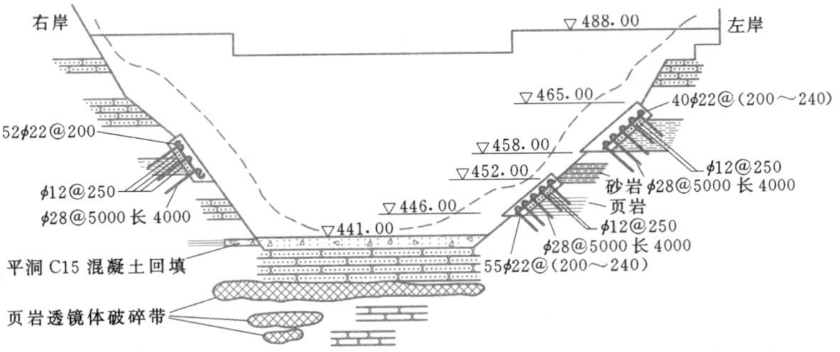

图4.4-19 长沙坝条石拱坝地基处理（钢筋尺寸、间距单位：mm）

4.5 其他砌石坝

4.5.1 砌石支墩坝

与混凝土支墩坝类似，砌石支墩坝同样是一种结构较单薄的轻型砌石坝。

其工程量常比同类条件下的砌石重力坝节省20%～50%，工程造价约可节省15%～40%。当坝址河谷较宽不宜建砌石拱坝时，砌石支墩坝可供选择的坝型之一。

支墩坝布置要求岸坡不宜过陡，否则应修一段重力坝与岸坡连接。有的砌石连拱坝避免溢流复杂结构，另设一段溢流重力坝。砌石支墩坝的设计和施工比砌石重力坝、砌石拱坝等坝型一般要复杂些，但我国的中小型砌石支墩坝的设计和施工均有成功的经验。已建的中小型砌石支墩坝主要有连拱坝和大头坝两类，砌石连拱坝和砌石大头坝的设计布置及计算分析与同类的混凝土坝基本相同，故计算分析不再专门阐述。

4.5.1.1 砌石连拱坝

中小型工程不需要坝体溢流时砌石连拱坝有其经济合理性，故目前中小型砌石支墩坝中仍以建造砌石连拱坝为主。砌石连拱坝因挡水结构比较单薄，应充分重视地基沉降、裂缝渗漏和抗震问题。连拱坝对地基的要求较高，溢流结构也相对复杂，溢洪流量和消能防冲应严格要求。

1. 断面设计

砌石连拱坝的拱筒断面常采用截面圆弧拱圈，中心角一般为120°～180°，较高的坝常采用180°。拱圈厚度一般自上而下增加，顶厚最小不小于0.4m。有些小型工程为了施工方便，采用上下拱圈等厚。

拱筒的布置，除有些小型工程为了施工简便采用直立式（见图4.5-1）外，一般都采用结构较合理的倾斜式。倾斜拱筒的拱圈砌置，有倾斜和水平两种型式，前者受力条件较好，但施工较麻烦，后者施工简单，受力条件相对差一些，一般只适用于倾角较陡的砌石连拱坝。

(a) 直立式　(b) 倾斜式，拱圈斜砌　(c) 倾斜式，拱圈平砌

图4.5-1 拱筒布置型式

砌石连拱坝上游坝坡常采用1∶0.45～1∶0.8，支墩下游坝坡常为1∶0.4，个别也有1∶0的；支墩间距一般为10～20m。中小型砌石连拱坝常采用结构

简单、施工方便的单支墩；也有中型工程为了节省支墩数量，增强稳定性，采用双支墩的，但施工相当麻烦。坝体材料，一般拱筒、支墩都用浆砌石体。已建连拱坝的支墩常用M5或M7.5水泥砂浆砌块石或条石，也有表面用M7.5浆砌条石，内部用M5浆砌块石的。拱筒如用浆砌料石勾缝防渗，上下游面宜用M10水泥砂浆砌粗石，填心宜用M7.5水泥砂浆块石或粗料石。图4.5－2为山东黄岩底砌石连拱坝，该工程因地形及材料条件，东岸布置接头土坝；为避免连拱坝溢流，在西岸设砌石溢流重力坝。主河槽中连拱坝设4跨，最大坝高30.5m，跨距17m。采用倾斜式半圆弧拱，内半径均为5m，底拱厚3.5m，支墩为空腹式双支墩。拱筒及支墩外表面分别采用M10及M7.5水泥砂浆砌料石，分别用M7.5及M5水泥砂浆砌块石填心。

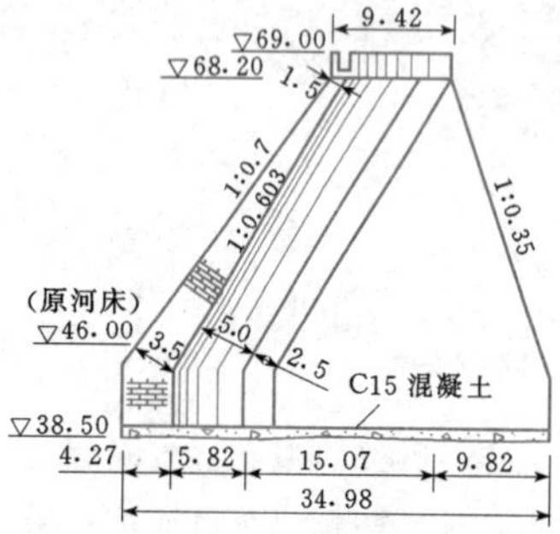

(*a*) 横断面剖视图

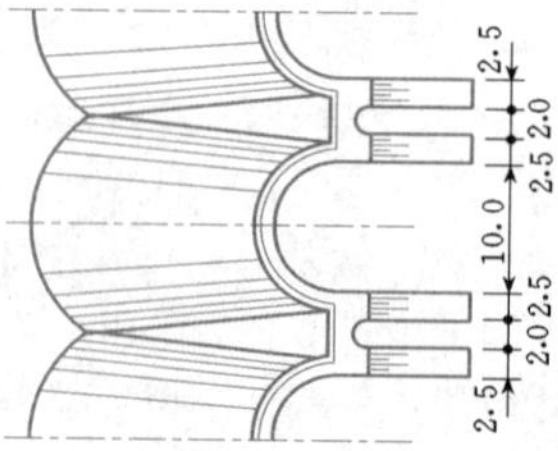

(*b*) 平面图

图4.5－2　黄岩底砌石连拱桥（单位：m）

四川泸州大滩水库砌石连拱坝，坝高36.44m，五跨拱圈，中间三跨为溢流段。左右各有一个拱圈和一段砌石重力坝为非溢流段。拱圈为水平砌筑，上游坝面倾斜角为70°。连拱坝净跨为15m，中心角为150°，底层拱圈厚2.4m，顶层厚1.5m。支墩顶长5m，厚5m。坝体采用C10细骨料混凝土砌筑拱圈，M7.5水泥砂浆砌筑支墩及两岸重力坝段。

对于低水头的砌石连拱坝，为了便于施工，宜用混凝土截水墙和拱筒上浆砌石勾缝相结合，以防渗漏。对于中高水头的工程，拱筒与面板均可采用钢筋混凝土结构，也可采用混凝土或钢丝网水泥喷浆衬护进行表面防渗，以求施工简便、快速，质量可靠。

2. 连接构造

砌石连拱坝拱筒与支墩的连接，一般按固结考虑，图4.5－3为连接的两种型式。拱筒与地基的连接，对于较坚固的地基，可在拱筒底部设混凝土齿墙，沿整个拱圈布置，并与支墩齿墙衔接；当地基情况较差时，拱圈底部可设混凝土基础板，使荷载沿较大的基础面分布。这两种连接构造如图4.5－4所示。

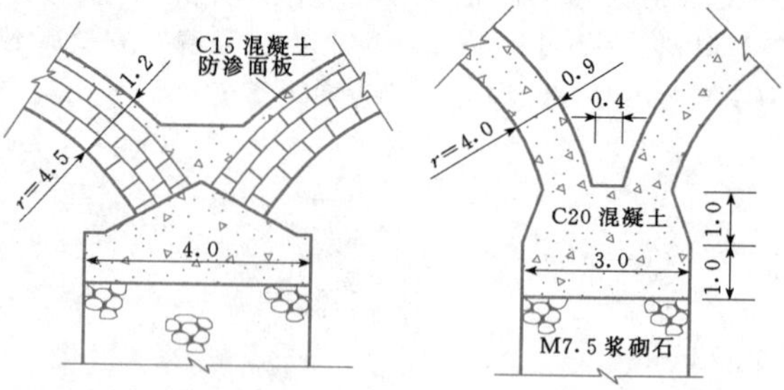

(*a*) 砌石拱筒　　(*b*) 混凝土拱筒

图4.5－3　拱筒与支墩的连接型式（单位：m）

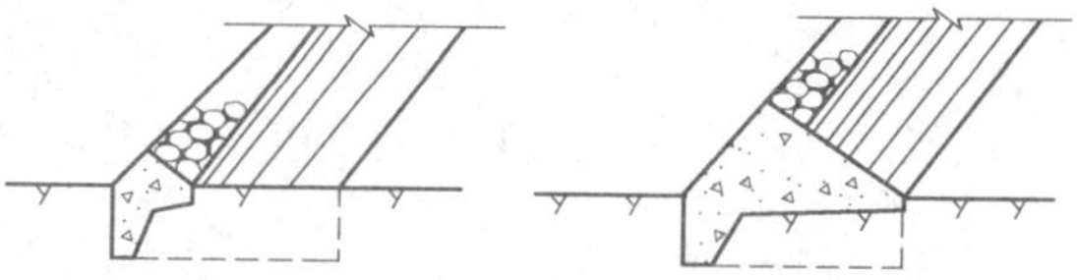

(*a*) 拱筒底部设混凝土齿墙　　(*b*) 拱筒底部设混凝土基础板

图4.5－4　拱筒与地基的连接型式

3. 溢流砌石连拱坝

溢流砌石连拱坝的拱筒与溢流面的连接构造，一般比较复杂，主要是两个圆柱体（上游面拱筒及支承拱桥）或一个圆锥壳体与一个圆柱壳体的空间斜交体。图4.5－5为某工程的拱筒与溢流面连接构造示意。

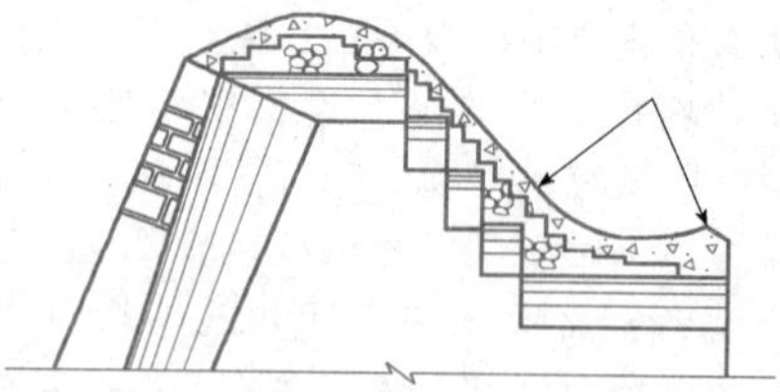

图4.5－5　某砌石连拱坝拱筒与溢流面连接示意图

砌石连拱坝的溢流面，一般采用高鼻坎挑流型式。主要根据溢流面的形状，跨支墩作各种高度的砌石拱桥，作为溢流面板的支承体。如河北野沟门砌石连拱坝，如图4.5－6所示，该坝高45.0m，两岸为接头砌石重力坝，中部布置溢流砌石连拱坝，跨度为15m，溢流段长150m，设计单宽流量为22.1m³/(s·m)，校

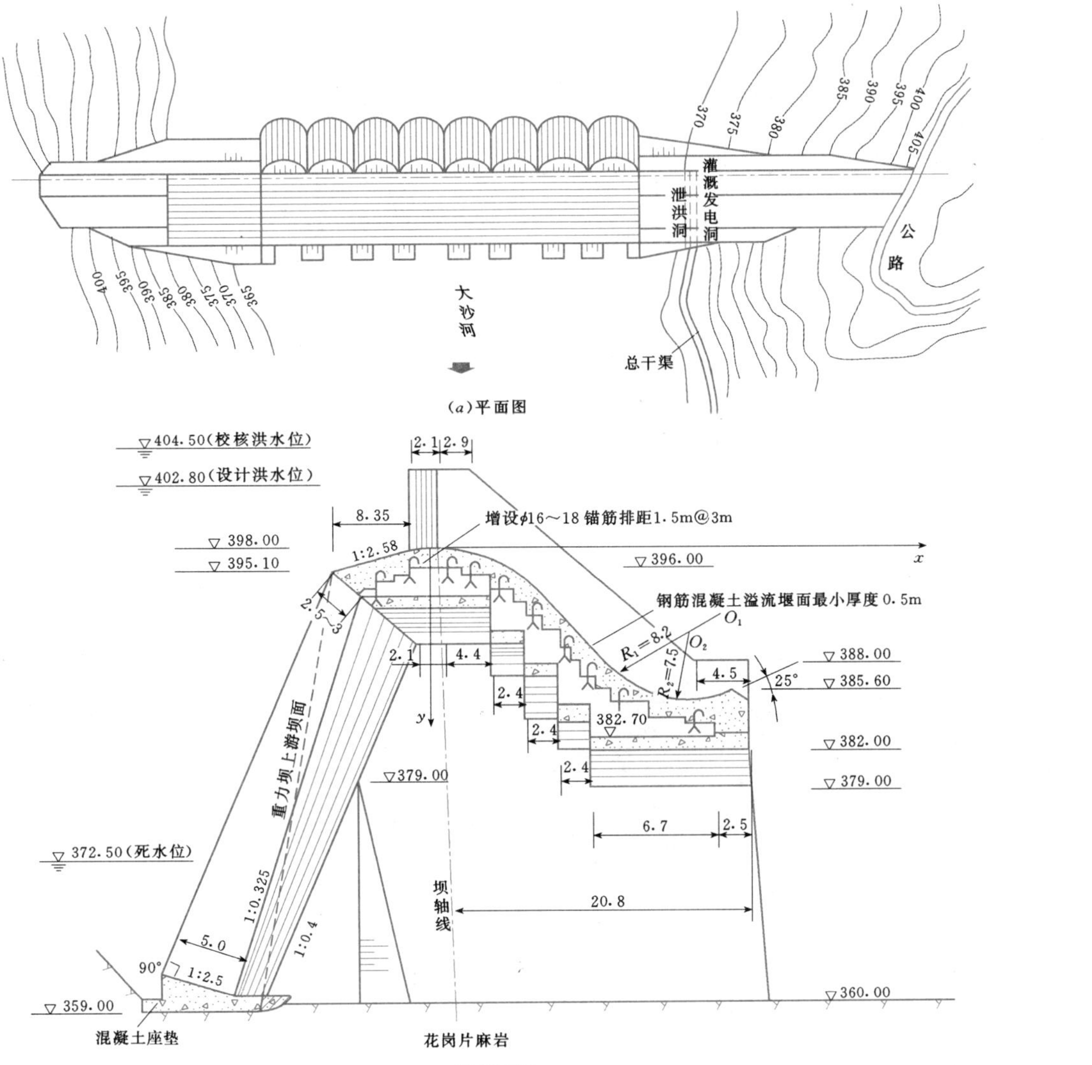

(b)断面图

图 4.5-6 野沟门溢流砌石连拱坝（单位：m）

核单宽流量 34.7m^3/(s·m)。上游坝面原用钢丝网喷浆护面防渗，后因效果不很理想，分段采用沥青混凝土、环氧树脂加煤焦油等材料处理坝面，效果尚好。图 4.5-7 为广西浦下溢流砌石连拱坝。该坝高 31m，两岸接头为砌石重力坝，中间溢流段为砌石连拱坝，共 5 拱，跨度 10m。支墩采用浆砌石，拱筒上下游面用混凝土预制拱，中浇厚 0.3m 的防渗混凝土。溢流面板支承用半圆拱桥，为 C7.5 浆砌预制混凝土块而成。混凝土溢流面板厚 0.2m。工程于 1974 年建成，屡经溢洪，最大溢流水深曾达 1.5m，运行良好。图 4.5-8 为广西那拉水电站溢流砌石连拱坝。该坝高 22.0m，溢流段长 90m，跨距 10m，挡水结构为 C20 混凝土半圆拱筒，采用等厚 0.9m。支墩为 M7.5 浆砌石单支墩，溢流坝校核洪水时单宽流量为 39.2m^3/(s·m)，采用鼻坎挑流消能。溢流面结构为：在支墩上修厚 0.5m 的浆砌石拱作为支承体，在拱上浇筑厚 0.3m 的混凝土面板（配适量温度筋），面板与拱桥之间的空隙仍用浆砌石填满，顺流向每隔 20m 设一道伸缩缝。图 4.5-9 为溢流结构示意，该工程 1977 年建成后，经数年溢洪考验，情况良好。

四川泸州大滩水库溢流砌石连拱坝于 1997 年建成，最大坝高 36.4m，拱坝布置为五跨拱圈，中间三跨为溢流段，溢流段总长 66.95m，最大单宽流量 5.4m^3/s，溢流段左右各有一个拱圈和一段重力坝为非溢流段如图 4.5-10 所示。拱圈为水平砌筑，上游坝面倾斜倾角为 70°。连拱坝净跨为 15m，中心角为

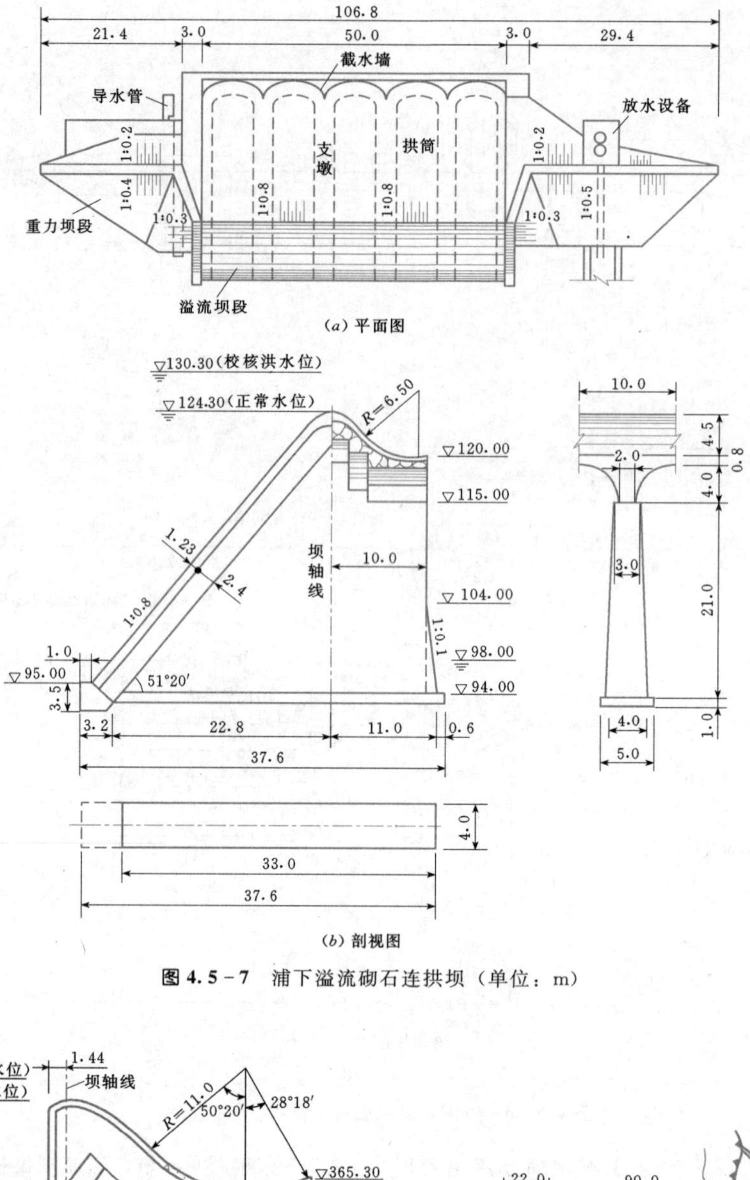

(*a*) 平面图

(*b*) 剖视图

图 4.5-7 浦下溢流砌石连拱坝(单位:m)

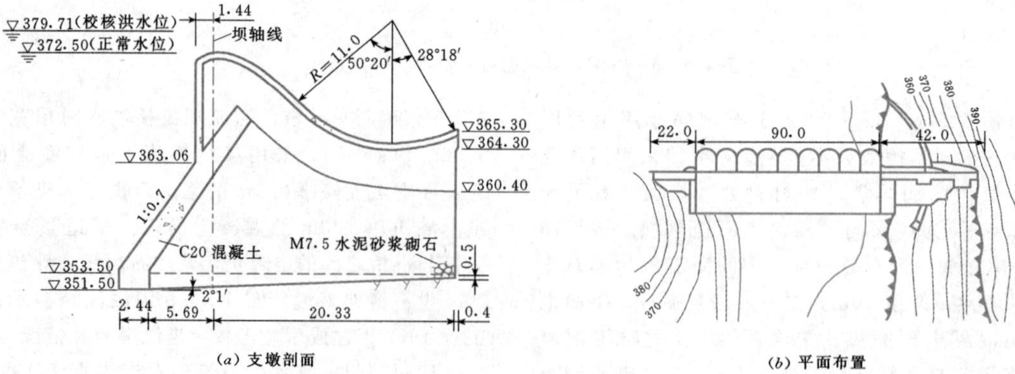

(*a*) 支墩剖面

(*b*) 平面布置

图 4.5-8 那拉水电站溢流砌石连拱坝(单位:m)

150°,底层拱圈厚 2.4m,顶层厚 1.5m,支墩顶长 5m,厚 5m,上游倾角与坝体相同,下游坡度为 1∶0.7。坝体采用 C10 细骨料混凝土砌筑拱圈,M7.5 水泥砂浆砌筑支墩及两岸重力坝段。坝顶砌石宽度为 1.5m,而溢流堰宽度为 1.0m,厚度为 0.40m,堰前留 0.50m 的平台,用作施工交通。堰顶为圆弧堰,鼻坎入射角为 35°。在堰顶施工中,先在每个条石竖缝中按间距 20cm 预埋 4ϕ14 钢筋,再在堰顶表面布置

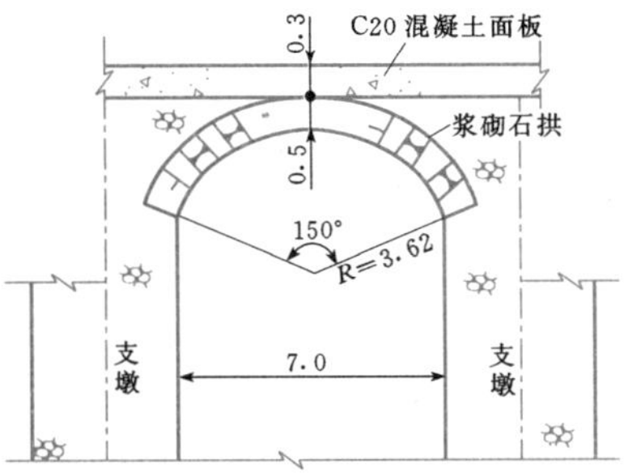

图 4.5-9 那拉水电站溢流砌石连拱坝溢流结构（单位：m）

ϕ6 温度钢筋网，并形成整体，以防止坝面脱盘。浇筑混凝土时，严格放线。保证堰顶形状，表面用1∶1水泥砂浆抹平。由于连拱坝为薄壳结构。坝顶泄洪时，容易引起共振，坝体产生振动，因此，在每个支墩高程 712. 26m 处设置 0.3m×0.6m 的通气孔，这样，水幕内部不易形成负压，坝体不会产生振动。

溢流砌石连拱坝体型较复杂，拱、洞多，曲面的表面积大，坝体工程量虽较重力坝为省，但因技术复杂，质量保证难度较大，费工费时，造价不一定节省，应作较全面的技术经济比较。

目前国内兴建中的砌石连拱坝，最大坝高已达 60m（四川丰岩连拱坝）。表 4.5-1 列出的国内已建成的部分砌石连拱坝，可供参考。

4.5.1.2 砌石大头坝

砌石大头坝修建较少，砌石大头坝溢流坝的布置及构造比砌石连拱溢流坝简单，一般支墩采用浆砌石，大头采用浆砌石或混凝土。大头应力较复杂，为了便于施工及防渗、防裂，采用混凝土比较适宜。

图 4.5-11 为那岸电站大头坝，该坝高 56.0m，坝基为石灰岩，大头用 C15 混凝土，支墩用 M7.5 浆砌石。布置设底孔的一跨为双支墩，跨距 22.25m，其余六跨为单支墩，跨距 7.5m、12m 不等。其中五跨为溢流坝，用钢筋混凝土溢流面板跨过支墩。大头两侧坝段为砌石重力坝，左岸为连接重力坝，右岸石灰岩堆积物较厚，最大达 28m，用混凝土刺墙防渗。工程于 1974 年建成后，经蓄水溢洪，未见裂缝，情况良好。

图 4.5-12 为湖南沅口砌石大头坝，该坝高 63.0m，设七跨溢流大头坝，两跨非溢流大头坝。前者跨度为 16m、14m 两种，后者为 16m。采用上下等厚的单支墩，14m 跨度墩厚 7m，16m 跨度墩厚 8m。大头及支墩均采用浆砌石，坝体分区强度等级采用 5MPa、7.5MPa、10MPa 几种。头部防渗采用强度等

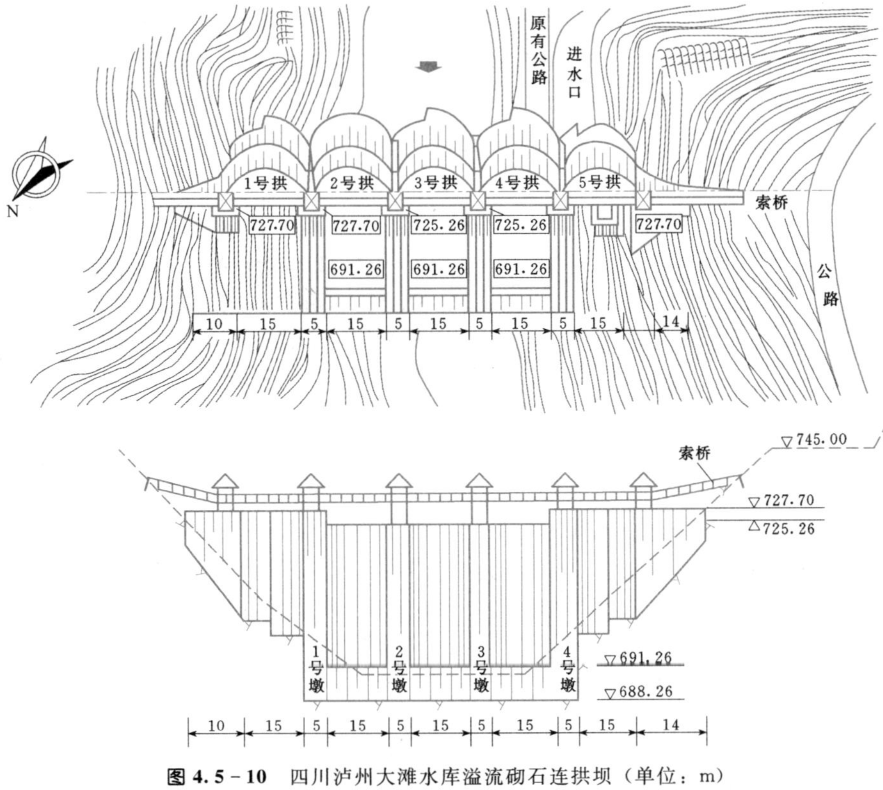

图 4.5-10 四川泸州大滩水库溢流砌石连拱坝（单位：m）

表 4.5-1　国内部分砌石连拱坝工程特性表[3]

序号	坝 名	地点	坝高（m）	支墩间距（m）	跨数	坝坡系数		拱圈中心角（°）	拱圈半径（m）	拱厚（m）	
						上游（拱圈）	下游（支墩）			拱顶	拱底
1	野沟门	河北邢台	45.0	15.00	8	0.40	0.20	160.0	$r_0=7.60$	2.50	5.00
2	淌水崖	山东临朐	35.0	20.00	10	0.50	0.40	180.0	$r_H=10.00$	1.20	2.95
3	独 山	广西柳城	33.0	6.00	28	1.00	0.30	180.0	$r_H=3.00$	0.35	
4	宁 明	广西宁明	31.0	10.00	5	0.80	0.10	124.0	$r_0=5.00$	0.60	1.20
5	黄岩底	山东栖霞	30.5	10.00	4	0.70	0.35	180.0	$r_B=5.00$	1.50	3.50
6	立新埝	四川泸县	27.5	11.82	9	0.45	0.25	134.8	$r_0=5.42$	0.90	2.10
7	那 拉	广西田林	22.0	10.00	9	0.70		180.0	$r_0=4.45$	0.90	0.90
8	四 李	四川叙永	20.0	15.00	3	0.00	1.40	120.0	$r_B=8.70$	0.60	2.80

序号	坝 名	筑坝材料		泄洪方式	坝基情况	坝体防渗措施	建成时间	运行情况
		拱 圈	支 墩					
1	野沟门	浆砌石	浆砌石	坝顶	花岗片麻岩	坝面喷浆	1976 年	正常
2	淌水崖	80 号浆砌石	80 号，50 号浆砌石	溢洪道	花岗片麻岩	混凝土防渗墙	1975 年	有渗水
3	独 山	200 号混凝土	50 号浆砌石	溢洪道	石灰岩		1972 年	正常
4	宁 明	80 号浆砌混凝土预制块	50 号，80 号浆砌石	坝顶	石英砂岩	150 号混凝土防渗心墙	1974 年	正常
5	黄岩底	50 号，100 号浆砌石	50 号，80 号浆砌石	坝顶	花岗岩		1970 年	有渗水
6	立新埝	100 号浆砌条石	浆砌条石	溢洪道	黏土页岩	水泥砂浆勾缝	1970 年	正常
7	那 拉	200 号混凝土	80 号浆砌石	坝顶	石英砂岩		1978 年	正常
8	四 李	100 号浆砌条石	100 号浆砌条石	坝顶	红砂岩	水泥砂浆勾缝	1977 年	正常

注　本表引自 1984 年版《水工设计手册》，指标称谓仍保留原状。

级为 2MPa 及 1.5MPa 的混凝土面板，厚 0.5～2.5m，并配置少量温度筋。

4.5.2　硬壳坝

4.5.2.1　坝型特点

硬壳坝是从浆砌石重力坝发展起来的一种坝型，20 世纪 60 年代以来，我国湖南、广东、浙江等省都修建了一些硬壳坝，所建工程以湖南省的杉木河硬壳坝规模最大，高 47m。广东省数量最多，已建坝高 10m 以上的硬壳坝 50 余座。硬壳坝的主要设计思想是认为小型实体重力坝的体积较大，内部应力很小，只需在上、下游应力较大部位采用浆砌石，并可以减小扬压力及坝体浆砌石方量，较有效地发挥浆砌石体的材料强度，这种坝型主要有下列优点。

（1）因保留了重力坝的外形轮廓。与实体重力坝类似，较易施工度汛，便于坝面溢流，便于长年施工。

（2）坝体内（包括与坝基接触面）改填干砌（堆）石，使坝底扬压力大为减小，提高了坝体抗倾覆和抗滑的稳定性。

（3）筑坝材料的使用比较合理。坝体中部填料，能充分利用石场开出的石料，且可大为节省水泥用量和造价。一般硬壳坝比砌石实体重力坝节省水泥和资金约 30%～50%。

硬壳坝存在的主要问题是硬壳的裂缝问题。产生裂缝的原因是多方面的，主要与结构不合理而导致坝内填料沉陷过大、混凝土护面未分缝以及施工质量差等有关。

4.5.2.2　剖面型式与坝体填料

1. 剖面型式

硬壳坝剖面结构型式在早期大体上有下列两种。

（1）不设隔墙的硬壳坝。这种坝通常只有一个浆砌石硬壳和干砌石（堆石或砂卵石等）填料的坝体，结构较简单，一般适用于坝高 10.0m 以下的工程；坝再高时，硬壳便易发生裂缝。但如坝坡较缓，施工

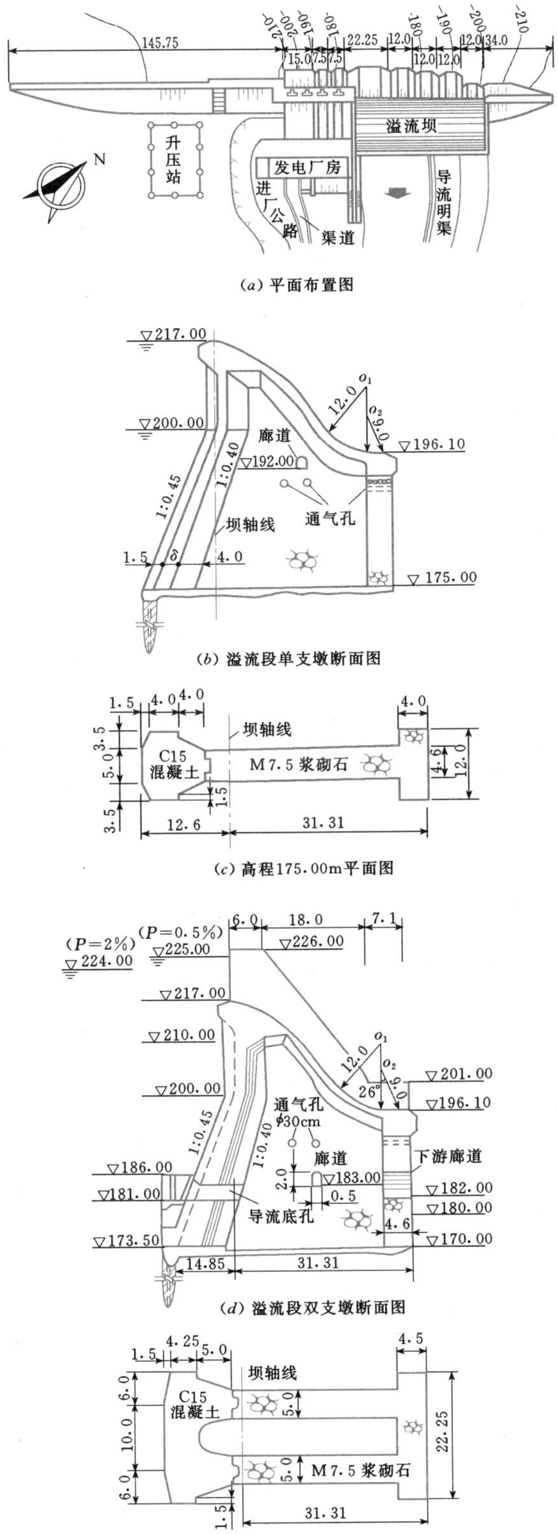

(a) 平面布置图
(b) 溢流段单支墩断面图
(c) 高程175.00m平面图
(d) 溢流段双支墩断面图
(e) 高程170.00m平面图

图 4.5-11 那岸电站大头坝（单位：m）

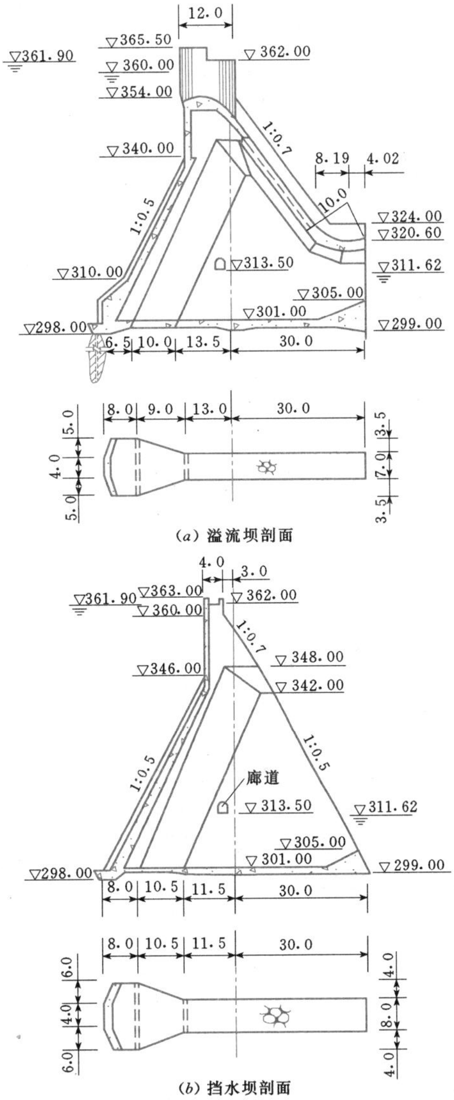

(a) 溢流坝剖面
(b) 挡水坝剖面

图 4.5-12 沅口砌石大头坝（单位：m）

质量好，地基条件好，也可以做到坝高近 20m，仍不发生裂缝。如广东省在硬壳坝发展的初期，修过几座这种类型的坝。但后来发现这种结构在刚度稳定性方面存在缺陷，目前已经基本上不采用，被设有隔墙的结构所取代。

（2）设置隔墙的硬壳坝。在硬壳体内设置与流向平行的隔墙，可增强硬壳的刚度和坝的整体性，防止裂缝，适用于较大规模的工程，湖南的硬壳坝都属这一类型，广东修建的也较多，实际上目前所研究的硬壳坝，都是指有隔墙的情况。一般隔墙间距 10～20m，厚 1.5～5m，溢流面板处间距 5m 左右，厚 1m 左右。带有隔墙的硬壳坝的结构布置，一般有四种型式。

第一种：上下游硬壳都采用连续平板式，结构较简单，设计、施工方便，但因下游坡较缓，在自重、水重等荷载作用下，平板弯曲较大。为了减小变形，隔墙间距宜采用6m以下，下游坡度也宜陡些，建议采用1∶0.8左右。图4.5-13为湖南白洋溪硬壳坝剖面及隔墙布置图。该工程溢流坝高14.0m，上下游硬壳都采用平板式。

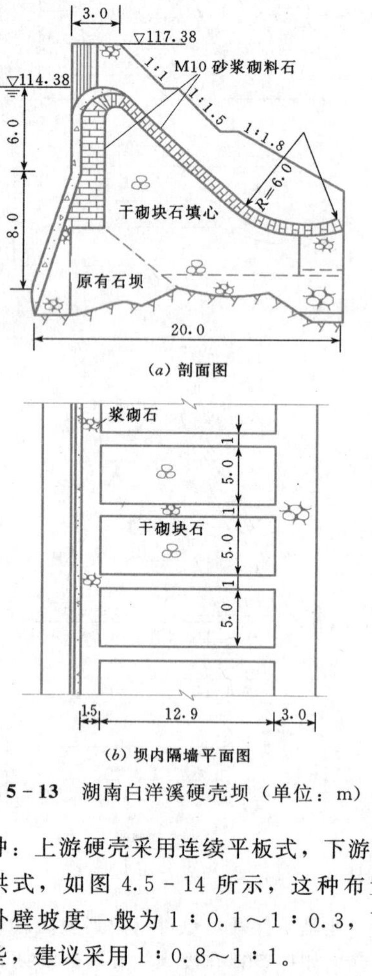

(*a*) 剖面图

(*b*) 坝内隔墙平面图

图4.5-13　湖南白洋溪硬壳坝（单位：m）

第二种：上游硬壳采用连续平板式，下游硬壳内壁采用连拱式，如图4.5-14所示，这种布置较合理，上游外壁坡度一般为1∶0.1～1∶0.3，下游坝坡宜缓一些，建议采用1∶0.8～1∶1。

第三种：上下游硬壳都采用连拱式，由于上游面也采用连拱，故为了减小施工期间填料对拱圈的推力，上游坝坡须放缓，或加厚拱圈，或在上游坡面填土，以平衡推力。这些措施的选择应综合考虑。

第四种：上游硬壳为连拱式，下游为平板式，一般用于非溢流坝布置，下游坡较陡，但同样存在上述第三种型式的问题，采用时隔墙跨度一般应在6m以下。

2．坝体填料

坝体填料应本着就地取材的原则选用，一般用砂砾石、石渣、块石等，视材料情况采用干砌石或堆

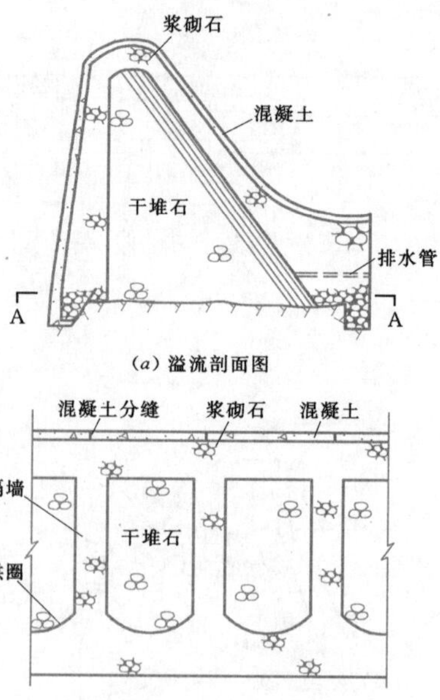

(*a*) 溢流剖面图

(*b*) 坝内隔墙布置（A—A剖面）

图4.5-14　硬壳坝结构

石。材料质量与施工密实度对填料的沉陷量影响较大。要求填料石质新鲜、坚硬，不易软化，控制空隙率在30%以内。采用堆石填料时，填料与浆砌石硬壳之间，宜用一层厚度约1m的干砌块石，作为过渡。

4.5.2.3　坝体构造

1．坝体排水

一般应在各隔墙底面设置平压排水孔，在下游硬壳底部或在鼻坎浆砌石支承体内埋设水平排水管；当排水管进口为砂砾料时，尚应设置反滤体。排水孔在每个空腔内一般设两排，孔径为0.2～0.3m，务求排水畅通，以平衡隔墙和下游硬壳的侧向水压力。有时考虑进人观测检修，可设一个更大的孔洞。

2．坝面分缝

坝面混凝土应适当分缝。上游面混凝土垂直横缝可设在隔墙中线，下游面除溢流面与侧墙连接处应分缝外，也应在隔墙位置顺流向分缝。缝宽一般为1.5cm左右，嵌缝材料与混凝土结构相同，表面留2～3cm空缺，以水泥砂浆封口。必要时也可以考虑设置水平缝，例如坝顶轴线附近，鼻坎反弧段钢筋混凝土与素混凝土连接处等，均可设置。

3．溢流面板及鼻坎支承体

当单宽流量$q<10m^3/(s\cdot m)$时，溢流面板一般用浆砌条石砌筑，厚0.7～1.0m，且于其下设置厚0.5～0.7m的干砌块石垫层。当$q=10\sim20m^3/(s\cdot m)$时，溢流面板一般采用混凝土或少筋混凝土衬砌，厚

0.3～0.5m，其下为浆砌石；若填料为堆石，则浆砌石下设置厚0.7～1m的干砌石垫层。硬壳坝常采用鼻坎挑流消能，坎高约为溢流坝高的1/3左右。鼻坎竖向支承体一般用条石或大块石浆砌，其厚度为坝前设计水深的1/8～1/5。坝脚防滑齿墙应嵌入新鲜基岩0.5～1.0m（上游齿墙应嵌入新鲜基岩1.0～1.5m）。

4. 坝顶宽度

坝顶宽度一般为2～4m；上游迎水面坡度一般为1∶0.1～1∶0.3；下游面硬壳坡度，非溢流段一般为1∶0.6～1∶0.7，溢流段一般为1∶0.8～1∶1。硬壳外部和内部轮廓应顺滑，转折处要用圆弧相接，以免应力集中。

5. 坝基处理

浆砌石坝体部分的坝基处理与砌石重力坝相同；填料部分的坝基，不必用浆砌石或混凝土铺底，如因地基不好而需铺砌护底时，则应设置反滤排水系统，导出坝基渗水，以免扬压力增加。

4.5.2.4 计算方法

硬壳坝的抗滑、抗倾稳定计算，一般仍沿用重力坝的刚体摩擦公式，但分别采用坝身各种材料的密度及摩擦系数。其中填料密度应取最小值（而在应力分析中作荷重计算时，则应取最大值），以策安全。当无试验资料时，各类填料的密度及其与一般坝基岩石的摩擦系数参考值见表4.5-2。因填料直接与地基接触（未设底板），故采用刚体摩擦公式，物理概念不够明确；可用有限元法算出沿基岩面的剪应力，以校核稳定。

硬壳坝的应力分析，因填料为松散体，整个结构较复杂，材料物理特性指标不易精确确定，所以采用材料力学或结构力学方法计算，将硬壳近似作为一般杆件或弹性地基梁考虑时，只是一种近似计算。有限元法可模拟硬壳坝的结构及材料的复杂性，可用于硬壳坝的应力分析。

表4.5-2　填料的密度及其与一般坝基摩擦系数参考值[3]

填料类别	干砌石	堆块石加砂砾石	堆砂砾石或石渣
密度（kg/m^3）	1700～1900	1600～1700	1550～1650
填料与一般坝基基岩摩擦系数	0.45～0.55	0.40～0.50	0.35～0.45

在硬壳坝设计中，首先参考实体重力坝的外形轮廓及类似工程的经验，初步选定坝的外部轮廓尺寸、隔墙间距及墙厚等，再按下列程序进行核算。

(1) 核算上游硬壳厚度。分别核算施工期间上游墙承受坝内填料最大推力及完工后蓄水至设计（或校核）洪水位时墙的稳定情况，核算前一种情况下隔墙厚度是否足够。

(2) 核算下游硬壳厚度。对于平板式，核算自重和外水压力作用下梁板的厚度；对于连拱式，核算各种可能情况下承受填料推力、外水压力和自重作用的拱圈厚度。

(3) 核算软基承载能力。对于软弱地基，需核算隔墙对坝基的最大压力是否符合地基安全承载力的条件。

(4) 核算坝的整体稳定性（包括抗倾覆和抗滑两方面）。

(5) 核算坝体的应力安全性。

(6) 构造布置。鼻坎等构件的布置，尺寸按水力学要求计算拟定。

硬壳坝是一种由重力坝演变过来的坝型，由于其适用于小型工程，理论研究不够深入，因此，在设计计算的同时，更需要参照已建成的类似工程经验，进行细致、稳妥的设计。表4.5-3和表4.5-4分别列出了湖南和广东若干硬壳坝的资料，以供参考。

4.5.3 框格填渣坝

框格填渣坝是20世纪70年代河北省在硬壳坝基础上发展起来的一种坝型。这种坝是沿坝长修成若干浆砌石隔墩，沿坝高在隔墩上建成若干砌石拱圈，整个坝内形成一些框格，格内填石渣。图4.5-15为河北小龙潭框格填渣坝示意图。

1. 坝型特点

框格填渣坝除具有硬壳坝的主要优点，还有以下特点。

(1) 与硬壳坝相比，浆砌石方量更省，扬压力基本上消除。与实体重力坝相比，约可节省投资30%。

(2) 施工度汛容易。汛前达某一框格高度时，在隔墩上架设拱圈，即可用以临时度汛。例如河北老虎沟坝，曾安全地度过两个汛期，最大过水流量1200m^3/s，溢流水深3m，汛后可继续施工。

这种坝型存在的主要问题是结构复杂，多为较薄构件的多次超静定体系，应力和变形都难计算和控制，也常出现裂缝，施工也较复杂。在已建的7处工程中，有两座发现上游面板裂缝，其中小龙潭的9条裂缝均在靠近隔墩两侧的部位。

表 4.5-3 湖南省部分硬壳坝基本情况表[3]

工程名称	建设期		坝身结构			坝基地质	坝高（m）		坡比				正常库容（万 m^3）	单宽流量 $[m^3/(s \cdot m)]$		运行情况
	开工时间	完工时间	防渗材料	坝内填料	隔墙厚度（m）		溢流坝	挡水坝	溢流坝		挡水坝			设计	校核	
									上游	下游	上游	下游				
麻阳马颈坳	1976年	1977年	混凝土	砂卵石		砂页岩	12.0		1∶0.30	1∶0.80						良好
黔阳白洋溪	1973年	1974年	混凝土	干砌块石	1.0	红砂岩	14.0	17.5	1∶0.20	1∶0.80	1∶0.20	1∶0.85	164			良好
麻阳黄土溪	1965年	1972年	混凝土	砂卵石	5.0	红砂岩	24.0	35.5	1∶0.30	1∶1.20	1∶0.30	1∶0.75	4768	29.40	43.42	良好，溢流段装弧门4扇 9m×9.3m
沅陵千工坝	1972年	1977年	混凝土	砂卵石		红砂岩	27.5	32.0	1∶0.30	1∶0.95	1∶0.30	1∶0.85	220	8.40	13.80	良好
沅陵洞潭	1969年	1970年	浆砌条石	砂卵石		砂质页岩	8.0	12.5		1∶0.72	1∶0.00	1∶0.80	80			良好
会同土洞	1970年	1972年	混凝土	干砌块石		石灰岩	23.0	25.0	1∶0.20	1∶1.00	1∶0.20	1∶1.00	117	3.25	4.90	良好
永顺杉木河	1966年	1970年	混凝土	块石及砂卵石	4.0	紫红色石英砂岩	40.5	47.0	1∶0.30	1∶0.65	1∶0.30	1∶1.50	1610	6.90	12.85	良好
新化建山坝	1975年	1977年	浆砌条石	干砌块石		石灰岩	15.0	19.9	1∶0.20	1∶1.00	1∶0.20	1∶1.00	170	6.40	12.94	良好

表 4.5-4　　广东省部分硬壳坝表[3]

工程名称	所在地点	控制流域面积（km^2）	总库容（万 m^3）	坝址地质	结构型式	最大坝高（m）	上游壳顶厚（m）	上游壳底厚（m）
伯公坳	惠阳县原芦州公社	33.50	1080	砂岩	有隔墙，上游填土，上下游硬壳均用浆砌石连拱，内堆砌块石	32.0	2.2	4.0
格木洞	惠阳县原沃头公社	10.25	80	砂岩	有隔墙，上游填土，上游硬壳用浆砌石平板，下游硬壳用浆砌石连拱	19.0	0.7	2.0
石头河	惠阳县原淡水公社	11.60	480	砂岩	硬壳坝的结构型式与上相同，堰顶设闸门 9 孔	20.5	1.8	2.5
吴　村	惠阳县原陈江公社	58.00	600	花岗岩	硬壳坝的结构型式与上相同，堰顶设闸门 9 孔	14.6	2.5	2.8
远　径	始兴县原新市公社	5.50	60	红砂岩	浆砌石硬壳，无隔墙，钢筋混凝土护面，内为干堆石	16.5（基础 6m）	1.3	3.3
小　径	始兴县原新市公社	10.50	60	砂岩	浆砌石硬壳，无隔墙，钢筋混凝土护面，内为干堆石	18.5	1.5	3.0
黄金洞	乐昌县原秀水公社	70.00	100	石灰岩	浆砌石硬壳，有隔墙，内为干堆石	18.0	1.0	3.8
山　下	连平县原忠信公社	25.00	86		浆砌石硬壳，有隔墙，内为水冲砂、卵石、碎石	25.0	2.3	4.7
南　伟	白沙县	403.70	350	砂岩	浆砌石硬壳，有隔墙，内为河卵石充砂	20.0	2.0	4.8
珠碧江	白沙县	492.00	4600	斑状花岗岩	有隔墙，上下游硬壳均用浆砌石连拱，内填砂石	16.0	1.6	2.8
云　乡	高鹤县	4.89	38	板状炭质砂岩	浆砌石平板硬壳，有隔墙，间距 8m，内干堆块石	23.3	1.5	3.2

工程名称	上游坡比	溢流壳顶厚（m）	溢流壳底厚（m）	下游坡比	曾过水 H（m）及单宽流量 q[$m^3/(s \cdot m)$]	坝体防渗措施	动工及竣工日期	建成后使用情况
伯公坳	1∶0.10	2.2	2.7	1∶0.70		混凝土防渗墙及防护面厚 0.2～0.5m	1970 年 9 月至 1974 年	溢流面有 4 条微小表面的垂直裂缝，现运用正常
格木洞	1∶0.05	0.7	1.0	1∶0.70	$H=1.5$	混凝土防渗墙厚 0.3m，只砌到高 14m	1967 年 10 月至 1969 年 10 月	由于上游硬壳过薄，施工质量差，过水后出现多条裂缝，其中一条贯穿缝在溢流段，漏水大
石头河	1∶0.10	2.0	2.0	1∶0.80	$H=1.4$	混凝土防渗墙厚 0.2～0.3m	1969 年至 1972 年春	溢流面有 4 条垂直微细裂缝。其中 3 条裂到反弧段。廊道内在过水时有渗水
吴　村	1∶0.10	1.1	1.3	1∶0.70	$H=1.6$	混凝土防渗墙厚 0.3～0.4m	1968 年至 1971 年春	数年来使用正常，溢流面有 2 条不长的微小表面垂直裂缝

续表

工程名称	上游坡比	溢流壳顶厚(m)	溢流壳底厚(m)	下游坡比	曾过水 H (m) 及单宽流量 q[m^3/(s·m)]	坝体防渗措施	动工及竣工日期	建成后使用情况
远 径	1∶0.20	1.0	3.0	1∶0.80	H=0.3	钢筋混凝土防渗墙厚0.3m	1968年8月至1969年3月	左岸下游面有一条裂缝，溢流面有漏水。1973年曾过水0.3m，使用正常
小 径	1∶0.30	1.0	1.0	1∶1.00	H=0.5	上游面用水泥砂浆抹面	1966年冬至1968年春	运用正常，左岸有少量渗水，是渠道过来的
黄金洞	1∶0.20	1.0	1.0	1∶0.80	H=4.0	水泥砂浆抹面二次	1970年春至1972年冬	1973年6月过水4m，至今未发现裂缝，正常使用
山 下	1∶0.30	2.0	2.2	1∶1.10	H=1.8	混凝土防渗墙厚0.2～0.3m	1959年9月至1971年春	1971年6月鼻坎被冲垮，1971年冬复建。将溢流坝高降低5m，加固鼻坎，现运用正常，溢流段顶部有少数裂缝
南 伟	1∶0.10	1.8	1.8	1∶1.00	H=6.6	钢筋混凝土外壳厚0.3～0.7m	1966年建成	过水后因坝基夹层沉陷，两岸硬壳断裂，漏水严重，经灌浆加固坝基及填堵硬壳裂缝，效果良好，现运用正常
珠碧江	1∶0.12	1.7	1.3	1∶1.00	H=3.2 q=12.6	上游下部为混凝土防渗墙，上部喷浆	1971年至1972年6月	高程86.00m新旧接缝有渗漏，其他正常
云 乡	1∶0.30	1.5	1.5	1∶1.00		上游硬壳内设混凝土防渗墙厚0.3～1m	1973年4月至1974年5月	运用正常

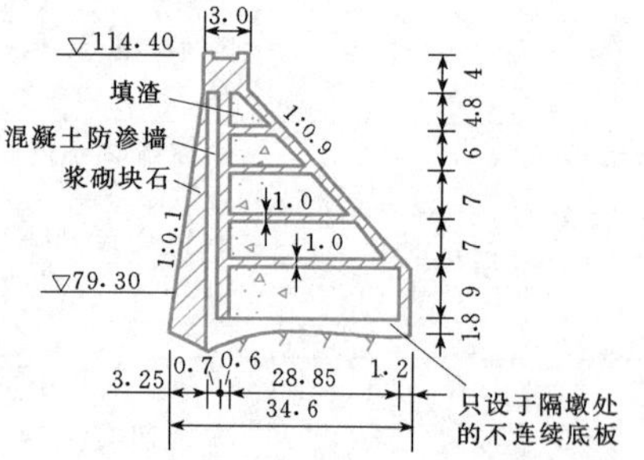

(*a*) 剖面图

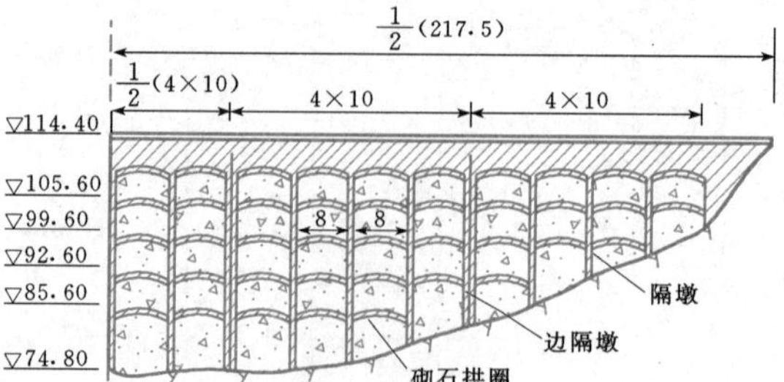

(*b*) 纵断面图

图4.5-15 河北小龙潭框格填渣坝（单位：m）

2. 坝体布置与构造

(1) 基本断面与重力坝类似，一般仍用基本三角形，上游坝坡为1∶0～1∶0.2，下游坝坡为1∶0.8～1∶0.9，顶宽2～4m。

(2) 隔墩间距一般为6～10m，隔墩厚度采用跨度的1/4～1/3。下游面板与隔墩连接部位可局部扩大，以改善应力分布。

(3) 拱层间距一般采用隔墩间距的0.7～1倍。拱厚一般为0.5～1m。

(4) 上游面板底厚一般为坝高的1/10～1/8，受拉区可局部配置钢筋或混凝土，坝体防渗多为混凝土防渗墙，以节省模板。

(5) 填料多选用坚硬块石或河卵石，石块空隙中用压力水填砂，以提高密实度和容重。

(6) 坝顶溢流时，可采用鼻坎挑流或其他各种消能工。

(7) 坝体设伸缩缝，在防渗墙处设止水。分段长度一般为四联一段，长约30～40m，缝设在边隔墙中线处。混凝土溢流面板上，在伸缩缝之间加设温度缝，间距约20m。

(8) 坝体不设廊道，坝体竖向排水管置于防渗墙后，间距3～4m，与水平排水管连通。水平排水管分两层，常用块石砌成30cm×30cm的方管，竖向排水管则常用内径为15～20cm的无砂混凝土管。

地基处理与硬壳坝类似。

3. 计算方法

框格填渣坝由砌体框格和填料组成，不能视为均质弹性体，不宜用刚体摩擦公式计算其单宽稳定安全情况。除分层、分格核算局部稳定情况外，还应取两伸缩缝间的坝段，计算整体抗滑及抗倾的稳定情况。

框格填渣坝的应力分析，目前只是用简单的材料力学方法进行估算，各种核算情况与硬壳坝类似，并增加了对隔板拱的应力核算。

表4.5-5列出了河北省部分框格填渣坝的基本情况，可供参考。

框格填渣坝在安全性与经济性方面尚需深入分析论证，在30m以下的低坝中，可以研究采用。

4.5.4 堆石混凝土坝[10]

1. 堆石混凝土的定义

堆石混凝土（Rock Filled Concrete，简称RFC）是由自密实混凝土（Self-Compacting Concrete，简称SCC）充填堆石体而形成（该项技术由清华大学于2005年开发）。将一定粒径的堆石直接入仓，形成有空隙的堆石体，然后从堆石体上部倒入自密实混凝土，利用自密实混凝土的高流动抗离析性能，使自密实混凝土依靠自重自动填充到堆石的空隙中，形成完整、密实、有较高强度的混凝土。自密实混凝土（SCC）是指在浇筑过程中无需施加任何振捣，仅依靠混凝土自重就能完全填充至模板内任何角落和钢筋间隙的混凝土。在传统的坍落度试验中，自密实混凝土可达到260mm以上的坍落度、600mm以上扩展度，并且没有离析、泌水现象。

2. 堆石混凝土填筑工艺流程

(1) 堆石的选取。选取粒径不小于20cm的块石或卵石，根据施工现场的运输及入仓能力，可选取尽可能大的块石。

(2) 清理仓面与清洗石块。块石及混凝土仓面的处理只需满足常规要求，保证泥土含量不超标即可，无特殊要求。

(3) 支立模板或砌筑石墙。模板支立较普通混凝土更加严格，需保证稳定性、刚度和密闭性，若对外观无特殊要求亦可采用厚30cm砌石墙替代模板则更有效。

(4) 堆石入仓。堆石入仓形成自然堆积状态，若辅以人工码放可使其更加密实。

(5) 自密实混凝土的生产与浇筑。使用拌和楼生产自密实混凝土，在90min内运抵现场直接浇筑，无需振捣即可密实；自密实混凝土的最佳浇筑方式为使用泵车浇筑，若不具备条件在现场使用挖掘机、吊罐等方案也可满足技术要求。

(6) 连续循环施工浇筑实现多层浇筑。每层堆石混凝土的浇筑高度不宜超过150cm，可连续循环施工。在首层堆石混凝土浇筑完成后的4h内，循环进行堆石入仓浇筑自密实混凝土。在堆石入仓能力和混凝土生产能力有保证的情况下，可连续循环施工较大提升混凝土的上升高度。

3. 堆石混凝土的特点

与常态混凝土相比，堆石混凝土具有以下特点。

(1) 堆石混凝土无需振捣，大幅提高大仓面素混凝土的施工效率，减少或免除层面凿毛工序，提高施工速度，缩短工期。

(2) 堆石混凝土块石用量约占55%，可降低综合成本。

(3) 由于块石用量大，单位体积水泥含量很少，水化热温升仅为常态混凝土的1/2左右，在施工过程中可简化温控措施，形成的大体积混凝土结构收缩小，具有较强的抗裂能力。

4. 堆石混凝土坝工程实例

(1) 宝泉抽水蓄能电站上水库副坝。宝泉抽水蓄

表 4.5-5　河北省部分框格填渣坝基本情况[3]

工程名称	所在县	集水面积 (km^2)	总库容 (万 m^3)	坝址地质情况	最大坝高 (m)	坝顶长度 (m)	结构尺寸						溢流段单宽流量 [$m^3/(s \cdot m)$]	竣工时间	运用情况
							上游面板底厚 (m)	隔墩厚度 (m)	隔墩间净距 (m)	每层净高 (m)	上游坡比	下游坡比			
老虎沟	兴隆	315.0	1220.0	矽质灰岩	29.0	196.0	7.40	3～4	8～9	9.0	1∶0.00	1∶1.0	50.4	1980年	良好
赵庄子	迁西	4.5	205.8	角砾岩	14.0	104.0	2.00	1	7	7.0～8.0	1∶0.00	1∶0.9		1975年	震后有细小裂缝一条
水　峪	卢龙	6.5	10.0	右岸灰岩，上部砾岩，坝基灰岩、页岩	14.1	40.0	1.00	1	6	2.0	1∶0.05	1∶0.9	5.0～6.0	1972年	超标准洪水由非溢段漫溢，其后正常
小龙潭	滦县	20.0	700.0	震旦系灰岩	39.6	217.5	4.55	2	8	5.5～9.1	1∶0.10	1∶0.9		1972年	震后裂缝9条，其他正常
松山峪	迁西	1.0	14.0	砂岩	19.5	63.0	2.00	1	7	5.0	1∶0.20	1∶0.8		1976年	良好
灯台峪	迁西	0.5	10.0		10.0	18.0	1.50	1	7	4.0	1∶0.10	1∶0.9		1980年	良好
牛店子	迁西	0.5	38.1	片麻岩	15.5	95.0	1.50	1						1976年	良好

能电站位于河南省辉县市薄壁镇大王庙以上 2.4km 的峪河上，下水库利用已建的宝泉水库，加高、加固原有宝泉砌石重力坝（参见前述），其已为我国高度最大、建筑物级别（1 级水工建筑物）最高的砌石重力坝；下水库副坝为新建砌石重力坝，由于工期紧，该副坝在高程 773.00～779.00m 采用堆石混凝土，总方量为 4400m³。堆石入仓工序采用自卸汽车和装载机配合挖掘机联合实施，混凝土拌和楼置于副坝下游，生产的自密实混凝土通过塔机吊罐直接浇筑入仓，仓面内约有 5～6 人负责清理仓面、砌筑石墙等辅助工作，如图 4.5-16 所示。

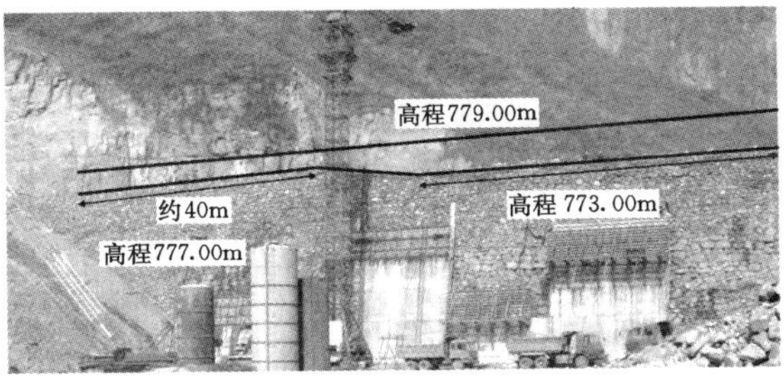

图 4.5-16 宝泉抽水蓄能电站上水库副坝

（2）蓄水池挡水坝。北京某部队蓄水池工程，其挡水结构物为混凝土重力坝，坝高 13.5m，总方量约 2000m³，全部采用堆石混凝土技术修筑。因现场狭小，所以只有一台挖掘机在现场进行挖掘及水平运输的操作，堆石入仓全部采用人工入仓的方式，约 15 名工人，分 13 层浇筑完毕，工期 40d，如图 4.5-17 所示。

图 4.5-17 北京某部队蓄水池堆石混凝土重力坝

（3）清峪水库主坝。清峪水库是山西省临汾市乡宁县为解决县城供水问题建设的一处应急水源工程。清峪水库大坝采用堆石混凝土坝，坝高 42.3m，混凝土总方量近 7 万 m³，2009 年 3 月底开始大坝堆石混凝土施工，2010 年 6 月竣工。大坝填筑施工如图 4.5-18 所示。

图 4.5-18 清峪水库堆石混凝土坝填筑施工

4.6 施工技术要求与施工实例

4.6.1 砌石工艺要求[11-12]

（1）筑坝材料质量必须合格，关于砂、石、水泥等原材料和砂浆、细骨料混凝土等胶结材料的质量要求见本卷第 4 章 4.2 节。

（2）为利于石料与胶结材料结合，石料表面要粗糙，上坝前在坝外冲洗干净，砌筑时呈饱和而不带水状态。

（3）基底在砌筑前应使基岩面湿润，然后铺水泥砂浆或细骨料混凝土、砌筑合格石料。

（4）砌石时一般先铺浆（坐浆），后安放石块，再灌浆，并用插钎或振捣器捣实，使灰浆饱满。铺浆厚度一般为 2～3cm，细骨料混凝土铺厚 5～10cm。

（5）石料放置平稳后需用铁锤敲击。竖缝灌满浆后在缝隙间填塞小块石并稍加敲击，达到缝隙满浆和结合紧密的要求。

（6）砌体灰缝应互相错开，避免形成通缝。一般砂浆砌缝的宽度为 2cm 左右，细骨料混凝土砌缝宽度为 6～8cm。如用插入式振捣器捣实，则缝宽应以满足振捣为度。

（7）随着施工机械化程度的提高，石料尺寸有所加大，石料竖砌逐渐普遍，竖缝一次填入混凝土的高度约为 40cm，高 100cm 的石料，分 2～3 层填入混凝土，无论石料横砌还是竖砌均可满足施工要求。

（8）相对于砌石体传统的坐浆法，当前广泛应用的直接砌筑法是在处理好的砌石体层面上不坐浆直接安放毛石，视石料形状以竖向安放为主，分坝段或结合永久缝大面积安放，然后分层浇灌胶凝材料，用插入式振捣器有序振捣，同时用撬棍对石料进行适当的撬动，以保证胶凝材料能充分填实空隙，连续施工，直至安放石料的地段全部浇灌而成。待胶凝材料初凝后，用压力水将表面冲毛，当胶凝材料达到一定强度后（约 2.5MPa），按上述方法继续施工。

(9) 安排砌石进度时，应尽量连续不断地逐层砌筑，否则，在砂浆或混凝土终凝前应将砌体表面清扫干净，以免时间过长后清理困难。对停砌已久的老砌体，表面做特殊处理（凿毛、清除松动石块、冲洗等）后才能继续安砌。

(10) 面石应丁砌或丁砌顺砌相间，并力求内部同步上升。

(11) 坝体上升的层面尽量保持向上游约呈 1∶30～1∶20 的倾斜坡，即迎水面比背水面略低。分段砌筑的高差不宜过大，一般控制在 1～1.5m 以下。断面相接以斜面为佳。

(12) 坝体在砌筑过程中应及时做好防暑、防冻、防雨、防冲等工作。

(13) 新砌体的防震、保温、保湿等养护工作，可参照混凝土要求办理。养护期一般不少于一周。

(14) 整体上升的砌石拱坝，砌筑时的日平均气温应在年平均气温以下，超过年平均气温时应采取降温措施，也不宜在低于 5℃ 的环境温度下砌筑。

总之，坝体砌石的施工技术要求是“平、稳、满、紧”。“平”即石料（指料石）本身平整，坝面也应基本砌平；“稳”即石料大面朝下，避免晃动；“满”即胶结材料应填满捣实；“紧”即石块间缝隙应以小石及砂浆（或混凝土）嵌紧。

4.6.2 拱坝倒悬部位砌筑

砌石双曲拱坝倒悬度的砌筑方式一般有三种。一种是水平逐层挑出形成倒阶梯状，如图 4.6-1 (*a*) 所示。这种砌筑方式施工方便，但是表面勾缝困难，质量难以保证。第二种方式是石面斜砌形成倒悬坡面，如图 4.6-1 (*b*) 所示，根据经验，倒悬度在 0.3 以内时，一般施工不太困难，而当倒悬度较大时，则需要临时支撑。对于浆砌条石坝，面石斜砌与内部砌体难以搭接，一些工程采用这种砌筑方式。第三种方式是将石料一端加工成设计斜面，水平砌筑，如图 4.6-1 (*c*) 所示，这种方式的优点是工程质量和砌筑操作都比较容易控制，不少工程采用这种砌法，其缺点是需对石料进行斜面加工。

倒悬坡砌筑可以采用埋置标钎的方法进行校核与控制。具体做法是，先算出各处的倒悬度，把各砌层的倒悬度标在标钎上，标钎一端埋在坝中，另一端悬空。砌石工吊垂线对准标钎上的相应标点砌筑上一层石料，如图 4.6-1 (*d*)，标钎沿拱弧弧长每 2～3m 埋一根，每上升 2～3m 对拱圈做一次放样检查。

4.6.3 防渗体施工要求

对于砌石坝的混凝土防渗面板或混凝土防渗墙，施工中配置混凝土时应满足抗渗要求。混凝土防渗体

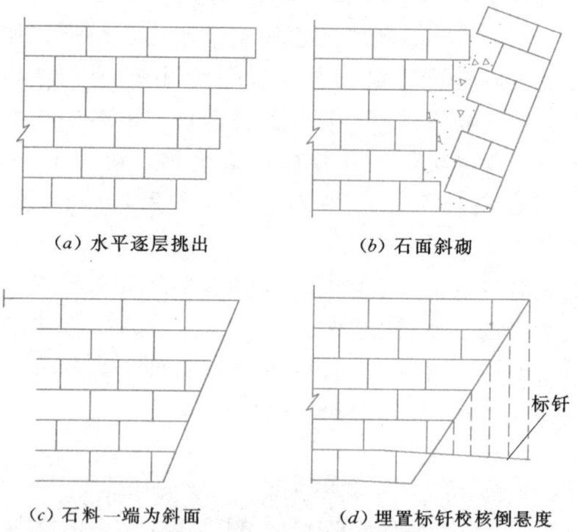

(*a*) 水平逐层挑出 (*b*) 石面斜砌

(*c*) 石料一端为斜面 (*d*) 埋置标钎校核倒悬度

图 4.6-1 砌石双曲拱坝倒悬度的砌筑方式

的施工应严格执行混凝土施工规范。

混凝土面板的浇筑，一般不必设立脚手架，可利用在下层混凝土中预埋螺栓和在上部砌体中栓系临时拉筋架立模板，如图 4.6-2 所示。防渗面板需用较多模板，木材短缺地区，可采用预制模板，做成空格块体。图 4.6-3 是河南省洛宁县大沟口水库砌石拱坝使用的一种空格预制模板。预制模板用 C20 混凝土。模板的安砌用 M10 水泥砂浆。根据浇筑防渗面板混凝土时模板自身能稳定的条件，每层高度采用 1.8m。具体排放方式如图 4.6-3 所示。空格内填筑混凝土使其构成整体。模板砌缝用水泥砂浆勾填。

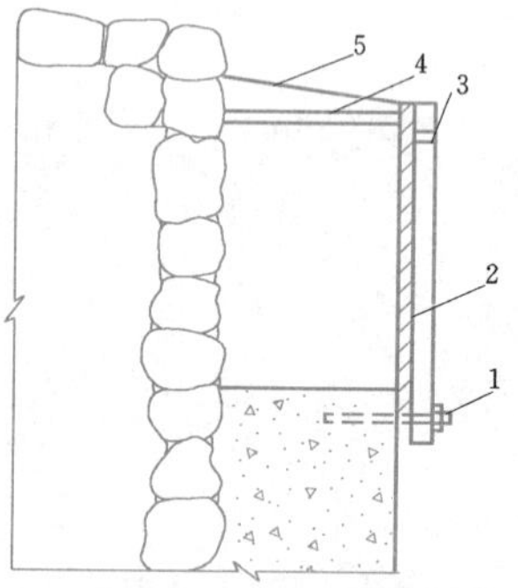

图 4.6-2 混凝土面板浇筑的模板架立

1—预埋螺栓；2—模板；3—螺栓孔；
4—临时撑木；5—拉筋

浇筑防渗心墙时，利用两侧砌体作为模板。浇筑时大多不设伸缩缝，按段长 10～15m 分段浇筑。竖直施工缝宜加一道止水片，或至少应设键槽。防渗心墙的浇筑层高度以 1.5～2.0m 为宜。两层接触面应凿毛，宜设置纵向键槽。

坝面迎水面勾缝也是一项重要的防渗措施。缝深

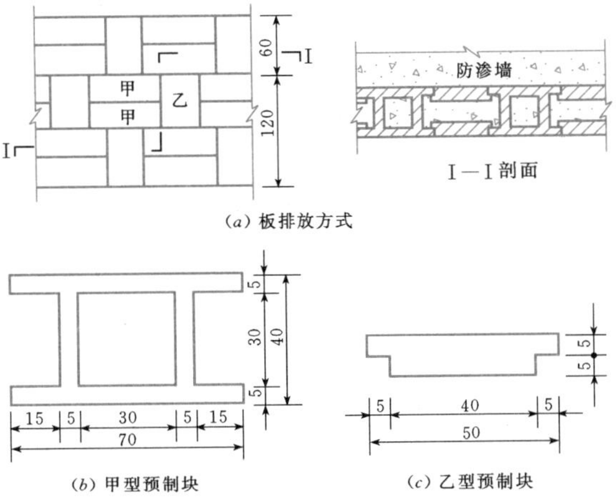

图 4.6-3　空格预制模板排放方式（单位：cm）

一般为 3～5cm。先沿灰缝用手钻开出宽深各 3～5cm 的梯形槽，冲洗后填塞砂浆。每过一两小时压实一次，经过几次压、抹，最后做成凸缝或平缝。也可在砌石时嵌入木条预留缝槽，待砌体砂浆初凝后取出木条作勾缝处理。勾缝砂浆要求具有较好的防渗性及和易性。一般用强度等级为 50MPa 的水泥，灰砂比为 1∶1～1∶2，水灰比约为 0.4。勾缝的工作架如图 4.6-4 所示，其由角钢制成的活动架，使用时挂在预埋的带钩的锚筋上，间距约 2m，上铺木板。架上应挂有安全网以确保施工安全。

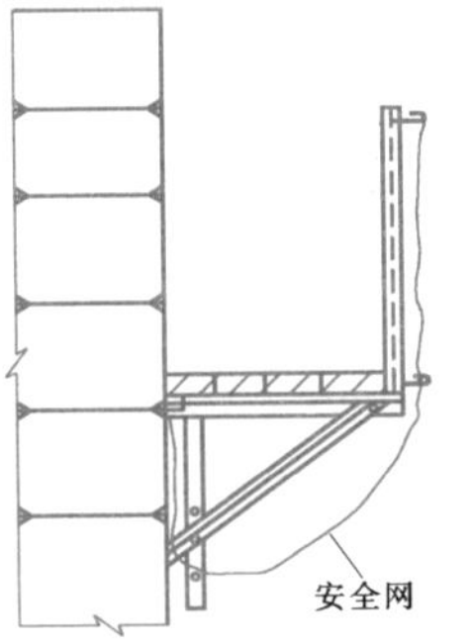

图 4.6-4　勾缝的工作架

4.6.4　坝体砌筑分缝分块要求

大体积混凝土坝水泥用量多，浇筑强度大，大量水化热不易消散。为减少温度应力，防止开裂，一般都分块浇筑并采取人工冷却措施。砌石坝水泥用量少且又多为人工分散砌筑，自然散热条件较好，加之砌体弹性模量较混凝土小，所以对水化热和温度应力问题不如混凝土坝敏感。因此施工中均未采取人工冷却措施，一般也不考虑分块留缝，而是整体上升，既节省投资又避免施工干扰。应该指出，当外界温度达 30℃以上时，不宜砌筑。细骨料混凝土或水泥砂浆砌块石，因水泥用量较浆砌料石多，更不宜在高温时进行。若必须在夏季高温条件下砌筑时，则需考虑纵向分块，留临时键槽。缝槽间距 20～30m，缝宽至少为 0.8m。待寒冷低温季节时，人工凿毛，然后用混凝土封填捣实。

4.6.5　坝体与地基连接要求

砌石坝坝基应按照设计要求进行开挖和地质缺陷处理。为了保证坝体砌筑与坝基岩体的可靠连接，河床坝段砌石前应先整修基槽，用混凝土或砌石填补局部凹坑，然后按需要，或铺一层水泥砂浆，或浇混凝土垫层，其上开始砌石。

与两岸坝肩的连接，对重力坝或支墩坝而言，可将基岩面开挖成台阶形，对拱坝则应尽量开挖成平顺的斜面。与河床坝段相同，在基岩面上也要根据情况或铺水泥砂浆或浇混凝土垫层。拱坝中坝肩的处理更为重要，为了加强拱端与基岩的连接，一些工程在基岩内还埋设有锚筋。

当坝体与两岸基岩的接触面较陡时（例如大于 45°），砌体的收缩可能导致与基岩面的接触不良，从而容易形成沿基岩面的渗漏通道，因此，应设计必要的接触灌浆。接触灌浆可通过预埋接触灌浆管进行。灌浆管内径为 2～3cm，沿基岩面布设，间距约 3m。接触灌浆应于混凝土垫层或砂浆接触层收缩以后、水库蓄水以前完成。灌浆压力为 0.3～0.5MPa。

4.6.6　工程施工实例

4.6.6.1　东固砌石双曲薄拱坝[13]

东固水库位于福建省德化县境内，总库容为 5400 万 m^3，拦河坝为抛物线双曲浆砌石薄拱坝，坝表面为 M10 砂浆砌条石，坝体为 C15 混凝土砌块石，最大坝高 86.5m，坝顶高程 412.00m，坝顶宽 3.0m，最大坝底厚 13.3m，厚高比为 0.17。坝址河谷呈不对称 V 形。坝顶布置挑流消能溢流堰，设 5 孔 8.0m×4.5m 弧形钢闸门，如图 4.6-5 所示。

图 4.6-5　东固砌石双曲拱坝

坝体砌石方量为 8.1 万 m^3，工程于 1999 年 11 月开工，2002 年 5 月底完工。

1. 主要施工技术与方法

（1）大型塔机运输上坝材料。由于东固大坝位于深山峡谷，不具备开挖多条上坝公路的条件。因大坝水平拱圈和悬臂梁的表面曲线的曲率都较大，坝体的水平面投影面积就较大，若采用吊空索道至少要四条，且前期四条吊空索道无法同时工作，将限制大坝的施工强度。为此选用大型塔式起重机，配备一台3t架空索道配合吊运。塔机布置在坝体下游高程363.00m处（离下游坝面约20m），以最大限度控制大坝仓面面积。塔机型号为：SCM—H3/36B，主要特性为：塔身高度为51.7m，吊臂长度为60m，最大幅度起重量为3600kg，最小幅度起重量为12000kg，电动机功率为73.9kW。

(2) 放样与条石及毛石砌筑。采用弧距法放样，将拱坝水平拱圈的上下游曲线按2m的弧长分成各等分点，用全站仪逐点精确放样。依据放样坐标结合该点的倒悬度对下一层面石进行砌筑，然后依次砌筑上一层面石，依此类推。

坝体表面砌筑采用外购条石，人工砌筑，条石长度约1m，水泥砂浆强度等级为10MPa，勾缝深度不小于8cm。坝体块石用挖掘机装车，由8～12吨级的自卸汽车从坝下游约1km处运输至塔机附近的中转料场。体积0.8～1.2m^{3}的毛块石用钢丝绳绑扎后冲洗吊运入仓。坝体砌筑采用15MPa强度等级的掺粉煤灰二级配细骨料混凝土，砌筑层厚1.0～1.5m。砌筑仓面打毛、清扫、冲洗干净后，先铺设一层混凝土，再立砌大毛石，大面侧立或朝上，容许毛石间点线接触，不容许面接触，留足三角缝，竖缝宽度最小控制在0.1m。在混凝土浇筑中分两层浇筑，第一层浇筑高度约0.4～0.6m，然后在凹处补中石，再次浇筑混凝土，同时在空挡处补小石，边振捣边填小石，使片石与混凝土黏结良好，提高含石率。对砌筑层面做到大平小不平，大石尖突出层面，插入上层面控制在0.20m。

在坝体表面条石施工中，留缝采用长1.0m、厚2.0cm、宽4.0cm（用于水平缝）和长0.6m、厚3.0cm、宽6.0cm（用于竖缝）的木条，铺好水泥砂浆后，在条石就位时，用上述规格木条夹在两条石间，作为坝体预留控制缝。在“留缝”进行深勾缝时，分两次进行，以避免深部勾缝不紧密，并反复多次压紧抹平，保证勾缝质量。

(3) 提高含石率与减少水泥用量。

1) 优化混凝土配合比，采用最大容重法确定合理砂率，尽量减少水泥用量。

2) 按胶凝材料的30%掺粉煤灰，既改善混凝土的和易性，调节凝结时间，降低水化热，又节约水泥，降低成本。

3) 提高砌体含石率，一是加大每块块石的重量，大块石用塔吊吊运入仓，含石率达50%左右；二是增加每层砌体的厚度，每层厚度达1.0m以上，由于砌体厚度的增加，混凝土垫层的数量相应减少。采用竖砌工艺，明显减少混凝土缝的数量，增加了单位体积的石料比例，砌石体综合含石率达49.09%。试坑试验结果见表4.6-1。

2. *砌体质量控制*

(1) 混凝土振捣密实性。改善混凝土的和易性，严格控制混凝土的坍落度；严格分层下料、分层振捣。

(2) 坝体砌筑密实性。砌筑石料为细粒质花岗斑岩，完整性、坚硬性较好，经压水试验分析，块石的吸水率$q \leqslant 1$Lu，由于含石率的提高，砌体的抗渗性也得到提高。每砌筑3m进行一次压水试验，100m^{2}布置3个孔，每增加100m^{2}加布1个孔，检查坝体的密实性，并对坝体进行补强灌浆。砌体压水试验结果见表4.6-2。

(3) 砌筑施工缝处理。适当加大每层的砌筑高度，尽量减少水平施工缝；由专人处理施工缝；避免形成顺水流方向的横向通缝；对水平施工冷缝进行认真处理。

(4) 夏季施工。当最高气温超过28℃时，停止坝体砌筑，并由专人对坝面进行洒水养护，保持仓面湿润。

表4.6-1　　试坑试验成果表

坑号	坑顶高程 (m)	试坑尺寸 (m)	砌体容重 (kN/m^3)	含石率 (%)	混凝土比例 (%)	孔隙率 (%)
1	340.50	1.0×1.0×1.0	24.40	50.06	48.14	1.80
2	340.50	1.0×1.0×1.0	24.46	54.37	43.59	2.04
3	351.00	1.5×1.5×1.1	24.13	48.53	49.38	2.09
4	351.00	1.5×1.5×1.1	24.56	49.53	50.10	0.37
5	352.00	1.5×1.5×1.1	24.07	46.28	51.66	2.06
6	361.00	2.0×2.0×1.1	24.23	48.73	49.81	1.46
7	362.00	2.0×2.0×1.0	23.97	46.04	51.74	2.22

表 4.6-2　　**砌体压水试验成果表**

部　位	孔数	孔深 (m)	设计要求	q 值的区间频率					
				$q\leqslant1Lu$		$1Lu<q\leqslant3Lu$		$q>3Lu$	
				孔数	%	孔数	%	孔数	%
高程 360.00m 以下	286	1471.62	$q\leqslant1Lu$	267	93.36	14	4.89	5	1.75
高程 360.00m 以上	448	2014.52	$q\leqslant3Lu$	396	88.39	41	9.17	11	2.46

4.6.6.2　高家坝砌石重力坝[14]

高家坝防洪水库枢纽工程位于猛洞河干流中上游湘西自治州永顺县两岔乡境内。大坝为细石混凝土砌石重力坝，坝顶高程 373.50m，坝顶轴线长 218m，坝顶宽 6m，最大坝高 63.5m，最大坝底宽 52m。大坝主要工程量为：土石方开挖 10.95 万 m^3，混凝土 5.84 万 m^3，二级配混凝土砌石 14 万 m^3，钢筋制作安装 1273t。工程于 2009 年底建成，如图 4.6-6 所示。

图 4.6-6　高家坝砌石重力坝

1. 施工布置

将主体建筑物纳入塔机平面控制范围内，尽量降低塔机之间重叠覆盖区域，明确塔机作业方向，避免相向运行；充分利用场内地形，做到高料高用，低料低用，尽量减少提升和转运；减少逆向运输，避免交叉作业。大坝共分为 9 个坝段，其中 1～4 号坝、7～9 号坝为挡水坝段，分布在大坝左右两岸，共长 188m，混凝土砌石占较大比重，5～6 号坝溢流坝段，分布在河床的中部，长 40m，混凝土占较大比重。塔机分二期布置，第一期 2 台 TC4510 型的塔机，第二期布置 1 台 QTZ63 型、2 台 TC4510 型。溢流坝段布置较大型塔机，配置 0.8m^3 吊罐用于混凝土浇筑；在左右两岸布置较小型塔机，配置 0.4m^3、0.6m^3、0.8m^3 吊罐用于混凝土浇筑。

块石料场位于大坝左岸。石料开采后，用挖机挖装石料，5 吨级和 15 吨级自卸汽车运输，沿左右两岸的临时施工道路运至塔机作业的堆石区，就近堆放；混凝土从拌和楼用 5 吨级自卸汽车运输至工地，上转料斗。石块从石料堆放处人工用钢丝绳捆扎、吊篮吊运至施工作业面；混凝土经转料斗至各储料斗，至吊罐，经塔机吊运至施工工作面。块石从料场运至工地堆石区，不干净的石块进行两次冲洗，先是在堆石区进行冲洗，对于仍冲洗不够干净的块石在塔机吊起后在空中再次清洗。干净的石块入仓砌筑前必须洒水湿润。

2. 坝体砌筑与质量控制

砌石施工流程如图 4.6-7 所示。

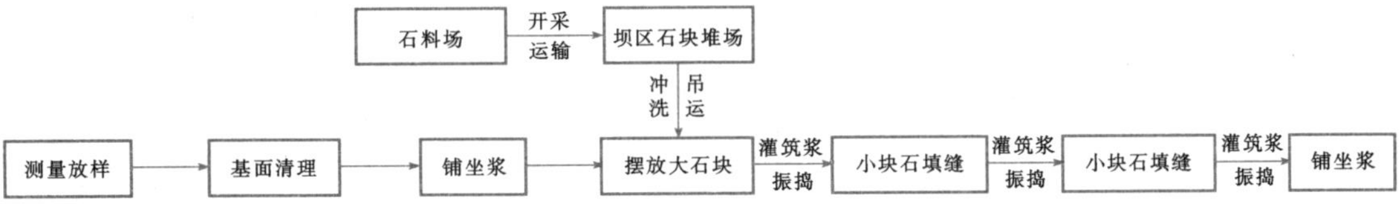

图 4.6-7　砌石施工流程图

砌体石料应坚实新鲜，无风化剥落层或裂纹，石材的表面无污垢、水锈等杂质。毛石应呈块状，中部厚度不小于 150mm。规格小于要求的毛石（片石），可用于塞缝，但其用量不得超过该处砌体重量的 10%。采用铺筑法砌筑，以立砌为主，砌筑时先铺厚 8～10cm 的坐浆。

（1）常态砌筑质量控制。

1）平整，同一层面应大致砌平。

2）稳定，适当摇动或敲击块石，使其平稳。

3）密实，严禁石块直接接触，坐浆及竖缝宽度不小于 8～10cm，块石与块石间容许点线接触，混凝土应填充饱满密实，铺浆应均匀，竖缝填塞混凝土后应振捣至表面泛浆为止。

4）错缝，同一砌筑层内，相邻石块应错缝砌筑，不得存在顺水流方向的通缝。上下相邻砌筑的石块，也应错缝搭接，避免竖向通缝，必要时，可每隔一定距离，立置丁石。砌体第一层选用较大的平整毛石，靠近临空面的石块应长向垂直于临空面。

5）混凝土浇筑，竖缝中充填的混凝土，应分层灌筑，分层振捣，应以达到不冒气泡且开始泛浆为适度，相邻两振点的距离应不大于振捣器作用半径的1.5倍（约250mm），并防止漏振。封仓时混凝土开始与周围石块表面基本齐平，振捣后略有下沉，不得用混凝土或砂浆在砌筑层顶面找平，待上层砌筑铺设底浆时一并填满，以保证上下层面间的咬合，避免出现水平层面。砌筑因故障停顿，应在新一层砌筑前清除浮浆，清扫冲洗，使新旧砌体紧密结合。

6）伸缩缝，根据砌石体施工进度安装模板，保证缝面平整顺直。

7）砌体养护，砌石体外露面，宜在砌筑后12～18h及时养护，并经常保持外露面湿润，养护时间为21d。

（2）冬季施工控制。

1）当最低气温在0℃以下，应停止石料砌筑。

2）当最低气温在0～5℃必须进行砌筑时，要注意表面保护，混凝土拌和物的入仓温度不低于5℃。

3）坝体在砌筑和混凝土浇筑后的养护期内，应保持正温。

4）砌筑石料的积水、积雪应及时清除，防止结冰。冬季水泥初凝时间延长，砌体一般不宜采用洒水养护。

（3）雨天施工控制。

1）砂石料堆场，应有排水设施。

2）无防雨设施的砌石面和混凝土浇筑仓面，在小雨施工时，应适当减少水灰比，并及时排除仓面积水，做好表面保护工作。

3）在施工过程中如遇暴雨或大雨，应立即停止施工，覆盖表面。雨后及时排除积水，清除表面软弱层。如表面混凝土尚未初凝，可加铺水泥砂浆，继续浇筑，否则应按施工缝处理。

4）在多雨地区，施工面可搭盖防雨篷布。

5）有抗冲耐磨要求或需要抹面等部位的混凝土和砌体，不得在雨天施工。

（4）夏季施工控制。

1）最高气温超过28℃时，应停止砌筑作业。

2）当最高气温超过25℃仍要继续施工的工程，可采取下列措施：

a. 在砌筑工作面搭设凉棚。

b. 采取搭设凉棚、洒水喷雾、加大堆高以及就地取料等方式降低砂石骨料等原材料的温度。

c. 对已完成的砌体及混凝土加强养护，昼夜保持外露面经常湿润。养护时间一般为21d，如有防裂要求时，养护时间应适当延长。

参考文献

[1] SL 25—2006砌石坝设计规范［S］. 北京：中国水利水电出版社，2006.

[2] 朱伯芳. 中国拱坝建设的成就［J］. 水力发电，1999（10）：38-40.

[3] 华东水利学院. 水工设计手册：第四卷 土石坝［M］. 北京：水利电力出版社，1984.

[4] 景来红，杨维九，罗涛. 宝泉抽水蓄能电站下水库大坝加高防渗设计［J］. 人民黄河，2002，24（6）：30-31.

[5] 龚振文. 渔洞水库混凝土砌石重力坝设计简介［J］. 云南水力发电，1999，15（4）：24-27.

[6] 吴海真. 顾冲时. 井冈冲高砌石拱坝坝体应力计算分析［J］. 人民长江，2006，37（11）：19-21.

[7] 董羽蕙，冷竹欣，冯燕，等. 盐津桥水库右坝肩下游岩体稳定与工程加固处理［J］. 昆明理工大学学报：理工版，2004，29（3）：77-81.

[8] 刘群. 下会坑大坝地质参数的选取及抗滑稳定分析［J］. 西北水力发电，2004，20（1）：56-59.

[9] 陈伊清. 桑园水电站坝基工程地质问题的分析与解决［J］. 水力发电，1999（12）：11-14.

[10] 清华大学水利水电工程系，北京华实水木科技有限公司. 堆石混凝土技术新进展. http：//www.sino-concrete.com，2010.

[11] 水利电力部水利水电建设总局. 砌石坝施工［M］. 北京：水利电力出版社，1984.

[12] 华东水利学院. 砌石坝设计［M］. 北京：水利出版社，1980.

[13] 徐昌寿. 东固浆砌石拱坝主要施工技术与质量控制［J］. 水利科技，2007（5）：31-34.

[14] 熊宏武，彭继旺. 塔机在砌石坝施工中的应用［J］. 湖南水利水电，2007（5）：27-29.

第5章

碾压混凝土坝

本章为《水工设计手册》（第2版）新增内容。针对碾压混凝土坝的设计特点、原则与要求，重点介绍了碾压混凝土坝特有的技术内容，与常态混凝土坝相同的部分可参见本卷相关章节。

我国20世纪80年代初开始进行碾压混凝土筑坝技术的研究，并于1986年建成我国第一座碾压混凝土重力坝。经过20多年的研究、实践，目前我国已经建成世界上最高的碾压混凝土重力坝和碾压混凝土拱坝，在碾压混凝土筑坝技术方面达到国际领先水平，在设计理论、防渗排水、温控防裂、层间结合、快速施工等方面均取得重大突破，已经形成了一套具有中国特色的碾压混凝土筑坝技术，使碾压混凝土坝发展成为最具有竞争力的坝型之一。本章编写过程中，广泛收集了国内外碾压混凝土坝设计研究和建设资料，在消化吸收基础上纳入手册范围，增加了手册的实用性，反映了碾压混凝土坝的设计水平、技术特点和发展趋势。同时，对由碾压混凝土技术演化而成刚刚起步应用的贫胶砂砾石坝技术进行了概述。

本章共分6节。5.1节介绍碾压混凝土的分类、特点、设计要求和发展现状；5.2节介绍碾压混凝土重力坝的枢纽布置、断面设计、应力稳定分析、防渗排水及构造设计；5.3节介绍碾压混凝土拱坝的枢纽布置、体型设计、分缝和灌浆及构造设计；5.4节介绍碾压混凝土的原材料、配合比设计、分区设计及性能参数；5.5节介绍碾压混凝土的生产、入仓、施工工艺及质量检测和控制；5.6节介绍贫胶砂砾石坝的特点、体型设计、配合比设计、施工工艺和质量控制。

章主编　冯树荣　范福平

章主审　蒋效忠　计家荣　孙恭尧

本章各节编写及审稿人员

节次	编　写　人	审稿人
5.1	冯树荣　许长红	蒋效忠 计家荣 孙恭尧
5.2	冯树荣　肖　峰　王红斌 周跃飞　许长红　董勤俭	
5.3	范福平　杨家修　罗洪波 崔　进　陈秋华	
5.4	陈改新　冯树荣　范福平	
5.5	石青春　冯树荣	
5.6	陆采荣　梅国兴　戈雪良 刘伟宝　王　珩	

第5章 碾压混凝土坝

5.1 概　　述

5.1.1 碾压混凝土坝的分类

5.1.1.1 按坝体结构型式分类

（1）碾压混凝土重力坝。

（2）碾压混凝土拱坝。

（3）其他碾压混凝土坝（如碾压砂砾石坝）。

5.1.1.2 按材料及施工方法分类

（1）富胶凝材料碾压混凝土坝，胶凝材料用量大于150kg/m^3。

（2）中等胶凝材料碾压混凝土坝，胶凝材料用量100～150kg/m^3。

（3）贫胶凝材料碾压混凝土坝，胶凝材料用量小于100kg/m^3。

（4）日本式碾压混凝土坝（RCD），坝体中心部分为碾压混凝土，外部为常态混凝土，俗称“金包银”。

（5）硬填料坝或胶凝砂砾石坝。

碾压混凝土坝按材料及施工方法分类见表5.1-1。

5.1.1.3 按坝高分类

（1）低坝，高度在30m以下。

（2）中坝，高度在30～70m。

表5.1-1　　碾压混凝土坝分类

类　　别	贫胶凝材料②	中胶凝材料	富胶凝材料	RCD
胶凝材料用量①（kg/m^3）	＜100	100～150	＞150	120～130
掺合料掺量（%）	0～40	20～60	30～80	20～35
层厚（mm）	约300	约300	约300	750～1000
横缝间距（m）	＜30	15～50	20～75	15～20
上游专门防渗层	有	一般有	无	有

① 胶凝材料包括硅酸盐水泥和掺合料。

② 此表分类中包括硬填料坝，未包含胶凝砂砾石坝。

（3）高坝，高度在70m以上。

5.1.2 碾压混凝土坝的特点

碾压混凝土（RCC）是一种低水泥用量、高掺粉煤灰的干硬性混凝土，通过振动碾压实。用移动式振动碾代替插入式振捣器振实混凝土，虽然不改变混凝土的基本性质，却改变了混凝土的施工工艺和工序。采用碾压混凝土修筑的坝为碾压混凝土坝。

碾压混凝土坝的主要特点归纳如下：

（1）混凝土为干硬性混凝土，单位水泥用量小。

（2）上游设置专门的防渗层作为坝体防渗主体。

（3）通常坝体不设纵缝，而横缝采用切缝机切割。

（4）采用通仓薄层浇筑，设备利用率高，施工速度快。

（5）采用振动碾压实，碾压效果与碾压层厚有关。

（6）大仓面施工，可以减少模板用量，提高施工安全性。

（7）施工强度高，工期较短，经济性相对较好。

与其他坝型的枢纽工程相比，碾压混凝土坝枢纽未必总是经济的，需要进行深入的技术经济综合比较来确定。在某些条件下，可能不适合修建碾压混凝土坝，例如，坝址附近缺乏足够可用的骨料；基岩质量差或覆盖层较厚，地基处理困难；非常狭窄的河谷，岸坡陡峭，机械设备没有足够的运作空间等。

5.1.3 碾压混凝土坝的设计要求

碾压混凝土坝的设计，应做到安全可靠、经济合理、技术先进、环境友好。

碾压混凝土坝与常态混凝土坝在设计上对地形、地质等方面的要求基本相同，坝工设计时，大坝抗滑稳定安全标准与强度安全标准亦基本相同。碾压混凝土坝的建筑物级别、洪水标准和抗震设防标准应符合

《水电枢纽工程等级划分及设计安全标准》（DL 5180—2003）的有关规定。在碾压混凝土坝设计之前，应当明确工程建设的目标和要求，如工程进度、造价、外观、进度、运行维护管理等，优选枢纽布置方案以及大坝结构设计方案。总体设计应该尽量简单，以利于发挥碾压混凝土快速施工的特点。

在碾压混凝土坝设计中，应认真研究以下影响因素。

（1）坝址区的地形、地质、水文、气象条件和建筑材料的适应性。

（2）枢纽功能要求的泄水、发电、供水以及航运等建筑物的布置。

（3）坝型、坝体布置、坝体结构构造及其主要尺寸。

（4）大坝抗滑稳定安全性、混凝土强度和耐久性要求。

（5）施工条件，诸如建筑材料来源、施工导流条件、交通运输条件等。

（6）坝体快速施工、缩短工期、节约水泥和简化温度控制措施等。

碾压混凝土拱坝除了满足上述一般要求外，还有以下一些特殊设计要求。

（1）坝顶宽度不宜小于4m，以满足机械化高效快速施工的要求。

（2）控制合适的上游面倒悬度，以避免施工期出现不利的应力状态。

（3）尽量减少坝体中构件和坝内孔洞，避免影响碾压混凝土上升的速度。

5.1.4 碾压混凝土坝的发展及其现状

1960～1961年，我国台湾修筑石门坝心墙，首次采用碾压混凝土。我国内地对碾压混凝土筑坝技术的研究始于1978年。1983年，中国水利水电第七工程局在其1500t水泥罐混凝土基础施工中进行了碾压混凝土工业性试验。同年7月，福建闽江水电工程局在厦门机场工地进行了一次大型现场试验。1984年，中国水利水电第七工程局在铜街子工程左岸坝肩牛日溪沟1号副坝施工中采用了碾压混凝土。1985年，闽江水电工程局在沙溪口围堰及开关站挡墙工程的施工中，试验性地浇筑了2万m^3的碾压混凝土。1986年6月，福建坑口水电站建成我国第一座碾压混凝土重力坝，坝高56.8m。从此，碾压混凝土在我国日益广泛地应用于水利水电工程建设。

20世纪90年代，拱坝设计建设中开始研究碾压混凝土筑坝技术。1994年，我国建成了当时世界上最高的贵州普定碾压混凝土拱坝，坝高75.0m，开创了我国碾压混凝土拱坝技术的先河。同期建成的河北温泉堡单曲拱坝，坝高48.0m，与普定一起成为南北两地碾压混凝土拱坝的代表。随后，又相继建成一批100m级的碾压混凝土拱坝，如坝高132.0m的四川沙牌拱坝，坝高80.0m的甘肃龙首一级薄拱坝等。

2009年建成的龙滩水电站碾压混凝土坝，最大坝高216.5m，坝高和碾压混凝土方量均居世界第一，是目前世界上碾压混凝土筑坝技术的标志性工程。依托国家“八五”和“九五”科技攻关和一系列科研工作，龙滩碾压混凝土坝的设计建设推动了我国碾压混凝土筑坝设计技术、施工技术和科研能力的快速发展，在坝工设计理论、坝体体型优化、防渗结构设计、夏季施工和温度控制技术、层间结合技术、快速施工技术等方面均取得重大突破。经过20余年的推广和应用，已经形成了中国特色的碾压混凝土筑坝技术，为世界坝工界所瞩目。

我国碾压混凝土坝发展趋势主要体现在如下几个方面。

（1）碾压混凝土坝的地区分布日益广泛，不论在南方还是在北方均有应用。

（2）工程规模日益扩大，坝高已达200m级，碾压混凝土量达数百万立方米。

（3）碾压混凝土材料日趋多样化，总体上力求就地取材、因材设计；高碾压混凝土坝中，多采用低胶凝材料的富浆碾压混凝土。

（4）碾压混凝土施工技术日趋完善，变态混凝土、层面处理和斜层平推铺筑法等诸多技术，既可改善碾压混凝土性能又能加快施工速度，对碾压混凝土筑坝技术的发展起到了重要的推动作用。

我国部分已建和在建坝高100m以上的碾压混凝土坝见表5.1-2。

表5.1-2 我国部分已建和在建坝高100m以上的碾压混凝土坝

序号	工程名称	河流	坝型	坝高（m）	混凝土总量（万m^3）	总库容（亿m^3）	装机容量（MW）	枢纽总泄量（m^3/s）	建成时间
1	龙滩	红水河	重力坝	192.0/216.5	574.000/736.000	162.10/272.70	4900/6300	27692/26085	2009年（一期）/
2	光照	北盘江	重力坝	200.5	280.000	32.45	1040	9857	2009年
3	官地	雅砻江	重力坝	168.0	357.023	7.60	2400	16300	在建

续表

序号	工程名称	河流	坝型	坝高(m)	混凝土总量(万 m³)	总库容(亿 m³)	装机容量(MW)	枢纽总泄量(m^3/s)	建成时间
4	金安桥	金沙江	重力坝	160.0	360.000	8.47	2400	17653	2010年
5	大花水	清水河	双曲拱坝	134.5	65.000	2.76	180	6000	2007年
6	沙 牌	草坡河	单曲拱坝	132.0	39.200	180.00	36	453	2003年
7	江 垭	溇水	重力坝	131.0	137.000	17.41	300	10491	2000年
8	百 色	右江	重力坝	130.0	260.000	56.60	540	11487	2006年
9	洪 口	霍童溪	重力坝	130.0	72.700	4.51	200	10200	2010年
10	武 都	涪江	重力坝	121.3	161.000	5.94	150	7795	2011年
11	思 林	乌江	重力坝	117.0	110.000	15.93	1050	32922	2010年
12	索风营	六广河	重力坝	115.8	73.900	2.01	600	15954	2006年
13	戈兰滩	李仙江	重力坝	113.0	140.000	4.09	450	14000	2008年
14	棉花滩	汀江	重力坝	111.0	62.000	20.35	600	11490	2002年
15	大朝山	澜沧江	重力坝	111.0	128.750	9.40	1350	23600	2002年
16	岩 滩	红水河	重力坝	110.0	65.520	33.50	1210+600	33380	1995年
17	石门子	塔西河	双曲薄拱坝	110.0	21.100	0.80	64		2003年
18	景 洪	澜沧江	重力坝	108.0	320.00	11.39	1750	34800	2009年
19	招徕河	堵河	双曲拱坝	107.0	25.470	0.70	36	1710	2005年
20	白莲崖	淠河	双曲拱坝	104.6	71.940	4.51	50		2009年
21	蔺河口	岚河	双曲拱坝	100.0	29.300	1.47	72	3480	2004年

5.2 碾压混凝土重力坝

5.2.1 枢纽布置

碾压混凝土重力坝枢纽设计需要根据河流开发任务和枢纽功能要求，统筹协调挡水建筑物、泄水建筑物、引水发电系统、通航建筑物及其他建筑物的布置，以适应坝址地形、地质条件，满足枢纽泄洪、发电、排沙、供水、航运、排漂、过鱼、旅游、施工导流和交通运输等需要，避免施工和运行上的相互干扰。考虑到碾压混凝土坝的施工特点，枢纽布置和坝体设计上要最大限度地减少各建筑物施工的相互干扰，以便为碾压混凝土快速施工创造条件。

枢纽布置首先要从坝址地形条件、地质条件、建筑物布置条件、施工条件、建设征地移民安置条件以及环境影响等方面进行分析研究和比较，确定坝址坝线；然后在选定坝址坝线上对各种可行的枢纽建筑物布置方案进行分析研究，比较筛选，确定较优的枢纽布置和建筑物设计方案，在上述工作的基础上，进而开展各建筑物的具体设计，必要的情况下对枢纽工程布置、建筑物结构加以优化调整和补充完善。

5.2.1.1 枢纽布置基本原则

枢纽布置工作的重点是研究解决各建筑物在平面布置上的矛盾，施工期和运行期在空间上的相互影响。需要根据工程的自然条件、枢纽功能要求、施工条件等进行综合技术经济比较，优化布置方案和建筑物型式，必要时通过科学试验加以验证。

建设工期，尤其是大、中型水电站的建设工期，对工程投资效益有决定性影响。碾压混凝土的特点是能够快速施工，工程质量和效益也取决于快速施工特性的发挥，因此碾压混凝土重力坝枢纽布置和施工布置应重点研究有利于碾压混凝土快速施工的方案，为实现碾压混凝土快速施工创造条件。

碾压混凝土重力坝枢纽布置方案要符合以下基本要求和原则。

（1）满足开发目标和任务的要求。

（2）适应枢纽工程区地形地质条件。

（3）协调处理发电、防洪、供水、航运、防沙等之间的关系。

（4）方便管理，易于检查、维护，能够发挥预期的各项效益。

（5）建筑物布置协调，结构选型合理，工程建设投资较省。

（6）便于碾压混凝土施工，易于保证施工安全和施工质量，缩短工期。

（7）少占耕地，环境友好，能够最大限度地减少对地表植被的破坏。

5.2.1.2　枢纽布置基本经验

国内外碾压混凝土重力坝枢纽工程设计建设的经验可归纳如下：

（1）大坝、泄水建筑物、引水发电系统和其他主要建筑物，要根据其重要性、型式、施工条件和运行管理等，按照既协调紧凑、又互不干扰的原则进行布置。

（2）工期尤其是大、中型水电站的工期是枢纽布置方案比选的主要影响因素之一。便于碾压混凝土快速施工，有利于缩短工期，提前发挥效益的枢纽布置方案具有较大的比选优势。

（3）水头高、泄量大的重力坝枢纽，泄水建筑物的布置要优先考虑主河床坝身泄洪，或以坝身泄洪为主，辅以泄洪洞或岸边溢洪道。在一定条件下，扩大表孔规模、增大单宽泄量是泄水建筑物优化布置的趋势。当下游水垫较深，岩体抗冲刷能力较强时，优先采用挑流消能的方式；当消能区岩体抗冲能力较弱或存在边坡稳定，以及因水流雾化引起的其他问题难以解决时，则应研究采取底流和戽流消能方式。

（4）枢纽布置通常遵循厂房可先期施工且对其他建筑物施工干扰小的布置原则；窄河谷高坝枢纽，在具备条件的情况下，优先采用地下厂房方案。选用大容量机组，减少机组台数，通常有利于枢纽布置并降低工程造价；当机组台数较多或两岸均有出线要求时，厂房可分两岸布置。电站输水系统进出水口布置要避免受到岸边泄洪洞和坝身泄洪的影响，尤其尾水出口要避开下游的冲刷和淤积的不利影响。

（5）施工布置是枢纽布置的重要组成部分。导流建筑物、缆机平台、施工道路、施工期通航、料场和渣场的选择、施工设施和施工营地等的布置方案要与主体建筑物统筹规划，避免相互干扰并有利于施工。

（6）通航河道或规划通航河道上，要研究通航建筑物的布置和型式。通航建筑物应尽量远离枢纽泄洪消能区而靠岸边布置，并与施工导流和施工期通航统筹规划。要充分考虑通航建筑物上下游引航道口门区的水流条件和泥沙淤积问题，必要时设置防沙、冲沙和排沙设施。

（7）对于多泥沙河流，要研究水库泥沙淤积问题。研究采取必要的防沙、排沙措施，特别是电站进水口的防淤问题。要研究水库排沙运行方式。

（8）泄洪、发电、航运等建筑物分散布置型式，可简化坝体结构，减小施工干扰，有利于发挥碾压混凝土快速施工的优势。

碾压混凝土重力坝、地下或岸边厂房，围堰一次拦断河床、隧洞导流、坝体缺口度汛成为高山峡谷区高混凝土坝枢纽的典型布置型式。

5.2.1.3　碾压混凝土重力坝坝体布置

碾压混凝土重力坝的坝体布置与枢纽功能要求、地形地质条件、河谷宽窄程度、大坝上下游水位差以及开发方式等密切相关。

水头高、流量大的重力坝，当河谷较窄，一般在主河床仅布置泄水建筑物，一岸布置通航建筑物（有航运要求时），厂房布置在地下或岸边，例如龙滩、大朝山水电站的布置型式。若河谷较宽，可在河床中布置厂房，根据需要，也可布置两岸厂房、一岸厂房或主河床厂房，例如景洪、金安桥等水电站采用河床一岸坝后厂房。对于宽河谷、边坡高、两岸岩体风化强烈的坝址，如大广坝、观音岩等水电站则在两岸采用土石坝或面板堆石坝作为接头坝。

1. 泄水建筑物布置

碾压混凝土重力坝枢纽首选坝身泄水方式。当坝址河谷狭窄，建筑物布置紧张，或者大坝下游岩体抗冲刷能力弱或两岸山体稳定性差，为保证大坝泄洪安全，需要将洪水输送到远离坝脚的下游时，则采用岸边泄水设施，诸如岸边溢洪道或泄洪洞。

（1）在高坝枢纽泄水建筑物设计中，需要研究以下影响因素：

1）在校核洪水和可能最大洪水（PMF）的情况下，要研究利用水库的调洪削峰能力，减少枢纽泄洪流量。

2）在常遇洪水条件下，要具备多种泄水组合，提高运行调度的灵活性；在设计、校核洪水条件下，要有足够的超泄能力，增强泄洪可靠性。孔口布置要避免对坝体结构产生不利影响。

3）对于多泥沙河流，要重视泥沙淤积对枢纽工程的不利影响。布置一定数量的底孔或深孔，以满足水库泥沙调度和降低库水位的要求。

4）当下游消能区岩体抗冲刷能力不足时，要尽可能采用较低的单宽流量。消能区的地质缺陷尤其是岸坡坡脚的地质缺陷，要进行加固处理。

5）窄河谷，要限制下泄水流的入水宽度，避免直接冲刷岸坡；宽河谷，要防止下泄水流集中使岸边回流过大，避免回流淘刷岸坡。

6）要增大消能区水体厚度，尽可能利用水垫消能；泄洪雾化严重时，应采取避让和保护措施。高速水流不可避免时，应研究空化、空蚀问题和采取掺气减蚀等措施。

7）为提高消能率，保证良好的运行条件，要研究实用的新型消能工。

（2）坝身泄洪及消能工型式的设计要求。

坝身泄水孔主要布置有表孔、中孔、深孔或底孔。开敞式溢流表孔具有泄洪能力大、超泄能力强，便于排污、闸门开启和检修方便等优点，一般用表孔承担泄洪任务；中孔、深孔主要用于泄洪、冲排沙，底孔一般用来放空水库，并在施工期承担导流和供水任务。为便于碾压混凝土施工，一般应尽量减少坝身孔口的层数，中孔、深孔或底孔多采用平底型式。

碾压混凝土重力坝坝体泄洪消能工型式与常态混凝土重力坝基本相同，可因地制宜地采用适当的消能工型式，包括挑流、消力池、挑流＋消力池、宽尾墩＋消力池、宽尾墩＋戽式消力池、台阶坝面与宽尾墩＋消力池（戽）等。

坝身表孔泄洪一般采用挑流消能。例如龙滩碾压混凝土重力坝表孔采用高低挑坎相间布置的大差动式挑流消能。为了提高消能效率，挑流消能常与其他消能方式结合，形成联合消能工型式。棉花滩表孔溢洪道采用在溢流面反弧后尾端设收缩式消能工，而底孔出口采用窄缝式消能工，使泄流水舌能在空中自身消能，并沿河床纵向拉开。

对于碾压混凝土重力坝，为了简化溢流面施工，加快施工进度，溢流坝面常采用台阶型式。在不改变“宽尾墩＋戽式消力池”消能工水力特性的基础上，形成了“宽尾墩＋台阶式溢流面＋戽式消力池”联合消能工。大朝山、水东、索风营、思林、沙沱等水电站都采用了台阶式联合消能工。

福建水东水电站是我国第一个采用宽尾墩＋阶梯式溢流坝面联合消能工的工程，主河床设4个坝身溢流表孔，消力戽池长40.5m，后接长约40m底流消力池。大朝山泄水建筑物共布置了5个表孔，采用了宽尾墩＋阶梯式溢流坝面＋戽式消力池联合消能工。工程运行中进行的水力学原型观测表明，在设计洪水位899.00m时，最大单宽流量为143m^3/(s·m)，消能效果良好。

（3）岸边溢洪道、泄洪洞及消能工型式的设计要求。

岸边溢洪道布置需要考虑自然地形条件、工程特点、枢纽布置、施工及运行条件、经济指标等。一般当坝址具有合适布置岸边溢洪道的地形地质条件，开挖工程量小且无高边坡稳定问题，即可研究岸边溢洪道布置方案，如金安桥、观音岩等水电站坝址具有较宽的台地布置溢洪道，经方案比较后采用了以岸边溢洪道泄洪为主，辅以碾压混凝土坝坝身孔口泄水的布置方案。

岸边溢洪道出口一般采用挑流消能。如果挑流引起的冲刷、雾化可能威胁到两岸边坡的稳定，或下游的冲刷淤积对大坝安全和电站正常运行影响较大时，需要研究采取其他消能方式。譬如底流消能或联合消能工。

碾压混凝土重力坝枢纽采用的岸边泄洪洞一般仅作为辅助泄洪设施。深山峡谷地区修建的大坝，常采用隧洞导流。导流任务完成后，将导流洞改建成排沙洞、尾水洞、放空洞、灌溉洞、发电洞等，其中把导流洞改建成泄洪洞经济效益最大。以往导流洞改建泄洪洞大都采用洞外消能的方式，但由于导流洞出口低，水头大，流速高，不仅易造成洞内磨蚀和空蚀破坏，还易造成出口与下游水面衔接困难、改建施工期紧张和高压闸门制造困难，为此国内外开展了洞内消能工的研究并应用于工程实践，已取得了一些成功经验。

近20年国内部分坝高100m以上碾压混凝土重力坝枢纽泄水建筑物布置见表5.2－1。

表5.2－1　近20年国内部分坝高100m以上碾压混凝土重力坝枢纽泄水建筑物布置简表

序号	工程名称	坝高(m)	泄洪方式	枢纽总泄量(m^3/s)(校核洪水)	泄洪建筑物型式[孔数－宽（高）](m)	泄流能力（校核水位）	
						泄流量(m^3/s)	单宽流量[m^3/(s·m)]
1	龙滩	192.0/216.5	坝身表孔泄洪	28190	表孔 7－15 底孔 2－5（8）	28190 —	268
2	光照	200.5	坝身表孔泄洪	9857	表孔 3－16 放空底孔 2－4（6）	9857 不泄洪	205 —
3	官地	168.0	坝身表孔泄洪为主	15500	表孔 5－15 底孔 2－5（8）	15500	

续表

序号	工程名称	坝高(m)	泄洪方式	枢纽总泄量(m^3/s)(校核洪水)	泄洪建筑物型式[孔数－宽（高）](m)	泄流能力（校核水位）	
						泄流量(m^3/s)	单宽流量[$m^3/(s·m)$]
4	观音岩	160.0	右岸溢洪表孔泄洪为主	20918	表孔 7－13 右泄中孔 2－5（8） 左右冲沙底孔 2－5（5）	17923 2995 —	197 300
5	金安桥	160.0	岸边溢洪道泄洪为主	17563	右岸溢洪道 5－13 右泄冲沙底孔 2－5（8） 左冲沙底孔 1－5.5（7）	14980 2675 —	230 267.5
6	鲁地拉	140.0	坝身表孔泄洪为主	18748	表孔 5－14 底孔 4－5（9）	13179 5569	188 278
7	江垭	131.0	坝身表孔泄洪为主	15700	表孔 4－14 中孔 3－5（7）		
8	百色	130.0	坝身表孔泄洪	11880	表孔 4－14 中孔 3－4（6）	11880 —	212 —
9	龙开口	119.0	坝身表孔泄洪	19100	表孔 5－13 左右冲沙底孔 2－5（8）	19100 2×856	293
10	思林	117.0	坝身表孔泄洪	32212	表孔 7－13	32212	362
11	彭水	116.5	坝身表孔泄洪	42200	表孔 12－14	42200	334
12	索风营	115.8	坝身表孔泄洪	15956	表孔 5－13	15956	245
13	景洪	108.0	坝身表孔泄洪	34800	表孔 7－15 左冲沙底孔 1－3（5） 右冲沙底孔 1－5（8）	34800 — —	331
14	戈兰滩	113.0	坝身表孔泄洪为主	12598	表孔 5－13 底孔 2－4（7）	11248 1350	173
15	大朝山	111.0	坝身表孔泄洪为主	23800	表孔 5－14 底孔 3－7.5（10） 冲沙孔 1－3（6）	16646 6479 475	238 288 158
16	棉花滩	111.0	坝身表孔泄洪	11890	表孔 3－16 底孔 1－5（11.7）	11890 —	247
17	沙沱	106.0	坝身表孔泄洪	32006	表孔 7－15 冲沙底孔 1－4（6）	32006 不泄洪	305

2. 引水发电建筑物布置

引水发电系统通常由进水口建筑物（进水口）、引水建筑物（明渠、压力钢管、引水隧洞、压力前池、调压室）和厂区建筑物等组成。碾压混凝土重力坝枢纽中，引水发电系统的布置型式较多，选择上也较为灵活，但需要根据工程地形、地质条件、开发方式、装机规模、泄洪建筑物的布置等综合分析确定。表 5.2-2 为我国近 20 年已建、在建的部分碾压混凝土重力坝枢纽中发电厂房和进水口型式。

碾压混凝土重力坝枢纽中，引水发电系统布置总体可分为引水式厂房和坝后式厂房两类。

(1) 引水式厂房。

1）特点和适用条件。厂房与大坝之间有一定距离，发电用水通过引水建筑物引入厂房。相对于其他厂房型式，引水式厂房的位置可选余地较大，布置更为灵活。厂房可以布置在地面，也可以布置在地下。引水式厂房与枢纽其他建筑物的布置和施工干扰小，便于大坝碾压混凝土施工，厂房可先于大坝、导流等建筑物施工，工期安排灵活。当河谷较窄、边坡较陡无条件布置坝后式厂房时，一般优先考虑采用引水式厂房。例如龙滩、大朝山、棉花滩、彭水、百色、官地等碾压混凝土重力坝枢纽，均采用引水式地下厂房。光照、戈兰滩等采用引水式岸边地面厂房。

表 5.2-2　　　我国部分碾压混凝土重力坝枢纽发电厂房和进水口型式

序号	工程名称	所在地	装机容量（MW）	进水口型式	厂房型式	主厂房尺寸（长×宽×高）（m）	额定水头（m）	水轮机型式	首台机组发电时间
1	龙滩	广西天峨县，红水河	6300（700×9）	坝式	地下式	388.5×28.5×74.4	140.0	混流	2007年
2	观音岩	云南省与四川省交界，金沙江	3000（500×6）	坝式	坝后式	272×27.5×72.5	108.0	混流	在建
3	金安桥	云南省丽江市，金沙江	2400（600×4）	坝式	坝后式	213×34×79.2	111.0	混流	2011年
4	鲁地拉	云南省大理白族自治州，金沙江	2100（350×6）	坝式	坝后式	273.5×30.3×72.5	83.0	混流	在建
5	龙开口	云南省鹤庆县，金沙江	1800（300×6）	坝式	坝后式	237×34.5×73.15	69.0	混流	在建
6	景洪	云南省西双版纳，澜沧江	1750（350×5）	坝式	坝后式	241.78×31.5×65.45	60.0	混流	2009年
7	彭水	重庆市彭水县，乌江	1750（35×5）	岸塔式	地下式	252×28.5×76.5	67.0	混流	2008年
8	大朝山	云南省云县，澜沧江	1350（225×6）	坝式	地下式	225×28×61.3	72.5	混流	2001年
9	沙沱	贵州省沿河县，乌江	1120（280×4）	坝式	坝后式	132.4×35.5×72.1	61.0	混流	2011年
10	光照	贵州省关岭、晴隆县交界，北盘江	1040（260×4）	岸塔式	岸边式	142×28.1×66.85	135.0	混流	2009年
11	思林	贵州省思林县，乌江	1000（250×4）	岸塔式	地下式	177.8×27×70.5	64.0	混流	2009年
12	棉花滩	福建省永定县，汀江	600（150×4）	岸塔式	地下式	129.5×21.9×52.08	87.6	混流	2001年
13	百色	广西百色市，郁江支流右江	540（135×4）	塔式	地下式	147×19.5×49	88.0	混流	2005年

2）引水式厂房进水口布置。重力坝枢纽中，引水式厂房的进水口可采用坝式、岸式或塔式布置。坝式进水口与坝后式厂房的进水口相同，布置在挡水坝段上，引水道相对较短，但与大坝施工干扰较大。岸式或塔式进水口与大坝分开布置，施工干扰小。

大朝山和龙滩水电站采用坝式进水口布置，为满足进水口宽度要求，坝线采用折线型。棉花滩、彭水、光照水电站采用岸塔式。百色水电站具备布置坝式进水口的地形条件，但地质条件较差，虽然坝式进水口引水管道长度比塔式进水口缩短 138.2m，但地质缺陷使坝基处理困难，若在左岸挡水坝段布置压力钢管，无法采用全断面碾压混凝土，影响大坝施工进度。塔式进水口与大坝分离，大坝轴线选择较为灵活，可以布置在地质条件较好的部位，可采用全断面碾压混凝土，加快坝体施工进度，进行综合技术经济比较后，最终选定塔式进水口布置。

3）引水式厂房的厂区布置。引水式厂房可分为引水式地下厂房和地面厂房两类。地下厂房按其在输水道的位置，分为首部式、中部式和尾部式。首部式地下厂房靠近进水口，压力管道采用竖井或斜井通到地下厂房，由于压力管道较短，一般不需要设置引水调压室，水头损失小。当采用单机单洞，主厂房内不需要布置进水阀，可减小厂房宽度。尾部式地下厂房布置在输水线路的尾部，引水线路长，一般需要设置引水调压室，多用于引水式或混合式开发的水电站。中部式地下厂房布置在输水线路的中部，一般仅在引水或尾水隧洞设调压室。

集中开发方式的碾压混凝土重力坝枢纽，在地质条件容许的情况下，地下厂房一般采用首部开发方式。在满足围岩稳定和防渗要求的前提下，厂房位置尽量靠近进水口，可以缩短引水道的长度。例如龙滩、大朝山、棉花滩、彭水、百色、思林水电站，地下厂房均采用了首部开发的布置方式。若采用首部开发的布置方式，由于厂房距库区较近，需做好防渗排水系统的设计。此外，首部开发地下厂房距大坝较近，开关站、进厂交通洞口等应注意避开泄洪雾化区的影响。

(2) 坝后式厂房。坝后式厂房引水管路短，水头损失小，枢纽布置紧凑，当地形条件适宜时，也适用于中、高水头采用集中开发方式的水电站。如景洪、金安桥、观音岩水电站等采用了坝后式厂房的布置型式。

坝后式厂房厂区布置与河道地形、地质条件，泄洪建筑物、导流建筑物布置密切相关。坝后式厂房一般与溢流坝段相邻，布置时应注意设置导流隔墙，以免影响水电站出流。

按泄洪建筑物和厂房位置关系，坝后式厂房有以下两种布置型式。

1) 厂房、泄洪设施分别布置在河床两侧。当坝址河谷较宽，可同时布置溢流坝和非溢流坝，一般将厂房、泄洪设施布置在河床两侧。这种布置型式简洁紧凑、施工方便。此时，一般将主机段靠河床中间，安装场置于岸边，可以减少开挖。当河谷宽度不足时，靠岸边的机组段或安装场在基岩上开挖形成。由于坝后式厂房的施工受导流建筑物的影响较大，当厂房控制发电工期时，其位置选择需考虑导流建筑物位置和施工进度。将厂房部分机组段布置在岸边台地上，可提前开工，有利于电站提前发挥效益。

2) 厂房布置在河中，河床两侧布置泄洪设施。当河谷较窄，河中无法同时布置厂房和泄洪建筑物，而两岸又有合适的地形布置泄洪设施时，可以将厂房布置在河床中部，其两侧布置泄洪设施。

3. 其他建筑物布置

(1) 排沙建筑物的布置。排沙建筑物与枢纽其他建筑物存在必然联系，相互影响。多沙河流上泄水建筑物一般均有泄水和排沙的双重作用，只是泄水与排沙的侧重不同。排沙洞（孔）进口高程一般较低，既承担异重流排沙和汛期排沙，还可减少过机泥沙含量和粗颗粒泥沙对水轮机的磨损。汛期降低水位泄洪冲沙，一般需设置相当泄流规模的低位孔。

排沙建筑物在平面布置上应尽可能位于主流或处于弯道凸岸处，借助有利的排沙流势。同时布置应相对集中，与取水工程（电站、供水、灌溉等）配合可采用，上、下重叠或近于重叠的布置，以保证泄水建筑物前的冲刷漏斗是有效、连片和稳定的。排沙建筑物洞轴线间距一般为3～5倍洞径。根据排沙建筑物进口前冲刷漏斗的实测资料：进口前冲刷漏斗底宽约为泄水孔宽度的2倍。

排沙建筑物进口底板高程与其他取水工程的进口高程差，除满足结构需要的最小尺寸（3倍洞径）外，还取决于排沙的要求，例如以排泄异重流泥沙为主时，进口高程应根据坝前产生异重流的水沙分布而定，其高差相对较大。若以泄流排沙为主，则依据汛期运用水位进行布置。

泄水排沙建筑物规模首先应满足汛期泄洪的需要；其次应满足调节用水的需要，即水库达到冲淤平衡后，回水位不得影响上一级电站的尾水位，在规定的断面泥沙淤积高程应小于该断面的控制高程，借助汛期冲刷水库增加的库容达到年内动态平衡并满足调节用水的需要，同时保证在汛期泄流冲刷作用下，下游河道的冲淤变化相对稳定。

一些工程为了提高排沙、冲沙效果，不仅设置汛期运行排沙最低水位，还要求冲沙最小流量。

排沙建筑物的另外一个作用是保证电站进水口的“门前清”，减少泥沙对水轮机的磨损。泥沙磨损和空蚀结合，可以对水轮机产生很大的破坏作用。因此，在枢纽总体布置和电站进水口设计时，需要提出防止或减少泥沙进入电站进水口的措施。

电站进水口经常采用的防沙、排沙措施包括“正向排沙、侧向取水”，在进水口附近设置排沙底孔或排沙廊道。对于高水头电站，设置排沙底孔或排沙洞是减少粗沙过机的有效措施。排沙底孔一般布置在电站进水口的下部或者两侧，利用泄洪在电站进水口前形成冲刷漏斗。冲刷漏斗越大，越有利于拦截粗沙，减少粗沙过机。图5.2-1为大朝山排沙廊道布置示意图，在进水口坝段前沿，廊道上、下游侧墙底部分别设置间距不等的正向12个和反向13个3m×6m小尺寸进水孔，旨在用小流量来保持电站进水口的“门前清”。

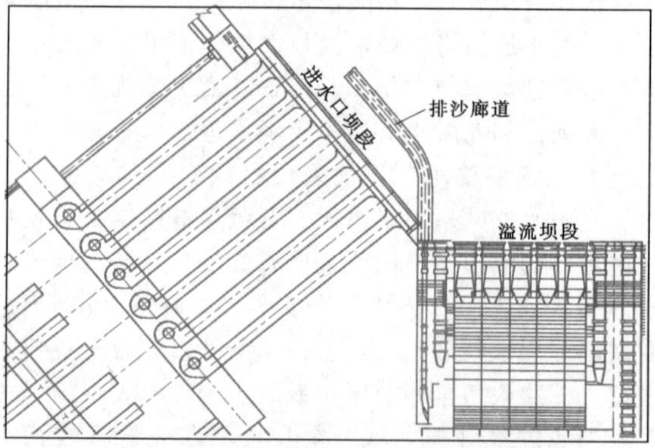

图5.2-1 大朝山水电站排沙廊道布置图

（2）放空设施的布置。枢纽工程设置放空建筑物是降低库水位或放空水库，一方面是为了大坝或其他建筑物检修的需要，另一方面是为了公共安全和保证公众利益。从保持长期安全运行，方便维护管理而言，高碾压混凝土重力坝通常设置底孔或中孔，起到降低库水位或放空水库的作用。通常可结合施工导流、下游供水、泄洪排沙要求设置放空设施，做到一洞多用。

大型水库工程应考虑在特殊情况下，迅速降低库水位的要求和具备低水位运行条件，以有利于保证下游地区安全。

（3）生态流量的解决方案。引水式、混合式开发的水电站不同程度地存在减水河道甚至断流的问题，集中式开发的水电站有时也因调峰运行而出现河道减水或断流现象。水位、流量的极端变化，对河流水域生态环境存在较显著的干扰。从水库初期蓄水到工程运行阶段，都需要考虑生态流量的维护问题。

维持水生生态系统稳定所需最小水量一般不小于河道控制断面多年平均流量的10%；当河段多年平均流量大于$80m^3/s$时，可取5%；在河流生态系统有更多、更高需求时，应进一步研究加大生态流量的比重。

生态流量泄放设施的选型和布置，可根据具体情况具体分析。引水式电站和抽水蓄能电站通常设置专门泄水管道泄放生态流量。大中型水电站水库初期蓄水、调峰运行时段的泄水措施，通常需要多个专业协同研究，提出解决方案。如金安桥水电站，为满足下游攀枝花城市供水的要求，下游河段任何时候都不容许断流，并应保证坝址最小流量不小于$400m^3/s$。设计比较研究了水库初期蓄水时段采用引水洞、排沙底孔等多项措施放水。电站运行期由一台机组担任基荷运行以保证下泄最小流量。

4. 典型工程实例

碾压混凝土重力坝枢纽布置大体可以归纳出以下三种型式。

（1）主河床泄洪，地下厂房或岸边地面厂房。主河床布置泄洪设施，发电建筑物为地下厂房或岸边地面厂房的这种泄洪、发电建筑物分散布置的方案，已成为峡谷高碾压混凝土重力坝枢纽的典型布置。国内大朝山、棉花滩、江垭、索风营、百色、龙滩、光照、官地、彭水等水电站均采用了这种枢纽布置。其枢纽布置特点为坝体仅布置泄水建筑物，结构简单；主河槽泄洪，下游水垫消能，有利于水流衔接；大坝和厂房分散、独立，施工相互干扰小，便于发挥大坝碾压混凝土快速施工的优势，泄洪对发电运行影响较小；有利于缩短工程建设周期、提前发挥工程效益。

龙滩水电站枢纽建筑物由碾压混凝土重力坝、泄洪建筑物、通航建筑物及引水发电系统组成。分两期建设，初期建设正常蓄水位为375.00m，装机容量为4900MW，后期正常蓄水位为400.00m，装机容量为6300MW，设计最大坝高为216.5m。河床坝段布置7孔溢流表孔，两侧对称布置2个放空底孔，并可用于大坝后期施工导流，表孔初期最大泄量达$27690m^3/s$，泄水孔口均采用鼻坎挑流消能。引水发电系统布置在左岸山体内，采用坝式进水口，全地下厂房。右岸布置通航建筑物，采用两级垂直提升式升船机。枢纽布置如图5.2-2所示。

光照水电站位于贵州省关岭县和晴隆县交界的北盘江中游，装机容量达1040MW，碾压混凝土重力坝最大坝高为200.5m。枢纽布置采用碾压混凝土重力坝+坝身泄水建筑物+右岸引水发电系统的枢纽布置方案。泄水建筑物布置在河床坝段，由3个表孔和1个底孔组成，最大下泄流量达$9857m^3/s$，泄水孔口均采用鼻坎挑流消能；引水发电系统布置在右岸，岸边地面厂房，采用一洞两机的供水方式。枢纽布置如图5.2-3所示。

（2）河床布置坝后厂房，两岸布置泄洪建筑物。以金安桥水电站为代表，这类典型枢纽布置适用于河谷不对称、河谷相对较宽的情况，利用合适的地形条件，协调处理发电和泄洪的关系，工程量较小，技术经济指标较优越。如果泄洪排沙建筑物布置比较分散，还有利于出口消能和下游水流衔接。

金安桥水电站枢纽工程由拦河坝、河床坝后式厂房、右岸坝身溢流表孔、右岸泄洪兼冲沙底孔、左岸冲沙底孔及左岸进厂交通洞等建筑物组成。碾压混凝土重力坝坝高160.0m，主河床位置布置坝后厂房，安装4台600MW机组，压力钢管为坝后背管。利用右岸基岩台地布置5个表孔泄洪，最大泄量达$14980m^3/s$，消力池底流消能。右侧坝段布置泄洪排沙底孔，兼顾泄洪及排沙，最大泄量达$2675m^3/s$，左侧坝段布置冲沙底孔，保证电站进水口“门前清”。其枢纽布置如图5.2-4所示。

（3）河床布置坝后厂房，岸边布置泄洪和通航建筑物。景洪水电站枢纽工程即采用河床布置坝后厂房，岸边布置泄洪和通航建筑物的枢纽布置。这种枢纽布置较好地利用了地形条件，结构较简单；坝身泄水、排沙，可以较好地实现机组进水口“门前清”，下游利用导水墙将厂房尾水与泄洪消能建筑物分开；发电与航运建筑物分散布置，施工和运行的干扰小。

景洪水电站枢纽由混凝土重力坝，左、右岸堆石坝，发电厂房和通航建筑物等组成。枢纽开发以发电为主，兼有航运、防洪、旅游等综合利用效益，电站装机容量达1500MW，电站按Ⅴ级航道300吨级船型

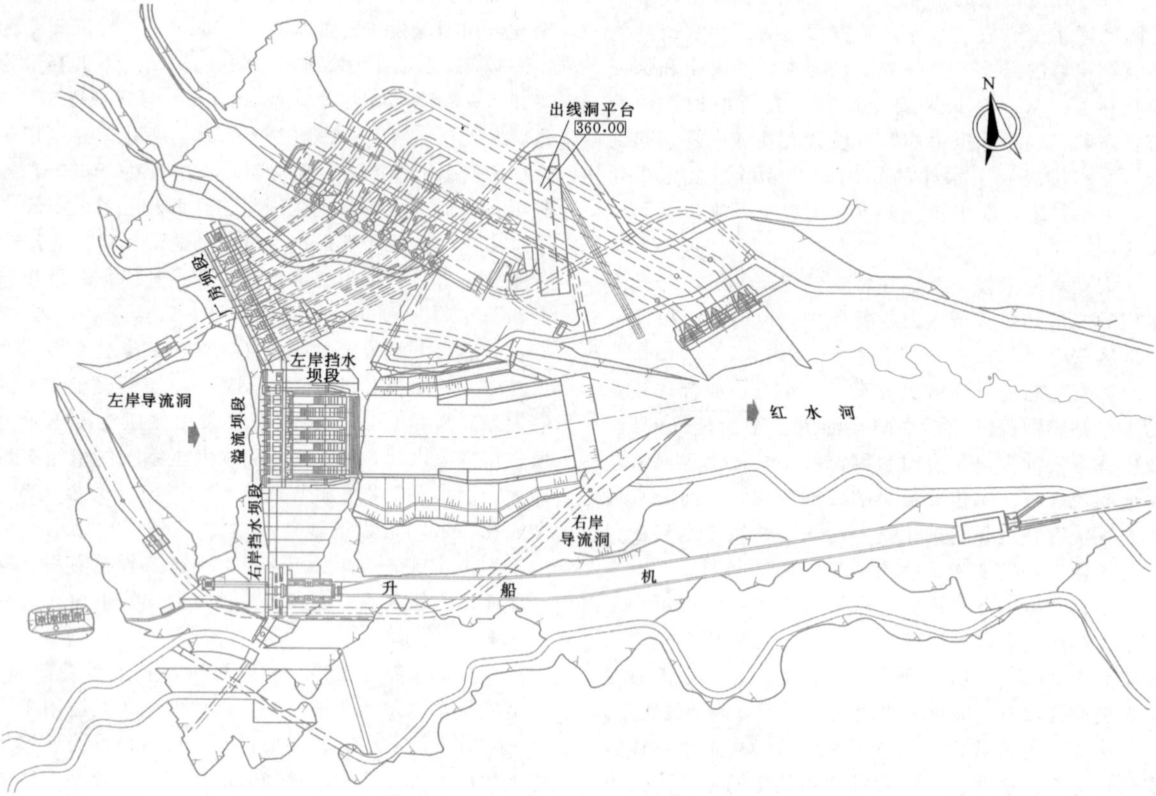

图 5.2-2　龙滩水电站枢纽平面布置图

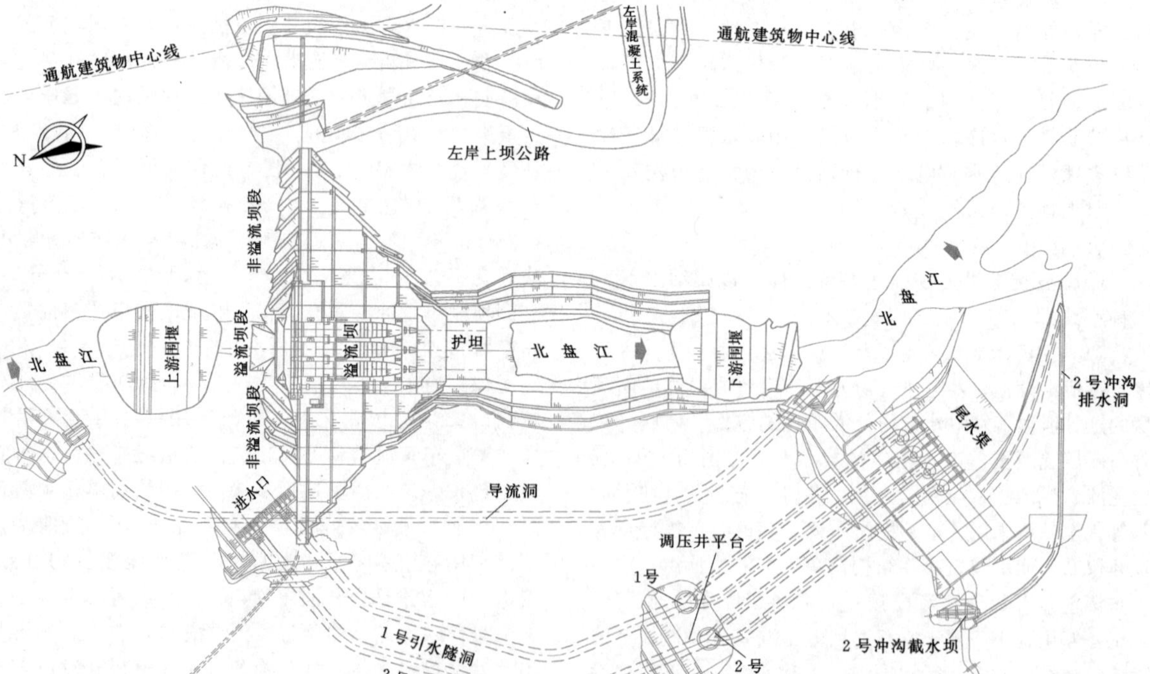

图 5.2-3　光照水电站枢纽布置图

的标准设计航运过坝建筑物。混凝土重力坝最大坝高110.0m，厂房布置在河床左侧主河槽内，溢洪道布置在河床右侧滩地上。通航建筑物布置在右岸，并对下游左岸河道作适当整治和疏浚，以保证下游引航道口门区的水流流态平顺，纵横向流速满足通航要求。其枢纽布置如图5.2-5所示。

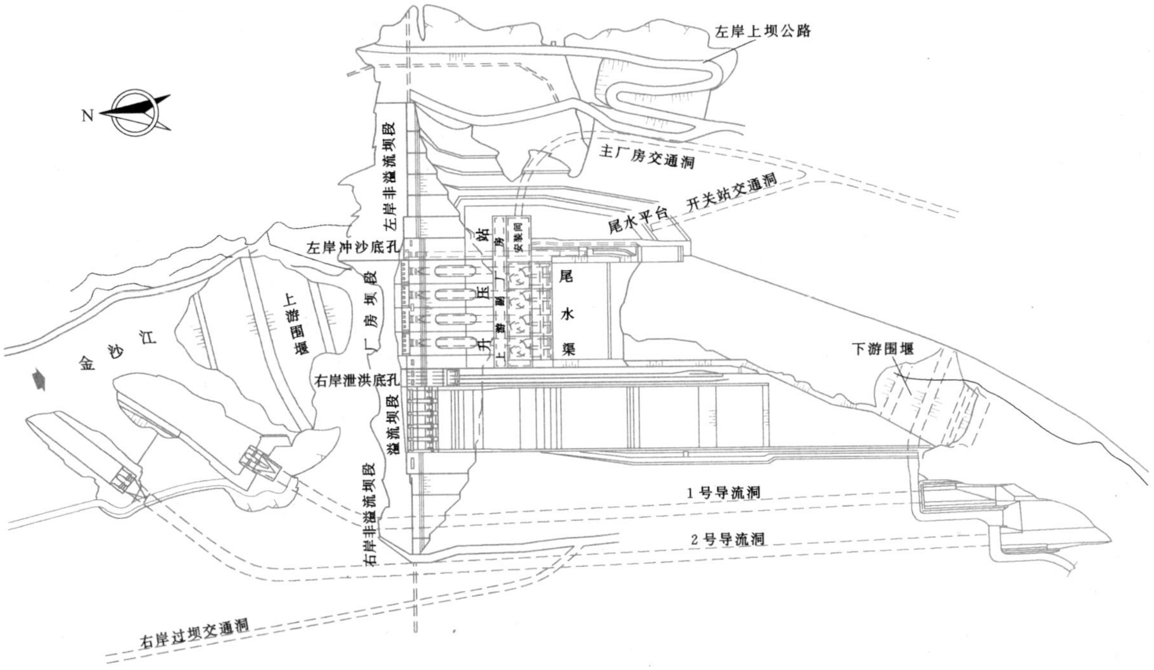

图5.2-4 金安桥水电站枢纽平面布置图

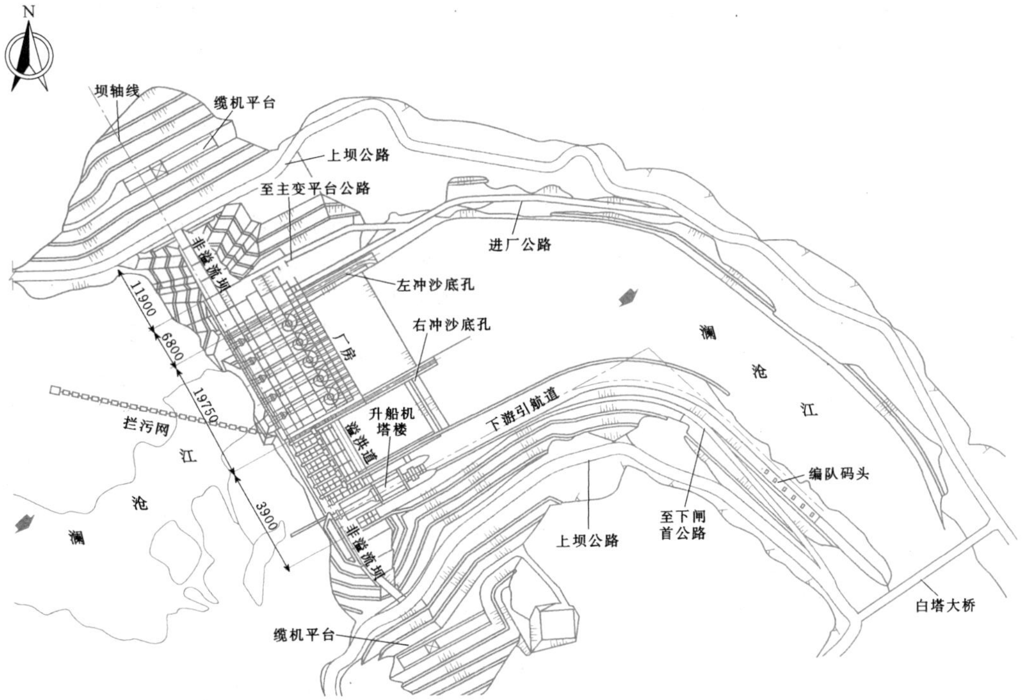

图5.2-5 景洪水电站枢纽平面布置图（单位：cm）

5.2.2 坝体断面设计

5.2.2.1 设计安全准则

碾压混凝土重力坝的设计要保证坝体稳定，满足强度、抗渗性和耐久性要求；确定温控要求，设置温度收缩缝，防止坝体裂缝；做好防渗、排水、廊道等构造；做到便于碾压混凝土施工，加快进度，缩短工期，降低造价等。《碾压混凝土坝设计规范》（SL 314—2004）对碾压混凝土坝设计规定进行了系统总结；《混凝土重力坝设计规范》（DL 5108—1999）增加了碾压混凝土重力坝的设计内容；《水工碾压混凝土施工规范》（DL/T 5122—2008）纳入了“九五”和“八五”国家重点科技攻关成果和新的施工经验，重点对碾压混凝土的质量管理与评定、层间结合、*VC* 值范围、变态混凝土、细骨料的质量控制等内容，作出了更确切的规定。

碾压混凝土重力坝的工作条件与常态混凝土重力坝基本相同，而在大坝体型设计上两者基本没有区别，碾压混凝土坝与常态混凝土坝的体型相似，只是需要改变混凝土分区、混凝土材料配比、坝体分缝及其构造以及施工工艺等。因此，除在坝体构造、配合比设计、温度控制与施工方法上应结合碾压混凝土的性能提出设计要求外，碾压混凝土坝设计仍应遵循《混凝土重力坝设计规范》（SL 319—2005）或《混凝土重力坝设计规范》（DL 5108—1999）的有关规定。

混凝土重力坝应以材料力学法和刚体极限平衡法作为确定坝体断面的基本方法，有限元法作为辅助方法。重力坝的设计断面按安全系数法设计时，应由基本荷载组合控制，并以特殊荷载组合复核；按概率极限状态法设计时，应由持久工况基本作用组合控制，并以偶然工况偶然作用组合复核。复核特殊荷载组合或偶然工况偶然作用组合时，可考虑坝体的空间作用或采取其他适当措施，不宜由特殊荷载组合或偶然工况偶然作用组合控制设计断面。碾压混凝土重力坝应根据坝体的结构布置和分缝情况，按平面问题考虑，取单位宽度进行强度和稳定计算，或选择一个完整坝段进行整体稳定和应力分析，使建基面和坝体层间抗滑稳定安全性都满足规范要求，若坝基深部存在软弱夹层，深层抗滑稳定安全性亦须满足规范要求。

5.2.2.2 碾压混凝土设计参数

与常态混凝土重力坝一样，碾压混凝土重力坝依据《混凝土重力坝设计规范》（SL 319—2005）和《混凝土重力坝设计规范》（DL 5108—1999）进行设计，由于分别采用安全系数设计法和分项系数极限状态设计方法，因而需要提出相应不同设计方法的混凝土强度设计参数。

1. 安全系数设计方法对应的混凝土强度体系和强度参数

《混凝土重力坝设计规范》（SL 319—2005）中，大坝混凝土强度用混凝土标号表示，混凝土标号定义为：按标准方法制作养护的边长 15cm 的立方体试件、在 90d 龄期、用标准试验方法测得的具有 80%保证率的抗压强度。混凝土标号用符号 R 和 80%保证率的立方体抗压强度表示，以 MPa 计。坝体大体积混凝土抗压强度是以其标号配一相对较大的安全系数来保证其安全度。混凝土强度设计代表值由下式计算：

$$R^b = u_R(1.0 - 0.842\delta_R) \qquad (5.2-1)$$

式中 R^b——混凝土强度设计代表值（标准值），MPa；
0.842——80%保证率时的概率度系数；
u_R——边长为 15cm 立方体标准试件 90d 或 180d 龄期抗压强度均值，MPa；
δ_R——变异系数。

根据全国 28 个大、中型水利水电工程混凝土立方体试件抗压强度实测数据的调查统计分析得出的变异系数，计算的混凝土标号和相应的混凝土抗压强度均值见表 5.2-3。

《碾压混凝土坝设计规范》（SL 314—2004）规定，碾压混凝土的抗压强度宜采用 180d（或 90d）龄期抗压强度。

碾压混凝土层面的结合质量受材料性质、混凝土配合比、施工工艺和施工管理水平以及施工现场气候条件等诸多因素的影响，易成为坝体的薄弱环节。国内部分碾压混凝土工程碾压层面的抗剪断强度参数见表 5.2-4。

表 5.2-3　大体积混凝土试件抗压强度统计参数

大体积混凝土标号	R10	R15	R20	R25	R30
标准值 R^b（保证率 80%）（MPa）	10	15	20	25	30
变异系数 δ_R	0.24	0.22	0.20	0.18	0.16
抗压强度均值 u_R（MPa）	12.53	18.40	24.04	29.45	34.66

表 5.2-4　国内部分工程碾压层面抗剪断强度参数

工程名称	混凝土标号	级配	胶凝材料用量(kg/m³)		取样方式	抗剪断强度		备　注
			水泥	粉煤灰		f'	c'（MPa）	
坑　口	R_{90}100（层面）	三级	60	80		1.12	1.17	抗剪断强度峰值
铜街子	R_{90}100（层面）	三级	65	85	现场原位试验	1.54	1.23	初凝前覆盖
岩　滩	R_{90}150（层面）	三级	55	104	现场原位试验	1.17	1.36	初凝前覆盖
普　定	R_{90}150（层面）	三级	54	99	芯样	1.82	2.75	
高坝洲	R_{90}150（层面）	三级	88	88	现场原位试验	1.70	1.58	
	R_{90}150（铺浆层面）					1.22	1.78	
	R_{90}150（缝面）					0.92	2.28	
江　垭	R_{90}150（缝面）	三级	64	96	芯样	0.97	0.90	1997年芯样成果
	R_{90}150（层面）					0.97	0.93	
	R_{90}150（铺浆层面）					1.17	0.99	
	R_{90}150（平层铺筑层面）					1.40	1.03	1998年芯样成果
	R_{90}150（斜层铺筑层面）					1.27	1.15	
大朝山	R_{90}150（层面）	三级	67	101（PT）	芯样	2.14	4.00	龄期大于90d
	R_{90}150（缝面）					1.88	3.50	
棉花滩	R_{180}150（层面）	三级	64	96	芯样	1.20	2.80	第一枯水期
	R_{180}150（缝面）					1.37	2.55	
	R_{180}150（层面）		51	96		1.26	2.06	第二、第三枯水期
	R_{180}100（层面）		48	88		1.24	1.58	

注　此表引自《碾压混凝土坝设计规范》(SL 314—2004)。由于强度单位分别为 kg/cm² 和 MPa，R_{90}100 等同 R10，其余类推。

2. 分项系数极限状态设计方法对应的混凝土强度体系和强度参数

国家标准规定的混凝土的强度等级按立方体抗压强度标准值确定，采用符号 C 与立方体抗压强度标准值（MPa）表示。立方体抗压强度标准值系指按照标准方法制作养护的边长为 15cm 的立方体试件，在 28d 龄期，用标准试验方法测得的具有 95%保证率的抗压强度。混凝土强度等级由下式计算：

$$f_c = u_{fcu}(1.0 - 1.645\delta_{fcu}) \quad (5.2-2)$$

式中　1.645——95%保证率时的概率度系数；

f_c——混凝土强度等级，MPa；

u_{fcu}——15cm 立方体标准试件 28d 龄期抗压强度均值，MPa；

δ_{fcu}——变异系数。

国家标准规定的混凝土强度等级标准不直接用于重力坝碾压混凝土的设计。在水电工程大体积混凝土设计中强度标准值定义为：按照标准方法制作养护的边长为 15cm 的立方体试件，在设计龄期（比如 90d）用标准试验方法测得的具有 80%保证率的抗压强度，用符号 $C_{龄期}$（以 MPa 计）表示。碾压混凝土重力坝的设计龄期一般采用 180d。大坝碾压混凝土强度标准值见表 5.2-5。

表 5.2-5　大坝碾压混凝土强度标准值

强度种类	C_{dd}10	C_{dd}15	C_{dd}20	C_{dd}25	C_{dd}30	C_{dd}35
轴心抗压强度 f_{ck}（MPa）	6.7	10.0	113.4	16.7	20.1	23.4

注　1. dd 为大坝碾压混凝土设计龄期，采用 180d 或 90d。

2. 大坝碾压混凝土强度等级和标准值可内插使用。

当坝体碾压混凝土开始承受荷载的时间早于 180d 时，应进行强度核算，必要时应调整强度等级。

碾压混凝土层面的抗拉、抗剪强度较低，属于碾压混凝土材料的弱面，抗剪断强度参数受胶凝材料用量、层面间歇时间长短、层间是否处理以及龄期长短的影响较大，目前主要是通过试验方法进行统计分析综合确定。通过对国内外已建的碾压混凝土坝的层面抗剪断试验研究资料的分析比较，并结合常态混凝土在接缝面处抗剪断参数的统计数据，《混凝土重力坝设计规范》（DL 5108—1999）中给出了混凝土层面的抗剪断参数，见表5.2-6。

经过多年的研究和试验，龙滩碾压混凝土重力坝采用富胶凝材料碾压混凝土、全高度全断面薄层碾压施工。除上游面二级配碾压混凝土作为坝体防渗区外，碾压混凝土沿高度分为三个区，取试验抗剪断强度的低值作为设计标准值，各分区碾压混凝土层面抗剪断参数见表5.2-7。

表5.2-6　　混凝土层面抗剪断参数表

类别名称	特征	均值 $\mu_{f'}$	变异系数 $\delta_{f'}$	标准值 f'	均值 $\mu_{c'}$（MPa）	变异系数 $\delta_{c'}$	标准值 c'（MPa）
碾压混凝土（层面黏结）	贫胶凝材料配比 180d龄期	1.0～1.1	0.21	0.82～0.91	1.27～1.50	0.36	0.89～1.05
	贫胶凝材料配比 180d龄期	1.1～1.3	0.21	0.91～1.07	1.73～1.96	0.36	1.21～1.37
常态混凝土（层面黏结）	90d龄期C10～C20	1.3～1.5	0.20	1.08～1.25	1.60～2.00	0.33	1.16～1.45

注　胶凝材料小于100kg/m^{3}的为贫胶凝材料，大于150kg/m^{3}的为富胶凝材料，在100～150kg/m^{3}的为中等胶凝材料。

表5.2-7　　龙滩碾压混凝土层面抗剪断峰值强度标准值

碾压混凝土类别	设计强度等级（28d，95%保证率）	抗剪断参数		备注
		f'	c'（MPa）	
碾压混凝土RⅠ	C18	1.05	1.70	高程250.00m以下
碾压混凝土RⅡ	C15	0.95	1.50	高程250.00～342.00m
碾压混凝土RⅢ	C10	0.90	1.00	高程342.00m以上

层面抗剪断强度受层间间歇时间影响较大，为保证在施工过程中达到设计指标要求，低温季节、常温季节和高温季节的层间间歇时间分别控制不超过8h、6h和4h。同时龙滩工程的研究结果认为，在进行芯样抗剪断强度参数与原位抗剪断强度参数换算时，f'的换算系数为1.1，c'的换算系数为1.75。

3. 大体积混凝土强度的尺寸效应和骨料级配效应

试件尺寸效应是指混凝土在骨料粒径、配合比和龄期相同的条件下，试件尺寸大小和形状对于混凝土强度的影响。混凝土由不同组分的材料组成，试件尺寸愈大，试件的不均匀性也愈突出，因而由试件测定的抗压强度，随着试件尺寸的加大，强度减小。

骨料级配效应是指混凝土在试件尺寸大小、形状和龄期相同的条件下，骨料粒径、配合比对于混凝土强度的影响。碾压混凝土一般采用三级配，粗骨料最大粒径为80mm。为节省试验费用、便于现场试验、质量检查和质量控制，规范规定在确定混凝土配合比及混凝土强度质量检验时均采用小尺寸标准试件，成型时采用湿筛法，将混凝土中的大骨料和特大骨料筛除。湿筛后试件配合比与坝体混凝土配合比已不同，试件中粗骨料减少、胶凝材料含量增加，配合比变化使标准试件测得的混凝土性能与坝体全级配混凝土有较大差异。

现将我国龙滩碾压混凝土全级配与湿筛强度试验成果列于表5.2-8。

表5.2-8　　全级配碾压混凝土层面和湿筛尺寸效应系数

项目		龄期				平均值
		7d	28d	90d	180d	
层面效应系数	抗压强度	0.92	0.92	0.94	0.95	0.93
	劈拉强度	0.75	0.83	0.88	0.91	0.84
	弹性模量	—	0.99	0.99	0.99	0.99
	轴拉强度	—	0.81	0.83	0.93	0.86
	极限拉伸	—	0.77	0.87	0.93	0.86

续表

项目		龄期				平均值
		7d	28d	90d	180d	
湿筛尺寸效应系数	抗压强度	0.95	0.93	0.91	0.91	0.93
	劈拉强度	0.72	0.85	0.84	0.83	0.81
	弹性模量	—	1.03	1.02	1.01	1.02
	轴拉强度	—	0.73	0.71	0.70	0.71
	极限拉伸	—	0.78	0.71	0.72	0.74
	徐变	0.91	0.97	0.62	—	0.83
	自变	0.61	0.62	0.64	0.59	0.62

注 全级配大试件尺寸：抗压、劈拉强度试件为30cm×30cm×30cm；极限拉伸试件为ϕ30cm×90cm；弹性模量试件为ϕ30cm×60cm；抗渗试件为30cm×30cm×30cm；自变和徐变试件为ϕ30cm×90cm。

龙滩大坝碾压混凝土全级配（三级配）大试件用大功率平板振动成型器振实成型，湿筛标准试件用小型平板振动器振实成型。湿筛标准试件无层面，全级配混凝土分为有层面和无层面两种情况，层面间隔时间为6h。两种粉煤灰的试验结果平均值见表5.2-8，表中层面效应系数为有层面大试件性能结果与无层面大试件性能结果之比，湿筛尺寸效应系数为无层面大试件性能结果与湿筛小试件性能结果之比。

表5.2-9为部分碾压混凝土坝工程芯样平均抗压强度与机口样平均抗压强度的比较。碾压混凝土机口取样成型的标准试件属于湿筛后的小试件（15cm×15cm×15cm），碾压混凝土芯样试件的强度为按照试件尺寸与形状对于强度影响的关系换算成标准试件尺寸后的强度。根据表5.2-9可以看出，芯样的平均抗压强度低于机口样的平均抗压强度，碾压混凝土坝芯样试件与机口样试件平均抗压强度的比值约为0.70～0.85，该比值反映了粒径效应和碾压混凝土施工中各种因素对于碾压混凝土抗压强度的影响。

表5.2-9　碾压混凝土坝芯样与机口样抗压强度值的比较

工程部位	芯样抗压强度（MPa）	机口样抗压强度（MPa）	芯样/机口样
龙滩 $C_{90}20$	30.8	33.8	0.91
江垭坝 $R_{90}20$	20.8	28.7	0.72
江垭坝 $R_{90}15$	19.9	23.3	0.85
沙溪口挡墙	27.9	35.1	0.80
铜街子左挡水坝	14.1	16.7	0.84
铜街子1号坝	13.0	20.4	0.64
岛地川（日本）	16.2～22.0	23.7～28.2	0.60～0.75
大川（日本）	12.3	14.2	0.87
玉川试验坝（日本）	16.2～20.0	23.9～28.3	0.60～0.75
神室（日本）	16.4	19.4	0.85

5.2.2.3 荷载及其组合

1. 安全系数设计法的荷载与荷载组合

（1）碾压混凝土重力坝上的荷载。碾压混凝土重力坝荷载类型与常态混凝土重力坝相同，《混凝土重力坝设计规范》（SL 319—2005）把荷载分为基本荷载和特殊荷载两类，见表5.2-10。

表5.2-10　重力坝承受的荷载

基本荷载	特殊荷载
1. 坝体及其上永久设备自重； 2. 正常蓄水位或设计洪水位时大坝上游面、下游面的静水压力（选取一种控制情况）； 3. 扬压力； 4. 淤沙压力； 5. 正常蓄水位或设计洪水位时的浪压力； 6. 冰压力； 7. 土压力； 8. 设计洪水位时的动水压力； 9. 其他出现机会较多的荷载	1. 校核洪水位时大坝上游面、下游面的静水压力； 2. 校核洪水位时的扬压力； 3. 校核洪水位时的浪压力； 4. 校核洪水位时的动水压力； 5. 地震荷载； 6. 其他出现机会很少的荷载

由于碾压混凝土的材料特点，温度荷载是碾压混凝土坝的一种重要的荷载，但目前在采用材料力学法进行大坝基本断面设计时，一般尚未考虑温度荷载。

（2）荷载组合。碾压混凝土重力坝抗滑稳定及坝体应力计算的荷载组合分为基本组合和特殊组合两种。荷载组合应按表5.2-11的规定进行，必要时应考虑其他可能的不利组合。

2. 分项系数设计法的作用及其组合

（1）碾压混凝土重力坝上的作用。《水工建筑物荷载设计规范》（DL 5077—1997）中，将坝上的作用，按作用随时间的变异分为永久作用、可变作用、偶然作用三类，重力坝的主要作用分类见表5.2-12。

表 5.2-11　　重力坝的荷载组合

荷载组合	主要考虑情况	荷载										附注
		自重	静水压力	扬压力	淤沙压力	浪压力	冰压力	地震荷载	动水压力	土压力	其他荷载	
基本组合	(1) 正常蓄水位情况	√	√	√	√	√	—	—	—	√	√	土压力根据坝体外是否填有土石而定
	(2) 设计洪水位情况	√	√	√	√	√	—	—	√	√	√	
	(3) 冰冻情况	√	√	√	√	—	√	—	—	√	√	静水压力及扬压力按相应冬季库水位计算
特殊组合	(1) 校核洪水情况	√	√	√	√	√	—	—	√	√	√	
	(2) 地震情况	√	√	√	√	√	—	√	—	√	√	静水压力、扬压力和浪压力按正常蓄水位计算，有论证时可另作规定

注　1. 应根据各种荷载同时作用的实际可能性，计算中选择最不利的荷载组合。
2. 分期施工的坝应按相应的荷载组合分期进行计算。
3. 施工期，坝体受力状况应进行必要的核算，并作为特殊组合。
4. 根据地质条件，如运用中排水设施易于堵塞，需经常维修时，应考虑排水失效的情况，作为特殊组合。
5. 地震情况，如按冬季计及冰压力，则不计浪压力。

表 5.2-12　　重力坝的作用分类

永久作用	可变作用	偶然作用
1. 坝体自重； 2. 土压力； 3. 泥沙压力（有排沙设施时可列为可变作用）	1. 静水压力； 2. 扬压力（包括渗透压力和浮托力）； 3. 动水压力（包括水流离心力、水流冲击力、脉动压力等）； 4. 浪压力； 5. 冰压力（包括静冰压力和动冰压力）	1. 地震作用； 2. 校核洪水位时的静水压力

上述各种永久作用、可变作用的标准值和偶然作用的代表值按《水工建筑物荷载设计规范》（DL 5077—1997）的规定计算。各种作用的分项系数见表5.2-13。

(2) 作用组合。按照基于概率理论的分项系数设计法进行大坝设计时，应对下列两种作用组合进行计算。

1) 基本组合由下列永久和可变作用产生的效应组合：

a. 建筑物的自重（包括永久机械设备闸门起重设备及其他的自重）。

b. 以发电为主的水库，上游为正常蓄水位或施工期临时挡水位，下游为按照枢纽泄放最小流量的下游水位，而排水及防渗设施正常工作时的水荷载：

a) 大坝上、下游面的静水压力。

b) 扬压力。

表 5.2-13　　作用分项系数

序号	作用类别	分项系数
1	自重	1.0
2	水压力 1. 静水压力； 2. 动水压力：时均压力、离心力、冲击力、脉动压力	 1.0 1.05、1.1、1.1、1.3
3	扬压力 1. 渗透压力； 2. 浮托力； 3. 扬压力（有抽排）； 4. 残余扬压力（有抽排）	 1.2 1.0 1.1（主排水孔之前） 1.2（主排水孔之后）
4	淤沙压力	1.2
5	浪压力	1.2
6	地震作用	1.0

c. 大坝上游淤沙压力。

d. 大坝上、下游侧土压力。

e. 以防洪为主的水库，按防洪高水位及相应的下游水位的水荷载取代 b.，且排水及防渗设施正常工作：

a）大坝上、下游面的静水压力。

b）扬压力。

c）相应泄洪时的动水压力。

f. 浪压力：

a）50 年一遇最大风速引起的浪压力。

b）多年平均最大风速引起的浪压力。

g. 冰压力。

h. 其他出现机会较多的作用。

2）偶然组合应在基本组合下，计入下列任一偶然作用：

a. 校核洪水泄洪情况下（偶然状况），上、下游水位的水荷载取代 b. 或 e.，且排水及防渗设施正常工作：

a）大坝上、下游面的静水压力；

b）扬压力；

c）相应泄洪时动水压力。

b. 地震作用。

c. 其他出现机会很少的作用。

分项系数设计法所采用的作用的基本组合和偶然组合见表 5.2-14。

表 5.2-14　　重力坝的作用组合

设计状况	作用组合	主要考虑情况	作用类别									备　注
			自重	静水压力	扬压力	淤沙压力	浪压力	冰压力	动水压力	土压力	地震作用	
持久状况	基本组合	正常蓄水位情况	√	√	√	√	√	—	—	√	—	以发电为主的水库
		防洪高水位情况	√	√	√	√	√	—	√	√	—	以防洪为主的水库
		冰冻情况	√	√	√	√	—	√	—	√	—	静水压力及扬压力按相应冬季库水位计算
短暂状况	基本组合	施工期临时挡水情况	√	√	√	—	—	—	—	√	—	
偶然状况	偶然组合	校核洪水情况	√	√	√	√	√	—	√	√	—	
		地震情况	√	√	√	√	√	—	—	√	√	静水压力、扬压力和浪压力按正常蓄水位计算

持久状况下正常使用极限状态设计坝体断面时，应按长期组合计入有关作用进行计算。

5.2.2.4　基本断面设计

碾压混凝土重力坝的断面及体型宜尽量简化，以便于施工，坝顶最小宽度不小于 5m，上游坝坡宜采用铅直面，下游坝坡可根据混凝土重力坝混凝土量最小而优选。

坝体基本断面需要满足规定的抗滑稳定安全性和强度条件，一般以材料力学法和刚体极限平衡法的计算成果作为确定坝体断面的依据。高坝除采用材料力学法计算坝体应力外，还需要采用有限元法进行计算分析，必要时还需要采用结构模型试验、地质力学模型等进行试验验证。修建在复杂地基上的中坝，必要时，也要进行有限元分析。

1. 安全系数设计法的基本断面设计

《混凝土重力坝设计规范》（SL 319—2005）采用安全系数设计法进行设计。

（1）坝体应力计算。碾压混凝土重力坝的基本断面设计时需要计算坝体选定截面上的应力，应根据坝高选定计算截面，包括坝基面、折坡处的截面、典型碾压混凝土层面和其他需要计算的截面。重力坝坝基面坝踵、坝趾的垂直应力及坝体应力要求见表 5.2-15。

有限元法计算的坝基应力，其上游面拉应力区宽度，计扬压力时宜小于坝底宽度的 0.07 倍，或小于坝踵至帷幕中心线的距离。

（2）抗滑稳定计算。对碾压混凝土重力坝，应计算分析沿坝基面、碾压层面和地基深层滑动面的抗滑稳定安全系数。必要时，还应分析斜坡坝段的整体抗滑稳定安全性。碾压混凝土重力坝碾压层面的抗滑稳定计算应采用抗剪断强度公式，其抗滑稳定安全系数应不小于表 5.2-16 所规定的数值。

重力坝的设计断面应由基本荷载组合控制，并以特殊荷载组合复核。当特殊荷载组合控制设计断面时，可考虑坝体的空间作用或采取其他适当措施减小其影响。

表 5.2-15 重力坝坝踵、坝趾和坝体应力控制标准

阶段 \ 位置	坝基面	坝体截面
运用期	在各种荷载组合下（地震荷载除外），坝踵垂直应力不应出现拉应力，坝趾垂直应力应小于坝基容许压应力	1. 坝体上游面的垂直应力不出现拉应力（计扬压力）； 2. 坝体最大主压应力不大于混凝土的容许压应力
施工期	坝踵、坝趾垂直应力容许有小于0.1MPa的拉应力	1. 坝体任何截面上的主压应力不大于混凝土的容许压应力； 2. 在坝体的下游面容许有不大于0.2MPa的主拉应力

注 1. 混凝土的容许应力应按混凝土的极限强度除以相应的安全系数确定。坝体混凝土抗压安全系数：基本组合应不小于4.0；特殊组合（不含地震情况）应不小于3.5。

2. 在地震荷载作用下，坝踵、坝趾的垂直应力和坝体上游面的应力应符合《水工建筑物抗震设计规范》（DL 5073—2000）的要求。

表 5.2-16 坝基面和碾压层面的抗滑稳定安全系数 K'

荷载组合		K'
基本组合		3.0
特殊组合	(1)	2.5
	(2)	2.3

2. 分项系数设计法的基本断面设计

《混凝土重力坝设计规范》（DL 5108—1999）采用概率极限状态设计原则，各基本变量均作为随机变量，以分项系数极限状态设计表达式进行计算。重力坝的设计计算应分别针对持久状况、短暂状况和偶然状况。对持久状况，需要考虑承载能力和正常使用两种极限状态；对短暂状况和偶然状况，需要考虑承载能力极限状态，此外短暂状况根据需要考虑正常使用极限状态。重力坝设计的每种设计状况，又根据不同的运行条件计入相应的作用效应组合，并应尽量使重力坝的断面尺寸由持久状况控制，而以短暂状况和偶然状况作为复核。

混凝土重力坝应分别按照承载能力极限状态和正常使用极限状态进行验算。

(1) 承载能力极限状态验算包括：

1) 坝体及坝基应力计算；

2) 坝体与坝基接触面抗滑稳定计算；

3) 坝体层面抗滑稳定计算；

4) 坝基深层软弱结构面抗滑稳定计算。

进行承载能力极限状态验算时，应按材料的标准值和作用的标准值分别计算基本组合和偶然组合。

(2) 正常使用极限状态验算包括：

1) 坝踵垂直应力不出现拉应力（计扬压力）；

2) 坝体上游面的垂直应力不出现拉应力（计扬压力）；

3) 短期组合下游坝面的垂直拉应力不大于100kPa。

核算坝踵应力和坝体上游面的垂直应力时，应按作用的标准值计算作用的长期组合。

有限元法计算混凝土重力坝上游垂直应力时，控制标准为：

(1) 坝基上游面。计扬压力时，拉应力区宽度宜小于坝底宽度的0.07倍（垂直拉应力分布宽度/坝底面宽度）或坝踵至帷幕中。

(2) 坝体上游面。计扬压力时，拉应力区宽度宜小于计算截面宽度的0.07倍或计算截面上游面至排水孔中心线的距离。

碾压混凝土重力坝由于存在大量的碾压混凝土层面，其抗剪断强度相对较低，在进行断面设计时，应特别注意对典型层面抗滑稳定的复核，防止出现沿碾压混凝土薄弱层面的破坏。

修建在强地震区的混凝土重力坝，坝体断面设计应根据抗震要求，采取措施加强坝体上部结构的刚度和整体性；折坡处以曲面连接；结构单薄部位避免突变并配置钢筋；进行地震情况的大坝动响应和抗震特性分析，研究制定抗震措施。

重力坝的断面原则上应由持久状况控制，并以偶然状况复核。当偶然状况控制设计断面时，可考虑坝体的空间作用或采取其他适当措施减小其影响。

5.2.2.5 非溢流坝断面设计

与常态混凝土重力坝一样，碾压混凝土重力坝非溢流坝段的基本断面呈三角形，其顶点宜在坝顶附近，常在水库最高库水位。基本断面上部设坝顶结构。坝体的上游面可为铅直面、斜面或折面，上游坝坡宜采用1：0.2～1：0。坝坡采用折面时，折坡点高程应结合电站进水口、泄水孔等布置以及下游坝坡优选确定。下游坝坡可采用一个或几个坡度，应根据稳定和应力要求并结合上游坝坡同时选定。下游坝坡宜采用1：0.8～1：0.6。对横缝设有键槽进行灌浆的整体式重力坝，可考虑相邻坝段联合受力的作用选择坝坡。

根据碾压混凝土筑坝施工的特点，体型断面宜简化，以方便施工。原则上，碾压混凝土重力坝上游坝坡宜采用铅直面，下游坝面取单一坡度。上游坝面采用铅直面的大坝有坑口坝、高坝洲坝、棉花滩坝、江垭坝等，但对于高坝，为了节省混凝土量，也可采用上游面为斜坡或折坡，如高 216.5m 的龙滩坝，上游面的上部为直立面，下部采用 1：0.25 的斜坡。

碾压混凝土与常态混凝土相比主要是改变了混凝土材料的配合比和施工工艺，而碾压混凝土重力坝的工作条件和工作状态与常态混凝土重力坝基本相同，因此，碾压混凝土大坝下游坝坡可按常态混凝土重力坝的断面选择原则进行优选，但应复核碾压层面的抗滑稳定。

碾压混凝土坝由于碾压混凝土层面抗剪断参数试验成果的变异性较大，尚缺乏全面的统计分析资料，对于层面抗剪断参数的取值应慎重考虑，应对混凝土原材料变化和施工条件的变化有一定的适应性。在进行基本断面设计和体型优化时，在满足规范规定的稳定与应力控制标准的基础上，应适当留有余地，宜在减小工程量和方便施工之间求得合理平衡。减小坝基处理和大坝混凝土施工的难度，促进碾压混凝土快速施工优势的体现。

5.2.2.6 溢流坝断面设计

溢流坝段的基本断面为梯形（或截顶三角形），可根据水流情况，修改为实用断面。顶部为堰面曲线，底部用反弧曲线与护坦或鼻坎连接，各段间通常采用切线连接。溢流表面为使水流平顺和减小负压，避免空蚀，需要考虑表面平整和抗冲耐磨的要求，在修建碾压混凝土坝时，通常是在溢洪道上游面、堰顶和溢流面均采用一定厚度的常态混凝土包裹，这样，碾压混凝土溢流坝断面的体型设计可与常态混凝土相同。上游坝坡根据稳定和强度条件与非溢流坝段同样原理确定，一般无特殊要求时，可与非溢流坝段坡度相同。这样使两种坝段连接时坝内止水设备和廊道布置均可简化，而且可以避免在个别坝段上由于承受不平衡侧向水压力而产生侧向拉应力。因此，设计上述非溢流坝段的断面时，应与溢流坝段统一考虑。

开敞式溢流堰堰面曲线的设计可参考本卷第1章。

碾压混凝土重力坝溢流坝段的消能，除常用的泄洪结构型式外，在水东、大朝山碾压混凝土坝设计中创新性地采用了台阶式消能工，泄洪运行中两座坝的单宽流量分别到达 $108m^3/(s \cdot m)$ 和 $200m^3/(s \cdot m)$，泄洪后检查，混凝土表面均完好无损。而后，在索风营坝的设计中也采用了这种泄洪消能型式。

台阶式消能工，是在宽尾墩联合消能工的基础上，适应碾压混凝土快速施工和大面积通仓浇筑的需要，开发出的新型溢流面型式。特别是在大单宽流量、深尾水条件下，它是值得推荐的一种经工程实践证明经济合理的泄洪消能布置。该型式将下游溢流面做成台阶面并在施工中一次成型，形成永久过流结构，取代以往在坝面先形成台阶再浇筑厚 3m 的高标号混凝土防冲层（两次成型的施工工艺），达到缩短工期节约投资的目的。

碾压混凝土重力坝的台阶溢流面为永久过流结构，宽尾墩收缩射流纵向拉开的水舌下缘沿台阶形成滑行流。台阶坝面对宽尾墩产生的纵向拉开片状水舌下缘的摩阻作用，可降低水舌下缘的流速，同时相邻闸孔间的坝面无水区，可向水舌下缘的台阶漩涡区通气，起到防止水流空化的作用。碾压混凝土重力坝采用宽尾墩联合消能工的适用范围如下。

（1）对于高坝，表孔溢流坝段的单宽流量（以消力池宽度计，下同）范围为 $100 \sim 260m^3/(s \cdot m)$。

（2）对于中坝，表孔溢流坝段的单宽流量范围为 $80 \sim 140m^3/(s \cdot m)$。

（3）表征下游尾水水深程度的参数 $\frac{h_d}{P_d}$ 的范围为 0.28～0.85。h_d 为下游水位与消力池底板高程之差，P_d 为堰顶与池底板间的高差。

台阶高度应根据碾压混凝土施工工艺和水力学条件合理选定。台阶高度应为碾压混凝土每层厚度的倍数，通常为 0.6～1.2m，台阶宽度按坝下游面的坡比依台阶高度按比例确定。

宽尾墩末端第一级台阶的高度，可适当高于坝面上的台阶高度，以使出宽尾墩水舌下缘形成掺气空腔；为使水流在坝面上衔接平顺，第一级台阶高度不宜超过 2.0m。根据施工和结构需要，台阶可布置在坝下游坡平均线内侧（内凹型）或外侧（外凸型）。为防止因长期受水流或漂浮物冲击产生局部破损，台阶边缘可做成 45°斜面。

台阶溢流坝可取消反弧段，沿下游坝坡面一直做到池底板，或在末端与池底板间用小半径圆弧连接。

台阶采用变态混凝土。变态混凝土中水泥浆的水灰比应不大于大坝碾压混凝土的水胶比；台阶混凝土的力学指标应与常态混凝土 $C_{90}25$ 相当。变态混凝土的范围应大于台阶宽度，以确保上下层面的结合。台阶变态混凝土内可不设钢筋。当台阶过流频繁，有漂浮物从表孔排出，或处于寒冷地区等情况时，也可在台阶内配构造钢筋。

国内外部分碾压混凝土坝台阶溢洪道尺寸见表 5.2-17 和表 5.2-18。

表 5.2-17　国内部分碾压混凝土坝台阶溢洪道的台阶尺寸

名　　称	水东	大朝山	索风营	鱼剑口	乐滩	思林
台阶尺寸（高×宽）(m)	0.900×0.850	1.000×0.700	1.200×0.840	0.900×0.765	0.600×0.600	1.200×0.840
第一级台阶宽度（m）	0.900	2.000	1.760	0.900	0.600	1.915

表 5.2-18　国外部分碾压混凝土坝台阶溢洪道

名　　称	国家	坝高 (m)	坡　　比	最大单宽流量 [$m^3/(s \cdot m)$]	台阶尺寸 (高×宽)(m)	备　　注
上静水	美国	61.0	1∶0.32～1∶0.60	11.6	0.610×0.366	1987 年建成
芒克斯维里	美国	36.6	1∶0.78	9.3	0.610×0.476	1982 年建成
德米斯特克拉尔	南非	30.0	1∶0.60	30.0	1.000×0.600	1986 年建成
扎豪克	南非	50.0	1∶0.60	19.5	1.000×0.600	1987 年建成
内斯奥列维特	法国	36.0	1∶0.75	6.6	0.600×0.450	1987 年建成
柯兹拉	西班牙	71.0	1∶0.80	10.0	0.900×0.720	
布拉瓦	西班牙	53.0	1∶0.75	4.0	0.900×0.675	
莫里罔	西班牙	72.0	1∶0.62	13.6	0.900×0.578	
奥克兰	西班牙	31.0	1∶0.75	10.0	0.900×0.675	
中筋川	日本	71.6	1∶0.71	5.3	0.750×0.533	
布顿峡	澳大利亚	26.0	1∶0.80	16.0	1.200×0.960	
木巴利	中非	33.0	1∶0.80	16.0	0.800×0.640	1990 年建成
多克尔	埃利特里亚	73.0	1∶0.80	47.5	1.000×0.800	1999 年建成
普多马亚	委内瑞拉	77.0	1∶0.80	21.7	0.600×0.480	2001 年建成
培迪沙特	圭亚那	37.0	1∶0.80	4.0	0.600×0.480	1994 年建成

碾压混凝土重力坝采用宽尾墩台阶溢流面联合消能，应进行专门研究，必要时还应通过水工模型试验验证。

5.2.3　应力稳定分析

碾压混凝土重力坝应力稳定分析的基本方法、原理、步骤与常态混凝土重力坝基本相同。本节重点介绍碾压混凝土重力坝应力稳定分析的特殊问题。

5.2.3.1　碾压混凝土层面对坝体静动力反应的影响

由于碾压混凝土分层碾压施工的特性，碾压混凝土材料平行层面与垂直层面方向的物理力学特性存在一定的差别，即存在一定的各向异性性质，且其二维正交各向异性性质随着混凝土配合比和层面处理施工工艺的变化而变化。美国上静水坝的碾压混凝土材料试验表明，碾压混凝土的竖向弹性模量 E_y 仅为横向弹性模量 E_x 的 0.5 左右。龙滩工程现场碾压试验 D 和 E 工况试件（D 和 E 工况碾压混凝土总胶凝材料用量均为 220kg，水胶比分别为 0.464 和 0.455，层间间隔时间分别为 3h 和 4h，层面不作处理，碾压层面大致位于试件中部），180d 龄期测试的弹性模量 E_y 与 E_x 之比约为 0.8。为了研究碾压混凝土层面物理力学特性对碾压混凝土重力坝静动力反应的影响，曾对龙滩重力坝和坝基进行了专门的有限元分析，以下为龙滩工程的研究结果。

1. 对坝体静应力的影响

针对龙滩最高挡水坝段剖面，考虑坝体碾压混凝土的竖向弹性模量 E_y，分别为水平向弹性模量 E_x 的 0.5、0.6、0.7、0.8、0.9、1.0（各向同性）倍等 6 种情况。

其中水压作用下 C—C 截面（高程 224.00m）应力如图 5.2-6 所示。坝基面高程 210.00m 处，在水压和自重荷载作用下，$E_y = 0.5E_x$ 和 $E_y = E_x$ 时的应力值比较见表 5.2-19。

表 5.2-19　E_y 变化时，坝踵和坝趾处的应力值比较

弹性模量 \ 应力值		坝踵 (MPa)			坝趾 (MPa)		
		σ_x	σ_y	τ_{xy}	σ_x	σ_y	τ_{xy}
自重	$E_y = E_x$	−2.941	−6.676	−3.230	−1.142	−1.200	1.034
	$E_y = 0.5E_x$	−3.041	−6.918	−3.325	−1.220	−1.227	1.101
	变幅（%）	（−）增 3.4	（−）增 3.5	增 3.3	（−）增 6.8	（−）增 2.3	增 6.5
水压	$E_y = E_x$	3.453	7.057	5.080	−3.746	−3.311	3.102
	$E_y = 0.5E_x$	3.438	7.047	5.063	−3.833	−3.425	3.190
	变幅（%）	（+）减 0.4	（+）减 0.14	减 0.3	（−）增 2.3	（−）增 3.4	增 2.8
自重+水压	$E_y = E_x$	0.511	0.380	1.859	−4.888	−4.511	4.136
	$E_y = 0.5E_x$	0.398	0.130	1.739	−5.054	−4.653	4.292
	变幅（%）	（+）减 22.1	（+）减 65.8	减 6.5	（−）增 3.4	（−）增 3.1	增 3.8

注　（−）为负压力，（+）为正压力。

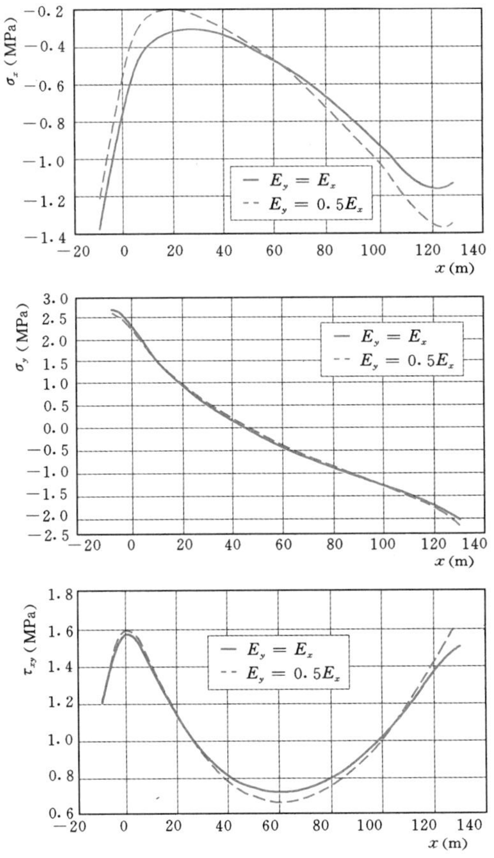

图 5.2-6　C—C 截面上应力分布图（水压作用）

龙滩大坝的分析计算结果表明，在自重和水压荷载工况下，当 E_y 从 $1.0E_x$ 变化到 $0.5E_x$ 时，应力分布规律（包括 δ_x、δ_y、τ_{xy}）变化不大，主要是影响坝踵和坝趾处局部应力集中值。

从表 5.2-19 自重加水压荷载条件下的应力比较可以看出，在坝踵处 σ_x 和 δ_y 的变幅达 22% 和 65%，但 τ_{xy} 的变幅仅 6.5%。当 E_y 由 $1.0E_x$ 变为 $0.5E_x$ 时，在坝踵处的主拉应力由 2.13MPa 降为 2.01MPa，约减小 13%，E_y 的降低使坝踵拉应力集中程度减小；而在坝趾处的主压应力则由 −8.84MPa 升为 −9.18MPa，绝对值约增大 4%，E_y 的降低使坝趾压应力集中程度增大。

2. 对坝体自振特性的影响

计算考虑坝体竖向弹性模量由 $1.1E_x$ 变到 $0.5E_x$ 的 7 种情况，并考虑弹性地基和库水的影响，计算所得的坝体前三阶自振频率列于表 5.2-20。将上述频率和竖向弹性模量分别以各向同性（$E_y = E_x$）时的频率 ω_{10} 以及竖向弹性模量 E_{y0} 进行标准化处理，在 $\frac{\omega}{\omega_{10}}$ 与 $\left(\frac{E_y}{E_{y0}}\right)^{0.5}$ 的坐标系中绘出的频率随竖向弹性模量变化的关系曲线如图 5.2-7 所示。碾压混凝土竖向弹性模量的降低会使坝体自振频率减小，前三阶自振频率减小约 10%～15%。

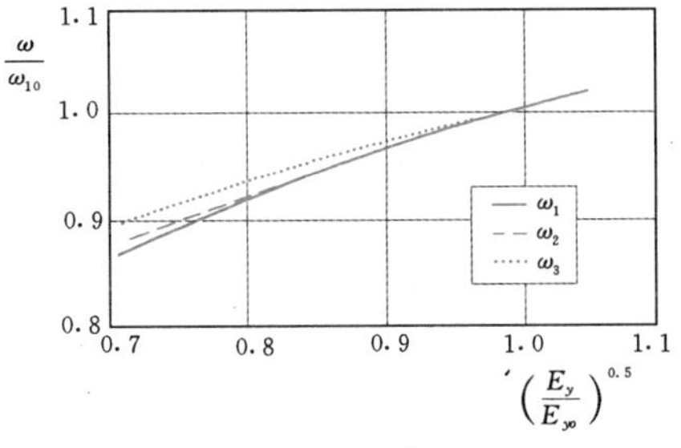

图 5.2-7　自振频率和竖向弹性模量的关系

表 5.2-20　　自振频率随异性程度的变化　　单位：rad/s

E_y/E_x	1.1	1.0	0.9	0.8	0.7	0.6	0.5
ω_1	9.199	9.068	8.904	8.734	8.503	8.226	7.874
ω_2	19.349	19.060	18.725	18.341	17.896	17.372	16.752
ω_3	20.439	20.189	19.904	19.579	19.191	18.714	18.106

碾压混凝土竖向弹性模量的变化对龙滩坝体第一振型没有显著影响，但高阶振型则有一定的变化。

3. 对坝体地震反应的影响

考虑水平向的震动，对龙滩大坝以人工地震时程曲线作为设计地震进行线弹性动力分析。在分析计算中考虑了 $E_y=E_x$ 和 $E_y=0.5E_x$ 两种情况，图 5.2-8 示出了坝顶上游端点（A 点）的水平向（x 方向）和竖直向（y 方向）的位移时程反应曲线。图 5.2-9 示出了坝基面（高程 210.00m）主应力包线图，即动应力最大值的包络线图。

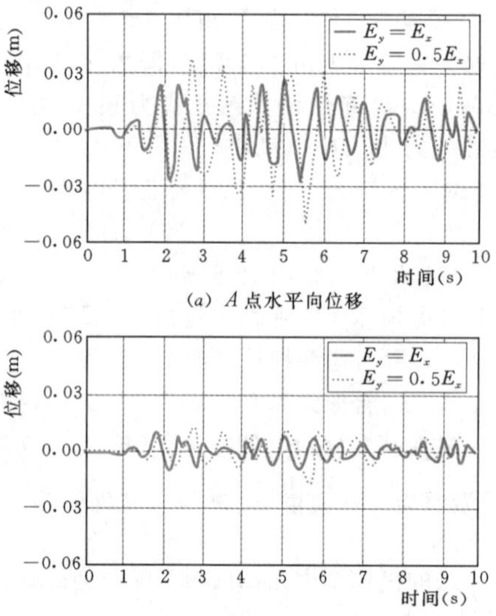

(a) A 点水平向位移

(b) A 点竖直向位移

图 5.2-8　在地震荷载作用下，龙滩坝顶位移时程

对于 $E_y=E_x$，A 点的水平向和竖直向最大位移分别增大 3.13cm 和 1.02cm，出现在 $t=2.22$s 和 $t=2.24$s；而对于 $E_y=0.5E_x$，由于 E_y 减小，则上述两个位移值分别增大 4.80cm 和 1.60cm，且出现时间变为 $t=5.68$s 和 $t=5.70$s。另外，从图 5.2-9 还可以明显地看出，由于 E_y 的减小，坝体自振频率降低，动力反应的频率也明显地随之降低，当 E_y 由 $1.0E_x$ 降为 $0.5E_x$ 时，在 10s 内位移反应的峰值数由 16 个降为 12 个，而且这个反应频率的变化基本上和

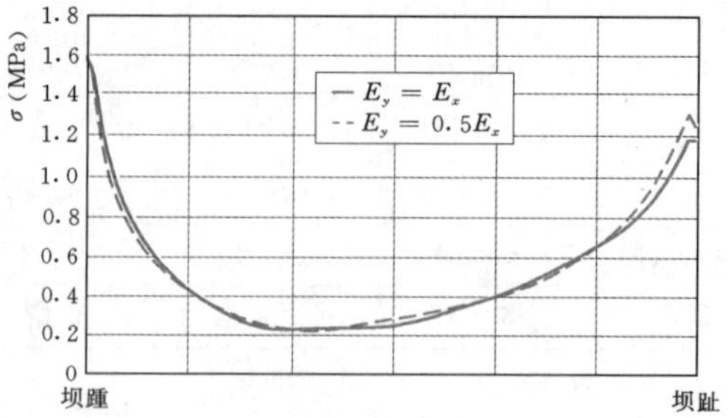

图 5.2-9　在地震荷载作用下，龙滩坝基面上最大动应力包络线图

坝体的基频的变化规律一致，即由 1.44Hz 变为 1.25Hz。自振频率的变化明显地使动力反应频率产生变化。

E_y 的降低对动应力的分布影响不大，对最大动应力值略有影响，在坝踵部位最大动应力从 1.63MPa 降为 1.38MPa，在坝趾部位最大动应力从 1.18MPa 增大为 1.32MPa，最大动应力的变化有利于改善坝踵区的拉应力集中。

从龙滩大坝的研究成果来看，对于采用中等胶凝材料或富胶凝材料碾压混凝土、采用现代方法施工和质量控制的坝高不超过 200m 的碾压混凝土重力坝，设计工况下的坝体动静力反应分析可不考虑碾压混凝土材料平行层面和垂直层面方向的物理力学特性差异的影响。

5.2.3.2　坝体稳定和应力的有限元法分析

1. 计算荷载及模拟范围

计算荷载主要有自重、水荷载和泥沙压力等，温度作用依计算目的的不同，采用不同的方法处理。碾压混凝土重力坝一般既要核算坝基面，又要核算若干个层面的应力和稳定，需考虑层面的扬压力模拟问题。有限元法计算对水荷载（水压力和扬压力）的处理，理论上应按渗透体积力施加，但由于坝体排水管和坝基岩体地质构造的存在，使渗流计算变得复杂而难以准确计算。实际计算中对坝体排水管、坝基防渗帷幕、排水孔幕以及坝基抽排系统作用的效果可按现行规范的相关规定考虑，坝基面和层面的扬压力采用现行规范给定的扬压力分布曲线模拟。

静力计算模型的坝基范围一般向上、下游分别延伸3倍和2倍坝底宽，基础深度取2倍坝高。基础周边条件均为双向约束。

2. 坝体成层特性模拟

碾压混凝土坝由薄层浇筑碾压而成，层面多，层面胶结易成为相对弱面，层面的存在对坝体材料性质也有不同程度的影响，从而引起坝体应力状态的变化。如将每一碾压层（30cm）作为一层块体单元进行网格剖分，并在每一层间设置节理单元，会使单元和节点太多，计算工作量太大，通常没有必要划分得如此细密。一般对某些关键部位（如坝基面附近、不同材料分区界面、几何轮廓突变部位等）的层面进行模拟即可，层面可用节理单元、块体单元考虑宏观静力等效。

块体单元由若干层碾压混凝土本体与层面叠合而成（见图5.2-10），不考虑本体的各向异性，由单元拉压情况下顺层面方向的变形连续条件 $\varepsilon_h=\varepsilon_{hb}=\varepsilon_{hj}$ 和层面法向的应力连续条件 $\sigma_v=\sigma_{vb}=\sigma_{vj}$ 可以导出叠层介质的等效切向与法向弹性模量分别为

$$\left.\begin{aligned}E_h&=\frac{E_b\left(1+\frac{e}{h}\times\frac{E_j}{E_b}\right)}{1+\frac{e}{h}}\\E_v&=\frac{E_b\left(1+\frac{e}{h}\right)}{1+\frac{e}{h}\times\frac{E_b}{E_j}}\end{aligned}\right\}\qquad(5.2-3)$$

式中 E_h、E_v——叠层的切向和法向等效弹性模量；

E_b、E_j——碾压混凝土本体和层面的弹性模量；

h、e——碾压混凝土碾压层厚度和层面厚度。

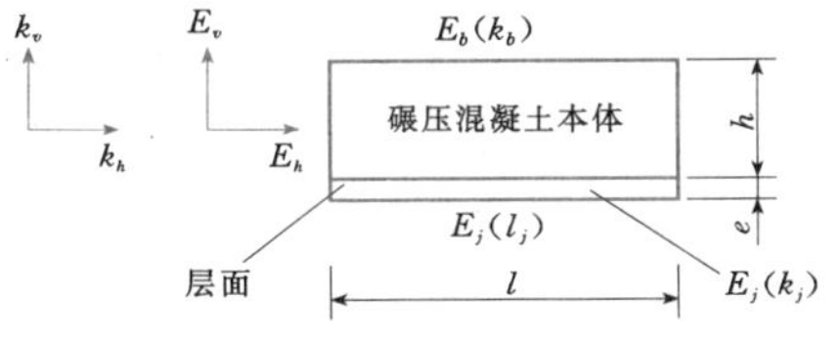

图5.2-10 成层特性块体单元

有限元计算中的弹性矩阵 $\boldsymbol{D}$ 可由反映层状材料特性的横观各向同性体弹性矩阵化简而得。对于横观各向同性介质，有5个独立的弹性常数，依次为顺层向的弹性模量 E_1 和泊松比 μ_1，垂直层面方向的弹性模量 E_2 和泊松比 μ_2，以及切层的剪切模量 G_2。若设 $n=\frac{E_1}{E_2}, m=\frac{G_2}{E_2}$，则横观各向同性体在局部坐标系 $t-n$ 内的弹性矩阵可表示为

平面应力问题：

$$\boldsymbol{D}=\frac{E_2}{1-n\mu_2^2}\begin{bmatrix}n & n\mu_2 & 0\\ n\mu_2 & 1 & 0\\ 0 & 0 & m(1-n\mu_2^2)\end{bmatrix}\qquad(5.2-4)$$

平面应变问题：

$$\boldsymbol{D}=\frac{E_2}{(1+\mu_1)(1-\mu_1-n\mu_2^2)}\times\begin{bmatrix}n(1-n\mu_2^2) & n\mu_2(1+\mu_1) & 0\\ n\mu_2(1+\mu_1) & (1-\mu_1^2) & 0\\ 0 & 0 & m(1+\mu_1)(1-\mu_1-2n\mu_2^2)\end{bmatrix}\qquad(5.2-5)$$

弹性矩阵 $\boldsymbol{D}$ 根据平面应力、应变情况，简化后写为

$$\boldsymbol{D}=\overline{K}_n\begin{bmatrix}b_1 & b_2 & 0\\ b_2 & 1 & 0\\ 0 & 0 & \overline{m}\end{bmatrix}\qquad(5.2-6)$$

对于平面应变情况则有

$$\overline{K}_n=\frac{E_2(1-\mu_1)}{1-\mu_1-2n\mu_2^2}\qquad(5.2-7)$$

$$\overline{m}=\frac{\overline{K}_t}{\overline{K}_n}=\frac{(1-\mu_1-2n\mu_2^2)G_2}{(1-\mu_1)E_2}\qquad(5.2-8)$$

$$b_1=\frac{n(1-n\mu_2^2)}{1-\mu_1}\qquad(5.2-9)$$

$$b_2=\frac{n\mu_2}{1-\mu_1}\qquad(5.2-10)$$

层面的存在同样也影响碾压混凝土的渗透特性。类似地，由垂直层面方向的流量守恒条件 $Q_h=Q_{hb}=Q_{hj}$ 和顺层面方向的等水头差条件 $\Delta H_v=\Delta H_{vb}=\Delta H_{vj}$ 可以导出叠层介质的等效切向与法向渗透系数 k_h、k_v 分别为

$$\left.\begin{aligned}k_h&=\frac{k_b\left(1+\frac{e}{h}\times\frac{k_j}{k_b}\right)}{1+\frac{e}{h}}\\k_v&=\frac{k_b\left(1+\frac{e}{h}\right)}{1+\frac{e}{h}\times\frac{k_b}{k_j}}\end{aligned}\right\}\qquad(5.2-11)$$

式中 k_b——碾压混凝土本体的渗透系数；

k_j——碾压混凝土层面的渗透系数。

层面的刚度系数 K_s、K_n 按下式换算。

平面应力情况：

$$\left.\begin{aligned}K_s&=\frac{E}{2(1+\mu)e}\\K_n&=\frac{E}{2(1-\mu^2)e}\end{aligned}\right\}\qquad(5.2-12)$$

平面应变情况：

$$\left.\begin{aligned} K_s &= \frac{E}{2(1+\mu)e} \\ K_n &= \frac{E(1-\mu)}{(1+\mu)(1-2\mu)e} \end{aligned}\right\} \qquad (5.2-13)$$

式中　K_s——层面（节理）的切向刚度系数，MPa/m；

K_n——层面（节理）的法向刚度系数，MPa/m；

E——弹性模量，MPa；

μ——泊松比；

e——层面的厚度，m。

3. 线弹性和非线性计算模型

碾压混凝土坝是存在众多施工层面的层状结构。这些层面相对薄弱，是影响高碾压混凝土坝应力和稳定的关键部位。采用的碾压混凝土材料本构关系的重点在于反应层面本身的特性。在有限单元法应力、稳定分析中，对于坝体混凝土层状结构特性的模拟，可采用节理单元模型和层状材料模型。

采用节理单元如Goodman节理单元模拟层面时，层面上的剪应力 τ 根据节理单元上下节点的位移差来确定。根据抗剪断试验测得的 τ—u 曲线，可以得到用于Goodman节理单元的概化的 τ—u 曲线及其特征参数。事实上将坝体每一碾压混凝土层面都用节理单元来模拟，必将使单元和节点数太多，计算工作量太大，甚至无法计算。一种方法可用单元宏观静力等效的原理，将若干碾压层合并为一个连续的，但是为正交异性的块体进行分析，只是在关键部位的碾压混凝土层面用节理单元模拟；另一种方法是采用层状材料模型。

（1）线弹性模型。在线性弹性模型中，广义胡克定律成立。弹性矩阵 $[D]$ 仅和材料常数有关，单元应力矢量 $\{\sigma\}$ 和单元应变矢量 $\{\varepsilon\}$ 之间有线性关系，即

$$\{\sigma\} = [D]\{\varepsilon\} \qquad (5.2-14)$$

（2）非线性弹性模型。塑性变形一般与变形的历史有关，本构关系应以增量形式表达。塑性全量理论假设应力全量与应变全量之间存在着一一对应关系，而不考虑应力和应变变化的历史，数学上简单、便于使用。严格说来，这种理论在各应力分量的比值保持不变的加载历史（称为简单加载）下是正确的，然而理论和实验研究表明，在偏离简单加载一个相当大范围内的加载历史下，它也适用。在混凝土坝工程计算中，只要是在比例加载或偏离比例加载的条件下，使用的全量塑性理论模型，在本质上都是非线性弹性模型。在层状材料组成的结构有限元分析中，广泛使用监凯维奇（Zienkiewicz）等人提出的，不抗拉材料模型和层状材料模型。在这些模型中，只要规定了超出库仑准则的应力点，拉回到库仑面上的具体方式，则在应变与应力之间也有一一对应的关系，因而它们可以被看做是一种全量形式的非线性弹性关系。

对于非线性弹性介质，应力矢量 $\boldsymbol{\sigma}$ 和应变矢量 $\boldsymbol{\varepsilon}$ 之间不再是线性关系，它们之间的关系一般地可以写为全量形式：

$$\boldsymbol{\sigma} = \boldsymbol{D}_S\boldsymbol{\varepsilon} \qquad (5.2-15)$$

也可以写为增量形式：

$$\mathrm{d}\boldsymbol{\sigma} = \boldsymbol{D}_T\mathrm{d}\boldsymbol{\varepsilon} \qquad (5.2-16)$$

其中 $\boldsymbol{D}_S$ 和 $\boldsymbol{D}_T$ 分别是割线和切线的弹性矩阵，它们的元素是应变矢量或应力矢量的函数，而与应变和应力的历史无关。

（3）弹塑性模型。碾压混凝土重力坝弹塑性有限元分析中的块体单元可采用反映等向强化—软化塑性性质的弹塑性杜拉克—普拉格（Drucker-Prager）模型，节理单元可采用反映等向强化—软化塑性性质的弹塑性层状模型。

1）等向强化—软化塑性性质的弹塑性杜拉克—普拉格（Drucker-Prager）模型。对于各向同性弹塑性屈服条件可写为

$$\overline{f} = \alpha I_1 + (J_2 + a^2k^2)^{1/2} - k = 0 \qquad (5.2-17)$$

其中

$$I_1 = \sigma_{kk} = \sigma_{11} + \sigma_{22} + \sigma_{33} = e^T\sigma^k \qquad (5.2-18)$$

$$J_2 = \frac{1}{2}S_{ij}S_{ij} = \frac{1}{2}\boldsymbol{S}^{\mathrm{T}}\overline{\boldsymbol{S}} \qquad (5.2-19)$$

$$S_{ij} = \sigma_{ij} - \frac{1}{3}\sigma_{kk}\delta_{ij} \qquad (5.2-20)$$

$$\boldsymbol{S} = [S_{11}\quad S_{22}\quad S_{33}\quad S_{23}\quad S_{31}\quad S_{12}]^{\mathrm{T}} \qquad (5.2-21)$$

$$\overline{\boldsymbol{S}} = [S_{11}\quad S_{22}\quad S_{33}\quad 2S_{23}\quad 2S_{31}\quad 2S_{12}]^{\mathrm{T}} \qquad (5.2-22)$$

2）等向强化—软化塑性性质的弹塑性层状模型。在这种模型中，仅发生沿层面的剪切破坏和垂直层面的拉伸破坏。

屈服函数为

$$\overline{f} = f'\sigma_n + (\tau_n^2 + a^2c'^2)^{1/2} - c' = 0 \qquad (5.2-23)$$

弹塑性矩阵为

$$\boldsymbol{D}_{ep} = \boldsymbol{D} - \frac{H(l)}{A}\boldsymbol{R}\boldsymbol{R}^{\mathrm{T}} \qquad (5.2-24)$$

式中　$\boldsymbol{D}$——横观各向同性材料的弹性矩阵。

$$A = \overline{K}_n f'^2 + \overline{K}_n\overline{m}\frac{\tau_n^2}{\beta^2} + \left[\left(1 - \frac{\alpha^2c'}{\beta}\right)\frac{\partial c'}{\partial \kappa} - \frac{\partial f'}{\partial \kappa}\sigma_n\right]h \qquad (5.2-25)$$

$$h=\begin{cases}\left(f'^2+\dfrac{\tau_n^2}{\beta^2}\right)^{1/2} & 当\ \kappa=\varepsilon^p \\ f'\sigma_n\dfrac{\tau_n^2}{\beta} & 当\ \kappa=\omega^p \\ f' & 当\ \kappa=\theta^p\end{cases} \tag{5.2-26}$$

$$l=\boldsymbol{R}^{\mathrm{T}}\mathrm{d}\boldsymbol{\varepsilon} \tag{5.2-27}$$

$$\beta=(\tau_n^2+a^2c'^2)^{1/2} \tag{5.2-28}$$

$$\boldsymbol{R}=\overline{K}_n\left[b_2f' \quad f' \quad \frac{\tau_n}{\beta}\overline{m}\right]^{\mathrm{T}} \tag{5.2-29}$$

4. 承载能力极限状态的实现和判别准则

重力坝非线性有限元法承载能力分析中一般采用超载或逐步降低材料强度计算值的方法来使结构达到承载能力极限状态。逐步降低材料强度计算值的材料强度安全储备法更为常用。材料强度安全储备法一般是将抗剪强度参数中的黏聚力 c'、c_r（残余强度）和内摩擦系数 f'和 f_r（残余强度）按照相同的比例折减，分析研究重力坝的强度储备系数。由于混凝土和岩体材料抗剪强度中的 c'值变异性一般较大，f'值变异性较小，在用非线性有限元法进行重力坝极限承载能力分析时，对于 f'和 c'的计算值，也可从它们的标准值开始，按照不同比例的方法降低。如可通过逐渐增加材料强度计算值的保证率，即减小材料强度计算采用的分位值的方法来实现抗剪强度不同比例降低。

目前工程计算分析研究中采用的承载能力判别准则多种多样，主要的方法可归为以下三类。

（1）把出现贯穿上、下游坝面或基岩面的屈服破坏的状态，作为坝体承载能力的最终极限状态。这种方法需要根据计算过程中单元材料屈服破坏范围的图形进行分析判断。

（2）用系统总势能的变化来考察系统的稳定性。把系统能量的二次变分出现小于零时的状态作为坝体承载能力的最终极限状态，即

$$\Delta\Pi=\delta\boldsymbol{u}^{\mathrm{T}}\boldsymbol{K}_T\delta\boldsymbol{u}<0 \tag{5.2-30}$$

式中　$\boldsymbol{u}$——结构有限元系统节点位移矢量；

$\boldsymbol{K}_T$——结构的切向刚度矩阵。

（3）重力坝关键点的位移与材料强度折减系数关系曲线出现拐点或位移突变点。

由于结构承载能力各种判别准则的理论不完全相同，所以得到的结果也有差异。

5. 应力和稳定控制标准

设计工况下坝基面应力控制标准按现行规范规定的拉应力区范围控制。坝体抗滑稳定安全系数可采用应力成果整理法计算。承载能力可用强度储备系数法表示。

5.2.4 防渗排水设计

5.2.4.1 渗透特性

1. 碾压混凝土渗流特性

（1）配合比中胶凝材料过少，无法碾压密实；或者碾压混凝土的灰浆量较少，运输与平仓时容易使骨料分离，留下松散的渗水层，是大坝抗渗性能差的重要原因。

（2）层面是碾压混凝土坝渗流的薄弱面，是形成集中渗漏的主要通道。长间歇处理后的施工缝面抗渗性有可能较连续上升的层面弱，因此，应进一步加强缝面处理措施的研究。

（3）碾压混凝土的抗渗性主要取决于胶凝材料用量、水胶比、压实度、层面结合情况和龄期等因素。

坝体混凝土抗渗性与胶凝材料之间存在着近似直线关系。邓斯坦（M. R. H. Dunstan）根据 8 个国家的 16 个已建碾压混凝土坝坝体实测的渗透率得到渗透系数与胶凝材料用量的关系，如图 5.2-11 所示。胶凝材料用量的增加同样有助于提高层面的抗渗性。

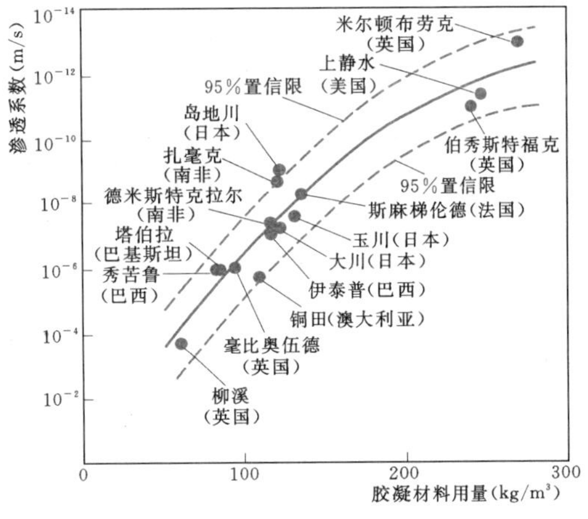

图 5.2-11　现场实地测定渗透系数与胶凝材料用量

在混凝土初凝时间以内连续碾压施工的层面，其抗渗性较有保障；施工间歇时间较长的层面进行刷毛铺设砂浆垫层处理后，其抗渗性将有所改善，且统计资料表明该处理后的层面抗渗性仍不及连续上升的层面。

碾压混凝土骨料中，粒径小于 0.15mm 的微粒可起到填充空隙的作用，适量的微粒含量可以改善碾压混凝土的抗渗性、和易性、密实性和均匀性。

随着龄期的增长，碾压混凝土的抗渗性逐渐提高并具有一定的自愈性，大坝的渗流量随时间减小。图 5.2-12 是几座碾压混凝土坝蓄水后渗流变化的情况。

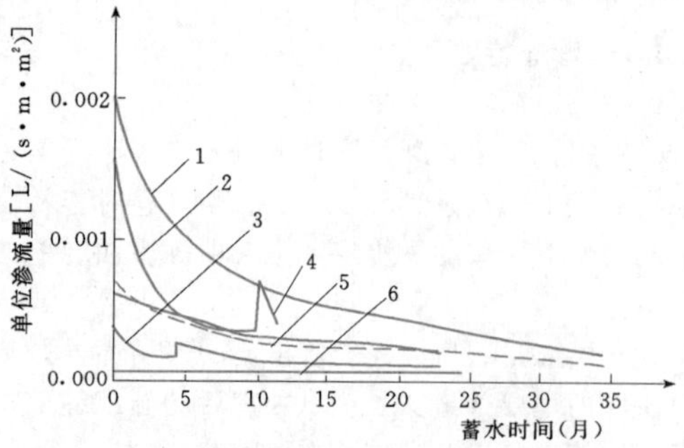

图 5.2-12 碾压混凝土坝蓄水后渗流变化曲线

1—柳溪坝；2—中叉坝；3—铜田坝；4—盖尔斯威尔；5—常态混凝土；6—温彻斯特

(4) 碾压混凝土本体的渗透性基本上与常态混凝土相当，胶凝材料用量超过 150kg/m³ 的碾压混凝土本体的渗透系数一般可达到 1×10^{-10} cm/s 或更低，本体不成为控制渗流的薄弱环节。

(5) 由于层（缝）面的影响，碾压混凝土渗流呈各向异性，目前研究碾压混凝土层面的渗流特性主要有两种方法：一种是在碾压混凝土中取出含层面的芯样做成试件，沿平行层面方向进行渗流试验；另一种是在现场钻孔做压水试验。这两种试验方法主要反映碾压混凝土平行层面方向的渗流特点，以往工程统计碾压混凝土渗透各向异性比可从 2 个变到 7 个数量级。

(6) 由于采用的骨料最大粒径减小，抗分离能力增强，同时胶凝材料用量增多，二级配碾压混凝土的抗渗性明显优于三级配碾压混凝土。

二级配碾压混凝土含层（缝）面芯样渗透系数（50%保证率）可达到 1×10^{-9} cm/s，部分层面结合较好的碾压混凝土已达到或接近常态混凝土的水平，但存在成果离散性较大、部分试件初渗压力较低的问题。

现场压水试验成果离散性较室内芯样试验更明显，总体上而言，二级配碾压混凝土现场压水试验 90%保证率的透水率可以达到小于 1Lu，50%保证率可以达到小于 0.5Lu。

江垭大坝碾压混凝土室内芯样渗流试验成果见表 5.2-21，其现场压水试验成果见表 5.2-22。龙滩工程坝体混凝土透水率比较如图 5.2-13 所示。

表 5.2-21 江垭大坝碾压混凝土室内芯样渗流试验统计成果表

项目	二级配碾压混凝土			三级配碾压混凝土		
	含层面	含缝面	本体	含层面	含缝面	本体
最大值（cm/s）	1.30×10^{-7}	3.90×10^{-6}	1.10×10^{-9}	5.50×10^{-7}	1.50×10^{-7}	1.75×10^{-6}
最小值（cm/s）	9.0×10^{-12}	9.0×10^{-12}	9.0×10^{-12}	2.6×10^{-10}	4.2×10^{-10}	2.3×10^{-10}
50%保证率下的渗透系数（cm/s）	5.60×10^{-10}	2.35×10^{-9}	9.20×10^{-11}	1.06×10^{-8}	4.38×10^{-9}	7.99×10^{-9}

表 5.2-22 江垭大坝碾压混凝土现场压水试验成果统计分析表

项目		二级配碾压混凝土	三级配碾压混凝土
各保证率下的透水率（Lu）	50%	0.031	0.071
	60%	0.064	0.146
	70%	0.142	0.311
	80%	0.357	0.759
	90%	1.284	2.608

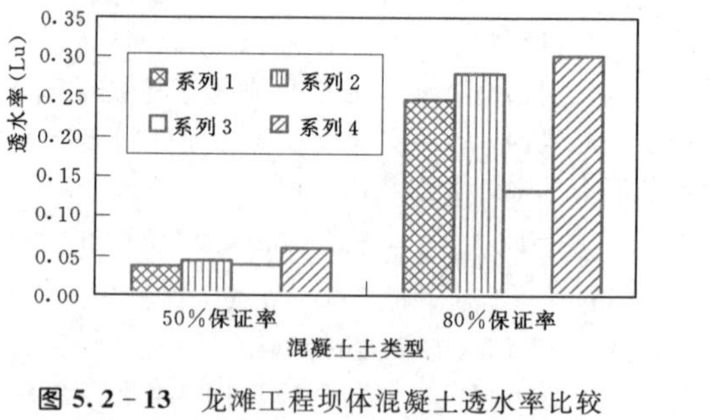

图 5.2-13 龙滩工程坝体混凝土透水率比较

（系列 1 为常态混凝土；系列 2 为二级配 RCC；系列 3 为三级配 RCCR Ⅰ区；系列 4 为三级配 RCCR Ⅱ区）

(7) 目前的施工材料、技术和工艺，还无法消除碾压混凝土坝中渗透系数各向异性的特性，碾压混凝土及碾压混凝土坝沿层（缝）面切向的主渗透系数，主要取决于层（缝）面的水力隙宽，施工时设法加强层面结合质量，是提高碾压混凝土及碾压混凝土坝自身抗渗能力的基本策略。

(8) 在目前的施工技术和水平下，碾压混凝土施工中应尽量保持连续上升，避免施工冷缝的形成，同时应加强施工冷缝面的处理。斜层浇筑施工工艺有助于缩短层间间歇时间，提高层间结合性能。

2. 变态混凝土渗流特性

(1) 室内芯样试验基本上能反映变态混凝土整体

的抗渗性能。

(2) 变态混凝土本体和含层面芯样渗透系数可达 1×10^{-11} cm/s，含缝面芯样渗透系数接近 1×10^{-11} cm/s，且变态混凝土试件初渗压力较二级配碾压混凝土明显提高，变态混凝土无论从抗渗性方面来看，还是从均匀性方面来看均已达到常态混凝土的质量水平，作为防渗结构其性能优于二级配碾压混凝土。龙滩工程变态混凝土室内芯样试验成果，见表 5.2-23。

表 5.2-23　龙滩工程变态混凝土室内芯样试验统计成果表

项　目	含层面试件	含缝面试件	本体试件
最大值 (cm/s)	3.56×10^{-10}	9.42×10^{-9}	3.05×10^{-10}
最小值 (cm/s)	1.00×10^{-11}	1.00×10^{-11}	1.00×10^{-11}
变异系数 c_v	0.075	0.118	0.118
50%保证率的渗透系数 (cm/s)	2.26×10^{-11}	1.44×10^{-10}	7.07×10^{-11}

(3) 变态混凝土施工消除了层面的影响，渗流的相对薄弱环节出现在缝面，变态混凝土缝面处理工艺是影响变态混凝土整个抗渗性的一个重要因素。在目前的施工技术和水平下，缝面刷毛铺设砂浆层的抗渗效果，只能达到或不如间歇时间短的连续上升浇筑时所形成的层面的抗渗性，碾压混凝土施工中应尽量保持连续上升，避免施工冷缝的形成。

(4) 变态混凝土现场掺浆的均匀程度对性能的影响较大，底部加浆浆液分布最均匀、工艺最简单、最易于实现机械化加浆；施工过程中应采取尽量保证掺浆均匀的工艺和措施。

(5) 二级配碾压混凝土改性为变态混凝土一般最优加浆量为 4%～6%，施工过程中应采取措施保证浆液流动性、静置稳定性。浆液质量可通过对浆液流变性能的控制来保证。

5.2.4.2　防渗结构

1. 常用防渗结构型式

国内外已建和在建的碾压混凝土坝的防渗结构按所用的材料可分为两大类：混凝土防渗结构和高分子材料防渗结构。混凝土防渗主要有：厚常态混凝土防渗层、薄常态混凝土防渗层、钢筋混凝土面板等型式。高分子材料防渗主要有：PVC 薄膜防渗、沥青混合料防渗、坝面喷涂高分子材料形成防渗膜等型式。其中，PVC 薄膜防渗有坝面外贴和预制板内贴两种型式。

常用防渗结构型式的主要结构特点如下。

(1) 厚常态混凝土防渗：俗称“金包银”型式，上游坝面浇筑厚度为 2～3m 的常态混凝土防渗层，常态混凝土与碾压混凝土同步上升并设置横缝，缝内设置 2～3 道止水片。

(2) 薄常态混凝土防渗：上游坝面浇筑厚度为 0.3～1.0m 的常态混凝土防渗层，其后一定宽度的碾压混凝土需进行层面铺砂浆处理。防渗层设横缝，缝内一般设一道止水片。

(3) 钢筋混凝土面板防渗：上游坝面设置钢筋混凝土面板，采用锚筋与坝体连接。面板设置横缝，横缝内设止水片。面板与坝体施工不同步，一般选择在低温季节施工。面板混凝土可采用补偿收缩性混凝土。

(4) 碾压混凝土自身防渗：一般在上游坝面采用一定厚度的富胶二级配碾压混凝土作为防渗层，与坝体同步施工。随着变态混凝土技术的发展和对其性能的研究，目前碾压混凝土自身防渗结构一般采用二级配碾压混凝土与变态混凝土组合防渗。

(5) 内贴 PVC 薄膜防渗：将薄膜预先贴在预制板内，现场安装焊接成整体，作为坝面模板使用。

(6) 外贴 PVC 薄膜防渗：坝面预埋固定件，坝面形成后安装薄膜。

(7) 沥青混凝土防渗：坝面外先安装预制板，在坝面与预制板之间的空腔浇筑沥青混凝土。

各种型式的防渗结构及典型工程实例见表 5.2-24。表 5.2-25 列出了国内外部分碾压混凝土坝的渗漏情况，可以了解不同型式的防渗结构的实际防渗效果。

表 5.2-24　各种型式的防渗结构及典型工程实例汇总表

结构型式		坝　名	坝高 (m)	防渗层厚 (m)
常态混凝土防渗	厚常态混凝土防渗	玉　川	103	3
		八汐下	104	3
		宫　濑	155	2
		岩　滩	110	3.5
		铜街子	82	2.5

续表

结构型式		坝名	坝高（m）	防渗层厚（m）
常态混凝土防渗	薄常态混凝土防渗	中叉	38	0.3～0.9
		盖尔斯威尔	52	0.3～0.9
		铜田	40	1.0
		萨科	56	0.25～0.4
	钢筋混凝土面板防渗	SERR DE LA FARE	80	1～2
		斯苔西	45	0.46
		龙门滩	56.5	0.25～0.6
碾压混凝土自身防渗		柳溪	52	2.8
		普定	75	1.8～6.5
		江垭	131	3～8
		龙滩	216.5/190	3～14
薄膜防渗	内贴薄膜	温彻斯特	21	0.00165
		乌拉圭—1	77	0.002
		米埃尔一号	188	
	外贴薄膜	概念	70	0.0032
沥青防渗		坑口	56.8	0.06

表 5.2-25　国内外部分碾压混凝土坝运行的渗漏情况

坝名	防渗结构型式	坝高（m）	分缝情况	渗漏情况	单位渗流量[L/(s·m·m²)]	裂缝情况
岛地川	厚常态混凝土防渗	89	分横缝	0.5L/s	0.009	
中叉	薄常态混凝土防渗	38	整体	蓄水初期为30L/s，18个月后降为3L/s	1.62	有些不严重的垂直裂缝
铜田	薄常态混凝土防渗	40	三条横缝	蓄水初期为17.8L/s，2年后降为5.6L/s	0.39	有横向裂缝
盖尔斯威尔	薄常态混凝土防渗	50	整体	蓄水初期为45L/s，1年后降为20L/s	0.64	发现7条垂直裂缝
蒙克斯威尔	薄常态混凝土防渗	48	横缝间距36m	蓄水初期为15.8L/s		表面常态混凝土出现少量短裂缝
龙门滩	钢筋混凝土面板	58	整体	蓄水初期为3.6L/s		发现数条裂缝
柳溪	RCC自身防渗	52	整体	蓄水初期为189L/s，两个月后降为150L/s	1.95	溢洪道与大坝间出现垂直裂缝
克雷格布尔	RCC自身防渗	25	有一条横缝	蓄水初期为8.8L/s，7个月后降为2.7L/s		
上静水	富胶RCC自身防渗	90	整体	蓄水初期为44L/s，因坝体开裂增加为100L/s	0.4	上、下游共发现12条裂缝
PorceⅡ	富胶RCC自身防渗	123	横缝间距35m	蓄水初期为26L/s（主要集中在3条横缝）		

续表

坝名	防渗结构型式	坝高(m)	分缝情况	渗漏情况	单位渗流量[L/(s·m·m²)]	裂缝情况
温彻斯特	内贴PVC薄膜	23	整体	无渗漏		
乌拉圭—1	内贴PVC薄膜	76		9.2L/s	0.2	
概念	外贴PVC薄膜			无渗漏		
坑口	沥青混合料	57	整体	蓄水初期为4.4L/s，1年后降为3.4L/s		

表5.2-24列出的几种防渗结构中，厚常态混凝土防渗在日本和我国早期的碾压混凝土坝上应用较多，应用的坝高也较大；其他型式的防渗结构早期主要用于一些中低碾压混凝土坝。

表5.2-25表明：采用薄膜防渗就防渗效果而言具有明显的优势，沥青混合料的防渗效果也很好；各种混凝土材料的防渗结构，由于混凝土表面易出现裂缝，会对其防渗作用产生不利影响，特别是薄常态混凝土防渗的表面裂缝对其防渗作用的影响较大，钢筋混凝土面板内的钢筋对表面裂缝的开展有一定的限制作用，可靠性相对较高；碾压混凝土自身防渗，其防渗作用不仅受表面裂缝的影响，而且还受层面渗流的影响，但采用富胶二级配碾压混凝土可以改善层面的抗渗性。

我国碾压混凝土筑坝实践证明采用厚常态混凝土防渗产生的施工干扰限制了大坝的上升速度，“七五”国家科技攻关计划结合普定大坝的兴建，研究了富胶二级配碾压混凝土防渗，并在普定大坝建设中成功应用，这种利用碾压混凝土自身防渗的措施，充分适应了碾压混凝土的施工特点，使碾压混凝土的快速施工优势得到充分发挥，从而成为我国碾压混凝土坝防渗结构的潮流，得到迅速推广。

2. 碾压混凝土重力坝防渗结构设计要求

根据碾压混凝土重力坝的特点，防渗排水结构主要需要满足以下几个方面的要求。

(1) 防渗结构应具有长期的安全可靠性和耐久性。

(2) 防渗和排水系统，确保坝基和坝体扬压力控制在安全范围内。

(3) 防渗结构应适合碾压混凝土的快速施工要求，减少施工干扰。

(4) 防渗结构应满足温控防裂要求，减少裂缝发生的概率。

3. 碾压混凝土重力坝防渗结构设计思路

碾压混凝土重力坝坝基防渗和排水主要是通过在坝基设置帷幕和排水孔等设施，减小坝基渗漏量和降低坝基面扬压力，具体见本卷第1章有关章节。

碾压混凝土重力坝坝体防渗结构的主要作用是降低层面扬压力和减小坝体渗漏量，降低层面扬压力的主要途径是提高防渗结构的抗渗性，使作用水头尽可能消耗在防渗结构上，然后通过排水管的作用，以控制排水管之后的层面扬压力；减小坝体渗漏量的途径是尽可能提高防渗结构的抗渗性。对碾压混凝土重力坝而言，有效地控制层面扬压力比控制渗漏量更为重要。

通过二级配碾压混凝土和变态混凝土渗流特性研究，现代施工技术条件下，可以充分利用碾压混凝土自身的抗渗性，二级配碾压混凝土可以作为防渗结构的主体使用，但二级配碾压混凝土离散性较大，为了防止部分碾压混凝土强渗透层面直接与水库连通，则要求设置另一防渗结构以封闭碾压混凝土层面，同时要求该防渗结构具有良好的抗渗性和均质性，从而构成自上游到下游渗透性逐步增大，形成“前堵后排”的结构布置。

4. 碾压混凝土重力坝防渗结构设计标准

坝高小于200m的碾压混凝土重力坝防渗结构设计标准见表5.2-26。

表5.2-26　坝高小于200m的碾压混凝土重力坝防渗结构设计标准

应用条件	挡水高度（m）	抗渗等级
重力坝上、下游挡水面	$H<30$	W4
	$H=30\sim70$	W6
	$H=70\sim150$	W8
	$H=150\sim200$	W10

对于坝高200m以上的碾压混凝土重力坝的防渗结构设计标准应进行专门论证，一般应要求抗渗等级大于W10和渗透系数达到1×10^{-10}cm/s量级。施工质量通过现场压水试验来进行检查和评价，一般要求二级配碾压混凝土透水率小于0.5Lu（90%

保证率），三级配碾压混凝土透水率小于1Lu（90%保证率）。

5. 二级配碾压混凝土与变态混凝土组合防渗结构设计要点

（1）二级配碾压混凝土构成防渗结构的主体，其宽度以下游侧不超过坝体廊道上游侧墙前1m为界，以便廊道混凝土施工并确保坝体排水孔位于渗透性较大的三级配碾压混凝土内，二级配碾压混凝土厚度不小于3m。

（2）构成防渗结构主体的二级配碾压混凝土每个层面上要求铺水泥浆处理以提高二级配碾压混凝土层面抗渗性。

（3）二级配碾压混凝土的上游侧设置变态混凝土防渗层，变态混凝土的厚度一般为0.5～1.0m，变态混凝土的厚度一方面取决于结构的需要，另一方面取决于施工要求，特别是有些情况下模板的拉模钢筋的长度决定了变态混凝土的厚度，因此，应尽量控制拉模钢筋在坝体内的延伸范围。

（4）根据实际工程的具体情况，变态混凝土内可设置限裂钢筋网，以限制坝面裂缝开展。

（5）变态混凝土与二级配碾压混凝土防渗结构应分横缝，横缝间距一般与坝体分缝间距一致。

（6）根据温度应力计算成果确定表面保护措施。

6. 碾压混凝土重力坝其他辅助防渗措施

在一些实际工程中，在主防渗结构方案以外还根据工程情况采取了辅助防渗措施：

（1）在大坝坝面喷涂高分子防渗材料作为辅助防渗层，如改性沥青砂浆、水泥基渗透结晶材料或其他合成高分子材料。

（2）在死水位以下回填弃渣设置黏土或粉煤灰铺盖。

5.2.4.3 排水系统

由于碾压混凝土成层和渗流横观各向同性的特点，碾压混凝土重力坝应设置坝体排水系统，根据工程实际情况可分别设置上游排水系统、下游排水系统和坝内抽排系统。各排水系统均由排水孔幕组成。

上、下游排水系统的排水孔幕至上、下游面的距离一般要求不小于正常挡水水深的1/15～1/10，且不小于3.0m。但试验资料显示大多数坝体混凝土抗渗性的离散性较大，在排水设计中应考虑适当留有余地，以保证排水孔穿过较大的强渗面，因此，排水孔间距2～3m，内径15～25cm。排水孔长度由成孔工艺确定，一般不超过40m，位于上、下层廊道之间的排水孔一般要求连接上、下层廊道。

坝内抽排系统一般和坝基抽排系统联合应用，坝内抽排系统是根据坝基抽排系统的设计原理在坝基纵、横向廊道内朝上（坝体内）设置竖直向排水孔幕，对大坝下部的碾压混凝土层面的扬压力控制达到坝基抽排系统同样的抽排降压效果。坝内抽排系统顺水流方向一般30～40m设置一排排水孔幕，排水孔间距3～4m，内径15～25cm。坝内抽排系统竖直向排水孔幕顶部高程根据上、下游水位及下部层面抗滑稳定要求综合确定。坝内抽排系统布置剖面如图5.2-14所示。

排水系统收集的渗水进入坝体廊道的排水沟，最高尾水位以上坝体排水系统收集的渗水通过廊道自流排出坝体，最高尾水位以下坝体排水系统收集的渗水汇入坝基集水井，经由水泵抽水排向下游。

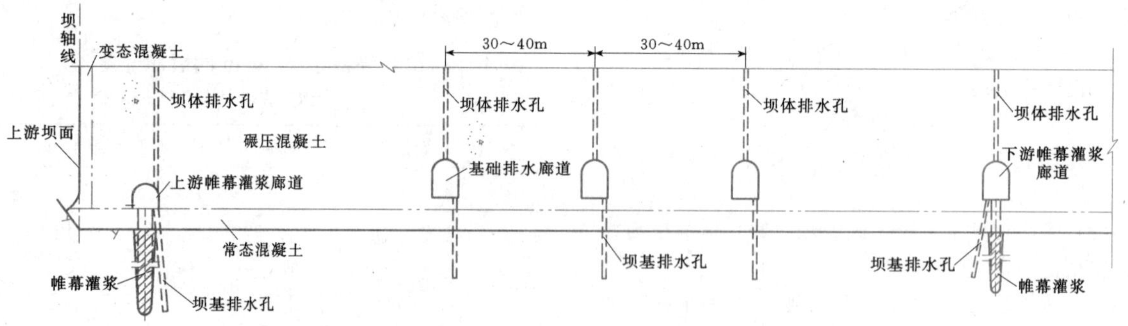

图5.2-14　坝内抽排系统布置剖面图

碾压混凝土重力坝应对排水系统的渗水排出进行精心规划和量测，以便运行过程中有利于对集中渗漏部位的判断，一般可按排出方向分为自流排出区和抽排区两个大区，每个大区又可分为左岸区、右岸区和中部区。

碾压混凝土内排水孔成孔可采用钻孔、拔管或预埋中空塑料盲管等工艺，目前一般采用钻孔成孔工艺，钻孔在廊道内进行。有的工程也采用预埋中空塑料盲管的成孔工艺，对于盲管周边小范围难以碾压密实的部位切忌采用变态混凝土，同时，在排水孔幕间距较小的情况下，预埋盲管影响了振动碾在仓面的运行，但也应尽可能减小为方便振动碾运行对竖直排水孔布置的影响。

5.2.4.4 渗流分析

1. 渗流分析计算参数确定

渗流分析计算参数一般根据各工程试验成果确定，也可参考其他工程设计参数确定，表5.2-27列出了龙滩工程渗流分析计算参数。

表5.2-27　龙滩碾压混凝土大坝渗流计算参数取值表

混凝土种类	本体渗透系数（cm/s）	层面法向渗透系数（cm/s）	层面切向渗透系数（cm/s）
常态混凝土	1.0×10^{-10}		
变态混凝土	1.0×10^{-9}	1.0×10^{-9}	1.00×10^{-9}
二级配碾压混凝土	1.0×10^{-9}	1.0×10^{-9}	2.25×10^{-8}
三级配碾压混凝土	1.0×10^{-9}	1.0×10^{-9}	1.78×10^{-7}

确定渗流分析计算参数另外的方法是采用现场压水试验成果综合分析后确定，可以采用透水率反演坝体的渗流系数，也可采用透水率按近似方法确定渗透系数，通常用下述公式计算渗透系数，前提是碾压混凝土处于饱和状态，渗流影响半径等于试段长度 l：

$$k=\frac{Q}{2\pi pL}\ln\frac{l}{r_0} \qquad (5.2-31)$$

式中　k——渗透系数，m/s；

Q——压入流量，m^3/s；

p——试验压力（水头），m；

l——试段长度，m；

r_0——钻孔半径，m。

但由于碾压混凝土更密实，透水的影响因素较岩石小，因此，碾压混凝土内现场压水试验要求较岩石更精确，江垭工程施工实践中探索出一套更适合于碾压混凝土的现场压水试验方法可供其他工程借鉴和推广。

2. 渗流分析计算工况

渗流分析计算工况除常规的各种运行工况外，计算中还应考虑防渗排水结构产生各种缺陷后的工况进行敏感性分析。

采用混凝土防渗结构的大坝应考虑防渗结构发生竖直向或水平向裂缝的情况，并分析裂缝深度对渗流的影响，采用高分子材料防渗结构的大坝应考虑防渗结构发生损伤（如破孔）或与坝体连接锚固结构封闭不严等情况对防渗效果的不利影响。

对于坝体排水结构应考虑排水孔长期运行后部分堵塞或基本失效的情况；针对不同的坝体排水孔成孔方式，对于有的成孔方式还应考虑排水孔周边的渗透系数比坝体碾压混凝土渗透系数小，从而导致排水受阻的情况。

3. 渗流分析计算原理及主要程序功能简介

（1）渗流分析计算原理。碾压混凝土坝是由碾压混凝土本体和其间的层面所构成的层状结构体系，宏观上是一种典型的横观各向同性渗流介质。碾压混凝土本体是一种均质各向同性材料，其渗流特性服从达西（Darcy）定律。

层面是由施工程序造成的缝隙界面，其渗流行为属于缝隙性水流，它与层面的水力隙宽、裂隙粗糙度、连通率、层面的应力状况有关。根据以往的研究工作，当隙宽 d_f 在 μm 量级时，微裂隙中渗透水流仍然符合上述的立方定律。

（2）主要程序功能简介。碾压混凝土重力坝渗流分析目前一般采用有限元计算方法，在有限单元法分析中，要求计算方法和计算程序应该具备以下功能。

1）具备好的稳定的自由面及逸出面的搜索功能。

2）坝体为成层结构，混凝土本体与层面及缝面的渗透特性完全不同，一个常规尺度单元内会有多层乃至几十层的不同渗流特性的成层材料，需要进行特殊的数学上严密的处理方法。

3）层面尤其是缝面以及其他的零星的强渗水通道的透水能力需要用特殊的单元模型进行单独模拟。

4）防渗体和坝体中可能存在的水平或竖直型的贯穿性裂缝需单独模拟。

5）坝体中的众多排水孔往往是穿过渗流自由面的，需进行排水孔穿过自由面时渗流场求解的迭代计算。

6）坝体和坝基排水幕的位置以及自溢式排水高程的不同，可能在同一时刻会出现部分排水幕在真正排水工作，而另外一部分则不处于排水降压的工作状态。要能正确地区别排水幕的工作状态。

7）能够进行渗流量的高精度计算。

目前，基于碾压混凝土坝成层材料结构的特点和碾压混凝土坝的结构特性，采用渗流非均质成层材料单元模型以及缝隙渗流缝面无厚度平面单元模型，不但能高精度地计算出成层材料的单元传导矩阵，而且能对那些强透水性冷缝或裂缝的集中渗流行为进行专门细致的模拟。采用改进排水子结构技术和排水孔开关器能精细地对排水孔渗流行为进行数值模拟。

5.2.5 坝体构造

5.2.5.1 坝体分缝

碾压混凝土重力坝坝体分缝包括横缝和纵缝。

碾压混凝土重力坝应设横缝。早期的几座碾压混凝土重力坝如坑口坝、龙门滩坝等，因坝轴线长度较小且处于气候温和地区而未设横缝。随着坝高的增加、河谷变宽及筑坝地域分布的扩展，碾压混凝土重力坝大都设置了横缝。早期位于气候温和地区的坝体横缝往往采用较大的间距，在30～70m，经工程实践发现，部分横缝间距超过30m的碾压混凝土重力坝，主要在其上游面出现不同程度的表面裂缝，随着坝体温控防裂研究成果的积累、切缝机具的改进及成缝方式的多样化，横缝成缝已不再成为制约碾压混凝土快速施工的主要因素。碾压混凝土重力坝坝体横缝间距的取值应综合考虑坝体温控防裂、大坝结构布置、地形地质条件等因素后确定，通常取20m左右。

横缝间距应与溢流表孔、泄水孔、发电进水口、通航等建筑物的布置要求相适应。溢流坝段孔口常采用跨横缝布置，泄水孔及发电进水口坝段需考虑孔口侧壁厚度，最小孔口侧壁厚度不宜小于1倍孔口宽度或孔径，以避免过分削弱坝体结构。岸坡坝段宜在地形突变或转折处设置横缝，以改善坝体应力条件。

碾压混凝土重力坝横缝常采用切缝机具切制、设置诱导孔或隔缝材料等方法形成。横缝又分全部切断的横缝和部分切断或隔断的诱导缝。切缝机切缝有“先碾后切”和“先切后碾”两种方式，隔缝材料可用镀锌铁片、化纤编织布或干砂隔缝，诱导孔可由风钻钻孔形成。采用诱导孔或隔缝材料形成的诱导缝应保证成缝面积，从而保证缝面的形成。

碾压混凝土重力坝不宜设置纵缝。对于坝高很高的碾压混凝土重力坝，由于坝体基础部位沿上、下游方向的尺寸很大，是否设置纵缝应进行专门研究。我国的龙滩（最终坝高216.5m）、光照（坝高200.5m）大坝均未设纵缝，哥伦比亚的米埃尔一号坝（坝高188.0m）在大坝下部设了斜纵缝。

5.2.5.2 坝内廊道系统

为满足碾压混凝土重力坝的基础灌浆、排水、检查维修、安全监测、坝内交通、运行操作等需要，坝内应设置廊道及竖井。各类廊道及竖井在坝内互相连通，构成坝内廊道系统。碾压混凝土重力坝坝内廊道设计总体上与常态混凝土重力坝相似，由于坝内设置廊道和竖井将削弱坝体结构，且对碾压混凝土的快速施工造成较大影响，因此，碾压混凝土重力坝更应使廊道具有多种用途，并尽可能减少廊道和竖井的数量。对于低坝可只设置1条廊道，中坝、高坝可设置1～3条廊道。

基础灌浆廊道及纵向排水廊道的上游壁离上游坝面的距离应满足防渗要求，其距离通常按1/20～1/10倍坝面上的作用水头取值，并不小于3m。若大坝采用二级配碾压混凝土防渗结构，廊道离上游坝面的距离还宜与该高程处二级配碾压混凝土的厚度相协调。

在基础灌浆廊道的最低部位应设置集水井，集水井的尺寸可视估计的渗流量并考虑适当的余度确定，集水井最少要有2台抽水机，互为备用，并需有备用电源。出口高程高于大坝下游最高尾水位以上的廊道内的渗水，应尽可能让其自排至下游坝外，以减小集水井的抽排量。

当大坝下游水位较高及大坝基础地质条件较差时，为了减小大坝基础扬压力，增加大坝稳定性，可另外设置基础排水廊道进行抽排，对坝基采用抽排措施时，还需设置辅助排水孔。

基础灌浆廊道的断面尺寸，应根据钻机尺寸和灌浆工作的空间要求确定，一般宽度为2.5～3.0m，高度3.0～4.0m，其他廊道的断面尺寸应根据完成其功能且可以自由通行的要求确定，一般宽度为1.5～2.5m，高度2.2～3.5m。

变态混凝土由于对碾压混凝土施工干扰少，使异种混凝土之间能良好结合等优势而被广泛应用。在工程实践中，廊道型式以变态混凝土加混凝土预制构件拼装的型式居多。大多数工程上部半圆拱顶采用混凝土预制构件，下部侧墙采用变态混凝土浇筑，如图5.2-15所示，为便于快速施工，也有工程采用矩形

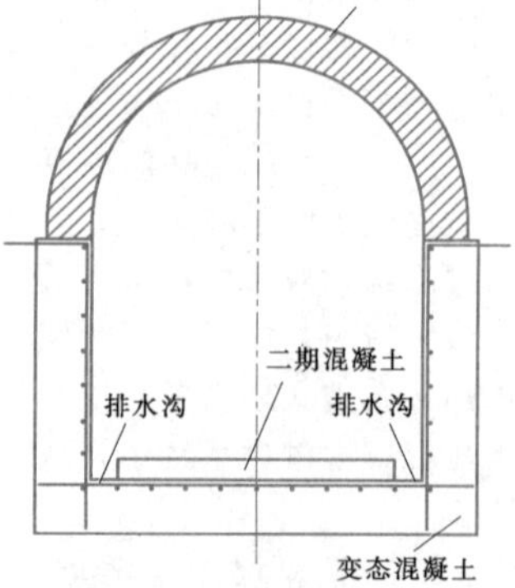

图5.2-15 廊道断面图

断面的廊道，采用平面预制件作顶拱。

在坝内设置廊道和竖井（包括电梯井道、集水井室等），其周围的混凝土内将产生局部应力。局部应力主要由坝体自重、上游水压力及温度应力产生，局部应力可采用有限元法分析计算。廊道顶部采用的混凝土预制构件内配筋还应对施工期其上已摊铺碾压混凝土的重力及振动碾激振力等荷载工况进行复核。

5.2.5.3 坝体止水和排水系统

1. 坝体止水

碾压混凝土重力坝横缝的上游面、溢流面、下游面最高尾水位以下及坝内廊道和孔洞穿过横缝处的四周等部位应布置止水设施。

碾压混凝土重力坝的防渗结构主要有二级配碾压混凝土自身防渗、常态混凝土“金包银”防渗、钢筋混凝土面板防渗、沥青材料及复合土工膜防渗等，坝体横缝内止水设施应根据所采用的坝体防渗结构进行相应布置。采用二级配碾压混凝土或常态混凝土防渗结构时，止水设施应布置于防渗层内。

高坝上游面附近的横缝止水应采用两道止水铜片，止水铜片的厚度视水头的不同，通常采用1.0～1.6mm；第二道止水片至上游坝面的横缝内通常贴沥青油毛毡，第二道止水铜片后宜设排水孔，有的工程则在第二道止水铜片后再加设一道橡胶或PVC止水带，典型布置如图5.2-16所示。

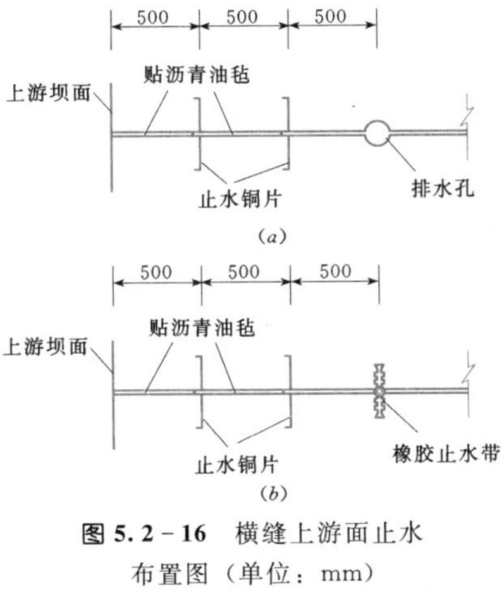

图5.2-16 横缝上游面止水布置图（单位：mm）

中坝上游面横缝内常采用两道止水片，第一道止水片应采用铜片，第二道止水片可采用橡胶或PVC止水带。低坝横缝止水可适当简化，常采用一道止水片。

廊道在穿过横缝处，其周围混凝土内应设一道止水铜片；坝体下游面最高尾水位以下也应设一道止水片，可视下游水头的大小，设一道止水铜片或橡胶（或PVC）止水带。

止水片的材料性能及规格与常态混凝土重力坝的要求相同。

由于在坝体横缝内设置沥青井对碾压混凝土施工干扰较大，且沥青易老化，维护较复杂，效果也并不十分理想，已建工程中采用二级配碾压混凝土防渗层的大坝无一例设置沥青井，因此，坝体横缝内可不设沥青井。

2. 坝体排水

为降低碾压混凝土重力坝坝体内的扬压力及保证碾压混凝土的耐久性，坝体内应设坝体排水系统。坝内竖向排水孔应设在上游防渗层下游侧，排水孔下部应通至纵向排水廊道，宜靠近排水廊道上游侧壁，上部应通至上层廊道或坝顶（或溢流面以下），以便于检修。排水孔离上游坝面的距离应与纵向排水廊道的布置相适应，其最小距离不宜小于3m。

经过工程实践与总结，坝内竖向排水孔常采用钻孔、埋设透水管或拔管等方法形成。钻孔形成排水孔因不易堵塞、排水通道较可靠，孔径可比其他成孔方式小一些，钻孔孔径可视不同坝高取76～102mm，高坝取大值，中、低坝取小值，其他成孔方式孔径一般取150～200mm。

5.3 碾压混凝土拱坝

5.3.1 枢纽布置

5.3.1.1 枢纽布置特点和原则

碾压混凝土拱坝枢纽工程布置的建筑物根据河流开发任务和枢纽功能的要求，合理规划碾压混凝土拱坝挡水建筑物、泄水建筑物、引水发电系统、通航建筑物及其他建筑物，以适应坝址地形、地质条件，满足枢纽泄洪、发电、排沙、供水、航运、排漂、过鱼、旅游、施工导流和交通等各项功能，同时避免各建筑物在施工和运行上的相互干扰。

碾压混凝土拱坝枢纽是以碾压混凝土拱坝为中心将枢纽其他建筑物和设施联系在一起的综合体，考虑碾压混凝土大仓面、薄层浇筑、连续上升的特点，重点解决各建筑物在平面布置上的矛盾，施工期和运行期在空间上的相互影响，根据工程的自然条件、枢纽功能要求、施工条件等，进行综合技术经济比较，优化布置方案和建筑物型式，必要时通过科学试验加以验证。

从目前碾压混凝土拱坝枢纽布置的工程实践和发展，碾压混凝土拱坝枢纽布置与常态混凝土拱坝基本相同，对坝址选择、坝址地形地质条件、施工条件、征地移民、导流的要求无疑是等同的。

通常，碾压混凝土拱坝枢纽布置在符合常态混凝土拱坝枢纽布置原则的情况下，结合碾压混凝土特性，还应注意以下要求。

(1) 泄洪建筑物应尽量布置于岸边或布置于上部，在坝身布置时应尽量在同一高程上，以减少对碾压混凝土拱坝施工的干扰，充分发挥碾压混凝土上升速度快的特点。

(2) 引水发电系统进水口宜布置于岸边或单独的坝块中。

(3) 由于碾压混凝土连续施工的特点，并同时考虑经济性，碾压混凝土拱坝的坝体碾压混凝土工程量应达到一定的规模。

(4) 应充分对大坝、泄洪系统、引水发电系统等其他建筑物进行技术经济、工期进度等的比较，合理地选择各建筑物的布置格局。

我国碾压混凝土拱坝是世界上已建和在建规模最大、数量最多的国家，设计和施工技术已处于世界领先水平。截至2008年年底，我国部分已建和在建高度100m级以上碾压混凝土拱坝的基本情况见表5.3-1。

表5.3-1　我国部分已建和在建高度100m级以上碾压混凝土拱坝

序号	工程名称	坝型	坝高(m)	坝顶弧长(m)	坝顶厚(m)	坝底厚(m)	厚高比	河谷宽高比	建设时间
1	万家口子	双曲	167.5	413.20	9.0	36.0	0.215	2.10	在建
2	云龙河三级	双曲	135.0	119.23	5.5	18.1	0.134	0.88	2005～2009年
3	大花水	双曲	134.5	198.43	7.0	23.0	0.171	2.14	2004～2007年
4	沙　牌	单曲	132.0	250.25	9.5	30.94	0.238	1.80	1997～2003年
5	罗　坡	双曲	114.0	191.72	6.0	20.0	0.175	1.68	2010年
6	天花板	双曲	113.0	159.87	6.0	24.2	0.215	1.42	2010年
7	石门子	双曲	110.0	169.30	5.0	30.0	0.275	1.30	1998～2003年
8	招徕河	双曲	107.0	198.05	6.0	18.5	0.176	1.89	2001～2005年
9	白莲崖	双曲	104.6	421.86	8.0	30.064	0.287	4.05	2004～2009年
10	蔺河口	双曲	100.0	311.00	6.0	27.2	0.272	3.11	2000～2004年

5.3.1.2 碾压混凝土拱坝布置

1. 碾压混凝土拱坝特点

碾压混凝土是将常态混凝土坝的结构和碾压土石坝施工等优点集中于一体，具有节约水泥用量、简化施工工艺、施工速度快和工程造价低等优点，采用高掺粉煤灰的干贫胶凝材料的混凝土，粉煤灰掺量达胶凝材料总量的60%，采用薄层铺筑、薄层碾压、连续上升的施工方式，碾压混凝土的水化热温升速度慢，后期温升大，与常态混凝土拱坝相比，目前已建、在建的碾压混凝土拱坝有如下特点。

(1) 大坝体型。目前，碾压混凝土拱坝布置与常态混凝土拱坝基本相一致，体型上与常态混凝土拱坝基本相同，应力、稳定计算方法基本相同，需重点研究水化热过程对大坝应力稳定的影响。

(2) 分缝方式。碾压混凝土拱坝多采用设置横缝、诱导缝、拱端短缝（应力释放缝）等方式，通过温度作用过程分析和建筑物布置特点，确定大坝分缝间距、缝型和灌浆方式，沙牌碾压混凝土拱坝设置了横缝、诱导缝相组合方式，缝的最大间距达70m，较常态混凝土分缝大3倍。其余碾压混凝土拱坝采用诱导缝、诱导缝加拱端上游面短缝、上游拱端应力释放短缝及下游拱冠应力释放短缝。

(3) 浇筑方式。碾压混凝土拱坝采用大仓面整体上升方式，速度快，只要模板及下层混凝土能够承担施工的荷载，且混凝土熟料能够保持供应，一般采用连续上升方式，个别工程1个月最大上升近30m。

(4) 封拱温度。由于碾压混凝土自身特性、大坝温度控制措施的实施及其他原因，在下闸蓄水时，坝体温度一般仍比所设定的封拱温度高4～9℃，其转化为坝体温度作用。

(5) 封拱灌浆方式。一般在设计上，各类型的缝均采取重复灌浆的方式，封拱前若缝张开并可灌浆，则进行灌浆处理。而后期，由于坝体受水荷载作用，很难进行二次灌浆处理。

(6) 泄洪布置方式。目前已建和在建的碾压混凝土拱坝泄洪布置绝大多数采用坝顶泄洪的型式，此类占已建和在建的碾压混凝土拱坝的75%～80%，少数为表孔加中（底）孔泄洪或岸边泄洪型式，且泄量多数小于4000m^3/s。

由于碾压混凝土拱坝的特点，使得碾压混凝土拱坝与常态混凝土拱坝的温度荷载大不相同。在两条缝之间，由于坝段较长，温控措施的实施使得坝内各处温度均不相同，温度不均匀，残余的温度应力不同；诱导缝的形成和施工使多数诱导缝的混凝土强度高于本体混凝土强度，诱导缝的作用与所设想的效果有一定差距；由于上升速度快，混凝土温升在坝内积累较多，最高可达30℃；由于封拱时碾压混凝土拱坝仍有较大的温度变化，导致其转化为大坝的温度荷载，由坝体承担所产生的应力和变位，引起大坝增加向下游的变形，增加大坝上、下游面的应力。

2. 碾压混凝土拱坝布置

碾压混凝土拱坝布置与常态混凝土拱坝基本一致，体型与常态混凝土拱坝从发展趋势上趋于相同，宜布置在河谷较狭窄、地质条件较好的坝址，拱座应设置在坝址两岸较厚实的岩体上游，以保证拱坝的稳定性。然后结合泄洪、引水发电、生态环境、施工条件等要求，研究选择较有利的布置方案，并对拱坝体型进行比较或优化设计，选定拱坝体型和通过坝身的泄洪方式等，确定拱坝布置。

3. 碾压混凝土拱坝泄洪方式

我国已建和在建的碾压混凝土拱坝绝大多数泄洪方式采用的是拱坝坝身泄洪，但是大部分下泄流量都不大，仅布置表孔或中孔，个别的坝身未开孔。只有少部分布置了表孔＋中孔或表孔＋底孔，个别的布置了表孔＋中孔和底孔或岸边泄洪建筑物。我国部分已建和在建高度100m级以上碾压混凝土拱坝坝身泄洪布置情况详见表5.3-2。

表5.3-2　我国部分已建和在建高度100m级以上碾压混凝土拱坝坝身泄洪布置

序号	工程名称	最大泄量 (m^3/s)	中孔孔口尺寸（孔数—宽×高）(m)	表孔孔口尺寸（孔数—宽×高）(m)	底孔孔口尺寸（孔数—宽×高）(m)
1	云龙河三级	1894	—	3—10.0×9.0	—
2	大花水	5931	2—6.0×7.0	3—13.5×8.0	—
3	沙　牌	431	—	—	—
4	罗　坡	2146	—	3—9.0×9.0	—
5	天花板	5046	2—5.0×6.5	3—10.0×8.5	1—2.0×3.0
6	石门子	418	—	3—5.0×3.0	1—2.0×1.6
7	招徕河	2772	—	3—12.0×12.0	—
8	白莲崖	4707	3—7.0×6.8	—	—
9	蔺河口	3480	—	5—9.0×10.5	—

注　沙牌水电站未设坝身泄洪设施，为岸坡泄洪洞。

拱坝布置与泄洪方式关系密切，通常认为在两岸缺乏开敞式溢洪道的地质条件下，以通过坝身泄洪较为经济。但由于拱坝常位于狭谷，还必须使两岸坡脚和坝基下游不致因泄洪水流冲刷而影响拱坝稳定。故在确定泄洪方式前，需充分研究拱坝泄洪的消能防冲问题。碾压混凝土拱坝的泄洪方式主要有以下几种。

(1) 通过坝顶表孔后自由挑流。这种方式适用于跌流在河床的落点距下游坝脚有一定距离，下游水垫较深或单宽流量不大的情况，如图5.3-1与图5.3-2所示。也可与泄洪隧洞等其他泄洪措施配合使用。布置时可在表孔尾端设置短的挑流坎；当水垫不深或坝不高时，也可不设挑流坎。

(2) 通过坝身中孔挑流。此种泄洪方式适用于泄洪流量小或两岸地形较缓适宜布置岸边式泄洪系统，将水流送至下游较远处，且对碾压混凝土施工影响较小的情况，如图5.3-3所示。

(3) 通过坝身表孔、中（低）孔泄流。此种方式适用于泄洪流量较大、河谷较狭窄、岸边无开敞式泄洪系统布置条件的情况。此种泄洪方式需要调整泄洪建筑物的运行顺序，利用中孔先开启，形成一定的水垫深度，再开启表孔泄洪，如图5.3-4、图5.3-5所示。

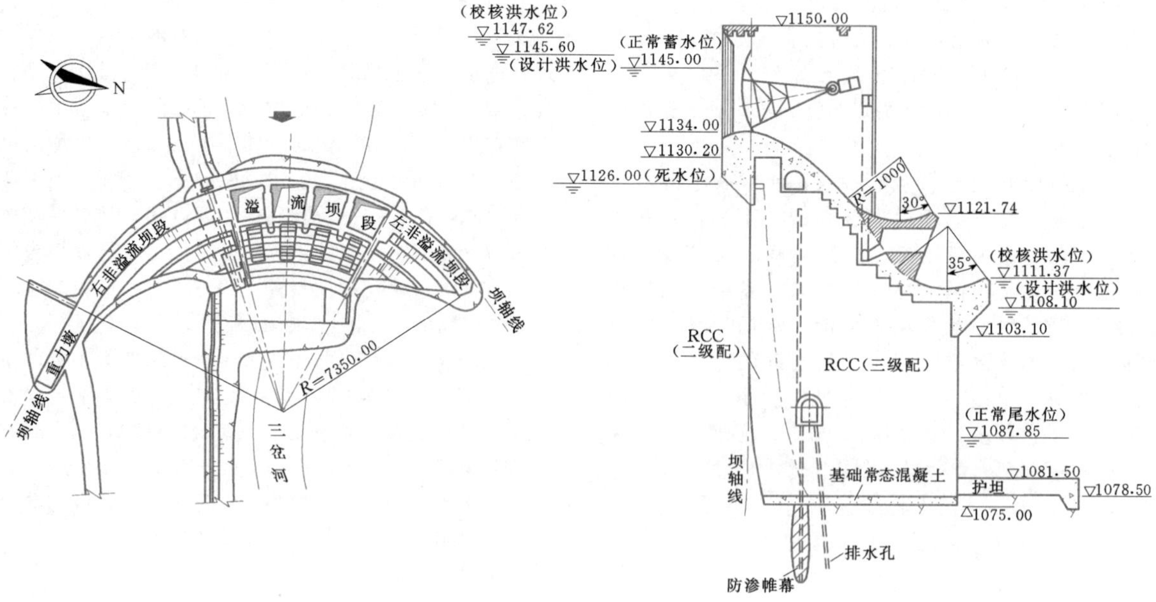

(a) 平面布置图　　(b) 溢流坝段剖面图

图 5.3-1　贵州普定水电站布置图（高程单位：m；尺寸单位：cm）

(4) 岸边式泄洪洞泄流。从目前来看，此种方式适用于坝较高，且泄洪量较大，不宜坝身开孔或坝身开孔对拱坝应力稳定有较大影响，岸边无法布置开敞式泄洪设施条件。

从目前碾压混凝土拱坝泄洪方式布置上，泄量最大达 6000m^3/s，由于碾压混凝土施工工艺要求，若在坝身布置泄洪系统，一般开设的泄洪中（底）孔均不大，或可通过坝顶布置泄洪系统自由溢流，目前中（底）孔最大尺寸为 5m×8m，数量为 2～3 个，水头在 70m 以内，且底板均在同一高程上，以便于碾压混凝土的施工或将对工期和大坝上升速度影响程度降低至最低。表孔溢流宽度在 50m 以内，作用水头在 10m 以内，溢流前缘和挑流坎悬挑出大坝一定长度，目前悬挑长度一般不大于此段大坝厚度。

4. 碾压混凝土拱坝进水口方式

一般来说，为便于碾压混凝土施工，充分发挥碾压混凝土上升快等优势，进水口不宜布置于坝身，应另外开辟引水系统或在坝身以外布置进水口，或通过技术经济比较，且大坝施工不为控制关键线路时，亦有将进水口布置于坝身且靠岸边或布置于两岸的重力墩上。

5.3.2　拱坝体型及断面设计

拱坝是一个空间壳体结构，它在平面上形成拱向上游的弧形拱圈。作用在坝上的外荷载主要通过拱的作用传递至两岸坝肩，依靠坝体混凝土的抗压强度和两岸坝肩岩体的支持，保证拱坝的稳定。它能充分发挥混凝土的抗压性能，因而能减少坝身断面，节省工程数量和工程投资。只要两岸坝肩具有足够大的坚硬岩体，稳定可靠，拱坝的潜在安全裕度就会较其他混凝土坝高。拱坝是经济性和安全性都比较优越的一种坝型。

设计拱坝时，首先应针对坝址河谷形状、基岩地质条件、泄洪方式等，选择适宜的拱坝体型、拱形、坝轴线位置、拱中心角、悬臂梁剖面形状和坝厚等。

5.3.2.1　体型设计基本要求

碾压混凝土拱坝体型设计与常态混凝土拱坝体型设计的要求基本相同，但在设计过程中，应考虑碾压混凝土施工特性，碾压混凝土拱坝与常态混凝土拱坝不同之处在于施工方法的不同，材料特性也略有不同，对碾压混凝土拱坝设计的要求较常态混凝土拱坝也略有不同。常态混凝土拱坝是按坝段分块跳仓浇筑，待坝块温度降到规定的封拱温度时，再进行封拱灌浆将各独立的梁连成整体，形成空间受力体系，混凝土的水化热产生的温升对拱坝的整体应力没有影响。而碾压混凝土拱坝是采用通仓薄层铺筑、全断面碾压、连续上升的方法进行施工的。碾压混凝土一经凝结就形成拱的作用，以后混凝土产生的水化热就积蓄在坝体内。尽管碾压混凝土按薄层摊铺碾压浇筑，能利用层面间隔时间和上、下游面散发部分热量，但碾压混凝土初期产生的水化热较少，且碾压混凝土施工速度较快，层面散热效果不大，大量的水化热的散

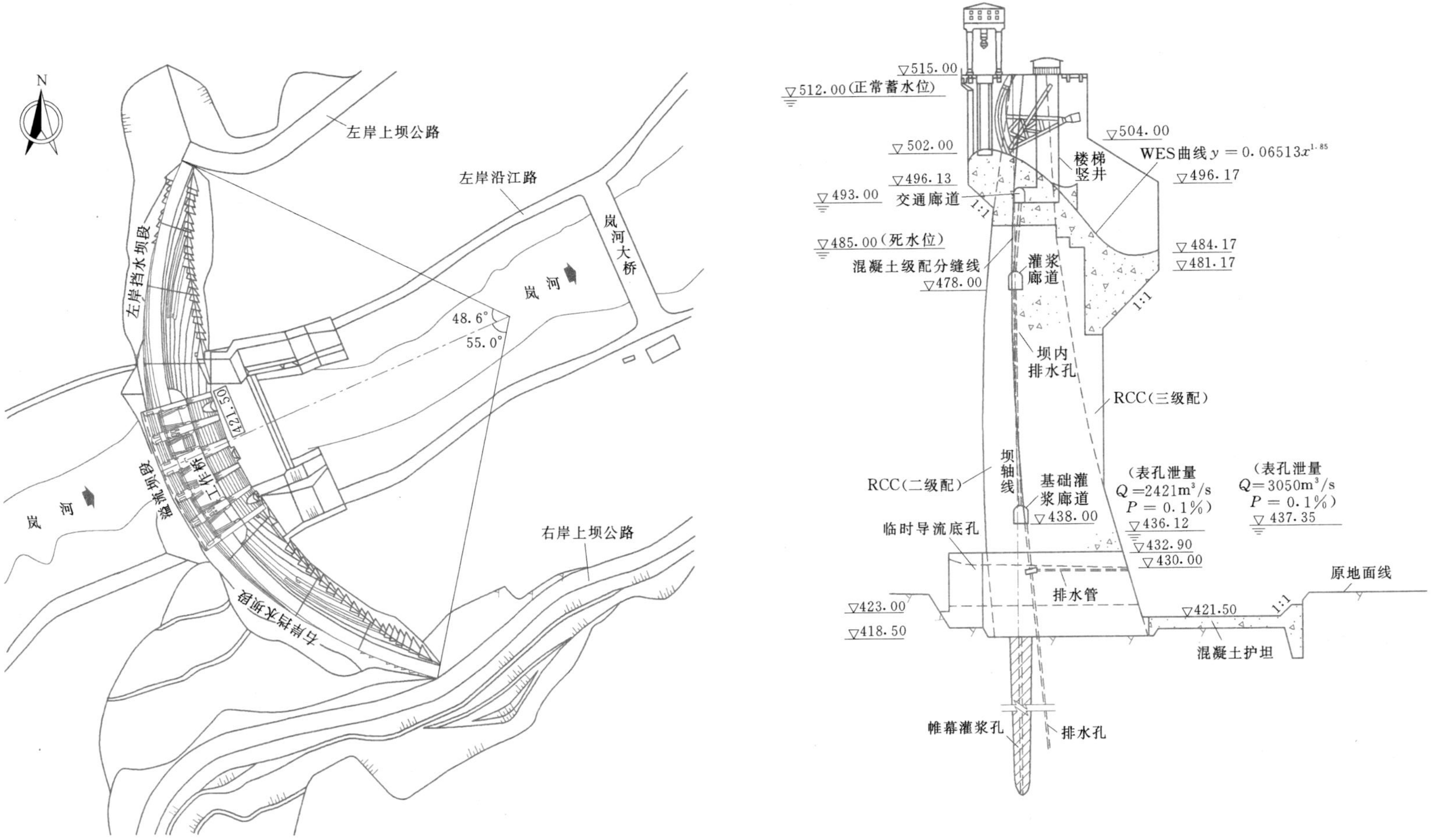

(a)平面布置图

(b)拱冠剖面图

图 5.3-2 陕西蔺河口水电站布置图(单位:m)

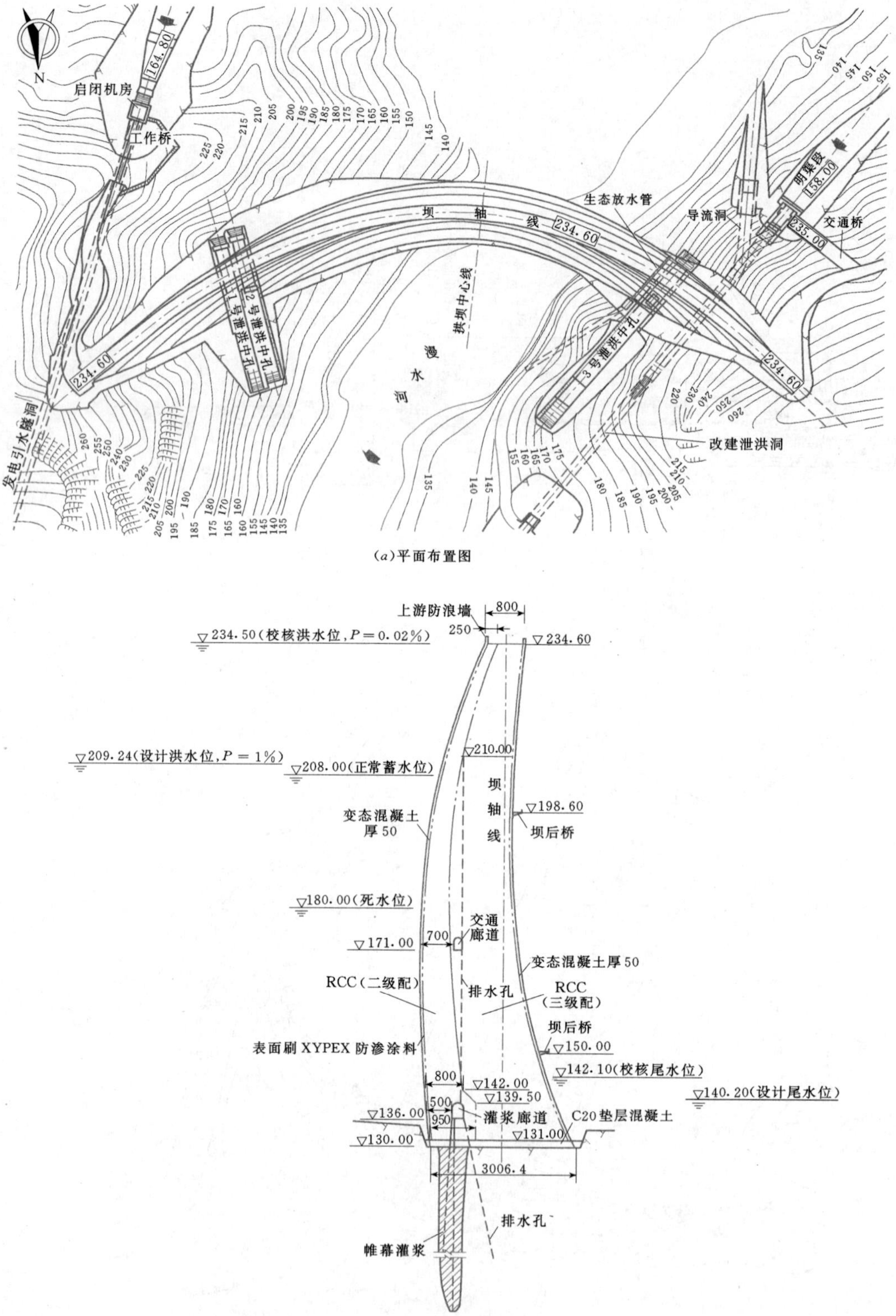

(a)平面布置图

(b)拱冠剖面图

图5.3-3　安徽漫水河白莲崖水库布置图
(高程单位：m；尺寸单位：cm)

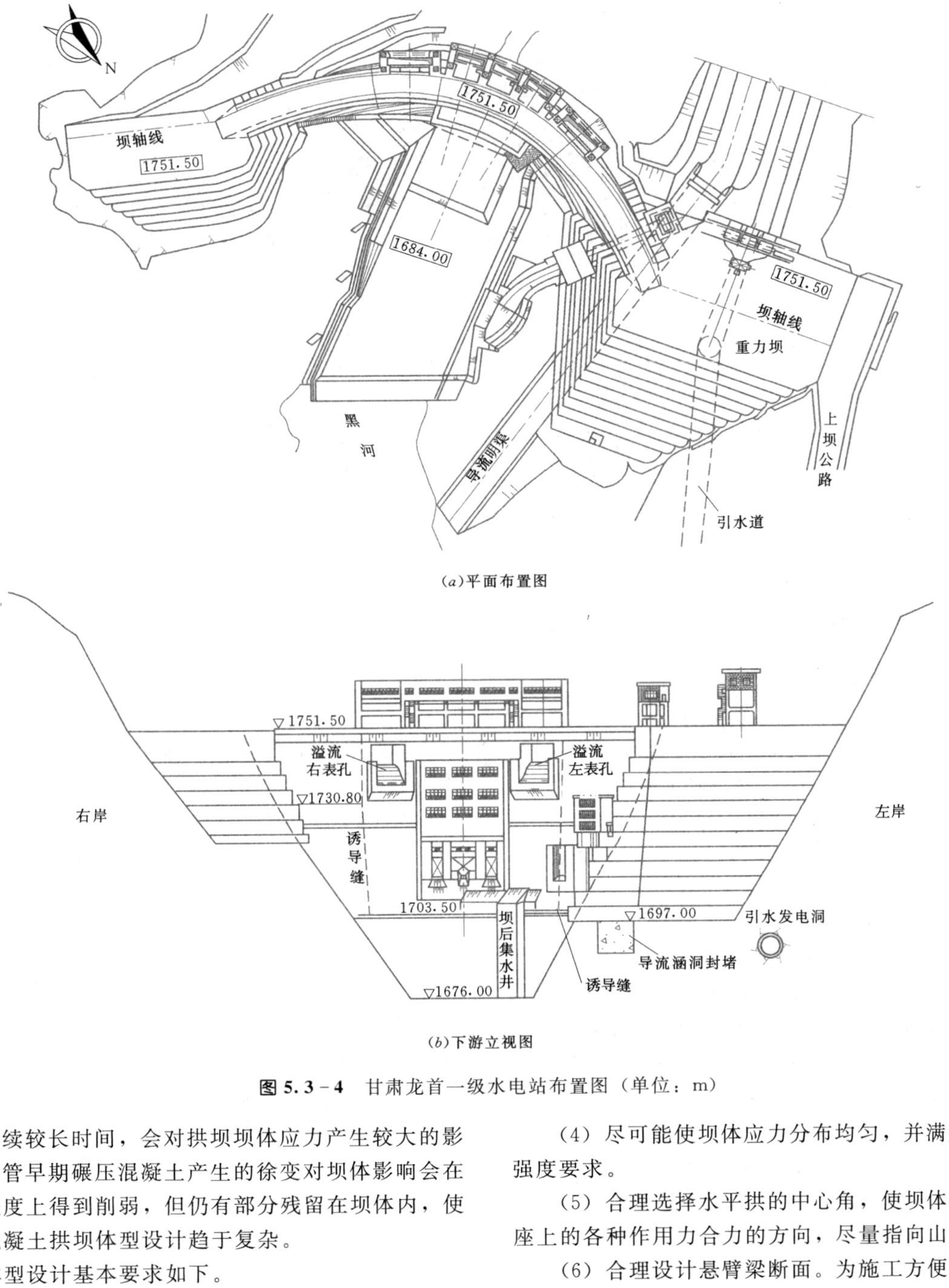

图 5.3-4 甘肃龙首一级水电站布置图（单位：m）

发要持续较长时间，会对拱坝坝体应力产生较大的影响。尽管早期碾压混凝土产生的徐变对坝体影响会在一定程度上得到削弱，但仍有部分残留在坝体内，使碾压混凝土拱坝体型设计趋于复杂。

体型设计基本要求如下。

（1）满足大坝应力与稳定、坝肩及坝基稳定安全性。

（2）适应坝址地形地质条件及坝身开设孔口的要求。

（3）有良好的施工适应性，适应碾压混凝土施工工艺、施工设备运行条件。

（4）尽可能使坝体应力分布均匀，并满足混凝土强度要求。

（5）合理选择水平拱的中心角，使坝体作用于拱座上的各种作用力合力的方向，尽量指向山体。

（6）合理设计悬臂梁断面。为施工方便，悬臂梁的倒悬度（水平比垂直）不大于0.2；坝面曲线光滑，以避免局部应力集中。

为适应大仓面碾压、薄层浇筑、连续上升的特性，针对碾压混凝土施工、材料特点，在坝身应尽量少开设泄洪孔口或其他孔洞，坝体倒悬度相对于常态混凝土拱坝控制要小一些。

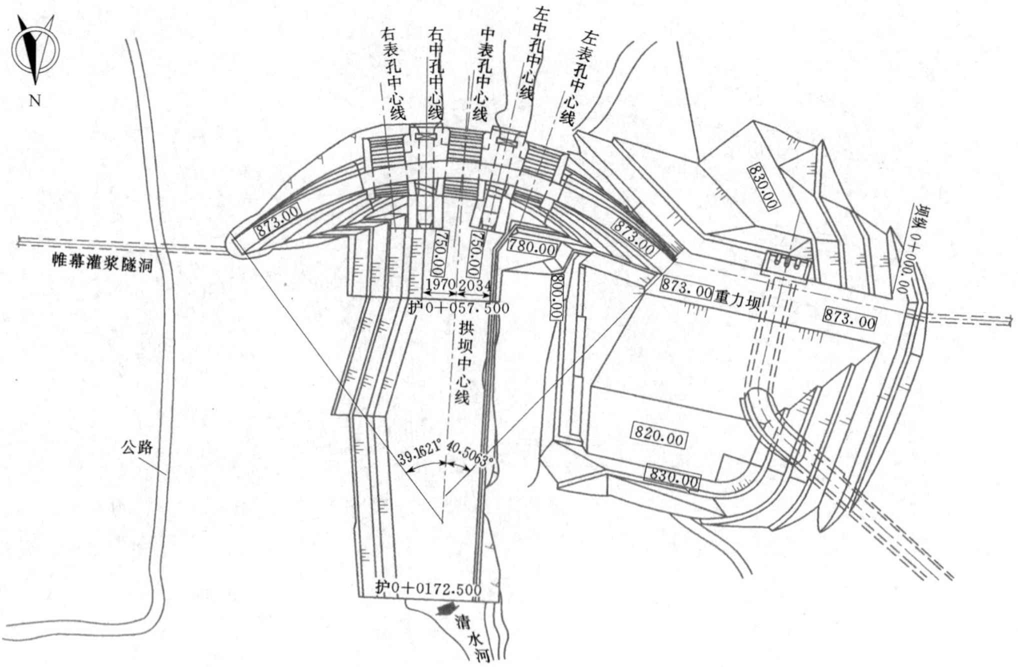

图 5.3-5　大花水水电站枢纽平面布置图（高程、桩号单位：m；尺寸单位：cm）

5.3.2.2　基本体型及断面设计

1. 碾压混凝土拱坝基本体型

适合常态混凝土拱坝的所有体型均适用于碾压混凝土拱坝。通常，当河谷为U形时可采用单曲拱坝；当河谷为V形时可采用双曲拱坝；当河谷宽高比大于3或拱座基岩地形地质条件较差时可设计成较厚的拱坝；当河谷宽高比小于2或拱座基岩地形地质条件较好时可设计成较薄的拱坝。

拱形除通常采用的单心圆拱外，为适应河谷形状，改善稳定与应力状况也可采用多心圆拱、椭圆拱、抛物线拱、对数螺旋线拱等变曲率拱形，通常自拱冠向拱端曲率逐渐减少，但有时在两岸坝肩稳定充分可靠的情况下，为了节省工程量，也可向拱端增加曲率。

在一般情况下，对窄而对称的河谷，单心圆拱即可适用。当河谷不对称以致单心圆拱不能适应时，如基岩良好，通常不需要为追求对称面大量开挖基岩，一般可采用双心拱。这种拱形的左右两半部分有不同的圆心轨迹线（靠陡岸一侧的拱用较大的曲率），但这两条圆心轨迹线均应位于拱坝的基准面上。此外，还可采用其他拱形，在拱坝左右两侧采用不同的曲率，以适应不对称的两岸基岩地形。

对宽河谷，除单心圆拱外，可采用三心圆拱、椭圆拱或其他适合的拱形，以取得更好的结构性能。

此外，为弥补坝址地形、地质条件方面的缺点，还可采取相应的拱座补强构筑物。如上部的重力墩、推力墩，垫座、填塘混凝土，或局部加深开挖等措施予以改善拱坝的结构性能和工作性态。

碾压混凝土拱坝基本体型设计可参照本卷第2章2.4节有关要求进行。由于施工原因，其倒悬度不能太大，相对于常态混凝土拱坝要小一些，一般小于0.2。

我国部分碾压混凝土拱坝基本体型参数见表5.3-3。

2. 碾压混凝土拱坝结构设计

碾压混凝土拱坝抗裂结构的设计与坝身孔洞的优化布置是碾压混凝土拱坝结构设计的主要内容。要在满足基本功用的情况下，尽可能方便施工，最大限度发挥碾压混凝土快速施工的特点。

（1）防渗设计：目前碾压混凝土拱坝防渗一般采用二级配碾压混凝土加上游面厚30～50cm变态混凝土，个别拱坝工程在上游面辅以防渗涂料。

（2）抗裂设计：一般采用诱导缝、周边短缝、明缝或应力释放缝，或者几种的混合，应通过筑坝材料特性、大坝整体温度作用、温度控制措施和施工期及运行期应力应变仿真分析来确定最终采用的分缝形式和抗裂措施。

(3) 结构措施：为保证碾压混凝土的施工，各工作仓面混凝土同时上升，一般在大坝建基面先浇筑厚0.5m的常态混凝土垫层，其应领先主体碾压混凝土施工并在碾压混凝土施工前达到足够强度；或在建基面处采用厚0.5～1.0m的变态混凝土进行过渡。在孔洞周围或布置有钢筋的部位采用变态混凝土。

表 5.3-3　　我国部分碾压混凝土拱坝基本体型参数

序号	工程名称	最大坝高 (m)	坝顶弧长 (m)	顶宽 (m)	底厚 (m)	厚高比	大坝体型	最大/最小中心角 (°)	最大倒悬度
1	普　定	75.0	195.67	6.3	28.20	0.413	定圆心变半径	120.00/30.60	0.100
2	龙首一级	80.0	140.84	5.0	13.50	0.170	抛物线	94.58/54.79	0.189
3	蔺河口	100.0	311.00	6.0	27.20	0.272	单圆心双曲	103.60/	0.170
4	沙　牌	132.0	250.25	9.5	30.94	0.238	三心圆单曲	92.48/	0.110
5	石门子	110.0	169.30	5.0	30.00	0.275	多圆心单曲		
6	大花水	134.5	198.43	7.0	23.00	0.171	抛物线双曲	81.69/59.44	0.139
7	赛　珠	72.0	160.16	7.0	14.00	0.194	抛物线双曲	80.44/	0.110
8	白莲崖	104.6	421.86	8.0	30.06	0.287	抛物线双曲	86.69/	0.060
9	龙　桥	95.0	155.64	6.0	22.00	0.230	对数螺旋线		
10	天花板	113.0	159.87	6.0	24.20	0.215	抛物线双曲		0.200
11	云龙河三级	135.0	119.23	5.5	18.10	0.134	三心圆双曲		
12	万家口子	167.5	413.20	9.0	36.00	0.215	抛物线双曲	92.00/40.45	0.100
13	罗　坡	114.0	191.72	6.0	20.00	0.175	对数螺旋线		
14	招徕河	107.0	198.05	6.0	18.50	0.176	对数螺旋线		0.220/0.310

5.3.3 应力和稳定分析

5.3.3.1 应力稳定分析特点

1. 应力分析特点

碾压混凝土拱坝的结构功能及要求，与传统的常态混凝土拱坝是相同的。碾压混凝土拱坝的应力分析，可参照现行的混凝土拱坝设计规范进行。拱坝的应力分析方法以拱梁分载法为基本方法，比较复杂的拱坝还应补充进行有限元法分析。

碾压混凝土拱坝具有施工特性与常态混凝土拱坝不同的特点，设计中必须加以考虑。常态混凝土拱坝施工特点是：事先设置收缩缝，将坝体分成若干柱状块体（以下称“坝块”），采用坝块分段浇筑的施工方法，各坝块可相对独立上升，在坝块内埋设冷却水管，当坝块上升到适当的高度，需将施工期的水化热温升消除，将坝块冷却到封拱温度，并进行接缝灌浆，把各坝块连接成整体结构。而对碾压混凝土拱坝来说，要发挥碾压混凝土快速建坝的优势，拱坝一般应采用全断面通仓碾压、连续上升的施工工艺，因而在施工时已经形成封拱条件，施工期的水化热温升要影响到最终的拱坝应力状态。

因此，在碾压混凝土拱坝施工设计中必须注意：

(1) 加强对坝体施工期温度荷载及温度应力的分析。控制碾压混凝土拱坝的裂缝，是设计中必须认真解决的问题。拱坝主要是依靠坝体的整体性传递和分配荷载，拱坝的整体稳定性非常重要，开裂有损于拱坝的结构整体性，若对裂缝不进行有效的控制，将可能对拱坝的整体稳定性造成严重性后果，危及到坝体的安全。开展这项工作的意义在于了解施工期温度荷载对坝体应力的影响，评价坝体在施工过程中的应力安全状态，防止施工过程中发生有损于拱坝结构安全的裂缝。

(2) 结合削减施工期温度荷载的措施进行坝体应力分析。对规模较大的中高碾压混凝土拱坝，往往会采取分缝、冷却等措施来降低温度作用对坝体应力的不利影响。不同的分缝方式、不同的冷却措施会影响到温度荷载的确定，因而，在坝体应力分析中应重视这些措施的影响。

2. 稳定分析特点

碾压混凝土拱坝承受的荷载及运行要求，与常态混凝土拱坝是相同的。碾压混凝土拱坝的坝肩稳定分析，可参照现行的混凝土拱坝设计规范进行。碾压混凝土拱坝坝肩稳定分析法以刚体极限平衡法为主，对于高坝或地质条件复杂的拱坝，还应采用有限元等数值方法分析，必要时还需开展地质力学模型试验。对坝肩稳定的加固处理措施应尽可能做到适应碾压混凝土施工特点，尽量避免对碾压混凝土施工的干扰。

碾压混凝土拱坝的稳定关键取决于坝肩稳定，不需要做层面抗剪稳定分析，但必须根据坝体不同部位的应力状态，明确提出对碾压混凝土层面的处理方法和处理要求。

5.3.3.2 荷载及其组合

在碾压混凝土拱坝应力分析中，其荷载分析与组合与常态混凝土拱坝相同。主要区别在于温度作用的计算分析。

温度荷载是作用在拱坝上的主要荷载之一。对于碾压混凝土拱坝，由于采用全断面薄层连续碾压施工工艺，施工时即形成封拱状态，坝体主要依靠天然冷却或通水冷却，混凝土水化热散发速度缓慢，因而施工期坝体内的水化热温升将影响到最终坝体应力。由于碾压混凝土拱坝的特殊性，其温度荷载可按下面两种方式进行分析。

(1) 碾压混凝土拱坝的温度荷载可按下式计算：

$$\left.\begin{aligned}T_m &= T_{m1} - T_{m0} \pm T_{m2} \\ T_d &= T_{d1} - T_{d0} \pm T_{d2}\end{aligned}\right\} \quad (5.3-1)$$

式中 T_m、T_d——坝体应力计算中的平均温度荷载和等效温差，℃；

T_{m0}、T_{d0}——施工过程中坝体最高平均温度和等效温差，℃；

T_{m1}、T_{d1}——运行期坝体年平均温度和等效温差，℃；

T_{m2}、T_{d2}——运行期环境温度变化引起的坝体年平均温度和等效温差，℃。

碾压混凝土拱坝的温度荷载分析中，应考虑含施工期水化热温升影响与消除施工期水化热温升影响的工况。考虑含施工期水化热温升影响时，坝体最高平均温度 T_{m0} 可按下式计算：

$$T_{m0} = T_p + T_r \quad (5.3-2)$$

式中 T_p——混凝土浇筑温度，℃；

T_r——混凝土水化热最高平均温升，℃。

(2) 也可参照本卷第6章6.16节中有关碾压混凝土拱坝的温度荷载要求进行分析。

对于中等高度以上的碾压混凝土拱坝，温度作用还应采用有限元法结合施工过程模拟、边界条件、材料特性等进行分析。

5.3.3.3 应力控制标准

碾压混凝土拱坝应力分析以拱梁分载法作为衡量强度安全的基本方法，重要的工程以有限元法作为辅助分析方法。

用拱梁分载法计算时，坝体内的主压应力和主拉应力控制指标的要求参照本卷第2章相关内容。

5.3.3.4 稳定控制标准

拱座抗滑稳定的数值计算方法，以刚体极限平衡法为主。对于大型工程或复杂地质情况，可辅以有限元法或地质力学模型试验等方法进行分析论证。稳定控制标准参照本卷第2章有关稳定控制指标。

5.3.4 坝体分缝和灌浆设计

5.3.4.1 坝体分缝设计

1. 概述

碾压混凝土拱坝采用通仓碾压浇筑、全断面连续上升，水化热积蓄在坝体内部。大坝在内外约束的作用下，可能在坝体内部产生较大的温度应力从而导致温度裂缝的产生，因此，需要设置收缩缝限制坝体混凝土浇筑块长度和宽度，收缩缝分为横缝、诱导缝和纵缝等，以释放温度应力，使温度裂缝在预想部位发生。坝体温度趋稳定后，再进行接缝灌浆，以保证坝体的整体性。

碾压混凝土拱坝与常态混凝土拱坝相比，碾压混凝土拱坝在施工时形式上已经形成封拱，施工期的混凝土水化热温升要影响最终的坝体应力状态，与常态混凝土拱坝需设横缝的柱状浇筑施工方法有明显的区别。一方面，碾压混凝土拱坝的施工特点还使坝的基础约束增强、约束范围增大，若坝体较高及坝轴线较长，就可能因为温降收缩产生横的贯穿性裂缝，破坏拱坝结构的整体稳定性。另一方面，碾压混凝土具有绝热温升低、拉压比较大、密实性好、干缩相对较小、综合抗裂性能好的优点，为简化温控、减少分缝以及实现连续浇筑创造了有利条件。

2. 分缝设计的主要原则

根据碾压混凝土拱坝的材料特性、筑坝施工特点、温度控制要求等，分缝设计的主要原则如下。

(1) 间距满足温控防裂要求。

(2) 缝面布置不仅使拱坝结构受力状态好，而且使缝面结构简单。

(3) 分缝布置应充分考虑碾压混凝土大仓面快速施工的要求。

(4) 分缝型式应满足坝体温度未冷却到稳定温度场时，拱坝能蓄水发电且应具有重复灌浆的功能。

3. 分缝设计的主要特点

碾压混凝土拱坝分缝原则是有效控制坝面开裂范围和保证该坝结构的整体稳定性。考虑到拱坝通常较薄，一般不设置纵缝。碾压混凝土拱坝的分缝类型、条数、位置应根据坝体布置条件、受力状态、相关建筑物布置、温控措施和施工条件等确定。目前国内碾压混凝土拱坝每 20～80m 设置一条横缝（横缝或诱导缝）或在上游面处拱端设置周边短缝（应力释放缝）和下游面拱冠处设置应力释放缝。

碾压混凝土拱坝横缝一般包括诱导缝、模板横缝、周边短缝（或应力释放缝）等，可根据坝体施工期、运行期各部位不同应力状态和对整体性的影响综合考虑选择。

（1）诱导缝的设置。诱导缝是靠其自身所受拉应力的放大来使坝体形成缝。首先，诱导缝必须布置在拉应力较大的部位，其拉应力 σ 乘以其应力放大倍数 k 应大于其相邻分块内任何部位拉应力。诱导缝的设置在运行期不能因其使拱应力恶化，并不宜布置在剪应力过大的部位。计算结果表明：在均匀拉应力场中，当空隙长边与短边比值等于 5 时，在短边方向应力可放大 4.4 倍。只要选择恰当的长宽比值就可以获得理想的放大倍数，使其拉应力大到足以使混凝土裂开成缝。

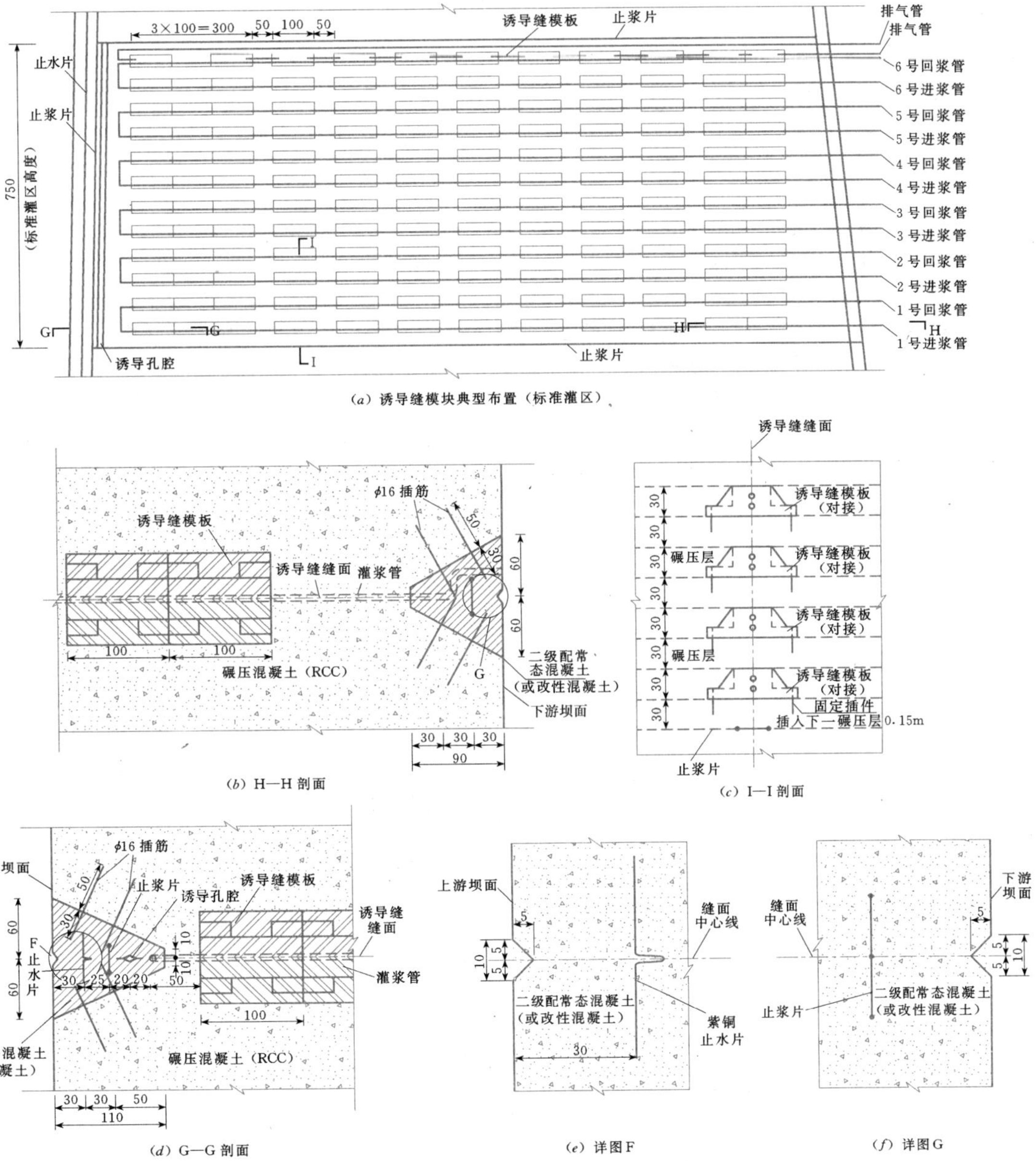

图 5.3-6　拱坝诱导缝布置及结构图（单位：cm）

（2）横缝的设置。横缝设置需根据坝体布置条件、受力条件、温控措施、施工条件等因素，并结合其他缝的设置综合考虑。或当诱导缝设置导致坝体成缝断面削弱过大时，可考虑将该诱导缝改设为横缝。

（3）周边短缝（或应力释放缝）的设置。该缝一般布置于坝体拉应力较大部位（上游拱端部位和下游拱冠部位处），但这会使上游拱冠中部及下游拱端压应力明显加大。该缝沿径向布置，缝的深度一般不大于断面的1/3，且在缝端应布置止缝设施和构造措施，防止短缝向下游方向的进一步扩展。

总之，无论采用单独缝的设置，还是采用组合缝的设置，均应通过大坝应力分析和施工仿真分析进行确定。

4. 分缝型式

收缩缝一般均采用窄缝，必要时也可采用宽缝。

（1）诱导缝。碾压混凝土拱坝诱导缝一般采用沿拱坝径向设置，在坝体混凝土碾压过程中按一定规律埋设隔板，部分切断混凝土，使诱导缝处断面的连接面积减小，强度削弱，从而形成半断开半连续的缝面型式（见图5.3-6）。诱导缝非常广泛地应用于碾压混凝土拱坝中。该缝面结构既可以较好地释放温度应力，对全断面、整体上升快速混凝土浇筑造成影响较小。

诱导缝采用双向间断的型式布置，即沿水平径向间距1.0m左右，沿高程方向每隔2～3个碾压层（碾压层厚度为0.3m）设置间断的诱导缝。间断处埋设诱导板，诱导板采用预制钢筋混凝土结构，目前采用较多的为重力式、矩形式。诱导板长度一般为1.0m左右，缝面两侧对称，中间灌浆管预留孔。

诱导缝一般采用预埋诱导块的型式成缝，诱导块埋设的面积可根据拱坝坝身的应力状况来确定，一般为整个断面的1/2～3/4。诱导块通常采用混凝土预制，分为板式和重力式。如普定碾压混凝土拱坝采用板式结构，沙牌碾压混凝土拱坝采用重力式结构。

（2）横缝。横缝结构采用类似于诱导缝的预制混凝土重力式模板、矩形式模板形成缝面，将间断布置方式改进成沿缝面全面贯通布置，形成作用明确的横缝。横缝一般用于河谷较宽、坝轴线较长的碾压混凝土拱坝，需要削弱较多混凝土接触面来满足温控要求。该缝面结构既可以更好地释放温度应力，又对全断面、整体上升快速混凝土浇筑造成影响不大。拱坝横缝布置及结构图如图5.3-7所示。

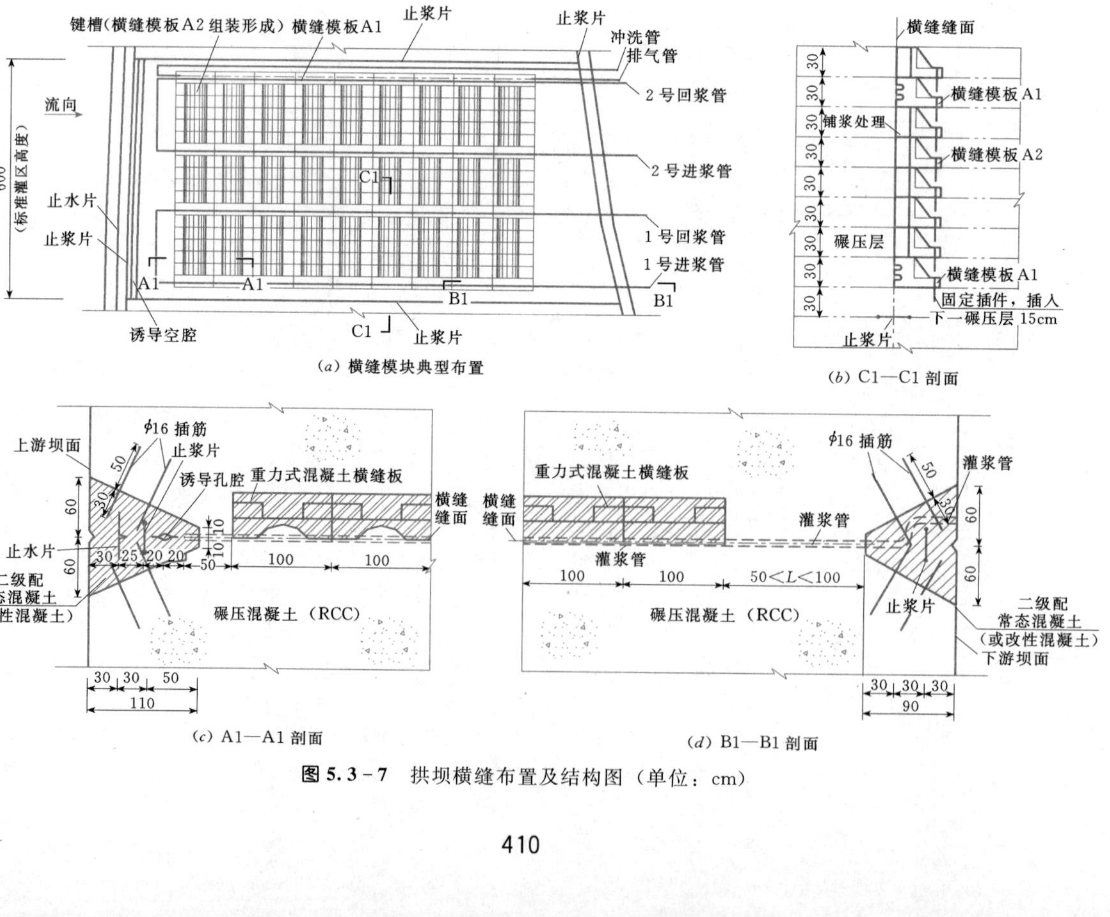

图5.3-7　拱坝横缝布置及结构图（单位：cm）

(3) 周边短缝（应力释放缝）。拱坝在水压作用或温降时通常容易在上游坝肩和下游拱冠产生较大的拉应力，引起坝体开裂，破坏拱坝的整体性，从而影响工程的正常运行。为了发挥碾压混凝土大仓面连续浇筑的优越性，又便于削减拱坝的拉应力，提出在拱坝拉应力区设置应力释放缝结构，以释放温度应力及改善局部水压传力方向。人工短缝是构造缝，而非温度诱导缝。

周边短缝一般设置于拱端上游面，应力释放缝一般设置于拱端上游面和拱冠下游面，长度不超过相应高程处拱端厚度的 1/3，并需在缝端部分采用工字钢、钢筋等阻止缝向深部发展。采用应力释放缝对坝体混凝土温度未冷却到稳定温度时提前蓄水发电有利，不影响全断面的碾压施工。此类缝的构造型式简单、作用明显、效果较好，但必须保证这种人工缝的稳定性，对止水要求较高。

周边短缝型式如图 5.3-8、图 5.3-9 所示。

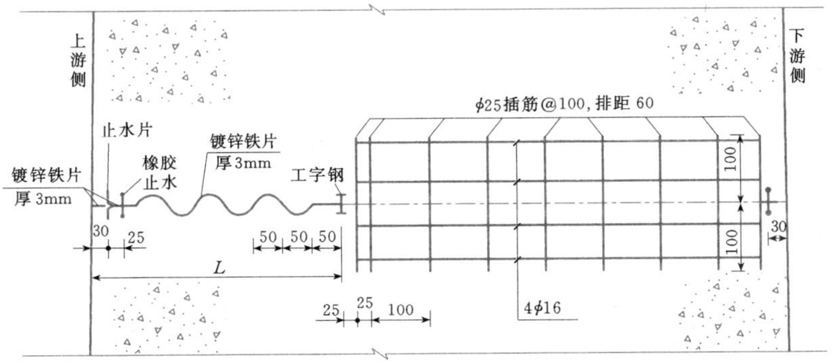

图 5.3-8 周边短缝（应力释放缝）型式一（单位：cm）

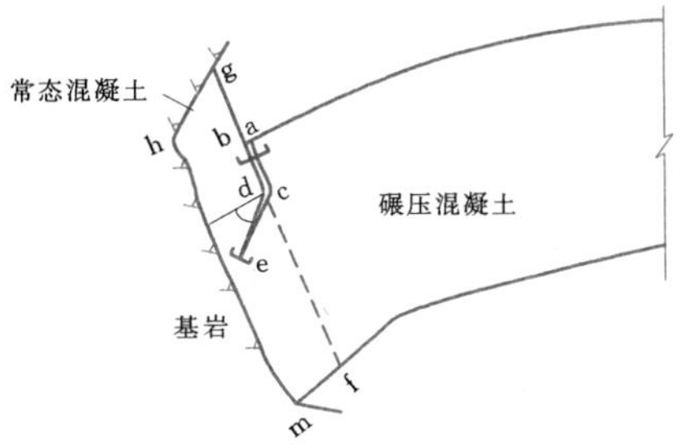

图 5.3-9 周边短缝（应力释放缝）型式二

(4) 工程实例。国内碾压混凝土拱坝分缝，目前均采用诱导缝、横缝、周边短缝中的一种或多种组合布置，国内部分已建碾压混凝土拱坝分缝情况见表 5.3-4。

从目前国内建成的碾压混凝土拱坝来看，坝段分缝间距最大已达到 80m，分缝型式根据坝体施工期温度应力状态、布置条件等特点进行选择。不管采用诱导缝、横缝还是周边短缝均对坝体碾压混凝土全断面快速施工影响较小。

采用以上分缝型式，施工过程中碾压混凝土拱坝客观上已形成半封拱状态或封拱状态，混凝土水化热温升所形成的温度应力将影响到坝体应力状态，因此，需要对碾压混凝土拱坝温度荷载问题进行深入研究，改进碾压混凝土拱坝温度荷载、温度应力及坝体应力的计算方法。

表 5.3-4 国内部分已建碾压混凝土拱坝分缝特性

工程名称	所属省份	最大坝高 (m)	坝顶弧长 (m)	分缝条数	分缝型式	最大分缝段长度 (m)
溪 柄	福建	63.0	93.00	5	5 条应力释放短缝	45.00
普 定	贵州	75.0	195.65	4	2 条诱导缝+2 条横缝	80.00
温泉堡	河北	48.0	187.87	5	2 条诱导缝+3 条横缝	34.40
龙首一级	甘肃	80.0	140.84	4	2 条诱导缝+2 条横缝	65.40
沙 牌	四川	132.0	250.30	4	2 条诱导缝+2 条横缝	69.70
石门子	新疆	109.0	169.30	4	3 条应力短缝+1 条横缝	169.30
蔺河口	陕西	96.5	311.00	8	5 条诱导缝+3 条横缝	49.33

续表

工程名称	所属省份	最大坝高 (m)	坝顶弧长 (m)	分缝条数	分缝型式	最大分缝段长度 (m)
招徕河	湖北	105.0	198.05	4	4条诱导缝	76.98
大花水	贵州	134.5	198.43	4	2条诱导缝+2条周边缝	85.00
三江口	重庆	70.0		4	4条诱导缝	56.00
威　后	广西	77.0	271.31	4	2条诱导缝+2条横缝	61.68

5.3.4.2 坝体灌浆设计

坝体收缩缝必须进行接缝灌浆，并在浆液结石达到预期强度后，坝体方能挡水。施工期临时度汛或水库初期蓄水，拱圈尚未完成封拱时，应对拱坝和部分悬臂梁联合挡水进行分析计算，以保证拱坝施工期和运行初期的安全。

1. *灌浆分区*

收缩缝的灌浆系统应分层或分区独立布置。在碾压混凝土大坝施工过程中，可埋设止浆片和灌浆系统。横缝每一灌区的面积一般为300～450m²，不宜大于600m²，高度以9～15m为宜。具体视灌浆系统的布置型式、灌浆压力以及灌浆时坝块可能产生的应力和变形情况而定。一般如用较大的灌浆压力，灌入缝内浆液的最终稠度也可较高，并可加速浆液的析水和压密过程，提高水泥结石的密实度和强度，保证灌浆的效果。

2. *灌浆系统*

灌浆系统一般包括进浆管、回浆管，出浆盒及排气管等，宜设计成可多次重复灌浆。

(1) 进、回浆管。一般每个灌浆区诱导缝面预埋相互独立的3套ϕ25mm的单回路钢管作进浆管和回浆管（管间距为0.75～0.9m），管口从下游面出露。考虑到坝后无灌浆平台，不方便施工，也可将管口引至坝后左、右岸边坡。

(2) 排气管。灌浆系统排气管布置于各灌区顶部，距出浆盒中心的垂直距离为0.75m左右，采用ϕ50mm穿孔镀锌钢管连接各间断分布的预制混凝土诱导板，构成排气槽，排气管上游端采用ϕ25mm镀锌钢管引出冲洗管，以便在每次灌浆结束后冲洗排气管。

(3) 出浆盒。采用一种特制的橡胶套阀，作为重复灌浆管路的出浆盒。该橡胶套阀由一根穿槽钢管、一个橡胶套管和两个管接头组成，能够通过管接头方便快捷地串联安装在灌浆管路中。出浆盒的出浆槽采用长槽形，4条槽孔均布在钢管上。橡胶套由优质高弹且耐久性优良的橡胶硫化而成。橡胶套在穿槽管的外面借助收缩压力能紧密地覆盖管壁上的出浆盒，只有当管内压力大于0.10～0.21MPa时，水或浆才能顶开橡胶套从出浆槽流出，但无论多大外力也不会使外面的水或浆液回流。出浆盒结构如图5.3-10所示。

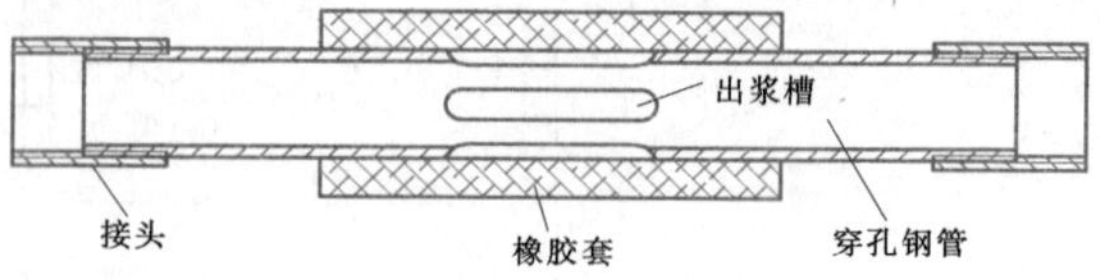

图5.3-10 出浆盒结构图

3. *灌浆压力*

灌浆压力的控制，一般要求在灌浆时，各坝段或坝块不产生拉应力，或经论证后也可容许产生较小的拉应力。灌浆过程中要监测灌浆缝的张开度，使其变化在容许的范围以内：横缝（诱导缝）不应大于0.5mm。横缝（诱导缝）灌浆时，需在相邻缝内通水平压，使相邻缝底部压力差不大于0.2MPa。必要时也可在邻缝同时灌浆。

接缝灌浆压力宜选择0.3～0.8MPa，层顶灌浆压力可适当降低，灌浆前需检查灌浆管路、进回浆管路、排气管的通畅性，通水压力为0.20MPa，灌区内各回浆管流量应大于30L/min。

4. *灌浆材料*

一般采用P.O42.5普通硅酸盐水泥，水泥细度要求通过80μm方孔孔筛的筛余量不大于5%。灌浆用水应符合拌制混凝土用水的要求。

5. *灌浆系统的出浆方式*

按收缩缝灌浆管道的布置和构造，主要可分点出浆式和线出浆式两种。

(1) 点出浆式。点出浆式的特点是浆液经灌浆管通过出浆盒（阀）或出浆口进入缝内。早期采用的灌浆管道均为在坝内预埋的钢管。后来，改用塑料拔管法形成孔道代替钢管，并从预留木塞拔出后形成的出浆口代替铁制出浆盒（阀）向缝内进浆，布置型式如图5.3-11所示。

点出浆式的缺点较多，预埋钢管和出浆盒（阀）需消耗较多钢铁材料。出浆盒（阀）的制造和安装也

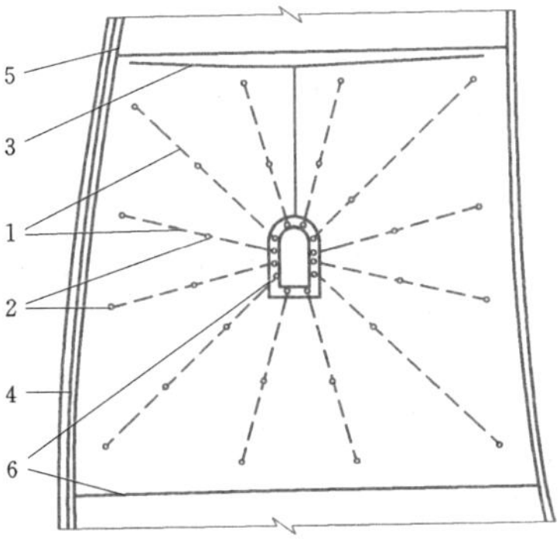

图 5.3－11 横缝点出浆式灌浆系统布置图

1—预埋钢管；2—出浆点；3—顶部排气管；
4—上游止水片；5—上游止浆片；
6—灌区周边止浆片

较费工，质量不易符合要求。例如，出浆盒（阀）的盖板与盒（阀）出口顶端不密合，在混凝土施工时，水泥浆易漏入盒内，将管道或盒（阀）内部填塞；或盖板不能随坝块收缩而与盒（阀）脱开，浆液就不能灌入缝内。这些情况都将严重影响灌浆质量。虽然也可采用补救的措施，如在坝外向坝内钻孔至缝面进行补灌，但效果一般较差，目前此种灌浆方式已不多用。

（2）线出浆式。线出浆式的特点是灌浆浆液沿缝面的预留孔道全线出浆，这种预留孔道做成骑缝孔道，是利用管内充以一定压力空气的塑料管，临时固定在先浇坝块缝面上预留的半圆槽内，待后浇块浇筑完毕后，放出管内的压力空气，然后拔出而形成孔道，可省去预埋钢管和出浆盒（阀）。线出浆式灌浆系统是我国自主创新的一项技术。

线出浆式与点出浆式相比较，有较多的优点：出浆范围大，在相同的灌浆压力下，由于阻力较小，可较快地达到要求的最终浆液稠度，改善了灌浆条件，有利于灌浆质量的提高，在钢材用量上也可节省较多，并可减少施工工序和费用。

6. 收缩缝的二次灌浆

二次灌浆是指收缩缝经第一次灌浆后再次进行的灌浆。一般仍利用第一次灌浆所用的管道，但点出浆式需用特制的重复灌浆用的出浆盒（阀）或特制管道，因此需在设计上事先考虑有无二次灌浆的必要。一般在第一次灌浆时，坝块混凝土尚未充分收缩或未冷却至规定的温度，灌浆后，收缩缝仍将继续张开，应进行二次灌浆。对点出浆式和线出浆式可分别采用下列方法。

（1）点出浆式。除出浆盒（阀）改用重复灌浆盒（阀）（见图 5.3－12）外，仍采用一次灌浆的管道；也有不用出浆盒（阀），在后浇块浇筑前，即沿缝面布置带有按一定尺寸分段排列的小圆孔的钢管，在有孔处外套一定长度的橡皮圈（见图 5.3－13）作为管道。使用的方法如下。当第一次灌浆后，立即在管道内通入 0.1MPa 左右的压力水，冲净管道和重复出浆盒（阀）内的浆液，但不应使水渗入缝内，以免将已灌入的浆液稠度降低。进行二次灌浆时，用 0.3MPa 左右的灌浆压力，使浆液能顶开重复出浆盒（阀）上的橡皮盖板，或钢管上的橡皮套圈而进入缝内。橡皮盖板或套圈的材料弹性特性和安装时的压紧程度，要经过试验选定，以免影响出浆。

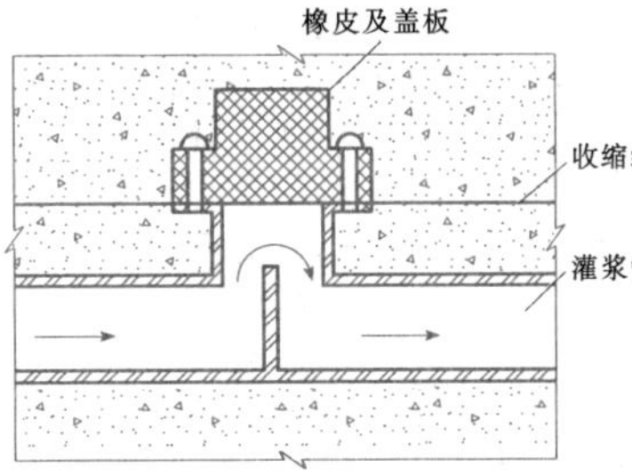

图 5.3－12 重复灌浆用的出浆盒（阀）

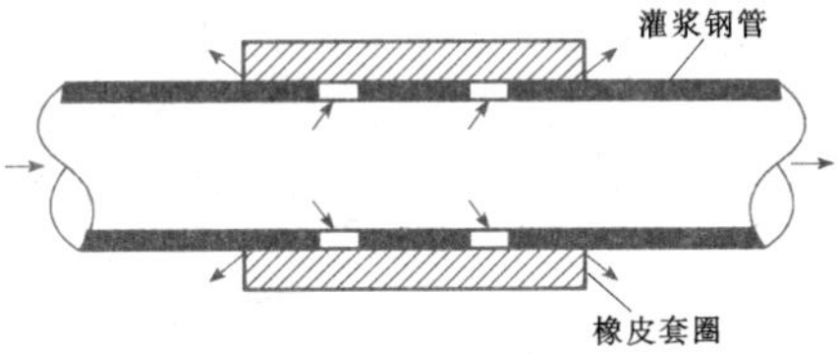

图 5.3－13 加橡皮套阀的出浆盒

（2）线出浆式。利用如图 5.3－14 所示的布置，也可进行二次灌浆。具体方法是将骑缝孔道相间地分成两组，当第一组灌浆时，在另一组管道内填满细砂，待缝内浆液凝固后将细砂冲出，即可供二次灌浆之用。

7. 收缩缝灌浆的时间和程序

收缩缝灌浆的时间和程序应符合下列规定。

（1）为使收缩缝有足够的张开度，灌浆层及其上一层的混凝土龄期不应少于 6 个月，并均应冷却到规定的封拱温度。灌浆时间一般应在水库蓄水前气温较低的冬季进行，否则应进行论证，并布置二次灌浆系统。

（2）灌浆应从最低层起向上逐层进行，同一层内的横缝灌浆宜自河床中段中间向两岸，或由两岸向中间对称进行。

（3）各坝段对于分成若干区的横缝，灌浆应由下游向上游逐区或逐道进行。每次灌浆间歇时间为 5～7d。

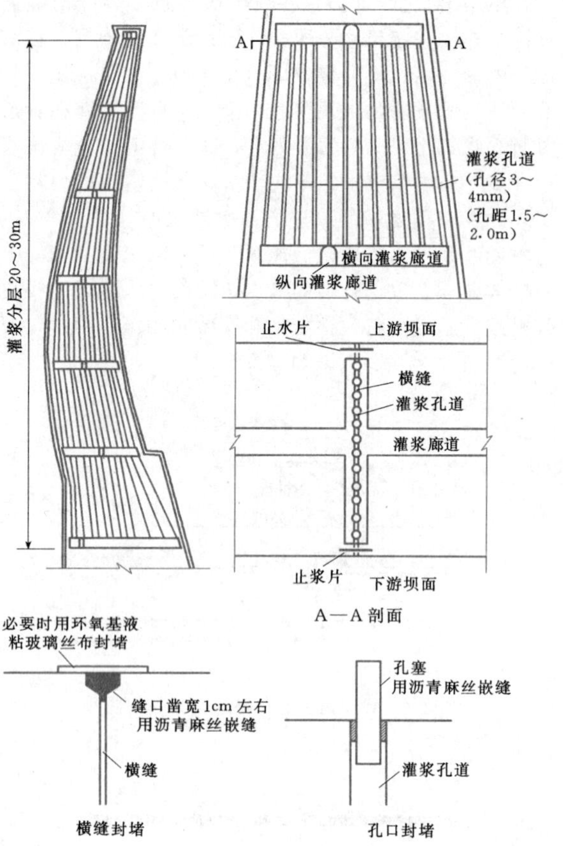

图 5.3-14　横缝线出浆式灌浆系统布置图

在保证满足各坝块应力和变形的要求下，灌浆设备能力容许也可多区或多道同时灌浆。

上一层横缝的灌浆应在其下层同一道缝灌浆后间歇10～14d方可进行。

上述间歇时间应视缝内浆液凝固情况确定。

（4）如坝基灌浆先于收缩缝进行时，应防止浆液进入收缩缝内堵塞灌浆系统，凡有可能发生串浆的底部收缩缝，均应在坝基灌浆时，在缝内不断通水进行冲洗。

8. 收缩缝的灌浆材料和浆液稠度

收缩缝灌浆应以水泥材料为主，必要时才采用化学材料，对水泥的品种和细度要求可根据收缩缝的张开度按表5.3-5加以选用，并要求水泥新鲜无污物。

水泥浆液的稠度按水灰比控制，一般采用1∶1和（0.5～0.6）∶1两级或2∶1、0.8∶1和（0.5～0.6）∶1三级。根据国内一些工程实践，最终水灰比能达到0.4∶1，这对提高灌浆质量是有益的，因浆液的最终稠度越高，析水稳定后的浆液密度越大，从而可获得强度较高的水泥结石。各种初始水灰比的水泥浆液析水率、析水历时、稳定后的密度和相应水灰比见表5.3-6。

如收缩缝张开度小于0.5mm时，一般采用环氧树脂浆液的化学材料灌浆，这种浆液可灌入张开度为0.2mm的缝内。浆液硬化后，黏结力强，收缩性小，强度高且稳定性好。

表 5.3-5　**收缩缝灌浆用水泥品种、强度等级、细度表**

序号	收缩缝张开度（mm）	水泥品种及强度等级	细度要求
1	>1.0	普通硅酸盐 P.O42.5～P.O52.5	98%通过0.088mm孔筛（4900孔/cm²）
2	0.5～1.0	普通硅酸盐 P.O52.5	99.7%通过0.075mm孔筛（6400孔/cm²）

表 5.3-6　**各种初始水灰比水泥浆液析水情况表**

初始水灰比		2∶1	1∶1	0.8∶1	0.6∶1	0.5∶1	0.4∶1
析水率（%）		47	27	20	12	7	2
析水历时（min）		30～35	40～45	57	65	80	100
析水稳定后	密度（kg/cm³）	1.56	1.70	1.76	1.85	1.89	1.93
	水灰比	0.82∶1	0.64∶1	0.57∶1	0.49∶1	0.41∶1	0.39∶1

9. 收缩缝的止浆与止水

在各灌浆区和收缩缝沿廊道的周围，均应布置止浆片。在坝体上游侧的止水片可兼作止浆用。止浆片或止水片的接头应焊接良好，并应防止锈蚀和损坏；在其周围，特别是转角处的混凝土，应振捣密实，避免出现空洞，以免灌浆时发生串浆或漏浆情况而影响灌浆质量。止水片至上游坝面的距离一般为30～40cm，止浆片至下游坝面的距离为20～30cm。在严寒地区，上述距离宜适当增大。止浆片离廊道壁或坝基面的距离一般为20～30cm。止浆片多采用厚1.0～1.2mm的镀锌铁片或铝片，宽度为45～55cm。止水片一般采用厚1.2～2.0mm的铜片、不锈钢片或铝片，宽度为50～60cm。当坝面水头大于200m时，需布置3道止水片，宽度为136cm；水头为100～200m时，需布置2道止水片，宽度为136cm；水头在100m以下时，也需布置2道止水片，宽度为68.7cm。

10. 宽缝

宽缝是指相邻浇筑块间留有一定宽度的收缩缝。缝宽一般为0.7～1.0m，必要时尚可增大。待两侧坝块充分收缩和冷却到稳定温度后，填入流态混凝土或采用压浆混凝土。沿坝基面出露的较大断层破碎带上，横缝采用宽缝，缝内随两侧混凝土浇筑后，填入卵石并捣紧，当坝块上升到一定高度后，用压力灌入水泥砂浆（即上述的压浆混凝土），使坝块结合成整体。采用这种方式，可减少坝体向下游倒悬所产生的拉应力。

为了减小或补偿宽缝回填混凝土的收缩，国内外均倾向采用微膨胀混凝土，并已有成功的经验，可供比较选用。

11. 收缩缝的键槽

从目前已建工程情况来看，碾压混凝土拱坝的收缩缝一般不设置键槽。当不设置键槽难以满足坝体传递大坝内力时，应设计键槽并满足下列要求。

（1）有利于键槽传递作用力，以增强坝的整体性。

（2）灌浆时浆液沿键槽面流动所受到的阻力较小。

（3）键槽面不致因温度变化而发生裂缝。

（4）便于模板的标准化和重复使用而不易损坏。

横缝一般采用竖向梯形键槽，以利于传递水平向切力，为便于使用钢模，也可采用圆弧形键槽。通常采用的型式和尺寸分别如图5.3-15及图5.3-16所示。

5.3.5 坝体构造

5.3.5.1 坝体分缝

拱坝的分缝按构造型式和作用的不同，可分为收缩缝、水平缝等。缝的设置应在防止坝体混凝土发生裂缝的前提下，结合大坝布置的需要、坝体施工期和长期运用安全的需求，以及坝基地形地质条件等情况综合研究确定。在坝体与坝后厂房之间以及坝体与重力墩、翼坝间常设置伸缩缝。

1. 收缩缝

收缩缝见5.3.4有关内容。

2. 水平缝

水平缝一般指碾压层间的施工缝。在坝基面或老混凝土面以上0.2倍浇筑块长度范围内的强约束区，碾压层高度一般为1.5～2m。冬季可采用较大值。其他部位为3～6m，具体尺寸应根据碾压块的温度应力确定。水平缝的处理直接影响缝面的抗拉、抗剪强度和抗渗能力，应严格按施工技术规程进行。

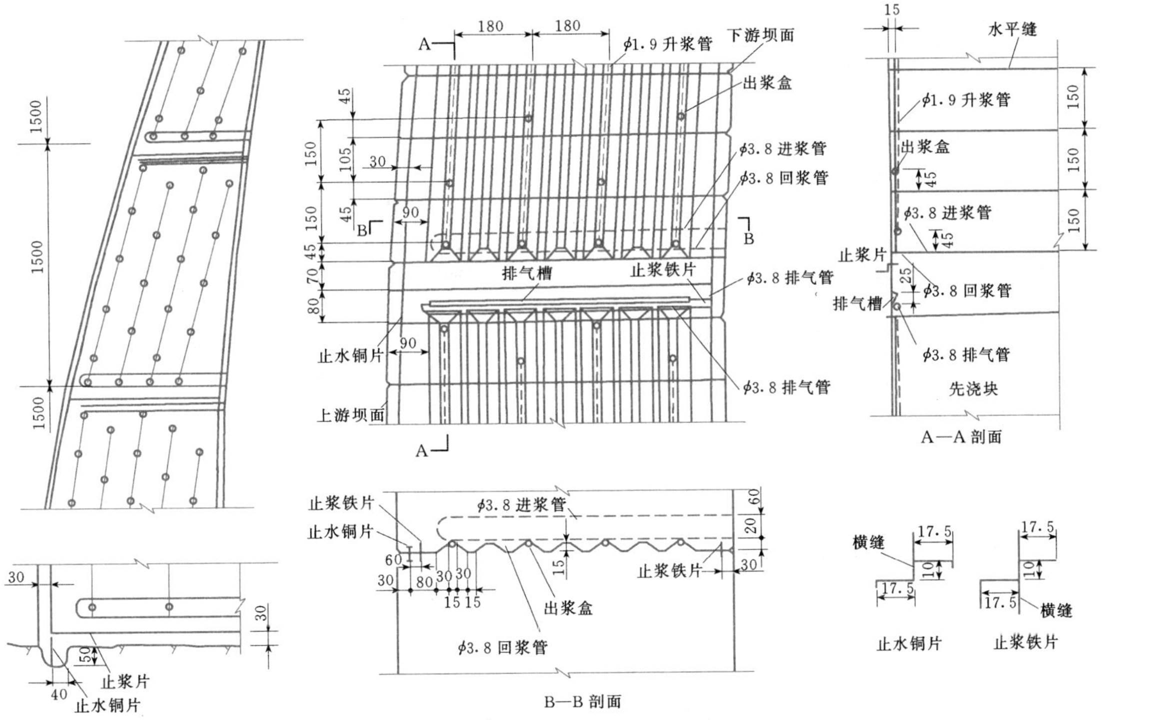

图5.3-15 横缝（梯形键槽）点出浆式灌浆系统布置图（单位：cm）

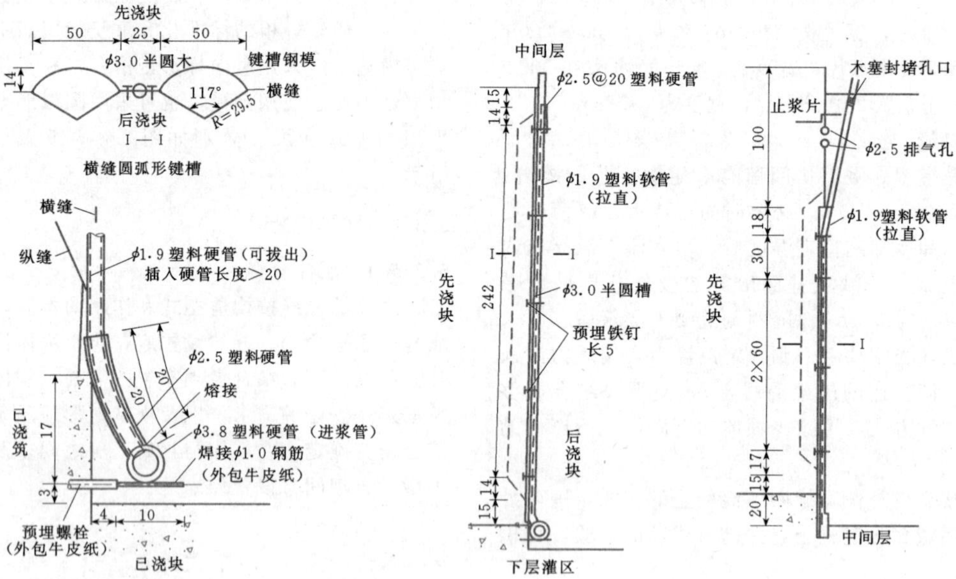

图 5.3-16　横缝（圆弧形键槽）线出浆式灌浆系统布置图（单位：cm）

水平缝面的间歇时间应严格控制，一般在夏季为 5～10d，冬季不宜超过 5d，并做好表面保温措施。此外，应严格避免采用长期暴露的大面积薄层浇筑块，以防止发生裂缝。如果遇到需过流度汛，对其表面应采取相应保护措施，如在过流面铺设钢筋网、控制混凝土内外温差及采取保温保湿措施等。

相邻坝段和坝块的高差一般不应超过 10m，以免侧面长期暴露而引起裂缝，并防止收缩缝键槽受到挤压而影响灌浆质量。

5.3.5.2　坝内廊道系统

拱坝内设置的廊道有下列用途。

（1）进行坝基防渗帷幕的钻孔和灌浆、排水系统的钻孔和引水，并便于帷幕和排水的检修和补强。

（2）用于对坝体运用状态的观测和坝内情况的检查，以及交通。

（3）便于坝体的人工冷却和收缩缝的灌浆。

由于拱坝坝体应力较高，廊道的布置部位和数目对廊道周围的坝体应力均有较大的影响。为避免过多削弱坝体，对于厚度小于 10m 左右的薄拱坝，一般多不设置纵向廊道，而若不能利用廊道的上述各种功用，则会给各方面的工作造成困难和不便。因此，拱坝内廊道的布置，在设计上应进行周密的研究和论证。

坝内廊道按布置的部位，可分纵向廊道、横向廊道和竖井等。

1. 纵向廊道

纵向廊道沿拱坝的弧长方向布置，按其用途可分为以下三种。

（1）坝基灌浆廊道。它布置在坝体底部的上游侧，一般包括河床段的水平廊道和岸坡段的斜向廊道。主要供坝基防渗帷幕的钻孔和灌浆，在帷幕下游侧的坝基排水孔的钻孔，坝基和坝体内渗水的汇集和引出，并兼作坝内观测、检查和交通等用。为使廊道底面在河床段保持较平缓的坡度和足够的灌浆盖重，廊道底面至基岩面的混凝土厚度一般为 3～5m。在岸坡段的斜向廊道底面的倾角不宜大于 35°，以利于钻灌机具的搬移和操作，否则可分层用水平廊道和短竖井相连接，以代替斜向廊道，每层的高差以 3～5m 为宜。

（2）检查交通廊道。主要供在坝内进行观测、检查和交通之用。一般按高差 20～40m 分层水平布置。

（3）坝基辅助排水廊道。如坝体厚度较大，为进一步降低坝基扬压力，可在坝底厚度下游侧的三分点至中点范围内布置廊道。廊道底面低于下游水位时，排水效果较好，但需将排出的坝基渗水，汇流至集水井，再用水泵抽出，经由坝内预埋管道引出坝外，出口应高于下游最高水位。

廊道上游壁至上游坝面的距离，不应小于 0.05～0.1 倍廊道底面高程处的坝面作用水头，且不小于 3m。廊道的型式可为圆形顶拱直墙式或矩形。廊道的尺寸一般为：①坝基灌浆廊道的宽度为 2.5～3m，高度为 3～4m；②检查交通廊道的宽度和高度分别不宜小于 1.2m 和 2.2m；③坝基辅助排水廊道的宽度为 1.5～2m，高度为 2.5～3m。

除坝基辅助排水廊道直接与横向廊道连通外，各层检查交通廊道与坝基灌浆廊道的岸坡段连接，并经横向廊道通至下游坝面。

2. 横向廊道

横向廊道沿拱坝的径向布置，主要供纵向廊道至坝外交通，也可供观测和检查之用。横向廊道出口宜在左、右岸非溢流段范围内，出口高程不宜低于下游最高水位，否则应设置有良好止水性能和启闭灵便的堵水门，以保证坝内廊道的安全使用。

常用的圆拱直墙式廊道型式和尺寸如图 5.3-17 所示。各层横向廊道分别与坝基灌浆廊道和检查交通廊道的型式和尺寸相同。

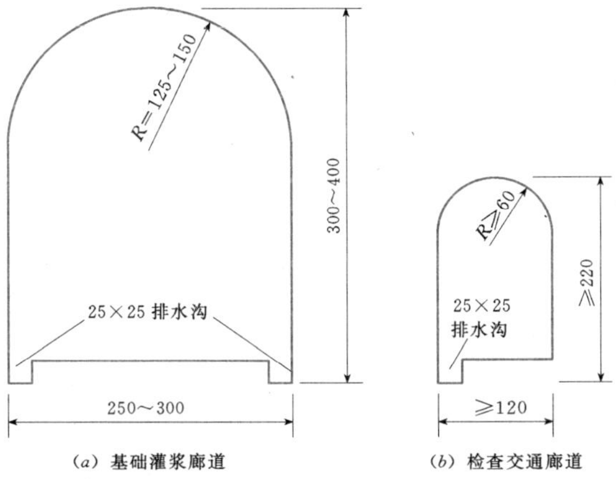

图 5.3-17 常用圆拱直墙式廊道型式和尺寸图（单位：cm）

3. 竖井

竖井主要供坝内竖向交通之用，一般与各层纵向廊道相连通并直至坝顶，宜在坝高 80～100m 以上的拱坝内设置，其间距不宜大于 300m，左右岸至少应各设一个。为便于快速升降，竖井内可设置电梯。竖井的水平剖面多为矩形，尺寸视具体需要而定，其中电梯井室的净空一般为 2.5m×2.5m，螺旋式便梯井室的直径一般为 2m 左右。坝底部岸坡段的短竖井尺寸，应与连接的纵向廊道宽度相同。

各种廊道、竖井及其互相交叉部位的应力情况比较复杂，应分别进行核算。对于可按平面问题计算的部位，可采用材料力学法或平面有限元法进行坝内孔口和廊道的应力计算。交叉部位的应力宜按空间问题的有限单元法计算或进行结构模型试验。廊道和竖井的补强配筋，应根据应力情况，按水工建筑物混凝土和钢筋混凝土结构设计规范的要求配置，以防止裂缝的发生，特别是在上游坝面附近的廊道和竖井，一般位于较高的拉应力区，更应防止裂缝延伸至坝面引起渗水，而影响坝体安全。

廊道和竖井内，应有良好的照明、通风、保温和用电安全设施，以利于人员工作和减小坝体温度应力。

5.3.5.3 防渗排水系统

1. 坝基排水

拱坝的坝基排水主要是利用基础防渗帷幕灌浆廊道开钻幕后排水孔来实现，并在坝内设置集水井汇集坝基渗水，通过水泵抽排至坝外，排水管出口高程应高于下游校核尾水位。

2. 坝体排水

坝体排水通过坝身设置竖向排水管与廊道分层连通引至坝内集水井，竖向排水管管距宜为 2.5～3.5m，排水管内径宜为 15～20cm，应与廊道分层连通，不应有急弯。廊道底面高于校核尾水位时，可采用自流排水；廊道底面低于校核尾水位时，应设集水井并由水泵抽排。

无冰冻地区的薄拱坝的坝身可不设置排水管。

5.3.5.4 防渗结构设计

随着碾压混凝土筑坝技术的发展，碾压混凝土坝防渗结构以二级配（中低坝可采用三级配）富胶凝材料碾压混凝土自身防渗为主。我国碾压混凝土发展初期采用的“金包银”模式已基本不用，在上游坝面设置专门防渗材料涂层可作为辅助防渗措施。

自身防渗碾压混凝土厚度的取值需结合工程本身的结构特点选取，多数拱坝均采用了 1.5m 至下部约 1/20 坝高的变化厚度。拱坝上部由于坝顶薄，不宜分区，宜采用同一种混凝土填筑，上部 40～50m 区域，也可采用三级配混凝土直接碾压，室内实验和工程实践均已证明，质量良好的碾压混凝土，无论是二级配、还是三级配，均有很好的防渗能力。在拱坝上游面或下游面，由于靠近模板，碾压机械不易操作，表面混凝土的碾压质量可能较差，在这些地方，采用变态混凝土进行人工振捣，可以提高混凝土密实度，同时，也可改进坝体外观光洁度，再者也可改善层间结合情况，提高拱坝的抗渗能力，起到一定的辅助作用，这是不可忽视的功能。变态混凝土厚度以 30～50cm 为宜。

碾压混凝土层间结合、碾压混凝土与基岩的结合和碾压混凝土与现浇混凝土面的结合均是坝体防渗的薄弱环节，需采取必要的工程措施进行处理，以提高其防渗能力，这些措施包括：①结合工程气候特点和施工季节动态控制 VC 值和凝结时间；②做好碾压混凝土待覆盖面的保温、保湿；③在老混凝土面填筑碾压混凝土前，应先对老混凝土面凿毛和铺筑厚 2～3cm 水泥砂浆后再摊铺碾压混凝土进行碾压；④靠近拱坝坝肩与基岩接触面、坝内结构周边、布置有钢筋的结构部位等，由于碾压机具难以靠近，应采用变态混凝土过渡。

5.4 坝体混凝土分区及配合比

5.4.1 碾压混凝土原材料

5.4.1.1 碾压混凝土骨料

1. 细骨料（砂）

碾压混凝土用砂分为天然砂和人工砂，砂的粒径范围通常规定为0.16～5.0mm。砂料应质地坚硬、清洁、级配良好。

（1）砂的品质要求。碾压混凝土对砂的品质要求，见表5.4-1。

表5.4-1 细骨料（砂）的品质要求

项目	指标		备注
	天然砂	人工砂	
石粉含量（%）		10～22	$d \leqslant 0.16$mm的颗粒
含泥量	≤5%		$d < 0.08$mm的颗粒
泥块含量	不容许	不容许	
坚固性（%）	≤8	≤10	
表观密度（kg/m^3）	≥2500	≥2500	
硫化物及硫酸盐含量（%）	≤1	≤1	折算成SO_3，按质量计
有机质含量	浅于标准色	不容许	
云母含量（%）	≤2	≤2	
轻物质含量（%）	≤1		

（2）砂的颗粒级配与粗细程度。砂的颗粒级配和粗细程度，用筛分法测定。用一套孔径为5mm、2.5mm、1.25mm、0.63mm、0.315mm、0.16mm的方孔标准筛筛分，称各筛上的砂子质量，并计算出各筛上的分计筛余量及累计筛余量。砂子的粗细程度，可用砂的细度模数或平均粒径来表示：

$$FM = \frac{(A_2 + A_3 + A_4 + A_5 + A_6) - 5A_1}{100 - A_1} \tag{5.4-1}$$

式中 FM——砂的细度模数；

A_1、A_2、A_3、A_4、A_5、A_6——5.0mm、2.5mm、1.25mm、0.63mm、0.315mm、0.16mm各筛上的累计筛余百分数。

$$d_m = \left(\frac{G}{11a_6 + 1.3a_5 + 0.17a_4 + 0.02a_3 + 0.0024a_2}\right)^{1/3} \tag{5.4-2}$$

式中 d_m——砂的平均粒径，mm；

G——a_2、a_3、a_4、a_5、a_6的和，g；

a_2、a_3、a_4、a_5、a_6——2.5mm、1.25mm、0.63mm、0.315mm、0.16mm孔径筛上的筛余量，g。

碾压混凝土用天然砂细度模数在2.0～3.0，人工砂细度模数宜在2.2～2.8，使用细度模数小于2.0的天然砂，应经过试验论证。

2. 粗骨料

骨料粒径大于5mm的称为粗骨料，碾压混凝土用粗骨料分为卵石和碎石两种。

（1）粗骨料的品质要求。碾压混凝土对粗骨料的品质要求，见表5.4-2。

表5.4-2 粗骨料的品质要求

项目			指标	备注
含泥量（%）	D_{20}、D_{40}粒径级		≤1	
	D_{80}粒径级		≤0.5	
泥块含量			不容许	
坚固性（%）	有抗冻要求		≤5	
	无抗冻要求		≤12	
硫化物及硫酸盐含量（%）			≤0.5	折算成SO_3，按质量计
有机质含量			浅于标准色	如深于标准色，应进行混凝土强度对比试验，抗压强度比不应低于0.95
表观密度（kg/m^3）			≥2550	
吸水率（%）			≤2.5	
针片状颗粒含量（%）			≤15	经试验论证，可以放宽至25%
压碎指标值（%）	碎石	水成岩	≤16	适用于碾压混凝土强度等级不大于$C_{90}35$
		变质岩或深成的火成岩	≤20	
		火成岩	≤30	
	卵石		≤16	

(2) 粗骨料的最大粒径。碾压混凝土用粗骨料的最大粒径以不大于 80mm 为宜，使用最大粒径超过 80mm 的粗骨料应进行技术经济论证。不宜采用间断级配。

5.4.1.2 碾压混凝土掺合料

1. 粉煤灰

从煤粉炉排出的烟气中收集到的颗粒粉末，称为粉煤灰。用于碾压混凝土中的粉煤灰分为Ⅰ级、Ⅱ级、Ⅲ级，其品质要求见表 5.4-3。

表 5.4-3 粉煤灰的品质要求

项目		技术要求		
		Ⅰ级	Ⅱ级	Ⅲ级
细度（45μm 方孔筛筛余）(%)	F 类粉煤灰	≤12.0	≤25.0	≤45.0
	C 类粉煤灰			
需水量比 (%)	F 类粉煤灰	≤95	≤105	≤115
	C 类粉煤灰			
烧失量 (%)	F 类粉煤灰	≤5.0	≤8.0	≤15.0
	C 类粉煤灰			
含水量 (%)	F 类粉煤灰	≤1.0		
	C 类粉煤灰			
三氧化硫 (%)	F 类粉煤灰	≤3.0		
	C 类粉煤灰			
游离氧化钙 (%)	F 类粉煤灰	≤1.0		
	C 类粉煤灰	≤4.0		
安定性，雷氏夹煮沸后增加距离 (mm)	F 类粉煤灰	≤5.0		

用于碾压混凝土中的粉煤灰放射性应合格。当粉煤灰用于活性骨料混凝土时，需限制粉煤灰的碱含量，其容许值应经试验论证确定。粉煤灰的碱含量以钠当量（$Na_2O+0.658K_2O$）计。

2. 粒化高炉矿渣

凡在高炉冶炼生铁时，所得以硅酸盐及铝酸盐为主要成分的熔融物，经淬冷成粒后即为粒化高炉矿渣，用于碾压混凝土中的粒化高炉矿渣的品质要求见表 5.4-4。

3. 磷渣粉

凡在电炉冶炼黄磷时，得到的以硅酸钙为主要成分的熔融物，经淬冷成粒的粒化电炉磷渣，磨细加工制成的粉状物料称为磷渣粉。碾压混凝土掺用磷渣粉的品质要求见表 5.4-5。

表 5.4-4 粒化高炉矿渣的品质要求

项目		级别		
		S105	S95	S75
密度 (g/cm^3)		≥2.8		
比表面积 (m^2/kg)		≥350		
活性指数 (%)	7d	≥95	≥75	≥55①
	28d	≥105	≥95	≥75
流动度比 (%)		≥85	≥90	≥95
含水量 (%)		≤1.0		
三氧化硫 (%)		≤4.0		
氯离子② (%)		≤0.02		
烧失量② (%)		≤3.0		

① 可根据客户要求协商提高。

② 选择性指标。当用户有要求时，供货方应提供矿渣粉的氯离子和烧失量数据。

表 5.4-5 磷渣粉的品质要求

项目	技术要求
比表面积 (m^2/kg)	≥300
需水量比 (%)	≤105
三氧化硫 (%)	≤3.5
含水量 (%)	≤1.0
五氧化二磷 (%)	≤3.5
烧失量 (%)	≤3.0
活性指数 (%)	≥60
安定性 (%)	合格

4. 火山灰质材料

火山灰质混合材料分为天然火山质材料（如火山灰、凝灰岩、沸石岩、浮石、硅藻土或硅藻石等）和人工火山灰质材料（如烧页岩、烧黏土、煤矸石、煤渣、硅质渣等），品质要求见表 5.4-6。

5. 其他掺合料

随着碾压混凝土筑坝技术的发展，碾压混凝土的掺合料种类也在逐渐增多，如新型 PT 掺合料等，石灰石粉用作碾压混凝土掺合料也已经被研究采用。

5.4.1.3 碾压混凝土外加剂

国内碾压混凝土中应用较多的外加剂为缓凝型减水剂和优质引气剂。外加剂在碾压混凝土中的适宜掺量，应根据工程要求经试验确定。

1. 引气剂

在混凝土搅拌过程中能引入大量均匀分布的、稳定而封闭的微小气泡的外加剂，称为引气剂。引气剂

表 5.4-6 火山灰质材料的品质要求

项目		说明	
品质要求	烧失量（%）	人工火山灰质材料≤10.0	只符合前两项要求的为非活性火山灰质材料，全符合要求的为活性火山灰质材料
	三氧化硫含量（%）	≤3.5	
	火山灰性试验	合格	
	水泥胶砂28d抗压强度比（%）	≥65	
	放射性	符合《建筑材料放射性核素限量》（GB 6566—2001）规定	
试验方法	见《用于水泥中的火山灰质混合材料》（GB/T 2847—2005）		

的分类见表5.4-7，国内常用的引气剂见表5.4-8。

2. 缓凝型减水剂

能在混凝土坍落度基本不变的情况下使拌和用水量减少8%以上并兼有延长混凝土凝结时间的外加剂称为缓凝减水剂。能在混凝土坍落度基本不变的情况下使拌和用水量减少15%以上并兼有延长混凝土凝结时间的外加剂称为缓凝高效减水剂。国内常用的缓凝型减水剂见表5.4-9。

表 5.4-7 引气剂的分类

引气剂分类	主要成分
松香热聚物类引气剂	松香、石碳酸和氢氧化钠按一定比例配合加热聚合而成
松香皂类引气剂	松香酸在碱性环境中发生皂化反应而成的松香酸酯
烷基苯磺酸盐类引气剂	苯环上带有一个长链烷基的烷基苯。经用浓硫酸、发烟硫酸或液体三氧化硫为磺化剂而制得
皂角苷类引气剂	三萜皂苷
脂肪醇类引气剂	高级脂肪醇衍生物
非离子型表面活性剂引气剂	烷基酚环氧乙烷综合物

表 5.4-8 国内常用的引气剂

名称	掺量（%）	主要技术性能
SJ—1引气剂(液体)	0.07～0.20	含气量:5.2% 相对耐久性指标:200次冻融循环,动弹性模量保留值98%
MPAE引气剂(粉体)	0.4～0.8	含气量:3.5%～6.0%
DH9(膏体)	0.01	含气量:4.0%～6.0%
JGA引气剂(膏体)	0.01～0.05	含气量:3.0%～5.0%
SW6引气剂(膏体)	0.005～0.01	
AEA引气剂(液体)	0.05～0.20	含气量:4.0%～8.0%
JM—2000(液体)	0.015～0.03①	含气量:3.0%～8.0%
JM—2000(粉体)	0.015～0.05①	含气量:3.0%～8.0%
PC—2(粉体)	0.005～0.01	含气量:3.0%～7.0%
PC—2Y(膏体)	0.01～0.03	
GK—9A(粉体)	0.00005	
AE—G(粉体)	0.005～0.01	含气量:3.0%～7.0%
ZB—1G(粉体)	0.00004～0.00015①	含气量:5.0%以上

注 表内掺量为占水泥用量的质量分数。

① 掺量为占整个胶凝材料的质量分数。

表 5.4-9 国内常用的缓凝型减水剂

名 称		掺 量 (%)	主要技术性能
缓凝减水剂	MNC—HJ（粉体）	0.4	凝结时间延缓 2～7h
	RHF—4（粉体）	1.5	减水率 10%左右 初凝时间可延缓 8h 左右 节约水泥 10%左右
	KW（粉体）	1.0	减水率 10%左右 初、终凝时间可延长 4～8h
	TG（粉体）	0.05～0.15	减水率 8%～10% 初、终凝时间可延长 3h 以上 节约水泥 10%～15%
	HN—1（粉体）	2.0～3.0	减水率 8%～12% 凝结时间延长 3～5h
	SJH（液体）	0.1～0.3	减水率 10%左右 凝结时间延缓 3～6h
	HN—2（液体）	0.2～0.3	减水率 8%～12% 凝结时间延长 3～5h
缓凝高效减水剂	JN—3（液体）	1.0～1.5	减水率 20%～30% 凝结时间延缓 3～15h
	JN—3（粉体）	0.3～0.5	减水率 20%～30% 凝结时间延缓 3～15h
	AS—3（粉体）	0.3～0.5	减水率 15% 凝结时间延缓 2～3h
	UNF—3A（粉体）	0.75～1.25	减水率不小于 15% 初、终凝时间延缓大于 2h
	M117—6（液体）	1.5	减水率 10%～15% 缓凝时间可根据要求调整到 6～18h
	NOF—2（粉体）	0.5～1.0	减水率 15%～20% 初、终凝时间延长 3～5h
	NOF—2（液体）	1.0～1.5	减水率 15%～20% 初、终凝时间延长 3～5h
	JZB—3（液体）	0.5～1.5	减水率 12%～20% 初、终凝时间分别延长 3～6h 和 2～8h
	JBN—8（液体）	0.5～1.5	减水率 14%～20% 缓凝 2～4h
	SW—1（粉体）	0.4～0.8	减水率 18%～22% 缓凝 2～4h
	KR—FDN—1（液体）	1.2～2.0	减水率 14%～25% 缓凝 2～5h

注 掺量为占水泥用量的质量分数。

5.4.2 碾压混凝土配合比

5.4.2.1 配合比设计原则和方法

1. 配合比设计原则

(1) 应根据工程要求、结构型式、施工条件和原材料状况，配制出既满足工作性、强度及耐久性等要求，又经济合理的碾压混凝土。

(2) 碾压混凝土在满足施工和易性、可碾性条件下，应力求选用最少用水量。

(3) 为使碾压混凝土具有低发热量和施工可碾性，掺用较多掺合料。

(4) 骨料最大粒径越大，其总表面越小，所需填充包裹的水泥砂浆量越少，碾压混凝土的表观密度增加，密实性提高。但是，考虑到碾压混凝土运输、卸料和摊铺时骨料分离，骨料最大骨料粒径不宜超过80mm。采用最大骨料粒径150mm，需专门论证。

(5) 碾压混凝土的组成材料以骨料为主体并满足填充包裹理论，粗骨料空隙被水泥砂浆填裹，而细骨料空隙被水泥灰浆填裹且有裕量，凝固后形成坚固密实体。为此要求：粗骨料级配密实，空隙率小；砂率合适；稠度（VC值）与振动碾的振动特性相适用。

2. 配合比设计方法

常用的碾压混凝土配合比设计方法有绝对体积法、最大密度近似法和填充包裹法等。《水工混凝土配合比设计规程》（DL/T 5330—2005）采用绝对体积法和最大密度近似法；《水工混凝土试验规程》（SL 352—2006）采用绝对体积法；日本的RCD坝采用填充包裹法，20世纪80年代初期我国个别工程也曾采用过。绝对体积法是水工混凝土配合比设计的规范性标准方法。

5.4.2.2 碾压混凝土配合比

1. 规范设计法

(1) 选择碾压混凝土所用原材料。

1) 宜选用强度等级不低于32.5级的硅酸盐水泥、普通硅酸盐水泥、中热硅酸盐水泥和低热硅酸盐水泥。

2) 优先选用优质粉煤灰或其他活性材料作为掺合料。

3) 骨料最大粒径一般不宜超过80mm，粗骨料采用连续级配。

4) 当采用人工骨料时，人工砂的石粉（小于0.16mm颗粒）含量宜控制在10%～22%，最佳石粉含量通过试验确定。

5) 必须掺用外加剂，以满足可碾性、缓凝性及其他特殊要求。

(2) 确定配制强度。混凝土设计龄期立方体抗压强度标准值系指按照标准方法制作养护的边长为150mm的立方体试件，在设计龄期用标准试验方法测得的具有设计保证率的抗压强度，以MPa计。

碾压混凝土配制强度按式（5.4-3）或式（5.4-4）计算：

$$f_{cu,0}=f_{cu,k}+t\sigma \qquad (5.4-3)$$

$$f_{cu,0}=\frac{f_{cu,k}}{1-tc_v} \qquad (5.4-4)$$

式中 $f_{cu,0}$——碾压混凝土配制强度，MPa；

$f_{cu,k}$——设计龄期立方体抗压强度标准值，MPa；

t——概率系数，由给定的保证率P选定，其值按表5.4-10选用；

σ——立方体抗压强度标准差，MPa；

c_v——变异系数。

表5.4-10 保证率和概率度系数关系

保证率P（%）	80	85	90	95
概率系数t	0.842	1.042	1.284	1.645

碾压混凝土抗压强度标准差σ和变异系数c_v，宜按同品种碾压混凝土抗压强度统计资料确定。统计时抗压强度试件总数应不少于30组。

根据近期相同抗压强度、生产工艺和配合比基本相同的抗压强度资料，抗压强度标准差σ按下式计算：

$$\sigma=\sqrt{\frac{\sum_{i=1}^{n}(f_{cu,i}-m_{f_{cu}})^2}{n-1}} \qquad (5.4-5)$$

式中 $f_{cu,i}$——第i组试件抗压强度，MPa；

$m_{f_{cu}}$——n组试件的抗压强度平均值，MPa；

n——试件组数。

变异系数c_v按下式计算：

$$c_v=\frac{\sigma}{m_{f_{cu}}} \qquad (5.4-6)$$

当无近期同品种混凝土抗压强度统计资料时，σ值可按表5.4-11取用，c_v可按表5.4-12取用。

表5.4-11 标准差σ选用值 单位：MPa

设计龄期抗压强度标准值	≤15	20～25	30～35	40～45	50
抗压强度标准差	3.5	4.0	4.5	5.0	5.5

表 5.4－12　　变异系数 c_v 选用值

设计龄期抗压强度标准值（MPa）	≤15	20～25	≥30～35
变异系数 c_v	0.20	0.18	0.15

（3）选定水胶比。在适宜范围内，可选择3～5个水胶比，在一定条件下通过试验，建立强度与胶水比的回归方程式（5.4－7），按强度与胶水比关系式（5.4－8）选择相应于配制强度的水胶比：

$$f_{cu,0}=Af_{ce}\left(\frac{C+P}{W}-B\right)\qquad(5.4-7)$$

$$\frac{W}{C+P}=\frac{Af_{ce}}{f_{cu,0}+ABf_{ce}}\qquad(5.4-8)$$

式中　$f_{cu,0}$——碾压混凝土的配制强度，MPa；

f_{ce}——水泥28d龄期抗压强度实测值，MPa；

$\frac{W}{C+P}$——水胶比；

$\frac{C+P}{W}$——胶水比；

A、B——回归系数，应根据工程使用的水泥、掺合料、骨料、外加剂等，通过试验由建立的水胶比与强度关系式确定。

通过试验确定的水胶比，不应超过表5.4－13的规定。

表 5.4－13　　水胶比最大容许值

部　　位	严寒地区	寒冷地区	温和地区
上、下游水位以上（坝体外部）	0.50	0.55	0.60
上、下游水位变化区（坝体外部）	0.45	0.50	0.55
上、下游最低水位以下（坝体外部）	0.50	0.55	0.60
基础	0.50	0.55	0.60
内部	0.60	0.65	0.65
受水流冲刷部位	0.45	0.50	0.50

注　在有环境水侵蚀情况下，水位变化区外部及水下混凝土最大容许水胶比应减小0.05。

（4）选定用水量。满足工作度（VC值）要求的用水量，主要与最大骨料粒径、岩性、砂料用量和品质、胶凝材料以及外加剂掺量和品质等有关，应经过试验确定。当无试验资料时，其初选用水量可按表5.4－14选取。

表 5.4－14　　碾压混凝土用水量初选表

单位：kg/m^3

碾压混凝土VC值（s）	卵石最大粒径		碎石最大粒径	
	40mm	80mm	40mm	80mm
5～10	115	100	130	110
10～20	110	95	120	105

注　1. 本表适用于细度模数为2.6～2.8的天然中砂，当使用细砂或粗砂时，用水量需增加或减少5.0～10kg/m^3。
2. 采用人工砂，用水量增加5.0～10kg/m^3。
3. 掺入火山灰质掺合料时，用水量需增加10～20kg/m^3；采用Ⅰ级粉煤灰时，用水量可减少5.0～10kg/m^3。
4. 采用外加剂时，用水量应根据外加剂的减水率作适当调整，外加剂的减水率应通过试验确定。
5. 本表适用于骨料含水状态为饱和面干状态。

目前大坝工程实际采用的工作度（VC值）为5～7s和9～12s两种，多数工程采用5～7s。

（5）优选砂率。碾压混凝土的砂率可按表5.4－15初选并通过优化试验最后确定。

表 5.4－15　　碾压混凝土砂率（%）初选表

骨料最大粒径（mm）	水　胶　比			
	0.40	0.50	0.60	0.70
40	32～34	34～36	36～38	38～40
80	27～29	29～32	32～34	34～36

注　1. 本表适用于卵石、细度模数为2.6～2.8的天然中砂拌制的VC值为5～12s的碾压混凝土。
2. 砂的细度模数每增减0.1，砂率相应增减0.5%～1.0%。
3. 使用碎石时，砂率需增加3%～5%。
4. 使用人工砂时，砂率需增加2%～3%。
5. 掺用引气剂时，砂率可减小2%～3%；掺用粉煤灰时，砂率可减小1%～2%。

在满足碾压混凝土施工工艺要求的前提下，选择最佳砂率。最佳砂率的评定标准为：骨料分离少；在固定水胶比及用水量条件下，拌和物VC值小，混凝土密度大、强度高。

粗骨料最佳级配应通过试验确定。当无试验资料时，可按表5.4－16选取。

表 5.4－16　　粗骨料级配初选表

级配	粗骨料最大粒径（mm）	卵石（小：中：大）	碎石（小：中：大）
二	40	40：60：—	40：60：—
三	80	30：40：30	30：40：30

注　表中比例为质量比。

(6) 计算配合比。

1) 胶材用量计算。碾压混凝土的胶凝材料用量 (m_c+m_p)、水泥用量 m_c 和掺合料用量 m_p 按下式计算:

$$m_c+m_p=\frac{m_w}{\dfrac{W}{C+P}} \tag{5.4-9}$$

$$m_c=(1-P_m)(m_c+m_p) \tag{5.4-10}$$

$$m_p=P_m(m_c+m_p) \tag{5.4-11}$$

式中 m_c——每立方米碾压混凝土水泥用量,kg;

m_p——每立方米碾压混凝土掺合料用量,kg;

m_w——每立方米碾压混凝土用水量,kg;

P_m——掺合料掺量;

$\dfrac{W}{C+P}$——水胶比。

大体积永久性建筑物碾压混凝土的胶凝材料用量不宜低于 130kg/m^3。

2) 砂、石料用量计算。砂、石料用量由已确定的用水量、胶凝材料用量和砂率,根据绝对体积法计算。

每立方米碾压混凝土中砂、石的绝对体积为

$$V_{s,g}=1-\left(\frac{m_w}{\rho_w}+\frac{m_c}{\rho_c}+\frac{m_p}{\rho_p}+\alpha\right) \tag{5.4-12}$$

砂料用量:

$$m_s=V_{s,g}S_v\rho_s \tag{5.4-13}$$

石料用量:

$$m_g=V_{s,g}(1-S_v)\rho_g \tag{5.4-14}$$

式中 $V_{s,g}$——砂、石的绝对体积,m^3;

m_w——每立方米碾压混凝土用水量,kg;

m_c——每立方米碾压混凝土水泥用量,kg;

m_p——每立方米碾压混凝土掺合料用量,kg;

m_s——每立方米碾压混凝土砂料用量,kg;

m_g——每立方米碾压混凝土石料用量,kg;

α——碾压混凝土含气量;

S_v——体积砂率;

ρ_w——水的密度,kg/m^3;

ρ_c——水泥密度,kg/m^3;

ρ_p——掺合料密度,kg/m^3;

ρ_s——砂料饱和面干表观密度,kg/m^3;

ρ_g——石料饱和面干表观密度,kg/m^3。

各级石料用量按选定的级配比例计算。

3) 列出碾压混凝土各组成材料的计算用量和比例(碾压混凝土配合比表)。由用水量、水泥用量、掺合料用量以及引入的气体所组成的浆体必须填满砂的所有空隙,并包裹所有的砂。灰浆/砂浆体积比宜在 0.38~0.46。层面结合性能要求高者宜选用高值。对坝高 200m 以上的碾压混凝土重力坝灰浆/砂浆体积比不宜低于 0.42。

(7) 配合比的试配、调整和确定。

1) 试配。试配时,每盘碾压混凝土的最小拌和量应符合表 5.4-17 的规定,且其拌和量不宜小于搅拌机额定拌和量的 1/4。

表 5.4-17　碾压混凝土试配的最小拌和量

骨料最大粒径 (mm)	拌和物数量 (L)
40	25
80	40

按计算的配合比进行试拌,根据工作度、含气量、可碾压性等情况判断碾压混凝土拌和物的工作性,对初步确定的用水量、砂率、外加剂掺量等进行适当调整。

2) 调整。

a. 检验工作度是否满足设计工作度要求。如实测工作度与要求值不符,则应调整用水量:

$$W_1=W\pm\Delta W \tag{5.4-15}$$

式中 W——初选用水量,kg/m^3;

W_1——调整用水量,kg/m^3;

ΔW——用水量修正值,工作度每增减 2s,用水量减增 3kg/m^3。

b. 根据碾压混凝土表面泛浆外观评定碾压混凝土可碾压性。

碾压混凝土工作度评定必须达到优良级,即试验容器内碾压混凝土表面在规定工作度值时间内充分泛浆,从试验容器中倒出的拌和物密实、不分离。

c. 检测试配碾压混凝土含气量。

当碾压混凝土含气量达到预定值 (α) 时,推估满足抗冻等级。实测含气量比预定含气量超出 ±1% 时,应重新调整引气剂剂量。按式 (5.4-16) 计算:

$$\Delta_2=\frac{\alpha\Delta_1}{\alpha_1} \tag{5.4-16}$$

式中 α——含气量目标值;

Δ_1——初始引气剂的剂量;

α_1——实测含气量;

Δ_2——重新调整的引气剂剂量。

d. 按调整后的用水量,重新进行配合比计算,计算出调整后的碾压混凝土各组分材料用量。再次进行试拌,直至满足要求。实测每立方米碾压混凝土拌和物的质量 ($m_{c,t}$),并计算每立方米碾压混凝土拌和物质量的计算值 ($m_{c,c}$)。按式 (5.4-17) 计算配合比校正系数:

$$\delta = \frac{m_{c,t}}{m_{c,c}} \qquad (5.4-17)$$

按校正系数，对计算配合比中每项材料用量乘以校正系数（δ），即得出每立方米碾压混凝土各组分材料的实际用量。

3）确定。当有抗渗、抗冻等其他技术指标要求时，则用满足抗压强度要求的设计配合比，进行相关性能试验。如不满足要求，应对配合比进行适当调整，直到满足设计要求。

2. 经验筛选法

经验筛选法的特点是：通过对多个工程大量试验数据的统计分析，建立数学模型，计算初选配合比，简便易行，其适用于在工程前期研究阶段采用。

（1）基本条件。大坝碾压混凝土配合比设计试验数据和结果具有如下规律：其一，碾压混凝土原材料和配合比设计性能之间存在一个优化区间；其二，影响碾压混凝土施工和易性的参数比影响硬化混凝土性能的参数敏感。本方法的基本条件是：

1）规定水泥采用42.5普通硅酸盐水泥或中热硅酸盐水泥。

2）掺合料首选粉煤灰，当采用其他掺合料时可以修正。

3）规定骨料采用人工砂和碎石，最大骨料粒径80mm，三级配碾压混凝土。

4）碾压混凝土拌和物的工作度为5±2s。

（2）配合比设计路线。

1）确定设计龄期配制强度和28d龄期相应抗压强度。根据设计龄期（t_1），抗压强度标准值（f'_c）和强度保证率（P），代入式（5.4－18）得到设计龄期配制强度（$f_{c\gamma}$）：

$$f_{c\gamma} = f'_c + t\sigma \qquad (5.4-18)$$

式中　t——强度保证率系数；

σ——强度标准差，假定$\sigma=4.5\text{MPa}$。

当强度保证率$P=80\%$时，$t=0.84$；强度保证率$P=90\%$时，$t=1.28$。

28d龄期相应抗压强度由式（5.4－19）求得：

$$f_{28} = \frac{f_{c\gamma}}{1+0.325\ln\left(\frac{t_1}{28}\right)} \qquad (5.4-19)$$

2）由28d龄期相应抗压强度推算配合比设计灰水比$\frac{C}{W}$。配合比设计灰水比$\frac{C}{W}$由式（5.4－20）求得：

$$\frac{C}{W} = \frac{f_{28}-3.92}{21.43} \qquad (5.4-20)$$

3）石料用量（G）。根据骨料最大粒径（$D_{\max}$）、砂料细度模数（FM），计算石料填充体积（V_g），见式（5.4－21）：

$$V_g = 109 - 10FM \qquad (5.4-21)$$

当提供振实密度（ρ_g）参数时，将V_g代入式（5.4－22）得石料用量（G）：

$$G = \rho_g V_g \qquad (5.4-22)$$

当没有提供石料振实密度（ρ_g）时，按石料用量$G=1500\text{kg/m}^3$计算。

4）用水量估算。根据人工骨料所选原岩的性质，初定用水量（W_0），见表5.4－18。以初定用水量（W_0）为基准，考虑工作度、砂细度模数和掺合料品质不同而加以修正。外加剂采用厂家推荐掺量：

$$W = W_0 + a + b + c \qquad (5.4-23)$$

式中　W——实际用水量，kg/m^3；

a——工作度（VC值）修正量；

b——砂细度模数修正量；

c——掺合料品质修正量。

表5.4－18　初定用水量表

原岩类别	初定用水量W_0（kg/m^3）
石灰岩	76
玄武岩	79
花岗岩	82

按提出的要求工作度与设定工作度5～7s对比，选取工作度（VC值）修正量，见表5.4－19。

表5.4－19　工作度（VC值）修正量表

分级的工作度（VC值）（s）	修　正　量
3～5 5～7 7～9	以设定工作度（VC值）5～7s为基准，工作度（VC值）每增减一级，用水量减增3kg/m^3（减少用水量时以负号代入公式）

按提出的砂细度模数（FM）与设定砂细度模数（$FM=2.70$）对比，选取砂细度模数（FM）修正量，见表5.4－20。

表5.4－20　砂细度模数（FM）修正量表

细度模数分级	修　正　量
2.40 2.60 2.80 3.00	以案例实际细度模数$FM=2.70$为基准，每增减细度模数一级，用水量减增3kg/m^3（减少用水量时以负号代入公式）

以Ⅰ级粉煤灰为基准，按输入的掺合料品质进行掺合料品质修正量选取，见表5.4－21。

表 5.4-21 掺合料品质修正量表

掺合料品质	修正量
Ⅰ级粉煤灰	基准
Ⅱ级粉煤灰	用水量增加 $3kg/m^3$
火山灰质材料	用水量增加 $7kg/m^3$

5）计算水泥用量（C）。将灰水比 $\left(\frac{C}{W}\right)$ 和用水量（W）代入式（5.4-24）求得水泥用量（C）：

$$C=\frac{C}{W}W \tag{5.4-24}$$

6）计算掺合料用量（F）和校验水胶比 $\left(\frac{W}{C+F}\right)$。水泥用量多少决定了碾压混凝土强度，而掺合料用量（F）主要用于改善碾压混凝土的可碾性和密实性。

按要求的设计标号或强度等级，从表 5.4-22 选取胶材用量（$B=C+F$），并按式（5.4-25）计算掺合料用量（F），按式（5.4-26）计算掺合料掺量（Z）。

$$F=B-C \tag{5.4-25}$$

$$Z=\frac{F}{B} \tag{5.4-26}$$

按要求的抗冻性等级，校验水胶比是否满足规范要求，见表 5.4-23。

表 5.4-22 胶材用量选取表

设计标号	胶材用量 B（kg/m^3）
$R_{90-180}>300$	190
R_{90-180} 250～300	180
R_{90-180} 200～250	170
R_{90-180} 150～200	160
$R_{90-180}<150$	150

表 5.4-23 抗冻等级要求最大水胶比

抗冻等级	F300	F200	F150	F100	F50
要求水胶比 $\frac{W}{B}$	<0.45	<0.50	<0.52	<0.55	<0.60

水胶比 $\frac{W}{B}$ 按式（5.4-27）计算：

$$\frac{W}{B}=\frac{W}{C+F} \tag{5.4-27}$$

如果水胶比大于表 5.4-23 的规定值，则应按规定水胶比，用水量（W）不变，重新计算胶材用量（B）、掺合料用量（F）和掺合料掺量（Z）。

7）计算砂料用量（S）和校验最优砂率。砂料用量（S）按式（5.4-28）计算：

$$S=\rho_s\left[1-\left(\frac{C}{\rho_c}+\frac{F}{\rho_f}+\frac{G}{\rho_g}+W\right)-\alpha\right] \tag{5.4-28}$$

式中 C、F、G、W——水泥、掺合料、石料用量和实际用水量，按以上各公式计算值，kg/m^3；

ρ_c、ρ_f、ρ_s、ρ_g——水泥密度、掺合料密度、砂料表观密度、石料表观密度，按材料给定值选取，kg/m^3；

α——含气量，根据抗冻等级选用，见表 5.4-24；

S——砂料用量，kg/m^3。

表 5.4-24 含气量选用表

最大骨料粒径 D_{max}（mm）		80
α 值（%）	≥F150	4.0～5.0
	<F150	3.0～4.0

按式（5.4-29）计算砂率（SR）：

$$SR=\frac{S}{S+G} \tag{5.4-29}$$

按表 5.4-25 检验砂率（SR）是否在最优砂率范围内。

表 5.4-25 最优砂率检验表

最大骨料粒径 D_{max}（mm）		80
骨料品种	人工骨料	0.30～0.34

8）初选配合比。碾压混凝土设计要求和初选配合比参数列入表 5.4-26。

表 5.4-26 配合比参数表

碾压混凝土设计要求				配合比参数					
标号	抗冻等级	抗渗等级	工作度（s）	水灰比 $\frac{W}{C}$	水胶比 $\frac{W}{C+F}$	砂率 $\frac{S}{S+G}$	粉煤灰掺量 $\frac{F}{C+F}$	减水剂品种及掺量	引气剂品种及掺量
								品种： 掺量：	品种： 掺量：

每立方米混凝土材料用量列入表 5.4-27。

表 5.4-27　　材料用量表　　单位：kg

水	水泥	掺合料	砂料	石料	减水剂	引气剂
W	C	F	S	G		

注　1. 粗骨料级配为（40～80）：（20～40）：（5～20）＝30：40：30。
2. 砂、石料质量以饱和面干质量为准。

（3）试配调整。初选配合比进行试配调整，主要解决三个问题：碾压混凝土拌和物的可碾压性；碾压混凝土实有抗压强度；碾压混凝土的含气量。

由测定碾压混凝土拌和物工作度（VC）值和外观形态来评定。如实测工作度与要求值不符，则应调整用水量。由工作度试验，根据碾压混凝土表面泛浆外观评定碾压混凝土的可碾压性。按调整用水量（W_1），重新返回进行材料用量修正。

大体积混凝土结构物设计采用后期强度（龄期 90d 或 180d），利用成型部分早期强度（龄期 7d 和 28d），以校验设计标号是否满足要求。龄期 7d 抗压强度按式（5.4-30）推算：

$$R_{C7} = 0.62\left[21.43\frac{C}{W} + 3.92\right] \qquad (5.4-30)$$

实测 7d 试件抗压强度（R_7）大于或等于公式推算 R_{C7}，即 $R_7 \geqslant R_{C7}$；实测 28d 抗压强度 R_{28} 大于或等于 f_{28}，即 $R_{28} \geqslant f_{28}$，则认可混凝土抗压强度达到设计标号。

当碾压混凝土含气量达到预定值（α）时（见表 5.4-24），推算满足抗冻等级。实测含气量比预定含气量超出±1%时，应重新调整引气剂剂量。

3. 国内已建碾压混凝土坝配合比

国内已建部分坝高在 100m 以上的碾压混凝土坝所用的配合比参数及单方材料用量列入表 5.4-28 和表 5.4-29，以供参考。

5.4.2.3　变态混凝土配合比

1. 变态混凝土配合比设计

（1）浆液配制及用水量确定。加浆材料由水泥、掺合料、外加剂加水经机械搅拌而成浆液。浆液应具有良好的流动性、体积稳定性和抗离析性。

1）加浆材料选用。

a. 水泥选用强度等级为 42.5 的中热硅酸盐水泥或普通硅酸盐水泥。

b. 掺合料首选Ⅰ级粉煤灰或需水量比较低者。

c. 外加剂泌水小、沉降少、静止时间长，并具有增强性能。

2）浆液配合比设计。

a. 浆液水灰比与基材碾压混凝土水灰比相近，当水灰比大于 1.0 时选用 1.0。

b. 浆液原材料中的水泥、掺合料和外加剂选定后，用水量由浆液流动度试验确定。

c. 掺合料用量按绝对体积法计算：

$$F_p = \rho_f\left(1 - \frac{W_p}{\rho_w} - \frac{C_p}{\rho_c}\right) \qquad (5.4-31)$$

式中　F_p——浆液掺合料用量，kg/m³；
W_p——浆液用水量，kg/m³；
C_p——浆液水泥用量，kg/m³；
ρ_w、ρ_c、ρ_f——水、水泥和掺合料密度，kg/m³。

d. 外加剂掺量，选用厂家推荐掺量，或进行浆液流动度试验时由试验确定。

（2）加浆率确定。加浆率（浆液量占变态混凝土的体积比率）和加浆方法由加浆仿真试验的浆液振动液化形态和泛浆时间确定。从国内各工程已采用的加浆方法看，有底层、中间层和造孔三种加浆方法。

（3）变态混凝土（GEV—RCC）配合比计算。变态混凝土配合比是将两种已拌制好的基材（碾压混凝土和浆液）通过加浆振动的方法使浆液液化，形成变态混凝土。当加浆率（β）确定后，可按式（5.4-32）计算变态混凝土各组分材料用量：

$$\left.\begin{aligned} W &= \beta W_p + (1-\beta)W_R \\ C &= \beta C_p + (1-\beta)C_R \\ F &= \beta F_p + (1-\beta)F_R \\ S &= (1-\beta)S_R \\ G &= (1-\beta)G_R \\ A &= \beta A_p + (1-\beta)A_R \end{aligned}\right\} \qquad (5.4-32)$$

式中　W、W_p、W_R——变态混凝土、浆液和碾压混凝土用水量，kg/m³；
C、C_p、C_R——变态混凝土、浆液和碾压混凝土水泥用量，kg/m³；
F、F_p、F_R——变态混凝土、浆液和碾压混凝土掺合料用量，kg/m³；
S、S_R——变态混凝土和碾压混凝土砂用量，kg/m³；
G、G_R——变态混凝土和碾压混凝土石用量，kg/m³；
A、A_p、A_R——变态混凝土、浆液和碾压混凝土的外加剂用量，kg/m³；
β——加浆率。

（4）试拌和调整。试验室拌制变态混凝土的方法是将两种基材（碾压混凝土和浆液）按确定的加浆率和拌和量分别拌制成基材，再在钢板上进行混拌，拌制成变态混凝土。然后，测定变态混凝土的坍落度、含气量和标准试件抗压强度。

表 5.4-28 碾压混凝土坝体内部三级配碾压混凝土配合比

坝名	建成时间	强度等级	水胶比	用水量 (kg/m³)	水泥用量 (kg/m³)	粉煤灰用量 (kg/m³)	粉煤灰掺量 (%)	砂率 (%)	骨料组合比 (大：中：小)	减水剂 (%)	引气剂 (%)	VC 值 (s)	备注
天生桥二级	1984 年	$C_{90}15W4$	0.55	77	56	84	60	34	30：40：30	0.40	—	15±5	52.5 普通硅酸盐水泥
普定	1993 年	$C_{90}15$	0.55	84	54	99	65	34	30：40：30	0.85	—	10±5	灰岩骨料
江垭	1999 年	$C_{90}15W8F50$	0.58	93	64	96	60	33	30：30：40	0.40	—	7±4	木钙
棉花滩	2001 年	$C_{180}15W2F50$	0.60	88	59	88	60	34	30：40：30	0.60	—	5～8	
龙首一级	2001 年	$C_{90}15W6F100$	0.48	82	60	111	65	30	35：35：30	0.90	0.045	5～7	天然骨料
石门子	2001 年	$C_{90}15W6F100$	0.55	88	56	104	65	31	35：35：40	0.95	0.010	6	天然骨料
大朝山	2002 年	$C_{90}15W4F25$	0.48	80	67	100	60	34	30：40：30	0.75	—	3～10	凝灰岩＋磷矿渣
索风营	2005 年	$C_{90}15W6F50$	0.55	88	64	96	60	32	35：35：30	0.80	0.012	3～8	灰岩骨料
百色	2006 年	$C_{180}15W2F50$	0.60	96	59	101	63	34	30：40：30	0.80	0.015	3～8	辉绿岩骨料
大花水	2006 年	$C_{90}15W6F50$	0.55	87	71	87	55	33	40：30：30	0.70	0.020	3～5	灰岩骨料
光照	2009 年	$C_{90}20W6F100$	0.48	76	71	87	55	32	35：35：30	0.70	0.20	4	灰岩骨料
龙滩 RⅠ 高程 250.00m 以下	2009 年	$C_{90}20W6F100$	0.42	84	90	110	55	33	30：40：30	0.60	0.020	5～7	灰岩骨料
龙滩 RⅡ 高程 250.00～342.00m		$C_{90}15W6F100$	0.46	83	75	105	58	33	30：40：30	0.60	0.020	5～7	
思林	2010 年	$C_{90}15W6F50$	0.50	83	66	100	60	33	35：35：30	0.70	0.015	3～5	

注 本表摘自《水工混凝土配合比设计规程》（DL/T 5330—2005）。

表 5.4-29 碾压混凝土坝体迎水面二级配碾压混凝土配合比

坝名	建成时间	强度等级	水胶比	用水量 (kg/m³)	水泥用量 (kg/m³)	粉煤灰用量 (kg/m³)	粉煤灰掺量 (%)	砂率 (%)	石子组合比 (中：小)	减水剂 (%)	引气剂 (%)	VC值 (s)	备注
普定	1993年	C_{90}20W8F100	0.50	94	85	103	55	38	60：40	0.85	—	10±5	
江垭	1999年	C_{90}20W12F100	0.53	103	87	107	55	36	55：45	0.50	—	7±4	木钙
棉花滩	2001年	C_{180}20W8F50	0.55	100	82	100	55	38	50：50	0.60	—	5～8	
龙首一级	2001年	C_{90}20W8F300	0.43	88	96	109	53	32	60：40	0.70	0.050	6	天然骨料
石门子	2001年	C_{90}20W8F100	0.50	95	86	104	55	31	60：40	0.95	0.010	6	天然骨料
大朝山	2002年	C_{90}20W8F50	0.50	94	94	94	50	37	50：50	0.70	—	3～10	凝灰岩＋磷矿渣
索风营	2005年	C_{90}20W8F100	0.50	94	94	94	50	38	60：40	0.80	0.012	3～8	石灰岩
百色	2006年	C_{180}20W10F50	0.50	108	91	125	58	38	55：45	0.80	0.015	3～8	
大花水	2006年	C_{90}20W8F100	0.50	98	98	98	50	38	60：40	0.70	0.020	3～5	
光照	2009年	C_{90}20W12F100	0.45	86	105	86	45	38	55：45	0.70	0.025	4	
龙滩	2009年	C_{90}20W12F150	0.42	100	100	140	58	39	60：40	0.60	0.020	5～7	
思林	2010年	C_{90}20W8F100	0.48	95	89	109	55	39	55：45	0.70	0.020	3～5	

注 本表摘自《水工混凝土配合比设计规程》(DL/T 5330—2005)。

变态混凝土坍落度控制值为 10～30mm，含气量控制值为 3%～5%，抗压强度不得低于设计龄期碾压混凝土基体配制强度。当坍落度超出控制值时，应增减加浆率；含气量达不到控制值时，应增减引气剂掺量；抗压强度不满足要求时，应减小浆液水灰比。

2. 龙滩大坝上游面变态混凝土配合比实例

龙滩大坝上游面变态混凝土浆液配合比、浆液性能及变态混凝土配合比情况分别见表 5.4-30、表 5.4-31 和表 5.4-32。

表 5.4-30　　龙滩坝上游面变态混凝土浆液配合比

试验编号	外加剂		浆液材料单位用量（kg/m³）			Marsh 流动度（s）
	品名	掺量（%）	水	水泥	粉煤灰	
LT—43	JM—2	0.5	480	480	888	8.5

表 5.4-31　　浆液抗压强度、静置稳定性和凝结时间测定结果

试验编号	抗压强度（MPa）			不同静置时间的流动度（s）				凝结时间（h：min）	
	7d	28d	90d	0h	2h	4h	6h	初凝	终凝
LT—43	8.6	20.8	32.3	8.5	8.1	7.1	6.3	46：30	50：30

表 5.4-32　　龙滩坝上游面变态混凝土配合比及性能试验结果

水胶比	变态混凝土材料单位用量（kg/m³）						坍落度（mm）	含气量（%）	90d 抗压强度（MPa）
	水	水泥	粉煤灰	砂	石	外加剂			
0.41	102	110	139	782	1302	1.48	25	2.7	38.8

5.4.3 碾压混凝土主要性能参数

5.4.3.1 碾压混凝土主要性能

碾压混凝土主要性能包括：①力学性能：抗压强度、抗拉强度。②变形性能：压缩弹性模量、极限拉伸和徐变。③耐久性能：渗透性、抗冻性。

1. 力学性能

（1）抗压强度。抗压强度有标准立方体抗压强度和标准圆柱体抗压强度之分，标准圆柱体抗压强度约为标准立方体抗压强度的 0.83 倍。

我国采用的设计强度等级或标号是指标准立方体抗压强度，即 150mm×150mm×150mm 立方体试件在标准养护和试验条件下测定的抗压强度，是混凝土结构设计的重要指标，也是混凝土配合比设计的重要参数。

碾压混凝土性能受诸多因素影响，如灰水比、水胶比、用水量、砂率、骨料种类、掺合料及外加剂的品质与掺量等。在上述影响因素中，碾压混凝土抗压强度主要取决于灰水比，如图 5.4-1 所示。28d 龄期碾压混凝土抗压强度与灰水比 $\frac{C}{W}$ 经验关系式为

$$\left.\begin{aligned} R_{C\cdot 28} &= 21.43\frac{C}{W}+3.92 \\ r^2 &= 0.938 \end{aligned}\right\} \quad (5.4-33)$$

式中 $R_{C\cdot 28}$——28d 龄期抗压强度，MPa；

$\frac{C}{W}$——碾压混凝土的水泥用量（C）与用水量（W）的比值；

r——相关系数。

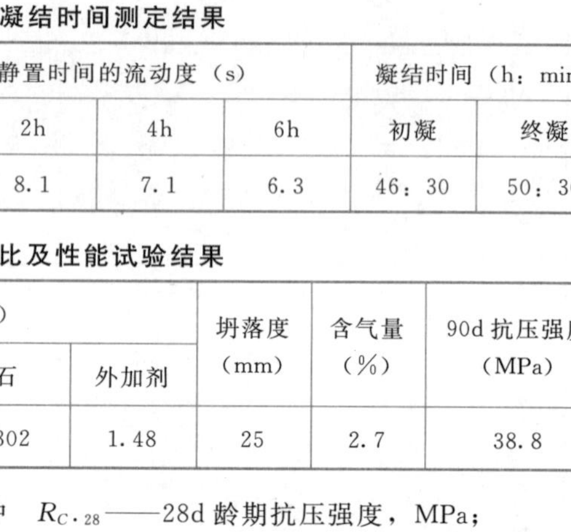

图 5.4-1　碾压混凝土抗压强度与灰水比关系

——坝 1：42.5 普通硅酸盐水泥

———坝 2：42.5 中热硅酸盐水泥

当已知碾压混凝土的灰水比 $\frac{C}{W}$，由式（5.4-34）计算得 28d 龄期抗压强度，或实测 28d 龄期试件

抗压强度。则不同龄期碾压混凝土抗压强度可由式（5.4-34）计算：

$$R_{C\cdot t}=\left[1+m\ln\left(\frac{t}{28}\right)\right]R_{C\cdot 28} \quad (5.4-34)$$

式中 $R_{C\cdot t}$——t 龄期抗压强度，MPa；

$R_{C\cdot 28}$——28d 龄期抗压强度，MPa；

t——龄期（7～180d），d；

m——经验系数。

经验系数（m）与粉煤类品质和掺量有关，采用Ⅰ级粉煤灰可按表 5.4-33 选取。

表 5.4-33 Ⅰ级粉煤灰经验系数（m）选用表

粉煤灰掺量（%）	0	20～30	30～40	40～50	50～60
m	0.160	0.250	0.300	0.315	0.330

（2）抗拉强度。轴向拉伸试验采用直接拉伸试件的方法测定抗拉强度、极限拉伸值和拉伸弹性模量，大坝结构应力和温度应力计算，采用轴向抗拉强度作为抗拉强度设计指标。

试验表明，碾压混凝土轴拉强度测值主要取决于灰水比。轴拉强度与灰水比 $\frac{C}{W}$ 的关系式为

$$\left.\begin{aligned}R_{t\cdot 28}&=1.68\frac{C}{W}+0.41\\ r^2&=0.997\end{aligned}\right\} \quad (5.4-35)$$

式中 $R_{t\cdot 28}$——28d 龄期轴拉强度，MPa；

$\frac{C}{W}$——水泥用量（C）与用水量（W）的比值；

r——相关系数。

粉煤灰掺量为 50%～60%时，不同龄期的碾压混凝土轴拉强度可用式（5.4-36）表示：

$$\left.\begin{aligned}R_{t\cdot t}&=\left[1+0.378\ln\left(\frac{t}{28}\right)\right]R_{t\cdot 28}\\ r^2&=0.994\end{aligned}\right\} \quad (5.4-36)$$

式中 $R_{t\cdot t}$——t 龄期轴拉强度，MPa；

$R_{t\cdot 28}$——28d 龄期轴拉强度，MPa；

t——龄期（7～180d），d；

r——相关系数。

劈拉强度是用非直接法测定的碾压混凝土抗拉强度。由于劈拉强度试验简单、快捷，且与轴拉强度有较好的相关性，因此，可以由实测的劈拉强度，测算出轴拉强度。国内外研究成果表明，实测混凝土轴心抗拉强度一般为劈拉强度的 0.85～0.9 倍。

2. 变形性能

（1）压缩弹性模量。碾压混凝土弹性模量很大程度上取决于骨料的弹性模量，且随着灰水比的增大而增大，灰水比相同时，随着粉煤灰掺量的增加而降低。一般说来，较高强度的碾压混凝土有较高的弹性模量，强度增加，弹性模量也随之增加，但其增加量不呈线性关系。

试验表明，28d 龄期碾压混凝土弹性模量与灰水比 $\frac{C}{W}$ 的统计关系如下：

$$\left.\begin{aligned}E_{28}&=36.19\frac{C}{W}+0.647\\ r^2&=0.986\end{aligned}\right\} \quad (5.4-37)$$

式中 E_{28}——28d 龄期弹性模量，GPa；

$\frac{C}{W}$——灰水比；

r——相关系数。

碾压混凝土弹性模量随龄期的增长而增加，至 90d 以后，增长放缓，比抗压强度的增长率低。掺加 50%～60%粉煤灰的碾压混凝土，弹性模量与龄期增长关系如式（5.4-38）：

$$E_t=\left[1+0.14\ln\left(\frac{t}{28}\right)\right]E_{28} \quad (5.4-38)$$

式中 E_t——t 龄期弹性模量，GPa；

E_{28}——28d 龄期弹性模量，GPa；

t——龄期（7～180d），d。

（2）极限拉伸值。极限拉伸值是指拉伸荷载—应变曲线上的极限荷载所对应的拉应变，是大体积混凝土结构温度应力计算的重要参数。试验表明，28d 龄期碾压混凝土极限拉伸值与灰水比 $\frac{C}{W}$ 的统计关系式如下：

$$\left.\begin{aligned}\varepsilon_{28}&=34.63\frac{C}{W}+32.25\\ r^2&=0.917\end{aligned}\right\} \quad (5.4-39)$$

式中 ε_{28}——28d 龄期极限拉伸值，10^{-6}；

$\frac{C}{W}$——灰水比；

r——相关系数。

碾压混凝土的极限拉伸值随着龄期的增长而增加，其增长率与掺合料的品种和掺量有关。掺加 50%～60%粉煤灰的碾压混凝土，极限拉伸值与龄期增长关系见式（5.4-40）：

$$\varepsilon_t=\left[1+0.2236\ln\left(\frac{t}{28}\right)\right]\varepsilon_{28} \quad (5.4-40)$$

式中 ε_t——t 龄期极限拉伸值，10^{-6}；

ε_{28}——28d 龄期极限拉伸值，10^{-6}；

t——龄期（7～180d），d。

（3）徐变。碾压混凝土结构在荷载作用不变的情况下，其应变随着持荷时间的增长而增大，此种应变称为徐变。徐变可视为超出初始瞬时弹性应变的应变增量。大坝混凝土的徐变还要求试件的湿度不与周围

介质发生湿交换，即试验在绝湿条件下进行。

试验表明，碾压混凝土徐变大小与单位体积混凝土灰浆量有关，灰浆用量多时，徐变大；骨料的性质明显改变碾压混凝土的徐变，用弹性模量高的骨料拌制的碾压混凝土，其徐变低。

根据 Davis—Glanville 法则，持荷应力在极限强度的30%～40%，徐变与应力呈线性关系，可以用单位应力的徐变表示徐变的特性，称为徐变度，即 $C(t,\tau)$，徐变度是龄期（t）和加荷龄期（τ）的函数，其单位为 10^{-6}/MPa。

建立徐变度—历时数学模型应符合碾压混凝土的徐变规律，大量试验数据统计分析表明，指数型表达式与试验数据较为吻合。

$$C(T,\tau)=g(\tau)(1-e^{a}) \quad (5.4-41)$$

$$a=-r(\tau)(t-\tau)^{b(\tau)} \quad (5.4-42)$$

式中　$g(\tau)$——徐变度—历时过程线的最终徐变度；

$r(\tau)$、$b(\tau)$——徐变度增长速率；

$(t-\tau)$——持荷时间。

对每一个加荷龄期有一个与其相对应的 $g(\tau)$、$r(\tau)$、$b(\tau)$ 和一条徐变度—历时过程线。徐变度 $C(t,\tau)$ 不仅与加荷龄期（τ）有关，而且与持荷时间 $(t-\tau)$ 有关。

岩滩大坝碾压混凝土配合比采用水泥用量为 47kg/m³，粉煤灰用量为 101kg/m³，用水量为 89kg/m³，石灰岩人工砂用量为 669kg/m³，石灰岩碎石用量为 1629kg/m³。不同加荷龄期的徐变度—历时过程线测试结果如图 5.4-2 所示。根据岩滩坝碾压混凝土徐变度试验数据，采用最小二乘法进行统计分析，得到碾压混凝土徐变度与持荷时间关系表达式为式（5.4-43）和式（5.4-44）：

$$C(t,\tau)=206.04\tau^{-0.517}(1-e^{a}) \quad (5.4-43)$$

$$a=-0.709\tau^{-0.249}(t-\tau)^{\frac{0.517\tau}{4.03+\tau}} \quad (5.4-44)$$

式中　τ——加荷龄期，3d、7d、28d、90d 和 360d；

t——龄期，d。

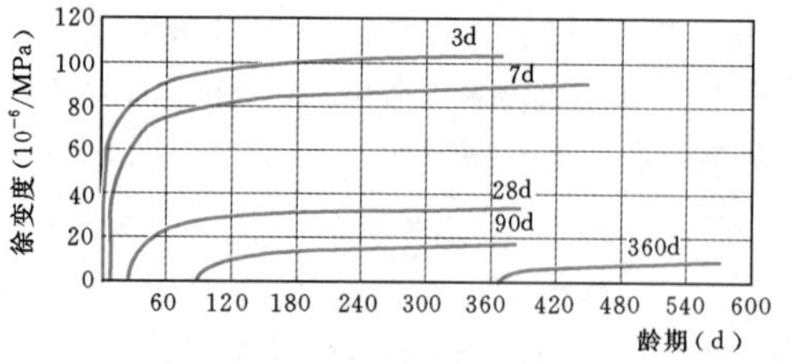

图 5.4-2　岩滩坝碾压混凝土实测徐变度过程线

3. 耐久性能

（1）渗透性。碾压混凝土渗透性评定方法有两种：我国采用抗渗等级评定标准，欧美和日本等国家采用渗透系数评定标准。

抗渗等级评定是根据作用水头（H）与建筑物最小厚度（L）的比值，对碾压混凝土提出相应的抗渗等级要求，见表 5.4-34。

表 5.4-34　抗渗等级的最小容许值

$\frac{H}{L}$	<10	$10\leqslant\frac{H}{L}<30$	$30\leqslant\frac{H}{L}<50$	≥50
抗渗等级	W4	W6	W8	W10

碾压混凝土的抗渗等级随水胶比减小和胶材用量增加而增大。我国大坝碾压混凝土配合比采用高掺粉煤灰设计理念，胶材用量高于 150kg/m³，使用高效减水剂用水量低于 100kg/m³，故其抗渗等级均高于 W10。

渗透系数反映材料透水率的大小，其值愈大，表示渗透率愈大，反之，则渗透率愈小。

碾压混凝土渗透系数与水胶比和胶材用量密切相关，对有抗渗要求的混凝土，水胶比不宜大于 0.55。据统计，不同胶材用量的碾压混凝土渗透系数如下：胶材用量低于 100kg/m³ 的碾压混凝土，渗透系数约为 10^{-4}～10^{-9}m/s；胶材用量为 120～130kg/m³ 的碾压混凝土，渗透系数为 10^{-7}～10^{-10}m/s；胶材用量高于 150kg/m³ 的碾压混凝土，渗透系数为 10^{-10}～10^{-13}m/s。

（2）抗冻性。大坝碾压混凝土应根据气候分区、冻融循环次数、表面局部小气候条件、水饱和程度、结构构件重要性和检修的难易程度等因素，按《水工建筑物抗冰冻设计规范》（DL/T 5082—1998）的规定选用抗冻等级。

试验表明，提高碾压混凝土抗冻性的有效方法是掺加品质优良的引气型外加剂。碾压混凝土配合比优选时，需要把握以下三个参数：其一是新拌碾压混凝土的含气量，按《水工混凝土试验规程》（SL 352—2006）方法测定含气量，宜控制在 3.5%～4.5%，不应大于 5%；其二是使用优质引气剂，在含气量基本相同的条件下，引入的气泡性质对提高抗冻性有显著的影响，泡径约为 20～200μm，泡径愈小、数量愈多和体积愈稳定，其抗冻等级愈高；其三是严格限制碾压混凝土水胶比，在含气量基本相同情况下，水胶比增大会使碾压混凝土中小于 100μm 气泡数量减少，气泡间距系数增大，因而碾压混凝土抗冻性下降，水胶比的限值见表 5.4-35。

表 5.4-35　有抗冻性要求的碾压混凝土水胶比限值

抗冻等级	F300	F200	F150	F100	F50
水胶比	<0.45	<0.50	<0.52	<0.55	<0.60

表 5.4-36 典型工程碾压混凝土坝设计指标、原材料品质和配合比（三级配）主要参数[①]

工程名称	坝高(m)	部位	设计指标	用水量(kg/m³)	砂率(%)	水泥用量(kg/m³)	胶材用量(kg/m³)	水泥	掺合料	砂	石
龙滩	192.0	坝内下部	C_{90}25W12F100	72	32.9	80.0	170.0	42.5中热硅酸盐水泥	Ⅰ级粉煤灰，需水量比94%	石灰岩人工砂，石粉含量为16%～18%，细度模数为2.72	石灰岩碎石
		坝内中部	C_{90}20W12F100	72	33.2	70.0	160.0				
景洪	108.0	坝内	R_{90}150W4F50	75	30.7	65.0	189.6	42.5普通硅酸盐水泥	磨细矿渣50%+石灰石粉50%，需水量比98%，比表面积330m²/kg，以6%石粉代砂	天然河砂，细度模数为2.77，过0.16m筛微粒含量为2.8%	河卵石
龙开口	119.0	坝内上部（1）	C_{90}15W6F100	85	35.0	61.8	154.6	42.5普通硅酸盐水泥	Ⅱ级粉煤灰，需水量比98%	玄武岩人工砂，细度模数为2.78，石粉含量为17%	玄武岩碎石
		坝内下部（1）	C_{90}20W6F100	85	34.0	68.0	170.0				
		坝内上部（2）	C_{90}15W6F100	85	35.0	61.8	154.6			白云岩人工砂，细度模数为2.65，石粉含量为18%	白云岩碎石
		坝内下部（2）	C_{90}20W6F100	85	34.0	68.0	170.0				
金安桥	160.0	坝内上部（1）	C_{90}15W6F100	82	31.5	66.0	164.0	42.5普通硅酸盐水泥	Ⅱ级粉煤灰50%+石灰石粉50%，粉煤灰需水量比101%，石粉需水量比99%	玄武岩人工砂，细度模数为2.41，石粉含量为13.7%	玄武岩碎石
		坝内下部（1）	C_{90}20W6F100	81	31.5	72.0	180.0				
		坝内上部（2）	C_{90}15W6F100	78	31.5	62.0	155.0		磷渣粉40%+石灰石粉60%，磷渣粉需水量比98%，石粉需水量比99%		
		坝内下部（2）	C_{90}20W6F100	77	31.5	68.0	171.0				
山口岩	99.0	坝内	R_{90}200W6F100	88	31.0	79.0	176.0	42.5普通硅酸盐水泥	Ⅲ级粉煤灰，需水量比102.4%，烧失量为10%	石英砂岩人工砂，细度模数为2.55，石粉含量为10%	石英砂岩碎石
龙首一级	80.0	迎水面	C_{90}20W8F300	88	32.0	96.0	205.0	42.5普通硅酸盐水泥	Ⅱ级粉煤灰，需水量比98%	天然砂，细粉含量为14%	天然砂砾石
		坝内	C_{90}20W6F100	82	30.0	58.0	171.0				

注 本表除龙首一级数据外，其余均摘自2003年以来中国水利水电科学研究院承担的工程项目试验报告。

① 与配合比参数有关的相同部分是：碾压混凝土拌和物工作度 $VC=5\pm2s$，含气量为3.5%～4.5%；最大骨料粒径为80mm，级配：大石：中石：小石=30：40：30。

表 5.4-37 典型工程碾压混凝土主要性能试验结果

工程名称	部 位	设计指标	抗压强度（MPa）				轴拉强度（MPa）				弹性模量（GPa）				极限拉伸值（10^{-6}）				抗渗等级	抗冻等级
			7d	28d	90d	180d	7d	28d	90d	180d	7d	28d	90d	180d	7d	28d	90d	180d	90d	90d
龙 滩	坝内下部	C_{90}25W12F100	16.7	27.3	41.1	48.9	—	2.48	3.62	3.91	—	35.3	42.2	46.6	—	71	91	103	>W12	F100
	坝内中部	C_{90}20W12F100	12.7	26.3	32.6	38.9	—	2.01	3.14	3.31	—	34.3	41.1	44.2	—	64	87	90	>W12	F100
景 洪	坝内	C_{90}15W4F50	12.7	22.1	26.8	—	1.19	1.92	2.91	—	29.0	31.9	38.4	—	53	70	86	—	>W4	F50
龙开口	坝内上部（1）	C_{90}15W6F100	7.4	14.5	21.8	25.6	0.69	1.06	1.84	2.16	16.5	23.9	38.4	39.9	38	48	63	64	>W6	F100
	坝内下部（1）	C_{90}20W6F100	10.2	17.7	25.9	30.2	0.75	1.12	1.83	2.51	23.7	31.8	42.2	47.2	39	49	65	67	>W6	F100
	坝内上部（2）	C_{90}15W6F100	8.4	15.2	22.0	25.1	0.70	1.31	2.11	2.73	18.2	27.7	36.4	41.4	42	54	75	79	>W6	F100
	坝内下部（2）	C_{90}20W6F100	10.6	18.2	25.1	29.9	0.79	1.69	2.53	2.85	21.2	32.0	40.5	43.6	45	60	82	87	>W6	F100
金安桥	坝内上部（1）	C_{90}15W6F100	9.5	17.4	29.4	34.1	0.60	1.27	2.51	3.31	14.6	30.1	39.0	46.9	38	56	74	83	>W6	F100
	坝内下部（1）	C_{90}20W6F100	11.0	20.1	30.9	36.2	0.83	1.72	3.06	3.67	19.4	31.3	44.1	46.1	46	66	87	90	>W6	F100
	坝内上部（2）	C_{90}15W6F100	11.3	18.5	28.8	32.8	0.76	1.35	2.02	2.45	18.1	26.9	39.2	44.1	41	55	71	78	>W6	F100
	坝内下部（2）	C_{90}20W6F100	13.1	20.6	29.8	34.5	0.79	1.55	2.65	3.13	20.0	30.8	42.4	45.6	45	60	74	81	>W6	F100
山口岩	坝内	C_{90}20W6F100	14.7	24.0	33.3	40.9	1.12	1.90	3.16	3.80	16.0	21.0	25.4	27.1	70	95	141	148	>W6	F100
龙首一级	迎水面	C_{90}20W8F300	14.8	25.8	34.4	—	1.12	2.10	3.01	—	2.10	2.78	3.42	—	53	66	87	—	>W8	F300
	坝内	C_{90}20W6F100	11.5	20.8	27.5	—	0.99	1.65	2.30	—	1.85	2.47	2.96	—	46	65	78	—	>W6	F100

注 本表除龙首一级数据外，其余均摘自2003年以来中国水利水电科学研究院承担的工程项目试验报告。

4. 典型工程碾压混凝土性能参数

表 5.4-36 列出了若干典型工程碾压混凝土原材料使用情况及大坝碾压混凝土的设计要求，体现了水泥品种不同、掺合料品质不同、骨料种类和料源不同、设计强度等级和耐久性设计要求的不同。表 5.4-37 列出了这些典型工程碾压混凝土的主要性能，包括抗压强度、轴拉强度、弹性模量、极限拉伸值、抗渗等级和抗冻等级。

5.4.3.2 变态混凝土主要性能

变态混凝土是由碾压混凝土基材摊铺后掺加浆液振捣而成，浆液体积占 5%～6%。以龙滩碾压混凝土坝上游面二级配碾压混凝土，加浆率为 5%（体积比）为例，变态混凝土性能基本接近于碾压混凝土基材的性能。因此，碾压混凝土坝设计时，可将变态混凝土视为碾压混凝土基材的一部分。

龙滩大坝上游面变态混凝土有两个配合比方案，其碾压混凝土基材、浆液及变态后的配合比见表 5.4-38。

从模拟试验看，加浆率 5% 足以满足变态混凝土振捣流动性要求；变态后混凝土的配合比参数与变态前碾压混凝土基材的配合比参数有所不同，虽然水胶比基本相同，但水泥用量和用水量增加，使工作性发生了变化，即由原先的干硬性（无坍落度）混凝土变成了低塑性（坍落度为 2～3cm）混凝土。

从力学性能、变形性能、热物理性能和耐久性能对比看，变态混凝土性能基本上接近碾压混凝土基材的性能，只是绝热温升略有提高，大约提高 2℃，施工期需要加强表面保护。

1. 力学性能

两种碾压混凝土基材和变态混凝土的抗压强度和轴拉强度对比见表 5.4-39。变态混凝土的抗压强度和轴拉强度与其碾压混凝土基材无显著性变化，基本属于同一量级，变态后混凝土的强度等级均能满足设计要求。

2. 变形性能

碾压混凝土基材和变态混凝土的压缩弹性模量和极限拉伸值对比见表 5.4-40。变态混凝土的弹性模量和极限拉伸值与其碾压混凝土基材无显著性变化，属于同一量级。

表 5.4-38　上游面二级配碾压混凝土基材、浆液和变态混凝土配合比

方案	材料		浆液：碾压混凝土基材（体积比）	水胶比	砂率（%）	材料单位用量（kg/m^3）					流动度	含气量（%）
						水	水泥	粉煤灰	砂	石		
1	基材	碾压混凝土	0∶1	0.36	36.0	90	100	140	765	1360	VC 值为 5.0s	2.5
		浆液	1∶0	0.35		480	480	888			流动度 8.6s	
	变态混凝土		0.05∶0.95	0.36	36.0	106	119	176	727	1296	坍落度为 3.6cm	2.5
2	基材	碾压混凝土	0∶1	0.43	37.5	82	90	100	723	1370	VC 值为 4.6s	2.8
		浆液	1∶0	0.35		480	480	888			流动度 8.6s	
	变态混凝土		0.05∶0.95	0.41	37.5	102	110	139	782	1302	坍落度为 1.7cm	2.8

表 5.4-39　变态混凝土与碾压混凝土基材的抗压强度和轴拉强度对比

方案	材料	浆液：碾压混凝土基材（体积比）	抗压强度（MPa）				轴拉强度（MPa）			
			7d	28d	90d	180d	7d	28d	90d	180d
1	碾压混凝土基材	0∶1	18.2	30.0	41.1	47.3	1.50	2.38	3.42	3.77
	变态混凝土	0.05∶0.95	13.3	27.7	39.7	46.5	1.13	2.46	3.57	3.66
2	碾压混凝土基材	0∶1	14.5	25.0	37.8	43.9	—	2.61	3.59	3.82
	变态混凝土	0.05∶0.95	14.0	27.9	39.8	43.6	1.18	2.24	3.16	3.58

表 5.4-40　变态混凝土与碾压混凝土基材的弹性模量和极限拉伸值对比

方案	材料	浆液：碾压混凝土基材（体积比）	弹性模量（GPa）				极限拉伸值（10^{-6}）			
			7d	28d	90d	180d	7d	28d	90d	180d
1	碾压混凝土基材	0∶1	—	38.1	47.2	48.1	—	68	90	92
	变态混凝土	0.05∶0.95	25.0	36.7	43.0	44.7	42	66	97	100
2	碾压混凝土基材	0∶1	—	36.7	43.9	46.7	—	67	88	101
	变态混凝土	0.05∶0.95	25.4	38.3	42.5	43.7	44	65	87	100

3．热物理性能

碾压混凝土基材和变态混凝土的绝热温升对比见表 5.4－41。碾压混凝土基材加浆变态后，其水泥用量增加 20kg/m³，相应发热速率和发热量有所增加，变态混凝土绝热温升约增加 2℃。

4．抗渗性能

碾压混凝土基材和变态混凝土抗渗等级对比结果列于表 5.4－42。碾压混凝土基材变态后，对其抗渗性能无影响，均能满足水工混凝土抗渗等级最高级要求 W12。

5．抗冻性

碾压混凝土基材和变态混凝土的抗冻等级对比结果列于表 5.4－43。碾压混凝土基材加浆变态后，对其抗冻性无影响，不会因变态而影响碾压混凝土基材的抗冻等级。

表 5.4－41　变态混凝土和碾压混凝土基材的绝热温升对比

方案	材　料	绝热温升（℃）													
		0	1d	2d	3d	4d	5d	6d	7d	9d	11d	14d	21d	25d	28d
2	碾压混凝土基材	0	3.4	8.6	10.6	12.1	13.2	14.3	15.2	17.0	18.4	19.8	21.5	22.1	22.2
	变态混凝土	0	1.5	8.0	10.9	12.7	14.1	15.6	16.8	18.6	20.0	21.4	23.4	23.9	24.1

表 5.4－42　变态混凝土和碾压混凝土基材抗渗等级对比

方案	材　料	浆液：碾压混凝土基材（体积比）	抗渗等级	渗水高度（mm）
1	碾压混凝土基材	0：1	＞W12	15
	变态混凝土	0.05：0.95	＞W12	11
2	碾压混凝土基材	0：1	＞W12	22
	变态混凝土	0.05：0.95	＞W12	17

表 5.4－43　变态混凝土和碾压混凝土基材的抗冻性对比

方案	材　料	相对动弹性模量（%）						质量损失率（%）					
		25 次	50 次	75 次	100 次	125 次	150 次	25 次	50 次	75 次	100 次	125 次	150 次
2	碾压混凝土基材	87.7	86.4	86.0	85.4	85.2	84.9	0.15	0.33	0.44	0.67	0.92	1.07
	变态混凝土	86.4	85.9	85.8	84.4	83.4	82.7	0.13	0.37	0.56	0.75	1.03	1.25

5.4.4　坝体混凝土分区及主要性能要求

5.4.4.1　碾压混凝土重力坝材料分区

1．重力坝材料分区设计原则

大坝混凝土材料分区的影响因素除考虑满足设计上对强度的要求外，还应根据大坝的工作条件、地区气候情况，满足相应的抗渗、抗冻、抗冲耐磨、抗侵蚀、低热性抗裂，硬化时体积变化以及浇筑时良好的和易性等要求。

碾压混凝土重力坝大坝材料分区的设计原则如下。

（1）考虑坝体各部位的工作条件和应力状态，合理利用混凝土性能的同时，尽量减少混凝土分区的数量，同一浇筑仓面上的混凝土强度等级最好是一种，不得超过三种。

（2）河床坝段基础垫层，考虑坝踵、坝址部位以及基础上、下游灌浆廊道周边混凝土有较高的强度要求，而且拟采用通仓浇筑法施工，该区域宜用一种混凝土强度等级。

（3）大坝内部碾压混凝土除上、下游防渗结构外，由于不同高程层面所要求的抗剪断强度参数不同，施工时的气温环境也不同，应按高程分区，不同区域用不同的混凝土配合比。

（4）具有相同和相近工作条件的地方应尽量用同一种混凝土，如溢洪道表层、泄水底孔周边以及发电进水口周边等均可采用同一种混凝土。

（5）除坝基上、下游灌浆廊道及主排水廊道采用常规的混凝土包裹外，坝内其他廊道周边均可采用变态混凝土，此种混凝土由碾压混凝土拌和料现场掺浆插入式振捣形成，可以避免因材料分区带来的施工干扰。

根据上述原则，具体分析大坝不同部位的工作条件和运行期的气温环境等因素，并类比其他工程经验，即可进行混凝土材料分区设计。与常态混凝土坝材料分区比较，碾压混凝土坝的材料分区还有以下特点。

（1）垫层混凝土，与建基面接触的基础混凝土，一般用常态混凝土。

（2）内部碾压混凝土，高坝分高程或部位不同选取不同的强度等级。

(3) 坝体上游起防渗作用的混凝土，或采用常态混凝土或变态混凝土。

(4) 变态混凝土多用于坝体难以碾压密实的部位，如模板附近、上下游坝体表面、与常态混凝土接合部、与岸坡接触的基础混凝土、坝内孔洞周边等部位。

碾压混凝土重力坝材料分区示意如图 5.4-3 所示。

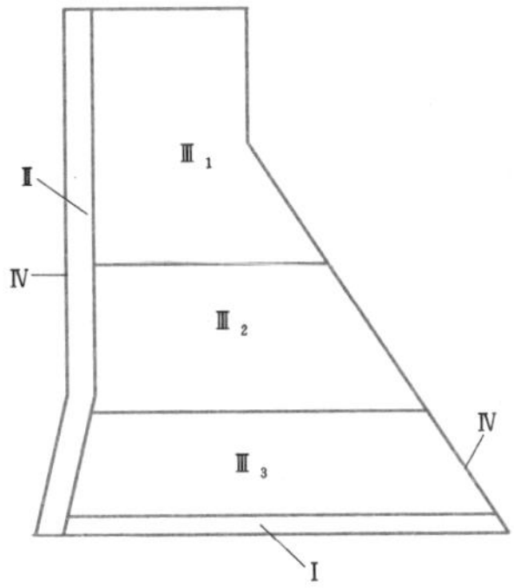

图 5.4-3 碾压混凝土重力坝材料分区示意图

Ⅰ—垫层混凝土；Ⅱ—上游防渗混凝土；Ⅲ₁～Ⅲ₃—内部混凝土；Ⅳ—变态混凝土

2. 重力坝碾压混凝土材料性能要求

(1) 混凝土强度等级。碾压混凝土的强度等级取值标准同常态混凝土。碾压混凝土重力坝的设计龄期一般采用 180d，提前承受荷载时，经技术论证，设计龄期也可采用 90d。当开始承受荷载的时间早于 180d 时，应进行核算，必要时应调整强度等级。

(2) 混凝土的耐久性。碾压混凝土的耐久性指标与常态混凝土相同，见本卷第 1 章。

(3) 抗剪断强度参数。碾压混凝土重力坝与常态混凝土重力坝的差别是干硬性和粉煤灰掺量不一样。由于碾压混凝土坝的碾压层面的结合质量受材料性质、混凝土配合比、施工工艺和施工管理水平以及施工现场气候条件等诸多因素的影响，易成为坝体的薄弱环节。故材料分区设计时，应考虑不同坝高的抗剪断强度参数的要求。

龙滩碾压混凝土大坝和三峡大坝混凝土材料分区分别见表 5.4-44、表 5.4-45。

5.4.4.2 碾压混凝土拱坝材料分区

1. 拱坝材料分区的设计原则

拱坝的筑坝材料要求结构承载安全、密实不透水和能抵抗环境侵蚀。对碾压混凝土拱坝既要求满足常态混凝土拱坝的特性，又要适应碾压施工工艺的要求。坝体材料分区设计原则如下。

(1) 碾压混凝土的强度等级及抗拉强度满足拱坝强度安全储备的要求。

表 5.4-44　　龙滩碾压混凝土大坝材料分区主要性能指标

混凝土分区		级配	设计强度等级（28d，95%保证率）	设计抗压强度（90d，80%保证率）（MPa）	抗渗等级（90d）	抗冻等级（90d）	极限拉伸值（28d）
常态混凝土	坝基础 CⅠ	四	C20	18.5	W10	F100	0.85×10^{-4}
	坝顶 CⅡ	三	C15	14.3	W8	F50	0.80×10^{-4}
	堰顶、底孔门槽等 CⅢ	三	C20	18.5	W8	F100	0.85×10^{-4}
	溢流面及导墙、底孔周边 CⅣ	三	C25	22.4	W8	F100	0.90×10^{-4}
	闸墩、航运坝段 CⅤ	三	C30	26.2	W8	F100	0.95×10^{-4}
	溢流面及导墙表面等过流面 CⅥ	二	C50	42.1	W8	F150	1.00×10^{-4}
碾压混凝土	下部 RⅠ	三	C18	18.5	W6	F100	0.80×10^{-4}
	中部 RⅡ	三	C15	14.3	W6	F100	0.75×10^{-4}
	上部 RⅢ	三	C10	9.8	W4	F50	0.70×10^{-4}
	上游面 RⅣ	二	C18	18.5	W12	F150	0.80×10^{-4}
变态混凝土	上游面 CbⅠ	二	C18	18.5	W12	F150	0.85×10^{-4}
	其他 CbⅡ	—	—	—	—	—	—

表 5.4-45　　三峡工程二期大坝材料分区主要性能指标

常态混凝土分区		级配	混凝土标号	抗冻等级 (90d)	抗渗等级 (90d)	极限拉伸值 (10^{-4})	
						28d	90d
常态混凝土	基岩面 2m 范围内	三	R_{90}200	F150	W10	≥0.80	≥0.85
	基础约束区	四	R_{90}200	F150	W10	≥0.80	≥0.85
	内部	四	R_{90}150	F100	W8	≥0.70	≥0.75
	水上、水下外部	三、四	R_{90}200	F250	W10	≥0.80	≥0.85
	水位变化区外部、桥墩	三、四	R_{90}250	F250	W10	≥0.80	≥0.85
	孔口周边、胸墙、表孔、排漂孔隔墩、牛腿	二、三	R_{90}300	F250	W10	≥0.80	≥0.85
	弧门支承牛腿混凝土	二	R_{28}350	F250	W10		
	底孔、深孔等部位二期及钢管外包混凝土	二、三	R_{28}300	F250	W10	≥0.85	
	导流底孔回填迎水面外部①	二、三	R_{28}250	F250	W10	≥0.85	
	导流底孔回填内部①	二、三	R_{28}200	F150	W10	≥0.80	
	大坝抗冲磨部位②	二	R_{28}400	F250	W10		
碾压混凝土	左导墙 RCC	三	R_{90}150	F100	W6	≥0.60	≥0.65
	右导墙 RCC	三	R_{90}200	F150	W8	≥0.70	≥0.75

注　三期工程大坝混凝土设计指标主要对基础约束区和外部混凝土极限拉伸值调整为 28d、90d 分别不小于 0.85×10^{-4}、0.88×10^{-4}，压力钢管外包混凝土调整为 R_{28}250，其余均同二期大坝混凝土。由于强度单位分别为 kg/cm^2 和 MPa，R_{90}150 等同 R15，其余类推。

① 该部位为泵送混凝土。

② 该部位混凝土具有抗冲磨性要求。

(2) 碾压混凝土具有良好的耐久性，抗渗和抗冻等级满足设计要求。

(3) 特殊环境情况下，混凝土要满足抗硫酸盐侵蚀及抗其他水质侵蚀的要求。

(4) 为适应振动碾碾压施工的要求，最小分区宽度为 2m；满足振动碾回转要求的最小宽度不宜小于 5m。

2. 拱坝碾压混凝土材料性能要求

(1) 拱坝上游防渗区。通常按照作用水头确定防渗层厚度及混凝土的抗渗等级。大量试验结果表明，设计合理的二级配碾压混凝土抗渗等级可达 W40，而水工建筑物最大抗渗等级要求为 W10，相应作用水头对水工建筑物最小厚度的比值为 50，即 $\frac{H}{B}=50$。所以，防渗区最小厚度可采用式（5.4-45）计算：

$$B=\frac{H}{50} \qquad (5.4-45)$$

式中　H——作用水头，m；

50——容许渗透梯度；

B——建筑物最小厚度，m。

对坝高 100m 级的拱坝，防渗区最小宽度为 2m。黄花寨拱坝上游面防渗区底部宽度为 3m，碾压层厚 0.5m，虽抗渗性设计余量不大，但是每层层面都摊铺水泥砂浆，以增加层面的黏结力和抗渗性，是可以接受的。蔺河口拱坝上游面防渗区坝底宽度为 8m，随着坝高逐渐减小，到坝顶高程，防渗层宽度为 2m，也是可以接受的。

根据大坝所处气候条件、冻融循环次数、表面局部小气候条件、水分饱和程度、构件重要性和检修条件，按《水工建筑物抗冰冻设计规范》（DL/T 5082—1998）确定上游面防渗区碾压混凝土抗冻等级。从拱坝耐久性角度，为了提高拱坝坝面抵抗环境侵蚀的能力，在气候温和地区修建的碾压混凝土拱坝，也应提出抗冻等级要求，一般为 F50 或 F100。

(2) 坝体三级配碾压混凝土。三级配碾压混凝土抗渗等级和抗冻等级的确定和上游面防渗区二级配碾压混凝土的原则和方法相同。强度等级分区应考虑容许拉应力与容许压应力的协调。

《混凝土拱坝设计规范》(SL 282—2003) 对容许抗压强度没有规定，而只规定安全系数；对容许拉应力规定不得大于1.2MPa。美国内政部垦务局《混凝土拱坝设计准则》规定的容许压应力不大于10MPa，安全系数为3.0；容许拉应力不超过1.0MPa。虽然对拉应力安全系数没有规定，但拉应力和压应力是协调的，拉压比为0.1，符合拉、压试验结果的统计规律。

我国采用标准立方体抗压强度，比美国标准圆柱体抗压强度高约15%。所以，按我国试验规程测定的混凝土拉压比比美国标准方法测得的拉压比低，大量试验统计的拉压比不是0.1，而是0.085。如果容许拉应力为1.2MPa，与其相对应的容许压应力为14.0MPa。按美国内政部垦务局拱坝准则计算相应抗压强度标准值为42.0MPa，抗压强度等级应选用$C_{90}45$。显然，我国拱坝规范混凝土材料强度要求的容许拉应力与容许压应力是不协调的，即工程实际按抗压强度等级选定的碾压混凝土不具有设计要求的抗拉强度。

拱坝体型设计容许坝体局部出现有限的拉应力，但要尽量降低最大拉应力值和缩小受拉区范围。在坝体材料分区设计中，对局部拉应力较高部位，宜按照满足抗拉强度安全系数的要求，设置独立的材料分区。该部位碾压混凝土配合比的设计，除满足抗压强度标准值设计指标外，还应满足抗拉强度标准值设计指标。

3. 典型工程

(1) 黄花寨碾压混凝土拱坝。双曲拱坝，坝高110.0m，坝顶宽6m，最大底宽26.5m，厚高比0.24。工程于2006年7月开工，2009年建成。拱坝抗压强度标准值为20MPa (强度等级为$C_{90}20$)，容许拉应力1.6MPa。大坝材料分区如图5.4-4所示。坝体分为：上游面二级配碾压混凝土防渗区，坝体三级配碾压混凝土区，基础常态混凝土垫层区。

上游面防渗区采用$C_{90}20W8F100$二级配碾压混凝土，其宽度随坝高变化，下部宽度为3.0m，中部宽度为2.5m，上部宽度为2.0m。靠近上游坝面0.5m宽度，采用变态混凝土，以增加坝面抗渗性和密实度。

坝体三级配碾压混凝土区采用$C_{90}20W6F100$碾压混凝土，靠近下游面0.5m宽度采用三级配变态混凝土，以增加下游坝面密实性、抗渗性和抗风化能力。

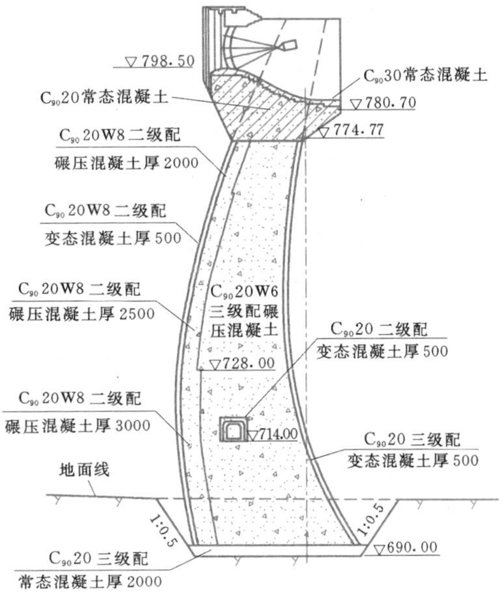

图5.4-4　黄花寨碾压混凝土拱坝材料分区剖面图
(高程单位：m；尺寸单位：mm)

基础常态混凝土垫层区厚度为2.0m，采用$C_{90}20W6F100$混凝土，用于地基找平和增加坝体与地基的黏聚力。为便于施工，溢流堰分区和非溢流段坝顶 (厚度为0.2m)，采用$C_{90}20$常态混凝土。

(2) 蔺河口碾压混凝土拱坝。单心圆双曲等厚非对称型拱坝，坝高96.5m，坝顶宽度为6m，坝底宽度为27.2m，厚高比为0.282。2001年12月开工，2003年10月建成。拱坝容许压应力5MPa，抗压强度标准值为20MPa (强度标号为$R_{90}200$)；容许拉应力上游面1.2MPa，下游面1.5MPa。

坝体材料划分为上游面二级配碾压混凝土防渗区、坝体三级配碾压混凝土区、基础常态混凝土区和溢流坝段上部常态混凝土溢流堰区。蔺河口拱坝坝体分区所采用的抗压强度设计标准值、耐久性设计指标以及变态混凝土措施均与黄花寨拱坝相同。不同之处有两点：其一，是上游面防渗区二级配碾压混凝土宽度从坝底8m渐变到坝顶2m；其二，是上游坝面死水位以下，涂刷了LJP型合成高分子防水涂料作为辅助防渗措施。

5.5　施工工艺及质量控制措施

5.5.1　施工组织设计原则

1. 科学地安排施工顺序

采用平行流水施工方法，在保证工程质量和施工安全的前提下，充分利用各种先进技术，促进混凝土生产、运输、浇筑及温度控制等各施工环节合理衔接，达到高速、优质、低耗的目的。

2. 采用先进的施工工艺和装备

施工工艺先进，设备配套合理，综合生产效率高。运输碾压混凝土设备宜采用自卸汽车、负压溜槽（管）、带式输送机、专用垂直溜管，必要时也可采用缆机、门机、塔机等机械，大型工程可以比较选择塔带机、胎带机等；碾压混凝土振动碾机型的选择，应考虑碾压效率、击振力、线压力、滚筒尺寸、振动频率、振幅、行走速度、维护要求和运行的可靠性。

3. 各控制工序和关键节点满足进度要求

混凝土浇筑程序、各期浇筑部位和高程应与供料线路、运输及入仓设备布置和金属结构安装进度相协调，并符合相邻坝段高差及温度控制等有关规定。各期工程形象进度应能满足截流、度汛、下闸、封堵、蓄水等要求。

4. 重视冬季及高温多雨季节的施工安排

切实做好冬、夏及雨季的施工进度安排，落实好施工特殊措施（如温度控制措施等）。

5. 节约用地，保护耕地

精心进行施工现场平面规划，节约施工临时用地，力争不占或少占用耕地。

6. 重视环境水土保持工作

做好建设环境的调查研究和保护工作，防止水土流失。

5.5.2 碾压混凝土生产

1. 混凝土生产系统位置选择

碾压混凝土从拌和楼到浇筑仓面的运输，一般采用汽车或胶带机。碾压混凝土筑坝，由于其施工速度快、工期短，故应优先考虑使用汽车运输直接入仓。当采用汽车运输时，拌和楼位置和浇筑仓面距离、高差都不能过大，下仓道路弯道要少，坡度控制在5%～10%，以减少运输时间和提高运输能力。

2. 拌和机械

拌和设备主要有：混凝土搅拌站、混凝土搅拌楼、混凝土搅拌车、移动式混凝土搅拌站等。

（1）按最大骨料粒径选用相应容量的搅拌机。

（2）选用卧轴式搅拌机拌制混凝土效果较好，混凝土拌和物稠度特性较好，均匀性容易保证，拌和时间短，效率高。如果采用人工砂石料，则不宜采用小于和等于 $1m^3$ 的强制式搅拌机，因其功率小，搅拌过程中针片状的骨料极易卡在掌叶与搅拌筒中间，造成停机和掌叶牛腿损坏。常用的强制式搅拌楼容量有 $2\times3m^3$、$2\times4.5m^3$、$2\times6m^3$ 等。

（3）自落式搅拌机拌制碾压混凝土时，因其生产效率比强制式搅拌机稍低，应适当延长拌和时间。由于其使用和维护方便，工程中选用较多，但对于小于和等于 $1m^3$ 的机型不宜采用。常用的自落式搅拌楼容量有 $3\times1.5m^3$、$3\times3m^3$、$4\times4.5m^3$ 等。

（4）连续式搅拌机特点是连续称量和进料，混凝土总方量大、工期短的工程采用这种搅拌机，可以连续供应高强度的混凝土，其缺点是变换混凝土品种和配合比较麻烦。

3. 混凝土生产系统配置

混凝土生产系统应根据高峰月混凝土浇筑强度配置，其生产能力可按式（5.5－1）计算：

$$Q_h = \frac{KQ_m}{T} \tag{5.5-1}$$

式中 Q_h——混凝土小时拌和强度，m^3/h；

K——不均匀系数，取1.5；

Q_m——高峰月混凝土浇筑量，m^3；

T——月拌和时间，h，一般取500h。

碾压混凝土拌和时间较常态混凝土延长30～60s。在选择混凝土搅拌设备时，应考虑拌和时间的延长对混凝土生产率的影响，一般按铭牌产量乘以0.7～0.9的系数。拌和能力配备必须满足施工需要并有一定的富裕。

5.5.3 碾压混凝土入仓方式

碾压混凝土具有大仓面连续施工的特点，要求运输入仓设备具备连续供料的条件，同时还应具有防止骨料分离的措施。碾压混凝土的运输入仓能力应与拌和楼生产能力相匹配，并满足碾压混凝土容许层间间歇时间的要求。碾压混凝土常用的运输入仓设备主要采用自卸汽车直接入仓或自卸汽车、皮带输送机与负压溜槽（管）、箱式满管、伸缩式皮带布料机、斜面滑道等组合入仓方式；必要时也采用缆机、门机、塔机等吊运设备。塔式布料机是高速皮带机与塔机的完美结合，使碾压混凝土的水平运输和垂直运输一体化，是混凝土传统入仓运输方式的变革。三峡三期围堰及龙滩碾压混凝土坝的施工采用这种入仓方式，达到了快速施工的目的。

1. 自卸汽车

碾压混凝土的施工工艺与土石坝施工相类似，具有连续快速、大仓面的施工特点。在碾压混凝土发展初期，一般以自卸汽车入仓为主，适用于坝高在60m以下的大坝或高坝的下部坝体碾压混凝土，河谷较宽阔且便于施工道路布置的工程部位。采用自卸汽车运输混凝土时，车辆行走的道路应平整；入仓前自卸汽车轮胎应冲洗干净；在仓内行驶的车辆应避免急刹车、急转弯等有损混凝土层面质量的操作。

2. 负压溜槽（管）

为解决因高差大运送混凝土产生骨料分离的问题，我国设计、制造了负压溜槽（管），并得到广泛的应用，它主要用于解决因道路布置困难不便于采用自卸汽车运输的难题，适合于坝肩较陡，即坡度在45°以上狭窄V形河谷的工程应用，其供料线的水平运输多为皮带机或自卸汽车，仓面采用汽车布料。负压溜槽（管）主要由料斗、垂直加速段、槽（管）体和出料口四部分组成，其工作原理是：在密封管道内通过定量流体，当外界条件发生变化时，管道内的压力相应发生变化，流速增大，压力减小；反之流速减小，压力增大。混凝土在负压溜槽（管）内流动时，由于重力作用，流速增大，密封溜槽内压力减小，在内外压力差的作用下混凝土流速减小，如此反复，混凝土呈周期性波浪形下行，以确保混凝土运输质量。负压溜槽具有防止骨料分离、结构简单、利用地势、不占施工场地、不需要外加动力、输送能力强、运输强度高等特点。负压溜槽（管）生产率比斜坡道高，如荣地、广蓄、水东、普定、江垭、大朝山、棉花滩、沙牌、三峡、龙滩等工程，一般理论生产率在$240m^3/h$左右，实际生产率平均达$150\sim200m^3/h$。在大朝山和沙牌采用了高差达100m级负压溜管，其中大朝山大坝左、右岸各布置了两条真空溜管，左岸真空溜管的最大高差为86.6m，槽身长120m，是目前国内输送高度最大的真空溜管，其输送能力为$220m^3/h$。高差100m级真空溜管是解决高山峡谷地区、碾压混凝土垂直运输的一种简单有效的手段。采用负压溜槽（管）运输碾压混凝土时，应在负压溜槽（管）出口设置垂直向下的弯头。负压溜槽（管）的坡度和防分离措施应通过现场试验确定。

3. 箱式满管

箱式满管输送碾压混凝土，其输送能力可达每条$500m^3/h$，供料顺畅，投资少，制作、安装、检修、拆除均较方便。箱式满管在光照及戈兰滩等工程得到了较好的应用，在光照大坝浇筑中与深槽高速皮带配套使用，运行状态平稳，日浇筑强度最高达$11161m^3$，月浇筑强度达$221831m^3$，箱式满管输送碾压混凝土达150万m^3以上。

4. 深槽高速混凝土输送皮带机

深槽高速混凝土输送皮带机是专门用于碾压混凝土的特种皮带机，其特征是大槽角、深断面和高带速。其结构特点是：深槽断面不但对被送物料起到包裹作用，避免骨料分离，同时提高了输送能力；高带速不仅可以提高输送能力，促进皮带轻型化，还可以运送流态砂浆；全断面硬质合金清扫器最大限度地减少砂浆损失；机头混料挡板起到混料作用，避免骨料分离。深槽高速混凝土输送皮带机在江垭、汾河二库、三峡及光照等水电工程施工中发挥了重要作用，常与负压溜槽（管）或箱式满管等连续式垂直运输设备配合使用（如江垭工程）。深槽高速混凝土输送皮带机输送混凝土的强度达到了$240\sim350m^3/h$，砂浆损失率小于0.25%，*VC*值损失小于0.5～1s，骨料分离肉眼观察不明显。采用皮带机输送混凝土时，应采取措施以减少骨料分离，降低灰浆损失率，并应有遮阳、防雨措施等。

5. 伸缩式皮带布料机

伸缩式皮带布料机作为碾压混凝土运输的又一专用设备，曾在高坝洲工程中应用，皮带机与负压溜槽相连，皮带机可自动伸缩，向仓面汽车供料，节省了施工道路填筑工程量。伸缩式皮带布料机输送能力约$300m^3/h$。

6. 斜面滑道

斜面滑道是解决垂直运输的设备，其供料线的水平运输，多为自卸汽车，仓面也采用汽车布料，一条斜坡道相当于1台自卸汽车的运输强度，施工强度相对较低，它解决了因采用自卸汽车道路布置困难的缺点，该种方法适用于碾压混凝土坝的RCD工法，日本的境川、玉川、真川等工程均采用斜面滑道运送混凝土。

7. 塔式布料机

塔式布料机（塔带机）将混凝土水平运输、垂直运输及仓面布料功能融为一体，具有很强的浇筑能力，以美国ROTEC高速皮带机为代表，其带宽为650～900mm、带速为3.5～4m/s，最大倾角25°，皮带机可在立柱上爬升，适合于坝高、工程量大的工程应用，曾在美国上静水、麋溪等碾压混凝土坝工程中应用，此后在哥伦比亚的La Miel. No.1碾压混凝土坝及我国的三峡二期常态混凝土、三期围堰碾压混凝土和龙滩碾压混凝土大坝等工程应用。供料线为高速皮带机，仓面采用塔带机直接布料或接履带式布料机布料。塔带机及供料皮带机配备了一系列混凝土输送专用设备，如刮刀、转料斗及下料导管等，克服了普通皮带机输送混凝土时存在的骨料分离、灰浆损失等缺陷。

塔式布料机的主要优点如下。①混凝土从机口经供料线皮带、塔带机皮带直接进入浇筑地点，中间环节少，有利于快速施工。②场地适应性强，对场地要求不高，可在任何场地布置。③兼具布料功能，节省平仓工作量，可以鱼鳞状、薄层均匀布料，适于碾压混凝土浇筑。④浇筑范围大，塔带机皮带可360°回转，可在距塔柱中心5～100m下料。⑤浇筑强度高，设计生产能力为$360m^3/h$。哥伦比亚的La Miel. No.1

工程，供料线为1条高速皮带机，仓面采用1台塔式布料机与履带式布料机联合布料，大坝在25个月施工完成，日平均强度为4200m³，最大达7200m³，月高峰强度达12万m³，实际生产率最高达382m³/h，最低达117m³/h，平均达250m³/h左右（理论生产率的72%）。我国三峡工程三期碾压混凝土围堰采用2台塔带机配高速皮带运输机、自卸汽车等联合供料，在4个月内完成了110万m³碾压混凝土施工，高峰月强度达45万m³，塔带机平均生产率达到200m³/h以上。龙滩碾压混凝土采用2条塔式布料机，最高日产量达13050.5m³，当天单机平均强度为326.3m³/h（以20h运行时间计），并创造了单条供料线最高班产量达3680m³，单条供料线月输送110554.5m³碾压混凝土的世界纪录等。⑥自动化程度高，便于科学管理，便于计算机综合监控。⑦自动爬升功能，塔带机一般4h、最快3h可爬升一节。适合浇筑任何高度的大坝。塔带机的上述优点特别适合于浇筑强度高、建设速度快、机械化作业程度高的碾压混凝土高坝施工。龙滩大坝碾压混凝土入仓方式如图5.5-1～图5.5-3所示。

部分碾压混凝土工程入仓机械设备情况见表5.5-1。

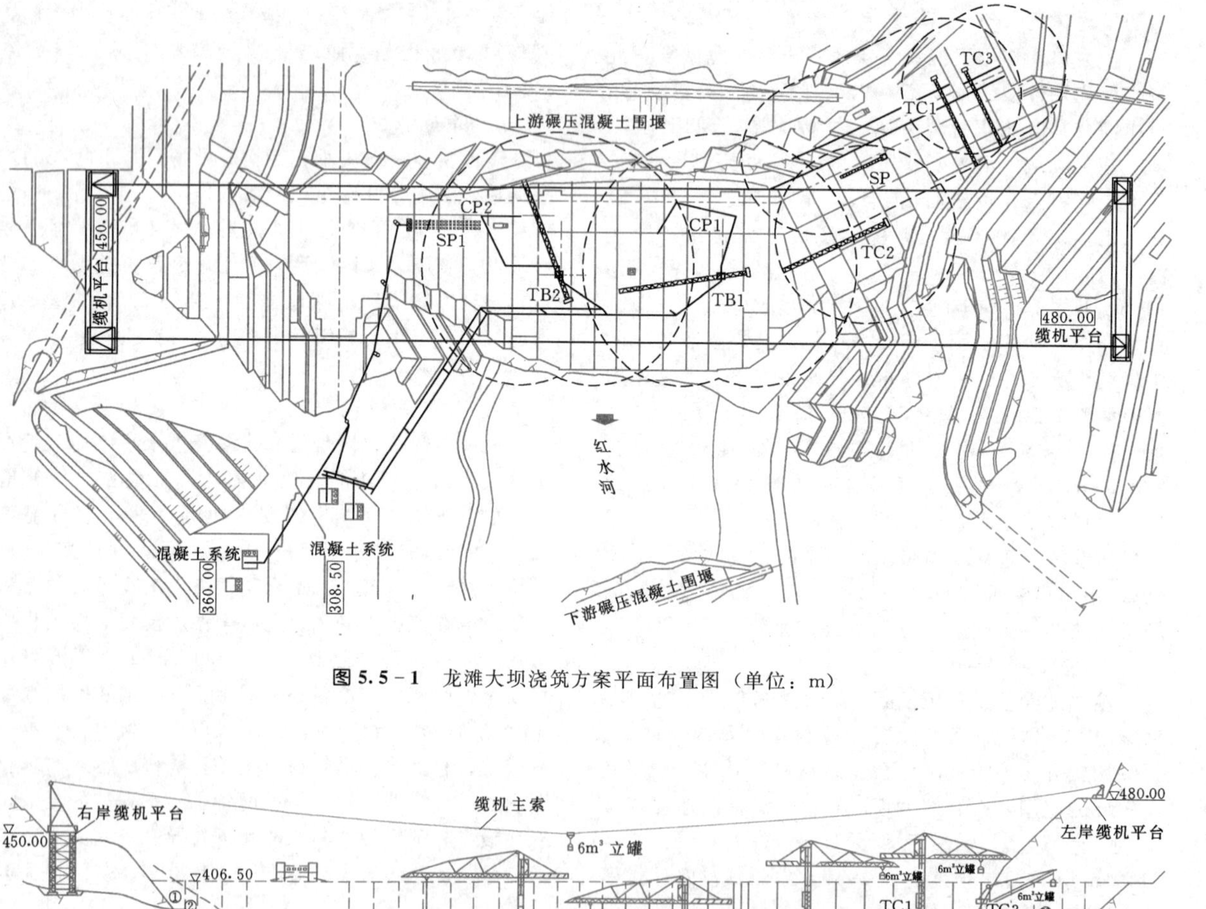

图5.5-1 龙滩大坝浇筑方案平面布置图（单位：m）

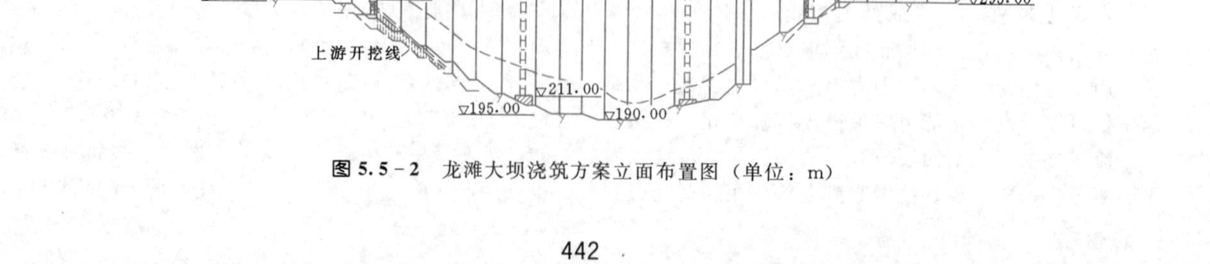

图5.5-2 龙滩大坝浇筑方案立面布置图（单位：m）

表 5.5-1　　部分碾压混凝土工程入仓机械设备情况

工程名称		坝型	最大坝高（m）	坝顶长（m）	混凝土总量/RCC（万 m^3）	开浇时间（年-月）/浇筑工期	高峰强度	混凝土主要浇筑设备	浇筑设备生产率 [m^3/(h·台)]	备 注
中国	三 峡	三期围堰（RCC）	115.0	580	/110.5	2002-12/4 个月	47.5 万 m^3/月	a）塔式布料机 2 台；b）20、25.5、32 吨级自卸汽车	塔式布料机实际平均约 200	塔式布料机供料皮带机最大仰角 20°、最大俯角 15°
中国	龙 滩	重力坝（RCC）	192.0	746.5	665.6/446	2004-10/3 年	碾压混凝土 38 万 m^3/月	a）20 吨级缆机 2 台；b）负压溜槽 2 条；c）皮带机＋塔式布料机 2 台；d）自卸汽车	最大 326.3，平均超过 250	塔式布料机供料皮带机最大仰角 20°、最大俯角 15°
中国	观音阁	重力坝（RCD）	82.0	1040	197/124	1990-5/4 年		a）塔机 2 台；b）12、15 吨级自卸汽车		
中国	大朝山	重力坝（RCC）	111.0	460	107/71.7	1998-10/2.5 年	2.5 万 m^3/周	a）20 吨级缆机 2 台；b）负压溜槽 4 条；c）自卸汽车	a）设计 60，实际 35～43 b）实际最大 220	负压溜槽最大高差约 87m
中国	江 垭	拱坝（RCC）	131.0	327	134/111	1996-4/3 年	11.4 万 m^3/月	a）塔机 2 台；b）皮带机＋负压溜槽 4 条；c）自卸汽车	实际最大 200	负压溜槽最大高差约 72m，倾角为 47°，其中 2 条备用
中国	棉花滩	重力坝（RCC）	111.0	300	64/54	1998/2 年	8 万 m^3/月	a）塔机 2 台；b）皮带机＋负压溜槽 2 条；c）8、15 吨级自卸汽车	实际最大 240	负压溜槽最大高差约 57.5m，倾角为 45°
中国	普 定	拱坝（RCC）	75.0	171	13.7/10.3	1991-11/8 个月		a）10、20 吨级固定式缆机各 1 台；b）真空溜管 2 条；c）10、15 吨级自卸汽车	实际最大 180	真空溜管最大高差约 50m；倾角为 45°
中国	沙 牌	拱坝（RCC）	132.0	258	38.3/36.5	1999-3/3 年		a）20 吨级缆机 1 台；b）真空溜管 2 条；c）8、15 吨级自卸汽车		
中国	大广坝	重力坝（RCC）	57.0	719	82.7/31.7	1991-11		a）塔机；b）自卸汽车		
中国	水 口	重力坝（RCC）	101.0	783	348/67	1990-5	10183 m^3/d	a）20 吨级缆机 2 台，30 吨级缆机 1 台；b）20～45 吨级自卸汽车		

续表

工程名称		坝型	最大坝高(m)	坝顶长(m)	混凝土总量/RCC(万 m³)	开浇时间(年-月)/浇筑工期	高峰强度	混凝土主要浇筑设备	浇筑设备生产率[m³/(h·台)]	备注
中国	光照	重力坝(RCC)	200.5	410	280/240	2006-1/2年	22.25万 m³/月	a）自卸汽车；b）深槽皮带机+箱式满管+自卸汽车，2条	最高500	箱式满管最大高差约105m；满管尺寸80cm×80cm
	戈兰滩	重力坝(RCC)	113.0	466	140/94	2006-9/2年	8.5万 m³/月	a）自卸汽车；b）自卸汽车+箱式满管+自卸汽车，3条	最高350	箱式满管最大长度54m，中心线与水平交角46°
美国	上静水	重力坝(RCC)	90.0	815	128/112.5	1983/10个月	8410 m³/d	高速皮带机2条，带宽1.2（运距335m）		自卸汽车在仓内布料
	麋溪	重力坝(RCD)	76.0	786	84.1/79.6	1987	9478 m³/d	高速皮带机2条，带宽0.9m、0.46m（运距152m）		
	柳溪	重力坝(RCC)	52.0	543	33.1	1982/<5月	4460 m³/d	自卸汽车		
日本	玉川	重力坝(RCD)	100.0	441.5	78/56.2	1983-10/3年	8万 m³/月	a）20吨级缆机1台；b）10吨级缆机1台；c）斜坡道		
	岛地川	重力坝(RCD)	89.0	257	32.4/16.5	1978-9/8个月		a）13.5吨级缆机1台；b）自卸汽车		
泰国	塔丹	重力坝(RCD)	92.0	2500	600/540	2001-2/34个月		皮带机1条，带宽1.4m（运距50m）+自卸汽车	月平均16万 m³	皮带机上坝卸入料斗，自卸汽车在仓内布料
哥伦比亚	La Miel.	重力坝(RCC)	188.0		/150	2000/	7.5万 m³/月	塔式布料机+履带式布料机各1台	平均250，最大382，最小118	履带式布料机布料

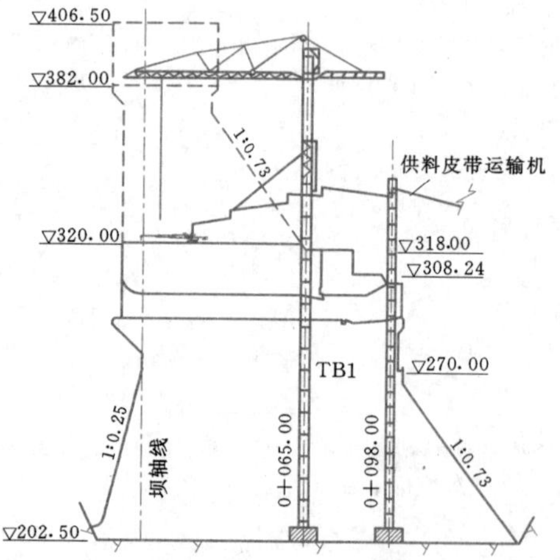

图5.5-3 龙滩大坝浇筑方案横剖面图（单位：m）

5.5.4 碾压混凝土施工工艺

1. 模板

模板是碾压混凝土坝施工的重要设备，对碾压混凝土的外观、质量、施工进度、成本等各方面均有重大影响。碾压混凝土施工，应采用能适应快速施工和连续施工的模板，为了便于周边的铺筑作业，不宜设斜向拉条，并需满足振动碾能靠近模板碾压作业的要求。

在碾压混凝土坝施工中采用的模板主要有：悬臂钢模板、滑动模板、混凝土预制块模板以及在悬臂模板基础上发展起来的悬臂翻升钢模板等。早期碾压混凝土坝一般采用组合模板、悬臂模板及混凝土预制模板，近年来可调式悬臂翻升钢模板已在国内得以广泛应用。招徕河双曲拱坝还采用了双曲悬臂翻升模板；

大朝山、索风营、彭水等工程采用了连续上升式台阶模板，使溢流消能台阶一次浇筑成型。

国内部分已建工程模板型式见表5.5-2。

表5.5-2　国内部分工程碾压混凝土施工模板型式

工程名称	所在地	模板型式
坑口	福建	重力式梯形断面预制混凝土模板
岩滩	广西	重力式台阶模板
隔河岩	湖北	建筑工业用小型组合钢模板
水口	福建	悬臂式组合钢模板
水东	福建	预制混凝土块
普定	贵州	交替上升式悬臂钢模板
观音阁	辽宁	附有聚苯乙烯泡沫塑料的保温模板
江垭	湖南	悬臂翻升钢模板
龙滩	广西	悬臂翻升钢模板

2. 卸料及平仓

（1）卸料及平仓工艺。碾压混凝土施工普遍采用大仓面通仓薄层连续铺筑上升的施工工艺，即RCCD工法。铺筑方法通常采用平层通仓法，也可采用斜层平推法。铺筑方法应与铺筑强度及碾压混凝土容许间隔时间相适应。

1）通仓薄层铺筑。碾压混凝土坝按全断面通仓薄层铺筑或分区依次薄层铺筑上升。仓面控制面积不宜太大，国内工程大多在4000～6000m^2（龙滩大坝最大铺筑面积大于1万m^2，一般在6700m^2左右），一般每仓连续铺筑上升3～5m。

2）斜层平推法。斜层平推铺筑法是以整个坝面为一个工作仓面，碾压层面呈1∶10～1∶20的斜坡，沿坝轴线方向从岸坡一端向另一端全断面持续浇筑，使层间间隔时间控制在2～4h。斜层平推法施工的目的，主要是减少浇筑作业面积和缩短层间间隔时间，用较小的浇筑能力覆盖较大的坝体浇筑仓面，可进行大面积持续浇筑。斜层平推铺筑法与分仓平层铺筑的工艺基本上没有差别，斜层平推铺筑法中缩短了层间间隔时间，改善了混凝土层面之间的结合质量，特别适合于碾压混凝土的夏季施工。同时，施工过程中遇到降雨时，临时保护的层面面积小，且有利于斜层表面排水，对于雨季施工同样有利。铺筑方向可根据需要采用自下游向上游，也可采用自一岸（或一侧）向另一岸（或一侧）。继江垭工程之后，汾河二库、棉花滩、大朝山、沙牌、招徕河、皂市、百色、光照等多座工程中均推广采用了斜层平推铺筑法。

摊铺作业应避免造成骨料分离，并做到使碾压混凝土层面平整、厚度均匀。为减轻骨料分离，采用叠压式卸料和串链摊铺法，对局部出现的骨料分离，辅以人工散料处理。为防止骨料分离，在卸料和摊铺过程中采取的措施主要有：①降低卸料料堆的高度，采用多点式卸料法；②采用边卸料边平仓碾压的方法，减少粗骨料在层面接缝上的集中；③辅以人工及时地将集中的粗骨料均匀分散。

（2）平仓机械。平仓设备一般选用湿地型推土机，如D31P等。如果采用D80或D85型推土机、平仓机，应注意最好选用旧的推土机履带板，其履带齿高最好不超过1.5cm，以免碾碎混凝土中的粗骨料，影响混凝土的胶结质量。部分平仓机参数见表5.5-3。

表5.5-3　碾压混凝土平仓机参数

型　号	D31P	D85—18	D3B
功率（kW）	47.0	161.7	47.8
最大前进速度（km/h）	6.5	13.2	10.6
最大牵引力（kN）	89.6		
接地比压（kPa）	26.0	75.0	56.2
推土板宽度（mm）	2875	3725	2410
推土板高度（mm）	780	1315	740
提升高度（mm）	870		860
切削深度（mm）	350		371
油耗[g/(kW·h)]	190		190
外形尺寸（长×宽×高）（m）	3.940×2.875×2.735		3.680×2.410×2.670
自重（t）	6.80		6.38
寿命台时（h）	19584		19584
出厂价格（万元）	66.00		12.24
生产厂家	日本小松		美国卡特彼勒
应用工程	普定、棉花滩、江垭、沙牌、大朝山、百色	普定、铜街子	铜街子、水口、大朝山

3. 碾压

(1) 碾压工艺。施工中采用的碾压厚度和碾压遍数一般通过试验确定，并应与铺筑的综合生产能力等因素一并考虑。压实厚度一般为30cm，摊铺厚度为35cm左右，振动碾行走速度控制在1.0～1.5km/h，碾压遍数一般为先无振2遍，再有振6～8遍。作为水平施工缝面停歇的层面或冷缝，达到规定的碾压遍数及压实容重后，宜进行1～2遍无振碾压。碾压遍数最终以仓面核子密度仪检测的相对密实度为准，没有达到规定值的应补碾。

坝体迎水面3～5m范围内，碾压方向应垂直于水流方向。碾压左右采用搭接法，碾压条带间搭接宽度为10～20cm。碾压混凝土入仓后应尽快完成平仓和碾压，从拌和到碾压完毕的最长容许历时，应根据不同季节、天气条件及碾压混凝土工作度变化规律，经过试验或类比其他工程实例来确定，一般不宜大于2h，高温天气应缩短，低温或多雨天气可适当延长。

碾压层内铺筑条带边缘、斜层平推法的坡角边缘，碾压时应预留20～30cm宽度与下一条带同时碾压，这些部位最终完成碾压的时间应控制在直接铺筑容许时间内。

(2) 碾压机械。碾压混凝土的压实效果与碾压机自重、激振力及振幅、振动频率有关。碾压混凝土对振动碾要求的激振力应大于300kN，振动频率应高于35～40Hz，振幅应大于0.8mm。目前国产振动碾频率一般偏低，故普遍选用进口双钢轮振动碾，一般选择BW202A型、BW202AD型等。BW75S型手扶式振动碾应用于孔洞周边等边角部位。部分自行式振动碾参数见表5.5-4。

表5.5-4　部分自行式振动碾参数

型　号	BW202AD	BW217D	BW75S
工作质量 (kg)	10624	17400	950
额定功率 (kW)	70	124	63
振动频率 (Hz)	30/45	29/35	50
油耗 [g/(kW·h)]	190	190	190
振幅 (mm)	0.74/0.35	1.60/0.80	0.49
激振力 (kN)		272.3/196.5	40
外形尺寸 (长×宽×高) (m)	4.836×2.300×3.050	6.020×2.359×3.000	2.900×0.890×1.045
寿命台时 (h)	19584	19584	19584
生产厂家	德国玻玛格	德国玻玛格	德国玻玛格

4. 层面与缝面处理

(1) 碾压混凝土层面处理。碾压混凝土坝施工存在着许多碾压层面和水平施工缝面。为此必须进行必要的处理，以提高碾压混凝土层面结合质量。

一般常用的碾压混凝土层面处理方式如下。

1) 正常层面状况（即在直接铺筑容许层间间隔时间之内浇筑上层碾压混凝土的层面）。

a. 避免或改善层间骨料分离状况，尽量不让大骨料集中在层面上。

b. 层面产生泌水现象时，应采取适当的排水措施，并控制*VC*值。

c. 碾压完毕的层面被仓面施工机械扰动破坏时，应立即整平处理并补碾密实。

d. 上游防渗体采用二级配碾压混凝土时，其防渗区域的碾压混凝土层面应在铺筑上层碾压混凝土前铺一层水泥粉煤灰净浆或水泥净浆。

e. 层面保持清洁，应挖除被机械油等污染的碾压混凝土。

2) 超过直接铺筑容许时间但未终凝的层面按正常层面状况处理。铺设厚5～15mm的垫层，如水泥砂浆、粉煤灰水泥砂浆或水泥净浆、水泥粉煤灰净浆。

3) 超过终凝时间的层面状况。超过终凝时间的碾压混凝土层面称为冷缝，间隔时间在24h以内，仍以铺砂浆垫层的方式处理；间隔时间超过24h，按施工缝面处理。

4) 为改善层面结合状况，还常常采用如下措施。

a. 在铺筑层面积确定的情况下提高碾压混凝土的铺筑强度。

b. 采用高效缓凝减水剂延长初凝时间。

c. 在气温较高时采用斜层平推铺筑法。

d. 缩短碾压混凝土的层间间隔时间，使上一层碾压混凝土骨料能够嵌入下一层，形成较强的结合面。

e. 提高碾压混凝土拌和物的抗分离性，防止骨料分离及混入软弱颗粒。

f. 防止外来水流入层面，并做好防雨工作。

g. 冬季防冻，夏秋季防晒。

直接铺筑容许时间和加垫层铺筑容许时间，应根据工程结构对层面抗剪能力和结合质量的要求，综合考虑拌和物特性、季节、天气、施工方法、上下游不同区域等因素，经试验确定。不同的坝标准不同，同一个坝在不同条件和不同部位的标准亦有所区别。一般直接铺筑容许时间在正常天气条件下可采用初凝时间或较之稍短些时间。初凝时间采用贯入阻力仪测定拌和物贯入阻力的变化来判断。江垭工程的上述两个时间分别规定为 6h 和 24h，施工中实际直接铺筑容许时间采用的是初凝时间，加垫层铺筑容许时间实测最长 22h，一般在 18～22h；龙滩工程规定直接铺筑容许时间：夏季为 4h，春、秋季 6h，冬季 8h，超过上述要求均按施工缝处理。

（2）碾压混凝土缝面处理。碾压混凝土缝面处理是指其水平施工缝和施工过程中出现的冷缝面的处理。碾压混凝土缝面处理方法与常态混凝土相同，一般采用如下办法。

1）用高压水（或风砂枪、机械刷）清除碾压混凝土表面乳皮，使之成为毛面（以露砂为准）。

2）清扫缝面并冲洗干净，在新碾压混凝土铺筑覆盖之前应保持洁净，并使之处于湿润状态。

3）在已处理好的施工缝面上按照条带均匀摊铺一层厚 1.5～2.0cm 水泥砂浆垫层，然后再开始铺筑碾压混凝土。

5. 成缝工艺

（1）碾压混凝土重力坝成缝工艺。碾压混凝土重力坝一般采用切缝机具切缝，或设置诱导孔、预埋隔缝板或模板等方法成缝。

1）切缝机具切缝。在平仓后，碾压前或碾压后，用切缝机具在混凝土内切出一条缝，填缝材料（镀锌铁皮、PVC、化纤编织布或干砂等）随切缝机刀片振动压入。目前高坝工程趋向采用切缝机具切缝，例如江垭工程采用 MPKHPQ13 型切缝机（由 EX120 型液压挖掘机改装）；龙滩工程大坝采用 R130LC－5 型履带式切缝机（液压反铲加装一个振动切缝刀片），在振动力作用下使混凝土产生塑性变形，刀片嵌入混凝土而成缝，填缝材料为 4 层编织布，并随刀片一次嵌入缝中，该方法成缝整齐，松动范围小，机具行走方便，成缝速度是手持式振动切缝机的 8～10 倍，一台切缝机可满足 10000～15000m^2 大仓面的施工需要，振动切缝采用先碾后切，填充物距压实面 1～2cm，切缝完毕后用振动碾碾压 1～2 遍。

2）诱导孔成缝。在碾压混凝土初凝有一定强度时，人工或机械成孔。当采用薄层连续铺筑施工时，诱导孔可在混凝土碾压后由人工打钎或风钻钻进形成，成孔后孔内填塞干燥砂子。当采用间歇式施工时，可在层间间歇时间用风钻钻孔。天生桥二级工程诱导孔钻孔在混凝土具有一定强度（约 7d 龄期）后进行，孔径为 90cm，孔距为 1m，每次孔深为 3m，分缝控制准确，效果良好。

3）预埋分缝板成缝。平仓后埋设分缝板，通仓碾压。分缝板用预制混凝土板、铁皮、沥青木板等，设置隔缝板时，隔板衔接处的间距不得大于 10cm，隔板高度应比压实厚度低 3～5cm。水口工程在碾压混凝土平仓后，采用人工挖槽，埋设厚 2.0cm、宽 20.0cm 的松木板。此种方式人工较多，劳动强度大，对仓面施工有一定干扰。

4）模板成缝。仓面分区浇筑或个别坝段提前升高时，在横缝位置立模，拆模后成缝。

（2）碾压混凝土拱坝成缝工艺。碾压混凝土拱坝是一个整体结构，在拱坝分缝结构中设置具有重复灌浆系统的诱导缝，在缝面张开度达到可灌要求时进行接缝灌浆。早期的普定及温泉堡等碾压混凝土拱坝的诱导缝采用两块对接的多孔预制混凝土板，普定大坝预制混凝土板板长为 1.0m，高度为 0.3m，厚度为 4～5cm，按双向间断型式布置，沿水平方向间距为 2.0m，沿高度方向间距为 0.6m（两个碾压层），在埋设层的碾压混凝土施工完成后挖沟槽埋设多孔预制混凝土板，使其在坝内同一断面上形成若干人造小缝，在诱导缝中采用预埋两套灌浆管路的办法实现两次灌浆，此方式存在挖槽埋设和固定难度大的问题。为克服上述缺陷，沙牌碾压混凝土拱坝的诱导缝采用重力式的混凝土预制件型式，灌浆管路及排气管的埋设十分方便，采用单回路重复灌浆系统，可实现大坝的多次重复灌浆。此成缝方式已推广应用于国内其他拱坝工程。

6. 变态混凝土施工

变态混凝土（又称改性混凝土）是指随着碾压混凝土施工逐层进行，在已经摊铺的碾压混凝土中掺入一定比例的灰浆，使之增加工作度以便可用插入式振捣器进行振实的混凝土。采用这种方法可将碾压混凝土改性，形成平整的外部表面和良好的内部结合面，可有效地避免了碾压“死角”部位及模板周边等碾压机具不能靠近而不易被振实的现象出现。

变态混凝土的应用部位基本上取代了与大体积碾压混凝土相邻的搭接带与结合带的常态混凝土，如上游面防渗层、模板、廊道、电梯井、通气孔、止水周边等部位，棉花滩、沙牌等工程还将变态混凝土应用到两岸坝肩部位。变态混凝土的厚度一般为 0.5～1.0m，浆体掺量一般为混凝土体积的 4%～6%，通常灰浆的水灰比与碾压混凝土相同，灰浆可在现场拌制。

铺洒灰浆的碾压混凝土铺层厚度与平仓厚度相同。大多数工程采用顶部水平加浆的方式，棉花滩等工程采用插孔器造孔、垂直加浆方式，个别工程采用抽槽加浆的方式。铺浆施工工艺主要采用人工加浆，向孔内注浆或在仓面上泼洒浆液，存在铺浆计量不准、铺浆不均匀的现象。

7. 异种混凝土结合

异种混凝土结合，指不同类别的混凝土相结合，如碾压混凝土与常态混凝土的结合、变态混凝土与常态混凝土的结合。

(1) 常态混凝土与碾压混凝土交叉施工，按先碾压后常态的步骤进行。两种混凝土均应在常态混凝土的初凝时间内振捣或碾压完毕。

(2) 对于异种碾压混凝土结合部，采用高频插入式振捣器振捣，再用大型振动碾进行骑缝碾压 2～3 遍或小型振动碾碾压 25～28 遍。

8. 埋设件施工

(1) 止水。止水位置要准确地测量放样。止水装置应用钢筋支架加以固定，变态混凝土施工时应仔细谨慎，不能损坏止水材料。该部位混凝土中的大骨料应用人工剔除，以免产生渗水通道。

(2) 其他埋设件。碾压混凝土内部观测仪器和电缆的埋设采用掏槽法，即在前一层混凝土碾压密实后，按仪器和引线位置，掏槽安装埋设仪器，经检验合格后，人工回填混凝土并捣实，再进行下一层铺料碾压。

对温度计一类没有方向性要求的仪器，掏槽深度应保证上部有大于 20cm 的回填保护层。对有方向性要求的仪器，尽量深埋并在槽底部先铺一层砂浆，上部至少有 50cm 的人工回填保护层。回填料应为混凝土配合比剔除大于 40mm 粒径骨料的新鲜混凝土，坑槽回填混凝土必须采取措施保证与周围混凝土结合良好，除电缆槽外，均应采用人工分层回填，并用木槌等工具捣实。对电缆或电缆束宜在槽内回填砂浆，以避免形成渗漏通道。

坝体排水孔宜采用预埋管、拔管或后期钻孔成孔，埋管周边 50cm 范围内宜采用变态混凝土施工。

碾压混凝土中预埋冷却水管时，应在碾压结束后上层铺料前进行。冷却水管引入廊道或坝体外时，管道应按序排列，明确标示，周边宜采用变态混凝土施工。

9. 特殊气候条件下的施工

(1) 雨季施工。根据雨天降雨量的大小、降雨的不均匀性和突发性的暴雨等不同情况采取不同的措施，一般采取的措施如下。

1) 制定严密的雨季施工措施。

2) 施工现场备足防雨材料。

3) 组建雨季施工覆盖、排水专业队伍。

4) 加大碾压混凝土的 VC 值。

5) 浇筑过程中遇到超过规定强度降雨量（一般定为小雨）情况时，应停止拌和，并尽快将已入仓的碾压混凝土摊铺碾压完毕。

6) 用防雨材料遮盖新碾压混凝土面或未碾压的混凝土面，防止雨水进入混凝土内。

7) 做好施工仓面的引排水工作。

龙滩碾压混凝土大坝施工技术要求对降雨规定如下。

1) 在降雨强度每 6min 小于 0.3mm 的条件下，可采取以下措施继续施工。

a. 适当加大搅拌楼机口拌和物 VC 值，适当减小水灰比。

b. 卸料后立即平仓、碾压或覆盖，未碾压的拌和料暴露在雨中的受雨时间不宜超过 10min。

c. 设置排水，以免积水浸入碾压混凝土中。

2) 当降雨强度每 6min 等于或大于 0.3mm，应暂停施工。

a. 已入仓的拌和料迅速平仓、碾压。

b. 如遇大雨或暴雨，来不及平仓碾压时，应用防雨布迅速全仓面覆盖，待雨后进行处理。如拌和料搁置时间过长，应作废料处理。

3) 大雨过后，当降雨量每 6min 小于 0.3mm，并持续 30min 以上，仓面已覆盖未碾压的混凝土尚未初凝时，可恢复施工。恢复施工时，应做好如下工作。

a. 皮带机及停在露天运送混凝土的汽车车厢内的积水必须清除干净。

b. 新拌混凝土的 VC 值恢复正常值，但取其上限控制。

c. 清理仓面，排除积水。

d. 若有漏碾且尚未初凝的应补碾；有漏碾且已初凝而无法恢复碾压的，以及有被雨水严重浸入的应予清除。

e. 若变态混凝土处有漏振且尚未初凝的，应赶紧补振；漏振已初凝而无法恢复振捣的，以及有被雨水严重浸入的，应予清除。

4) 恢复施工前，应对已损失灰浆的碾压混凝土

（含变态混凝土）及层、缝面进行处理。

（2）低温季节施工。日平均气温连续5d稳定在5℃以下或最低气温连续5d稳定在－3℃以下时，应按低温季节施工，采取低温施工措施。日平均气温在－10℃以下不宜施工，如工程特殊需要，应进行专门论证。

低温季节的施工措施主要有以下几种。

1）调整混凝土配合比，外掺一定比例的混凝土防冻剂。

2）调整出机口 *VC* 值。

3）加快碾压速度。

4）仓面采用蓄热法施工。模板采用保温模板，仓面收仓后应及时用保温材料覆盖混凝土表面，上、下游坝面模板拆除后立即贴挂保温被保护。

5）拌和系统进行骨料预热，采取热水拌和，使碾压混凝土出机口温度符合技术要求规定。

6）坝面喷涂保温材料，如聚氨酯保温材料。

7）仓面摊铺和碾压紧密衔接，碾压完毕覆盖保温被。

8）下雪天停止施工。

9）适当延长拆模时间。

【实例5.5－1】 龙首水电站碾压混凝土重力拱坝，拱坝坝段最大坝高80.0m，坝顶弧长140.84m，重力坝段最大坝高54.5m，坝顶长47.16m，碾压混凝土量18.17万m^3。坝址地区夏季最高气温37.2℃，冬季最低气温－33℃，河水温度为0～7℃。为保证碾压混凝土质量，对碾压混凝土的拌和、运输、入仓、仓面作业、模板工艺等采取了如下措施。

1）制定严格的温度控制措施，基础温差控制在14～16℃以内，内、外温差控制在15～20℃，上、下层温差控制在15～20℃，碾压混凝土出机口温度为10～20℃。

2）拌和系统设置制冷、供热设施，5月下旬至9月下旬用冷水（2℃左右）拌和混凝土，11月中旬至12月下旬进行骨料预热，采用热水（≤60℃）拌和混凝土。

3）成品料场搭设防晒棚，同时在3～12月仓面应采取喷雾降温增湿措施。冬季施工仓面不能采用喷雾增湿措施时，调整出机口 *VC* 值为1～2s。

4）埋设ϕ28mm高密度聚乙烯塑料管（间排距1.5m×1.5m），通河水冷却，持续时间为20～30d。

5）冬季施工掺4%左右的混凝土防冻剂。

6）进行骨料预热，采取热水拌和以控制出机口温度，防止温差过大造成混凝土裂缝。

7）采用保温模板，仓面收仓后及时覆盖保温被、塑料布等。

10. 碾压混凝土的温度控制

碾压混凝土重力坝一般具有大仓面通仓薄层碾压、连续快速施工的特点，并且大量使用掺合料。由于坝体上升速度较快，难以通过浇筑层面散发热量，虽然水泥用量低，水化热温升较小，但温峰推迟，在低温季节，内、外温差如果偏大就易产生较大的温度应力，引起裂缝。因此，碾压混凝土重力坝的温控工作虽没有常态混凝土复杂，但在施工过程中同样要采取相应的温控措施。

碾压混凝土施工宜在日平均气温3～25℃进行，当日平均气温高于25℃以及月平均气温高于容许浇筑温度时，应减小层间间隔时间，采取防高温、防日晒和调节仓面局部小气候等有效的降温措施；当日平均气温低于3℃或遇温度骤降时，应暂停施工，并对坝面及仓面采取适当的保温措施。

碾压混凝土施工采取的温控措施主要有以下几种。

（1）采用低热或中热水泥及高效减水剂高掺粉煤灰或其他活性材料等，以降低水泥用量和降低水泥水化热。

（2）合理分缝分仓、分块，薄层浇筑。

（3）降低碾压混凝土入仓温度和浇筑温度。

1）预冷骨料。

2）加冰或低温水拌和混凝土。

3）加高砂石骨料堆。

4）砂石骨料仓和胶带机输送线搭遮阳棚防晒。

5）碾压混凝土入仓运输工具遮阳防晒，防止运输过程中温度倒灌。

（4）在坝体内预埋冷却水管进行初期人工冷却，以削减温峰。

（5）仓面喷雾降温。

（6）坝体表面防护。

1）采用保温模板。

2）覆盖保温材料，如3～5cm厚塑料泡沫板等。

（7）温度措施的选用。针对不同的碾压混凝土坝型和工程规模及当地气候条件，应选用不同的温控方法，以满足温度控制要求，例如江垭、棉花滩、大朝山、龙首、龙滩及光照等碾压混凝土坝就采用了不同的温度控制措施。碾压混凝土温控方法选择以满足坝体的容许浇筑温度，基础温差，上、下层温差和内外温差为原则。一般中、小型工程仅选用一些简单易行的温控措施，如仓面喷雾、错开高温时段浇筑以及骨料防晒等方式，而大型工程因混凝土量大，施工期长，需高温季节施工，高温季节仅采用一些简易温控措施难以满足要求，还需采用预冷骨料、加冰或冷水拌和、冷却水管等综合温控措施。

5.5.5 质量检测与控制

1. 原材料的质量检测与控制

检查水泥、掺合料、砂石骨料和外加剂的质量是否满足设计质量标准，并根据检查结果调整碾压混凝土配合比和改进施工工艺，评定原材料的生产质量控制水平。碾压混凝土的原材料现场检测方法和评定标准，按现行规范进行，检测项目和检测频率见表5.5-5。

严格控制细骨料的级配和含水率，砂的细度模数变动将引起碾压混凝土工作度的变动。砂子的细度模数容许偏差为0.2，超过时应调整碾压混凝土配合比。当砂的细度模数在2.4～2.8时，以配料单规定值为准，每变动±0.2时，相应调整砂率(±1%)以及用水量。碾压混凝土砂的含水率控制要比常态混凝土严格，细骨料应有一定的脱水时间，搅拌前含水率应小于6%，含水率容许偏差为0.5%，超过时应调整拌和用水量和砂的配料量；当含水率超过7.5%时，应该停机。

表5.5-5　原材料的检测项目和检测频率

名称		检测项目	取样地点	检测频率	检测目的
水泥		快速检定强度等级	拌和厂水泥库	必要时进行	验证水泥活性
水泥		细度、安定性、标准稠度需水量、凝结时间、强度等级	水泥库	每200～400t一次①	检定出厂质量
掺合料		密度、细度、需水量比或流动度比、烧失量	仓库	每200～400t一次①	评定质量稳定性
掺合料		强度比或活性指数	—	必要时进行	检定活性
细骨料		细度模数	拌和厂、筛分厂	每天一次	筛分厂控制生产、调整配合比
细骨料		级配	筛分厂	必要时进行	筛分厂控制生产、调整配合比
细骨料		含水率	拌和厂	每2h一次或必要时	调整混凝土用水量
细骨料		含泥量、表观密度	拌和厂、筛分厂	必要时进行	检验细骨料质量
粗骨料	大石 中石 小石	超径、逊径	拌和厂、筛分厂	每班一次	筛分厂控制生产、调整配合比
粗骨料	小石	含水率	拌和厂	每班一次或必要时	调整混凝土用水量
粗骨料	小石	黏土、淤泥、石粉含量	拌和厂、筛分厂	必要时进行	检验小石质量
外加剂		溶液浓度	拌和厂	每班一次	调整外加剂掺量

① 每批不足200t时，也应检测一次。

应严格控制各级粗骨料超、逊径含量及含水率。以原孔筛检验时，其控制标准为：超径小于5%、逊径小于10%；以超、逊径筛检验时，其控制标准为：超径为0、逊径小于2%。龙滩工程施工技术要求规定，当石子逊径大于15%时（以原孔筛检验），需调整各级石子的配料量。具体调整量按表5.5-6执行。石子含水率的容许偏差为0.2%。主要对小石（5～20mm）含水率进行检测，小石含水波动可能引起碾压混凝土*VC*值和抗压强度波动。

检验合格的外加剂储存期超过6个月，使用前必须重新检验。

表5.5-6　龙滩工程各级石子逊径调整表

逊径含量（%）	调整量（%）
10～20	10
20～30	15～20

2. 拌和及拌和物的质量检测与控制

碾压混凝土配料称量容许偏差见表5.5-7。混凝土拌和设备投入运行前，必须通过碾压混凝土拌和物均匀性试验，以确定拌和时间和投料顺序。碾压混凝土常采用强制式搅拌机拌和，其投料顺序一般采用胶凝材料—细骨料—水＋外加剂溶液先拌制约20s左右，随后投入粗骨料。碾压混凝土拌和物均匀性检测结果应符合下列规定：用洗分析法测定粗骨料含量时，两个样品的差值应小于10%；用砂浆容量法测定砂浆容量时，两个样品的差值应不大于30kg/m^3。

表 5.5-7　配料称量检验标准

材料名称	水	水泥、掺合料	粗、细骨料	外加剂
容许偏差	±1%	±1%	±2%	±1%

碾压混凝土质量的检测，可在搅拌机口随机取样进行，检测项目及频率按表5.5-8规定。

碾压混凝土拌和物机口 *VC* 值容许偏差为±3s，超出控制界限时，应修正拌和用水量，并保持水胶比不变。掺引气剂的碾压混凝土含气量，宜控制在3%～4%，容许偏差为±1%。

混凝土拌和物及硬化混凝土抽样成型检测项目，检测频率和合格率应满足国家标准和规范以及工程设计的要求。龙滩工程碾压混凝土性能试验成型、项目、数量、龄期等见表5.5-9及表5.5-10。

龙滩工程施工技术要求规定，拌和楼出机口的碾压混凝土，出现下列情况之一的，作废料处理：拌和不充分的生料；由于配料差错使水灰比超过设计值的0.05以上；水泥、粉煤灰严重欠称或外加剂误差超过±10%以上；*VC* 值小于3s或大于30s；混凝土拌和物均匀性很差，达不到设计要求。

表 5.5-8　碾压混凝土的检测项目和频率

检测项目	检测频率	检测目的
VC 值	每2h一次①	检测碾压混凝土可碾性，控制工作度变化
拌和物的均匀性	每班一次；在配合比或拌和工艺改变，机具投产或检修后等情况下分别另检测一次	调整拌和时间，检测拌和物均匀性
含气量	使用引气剂时，每班1～2次②	调整引气剂掺量
拌和物温度	每2～4h一次	温度控制要求
水胶比	每班一次	检测拌和物质量
拌和物外观	每2h一次	检测拌和物均匀性
抗压强度	28d龄期每500m^{3}成型一组，设计龄期每1000m^{3}成型一组；不足500m^3，至少每班取样一次	检验碾压混凝土质量及施工质量

① 气候条件变化较大（大风、雨天、高温）时应适当增加检测次数。
② 控制碾压混凝土的含气量，容许偏差±1%。

表 5.5-9　龙滩工程碾压混凝土机口取样抗压强度成型表

时间	RⅠC_{90}25		RⅡC_{90}20	
	组数	龄期（d）	组数	龄期（d）
开机第一班	2	90、180	1	90
开机第二班	2	28、90	1	180
开机第三班	1	90	2	28、90
开机第四班	1	28、90、180	1	28、90、180

表 5.5-10　龙滩工程碾压混凝土性能成型安排表

检测项目	成型次数		成型组数	成型安排
	RⅠC_{90}25	RⅡC_{90}20		
抗压强度	2	2	9	28d、90d、180d
劈拉强度	2	2	2	28d或90d
动弹性模量	2	2		每次5个试件不破型测试

续表

检测项目	成型次数		成型组数	成型安排
	R Ⅰ C_{90}25	R Ⅱ C_{90}20		
抗渗	2	2	1	90d 或 180d
轴心抗压	2	2	2	28d 或 90d
抗压弹性模量	2	2	2	28d 或 90d
抗冻	1		1	90d 或 180d，每次 3～4 个冻融循环

3. 混凝土运输的质量控制

碾压混凝土运输机具应在使用前进行全面检查清洗。混凝土运输过程中不得发生分离、漏浆、严重泌水及过多降低工作度等现象。在气温等于或高于25℃以上时，应设置遮盖，以减少运输途中混凝土温度回升。

各种运输机具在转运或卸料时，出口处混凝土自由落差均不宜大于 1.5m，超过 1.5m 宜加设专用垂直溜管或转料漏斗；连续运输机具与分批运输机具联合使用时，应在转料处设置容积足够的储料斗；使用转料漏斗时应有解决混凝土起拱的措施；从搅拌设备到仓面的连续封闭式运输线路，应设置弃料及清洗废水出口。

输送灰浆应有防止浆液沉淀和泌水的措施，保证运送到现场的浆液均匀。

4. 碾压混凝土铺筑质量检查与控制

碾压混凝土铺筑时，应按表 5.5－11 的规定进行检测。压实表观密度检测采用核子水分密度仪或压实密度计。每 100～200m² 至少应有一个检测点，每一铺筑层仓面内应有 3 个以上检测点，以碾压完毕10min 后的核子密度仪测试结果作为压实容重判定依据。

相对密实度是评价碾压混凝土压实质量的指标。对于大坝外部混凝土，相对密实度不得小于 98%，对于内部混凝土，不得小于 96%。

仓面施工质量控制：碾压混凝土的每一升层作为一个单元工程，当一个升层施工结束后，先对相关项目进行质量评定，根据质量评定结果，再对该升层的施工质量等级作出评定。龙滩工程碾压混凝土仓面施工质量检查、测试项目，见表 5.5－12。

5. 碾压混凝土强度检测与质量评定

（1）碾压混凝土生产质量水平评定标准。碾压混凝土试件应在搅拌机机口取样成型。碾压混凝土生产质量控制应以 150mm 标准立方体试件、标准养护 28d 的抗压强度为准。生产质量水平评定标准见表 5.5－13。抗压强度的标准差应由一批（至少 30 组）连续机口取样的 28d 龄期抗压强度标准差 σ 值表示。

表 5.5－11　　碾压混凝土铺筑现场检测项目和标准

检测项目	检测频率	控制标准
VC 值及外观评判	每 2h 一次	现场 *VC* 值容许偏差±5s
碾压遍数	全过程控制	由压实表观密度达到要求确定。一般，无振 2 遍→有振 8 遍→无振 1 遍
抗压强度	相当于机口取样数量的 5%～10%	设计指标
压实表观密度	每铺筑 100～200m² 碾压混凝土至少应有一个检测点，每一铺筑层仓面内应有 3 个以上检测点	每个铺筑层测得的表观密度应全部达到设计规定的相对密实度指标
骨料分离情况	全过程控制	不容许出现骨料分离现象
两个碾压层间隔时间	全过程控制	由试验确定不同气温条件下的层间容许间隔时间，并按其判定
混凝土加水拌和至碾压完毕时间	全过程控制	小于 2h 或通过试验确定
入仓温度	2～4h 一次	设计指标

表 5.5-12　　龙滩工程碾压混凝土仓面施工质量检查、测试项目

编号	检查项目	质量标准（取样数量）	编号	检查项目	质量标准（取样数量）
一	层间结合		四	混凝土质量	
	1. 汽车冲洗	无泥水带入仓		1. VC 值	5±2s
	2. 仓面洁净	无杂物、油污		2. 废、次料处理	予以清除
	3. 泌水、外来水	无积水	五	异种混凝土结合	
	4. 砂浆、水泥浆铺设	均匀无遗漏		1. 变态混凝土施工	符合要求
	5. 层间间歇时间	按设计要求控制		2. 变态混凝土抗压强度	根据需要取样
	6. 净浆密度	每班 1～2 次		3. 变态混凝土抗渗	根据需要取样
二	卸料平仓		六	RCC 抗压强度现场取样	相对于机口的 5%～10%
	1. 骨料分离处	分散处理	七	特殊气象下施工	
	2. 平仓厚度、平整度	高差小于 5cm		1. 雨天施工	符合措施要求
三	碾压			2. 冬天施工	符合措施要求
	1. 碾压层表面	平整、微泛浆		3. 夏季施工	符合措施要求
	2. 相对密实度	≥98.5%			

表 5.5-13　　碾压混凝土生产质量水平

评定指标		质量等级			
		优秀	良好	一般	差
不同强度等级下的混凝土强度标准差 σ（MPa）	$\leqslant C_{90}20$	<3.0	$3.0\leqslant\sigma<3.5$	$3.0\leqslant\sigma<4.5$	$\geqslant4.5$
	$\geqslant C_{90}20$	<3.5	$3.5\leqslant\sigma<4.0$	$4.0\leqslant\sigma<5.0$	$\geqslant5.0$
测试强度不低于强度标准值的百分率 P_s（%）		≥90	≥85	≥80	<80

混凝土抗冻检验的合格率不应低于 80%，抗渗等级和极限拉伸值应满足设计要求。

（2）碾压混凝土质量评定标准。以设计龄期的抗压强度为准，混凝土强度平均值和最小值应同时满足下列要求：

$$m_{fcu} \geqslant f_{cu,k} + Kt\sigma_0 \qquad (5.5-2)$$

$$f_{cu,\min} \geqslant 0.75 f_{cu,k} \quad (\leqslant 20\text{MPa}) \qquad (5.5-3)$$

$$f_{cu,\min} \geqslant 0.80 f_{cu,k} \quad (> 20\text{MPa}) \qquad (5.5-4)$$

式中　m_{fcu}——混凝土强度平均值，MPa；

$f_{cu,k}$——混凝土设计龄期的强度标准值，MPa；

K——合格判定系数，根据验收批统计组数 n 值，按表 5.5-14 选取；

t——概率度系数，见表 5.5-15；

σ_0——验收批混凝土强度标准差，MPa；

$f_{cu,\min}$——n 组中的最小值，MPa。

表 5.5-14　　合格判定系数 K 值表

n	2	3	4	5	6～10	11～15	16～25	>25
K	0.71	0.58	0.50	0.45	0.36	0.28	0.23	0.20

注　1. 同一验收批混凝土，应由强度标准相同、配合比和生产工艺基本相同的混凝土组成。

2. 验收批混凝土强度标准差 σ_0 计算值小于 $0.06f_{cu,k}$ 时，应取 $\sigma_0=0.06f_{cu,k}$。

表 5.5-15　　保证率和概率度系数关系

保证率 P（%）	65.5	69.2	72.5	75.8	78.8	80.0	82.9	85.0	90.0	93.3	95.0	97.7	99.9
概率度系数 t	0.40	0.50	0.60	0.70	0.80	0.84	0.95	1.04	1.28	1.50	1.65	2.0	3.0

（3）钻孔取芯检查混凝土质量。钻孔取芯是评定碾压混凝土质量的综合方法。钻孔取芯可在碾压混凝土达到设计龄期（或3个月）后进行。钻孔的部位和数量应根据需要确定，取芯直径以不小于200mm为宜。钻孔取芯评定的内容如下。

1）芯样获得率：评价碾压混凝土的均匀性。

2）压水试验：评定碾压混凝土抗渗性。

3）芯样的物理力学试验：评定碾压混凝土的均匀性和力学性能。

4）芯样断口位置及形态描述：统计芯样断口在碾压层层间结合处的数量并计算占总断口数比例，评价层间结合是否符合要求。

5）芯样外观描述：评定碾压混凝土的均匀性和密实性，评定标准见表5.5-16。

测定抗压强度的芯样直径以150～200mm为宜。对于大型工程或混凝土最大骨料粒径大于80mm的部位，宜采用直径200mm或更大直径的芯样。以高径比为2.0的芯样试件为标准试件。不同高径比的芯样试件的抗压强度与高径比为2.0的标准试件抗压强度的比值见表5.5-17。高径比小于1.5的芯样试件不得用于测定抗压强度。ϕ150mm×300mm标准试件与150mm立方体试件的抗压强度换算关系见表5.5-17。

表5.5-16　碾压混凝土芯样外观评定标准

级别	表面光滑程度	表面密实程度	骨料分离均匀性
优良	光滑	致密	均匀
一般	基本光滑	稍有孔	基本均匀
差	不光滑	有部分孔洞	不均匀

注　本表适用于金刚石钻头钻取的芯样。

表5.5-17　抗压强度换算关系

强度等级（MPa）	不同高径比试件抗压强度换算关系		$\frac{\phi150\text{mm}\times300\text{mm 抗压强度}}{150\text{mm 立方体抗压强度}}$
	1.5	2.0	
10～20	1.166	1.0	0.775
20～30	1.066	1.0	0.821
30～40	1.039	1.0	0.867
40～50	1.013	1.0	0.910

注　1. 高径比在1.5～2.0的换算系数可用内插法求得。
2. 不同高径比试件抗压强度换算系数＝不同高径比试件抗压强度/高径比为2.0的试件的抗压强度。
3. 弹性模量、轴拉强度和拉伸变形试验试件的高径比为2.0～3.0。

混凝土透水性检查按照《水利水电工程钻孔压水试验规程》（SL 31—2003）中的规定进行单点法压水试验。对要求进行孔内录像的部位，在钻孔取芯完成后，将孔壁用清水冲洗干净，按相关要求进行录像，观测时间一般为8～10min/m。

5.6　贫胶砂砾石坝

5.6.1　概述

贫胶砂砾石坝是一种较为经济、施工简便且地基适应性强的新坝型。它的体型、材料以及施工工艺介于混凝土坝和堆石坝之间，因工程实例不多，设计理论和施工方法需要进一步完善，目前主要应用于低坝及围堰等工程。通过研究和论证，可进一步拓宽其应用范围。

与碾压混凝土重力坝相比，贫胶砂砾石坝对地基强度和抗变形能力的要求较低。在筑坝材料方面，仅需要使用少量的水泥，单位水泥用量大约为50～60kg/m³。由于水泥用量少、水化热温升低，所以贫胶砂砾石坝的温度应力水平比碾压混凝土坝还低。

与混凝土面板堆石坝相比，贫胶砂砾石坝的碾压堆石体中掺有水泥及其他胶凝材料，抗压强度和抗剪强度参数高于一般碾压堆石体，因此，可以大大缩小坝体断面和体积，节省工程量。

在筑坝材料方面，贫胶砂砾石坝对材料一般只有抗压强度要求，没有抗拉强度要求。贫胶砂砾石坝采用当地材料，如河床冲积料、各种开挖料等，坝体用料量比堆石坝小，可以结合碾压混凝土坝和面板堆石坝的施工优势，获得较好的经济效益。

近年来，坝工与环境的关系越来越受到人们的关注，贫胶砂砾石坝因其对材料、施工和坝基条件的要求降低，可以实现大坝施工零弃料，凸显了它在适应环境、减轻环境破坏等方面的优势，受到国际坝工界的重视，在围堰、中低坝建设中得到了越来越多的应用。表5.6-1列举了目前世界上已建或在建的贫胶砂砾石坝。

表5.6-1　部分已建及在建的贫胶砂砾石坝（截至2009年）

工程名称	国家	坝高（m）	建成时间
长岛水库二期截流	日本	15.0	1992年
Marathis	希腊	28.0	1993年
忠别水库二期截流	日本	4.0	1994年
久妇须河水库二期截流	日本	12.0	1994年
擢上河水库导流挡土墙	日本	21.0	1996年

续表

工程名称	国家	坝高（m）	建成时间
AnoMera	希腊	32.0	1997年
Nagashima	日本	33.0	1998年
德山水库临时护岸	日本	7.0	1998年
Okukubi	日本	39.0	1999年
Haizuka拦砂坝	日本	14.0	2000年
德山水库一期截流	日本	14.5	2000年
泷泽水库临时渠道	日本	9.0	2000年
Moncion反调节坝	多米尼加	28.0	2001年
道塘水库上游围堰	中国	7.0	2004年
街面水库下游围堰	中国	16.3	2005年
St Martin de Londress	法国	25.0	2005年
Cindere	土耳其	107.0	2005年
洪口水电站上游围堰	中国	35.5	2006年
Can-Asujan	菲律宾	40.0	在建
Sanru	日本	50.0	在建
Honmyogawa	日本	62.0	在建

5.6.2 贫胶砂砾石坝的特点

（1）坝型的主要特征。

1）采用梯形或等腰三角形的断面，坝基面及坝体内应力水平低，因此，对地基的要求低。

2）上游面设置专门防渗体，因此，对坝体也没有防渗的要求。

3）坝体断面较大，应力分布较均匀，大坝抗滑稳定安全性好。

4）对筑坝材料技术性能要求低，可就地取材，节省工程造价。

5）筑坝材料水泥用量少，温度效应影响小，可简化施工工艺。

6）抗冲蚀力强，施工期容许漫坝，可降低施工导流费用。

7）即使漫坝，也不会产生溃坝后果，抵御洪水的能力较强。

8）溢洪道可以布置在坝体，枢纽布置紧凑，可节省工程投资。

（2）设计与施工要求。

1）在坝体设计方面，贫胶砂砾石坝的上、下游面均可以是斜面，坡度一般在1∶0.5～1∶0.7，可充分利用上游水重，增加坝体稳定、改善坝体应力分布。

2）在筑坝材料方面，砂砾料中仅需掺有少量胶凝材料，水泥用量少，绝热温升低，温度应力水平比碾压混凝土坝还小，不存在温控问题，甚至不需要设置伸缩缝。另外，贫胶砂砾石坝的碾压填筑体中掺有水泥及其他胶凝材料，水泥固结料的抗剪强度高于一般碾压堆石体，可大大减少坝体体积。

3）在防渗排水方面，贫胶砂砾石坝坝体的天然砂砾石被胶结成为整体，形成骨架，即使部分孔隙中有散状岩屑，细粒土被渗透水流带走，坝体也不会产生显著沉降，坝体渗透变形小；由于坝体的透水性较强，坝体排水比土坝通畅，坝体渗透稳定性好。考虑防渗要求，在上、下游面根据要求设置面板防渗、土工膜防渗等，即可满足大坝防渗要求。

4）在施工导流方面，由于胶凝材料的固化作用，胶凝砂砾石具有一定的强度和抗冲刷能力。胶凝砂砾石坝的坝面经过适当地防护，坝顶即可过水，克服了土石坝不能过水的缺点，容许在坝身设置溢洪道，便于施工导流和枢纽建筑物布置。

5）在施工工艺方面，由于坝体断面比碾压混凝土重力坝大，坝体层面依靠剪切摩阻力即可满足稳定要求，层面处理要求可以降低，即使出现冷缝也可以接受。胶凝砂砾石坝采用碾压混凝土坝或土石坝施工的机械和方法，工艺简单、机械化水平高、施工速度快，有利于缩短工期、降低造价。

6）胶凝砂砾石坝的抗震性能优于碾压混凝土坝，甚至在严重地震情况下，坝体对称面内也不存在拉应力，可以不考虑坝体抗拉强度。另外由于胶凝砂砾石材料的弹性模量相对较小，该坝型对地基的适应性较强。

5.6.3 贫胶砂砾石坝坝体设计实例

贫胶砂砾石坝目前还处于发展阶段，从目前已建的贫胶砂砾石坝来看，所采用的结构型式还比较单一，贫胶砂砾石坝剖面一般为对称剖面，上游面板防渗，上、下游面坡比一般为1∶0.5～1∶0.7，贫胶砂砾石坝的典型剖面如图5.6-1所示。

图5.6-2为希腊Marathis贫胶砂砾石坝的剖面设计。

图5.6-3为我国福建洪口水电站上游围堰剖面设计。

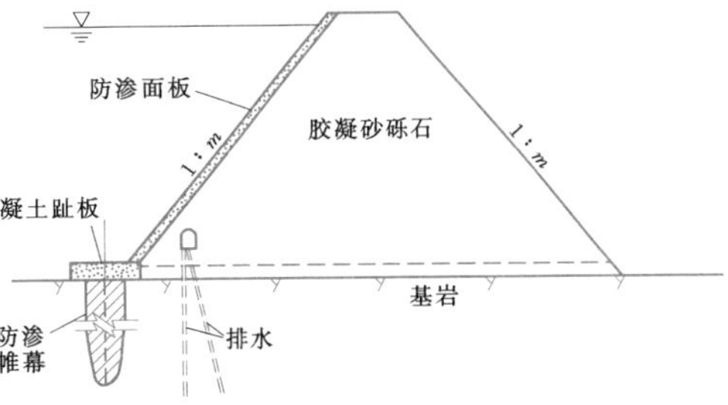

图5.6-1 贫胶砂砾石坝的典型剖面示意图

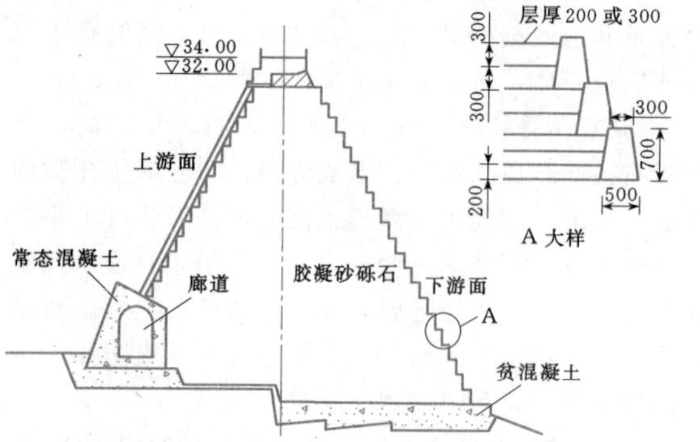

图5.6-2 希腊Marathis贫胶砂砾石坝的剖面图（尺寸单位：mm；高程单位：m）

图5.6-4为我国道塘水电站上游围堰剖面设计。

5.6.4 设计准则

贫胶砂砾石坝采用上游面板防渗，坝体填筑料不再有防渗要求，只要满足稳定与应力要求即可，贫胶砂砾石坝设计应体现功能分开的原则，设计要点概述如下。

1. 剖面设计与稳定分析

贫胶砂砾石坝剖面设计控制标准应该既要满足重力坝的整体稳定要求和边缘应力要求，同时又要满足土石坝的边坡稳定要求。贫胶砂砾石坝剖面为对称或基本对称剖面，上游面板防渗，上、下游坡比与一般碾压混凝土坝相似。稳定性主要考虑抗倾倒稳定性、抗滑稳定性、基底压力和关键点压力。除了传统的稳定性分析，还可用计算机程序进行二维或三维有限元分析。

2. 防渗排水系统设计

贫胶砂砾石坝采用上游钢筋混凝土面板、混凝土面板、沥青混凝土面板或其他适宜的防渗材料进行防渗，坝体无防渗要求。坝基防渗可根据具体的坝基条件采用帷幕灌浆或混凝土防渗墙等。在坝体已完成施工，温度或结构裂缝（假设有）出现后即开始铺设防渗面板，面板用滑模施工，面板在坝肩处与底座连接，在河床处与常态混凝土趾板连接。

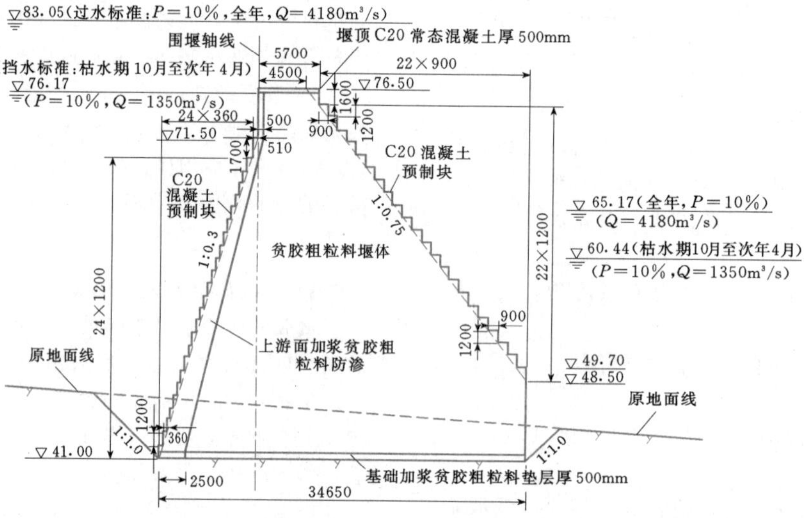

图5.6-3 我国福建洪口水电站上游围堰剖面图
（尺寸单位：mm；高程单位：m）

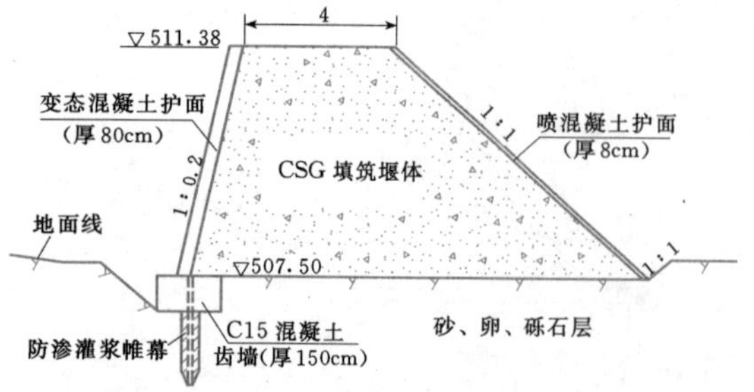

图5.6-4 我国道塘水电站上游围堰结构剖面图（单位：m）

贫胶砂砾石坝的排水方式主要有：将排水管埋设在下层多孔混凝土板里；安装空心预制件，作为填筑体的模板；或者采用坝面垂直的碾压混凝土坝的施工流程铺设土工膜。

3. 导流与泄水建筑物设计

贫胶砂砾石坝的抗冲蚀性较强，施工期容许坝身过水，因此，可采用汛期基坑过流的施工导流方式。考虑贫胶砂砾石坝抗冲蚀性较强，沉降量小，可设计坝身溢洪道。

4. 面板和趾板设计

面板、趾板分别为贫胶砂砾石坝的上游防渗体及其与坝基、坝肩连接的部件。面板、趾板的设计应满足抗裂、抗渗要求。设计中可参照《混凝土面板堆石坝设计规范》(DL/T 5016—1999)。

5. 应力与稳定分析

采用平面有限元法分析贫胶砂砾石坝典型坝段应力分布状况，应使其满足无拉应力及材料抗压、抗剪强度的要求。坝址区抗震设防裂度 8 度以上的贫胶砂砾石坝应进行动力分析。若坝基存在软弱夹层，还应进行深层抗滑稳定分析。

6. 贫胶砂砾填筑标准

以碾压相对密实度为填筑碾压控制标准。坝体不同部位对材料性能要求不同，可采用不同的相对密实度。施工初期应进行现场碾压试验，确定填筑碾压参数，并采用碾压参数（碾重、行车速度、铺料厚度、碾压次数）作为施工控制指标。

7. 筑坝材料设计

贫胶砂砾料一般无抗拉强度要求，剪应力较低。由于采用面板防渗，对贫胶砂砾料无抗渗要求，渗透性越大则贫胶砂砾石坝的工作性态越好。100m 级高度的坝，最大压应力低于 1.5MPa。抗压强度是贫胶砂砾料的主要设计指标。

5.6.5 材料配合比设计及主要性能参数

贫胶砂砾石坝的材料设计主要以抗压强度为设计指标，设计龄期一般为 90d，且抗压强度设计值一般较低；筑坝材料单位水泥用量为 50～60kg，水灰比较大，大于 0.8。

贫胶砂砾石坝的砂砾石料，一般利用天然砂砾石或建筑物开挖料，需要满足一定的级配要求，控制最大粒径。图 5.6-5 给出了日本 Haizuka 大坝、我国道塘大坝、道塘围堰等水利工程研究胶凝砂砾石（CSG）时的砂砾石颗粒分布曲线。

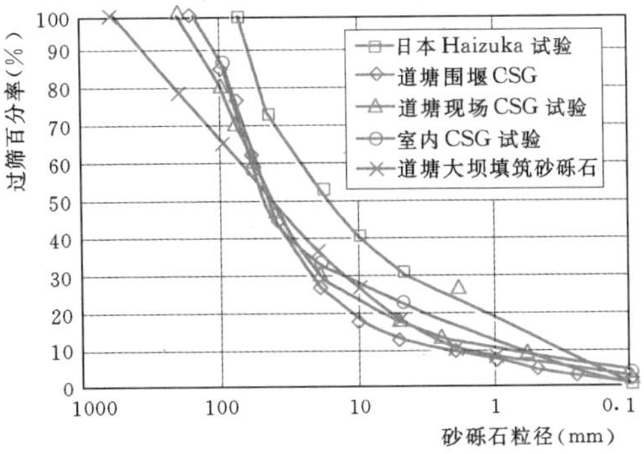

图 5.6-5 典型工程砂砾石筛分级配曲线

奥尤克坝是土耳其首座贫胶砂砾石坝，在试验室开展了如表 5.6-2 所示的 8 种配合比的试验研究工作，推荐 4 号 CSG 配合比。

我国尤溪街面水电站下游围堰采用贫胶砂砾料，经试验研究，推荐施工配合比见表 5.6-3。

我国洪口水电站上游围堰采用贫胶砂砾料，经过试验研究，推荐施工配合比见表 5.6-4。

洪口水电站上游围堰贫胶砂砾石坝材料性能参数见表 5.6-5。

5.6.6 施工工艺

现以日本贫胶砂砾石坝（见图 5.6-6）及我国福建洪口水电站（见图 5.6-7）上游贫胶砂砾石围堰为例，简述贫胶砂砾石坝的施工工序。

5.6.6.1 生产性拌和与碾压工艺

1. 生产性拌和

选用反铲挖掘机为拌和设备。为便于现场计量，采用标准拌和坑的方法，在现场开挖 10m×8m×1m 的标准拌和坑，进行生产性拌和。按试验确定的比例将石渣、砂砾石、水泥、粉煤灰等顺序投料，先干拌 2 遍，后加水拌和 4 遍，经均匀性检测，达到满足拌和均匀性要求。

表 5.6-2 土耳其奥尤克坝贫胶砂砾料配合比

CSG 编号	水泥 (kg/m^3)	粉煤灰 (kg/m^3)	<75mm 砂砾料 (kg/m^3)	水 (kg/m^3)	水灰比	90d 抗压强度 (MPa)
1	45.0	34.84	2296.0	135	1.69	38.3
2	49.5	31.35	2296.0	135	1.67	35.8
3	50.4	53.88	2270.0	140	1.34	46.3
4	50.4	100.34	2218.0	140	0.93	60.5
5	60.3	22.99	2296.0	135	1.62	34.2
6	40.0	0	2317.0	135	3.38	18.8
7	50.0	0	2308.0	135	2.70	23.1
8	60.0	0	2300.0	135	2.25	38.4

表 5.6-3　　尤溪街面水电站贫胶砂砾料围堰推荐配合比

类别	水泥 (kg/m³)	粉煤灰 (kg/m³)	水 (kg/m³)	砂率 (%)	减水剂 (%)	水灰比	180d 抗压强度 (MPa)
CSG	40	40	70	21	0.8	0.88	12.3

注　减水剂为 FDN—02，掺量以占水泥用量的百分比计。

表 5.6-4　　洪口水电站上游围堰贫胶砂砾料试验室推荐配合比

类　别	水泥 (kg/m³)	粉煤灰 (kg/m³)	砂砾料 (kg/m³)	水 (kg/m³)	水灰比	砂率 (%)
CSG	35	35	2243	70	1.0	31

表 5.6-5　　洪口水电站上游围堰贫胶砂砾料坝材料性能参数

类别	拌和物容重 (kN/m³)	*VC* 值 (s)	90d 抗压强度 (MPa)	90d 弹性模量 (GPa)	90d 极限拉伸 (10^{-6})	渗透系数 (10^{-5}cm/s)	60d 干缩变形 (10^{-6})	28d 绝热温升 (℃)
CSG	23.50	5	4.2	7.47	52	2.18	183	5.2

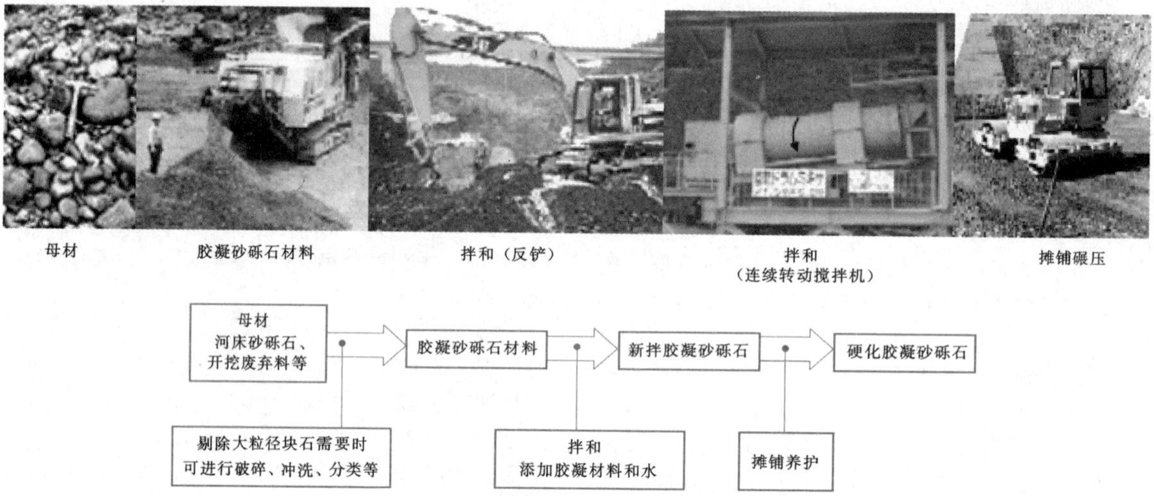

图 5.6-6　日本贫胶砂砾石坝施工程序

2. 碾压试验

采用 12 吨级振动碾进行碾压时，铺层厚度为 40cm，碾压方式为静碾 2 遍、振碾 8 遍、再静碾 2 遍。采用 26 吨级振动碾进行碾压时，铺层厚度为 60cm，碾压方式为静碾 2 遍、振碾 4 遍、再静碾 2 遍。运输采用 5 吨级自卸车和 ZL50 装载机，平仓采用装载机和挖掘机作业。

5.6.6.2　施工程序

施工准备（场地道路布置、原材料、机具、人员进场）→贫胶砂砾料预制块预制和标准坑开挖→仓面验收及层间处理→贫胶砂砾料预制块砌筑→反铲挖掘机拌和→自卸汽车运输或装载机入仓→装载机平仓→振动碾碾压→压实度检测→加浆区振捣施工→养护。贫胶砂砾石坝的施工程序基本与碾压混凝土坝的施工程序相同。

5.6.7　质量控制

以福建洪口水电站上游围堰贫胶砂砾石坝为例，介绍贫胶砂砾石坝施工质量控制要求。

1. 均匀性控制

均匀性控制是贫胶砂砾料施工质量控制的重点。主要进行砂率、配料计量、拌和质量、碾压质量的控制。对砂砾料、开挖弃渣料进行筛分试验，根据其砂

图 5.6－7 洪口水电站上游围堰贫胶砂砾石坝施工图

率的不同进行砂砾料、开挖弃渣料混合比例的调整。拌和均匀性试验参照碾压混凝土拌和均匀性检测试验方法进行。

2. 碾压质量控制

碾压质量主要进行 *VC* 值、碾压层厚、碾压遍数的控制。施工过程 *VC* 值应多次抽查，以 *VC* 值变化幅度小为控制目标。

3. 容重控制

对松铺层厚 40cm、压实层厚约 30cm 的贫胶砂砾料，采用核子水分密度仪直接打孔检测。对松铺层厚 60～70cm、压实层厚约 50～60cm 的贫胶砂砾料，挖坑 30cm 深，坑内找平，再采用核子水分密度仪打孔检测。

5.6.8 工程实例

福建洪口水电站上游围堰采用贫胶砂砾石坝，2006 年 4 月建成，如图 5.6－8 所示。建成之初就历经了多次洪水的考验。2006 年 6 月 5 日 17 时，围堰首次漫顶过水；6 月 6 日 8～10 时，洪水位上涨 7m，流量达到 5000m^3/s，超过设计洪水标准，同日 12 时，洪峰流量达 5500m^3/s，接近 50 年一遇洪水，堰顶最大水头达 8m，超过设计洪水位 1.45m。堰顶过水历时 44h，围堰经受住了考验。围堰过水后检查分析结果说明，围堰工作性态正常，未出现裂缝，仅下游部分预制块模板脱落。

图 5.6－8 福建洪口水电站上游围堰贫胶砂砾石坝

参 考 文 献

[1] 周建平，钮新强，贾金生．重力坝设计二十年［M］．北京：中国水利水电出版社，2008.

[2] 彭程．21 世纪中国水电工程［M］．北京：中国水利水电出版社，2006.

[3] 孙恭尧，王三一，冯树荣．高碾压混凝土重力坝［M］．北京：中国电力出版社，2004.

[4] 葛兆明．混凝土外加剂［M］．北京：化学工业出版社，2005.

[5] 国际大坝委员会技术公报 126．碾压混凝土坝发展水平和工程实例［M］．贾金生，陈改新，马峰玲，等译．北京：中国水利水电出版社，2006.

[6] 华东水利学院．水工设计手册：第五卷 混凝土坝［M］．北京：水利电力出版社，1987.

[7] 《中国大坝技术发展水平与工程实例》编委会．中国大坝技术发展水平与工程实例［M］．北京：中国水利水电出版社，2007.

[8] 中国水电顾问集团贵阳勘测设计研究院主编．中国百米级碾压混凝土坝工程图集［M］．北京：中国水利水电出版社，2006.

[9] 第五届碾压混凝土坝国际研讨会论文集［C］．北京：中国大坝委员会，2007.

[10] 国家电力公司中南勘测设计研究院. 高碾压混凝土重力坝设计方法的研究专题研究报告 [R]. 2000.
[11] 长江科学院宜昌科学研究所. 三峡水电站 排漂试验研究 [R]. 1999.
[12] SL 319—2005 混凝土重力坝设计规范 [S]. 北京：中国水利水电出版社，2005.
[13] DL 5108—1999 混凝土重力坝设计规范 [S]. 北京：中国电力出版社，1999.
[14] SL 314—2004 碾压混凝土坝设计规范 [S]. 北京：中国水利水电出版社，2004.
[15] SL 53—94 水工碾压混凝土施工规范 [S]. 北京：中国水利水电出版社，1994.
[16] DL/T 5112—2009 水工碾压混凝土施工规范 [S]. 北京：中国电力出版社，2009.
[17] DL/T 5114—2001 水工混凝土施工规范 [S] 北京：中国电力出版社，2001.
[18] DL/T 5151—2001 水工混凝土砂石骨料试验规程 [S]. 北京：中国电力出版社，2001.
[19] DL/T 5055—2007 水工混凝土掺用粉煤灰技术规程 [S]. 北京：中国电力出版社，2007.
[20] DL/T 5387—2007 水工混凝土掺用磷渣粉技术规范 [S]. 北京：中国电力出版社，2007.
[21] GB/T 18046—2008 用于水泥和混凝土中的粒化高炉矿渣粉 [S]. 北京：中国标准出版社，2008.
[22] GB/T 2847—2005 用于水泥中的火山灰质混合材料 [S] 北京：中国标准出版社，2006.
[23] 贾金生，马峰玲，李新宇，等. 胶凝砂砾石坝材料特性研究及其工程应用 [J]. 水利学报，2006，36 (5).
[24] 张光斗，潘家铮. 长江三峡重大科技问题研究 [J]. 中国科学院院刊，1994 (3).
[25] 张镜剑，孙明权. 一种新坝型——超贫胶结材料坝 [J]. 水利水电科技进展，2007，27 (3).
[26] 胡清义，任旭华. 干硬填筑坝的设计思想与设计准则 [J]. 东北水利水电，2005，23 (4).
[27] 陈涛. 胶凝砂砾石坝的设计思想与设计准则 [J]. 水利科技与经济，2008，14 (4).
[28] 王秀杰，何缊龙. 梯形断面 CSG 坝初探 [J]. 中国农村水利水电，2005 (8).
[29] 孙明权，孟祥敏，肖晓春. 超贫胶结材料坝剖面形式研究 [J]. 水利水电科技进展，2007，27 (4).
[30] 朱光淬，何益远，周胜，等. 对三峡水利枢纽泄水建筑物及电厂布置的研究 [J]. 水力发电，1991 (8)：8-12.
[31] 乔文荃，李定方，董凤林. 三峡工程下游引航道通航水流条件与布置优化研究 [J]. 水力发电，1991 (8)：13-19.
[32] 戴会超，朱红兵. 三峡永久船闸输水系统水力学问题研究 [J]. 水力发电，2005，31 (7)：28-34.
[33] 陈敏林，佘成学，陈尚法，等. 宝珠寺水电站拦河大坝深层抗滑稳定分析 [J]. 武汉水利电力大学学报，2000，33 (6)：34-39.
[34] 赖福梁，林琳. 贫胶粗粒料筑坝新技术在洪口水电站的设计与实施 [J]. 中国水利，2007 (21).
[35] 于忠政，雷兴顺. 大朝山水电站碾压混凝土重办坝设计 [J]. 水力发电，1998 (9)：36-39.
[36] 关沛文，周建平. 龙滩水电站的枢纽布置 [J]. 水力发电，1996 (6)：27-31.
[37] 雷兴顺，张勇，欧阳松，等. 大朝山水电站碾压混凝土重力坝台阶式溢流面设计 [J]. 水利水电技术，2005，36 (7)：60-63.
[38] 孙养俊，朱昭钧. 万家寨水利枢纽坝址坝轴线选择 [J]. 水力发电，1994 (7)：43-46.
[39] 张毓成，何志华. 万家寨水利枢纽布置及主要技术问题 [J]. 水力发电，1999 (1)：29-31.
[40] 陕西省水利科学研究所河渠研究室，《多沙河流水库规划设计泥沙问题》编写组. 多沙河流中小型水库泄洪排沙建筑物的设计 [J]. 陕西水利，1975 (4).
[41] 王复兴，焦恩泽. 多沙河流排沙工程设计和运用中的几个问题 [J]. 黄河水利科学研究院报告，黄科技第 94034 号，1994.
[42] 郭慧敏，宋莉莹. 黄河干流水利枢纽排沙建筑物布置和运用问题探讨 [J]. 第十七届全国水动力学研讨会暨第六届全国水动力学学术会议文集. 北京：海洋出版社，2003.
[43] 钟永江. 100m 碾压混凝土拱坝结构设计和新材料研究 [J]. 水力发电，1998 (3)：62-64.

第 6 章

混凝土温度应力与温度控制

本章以《水工设计手册》（第 1 版）框架为基础，根据 20 余年来理论与工程实践的进展对其内容进行调整和修订，主要包括三个方面：①强调了有限单元法在混凝土结构温度场及温度应力分析中的应用；②以较大的篇幅介绍混凝土裂缝成因及防治技术措施；③补充了库水温度、碾压混凝土温度应力等方面的新内容，并且删除了有关支墩坝温度应力的内容。

本章共分 19 节，主要介绍混凝土结构热传导原理及基本资料、温度应力原理及基本资料；温度场及温度应力场的有限单元法；混凝土坝、水闸和船闸、坝内圆形孔口和水工隧洞衬砌温度应力的特点和分析方法；混凝土的容许温差控制和水管冷却计算；混凝土裂缝成因及防治技术等。

章主编　陈胜宏　张国新　朱岳明

章主审　秦　湘　肖白云　曹去修

本章各节编写及审稿人员

节次	编　写　人	审稿人
6.1	陈胜宏　张国新　朱岳明	秦　湘 肖白云 曹去修
6.2	傅少君	
6.3	胡　平	
6.4	刘有志	
6.5	张国新　刘有志	
6.6	谢　敏	
6.7	刘有志	
6.8	强　晟	
6.9	王润英	
6.10	刘　毅	
6.11		
6.12	王润英	
6.13	汪卫明	
6.14	傅少君	
6.15	强　晟	
6.16	卢昆华　葛小博	
6.17		
6.18		
6.19		

第6章 混凝土温度应力与温度控制

6.1 概 述

混凝土重力坝、混凝土拱坝以及碾压混凝土坝等都属于大体积混凝土结构。施工和运行期间，在水泥水化热、通水冷却、气温、水温、新老混凝土相互作用、边界约束等复杂因素影响下，大体积混凝土结构内部将产生温度应力。

浇筑混凝土后，由于水泥在凝固过程中产生大量的水化热，使混凝土体积膨胀，温度急剧上升，此时混凝土的弹性模量较小，徐变较大，升温引起的压应力不大；当混凝土温度达到最高温度后，随着热量向外散发，温度开始下降，混凝土体积收缩，此时，混凝土的弹性模量较大，徐变较小，在边界约束下会产生相当大的拉应力。另外，大体积混凝土常年暴露于大气或置于水中，年气温和水位的变化都会在混凝土结构中产生较大的拉应力。由于混凝土是脆性材料，抗拉强度只有抗压强度的1/10左右，当温度变化引起的拉应力超过混凝土的抗拉强度时，就会产生裂缝，影响到结构的整体性和耐久性。

另外，对拱坝等结构，温度变化还是运行期各设计工况中必须考虑的重要因素，对结构的整体应力与变形特征有显著影响。

6.1.1 温度应力的变化过程

混凝土温度应力产生的内因是温度变化，其变化过程可以分为三个阶段：

(1) 早期。自浇筑混凝土开始，至水泥水化热作用基本结束时止，一般约28～45d。这个阶段的特征是：水泥放出大量水化热，混凝土弹性模量急剧增长。这一时期在混凝土中会形成残余应力。

(2) 中期。自水泥水化热作用基本结束时起，至混凝土冷却到稳定温度或准稳定温度，一般约几年到几十年。这一阶段混凝土弹性模量变化不大，温度应力主要由混凝土的冷却及外界环境温度变化引起。

(3) 晚期。混凝土完全冷却以后的运用期。该阶段的温度应力主要由外界环境温度变化引起。

6.1.2 温度应力的分类

混凝土温度应力产生的外因是结构约束。当混凝土受热升温时，体积受热膨胀，反之则收缩。如果混凝土变形不受任何限制，可以自由伸缩，则混凝土体内将不产生应力。这种情形只有当混凝土体不和另一力学变形或温度变形的物体相联系，并且混凝土体的温度场呈均匀变化或线性变化时才能出现。实际上，由于混凝土浇筑在基岩面或老混凝土面上，其初始温度条件和物理力学性能都不相同，因温度变化引起的变形在基岩面上受基岩约束，从而产生温度应力。在混凝土内部，由于龄期、散热条件、水泥发热过程不同等原因，将呈非线性温度场分布而出现变形不一致的现象，也要产生温度应力。

根据约束的不同，温度应力可以分为两类。

(1) 自生应力。由于结构自身各部分的互相约束而产生的温度应力，例如内外温差引起的应力。

(2) 约束应力。结构全部或部分边界受到外界约束而产生的温度应力，例如基岩（或老混凝土）上的浇筑块因温度变形受到约束而产生的应力。

6.1.3 温度应力与温控防裂的主要技术问题

固体材料的温度、温度应力原理和相应数理方程是比较成熟的，关键是如何合理应用以求解混凝土坝中复杂分布的实际温度及温度应力，并对温度裂缝进行有效控制。根据近几十年来的研究成果与工程实践，应用过程中的主要技术问题包括以下几个方面。

1. 温度及温度应力的计算方法

早期采用试算法和解析法等，在一定的假定条件下求解温度场和应力场。这些解答至今仍在混凝土坝建设中发挥重要作用。但是由于混凝土坝结构的体型、施工过程、材料特性、边界条件等都很复杂，解析解存在一定的局限性。

参考文献［7］介绍了多种初始条件和边界条件下板梁和混凝土浇筑块、拱坝、支墩坝、碾压混凝土重力坝、圆形孔结构，以及碾压混凝土拱坝的温度和温度徐变应力的分析计算方法，在实际工程中得到广泛应用。

2. 混凝土的材料特性和参数

在混凝土温度及温度应力分析中涉及材料的热学

及力学特性参数，例如绝热温升θ、导温系数a、导热系数λ、表面放热系数β、弹性模量、徐变、抗拉强度等，这些参数具有很强的空间分布特性和时间效应特性。

空间分布特性主要指在工艺上为均一的混凝土升层内部或不同升层之间参数的变异特性。不同升层之间由于混凝土龄期的不同，形成参数的空间分布差异，同时这种变异还可能源于混凝土生产和施工过程中不可预测或控制的随机因素，以及在混凝土浇筑后各部位养护条件的差异（如温度、湿度、风速等）。

时间效应特性主要表现为混凝土热学和力学性能的发展。事实上，这种发展不仅与混凝土龄期有关，还与水泥品种、自身温度和湿度等养护条件有关。为满足设计的需求，已经有规范的试验提供参数与龄期的关系。但是近年来高混凝土坝建设的实践表明，常规试验不足以满足大体积混凝土的设计需求，这主要是由于材料结构和施工过程复杂、承受的水荷载特别巨大、渗流/温度/应力耦合作用明显、徐变和湿胀变形荷载影响显著。近年来，为了更好地对混凝土的温度和温度应力进行分析，考虑到基于龄期的混凝土水化发热过程和模型并不能准确反映混凝土的物理和化学特性，国内外学者已开始分别采用水化度（Degree of hydration）和成熟度（Maturity）两种概念进行研究。

在混凝土坝的施工过程中，影响混凝土温度和温度应力的因素很多，而现场实际的混凝土热学和力学参数很难确定，因此有必要借助现场试验和监测资料以及先进的数值分析手段，对某些控制性参数进行反演识别，以求获得和工程现场尽可能匹配的参数，提高数值计算的精度和可靠度。在此基础上，预测大坝温度应力的变化趋势，对大坝结构的运行状况做出判断，为动态设计和信息化施工提供依据。

3. *初始条件和边界条件*

初始条件主要指混凝土入仓振捣（或碾压）完成时的温度，目前一般采用经验公式分别对出机口温度、混凝土入仓温度、混凝土浇筑温度进行计算，并用计算出的混凝土浇筑温度作为温度场分析的初始条件。但不少大坝的现场监测表明，由于施工过程中多种不确定因素的影响，该计算值与实测值存在较大的偏差。

混凝土坝与库水的接触面通常作为第一类边界条件。国内外对近坝库水温度的时空分布规律研究已有不少可以应用的成果，预测水库正常蓄水状态时的库水温度具有较高的精度。

混凝土坝与空气的接触面边界是传统的第三类边界条件：认为边界单位面积上的热流量和混凝土表面温度与环境温度的差成正比。但对流热交换系数是一个综合因素的函数，包括风速、温差表面的粗糙度、表面面积以及空气热性质等。朱伯芳建议了一种反分析方法，分别用线性插值和二次插值两种方法推算混凝土表面的对流热交换系数。

4. *温度控制*

温度控制的目的是防止危害性裂缝的产生，即通过采取合适的温度控制措施，控制温度变化的过程，使混凝土的拉应力小于材料的抗拉强度，并留有一定的安全裕度。由于施工和管理、现场监测和检测、计算能力和材料特性等条件的限制，世界各国的设计规范大多提出控制温度变化过程的一些指标，而不是直接控制温度应力。因此温度控制设计的一个重要任务即是制定温度控制标准，主要包括最高温度、基础温差、内外温差及上下层温差。对于重要工程，应制定容许的温度变化过程曲线。

《混凝土拱坝设计规范》、《混凝土重力坝设计规范》等相应章节对容许温差值都给出了参考值，这些参考值对应着相应的条件，如《混凝土拱坝设计规范》（SL 282—2003）中规定："当基础约束区混凝土28d龄期的极限拉伸值不低于0.85×10^{-4}、基岩和混凝土弹性模量相近、短间歇均匀上升浇筑时，基础约束区混凝土的容许温差按表10.2.5的规定确定"。表中的规定是以线性膨胀系数$\alpha=10.0\times10^{-6}$为基准值确定的，当实际条件与上述条件有差别时应根据相应的计算确定，而不是简单套用规范。

近年来，基于有限单元法的混凝土坝施工过程温度、应力场仿真水平迅速提高。根据仿真计算成果，可以掌握坝体内部在施工全程中温度应力的时空分布规律，预测危害性裂缝发生的时间和部位，为调整温度控制设计提供依据。国内不少混凝土坝工程已获益于这方面的技术进步。

5. *温控防裂措施*

由于混凝土坝开裂的部位和因素变化较多，而可用的温控防裂措施也有多种，因此如何选取有针对性的温控防裂措施，既满足温控防裂的要求，又能降低其综合费用，对混凝土坝（特别是高坝）的快速、优质施工至关重要。

原则上，温控防裂应从引起温度应力的内因（例如采用物理手段降低混凝土温度变幅）和外因（例如采用施工或结构措施减小约束强度）着手。但是从材料设计体系入手也是重要的选择（比如改善混凝土的抗裂力学指标），其中有些尝试（比如混凝土微膨胀技术和碾压混凝土技术）甚至可能会带来混凝土筑坝技术的变革，具有重大的意义。

根据1938年美国混凝土杂志（ACI）34卷《大

体积混凝土裂缝》一文提供的资料，胡佛坝建设期间实施的许多温控防裂措施，比如水管冷却、薄层浇筑、均匀升仓、合理分缝分块、采用低热水泥等，都是比较成功的。这些措施一直沿用至今，已经成为一种常规的温控措施。从美国土木工程师杂志（ASCE）1959年的《垦务局对拱坝裂缝控制的实施》和动力杂志（Power division）1960年的两篇文章中可以看出，美国在对水工大体积混凝土温控防裂方面，20世纪60年代初已经逐渐形成了比较定型的一种设计、施工模式，他们采取的控制措施包括：①采用低水化热水泥；②降低水泥含量；③限制浇筑层厚度和浇筑间歇期；④采用人工冷却，降低混凝土的浇筑温度；⑤采用预埋冷却水管并通循环水，降低混凝土的水化热温升；⑥保护新浇混凝土的暴露面，以防止外界气温骤降。

20世纪60年代开始兴建的丹江口工程，在初浇筑的100万m^3混凝土上出现了大量裂缝，经过停工整顿，并集中设计、施工、科研和大专院校等方面的科技力量，在现场进行了历时数年的调查研究。工程于1964年复工，浇筑的200多万m^3混凝土上，没有再发现严重的贯穿性裂缝或深层裂缝，一般的表面裂缝也很少出现。复工后采取的三条主要措施是：①严格控制基础容许温差、混凝土上下层温差和内外温差；②严格执行新浇混凝土的表面保护措施；③提高混凝土的抗裂能力（极限拉伸值和抗拉强度值）。

20世纪80年代开始，我国相继建成龙羊峡重力拱坝（高178.0m）、李家峡双曲拱坝（高165.0m）、东江双曲拱坝（高157.0m）、东风双曲拱坝（高153.0m）和二滩双曲拱坝（高240.0m），在设计和施工技术上获得了里程碑式的成功。我国三峡工程大坝混凝土施工首次提出并应用个性化通水冷却方案，混凝土施工监控实施天气预警、温度控制预警及间歇期预警制度，以及细化的综合防裂措施。这些严格的措施取得了显著成效，使大坝混凝土裂缝得到有效控制。一、二期工程施工的大坝混凝土，出现浅表层裂缝0.032条/万m^3，无贯穿性裂缝；三期工程施工大坝混凝土396.5万m^3，未发现1条裂缝，创造了当今世界混凝土重力坝筑坝史上的奇迹。

进入21世纪，我国高混凝土坝建设进入新阶段，已建或即将建成多座高200m以上甚至300m级高混凝土坝（例如龙滩、光照、锦屏一级、溪洛渡、小湾、拉西瓦）。但由于每座高混凝土坝的设计和建设存在其独特的技术难点，一些工程的施工过程中还是出现了不同程度、不同类型的裂缝。这些问题表明，混凝土大坝的裂缝机理还远没有被彻底掌握，甚至还有许多混凝土材料的热学和力学特性的应用问题还未被很好地揭示，有待于研究设计者进一步深入探讨。

6.2 热传导原理及基本资料

6.2.1 热传导方程及定解条件

6.2.1.1 热传导方程

由热量的平衡原理知，温度升高所吸收的热量必须等于从外界流入的热量与内部水化热之和，即

$$\frac{\partial T}{\partial \tau} = a\left(\frac{\partial^2 T}{\partial x^2}+\frac{\partial^2 T}{\partial y^2}+\frac{\partial^2 T}{\partial z^2}\right)+\frac{Q}{c\rho} \tag{6.2-1}$$

$$a=\frac{\lambda}{c\rho}$$

式中 T——温度，℃；

a——导温系数，m^2/h；

λ——混凝土的导热系数，kJ/(m·h·℃)；

Q——由于水化热作用，单位时间内单位体积中发出的热量，kJ/(m^3·h)；

c——混凝土比热，kJ/(kg·℃)；

ρ——密度，kg/m^3；

τ——时间，h。

由于水化热作用，在绝热条件下混凝土的温度上升速度为

$$\frac{\partial \theta}{\partial \tau}=\frac{Q}{c\rho}=\frac{Wq}{c\rho} \tag{6.2-2}$$

式中 θ——混凝土的绝热温升，℃；

W——混凝土中的水泥用量，kg/m^3；

q——单位重量水泥在单位时间内放出的水化热，kJ/(kg·h)。

根据式（6.2-2），式（6.2-1）可写为

$$\frac{\partial T}{\partial \tau} = a\left(\frac{\partial^2 T}{\partial x^2}+\frac{\partial^2 T}{\partial y^2}+\frac{\partial^2 T}{\partial z^2}\right)+\frac{\partial \theta}{\partial \tau} \tag{6.2-3}$$

（1）若温度T沿z轴方向为常数，则温度场为两向的平面问题，根据式（6.2-3）热传导方程简化为

$$\frac{\partial T}{\partial \tau} = a\left(\frac{\partial^2 T}{\partial x^2}+\frac{\partial^2 T}{\partial y^2}\right)+\frac{\partial \theta}{\partial \tau} \tag{6.2-4}$$

（2）如果温度不随时间变化，则温度场为稳定场问题。此时$\frac{\partial T}{\partial \tau}=0$，$\frac{\partial \theta}{\partial \tau}=0$。热传导方程式（6.2-3）可简化为

$$\frac{\partial^2 T}{\partial x^2}+\frac{\partial^2 T}{\partial y^2}+\frac{\partial^2 T}{\partial z^2}=0 \tag{6.2-5}$$

由于水泥及其拌和料与水拌和后产生水化热，混凝土本身会释放热量，于是称混凝土温度场问题为有内热源的热传导问题。把单位时间、单位体积导热物体的生成热量称为发热率，用q_i来表示，有分布内

热源的热传导微分方程的形式为

$$\frac{\partial T}{\partial \tau}=a\left(\frac{\partial T}{\partial x^2}+\frac{\partial T}{\partial y^2}+\frac{\partial T}{\partial z^2}\right)+\frac{q_i}{c\rho} \qquad (6.2-6)$$

式（6.2-3）、式（6.2-6）相比较，便得

$$q_i=c\rho\frac{\partial \theta}{\partial \tau} \qquad (6.2-7)$$

式（6.2-7）将混凝土的发热率用混凝土的比热、密度和绝热温升对时间的导数表示。在得到了水泥水化热的资料以后，便可求出混凝土的发热率。

6.2.1.2　初始条件

初始条件为在初始瞬时物体内部的温度分布规律：

$$T(x,y,z,0)=T_0(x,y,z) \qquad (6.2-8)$$

多数情况下，初始瞬时的温度分布可认为是常数，即当 $\tau=0$ 时，$T(x,y,z,0)=T_0=C$。

6.2.1.3　边界条件

边界条件定义了混凝土表面与周围介质（如空气和水）之间的温度相互作用。温度场计算时的边界条件有三类。

1. 第一类边界条件

混凝土表面的温度 T 是时间 τ 的已知函数，即

$$T(\tau)=f(\tau) \qquad (6.2-9)$$

在实际工程中，属于第一类边界条件的情况是混凝土表面与水直接接触，这时可取混凝土表面的温度等于水温 T_b，即

$$T(\tau)=T_b \qquad (6.2-10)$$

2. 第二类边界条件

混凝土表面的热流量 q^* 是时间 τ 的已知函数，即

$$-\lambda\left(\frac{\partial T}{\partial n}\right)=q^*(\tau) \qquad (6.2-11)$$

式中　n——混凝土表面的法线方向；

λ——混凝土的导热系数，kJ/(m·h·℃)。

若表面的热流量等于零，则第二类边界条件又称绝热边界条件，即

$$\frac{\partial T}{\partial n}=0 \qquad (6.2-12)$$

如果结构的几何形状和边界条件都是对称的，则在对称面上热流量为零，满足绝热边界条件，此时只需取对称面一侧的结构进行分析。

3. 第三类边界条件

当混凝土与空气接触时，经过混凝土表面的热流量为

$$q=-\lambda\frac{\partial T}{\partial n} \qquad (6.2-13)$$

第三类边界条件表示了固体与流体（如空气）接触时的一种传热条件，即混凝土的表面热流量和表面温度 T 与气温 T_a 之差成正比：

$$-\lambda\frac{\partial T}{\partial n}=\beta(T-T_a) \qquad (6.2-14)$$

式中　β——表面放热系数，kJ/(m²·h·℃)。

由式（6.2-14）可知：当表面放热系数 β 趋于无限大时，$T=T_a$，第三类边界条件转化为第一类边界条件；当表面放热系数 $\beta=0$ 时，$\frac{\partial T}{\partial n}=0$，第三类边界条件转化为第二类边界条件（绝热边界条件）。

6.2.2　初始条件和边界条件的近似处理

6.2.2.1　初始温度场的确定

坝体混凝土成形前，要经过拌和楼（站）出机，后经过运输、平仓、振捣的过程。混凝土经过平仓、振捣后，在覆盖新的流态混凝土前的温度为浇筑温度。早期混凝土弹性模量很低，初始温差对于早期温度应力的影响不显著。因此，可以近似选取浇筑温度作为确定混凝土初始温度场的依据，同时绝热温升的起始时间也以此算起。

混凝土浇筑温度的计算详见本卷第 6 章 6.6 节。

6.2.2.2　混凝土与空气接触

混凝土与空气接触时，可以处理成真实的边界向外延拓一个虚厚度 d：

$$d=\frac{\lambda}{\beta} \qquad (6.2-15)$$

根据式（6.2-15）得到一个虚拟边界，如图 6.2-1（a）所示，在虚边界上，混凝土表面温度等于外界温度。如果物体真实厚度为 l，则在温度计算中采用的厚度为 $l'=l+2d$。

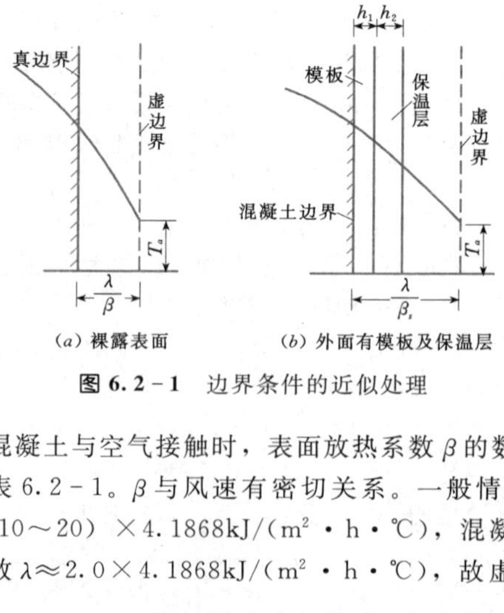

图 6.2-1　边界条件的近似处理

混凝土与空气接触时，表面放热系数 β 的数值可参见表 6.2-1。β 与风速有密切关系。一般情况下，$\beta=(10\sim20)\times4.1868$kJ/(m²·h·℃)，混凝土导热系数 $\lambda\approx2.0\times4.1868$kJ/(m²·h·℃)，故虚厚度 $\frac{\lambda}{\beta}=0.1\sim0.2$m。当气温迅速变化时（如寒潮及日变

表 6.2-1 **混凝土在空气中的表面放热系数 β**

风速 (m/s)	放热系数 β [kJ/(m^2·h·℃)]		风速 (m/s)	放热系数 β [kJ/(m^2·h·℃)]	
	光滑表面	粗糙表面		光滑表面	粗糙表面
0.0	18.4638	21.0596	5.0	90.1418	96.7151
0.5	28.6796	31.3591	6.0	103.2465	110.9921
1.0	35.7553	38.6442	7.0	116.0581	124.8922
2.0	49.4042	53.0049	8.0	128.5766	138.4575
3.0	63.0951	67.5750	9.0	140.7602	151.7296
4.0	76.7022	82.2288	10.0	152.6926	165.1274

化)，虚厚度 0.1～0.2m 可使混凝土表面温度与气温有显著差别。当气温变化缓慢时（如年变化），虚厚度 0.1～0.2m 影响不大，混凝土表面温度接近于气温，此时可忽略虚厚度，假定混凝土表面温度等于气温，简化成第一类边界条件。

6.2.2.3 混凝土与水接触

混凝土与水接触时，表面放热系数 β=（2000～4000）×4.1868kJ/(m^2·h·℃)，由式（6.2-15）可知虚厚度 $\frac{\lambda}{\beta}$=0.5～1.0mm，这在实际计算中完全可以忽略，取混凝土表面温度等于水温。

有关水库库水温度的计算问题详见本卷第 6 章 6.3 节。

6.2.2.4 表面有模板与保温层

气温骤降是引起混凝土表面裂缝的重要原因，而表面保温是防止表面裂缝的最有效措施。有关气温骤降引起的温度应力和表面保温问题参见本卷第 6 章 6.11 节的有关内容。

混凝土表面的模板或保温层对温度场的影响可用等效放热系数 β_s 来考虑。记每层保温材料的热阻为

$$R_i = \frac{h_i}{\lambda_i}$$

式中 h_i——第 i 层保温材料的厚度，m；

λ_i——第 i 层的导热系数，kJ/(m·h·℃)。

最外层模板或保温材料与空气接触，它们中间的热阻为 $\frac{1}{\beta}$，故总热阻为

$$R_s = \sum \frac{h_i}{\lambda_i} + \frac{1}{\beta} \tag{6.2-16}$$

由此可得到等效放热系数 β_s 及虚厚度 d

$$\beta_s = \frac{1}{R_s}$$

$$d = \frac{\lambda}{\beta_s} = \lambda R_s \tag{6.2-17}$$

式中 λ——混凝土的导热系数，kJ/(m·h·℃)。

各种保温材料的导热系数见表 6.2-2。

表 6.2-2 **保温材料的导热系数 λ_i** 单位：kJ/(m·h·℃)

材　　料	λ_i	材　　料	λ_i
木板	0.8374	泡沫塑料	0.1256
木屑	0.6280	玻璃棉毡	0.1675
麦秆或稻草席	0.5024	油毛毡	0.1675
炉渣	1.6747	填实的沙	3.1401
石棉毡	0.4187	麻屑	0.1675
泡沫混凝土	0.3768	水泥膨胀珍珠岩	0.4187
膨胀型聚苯乙烯（EPS）	0.1480	挤塑型聚苯乙烯（XPS）	0.1080
聚乙烯（PE）	0.1600	聚氨酯（PUF）	0.0800～0.1080

表 6.2-2 中给出的保温材料的导热系数是在干燥条件下的数值，当被水浸泡、含水或潮湿时，部分材料的保温效果会大大降低，有的甚至丧失保温效果。同时，保温效果还与保温材料与混凝土的结合程度有关，上述等效保温系数的计算公式有一个基本假定：保温材料和混凝土之间以及各层保温材料之间紧密黏结。而实际上，等效保温系数受保温板覆盖的施工质量影响极大。因此，实际等效保温系数很难确

定，有条件时应采用反演法确定。

6.2.2.5　水管冷却边界

工程实践经验表明，采用冷却水管进行通水冷却是降低混凝土最高温升、控制温度变化过程、减小温度应力的一项有效措施。水管冷却效应的计算总体上可分为两类：一类是解析法，不考虑混凝土表面与水管共同散热的单根水管的冷却问题，可用解析方法进行求解；另一类是数值法，包括差分法和有限元法。

有关有限元法中水管冷却效应的模拟问题详见本卷第 6 章 6.5 节。

6.2.3　混凝土热性能

6.2.3.1　基本参数

混凝土的热性能包括导热系数 λ、比热 c、导温系数 a 及密度 ρ，它们取决于骨料、水泥及水的特性。

一般工程可根据混凝土各种组成成分的重量百分比，利用表 6.2-3，按加权平均方法估算 λ 和 c，再按式（6.2-18）计算导温系数：

$$a = \frac{\lambda}{c\rho} \tag{6.2-18}$$

表 6.2-3　　混凝土成分的导热系数和比热

材料名称	密度 ρ (kg/m³)	导热系数 λ [kJ/(m·h·℃)]				比热 c [kJ/(kg·℃)]			
		21℃	32℃	43℃	54℃	21℃	32℃	43℃	54℃
水	1000	2.1604	2.1604	2.1604	2.1604	4.1868	4.1868	4.1868	4.1868
水泥	3100	4.4464	4.5929	4.7353	4.8651	0.4564	0.5359	0.6615	0.8248
石英砂	2660	11.1285	11.0992	11.0532	11.0364	0.6992	0.7453	0.7955	0.8667
玄武岩	2660	6.8915	6.8705	6.8558	6.8370	0.7662	0.7578	0.7829	0.8374
白云岩	2660	15.5330	15.2609	15.0139	14.3356	0.8039	0.8206	0.8541	0.8876
花岗岩	2680	10.5047	10.4670	10.4419	10.3791	0.7159	0.7076	0.7327	0.7746
石灰石	2670	14.5282	14.1933	13.9169	13.6573	0.7494	0.7578	0.7829	0.8206
石英岩	2660	16.9105	16.7765	16.6383	16.4751	0.6908	0.7243	0.7578	0.7913
流纹岩	2660	6.7701	6.8119	6.8622	6.8873	0.7662	0.7746	0.7997	0.8081

例如，设每立方米混凝土内含水泥 168kg，砂 554kg，花岗岩碎石 1575kg，水 134kg，总重 2431kg，求 32℃时的混凝土热学性能。由表 6.2-3，用加权平均法得：

$$\lambda = [1.097 \times 168 + 2.65 \times 554 + 2.50 \times 1575 + 0.516 \times 134) \div 2431] \times 4.1868 = 9.7463[\text{kJ/(m}^2 \cdot \text{h} \cdot ℃)]$$

$$c = [(0.128 \times 168 + 0.178 \times 554 + 0.169 \times 1575 + 1.00 \times 134) \div 2431] \times 4.1868 = 0.8960[\text{kJ/(kg} \cdot ℃)]$$

$$\rho = 2431(\text{kg/m}^3)$$

$$\alpha = \frac{\lambda}{c\rho} = 9.7463 \div (0.8960 \times 2431) = 0.00447(\text{m}^2/\text{h})$$

重要工程的混凝土热学性能应通过试验确定。表 6.2-4 列出了国内外部分混凝土坝的热学性能。

6.2.3.2　水化热

水泥水化热是影响混凝土温度应力的一个重要因素，水泥水化热通常可用以下两类公式计算。

（1）指数型公式：

$$Q(\tau) = Q_0(1 - e^{-m\tau}) \tag{6.2-19}$$

式中　$Q(\tau)$——在龄期 τ 时的累积水化热，kJ/kg；

Q_0——最终水化热，kJ/kg；

τ——龄期，h；

m——常数，与水泥品种、比表面及养护温度有关。

（2）双曲线型公式：

$$Q(\tau) = \frac{Q_0 \tau}{n + \tau} \tag{6.2-20}$$

式中　n——常数。

水泥水化热资料应通过试验求得，对于大体积水工混凝土，为满足低热要求，最好采用中热硅酸盐水泥。

6.2.3.3　混凝土绝热温升

温度场计算中实际采用的是混凝土的绝热温升 θ。测定绝热温升通常有两种方法：一种是直接法，即用绝热温升试验设备直接测定；另一种方法是间接法，即先测定水泥的水化热，应同时测定掺合料水化热，再根据水泥的水化热及混凝土的比热、容重和水泥的用量计算绝热温升。

表 6.2-4　　国内外部分混凝土坝的热学性能

工程名称		导热系数 λ [kJ/(m·h·℃)]	比热 c [kJ/(kg·℃)]	密度 ρ (kg/m³)	导温系数 a (m²/h)	国　家
刘家峡		10.3410	0.8792	2450	0.00480	中国
三门峡		10.1740	1.0760	2450	0.00385	中国
新安江		11.9324	1.0509	2465	0.00460	中国
古　田		8.3736	1.0048	2450	0.00440	中国
小　湾		8.4790	1.0470	2500	0.003239	中国
龙　滩	常态	8.7760	0.9672	2450	0.003704	中国
	RCC	9.2700	0.9672	2400	0.003941	
光　照	常态	8.3850	0.9700	2450	0.003600	中国
	RCC	8.2210	0.9520	2459	0.003600	
三　峡		10.4670	0.9590	2500	0.003471	中国
胡　佛		10.5090	0.9043	2500	0.00466	美国
海瓦西		9.2947	0.9420	2490	0.00395	美国
大古力		6.6990	0.9295	2530	0.00285	美国

重要工程应通过试验取得绝热温升资料，然后用以下公式之一拟合混凝土的绝热温升（直接法）。

（1）指数模型：

$$\theta(\tau) = \theta_0(1 - e^{-\alpha\tau^\beta}) \tag{6.2-21}$$

（2）双曲线模型：

$$\theta(\tau) = \frac{\theta_0 \tau^\alpha}{\beta + \tau^\alpha} \tag{6.2-22}$$

若缺乏实测资料的时候，可采用间接法，根据水泥水化热计算绝热温升：

$$\theta(\tau) = \frac{Q(\tau)(W + kF)}{c\rho} \tag{6.2-23}$$

式中　W——水泥用量，kg/m³；

c——混凝土比热，kJ/(kg·℃)；

ρ——混凝土密度，kg/m³；

F——混合料用量，kg/m³；

$Q(\tau)$——水泥的水化热，kJ/kg；

k——折减系数，对粉煤灰，可取 $k=0.25$。

为了反映养护环境（温度）的影响，目前越来越多学者倾向根据成熟度理论，利用相对于参考温度的混凝土成熟度等效龄期，建立混凝土绝热温升的模型[64]。朱伯芳则提出了可以同时反映龄期、温度和水泥水化完成程度影响的混凝土绝热温升全量型表达式，并提出了根据工程实测温度反演混凝土绝热温升的方法[65]。对于工程中遇到的特殊现象，还可采用分段函数来模拟。如小湾水电站拱坝混凝土为模拟温度回升问题，第一次二冷结束前采用函数形式为 $\theta(t) = \frac{30.0t}{3.9 + t}$；第一次二冷结束后采用函数形式为 $\theta(\tau) = \theta_0(1 - e^{-m\tau})$；第二次二冷结束后仍采用函数形式为 $\theta(\tau) = \theta_0(1 - e^{-m\tau})$，但相关参数不同。

6.2.4 外界温度变化的影响深度

6.2.4.1 气温影响

外界气温的周期性变化对混凝土温度有一定影响，其影响深度与温度变化的周期有关。混凝土与空气接触时，混凝土表面温度并不等于气温，温度变化越快，差别越大。在表 6.2-5 中列出了当气温作正弦变化时，混凝土表面的温度变幅，表中 A 为气温变幅。由表 6.2-5 可见，混凝土表面温度变幅小于气温变幅。日变幅要小 50% 左右，半月变福约小 15%，年变幅则只小 3%～6%。因此，在计算年变化温度场时，可近似地假定混凝土表面温度等于气温，按第一类边界条件计算误差不大。

设外界气温的变化为 $A\sin\omega\tau$，其中 A 为气温变幅，ω 为温度变化的圆频率，按第三类边界条件得到内部温度变幅及影响深度的计算公式为[7]

$$\left.\begin{aligned} \Delta T(x) &= A_0 e^{-x\sqrt{\frac{\pi}{aP}}} \\ x &= -\sqrt{\frac{aP}{\pi}} \ln\left[\frac{\Delta T(x)}{A_0}\right] \end{aligned}\right\} \tag{6.2-24}$$

式中　A_0——混凝土表面温度变幅，℃；

P——气温变化周期；

$\Delta T(x)$——内部温度变幅，℃；

a——导温系数，m²/d。

表 6.2-5　　混凝土表面温度变幅

气温变化周期		1d	15d	365d
混凝土表面温度变幅	$\frac{\lambda}{\beta}=0.10\text{m}$	$0.61A$	$0.87A$	$0.97A$
	$\frac{\lambda}{\beta}=0.20\text{m}$	$0.42A$	$0.77A$	$0.94A$

由式（6.2-24）可见，内部温度变幅 $\Delta T(x)$ 随着深度的增加而减小，影响深度 x 正比于周期的平方根。设导温系数 $a=0.10\text{m}^2/\text{d}$，可得混凝土内部温度变幅等于 0.01～0.10$A$ 的影响的深度，见表 6.2-6。

表 6.2-6　　气温变化的影响深度

$\frac{\lambda}{\beta}$	内部温度变幅	影响深度（m）		
		1d	15d	365d
0.10m	$0.10A$	0.32	1.49	7.75
	$0.05A$	0.44	1.97	10.11
	$0.01A$	0.73	3.08	15.60
0.20m	$0.10A$	0.25	1.40	7.65
	$0.05A$	0.38	1.88	10.01
	$0.01A$	0.67	2.99	15.50

6.2.4.2　日照影响

混凝土建筑物经常暴露于阳光之下，太阳辐射热对其温度场有重要影响。设单位时间内单位面积上太阳辐射来的热量为 S，其中被混凝土吸收的部分为 R，剩余被反射部分为 $S-R$，于是有

$$R=\alpha_x S \tag{6.2-25}$$

式中　α_x——吸收系数，或称其为黑度系数，混凝土表面的 $\alpha_x\approx 0.65$。

考虑日照后的边界条件为

$$-\lambda\frac{\partial T}{\partial n}=\beta(T-T_a)-R \tag{6.2-26}$$

或

$$-\lambda\frac{\partial T}{\partial n}=\beta\left[T-\left(T_a+\frac{R}{\beta}\right)\right] \tag{6.2-27}$$

比较式（6.2-26）和式（6.2-27），可见日照的影响相当于使周围空气的温度升高，即

$$\Delta T_a=\frac{R}{\beta} \tag{6.2-28}$$

坝体下游表面及上游表面的水上部分，受到日照影响，其表面混凝土温度将高于当时的气温。因此，日照对混凝土内部温度的影响深度计算可以参照气温影响深度相应的公式。

6.2.4.3　水温影响

外界水温的周期性变化对混凝土温度有一定影响，其影响深度与温度变化的周期有关。混凝土与水接触时，混凝土表面温度即等于水温。设外界水温的变化为 $A\sin\omega\tau$，其中 A 为变幅，ω 为温度变化的圆频率，混凝土内部温度变幅及影响深度也可按式（6.2-24）计算。

设导温系数 $a=0.10\text{m}^2/\text{d}$，混凝土内部温度变幅等于 0.01～0.10$A$ 的影响深度列于表 6.2-7。

表 6.2-7　　水温变化的影响深度　　单位：m

内部温度变幅	时间		
	1d	15d	365d
$0.10A$	0.41	1.59	7.85
$0.05A$	0.53	2.07	10.21
$0.01A$	0.82	3.19	15.75

6.3　库水温度

水库水温是混凝土坝的一个重要的温度边界条件，是大坝温度应力和温度控制的重要影响因素之一。上游水库水温将直接影响到大坝运行期稳定（准稳定）温度场的分布。特别是对于坝体基础约束区，上游库底水温将直接影响到大坝的基础温差。另外，库水温度还将影响大坝的温度荷载。因此，如何在水库建成前，合理预测水库建成后的水温分布情况，是大坝温控设计的一项重要工作。

6.3.1　水库水温分布的主要规律

水库蓄水后，水温的变化是一个很复杂的现象，受多种因素的控制。通过多年来对已建水库水温的大量实测调研，逐步掌握了水库水温分布的基本规律。表 6.3-1 为国内外部分水库水温的实测资料，图 6.3-1～

表 6.3-1 **国内外部分水库水温实测资料**

序号	水库	工程地址	所在河流	竣工时间	装机容量（MW）	总库容（亿 m³）	年总径流（亿 m³）	水库调节性能	最大坝高（m）	坝顶高程（m）	坝前水深（m）	空气温度（℃）			库水温度（℃）				备注	统计资料时间
												年平均	年变幅	最低月平均	表面年平均	表面年变幅	库底年平均	变温水层深度（m）		
1	新安江	中国浙江	新安江	1965 年	662.5	220.0	112.6	多年调节	105.0	115.00	98.0	16.6	11.4	7.6	21.0	10.0	9.8	70.0		1986～1990 年
2	新丰江	中国广东	新丰江	1962 年	292.5	139.0	65.3	多年调节	105.0	124.00	97.0	21.4	8.2	13.8	23.1	7.6	13.2	60.0		1961～1992 年
3	梅山	中国安徽	史河	1956 年	40.0	22.8	23.4		88.2	140.17	75.0～80.0	17.6	12.5	3.8	18.6	11.3	12.6	70.0		1960～1980 年
4	响洪甸	中国安徽	淠河	1961 年	40.0	26.3	10.2	多年调节	87.5	144.50	68.0	15.3	12.2		18.0	10.8	6.8	40.0		1960～1986 年
5	上犹江	中国江西	上犹江	1961 年	60.0	8.2	22.2	季调节	87.5	202.50	64.5	18.3	10.1		22.8	9.2	10.1	53.0		1970～1989 年
6	池潭	中国福建	金溪	1981 年	100.0	8.7	47.0	季调节	78.0	280.00	73.0	17.9	10.3		22.5		17.0	73.0	有异重流	1981～1986 年
7	丹江口	中国湖北	汉水	1974 年	900.0	208.9	387.9	年调节	97.0	162.00	92.0	16.0	12.3		18.4	10.2	6.9	70.0		1970～1978 年
8	湖南镇	中国湖北	乌溪江	1980 年	170.0	20.6	26.3	年调节	129.0	241.00	118.0	17.0	11.4		19.9	9.8	8.3	75.0		1983～1988 年
9	柘溪	中国湖南	资水	1963 年	447.5	35.7	195.8	季调节	104.0	174.00	97.5	16.5	11.4		20.0	10.3	9.6			1962～1986 年
10	凤滩	中国湖南	酉水	1979 年	400.0	17.4	157.4	季调节	112.5	211.50	110.0	16.3	10.9		19.4	9.0	11.5			1981～1991 年
11	古田一级	中国福建	古田溪	1959 年	62.0	8.4	13.9	年调节	71.0	384.50	68.5	18.7	10.6		21.4	8.3	11.9	68.5		1962～1970 年
12	富春江	中国浙江	富春江	1968 年	297.2	9.2	315.4	日调节	47.7	32.20	38.5	16.4	11.7		18.0	8.9	15.4	38.5		1971～1982 年
13	乌江渡	中国贵州	乌江	1983 年	630.0	23.0	158.3	径流电站	165.0	785.00	160.0				18.5	7.1	17.1		早期有异重流	1983～1988 年
14	佛子岭	中国安徽	淠河	1973 年	31.0	4.9	15.4	年调节	75.9	128.50	70.0	14.5	13.7	3.0	14.9	12.7	8.0	50.0		1986～1981 年
15	刘家峡	中国甘肃	黄河	1975 年	1225.0	61.2	263.0	季调节	148.0	1739.00	123.0	9.6	13.2		12.8	11.2	13.2		有异重流	1969～1991 年
16	石门	中国陕西	褒河	1978 年	40.5	1.1	13.8	季调节	88.0	620.00	86.0	14.2	11.0				10.5			1971～1987 年
17	丰满	中国吉林	松花江	1951 年	557.8	107.8	141.2	季调节	90.5	266.50	72.0	5.4	19.5	－17.5	11.5	13.0	8.2	70.0		1952～1988 年

续表

序号	水库	工程地址	所在河流	竣工时间	装机容量(MW)	总库容(亿 m³)	年总径流(亿 m³)	水库调节性能	最大坝高(m)	坝顶高程(m)	坝前水深(m)	空气温度(℃)			库水温度(℃)				备注	统计资料时间
												年平均	年变幅	最低月平均	表面年平均	表面年变幅	库底年平均	变温水层深度(m)		
18	云 峰	中国、朝鲜	鸭绿江	1967年	400.0	39.1		不完全年调节	113.8	321.75	103.0	6.1	17.2		12.2	13.3	4.5	55.0		1979～1989年
19	桓 仁	中国辽宁	浑江	1972年	222.5	34.6	44.8	季调节	78.5	312.50	61.4	8.4	17.4		12.6	13.5	4.0	50.0		1971～1984年
20	大黑汀	中国河北	滦河		216.0	3.4	28.3	年调节	52.8	138.80	43.0	7.8	16.4		12.1	13.1	10.4	43.0		1983～1990年
21	官 厅	中国河北	永定河	1954年	30.0	22.7	14.1	多年调节	45.0	486.30	34.0	9.9	15.2	−6.8	12.2	13.0	8.8	34.0		1958～1978年
22	枫树坝	中国广东	东江	1974年	150.0	19.4	44.5	不完全年调节	95.4			20.6	7.6	12.9	24.0	8.2	12.0	60.0		
23	二 滩	中国四川	雅砻江	2000年	3300.0	58.0	517.0	季调节	240.0	1205.00	235.0	19.9	8.1	11.2	20.3	5.0	18.0		蓄水初期淤积，运行期低位泄流等	1997～2006年
24	方坦那	美国	Nantahala	1944年	225.0	17.8			146.0		131.0	15.3	9.4	5.2	18.5	9.5	6.5	80.0		
25	诺里斯	美国	田纳西河流域	1936年	108.0	31.7	37.8		81.0		66.0	14.0	10.7	3.0	18.2	11.2	7.9	60.0		
26	海瓦西	美国	田纳西河流域						94.0			14.2	13.8	4.0	19.5	10.9	7.0	70.0		
27	胡 佛	美国							221.0			22.3	12.0	12.0	19.5	7.3	12.8	70.0	有异重流	
28	布拉茨克	苏联	安加拉河	1964年	4500.0	482.0			125.0		110.0	−2.6	21.0	−23.7	3.5		4.5			

图6.3-5是部分水库的实测水温变化情况。由此可以看出，水库水温变化有如下主要规律[7,20]。

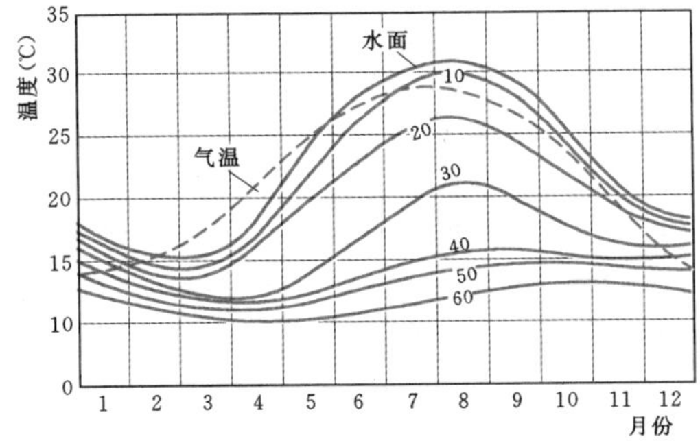

图 6.3-1 中国新丰江水库实测水温（水深单位：m）

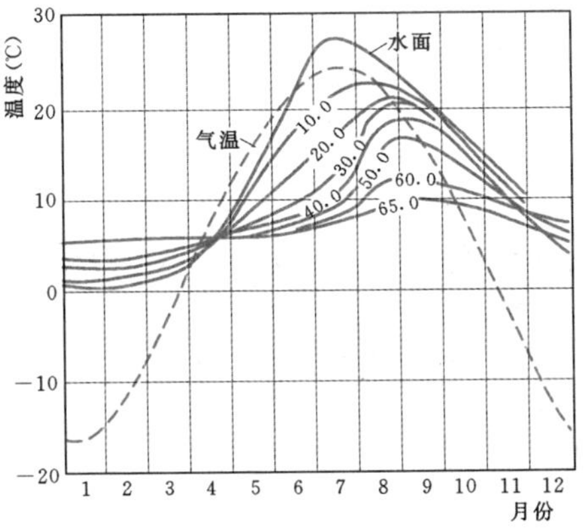

图 6.3-2 中国丰满水库实测水温（水深单位：m）

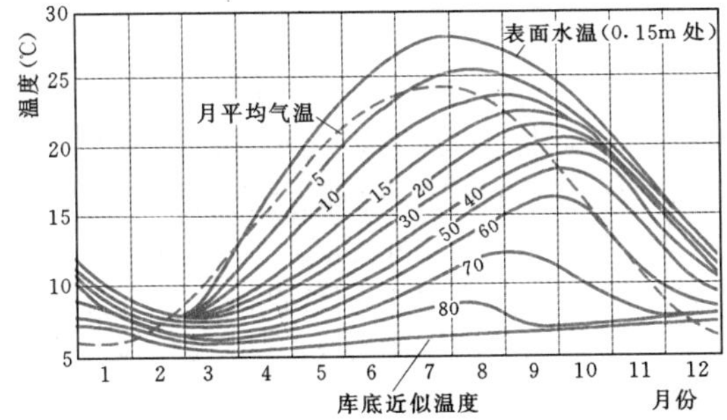

图 6.3-3 美国方坦那（FONTANA）水库实测水温（水深单位：m）

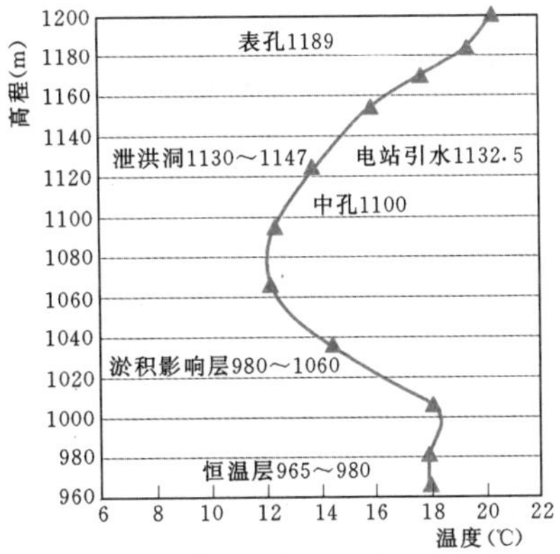

图 6.3-4 二滩水库年平均水温沿深度变化

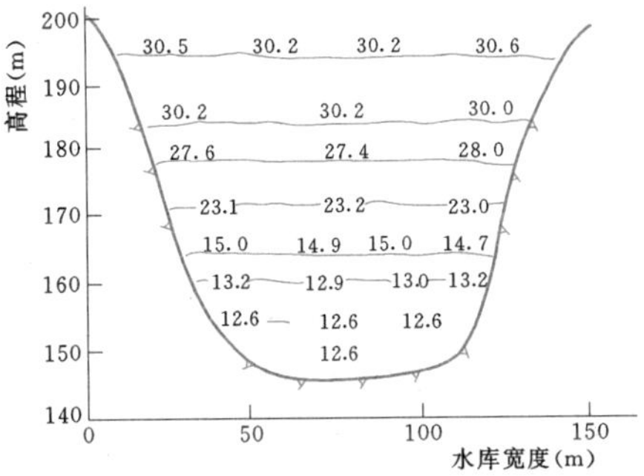

图 6.3-5 中国上犹江水库坝前横断面夏季实测水温分布（单位：℃）

（1）表面水温基本上随着气温的变化而变化，由于日照的影响，表面水温在多数情况下略高于气温。在寒冷地区，当水库表面结冰以后，表面水温就不再随气温变化。

（2）库水表面以下不同深度的水温均以一年为周期呈周期性的变化，变幅随深度的增加而减小，水温的年变化滞后于气温。一般情况下，在距离表面深度超过80m以后，水温基本上趋于稳定。

（3）一般情况下，水库水温沿深度方向的分布，可分为3～4个层次。①表层。该层水温主要受季节气温变化的影响，一般为10～20m深度范围。②掺混变温层。该层水温在风吹掺混、热对流、电站取水及水库运行方式的影响下，年内不断变化。该层范围与水库引泄水建筑物的位置、运行季节及引用流量有关。③稳定低温水层。一般对于坝前水深超过100m的水库，在距离水库表面60～80m以下的水体，由于受季节气温变化的影响很小，加之密度较大的低温水体下沉，将会形成一个比较稳定的低温水层。但如果电站的泄水建筑物位置较低，则情况将会有所变化。④如果有异重流，或受蓄水初期坝前堆渣等因素的影响，库底局部水温将有明显增高。

（4）库底水温主要取决于河道来水温度、地温以及异重流等因素。在无异重流等特殊情况的前提下，库底低温水层的温度在寒冷地区为4～6℃，这是由于4℃水的密度最大。在温暖地区，约等于最低三个月的气温平均值，但如果入库水体源于雪融水或地热条件特殊等情况，库底水温约等于最低月平均水温加

2～3℃。

(5) 在多泥沙河流上，如有可能在水库中形成异重流，并且夏季高温浑水可沿库底直达坝前，则库底水温将有明显增高。

(6) 在天然河道中，水流速度较大，属于紊流，水温在河流断面中的分布近乎均匀。但在大中型水库中，尽管不同的水库在形状、气候条件、水文条件、运行条件上有很大的差异，但由于水流速度很小，属于层流，基本不存在水的紊动。另外，水的密度依赖于温度，以 4℃时的密度为最大，水温高于 4℃时，水的密度随着温度的增高而减小；水温在 0～4℃时，水的密度随着温度的降低而减小，直至冰点。因此一般情况下，同一高程的库水具有相同的温度，整个水库的水温等温面是一系列相互平行的水平面。

6.3.2　影响水库水温分布的主要因素

水库中基本不存在水的紊动，水库水温的变化本质上是水体的热量运动问题。水库水温年内的分布变化，均是热量平衡下的热传导形成的。通过对大量已建水库观测调研资料的分析，在通常情况下，影响水库水温分布的主要因素有四个方面：水库的形状、库区水文气象条件、水库运行条件、水库初始蓄水条件。

1. 水库形状

水库的形状参数包括：水库库容、水库深度、水库水位—库容—库长—面积关系等。

如前述，水体的密度与温度相关。在水库的运行中，入库水流按密度分布进入水库相同密度的水层；而电站或泄水建筑物引、泄水时，则按相应取水口高度，引走相应水温层的水体。对于相同入（出）库体积的水体，在不同形状水库的水体热交换中，形成的水温分布变化是不同的。

水库的深度对水温分布形态有很大的影响。一般情况下，水库水温沿深度方向的分布可分为：表层、掺混变温层、稳定低温水层和异重流影响层。如果水库较浅，则库底将不会形成稳定的低温水层。

2. 库区水文气象条件

水文气象参数包括：气温、地温、太阳辐射、风速、云量、蒸发量、入（出）库流量、入库水温、河流泥沙含量、入库悬移质等。在水库水温的热传导中，气温、太阳辐射、入（出）库流量、入（出）库水温等因素，是直接参与热量交换的热源；而风速、云量、蒸发量等因素，是热量交换的条件或催化剂。

河水温度（即入库水温）是影响水库水温分布的主要因素之一。对于一些气候条件相近的水库，由于水源温度的影响（雪融水或特殊地热条件），河水温度将大相径庭。

入库悬移质是水体热量交换中的外力。当入库悬移质的比重达到一定程度，就会形成异重流。由于一般形成异重流的季节多在夏季汛期，水体的温度较高，如果异重流形成并可到达坝前（与坝前坡降相关），就会在坝前库底部形成一段高温水层。

3. 水库运行条件

水库运行条件参数包括：水库调节方式、电站引水口位置及引水能力、水库泄水建筑物位置及泄水能力、水库的运行调度情况、水库水位变化、上游梯级电站建成前后的影响等。

电站引水口和水库泄水建筑物的位置，决定了水库水体热量交换中，引走水体的温度；而通过水库的运行调度情况，即可掌握出入水体的数量（流量）。因此，水库运行条件是水库水温（尤其是坝前断面水温）分布的重要影响因素之一。

上游梯级电站建成后，会对本级电站水库的入库水温和入库悬移质带来较大的影响。例如乌江渡水电站水库运行早期，入库悬移质可以形成异重流并到达坝前。但当上游东风水电站建成后，流至乌江渡水库的入库悬移质锐减，后期乌江渡水库底部的水温分布情况较早期有所改变。

4. 水库初始蓄水条件

水库初始蓄水参数包括：初期蓄水季节、初期蓄水时地温、初期蓄水温度、水库蓄水速度、坝前堆渣情况、上游围堰处理情况等。

水库初期的蓄水过程对库底水温会有一定影响。如果水库初期蓄水时间为汛期（6～9 月），此间一般地温高、入库流量大、蓄水速度较快、水温较高，且河流的泥沙含量相对其他月份要高。此部分水体将积于坝前库底，造成早期库底水温较高。反之，如果水库初期蓄水时间在低温季节，早期库底水温将较低。

一些位于严寒地区的水电站，为了尽量提高大坝基础强约束区的稳定（准稳定）温度，会在水库蓄水以前，采用库底堆渣的方式提高坝底的边界温度。

另外，通常在大坝建成后，对上游围堰要采取一定的清除措施。如果上游施工废弃物的量较大，水库蓄水后，将会在坝前库底迅速形成泥沙淤积，导致坝前库底一定范围内的温度较高。

6.3.3　水库水温计算的主要方法

目前在大坝的温控设计中，确定水库水温分布的主要方法有三类：经验公式方法，数值分析方法，综合类比方法。

6.3.3.1　经验公式方法[7]

经验公式快捷简便，长期为工程界广泛应用。在前期设计阶段，可以用此对坝前水温的年变化过程进行估算。

库水温度 $T(y,\tau)$ 是水深 y 和时间 τ 的函数，可按下列方法计算。

任意深度的水温变化：

$$T(y,\tau) = T_m(y) + A(y)\cos\omega(\tau - \tau_0 - \varepsilon) \tag{6.3-1}$$

任意深度的年平均水温：

$$T_m(y) = c + (T_s - c)e^{-\alpha y} \tag{6.3-2}$$

水温相位差：

$$\varepsilon = d - fe^{-\gamma y} \tag{6.3-3}$$

$$\omega = \frac{2\pi}{P}$$

式中　y——水深，m；

τ——时间，月；

ω——温度变化的圆频率；

P——温度变化的周期，12 个月；

ε——水深 y 处的水温滞后于气温的相位差，月；

$T(y,\tau)$——水深 y 处在时间为 τ 时的温度，℃；

$T_m(y)$——水深 y 处的年平均水温，℃；

T_s——表面年平均水温，℃；

$A(y)$——水深 y 处的温度年变幅，℃；

τ_0——气温最高的时间，月。

对于一个具体水库来说，在设计阶段最好根据条件相近的水库实测水温来决定 c、d、f、α、γ 等计算常数。在竣工以后，则可根据本水库的实测资料来决定这些常数。

1. 水温年变幅 $A(y)$

（1）表面水温年变幅 A_0。

1）在一般地区，表面水温年变幅 A_0 与气温年变幅 A_a 相近，计算中可取 $A_0 = A_a$。通常月平均气温以 7 月为最高，1 月为最低，因此，在一般地区，水库表面温度年变幅可按式（6.3-4）计算：

$$A_0 = \frac{T_7 - T_1}{2} \tag{6.3-4}$$

式中　T_7、T_1——当地 7 月和 1 月的平均气温。

2）在寒冷地区，冬季月平均气温降至零下，由于水库表面结冰，表面水温维持零度，故此时表面水温年变幅 A_0 建议用式（6.3-5）计算：

$$A_0 = \frac{1}{2}(T_7 + \Delta T) = \frac{1}{2}T_7 + \Delta\alpha \tag{6.3-5}$$

式中　$\Delta\alpha$——日照影响，据实测资料，$\Delta\alpha = 1 \sim 2$℃，一般可取平均值 $\Delta\alpha = 1.5$℃，例如，丰满水库实测 $\Delta\alpha = 1.3$℃，官厅水库实测 $\Delta\alpha = 1.9$℃。

（2）任意深度的水温变幅 $A(y)$：

$$A(y) = A_0 \sum k_i e^{-\beta_i y} \tag{6.3-6}$$

或

$$A(y) = A_0 e^{-\beta y^s} \tag{6.3-7}$$

式中　k_i、β_i、β、s——由实测资料决定的常数，$\sum k_i = 1$；

A_0——表面水温年变幅，℃。

通过国内外大量水库实测资料分析，$\frac{A(y)}{A_0}$ 与水深 y 的关系，其平均值与 $e^{-0.018y}$ 很接近，因此任意深度 y 的水温年变幅可按式（6.3-8）计算：

$$A(y) = A_0 e^{-0.018y} \tag{6.3-8}$$

2. 气温最高的时间 τ_0

气温通常以 7 月中旬为最高，故可取 $\tau_0 = 6.5$ 月。

3. 年平均水温 $T_m(y)$

（1）表面年平均水温 T_s。在一般地区（年平均气温 $T_{am} = 10 \sim 20$℃）和炎热地区（$T_{am} > 20$℃），冬季水库表面不结冰，表面年平均水温 T_s 可按式（6.3-9）估算：

$$T_s = T_{am} + \Delta b \tag{6.3-9}$$

式中　T_s——表面年平均水温，℃；

T_{am}——当地年平均气温，℃；

Δb——温度增量，主要由于日照影响引起。

从实测资料可知，在一般地区，$\Delta b = 2 \sim 4$℃，初步设计中可取 $\Delta b = 3$℃。在炎热地区，$\Delta b = 0 \sim 2$℃，初步设计中可取 $\Delta b = 1$℃。

在寒冷地区，冬季水库表面结冰，冰盖把上面零度以下的冷空气与水体隔开了，尽管月平均气温可降至零度以下，表面水温仍维持在零度左右，不与气温同步。在这种情况下，T_s 可改用式（6.3-10）估算：

$$T_s = T'_{am} + \Delta b \tag{6.3-10}$$

$$T'_{am} = \frac{1}{12}\sum_{i=1}^{12} T_i \tag{6.3-11}$$

其中

$$T_i = \begin{cases} T_{ai}, & 若\ T_{ai} \geq 0 \\ 0, & 若\ T_{ai} < 0 \end{cases} \tag{6.3-12}$$

式中　T'_{am}——修正年平均气温，℃；

T_{ai}——月平均气温，℃。

根据实测资料，在寒冷地区可取 $\Delta b = 2$℃。如丰满水库，$T'_{am} = 9.1$℃，取 $\Delta b = 2$℃，由式（6.3-10）知 $T_s = 9.1 + 2.0 = 11.1$℃，与实测值 11.5℃相近。

（2）库底年平均水温 T_b。库底年平均水温主要应参照条件相近的已建水库的实测资料，用类比方法确定。如果没有可供类比的资料，在我国，对于深度在 50m 以上的水库，设计中库底年平均水温可参考表 6.3-2 采用。

表 6.3-2　库底水温

气候条件	严寒（东北）	寒冷（华北、西北）	一般（华东、华中、西南）	炎热（华南）
T_b（℃）	4～6	6～7	7～10	10～12

在多泥沙河流上，如有可能在水库中形成异重流，并且夏季高温浑水可沿库底直达坝前，则库底水温将有明显增高，对这种情况应进行专门的分析。

（3）任意深度的年平均水温：

$$T_m(y) = c + (T_s - c)e^{-0.04y} \quad (6.3-13)$$

其中

$$c = \frac{T_b - T_s g}{1-g}, g = e^{-0.04H} \quad (6.3-14)$$

式中　H——水库深度，m。

4. 水温变化的相位差 ε

根据大量实测资料的统计分析，可按式（6.3-15）计算水温变化的相位差：

$$\varepsilon = 2.15 - 1.30e^{-0.085y} \text{（月）} \quad (6.3-15)$$

式中　y——水深，m。

【算例 6.3-1】　丰满水库，库深 $H=70$m，当地气温资料见表 6.3-3。按式（6.3-11）算得修正年平均气温 $T'_{am}=9.1$℃，取 $\Delta b=2$℃，按式（6.3-10）算得表面年平均水温 $T_s=11.1$℃。

由表 6.3-2，取库底水温 $T_b=6$℃，由式（6.3-13）得 $g=e^{-0.04\times70}=0.0608$，$c=5.67$，$T_s-c=11.10-5.67=5.43$，由式（6.3-2），得到任意深度的年平均水温为

$$T_m(y) = 5.67 + 5.43e^{-0.04y}$$

由表 6.3-3，得 $T_7=23.8$℃，取 $\Delta\alpha=1.5$℃，由式（6.3-5），表面水温年变幅为 $A_0=13.4$℃。由式（6.3-6），得到任意深度的水温年变幅为

$$A(y) = 13.4e^{-0.018y}$$

算出任意深度的年平均水温后，水温相位差可按式（6.3-15）计算，各月任意深度的水温变化可按式（6.3-1）计算。

表 6.3-3　丰满库区气温资料　单位：℃

月　份	1	2	3	4	5	6	7	8	9	10	11	12	年平均
月平均气温	−16.4	−11.5	−4.0	5.8	14.4	20.4	23.8	22.0	15.8	7.0	−3.0	−13.5	5.1
修正月平均气温	0	0	0	5.8	14.4	20.4	23.8	22.0	15.8	7.0	0	0	9.1

【算例 6.3-2】　新丰江水库，水库深度 $H=70$m，处炎热地区，年平均气温为 21.7℃，气温年变幅为 7.4℃，取 $\Delta b=0$，由式（6.3-10）得表面年平均水温为 $T_s=21.7$℃，由表 6.3-2 得 $T_b=12$℃，由式（6.3-13）得 $g=0.0608$，$c=11.37$，$T_s-c=10.33$℃，由式（6.3-2）得任意深度的年平均水温为

$$T_m(y) = 11.37 + 10.33e^{-0.04y}$$

一般地区可取表面水温年变幅等于气温年变幅，即 $A_0=7.4$℃，由式（6.3-6）得到任意深度的水温年变幅为

$$A(y) = 7.4e^{-0.018y}$$

算出任意深度的年平均水温后，水温相位差可按式（6.3-15）计算，各月任意深度的水温变化可按式（6.3-1）计算。

6.3.3.2　数值分析方法[20-22]

进入 20 世纪 90 年代以后，随着我国水电事业的飞速发展，全流域多梯级开发，大坝高度从过去的 100m 左右，逐步发展为 200～300m 级。因此，要找到一个可供类比的水库或一种适应范围较广的经验公式或完全理论的水库水温计算方法，都较为困难。因此，为了设计和规划方面的需要，建立一个满足设计精度要求、基本符合水库水温变化规律、比较全面考虑影响水库水温分布主要因素的近似数值分析方法，十分必要。

1. 水库水温数值分析模型

从 20 世纪 60 年代起，通过对不同类型水库水温进行的大量观测调研，人们发现尽管不同的水库在形状、长度、宽度、气候条件、水文条件及运行条件上有很大的差异，但同一高程的库水具有相同的温度，整个水库的水温等温面是一系列相互平行的水平面。同时，在大坝温度应力的分析中，人们更关心坝前水库水温的分布情况。因此采用一维模型来研究水库水温的分布规律，是一种行之有效的近似数值分析方法[20,21]。

按一维问题来描述水库水温的变化。式（6.3-16）即为水库水温分析的一维问题的控制方程，给定初始条件和边界条件后，即可通过数值计算方法，编制计算软件求解。详细解法可参阅参考文献［20］。

$$\frac{\partial T}{\partial \tau} = \left\{\frac{1}{A}\left[(D_m+E)\frac{\partial A}{\partial y} + A\frac{\partial E}{\partial y}\right] - \nu\right\}\frac{\partial T}{\partial y} + (D_m+E)\frac{\partial^2 T}{\partial y^2} + \frac{q_i}{A}(T_i - T)$$

$$+\frac{0.001(1-\beta)\phi_0}{c}e^{-k(y_s-y)}\left(\frac{1}{A}\frac{\partial A}{\partial y}+k\right) \tag{6.3-16}$$

2. 数值分析方法算例

数值分析方法可以通过相应的计算软件，考虑较多的影响因素，通过采集大量的基本计算数据，高速模拟计算各种水库不同时段的水温分布情况。本节算例采用中国水利水电科学研究院《水库水温数值分析软件》（NAPRWT）计算[22]。该软件可以比较全面地考虑水库的形状、水文气象条件、水库运行条件、水库初始蓄水条件等四大要素，已运用于50余座大中型水库的库水温度分析计算中。

【算例 6.3-3】 二滩水库水温实测与数值计算结果对比。

二滩电站位于四川省攀枝花市境内，挡水拱坝最大坝高240m（高程965.00～1205.00m），水库1998年汛期开始蓄水，坝前最大水深235m。观测资料表明，由于初期蓄水过程和上游残留的临时建筑物的影响，使得二滩水库在运行初期，坝前的淤积就达到30m以上，导致高程1045.00m以下库底水温增高。计算中模拟了二滩水库的初始蓄水情况，同时计算数据采用2005年实际观测记录的库区水文气象及水库运行资料[23]。二滩水库2005年水温实测与数值计算结果对比如图6.3-6所示。

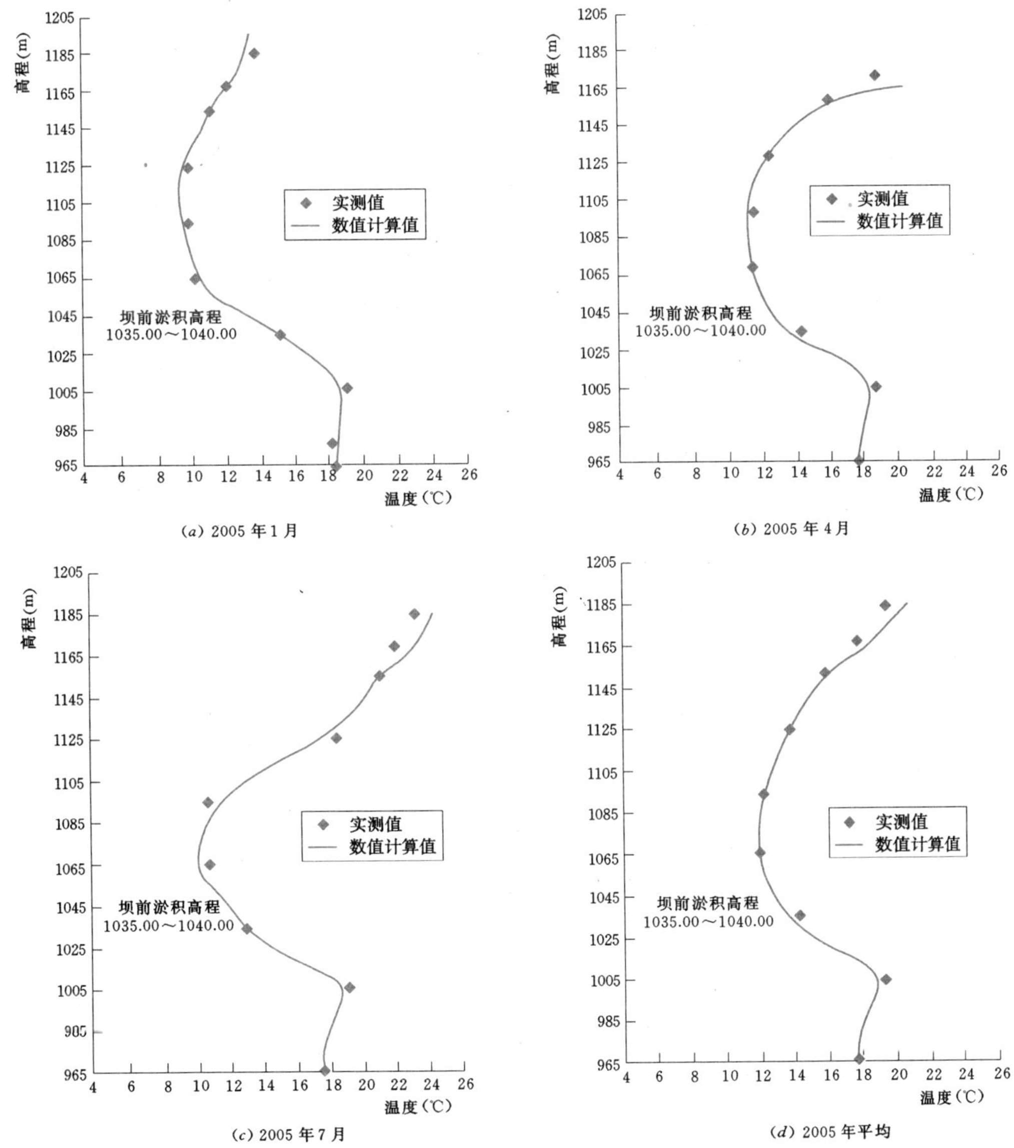

图 6.3-6 二滩水库2005年水温实测与数值计算结果对比

6.3.3.3　综合类比方法

一般的类比方法，是通过与待建水库条件相近的已建水库的实测水温资料，来类比预测该待建水库的水温分布情况。但是，由于影响水库水温的主要因素为水库的形状、水文气象条件、水库运行条件以及水库初始蓄水条件，所以要找到两座上述条件相对可比的水库，概率是比较小的。

综合类比方法，是将一般类比方法与数值计算方法相结合，将可比水库（已建的一座或多座）的相关实测参数，通过经验分析引用于待建水库的数值计算中，进行包络式数值分析，得出待建水库有可能发生的高、中、低值（主要指库底水温）水温分布结果。进入 21 世纪后，我国一些坝高 200m 级以上的大型水库，在温控设计中，已经开始应用综合类比方法，对水库水温进行预测分析。例如中国水电顾问集团成都勘测设计研究院与中国水利水电科学研究院合作，以二滩水库作为标杆类比水库，采用《水库水温数值分析软件》（NAPRWT）[22]对锦屏一级、溪洛渡水库进行了水温预测分析。

6.4　混凝土弹性模量、徐变及应力松弛

大体积混凝土随温度的升高而膨胀，随温度的降低而收缩。一般假定温度引起的应变 ε 与温度变化 $T(\tau)$ 是成比例的，即 $\varepsilon=\alpha T$，其中 α 是混凝土材料的线膨胀系数。在温度变化时，如果混凝土的变形受到外部限制或者内部变形不均，则会产生温度应力。混凝土温度应力可以分为自生应力和约束应力两类。实际混凝土结构中往往会同时出现自生应力和约束应力，两种应力互相叠加。

混凝土温度应力除温度变化、弹性模量变化和约束三种重要的影响因素以外，还有混凝土徐变（或应力松弛）和自生体积变形等。

6.4.1　混凝土弹性模量

在一般的工业与民用钢筋混凝土结构设计中，混凝土弹性模量主要用于结构变位的计算，其数值对结构的应力影响不大；而且当结构承受设计荷载时，混凝土龄期通常已较晚，所以在一般的钢筋混凝土结构设计中，对混凝土弹性模量的数值与其龄期的关系，在精度上要求是不高的。大体积混凝土结构有所不同，由于温度应力的数值与弹性模量成正比，而且混凝土浇筑以后，水化热的散发、温度场的变化与混凝土弹性模量的变化是同步发展的，所以在大体积混凝土温度应力计算中，混凝土弹性模量的数值以及其与龄期的关系很重要。

混凝土弹性模量是龄期的函数 $E(\tau)$，其表达式是大体积混凝土温度应力计算中的一个基本公式。通常有以下几个表达方式。

1. 指数式

$$E(\tau)=E_0(1-e^{-a\tau}) \tag{6.4-1}$$

式中　τ——龄期，d；

E_0——$\tau\to\infty$时的最终弹性模量，GPa；

a——常数。

2. 复合指数式

朱伯芳在 1985 年提出采用复合指数式：

$$E(\tau)=E_0(1-e^{-a\tau^b}) \tag{6.4-2}$$

式中　E_0——$\tau\to\infty$时的最终弹性模量，GPa；

a、b——常数。

式（6.4-2）与试验资料符合很好，式中的常数也容易确定。

3. 双曲线式

朱伯芳在提出复合指数式的同时，还认为可采用双曲线式：

$$E(\tau)=\frac{E_0\tau}{q+\tau} \tag{6.4-3}$$

式中　E_0——$\tau\to\infty$时的最终弹性模量，GPa；

q——常数。

当 $\tau=q$ 时，$E(\tau)=\dfrac{E_0}{2}$。

计算结果表明，对于不同的混凝土，双曲线和复合指数均可取得较好的拟合效果，但就精度而言，各有千秋。对于常态混凝土，复合指数公式的计算精度较好，而对于碾压混凝土，则双曲线公式的精度较好[7,52]。

弹性模量计算公式中的常数见表 6.4-1。碾压混凝土弹性模量计算值与试验值比较见表 6.4-2。常态混凝土弹性模量计算值与试验值比较见表 6.4-3。

4. 对数公式

简单的对数公式：

$$E(\tau)=C\ln(\tau+1) \tag{6.4-4}$$

朱伯芳提出采用修正对数公式[51]：

$$E(\tau)=\sum C_i\ln(\tau^{b_i}+1) \tag{6.4-5}$$

式中　C_i、b_i——常数，通常式（6.4-5）右边只需取 1 项。

龚嘴重力坝混凝土弹性模量用式（6.4-4）、式（6.4-5）拟合。

简单对数式：

表 6.4-1 弹性模量计算公式中的常数

混凝土品种		双曲线公式		复合式公式		
		E_0 (GPa)	q (d)	E_0 (GPa)	a	b
碾压混凝土	岩滩 C15	32.80	8.20	36.07	0.240	0.45
	三峡 C15	35.60	28.00	35.00	0.061	0.70
	三峡 C20	37.90	25.63	38.00	0.065	0.70
常态混凝土	岩滩 C20	35.91	6.46	35.70	0.280	0.52
	三峡 C20	34.25	8.59	34.25	0.240	0.50

表 6.4-2 碾压混凝土弹性模量计算值与试验值比较

强度计算公式		岩滩 C15			三峡 C15			三峡 C20		
		试验值 (GPa)	计算值 (GPa)	误差值 (%)	试验值 (GPa)	计算值 (GPa)	误差值 (%)	试验值 (GPa)	计算值 (GPa)	误差值 (%)
双曲线公式	7d	15.09	15.10	0.06	6.76	7.12	5.32	7.69	8.13	5.72
	28d	24.63	25.37	3.00	18.84	17.80	5.52	21.02	19.79	5.85
	90d	30.06	30.06	0.00	28.82	27.15	5.79	29.51	29.50	0.03
	180d	—	—	—	29.15	30.81	5.69	33.21	33.18	0.09
复合指数式	7d	15.09	15.79	4.67	6.76	7.42	9.76	7.69	8.51	10.74
	28d	24.63	23.76	3.53	18.84	16.33	13.32	21.02	18.55	11.75
	90d	30.06	30.21	0.50	28.82	26.57	7.81	29.51	29.66	0.51
	180d				29.15	31.53	8.16	33.21	34.76	4.66

表 6.4-3 常态混凝土弹性模量计算值与试验值比较

强度计算公式		岩滩 C20			三峡 C20		
		试验值 (GPa)	计算值 (GPa)	误差值 (%)	试验值 (GPa)	计算值 (GPa)	误差值 (%)
双曲线公式	7d	19.00	18.67	−1.74	16.10	15.38	−4.47
	28d	28.75	29.18	1.46	24.20	26.21	8.31
	90d	33.50	33.50	0.00	30.80	31.20	1.49
	180d	—	—	—	—	—	—
复合指数式	7d	19.00	19.17	0.89	16.10	15.99	−0.08
	28d	28.75	28.37	−1.35	24.20	24.43	0.95
	90d	33.50	33.74	0.71	30.80	30.55	−0.81
	180d	—	—	—	—	—	—

$$E(\tau) = 7.0\ln(\tau + 1) \quad (6.4-6)$$

修正对数式：

$$E(\tau) = 20.1\ln(\tau^{0.285} + 1) \quad (6.4-7)$$

计算结果见表 6.4-4，由表可见，简单对数公式的计算精度很差，而修正对数式的精度较高。

5. 插值公式[51]

用插值公式求弹性模量是很方便的。在早龄期，因 $E(\tau)$ 变化较快，最好用二次插值公式。到了后期，因 $E(\tau)$ 变化较为平缓，可用线性插值公式。

线性插值公式：

表 6.4-4 **龚嘴重力坝混凝土弹性模量** 单位：GPa

龄期 τ (d)	3	7	28	90	180	360
$E(\tau)$ 试验值	17.3	20.4	26.5	31.4	34.3	36.5
简单对数式 (6.4-6)	9.7	14.6	23.6	31.5	36.4	41.2
修正对数式 (6.4-7)	17.3	20.3	25.7	30.7	33.9	37.1

$$E(\tau) = E_0 + (E_1 - E_0)\frac{\tau - \tau_0}{\tau_1 - \tau_0} \qquad (6.4-8)$$

其中，$E_0 = E(\tau_0)$，$E_1 = E(\tau_1)$ 是试验曲线上的已知值。

二次插值公式：

$$E(\tau) = E_0 + (E_1 - E_0)\frac{\tau - \tau_0}{\tau_1 - \tau_0} + \left(\frac{E_2 - E_0}{\tau_2 - \tau_0} - \frac{E_1 - E_0}{\tau_1 - \tau_0}\right)\frac{(\tau_2 - \tau_0)(\tau - \tau_1)}{\tau_2 - \tau_1} \qquad (6.4-9)$$

式中 E_0、E_1、E_2——龄期 τ_0、τ_1、τ_2 时的已知弹性模量，GPa，如图 6.4-1 所示。

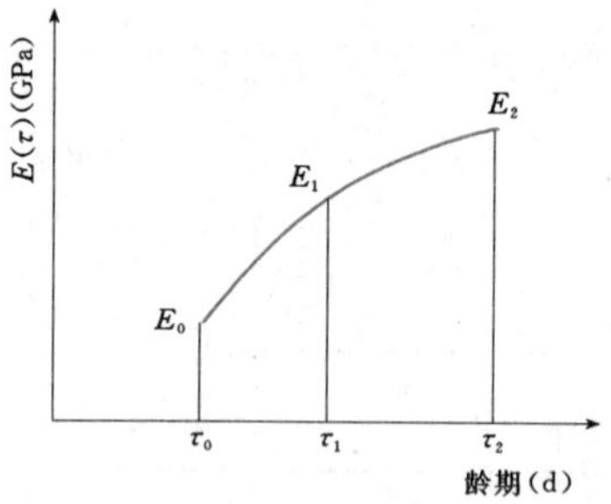

图 6.4-1 插值

二次插值每次在两个相邻时段内求值，线性插值每次在一个时段内插值。当在程序中只设置二次插值公式，如果只剩下一个时段，可临时增加一个节点，变成两个时段（由程序自动完成）。此外，也可用样条函数插值。

用插值公式表示混凝土绝热温升 $\theta(\tau)$ 和自生体积变形 $G^0(\tau)$ 也很方便。

6. *考虑温度影响的弹性模量表达式*

从图 6.4-2 中可知，养护温度对混凝土弹性模量的发展速度有较大影响，为了考虑这一影响，朱伯芳建议用式（6.4-10）计算弹性模量：

$$E(\tau) = \frac{E_0 \tau}{q(T) + \tau} \qquad (6.4-10)$$

在养护温度为常数的条件下，当 $\tau = q(T)$ 时，$E(\tau) = \frac{E_0}{2}$，即 $E(\tau)$ 达到最终弹性模量的$\frac{1}{2}$。显然，$q(T)$ 是养护温度的函数，朱伯芳建议取值如下：

$$q(T) = \sum a_i T^{-b_i} \qquad (6.4-11)$$

式中 a_i、b_i——试验常数。

对于图 6.4-2 所示的混凝土：

$$q(T) = 50T^{-1.10} \qquad (6.4-12)$$

$q(T)$ 的计算值与试验值的比较如图 6.4-3 所示。把式（6.4-12）代入式（6.4-10），对于图 6.4-2 所示的混凝土，其弹性模量为

$$E(\tau) = \frac{E_0 \tau}{50T^{-1.10} + \tau} \qquad (6.4-13)$$

式中 E_0——最终弹性模量，GPa；

T——养护温度，℃；

τ——龄期，d。

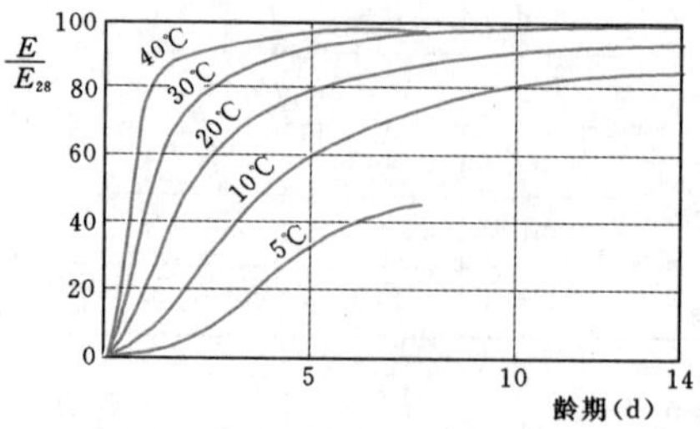

图 6.4-2 养护温度对弹性模量的影响

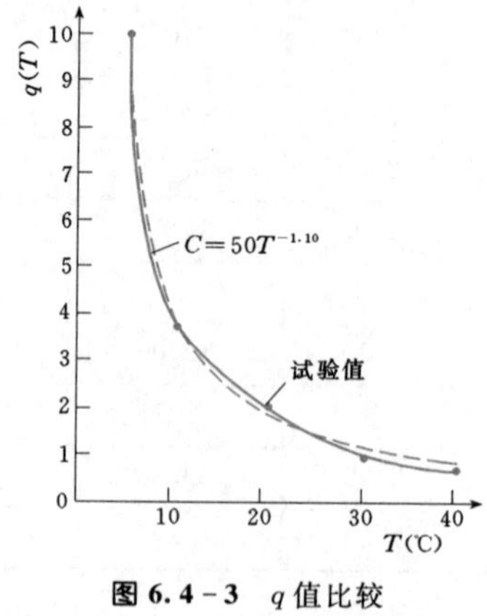

图 6.4-3 q 值比较

考虑温度影响的混凝土弹性模量也可用式（6.4-14）表示：

$$E(\tau) = E_0[1 - e^{-a(T)\tau^{b(T)}}] \qquad (6.4-14)$$

式中 E_0——最终弹性模量，GPa；

τ——龄期，d；

$a(T)$、$b(T)$ ——养护温度 T 的函数。

6.4.2 混凝土徐变度及其表达式

6.4.2.1 徐变度的影响因素

混凝土徐变受多种因素的影响[7]，主要包括以下内容。

（1）水泥品种。矿渣水泥混凝土的徐变一般大于普通水泥混凝土。

（2）骨料品种。有试验表明，相同养护条件下，分别采用砂岩、玄武岩、砾岩、花岗岩、石英岩和石灰岩作为骨料时的徐变依次变小。

（3）水灰比。一般而言，水灰比越大，则混凝土强度越低，徐变度越大。

（4）灰浆率与骨料含量。混凝土的徐变一般随着灰浆率的增加或骨料含量的减少而增加。

（5）外加剂。外加剂品种很多，大体上，外加剂对混凝土徐变度的影响与它对混凝土强度的影响成反比。

（6）粉煤灰。粉煤灰对混凝土徐变有较大影响。通常掺粉煤灰混凝土的早期强度比不掺的低，因此早龄期加载的徐变较大；后期强度比不掺的高，所以晚龄期加载的徐变较小。

（7）试件尺寸。对于不密封的试件，通常试件尺寸越小，徐变越大。一方面是由于试件尺寸小，水分损失快，引起了较大的干燥徐变；另一方面是由于试件尺寸小，容纳不了较大的骨料，使试件的灰浆率增加。君岛博次等的试验结果表明，对于密封试件，如灰浆率相同，试件尺寸对徐变没有影响[37]。

（8）受拉和受压徐变。对于大体积混凝土而言，受拉应力作用下的混凝土徐变更受关注。但受拉徐变的试验是比较困难的。由于混凝土的抗拉强度只有抗压强度的1/10左右，受拉徐变试验的加载应力比受压徐变试验要小得多，因此变形也小得多。

（9）应力比。应力比是指应力与强度的比值。试验结果表明，对于砂浆来说，在应力比达到0.70时，徐变与应力之间仍保持线性关系，但如果在加载之前，混凝土内部已存在着微细裂缝，只有当应力比不超过0.40时，徐变和应力之间才能保持线性关系。当应力比超过0.40时，徐变将随应力的增加而急剧增加，呈非线性关系；当应力比达到0.75时，将出现不稳定徐变，产生新的微细裂缝，而且新老微细裂缝不断扩展、互相连通，直至混凝土破坏。

（10）温度。温度对混凝土徐变是有影响的。核电站预应力混凝土安全壳的试验表明，大约在110℃左右，徐变度最大。Nasser和Neville试验结果则表明[40]，除应力比为0.35的试件外，在70℃以前，混凝土徐变随着温度升高而增加，温度超过70℃后，混凝土徐变反而逐渐减小。

有关各种因素对徐变的影响，详细论述可见参考文献［7］。

6.4.2.2 混凝土徐变度的表达式

混凝土徐变度 $C(t,\tau)$ 不但与持载时间 $(t-\tau)$ 有关，而且与加载龄期 τ 有关，加载越早，徐变度越大。在一般的工业与民用钢筋混凝土结构中，施工期产生的温度应力很小，而当结构承受设计荷载时，龄期已较晚，加载龄期对徐变度的影响已不大，因此过去有不少作者提出的混凝土徐变度表达式中没有考虑加载龄期的影响，只考虑持载时间的影响。大体积混凝土结构的情况有所不同，它在施工过程中会产生很大的温度应力，从龄期 $\tau=0$ 开始，大体积混凝土中的温度场、应力场都随着时间而不断变化，因此，在计算大体积混凝土的温度应力时，一定要考虑加载龄期对徐变度的影响。

1. 弹性徐变理论式

根据试验结果，混凝土徐变属于部分可恢复，包括可复徐变和不可复徐变。目前常用的徐变表达式为

$$C(t,\tau)=\sum_{i=1}^{n}\Psi_i(\tau)\left[1-e^{-r_i(t-\tau)}\right] \tag{6.4-15}$$

其中

$$\left.\begin{aligned}\Psi_i(\tau)&=f_i+g_i\tau^{-p_i}, &&\text{当 } i=1\sim n-1\\ \Psi_i(\tau)&=De^{-s\tau}=De^{-r_n\tau}, &&\text{当 } i=n\end{aligned}\right\} \tag{6.4-16}$$

式中 f_i、g_i、p_i、s、r_i、D——常数，需要通过试验数据拟合求得。

式（6.4-15）中的右边，前面 $n-1$ 项代表可复徐变，最后一项代表不可复徐变。

某坝基础部位混凝土，共进行了 $\tau=3$d、7d、28d、90d、160d五组徐变试验，根据其试验资料，得到徐变度表达式如下：

$$\begin{aligned}C(t,\tau)=&(7.0+64.4\tau^{-0.45})\left[1-e^{-0.30(t-\tau)}\right]\\&+(16.0+27.2\tau^{-0.45})\left[1-e^{-0.005(t-\tau)}\right]\end{aligned} \tag{6.4-17}$$

式（6.4-17）中时间以天计。计算值与试验值的对比见表6.4-5。混凝土徐变试验经历的时间长，试验资料本身的规律性较差。考虑到这个因素，应该说，计算值与试验值是吻合得相当好的。

2. 复合幂指数函数式

混凝土徐变度的复合幂指数函数表达式如下[52]：

$$\begin{aligned}C(t,\tau)=&(\Psi_0+\Psi_1\tau^{-p})\\&\times\{1-\exp[-(r_0+r_1\tau^{-q})(t-\tau)^s]\}\end{aligned} \tag{6.4-18}$$

或 $$C(t,\tau) = \Psi(\tau)[1 - e^{-r(\tau)(t-\tau)^s}] \quad (6.4-19)$$

其中

$$\left.\begin{aligned} \Psi(\tau) &= \Psi_0 + \Psi_1 \tau^{-p} \\ r(\tau) &= r_0 + r_1 \tau^{-s} \end{aligned}\right\} \quad (6.4-20)$$

式中 Ψ_0、Ψ_1、r_0、r_1、s、p、q——材料常数。

与式（6.4-17）相同的方法，朱伯芳得到徐变度表达式如下：

$$C(t,\tau) = (23.0 + 91.6\tau^{-0.45}) \times \{1 - \exp[-(0.118 + 0.290\tau^{-0.625}) \times (t-\tau)^{0.44}]\} \quad (6.4-21)$$

式（6.4-21）中时间以天计。计算值与试验值的对比见表 6.4-5 及图 6.4-4。可见计算值与试验值符合得相当好。

表 6.4-5　$C(t, \tau)$ 的计算值与试验值　单位：10^{-5}/MPa

τ	$t-\tau$																	
	试验值						式（6.4-21）计算值						式（6.4-17）计算值					
	3	7	28	90	360	720	3	7	28	90	360	720	3	7	28	90	360	720
	$C(t, \tau)$																	
3d	2.50	3.34	4.98	6.26	7.01	7.25	2.77	3.67	5.40	6.73	7.65	7.81	2.79	4.17	5.05	5.81	7.35	7.80
7d	1.88	2.58	3.83	4.70	5.26	5.50	1.73	2.34	3.61	4.67	5.71	5.96	2.05	3.06	3.75	4.38	5.67	6.04
28d	1.22	1.80	2.71	3.52	4.35	4.97	0.95	1.30	2.09	2.90	3.77	4.06	1.30	1.95	2.43	2.94	3.99	4.29
90d	0.85	1.15	1.79	2.44	3.21	3.81	0.69	0.96	1.56	2.20	2.94	3.21	0.95	1.42	1.80	2.26	3.19	3.46
180d	0.66	0.89	1.36	1.84	2.57	3.16	0.60	0.83	1.37	1.93	2.61	2.88	0.81	1.22	1.56	1.99	2.87	3.13
360d	0.53	0.71	1.09	1.52	2.27		0.54	0.74	1.22	1.75	2.38	2.63	0.71	1.07	1.38	1.80	2.65	2.89

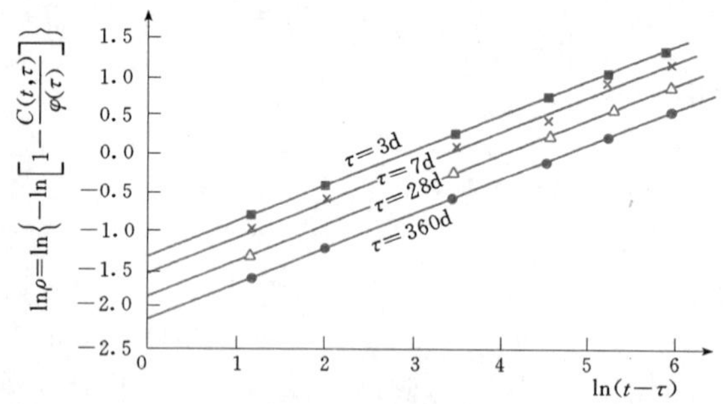

图 6.4-4　徐变度算例

6.4.3 混凝土松弛系数及其表达式

通过试验直接确定混凝土的松弛系数虽是可行的，但比较费事。一般都是进行徐变试验，求得徐变曲线，然后由徐变曲线计算松弛系数。关于松弛系数的计算方法，参考文献［1］中有详细介绍，这里只介绍松弛系数的表达式。

松弛系数除可用表格式数值方法计算外，还可用公式表达，使用更方便一些。从物理概念上看，松弛系数 $K(t,\tau)$ 的表达式应满足下列条件：

1）当 $t-\tau=0$ 时，$K(t, \tau)=1.00$。

2）随着龄期 τ 的增加，$K(t, \tau)$ 逐渐增大。

3）当加载龄期 τ 固定时，随着持载时间（$t-\tau$）的增加，$K(t, \tau)$ 逐渐减小。

1. 指数函数式

朱伯芳 1985 年提出用指数函数表示松弛系数如下[37]：

$$K(t,\tau) = 1 - \sum_{i=1}^{n}(a_i + b_i\tau^{-d_i})[1 - e^{-h_i(t-\tau)}] \quad (6.4-22)$$

显然，式（6.4-22）满足前述各条件，a_i、b_i、d_i、h_i 等为材料常数，对于常规大体积混凝土，可取[7]

$$K(t,\tau) = 1 - (0.2125 + 0.3786\tau^{-0.416})[1 - e^{-0.5464(t-\tau)}] - (0.0495 + 0.2558\tau^{-0.073})[1 - e^{-0.0156(t-\tau)}] \quad (6.4-23)$$

2. 复合指数函数式

朱伯芳还提出用复合指数函数表示松弛系数如下：

$$K(t,\tau) = 1 - \Psi(\tau)\{1 - \exp[-m(\tau)(t-\tau)^{n(\tau)}]\} \quad (6.4-24)$$

$$\Psi(\tau) = \Psi_0 + (1 - \Psi_0)\exp(-f\tau^g) \quad (6.4-25)$$

$$m(\tau) = m_0 + m_1\tau^{-\lambda} \quad (6.4-26)$$

$$n(\tau) = n_0 + n_1\tau^{-\beta} \quad (6.4-27)$$

式中 Ψ_0、f、g、m_0、m_1、λ、n_0、n_1、β——材料常数。

在式（6.4-24）中，令 $t\to\infty$，$\tau\to\infty$，得到：

$$K(\infty,\infty) = 1 - \Psi_0$$

由此，可以确定 Ψ_0，在式（6.4-24）中令 $t\to\infty$，得到

$$K(\infty,\tau)=1-\Psi(\tau)=(1-\Psi_0)[1-\exp(-f\tau^{g})] \quad (6.4-28)$$

由式（6.4-28）可得到

$$\ln f+g\ln\tau=\ln\{-\ln[1-K(\infty,\tau)/(1-\Psi_0)]\}$$

从而可求得 f 和 g，即求得 $\Psi(\tau)$。把式（6.4-22）改写如下：

$$e^{-m(t-\tau)^n}=1-\frac{1-K(t,\tau)}{\Psi(\tau)}$$

对上式两边取两次对数，得到

$$\ln m+n\ln(t-\tau)=\ln\{-\ln[1-(1-K)/\Psi]\} \quad (6.4-29)$$

因 $\Psi(\tau)$ 已知，由式（6.4-29）可求出对应于每一加载龄期 τ 的 $m(\tau)$ 和 $n(\tau)$。画出曲线 $m—\tau$，从对 m 极限值的估计可得到 m，由下式

$$\ln m_1-\lambda\ln\tau=\ln(m-m_0)$$

可求出 m_1 和 λ。用类似方法可求出 n_0、n_1 和 β。可见，虽然式（6.4-24）比较复杂，由于公式结构考虑了松弛系数的特点，材料常数的决定并不困难。

根据某重力坝基础部分混凝土的试验资料，得到大体积混凝土松弛系数如下：

$$\begin{aligned}K(t,\tau)=&1-(0.47+0.53e^{-0.623\tau^{0.170}})\\&\times\{1-\exp[-(0.20+0.271\tau^{-0.225})\\&\times(t-\tau)^{(0.326+0.125\tau^{-0.583})}]\}\end{aligned} \quad (6.4-30)$$

式（6.4-30）中时间以 d 计。在表 6.4-6 中列入了试验值和计算值，可见两者吻合得比较好。

表 6.4-6　$K(t,\tau)$ 的计算值与试验值

$t-\tau$	$K(t,\tau)$ 试验值						$K(t,\tau)$ 计算值					
	3	7	28	90	180	360	3	7	28	90	180	360
1d	0.786	0.813	0.840	0.848	0.867	0.874	0.757	0.783	0.819	0.843	0.855	0.865
3d	0.663	0.692	0.739	0.784	0.810	0.834	0.662	0.703	0.754	0.787	0.803	0.817
7d	0.584	0.612	0.656	0.726	0.760	0.788	0.578	0.630	0.694	0.735	0.754	0.771
28d	0.438	0.485	0.558	0.622	0.668	0.705	0.437	0.502	0.583	0.636	0.662	0.684
90d	0.334	0.392	0.482	0.543	0.596	0.632	0.345	0.406	0.491	0.550	0.579	0.604
360d	0.296	0.342	0.412	0.462	0.504	0.530	0.291	0.334	0.407	0.463	0.492	0.518
720d	0.287	0.320	0.362	0.406	0.455	—	0.283	0.318	0.381	0.432	0.460	0.485

6.4.4　用于初步设计的混凝土弹性模量、徐变度和松弛系数

混凝土徐变试验，工作量大，历时久，一般需要两年以上时间，即使是大型工程，在前期设计阶段也很少做徐变试验。一般工程，即使在招标设计和施工详图设计阶段，有时也缺乏试验资料。但在坝体施工应力和温度徐变应力计算中，却需要用到弹性模量、徐变度和松弛系数，因此需要有一套计算公式，供缺乏试验资料时应用。

6.4.4.1　常态混凝土弹性模量、徐变度和松弛系数

在对国内外大量试验资料进行分析整理后，朱伯芳[7]建议用于初步设计的水工常态混凝土弹性模量、徐变度及松弛系数的计算公式如下：

$$E(\tau)=E_0[1-\exp(-0.40\tau^{0.34})] \quad (6.4-31)$$

$$\begin{aligned}C(t,\tau)=&C_1(1+9.20\tau^{-0.45})[1-e^{-0.30(t-\tau)}]\\&+C_2(1+1.70\tau^{-0.45})[1-e^{-0.0050(t-\tau)}]\end{aligned} \quad (6.4-32)$$

$$\begin{aligned}K(t,\tau)=&1-[0.40+0.60\exp(-0.62\tau^{0.17})]\\&\times\{1-\exp[-(0.20+0.27\tau^{-0.23})\\&\times(t-\tau)^{0.36}]\}\end{aligned} \quad (6.4-33)$$

其中，$C_1=\dfrac{0.23}{E_0}$，$C_2=\dfrac{0.52}{E_0}$，$E_0=1.05E$（360）[或 $E_0=1.20E(90)$，或 $E_0=1.45E(28)$]。

式（6.4-31）～式（6.4-33）中时间以 d 计。

经验表明，上述简化公式具有较好的计算精度。由于徐变资料的缺乏，下面再列举几个典型常态混凝土工程的弹性模量和徐变参数，供参考。

1. 小湾拱坝

表 6.4-7 是昆明勘测设计研究院提供的小湾拱坝不同强度等级混凝土的徐变值，张国新等[29]拟合的 C40 混凝土徐变公式见式（6.4-35），图 6.4-5 显示的拟合曲线与实测值吻合很好。

$$E(\tau)=33[1-\exp(-0.15\tau^{0.57})] \quad (6.4-34)$$

$$\begin{aligned}C(t,\tau)=&(4.07\times10^{-8}+4.48\times10^{-7}\tau^{-0.56434})\\&\times(1-e^{-0.51292(t-\tau)})+(3.86\times10^{-8}\\&+2.21\times10^{-7}\tau^{-10.77223})[1-e^{-0.09651(t-\tau)}]\\&+2.14\times10^{-7}e^{-0.01440t}[1-e^{-0.01440(t-\tau)}]\end{aligned} \quad (6.4-35)$$

表 6.4-7　　小湾拱坝四级配混凝土徐变度实测值　　单位：10^{-6}/MPa

强度等级	加载龄期(d)	持载时间(d)							
		7	28	60	90	180	240	300	360
$C_{180}40$	7	24.327	34.020	39.563	41.746	44.928	45.524	45.9	48.717
	28	16.797	24.168	28.447	29.864	33.088	34.048	34.899	36.115
	90	9.803	13.127	15.674	17.296	20.237	21.819	22.858	24.226
	180	6.856	8.767	10.987	12.059	14.426	15.612	16.783	16.674
$C_{180}35$	7	26.404	37.171	43.297	46.804	49.740	49.719	52.108	55.201
	28	19.858	27.195	32.263	34.454	37.910	39.043	41.524	41.922
	90	11.085	14.775	17.159	19.156	21.172	22.792	23.741	24.990
	180	6.357	9.081	11.479	12.670	15.638	16.161	17.011	17.561
$C_{180}30$	7	30.543	43.120	48.044	52.150	55.713	57.362	58.763	60.623
	28	18.417	22.487	33.037	34.790	39.586	41.364	44.497	44.744
	90	11.682	16.290	19.224	21.476	24.386	26.735	327.599	29.042
	180	7.253	10.145	12.678	14.416	17.557	19.278	19.641	20.614

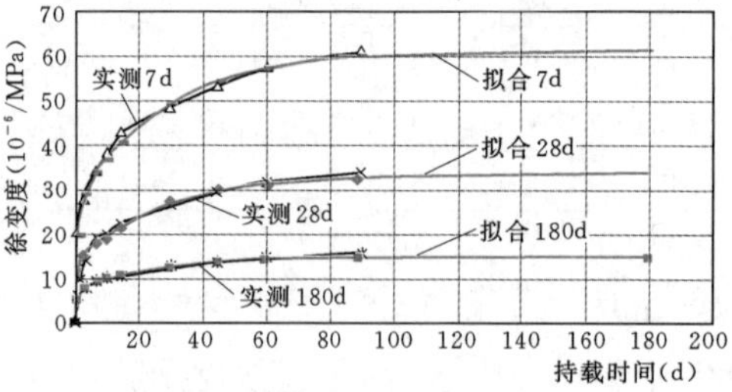

图 6.4-5　小湾拱坝不同加载龄期徐变度的实测值与拟合值对比曲线

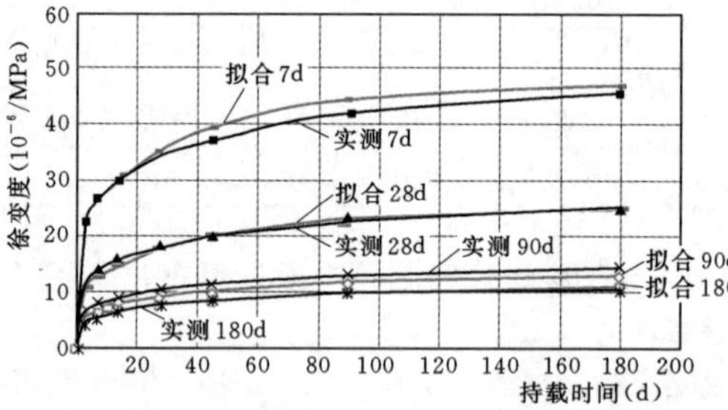

图 6.4-6　锦屏一级拱坝不同加载龄期徐变度的实测值与拟合值对比曲线

2. 锦屏一级拱坝

成都勘测设计研究院提供的锦屏一级拱坝不同龄期四级配混凝土徐变度见表 6.4-8，图 6.4-6 显示的拟合曲线与实测值吻合较好。张国新等[29]拟合的 C40 混凝土徐变度公式见式（6.4-37）：

$$E(\tau)=37[1-\exp(-0.384\tau^{0.45})] \qquad (6.4-36)$$

$$\begin{aligned}C(t,\tau)=&(3.99\times10^{-8}+7.47\times10^{-7}\tau^{-0.72728})\\&\times[1-e^{-0.925379(t-\tau)}]+(5.74\times10^{-8}\\&+2.48\times10^{-7}\tau^{-1.250411})[1-e^{-0.01391093(t-\tau)}]\\&+2.14\times10^{-7}e^{-0.03335086t}[1-e^{-0.0335086(t-\tau)}]\end{aligned} \qquad (6.4-37)$$

6.4.4.2　碾压混凝土弹性模量和徐变度

目前大坝混凝土中掺入粉煤灰越来越普遍，尤其是一些碾压混凝土，掺量可在 50%以上。与不掺粉煤灰的混凝土相比，掺粉煤灰混凝土的早期强度较低，而后期强度较高。由于这个原因，与不掺粉煤灰混凝土相比，掺粉煤灰混凝土的早期弹性模量较低，徐变度较大；而后期的弹性模量较高，徐变度较小。碾压混凝土中，粉煤灰掺量更大，这一影响更显著。在同等强度条件下，碾压混凝土的徐变比一般掺粉煤灰混凝土的徐变要小 10%～40%。

由于缺乏统计数据，还难以提出一个统一的公式来描述掺粉煤灰混凝土和碾压混凝土的弹性模量和徐变度，下面列举一些工程的资料供参考。

1. 岩滩工程

中国水利水电科学研究院进行了岩滩工程的粉煤灰常态混凝土和碾压混凝土的徐变试验[49]，试验求得的徐变系数见表 6.4-9。

岩滩粉煤灰常态混凝土材料用量，52.5 硅酸盐水

表 6.4-8　　锦屏一级拱坝四级配混凝土徐变度实测值　　单位：10^{-6}/MPa

编号	加载龄期(d)	持载时间(d)						
		3	7	14	28	45	90	180
$C_{180}40$	3	37.4	43.8	48.2	55.0	58.8	65.3	72.0
	7	22.9	26.5	30.0	34.3	37.2	42.0	45.6
	28	11.4	13.8	15.9	17.9	20.0	22.7	25.2
	90	6.4	7.7	8.9	10.5	11.5	12.8	14.3
	180	4.4	5.4	6.6	7.8	8.4	9.6	10.6
$C_{180}35$	3	43.8	49.9	55.2	60.7	64.5	70.1	75.6
	7	25.5	28.9	34.0	36.9	39.7	44.0	47.1
	28	12.5	15.2	17.6	20.1	21.9	24.6	27.1
	90	6.5	8.0	9.3	10.7	11.7	13.2	14.5
	180	4.8	5.9	6.9	8.0	8.8	9.8	10.8
$C_{180}30$	3	48.3	52.5	57.9	64.3	68.0	73.4	78.6
	7	28.4	32.1	36.5	40.0	43.3	46.9	50.0
	28	14.5	17.3	19.2	21.8	23.0	25.7	28.3
	90	7.5	9.0	10.2	11.7	12.7	14.3	15.6
	180	5.3	6.5	7.3	8.4	9.3	10.3	11.2

表 6.4-9　　混凝土的徐变系数 $\phi(t,\tau)$（徐变与瞬时弹性变形之比）

工程名称	混凝土类型	$t-\tau$	加载龄期 τ (d)				
			3	7	28	90	365
岩　滩	掺粉煤灰常态	360	1.03	1.32	1.04	0.66	0.52
	碾压	360	1.01	1.12	0.69	0.47	0.31
龙　滩	碾压	360	0.908	0.718	0.48	0.34	0.24
三　峡	碾压	360	0.60	0.55	0.39	0.25	0.17
东　风	掺粉煤灰常态	360	1.09	0.88	0.66	0.44	0.28

泥为 92kg/m³，粉煤灰为 75kg/m³，水为 112kg/m³，减水剂为 0.334%，根据参考文献［7］试验资料，得到其弹性模量和徐变度表达式如下：

$$E(\tau)=38000\tau/(9.50+\tau)\quad(\text{MPa})\tag{6.4-38}$$

$$C(t,\tau)=(8.0+170\tau^{-0.70})[1-e^{-0.60(t-\tau)}]+(4.0+60\tau^{-0.70})[1-e^{-0.0050(t-\tau)}]\tag{6.4-39}$$

黄国兴、惠荣炎给出的徐变度为

$$C(t,\tau)=(1.60+38.0\tau^{-0.803})\times[1-e^{-(0.08+0.256\tau^{-0.312})(t-\tau)^{0.380}}]\tag{6.4-40}$$

岩滩碾压混凝土材料用量，52.5 硅酸盐水泥为 47kg/m³，粉煤灰为 101kg/m³，水为 89kg/m³，减水剂为 0.296%，朱伯芳给出的公式为

$$E(\tau)=37900\tau/(8.70+\tau)\ (\text{MPa})\tag{6.4-41}$$

$$C(t,\tau)=(6.0+170\tau^{-0.80})[1-e^{-0.90(t-\tau)}]+(3.0+60\tau^{-0.80})[1-e^{-0.0050(t-\tau)}]\tag{6.4-42}$$

黄国兴、惠荣炎给出的公式为

$$C(t,\tau)=(1.10+45.0\tau^{-0.80})\{1-\exp[-(0.08+0.64\tau^{-0.338})(t-\tau)^{0.290}]\}\tag{6.4-43}$$

2. 龙滩工程

龙滩碾压混凝土重力坝，碾压混凝土 C20，徐

变试验结果如图 6.4-7 所示。根据中南勘测设计研究院提供的试验资料，得到弹性模量和徐变度公式如下：

$$E(\tau)=48000[1-\exp(-0.40\tau^{0.37})] \quad (6.4-44)$$

$$C(t,\tau)=(1.50+0.96\tau^{-0.56})[1-e^{-0.80(t-\tau)}]+(1.40+74.0\tau^{-0.59})[1-e^{-0.09(t-\tau)}] \quad (6.4-45)$$

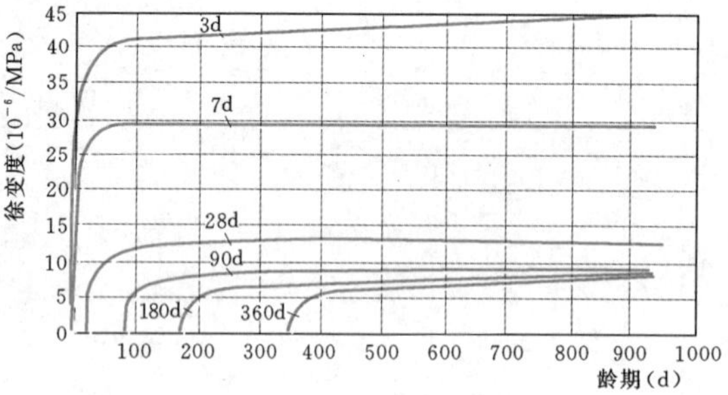

图 6.4-7 龙滩碾压混凝土 C20 徐变度曲线

3. 三峡工程

三峡大坝碾压混凝土 C20（设计方案），根据长江科学院的试验资料，得到如下表达式：

$$E(\tau)=\frac{37900\tau}{25.63+\tau} \quad (6.4-46)$$

$$C(t,\tau)=(2.63+330\tau^{-0.990})[1-e^{-0.250(t-\tau)}]+(0.870+110\tau^{-0.990})[1-e^{-0.030(t-\tau)}] \quad (6.4-47)$$

4. 东风工程

东风拱坝常态混凝土，石灰岩骨料，掺粉煤灰 30%，根据贵阳勘测设计研究院提供的试验资料，得到其弹性模量和徐变度表达式如下：

$$E(\tau)=41.4[1-\exp(-0.52\tau^{0.35})] \quad (\text{GPa})$$

$$C(t,\tau)=(3.0+70\tau^{-0.50})[1-e^{-0.30(t-\tau)}]+(1.0+4.0\tau^{-0.50})[1-e^{-0.0050(t-\tau)}] \quad (6.4-48)$$

5. 功果桥工程

西北勘测设计研究院提供的功果桥碾压混凝土（粉煤灰掺量 66.7%）徐变参数见表 6.4-10 和图 6.4-8。拟合后的公式为

$$C(t,\tau)=(0.96\tau^{-0.376})[1-e^{-0.564(t-\tau)}]+14[1-e^{-0.006(t-\tau)}]+75.153e^{-0.038\tau}\times[1-e^{-0.038(t-\tau)}] \quad (6.4-49)$$

表 6.4-10 功果桥碾压混凝土徐变度 C 与龄期 t 的拟合关系式

混凝土强度等级	加载龄期 τ（d）	$C(t,\tau)=\frac{a(t-\tau)^c}{b+(t-\tau)^c}$		
		a	b	c
C15	7	119.03	4.67	0.66
	28	72.39	5.07	0.59
	90	38.23	5.09	0.44
	180	32.79	5.74	0.43

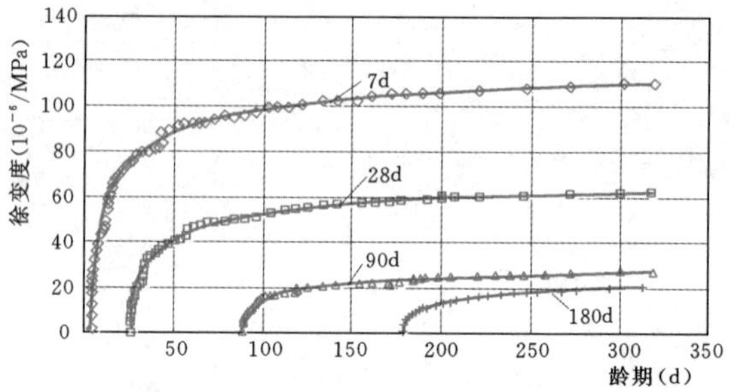

图 6.4-8 功果桥大坝碾压混凝土抗压徐变度曲线

6.5 温度场和弹性徐变温度应力场的有限单元法

实践经验表明：一维温度场计算，采用差分法较为方便；二维和三维温度场的计算，则以采用有限单元法为宜。与差分法相比，有限单元法具有下列优点：①易于适应不规则边界；②在温度梯度大的地方，可局部加密网格；③容易与计算应力的有限单元法程序配套，将温度场、应力场和徐变变形等纳入一个统一的程序进行计算。

有限单元法的原理和基本算法详见第 1 卷。本节主要介绍温度场和弹性徐变温度应力场的相关细节。

6.5.1 温度场有限元仿真计算基本方法

6.5.1.1 温度场有限元控制方程

根据最小位能原理，热传导微分方程（6.2-3）可以转换为温度 $T(x,y,z,\tau)$ 在 $\tau=0$ 时给定初始温度，在边界上满足给定边界条件的泛函（6.5-1）的极值问题：

$$I(T)=\iiint_R\left\{\frac{1}{2}\left[\left(\frac{\partial T}{\partial x}\right)^2+\left(\frac{\partial T}{\partial y}\right)^2+\left(\frac{\partial T}{\partial z}\right)^2\right]+\frac{1}{a}\left(\frac{\partial T}{\partial \tau}-\frac{\partial \theta}{\partial \tau}\right)T\right\}\mathrm{d}x\mathrm{d}y\mathrm{d}z$$

$$+\iint_{C_2}\bar{q}T\mathrm{d}s+\iint_{C_3}\left(\frac{\bar{\beta}}{2}T^2-\bar{\beta}T_aT\right)\mathrm{d}s$$

(6.5-1)

其中 $\bar{\beta}=\dfrac{\beta}{\lambda},\quad \bar{q}=\dfrac{q}{\lambda}$

式中 θ——混凝土绝热温升。

空间域和时间域不耦合，分别用有限元和差分进行离散计算[7]，形成以下控制方程

$$\left([H]+\frac{2}{\Delta\tau_n}[R]\right)\{T_{n+1}\}+\left([H]-\frac{2}{\Delta\tau_n}[R]\right)\{T_n\}+\{F_n\}+\{F_{n+1}\}=0$$

(6.5-2)

式中 $[H]$——热传导矩阵；

$[R]$——热容矩阵；

$\{F\}$——温度荷载列阵；

$\{T\}$——节点温度列阵，下标 n 代表时间步。

6.5.1.2 水管冷却算法

1．等效算法[7]

混凝土与空气、水、岩石等介质的接触面都会传递热量。考虑大量水管的冷却作用时，理论方法求解困难，甚至也很难用有限元法精确求解。等效算法将冷却水管看做负热源，在一般意义上考虑冷却水管的作用，是一种近似求解方法。

设混凝土初温为 T_0，绝热温升为 $\theta_0 f(\tau)$，进口水温为 T_w，则混凝土平均温度按式（6.5-3）计算：

$$T(t)=T_w+(T_0-T_w)\Phi(t)+\theta_0\Psi(t)$$

(6.5-3)

由此可得混凝土等效热传导方程如下：

$$\frac{\partial T}{\partial t}=a\nabla^2T+(T_0-T_w)\frac{\partial\Phi}{\partial t}+\theta_0\frac{\partial\Psi}{\partial t}$$

(6.5-4)

根据这个方程，利用现有的有限元程序及计算网格，即可使问题得到极大的简化，近似地计算冷却水管与混凝土表面的共同散热作用。

2．精细算法[7]

水管冷却问题实质上是一个空间温度场问题，但若采用三维有限单元法计算，其计算量十分庞大。从热传导理论可知，在固体中热波的传播速度与距离的平方成反比，在实际工程中，水管的间距通常为1.5～3.0m，而水管的长度往往为200m以上，因此，混凝土浇筑块内部的热传导主要是在与水管正交的平面内进行的。平行于水管方向的混凝土温度梯度是很小的，故通常忽略平行于水管方向的混凝土温度梯度，在与水管正交的方向，每隔 ΔL，切取一系列垂直截面，先按平面问题计算各截面的混凝土温度场，然后考虑冷却水与混凝土之间的热量平衡，求出冷却水沿途吸热后的温度上升，从而得到空间问题的近似解。

6.5.1.3 不稳定温度场算例

【算例6.5-1】 水管冷却效果。利用SAPTIS程序，分别用精细算法和等效算法进行了水管冷却效果的计算，分别考虑金属水管和塑料水管。精细算法计算模型如图6.5-1所示，考虑到水管尺寸为厘米级的，计算网格也应该是厘米级，越靠近水管网格越密。金属水管尺寸为外径25.4mm，内径22.4mm。塑料水管为外径32mm，内径28mm的聚乙烯水管。混凝土、金属、塑料的导热系数分别为8.375kJ/(m·h·℃)、218kJ/(m·h·℃)、1.66kJ/(m·h·℃)，导温系数分别是0.004m²/h、0.064m²/h、0.001244m²/h。混凝土的初始温度为20℃，在 $t=0$ 时刻，水温为0℃，计算混凝土圆形域的外侧边界条件为绝热。

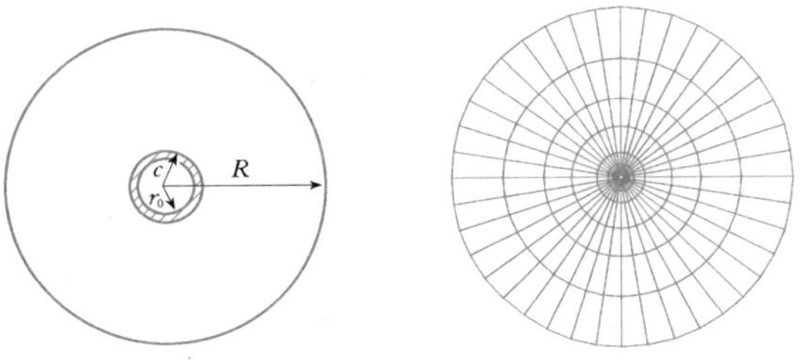

(a) 示意图　　(b) 计算网格

图6.5-1 精细算法计算模型

将每个时刻整个域内的温度平均值作为代表温度，整理出采用两种水管时，域内温度随冷却时间的变化，如图6.5-2所示。由图6.5-2可见，等效算法的结果与精细有限元法的结果基本一致，这说明，对实际工程问题进行仿真计算时，所采用的等效算法的精度是完全可以保障的。

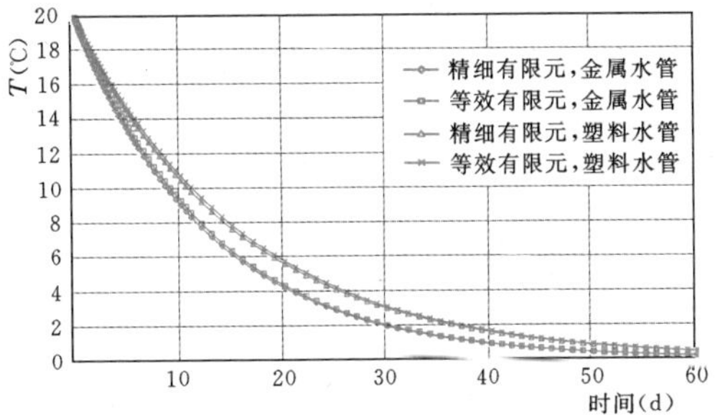

图6.5-2 等效算法与精细算法计算的两种水管冷却效果对比

【算例 6.5-2】　碾压混凝土重力坝的坝体冷却。图 6.5-2（*a*）为一实体碾压混凝土重力坝，最大坝高 105m，溢流坝段高 84m，底宽 74m，坝体初始温度为 17℃，基础初始温度为 15℃，绝热温升（℃）$\theta=21.5\times[1-\exp(-0.32\times\tau^{0.37})]$，气温 $T_a=15.3+6.4\times\cos[\pi\times(T-6.62)/6.0]$℃，用有限单元法计算该坝蓄水后的自然冷却的过程。计算结果如图 6.5-3（*c*）所示，由图 6.5-3 可见，浇筑完后内部最高温度为 34℃，浇筑完后 30 年时内部最高温度为 14℃，基本达到稳定温度场。

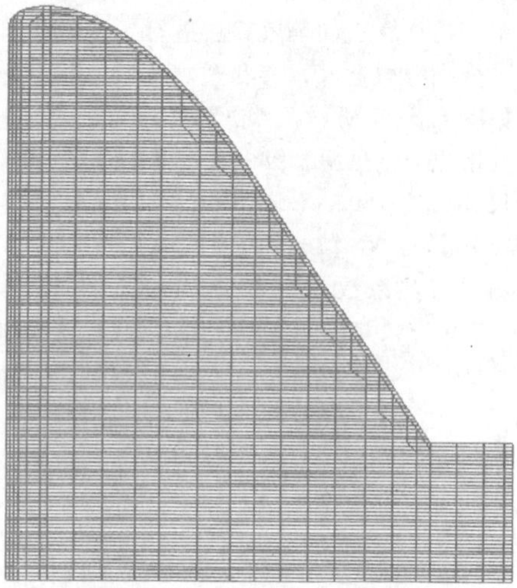

（*a*）计算网格

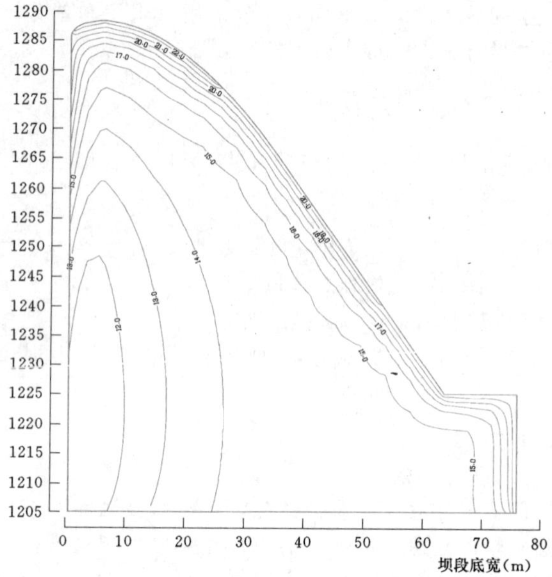

（*b*）自然冷却30年坝体温度等值线

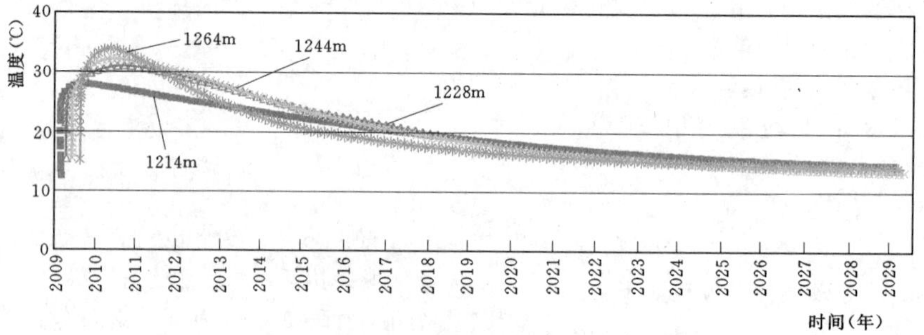

（*c*）典型高程中心点温度过程线

图 6.5-3　碾压混凝土重力坝的坝体冷却

【算例 6.5-3】　拱坝的坝体冷却。图 6.5-4 为一某拱坝，高度为 305m，底宽为 64m，用有限单元法计算该坝的稳定温度场和准稳定温度场。计算结果如图 6.5-5 所示，由图可见，大坝不同季节的温度变化主要体现在表面 5～10m 的区域。

6.5.2　弹性温度徐变应力的有限单元法

混凝土结构的弹性温度徐变应力的有限元法与一般弹性问题的有限元法类似，但有其自身特点，其特点主要表现在两个方面：①混凝土弹性模量与龄期的相关性；②混凝土的徐变特性。线弹性有限元法的一般公式请参阅第 1 卷有关章节，此处只介绍温度徐变应力有关的部分。

6.5.2.1　单元平衡方程

根据虚功原理求出单元 e 的平衡方程：

$$[k]_n^e\{\Delta\delta\}_n^e=\{\Delta P\}_P^e+\{\Delta P\}_T^e+\{\Delta P\}_C^e+\{\Delta P\}_0^e+\{\Delta P\}_S^e \qquad (6.5-5)$$

式中　$\{k\}_n^e$——$t_{n-1}\sim t_n$ 时段内的单元 e 的平均刚度矩阵；

$\{\Delta\delta\}_n^e$——$t_{n-1}\sim t_n$ 时段内位移增量；

$\{\Delta P\}_P^e$——$t_{n-1}\sim t_n$ 时段内自重、面力、集中力系荷载引起的荷载增量；

$\{\Delta P\}_T^e$——$t_{n-1}\sim t_n$ 时段内温度变化引起的荷载增量；

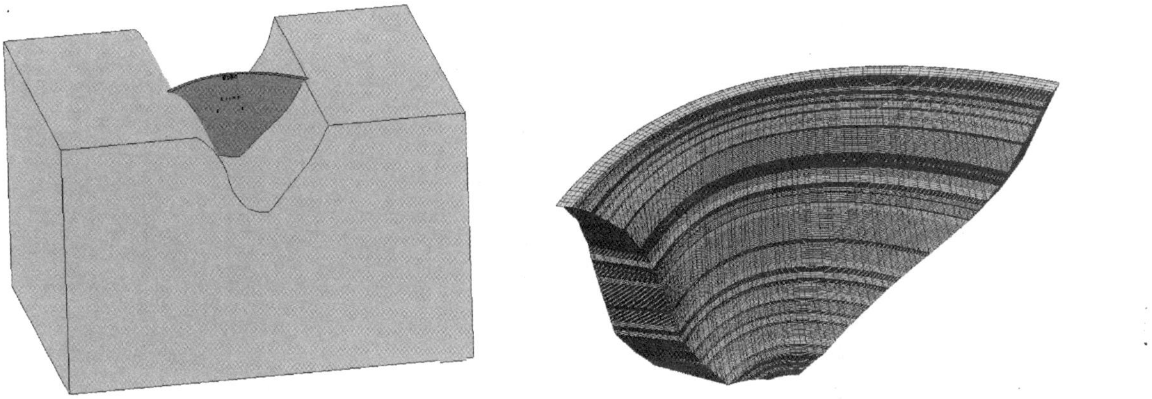

(a) 计算模型　　　　(b) 坝体模型

图 6.5-4　拱坝稳定温度场模型

$\{\Delta P\}_C^e$——$t_{n-1} \sim t_n$ 时段内徐变引起的荷载增量；

$\{\Delta P\}_0^e$——$t_{n-1} \sim t_n$ 时段内自生体积应变变化引起的荷载增量；

$\{\Delta P\}_S^e$——$t_{n-1} \sim t_n$ 时段内干缩应变变化引起的荷载增量。

6.5.2.2　考虑徐变的单元刚度及荷载矩阵

由于弹性模量和徐变度都随时间而变化，故用增量法进行分析。把时间 τ 划分为一系列时段：$\Delta\tau_1$、$\Delta\tau_2$、…、$\Delta\tau_n$，如图 6.5-6 所示。

$$\Delta\tau_n = \tau_n - \tau_{n-1}$$

在时段 $\Delta\tau_n$ 内产生的应变增量为

$$\{\Delta\varepsilon_n\} = \{\varepsilon(t_n)\} - \{\varepsilon(t_{n-1})\} = \{\Delta\varepsilon_n^e\} + \{\Delta\varepsilon_n^c\} + \{\Delta\varepsilon_n^T\} + \{\Delta\varepsilon_n^0\} + \{\Delta\varepsilon_n^s\} \qquad (6.5-6)$$

式中　$\{\Delta\varepsilon_n^e\}$——弹性应变增量；

$\{\Delta\varepsilon_n^c\}$——徐变应变增量；

$\{\Delta\varepsilon_n^T\}$——温度应变增量；

$\{\Delta\varepsilon_n^0\}$——自生体积应变增量；

$\{\Delta\varepsilon_n^s\}$——干缩应变增量。

采用隐式解法，徐变应变增量 $\{\Delta\varepsilon_n^c\}$ 由式（6.5-7）计算：

$$\{\Delta\varepsilon_n^c\} = \{\eta_n\} + C(t,\bar{\tau}_n)[Q]\{\Delta\sigma_n\} \qquad (6.5-7)$$

其中

$$\{\eta_n\} = \sum_s (1 - e^{-r_s\Delta\tau_n})\{\omega_{s,n}\} \qquad (6.5-8)$$

$$\{\omega_{s,n}\} = \{\omega_{s,n-1}\}e^{-r_s\Delta\tau_{n-1}} + [Q]\{\Delta\sigma_{n-1}\} \times \Psi_s(\bar{\tau}_{n-1})e^{-0.5r_s\Delta\tau_{n-1}} \qquad (6.5-9)$$

$$\{\omega_{s,1}\} = [Q]\{\Delta\sigma_0\}\psi_s(\tau_0)$$

应力增量与应变增量的关系为

$$\{\Delta\sigma_n\} = [\overline{D}_n](\{\Delta\varepsilon_n\} - \{\eta_n\} - \{\Delta\varepsilon_n^T\} - \{\Delta\varepsilon_n^0\} - \{\Delta\varepsilon_n^s\}) \qquad (6.5-10)$$

其中

$$[\overline{D}_n] = \overline{E}_n[Q]^{-1} \qquad (6.5-11)$$

$$\overline{E}_n = \frac{E(\bar{\tau}_n)}{1 + E(\bar{\tau}_n)C(t_n,\bar{\tau}_n)} \qquad (6.5-12)$$

有限单元法单元节点力增量由式（6.5-13）计算：

$$\{\Delta F\}^e = \iiint [B]^T\{\Delta\sigma\}dxdydz \qquad (6.5-13)$$

把式（6.5-10）所表示的 $\{\Delta\sigma_n\}$ 代入式（6.5-13），得到：

$$\{\Delta F\}^e = [k]^e\{\Delta\delta_n\}^e - \iiint [B]^T[\overline{D}_n](\{\eta_n\} + \{\Delta\varepsilon_n^T\} + \{\Delta\varepsilon_n^0\} + \{\Delta\varepsilon_n^s\})dxdydz \qquad (6.5-14)$$

6.5.2.3　整体有限元方程

把节点力和节点荷载用编码法加以集合，得到整体平衡方程：

$$[K]\{\Delta\delta_n\} = \{\Delta P_n\}^p + \{\Delta P_n\}^C + \{\Delta P_n\}^T + \{\Delta P_n\}^0 + \{\Delta P_n\}^S \qquad (6.5-15)$$

式中　$[K]$——整体刚度矩阵。

$$[K] = \sum_e [k]_n^e \qquad (6.5-16)$$

整体节点荷载增量都是由环绕节点 i 的各单元节点荷载增量集合而成：

$$\{\Delta P_n\}^C = \sum_e \{\Delta P_n\}_e^C,\ \{\Delta P_n\}^T = \sum_e \{\Delta P_n\}_e^T \cdots \qquad (6.5-17)$$

由整体平衡方程式（6.5-15）解出各节点位移增量 $\{\Delta\delta_n\}$ 后，由式（6.5-10）可算出各单元应力增量 $\{\Delta\delta_n\}$，累加后，即得到各单元应力如下：

$$\{\sigma_n\} = \{\Delta\sigma_1\} + \{\Delta\sigma_2\} + \cdots + \{\Delta\sigma_n\} = \sum\{\Delta\sigma_n\} \qquad (6.5-18)$$

6.5.2.4　温度徐变应力仿真计算程序

模拟混凝土块浇筑过程的温度场有限元仿真计算

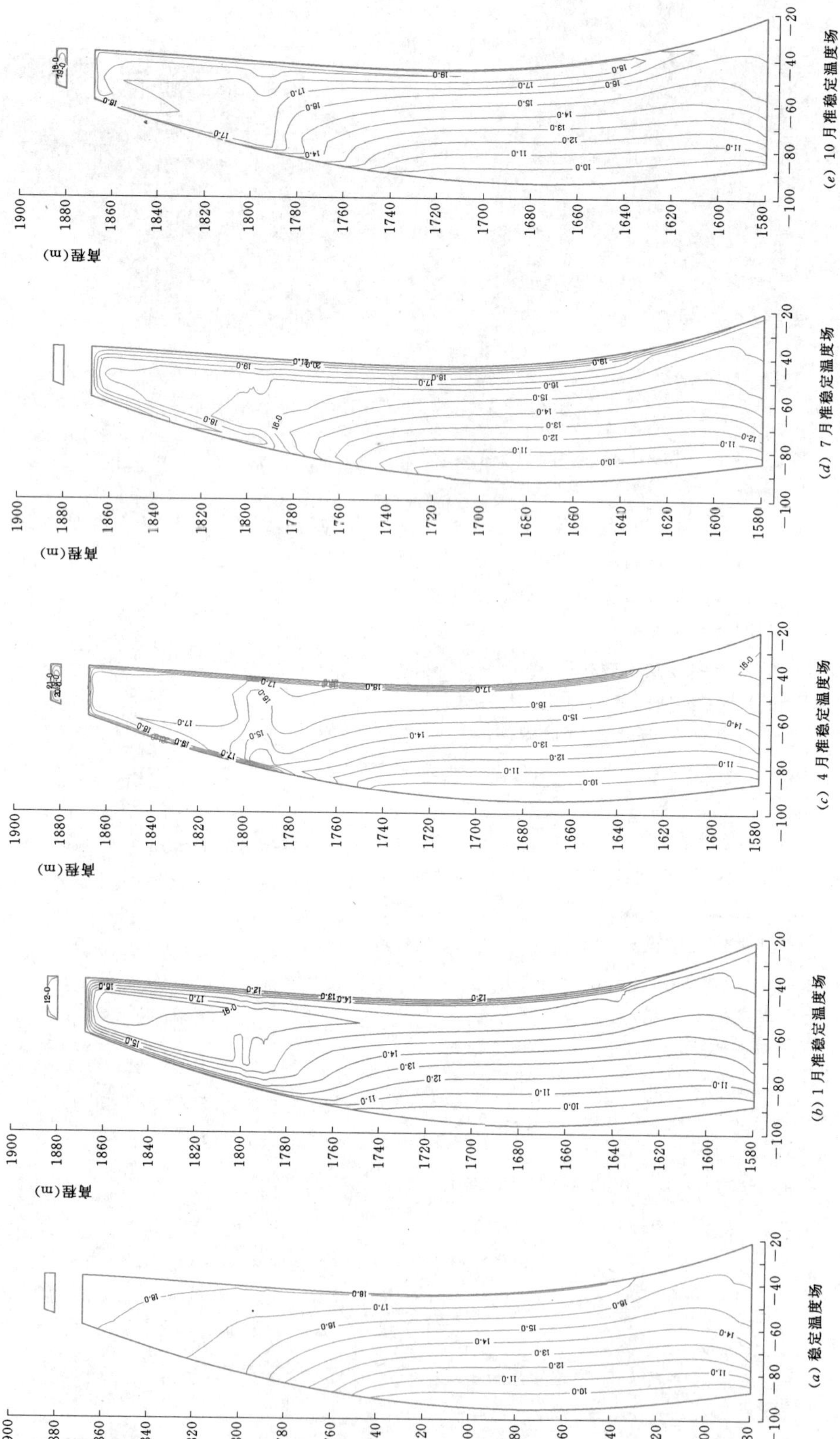

(a) 稳定温度场

(b) 1 月准稳定温度场

(c) 4 月准稳定温度场

(d) 7 月准稳定温度场

(e) 10 月准稳定温度场

图 6.5-5 拱坝稳定温度场和准稳定温度场计算结果

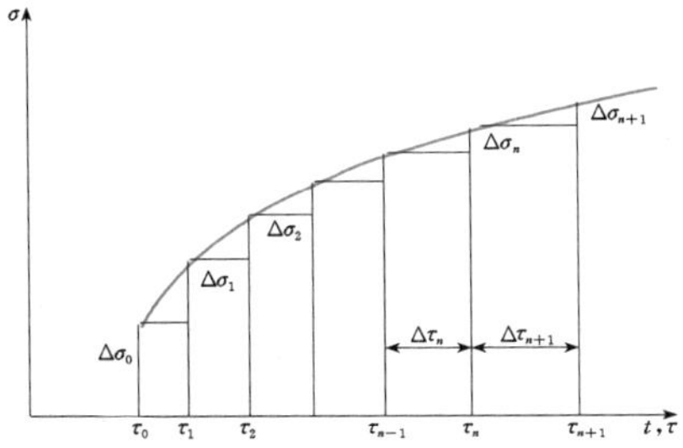

图 6.5-6　应力增量

始自 20 世纪 70 年代，到 20 世纪 80 年代，国内以中国水利水电科学研究院为代表的一些科研单位相继开发出温度场和温度应力仿真计算程序的早期版本。20 世纪 90 年代后，国内已有多家单位开发出功能相对较完善的温度场和温度应力仿真分析程序。也有一些单位对商业软件 ANSYS 进行二次开发，用于混凝土结构的温度场和温度应力仿真分析。自行开发的程序核心功能强，非常专业，便于新理论和新方法的实现，但前后处理相对商业软件较弱，通用性也有不足；而基于商业软件二次开发的程序的优缺点与自行开发程序恰好相反。

表 6.5-1 列举了部分国内科研单位自行开发且应用较为广泛的温度场和温度应力仿真计算程序。

6.5.2.5　工程应用算例

下面列举混凝土温度徐变应力有限单元法程序应用的几个算例。

表 6.5-1　国内自行开发的温度场和温度应力仿真计算程序

程序名称	开发单位	主　要　功　能	工程应用情况
SAPTIS	中国水利水电科学研究院	开发始自 20 世纪 80 年代早期，历经 1.0 版本、2.0 版本、3.0 版本，最新的 4.0 版本增加了非线性分析功能，并进一步完善了仿真分析和前后处理功能。是一个大型的结构温度、变形、应力分析系统，包括前处理部分、后处理部分和计算分析部分三部分。可用于仿真模拟混凝土结构的施工过程中温度场、应力场的变化，对一般结构进行线弹性和非线性分析；可以正确仿真模拟混凝土结构浇筑过程中多种因素、多种措施对温度场、应力场的影响；各种工程措施如灌浆、锚杆锚索、基础处理等对工程结构变形、应力和承载力的影响；多种缝如横缝、裂缝等的开合等；可以正确模拟混凝土的浇筑过程、通水冷却过程、混凝土结构灌浆过程和大坝的蓄水过程	已在二滩、三峡、小湾、溪洛渡、龙滩、锦屏一级、拉西瓦、光照、景洪、武都、向家坝等数十座大中型混凝土坝工程获得成功应用
WKFLRJB	中国水利水电科学研究院	几代研究人员，通过几十年的研究开发，并经过大量工程实践和国家攻关项目鉴定认证的温控仿真分析程序。该程序不仅能够适应一般水工结构中各种坝型的需要（如常态混凝土拱坝和重力坝、碾压混凝土拱坝和重力坝、面板堆石坝等），还能够解决特殊结构部位的温控研究问题（如陡坡、填塘、坝体加高等）。可用于分析二维、三维问题。该计算程序包可以正确模拟坝体从施工期到运行期全过程中的外界条件（如气象、水文、表面保护、施工期过水、水库蓄水等）及混凝土内部条件（混凝土的各项性能、水管冷却）随时间和温度的变化，从而计算出结构各部位的历时温度、应力、变形情况	已在二滩、三峡、小湾、锦屏一级、拉西瓦和溪洛渡等上百座大中型混凝土坝工程获得成功应用
WPDFEM	河海大学	为考虑冷却水管离散模型迭代算法的混凝土非稳定温度场和应力场的有限元仿真计算程序，能"精确"考虑现实情况中的几乎所有影响因素，比如环境温度的历时变化，混凝土材料性质的历时变化，地基材料特性，混凝土表面各种覆盖材料性质和内部水管冷却作用因素（水管布置方向、材质、型号、间距、流速、流向、水温、沿程水温、开始通水时间和通水历时、多期冷却等所有因素）。能给出水管周围温度和应力的集中情况；混凝土渗流场和温度场的耦合作用；动态跟踪的施工反馈研究；混凝土坝"厚层短歇"的现代快速新施工技术	已在龙滩、锦屏一级、南沙、官地、草街、周公宅、漕河渡槽、淮安立交地涵及淮四泵站等 30 余项混凝土工程中获得成功应用
COCE	武汉大学	该程序同时采用有限单元法与复合单元法[66]，包括温度场仿真分析、渗流场仿真分析、应力应变场仿真分析等 3 个模块，能够模拟从大坝基础开挖处理到大坝浇筑及蓄水全过程，并能考虑应力应变/渗流/温度的耦合作用。能够高精度模拟混凝土浇筑层间的温度不连续性和冷却水管作用、混凝土浇筑层间的渗流各向异性和排水管作用、坝基岩体节理及坝体横缝、诱导缝和裂缝、坝内钢筋和地基锚固措施等	已在小湾、光照等大型混凝土坝工程中获得成功应用

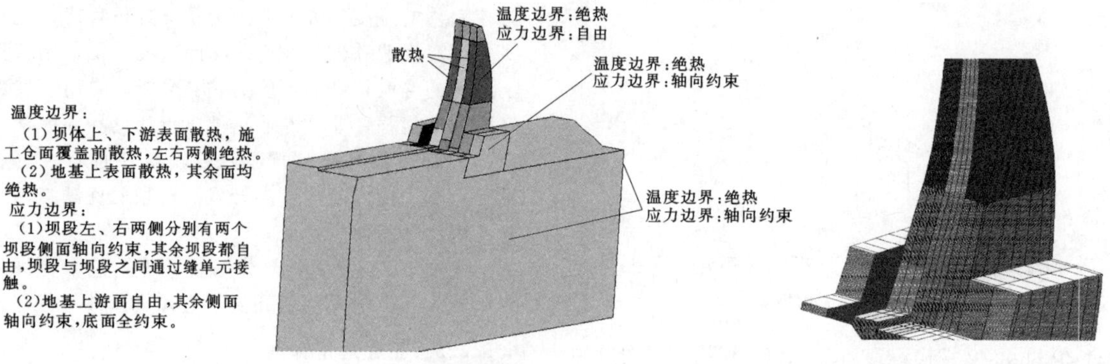

(*a*) 计算模型与边界　　　　(*b*) 计算网格

图 6.5-7　计算模型

【算例 6.5-4】　混凝土拱坝。采用 SAPTIS 仿真计算程序进行计算。取 7 个坝段作为计算模型，其中中间三个坝段模拟其实际跳仓过程，左、右两侧各两个坝段作为散热和基础约束边界，计算网格如图 6.5-7 (*a*)、(*b*) 所示，应力计算结果如图 6.5-8～图 6.5-10 所示。温度是按照分层施工、跳仓浇筑及第三类边界条件计算的，基础约束区混凝土厚度为 1.5m，间歇 5～7d，约束区以上每层厚度为 3.0m，间歇 7～10d，绝热温升 $\theta=27\times[1-\exp(-0.56\times\tau^{0.4})]$，1077.00m 高程以下二冷高度为 12m，高程 1077.00m 以上为冷却模式即 12m 灌浆区＋12m 同冷区＋12m 盖重区。多种工况的计算结果表明，对于底宽较长的混凝土坝，通仓浇筑时，开裂风险最大的时刻包括一期冷却末和二期冷却末，从位置上看包括基础强约束区以及非约束区相邻冷区的交界面。超高拱坝施工期温控除了合理控制一期冷却和二期冷却时间外，还应在二期冷却时设置过渡区及增加中期冷却，并注意全级配混凝土与湿筛混凝土抗裂特性的差异。

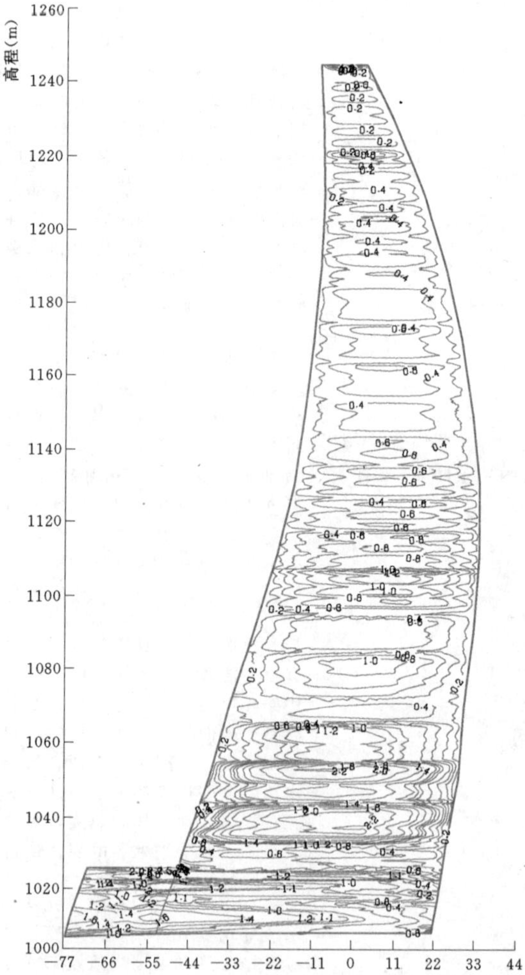

图 6.5-8　典型坝段中面第一主应力包络图（单位：MPa）

6.5.3　多层混凝土结构仿真应力分析的并层算法[43,47]

新浇混凝土由于温度及材料性质随着龄期变化，温度梯度大，应力变化快，因此要求用较密的网络，较短的时间步长计算。而老混凝土的温度及应力变化速度和梯度均较平缓，如果对大坝新老混凝土采用同样密度的网格和相同时间步长计算，则为满足新浇筑混凝土要求用密网格短步长计算时，计算量太大，有的问题难以实现；用粗网格大步长计算时，短龄期混凝土的计算精度又难以满足要求。朱伯芳针对这些问题提出了并层算法和分区异步长算法，较好地克服了以上各项困难。

如图 6.5-11 所示，当坝体逐步升高时，将坝体

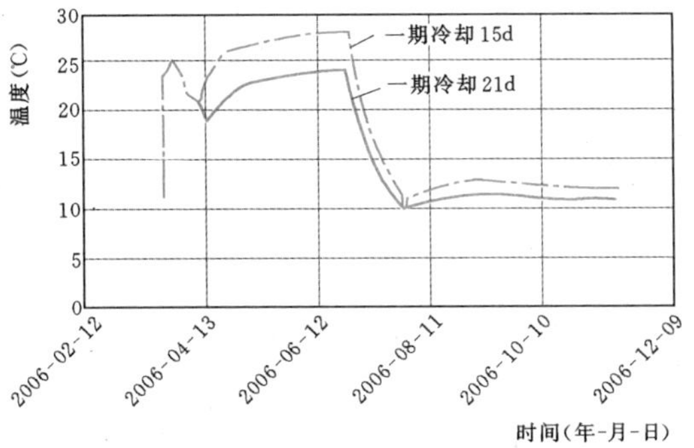

(a) 温度过程

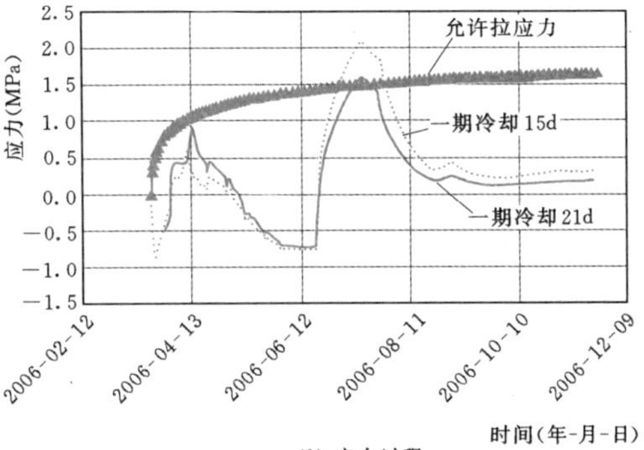

(b) 应力过程

图 6.5-9 基础约束区不同一期冷却时间典型温度和应力过程线

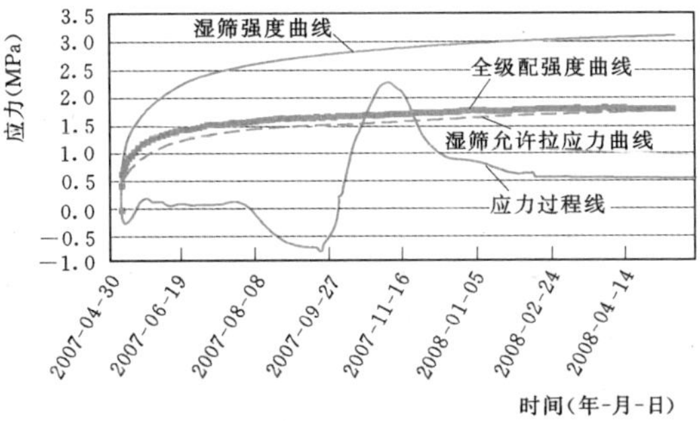

(a) 冷区高度 12m

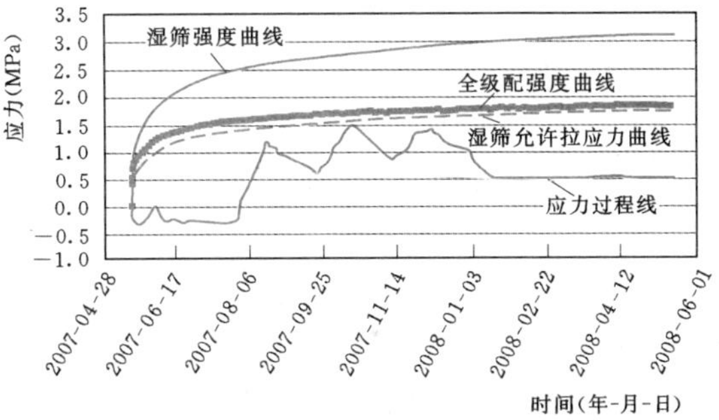

(b) 冷区高度 12m＋中期冷却＋过渡区(12m)

图 6.5-10 不同二期冷却方案时典型点应力过程线

从上到下划分为四个区域。在上面新浇筑的区域 R_1 中，沿浇筑层厚度方向的温度变化和应力变化都比较快，每个浇筑层都应划分为 n 层有限元，例如 $n=3\sim5$ 层。在其下面的区域 R_2 中，每个浇筑层在厚度方向的温度增量和应变增量已是线性分布的，可把原来每个浇筑层中的 n 层单元合并为一层单元，即一个浇筑层为一层有限单元。在区域 R_3 中，沿铅直方向的温度增量和应变增量的变化进一步平缓，可把若干个浇筑层合并为一个坝段复合并层单元，复合并层单元内各浇筑层保留各自的力学特性和热学特性，如图 6.5-12 所示。区域 R_4，已到晚期，可把几个浇筑层合并为均质并层单元，此时单元内各浇筑层的力学特性和热学特性已充分接近，可取其平均值，如图 6.5-13 所示。

有关复合并层算法的细节见参考文献［43，47］。

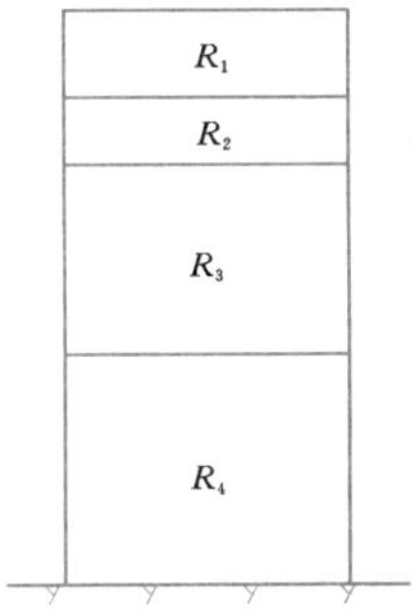

图 6.5-11 坝段

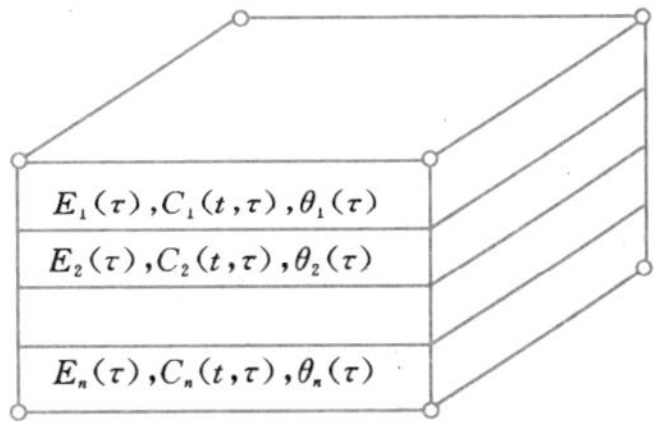

图 6.5-12 复合并层单元

6.5.4 分区异步长算法[44,45]

弹性徐变体应力分析的时间步长与材料特性有关，当物体各区域的材料特性不同时，对时间步长的要求不同，目前采用统一的时间步长计算，为了保证计算精度，只能采用最小的步长。以混凝土坝为例，混凝土的弹性模量、徐变度、水化热温升等都与混凝土龄期有密切关系。在早龄期，这些材料特性变化剧烈。因此在用有限元进行混凝土坝应力分析时，在早

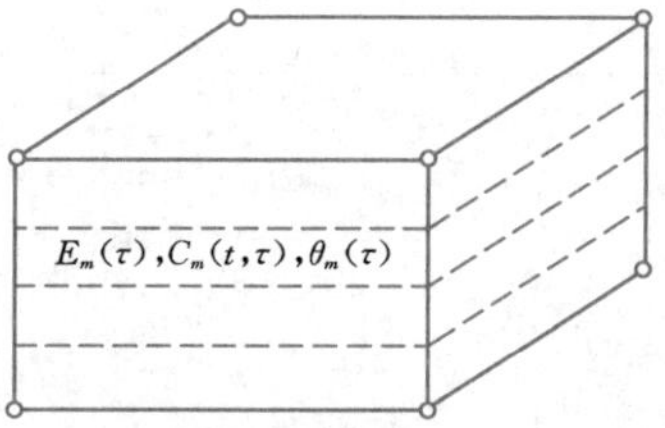

图 6.5-13　均质并层单元

期必须采用很小的时间步长，以保证必要的计算精度。对于常态大体积混凝土，从 $\tau=0$ 开始，时间步长通常取 $\Delta\tau=0.2$d、0.3d、0.5d、0.5d、0.5d、1.0d、1.0d、1.5d、1.5d、2.0d、2.0d，一个月后可采取 $\Delta\tau=10$d，两个月后可取 $\Delta\tau=30$d。混凝土坝是分层施工的，坝体上部不断有新浇筑的混凝土，全坝的时间步长受新混凝土的控制，从开工到竣工，一直要采用很小的时间步长，因此计算很费机时。根据朱伯芳提出的分区异步长算法，在新浇筑的混凝土内，采用小步长，而在老混凝土内，采用大步长，可使计算工作得到很大的简化。

有关分区异步长法的细节见参考文献［44，45］。

6.6　混凝土浇筑温度

混凝土温度控制的三个特征温度如下。

（1）混凝土浇筑温度 T_p，这是混凝土建筑物的起始温度。

（2）混凝土最高温度 T_p+T_r，等于浇筑温度 T_p 加水化热温升 T_r。

（3）最终稳定温度 T_f。

稳定温度取决于当地气候条件和结构型式，一般很难用人工方法进行控制。在工程上采取措施后可以控制的是浇筑温度和最高温度。

6.6.1　混凝土出机口温度

根据拌和物前后热量平衡，得到拌和的流态混凝土出机口温度：

$$T_0=\frac{\sum c_i W_i T_i}{\sum c_i W_i}$$

即

$$\begin{aligned}T_0=&[(c_s+c_w q_s)W_sT_s+(c_g+c_w q_g)W_gT_g\\&+c_cW_cT_c+c_w(W_w-q_sW_s-q_gW_g)T_w]\\&/(c_sW_s+c_gW_g+c_cW_c+c_wW_w)\end{aligned}$$

如果以一部分冰屑代替拌和水，由于冰屑融化时将吸收 335kJ/kg 的热量，加冰拌和的流态混凝土出机口温度由式（6.6-1）计算：

$$\begin{aligned}T_0=&[(c_s+c_w q_s)W_sT_s+(c_g+c_w q_g)W_gT_g\\&+c_cW_cT_c+c_w(1-p)(W_w-q_sW_s-q_gW_g)T_w\\&-335\eta p(W_w-q_sW_s-q_g w_g)]/(c_sW_s+c_gW_g\\&+c_cW_c+c_wW_w)\end{aligned}\tag{6.6-1}$$

式中　c_s、c_g、c_c、c_w——砂、石、胶凝材和水的比热，kJ/(kg·℃)；

q_s、q_g——砂、石的含水量，%；

W_s、W_g、W_c、W_w——单位混凝土中砂、石、胶凝材和水的重量，kg/m³；

T_s、T_g、T_c、T_w——砂、石、胶凝材和水的温度，℃；

p——加冰率（实际加水量的百分比），%；

η——加冰的有效系数，一般为 0.75～0.85。

例如，$W_w=103$kg/m³，$W_c=222.6$kg/m³，$W_g=1522.9$kg/m³，$W_s=608.7$kg/m³，$q_s=6\%$，$q_g=0.5\%$，$c_s=0.699$kJ/(kg·℃)，$c_g=0.716$kJ/(kg·℃)，$c_c=0.456$kJ/(kg·℃)，$c_w=4.19$kJ/(kg·℃)，由式（6.6-1）得到：

$$\begin{aligned}T_0=&0.2823T_s+0.5478T_g+0.05T_c\\&+0.1204(1-p)T_w-9.624\eta p\end{aligned}\tag{6.6-2}$$

由式（6.6-2）可见，各种原材料对混凝土出机口温度的影响顺序为：石子、砂、水、胶凝材。

设加冰的有效系数 $\eta=80\%$，加冰拌和的降温效果见表 6.6-1。

表 6.6-1　加冰拌和混凝土的降温效果

加冰率（%）	20	40	60	80
加冰量（kg/m³）	20.6	41.2	61.8	82.4
降温（℃）	2.02	4.04	6.06	8.08

由降温效果计算结果可见，每方混凝土每加 10kg 冰，混凝土出机口温度约降低 1℃。

6.6.2　混凝土入仓温度

混凝土入仓温度是指混凝土出拌和机口后，经过运输，进入浇筑仓面时的温度。混凝土入仓温度按式（6.6-3）计算：

$$T_1=T_0+\left(T_a+\frac{R}{\beta}-T_0\right)\phi\tag{6.6-3}$$

式中　T_1——混凝土入仓温度，℃；

T_0——混凝土出机口温度，℃；

T_a——混凝土运输时的气温，℃；

R——太阳辐射热，kJ/(m²·h)；

β——表面放热系数，kJ/(m^2·h·℃)；

ϕ——运输过程中温度回升系数，包括装卸料、转运及运输机具上的温度回升系数。

参考值：

（1）混凝土装、卸和转运，每次 $\phi=0.032$。

（2）混凝土运输途中 $\phi=A\tau$，τ 为运输及等待时间（以 min 计），A 的取值见表 6.6-2。

表 6.6-2　运输机具上混凝土温度回升计算系数 A

运输工具	混凝土容积（m^3）	A
自卸汽车	3.0	0.0035
	6.0	0.0020
	9.0	0.0016
圆柱形吊罐	3.0	0.0007
	6.0	0.0005
	9.0	0.0004

6.6.3 混凝土浇筑温度

混凝土经过平仓、振捣，铺筑层浇筑完毕，上面覆盖新混凝土时，已浇混凝土的温度为浇筑温度，混凝土浇筑温度按以下经验公式计算：

$$T_p = T_1 + \left(T_a + \frac{R}{\beta} - T_1\right)(\phi_1 + \phi_2) \quad (6.6-4)$$

$$\phi_1 = k\tau$$

式中　T_p——混凝土浇筑温度，℃；

T_1——混凝土入仓温度，℃；

T_a——外界气温，℃；

R——太阳辐射热，kJ/(m^2·h)；

β——表面放热系数，kJ/(m^2·h·℃)；

ϕ_1——平仓过程的温度系数；

τ——混凝土入仓后到平仓前的时间，min；

k——经验系数，缺乏实测资料时可取 0.0030，(1/min)；

ϕ_2——平仓后的温度系数。

平仓后的温度系数 ϕ_2 可采用单向差分法进行计算，公式如下：

$$T_{i,\tau+\Delta\tau} = (1-2r)T_{i,\tau} + r(T_{i-1,\tau} + T_{i+1,\tau}) + \Delta\theta_\tau \quad (6.6-5)$$

$$r = \frac{a\Delta\tau}{h^2}$$

式中　$T_{i,\tau+\Delta\tau}$——计算点计算时段的温度，℃；

$T_{i,\tau}$——计算点前一时段的温度，℃；

a——混凝土导温系数，m^2/h；

τ——计算时段时间步长，h；

h——计算点的距离，m；

$T_{i-1,\tau}$、$T_{i+1,\tau}$——计算点上、下点前一时段的温度，℃；

$\Delta\theta_\tau$——计算时段内混凝土的绝热温升，℃。

显式差分法计算中必须满足 $r\leqslant\frac{1}{2}$ 的稳定条件。

6.7 混凝土水化热温升和天然冷却

6.7.1 混凝土水化热温升

混凝土在浇筑以后，由于水泥的水化热，温度将逐渐上升。如有水管冷却，通过冷却水带走部分热量，且混凝土温度高于环境温度时，浇筑层面和建筑物的暴露面将散失一部分热量，故浇筑层内部的温度升高值将低于混凝土的绝热温升。通常把考虑通水冷却和层面散热作用后，由于水化热而在混凝土浇筑层中引起的温度升高称为水化热温升，记为 T_r。一般情况下，混凝土浇筑层的厚度远小于其平面尺寸，因此可以简化成单向散热问题进行计算。本节介绍混凝土浇筑温度与环境温度相同、只考虑层面散热时浇筑块水化热温升的计算方法。

6.7.1.1 按第一类边界条件求解混凝土水化热温升

如图 6.7-1 所示，求解的对象是一无限大平板，厚度为 L，底部绝热，顶面温度为零，混凝土绝热温升为

$$\theta(\tau) = \theta_0(1 - e^{-m\tau}) \quad (6.7-1)$$

$$\frac{\partial\theta}{\partial\tau} = \theta_0 m e^{-m\tau} \quad (6.7-2)$$

求得的平均温度表示如下：

$$T_m(t) = \theta_0 m \sum_{n=1}^{\infty} \frac{B_n}{s_n - m}(e^{-mt} - e^{-s_n t}) \quad (6.7-3)$$

其中　$B_n = \frac{8}{(2n-1)^2\pi^2}$，$s_n = \frac{(2n-1)^2\pi^2 a}{4L^2}$

式中　a——导温系数，m^2/h。

经验表明，式（6.7-3）右端级数需要取 3 项。

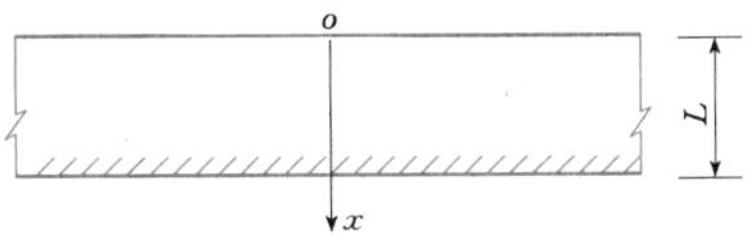

图 6.7-1　无限大平板示意图

【算例 6.7-1】　假定 $a=0.10\text{m}^2/\text{d}$，$m=0.384\text{d}^{-1}$，$L=1.50$m，则平均水化热计算结果如图 6.7-2 所示，图中还表示了其他浇筑层厚度的水化热温升。过了间歇期，上面覆盖新混凝土后，假定接触面绝热，老混凝土内的水化热不再能散发，于是得到

图 6.7－3 所示不同间歇时间、不同层厚的最终水化热温升。

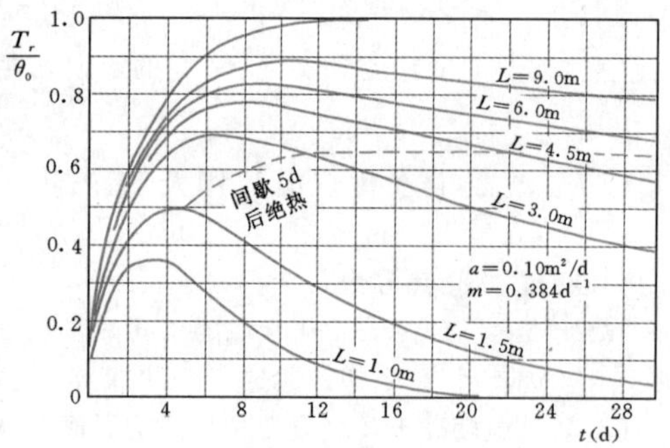

图 6.7－2　混凝土板平均水化热温升

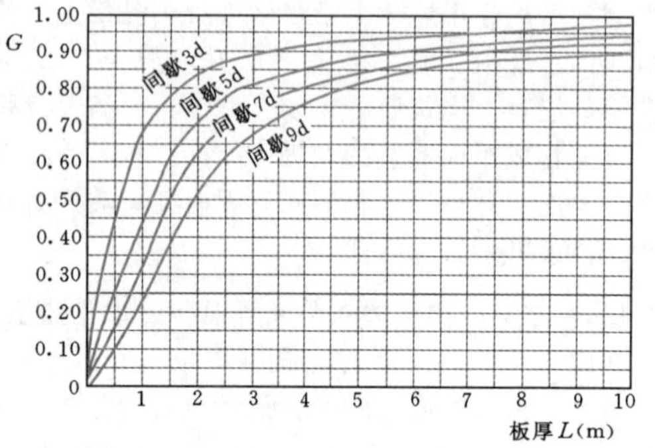

图 6.7－3　混凝土分层浇筑时水化热温升（$T_r=G\theta_0$）

图 6.7－2 和图 6.7－3 是水化热引起的温升，加上浇筑温度后，才是混凝土的实际温度。

这些曲线可用于近似地估算浇筑块的平均温度。由图 6.7－3 可见，当间歇时间为 3～5d 时，若浇筑层厚度大于 5m，混凝土水化热基本上不能散发，厚度相差几米，几乎没有什么影响。例如，当 $\theta_0=25$℃时，间歇 3d，层厚 5m 与 9m 相比，温升相差不到 1℃。但如层厚在 3m 以下，则影响很大。例如，间歇时间为 3d，层厚 3m 与 1m 相比，前者较后者要多升高 6℃；如间歇 5d，则相差 10.5℃。

6.7.1.2　按第三类边界条件求解混凝土水化热温升

仍按无限大平板计算，底面绝热，顶面与空气接触，气温 $T_a=0$，按第三类边界条件处理，问题可表示如下：

$$\left.\begin{array}{ll}\text{热传导方程} & \dfrac{\partial T}{\partial \tau}=a\dfrac{\partial^2 T}{\partial x^2}+\theta_0 m e^{-m\tau} \\ \text{边值条件} & \tau=0,\quad T=0 \\ & \tau>0,\ x=0,\ \dfrac{\partial T}{\partial x}=0 \\ & \tau>0,\ x=L,\ \lambda\dfrac{\partial T}{\partial x}=\beta T\end{array}\right\}\tag{6.7-4}$$

与本卷第 6 章 6.6 节一样，利用初温为 T_0，无热源的无限平板的解来求解这个问题，板厚度为 L，底面绝热，顶面与空气接触，气温 $T_a=0$。

解式（6.7－4）得的平均温度表示如下：

$$T_m(t)=\theta_0 m\sum_{n=1}^{\infty}\frac{B_n}{s_n-m}(e^{-mt}-e^{-s_n t})\tag{6.7-5}$$

其中　$B_n=\dfrac{2B_i^2}{\mu_n^2(B_i^2+B_i+\mu_n^2)}$，$s_n=\dfrac{\mu_n^2 a}{L^2}$

式中　μ_n——特征方程 $\cot\mu=\dfrac{\mu}{B_i}$，$B_i=\dfrac{\beta L}{\lambda}$的根。

经验表明，式（6.7－5）右端级数需要取 3 项。

【算例 6.7－2】　$L=1.50$m，$\dfrac{\lambda}{\beta}=0.10$m，混凝土浇筑层由水化热引起的平均温度 T_m 如下：

$$\begin{aligned}\frac{T_m(t)}{\theta_0}=&1.1437(e^{-0.09642t}-e^{-0.384t})\\&+0.0696(e^{-0.384t}-e^{-0.8704t})\\&+0.0052(e^{-0.384t}-e^{-2.4311t})\end{aligned}$$

计算结果如图 6.7－4 所示。

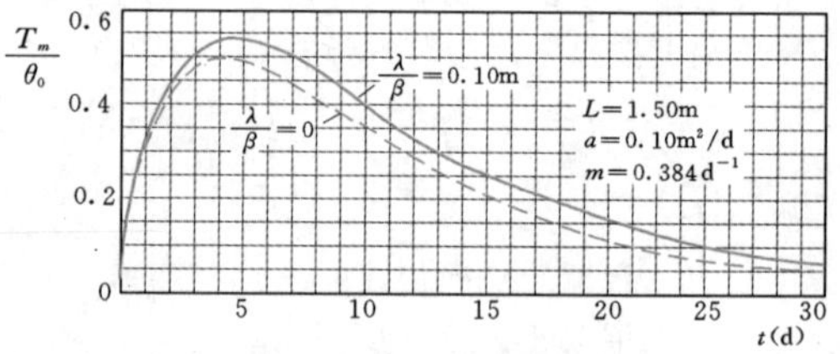

图 6.7－4　顶面按第三类边界条件计算的混凝土浇筑层水化热温升

6.7.1.3　混凝土浇筑块水化热温升的图解法

由于基岩没有热源，直接浇筑在基岩上面的混凝土块，在升温过程中，将不断向基岩散热，其水化热温升受基岩的影响较大。在多层混凝土浇筑块中，新老混凝土之间也存在着相互影响。在这种比较复杂的情况下，混凝土水化热温升的计算，以采用图解法、差分法和有限元法为宜。下面给出一个以图解法计算多层混凝土浇筑块的算例。

【算例 6.7－3】　岩石基础上的多层混凝土浇筑块，每 4d 浇筑一层，每层厚度 3.0m，导温系数 $a=0.00375\text{m}^2/\text{h}=0.090\text{m}^2/\text{d}$，混凝土绝热温升为 $\theta=27.3\ (1-e^{-0.384\tau})$，$\tau$ 以 d 计。取 $\Delta x=0.60$m，为了使$\dfrac{a\Delta\tau}{\Delta x^2}=\dfrac{1}{4}$，取 $\Delta\tau=\dfrac{0.60^2}{4\times 0.00375}=1$。假定岩石的导温系数与混凝土相同，但岩石无热源。计算中假定气温为零，计算结果如图 6.7－5 所示。

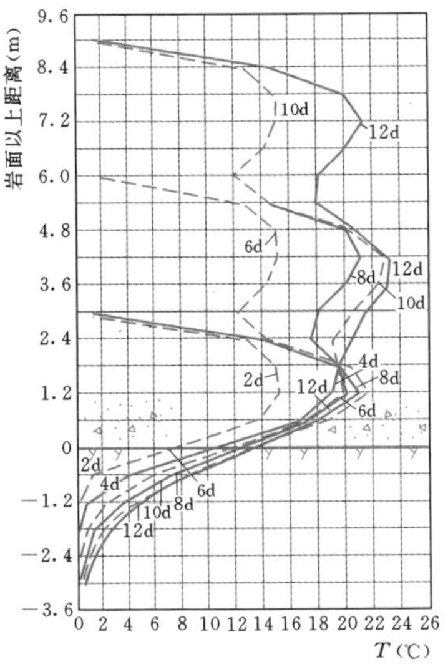

图 6.7-5 用图解法计算岩基上多层浇筑块的温度分布

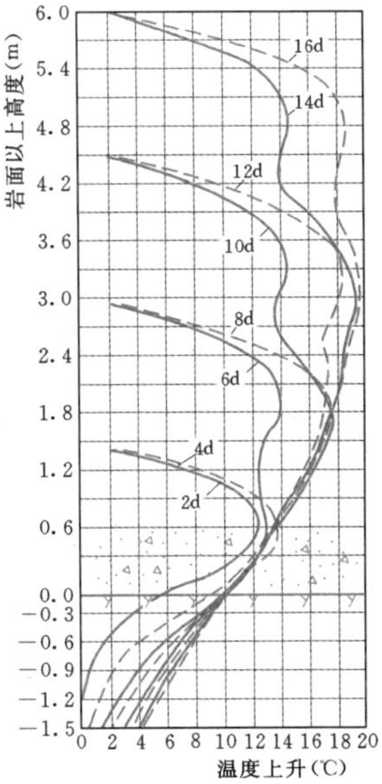

图 6.7-6 基岩上混凝土水化热温升（层厚 1.5m，间歇 4d）

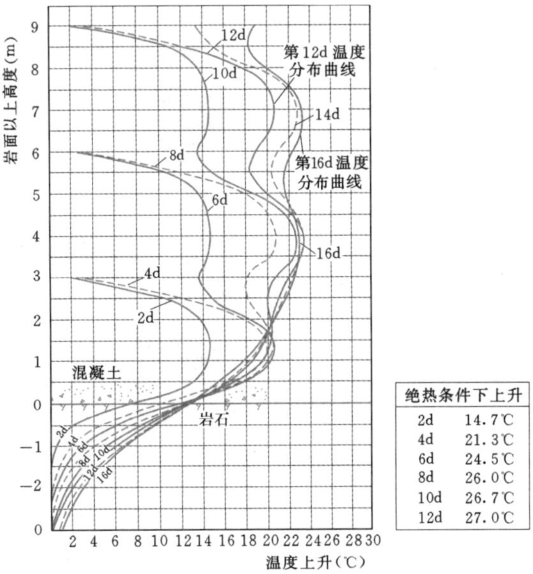

图 6.7-7 基岩上混凝土水化热温升（层厚 3.0m，间歇 4d）

6.7.1.4 用一维差分法求多层浇筑块水化热温升

大体积混凝土浇筑层的厚度通常只有 1.5～3.0m，而平面尺寸往往是 15～100m，甚至更大。因此，施工过程中热量的传导主要是在铅直方向，等温线基本水平，可简化为一维问题进行计算。差分法计算方便，显式解法和隐式解法都可用。

【算例 6.7-4】 在基岩上浇筑混凝土，每隔 4d 浇筑一层，导温系数 $a=0.10\text{m}^2/\text{d}$，绝热温升为 $\theta=27.3(1-e^{-0.384\tau})$，$\tau$ 以 d 计，$\frac{\lambda}{\beta}=0.10\text{m}$。计算两种情况，一种情况每层厚度为 1.50m，另一种情况每层厚度为 3.0m。用显式差分法计算浇筑过程中的温度分布。

取 $\Delta x=0.50\text{m}$，$\Delta\tau=1\text{d}$，$r=\frac{a\Delta\tau}{\Delta x^2}=\frac{0.10\times1.0}{0.50^2}=0.40$，由参考文献［7］中的式（2.11-2）可知：

$$T_{i,\tau+ir\Delta\tau}=0.20T_{i,\tau}+0.40(T_{i-1,\tau}+T_{i+1,\tau})+\Delta\theta \tag{6.7-6}$$

计算中假定岩石的热性能与混凝土相同，但岩石无热源，在岩石与混凝土的接触面上，取 $\frac{\Delta\theta}{2}$。混凝土表面温度高于气温，虽无预冷在新老混凝土的接触面上，初温不连续，取 $\Delta\theta=\frac{\Delta\theta_{new}+\Delta\theta_{old}}{2}$，计算结果如图 6.7-6 及图 6.7-7 所示。这是水利水电工程中比较典型的两种浇筑情况。

6.7.2 混凝土天然冷却

6.7.2.1 初温均匀分布、气温为零、第三类边界条件下平板的冷却

考虑无限大平板如图 6.7-8 所示，厚度为 $L=2l$，初始瞬时为均匀分布温度 T_0，两边空气温度 $T_a=0$，导热系数为 λ，表面放热系数为 β，由于对称，只需

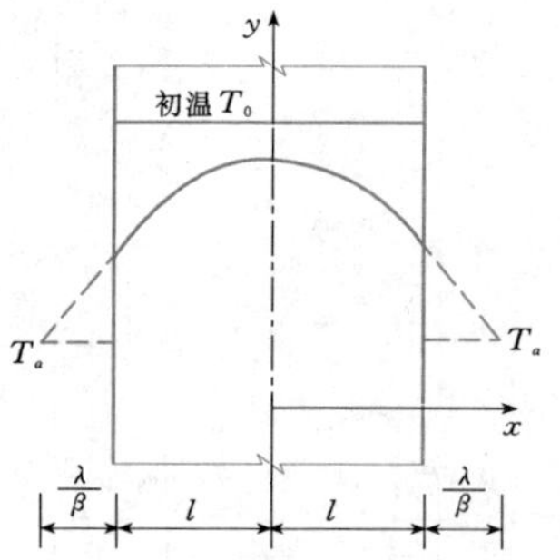

图 6.7-8　第三类边界条件下平板的冷却

取出一半进行分析，而且中面为绝热边界。

在图 6.7-9 及图 6.7-10 中，给出了初温均匀分布、气温为零、第三类边界条件下平板的平均温度。

6.7.2.2　初温均匀分布、气温线性变化、第三类边界条件下平板的温度场

无限大平板，厚度为 $L=2l$，初始瞬时为均匀分布温度 T_0，气温随着时间 τ 而线性变化如下：

$$T_a = T_0 + b\tau$$

由于对称，可取出一半进行分析如下。

热传导方程　$$\frac{\partial t}{\partial \tau} = a\frac{\partial^2 T}{\partial x^2} \tag{6.7-7}$$

初始条件　$$\tau = 0,\ T(x,0) = T_0 \tag{6.7-8}$$

边界条件　$$\tau > 0,\ x = 0,\ \frac{\partial T}{\partial x} = 0 \tag{6.7-9}$$

$$\tau > 0,\ x = l,\ -\lambda\frac{\partial T}{\partial x} = \beta[T(l,\tau) - (T_0 + b\tau)] \tag{6.7-10}$$

参考文献［14］用拉普拉斯变换法得到解答如下：

$$T(x,\tau) = T_0 + b\tau - \frac{b}{2a}\left[l^2\left(1+\frac{2\lambda}{\beta l}\right) - x^2\right] + \frac{bl^2}{a}\sum_{n=1}^{\infty}\frac{An}{\mu_n^2}\cos\frac{\mu_n x}{l}e^{-\mu_n^2 a\tau/l^2} \tag{6.7-11}$$

本节介绍的算法都是针对较为简单问题的算法，如水化热温升只介绍了浇筑温度与环境温度相同、只考虑表面散热的情况下的算法，板的天然散热也只介绍了初温均匀分布、环境温度简单变化时的温度算法。当浇筑温度低于环境温度时，可以利用两个算法的解叠加的方式求解。但对于有通水冷却等更复杂的情况，建议用有限元法计算。

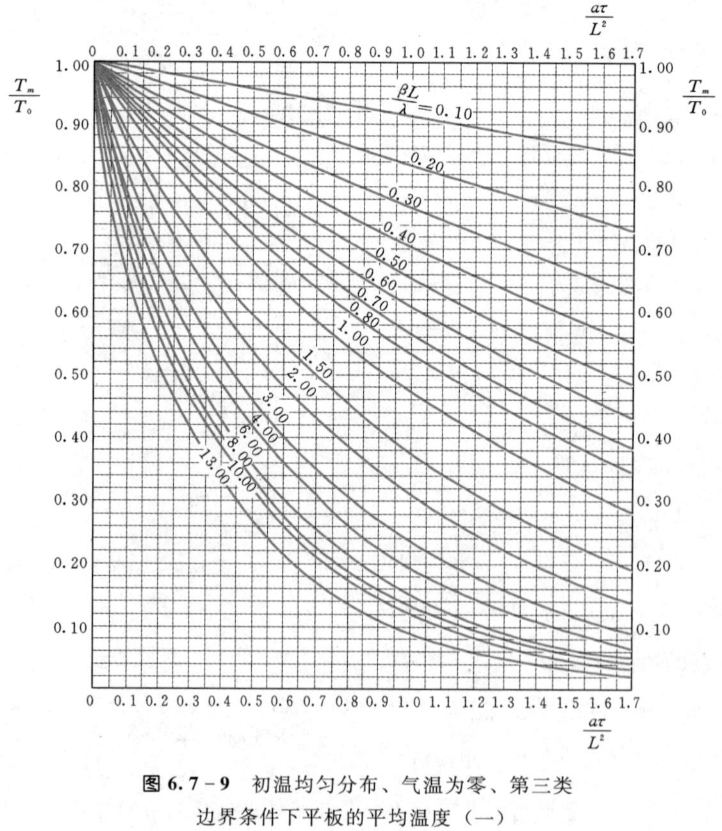

图 6.7-9　初温均匀分布、气温为零、第三类边界条件下平板的平均温度（一）

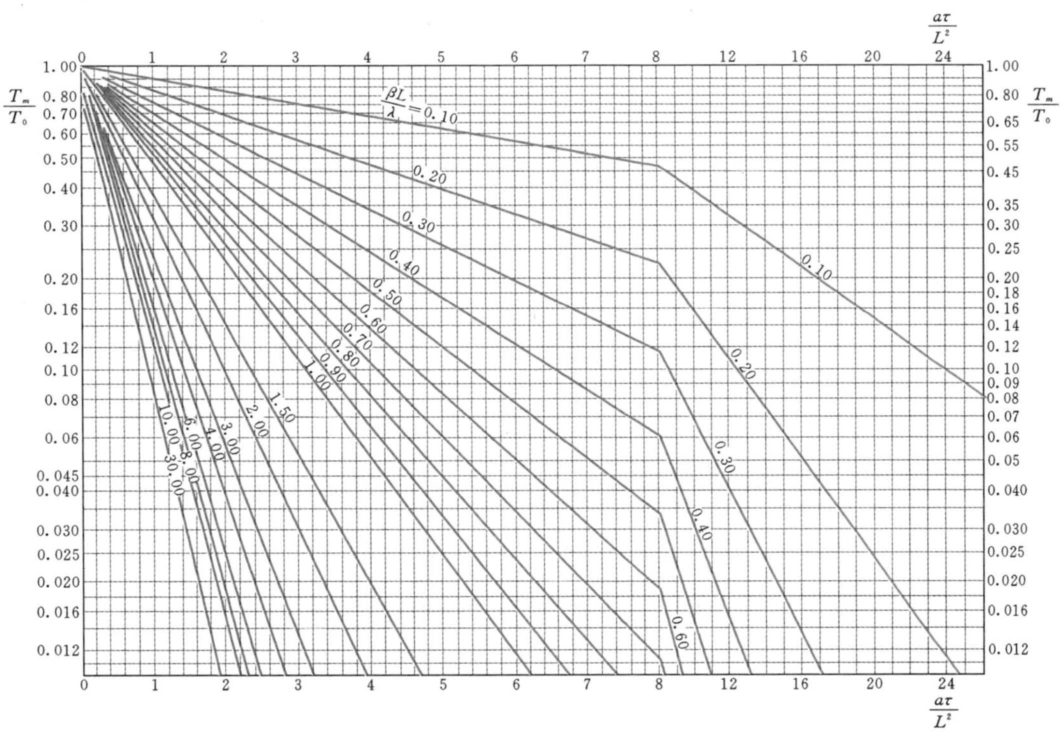

图 6.7-10 初温均匀分布、气温为零、第三类边界条件下平板的平均温度（二）

6.8 混凝土坝稳定温度场

混凝土坝建成以后，在外界温度作用下，初始温度和水化热的影响逐渐消失，坝体内部温度缓慢下降，一段时间后基本稳定。坝体越厚，达到稳定温度场的时间越长。图 6.8-1 为某重力坝内部温度逐步稳定的过程曲线。

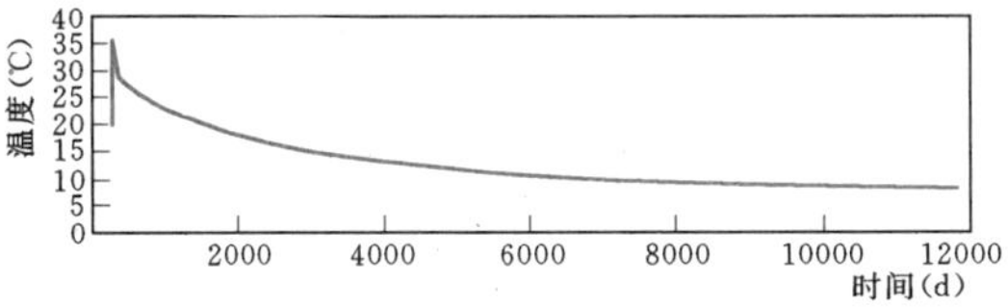

图 6.8-1 坝体混凝土温度历时曲线

此后，坝内温度取决于边界温度，即上游面的库水温度、下游面的空气温度和尾水温度。气温和水温呈周期性变化，但对坝体温度的影响只限于表面附近7～10m。对于比较厚的实体混凝土坝，内部温度不受外界气温和水温变化的影响，处于稳定状态，如图 6.8-2 所示。但对薄混凝土拱坝，其内部温度也呈周期性变化。在严格的意义上，混凝土坝内的长期温度场应称为准稳定温度场。

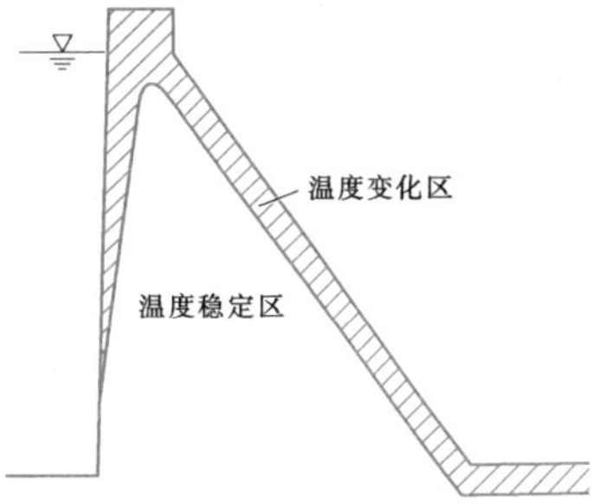

图 6.8-2 坝体温度分区

6.8.1 实体重力坝和厚拱坝稳定温度场

实体重力坝和厚拱坝的稳定温度场一般可按平面问题分析[17]，满足偏微分方程

$$\frac{\partial^2 T}{\partial x^2}+\frac{\partial^2 T}{\partial y^2}=0 \qquad (6.8-1)$$

上游面温度 T_U 等于相应高程的年平均水温，下游面温度 T_D 等于年平均气温加上日照影响，在尾水位以下则等于年平均尾水温度。

稳定温度场的近似算法如下：在各水平截面上，上游表面等于 T_U，下游表面等于 T_D，中间按线性变化。目前有限元法已经十分普及，一般情况下可用有限元法计算，图 6.8-3 和图 6.8-4 分别表示了有限

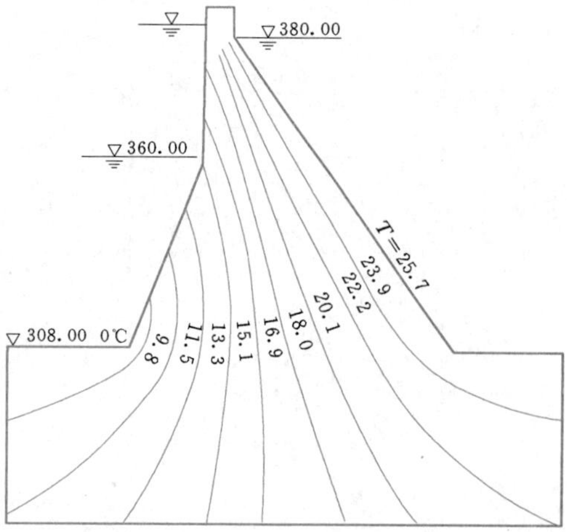

图 6.8－3　实体重力坝稳定温度场（单位:℃）

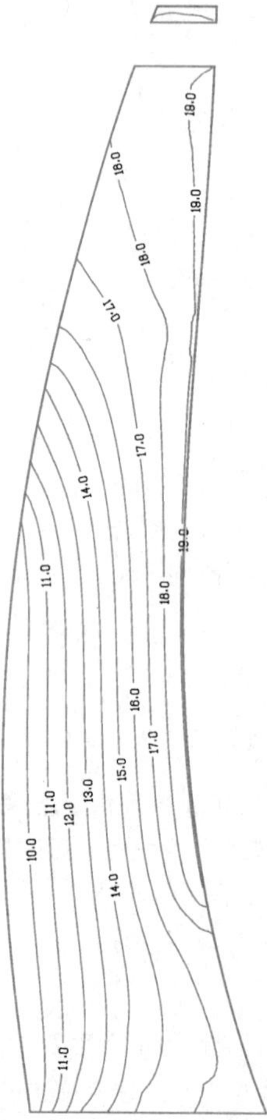

图 6.8－4　厚拱坝稳定温度场（单位:℃）

元计算的实体重力坝和厚拱坝的稳定温度场。当坝内有引水管和泄水孔时，应注意其影响，可用三维有限元法计算，图 6.8－5 和图 6.8－6 分别表示了有限元

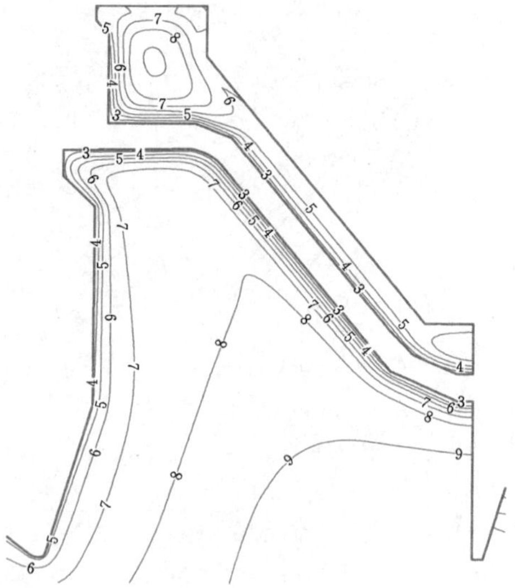

图 6.8－5　带泄水孔重力坝准稳定温度场（单位:℃）

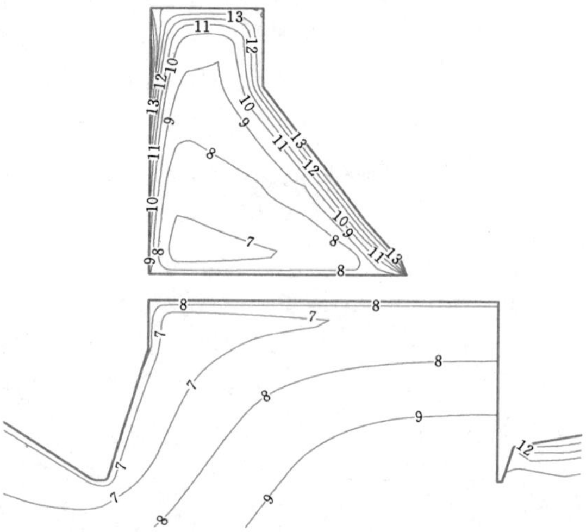

图 6.8－6　带引水管重力坝准稳定温度场（单位:℃）

计算的带泄水孔重力坝和带引水管重力坝在管孔过水时的准稳定温度场。

6.8.2　宽缝重力坝稳定温度场

在宽缝内由于空气的对流作用，将保持近乎均匀的温度。根据热量平衡原理，宽缝内的气温 T_S 可用朱伯芳建议的下列公式计算：[17]

$$T_S = \frac{\dfrac{T_U l_U}{b_U} + \dfrac{T_D l_D}{b_D}}{\dfrac{l_U}{b_U} + \dfrac{l_D}{b_D}} \qquad (6.8-2)$$

式中　T_U、T_D——上游及下游表面温度，℃；

其余符号如图 6.8-7 所示。

边界温度确定后，可用三维有限元法计算内部温度场。图 6.8-8 表示了一个宽缝重力坝的稳定温度场。

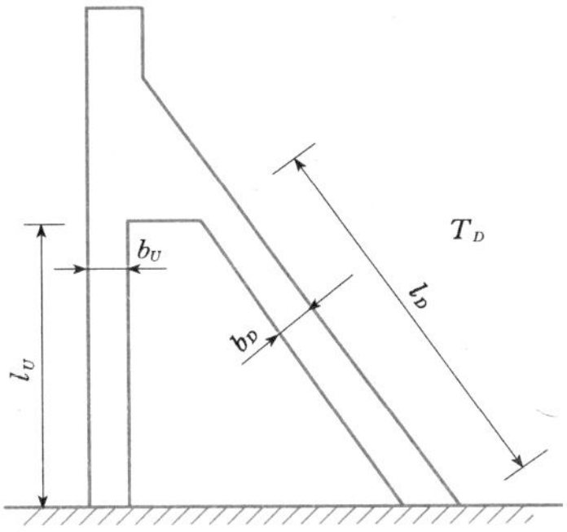

图 6.8-7　宽缝重力坝

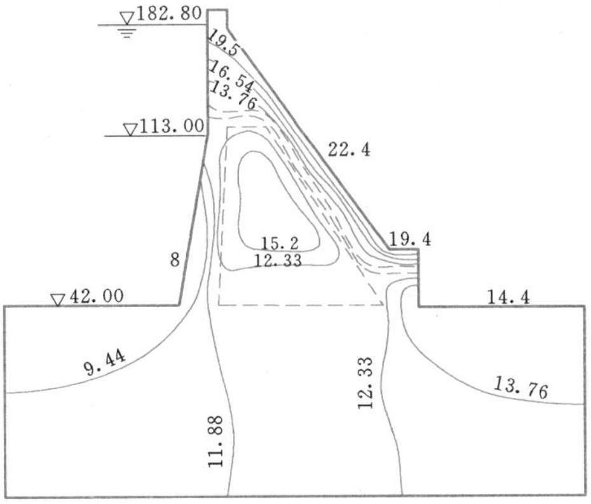

图 6.8-8　宽缝重力坝的稳定温度场（单位：℃）

6.8.3　薄拱坝准稳定温度场

从温度场的角度定义的薄拱坝一般是指坝体厚度小于 20m 的拱坝。其温度场对外界气温和水温的变化比较敏感，坝内温度变化比较大，在坝体建成几年后即进入准稳定温度场的状态。其上游侧主要受库水水温影响，下游侧和坝顶主要受气温影响。因为坝体较薄，坝内混凝土基本没有处于温度不变的区域，坝体的温度场每年显示出周期性的反复变化，可以称为准稳定温度场。薄拱坝的准稳定温度场随着时间、空间做周期性的反复变化，真实的变化规律满足偏微分方程式（6.8-1）。在设计工作中，由于计算封拱温度和运行期温度荷载时需要一个稳定温度场，因此近似算法仍是必要的。准稳定温度场可以采用以下近似方法获得：在各水平截面上，上游表面等于年均水温 T_U，下游表面等于年均气温 T_D，中间按线性变化。坝体准稳定温度场一般可用有限元法求得，典型拱坝准稳定温度场具体形态类似于图 6.8-9。

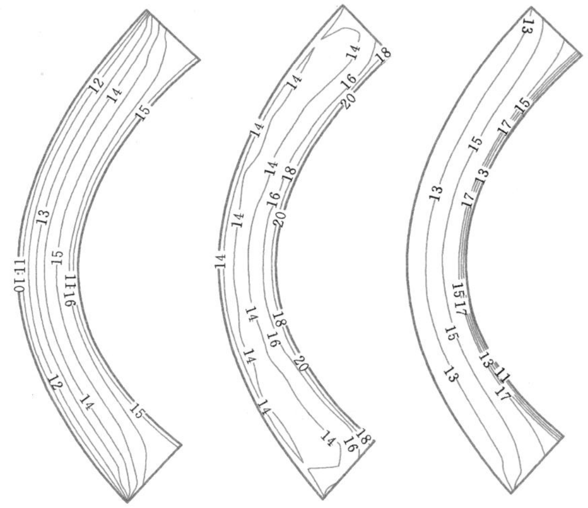

(*a*) 3月　　(*b*) 8月　　(*c*) 12月

图 6.8-9　薄拱坝典型月份拱圈温度场（单位：℃）

6.9　混凝土薄板温度应力

6.9.1　嵌固板[17]

嵌固板是浇筑在刚性基础上且平面尺寸无限大的混凝土薄板。混凝土嵌固板浇筑后，水化热使混凝土的温度逐步升高；混凝土表面与空气接触，混凝土底面与基岩接触，由于向空气和基础散热的结果，混凝土温度逐渐降低，从而在混凝土板内形成沿厚度方向不均匀的温度分布。由于受到刚性基础的约束，板不能转动，且在水平方向的位移为零。实际工程中，只要板的平面尺寸大于板的厚度的 10 倍，离开板的四周较远的中央部分的温度应力就与嵌固板相近，可以认为温度只沿板的厚度方向变化，按一维问题计算。工程中常见的岩基上的护坦、船闸底板、水电站尾水管底板等都属于嵌固板。

如图 6.9-1 所示的嵌固板，假定混凝土板浇筑在刚性基础上，完全嵌固；混凝土板上表面与空气接触，下表面与地基接触；温度只在厚度方向（z 方向）变化，温度场 $T=T(z,t)$ 可按一维问题采用差分法计算。

假定混凝土的弹性模量为常量时，计算嵌固板温度应力的基本公式为

$$\sigma=\sigma_x=\sigma_y=-\frac{E\alpha T}{1-\mu} \qquad (6.9-1)$$

式中　E——弹性模量，MPa；

α——线膨胀系数，1/℃；

μ——泊松比；

T——温度荷载，℃。

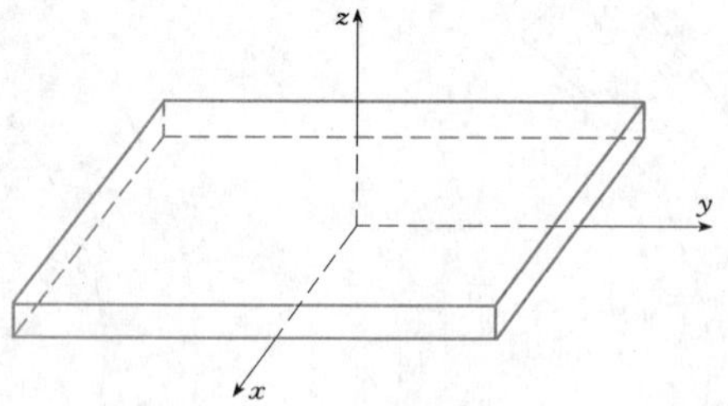

图 6.9-1　嵌固板

实际上，混凝土的弹性模量是随着混凝土龄期而变化的。考虑这一因素，可将时间划分成一系列时段 $\Delta\tau_i(i=1,2,\cdots,n)$，如图 6.9-2 所示。计算第 i 时段 $\Delta\tau_i$ 内的温度增量 ΔT_i：

$$\Delta T_i = T_i - T_{i-1} \qquad (6.9-2)$$

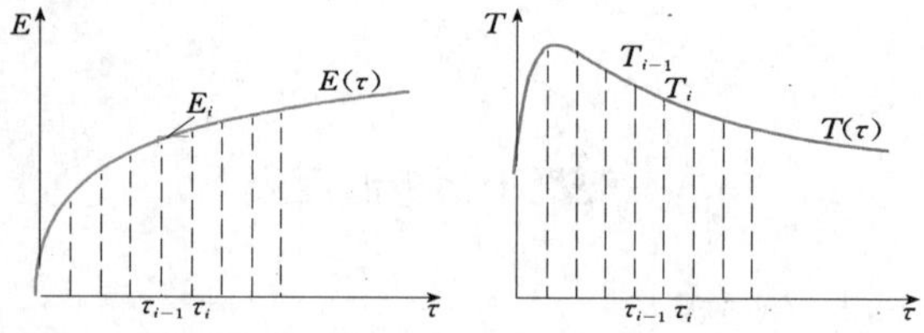

(*a*) 弹性模量的变化　　(*b*) 温度的变化

图 6.9-2　随时间变化的弹性模量与温度

由温差 ΔT_i 引起的弹性温度应力增量为

$$\Delta\sigma_i = -\frac{E_i\alpha\Delta T_i}{1-\mu} \qquad (6.9-3)$$

式中　E_i——该时段内的平均弹性模量，用式（6.9-4）计算。

$$E_i = \frac{[E(\tau_{i-1}) - E(\tau_i)]}{2} \qquad (6.9-4)$$

将各时段的 $\Delta\sigma_i$ 累加，可得到第 n 时段末的弹性温度应力为

$$\sigma = \sum_{i=1}^{n}\Delta\sigma_i \qquad (6.9-5)$$

考虑混凝土的应力松弛，嵌固板内任意一点的弹性徐变温度应力为

$$\sigma(\tau) = \sum_{i=1}^{n}\Delta\sigma_i K(\tau,\bar{\tau}_i) \qquad (6.9-6)$$

$$\bar{\tau}_i = \frac{\tau_{i-1}+\tau_i}{2}$$

式中　$K(\tau,\bar{\tau}_i)$——松弛系数。

【算例 6.9-1】　分析不同厚度（厚度分别为 1m、2m、3m、4m、5m）的混凝土嵌固板中温度和应力的变化。假定混凝土的浇筑温度及外界环境温度均恒定在 15℃，假设基岩的初始温度也是 15℃；混凝土浇筑块表面与空气接触，底面嵌固在基岩上。混凝土和基岩的导温系数 $a=0.10\text{m}^2/\text{d}$，导热系数 $\lambda=220\text{kJ}/(\text{m}\cdot\text{d}\cdot℃)$，线膨胀系数 $\alpha=7\times10^{-6}/℃$，泊松比 $\mu=0.2$，混凝土的表面的放热系数 $\beta=2000\text{kJ}/(\text{m}^2\cdot\text{d}\cdot℃)$，不考虑混凝土应力松弛。混凝土的绝热温升 θ 和弹性模量 E 表示为

$$\theta(\tau) = \frac{\theta_0\tau}{n+\tau} = \frac{30.0\tau}{2+\tau} \qquad (6.9-7)$$

$$E(\tau) = E_0[1-e^{-a\tau^b}] = 34250[1-e^{-0.24\tau^{0.495}}] \qquad (6.9-8)$$

式（6.9-7）、式（6.9-8）中的时间 τ 以 d 计。

计算模型中混凝土块上表面按第三类边界条件考虑，基岩底部按绝热边界条件考虑。

厚 3m 的嵌固板在不同时间的温度分布和弹性温度应力分布，分别如图 6.9-3 和图 6.9-4 所示。各种不同厚度板的中心的温度变化过程和弹性温度应力变化过程，分别如图 6.9-5 和图 6.9-6 所示。图 6.9-4 和图 6.9-6 中应力是用无量纲数 $\frac{(1-\mu)\sigma}{E_0\alpha\theta_0}$ 表示的，以拉为正，以压为负。

对于厚 3m 的嵌固板，从图 6.9-3 和图 6.9-4 可以看出，板的最高温升和最大应力一般出现在板的中心，板上、下表面由于向空气和基础散热，温度较低，应力较小；由于岩石中无水化热，岩石中的温度明显低于混凝土的温度。从图 6.9-3 和图 6.9-4 中

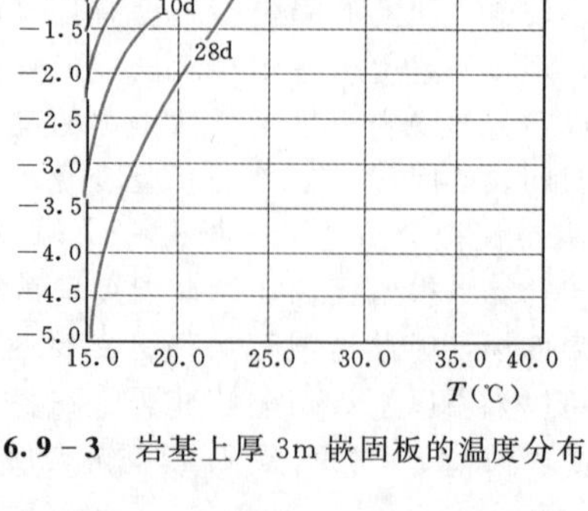

图 6.9-3　岩基上厚 3m 嵌固板的温度分布

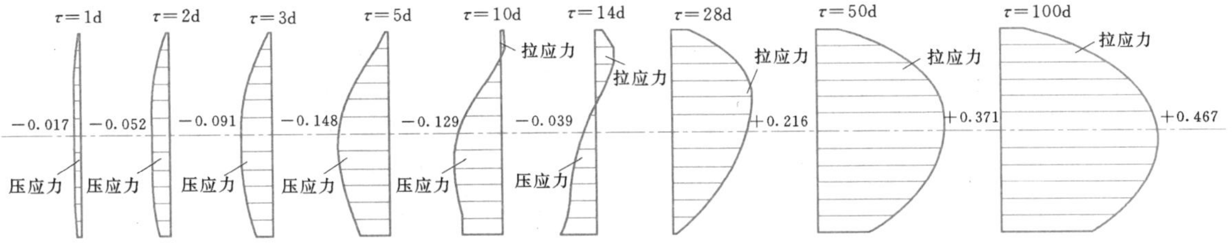

图 6.9-4 厚 3m 嵌固板由水化热引起的弹性温度应力分布$\left[\frac{(1-\mu)\sigma}{E_0\alpha\theta_0}\right]$

温度的变化和弹性温度应力的变化还可以看出：混凝土浇筑后早期，由于水泥水化热，混凝土的温度会逐步升高，由于温度升高产生的膨胀变形受到约束，板内出现压应力，本算例中 5d 以前板内全断面受压，由于早期混凝土的弹性模量较小，压应力数值不大。由于混凝土表面与空气接触，混凝土底面与基岩接触，向空气和基础散热，混凝土温度逐渐降低，从而在混凝土板内沿厚度方向形成不均匀的温度分布，混凝土内压应力逐渐降低，本算例中 5d 之后板的表面开始出现部分拉应力，之后受拉范围逐渐向板的下部扩展。晚期混凝土弹性模量较大，温度下降所引起的拉应力也较大，因此除了抵消早期的压应力外，最终在混凝土内还会出现一定的剩余拉应力。

从图 6.9-5 中可以看出，板的厚度越大，散热就越困难，板中心的温度就越高，并且最高温度出现的时间越晚。从图 6.9-6 中可以看出，不同厚度的嵌固板，早期弹性温度应力都是压应力，后期均受拉；板的厚度越大，后期最大拉应力越大。

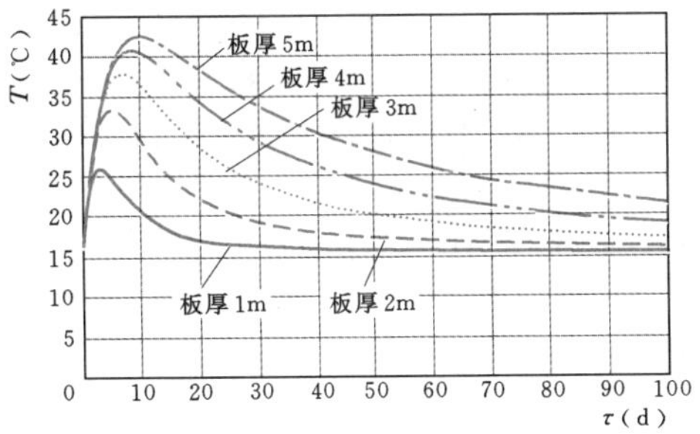

图 6.9-5 水化热引起的混凝土嵌固板中心的温度变化

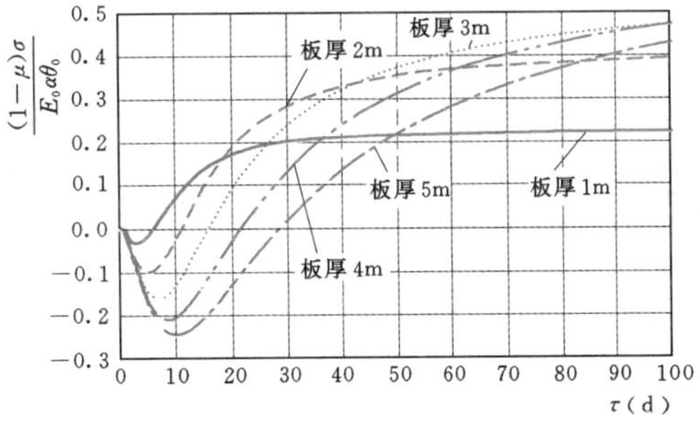

图 6.9-6 水化热引起的混凝土嵌固板中心的弹性温度应力变化

6.9.2 自由板[17]

6.9.2.1 计算原理

如图 6.9-7 所示的无限大自由板，不受外界约束，在各个方向都可以自由变形。但由于板内温度分布不均匀，自由板内会产生自生温度应力。嵌固板是说明由外界约束引起的温度引力的理想结构型式，而自由板是说明由内部约束引起的温度引力的理想结构型式。对于无限大自由板，可以假设温度只沿板的厚度方向变化，可将坐标原点放在板的中面上。

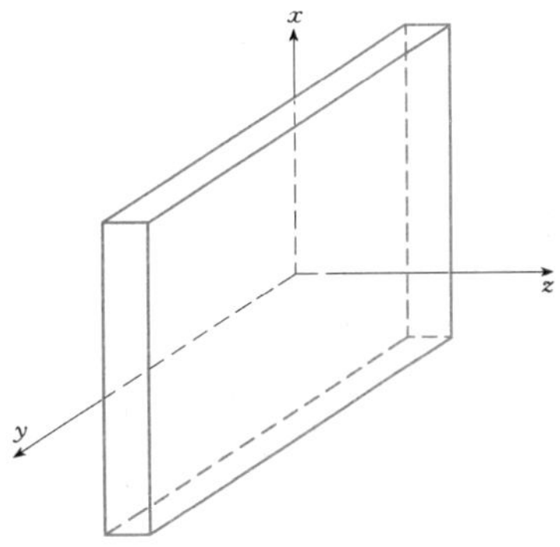

图 6.9-7 自由板

当弹性模量为常数时，自由板内弹性温度应力可计算如下：

$$\sigma = \sigma_x = \sigma_y = \frac{E\alpha}{1-\mu}(A + Bz - T) \qquad (6.9-9)$$

式中 T——温度荷载，℃；

A、B——与坐标 z 无关的参数，可根据平衡条件由式（6.9-10）和式（6.9-11）决定。

$$A=\frac{1}{L}\int_{-L/2}^{L/2}T\mathrm{d}z=T_m \qquad (6.9-10)$$

$$B=\frac{T_d}{L}=\frac{12S}{L^3} \qquad (6.9-11)$$

$$S=\int_{-L/2}^{L/2}Tz\mathrm{d}z$$

$$T_d=\frac{12S}{L^2}$$

式中　L——自由板的厚度，m；

T_m——平均温度,℃；

T_d——等效线性温差,℃；

S——温度 T 对中和轴的静力矩。

如果温度分布对称于板的中面，则温度静力矩 $S=0$，由式（6.9-10）和式（6.9-11）可得参数 $A=T_m$、$B=0$，于是板内应力为

$$\sigma=\frac{E\alpha}{1-\mu}(T_m-T) \qquad (6.9-12)$$

自由板内的温度，如图 6.9-8 所示，可以分解成以下三部分。

（1）平均温度 T_m［见图 6.9-8（*b*）］，在自由板内不引起应力，只引起均匀伸缩变形 αT_m。

（2）等效线性温差 $\frac{T_d z}{L}$［见图 6.9-8（*c*）］，在自由板内不引起应力，只引起角变形 $\frac{\alpha T_d}{L}$。

（3）非线性温差 T_n［见图 6.9-8（*d*）］，$T_n=T-T_m-\frac{T_d z}{L}$，在自由板内引起应力，但不引起断面变形。

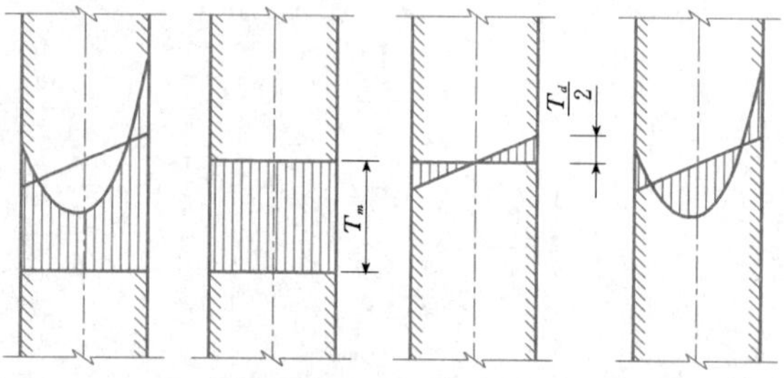

（*a*）实际温度　（*b*）平均温度　（*c*）等效线性温差　（*d*）非线性温差

图 6.9-8　自由板内温度的分解

计算早期温度应力时应该考虑混凝土弹性模量随龄期的变化，如图 6.9-2（*a*）所示，将时间划分为一系列时段，设第 i 时段首末的温差为 $\Delta T_i=T_i-T_{i-1}$，平均弹性模量为 E_i，则第 i 时段内自由板的弹性应力增量为

$$\Delta\sigma_i=\frac{E_i\alpha}{1-\mu}(\Delta A_i+\Delta B_i z-\Delta T_i) \qquad (6.9-13)$$

其中　$\Delta A_i=\frac{1}{L}\int_{-L/2}^{L/2}\Delta T_i\mathrm{d}z$，$\Delta B_i=\frac{12}{L^3}\int_{-L/2}^{L/2}z\Delta T_i\mathrm{d}z$　(6.9-14)

将各时段的 $\Delta\sigma_i$ 累加，可以得到第 n 时段末的弹性温度应力。若考虑徐变的影响，则第 n 时段末的弹性徐变温度应力如式（6.9-6）所示。

对于有限大自由板，在靠近板的边缘部分，应力分布与采用式（6.9-6）计算得到的有所不同，但是根据圣维南原理，对于板内距离板边缘的距离超过板的厚度一倍的点，仍可采用式（6.9-6）计算其温度应力。对于厚度较大的有限大自由板，可以采用有限单元法按三维问题计算其温度应力。

6.9.2.2　水化热引起的温度应力

考虑混凝土自由板中的水泥水化热，混凝土自由板表面与空气接触（见图 6.9-7）。混凝土浇筑后，由于水泥水化热，混凝土的温度会逐步升高。由于向空气散热，混凝土温度逐渐降低，从而在混凝土板内形成沿厚度方向不均匀的温度分布。

【算例 6.9-2】　假定如图 6.9-7 所示的混凝土自由板的浇筑温度及外界环境温度均恒定在 15℃；自由板表面与空气接触。计算模型中混凝土板左、右表面按第三类边界条件考虑。

其他基本热力学参数和计算条件与算例 6.9-1 中的相同。

图 6.9-9 中表示了厚度分别为 3m 和 6m 的无限大自由板由于水化热而产生的温度应力，图中应力用无量纲数 $\frac{(1-\mu)\sigma}{E_0\alpha\theta_0}$ 表示，以拉为正，以压为负。由于假设气温始终保持为常量，温度的变化完全是由水化热引起的。从图 6.9-9 中可以看出，自由板因水化热而引起的温度应力具有下列特征。

（1）在早期，自由板表面受拉而内部受压。这是由于早期因水泥水化热的作用，板内温度升高，而板的表面由于与空气接触，温度升高量较内部小，因而形成内外温差，板内部的膨胀受到板表面的约束，因此在板的内部产生压应力，在板的表面产生拉应力。

（2）在后期，自由板表面受压而内部受拉。这与混凝土弹性模量的变化有关。混凝土表面与空气接触，温度变化不大。到后期混凝土内部温度降幅较大，混凝土收缩。因为早期混凝土的弹性模量不大，所以早期内部温度上升，在表面引起的拉应力数值也不大。后期板内部温度下降，在表面引起的应力增量 $\Delta\sigma$ 是压应力，这时混凝土的弹性模量已增长了，此应力增量在绝对值上已超过了早期的拉应力，所以与

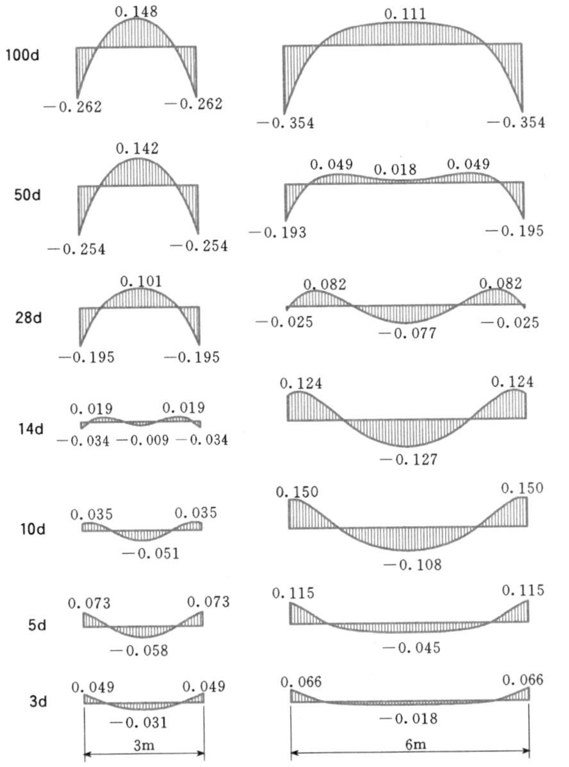

(*a*) 板厚 3m (*b*) 板厚 6m

图 6.9-9 自由板内由水化热引起的温度应力分布

$\left[\dfrac{(1-\mu)\sigma}{E_0\alpha\theta_0}，以拉为正、压为负\right]$

早期应力叠加后，表面应力总值转变为压应力。同理，板内部由压应力转变为拉应力。

(3) 混凝土板完全冷却后，板内有残余应力存在，表面是压应力，内部是拉应力。

由于混凝土早期抗拉强度低，早期出现的表面拉应力容易引起表面裂缝。图 6.9-10 中表示了不同厚度的自由板由于水化热而引起的表面应力变化过程，图中应力是用无量纲数 $\dfrac{(1-\mu)\sigma}{E_0\alpha\theta_0}$ 表示的，以拉为正，以压为负。板的厚度越大，散热就越慢，与薄板相比，板表面应力由拉变压的时间出现得较晚。

6.9.2.3 拆除模板时的冷击[17]

由于模板的保温作用，在拆除模板前，混凝土表面的温度一般高于气温。在拆除模板后，混凝土表面突然与空气接触，其表面温度骤然下降，在混凝土表面形成较大的温度梯度并引起相当大的拉应力，有时可能导致裂缝的产生。这种现象称为拆除模板时的冷击。

可以利用放热系数的突然改变，来计算拆除模板

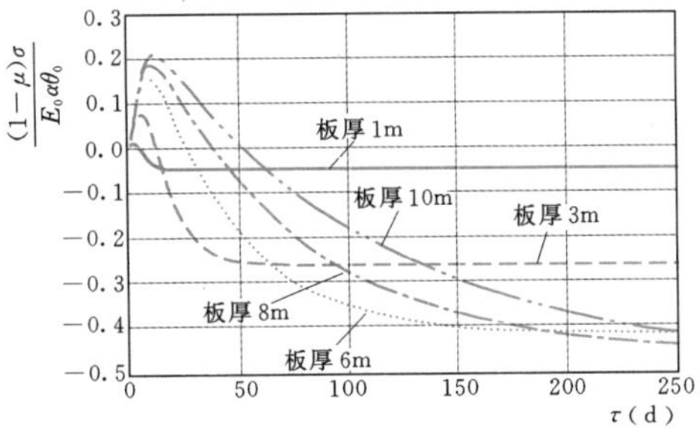

图 6.9-10 水化热引起的自由板表面弹性应力

时的冷击。如图 6.9-11 所示，用单向差分法计算板的温度场，分层厚度为 h，气温为 T_a，拆模前等效表面放热系数为 β_1，当 $\tau=\tau_1$ 时，内部第一层面、第二层面的混凝土温度分别为 $T_{内1}$、$T_{内2}$，采用第三类边界条件较精确的单向差分法计算此时混凝土表面温度：

$$T_1=\frac{1}{3+s}(4T_{内1}-T_{内2}+s_1T_a)\qquad(6.9-15)$$

$$s_1=\frac{2\beta_1 h}{\lambda}$$

式中 λ——混凝土导热系数。

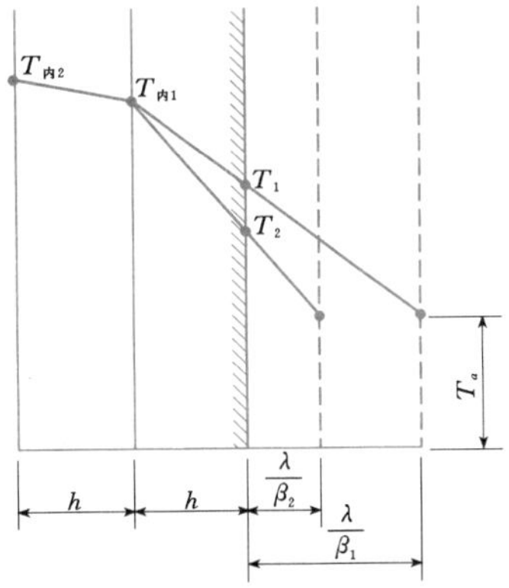

图 6.9-11 拆除模板时的温度计算

拆除模板后，放热系数突然改变为 β_2，混凝土表面温度变为

$$T_2=\frac{1}{3+s}(4T_{内1}-T_{内2}+s_2T_a)\qquad(6.9-16)$$

$$s_2=\frac{2\beta_2 h}{\lambda}$$

则由于拆模而引起的温度应力增量为

$$\Delta\sigma=-\frac{E\alpha}{1-\mu}(T_2-T_1)\qquad(6.9-17)$$

【算例 6.9-3】 如图 6.9-7 所示的无限大混凝土自由板厚 6m，拆模前的木模板的等效表面放热系

数 $\beta_1 = 670kJ/(m^2 \cdot d \cdot ℃)$，拆模后的裸露的混凝土表面在空气中的放热系数 $\beta_2 = 2000kJ/(m^2 \cdot d \cdot ℃)$，其他基本热力学参数和计算条件与算例 6.9－1 中的相同，分别计算：①在龄期 14d 时拆除模板；②在龄期 28d 时拆除模板；③在龄期 40d 时拆除模板；④在龄期 80d 时拆除模板，混凝土自由板产生的温度应力。

图 6.9－12 中表示了不同时间拆除模板时的冷击应力，图中应力是用无量纲数 $\frac{(1-\mu)\sigma}{E_0\alpha\theta_0}$ 表示的，以拉为正，以压为负。则根据以上方法计算得到的不同拆模时间的混凝土表面的拉应力为：①在龄期 14d 时拆除模板，则拆模前混凝土表面最大拉应力为 $\frac{0.156E_0\alpha\theta_0}{1-\mu}$，出现在龄期为 11d 时，拆模后混凝土表面最大的拉应力达到 $\frac{0.216E_0\alpha\theta_0}{1-\mu}$，出现在龄期 14.5d 时；②在龄期 28d 拆除模板，则拆模前混凝土表面最大拉应力为 $\frac{0.156E_0\alpha\theta_0}{1-\mu}$，拆模后混凝土表面最大的拉应力为 $\frac{0.087E_0\alpha\theta_0}{1-\mu}$，出现在龄期 28.25d 时；③如果推迟到龄期 50d 拆除模板，则由于此时混凝土表面已为压应力状态，拆模前压应力为 $-\frac{0.108E_0\alpha\theta_0}{1-\mu}$，拆模后混凝土表面也呈现压应力状态，压应力为 $-\frac{0.080E_0\alpha\theta_0}{1-\mu}$。

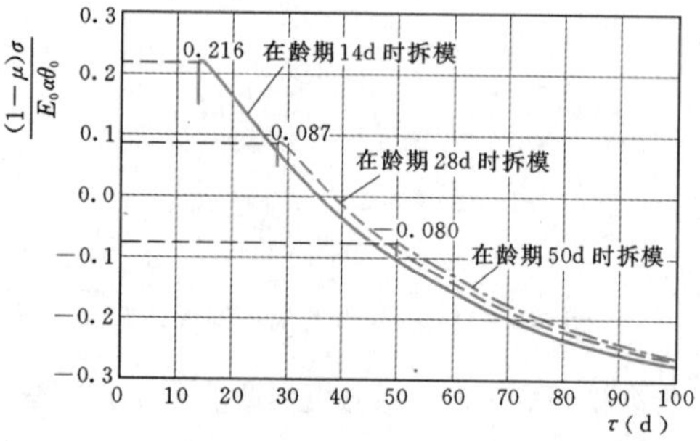

图 6.9－12　拆除模板时的冷击

如果在拆除模板后及时在表面覆盖轻型保温材料，如帆布、泡沫塑料板等，对于防止混凝土表面产生过大拉应力也是有利的。如图 6.9－13 所示，在龄期 14d 拆除木模板，盖上泡沫塑料板，到 22d 时再全部拆除，即在 14d 时 β 由 $670kJ/(m^2 \cdot d \cdot ℃)$ 变为 $260kJ/(m^2 \cdot d \cdot ℃)$，到 22d 时再变为 $2000kJ/(m^2 \cdot d \cdot ℃)$，那么覆盖轻型保温材料后的混凝土表面拉应力有所减小，拆除轻型保温材料后混凝土表面的最大

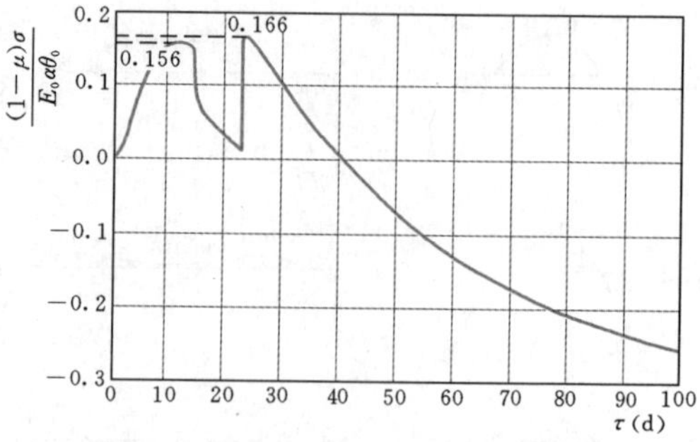

图 6.9－13　拆除模板后及时在表面覆盖轻型保温材料的温度应力

拉应力为 $\frac{0.166E_0\alpha\theta_0}{1-\mu}$，比在龄期 14d 拆除木模板，并且不覆盖轻型保温材料的混凝土表面最大的拉应力 $\frac{0.216E_0\alpha\theta_0}{1-\mu}$ 减小了 23.1%。

对于实际工程中的自由板拆模问题，尤其是大体积混凝土结构中的拆模问题，当板的厚度较大时，其拆模温度应力的计算应按半无限大自由板或有限大自由板计算，这时采用有限元法较方便。在有限元法中，仍然是采用表面放热系数的突然改变来考虑自由板拆模时的冷击。

6.9.2.4　初始温差对表面温度应力的影响[17]

下面通过算例计算初始温差 T_H 对混凝土表面温度应力的影响。分别考虑正的初始温差（混凝土初温高于气温）、负的初始温差（混凝土初温低于气温）、初始温差为零的情况。

【算例 6.9－4】　如图 6.9－7 所示的无限大混凝土自由板厚 6m，假定外界环境温度均恒定在 15℃；自由板表面与空气接触。分别计算：①混凝土浇筑温度为 25℃；②混凝土浇筑温度也是 15℃；③混凝土浇筑温度为 5℃三种情况下混凝土自由板产生的温度应力，其他基本热力学参数和计算条件与算例6.9－1中的相同。

图 6.9－14 为混凝土表面放热系数较大（$\beta = 2000kJ/[m^2 \cdot d \cdot ℃]$）时不同初始温差 T_H 情况下的混凝土表面温度应力的变化，图 6.9－15 为混凝土表面有木模板，拆模前的等效表面放热系数 $\beta_1 = 670kJ/(m^2 \cdot d \cdot ℃)$，拆模后的裸露的混凝土表面热放热系数 $\beta_2 = 2000kJ/(m^2 \cdot d \cdot ℃)$ 时不同初始温差 T_H 情况下的混凝土表面温度应力的变化，图中应力是用无量纲数 $\frac{(1-\mu)\sigma}{E_0\alpha\theta_0}$ 表示的，以拉为正，以压为负。

从图 6.9－14、图 6.9－15 中可见，当混凝土表

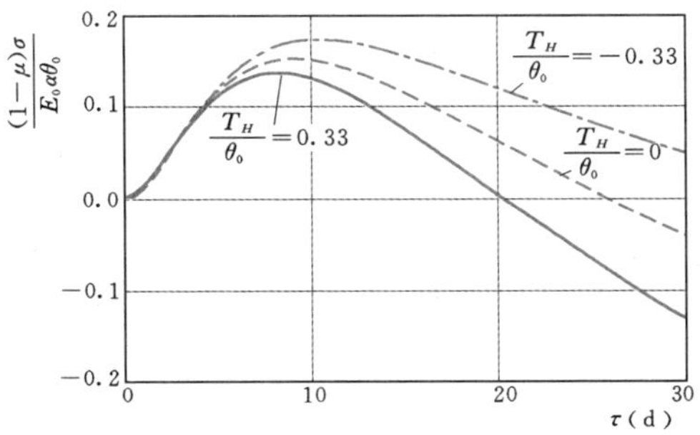

图 6.9-14 初始温差引起的自由板表面应力
[β=2000kJ/(m² · d · ℃)]

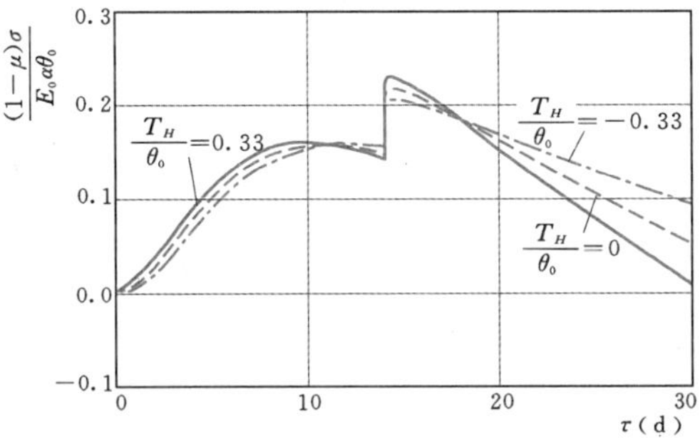

图 6.9-15 初始温差引起的自由板表面应力
[拆模前 β_1=670kJ/(m² · d · ℃),
拆模后 β_2=2000kJ/(m² · d · ℃)]

面放热系数不同时，初始温差对早期表面拉应力的影响是不同的。当混凝土表面放热系数 β 较大时，混凝土表面温度迅速接近于气温，而早期混凝土弹性模量很低，所以在这种情况下初始温差对于表面早期温度应力的影响并不显著。当混凝土表面早期有模板时，拆模前表面等效放热系数 β_1 较小，正的初始温差（混凝土初温高于气温）将使早期表面拉应力加大，相反，负的初始温差将使早期表面拉应力减小。

6.10 混凝土浇筑块温度应力

6.10.1 基础梁在均匀温度作用下的应力[35]

如图 6.10-1 所示，设梁的长度为 $2l$，高度为 $2h$，取单位厚度 1，梁内温度 $T(y)$ 是 y 的函数，梁的弹性模量为 E，基础弹性模量为 E_f。

首先沿接触面切开，按式（6.10-1）计算梁内自生应力（平面应变）：

$$\sigma_x = \frac{E\alpha}{1-\mu}[T_m + \psi y - T(y)] \qquad (6.10-1)$$

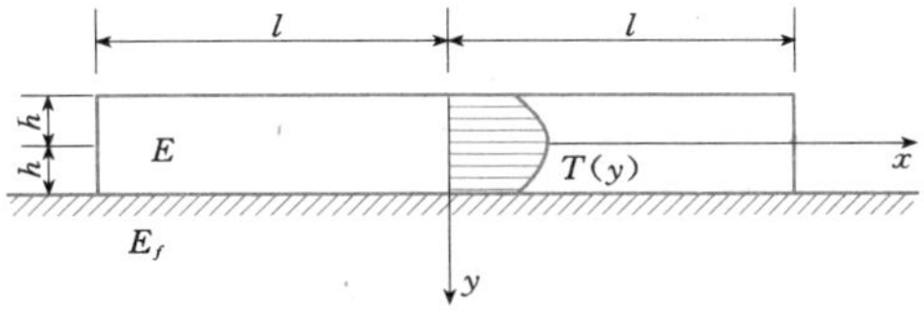

图 6.10-1 岩石基础上的梁

其中

$$\left.\begin{aligned} T_m &= \frac{1}{2h}\int_{-h}^{h} T\,dy \\ \psi &= \frac{3}{2h^3}\int_{-h}^{h} yT\,dy \end{aligned}\right\} \qquad (6.10-2)$$

式中 T_m——平均温度；

ψ——等效温度梯度。

下面计算约束应力，根据接触面上变形连续条件，用契贝雪夫（chebvshev）多项式逼近，得到基础约束作用在梁内 x 断面上产生的弯矩 $M(x)$ 和轴向力 $P(x)$ 如下：

$$M(x) = B_l h\sqrt{l^2-x^2} - \frac{A_2}{3}(l^2-x^2)\sqrt{1-\frac{x^2}{l^2}} \qquad (6.10-3)$$

$$P(x) = -B_l\sqrt{l^2-x^2} \qquad (6.10-4)$$

在中央断面上的弯矩 M_0 和轴向力 P_0 为

$$M_0 = B_l hl - \frac{A_2 l^2}{3},\ P_0 = -B_l l \qquad (6.10-5)$$

求出弯矩 M 和轴向力 P 后，可按式（6.10-6）计算梁内约束应力：

$$\left.\begin{matrix}\sigma_{上缘}\\ \sigma_{下缘}\end{matrix}\right\} = \frac{P}{2h} \pm \frac{3M}{2h^2} \qquad (6.10-6)$$

约束应力在上、下缘之间是线性变化的，自生应力通常是非线性变化的。系数 B_l 和 A_2 按式（6.10-7）和式（6.10-8）计算：

$$B_l = \left(\frac{22.5}{\eta r^2}+180\right)\frac{E\alpha T_m}{(1-\mu)\Delta} + \frac{36E\alpha\psi h}{(1-\mu)r\Delta} \qquad (6.10-7)$$

$$A_2 = \left(\frac{67.5}{\eta r^2}-36\right)\frac{E\alpha T_m}{(1-\mu)\Delta} - \left(\frac{22.5}{\eta r^2}+\frac{90}{r}\right)\frac{E\alpha\psi h}{(1-\mu)\Delta} \qquad (6.10-8)$$

$$\Delta = 331.2\eta + \frac{90}{r} + \frac{54}{r^2} + \frac{45}{r^3} + \frac{11.25}{\eta r^4} \qquad (6.10-9)$$

其中 $$r = \frac{h}{l},\ \eta = \frac{E}{E_f}$$

按式（6.10-1）计算的自生应力与式（6.10-6）

计算的约束应力叠加后，得到梁的弹性温度应力，乘以松弛系数，得到徐变温度应力。

【算例 6.10-1】 岩石基础上的梁，$\frac{h}{l}=0.25$，$E=E_f$，$\mu=\frac{1}{6}$，梁内有均匀温差 T。由于梁内温度是均匀的，所以 $T_m=T$，$\psi=0$。由式（6.10-1）得，自生应力为零；由式（6.10-9）得，$\Delta=7315$，$r=0.25$，$\eta=1.0$。由式（6.10-5）得

$$P_0=-0.221\frac{E\alpha Tl}{1-\mu}$$

$$M_0=0.00778\frac{E\alpha Tl^2}{1-\mu}$$

由式（6.10-6）得，梁内温度应力为

$$\sigma_{上缘}=-0.255\frac{E\alpha T}{1-\mu}$$

$$\sigma_{下缘}=-0.629\frac{E\alpha T}{1-\mu}$$

计算结果如图 6.10-2 所示。

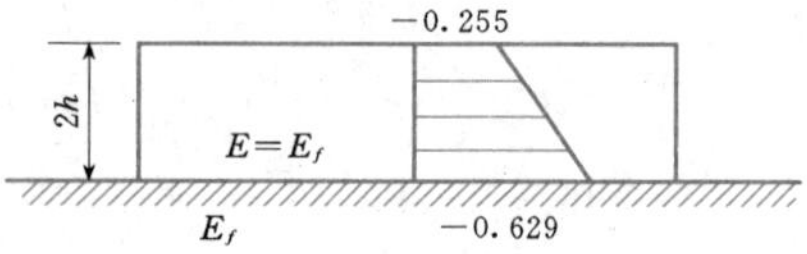

图 6.10-2 岩石基础上梁的温度应力分布 $\left(\frac{h}{l}=0.25\right)$

弹性基础上多层梁温度应力计算方法见参考文献 [7]。

6.10.2 老混凝土基础梁的温度应力

如图 6.10-3 所示，老混凝土基础的梁，自生温度应力可仍按式（6.10-1）计算。

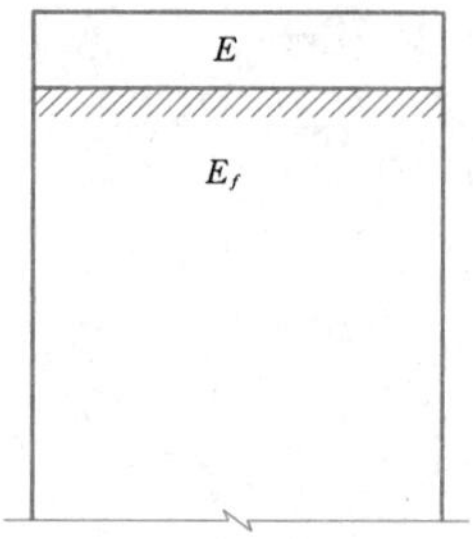

图 6.10-3 老混凝土基础上的梁

考虑到老混凝土两侧自由的实际情况，在采用半无限平面基础上梁的温度应力计算公式计算此类问题时，需要对老混凝土的弹性模量进行等效折减，研究表明，折减系数约为 0.8。设老混凝土弹性模量为 E_f，在计算约束应力时，取等效弹性模量如下：

$$E_f'=0.80E_f \tag{6.10-10}$$

然后以 E_f' 作为半平面的弹性模量，由式（6.10-3）～式（6.10-6）计算梁的约束温度应力，并与自生应力叠加。

【算例 6.10-2】 老混凝土上的梁 $\frac{h}{l}=0.20$，$E=E_f$，梁内有均匀温度 T，取 $E_f'=0.80E_f$，故 $\eta=\frac{E_f}{E_f'}=1.25$，$r=0.20$，$\Delta=13463$，由式（6.10-5）、式（6.10-6）算得温度应力如下：

$$\sigma_{上缘}=-0.317\frac{E\alpha T}{1-\mu}$$

$$\sigma_{下缘}=-0.585\frac{E\alpha T}{1-\mu}$$

自生应力为零。温度应力分布如图 6.10-4 所示。

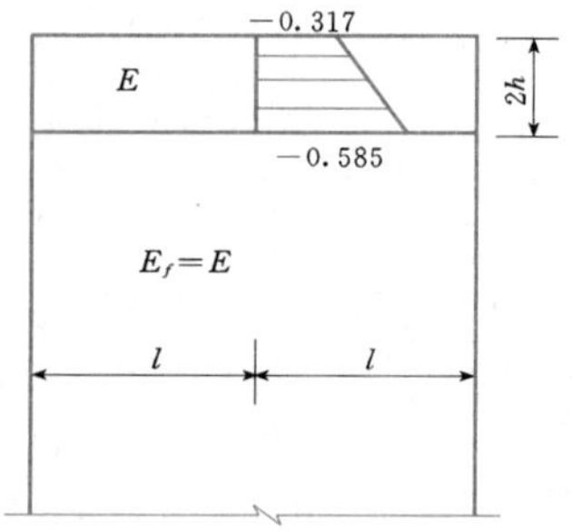

图 6.10-4 老混凝土基础上梁的温度应力分布 $\left(\frac{h}{l}=0.20\right)$

在计算早期混凝土温度应力时，为了考虑弹性模量随龄期的变化，可划分时段，在每一时间段内取温度增量及平均弹性模量，用上述方法计算应力增量，累计得到任一时刻的温度应力。

6.10.3 基础浇筑块在均匀温度作用下的应力[7]

基础约束区的混凝土浇筑块的应力是人们关注的重点，本节介绍基础浇筑块在均匀温度作用下的应力。

浇筑块高度为 H，长度为 L，弹性模量为 E，基础弹性模量为 E_f，浇筑块内有均匀温度 T，基础内温度为零。朱伯芳与宋敬廷用矩形八节点等参数有限单元计算的应力状态如图 6.10-5 及图 6.10-6 所示。由于往往在浇筑块中部产生垂直裂缝，所以工程上对中央断面上的水平应力最感兴趣，通常表示如下：

$$\sigma_x=-R\frac{E\alpha T}{1-\mu} \tag{6.10-11}$$

式中　R——约束系数。

由图 6.10-5 可以看出，约束系数在接触面上最大，随着高度 y 的增加而急剧减小。当高度 $y>0.5L$ 时，约束系数接近于零。所以基础约束高度约为浇筑块长度的 1/2。实际上，约束作用较大的区域在 $y=0.2L$ 以下，称为强约束区。

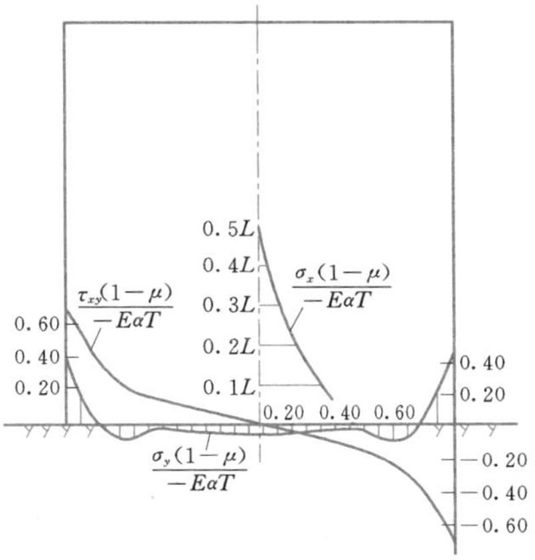

图 6.10-5　浇筑块在均匀温度作用下的弹性应力（$E=E_f$）

图 6.10-6 表示了当$\frac{E}{E_f}$比值不同时的约束系数。由图 6.10-6 可见，对于不同的$\frac{E}{E_f}$，基础约束高度变化不大。但$\frac{E}{E_f}$比值对约束系数的数值影响很显著。$\frac{E}{E_f}$越小，R 越大，并可用式（6.10-12）计算：

$$R=\frac{1}{1+0.639\left(\frac{E}{E_f}\right)^{0.90}} \tag{6.10-12}$$

影响基础约束系数的另一个因素是浇筑块的高长比$\frac{H}{L}$，当 $E=E_f$ 时，不同$\frac{H}{L}$比值的浇筑块的约束系数如图 6.10-7 所示。由图 6.10.7 可见，当$\frac{H}{L}$从 1.0 减小到$\frac{1}{4}$时，约束系数实际上没有什么变化。但当$\frac{H}{L}<\frac{1}{8}$后，约束系数加大，而且沿高度的分布也比较均匀。不难设想，当$\frac{H}{L}$充分小时，薄浇筑块整个高度上的约束系数将趋于 1.00，从而与嵌固板的情况相吻合。

由于薄浇筑块在降温过程中受到的基础约束作用比较大，拉应力沿高度的分布也比较均匀，而且内部降温和表面温度骤降引起的两种拉应力可能叠加，因而增加了产生裂缝的可能性。尤其是表面裂缝发展为贯穿裂缝的可能性很大，因此，在基础面上浇筑薄层混凝土后不宜长期停歇。在长期冷却前，应使浇筑块的高度达到其长度的 1/2 以上。

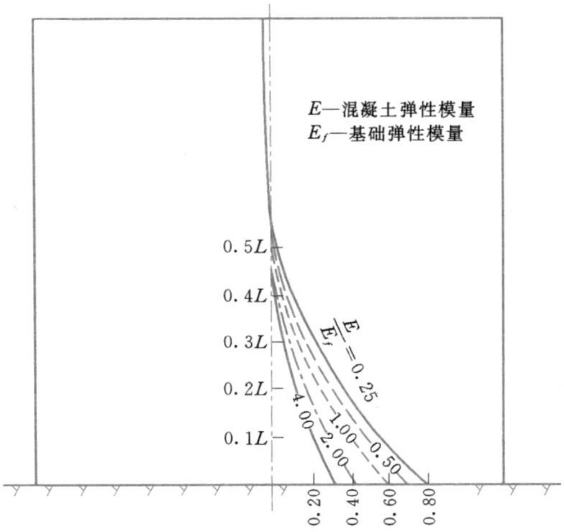

图 6.10-6　$\frac{E}{E_f}$比值不同时浇筑块的约束系数

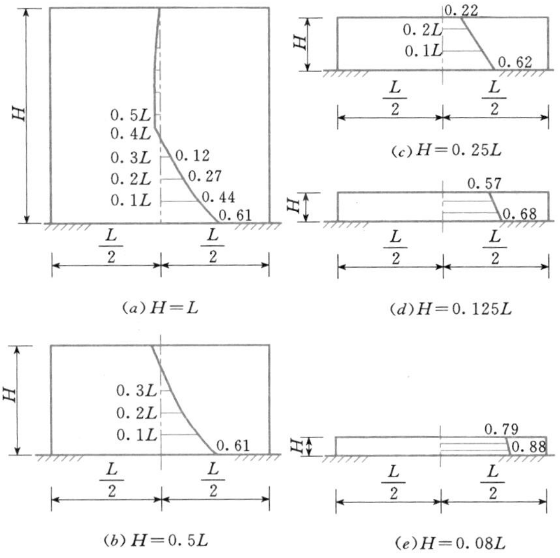

图 6.10-7　高长比不同时浇筑块的约束系数

6.10.4　基础浇筑块在不均匀温度作用下的应力[7]

在混凝土坝施工中，浇筑层厚度通常远比其平面尺寸小，浇筑块的散热主要在铅直方向进行。岩石的传热也主要在铅直方向进行。所以浇筑块内温度在铅直方向往往是不均匀的。只要侧面没有过久的暴露，水平方向的温度分布就可以认为是均匀的。因此，在分析浇筑块内部温度应力时，可以假定温度 $T(y)$ 只是铅直坐标 y 的函数。

如图 6.10-8 所示，浇筑块中央断面上 y 点水平应力 $\sigma_x(y)$ 可计算如下：

$$\sigma_x(y)=-\frac{E\alpha T(y)}{1-\mu}+\frac{1}{L}\sum\frac{E\alpha T(\xi)A_y(\xi)}{1-\mu}\Delta\xi \tag{6.10-13}$$

式中　L——浇筑块长度；

$A_y(\xi)$——应力影响系数。

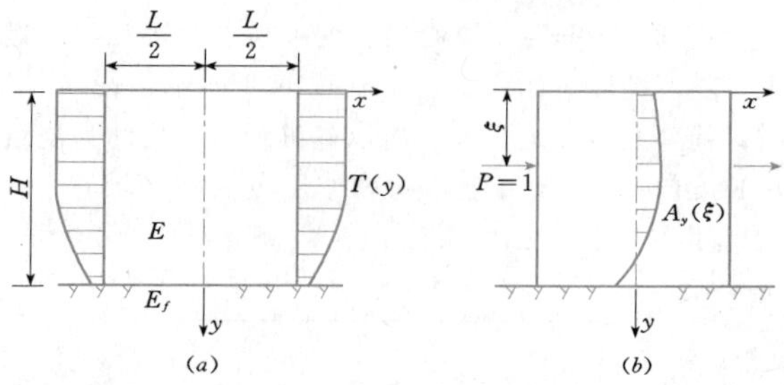

图 6.10-8　基础浇筑块在不均匀温度作用下的应力计算

如图 6.10-8 (b) 所示，应力影响系数 $A_y(\xi)$ 是在 ξ 位置施加单位荷载后在中央断面上 y 点产生的水平向应力。中国水利水电科学研究院求出了 $\frac{E}{E_f}=1$ 及 $\frac{E}{E_f}=0.50$ 两种情况下 $H=L$ 基础浇筑块的应力影响系数，如图 6.10-9 及图 6.10-10 所示。

【算例 6.10-3】　岩基上柱状浇筑块，分层浇筑，均匀上升，混凝土绝热温升 $\theta=20(1-e^{-0.34\tau})$℃，层厚 1.5m，间歇 4d。用单向差分法算得水化热温升 T_K，如图 6.10-11 所示。浇筑块在龄期 1 年时二期水管冷却完毕，进行接缝灌浆。基岩弹性模量与老混凝土相等，浇筑块长度 $L=30$m，计算浇筑块基础部分因水化热温差而产生的晚期温度应力。

由于坝体二期水管冷却时浇筑块各层混凝土已相继硬化，可以认为浇筑块具有均一的弹性模量。由于只计算基础部分的温度应力，可取 $H=L=30$m，按 $\frac{E}{E_f}=1.0$ 的影响线（计算表格略，参见参考

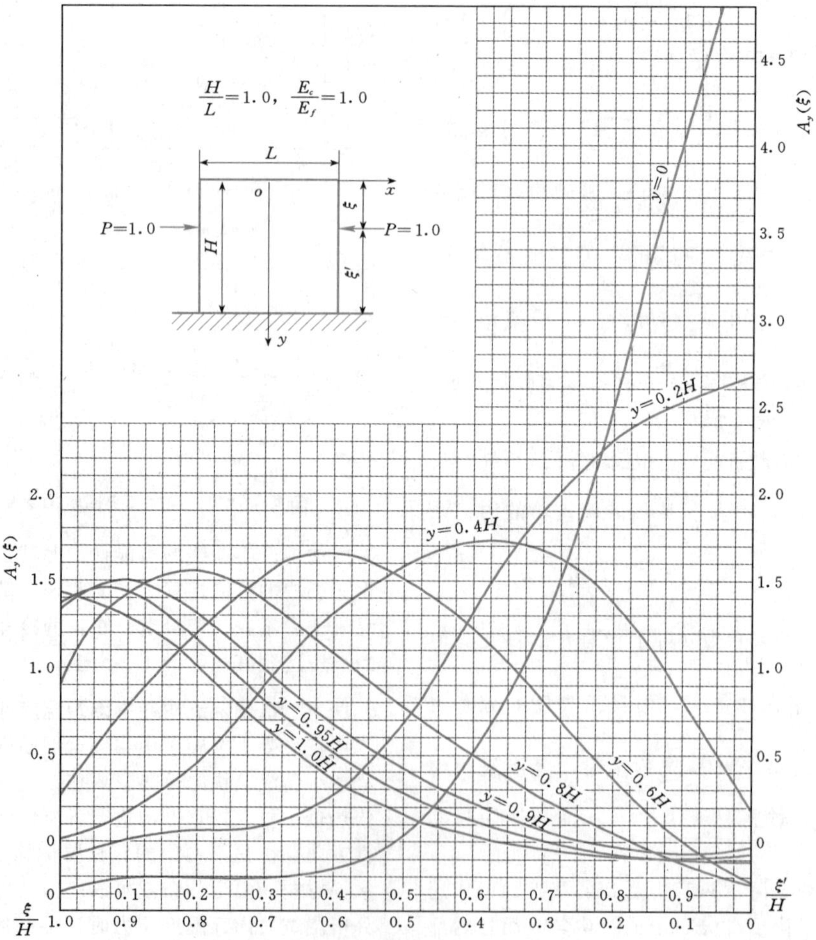

图 6.10-9　浇筑块温度应力影响线（$E_c=E_f$）

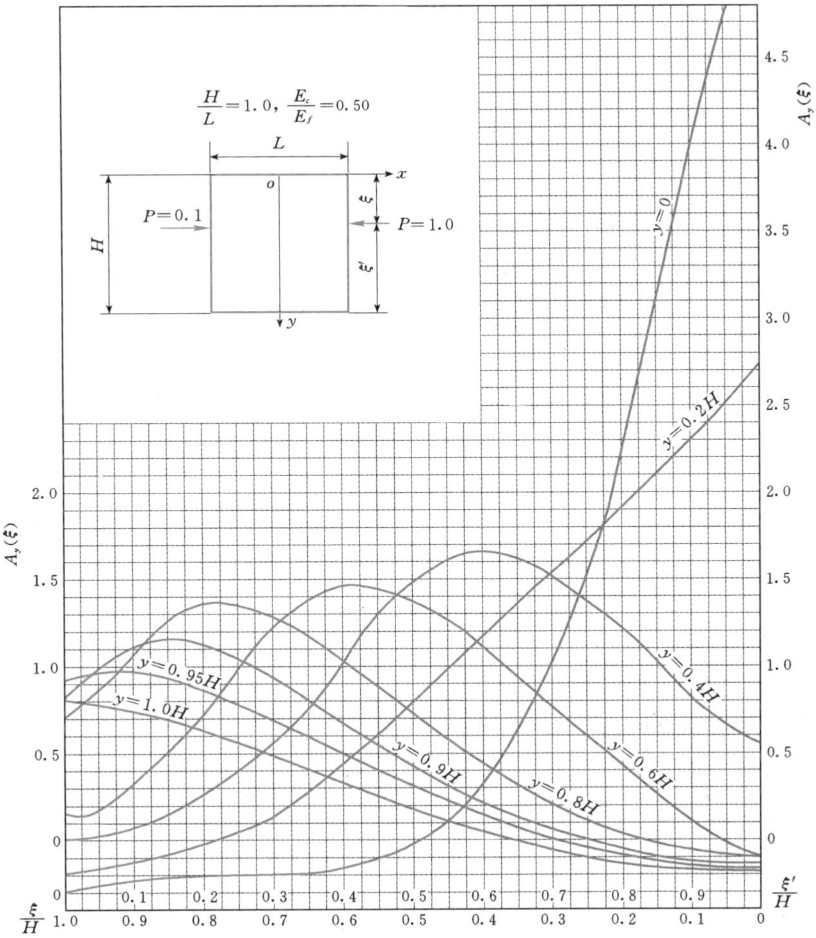

图 6.10-10　浇筑块温度应力影响线 $\left(E_c=\dfrac{E_f}{2}\right)$

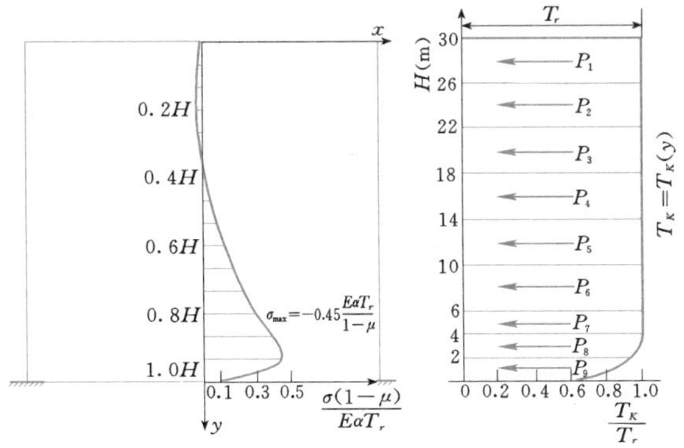

图 6.10-11　基础浇筑块由于水化热而产生的应力

文献［44］）。计算结果绘于图 6.10-11，最大应力为 $-\dfrac{0.45E\alpha T_r}{1-\mu}$，比按约束系数计算的 $-\dfrac{0.61E\alpha T_r}{1-\mu}$ 减小 26%，最大拉应力发生在基础面以上 0.10H 处，基础面上的拉应力反而减小到 $-\dfrac{0.15E\alpha T_r}{1-\mu}$。

【算例 6.10-4】　浇筑块局部冷却时的温度应力。坝体二期冷却是分区进行的，在进行基础面上第一区的冷却时，不但受到基础约束，同时还受到上面未冷却混凝土的约束。设 $L=H=30$m，考虑两种冷却层高度：$\Delta H=10$m 及 $\Delta H=18$m，$E=E_f$，冷却温差分布及应力状态如图 6.10-12 所示。可以看出：①冷却层 ΔH 愈小，温度应力越大；②除了冷却层底部因受基础约束而产生较大拉应力外，在冷却层顶部因受上部混凝土的约束，也会产生较大拉应力，其数值甚至可以超过底部的最大拉应力。当然，冷却层与上部混凝土之间的温差实际上不是突变而是渐变的，因此冷却层顶部的温度应力实际上要小一些。

【算例 6.10-5】　阶梯形温差引起的应力。设温差是阶梯形分布的，$E=E_f$，用影响线计算温度应

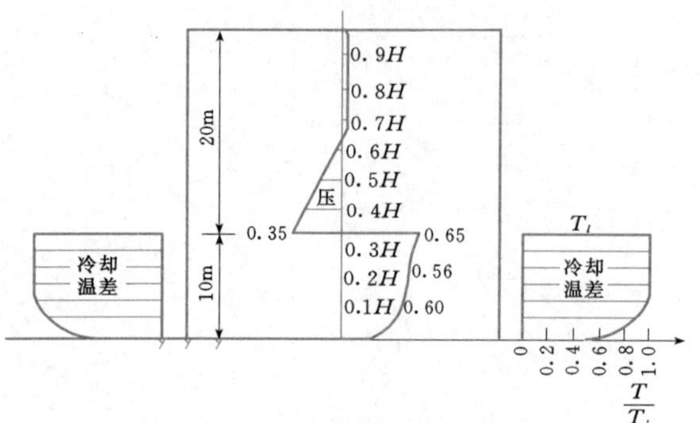

(a) 冷却层高度10m

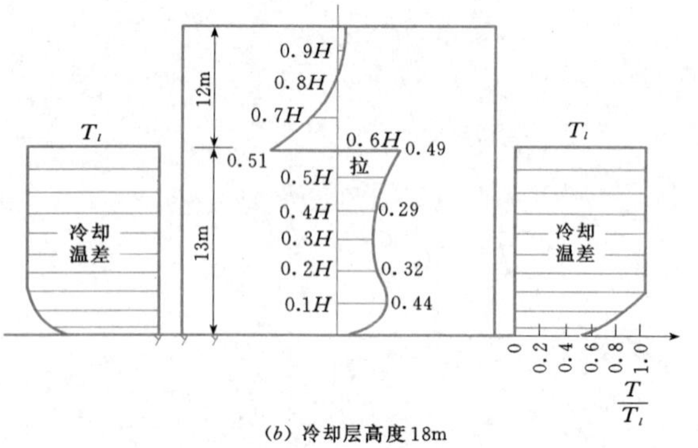

(b) 冷却层高度18m

图 6.10－12　基础浇筑块局部冷却时的温度应力 $\left(\times-\frac{E\alpha T_l}{1-\mu}\right)$

力，在温差发生突变处，温度应力也发生突变，这是由式（6.10－13）右边第一项 $-\frac{E\alpha T(y)}{1-\mu}$ 引起的。计算方法同前，计算结果如图 6.10－13 所示，可见最大拉应力为 $-\frac{0.121E\alpha T_M}{1-\mu}$。

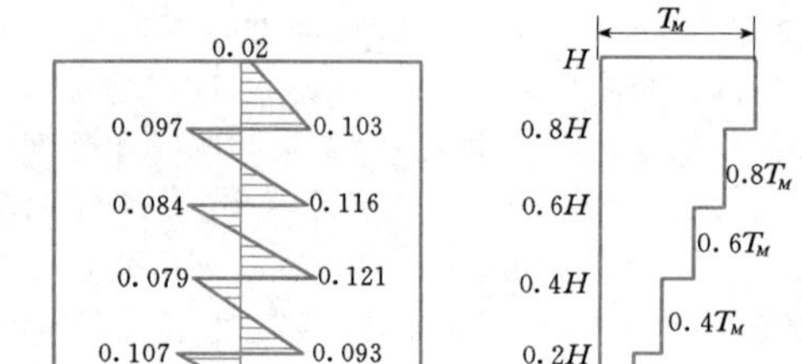

图 6.10－13　阶梯形温差作用下基础浇筑块的温度应力 $\left(\times-\frac{E\alpha T_M}{1-\mu}\right)$

【算例 6.10－6】　温度梯度对浇筑块温度应力的影响。如图 6.10－14 所示，共有四种温度分布图形：①—矩形分布；②、③—梯形分布；④—三角形分布。用影响线计算温度应力。由图 6.10－14 可见，当由矩形分布温差①改变为梯形分布温差②时，最大拉应力值减少了 2/3；如改变为梯形分布温差③，则最大拉应力可减少 3/4，即减小到矩形分布时的 1/4。以上计算结果表明，温降过程中保持良好的温度梯度对降低温度应力的作用是十分显著的。

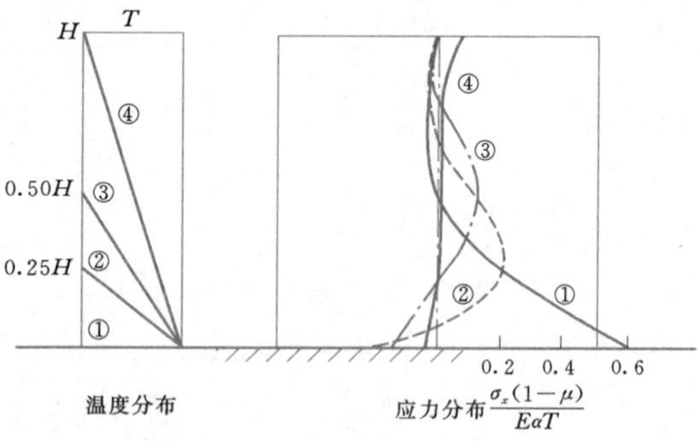

图 6.10－14　温度梯度对基础浇筑块温度应力的影响

在以上计算中，假定混凝土是弹性体，而且弹性模量是常数。事实上混凝土在早期升温阶段会产生一定的压应力，可以抵消一部分后期降温阶段产生的拉应力，考虑这一因素，最大拉应力可减小 15%左右。为了考虑徐变的影响，可以把弹性应力乘以松弛系数，也可以在混凝土部分采用长期弹性模量。后一种算法更合理一些。

【算例 6.10－7】　分期冷却对浇筑块温度应力的影响[29, 54]。坝块长度 $L=60$m，高度 $H=60$m，浇筑层厚 3.0m，间歇 7d，绝热温升 $\theta(\tau)=\frac{25\tau}{1.7+\tau}$，浇筑温度 $T_0=25$℃，气温 $T_a=25$℃，基岩初温 25℃。水管间距：下部 $y=0\sim6$m，1.0m×0.5m；上部 $y=6\sim60$m，1.5m×1.5m。分两种方案进行计算：①两期冷却方案，即一期冷却停水后，封拱灌浆前进行二期冷却：一期冷却，$\tau=0\sim20$d，$T_w=20$℃；二期冷却，从 $\tau=240$d 开始，水温 $T_w=10$℃，冷到 $T_f=12$℃结束；②考虑中期冷却方案，即在一期、二期冷却之间加一次中期冷却：一期冷却，$\tau=0\sim20$d，$T_w=20$℃；中期冷却，从 $\tau=150\sim200$d 开始，$T_w=15$℃；二期冷却，从 $\tau=240$d 开始，$T_w=10$℃，冷到 $T_f=12$℃结束。

图 6.10－15 表示了两个冷却方案的应力包络图。两期冷却方案最大拉应力为 2.73MPa，超过了容许拉应力 2.10MPa；增加中期冷却后，最大拉应力 1.90MPa，低于容许拉应力。

图 6.10－16 表示了两期冷却方案中基岩上第 1 层、2 层、3 层中点应力过程线，为了压低水化热温

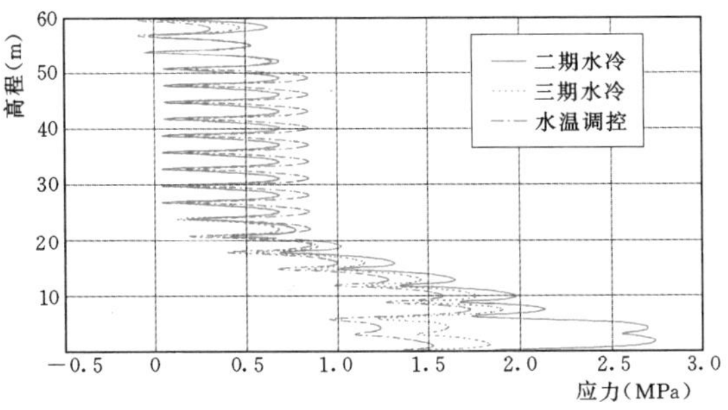

图 6.10-15 不同冷却方案的应力包络图

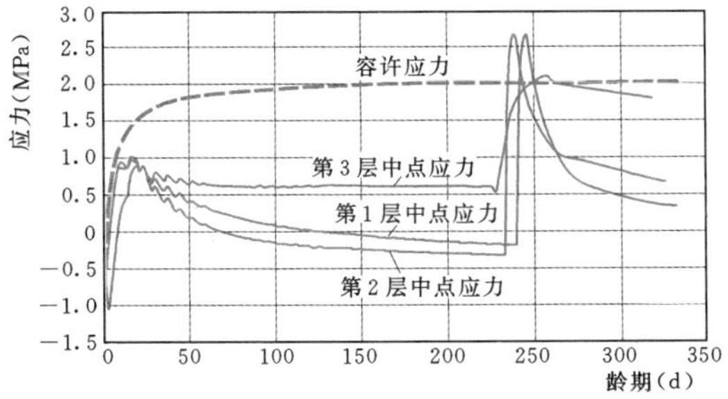

图 6.10-16 二期冷却基岩上第1层、2层、3层中点应力过程线

升，第1层、2层水管较密，间距为1.0m×0.5m，在二期冷却开始时，因冷却较快，应力迅速上升，以致超过容许拉应力。图6.10-17表示了增加中期冷却后的应力过程线，在中期冷却中，第1层、2层应力仍迅速上升，但因水温较高 $T_w=15℃$，最大温度应力未超过容许应力；由于徐变，应力逐步降低，到二期冷却开始后，虽然应力迅速上升，但并未超过容许拉应力，高峰过后，应力也逐渐降低。

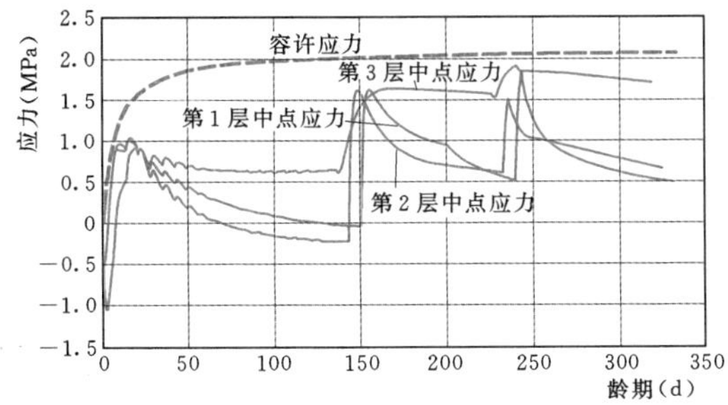

图 6.10-17 增加中期冷却后基岩上第1层、2层、3层中点应力过程线

6.10.5 基础浇筑块温度应力近似计算

假定基础块温度应力为单连域线弹性应力问题，分别计算浇筑温度与稳定温度之差所引起的温度应力 σ_1 和水化热温降引起的温度应力 σ_2，然后进行叠加：

$$\sigma = \sigma_1 + \sigma_2 \qquad (6.10-14)$$

1. 浇筑温度与稳定温度的温差应力 σ_1

浇筑温度与稳定温度的差为均匀温度场，其应力可用约束系数法求得：

$$\sigma_1 = K_p \frac{RE_c a}{1-\mu}(T_p - T_f) \qquad (6.10-15)$$

式中 K_p——由混凝土徐变引起的应力松弛系数，在缺乏试验资料时，可取0.5；

R——基础约束系数，当混凝土弹性模量 E_c 和基岩弹性模量 E_R 相近时，R 可按表6.10-1取值，当混凝土弹性模量 E_c 和基岩弹性模量 E_R 不相等时，建基面处 R 可按表6.10-2取值，建基面以上 R 值可按比例折算；

E_c——混凝土弹性模量，MPa；

μ——混凝土的泊松比；

a——混凝土的线膨胀系数，1/℃；

T_p——混凝土浇筑温度，℃；

T_f——坝体稳定温度，℃。

表 6.10-1 基础约束系数

$\frac{y}{L}$	0	0.1	0.2	0.3	0.4	0.5
R	0.61	0.44	0.27	0.16	0.10	0

注 y 为计算点离建基面的高度，m；L 为浇筑块长边尺寸，m。

表 6.10-2 建基面基础约束系数

$\frac{E_c}{E_f}$	0	0.5	1.0	1.5	2.0	3.0	4.0
R	1.0	0.72	0.61	0.51	0.44	0.36	0.32

2. 水化热温降应力 σ_2

可将基础块各层水化热最高温升包络图作为计算温差，按影响线法计算：

$$\sigma_2 = \frac{K_p E_c \alpha}{1-\mu}\left[T(y) - \frac{1}{l}\sum A_y(\xi)T(\xi)\Delta y\right] \qquad (6.10-16)$$

式中 E_c——混凝土弹性模量，MPa；

$T(y)$——应力计算点 y 处的温度值，℃；

$A_y(\xi)$——在 $y=\xi$ 处加一对单荷载 $P=1$，对计算点 y 所产生的正应力影响系数，可由图6.10-9和图6.10-10查取；

$T(\xi)$——在 $y=\xi$ 处的温度，℃；

Δy——坐标 y 的增量，m；

l——浇筑块长边尺寸，m。

6.10.6 脱离基础约束的浇筑块的温度应力

本节说明如何计算已脱离基础约束的高浇筑块，由于上下层温差及内外温差而产生的温度应力。

6.10.6.1　上下层温差梯度产生的温度应力

在长期停歇的浇筑块上部，由于气温的变化、过水时的温度冲击、寒潮等因素，往往会在铅直方向产生较大的温差。在经过长时间停歇的老混凝土上浇筑新混凝土，由于新混凝土中的水化热及浇筑温度的变化等因素，也会形成较大的上下层温差。由于浇筑块的平面尺寸比较大，通常等温线近于水平，设温度 $T(y)$ 是铅直方向坐标 y 的函数，如图 6.10-18 所示，可用单向差分法计算。应力用影响线计算，按平面应变问题考虑，中央断面 $x=0$ 上的水平正应力可计算如下：

$$\sigma_x(y)=\frac{E\alpha}{1-\mu}\left[-T(y)+\frac{1}{L}\sum_{i=1}^{n}A_y(\xi)T(\xi_i)\Delta\xi_i\right] \tag{6.10-17}$$

式中　L——浇筑块宽度，m；

E——弹性模量，MPa；

α——线膨胀系数，1/℃；

μ——泊松比；

$A_y(\xi)$——高浇筑块的应力影响系数，如图 6.10-19 所示。

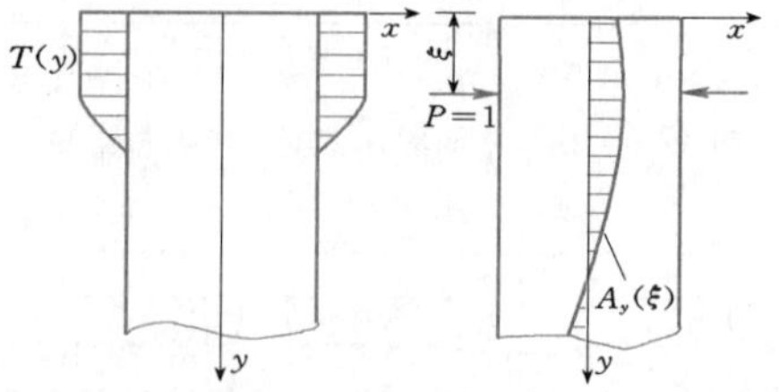

图 6.10-18　上下层温差应力计算

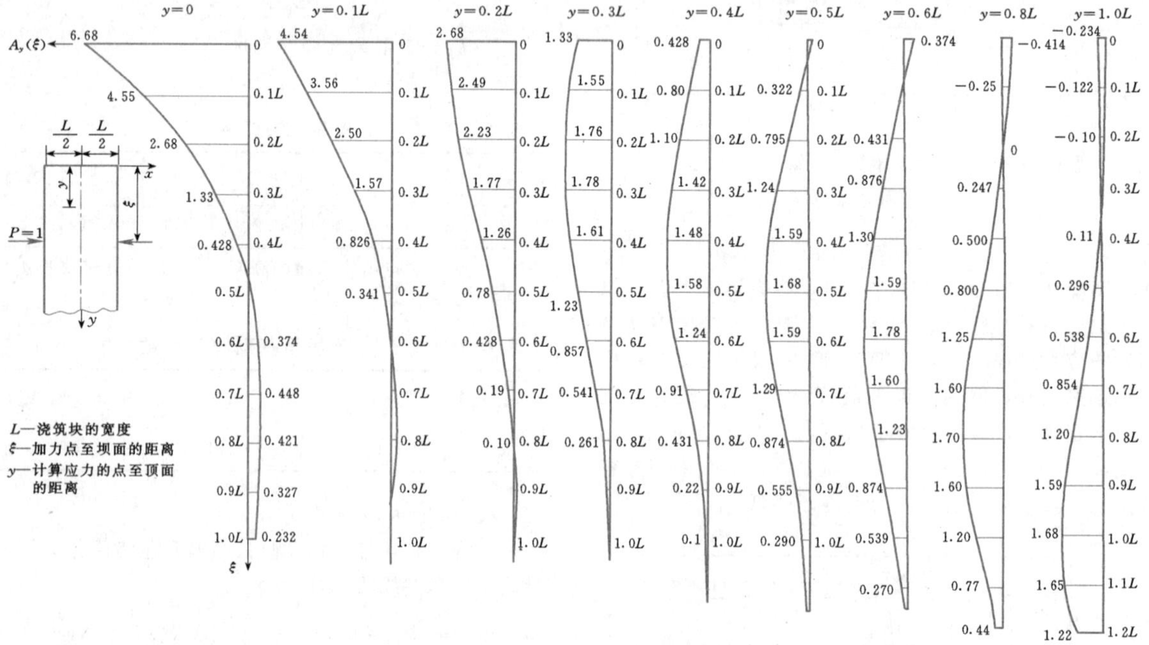

图 6.10-19　高浇筑块的应力影响线

为了考虑徐变，算得的应力可再乘以松弛系数 K_p，或者用长期弹性模量代替式中的瞬时弹性模量。

6.10.6.2　内外温差梯度产生的温度应力

在宽缝重力坝的施工中会出现并列浇筑块，其水平剖面如图 6.10-20 所示。在相邻坝块之间热量传递很少，块体中热量主要向宽缝面传导，取坐标 y 垂直于宽缝表面，块体中的温度场是坐标 y 的函数 $T(y)$，浇筑块中央断面上的应力也可用式（6.10-17）计算，但 $A_y(\xi)$ 应采用图 6.10-21 中方形浇筑块的应力影响系数。至于实体重力坝，如侧面暴露时间很长，浇筑块内出现较大的内外温差，温度应力也可以用上述方法计算。

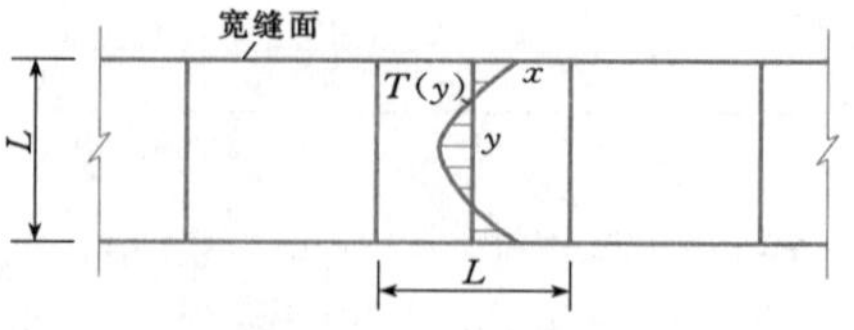

图 6.10-20　并列柱状浇筑块

6.10.6.3　年温度变化在坝体表面引起的温度应力

外界温度的年变化在重力坝的上下游表面可以引起相当大的应力。水温，尤其是深水温度，变幅较小，引起的应力也较小。气温的变幅较大，引起的应力也较大。

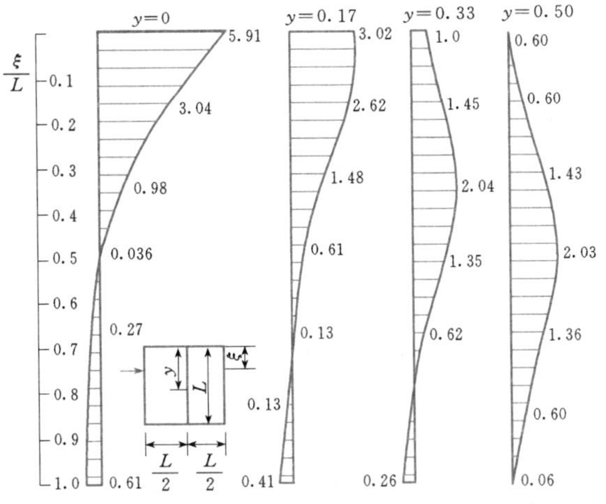

图 6.10-21 方形浇筑块中央断面上应力影响线

坝体表面温度年变化可用余弦函数表示为

$$T(\tau)=A_0\cos\frac{2\pi\tau}{P} \tag{6.10-18}$$

式中 A_0——表面温度年变幅，℃；

P——周期，年。

如图 6.10-22 所示，在垂直于表面方向，深度 y 处的温度为

$$T(y,\tau)=A_0e^{-qy}\cos\left(\frac{2\pi\tau}{P}-qy\right) \tag{6.10-19}$$

其中 $$q=\sqrt{\frac{\pi}{aP}}$$

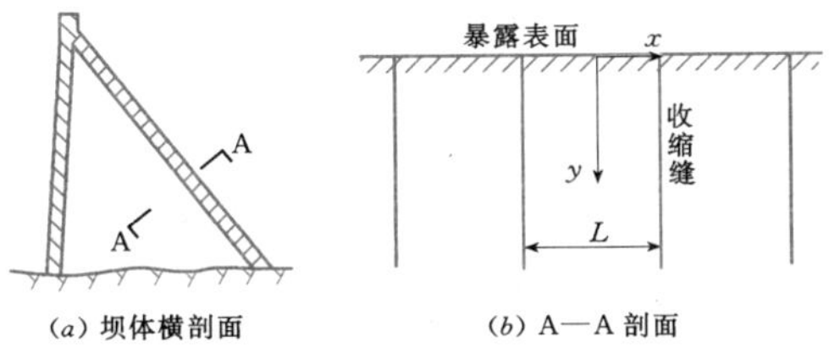

图 6.10-22 重力坝下游面

在平行于坝面的方向 z，温度应力可按照弹性半平面问题计算如下：

$$\sigma_z(y,\tau)=-\frac{E\alpha A_0}{1-\mu}e^{-qy}\cos\left(\frac{2\pi\tau}{P}-qy\right) \tag{6.10-20}$$

在水平方向的应力 σ_x，可利用影响线法计算。把式（6.10-19）代入式（6.10-17），利用图 6.10-9 所示高浇筑块应力影响线，可求出坝段中心剖面上的温度应力。在坝体表面，温度变幅最大，温度应力也最大。瓦西列夫利用弹性地基上半无限长梁反力影响线代替图 6.10-9 中 $y=0$ 的半无限长条应力影响线，其表达式为

$$A_{y=0}(\xi)=\frac{6.72}{L}e^{-3.36\xi/L}\cos\frac{3.36\xi}{L} \tag{6.10-21}$$

式（6.10-21）与图 6.10-9 中 $y=0$ 的影响线符合得相当好，误差在 3%以下。把式（6.10-19）、式（6.10-21）代入式（6.10-17），得到坝体表面（$y=0$）处得水平应力如下：

$$\begin{aligned}\sigma_{x0}&=-\frac{E\alpha A_0}{1-\mu}\left[\cos\frac{2\pi\tau}{P}-\frac{6.72}{L}\int_0^{\infty}e^{-(q+3.36/L)\xi}\right.\\&\left.\quad\times\cos\frac{3.36\xi}{L}\cos\left(\frac{2\pi\tau}{P}-q\xi\right)d\xi\right]\\&=-\frac{E\alpha A_0r}{1-\mu}\cos\left(\frac{2\pi\tau}{P}-\eta\right)\end{aligned} \tag{6.10-22}$$

其中

$$\left.\begin{aligned}&r=\sqrt{b^2+c^2},\ \eta=\tan^{-1}\left(\frac{c}{b}\right),\ q=\sqrt{\frac{\pi}{aP}}\\&b=1-6.72\left(\frac{1}{4qL+13.44}+\frac{3.36+qL}{4q^2L^2+45.2}\right)\\&c=6.72\left(\frac{1}{4qL+13.44}-\frac{3.36-qL}{4q^2L^2+45.2}\right)\end{aligned}\right\} \tag{6.10-23}$$

由式（6.10-23）可知，当 $\frac{2\pi\tau}{P}=\eta$ 时，表面温度应力达到最大值：

$$\sigma_{x0}=-\frac{E\alpha A_0r}{1-\mu} \tag{6.10-24}$$

取导温系数 $a=0.0040m^2/h$，周期 $P=1$ 年，求得坝体表面最大弹性温度应力如图 6.10-23 所示。其中 L 为收缩缝间距，即坝段宽度，由图 6.10-23 可见分缝间距 L 与温度应力的关系。

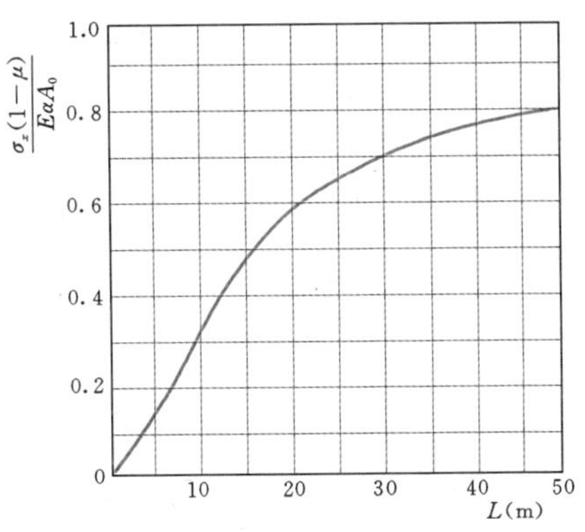

图 6.10-23 年温变化在重力坝表面产生的温度应力

6.11　气温骤降引起的温度应力和表面保温[7]

6.11.1　气温骤降引起的温度应力

根据《水工混凝土施工规范》（DL/T 5144—2001）的规定：气温骤降指日平均气温在 2～3d 内连续下降累计 6℃以上，寒潮指日平均气温在 5℃以下时的气温骤降。

实践经验表明，大体积混凝土所产生的裂缝，绝大多数都是表面裂缝，但其中有一部分后来会发展为深层或贯穿性裂缝，影响结构的整体性和耐久性，危害很大。不论是南方还是北方，气温骤降是引起混凝土表面裂缝的重要原因，因此在设计中应分析当地气温资料，列出各月的气温骤降次数、气温降低幅度及降温历时。用朱伯芳建议的下列方法可计算气温骤降引起的温度应力。

气温骤降期间气温的变化近似地用图 6.11-1 中的折线表示，相应的公式为

$$\left.\begin{aligned}&\text{当 } 0\leqslant\tau\leqslant Q \text{ 时} \qquad T_a = k\tau\\&\text{当 } Q\leqslant\tau\leqslant 2Q \text{ 时} \qquad T_a = k\tau - 2k(\tau - Q)\end{aligned}\right\} \tag{6.11-1}$$

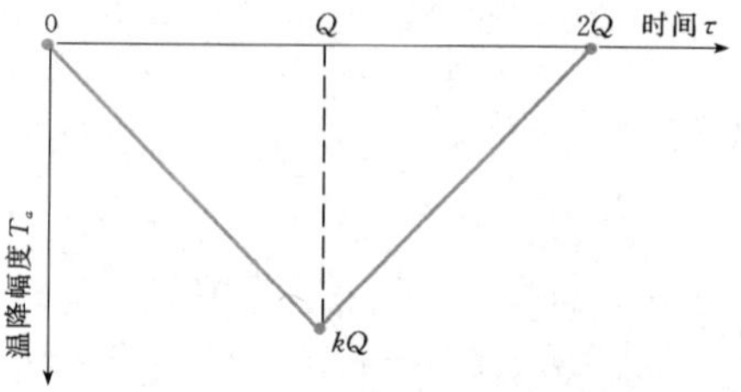

图 6.11-1　典型气温骤降过程

气温骤降期间，混凝土内的温度变化只限于极浅的表层部分，深度只有 20～30cm，因此温度变形受到完全约束，产生较大应力。按厚度为 $2R$ 的无限大平板计算。

$$T(x,\tau) = k\tau - \frac{k}{2a}\left[R^2\left(1+\frac{2\lambda}{\beta R}\right) - x^2\right] + \frac{kP^2}{a}\sum_{n=1}^{\infty}\frac{A_n}{\mu_n^2}\cos\left(\frac{\mu_n x}{R}\right)\exp\left(-\mu_n^2\frac{a\tau}{R^2}\right) \tag{6.11-2}$$

在表面上温度最低、应力最大，式（6.11-2）中令 $x=R$，得到表面温度：

$$T(R,\tau) = k\tau - \frac{\lambda kR}{\beta a} + \frac{kR^2}{a}\sum_{n=1}^{\infty}\frac{A_n}{\mu_n^2}\cos\mu_n\exp\left(-\mu_n^2\frac{a\tau}{R^2}\right) \tag{6.11-3}$$

$$A_n = \frac{2\sin\mu_n}{\mu_n + \sin\mu_n\cos\mu_n}$$

式中　λ——导热系数，kJ/(m・h・℃)；

a——导温系数，m^2/h；

μ_n——特征方程 $\cot\mu_n - \frac{\lambda}{\beta R}\mu_n = 0$ 的根；

β——表面放热系数，kJ/(m^2・h・℃)。

由式（6.11-3）算得的温度如图 6.11-2 及图 6.11-3 所示。由于温度变化时间短，影响深度很浅，温度变形受到完全约束，弹性温度应力为 $\sigma = \frac{E\alpha T(\tau)}{1-\mu}$，考虑混凝土徐变后的应力 $\sigma^*(t)$ 可按式（6.11-4）计算（写成无量纲形式）：

$$\frac{(1-\mu)\sigma^*(t)}{E\alpha T_0} = \frac{1}{T_0}\sum K(t,\tau)\Delta T(\tau) \tag{6.11-4}$$

式中　$K(t,\tau)$——混凝土的松弛系数；

T_0——温降幅度，℃。

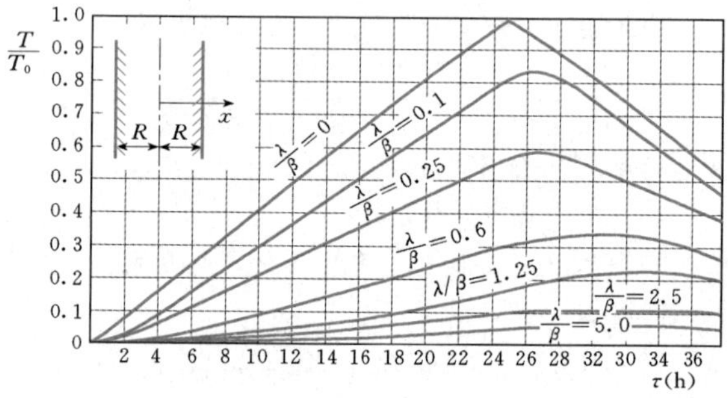

图 6.11-2　Q=1d 的表面温度过程线

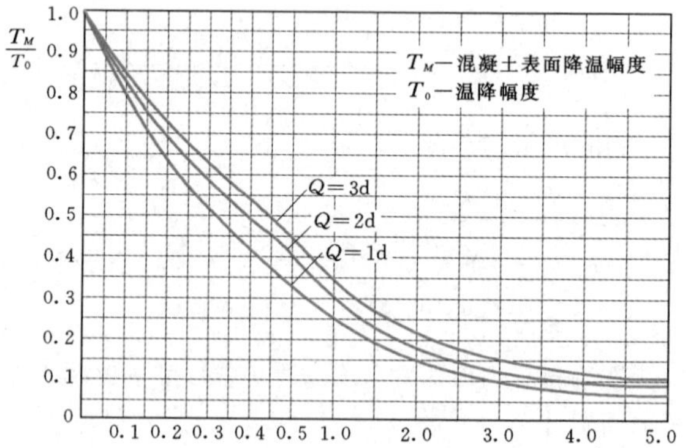

图 6.11-3　气温骤降期间混凝土表面最低温度

6.11.2　表面保温对温度应力的影响

理论分析与实践经验都表明，表面保温是防止表面裂缝的最有效措施。由图 6.11-2 也可以看出表面保温 $\frac{\lambda}{\beta}$ 对混凝土表面降温幅度的影响十分显著。通

过计算不同季节温度骤降引起的温度应力，不同季节可采取不同的表面保温措施。

【算例 6.11-1】 当混凝土坝块厚度在 5m 以上时，由于降温历时很短，厚度对表面温度影响不大。计算厚度为 10m 的无限平板，导温系数 $a=0.0040\text{m}^2/\text{h}$，表面最大弹性徐变应力如图 6.11-4 所示。由图 6.11-4 可见，随着保温能力的加强，即 $\frac{\lambda}{\beta}$ 的增加，表面温度应力急剧减小。

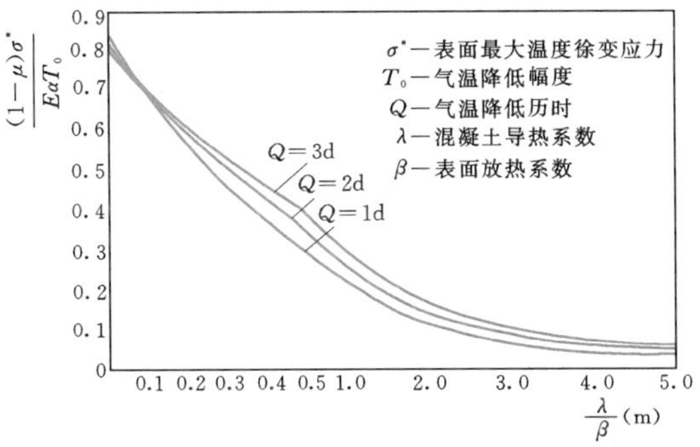

图 6.11-4　保温层对气温骤降期间表面最大温度徐变应力的影响

【算例 6.11-2】 用中国水利水电科学研究院开发的 SAPTIS 程序进行计算[29]，取两个浇筑块长 60m 和 20m，以模拟坝段厚度和宽度方向，计算模型如图 6.11-5 所示。考虑 2d 气温骤降 8℃（温降过程如图 6.11-6 所示），导温系数 $a=0.003239\text{m}^2/\text{h}$，线膨胀系数为 $8.26\times10^{-6}/℃$，A 区混凝土的混凝土弹性模量为 $E(\tau)=33e^{-0.480\tau^{0.308}}$（GPa），泊松比为 0.189，基础变模取 30GPa，泊松比为 0.19。按照考虑保温与不考虑保温两种情况分别计算，不保温时表面放热系数为 47.1kJ/(m² · h · ℃)，采取表面保温措施时等效放热系数 $\beta=10\text{kJ}/(\text{m}^2\cdot\text{h}\cdot℃)$，各工况下在气温骤降荷载作用下的温度应力见表 6.11-1，60m 块长不保温情况下最大温度应力沿深度的分布如图 6.11-7 所示。

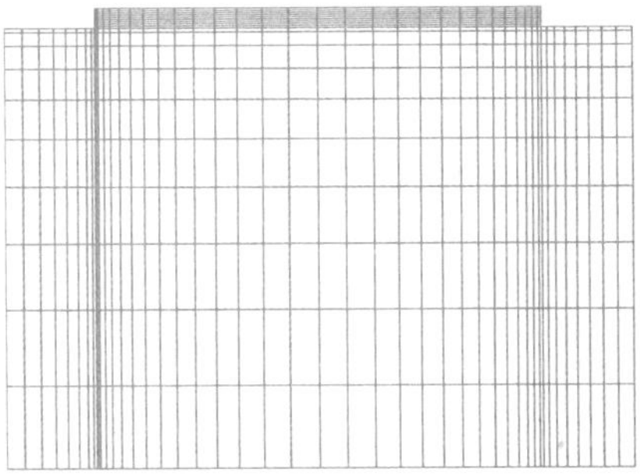

图 6.11-5　计算网格图

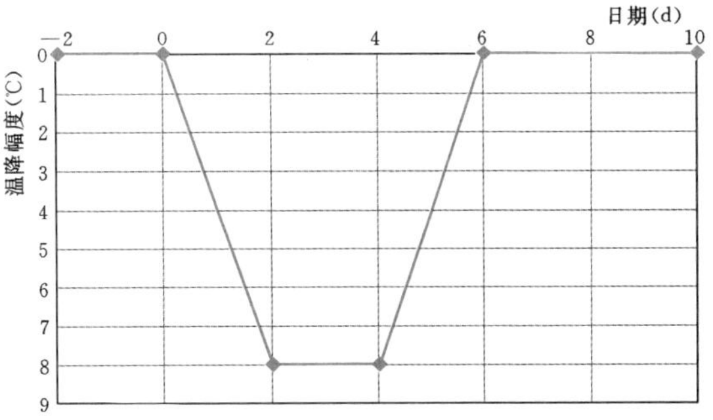

图 6.11-6　典型气温骤降过程

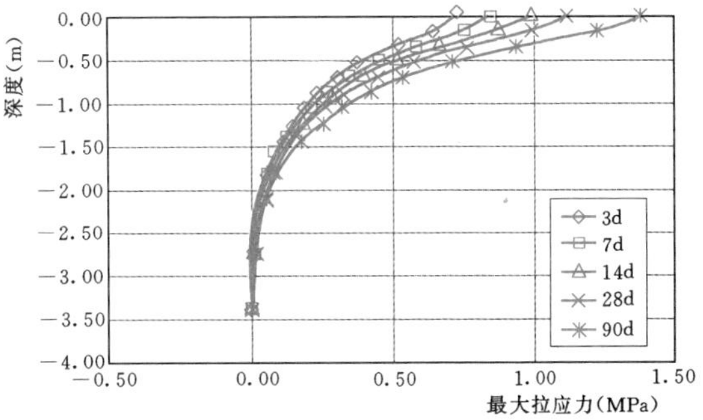

图 6.11-7　60m 浇筑块不保温情况下最大温度应力沿深度的分布

由上可知，60m 块长 90d 龄期混凝土气温骤降产生的表面温度应力最大值为 1.36MPa，温度应力沿深度方向迅速衰减，1m 深处最大值为表面最大值的 25%；20m 块长与 60m 块长的混凝土在气温骤降作用下的最大应力差别不大，保温能有效降低气温骤降产生的温度应力，等效放热系数取 10kJ/(m² · h · ℃) 时，能削减温度应力幅度将近 50%。

表 6.11-1　**2d 温降 8℃ 表面最大应力**　单位：MPa

浇筑块长度(m)	表面保护	龄期(d)				
		3	7	14	28	90
20	无保温	0.66	0.82	0.90	1.05	1.26
	有保温	0.32	0.38	0.44	0.52	0.65
60	无保温	0.72	0.88	0.96	1.12	1.36
	有保温	0.38	0.44	0.50	0.57	0.70

6.11.3 保温材料与表面保温效果的估算

当混凝土表面覆盖有保温材料时，混凝土表面的模板或保温层对温度的影响可用等效放热系数 β_s 来考虑。其计算方法和有关材料的具体参数见式 (6.2-16)、式 (6.2-17) 及表 6.2-2。

朱伯芳计算了外界温度周期变化对混凝土内部温度的影响，用式（6.11-5）表示：

$$\Delta T(x) = Ae^{-x\sqrt{\frac{\pi}{aP}}} \qquad (6.11-5)$$

式中　$\Delta T(x)$——距离表面 x 的温度变幅，℃；

A——外界温度变幅，℃；

a——混凝土导温系数，m^2/h；

P——温度变化周期，年。

利用这一公式，可以得到不同等效放热系数的材料保温后混凝土表面温度变幅与外界温度变幅比之间的关系。基于这一关系，可以通过简单的现场温度监测估算出工程所采用的保温措施的实际保温效果。设 $a=0.08m^2/d$，混凝土导热系数 $\lambda=8.3kJ/(m\cdot h\cdot ℃)$，计算成果见表 6.11-2。

表 6.11-2　不同等效放热系数条件下的虚厚度和混凝土表面的温度变化幅度

等效放热系数 [kJ/(m²·h·℃)]	虚厚度 (m)	混凝土表面温度变幅与外界温度变幅之比	
		P=1d（昼夜温差）	P=365d（年气温变化）
3	2.77	0.00	0.40
5	1.66	0.00	0.58
10	0.83	0.01	0.76
15	0.55	0.03	0.83
20	0.42	0.07	0.87

6.12　水闸和船闸温度应力

6.12.1　水闸和船闸温度应力的主要特征

水闸和船闸通常为现浇钢筋混凝土结构，是由建在岩基或软基上的底板及在底板上浇筑的闸墙所围成的箱体结构。底板浇筑后，水化热温升逐步消散使底板产生收缩变形，这种变形受到基础的约束就会在底板内产生温度应力。另外，水闸和船闸结构是先浇筑底板，再在底板上浇筑闸墩或闸墙，通常在浇筑闸墩或闸墙时，底板中的水化热温升已大部分消散，其内部温度逐渐接近外界介质的温度。而刚刚浇筑的闸墩或闸墙由于水化热温升的作用，其内部温度与底板温度会形成较大的温差。这样，底板与闸墙在冷却收缩过程中变形不一致，闸墙的变形大于底板的变形，使得闸墙变形受到底板较大的约束，同时，底板也受到闸墙变形的影响。

水闸和船闸的底板在长、宽方向尺寸较大，而厚度较薄；闸墙、闸墩、边墩在长、高方向尺寸较大，而墩厚较薄，都不易形成一个恒温场，混凝土内温度随外界气温而变化。在混凝土浇筑时，水化热温升使混凝土温度达到最高，建成后在低温季节混凝土温度降至最低，施工及运行过程中的温度差可能致使结构产生的温度应力超过混凝土的抗拉强度而开裂。建在软基上的水闸闸墩要受到底板的约束；建在岩基上的水闸，不但闸墩受底板的约束，而且底板还要受基岩的约束。鉴于水闸和船闸的结构和约束特点，如果结构布置不当、温控措施不力，就容易产生较大的温度应力，从而导致温度裂缝的产生。

严格地说，船闸和水闸的温度应力是三维应力问题。另外，由于实际工程中船闸和水闸的结构外形较复杂，求出精确解是比较困难的。目前，很多大中型船闸和水闸的温度应力都采用数值解法，常用的是有限单元法，其基本原理与方法见 6.5 节。本节主要介绍朱伯芳于 1974 年提出的一套能满足工程需要的实用简化计算方法。

6.12.2　软基上水闸和船闸温度应力[17]

软基的约束作用较小，底板一般不出现贯穿性裂缝，但当闸墙、闸墩与底板连为整体时，如果它们之间存在温差，由于闸墙或闸墩受到底板约束，在闸墙或闸墩上就会产生拉应力，从而可能引起裂缝。

6.12.2.1　船闸闸墙温度应力

软基上船闸的计算模型及坐标系如图 6.12-1 所示，闸墙与底板互相垂直，所有外部荷载均等于零，只考虑温度应力，全部外表面都考虑成自由面。

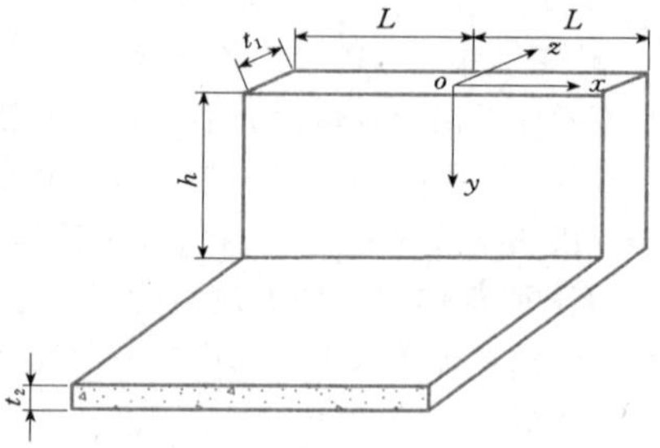

图 6.12-1　船闸计算模型

1. 自生应力

如果假设闸墙中的温度是均匀的，则闸墙中的自生温度应力为零；如果假定温度只沿厚度方向（z 方向）变化，则闸墙中的自生温度应力可以按自由板温度应力计算（参见本卷第 6 章 6.9 节）。

2. 约束应力

记闸墙厚度为 t_1，高度为 h，长度为 $2L$，弹性模量为 E_1。假设底板是半无限长条（见图 6.12-2），

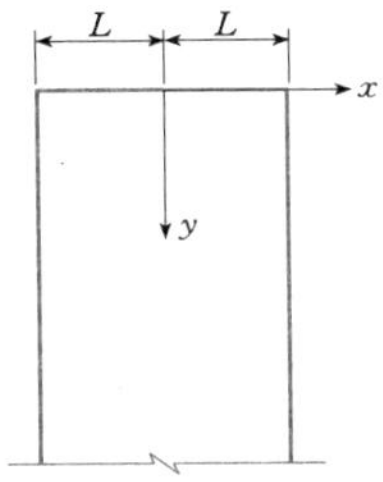

图 6.12-2 半无限长条

顺水流方向长度与闸墙长度相同，为 $2L$，底板厚度为 t_2，弹性模量为 E_2。假设闸墙具有均匀温度 T_0+T_1，底板温度为 T_1，即闸墙和底板之间的相对温差为 T_0。由于底板的约束作用，在闸墙中产生的约束温度应力的应力函数可以取为

$$F=\sum_{i=1}^{\infty}\cos\lambda_i x(A_i \mathrm{ch}\lambda_i y+B_i \mathrm{sh}\lambda_i y+C_i y\mathrm{ch}\lambda_i y+D_i y\mathrm{sh}\lambda_i y) \qquad (6.12-1)$$

式中 A_i、B_i、C_i、D_i——待定系数；

λ_i——特征值。

式（6.12-1）中的 A_i、B_i、C_i、D_i、λ_i 可由闸墙的边界条件确定。

由于底板的约束作用，在闸墙中产生的温度应力 σ_x、σ_y、τ_{xy} 可以按式（6.12-2）～式（6.12-4）计算：

$$\sigma_x=\sum_{i=1}^{\infty}\lambda_i D_i\cos\lambda_i x[q_i(\mathrm{sh}\lambda_i y+\lambda_i y\mathrm{ch}\lambda_i y)+2\mathrm{ch}\lambda_i y+\lambda_i y\mathrm{sh}\lambda_i y] \qquad (6.12-2)$$

$$\sigma_y=-\sum_{i=1}^{\infty}\lambda_i D_i\cos\lambda_i x[q_i(\lambda_i y\mathrm{ch}\lambda_i y-\mathrm{sh}\lambda_i y)+\lambda_i y\mathrm{sh}\lambda_i y] \qquad (6.12-3)$$

$$\tau_{xy}=\sum_{i=1}^{\infty}\lambda_i D_i\sin\lambda_i x[q_i\lambda_i y\mathrm{sh}\lambda_i y+\mathrm{sh}\lambda_i y+\lambda_i y\mathrm{ch}\lambda_i y] \qquad (6.12-4)$$

其中

$$\lambda_i D_i=\frac{4E_1\alpha T_0(-1)^i}{(2i-1)\pi H_i} \qquad (6.12-5)$$

$$q_i=\frac{\beta_i\mathrm{sh}\beta_i}{\mathrm{sh}\beta_i-\beta_i\mathrm{ch}\beta_i} \qquad (6.12-6)$$

$$\lambda_i=\frac{(2i-1)\pi}{2L} \qquad (6.12-7)$$

式（6.12-5）和式（6.12-6）中：

$$\left.\begin{aligned}H_i&=(q_i+\rho)(\mathrm{sh}\beta_i+\beta_i\mathrm{ch}\beta_i)+(1+\rho q_i)\beta_i\mathrm{sh}\beta_i+2\mathrm{ch}\beta_i\\ \beta_i&=\lambda_i h\\ \rho&=\frac{2t_1E_1}{t_2E_2}\end{aligned}\right\} \qquad (6.12-8)$$

【算例 6.12 1】 船闸闸墙高度 $h=9.0$m，长度 $2L=18.0$m，厚度 $t_1=1.5$m，闸墙混凝土线膨胀系数为 α，弹性模量为 E_1，均匀温降为 $-T$。底板厚度 $t_2=1.8$m，顺水流方向长度与闸墙长度相同，垂直水流方向宽度为半无限大，弹性模量 $E_2=E_1=E$，按式（6.12-2）计算其水平向温度应力 σ_x。

图 6.12-3 中表示了闸墙不同位置的应力计算成果，图中应力以拉为正，以压为负。从图 6.12-3 中可以看出，闸墙在下部约 2/3 高度范围内受拉，最大拉应力为 $0.673E\alpha T$，上部 1/3 高度范围内受压，最大压应力为 $-0.303E\alpha T$。

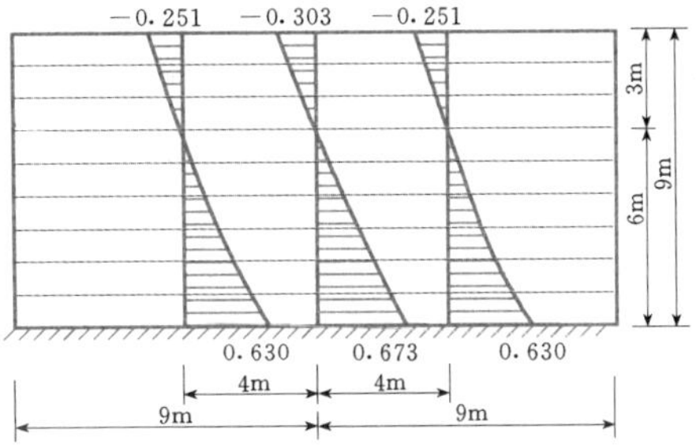

图 6.12-3 船闸闸墙温度应力
（$\times E\alpha T$）

6.12.2.2 水闸闸墩温度应力

水闸计算简图如图 6.12-4 所示，闸墩是矩形板，厚度为 t_1，高度为 h，长度为 $2L$，弹性模量为 E_1。底板厚度为 t_2，弹性模量为 E_2，垂直水流方向宽度为无限大。假设闸墩具有均匀温度 T_0+T_1，底板温度为 T_1，即闸墩和底板之间的相对温差为 T_0。

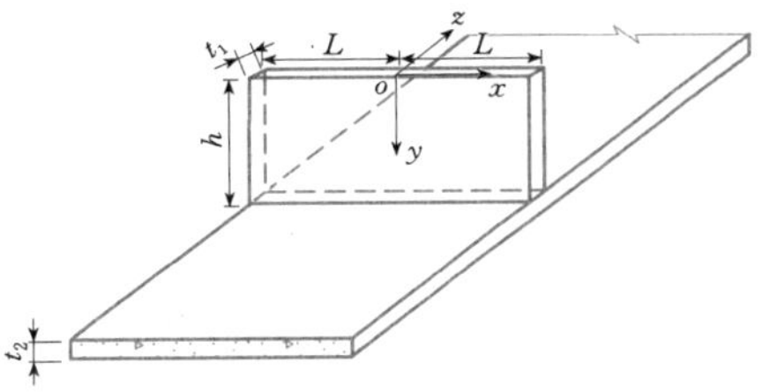

图 6.12-4 水闸温度应力计算模型

水闸闸墩温度应力仍可用式（6.12-2）～式（6.12-4）计算，只是计算中由于边界条件与船闸的闸墙不同，式中参数 ρ 的表达式与式（6.12-8）中的有所不同，ρ 应按式（6.12-9）计算：

$$\rho=\frac{(3-\mu)(1+\mu)t_1E_1}{4t_2E_2} \qquad (6.12-9)$$

式中 μ——混凝土的泊松比。

如果取混凝土的泊松比 $\mu=\frac{1}{6}$，则 $\rho=\frac{0.826t_1E_1}{t_2E_2}$。

【算例 6.12-2】 水闸闸墩高度 $h=9.0$m，长度 $2L=18.0$m，厚度 $t_1=1.50$m，弹性模量为 E_1。底板厚度 $t_2=1.80$m，长度 $2L=18.0$m，弹性模量 $E_2=E_1=E$，闸墩具有均匀温降 $-T$。按式（6.12-2）～式（6.12-4）计算其温度应力。

图 6.12-5 中表示了闸墩不同位置的应力计算成果，图中应力以拉为正，以压为负。从图 6.12-5 中可以看出，闸墩在下部约 2/3 高度范围内受拉，最大拉应力为 $0.840E\alpha T$，上部 1/3 高度范围内受压，最大压应力为 $-0.383E\alpha T$。水闸闸墩温度应力分布规律与船闸的闸墙相似，但应力数值大一些，这是由于水闸底板是由两块半无限长条连接，水闸底板对闸墩的约束作用大于船闸的底板对闸墙的约束作用。

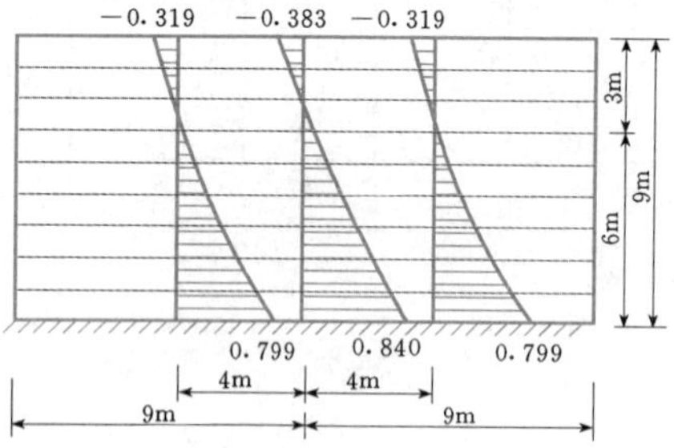

图 6.12-5　水闸闸墩温度应力（$\times E\alpha T$）

6.12.2.3　简化计算[17]

将窄底板上的船闸闸墙或水闸闸墩简化为 T 形梁，其计算结果在中央断面上与前面介绍的级数解非常接近，考虑到实际工程中裂缝大多出现在 $-\frac{L}{2}\leqslant x\leqslant\frac{L}{2}$ 范围内，因此简化方法可满足实用需要。下面介绍把软基上的半无限长底板上的船闸闸墙和无限长底板上的水闸闸墩简化为等效 T 形梁来计算其温度应力的方法。

如图 6.12-6 所示，根据力学等效原则，船闸底板的等效宽度为

$$h_1=\frac{L}{\pi}\qquad(6.12-10)$$

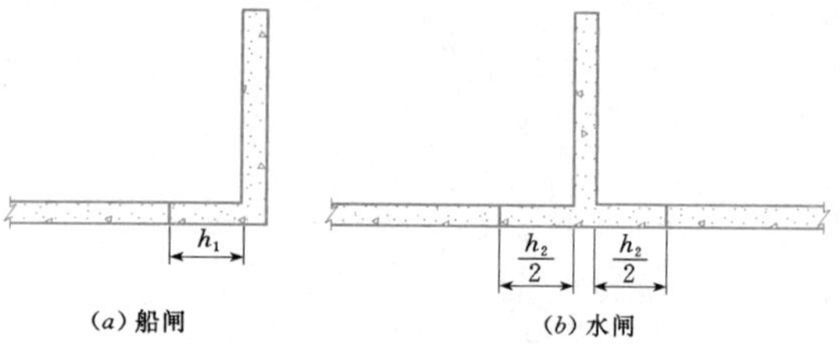

图 6.12-6　船闸和水闸的等效底板宽度

水闸底板等效宽度为

$$h_2=\frac{8L}{(3-\mu)(1+\mu)\pi}\qquad(6.12-11)$$

式中　μ——混凝土的泊松比。

式（6.12-11）中，如果取混凝土的泊松比 $\mu=\frac{1}{6}$，则 $h_2=0.770L$。

等效 T 形梁的计算坐标系如图 6.12-7 所示，坐标原点取在 T 形梁断面的以 $E(y)$ 为权的加权形心处。在底板的厚度方向，即铅直方向，底板温度是变化的，假设温度是 y、z 的函数，与 x 无关。另外，由于在 z、x 平面内，闸墙和闸墩的抗弯刚度远小于底板的抗弯刚度，故可忽略 z 方向的弯曲，按式（6.12-12）计算 T 形梁的温度应力：

$$\sigma_x=E(y)\alpha[T_m+\psi y-T(y,z)]\qquad(6.12-12)$$

其中

$$T_m=\frac{\iint E(y)T(y,z)\mathrm{d}y\mathrm{d}z}{\iint E(y)\mathrm{d}y\mathrm{d}z}\qquad(6.12-13)$$

$$\psi=\frac{\iint E(y)T(y,z)y\mathrm{d}y\mathrm{d}z}{\iint E(y)y^2\mathrm{d}y\mathrm{d}z}\qquad(6.12-14)$$

式中　$E(y)$——对应于坐标 y 位置处的弹性模量。

加权形心的高度由式（6.12-15）计算：

$$y_0=\frac{\int E(y)by\mathrm{d}y}{\int E(y)b\mathrm{d}y}\qquad(6.12-15)$$

式中　b——梁的宽度，可以随坐标 y 而变化。

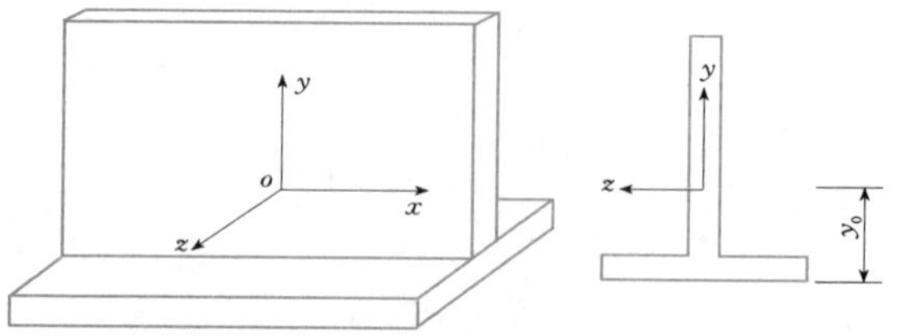

图 6.12-7　等效 T 形梁计算坐标系

按等效 T 形梁用式（6.12-12）～式（6.12-15）计算船闸或水闸的温度应力，闸墙或闸墩可以是变厚度的。如果船闸或水闸的闸墙或闸墩是等厚度的，而且 T 形梁各层具有相同的弹性模量，即 $E(y)=E$，那么式（6.12-13）～式（6.12-15）可以简化为

$$T_m=\frac{\iint T(y,z)\mathrm{d}y\mathrm{d}z}{A}\qquad(6.12-16)$$

$$\psi=\frac{\iint T(y,z)y\mathrm{d}y\mathrm{d}z}{J}\qquad(6.12-17)$$

$$y_0=\frac{\int by\mathrm{d}y}{A}\qquad(6.12-18)$$

式中　A——T 形梁的截面积；

J——T 形梁的惯性矩；

b——闸墙或闸墩的厚度。

对于算例 6.12－1 和算例 6.12－2 中的基本资料，按上述简化方法计算的船闸和水闸温度应力，其水平向温度应力 σ_x 的计算结果如图 6.12－8 和图 6.12－9 所示，图中还画出了 $x=0$ 位置的级数解以进行对比。从图 6.12－8 和图 6.12－9 中可以看出，采用简化 T 形梁法计算船闸或水闸的闸墙或闸墩的温度应力，与采用级数法得到的解接近。

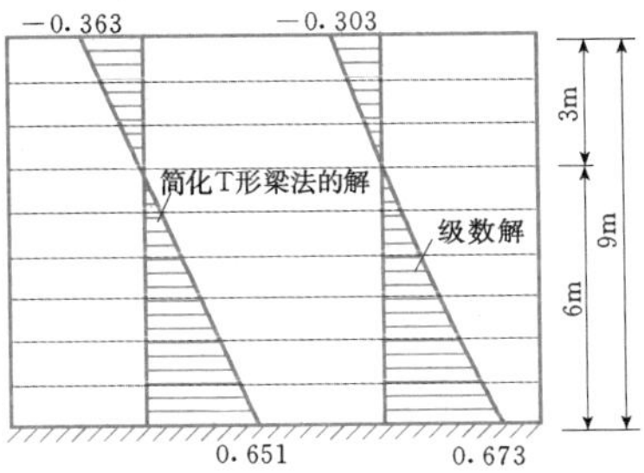

图 6.12－8 算例 6.12－1 简化 T 形梁法的 σ_x 解与级数解对比图

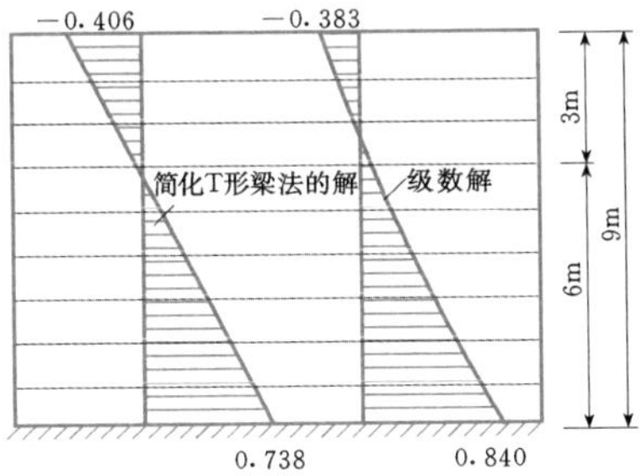

图 6.12－9 算例 6.12－2 简化 T 形梁法的 σ_x 解与级数解对比图

在计算早期混凝土温度应力时，应考虑弹性模量随龄期的变化。可以将时间划分为一系列时段，设第 i 时段首末的温差为 $\Delta T_i = T_i - T_{i-1} = \Delta T(y,z,\tau_i)$，平均弹性模量为 $E(y,\tau_i)$，则第 i 时段内产生的弹性应力的增量为

$$\Delta\sigma_{xi} = E(y,\tau_i)\alpha[\Delta T_m(\tau_i) + \Delta\psi(\tau_i)y - \Delta T(y,z,\tau_i)] \quad (6.12-19)$$

在式（6.12－16）和式（6.12－17）中，用 $\Delta T(y,z,\tau_i)$ 代替 $T(y,z)$，便可得到式（6.12－19）中的 $\Delta T_m(\tau_i)$ 和 $\Delta\psi(\tau_i)$。

将各时段的 $\Delta\sigma_i$ 累加，可以得到第 n 时段末的弹性温度应力。若考虑徐变的影响，则第 n 时段末的弹性徐变温度应力可用式（6.12－20）计算：

$$\sigma_x(\tau) = \sum_{i=1}^{n} \Delta\sigma_{xi} K(\tau,\bar{\tau}_i) \quad (6.12-20)$$

$$\bar{\tau}_i = \frac{\tau_{i-1} + \tau_i}{2}$$

式中 $K(\tau,\bar{\tau}_i)$——应力松弛系数。

6.12.3 硬岩上船闸和水闸温度应力

硬岩上船闸和水闸的温度应力与建在软基上的船闸和水闸的不同之处在于：不仅闸墩受底板的约束，而且底板还要受基岩的约束。底板的浇筑长度越长，受到地基的约束作用就越大，相应产生的温度应力也越大；地基的刚度越大，对底板的约束作用越强，所以在岩基上浇筑的底板，其冷却收缩时产生的温度应力远大于软土地基上底板的温度应力。闸墙冷却收缩对闸室结构温度应力的影响有两个方面：一是闸墙的冷却收缩受到底板的约束而使闸墙内产生约束温度应力；二是闸墙的冷却收缩也要影响到底板，使底板内产生温度应力。

硬岩上水闸或船闸底板的温度应力可以按嵌固板温度应力计算（参见本卷第 6 章 6.9 节）。硬岩上船闸闸墙和水闸闸墩中温度应力的分布规律与软基上的不同：其底部和基岩接触处应按固端考虑，所以其闸墙和闸墩几乎整个断面都受拉。

目前，工程中硬岩上船闸和水闸的温度应力计算大多采用有限元法。

6.12.4 船闸和水闸温度应力控制方法

船闸和水闸结构混凝土往往级配小，胶凝材料用量高，所以绝热温升较高；且因体型较单薄，受环境温度影响较大，早期混凝土温升和温降幅度都比较大。尽管早期弹性模量较小，但形成的温度应力仍容易超过混凝土的抗拉强度，从而引起开裂；而后期混凝土温降基本稳定后，混凝土温度主要受气温变化影响，且此时弹性模量和抗拉强度也基本稳定，所以温度应力基本能够控制在抗拉强度范围内。因此，混凝土浇筑后的早期是温控的重点。

船闸和水闸温度应力的控制主要可以从控制温度和改善约束条件两个方面着手，具体的控制措施如下。

（1）优化混凝土配合比、掺混合料和加引气剂或塑化剂等措施来减少混凝土中的水泥用量。

（2）拌和混凝土时加冰或拌和前预冷骨料，以降低混凝土的浇筑温度。

（3）热天浇筑混凝土时减少浇筑厚度，利用浇筑层面散热。

（4）在混凝土中埋设水管，通入冷水冷却降温。

（5）规定合理的拆模时间，气温骤降时进行表面保温，以免混凝土表面产生较大的温度梯度。

（6）施工中长期暴露的混凝土浇筑块表面或薄壁结构，在寒冷季节采取保温措施。

其中，进行混凝土表面保温和内部埋设冷却水管降温是施工中广泛采用的方法。

改善约束条件的措施如下。

（1）合理地分缝分块。

（2）避免基础起伏过大。

（3）合理安排施工工序，在相邻浇筑块间避免过大的高差，避免侧面长期暴露。

6.13　重力坝温度应力

6.13.1　重力坝温度应力的主要特性

重力坝施工期及运行期温度应力的主要特性均与施工方式有关。混凝土重力坝的施工方式主要有分块浇筑和通仓浇筑两种。

6.13.1.1　分块浇筑

分块浇筑的混凝土重力坝沿坝轴线方向设置横缝，在顺水流方向设置纵缝，坝体被分割成许多矩形块体。在接缝灌浆以前，各浇筑块尚未形成整体，此时混凝土重力坝的温度应力增量实际上是各浇筑柱状块产生的温度应力。接缝灌浆以后，各浇筑柱状块连接成整体，此时混凝土重力坝的温度应力增量是结构整体产生的应力。混凝土重力坝温度应力由接缝灌浆前后的温度应力叠加而成。

在混凝土浇筑初期，由于水化热作用，混凝土内部温度上升，但表面与空气接触，温度降低，因此形成内外温差，并在表面引起拉应力，特别是早期遇到寒潮时，极易在坝面产生铅直向温度裂缝。由于天然冷却以及纵缝灌浆前的人工冷却作用，混凝土内部温度逐渐降低至坝体稳定温度，这一降温过程将在混凝土表面引起压应力。同时，基础约束区内的坝块由于纵缝灌浆前的人工冷却作用，在较早期就出现最大基础温差，并在坝基面引起较大的顺河向拉应力，一旦应力超过混凝土的抗裂能力，则可能在坝基面产生横河向温度裂缝。此外，施工过程中上下层浇筑块之间的相对温差，也会引起浇筑块层面产生较大的温度拉应力。因此，在施工期，需要对基础温差、内外温差、上下层温差进行严格控制。

6.13.1.2　通仓浇筑

通仓浇筑的重力坝（包括碾压混凝土重力坝），施工中不设纵缝，无需进行二期水管冷却。因此其温度和温度应力的主要特点为：

（1）基础温差所引起的温度应力与坝块长度成正比，通仓浇筑坝块尺寸大，约束区范围高（$0.4L$），基础约束区温度应力水平高。

（2）内部长期高温，降温缓慢，运行后需经几十年甚至上百年才能降至稳定温度，最大基础温差和最大温度应力发生在运行后期。

（3）由于内部长期高温导致内外温差大，施工期（尤其是在冬季），内外温差会在坝面引起较大的拉应力，极易在表面产生铅直向温度裂缝；水库蓄水后，上游面由于初次蓄水的冷击作用加上水力劈裂作用，很有可能使得施工期产生的表面温度裂缝扩展成为深层裂缝。

（4）通仓浇筑施工中的长间歇，主要是由于固结灌浆、施工期过流或施工能力不足等因素引起的。由于通仓浇筑坝块尺寸大，长间歇层面因上下层温差导致的温度应力亦较大。

（5）当坝内设有孔口时，施工中孔口内壁与空气或水接触，由于冬季的水温或气温远低于坝体内部的温度，在孔口周边将出现较大温差，在寒潮作用下，容易引起孔壁表面裂缝。

6.13.2　通仓浇筑重力坝温度应力

设坝体内存在着均匀分布温度 T，基础内温度为零，重力坝温度应力如图 6.13－1[7] 所示。由图 6.13－1 可看出：

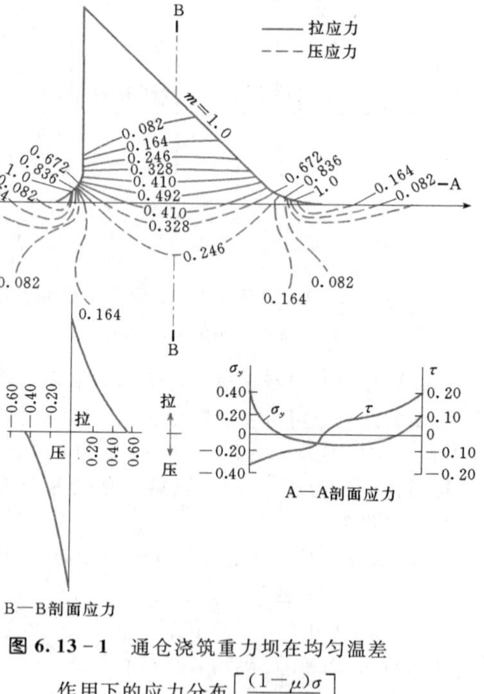

图 6.13－1　通仓浇筑重力坝在均匀温差作用下的应力分布 $\left[\frac{(1-\mu)\sigma}{E\alpha T}\right]$

（1）在坝体下部产生水平拉应力，最大值约为 $0.6E\alpha T$，发生在坝与基础的接触面上。

（2）基础约束作用所达到的高度约为坝底宽度的 1/2。

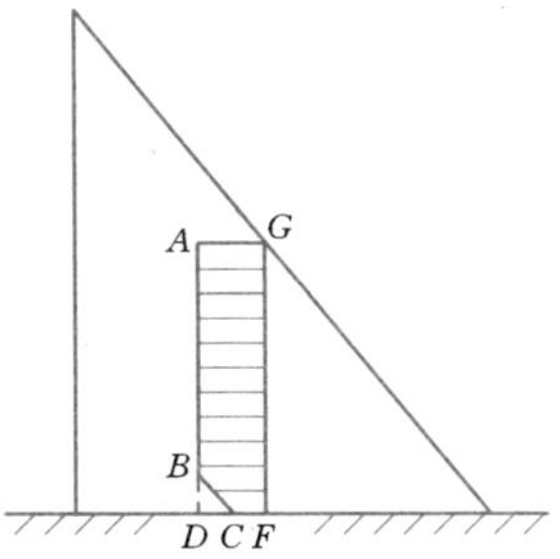

图 6.13-2 重力坝的实际温降

(3) 在临近坝踵及坝趾的小范围内出现了铅直拉应力。

由于岩石的传热作用，实际上重力坝内的温降可能是不均匀的，如图 6.13-2 中的曲线 ABC 所示。在这种情况下，可将温度曲线看成是矩形 $ADFG$ 减去 BCD 而得。矩形温差产生应力如图 6.13-2 所示，而 BCD 部分温差产生的应力可近似地用基础浇筑块应力影响线计算。

6.13.3 分期施工重力坝温度应力

重力坝分期施工时，老坝块已充分冷却，新老坝块之间的温差引起的温度应力，可用朱伯芳提出的方法计算[31]。

6.13.3.1 新老坝面平行

图 6.13-3 所示是新老坝面平行的情况。设新坝块内有温降 T，沿 AB 方向温度是常量，在垂直于 AB 的方向，温度可以是变化的。如果新坝块在 AB 方向受到完全约束，但在垂直于 AB 方向可以自由变形，那么在新坝块中有平行于 AB 方向的拉应力（平面应变问题）：

$$\sigma_r = \frac{E\alpha T}{1-\mu},\ \sigma_\phi = \tau_{r\phi} = 0 \qquad (6.13-1)$$

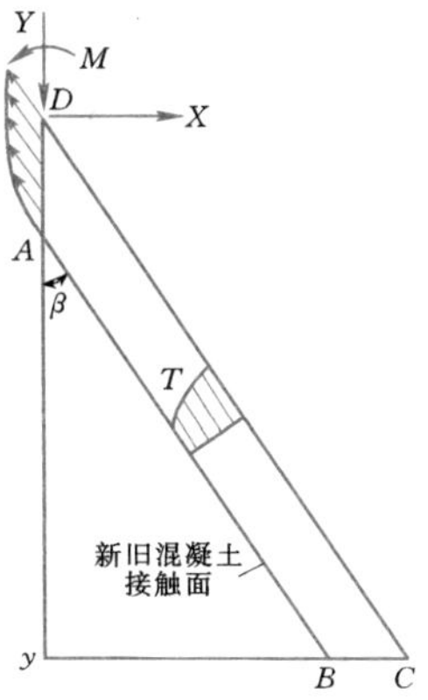

图 6.13-3 重力坝分期施工
（新老坝面平行）

在老坝块内，所有应力均为零。在新坝块上游面，即 AD 面上也出现了应力 σ_r，实际上 AD 面是自由的，为了消除 AD 面上的边界力，应在它上面施加压应力 $p=-\dfrac{E\alpha T}{1-\mu}$。今根据圣维南原理，以作用于坝顶的等效集中力 X、Y 及力矩 M 去代替分布力 p：

$$\left.\begin{aligned} X &= \sin^2\beta\int\frac{E\alpha T}{1-\mu}\mathrm{d}y \\ Y &= \sin\beta\cos\beta\int\frac{E\alpha T}{1-\mu}\mathrm{d}y \\ M &= \sin^2\beta\int\frac{E\alpha T}{1-\mu}y\,\mathrm{d}y \end{aligned}\right\} \qquad (6.13-2)$$

在这组力和力矩作用下，坝内应力为

$$\sigma_y = -\frac{2Y}{my}F_1 + \frac{2X}{y}C_1 + \frac{2M}{y^2}D_1 \qquad (6.13-3)$$

其中

$$F_1 = \frac{\beta(1+m^2)-m-km^2}{[\beta^2(1+m^2)-m^2](1+k^2)^2}$$

$$C_1 = \frac{m-k[\beta(1+m^2)+m]}{[\beta^2(1+m^2)-m^2](1+k^2)^2}$$

$$D_1 = \frac{(3k^2-1)m+2k(1-k^2)}{(m-\beta)(1+k^2)^3}$$

$$m=\tan\beta,\ k=\frac{x}{y} \qquad (6.13-4)$$

老坝块的应力直接由式（6.13-3）计算，新坝块中的应力还需叠加 $\sigma_r=\dfrac{E\alpha T}{1-\mu}$，即 $\sigma_y=-\dfrac{E\alpha T}{1-\mu}\cos^2\beta$。

6.13.3.2 新老坝面不平行

如图 6.13-4 所示，新老坝块下游面不平行，其夹角为 δ。设新坝块中有均匀温降 T，将温度转化为边界力之后，除了在坝顶施加集中力 X、Y 及力矩 M 外，在下游表面还需施加正应力 q 和切应力 t 如下：

$$q=\frac{E\alpha T}{1-\mu}\sin^2\delta,\ t=\frac{E\alpha T}{1-\mu}\sin\delta\cos\delta \qquad (6.13-5)$$

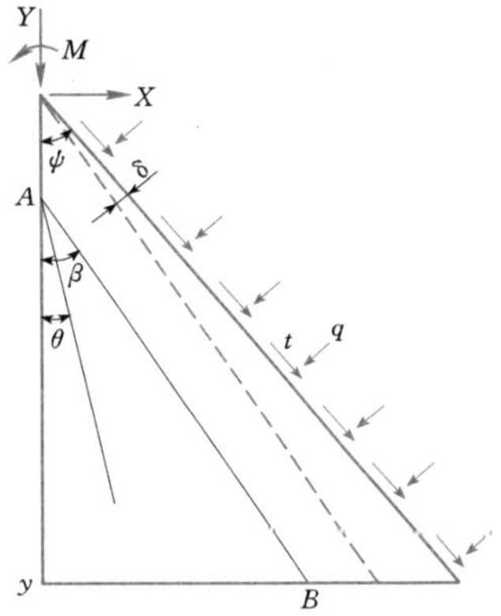

图 6.13-4 重力坝分期施工
（新老坝面不平行）

温度是均匀的，q 和 t 也是均匀的，在均布 q 和 t 作用下，坝内应力为

$$\sigma_r = \frac{q}{2} \times \frac{2\theta\cos\psi + \sin(2\theta - \psi) - \sin\psi}{\psi\cos\psi - \sin\psi} + \frac{t}{2} \times \frac{(2\theta + \sin 2\theta)\sin^2\psi - (2\psi - \sin 2\psi)\cos^2\theta}{(\psi\cos\psi - \sin\psi)\sin\psi} \tag{6.13-6}$$

$$\sigma_\theta = \frac{q}{2} \times \frac{2\theta\cos\psi - \sin(2\theta - \psi) - \sin\psi}{\psi\cos\psi - \sin\psi} + \frac{t}{2} \times \frac{(2\theta - \sin 2\theta)\sin^2\psi - (2\psi - \sin 2\psi)\sin^2\theta}{(\psi\cos\psi - \sin\psi)\sin\psi} \tag{6.13-7}$$

$$\tau_{r\theta} = -\frac{q}{2} \times \frac{\cos\psi - \cos(2\theta - \psi) - \sin\psi}{\psi\cos\psi - \sin\psi} - \frac{t}{2} \times \frac{2\sin^2\psi\sin^2\theta - (2\psi - \sin 2\psi)\sin\theta\cos\theta}{(\psi\cos\psi - \sin\psi)\sin\psi} \tag{6.13-8}$$

其中，$\psi=\beta+\delta$，角度 θ 自上游表面计算。按以上各式计算的应力需与按式（6.13-3）计算的应力叠加；对于新坝块，还需叠加应力 $\sigma_r = \dfrac{E\alpha T}{1-\mu}$。

在图 6.13-5 中列出了重力坝分期施工温度应力算例。第一期坝高 38m，第二期加高到 43m，新坝块中有均匀温度 T。由图 6.13-5 可见，不但新坝块受到拉应力，老坝块上游面也有拉应力。下游坝面坡度的变化对温度应力有重要影响。

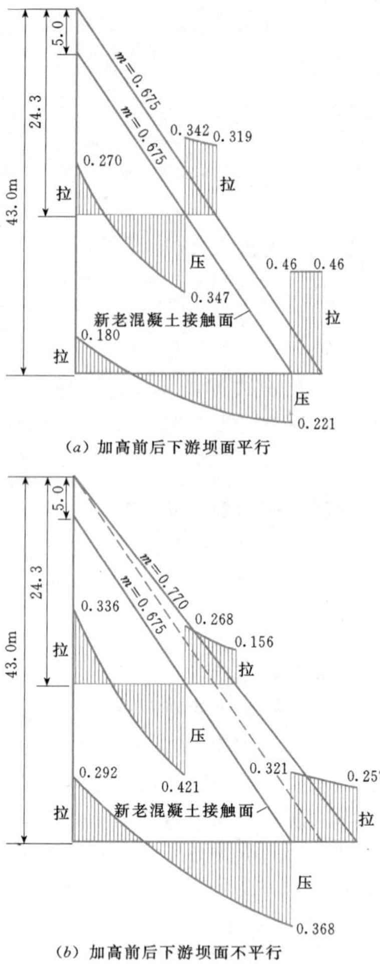

图 6.13-5　重力坝分期施工温度应力算例

6.13.4　碾压混凝土重力坝温度应力

与常态混凝土重力坝相比，碾压混凝土重力坝具有以下特点[7,27]。

（1）碾压混凝土虽具有水泥用量少、绝热温升较低的优点，但因大量掺用粉煤灰，水化热散发推迟，而混凝土碾压施工上升速度快，施工中层面散热不多，故碾压混凝土中的水化热温升发展较缓慢。

（2）由于水泥用量较少，碾压混凝土的徐变较小，极限拉伸变形也较低，抗裂能力较低。

（3）碾压混凝土浇筑仓面大、块体长，在同样温差作用下，温度应力较大。

（4）绝大多数的碾压混凝土重力坝采用通仓浇筑的施工方式，除基础约束区外，部分区域施工中有可能不采取通水冷却措施，坝体内部长期高温，降温缓慢，运行后需经几十年甚至上百年才能降至稳定温度。因此施工期和运行初期内外温差大，表面裂缝和上游面劈头裂缝的隐患是设计部门必须重视的关键问题。

由此碾压混凝土重力坝温度应力及可能的裂缝分布具有以下特点。

（1）碾压混凝土重力坝在基岩面上一般要浇筑厚 2m 的常态混凝土，然后停歇 2 个月左右进行基岩固结灌浆，此类薄层长间歇，极易产生贯穿性裂缝。由于处于基础强约束区，这种裂缝很容易向上继续扩展，即使在上面浇筑新混凝土时布设骑缝钢筋，也很难防止。

（2）碾压混凝土重力坝一般是通仓浇筑的，不设置纵缝，不埋设冷却水管，坝体内部温度降低很缓慢，在冬季低温和寒潮袭击下，很容易出现水平和铅直裂缝，上游面容易产生劈头裂缝。由于浇筑块很长，基础温差和上下层温差引起的应力都比柱状浇筑块大。

（3）当坝体温度降至稳定温度时，坝体早已竣工，自重、水压力与降温三种作用应该叠加。

因此，在计算碾压混凝土重力坝温度应力时，应模拟坝的施工过程，同时考虑温度、水压力和自重三种荷载，进行仿真计算。

6.13.5 用有限元法计算重力坝温度应力

采用有限元法计算重力坝的温度应力时，需要综合考虑大坝结构、施工过程、计算能力及精度要求，选择合适的模型和参数，模拟正确的荷载和边界条件。一般需要满足以下基本要求。

（1）力学模型。混凝土是弹性徐变体，在计算温度应力时应考虑混凝土徐变及自生体积变形。

（2）计算范围。通常，对于混凝土重力坝，如果仅出于施工期温控需要而进行温度应力计算，则选取典型坝段进行剖面计算即可满足要求。如果进行大坝施工及运行期全过程应力应变仿真分析，则可选择典型坝段进行单坝段仿真计算。对于碾压混凝土重力坝或者横缝并缝灌浆处理的普通混凝土重力坝，宜进行全坝整体仿真计算。基础的计算范围选取与坝体结构应力计算时相同，一般沿上游、下游及坝基取2～3倍坝高范围。

（3）有限元网格。由于温度计算时需要完全模拟混凝土分层施工的实际过程，而每层混凝土的浇筑厚度较小（尤其是碾压混凝土重力坝），且对于每层混凝土最好再细分为三层或以上网格，因此沿高程方向的网格密度较大，必要时还需要在坝踵、坝趾、主要孔口处加密网格。此时，如果计算能力容许，可以综合考虑温度与温度应力计算的需要，建立统一的有限元网格；也可考虑适当减小高程方向的网格密度，采用插值方式从温度场有限元分析结果中提取温度，从而减小温度应力的计算量。

（4）计算参数。需要考虑混凝土弹性模量、徐变度、绝热温升、自生体积变形等随龄期的变化。如果仅出于施工期温控需要而选取典型坝段进行剖面计算，则温度应力计算的时间步长原则上应与温度计算相同。如果进行大坝施工及运行期全过程应力应变仿真分析，则可考虑适当加大时间步长，但最大时间步长不宜大于浇筑块之间的时间差。

（5）荷载。荷载包括温度、水压力和自重，均用增量法计算。

（6）施工过程。完全模拟混凝土分层浇筑、施工措施（浇筑温度、水管冷却、表面保护等）和分阶段蓄水的施工过程。

采用有限元法计算重力坝温度应力的成果一般需要满足以下基本要求。

（1）典型时刻的坝体温度应力分布规律。典型时刻包括重要的坝体浇筑形象时间节点、蓄水水位时间节点等。坝体温度应力分布规律一般通过典型坝段剖面应力分布图、典型高程平切面应力分布图、特征点的温度应力列表等形式来描述。

（2）坝体温度应力发展规律。坝体温度应力发展规律一般通过典型坝段剖面的温度应力包络图、特征点的温度应力随时间变化曲线等形式来描述。

【算例6.13-1】 碾压混凝土重力坝实例1。本算例采用SAPTIS程序。某碾压混凝土重力坝通仓浇筑，坝高140m，底宽74m，通仓采用3.0m层厚浇筑，间歇7d，浇筑至高程1256.00m长间歇汛期过水，过流前采用表面流水养护30d。基岩弹性模量为30GPa，混凝土弹性模量$E(\tau)$和绝热温升$\theta(\tau)$均随龄期而变化，如图6.13-6所示。混凝土徐变度为$C(t,\tau)=0.96\tau^{-0.376}[1-e^{-0.564(t-\tau)}]+14[1-e^{-0.006(t-\tau)}]+75.153e^{-0.038\tau}[1-e^{-0.038(t-\tau)}]$，浇筑中央断面上顺河向应力过程线、应力包络图和达到稳定温度场时的应力等值线如图6.13-7和图6.13-8所示。由图6.13-7与图6.13-8可见，大坝基础区内部应力随着温度的下降而逐渐增大，至稳定温度场时达到最大值，时间在30年以上。

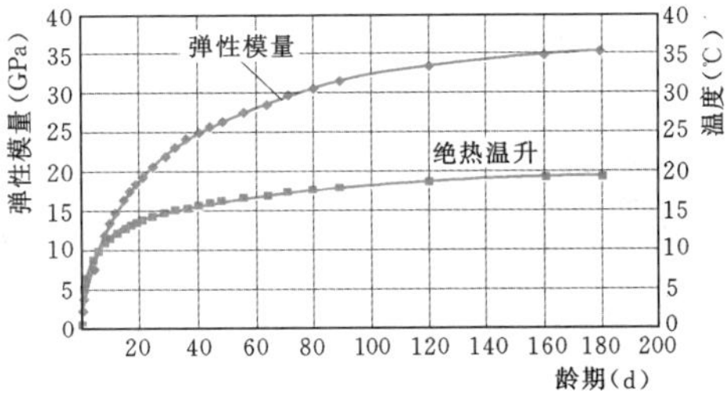

图6.13-6 混凝土弹性模量$E(\tau)$及绝热温升$\theta(\tau)$

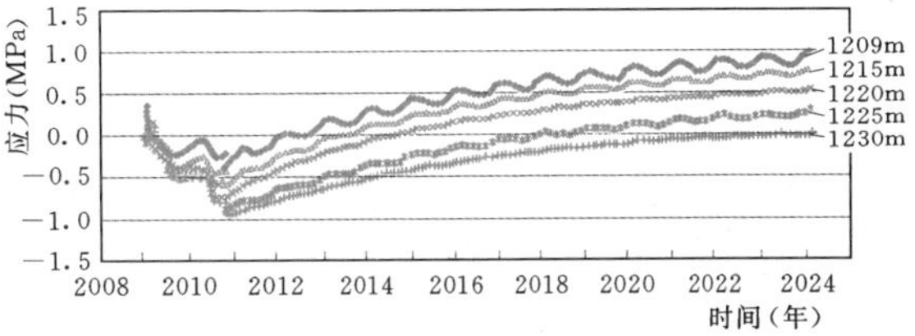

图6.13-7 坝体中心高程特征点应力过程线

【算例6.13-2】 碾压混凝土重力坝实例2。该碾压混凝土重力坝坝高200.5m，坝基岩层软硬相间且发育有2条较大断层。大坝混凝土由下向上主要分为三个区：高程600.00m以下采用三级配C25混凝土，其绝热温升为$\theta(\tau)=\dfrac{20.2\tau}{\tau+3.02}$；高程600.00～658.00m采用三级配C20混凝土，其绝热温升为$\theta(\tau)=\dfrac{17.0\tau}{\tau+3.25}$；高程658.00m以上采用三级配C15混凝土，其绝热温升为$\theta(\tau)=\dfrac{16.5\tau}{\tau+3.50}$。大坝采用薄

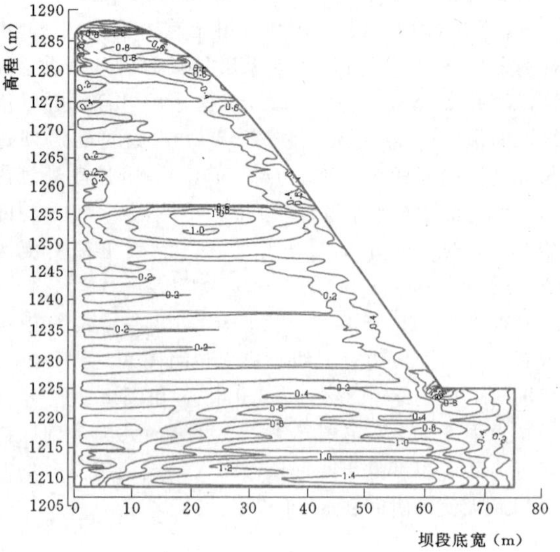

（a）应力包络图

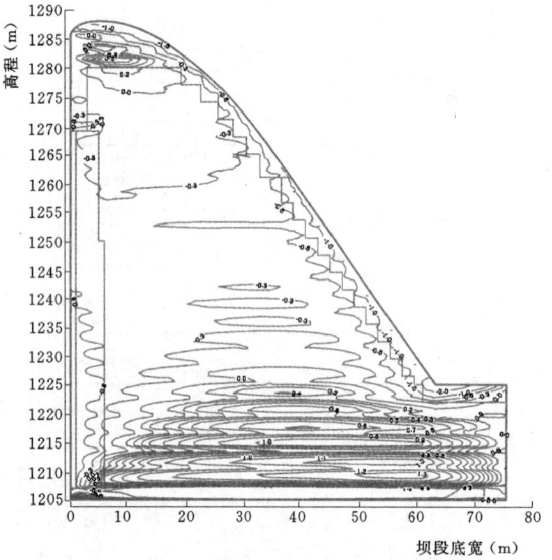

（b）达到稳定温度场时应力等值线

图 6.13－8　坝体混凝土顺河向应力（σ_x）

层浇筑，0.3m 一个浇筑薄层，连续上升 8～10 个薄层后间歇 6～10d。坝体一期冷却根据不同部位和月份分别通河水或 15℃ 制冷水，初期通水冷却时间不少于 20d。冷却水管采用高密聚乙烯塑料冷却管，管径为 DN32，间排距 1.5m×1.5m。

温控设计标准如下。

（1）基础容许温差。常态垫层混凝土的基础容许温差取 20℃，0～0.2L（L 为浇筑块的最大长度）范围内碾压混凝土的基础容许温差取 16℃，0.2L～0.4L 范围内碾压混凝土的基础容许温差取 18℃。

（2）上下层温差。当浇筑块上层混凝土短间隙均匀上升的浇筑高度大于 0.5L 时，上下层的容许温差取 18℃；当浇筑块侧面长期暴露时，上下层容许温差取 16℃。

（3）内外温差。坝体内外温差不大于 15℃。

大坝的温度场、渗流场及应力应变场的仿真计算采用 COCE 软件完成。温度场和应力应变场仿真计算采用同一套网格，以便于温度荷载及徐变计算。温度场和应力应变场仿真计算的网格模型如图 6.13－9 和图 6.13－10 所示。建模时取基础向坝基延伸 300m，上、下游方向分别取 300m 和 500m，左、右岸方向各取 400m。为了确保模拟精度，计算模型取 3m 一个浇筑层。共划分 1034634 个单元，1012042 个节点，其中坝体部分 685687 个单元，665763 个节点。

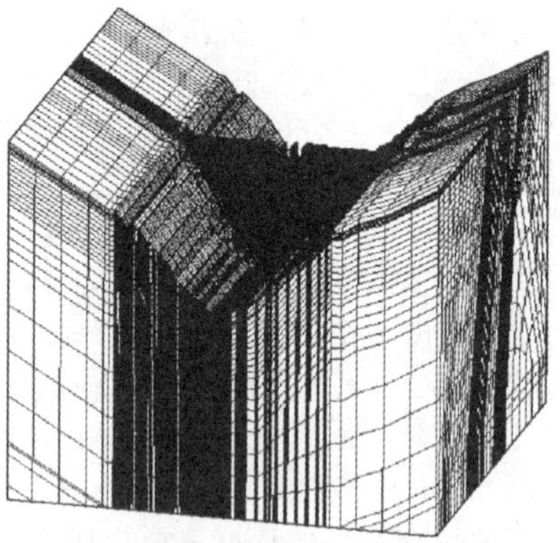

图 6.13－9　温度场及应力应变场仿真分析网格（整体模型）

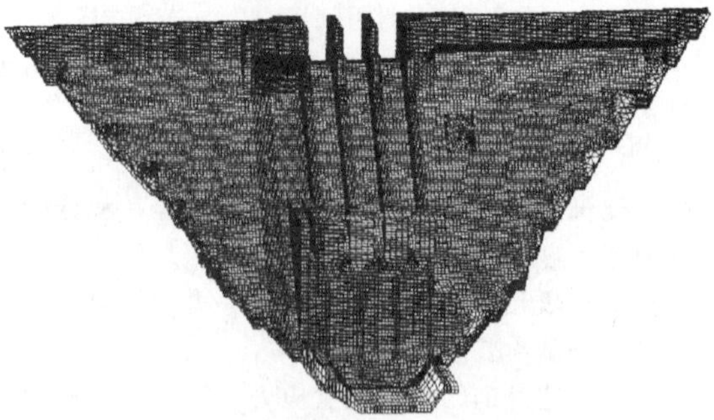

图 6.13－10　温度场及应力应变场仿真分析网格（坝体模型）

研究表明：①该碾压混凝土重力坝大坝浇筑完成时，坝体顺河向应力受温度荷载影响明显（图

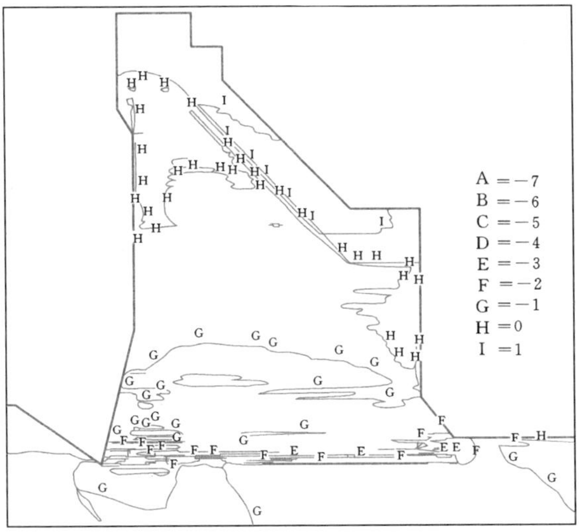

图 6.13－11 整体仿真计算的大坝浇筑完成时的典型河床坝段顺河向应力等值线（单位：MPa）

6.13－11 中的坝体顺河向应力等值线普遍存在层状分布现象），而蓄水至正常高水位后的坝体应力主要受库水荷载影响，温度应力的作用相对较小（图 6.13－12 中的坝体顺河向应力等值线仅局部存在层状分布现象）。②对于该碾压混凝土重力坝，典型河床坝段的单坝段应力应变仿真分析结果（见图 6.13－13）与整体仿真分析的结果基本一致，表明河床单坝段应力应变仿真分析亦具有较高精度。

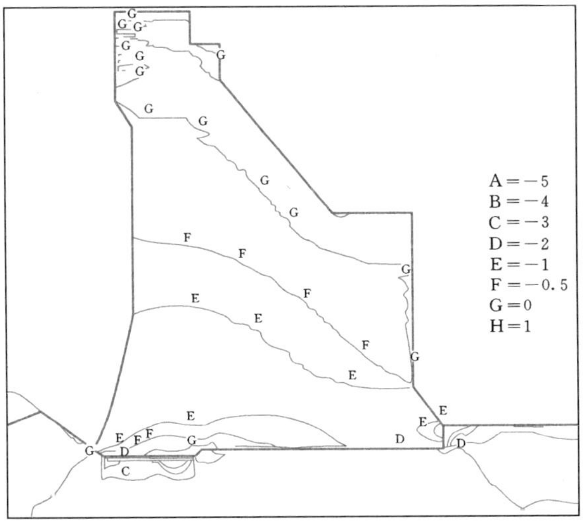

图 6.13－12 整体仿真计算的蓄水至正常高水位时的典型河床坝段顺河向应力等值线（单位：MPa）

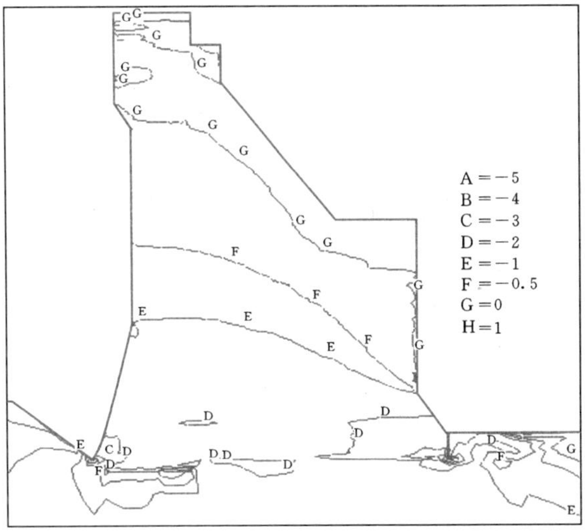

图 6.13－13 单坝段仿真计算的蓄水至正常高水位时的典型河床坝段顺河向应力等值线（单位：MPa）

6.14 拱坝温度应力

6.14.1 拱坝温度和温度应力的主要特性

6.14.1.1 拱坝温度特性

混凝土拱坝与重力坝除了在结构、受力特点等方面不同外，其施工过程、温控措施等方面也有明显的差异，因此，拱坝的施工期温度场至运行期温度场经历了相当复杂的过程。拱坝的温度特性主要表现在以下方面。

（1）施工期拱坝的温度变化过程：混凝土入仓，由于水化热作用温度迅速上升；一期通水冷却温度降至控制温度；一期通水冷却停止温度回升；二期通水冷却温度降低至封拱温度；二冷停止并封拱后温度仍有一定幅度的回升。施工期坝体混凝土的边界条件动态变化，在新浇筑混凝土与已浇筑混凝土接触区、二冷区与非二冷区接触区等部位均有可能产生较大的温度梯度。

（2）运行期的温度变化：由于拱坝一般比较单薄，通常只设横缝不设纵缝，因此拱坝在运行期受气温和水温影响敏感，坝内温度变化比较大。关于拱坝的温度变化，美国内政部垦务局针对拱梁分载法，曾给出如下的经验公式：

$$T=\frac{57.57}{L+2.44} \qquad (6.14-1)$$

式中 T——均匀温度，℃；

L——坝体厚度，m。

式（6.14－1）虽可部分地反映拱坝的温度变化，

但有三个较明显的缺陷。首先，它只与坝体厚度有关，不能反映当地气候条件的影响；其次，它只是均匀温度，没有考虑上下游方向的温度差值；再次，它没有考虑水温的影响。

6.14.1.2　拱坝温度应力特性

拱坝一般均设有横缝，在冷却至平均准稳定温度以下后进行横缝接缝灌浆。在接缝灌浆以前，各坝块基本上是独立的，拱坝温度应力可按柱状浇筑块计算（参见本卷第 6 章 6.10 节）；接缝灌浆完成后，除了坝顶为自由边界外，坝基及两岸坝肩都受到基岩的约束，温度变形受到的外界约束比较大，拱坝的温度应力应该按拱梁分载法或有限单元法计算。

由于拱坝施工期温度的变化特点，其温度应力也是一个动态变化的过程。主要表现以下方面。

（1）初期一冷温降虽大，但混凝土弹性模量不高，产生的温度应力一般很小；二冷时刻，混凝土弹性模量一般可达最终弹性模量的 60%～70%，如温控措施不当，对于不具备设置纵缝条件的中厚拱坝，将可能产生较大的径向拉应力，而导致纵向裂缝的出现；蓄水后，水压力的作用可以抵消部分由施工期温度产生的径向拉应力。

（2）当坝体拟灌区从最高温度降低到灌浆温度时，由于基岩和已灌区老混凝土的约束，坝体下部将产生较大的拉应力和剪应力；在坝踵部位，温度下降引起的剪应力与水荷载引起的剪应力在方向上是一致的。

因此，温度应力的历史和路径对拱坝各个时期的工作状态都有很大影响。在设计拱坝体型时，需要综合考虑从早期施工到后期运行期间的温度应力，而且应重视验算坝体内部的主拉应力。

6.14.2　拱坝温度的一般计算公式

由于拱坝断面一般比较单薄，坝内温度主要沿厚度方向变化。当坝体厚度 L 与半径 R 的比值 $\frac{L}{R}<0.50$ 时，坝面曲率对温度场的影响不大，拱坝温度场可以当做平板来计算。

如图 6.14-1 所示，坝内温度可分解为三部分，即沿厚度平均温度 T_m，等效线性温差 T_d 和非线性温差 T_n，可分别计算如下：

$$T_m=\frac{1}{L}\int_{\frac{-L}{2}}^{\frac{L}{2}}T\mathrm{d}x \qquad (6.14-2)$$

$$T_d=\frac{12}{L^2}\int_{\frac{-L}{2}}^{\frac{L}{2}}Tx\mathrm{d}x \qquad (6.14-3)$$

$$T_n=T(x)-T_m-\frac{T_dx}{L} \qquad (6.14-4)$$

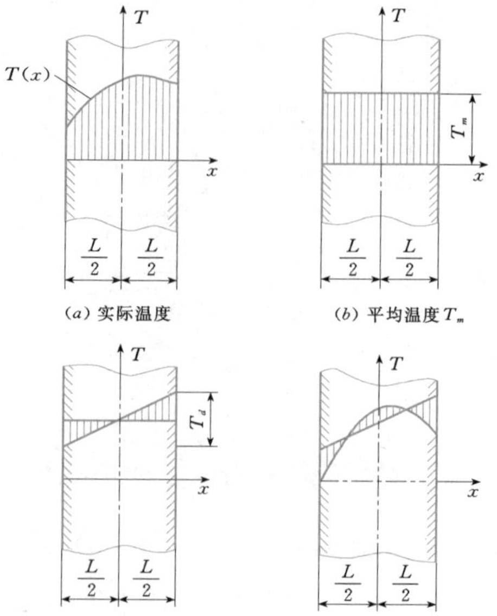

(a) 实际温度　(b) 平均温度 T_m　(c) 等效线性温差 T_d　(d) 非线性温差 T_n

图 6.14-1　拱坝温度场的分解

等效线性温差 T_d 的含义为：线性分布温度 $\frac{T_dx}{L}$ 对截面中心轴的静力矩等于实际温度 $T(x)$ 的静力矩。非线性温差 T_n 引起的应力可按式（6.14-5）计算：

$$\sigma=\frac{E\alpha}{1-\mu}\left[T_m+\frac{T_dx}{L}-T(x)\right] \qquad (6.14-5)$$

这种温度应力沿厚度是非线性分布的，且自身平衡，即它在整个断面上所引起的轴力和弯矩都等于零。非线性温差不引起断面的变形。断面变形是由平均温度 T_m 和等效线性温差 T_d 引起的。如果没有外界的约束作用，平均温度将引起均匀伸长 αT_m，等效线性温差将引起断面的角变形 $\phi=\frac{\alpha T_d}{L}$，即沿坝轴线单位长度内的角变形。由于非线性温差不影响坝体的变位和内力计算，所以在拱坝设计中通常只考虑平均温度 T_m 和等效线性温差 T_d。当然，非线性温差 T_n 是引起表面裂缝的重要原因。对于比较厚的坝，非线性温差对坝体应力的影响只限于表面部分，单侧影响深度约为 6m 左右。对于比较薄的坝，其影响实际上波及整个断面。但因计算拱坝变位和内力时只需考虑平均温度 T_m 和等效温差 T_d，所以目前习惯上的所谓拱坝温度荷载是指 T_m 和 T_d。

6.14.2.1　拱坝特征温度场

拱坝有下列三个特征温度场。

（1）封拱温度场，即接缝灌浆时的坝体温度，其平均温度为 T_{m0}，等效温差为 T_{d0}，可按封拱时实际温度由式（6.14－2）、式（6.14－3）进行数值积分求得。

（2）年平均温度场，即运用期坝内每点的年平均温度，它沿厚度的平均温度为 T_{m1}，等效温差为 T_{d1}。通常拱坝温度场可按平板考虑，年平均温度场沿厚度方向是线性分布的，T_{m1} 和 T_{d1} 可计算如下：

$$T_{m1}=\frac{1}{2}(T_{UM}+T_{DM}) \quad (6.14-6)$$

$$T_{d1}=T_{DM}-T_{UM} \quad (6.14-7)$$

式中 T_{UM}——上游表面年平均温度,℃；

T_{DM}——下游表面年平均温度,℃。

（3）变化温度场，即气温、水温的变化所引起的坝体温度变化，沿厚度方向平均温度为 T_{m2}，等效温差为 T_{d2}。

6.14.2.2 拱坝温度荷载

拱坝温度荷载由下列公式计算：

$$T_m=T_{m1}-T_{m0}+T_{m2} \quad (6.14-8)$$

$$T_d=T_{d1}-T_{d0}+T_{d2} \quad (6.14-9)$$

由式（6.14－8）与式（6.14－9）可见，拱坝温度荷载包括两部分：一部分是坝体年平均温度与封拱温度之差，即 $T_{m1}-T_{m0}$ 及 $T_{d1}-T_{d0}$；另一部分是水温、气温的变化所引起的坝体温度变化。显然，如果封拱温度等于年平均温度，即 $T_{m1}=T_{m0}$，$T_{d1}=T_{d0}$，则拱坝温度荷载就只剩下 T_{m2} 和 T_{d2}。

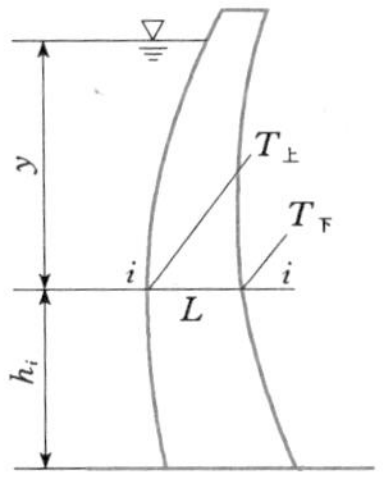

图 6.14－2 拱坝铅直剖面

6.14.3 坝内温度变幅计算

如图 6.14－2 及图 6.14－3 所示，设在截面 $i—i$ 上，上游表面温度为

$$T_{上}=T_{UM}+A_U\cos\omega(\tau-\tau_0-\varepsilon) \quad (6.14-10)$$

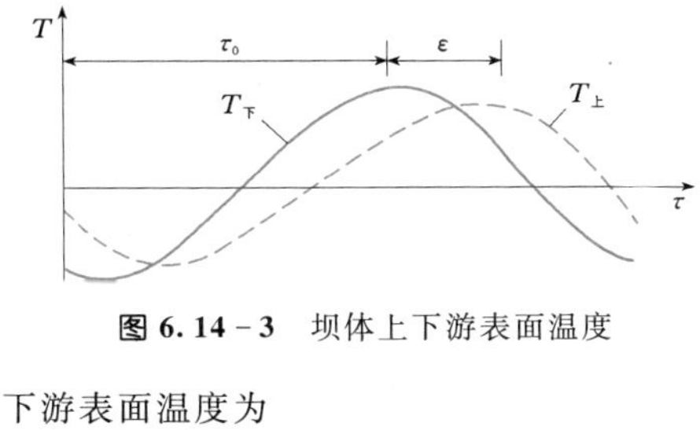

图 6.14－3 坝体上下游表面温度

下游表面温度为

$$T_{下}=T_{DM}+A_D\cos\omega(\tau-\tau_0) \quad (6.14-11)$$

对于年变化，通常取 $\tau_0=6.5$ 月，即在 7 月中旬下游表面温度最高。断面平均温度 T_m 及等效温差可按式（6.14－12）计算：

$$T_m=T_{m1}+T_{m2},\ T_d=T_{d1}+T_{d2} \quad (6.14-12)$$

式中 T_{m1}、T_{d1}——稳定温度,℃，由式（6.14－6）、式（6.14－7）计算；

T_{m2}、T_{d2}——变化温度,℃，可按式（6.14－13）、式（6.14－14）计算[19]。

$$T_{m2}=\frac{\rho_1}{2}[A_D\cos\omega(\tau-\theta_1-\tau_0)+A_U\cos\omega(\tau-\varepsilon-\theta_1-\tau_0)] \quad (6.14-13)$$

$$T_{d2}=\rho_2[A_D\cos\omega(\tau-\theta_2-\tau_0)+A_U\cos\omega(\tau-\varepsilon-\theta_2-\tau_0)] \quad (6.14-14)$$

其中

$$\rho_1=\frac{1}{\eta}\sqrt{\frac{2(\mathrm{ch}\eta-\cos\eta)}{\mathrm{ch}\eta+\cos\eta}},\ \rho_2=\sqrt{a_1^2+b_1^2}$$

$$\theta_1=\frac{1}{\omega}\left[\frac{\pi}{4}-\tan^{-1}\left(\frac{\sin\eta}{\mathrm{sh}\eta}\right)\right],\ \theta_2=\frac{1}{\omega}\tan^{-1}\left(\frac{b_1}{a_1}\right)$$

$$a_1=\frac{6}{\rho_1\eta^2}\sin\omega\theta_1,\ b_1=\frac{6}{\eta^2}\left(\frac{1}{\rho_1}\cos\omega\theta_1-1\right)$$

$$\omega=\frac{2\pi}{P},\ \eta=\sqrt{\frac{\pi}{aP}}L$$

式中 P——温度变化周期；

a——导温系数，m^2/h；

L——坝体厚度，m；

ε——上游面温度对于下游面温度的滞后，即相位差；

A_U——上游面温度变幅，即水温变幅,℃；

A_D——下游面温度变幅，即气温变幅,℃。

式（6.14－13）与式（6.14－14）中，ρ_1、ρ_2、θ_1、θ_2 的数值可从图 6.14－4 查得。

除了年变化外，半月变化及日变化也可用式（6.14－13）、式（6.14－14）计算。半月变化及日变化对坝体温度场影响深度有限，设计中一般不考虑其影响，通常只需计算年变化温度场。

6.14.4 最不利组合

温度应力的极值比气温滞后约 1.5 月，通常气温以 1 月中旬为最低、7 月中旬为最高，温度应力的极值大致发生在 2 月底和 8 月底。年变化温度应力在时间上具有反对称性质，例如，2 月底的温度应力与 8 月底的温度应力，数值相等而符号相反。当然，初始温差产生的应力是稳定的，不随时间而变化。

在拱坝设计中，正常蓄水位＋温度下降是最基本的荷载组合，通常据此确定设计断面，再对其他荷载

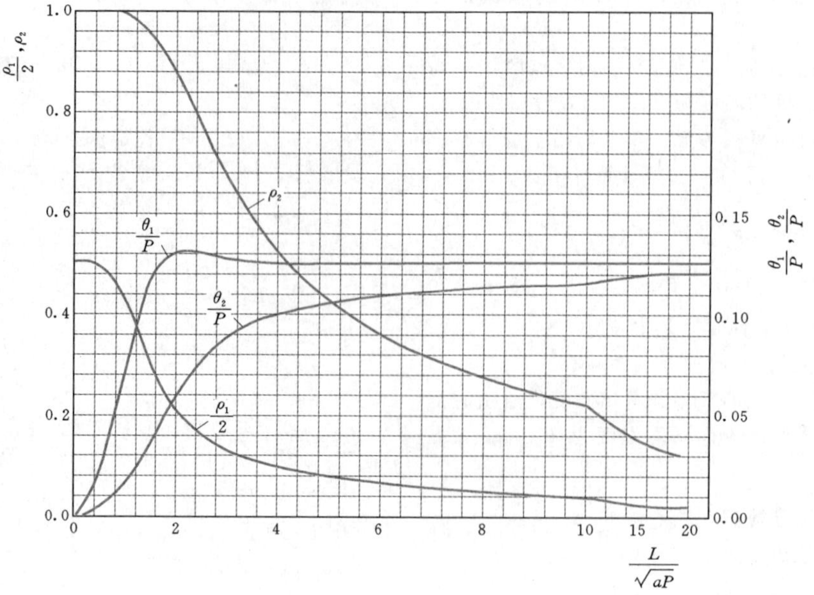

图 6.14-4　ρ_1、ρ_2、θ_1、θ_2 数值

组合进行校核计算，必要时对设计断面进行一些修改。

按照式（6.14-13）、式（6.14-14），T_{m2} 和 T_{d2} 是随时间 τ 而不断变化的，通常可取 $\tau=\tau_0+\theta_1$。计算拱坝最不利温度变化如下：

$$T_{m2}=\pm\frac{\rho_1}{2}[A_D+A_U\cos\omega\varepsilon] \quad (6.14-15)$$

$$T_{d2}=\pm\rho_2[A_D\cos\omega(\theta_1-\theta_2)-A_U\cos\omega(\theta_1-\theta_2-\varepsilon)] \quad (6.14-16)$$

在式（6.14-15）与式（6.14-16）中，夏季取正号（温升），冬季取负号（温降），$\omega=\frac{2\pi}{P}$，P 为周期，如时间以月为单位，则 $P=12$ 月。又因角度以度计，则 $\omega=\frac{360}{12}=30$。ρ_1、ρ_2、θ_1、θ_2 同样可按图 6.14-4 查得。

6.14.5　上下游面年均温度及年变幅的计算

1. 坝体下游面及上游面水上部分的温度边界

坝体下游面及上游表面的水上部分，受到日照影响，其表面混凝土温度将高于当时的气温。混凝土表面的年平均温度可按式（6.14-17）计算：

$$T_{cm}=T_{am}+\Delta T_s \quad (6.14-17)$$

式中　T_{cm}——混凝土表面年平均温度，℃；

T_{am}——年平均气温，℃；

ΔT_s——日照引起的年平均温度增量，℃。

夏季日照较强，冬季日照较弱，因此日照对混凝土表面温度的年变幅也有影响，可按式（6.14-18）计算：

$$A_c=A_0+\Delta A_s \quad (6.14-18)$$

式中　A_c——混凝土表面温度年变幅，℃；

A_0——气温年变幅，℃；

ΔA_s——日照引起的温度年变幅增量，$\Delta A_s=1\sim2$℃。

坝体下游面的年平均温度 T_{DM}、年变幅 A_D、上游面水上部分的年平均温度 T_{UM} 及年变幅 A_U 均可参照式（6.14-17）、式（6.14-18）计算。

2. 坝体上游面水下部分的温度边界

上游面水下部分的混凝土表面温度即等于水温。因此上游面的年平均温度 T_{UM} 可由式（6.14-19）计算：

$$T_{\omega m}(y)=c+(b-c)e^{-0.04y} \quad (6.14-19)$$

$$c=\frac{T_{底}-bg}{1-g} \quad (6.14-20)$$

$$g=e^{-0.04H} \quad (6.14-21)$$

式中　$T_{\omega m}(y)$——水深 y 处年平均水温，℃；

b——表面年平均水温，℃；

$T_{底}$——库底年平均水温，℃；

H——坝前水深，m。

年变幅 A_U 可由式（6.14-22）估算：

$$A_\omega(y)=A_{\omega0}e^{-0.018y} \quad (6.14-22)$$

式中　$A_{\omega0}$——表面水温年变幅，℃。

相位差 ε 可由式（6.14-23）估算：

$$\varepsilon(y)=2.15-1.30e^{-0.085y} \quad (6.14-23)$$

求得 T_{UM}、T_{DM}、A_U、A_D 后，根据式（6.14-6）

～式（6.14－9）、式（6.14－13）与式（6.14－14）可算出 T_m、T_d，据此可采用拱梁分载法或有限单元法计算拱坝应力。

【算例 6.14－1】 设水库位于东北地区，当地气温年变幅 $A_a=\pm 20.1℃$。修正公式为

$$A_{\omega 0}=\frac{1}{2}T_{a7}+\Delta a$$

式中 T_{a7}——7 月月平均气温，℃；

Δa——1～2℃，考虑日照影响。

按上式修正气温年变幅为 $A_{\omega 0}=11.9℃$。

由式（6.14－22）得水温年变幅为

$$A_{\omega}(y)=11.9e^{-0.018y}$$

由式（6.14－23）得水温相位差为

$$\varepsilon(y)=2.15-1.30e^{-0.085y}$$

现要计算水深 $y=20$m、坝体厚度 $L=12$m 处的坝体温度年变化 T_{m2} 和 T_{d2}：由 $A_{\omega}(y)=11.9e^{-0.018y}$ 得水温年变幅 $A_U=A_{\omega}(y)=8.30℃$，由 $\varepsilon(y)=2.15-1.30e^{-0.085y}$ 得相位差 $\varepsilon=1.91$ 月。

设导温系数 $a=3.0\text{m}^2/$月，$\frac{L}{\sqrt{aP}}=\frac{12}{\sqrt{3.0\times 12}}=2.00$，查图 6.14－4 可得 $\rho_1=0.420$，$\rho_2=0.864$，$\theta_1=1.494$ 月，$\theta_2=0.7428$ 月。以 $A_D=A_a=20.1℃$，$A_U=8.30℃$ 及 ρ_1、ρ_2、θ_1、θ_2 等数值代入式（6.14－15）、式（6.14－16），得 $T_{m2}=\pm 5.16℃$，$T_{d2}=\pm 10.14℃$。

6.14.6 简化计算

在前期设计中可采用朱伯芳建议的下列简化计算公式[18]。

库水位以上：

$$T_{m2}=\pm\rho_1 A_D,\quad T_{d2}=0 \qquad (6.14-24)$$

库水位以下：

$$T_{m2}=\pm\frac{\rho_1}{2}\left(A_D+\frac{13.1A_{\omega}}{14.5+y}\right) \qquad (6.14-25)$$

$$T_{d2}=\pm\rho_3\left[A_D-A_{\omega 0}\left(\zeta+\frac{13.1}{14.5+y}\right)\right] \qquad (6.14-26)$$

式中 y——水深，m。

其中，$\frac{\rho_1}{2}$、ρ_3、ζ 按下列公式计算。

当 $L<10$m 时：

$$\frac{\rho_1}{2}=0.50e^{-0.00067L^{3.0}} \qquad (6.14-27)$$

$$\rho_3=e^{-0.00186L^{2.0}} \qquad (6.14-28)$$

$$\zeta=(0.069e^{-0.022y}-0.0432e^{-0.081y})L \qquad (6.14-29)$$

当 $L\geqslant 10$m 时：

$$\frac{\rho_1}{2}=\frac{2.33}{L-0.90} \qquad (6.14-30)$$

$$\rho_3=\frac{18.76}{L+12.6} \qquad (6.14-31)$$

$$\zeta=\frac{3.80e^{-0.022y}-2.38e^{-0.081y}}{L-4.50} \qquad (6.14-32)$$

式中 L——坝体厚度，m；

y——水深，m。

在式（6.14－24）～式（6.14－26）中，夏季取正号（温升），冬季取负号（温降）。

【算例 6.14－2】 华中地区的一座拱坝，坝高 120m，当地年平均气温 18℃，气温年变幅 10℃。据计算，由于日照影响，下游面年平均温度增高 4℃，故坝体下游表面的年平均温度为 $T_{DM}=18+4=22$（℃）。取 $\Delta b=2℃$，水库表面年平均温度为 $T_{表}=18+2=20$（℃）。库底年平均水温为 9℃。水库深度 $H=110$m。不同深度的库水年平均温度为

$$T_{\omega m}(y)=T_{UM}=8.86+11.14e^{-0.04y}$$

由式（6.14－6）、式（6.14－7）可计算 T_{m1} 及 T_{d1}，计算结果见表 6.14－1。

表 6.14－1　华中地区一座拱坝的温度荷载

高程 (m)	水深 y (m)	坝体厚度 L (m)	T_{UM} (℃)	T_{DM} (℃)	运行期年平均温度		年变化温度		温度荷载（一） $T_{m0}=T_{m1}$ $T_{d0}=T_{d1}$		温度荷载（二） $T_{m0}=T_{m1}$ $T_{d0}=0$		美国内政部垦务局公式 (6.14－1)	
					T_{m1} (℃)	T_{d1} (℃)	T_{m2} (℃)	T_{d2} (℃)	T_m (℃)	T_d (℃)	T_m (℃)	T_d (℃)	T_m (℃)	T_d (℃)
120	坝顶	7.0	20.0	22.00	21.00	2.00	−7.94	0	−7.94	0	−7.94	2.00	−6.10	0
110	0	8.0	20.0	22.00	21.00	2.00	−6.75	0.98	−6.75	0.98	−6.75	2.98	−5.62	0
100	10	9.2	16.33	22.00	19.17	5.67	−4.56	−1.13	−4.56	−1.13	−4.56	4.54	−4.95	0
80	30	11.7	12.22	22.00	17.11	9.78	−2.80	−3.75	−2.80	−3.75	−2.80	6.03	−4.07	0

续表

高程（m）	水深 y（m）	坝体厚度 L（m）	T_{UM}（℃）	T_{DM}（℃）	运行期年平均温度		年变化温度		温度荷载（一）$T_{m0}=T_{m1}$ $T_{d0}=T_{d1}$		温度荷载（二）$T_{m0}=T_{m1}$ $T_{d0}=0$		美国内政部垦务局公式（6.14-1）	
					T_{m1}（℃）	T_{d1}（℃）	T_{m2}（℃）	T_{d2}（℃）	T_m（℃）	T_d（℃）	T_m（℃）	T_d（℃）	T_m（℃）	T_d（℃）
60	50	15.0	10.37	22.00	16.19	11.63	−1.99	−4.63	−1.99	−4.63	−1.99	7.00	−3.30	0
40	70	18.6	9.54	22.00	15.77	12.46	−1.52	−4.74	−1.52	−4.74	−1.52	7.72	−2.74	0
20	90	23.8	9.17	22.00	15.59	12.83	−1.14	−4.37	−1.14	−4.37	−1.14	8.46	−2.19	0
0	110	30.0	9.00	22.00	15.50	13.00	−0.88	−3.88	−0.88	−3.88	−0.88	9.12	−1.77	0

当地气候温和，冬季水库不结冰，故库水表面温度年变幅为 $A_{\omega 0}=A_a=10$℃。于是，根据水深 y、坝体厚度 L 及 $A_{\omega 0}$，由式（6.14-24）～式（6.14-26）可计算 T_{m2} 及 T_{d2}。

关于封拱温度场，可考虑两种情况。

（1）封拱前进行人工冷却，使封拱时坝体平均温度等于运行期坝体平均温度，即 $T_{m0}=T_{m1}$，并使封拱时的等效温差等于运行期坝体等效温差，即 $T_{d0}=T_{d1}$，由式（6.14-8）、式（6.14-9）计算拱坝温度荷载，得到温度荷载（一）。

（2）封拱时坝体平均温度等于运行期坝体平均温度，即 $T_{m0}=T_{m1}$，但不控制封拱时的温度梯度，因而封拱时坝体等效温差为零（上下游温度场对称），即 $T_{d0}=0$。由式（6.14-8）、式（6.14-9）计算拱坝温度荷载，得到温度荷载（二）。

为了对比，计算结果（见表 6.14-1）也列出了按美国内政部垦务局公式（6.14-1）计算的结果。

6.14.7　碾压混凝土拱坝温度应力

6.14.7.1　温度应力和接缝设计

碾压混凝土拱坝和碾压混凝土重力坝在施工工艺上是相同的，两种坝型最主要的区别是温度应力和坝体接缝设计问题。

重力坝可以单独承受水荷载，在坝内可以设置不灌浆的横缝，以解除在坝轴方向坝体温度变形所受到的约束。设置横缝以后，在水流方向，基础对坝体温度变形的强约束区的高度只有坝底宽度的 0.20 倍左右。因此，只要在低温季节浇筑完强约束区内的混凝土，其余部分的坝体混凝土，温度控制的矛盾就不大了。

拱坝的情况有所不同，水荷载需要依靠拱的作用传递到两岸基础，坝内不能设置不灌浆的横缝。从基础到坝顶，在整个坝高范围内，坝体的温度变形都受到两岸基础的约束。如果在高温季节浇筑混凝土，在坝内将产生较大的温差和应力，所以温度控制是碾压混凝土拱坝与碾压混凝土重力坝最主要的区别所在。

当然，两种坝型在其他方面也还有一些差别。例如，拱坝的应力水平较高，混凝土的胶凝材料用量需适当提高；拱坝坝体较薄，在防渗方面需采取一定措施等。这些问题的解决，目前已无特殊困难。

6.14.7.2　无横缝的碾压混凝土拱坝

在我国南方，坝体稳定温度较高，对于比较小的拱坝如果在几个低温月份可以浇筑完整个坝体，有可能不设置横缝，而坝体拉应力仍在容许范围之内。

碾压混凝土拱坝的温度荷载仍可用式（6.14-8）、式（6.14-9）计算，所不同的是：因为没有横缝，封拱温度实际上就是坝体混凝土曾经达到过的最高温度[58]。如果没有采取什么特殊措施，在施工过程中，沿厚度方向温度大体是对称分布的，所以等效温度差

$$T_{d0}=0 \qquad (6.14-33)$$

施工过程中的最高平均温度可计算如下：

$$T_{m0}=T_p+k_rT_r \qquad (6.14-34)$$

式中　T_p——混凝土浇筑温度，℃；

T_r——混凝土的水化热温升，℃；

k_r——考虑早期升温影响的折减系数。

如无任何冷却措施，受日照影响，原材料温度将高于气温，加上浇筑仓面上日照的影响，浇筑温度 T_p 将高于当时的日平均气温 3～5℃，甚至更高。如采取一些温度控制措施，如夜间浇筑混凝土等，可使 T_p 等于当时的日平均气温。

混凝土在水化热升温的过程中会产生一些压应力，可以抵消一部分后期降温时的拉应力，k_r 即用来考虑这一影响。k_r 的数值不但与混凝土弹性模量和徐变度随龄期而变化的规律有关，而且还与基岩对

拱坝的约束作用有关，即与基岩和混凝土弹性模量的比值、拱中心角及拱厚度与半径的比值等有关。若具有混凝土弹性模量和徐变度的试验资料，根据拱坝的尺寸不难计算 k_r 的数值，其值大致在 0.65～0.85。在常态混凝土浇筑块温度应力计算中也存在着这个问题[7]，但考虑到早期混凝土弹性模量和徐变试验不易做得很准确，在常态混凝土浇筑块温度应力计算中，通常取 $k_r=1.0$。碾压混凝土徐变资料更少，为安全计，目前暂时也可取 $k_r=1.0$，即按式（6.14-35）计算最高平均温度：

$$T_{m0} = T_p + T_r \quad (6.14-35)$$

碾压混凝土中含有大量粉煤灰，水化热产生的速度较慢，加上浇筑层面间歇时间较短，通过水平浇筑层面散发的热量较少。而拱坝的厚度又较薄，故施工中水化热主要通过侧面散失。

设混凝土的绝热温升为

$$\theta(\tau) = \theta_0(1-e^{-m\tau}) \quad (6.14-36)$$

式中 τ——时间，d；

m——常数。

对于厚度为 L 的碾压混凝土拱坝，同时考虑两侧面和水平层面的散热，朱伯芳建议的最高平均水化热温升计算式为[39]

$$T_r = sN\theta_0 \quad (6.14-37)$$

式中 N——水平方向散热系数，取决于厚度 L 和常数 m，根据朱伯芳给出的理论解算得的系数 N 如图 6.14-5 所示；

s——铅直方向通过浇筑层面的散热系数，由数值方法算得，如图 6.14-6 所示，其数值主要取决于混凝土的上升速度，与 m 的关系较弱；

θ_0——混凝土的绝热温升,℃。

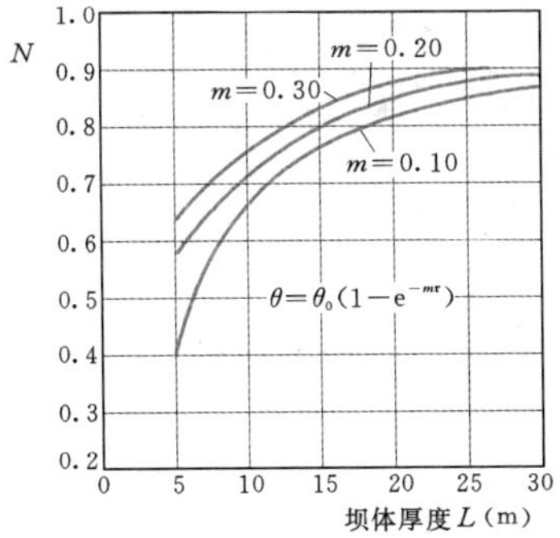

图 6.14-5　两侧面散热系数

【算例 6.14-3】　碾压混凝土拱坝，坝高 75m，顶部厚 6m，底部厚 30m，如图 6.14-7 所示。混凝土绝热温升 $\theta_0=18$℃，水化热系数 $m=0.15d^{-1}$，混

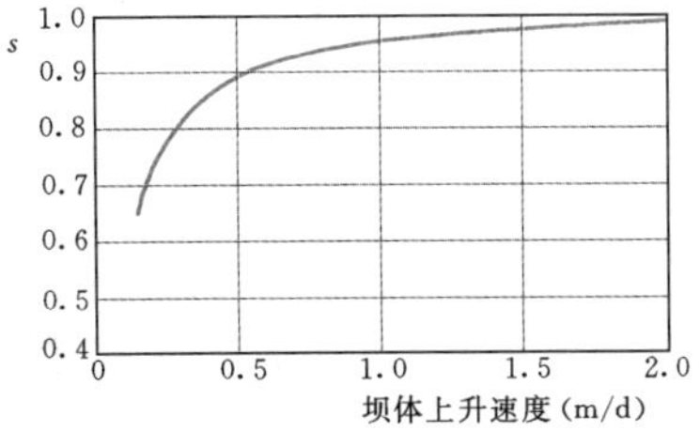

图 6.14-6　水平层面散热系数

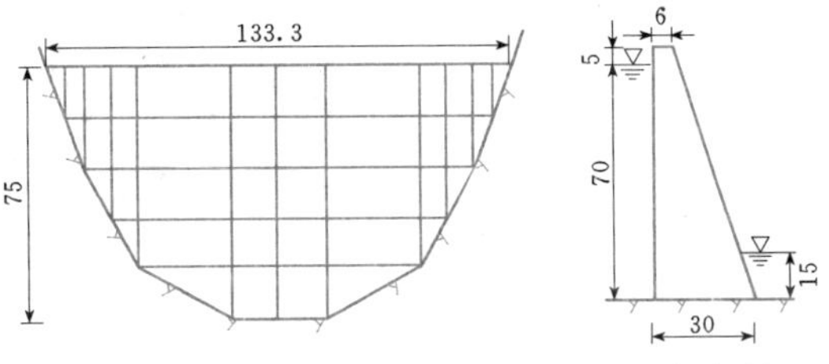

图 6.14-7　碾压混凝土拱坝算例（单位：m）

凝土浇筑上升速度为 0.50m/d。由图 6.14-6 查得 $s=0.89$，由图 6.14-5 查得 N，由式（6.14-37）可计算水化热温升 T_r，见表 6.14-2。

当地年平均气温为 14.7℃，考虑日照影响，增温 3℃，下游坝面在尾水以上的年平均温度为 $T_m=17.7$℃，表面年平均水温为 16.7℃，任意深度 y 的年平均水温为

$$T_{DM} = 11.62 + 5.08e^{-0.04y} \quad (6.14-38)$$

水温年变幅为

$$A(y) = 9.55e^{-0.018y} \quad (6.14-39)$$

由式（6.14-6）、式（6.14-7）可计算 T_{m1} 和 T_{d1}。如果在当年 12 月至次年 3 月之间浇筑完全部混凝土，拱坝温差由式（6.14-8）、式（6.14-9）计算，结果见表 6.14-2。

用 ADAS 程序计算的冬季拱坝主应力（水压力＋自重＋冬季温度荷载）如图 6.14-8 所示，最大拉应力为 1.05MPa。我国混凝土拱坝设计规范规定的容许拉应力为 1.20MPa，如果用这个容许应力来衡量，拉应力是可以接受的。

考虑到碾压混凝土拱坝的混凝土标号往往低于常态混凝土拱坝，为安全起见，可以在坝内设置一些诱导缝。参照南非经验，诱导缝的构造可如图 6.14-9 所示。

由于本算例温差较小，温度应力不大，一般不会出现裂缝。每隔 10m 左右设置一条诱导缝，是一额外保险：万一出现裂缝，将沿着诱导的方向发生，在上游面诱导缝部位设有止水，缝内有灌浆设备。

表 6.14-2　　碾压混凝土拱坝温度荷载算例

高程（m）		0	15	30	45	60	75
坝体厚度（m）		30.0	25.2	20.4	15.6	10.8	6.0
系数 N		0.870	0.855	0.825	0.770	0.710	0.530
水化温升 T_r（℃）		13.94	13.70	13.21	12.33	11.37	8.49
浇筑月份		12	12	1	1	2	3
浇筑温度 T_p		6.7	6.7	5.0	5.0	6.7	11.6
$T_{m0}=T_p+T_r$		20.64	20.40	18.21	17.33	18.07	20.09
T_{d0}		0	0	0	0	0	0
T_{m1}		13.70	14.44	15.17	15.60	16.37	17.20
T_{d1}		2.47	4.52	5.06	4.21	2.67	1.00
T_{m2}		0.794	1.054	1.360	1.939	3.586	8.141
T_{d2}		1.962	3.855	4.205	4.160	2.346	0
冬季温度荷载（℃）	T_m	−7.73	−7.01	−4.40	−3.67	−5.29	−11.03
	T_d	0.51	0.67	0.86	0.05	0.32	1.00
夏季温度荷载（℃）	T_m	−6.15	−4.91	−1.68	0.21	1.89	5.25
	T_d	4.43	8.38	9.27	8.37	5.02	1.00

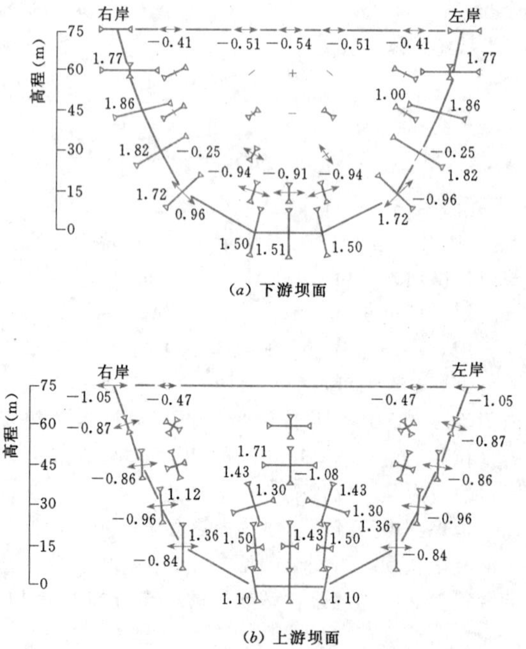

图 6.14-8　碾压混凝土拱坝主应力（单位：MPa，压正拉负）（水压＋自重＋冬季温度荷载）

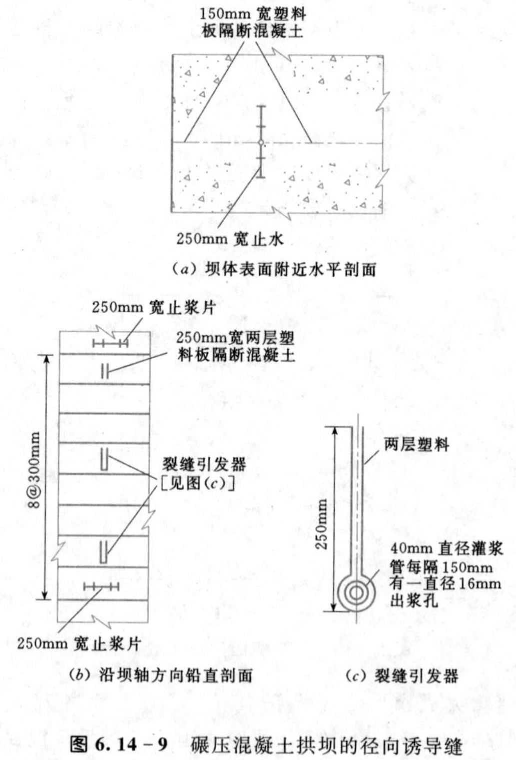

图 6.14-9　碾压混凝土拱坝的径向诱导缝

应该强调：在施工过程中，必须进行表面保温和养护，以防止由于干缩和寒潮引起的表面裂缝。

6.14.7.3 有横缝的碾压混凝土拱坝

如果不能在一个低温季节浇筑完全部混凝土，或者地处寒冷地区，坝体准稳定温度场很低，为防止坝内出现很大的温度应力，必须设置横缝。

1. 碾压混凝土拱坝中设置横缝的原则

应尽量利用低温季节，最大限度地在无缝条件下浇筑下部混凝土，即尽量增加无缝的坝高 H_1（见图 6.14-10），H_1 以上部分，因温差较大，必须设置横缝。考虑到碾压混凝土中水泥用量较少，其温差小于常态混凝土，所以横缝间距可以比常态混凝土坝大一些。根据坝体长度的不同，可考虑设置 1～3 条横缝，如图 6.14-10 所示。在横缝下面的混凝土内应布置一些钢筋，以防止坝体降温时顺着横缝向下裂开。

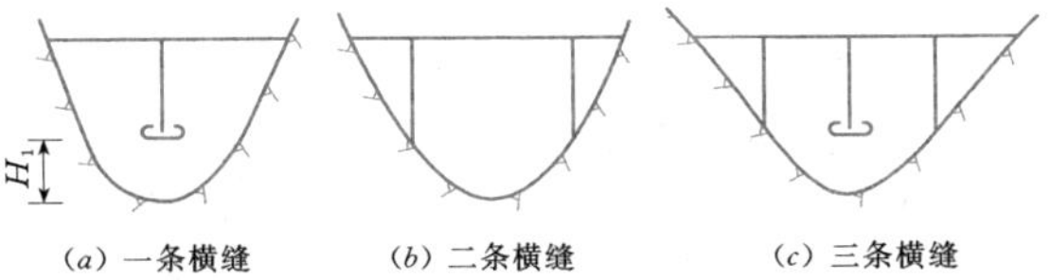

图 6.14-10 碾压混凝土拱坝的横缝

2. 横缝封闭前的坝体冷却

在横缝封闭以前，坝体必须冷却到规定的温度，例如，使封拱时坝体平均温度不高于运行期年平均温度。当坝体较薄时，可依靠天然冷却，否则，应进行水管冷却。

(1) 天然冷却。混凝土的天然冷却，可按初温均匀分布、气温线性变化、第三类边界条件下平板的温度场公式计算[7]。

【算例 6.14-4】 设在 7 月中旬（$\tau_1=6.5$ 月）浇筑混凝土，浇筑温度 $T_p=28℃$，$\theta_0=18.0℃$，$m=0.15\mathrm{d}^{-1}$，混凝土上升速度为 0.50m/d，导温系数 $a=3.0\mathrm{m}^2/$月。由式（6.14-37）可计算水化热温升 T_r，假设混凝土初温为 $T_0=T_p+T_r$，当地年平均气温 $T_{am}=15℃$，气温年变幅 $A_0=13℃$。计算由于天然冷却，到次年 2 月底（$\tau_1=14$ 月）时混凝土的平均温度，厚度 L 分别为 5m、10m、15m、20m。$\tau_0=\tau_1-s=6.5-0.5=6.0$ 月，$\tau=14.0-6.5=7.5$ 月，计算结果见表 6.14-3。

由表 6.14-3 可见，对于这个算例，当坝体厚度在 15m 以上，依靠天然冷却是难以降低到坝体稳定温度场的。但当厚度在 10m 以下时，依靠天然冷却是有可能降低到规定的封拱温度的。当然，这个问题与坝体厚度、冷却时间及所要求的封拱温度等有关，应根据具体情况进行分析。

表 6.14-3 计算结果

厚度 (m)	浇筑温度 (℃)	水化温升 (℃)	最高温度 (℃)	次年 2 月底温度 (℃)
5	28	8.01	36.01	4.32
10	28	11.05	39.05	9.47
15	28	12.50	40.50	14.95
20	28	13.14	41.14	24.10

(2) 水管冷却。过去人们认为在碾压混凝土中不能埋设冷却水管，因此对碾压混凝土拱坝在接缝灌浆前的人工冷却感到缺乏办法。在我国水口水电站施工中，首次在碾压混凝土中埋设冷却水管并获得成功[7]，这对于碾压混凝土拱坝的人工冷却具有重要意义。

对于在碾压混凝土中埋设冷却水管，人们最担心的是在碾压过程中，由于水管变形过大，接头可能脱开，以致水泥浆漏进管内引起堵塞。为了防止出现这种问题，可以采取以下措施：①冷却水管铺设在已经硬化的混凝土上面，以限制竖向变形；②把蛇形管焊成矩形网格，以限制水平变形；③在老混凝土面上挖小槽，冷却水管埋入槽内。据水口水电站工地经验，采取措施后，在碾压混凝土中铺设的冷却水管，都未发生堵塞现象。成都勘测设计研究院与大朝山工程局合作，在碾压混凝土拱坝围堰中埋设塑料冷却水管也获得成功。

3. 横缝构造

高碾压混凝土拱坝的分缝结构，无论是诱导缝还是横缝，预制混凝土成缝模板的型式应用较多。预制混凝土成缝模板可事先在仓面以外预制，预制时预留管路孔、键槽等，可实现在施工现场快速组装，既可保证缝的作用，又可保证全断面通仓碾压、连续上升的实现，最大限度地减少对施工的干扰。

普定、温泉堡工程一般是先进行碾压混凝土施工，待仓面碾压完成后，再在设缝位置用人工挖沟掏槽，埋入预制混凝土模板，然后再回填混凝土成缝。这种施工方法对仓面的干扰相对较大。

沙牌拱坝采用诱导缝和横缝相结合的方案，为保证全断面通仓碾压施工，分缝结构采用预制混凝土模板。实践证明，这项改进简化了施工工艺，更适应碾压混凝土通仓碾压、连续上升的快速施工。

4. 横缝与诱导缝的区别

横缝完全切断了坝体混凝土，坝体降温后一定会张开，缝的作用是明确的。缝内设置了键槽和灌浆设备，并且是在坝体冷却到规定温度后灌浆，之后才容许蓄水，其结构是可靠的。缺点是减小了浇筑仓面，给施工带来一些不便。

诱导缝只切断了局部混凝土，拱坝应力状态复杂，如果在其他方向的拉应力比垂直于诱导逢的拉应力大得多，有可能诱导缝面不裂开而在其他方向裂开。另外，当坝体较厚时，要在蓄水以后坝体才能冷却到最低温度。在水压力和温度的共同作用下，拱的轴向力通常是压力（坝体顶部可能例外），所以不可能全断面拉开，一般是一面受拉，另一面受压。诱导缝的作用只是便于在拉开的部分进行灌浆，并不能像横缝那样把坝体的温度应力解除掉。所以，诱导缝不能充分发挥缝的作用。它的优点是不减小浇筑仓面，施工较方便。

6.14.8　用有限单元法计算拱坝温度应力

6.14.8.1　计算要求

拱坝的受力状态比较复杂，随着计算技术的发展，有限单元法成为分析研究拱坝应力应变的有效手段，并越来越受到工程师的青睐。拱坝温度应力计算的有限单元法基本原理详见本卷第 6 章 6.5 节。采用有限元法计算拱坝的温度应力时，需要满足以下基本要求。

（1）网格模型：拱坝的应力状态比重力坝复杂得多，应力应变网格模型应包含全坝体及地基，坝体应考虑主要结构措施，地基应考虑对坝体受力状态有明显影响的地质构造等边界条件。

（2）坝体施工过程的模拟：应模拟分期封拱过程，考虑坝体混凝土自重的分配。初步分析时，可适当概化封拱过程，以简化模型，减少计算量；计算起点从浇筑第一方混凝土开始，经过施工期和运行期一段时间，直到坝体达到准稳定温度状态，计算方可结束。

（3）荷载包括温度变化（含徐变、混凝土自身体积变形等）、水压力和自重，宜采用增量法计算。

（4）边界条件，包括气温、水温、表面放热系数 β 及上下游水位的变化，均需模拟实际情况。

（5）材料参数，如混凝土弹性模量、徐变度、绝热温升等均随着各层混凝土的实际龄期而变化。

6.14.8.2　成果整理

有限单元法分析拱坝温度应力时应重点整理如下成果。

（1）特征时刻的温度分布规律，如一期冷却结束时刻、二期冷却开始时刻、二期冷却结束时刻、封拱时刻的温度分布、稳定温度场，以及其他特殊时刻的温度分布。

（2）特征点的温度过程，主要包括温度监测点，各坝段各拱圈的上下游表面点、中心点、拱厚方向三分点等，以及其他特殊的点。

（3）特征时刻的应力分布规律，如一期冷却结束时刻、二期冷却开始时刻、二期冷却结束时刻、封拱时刻的应力分布、稳定温度时刻应力，以及其他特殊时刻的应力分布。

（4）封拱时刻横缝面的开合度及封拱后横缝面的应力变化规律。

（5）特征点的应力变化过程，主要包括混凝土应变监测点，各坝段各拱圈的上下游表面点、中心点、拱厚方向三分点等，以及其他特殊的点。

（6）特殊部位的应力分布规律，如拱坝周边与基岩交界部位、孔口、诱导缝等。

6.14.8.3　工程算例

【算例 6.14－5】　混凝土拱坝实例 1。采用 SAPTIS 仿真计算程序进行计算。选取 3 个坝段模型（见图 6.14－11）对 2009 年入冬保温措施进行了研究，三个坝段按实际施工方案进行跳仓浇筑，模拟实际施工过程，仿真模拟了仓面、上游表面和侧面进行保温和不保温、不同长间歇时的情况，另外还进行了固结灌浆上抬应力、短周期温度骤降与长周期温度应力相互叠加时的综合开裂风险分析。部分计算结果如图 6.14－12～图 6.14－15 所示。研究结果表明，拱坝施工期应尽可能避免长间歇出现，次低温、低温季节都应做好表面保温工作，尤其是长间歇期间更应加强表面保温，保温板宜采用厚 5.0cm 的塑料泡沫板。基础有盖重固结灌浆时，还应特别注意避免出现灌浆上抬应力、短周期温度应力和长周期温度应力同时叠加的最恶劣情况。

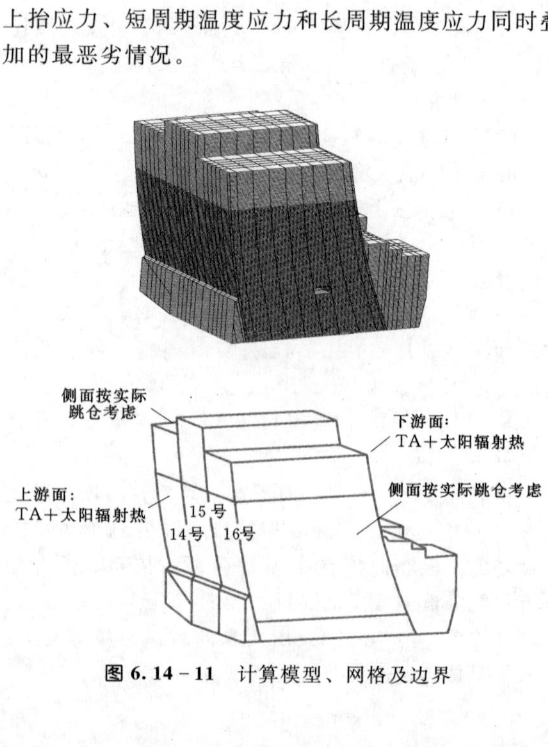

图 6.14－11　计算模型、网格及边界

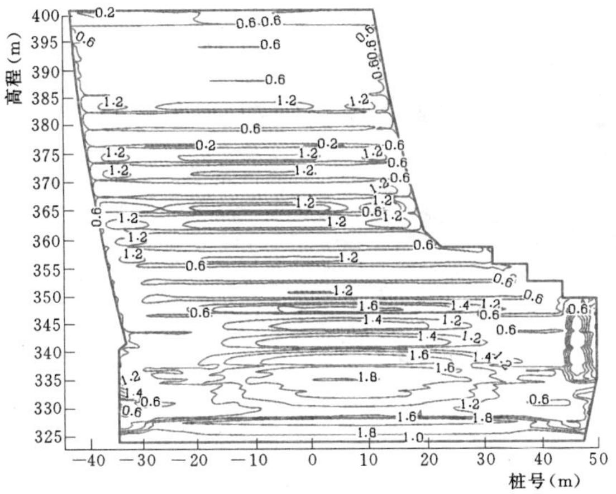

图 6.14-12 中面顺河向应力包络图
（应力单位：MPa）

【算例 6.14-6】 混凝土拱坝实例 2。采用COCE程序，针对全坝段模型进行温度应力研究。按1.5m一层模拟坝体浇筑上升过程。坝肩及坝基以下取50m范围内岩体，并考虑了初始地热条件，坝体网格高程上按1.5m尺寸控制。由于温度场网格模型与应力应变网格模型关注的问题不同，如采用一套网格模型，目前的计算能力难以满足，因此分别建立独立的网格模型。温度场模型（有限元网格见图 6.14-16）总单元数为 324618，应力应变模型（有限元网格见图 6.14-17）单元总数为 787291。

混凝土热力学参数见表 6.14-4、表 6.14-5。设计封拱温度为 14～16℃，坝内最高温度 4～9 月为 35℃，其余时间为 30℃。

部分计算结果如图 6.14-18～6.14-21 所示。研究结果表明，温度场仿真计算揭示了施工过程中混凝土温度经历的四个典型阶段，即为一期冷却阶段的温升和温降过程、一期冷却完成后的温度回升过程、二期冷却过程降温、二期冷却后一段时间的温度回升，至最终稳定温度。浇筑初期（7～10d 左右）混凝土最大温升平均约 16～18℃；二期冷却始末的最大温降平均约为 7～9℃左右；二期冷却完成后温度有一定的回升。高程 1000.00～1080.00m 坝体内历史上出现的拉应力较明显，最大值超过 1MPa 的范围，且出现的时刻主要在对应区域的二次冷却前后，

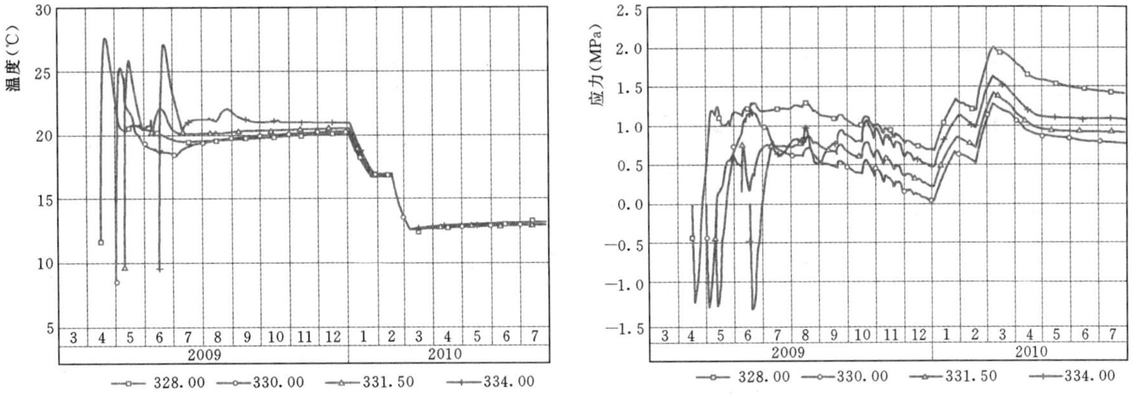

(a) 温度过程线 (b) 应力过程线

图 6.14-13 中部典型高程温度和应力过程线

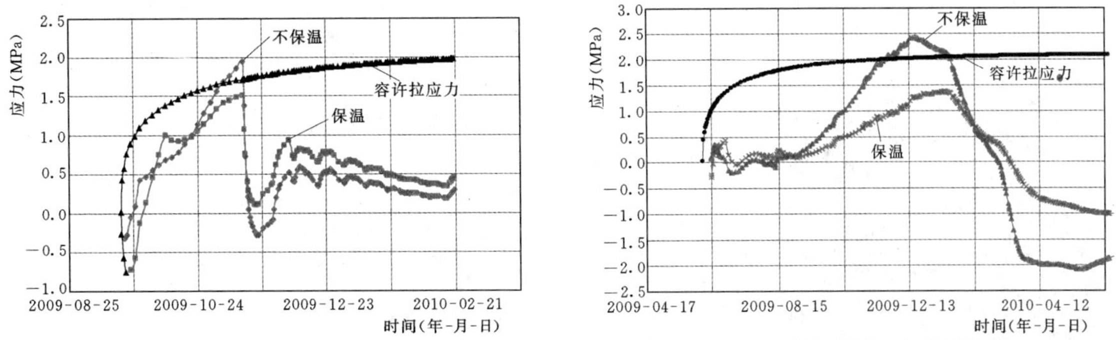

(a) 长间歇施工仓面保温效果对比 (b) 上游表面轴向应力保温效果对比

图 6.14-14 不同部位表面保温效果对比

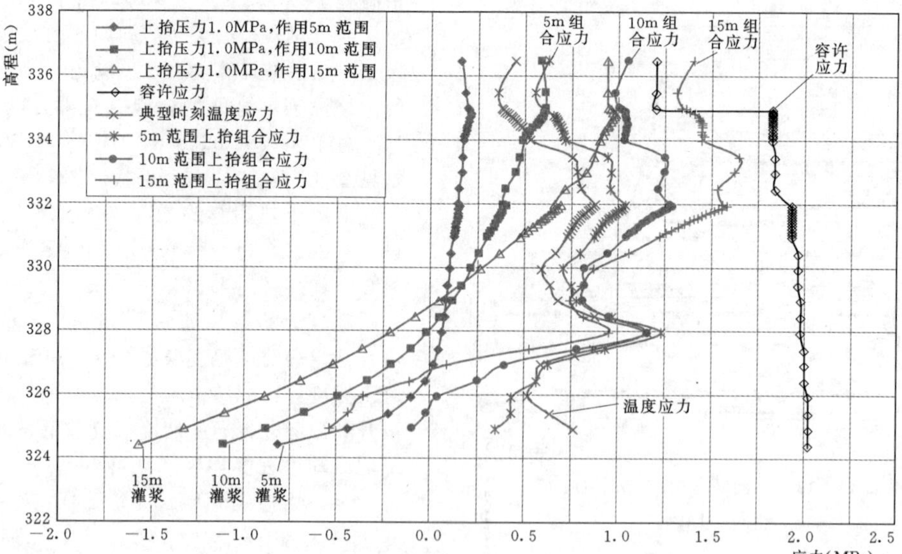

(*a*) 上抬应力与温度应力叠加

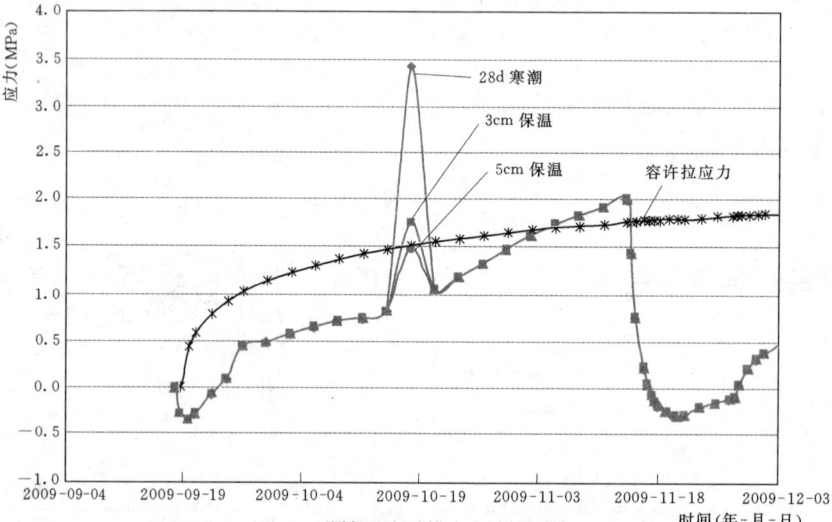

(*b*) 不同保温时短周期与长周期温度应力叠加

图 6.14-15　不同组合荷载作用的应力分布及变化规律（单位：MPa）

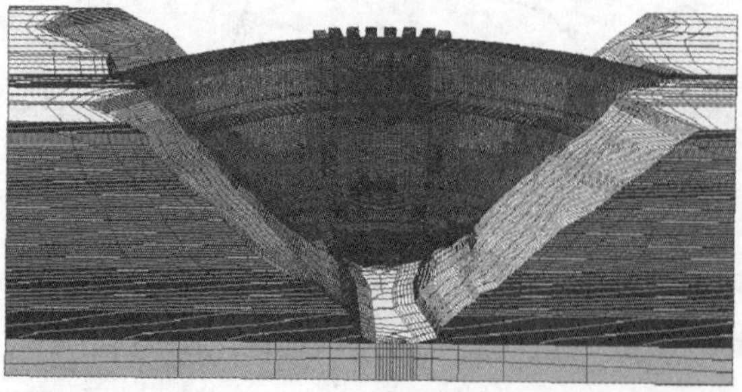

图 6.14-16　温度场有限元网格模型

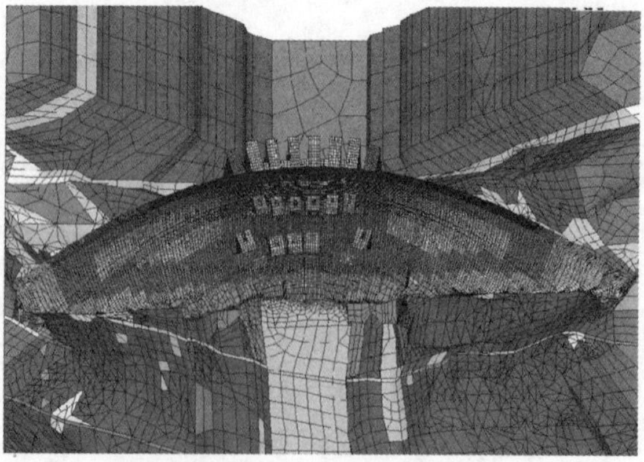

图 6.14-17　应力应变有限元网格模型

表 6.14-4　　混凝土热学参数

混凝土强度等级	θ_0(℃)	λ [kJ/(m·h·℃)]	a (m^2/h)	γ (kg/m^3)	c [kJ/(kg·℃)]	α (10^{-6}/℃)	β [kJ/(m^2·h·℃)]
$C_{180}40$	$\theta_t=30t/(3.8+t)$	8.261	0.00319	2500	1.036	8.2	47.1
$C_{180}35$	$\theta_t=27t/(4.0+t)$	8.287	0.0032				
$C_{180}30$	$\theta_t=25t/(4.0+t)$	8.287	0.0032				

表 6.14-5　　混凝土力学参数

力学指标	回归方程		
	$C_{180}40$	$C_{180}35$	$C_{180}30$
抗压强度(MPa)	$f_c(t)=48.49t(12.27+t)$	$f_c(t)=42.65t(13.33+t)$	$f_c(t)=36.7t(13.66+t)$
抗拉强度(MPa)	$f_t(t)=3.28t(9.09+t)$	$f_t(t)=3.11t(13.76+t)$	$f_t(t)=2.95t(13.65+t)$
弹性模量(GPa)	$E(t)=32.6t(9.79+t)$	$E(t)=30.2t(10.3+t)$	$E(t)=29.0t(9.07+t)$
极限拉伸应变(10^{-6})	$\varepsilon(t)=137t/(4.87+t)$	$\varepsilon(t)=131.4t/(5.56+t)$	$\varepsilon(t)=116.3t/(6.4+t)$
泊松比	0.189		

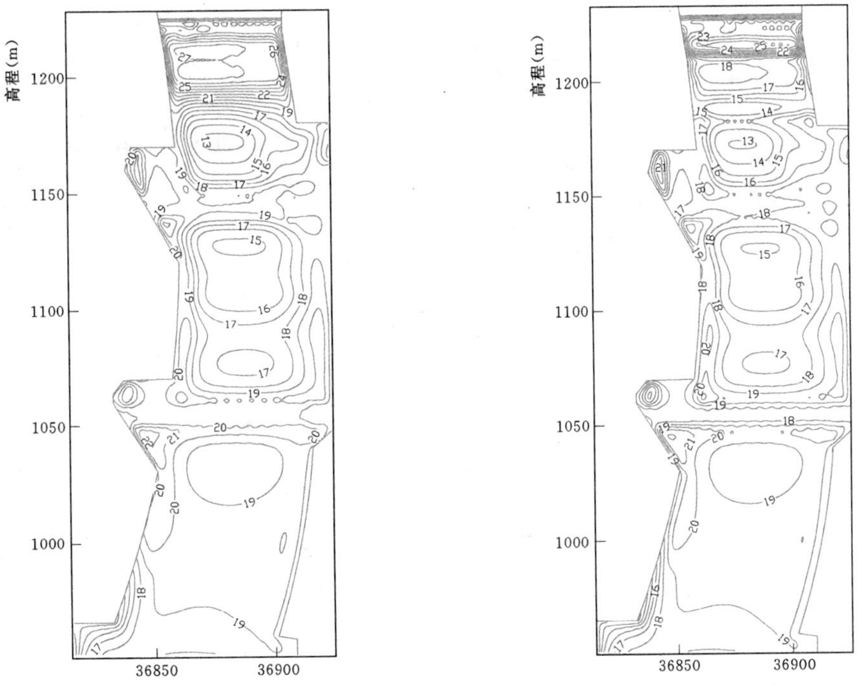

(a)1193.50～1211.50m 坝体二冷开始(2009-11-04)　　(b) 1184.50～1211.50m 坝体二冷结束(2009-11-24)

图 6.14-18　典型坝段纵向剖面温度等值线图

存在开裂的可能性。在高程 950.50～1110.00m 拱端上游侧附近由于蓄水出现了一定的拉应力，在高程 1160.00～1245.00m 压应力向两岸传递，以环向压应力为主，拱作用明显。蓄水后，在高程 950.50m 坝踵附近出现了明显的拉应力。

6.14.9　拱坝施工期温度应力

6.14.9.1　施工期温度应力特点

拱坝施工一般都在上部浇筑混凝土的同时，下部进行二期冷却和接缝灌浆。拱坝在分区进行二期冷却

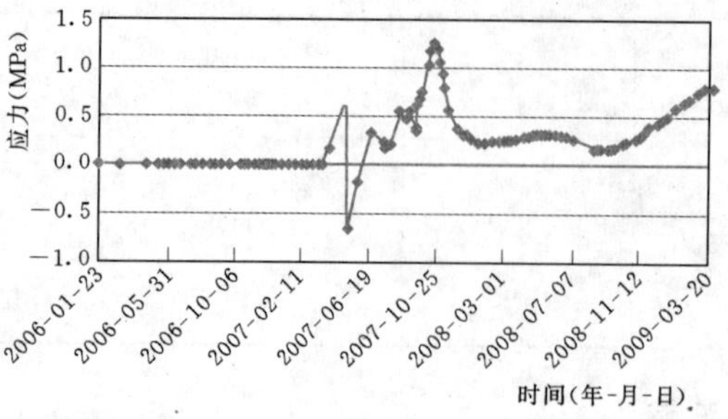

图 6.14－19　某特征点（高程 1047.00m）第一主应力过程线

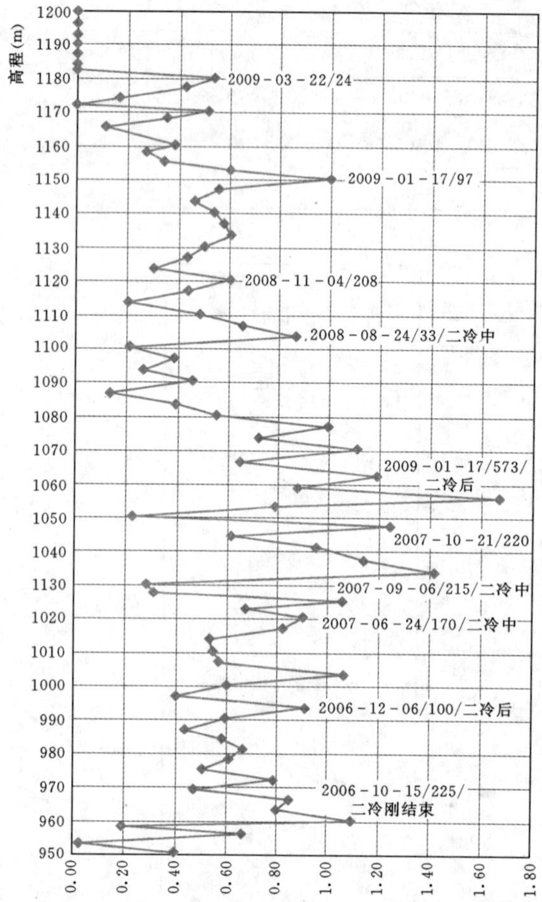

图 6.14－20　典型坝段沿中心线上的 σ_1 包络图

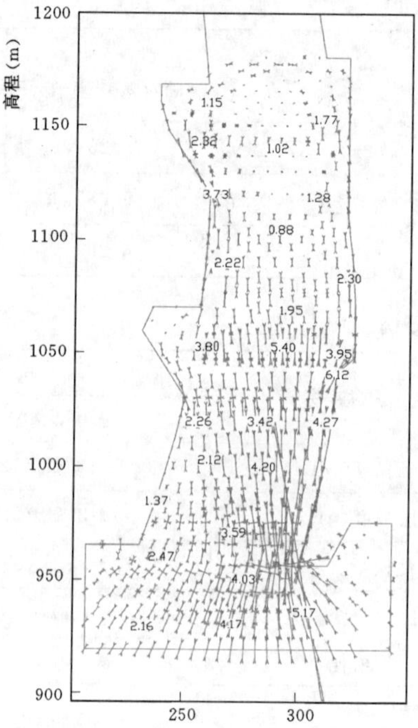

图 6.14－21　典型坝段径向剖面应力矢量图（2009－11－04）（应力单位：MPa）

的过程中，必然会在二次冷却区与非二次冷却区交界处产生沿高程方向的较大温差，即使在非约束区部位混凝土降温过程中也会因为受到下部混凝土及上部未冷混凝土的约束而产生温度应力。因此，随着拱坝浇筑上升，施工期拱坝的温度应力在动态变化，常常还会出现拉压应力的交替变化，即当拉应力超过当期混凝土的抗拉强度时，混凝土开裂，随后裂缝又闭合受压，这一现象可以形象地描述为拉应力区上浮（见图 6.14－22）。

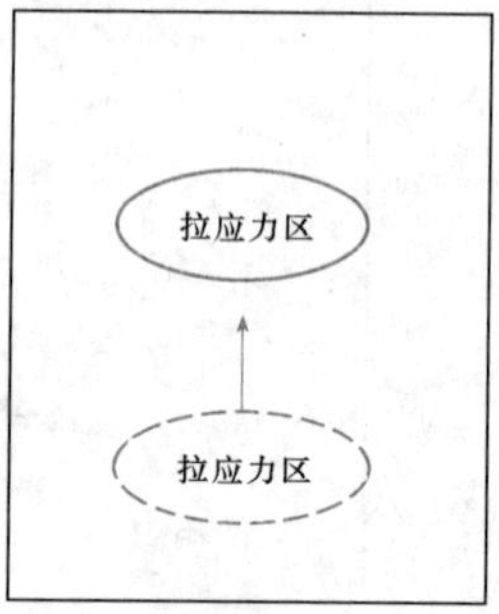

图 6.14－22　施工期拉应力变化示意图

6.14.9.2　计算方法及控制标准

传统规范规定的施工期温度应力的计算采用影响线法，也可采用有限元法，按浇筑块的温度应力计算。这类计算与混凝土重力坝相似。但拱坝的施工过程和温度应力特点与重力坝存在明显的不同，因此影响线法或柱状块、单坝段有限元在反映周边实体对坝体混凝土的约束作用等方面有一定的局限性。随着计算机技术的发展，对拱坝施工期进行全坝段仿真计算已经成为可能。全坝段的有限元仿真分析是研究施工期拱坝真实的温度场和温度应力的有效途径之一。

《混凝土拱坝设计规范》（SL 282—2003），关于拱坝施工期的坝体应力验算要求是：在坝体横缝灌浆以前，应用材料力学法按单独坝段分别进行验算，坝体拉应力不得大于 0.5MPa。

《混凝土拱坝设计规范》（DL/T 5346—2006）对施工期混凝土温度应力的控制，是按混凝土极限拉伸值控制的，即

$$\gamma_0\sigma \leqslant \frac{\varepsilon_p E_c}{\gamma_{d3}} \qquad (6.14-40)$$

式中　σ——各种温差所产生的温度应力之和，MPa；

γ_0——建筑物重要性系数，根据建筑物重要性，分别取 1.1、1.0、0.9；

ε_p——混凝土极限拉伸值的标准值；

E_c——混凝土弹性模量标准值，MPa；

γ_{d3}——温度应力控制正常使用极限状态短期组合结构系数，取 1.5。

混凝土极限拉伸值的标准值和混凝土弹性模量标准值较难取得（尤其是原型或全级配），目前一般选取湿筛混凝土室内试验成果考虑尺寸效应等因素进行修正。通常两者的乘积大于混凝土抗拉强度，由此计算的混凝土容许拉应力大于按混凝土抗拉强度计算的容许拉应力，往往造成计算的混凝土抗裂安全系数大于实际抗裂安全系数。因此，用混凝土极限拉伸值的标准值和混凝土弹性模量标准值的乘积作为混凝土抗裂指标，是否能比较全面、真实地反映混凝土实际抗裂能力的问题，尚需开展深入研究。

6.15　坝内圆形孔口和水工隧洞衬砌温度应力

6.15.1　坝内圆形孔口[17]

引水管道穿过坝体，形成圆形孔口。孔内水温不同于坝体，从而产生温度应力。孔内缘温度可表示如下：

$$T_w = T_i + A\cos\omega\tau \qquad (6.15-1)$$

$$\omega = \frac{2\pi}{P}$$

式中　T_w——水温，℃；

T_i——年平均水温，℃；

A——水温年变幅，℃；

P——周期，年。

下面分别计算年平均水温及水温年变化的影响。

6.15.1.1　稳定温度场产生的应力

将圆形孔口简化为空心圆柱体来分析。如图 6.15-1 所示，柱体内半径为 c，外半径为 b，内缘温度为 T_i，外缘温度为 T_0，按轴对称问题求解。在半径 r 处的温度为

$$T(r) = T_0 + (T_i - T_0)\frac{\ln\left(\frac{b}{r}\right)}{\ln\left(\frac{b}{c}\right)} \qquad (6.15-2)$$

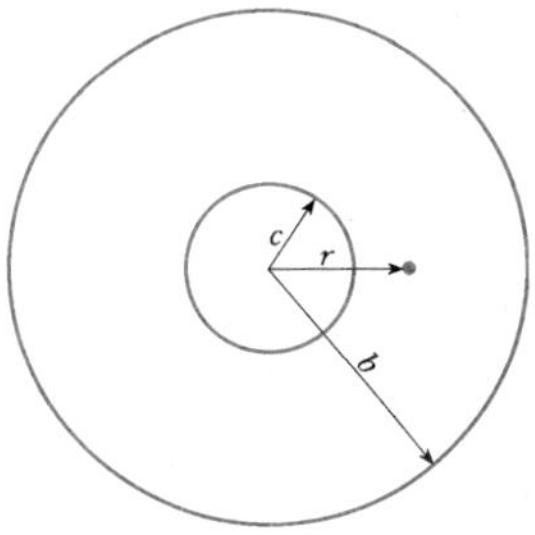

图 6.15-1　空心圆柱体

在半径为 r 处的应力（平面应变）为

$$\sigma_r = \frac{E\alpha(T_i - T_0)}{2(1-\mu)\ln\left(\frac{b}{c}\right)} \times \left[-\ln\frac{b}{r} - \frac{c^2}{b^2-c^2}\left(1-\frac{b^2}{r^2}\right)\ln\left(\frac{b}{c}\right)\right]$$

（径向应力）　(6.15-3)

$$\sigma_\theta = \frac{E\alpha(T_i - T_0)}{2(1-\mu)\ln\left(\frac{b}{c}\right)} \times \left[1-\ln\frac{b}{r} - \frac{c^2}{b^2-c^2}\left(1+\frac{b^2}{r^2}\right)\ln\left(\frac{b}{c}\right)\right]$$

（切向应力）　(6.15-4)

$$\sigma_z = \mu(\sigma_r + \sigma_\theta) - E\alpha T(r)$$

（轴向应力）　(6.15-5)

以上计算的是弹性应力，为了考虑徐变，可乘以松弛系数。

6.15.1.2　简谐温度场产生的应力

由于水温年变化的影响深度一般为 10m 左右，所以可简化为无限域的圆形孔口来计算其温度应力，如图 6.15-2 所示。朱伯芳得到了对这个问题的解。

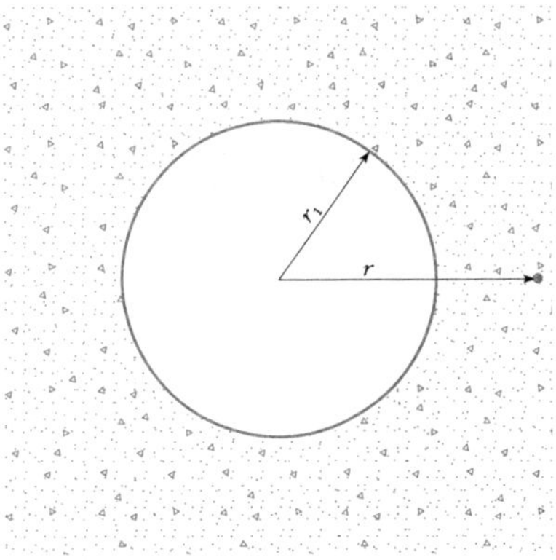

图 6.15-2　无限域圆孔

温度场的边界条件是

$$\left.\begin{aligned} r = c,\ T &= A\cos\omega\tau \\ r = \infty,\ T &= 0 \end{aligned}\right\} \tag{6.15-6}$$

孔口周围的温度场可计算如下：

$$T(r,\tau) = \frac{AN_0(qr)}{N_0(qc)} \times \cos[\omega\tau + \phi_0(qr) - \phi_0(qc)] \tag{6.15-7}$$

其中 $$\omega = \frac{2\pi}{P},\ q = \sqrt{\frac{\omega}{a}} = \sqrt{\frac{2\pi}{aP}} \tag{6.15-8}$$

式中 a——导温系数，m^2/h；

P——周期，年。

对于这种简谐温度应力，不能用简单的松弛系数考虑徐变影响。设混凝土的徐变度为

$$C(t,\tau) = C_0[1 - e^{-k_i(t-\tau)}] \tag{6.15-9}$$

考虑徐变的圆孔周围温度应力可计算如下：

$$\begin{aligned} \sigma_r^* = &-\frac{E\alpha A\rho}{(1-\mu)qr^2 N_0(qc)}\left\{ rN_1(qr)\sin\left[\omega\tau + \phi_1(qr) - \phi_0(qc) - \frac{\pi}{4} + \xi\right] - cN_1(qc) \right. \\ &\left. \times \sin\left[\omega\tau + \phi_1(qc) - \phi_0(qc) - \frac{\pi}{4} + \xi\right]\right\} \end{aligned} \tag{6.15-10}$$

$$\sigma_z^* = -\frac{E\alpha A\rho N_0(qr)}{(1-\mu)N_0(qc)}\cos[\omega\tau + \phi_0(qr) - \phi_0(qc) + \xi] \tag{6.15-11}$$

$$\sigma_\theta^* = \sigma_z^* - \sigma_r^* \tag{6.15-12}$$

其中

$$\left.\begin{aligned} \rho &= \sqrt{m^2 + n^2} \\ \xi &= \tan^{-1}\left(\frac{n}{m}\right) \\ m &= \frac{gk + \omega^2}{g^2 + \omega^2} \\ n &= \frac{Ec_0 k\omega}{g^2 + \omega^2} \\ g &= (1 + Ec_0)k \end{aligned}\right\} \tag{6.15-13}$$

函数 $N_0(z)$、$N_1(z)$、$\phi_0(z)$、$\phi_1(z)$ 可从表 6.15-1 查得。

表 6.15-1 $N_0(z)$、$N_1(z)$、$\phi_0(z)$、$\phi_1(z)$值

$z=qr$	$N_0(z)$	$-\phi_0(z)$ (°)	$N_1(z)$	$-\phi_1(z)$ (°)
0.0	∞	0.00	∞	135.00
0.1	2.5421	17.79	9.9620	135.84
0.2	1.8917	23.63	4.9289	137.59
0.3	1.5250	28.73	3.2315	139.87
0.4	1.2748	33.51	2.3723	142.50
0.5	1.0879	38.12	1.8501	145.38
0.6	0.9417	42.60	1.4976	148.44
0.7	0.8233	47.01	1.2431	151.66
0.8	0.7252	51.35	1.0506	154.98
0.9	0.6425	55.65	0.8999	158.40
1.0	0.5720	59.92	0.7788	161.90
1.1	0.5112	64.16	0.6797	165.50
1.2	0.4584	68.37	0.5971	169.07
1.3	0.4122	72.57	0.5275	172.72
1.4	0.3716	76.76	0.4681	176.41
1.5	0.3356	80.93	0.4171	180.14
1.6	0.3037	85.08	0.3728	183.89
1.7	0.2752	89.23	0.3342	187.67
1.8	0.2498	93.37	0.3004	191.47
1.9	0.2271	97.50	0.2706	195.29
2.0	0.2066	101.63	0.2443	199.13
2.1	0.1882	105.75	0.2209	202.98
2.2	0.1716	109.87	0.2001	206.85
2.3	0.1566	113.98	0.1815	210.72
2.4	0.1431	118.09	0.1618	214.61
2.5	0.130800	122.19	0.149000	218.51
2.6	0.119700	126.29	0.136100	222.42
2.7	0.109500	130.39	0.124300	226.34
2.8	0.100300	134.48	0.113300	230.26
2.9	0.091900	138.58	0.103500	234.20
3.0	0.084300	142.67	0.094500	238.13
3.2	0.071000	150.84	0.079000	246.03
3.4	0.059900	159.01	0.066300	253.91
3.6	0.050600	167.17	0.055700	261.87
3.8	0.042800	175.33	0.046800	269.82
4.0	0.036200	183.48	0.039500	277.78
4.2	0.030700	191.62	0.033400	285.75
4.4	0.026100	199.77	0.028200	293.73
4.6	0.022200	207.91	0.023900	301.73
4.8	0.018860	216.25	0.020300	309.72
5.0	0.016050	224.18	0.017210	317.73
5.5	0.010760	244.51	0.011470	337.77
6.0	0.007250	264.83	0.007680	357.85
6.5	0.004890	285.14	0.005170	377.95
7.0	0.003310	305.44	0.003490	398.07
7.5	0.002250	325.74	0.002360	418.21
8.0	0.001531	346.03	0.001600	438.36
8.5	0.001043	366.32	0.001088	458.52
9.0	0.000713	386.61	0.000741	478.69
10.0	0.000334	427.17	0.000346	519.06

【算例 6.15-1】 混凝土坝内圆形孔口，半径 $c=3.75$m，弹性模量 $E=29400$MPa，线膨胀系数 $\alpha=11.2\times10^{-6}/℃$，泊松比 $\mu=1/6$，导温系数 $a=0.0924\text{m}^2/\text{d}$，温度变化周期 $P=365$d，变幅 $A=7.9℃$，最低水温出现在 2 月 10 日，按式（6.15-7）计算温度场，按式（6.15-10）～式（6.15-12）计算徐变温度应力，计算结果如图 6.15-3 所示。

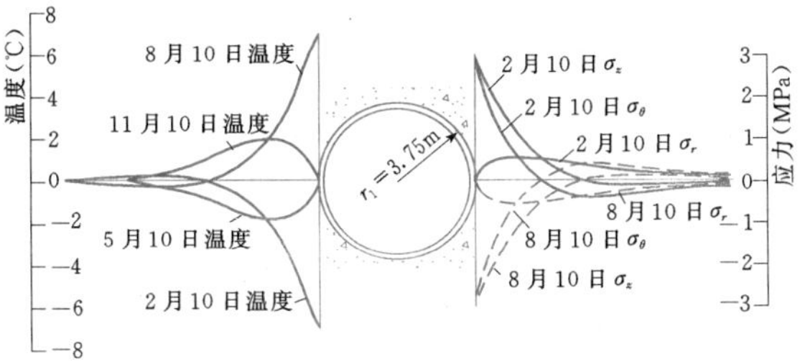

图 6.15-3 坝内引水管附近年变化温度场及徐变应力场

6.15.2 水工隧洞衬砌[17]

水工隧洞衬砌在施工期的温度应力与衬砌分块方式有关。通常以纵横接缝分成矩形块体浇筑，可近似地按浇筑块或弹性基础梁计算。考虑徐变影响的水工隧洞运行期温度应力，可用朱伯芳提出的方法计算如下。

6.15.2.1 水工隧洞的温度场

洞内水温和气温年变化的影响深度约 10m 左右，而水工隧洞围岩厚度一般在 10m 以上，因此可将围岩外半径视为无限大。对于年温变化来说，可把隧洞衬砌看做是围岩的一层保温板，具有放热系数 β 如下：

$$\beta=\frac{\lambda_1}{r_1\ln\left(\dfrac{r_1}{r_0}\right)} \qquad (6.15-14)$$

式中 λ_1——衬砌的导热系数，kJ/(m·h·℃)；

r_1——衬砌的外半径，m；

r_0——衬砌的内半径，m。

当衬砌很薄，r_1 与 r_0 很接近时，可按式（6.15-15）计算：

$$\beta\approx\frac{\lambda_1}{r_1-r_0} \qquad (6.15-15)$$

设洞内缘温度（水温和气温）T_0 是时间的余弦函数，年变幅为 A，即当 $r=r_0$ 时（见图 6.15-4）：

$$T_0=A\cos\omega\tau \qquad (6.15-16)$$

$$\omega=\frac{2\pi}{P}$$

式中 P——周期，年。

考虑初始影响已经消失的准稳定温度场。由于隧洞内缘的水温和气温周而复始地作余弦变化，在衬砌和岩体内任一点的温度都以同一周期作余弦变化，但随着各点深度的不同，将具有不同的温度变幅和相位差。

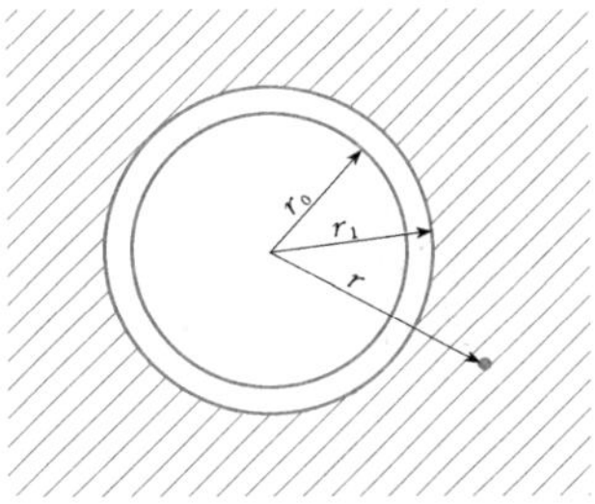

图 6.15-4 水工隧洞

在衬砌与岩体接触面上的温度（当 $r=r_1$ 时）为

$$T=B\cos(\omega\tau+\varepsilon) \qquad (6.15-17)$$

在岩体内部半径为 r 处的温度为

$$T(t,\tau)=\frac{BN_0(qr)}{N_0(qr_1)}\cos[\omega\tau+\phi_0(qr)-\phi_0(qr_1)+\varepsilon] \qquad (6.15-18)$$

其中

$$\left.\begin{aligned}B&=\frac{A}{\sqrt{b^2-2b\cos\psi+1}}\\\varepsilon&=\tan^{-1}\left(\frac{b\sin\psi}{1-b\cos\psi}\right)\\b&=\frac{\lambda_2qN_1(qr_1)}{\beta N_0(qr_1)}\\\psi&=\phi_1(qr_1)-\phi_0(qr_1)-\frac{\pi}{4}\\q&=\sqrt{\frac{2\pi}{a_2P}}\end{aligned}\right\} \qquad (6.15-19)$$

式中 A——衬砌内缘水温或气温的年变幅，℃；

B——衬砌与岩体接触面上的温度变幅，℃；

ε——接触面上温度变化的相位差；

λ_2——岩体的导热系数，kJ/(m·h·℃)；

a_2——岩体的导温系数，m^2/h；

P——温度变化的周期。

衬砌内温度按式（6.15-20）计算：

$$\left.\begin{aligned}T&=\frac{T_0\ln\left(\dfrac{r_1}{r}\right)+T_1\ln\left(\dfrac{r}{r_0}\right)}{\ln\left(\dfrac{r_1}{r_0}\right)}\\T_0&=A\cos\omega\tau\\T_1&=B\cos(\omega\tau+\varepsilon)\end{aligned}\right\} \qquad (6.15-20)$$

6.15.2.2 水工隧洞衬砌的温度徐变应力

水工隧洞衬砌的温度徐变应力分两步计算。第一步，假定衬砌和岩体各自独立，分别计算其自生温度应力。第二步，根据接触面上的变形连续条件，求出因衬砌和岩体相互制约而产生的约束应力。将自生应力与约束应力叠加，即得到真实的温度徐变应力。均按平面应变问题分析。

1. 岩体的温度徐变应力

设岩体弹性模量为 E_2，泊松比为 μ_2，线膨胀系数为 α_2，徐变度为

$$C(t,\tau) = C_2[1 - e^{-k_2(t-\tau)}]$$

岩体的温度徐变应力为

$$\begin{aligned}\sigma_r^* =& -\frac{E_2\alpha_2 B\rho_2}{(1-\mu_2)qr^2 N_0(qr_1)}\Big\{rN_1(qr)\\ &\times\sin\left[\omega\tau+\phi_1(qr)-\phi_0(qr_1)-\frac{\pi}{4}+\varepsilon+\xi_2\right]\\ &-rN_1(qr_1)\sin\left[\omega\tau+\phi_1(qr_1)-\phi_0(qr_1)\right.\\ &\left.\left.-\frac{\pi}{4}+\varepsilon+\xi_2\right]\right\}\quad\text{(径向应力)}\end{aligned}\tag{6.15-21}$$

$$\begin{aligned}\sigma_z^* =& -\frac{E_2\alpha_2 B\rho_2 N_0(qr)}{(1-\mu_2)N_0(qr_1)}\cos[\omega\tau+\phi_0(qr)\\ &-\phi_0(qr_1)+\varepsilon+\xi_2]\quad\text{(轴向应力)}\end{aligned}\tag{6.15-22}$$

$$\sigma_\theta^* = \sigma_z^* - \sigma_r^*\quad\text{(切向应力)}\tag{6.15-23}$$

其中

$$\left.\begin{aligned}\rho_2 &= \sqrt{m_2^2+n_2^2}\\ \xi_2 &= \tan^{-1}\left(\frac{n_2}{m_2}\right)\\ m_2 &= \frac{g_2k_2+\omega^2}{g_2^2+\omega^2}\\ n_2 &= \frac{E_2C_2k_2\omega}{g_2^2+\omega^2}\\ g_2 &= (1+E_2C_2)k_2\end{aligned}\right\}\tag{6.15-24}$$

若岩体无徐变，$C_2=0$，则 $\rho_2=1$，$\xi_2=0$，按以上公式算出的即为弹性应力。

2. 衬砌的温度徐变应力

设混凝土衬砌的弹性模量为 E_1，泊松比为 μ_1，线膨胀系数为 α_1，徐变度为

$$C(t,\tau) = C_1[1 - e^{-k_1(t-\tau)}]$$

衬砌的温度徐变应力为

$$\begin{aligned}\sigma_r^* =& \frac{\sigma_1-\sigma_0}{2(1-\mu_1)}\\ &\times\left[\frac{r_1^2(r^2-r_0^2)}{r^2(r_1^2-r_0^2)}-\frac{\ln\left(\frac{r}{r_0}\right)}{\ln\left(\frac{r_1}{r_0}\right)}\right]\quad\text{(径向应力)}\end{aligned}\tag{6.15-25}$$

$$\begin{aligned}\sigma_\theta^* =& \frac{\sigma_1-\sigma_0}{2(1-\mu_1)}\\ &\times\left[\frac{r_1^2(r^2+r_0^2)}{r^2(r_1^2-r_0^2)}-\frac{1+\ln\left(\frac{r}{r_0}\right)}{\ln\left(\frac{r_1}{r_0}\right)}\right]\quad\text{(环向应力)}\end{aligned}\tag{6.15-26}$$

$$\begin{aligned}\sigma_z^* =& \mu_1(\sigma_r^*+\sigma_\theta^*)\\ &-\frac{\sigma_1\ln\left(\frac{r_1}{r_0}\right)+\sigma_0\ln\left(\frac{r_1}{r}\right)}{\ln\left(\frac{r_1}{r_0}\right)}\quad\text{(轴向应力)}\end{aligned}\tag{6.15-27}$$

其中

$$\left.\begin{aligned}\sigma_1 &= E_1\alpha_1 B\rho_1\cos(\omega\tau+\varepsilon+\xi_1)\\ \sigma_0 &= E_1\alpha_1 A\rho_1\cos(\omega\tau+\xi_1)\\ \rho_1 &= \sqrt{m_1^2+n_1^2}\\ \xi_1 &= \tan^{-1}\left(\frac{n_1}{m_1}\right)\\ m_1 &= \frac{g_1k_1+\omega^2}{g_1^2+\omega^2}\\ n_1 &= \frac{E_1C_1k_1\omega}{g_1^2+\omega^2}\\ g_1 &= (1+E_1C_1)k_1\end{aligned}\right\}\tag{6.15-28}$$

3. 约束应力

在衬砌与岩体接触面上的接触应力为

$$p = \frac{E_1E_2\rho_3}{A_1^2+A_2^2}[\delta_3B\cos(\omega\tau+\varepsilon+\xi_3)+\delta_4A\cos(\omega\tau+\xi_3)]\tag{6.15-29}$$

其中

$$\left.\begin{aligned}\rho_3 &= [(A_1A_3+A_2A_4)^2+(A_1A_4-A_2A_3)^2]^{1/2}\\ \xi_3 &= \tan^{-1}\left(\frac{A_1A_4-A_2A_3}{A_1A_3+A_2A_4}\right)\\ A_1 &= \delta_1E_2m_2+\delta_2E_1m_1\\ A_2 &= \delta_1E_2m_2+\delta_2E_1n_1\\ A_3 &= m_1m_2-n_1n_2\\ A_4 &= m_1n_2+m_2n_1\\ \delta_1 &= \frac{(1+\mu_1)r_1[r_0^2+(1-2\mu_1)r_1^2]}{r_1^2-r_0^2}\\ \delta_2 &= (1+\mu_2)r_1\\ \delta_3 &= (1+\mu_1)\alpha_1r_1\left[\frac{r_1^2}{r_1^2-r_0^2}-\frac{1}{2\ln\left(\frac{r_1}{r_0}\right)}\right]\\ \delta_4 &= (1+\mu_1)\alpha_1r_1\left[\frac{1}{2\ln\left(\frac{r_1}{r_0}\right)}-\frac{r_0^2}{r_1^2-r_0^2}\right]\end{aligned}\right\}\tag{6.15-30}$$

在 p 作用下，衬砌内部的约束应力为

$$\left.\begin{aligned}\sigma_r^* &= -\frac{pr_1^2}{r_1^2-r_0^2}\left(1-\frac{r_0^2}{r^2}\right)\\ \sigma_\theta^* &= -\frac{pr_1^2}{r_1^2-r_0^2}\left(1+\frac{r_0^2}{r^2}\right)\\ \sigma_z^* &= \mu_1(\sigma_r^*+\sigma_\theta^*)\end{aligned}\right\}\quad(6.15-31)$$

在 p 作用下，岩体的约束应力为

$$\sigma_r^* = -\frac{pr_1^2}{r^2},\ \sigma_\theta^* = \frac{pr_1^2}{r^2},\ \sigma_z^* = 0\quad(6.15-32)$$

自生应力与约束应力叠加后，得到综合的温度徐变应力，在以上各式中，如取 $C_1=C_2=0$，即得到弹性温度应力。

【算例 6.15-2】 某水工隧洞，混凝土衬砌内半径 $r_0=3.00\text{m}$，外半径 $r_1=3.40\text{m}$，水温年变幅 $A=10℃$。

混凝土的性能：导热系数 $\lambda_1=9.21\text{kJ/(m·h·℃)}$，线膨胀系数 $\alpha_1=1\times10^{-5}/℃$，弹性模量 $E_1=20000\text{MPa}$，泊松比 $\mu_1=0.16$，徐变度 $C_1=0.50\times10^{-4}/\text{MPa}$，$k_1=0.25\text{d}^{-1}$。

岩体的性能：导热系数 $\lambda_2=13.82\text{kJ/(m·h·℃)}$，导温系数 $a_2=0.0065\text{m}^2/\text{h}$，线膨胀系数 $\alpha_2=0.60\times10^{-5}/℃$，弹性模量 $E_2=6000\text{MPa}$，泊松比 $\mu_2=0.30$，徐变度 $C_2=0.30\times10^{-4}/\text{MPa}$，$k_2=0.020\text{d}^{-1}$。

计算结果：在 $t=0$ 时的温度与应力分布如图 6.15-5 所示。由于混凝土与岩体的弹性模量不同，σ_θ 和 σ_r 都是不连续的。衬砌内缘的弹性应力 σ_θ 和徐变应力 σ_θ^* 的变化过程如图 6.15-6 所示。由图 6.15-6 可以看出考虑徐变以后，应力变幅有所减小。

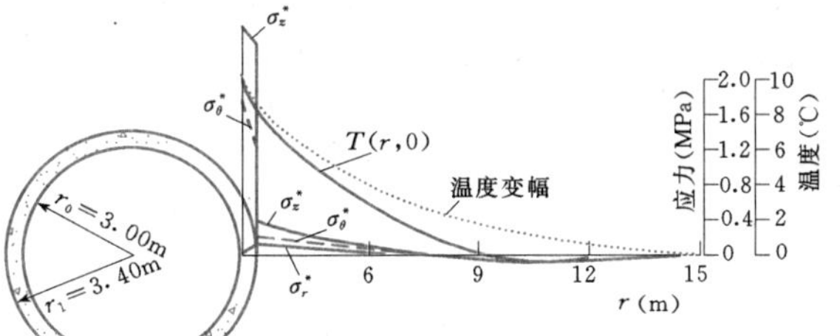

图 6.15-5　水工隧洞在 $t=0$ 时的温度与应力分布

上述计算方法是比较严密的。在初步计算中，也可采用朱伯芳建议的等效模量法：设混凝土的弹性模量为 E，晚期徐变度为

$$C(t,\tau) = \sum_{i=1}^{R} C_i\left[1-\mathrm{e}^{s_i(t-\tau)}\right]\quad(6.15-33)$$

按式（6.15-34）计算混凝土的等效弹性模量：

$$E^* = \eta E\quad(6.15-34)$$

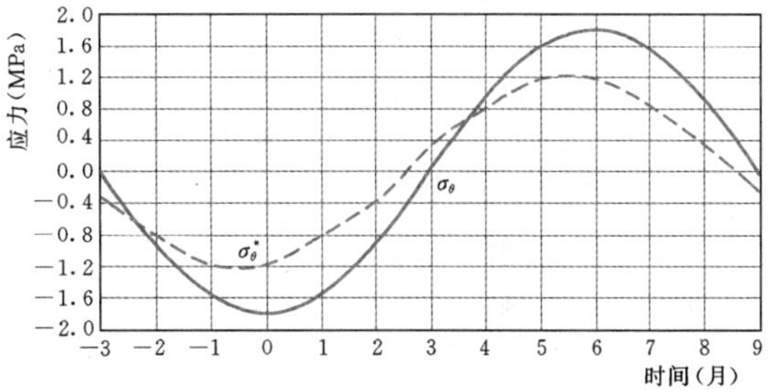

图 6.15-6　隧洞衬砌内缘弹性应力 σ_θ 与弹性徐变应力 σ_θ^* 的变化过程

$$\left.\begin{aligned}\eta &= \frac{1}{\sqrt{a^2+b^2}}\\ a &= 1+\sum_{i=1}^{R}\frac{EC_is_i^2}{s_i^2+\omega^2}\\ b &= \sum_{i=1}^{R}\frac{EC_is_i\omega}{s_i^2+\omega^2}\end{aligned}\right\}\quad(6.15-35)$$

如果岩体也有徐变，用式（6.15-34）与式（6.15-35）也可计算岩体的等效弹性模量，只是要采用岩体的相应徐变参数。对于混凝土和岩体，分别用等效弹性模量代替它们的弹性模量后，就可用常规的弹性结构力学法计算其温度应力，其中已包含了徐变的影响。

一般混凝土浇筑块的长边受到的围岩约束较大，衬砌出现裂缝位置多在衬砌段 Z 向的中间，裂缝方向与 Z 向垂直，开裂时间通常在施工期，所以 σ_z^* 应考虑三维计算。对于大型复杂隧洞工程，计算混凝土的温度引力除考虑水泥水化热产生的温度引力外，还应考虑混凝土自生体积变形以及施工过程的影响。在这些情况下，应该用三维有限元分别按照施工期和运行期进行计算。

6.16　混凝土水管冷却计算

6.16.1　水管冷却的目的和布置原则

水管冷却作为混凝土坝的一种冷却方法，因其具有很大的适应性和灵活性而被广泛地采用。水管冷却过程一般分为两期，即一期冷却和二期冷却。

冷却水管采用钢管和铝管冷却效果最好。钢管接头多，施工较繁琐；铝管施工方便，但价格昂贵。为节省金属材料，20 世纪 50 年代末曾研究过埋设竹管进行人工冷却，冷却效果较好，但接头密封困难，未在实际工程中推广。20 世纪 70 年代曾采用拔除塑料管预留孔洞以通水冷却的方法，但孔壁粗糙，水力损失增加，也容易漏水，后很少采用，苏联萨扬·舒申斯克坝（1977 年）、加拿大 Revelstoke 坝等工程成功地在混凝土内埋设高密聚乙烯管进行冷却。塑料管重量轻，运输方便，尤其是接头少，简化了施工。我国二滩拱坝从 1995 年开始也采用高密聚乙烯管进行人工冷却，获得成功。随后采用高密聚乙烯管进行人工冷却已经普遍应用于我国的多座混凝土坝中。

6.16.1.1 水管冷却的主要目的

（1）一期冷却是在混凝土刚浇完甚至正在浇筑时就开始进行，以削减混凝土水化热温升，利于控制坝体最高温度、减小基础温差和内外温差，冷却时间一般为 14d 左右。

（2）二期冷却在坝体接缝灌浆前进行，将坝体混凝土温度降低到灌浆温度或坝体稳定温度。

6.16.1.2 冷却水管布置的一般原则

1. 冷却水管的平面布置

冷却水管大多采用内径为 2.5cm 的钢管或内径为 2.8cm 的高密度聚乙烯管，在浇筑混凝土时埋入坝内。为了施工方便，水管通常架立在每一个浇筑分层面上，也可根据需要埋设在浇筑层内。水管垂直间距一般为 1.5～3.0m，水平间距一般也为 1.5～3.0m。

冷却水管通常在仓面上的布置，如图 6.16-1 所示。

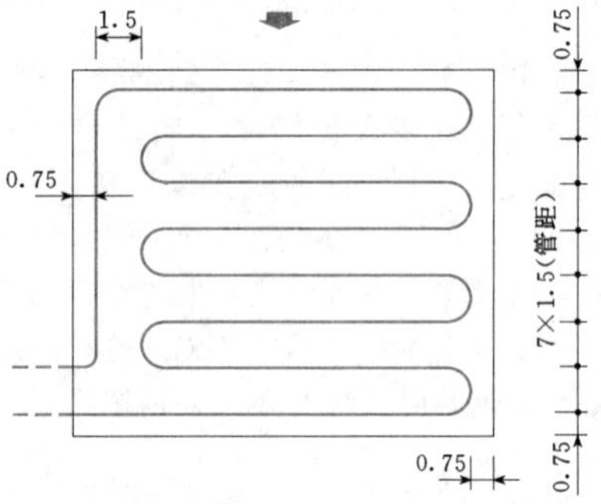

图 6.16-1 冷却水管的平面布置（单位：m）

2. 冷却水管的间距

冷却水管的间距主要取决于下述因素。

（1）施工进度安排，即接缝灌浆或宽槽回填的时间。时间充裕时，间距可大些，否则，间距要小。钢管的间距可按图 6.16-2 初步估算，非金属管可采用等效外半径法及等效间距换算成金属管进行初步估算。

（2）预定需要由一期冷却所削减的水化热温升幅度。水管的间距可按表 6.16-1 初步估算。

3. 冷却水管的管圈长度

冷却水管的管圈长度一般控制在 200～250m 以内冷却效果较好；仓面较大时，可用几圈长度相近似的管圈，以使流量在各管圈内均匀分配，混凝土冷却速度较均匀。

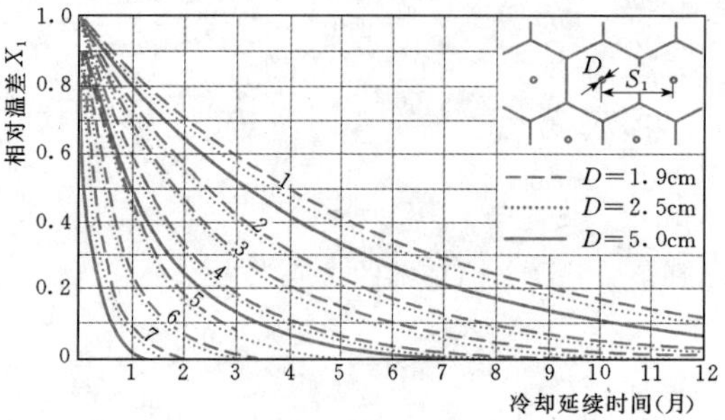

图 6.16-2 不同水管间距的冷却效果

1—$S_1=5$m；2—$S_1=4$m；3—$S_1=3.5$m；4—$S_1=3$m；5—$S_1=2.5$m；6—$S_1=2$m；7—$S_1=1.5$m

表 6.16-1 一期水管冷却的效果

水管间距（m）	削减的水化热温升值（℃）
1.0×1.5	5～7
1.5×1.5	3～5
2.0×1.5	2～4
3.0×3.0	1～3

4. 冷却水管的进出口位置

冷却水管的进出口一般集中布置在坝外、廊道内或竖井中。前一种在分缝较少、坝身不高的坝上较为方便；后两种适用于分缝较多的高坝。

冷却水管进出口都应在管口处标记图纸编号，且管口应装保护措施，以防堵塞。

6.16.2 水管冷却温度计算

一期冷却的作用是削减混凝土的水化热温升和减少温差。水化热温升的削减，必定会减少基础（或上下层）温差，并且由于一期冷却期间混凝土平均温度的下降，又可以减少混凝土的内外温差，对防止早期混凝土的表面裂缝有显著的作用。

二期冷却的目的主要是为了满足建筑物接缝灌浆的要求。二期冷却所需要的时间，取决于设计灌浆温度、冷却水管的间距和冷却水的温度等。

6.16.2.1 二期冷却的温度计算

进行混凝土的二期冷却时，混凝土中已基本无水化热散发，可视为一个初温均匀、无热源的温度场计算问题。假定坝内的冷却水管呈梅花形排列，每一根水管担负的冷却体积为一中心有孔的正六角形棱柱。图 6.16-3 中水平管距为 S_1，铅直管距为 S_2。因为对称性，棱柱表面无热源通过。中心孔边温度为水温。为了计算方便，用一个外半径为 b（外直径为 D）的空心圆柱代替此空心棱柱。根据面积相等原则，该空心圆柱的外半径按式 $S_2=1.547S_1$ 及 $D=1.2125S_1=2b$ 计算。

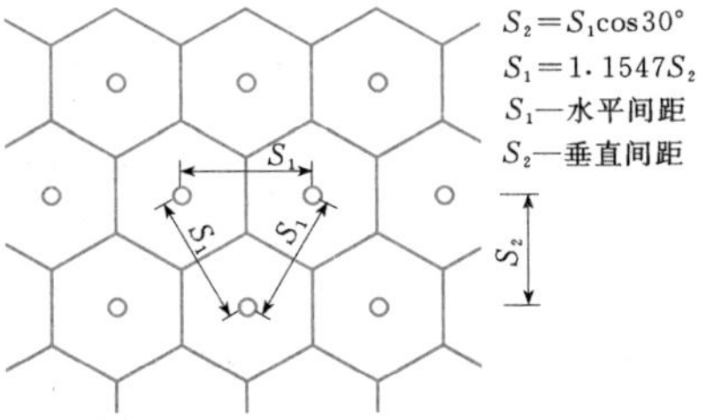

图 6.16-3　水管布置中的几何关系

对上述问题先求平面问题的严格解，然后再近似考虑空间的影响，于是可按以下诸式计算：

$$T_m=T_w+X_1T_0 \qquad (6.16-1)$$

$$T_{lw}=T_w+Y_1T_0 \qquad (6.16-2)$$

$$T_{lm}=T_w+Z_1T_0 \qquad (6.16-3)$$

式中　T_m——沿水管全长 L 的混凝土平均温度，℃；

T_{lw}——管长 l 处的水温，℃；

T_{lm}——管长 l 处的混凝土截面平均温度，℃；

T_w——冷却水初温，℃；

T_0——混凝土冷却前的温度与冷却水温之差值，℃。

函数 X_1、Y_1、Z_1 不但与时间 τ 有关，还与参数 $\frac{\lambda L}{c_w\rho_wq_w}$ 有关，其中 λ 为混凝土的导热系数，L 为水管全长度，c_w 为水的比热，ρ_w 为水的密度，q_w 为水的流量，可由图 6.16-4、图 6.16-5、图 6.16-6 查得。

图 6.16-4、图 6.16-5、图 6.16-6 是在 $\frac{b}{c}=100$ 的条件下给出的，当 $\frac{b}{c}\neq100$ 时，可用一个等效的混凝土导温系数 a_f 代替 a。a_f 的计算式如下：

$$a_f=\frac{\lg100}{\lg\left(\frac{b}{c}\right)}a \qquad (6.16-4)$$

为了施工方便，水管多按矩形排列，在实用范围内，可将冷却水管承担的冷却面积增大 10%；在进行冷却计算时，仍按梅花形排列的形式计算。

对于非金属水管冷却不必另行制表，只要在冷却计算中采用混凝土等效导温系数 a' 代替 a：

$$a'=a\left(\frac{\alpha_1b}{0.7167}\right)^2=1.947(\alpha_1b)^2a \qquad (6.16-5)$$

然后就可以利用金属水管冷却 $\frac{b}{c}=100$ 的图表进行计算。式（6.16-5）中 α_1b 是非金属水管冷却

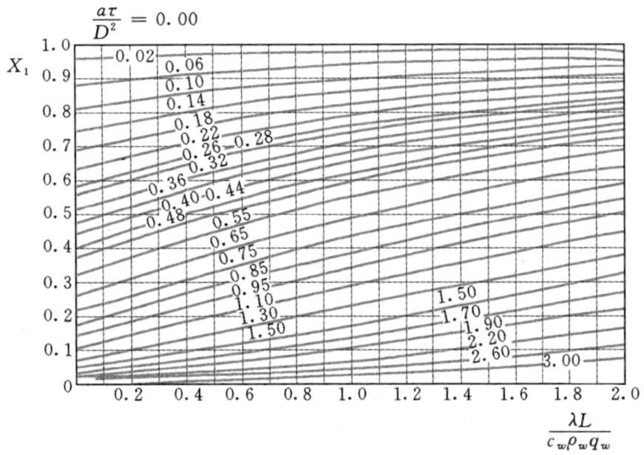

图 6.16-4　X_1 曲线 $\left(\frac{b}{c}=100\right)$

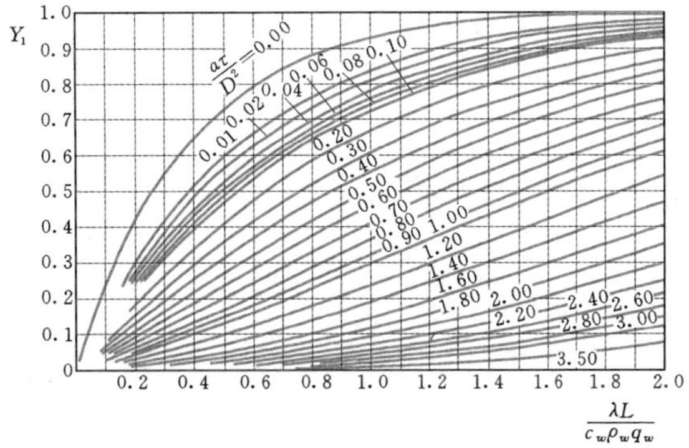

图 6.16-5　Y_1 曲线 $\left(\frac{b}{c}=100\right)$

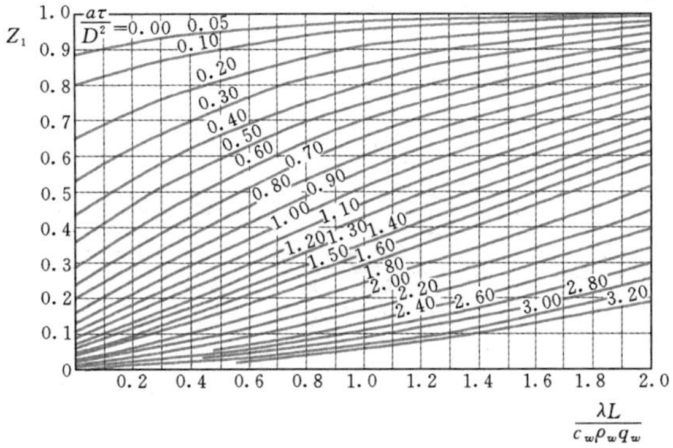

图 6.16-6　Z_1 曲线 $\left(\frac{b}{c}=100\right)$

的特征根。特征根按照式（6.16-6）计算后查表 6.16-2 得出。

$$k=\frac{\lambda_1}{c\ln\left(\frac{c}{r_0}\right)} \qquad (6.16-6)$$

式中　λ_1——水管的导热系数，kJ/(m·h·℃)；

c——水管的外半径，m；

r_0——水管的内半径，m。

表 6.16-2　非金属水管冷却问题特征根 $\alpha_1 b$

$\frac{b}{c}$	$\frac{\lambda}{kb}$					
	0	0.01	0.02	0.03	0.04	0.05
20	0.926	0.888	0.857	0.827	0.8	0.778
50	0.787	0.734	0.69	0.652	0.62	0.592
80	0.738	0.668	0.617	0.576	0.542	0.512

6.16.2.2　一期冷却的温度计算

在进行一期水管冷却时，混凝土中有水化热散发，在水管排列如图 6.16-1 所示时，按照平面问题考虑。若混凝土绝热温升的规律为 $\theta(\tau)=\theta_0(1-e^{-m\tau})$，其中 θ_0 为混凝土的最终绝热温升值；m 为常数。则其冷却计算可按下式进行：

$$T_m = T_w + X_1 T_0 + X_2 \theta_0 \qquad (6.16-7)$$

$$T_{bw} = T_w + Y_1 T_0 + Y_2 \theta_0 \qquad (6.16-8)$$

其中，T_m、T_{bw}、T_w、T_0、X_1、Y_1 等的意义与式（6.16-1）～式（6.16-3）同；对金属水管，当 $\frac{b}{c}=100$ 时，函数 X_2、Y_2 可由图 6.16-7～图 6.16-10 查得。当 $\frac{b}{c}\neq 100$，或对于非金属水管冷却问题，等效的混凝土导温系数的计算仍采用式（6.16-4）～式（6.16-6）。

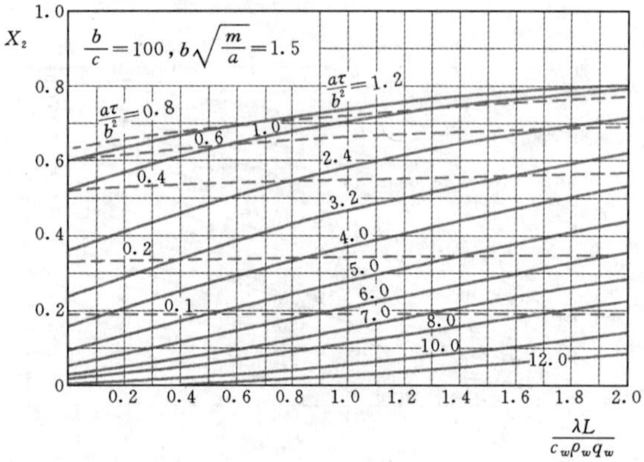

图 6.16-7　X_2 计算图（一）

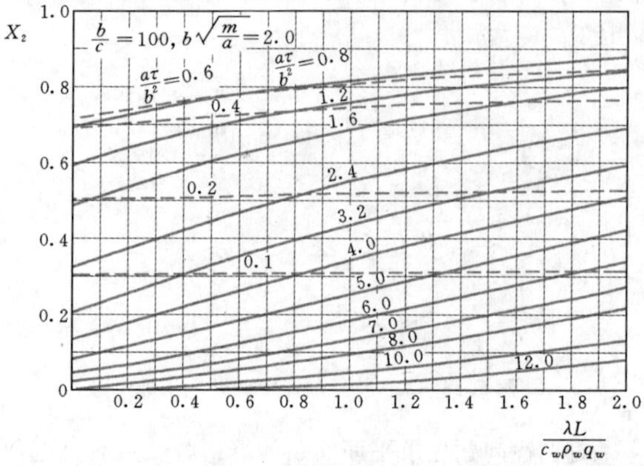

图 6.16-8　X_2 计算图（二）

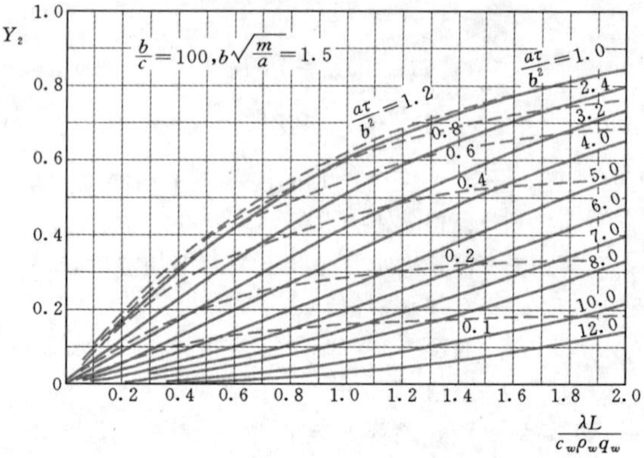

图 6.16-9　Y_2 计算图（一）

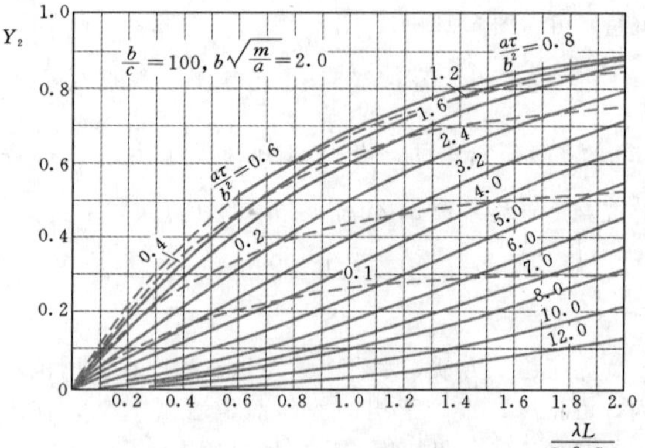

图 6.16-10　Y_2 计算图（二）

目前多数混凝土坝的冷却，并不仅限于一期、二期冷却，而是在一期、二期冷却之间增加中期冷却或多期冷却。在一期冷却之后立即开始中期冷却的，可采用一期冷却的方法计算，而其后的中期冷却可采用二期冷却的方法计算。对于复杂的冷却方式，建议采用有限元法计算。

6.16.3　水管冷却的一般要求

（1）一期冷却用水，可使用冷冻水或河水，根据冷却目标和当地河水条件确定，但冷却降温速度、混凝土与冷却水的容许温差应按本章有关标准控制，冷却持续时间一般至少在 15d 以上，具体冷却时间应根据温度控制要求确定，但不宜过长，避免因为一期冷却结束温度过低导致裂缝。对于脱离基础约束又无上下层约束的混凝土，上述限制条件可以适当放宽。

（2）冷却水的温度应根据混凝土的温度和冷却时间的要求适时调整，控制冷却降温速度。冷却水管内的冷却水流流向需每天变换一次，使混凝土能均匀冷却。

（3）为防止一期冷却后的温度回升和二期冷却时降温幅度过大，一般应增加中期冷却，甚至是多期冷却。

（4）中期和二期冷却时，通水初期冷却水会对水管周边混凝土产生冷击，因此应适当控制混凝土与冷却水水温的温差，一般不宜大于20～22℃。二期通水冷却的持续时间，以满足混凝土内部温度达到或基本达到设计稳定温度或灌浆温度时为止。

（5）为充分掌握混凝土冷却温度情况。浇筑块内应埋设适量的电阻温度计；也可有计划的利用冷却水管进行闷水测温。闷水时间一般为7d左右。

（6）冷却水应为含泥沙量很少的清水，其流量、流速应保证在管内形成紊流。直径为2.5cm的蛇形管，通水流量以16～25L/min为宜。应在每层管圈（或选择有代表性的管圈）的出水管口装设流量计（或装压力表换算流量），定期测量流量。

（7）二期冷却的施工程序应根据接缝灌浆的计划安排进行。按照朱伯芳提出的“小温差，早冷却，缓慢冷却”的原则进行冷却[56]，沿坝体高度方向从下向上可分别设置冷却区、盖重区、过渡区依次进行冷却，冷却区应不小于0.4L（L为浇筑块长边长度），控制适当的温度梯度，具体措施应根据分析计算确定。

6.17 混凝土容许温差

6.17.1 基础温差控制

6.17.1.1 基础温差及其容许值

控制基础温差，目的是防止基础约束范围内坝块混凝土温度过高，降温时受基础约束产生较大的温度应力而引起基础贯穿裂缝。

基础温差是指坝块基础部位（高度为0.4倍坝块底宽的范围内）的最高温度与相应区域稳定温度之差，即

$$\Delta T = T_p + T_r - T_f \qquad (6.17-1)$$

式中 ΔT——基础温差，℃；

T_p——混凝土浇筑温度（参考本卷第6章6.6节计算），℃；

T_r——混凝土的水化热温升（参考本卷第6章6.7节计算），℃；

T_f——坝块的稳定温度或接缝灌浆温度，取两者的低值，℃。

其中的最高温度通常取该范围内层最高值，且稳定温度与最高温度的取法应一致。坝块的最高温度以采用有限元仿真计算为宜，对一般中小型工程也可用目前较为常用的图表法求出。

在工程实际中，混凝土的浇筑温度是取上层混凝土覆盖前、下层混凝土深10cm处的温度值。

稳定温度是指坝块在周边介质影响下，内部温度的最终稳定值。而对尺寸较小的坝块，可能不存在稳定温度场，此时可取坝块的准稳定温度场的最低值作为基础温差计算的起点，范围、取法与最高温度相同。

基础容许温差$[\Delta T]$是坝块基础温差的最大容许值。在工程实际中常以式（6.17-2）、式（6.17-3）（当按平面应变考虑时）作出初期估算，一般高坝工程需通过有限元仿真分析后确定。

按强度破坏准则有

$$[\Delta T] = \frac{(1-\mu)[\sigma]}{RE\alpha K_p K} \qquad (6.17-2)$$

按应变破坏准则有

$$[\Delta T] = \frac{(1-\mu)[\varepsilon]}{R\alpha K_p K} \qquad (6.17-3)$$

当计入混凝土自生体积变形时有

$$[\Delta T] = \frac{(1-\mu)[\sigma]}{RE\alpha K_p K} + \frac{\varepsilon_g}{\alpha} \qquad (6.17-4)$$

$$[\Delta T] = \frac{(1-\mu)[\varepsilon]}{R\alpha K_p K} + \frac{\varepsilon_g}{\alpha} \qquad (6.17-5)$$

式中 R——基础约束系数，表示坝块体积变形受基础约束的程度，即一点全约束应力应变与实际发生的应力应变之比，它是随坝块尺寸（高H，长L）、混凝土与基岩刚度（E_c，E_f）变化的，一般情况可查图6.17-1～图6.17-4；

$[\sigma]$——混凝土龄期28d或设计龄期的强度，MPa；

$[\varepsilon]$——混凝土龄期28d或设计龄期的极限拉伸值；

K_p——混凝土徐变松弛系数，规范规定一般取为0.5；

K——安全系数，常取为1.5～2.0，视工程重要性而定；

ε_g——混凝土自生体积变形，膨胀为正。

重力坝规范规定，当常态及碾压混凝土28d龄期的极限拉伸值分别不低于0.85×10^{-4}及0.70×10^{-4}时，对施工质量均匀、良好，基础与混凝土的弹性模

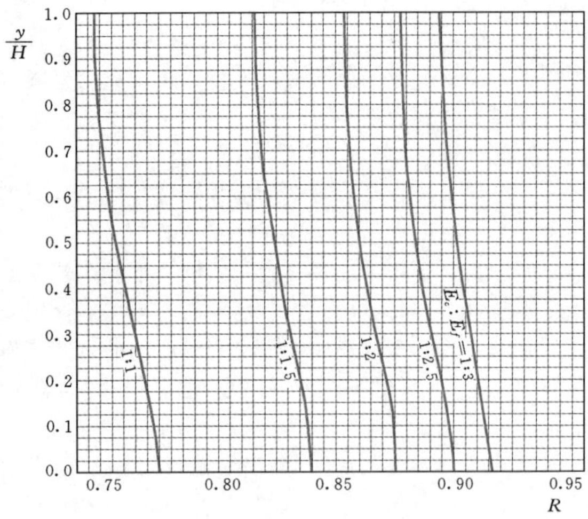

图 6.17-1　基础约束系数

$\frac{H}{L}=0.1$，$\frac{E_c}{E_f}=\frac{1}{3}$、$\frac{1}{2.5}$、$\frac{1}{2}$、$\frac{1}{1.5}$、1

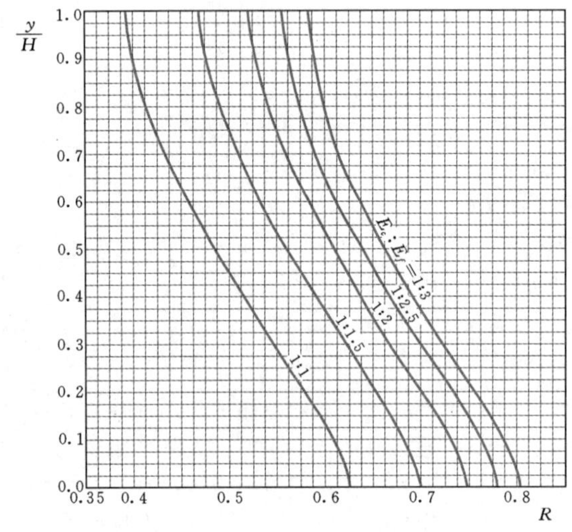

图 6.17-2　基础约束系数

$\frac{H}{L}=0.2$，$\frac{E_c}{E_f}=\frac{1}{3}$、$\frac{1}{2.5}$、$\frac{1}{2}$、$\frac{1}{1.5}$、1

量相近，短间歇均匀连续上升的浇筑块，基础容许温差一般分别采用表 6.17-1、表 6.17-2 值。

值得注意的是，表 6.17-1、表 6.17-2 中的容许温差值是根据极限拉伸值分别为 0.85×10^{-4}、0.70×10^{-4}，线膨胀系数为 $10\times10^{-6}/℃$ 求出的，当混凝土的实际极限拉伸值和线膨胀系数不同于上述标准值时，应参照实际值和标准值的插值适当修改。有条件时，应根据仿真计算的结果确定。

半个世纪以来，特别是近 30 年间，我国修建了很多混凝土大坝，都是根据规范并结合自身情况，提出了基础容许温差的具体要求，但一般都是在规范的

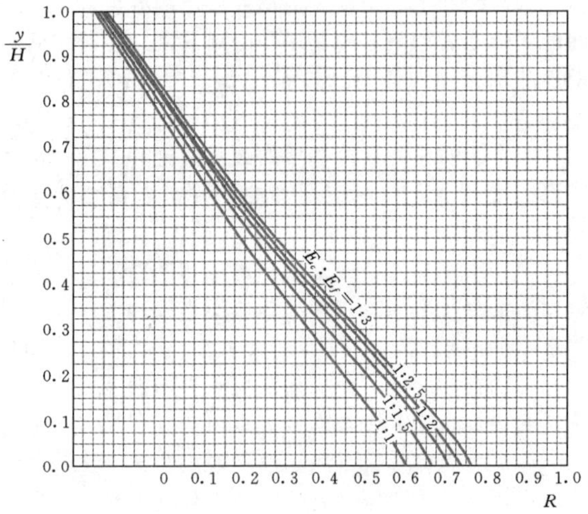

图 6.17-3　基础约束系数

$\frac{H}{L}=0.5$，$\frac{E_c}{E_f}=\frac{1}{3}$、$\frac{1}{2.5}$、$\frac{1}{2}$、$\frac{1}{1.5}$、1

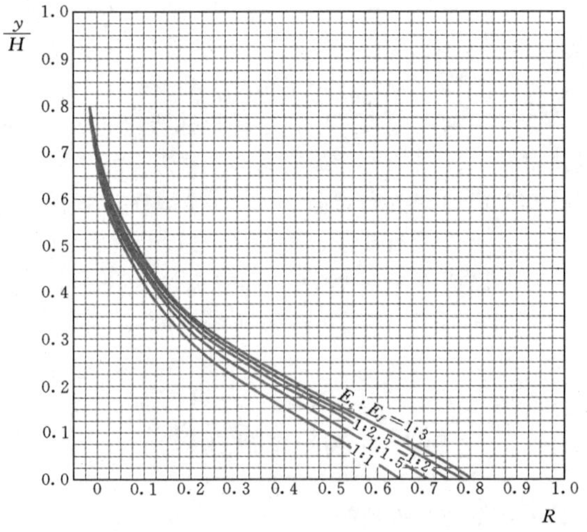

图 6.17-4　基础约束系数

$\frac{H}{L}=1$，$\frac{E_c}{E_f}=\frac{1}{3}$、$\frac{1}{2.5}$、$\frac{1}{2}$、$\frac{1}{1.5}$、1

界限内。对特殊问题，需通过论证，提出特殊要求。综合而言大约有下列的一些问题：①基础弹性模量过高或过低，与混凝土弹性模量相差很大；②坝块高度小，平面尺寸大，高宽比在 0.4 以下；③基础填塘；④地温变化的计入等。对这些问题进行分析和论证，对最终确定基础容许温差还是十分必要的。

6.17.1.2　几种情况的讨论

1. 基岩与混凝土弹性模量相差过大或坝块高宽比小于 0.4

基岩与混凝土弹性模量相差过大或坝块高宽比很小，主要关系到基础约束系数的选择。在某些文献上，

表 6.17-1　　常态混凝土基础容许温差　　单位：℃

距基础面高度 H	浇筑块长度 L				
	<17m	17～21m	21～30m	30～40m	通仓浇筑
0～0.2L	26～24	24～22	22～19	19～16	16～14
0.2L～0.4L	28～26	26～25	25～22	22～19	19～17

表 6.17-2　碾压混凝土基础容许温差　单位：℃

距基础面高度 H	浇筑块长度 L		
	<30m	30～70m	>70m
0～0.2L	18～15.5	14.5～12	12～10
0.2L～0.4L	19～17	16.5～14.5	14.5～12

注　表中对应的混凝土线膨胀系数 $\alpha=1.0\times10^{-5}/℃$。

把基础约束系数表述为

$$R=\frac{1}{1+K_L\dfrac{E_c}{E_f}} \tag{6.17-6}$$

式中　E_f——基岩弹性模量，MPa；

K_L——系数。

式（6.17-6）能更直观地反映出基础约束系数与混凝土、基岩弹性模量的比例关系；而与坝块高宽比的关系是通过 K_L 系数反映出来的。在混凝土大坝温控计算中，可以针对各种不同的 $\dfrac{E_c}{E_f}$ 及 $\dfrac{H}{L}$ 的情况，把它们对基础约束系数的影响绘制成关系曲线。

需要特别指出的是对于基岩弹性模量大、高宽比小的坝块，应特别防止表面裂缝。因为这种坝块，基础对坝块产生较大的约束，整个坝块有较大的 R 值。当受气温骤降袭击，表面产生较大的温度应力，既会使表面裂缝的条数增多，又易形成基础贯穿裂缝。

2. 基础填塘

在坝块浇筑过程中，经常会遇到基础填塘，其边界条件不同于一般浇筑层，除底部受基岩水平约束外，四周侧面的收缩也不能自由发生，因此其受约束的程度相对要大。另外填塘往往只存在于坝块基础的局部范围，底部不平整，在坝块整体降温过程中产生应力集中。尤其需指出的是，如果把平整基岩与填塘同时浇筑，浇筑层就会在早期产生竖向不均匀沉缩而导致裂缝。

当浇筑层底部平整，混凝土早期沉缩就能够均匀自由地进行，不会引起应力。如果填塘混凝土与平整基础同时浇筑，那么在填塘部位就会出现不均匀沉缩。池潭电站实测了层厚 1.5m 的浇筑层底部，由混凝土沉缩引起的应变，并和相似混凝土沉缩能自由进行的浇筑层实测应变进行了对比（见图 6.17-5），发现：后者由于沉缩能自由发生，实测结果和人们通常概念一样，浇筑层早期升温，产生预压变形及应力；而前者由于沉缩被约束，即使是升温阶段也产生 140×10^{-6} 的拉应变；两者应变之差为 205×10^{-6}，出现在混凝土龄期 1.5d 以前，以后两条应变曲线的变化规律又基本相似。可见混凝土在早期具有较大沉缩，如果在一个浇筑层内厚度不同，尤其是存在突变，混凝土沉缩的不均匀性将会在早期引起裂缝。丹江口大坝右 11 号坝段及池潭电站 8 号坝段，在浇筑基础时就出现过这类裂缝。因此，对于存在基础填塘的坝块，应把填塘部分提前单独浇筑，待其内部温度基本与基岩一致，再按平整基础浇混凝土。

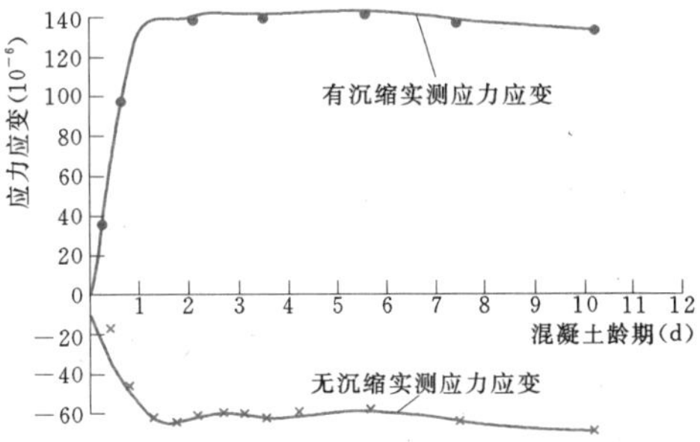

图 6.17-5　实测混凝土沉缩变形

基础填塘混凝土可基本按基础混凝土的温差要求进行温度控制，或适当从严，具体需根据填塘尺寸大小而定。

6.17.2　内外温差控制

为防止混凝土表面裂缝，在施工中应控制其内外温差。

以往将坝体或浇筑块内部混凝土的平均温度与表面温度（包括拆模或气温骤降引起的表面温度下降）之差称为混凝土内外温差。由于这种定义的内外温差不便于控制，所以近年来多用控制坝体最高温度来代替。坝体混凝土内外温差随着时间不断变化，其最大值一般出现在浇筑后的第一个冬季。

以往内外温差的控制标准，一般为 20～25℃（其下限用于基础和老混凝土约束范围的部分）。但是，近年来的实践表明，对于大部分混凝土而言，这样的温差控制仍会出现大量裂缝，因此建议将内外温差控制在 15～20℃。对于具体工程，应根据实际的混凝土的极限拉伸值和线膨胀系数确定。

混凝土坝最高温度的确定分为两种情况。一种为基础约束区混凝土，另一种为脱离基础约束的上部混凝土。

（1）对于基础约束区混凝土，应分别满足基础温差和内外温差要求来确定混凝土容许最高温度 T_{max}，然后选择其最小值定为设计值。

为满足基础温差要求，最高温度 $T_{max,1}$ 为

$$T_{max,1} = T_f + \Delta T = T_p + T_r \qquad (6.17-7)$$

式中　T_f——混凝土稳定温度，℃；

T_p——混凝土浇筑温度，℃；

ΔT——基础容许温差，℃；

T_r——水化热温升，℃。

按内外温差控制确定最高温度 $T_{max,2}$ 为

$$T_{max,2} = T_{min,d} + \Delta T_1 \qquad (6.17-8)$$

式中　$T_{min,d}$——设计时段最低日平均气温的统计值，℃；

ΔT_1——内外容许温差，℃。

设计容许最高温度 T_{max} 应选取 $T_{max,1}$ 和 $T_{max,2}$ 之较小值。

混凝土设计容许最高温度 $T_{max,2}$ 是根据初期内外温差和工程实践经验确定的。

（2）对于脱离基础约束的混凝土，设计容许最高温度 T_{max} 可作如下计算。

无老混凝土约束要求：

$$T_{max,(1)} = T_{min,d} + \Delta T_2 \qquad (6.17-9)$$

有老混凝土约束要求：

$$T_{max,(2)} = T_l + \Delta T_2 \qquad (6.17-10)$$

式中　T_l——在浇筑新混凝土时，下层老混凝土一定范围内$\left(\text{一般为}\frac{1}{4}l\right)$的平均温度，℃；

ΔT_2——上下层容许温差，℃。

于是，上部混凝土的设计容许最高温度 T_{max} 要选取 $T_{max,(1)}$ 和 $T_{max,(2)}$ 之较小值。

6.17.3　上下层温差控制

上下层温差控制的目的是防止上部新浇混凝土温度过高，降温时受老混凝土约束产生裂缝。

上下层温差可分为以下两种情况。

1. 混凝土浇筑温度年变化引起的上下层温差

在没有预冷骨料等特殊温度控制的条件下，混凝土浇筑温度随着气温而变化，因此坝体混凝土最高温度分布也随着浇筑季节而变化，夏季温度高，冬季温度低。每年夏季混凝土温度高峰与冬季温度低谷之间形成温差 ΔT，夏季与冬季所浇筑混凝土的高差为 ΔH，浇筑宽度为 L。根据不同宽度的浇筑块温度应力的计算分析：

当 $L \leqslant 1.5\Delta H$ 时，温度应力不大，不起控制作用；

当 $L \geqslant 3.0\Delta H$ 时，温度应力较大，可能起控制作用。

其中 ΔH 为半年内坝体上升高度。设坝块上升速度为 4m/月，则 $\Delta H = 24$m，当 $L \geqslant 72$m 时，上下层温差将起控制作用。一般来说，直缝柱状分块的重力坝，纵缝间距多在 15～30m，所以混凝土浇筑温度引起的上下层温差通常不起控制作用。但通仓浇筑的混凝土重力坝，当坝体较高，底宽超过 70m 时，这种上下层温差就要起控制作用。

因此，对于底宽较大或通仓浇筑的混凝土坝，控制夏季高温季节的浇筑温度对减小上下层温差是必要的。

2. 老混凝土上浇筑新混凝土时的上下层温差

在长间歇老混凝土坝块上，浇筑新混凝土时：①长间歇老混凝土的水化作用已基本完成，内部温度直接受气温影响作周期性变化，接近甚至低于年平均气温；②老混凝土龄期长，弹性模量高，对新浇混凝土降温产生较大的约束。

《混凝土重力坝设计规范》（DL/T 5346—2006）规定："上下层温差系指在老混凝土面（龄期超过 28d）上下各 $L/4$ 范围内，上层混凝土最高平均温度与新浇混凝土开始浇筑时下层实际平均温度之差。当上层混凝土短间歇均匀上升的浇筑高度 h 大于 $0.5L$ 时，上下层容许温差约为 15～20℃，浇筑块侧面长期暴露时，宜用较小值。严寒地区上下层温差标准可另行研究"。为了便于在工程中实施和控制，最好是把上下层温差的限制转化为控制新浇混凝土最高温度，为此提出下列计算方法。

由于老混凝土龄期较长，内部温度基本随气温变化，因此对一般宽度的老混凝土坝块，在新混凝土开始浇筑时老混凝土深度 $0 \sim L/4$ 的平均温度可由式（6.17-11）计算：

$$T = \frac{\int_0^{\frac{L}{4}} \left[T_m + T_b e^{-x\sqrt{\frac{w}{2a}}} \sin\left(wt - \sqrt{\frac{w}{2a}x} \right) \right] dx}{\frac{L}{4}}$$

$$= T_m + \zeta T_b \qquad (6.17-11)$$

$$\zeta = \frac{\int_0^{\frac{L}{4}} e^{-x\sqrt{\frac{w}{2a}}} \sin\left(\omega t - \sqrt{\frac{\omega}{2a}x} \right) dx}{\frac{L}{4}} \qquad (6.17-12)$$

式中　T_m——年平均气温，℃；

T_b——气温年变幅，℃；

a——老混凝土导温系数，m^2/d。

对具体的坝块，气温年变化 $[T_m + T_b\sin(\omega t)]$ 及老混凝土尺寸为已知，代入式（6.17-11）及式（6.17-12）便可以求出 ζ 值及新混凝土开始浇筑时老混凝土深度 0～$L/4$ 的平均温度，从而进一步求得满足上下层温差要求的上层新浇混凝土的平均最高温度（$L/4$ 内）的控制值：

$$T_m \leqslant (15 \sim 20) + T_m + \zeta T_b \qquad (6.17-13)$$

【算例 6.17-1】 某地区 $T_m = 16.8$℃，$T_b = 12.3$℃，$a = 0.1128\text{m}^2/\text{d}$。求出在不同老混凝土尺寸（及不同的 $L/4$）上，各月开始浇筑新混凝土的 ζ 值，见表 6.17-3。当取 $L/4 = 10\text{m}$ 时，满足上下层温差要求新混凝土的最高温度控制值见表 6.17-4。

表 6.17-3　新混凝土不同开浇月份及老混凝土不同尺寸（$L/4$）的 ζ 值

$L/4$（m） \ 新混凝土开始浇筑月份	1	2	3	4	5	6
2	−0.7361	−0.7204	−0.5080	−0.1694	0.2300	0.5484
4	−0.5294	−0.5757	−0.4620	−0.2285	0.0747	0.3417
6	−0.3804	−0.4475	−0.3867	−0.2256	0.0019	0.2160
8	−0.2824	−0.3499	−0.3161	−0.2203	−0.0261	0.1441
10	−0.2196	−0.2801	−0.2590	−0.1707	−0.0330	0.1047
12	−0.1794	−0.2315	−0.2160	−0.1444	−0.0311	0.0832
14	−0.1528	−0.1974	−0.1843	−0.1234	−0.0268	0.0706
16	−0.1340	−0.1728	−0.1610	−0.1074	−0.0228	0.0625
$L/4$（m） \ 新混凝土开始浇筑月份	7	8	9	10	11	12
2	0.7361	0.7204	0.5080	0.1694	−0.2300	−0.5484
4	0.5294	0.5757	0.4620	0.2285	−0.0747	−0.3417
6	0.3804	0.4475	0.3867	0.2256	−0.0019	−0.2160
8	0.2824	0.3499	0.3161	0.2203	0.0261	−0.1441
10	0.2196	0.2801	0.2590	0.1707	0.0330	−0.1047
12	0.1794	0.2315	0.2160	0.1444	0.0311	−0.0832
14	0.1528	0.1974	0.1843	0.1234	0.0268	−0.0706
16	0.1340	0.1728	0.1610	0.1074	0.0228	−0.0625

表 6.17-4　最高温度（上下层温差）控制指标

月　份	1	2	3	4	5	6	7	8	9	10	11	12
新浇混凝土最高温度控制指标（℃）	29～34	28～33	29～34	30～35	31～36	32～37	35～40	35～40	35～40	34～39	32～37	31～36

6.18 混凝土裂缝成因及防治技术

大坝混凝土的温度控制和裂缝防治是十分复杂的问题。导致混凝土开裂的因素很多，包括混凝土的热学性能、力学性能、环境条件、结构型式、分缝分块、施工工艺、约束情况及运行条件等，往往需要因地制宜采用综合措施来解决。

6.18.1 裂缝主要成因分析

经过对一系列大坝混凝土裂缝的调查，每个工程发生裂缝的数量和部位各不相同，裂缝的成因也不尽一致。一般可以从以下几方面进行分析。

6.18.1.1 混凝土热学及力学性能

混凝土的热学性能由导热系数 λ、导温系数 a、比热 c、线膨胀系数 α、水化热 Q 或绝热温升 θ 等。一般情况下对不同的工程，虽然其原材料、配合比等有很大的差别，但混凝土的导热系数、导温系数、比热等性能的变化幅度不大，对混凝土的温度和应力影响较小，因而对混凝土裂缝的影响也不大。而不同工程混凝土的线膨胀系数和绝热温升往往有很大的差异。混凝土的绝热温升主要取决于配合比和选用的水泥品种。混凝土线膨胀系数与骨料的岩性直接相关。一般用天然河卵石和河砂为骨料的混凝土，线膨胀系数接近 $1.0\times10^{-5}/℃$；以石灰岩为骨料的混凝土，线膨胀系数仅有 $0.5\times10^{-5}/℃$。显然在相同的温差作用下，以石灰岩为骨料的混凝土，其温度应力要比其他骨料混凝土的温度应力小很多。

混凝土的力学性能包括混凝土的抗压强度 R_c、抗拉强度 R_p、弹性模量 E、极限拉伸值 ε_p、徐变 $C(t,\tau)$和自生体积变形 $G(t)$ 等。从防止裂缝的观点分析，抗拉强度代表抗裂能力，但温度裂缝是由变形控制的，所以其直接抗裂指标应该是其极限拉伸值。弹性模量 E 代表应力应变关系，就防止裂缝观点要求 E 小。徐变值大则应力松弛大，目前掺粉煤灰的混凝土，抗拉徐变要小于抗压徐变，对拉应力的松弛不利。自生变形 $G(t)$ 取决于水泥中的矿物成分，不同工程由于选用水泥不同，$G(t)$ 有正有负。$G(t)$ 为正表示体积膨胀，在浇筑块中产生压应力有利于防止裂缝；$G(t)$ 为负表示体积收缩产生拉应力，对防止裂缝不利。

就考虑混凝土绝热温升对裂缝的影响而言，龙羊峡大坝和刘家峡大坝的配合比设计较为合理。龙羊峡基础混凝土 $R_{28}200$，水泥用量为 167kg/m^3。刘家峡基础混凝土 $R_{28}200$，水泥用量为 170～180kg/m^3（粉煤灰水泥）。混凝土的极限拉伸值 28d 龄期超过 1.0×10^{-4}。这两个工程裂缝较少的另外一有利因素是混凝土自生体积变形 $G(t)$ 为膨胀。在一年龄期时膨胀值达 60×10^{-6}，相当于在浇筑块中产生了约 0.7MPa 的压应力。由于其计算温度徐变应力为 1.5MPa，可见该混凝土一般不会产生裂缝。

6.18.1.2　混凝土环境条件

尽管混凝土本身的品质较好，施工控制均匀性也很好，但是如果置这种混凝土于不利的环境当中，也会造成混凝土的裂缝。最明显的例子是混凝土浇筑后，若早龄期遭遇到寒潮袭击又无保护，则裂缝的可能性相当大。丹江口宽缝重力坝、葛洲坝工程和东江双曲拱坝前期施工中都有深刻的教训：往往在一次寒潮过后就检查出一批裂缝。丹江口的经验是混凝土在 7d 龄期以前，虽遇寒潮也很少裂缝。绝大多数裂缝发生在龄期 7～40d。为防止在表层暴露期遇到寒潮而开裂，尽量缩短浇筑层面的暴露时间是一种很有效的措施。这就是一般所说的“薄层、短间歇、均匀上升”的浇筑方法。薄层能充分散失水化热；短间歇就是尽量减小寒潮的机会，但间歇时间太短又会妨碍水化热的散失，所以一般间隙时间为 3～7d，掺粉煤灰的混凝土取上限；均匀上升的浇筑，使混凝土温度分布比较均匀。

除此之外，早龄期混凝土过水，降温速度过快，也往往是成批裂缝出现的原因。所以在设计导流方案和度汛方案时，应该妥善考虑这种后果。

6.18.1.3　结构型式、分缝分块

结构型式、分缝分块对混凝土裂缝有很大影响。一般讲如果结构孔洞多、体型复杂、基础不平整等情况，会给结构形成较多应力集中部位，产生裂缝的可能性就大。实体重力坝、拱坝等暴露面较少的坝型，受外界温度变化的影响就小，就能有效地减少裂缝机会。

关于分缝分块对裂缝的影响，目前已无异议。在相同温差作用下长浇筑块比短浇筑块的温度应力大，相对温差控制较严。每个国家的温差控制标准皆以该国施工工艺水平为基础，不可照搬。譬如在日本分缝间距不大于 15m 可以不必控制基础温差；美国内政部垦务局认为分缝间距小于 18m 基本上可以不控制基础温差。

6.18.1.4　施工工艺

混凝土裂缝的原因是多方面的，其中施工工艺水平低下，是一些大坝产生裂缝的一个重要的因素。往往有些工程其原材料本身品质不错，但在拌和、运输、平仓、振捣、养护和表面保护等环节上，未能重视和严格控制，造成混凝土质量差、强度不均匀，暴露时间长等问题，而使浇筑块在不很大的温度应力下产生裂缝。目前国内大型工程的混凝土拌和与运输基本能满足要求。但采用一般皮带机运输混凝土，也存在砂浆损失和骨料分离等缺点，用振捣器平拖平仓、漏振也时有发生。这些问题很难用一种指标来表示，目前用混凝土的平均强度$\overline{R}$和离差系数 C_v 表示混凝土施工质量。工程实际资料统计得出：若混凝土强度均匀性越差，则在相同温差作用下产生裂缝几率会越高。

6.18.1.5　基岩约束

根据弹性理论，如果混凝土浇筑块置于零变形模量的基础上（接近于软土地基这种情况），在线性分布温差作用下，浇筑块不会产生应力。若基础弹性模量逐渐变大，则浇筑块应力逐渐升高。如果基础弹性模量为无限大，则相当于刚体，接触面不能变形，属于完全约束，浇筑块应力最大。对于实际的基岩，一般变形模量约为（1.0～1.3）$\times10^4$MPa，对浇筑块

有较强的约束。混凝土坝大多数基础贯穿裂缝是由表面裂缝发展而来的，但基础浇筑块若无基础约束从而产生大面积拉应力区，表面裂缝也难以发展成贯穿裂缝。另外，所谓基础约束是相互作用的：基岩限制混凝土降温时的自由收缩，于是混凝土产生拉应力，基岩产生压应力；混凝土与基岩交界面的角缘处，由于应力集中的原因在基岩中产生较大的拉应力，若基岩强度不够就会被拉裂。基岩被拉裂以后，混凝土仍然受到约束。只不过是约束作用减小而已。一般拱坝基础弹性模量较高，对混凝土约束较大。

6.18.2　防裂技术措施

1．合理选择结构型式合理分缝分块

理论和实践都证实，浇筑块的尺寸愈大，形状愈扁平（所谓嵌固板），所受到的约束也愈强，愈易开裂。结构孔洞较多、体型复杂、基础不平整等情况，会给结构形成较多的应力集中部位，产生裂缝的可能性就大。所以混凝土重力坝分缝分块为若干块体独立浇筑。一部分做成永久性的，一部分是临时性的。临时性的分缝在坝体散热收缩后进行灌浆封堵。实际经验和理论分析都表明：当浇筑块平面尺寸控制在15m×15m左右时，温度应力还比较小，基础约束高度也只有3～4m。在气候温和地区，出现裂缝的可能性较小；但在寒冷地区，由于内外温差过大，这种尺寸的浇筑块仍然难免出现裂缝，需要采取严格的保温措施。为了减少温度应力的集中，还要求浇筑块的外形尽量平顺。例如，建基面应尽量修整平顺，坝体外形尽量避免出现尖锐折角等。横缝的划分应根据坝基地形地质条件、坝体布置、坝体断面尺寸、温度应力和施工条件等因素通过技术经济比较确定。常态混凝土重力坝横缝间距可为15～20m，超过24m或小于12m时，应做论证；碾压混凝土重力坝的横缝间距，可较常态混凝土重力坝的横缝间距适当加大，通常以20m左右为好。

2．合理选择混凝土原材料、优化混凝土配合比

合理选择混凝土原材料、优化混凝土配合比的目的，是使混凝土具有较大的抗裂能力，具体说来，就是要求混凝土的绝热温升较小、抗拉强度较大、极限拉伸变形能力较大、热强比较小、线膨胀系数较小，自生体积变形呈微膨胀、低收缩。

（1）合理选择骨料。不同岩石骨料制备的混凝土，其弹性模量和线膨胀系数有很大的差别，对混凝土坝的温度徐变应力有极大的影响。石灰岩骨料拌制的混凝土弹性模量低、线膨胀系数小，同样温差产生的温度徐变应力小。因而在料源选择时，应首选石灰岩作为骨料。

（2）合理选择水泥。内部混凝土主要考虑抗裂性能好、兼顾低热和高强两方面的要求，一般采用低热矿渣水泥、中热硅酸盐水泥或硅酸盐水泥掺入一定量的粉煤灰。至于外部混凝土，除了抗裂性能外，还要求抗冻融性、耐磨性、抗蚀性、强度较高及干缩较小，因此一般采用较高强度等级的中热硅酸盐水泥。当环境水具有硫酸盐侵蚀性时，应采用抗硫酸盐水泥。

（3）掺用混合材料。掺用混合材料的目的在于降低混凝土的绝热温升、提高混凝土抗裂能力。混合材料包括矿渣、粉煤灰、烧黏土等，目前粉煤灰采用较多。

（4）掺用外加剂。外加剂有减水剂、引气剂、缓凝剂、早强剂等多种类型。减水剂是最常用、最重要的外加剂，它具有减水和增塑作用，在保持混凝土工作度及强度不变的条件下，可减少用水量、节约水泥、降低绝热温升。引气剂的作用是在混凝土中产生大量微小气泡以提高混凝土的抗冻融耐久性。缓凝剂用于夏季施工，早强剂则用于冬季施工。

（5）优化混凝土配合比。在保证混凝土强度及工作度条件下，尽量节省水泥，降低混凝土绝热温升。根据抗裂要求，高坝基础部位混凝土强度等级不宜低于C15（相应极限拉伸值为0.85×10^{-4}）。迎水面还应根据抗渗、抗裂、抗冻要求和施工条件等综合确定混凝土强度等级。

3．严格控制混凝土温度，减小基础温差、内外温差及上下层温差

严格控制混凝土温度是防止裂缝的最重要措施，主要有以下几种方法。

（1）降低混凝土浇筑温度。通过冷却拌和水、加冰拌和、预冷骨料等办法降低混凝土出机口温度，采用加大混凝土浇筑强度、仓面保冷、仓面喷雾等方法减少浇筑过程中的温度回升。

（2）水管冷却。在混凝土内埋设水管，通冷却水以降低混凝土温度。水管冷却对控制早期内外温差和温升幅度都具有明显的作用。在水管冷却过程中要注意水温的选择，水温过低，管壁周围温度梯度和应力会过大，水管周围混凝土会由于冷击作用产生裂缝。冷却过程中要注意控制冷却降温幅度、降温速度及冷却范围，注意在冷却与未冷却之间形成合适的温度梯度。

（3）表面保温。表面保温是降低热交换系数的有效手段，在混凝土表面覆盖保温材料，以减少内外温差、降低混凝土表面温度梯度。常态混凝土、碾压混

凝土都应进行坝面、层面、侧面保温和保湿养护。应通过保温设计，选定保温材料，确定保温时间。孔口、廊道等通风部位应及时封堵。寒冷地区尤应重视冬季的表面保温。

除以上各种措施外，在混凝土浇筑施工安排上，尽量做到薄层、短间歇、均匀上升。避免突击浇筑一块混凝土，然后长期停歇；避免相邻坝块之间过大的高差及侧面的长期暴露，相邻坝块的高差不宜超过10～12m，浇筑时间不宜间隔太久，侧向暴露面应保温过冬；尤其应避免“薄块、长间歇”，即在基岩或老混凝土上浇筑一薄块后长期停歇，经验表明，这种情况极易产生裂缝。同时，在施工导流度汛设计时，应考虑坝体缺口过水度汛产生裂缝。上述情况如不可避免，则应做专门研究并采取相应的措施。此外，尽量利用低温季节浇筑基础部分混凝土，注意加强混凝土的养护。

表面保温是避免裂缝的最有效的手段，这一点已经在众多工程中得到证实。在昼夜温差偏大及温度骤降频繁的地区和季节，应首选表面保温措施。

4. 加强混凝土施工质量控制

混凝土施工质量主要从原材料生产，混凝土拌和、运输、平仓、振捣或碾压环节上加以控制，应严格遵循水工混凝土及水工碾压混凝土施工规范。除此之外，根据已有工程经验重点应注意以下方面。

(1) 加强原材料的生产质量控制，优化砂石系统生产工艺及设备选型，对成品砂石骨料的级配要求、砂的细度模数、石粉含量等重要参数应严格达标。

(2) 对细骨料的含水率应严格控制，成品砂仓应有充分的脱水时间，尽可能加大堆料高度。

(3) 优化混凝土拌和系统生产工艺及设备选型。对于碾压混凝土宜优先采用强制式搅拌设备，搅拌设备的称量系统应灵敏、精确、可靠，宜配备细骨料的含水率快速测定装置，并应具有相应的拌和水量自动调整功能。

(4) 配置满足设计要求的混凝土制冷设备容量，按要求控制混凝土出机口温度和浇筑温度。表 6.18－1 是典型工程混凝土出机口温度和浇筑温度设计值。

表 6.18－1　　典型工程混凝土出机口温度及浇筑温度

序号	工程名称	出机口温度（℃）	浇筑温度（℃）	保温措施
1	葛洲坝	7.8	16.0	遮阳隔热、仓面喷雾
2	三峡	7.0	10.6	运输机具设置保温遮阳措施，浇筑遮盖及仓面喷雾
3	光照	15.0	20.0	廊道运输洞、仓面喷雾
4	龙滩	12.0	17.0	遮阳隔热、仓面喷雾
5	小湾	7.0	11.0	隔热保温，流水或洒水养护

(5) 加强混凝土运输过程中的质量控制，包括保温、保湿、防骨料分离等措施。采用皮带输送机运输混凝土，有条件的宜选择廊道线路（如光照水电站工程等），能有效地保障混凝土运输过程中的质量。

(6) 混凝土仓面施工（卸料、平仓、振捣或碾压等）质量控制同样应注重保温、保湿、防骨料分离等措施。对于碾压混凝土仓面施工通常应按要求制定严格的施工工法，以达到确保混凝土施工质量的目的。

6.18.3　温控工程实例

6.18.3.1　东风混凝土拱坝

东风混凝土拱坝位于贵州省清镇县与黔西县交界的乌江干流鸭池河段，大坝为不对称抛物线双曲拱坝，最大坝高 153.00m（含深槽 162m），坝顶宽 6m，拱冠梁底宽 25m，坝顶弧长 259.35m，电站总装机容量为 510MW。大坝常态混凝土总量为 74.95 万 m^3。坝址多年最高月平均气温为 7 月的 25.7℃，多年最低月平均气温为 1 月的 6.3℃。全年平均气温为 16.7℃。东风混凝土坝基础约束区温控标准见表 6.18－2。

混凝土内部可能达到的最高温度取决于混凝土的绝热温升值、混凝土的浇筑温度及混凝土浇筑后的热交换。因此要控制坝体的最高温度，主要从减少混凝土发热量、降低混凝土的出机口温度和加速混凝土浇筑后的热量散发入手。温度控制的主要措施如下。

1. 从原材料选择和配合比优化入手，提高混凝土自身的抗裂性

东风拱坝选用永宁镇组灰岩作为人工砂石骨料，采用水城水泥厂 52.5 硅酸盐水泥，掺 35%～40%的

表 6.18-2　　东风混凝土坝基础约束区温控标准　　单位：℃

基础约束范围		基础容许温差	稳定温度	容许最高温度
河床坝段	0～0.2L	25	13	38
	0.2L～0.4L	27	13	40
岸坡坝段		22	13	35

注　L 为浇筑块的最大长度。

风选优质粉煤灰和三复合外加剂，水灰比为 0.5，配制出 R_{90}300 混凝土，用水量降至 86kg/m^3 以下，水泥用量控制在 112～120kg/m^3，轴拉强度 R_p＝3.61MPa，线膨胀系数 $\alpha\leqslant6.0\times10^{-6}$/℃，降低了水泥单位用量，且混凝土具有很好的抗裂性能，为简化温控防裂创造了条件。

2. 合理利用施工时段，严格控制浇筑层厚

根据计算，拱坝各部位混凝土由于浇筑时间、约束情况及边界条件的差异，所产生的温度应力差别很大，因此，尽量利用每年 11 月至次年 3 月低温时段多浇、快浇混凝土，不仅可以节约温控费用，而且可确保混凝土的浇筑质量。大坝各部位浇筑层厚控制如下。

(1) 基础约束区及悬臂孔口段采用薄层、短间歇、连续浇筑法，取 Δh＝1.5m。

(2) 陡坡坝段及过水度汛层取 Δh＝1.5m。

(3) 溢洪道大仓面混凝土取 Δh＝1.5～2.0m。

(4) 正常浇筑块取 Δh＝1.5m。

混凝土浇筑时力争均匀上升，相邻块高度控制在 9m 以内，混凝土间歇时间为 5～7d，超出 14d 的视为老混凝土处理。

3. 采用先进制冷工艺，控制浇筑温度

东风工程采用混合上料、连续风冷、地面冰库、气力输冰等预冷工艺，最大加冰量可达 40～45kg/m^3，降温 4～6℃；连续风冷可降温 5～7℃；两者联合可使混凝土降温 9～13℃。东风坝址区 7 月、8 月的最高旬平均气温为 29.4℃，采用上述两项预冷措施完全可以满足出机口 19℃的温度要求。从而达到控制浇筑温度的目的。

4. 采用通水冷却措施，加速混凝土内部热量的散发

为了降低混凝土的内部最高温度，并满足施工进度及坝体接缝灌浆的要求，坝体浇筑块内埋设 ϕ25mm 的冷却水管，进行一、二期通水冷却，一期冷却通河水，通过经济分析，在 30～40℃，通河水可使每立方米混凝土降低 1℃的费用仅为通 5℃冷水的 20%～25%。因此一期通河水冷却也是降低温控费用，加快施工进度的一项重要措施。

5. 加强表面保护

采用表面保温，减少内外温差，是防止裂缝发生的重要措施之一。东风坝址区寒潮频繁，表面保护尤为重要。

(1) 混凝土浇筑块顶面。采用粒状泡沫塑料保温。在冬、春两季，浇筑后 4～5d 即开始覆盖，待上层混凝土浇筑前再打开，打开时间最长不超过 8h。在夏、秋两季浇筑预冷混凝土时，则在浇完即行覆盖，以防热量倒灌。待混凝土温度上升到与外界气温接近时，打开散热，并注意连续洒水养护，以防混凝土出现干缩裂缝。

(2) 混凝土上、下游面。坝体上、下游面处于长期暴露状态，采用气垫薄膜内贴在模板上，模板拆除后，使气垫薄膜牢固的粘贴在混凝土表面，形成半永久性保温层，既可保温又可保湿。

(3) 混凝土侧面（横缝）。拱坝横缝拆除后，采用气垫薄膜外贴进行临时保温。

(4) 孔口悬臂是受寒潮袭击的重点部位，各种孔口均要求设置挡风防寒设施，其材料和结构视现场情况确定，保温效果按 $\beta\leqslant1.5\times4.186$kJ/(m^2·h·℃) 控制。

6. 加强过水度汛的保护

过水度汛层由于浇后不久就会受到洪水的冷击作用，容易产生裂缝，必须采取较严的温控措施。

(1) 加强洪水预报，力争度汛层在过水前 10d 浇筑完成，使混凝土具有一定的度汛强度和自身抗裂能力。

(2) 降低混凝土浇筑温度，加强一期冷却，过水前将混凝土内部温度降至 30℃以下，以削减混凝土度汛层的内外温差。

(3) 度汛层表面布置限裂钢筋［ϕ(6～18)@(20～25)cm，双向］，限制表面裂缝的产生和扩展。

6.18.3.2　潘家口重力坝

潘家口重力坝位于河北迁西县滦河干流上，最大坝高 107.5m，坝顶长 1040m，混凝土为 266 万 m^3，是低宽缝重力坝，缝腔由基岩向上高 33～35m，直缝柱状分块，横缝间距一般为 18m，隔墩坝段和电站坝段为 21m 和 23m。分 4 条纵缝，坝块底宽 14～25m。

当地年平均气温 10℃，月平均气温 1 月为－8.1℃，7 月为 25℃。秋、冬、春三季多有寒潮，降温幅度多在 6.8～9.0℃。年平均风速为 1.92m/s，冬春季常有 6 级、7 级大风，全年空气较干燥。夏季炎热，冬季寒冷，气候条件对大体积混凝土防裂颇为不利。1975 年开工，1984 年建成。全年浇筑混凝土。

基岩弹性模量 $E_f=12$GPa，计算中按混凝土弹性模量 E_c 的 1/2 考虑（$E_f=0.5E_c$）。骨料为天然砂卵石，水泥用抚顺 60 和 50 大坝水泥，属低热，7d 水化热分别为 263J/g 和 221J/g。掺用木质素黄酸钙外加剂，掺量为水泥重量的 0.25%。R_{28}150 基础混凝土 50 水泥用量为 210kg/m^3，绝热温升为 24.5℃。

水库表面年平均水温 13℃（实测 13.3℃），水深 60m 以下为恒温 6℃，中间按线性变化计算。下游坝面年平均温度13℃（日照增温 3℃），尾水以下为 12～10℃。据此决定坝体灌浆温度为 7～12℃。每年 2～4 月利用低温河水进行水管二期冷却，3～5 月灌浆，共 310 个灌区，实际 90%是在稳定温度下施灌的。

浇筑层厚度：夏季 1.5m，间歇 5d，均匀上升。冬季先浇 4 层 1.5m，后浇 3.0m 或 6.0m，做好防冻保温。春秋季层厚 3.0m 或 4.5m。

温度应力计算中，均匀温差用约束系数法，水化热温升用影响线法。基础容许温差见表 6.18－3。

表 6.18－3　潘家口重力坝基础容许温差　　单位：℃

浇筑块长度 L	24	17	14
强约束区 0～0.2L	20	22	23
弱约束区 0.2L～0.4L	22	24	25

长期停歇的老混凝土上浇筑新混凝土时，由于老混凝土弹性模量高于岩基，上下层容许温差为 17℃。施工中不容许老混凝土上浇薄层又长期间歇。根据内外温差，坝内容许最高温度冬季为 20℃，夏季为 38℃（长块）～40℃（短块）。

为减少水泥用量，采用四级配骨料，掺用粉煤灰和外加剂。坝内埋设冷却水管，铅直间距 1.5m，水平间距 1.7m，25mm 钢管。一期冷却通水 10～14d。骨料初温为 24℃，经 16h 冷却后降至 16.1℃，经 30h 冷却后降至 12.5℃。5～9 月控制浇筑温度 13℃，除用 2℃冷水拌和外，6～8 月加冰拌和，加冰率 40%～50%，盛夏在早晚及夜间浇筑。

冬季把骨料预冷仓改为预热仓，仓内通 80～90℃热水，用 40～50℃热水拌和，出机温度为 10℃左右。采用保温模板，浇筑块搭保温棚，棚内加热，气温在 5℃以上，预热基岩和冷壁 48h。浇筑后维持 3～5℃养护一周以上。若连续上升即搭保温棚施工，若停歇则表面铺塑料布并压盖 8～10cm 厚草帘覆盖保温。

一般坝块浇筑后流水或洒水养护不少于 15～20d。溢流面流水养护 50～60d，只出现很少表面裂缝。7 月以后浇筑的坝块，入冬前严密压盖 3～5cm 厚草帘保温，9 月下旬以后浇筑的坝块第一个冬季不拆模。入冬前封堵廊道口和孔洞。春秋季拆模时注意天气预报，防止寒潮袭击。水管一、二期冷却时，控制水与混凝土温差小于 20℃，降温速度不大于 1℃/d。此外，严格控制施工工艺，保证施工质量。

实际施工结果，坝内温度单点最高为 49.4℃，平均最高温度为 33.2℃，平均入仓温度为 16.5℃，平均水化热温升 16.7℃，按基础块稳定温度 8～10℃计，平均温差为 25.2～23.2℃。抚顺水泥具有微膨胀性，对防裂有利。

竣工后实际调查，共有裂缝 995 条，其中贯穿裂缝 3 条，深层裂缝 85 条，表面裂缝 907 条。裂缝原因：①施工初期设备不配套，最高温度超出规定较多，温度控制措施不够有力；②抢进度，夏季浇高块，一期冷却通水不及时，或遇寒潮未及时保护；③老混凝土面上浇薄层又长期间歇，保护不够，由此引起两条贯穿裂缝及 5 条深层裂缝；④岸坡坝段，高差大，受底面和斜坡两面约束，又浇 5m 厚高块，温差达 30℃，浇后 20d 出现一条严重的贯穿裂缝；⑤设计中规定的措施，有的施工中未做到，如夏季未加冰拌和。

施工中后期，温控设备较全，温控较认真，裂缝大为减少，只局部因养护不及时而出现一些表面裂缝。

裂缝处理：对上游面 498 条裂缝全部做了表面封闭，其中 52 条凿宽 30cm 深 20cm 大槽，槽内填环氧砂浆和膨胀水泥砂浆；219 条凿三角形小槽，深 3cm 宽 5cm，嵌填沥青油膏。表面再用环氧基液粘贴 3mm 厚 33cm 宽橡皮封闭。对 2 条贯穿裂缝、12 条深层裂缝和 48 条浅层裂缝进行了甲凝灌浆。一年后检查，对严重裂缝灌注甲凝不饱满的又进行了氰凝二次灌浆，对严重的 7 条水平裂缝和 2 条竖向裂缝，除化学灌浆外，还在表面粘贴 3mm 厚 1m 宽橡皮，外面再以锚栓固定槽钢和钢板，永久加压处理。对灌浆廊道内的严重裂缝进行化灌，其他廊道和坝内裂缝都不严重，未进行化灌。坝内施工中出现裂缝，都铺了 1～2 层骑缝限裂钢筋。

裂缝处理后，经蓄水运行多年，未见异常，坝内各层廊道都很干燥。

潘家口坝址气温条件不利，但混凝土施工质量较好，抚顺水泥有微膨胀性质，C15 混凝土极限拉伸达 (0.82～1.05) $\times 10^{-4}$，抗裂性能较好。进行了认真的温度控制设计，施工中温度控制初期虽较差，中后期较认真，所以总的说来，裂缝还不算多。

6.18.3.3 龙羊峡重力拱坝

龙羊峡重力拱坝，最大坝高 178.0m，最大底宽 80m，混凝土量达 156.7 万 m^3，主坝前沿长 396m，分为 18 个坝段，坝体最大断面设置 3 条纵缝。该坝位于青海省海南藏族自治州黄河干流上，属高寒大陆性气候，年降水量为 271mm，蒸发量为 2030mm，全年寒冷期长达半年，年平均气温为 5.8℃，月平均气温 1 月为 -9.3℃，7 月为 18.2℃，6 级以上大风年平均 80 次，寒潮频繁，各月均有出现。

主要温度控制措施如下。

(1) 选用永登 52.5 大坝硅酸盐水泥，限制水泥用量，基础混凝土不超过 190kg/m^3，内部混凝土不超过 160kg/m^3；掺优质减水剂 PH3，减水率达 22%。掺 15%～30%粉煤灰，为提高早期强度，掺粉煤灰的混凝土，降低水灰比 0.05。试验表明，掺粉煤灰混凝土早期强度与不掺的接近，后期强度增加 4MPa，节约水泥 30～60kg/m^3。

(2) 机组坝段横缝间距 24m，纵缝间距不大于 22m，浇筑层厚 1.5m 与 2.0m。6～8 月要求控制混凝土出机温度不大于 11℃，浇筑温度不大于 13℃，最高温度 27℃，基础温差 20℃。主要措施：加大地垄上料堆高度，要求不小于 6m。用 2℃冷水及片冰拌和混凝土，每立方米混凝土加冰 20～45kg。埋设冷却水管，通 4℃冷水，一期冷却 10～15d。当地属高寒地区，采用上述措施后，即可满足浇筑温度不超过 13℃的要求，未采用预冷骨料措施。由于气候干燥，6～8 月，混凝土表面铺草袋洒水养护 7～10d，一般可增加降温效果 1℃左右。实际施工中，初期因片冰楼生产不完善，加冰不正常，混凝土出机温度大多在 13～14℃，浇筑温度为 15～16℃，加上一期冷却通水没有保证，使混凝土最高温度偏高，部分达 32℃左右。基础温差有一部分超出容许值 5℃左右。

(3) 冬季施工，从 12 月到次年 2 月上旬用暖棚法施工，其余冬季时间用蓄热法施工，混凝土浇筑温度达 5～8℃。

(4) 表面保温，冬季要求表面放热系数 $\beta \leqslant$ 4.18kJ/(m^2 · h · ℃)。每年 5～9 月浇筑的混凝土容许拆模，在 5 月和 9 月浇筑的混凝土拆模后立即挂上一层草袋保温，在当年 10 月底完成保温覆盖工作。每年 10 月至次年 4 月浇筑的混凝土不予拆模，保温过冬。其中 11 月至次年 2 月浇筑的混凝土覆盖 6cm 厚的玻璃棉，其余月份浇筑的混凝土保温标准可减半。坝体上游表面终年采用保温材料保温，蓄水前拆除。坝体下游面，覆盖岩棉被，竣工前拆除。上游面保温材料采用矿棉被或泡沫塑料板，对钢模板在肋板中镶岩棉板或塑料板再外挂矿棉被，重要部位通暖气。对于木模板，外挂矿棉被。

所有上述措施，都要求满足 $\beta \leqslant$ 4.18kJ/(m^2 · h · ℃)，有效地控制了坝体混凝土的表面裂缝。

该坝自 1982 年 4 月开始浇筑混凝土，至 1986 年 10 月下闸蓄水时，对坝体裂缝进行了检查，共发现裂缝 229 条，平均每万立方米混凝土有 1.7 条，较长或较深裂缝近 40 条，未发现贯穿性裂缝。裂缝原因：①钢筋混凝土中钢筋断头未错开；②上下层混凝土间歇时间过长（有的长达 1 年）；③拆模过早，如 1986 年 2 月末，因过早拆模，随即在所拆部位出现一批裂缝。

6.18.3.4 光照碾压混凝土重力坝

光照碾压混凝土重力坝最大坝高达 200.50m，最大底宽 159.05m，顶宽 12m，坝顶长 410m。大坝由左右岸挡水坝段和河床溢流坝段组成，溢流坝段坝身设置 3 个表孔和 2 个放空底孔。混凝土总量约为 274.3 万 m^3，其中碾压混凝土为 242.8 万 m^3，常态混凝土为 31.5 万 m^3。库区多年平均气温为 20.48℃，多年最高月平均气温为 7 月的 26.7℃，多年最低月平均气温为 1 月的 11.8℃。坝体混凝土最低平均稳定温度为 15℃，强、弱约束区碾压混凝土容许最高温度为分别为 31℃、33℃，脱离基础约束区的碾压混凝土限制容许最高温度不超过 38℃。光照碾压混凝土坝基础约束区温控标准见表 6.18-4。

表 6.18-4　光照碾压混凝土坝基础约束区温控标准　单位：℃

基础约束范围		基础容许温差	稳定温度	容许最高温度
0～0.2L	常态垫层混凝土	20	15	35
	碾压混凝土	16	15	31
0.2L～0.4L	碾压混凝土	18	15	33

注　L 为浇筑块的最大长度。

针对不同坝段多种温控方案的温度徐变应力仿真及设计综合分析，采取了如下的温控措施。

1. 合理利用施工时段，严格控制浇筑层厚

尽量利用每年 11 月至次年 3 月低温季节及高温季节夜间多浇、快浇混凝土，节省温控费用且确保混凝土的质量。大坝各部位浇筑层厚控制如下：垫层常态混凝土浇筑层厚 1.5m；碾压混凝土采用薄层、短间歇、连续浇筑法，碾压层厚 0.3m，10 层停歇 3～7d。

2. 采用制冷工艺，控制浇筑温度

在 5～9 月对混凝土骨料采用二次连续风冷工艺，以降低混凝土的出机口温度至 15℃；自卸汽车运输过程中采取遮阳措施，上部混凝土运输通过皮带输送洞，减少运输过程温度回升；采用仓面喷雾措施，同时控制碾压混凝土拌和物从拌和到现场碾压完毕历时不超过 2h，层间覆盖时间控制在 6h 内（高温季节在 4h 以内）。通过以上措施，高温季节控制混凝土浇筑温度不高于 20℃。

3. 采用通水冷却措施

为了降低混凝土的内部最高温度，并满足施工进度的要求，在坝内埋设 DN32 高密聚乙烯塑料冷却水管，冷却水管间距 1.5m×1.5m，导热系数 $k \geqslant$ 1.0W/(m・℃)。控制通水温度与坝体内部混凝土温差不大于 20～25℃，混凝土降温速度不大于 1℃/d，单根水管通水流量为 20～25L/min。坝体通水冷却分三期进行。

一期冷却主要目的是削减混凝土初期水化热温升，6～8 月通 15℃制冷水，其余时间通河水，混凝土收仓后即可开始，通水时间为 20d。

二期冷却主要目的是使高温季节浇筑的混凝土满足低温季节内外温差要求，通水从 9 月开始，通水时间根据温度监测资料确定。

三期冷却主要目的是使坝体混凝土满足蓄水和接缝灌浆要求。根据监测结果，下闸蓄水后，底部库水温度约为 10℃，下闸蓄水前对距迎水面 15m 范围的坝体混凝土进行通水降温，使其满足内外温差要求，距迎水面 15～25m 范围内混凝土温度与上游混凝土温差不超过 3℃。为满足接缝灌浆要求，继续通水使坝体混凝土温度降至稳定温度，进行接缝灌浆。

冷却水管完成使命后，采用 M30 砂浆封堵。

4. 加强表面保温和养护

坝体上、下游面处于长期暴露状态，采用气垫薄膜内贴在模板上，形成半永久性保温层，既可保温又可保湿。采用粒状泡沫塑料保温，在冬、春两季，每浇筑升程收仓后即开始覆盖，待上层混凝土浇筑前再打开，并洒水养护，防止混凝土出现干缩裂缝。当日平均气温在 2～4d 内连续下降 6℃以上时，对龄期 5～60d 的混凝土暴露面，尤其是基础块、上下游面、廊道孔洞及其他重要部位，覆盖保温被。

6.18.3.5　三峡混凝土重力坝[69]

三峡水利枢纽工程由大坝、电站和通航建筑物组成。大坝为混凝土重力坝，坝顶高程为 185.00m，坝顶长 2309.5m，最大坝高为 181.0m。泄洪坝段布置 23 个泄洪深孔、22 个泄洪表孔及 22 个导流底孔，两侧的厂房坝段布置 26 条电站引水压力管道。左岸非溢流坝段内布置升船机上闸首和临时船闸。混凝土总量为 2800 万 m^3，坝址气温多年平均值为 17.3℃，各坝段基础约束区稳定温度为 14.4～15.8℃，大坝混凝土采用柱状块浇筑，基础容许温差按表 6.18－5 控制。上下层温差不超过 17℃。坝体最高温度控制标准按照表 6.18－6 控制。

针对不同坝段不同月份温控标准，采取了如下的温控措施。

1. 优化大坝混凝土配合比，提高混凝土抗裂能力

在满足混凝土标号及抗冻、抗渗、极限拉伸值等主要设计指标的前提下，尽量增大Ⅰ级粉煤灰掺量降低水胶比，并要求满足混凝土匀质性指标及强度保证

表 6.18－5　三峡混凝土坝基础约束区温控标准　单位：℃

部　位	$L \leqslant 20m$	$L=21 \sim 30m$	$L=31 \sim 40m$	$L=41 \sim 50m$	通仓
基础强约束区	22	21～30	19～17	16～15	14
基础弱约束区	25	24～23	22～20	19～18	17

注　L 为浇筑块长边尺寸，高度等于 0～0.2L 的为基础强约束区，高度等于 0.2L～0.4L 的为基础弱约束区。

表 6.18－6　三峡混凝土最高温度控制标准　单位：℃

混凝土标号	12 月至翌年 2 月	3 月、11 月	4 月、10 月	5 月、9 月	6～8 月
$R_{90} \leqslant 200$	23～24	26～27	31	33～34	35～38
$R_{90} \leqslant 250$	24～26	28～29	31～33	34～35	37～39

注　L 为浇筑块长边尺寸，高度等于 0～0.2L 的为基础强约束区，高度等于 0.2L～0.4L 的为基础弱约束区。

率，改善混凝土性能，提高混凝土抗裂能力。三期工程大坝混凝土极限拉伸值较一、二期大坝混凝土有所提高。

2. 控制大坝坝块混凝土最高温度

三峡大坝混凝土浇筑仓面大、强度高，采用塔带机为主、门塔机为辅的施工方案。采取降低混凝土浇筑温度、合理的层厚及间歇期、初期通水等措施。严格控制混凝土运输时间和仓面浇筑坯层面覆盖前的暴露时间。混凝土运输机具设置保温设施，使高温季节混凝土自拌和楼出机口运至仓面浇筑坯层被覆盖前的温度回升率不大于0.25。高温季节浇筑混凝土表面采用流水养护。

3. 大坝混凝土浇筑采取合理的浇筑层厚及间歇期

基础约束区一般在11月至翌年3月采用的浇筑层厚为1.5～2.0 m，4～10月采用的浇筑层厚为1.5m；脱离基础约束区一般的浇筑层厚为2.0m，三期工程大坝非约束区混凝土浇筑层厚为3m。严格控制大坝大体积混凝土浇筑的层间间歇期和墩、墙等结构混凝土浇筑的层间间歇期，使其不少于3d，也不宜大于10d。3m层厚混凝土浇筑时层间间歇采用9～10d。

4. 控制大坝混凝土施工程序并合理安排施工进度

基础约束区混凝土、导流底孔等重要结构部位，在设计规定的间歇期内连续均匀浇筑上升，不得出现薄层长间歇期；其余部位基本做到短间歇连续均匀地浇筑上升。相邻的浇筑块高差不大于6～8m，相邻坝段高差不大于10～12m。

5. 通水冷却

初期通水应采用6～8℃的制冷水，通水时间为10～15 d，并在混凝土收仓后12h内开始通水，且单根水管通水流量不小于18 L/min。中期通水开始时间如下：凡当年5～8月浇筑的混凝土，应于9月开始进行中期通水；4月及9月浇筑的，于10月初开始进行中期通水；10月浇筑的混凝土于11月初开始进行中期通水。中期通水采用江水进行，通水时间为1.5～2.5个月，以混凝土块体温度达到20～22℃为准，单根水管通水流量应达到18～25 L/min。

三峡工程大坝坝体内过流孔及闸门槽（井）尺寸大、数量多、体型复杂，增加了温控防裂的难度。在总结二期工程大坝混凝土温控防裂经验教训的基础上，对三期工程大坝混凝土温控防裂技术措施进行了深化和细化，并在高温季节，对胶带输送预冷混凝土温度回升进行观测和分析研究，并采取措施，控制温度回升4～6℃，回升率为0.17～0.18。为削减大坝混凝土最高温升，通水冷却分初、中、后三期，首次提出按不同标号的混凝土分别进行“个性化”初期通水的方案，将传统的中期通水冷却混凝土温度降至18～20℃，并在入秋后将中期通水与后期通水冷却连续进行，降低了大坝混凝土的内外温差，更有利于防裂。大坝上下游面采用聚苯乙烯泡沫板保温，取得显著的保温效果。

6.18.3.6 小浪底高标号隧洞衬砌混凝土温控

小浪底工程特点之一就是洞群密布。主要的工程隧洞有18条，洞径为6.5～14.5m，衬砌厚度为1.0～4.0m。由于水沙条件和结构要求，隧洞衬砌混凝土强度等级为C30～C70，洞内温度为7℃，围岩恒温区地温取15.7℃。小浪底隧洞衬砌混凝土温度控制标准见表6.18－7。

表6.18－7 小浪底隧洞衬砌混凝土温度控制标准 单位：℃

隧洞衬砌厚度（m）	C70混凝土	C30混凝土
$h\leqslant 1$	43	35
$1<h\leqslant 2$	50	40
$h>2$	54	44

高标号隧洞衬砌混凝土不进行表面保护，早期内外温差引起的温度应力有可能将混凝土拉裂，混凝土衬砌厚度超过2m更突出，因此C30、C70混凝土衬砌厚度超过或接近1m时，拆模前后混凝土表面放热系数不大于6.2kJ/($m^2\cdot d\cdot$℃)，表面保护时间不少于7d。

C30衬砌分段长度不大于9m，C70衬砌分段长度不大于6m。

针对以上标准，采用如下温控措施。

1. 优化混凝土配合比

在满足强度等设计指标要求的情况下，普遍掺加接近25%的粉煤灰，C70混凝土52.5R水泥用量为350kg/m^3左右，同时为了增加混凝土的可泵性，掺加了高效减水剂、塑化剂等多种外加剂。

2. 降低出机口温度

夏季采取了加冰拌和、冷水拌和及预冷骨料等措施。①冷水拌和，采用4～8℃的水拌和；②加冰拌和，C70混凝土春秋季节每立方米混凝土加30～40kg的片冰，冬季加冰20～30kg；③预冷骨料，水冷骨料一般自5月中旬开始，运输骨料的皮带以0.5m/s的速度通过90m长的喷水冷却廊道，喷水温度为4～8℃；风冷辅料6月初开始，即经过水冷的骨料，脱水后进入储料仓，向料仓中通－20℃的冷风，骨料经水冷、风冷后，进入拌和仓时其温度可降至 10℃左右，导流洞实测出机口温度 C70 为 10.3～25.6℃，C30 为 14.4～19.8℃。

3. 采用养护剂养护

导流洞 C70 混凝土温度高达 50～60℃，拆模后采用洒水养护，仍出现了大量表面裂缝，后来均采用涂一层保水养护剂保湿养护，替代洒水养护。

4. 其他措施

冬季为防止空气对流，提高洞内环境温度和降低混凝土内表温差，洞口采用帆布、草帘等封堵。

5. 温控实施效果

导流洞混凝土个别浇筑块最高温度超出了设计要求，C70 混凝土最高温度为 46.1～67.8℃（测点温度）；C30 混凝土最高温度为 44.6～65.9℃（测点温度）。经统计，3 条导流洞裂缝 101 条，长度约 404m，裂缝宽度大于 0.5mm 的约占 1/2。绝大部分裂缝出现在 C70 混凝土衬砌段；冬季施工的混凝土裂缝多；早期裂缝多，后期新增裂缝少。

综合分析出现裂缝的主要原因有：①拆模后混凝土表面温度达 50℃，有些部位采用洒水养护，表面受冷击很快出现裂缝；②拆模后未采取表面保护措施，早期裂缝多；③衬砌分段较长；④混凝土骨料中砂岩（约占 30%～45%）膨胀系数大，同样的降温幅度产生较大的拉应力；⑤硅粉干缩产生的小裂缝与其他不利因素叠加引发危害性裂缝。

6.18.4　裂缝处理

6.18.4.1　一般性处理

坝轴线向贯穿裂缝和上游面劈头缝的危害性很大，必须进行处理，以保证水工建筑物运行期的安全。

在大坝施工过程中出现的裂缝，一般采取沿裂缝走向铺设钢筋或钢筋网，即可继续向上浇筑，基本上可以避免裂缝向上延伸，但对于出现在老混凝土或已建成混凝土建筑物面上的深层裂缝或贯穿性裂缝，则应当根据建筑物的重要性及检修条件，采取不同的处理措施。对大中型工程的主体建筑物，必须恢复它的整体性，才能保证其运行的安全，可采用凿槽回填混凝土或在迎水面浇筑防渗板，并预留宽槽回填混凝土等措施，以达到补强加固、完全恢复其整体性的目的。对于小型工程、附属建筑物或检修条件好的部位，一般的处理措施，可分为两种类型：面板锚固或粘贴涂胶止水。所谓锚固，即在裂缝面铺设橡胶板、钢板等并锚固在混凝土建筑物上，以防止水流渗入混凝土内部。所谓粘贴涂胶止水，即采用环氧等黏结剂，沿裂缝粘贴橡胶、钢板或涂抹环氧砂浆、沥青等，以封堵裂缝的进水口。锚固比较可靠，一般止水效果也比较好，但工序多、进度慢，修理费用也比较高，粘贴的工艺虽较简单，但粘贴不够牢固，涂层不易均匀，因而仍有部分点位渗漏的可能。更重要的是，这一类处理措施，即使做得很完善，也只能达到不渗水的目的，而不能达到恢复建筑物整体性或起到补强作用。

6.18.4.2　裂缝凿除

在大坝施工过程中，如在水平层面上发现了表面浅层裂缝，可用风镐、风钻将裂缝凿除，至看不见裂缝为止。凿槽断面应为上宽下窄的梯形，而且底部应有一定宽度，避免出现新的应力集中点。只要原裂缝得到彻底凿除，再在上面浇筑新混凝土，以后不至于再在此处裂开。即使裂缝凿除不够彻底，虽未彻底清除隐患，但剩下的浅裂缝与原来的深裂缝相比，将来扩展的可能性还是小得多。因此，对于水平层面上的裂缝，应尽量用凿除法处理。

6.18.4.3　限裂钢筋

当施工过程中出现了深层或贯穿性裂缝，难以用凿除方法处理时，可在混凝土已充分冷却后，于裂缝上面铺设 1～2 层限裂钢筋后再继续浇筑新混凝土。钢筋尺寸为 ϕ20～32mm，间距为 10～20cm，长度为 3～4m，不能带弯钩，而且应长短错开，否则很容易绕过钢筋在断头处产生新裂缝。当下层混凝土侧面出现深层裂缝时，在上层混凝土相应部位也应布置一些限裂钢筋。当钢筋充分受力时，例如当钢筋应力达到 100MPa 时，拉应变约为 5×10^{-4}，此时混凝土为保持同步变形早已开裂，因为混凝土的极限拉伸应变不大于 1×10^{-4}。因此钢筋是不能防止混凝土裂缝的，只能限制裂缝的开度。在大体积混凝土中，因混凝土断面大，而配筋很少，实际上钢筋的限裂作用也是有限的。为了防止裂缝向上发展，主要措施应是在混凝土充分冷却、裂缝充分张开后再浇筑新混凝土，铺设限裂钢筋只是一种辅助措施。如果下面混凝土未充分冷却，在铺设钢筋后就浇筑新混凝土，其最终结果往往是裂缝穿过钢筋或绕过钢筋端部向上发展，在实际工程中这种例子很普遍。

6.18.4.4　水泥灌浆

对比较严重的裂缝，应在降至坝体稳定温度后进行灌浆。当裂缝宽度大于 0.5mm 时，可用水泥灌浆，否则应进行化学灌浆。水泥灌浆一般用 42.5 水泥，有条件时应将水泥再磨细后使用，要求最大水泥颗粒外径小于缝宽的 1/5，水泥浆浓度在 6∶1～0.6∶1 逐级变化。可掺入适量木钙、塑化剂等外加剂，以增加水泥浆的流动性。灌浆压力一般为 0.2～0.5MPa，当吸浆率大于 0.5L/min 时，压力应小于 0.3MPa；

当吸浆率小于 0.5L/min 时，适当升压，最大不超过 0.5MPa。

灌浆以前必须冲孔、洗缝、堵缝和压水检查。冲孔：用风水轮换冲洗，水压为 0.2～0.3MPa，风压为 0.1～0.2MPa，冲孔时间为 15min 左右。洗缝：进水压升至 0.3MPa，到 10min 后降至 0.1MPa，历时 2min 再升至 0.3MPa，反复进行，使缝内污物在降压时带出；洗缝自上而下，自里向外，逐排进行；一般洗缝时间为 1～2h，对有碳酸钙的老缝用稀盐酸洗。堵缝：一般在混凝土表面用环氧基液粘贴两层玻璃丝布，一天后即可灌浆。在缝面应留出进（排）浆管，可用直径 2cm 小钻头钻深 5～10cm，孔内埋 ϕ25 管，或用风钻打浅孔后埋入 ϕ25 管。压水检查，常用压力为 0.2～0.5MPa，稳定半小时左右。

6.18.4.5 化学灌浆

目前对一般性工程，附属建筑物或比较容易处理的部位，较好的裂缝处理措施是采用高分子聚合物材料，进行灌浆处理，浆液充填在细小的裂缝中固化，与混凝土胶结面产生一定的黏结强度，可以达到恢复建筑物整体性和补强的目的，这种处理措施唯一的缺点，是高分子材料的老化问题，到目前为止，还没有得到明确结论。

灌浆工艺及具体操作：要灌好混凝土裂缝，除正确选择浆材外，还必须使浆液能够充满全缝，因此，要尽快达到最大容许的灌浆压力，使其尽快浸润到细小的孔隙中去。缝内浆液在没有失去流动性以前，不能流失，因此，止浆密封，一定要牢固结实，不能漏浆，尽可能采用全缝同步进浆的方法，使浆液在较短时间注满全缝，为使用较快失去流动性的浆液创造条件。具体的做法是：沿裂缝两侧铺设进浆管，进浆管采用 0.8cm 左右的软性塑料管（要能承受一定压力的），从中间切开，使切口与缝面相通，塑料管从切口分开，锚压在裂缝两侧的混凝土上，塑料管必须是能承受最大的容许灌浆压力并能止浆的，裂缝的侧向临空面，必须清除杂物，然后锚固封堵缝面，以防止漏浆，在灌浆以前，还要进行通水试压，检查封缝堵漏的质量。

环氧树脂、甲凝及氰凝（即聚氨酯类）都可用于处理有水的裂缝。

1. 环氧树脂灌浆

环氧树脂强度高，黏合力强，收缩率约为 2%，可室温固化。环氧树脂浆液由环氧树脂、稀释剂、增韧亲水剂、促凝剂和固化剂组成，配方见表 6.18-8。环氧树脂的收缩率比水泥大得多，适宜灌较细的裂缝。低黏度浆液可灌入宽 0.1mm 裂缝，高黏度浆液只能灌入 0.2mm 宽的裂缝。黏结强度可达 0.6～1.0MPa。适于灌注 0.1～1.0mm 宽的混凝土裂缝。产生严重裂缝的我国响水拱坝、丰乐拱坝、瑞士崔伊齐耳拱坝和葡萄牙卡布里尔拱坝，都用环氧树脂进行灌浆，效果良好。

2. 甲凝灌浆

甲凝配方见表 6.18-9，甲凝浆液开始一段时间的黏性小于水，约为水黏性的 2/3，表面张力只有水的 1/3，可灌性好，能灌入几十微米宽的混凝土细微裂缝内，并能渗入细缝两侧 3～6mm，甲凝本身抗拉强度约为 700MPa。甲凝灌入裂缝，无论干燥或潮湿，缝面黏结抗拉强度均可达 1MPa 以上，即使水饱和的缝面，也有一定黏结强度。甲凝浆液固化时收缩较大，约为 6%～20%，适于灌 0.05～0.5mm 的细微裂缝。甲凝浆液在 0℃以下的低温也会凝固，并可准确控制凝固时间。化学灌浆效果较好，但某些材料有一定毒性，施工中应注意防止中毒。

表 6.18-8　环氧树脂配方（重量比）

主剂	稀释剂	增韧亲水剂	促凝剂	固化剂	抗拉强度（28d）
环氧树脂	丙酮、糠醛	聚酰胺树脂 650 或 651	苯酚（硫酸乙酯）	乙二胺（二乙烯三胺）	
100g	各 30～50g	0～20g	10～15g（0.25～1.0g）	12～18mL（15～22mL）	3～5MPa

表 6.18-9　甲　凝　配　方

名　称	作用	代号	用量	单位	备　注
甲基丙烯酸甲酯	主剂	MMA	100	mL	
甲基丙烯酸丁酯	增塑剂	BMA	25	mL	两种任选一种，后者价廉
醋酸乙烯		VA	10～15	mL	

续表

名　称	作用	代号	用量	单位	备　注
甲基丙烯酸	亲水剂	MA	0～20	mL	
过氧化二苯甲酰	引发剂	BPO	0.5～1.5	g	
二甲基苯胺	促进剂	PMA	0.2～1.0	mL	可用以调整凝结时间
对甲苯亚磺酸	除氧剂	P—TS.A	1.0	g	
焦性没食子酸	延缓剂	PA	0～0.1	g	用以延缓和调节凝结时间

6.18.4.6　抽槽回填混凝土

除上面所提到的裂缝需要进行及时处理以外，对大中型工程的主体建筑物，凡是影响大坝整体性或上游面防渗性的贯穿裂缝（包括基础和深层贯穿性裂缝），都必须采取工程措施来处理。沿裂缝凿槽回填混凝土，或分块浇筑预留宽缝回填混凝土，都是水利工程上比较常见的一些工程措施。必须指出，不管是凿槽，还是预留槽，关键的问题都是新老混凝土的结合，也即是结合面的黏结强度问题。除了采取降低水泥水化热、控制最高温度以及改进砂浆和混凝土的黏结强度（包括水泥、外加剂的选择，老混凝土面的处理）以外，近年来国内外多采用一种低热膨胀水泥，使混凝土不仅绝热温升低，而且利用混凝土的自生体积膨胀，在接合面产生一定的预压应力，以抵消部分混凝土在降温过程中的收缩变形，以达到凿槽回填或预留槽回填的新老混凝土接合面黏结紧密，恢复其整体性的目的。必须指出，膨胀水泥的自生应力，必须在有约束力的条件下，才能出现；而且约束力越大，自升应力也愈大，抵消降温收缩的效果也越好。

6.18.4.7　排水孔

对迎水面严重裂缝，可穿过缝面打排水孔，以减小缝内水压力。美国德沃歇克坝产生严重劈头裂缝后，先由潜水工在水下用环氧树脂封堵缝口，然后由廊道打排水孔穿过裂缝，排水孔垂直间距为1.5m，如此处理后，漏水量大大减少，裂缝趋于稳定，不再发展。

6.18.4.8　预应力锚固

对迎水面严重的裂缝，用其他方法难以处理好时，可研究采用预应力锚固。柘溪大头坝劈头裂缝，曾用此法加固。

6.18.4.9　设置廊道

在严重裂缝顶部及分缝并仓处，设置廊道可以减少应力集中，防止裂缝向上发展。

虽然随着裂缝处理技术的发展，裂缝的处理效果不断提高，但是裂缝处理毕竟是一种补强技术，处理效果再好也比不上无裂缝状态。因此，应更重视防裂。

6.18.5　裂缝处理工程实例

6.18.5.1　东风混凝土拱坝的裂缝处理

经多次检查，截至1997年，东风大坝共发现裂缝15条，其发生的部位及处理方法见表6.18-10。

（1）1992年1月在6号坝段高程848.00m表面下游沿轴线方向发现一条贯穿层面的裂缝，缝长17.8m，开度为2～3mm，经钻孔探深检查在2.55m处消失，高程845.00～848.00m分为1.5m厚两个浇筑层，证明已影响至下一层（主要原因：薄层长间歇，温度骤降）。此裂缝已严格按要求处理。

1）穿缝布置注浆锚杆35根（25×240cm，嵌入混凝土约200cm）。

2）在裂缝面上骑缝布置防裂筋147根［ϕ25cm@(150～240)cm、ϕ16cm@300cm、ϕ22cm@300cm］。

3）沿缝布置灌浆管路4个并将预埋灌浆管路串联至下游面，待适当时间进行化学灌浆处理（已用普通灌浆处理，经检验水泥结石饱满，效果良好）。

（2）5号坝段高程833.50m廊道顶拱发现纵向裂缝一条，长14.15m，目测开度为0.3～0.5mm，10号坝段高程832.50m也有一条裂缝，在廊道上游顶拱处向下延伸，目测开度0.1～0.3mm，长约1.5～2m，发生时间估计在1992年6月以前。5号坝段裂缝主要是顶拱埋管过密，埋管扰动；10号坝段裂缝可能是温度裂缝。经现场检测，5号坝段顶拱裂缝深度在2.7～4.8m，其深度从左向右增加；10号坝段上游侧墙垂直裂缝深度在2.5～3.3m，缝深从底部向顶拱增加。已进行化学灌浆处理。

（3）在大坝12号和13号横缝合并后的D坝段，即高程937.00m混凝土浇筑前对仓面检查时发现施工水平缝面在大坝与溢洪道交汇转角处，因体型突变，有一条7.3m长裂缝，目测开度约0.1～0.3mm，裂缝从下游坝面看深度约20cm。已按设计要求加一层骑缝筋处理，施工单位浇筑到高程938.00m时又增加一层骑缝筋，以防裂缝向上扩展。在第二块大仓面浇筑前对高程938.50m施工仓面认真检查，没有发现裂缝向上扩展的迹象。

表 6.18-10　　　　东风水电站坝体裂缝统计表

坝段	高程（m）	混凝土种类	浇筑日期	裂缝条数	说明及处理方法
6号	848.00	常态混凝土	1991年8月29～31日	1	1992年1月发现沿坝轴线方向一条贯穿6号坝段的裂缝，长17.8m，缝宽2～3mm，深2.55m。布砂浆锚杆35根，加骑缝钢筋147根和灌浆
5号	830.00（廊道）	常态混凝土	1991年5月5～20日	2	5号坝段顶拱833.50m裂缝14.15m，缝宽0.1～0.5mm，深度2.7～4.8m，化学灌浆；5号坝段端头裂缝长1.5m，833.00m左右，化学灌浆处理
10号	830.00（廊道）	常态混凝土	1991年4月13～15日	1	830.00m廊道10号坝段上游侧833.00～830.50m，目测缝宽0.3～0.5mm，上下游垂直，深度2～3.3m，采用化学灌浆处理，效果明显
5号	851.00（廊道）	常态混凝土	1991年11月21～24日	1	851.00m廊道上下游侧851.50～854.50m，采用化学灌浆处理，效果明显
D号	937.00	常态混凝土	1993年9月13～15日	1	长7.3m，目测缝宽0.1～0.3mm，深度20cm，加两层骑缝筋处理
D号	976.50～978.00	常态混凝土	1994年6月28日至7月2日	9	事后检查发现9条裂缝，其中5条贯穿坝体上下游面，宽0.2～1mm，长度为2.5～13.8m，深度为0.3～1.5m

（4）拦河坝的溢洪道传力墩结合部位D21号块高程976.50～978.00m混凝土浇筑层，出现较为严重的质量问题。浇筑日期从1994年6月28日至7月2日，事后检查发现有9条裂缝。据分析，主要原因是结构复杂、体型较狭长，表层防裂钢筋未安装，浇筑措施不当，供料不连续、二级配混凝土过多，气温偏高，养护不认真。经一个多月的观察并认真检查，裂缝最深1.5m，未向下发展。

6.18.5.2　观音阁碾压混凝土重力坝的水平裂缝处理

1. 工程概况

观音阁碾压混凝土重力坝位于辽宁省太子河干流上。水库总库容为21.68亿m^3。拦河坝坝顶长1040m，共分65个坝段，其中13个坝段为溢流坝段。坝顶高程为267.00m，顶宽10m，最大坝高82m，底宽61.3m。碾压混凝土坝为“金包银”型式，上游面3m厚防渗层、下游面2.5m厚保护层和2m厚基础垫层为常态混凝土；廊道、底孔等孔洞周围为1.00m厚钢筋混凝土，其余内部均为含30%～35%粉煤灰的碾压混凝土。水库正常蓄水位为255.20m，死水位为207.70m。

2. 裂缝分布情况

大坝于1990年5月开始兴建，1995年9月大坝主体工程结束。该坝是我国北方严寒地区修建的第一座大型碾压混凝土坝，采用RCD工法施工，当时这在国内属于施工难度较大的一项新技术。在诸多因素作用下，坝体在施工期产生了一些程度不同的裂缝。在大坝上游面的裂缝中，最主要的有三条，高程分别为209.25m、218.25m和233.25m。三条水平裂缝均发生在大坝混凝土年度浇筑结合面附近，裂缝宽度为0.5～1.2mm，最大缝宽为2mm，深度为3～6m，前两条裂缝在施工期已作了处理。高程为233.25m的水平裂缝，由于发现时间为1995年，施工正处于紧张阶段，7月又遇百年一遇的大洪水，库水位骤升至240.00m以上，因此无法处理，只能留作尾工待机处理。高程233.25m的水平裂缝分布情况调查是在1995年3月进行的，当时裂缝总长为639.7m，但由于裂缝长期处于水下，在水力劈裂作用下，预计裂缝应已贯穿所有存在裂缝的坝段，裂缝总长将达832m。

3. 裂缝成因及其处理原则

根据实际施工情况，分析产生裂缝的主要原因有以下几点。

（1）混凝土浇筑温度偏高，坝体上下层温差和内外温差过大。

（2）坝址地处寒冷地区，气温年度变幅大，混凝土表面越冬保护标准偏低，层面强度薄弱。

对上游面高程233.25m水平裂缝的发展趋势分

析表明，该条裂缝即使裂穿、不作处理，其上部坝体的抗滑稳定安全系数已完全满足设计安全要求。

对上游面高程 233.25m 水平裂缝的处理，曾先后几次组织有关家进行分析论证，确定裂缝处理原则如下。

(1) 根据裂缝的成因分析，裂缝应按“活缝”处理。

(2) 由于裂缝长期处于水下，因此，裂缝处理方案必须能够适应长期水下环境，主要着眼点应为防渗。

(3) 由于观音阁水库只有在极特殊干旱年份，库水位才能降低到高程 233.25m 以下，而且维持时间只有 60d 左右，因此选择的处理方案必须技术上可靠、方法上简单，能在此期间完成。

4. 裂缝处理方案的确定

根据裂缝处理原则，通过调研并结合掌握的裂缝处理经验和成果，在室内试验基础上，2000 年 6 月在观音阁水库上游面现场进行裂缝修补处理试验。经过近一年的观察表明，试验方案技术上是可靠的，施工工艺上是可行的。最终选定的裂缝处理方案为：首先在裂缝处粘贴 T_1（即丁基橡胶密封黏结胶带），然后在其上再粘贴三元乙丙橡胶，最后在其周边用压板等进行锚固并密封，如图 6.18-1 所示。对坝段间伸缩缝（即横缝）与水平裂缝之间形成的漏水通道，采取对伸缩缝进行灌浆处理，切断漏水通道。

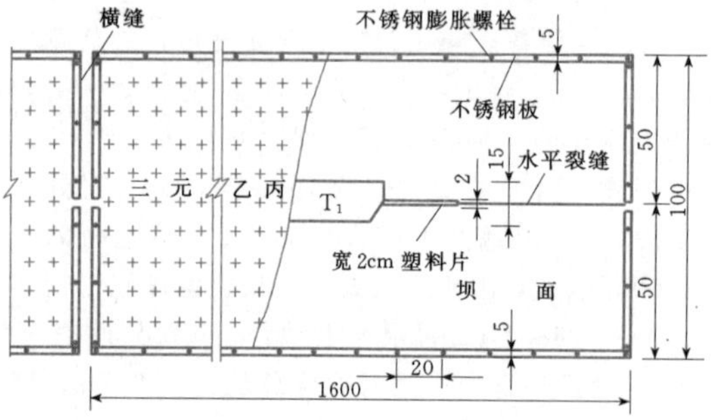

图 6.18-1　观音阁混凝土坝水平裂缝处理坝段示意图（单位：cm）

2001 年春夏之交，适遇严重干旱，水库大量泄水，库水位骤降，高程 233.25m 水平裂缝裸露，决策部门立即抓住有利时机，对裂缝进行全面处理。工程施工从 4 月上旬开始，至 6 月中旬结束，历时 60d。这次在 42 个坝段上共计处理裂缝总长 847m，与预测的长度相近，且实际发生裂缝分布状况与 1995 年调查时基本一致。

5. 水平裂缝处理技术

(1) 裂缝处理施工工艺流程。按确定的处理方案施工工艺流程为：

裂缝的认定→表面处理→伸缩缝灌浆→粘贴 T_1 密封带→粘贴三元乙丙卷材→周边锚固→周边密封处理

(2) 施工工序及技术要求。

1) 裂缝的确定。首先在 1995 年调查时所在高程进行查找，若未显可见缝，则以越冬停浇面为界，上 0.9m 下 1.8m，每坝段左、中、右三个部位，扒开原保温板 1m 宽予以查找。若发现裂缝，不管裂缝长度及缝宽，均按贯通裂缝处理。对仍未显示裂缝且与 1995 年调查时未见有裂缝为同一坝段，则该坝段不予处理。对在同一坝段上发现有两条或三条裂缝的，则都按贯通裂缝进行处理。

2) 表面处理。在所见裂缝上下各 0.6m 范围内拆除原保温苯板后，凿除表面凸出处及蜂窝缺陷处混凝土，割除钢筋头后，对尖锐突出处用角磨机磨平，清除表面灰土，再对表面凹处凿毛后用预缩砂浆填充修补，使坝面平整。

3) 伸缩缝灌浆。为解决水平裂缝与坝段伸缩缝（即横缝）交汇处的防渗问题，根据坝体原伸缩缝止水结构，确定采用水溶性聚氨酯化学灌浆处理。水溶性聚氨酯由 LW 与 HW 两种材料组成。其中 LW 具有较大弹性和浸水膨胀特性，黏度较大；HW 则弹性差、黏度小、强度高。两种材料可以随意组合，均以水做固化剂，遇水发泡，生成的 CO 气体，在灌浆中可产生次生压力，利于行浆。其固化时间可控制，固化后性能稳定，其抗渗力可达 1MPa 以上，抗压强度因配比而异，在 0.1～10MPa，其固结体有良好的弹性，浸水后体积可增大达原体积的 3 倍，并有重复变形能力。施工中在坝面与第一道止水、第一道与第二道止水片之间，坝段端部水平缝处，均采用灌浆封闭。

a. 钻灌浆孔。对于横缝灌浆孔，因横缝内有隔缝钢板，为减少钻孔，采取打穿钢板的方法，使同一孔达到对钢板两侧都能灌浆的目的。对于水平缝灌浆孔，在水平缝上（或下）0.3m，后角 60°，顺水流方向打下俯（或上倾）斜交孔，孔深 0.5m 与水平缝相交。灌浆孔采用风钻打孔，孔径 42mm，布孔位置、孔深等如图 6.18-2 所示。

b. 嵌缝。以横缝与水平缝交点为原点，在伸缩缝上下各 0.5m，水平缝左右两端各 0.8m 内，用岩石切割机凿燕尾槽，开口宽 4cm，底宽大于 4.5cm，槽深 4.0cm，用预缩水泥砂浆封堵。

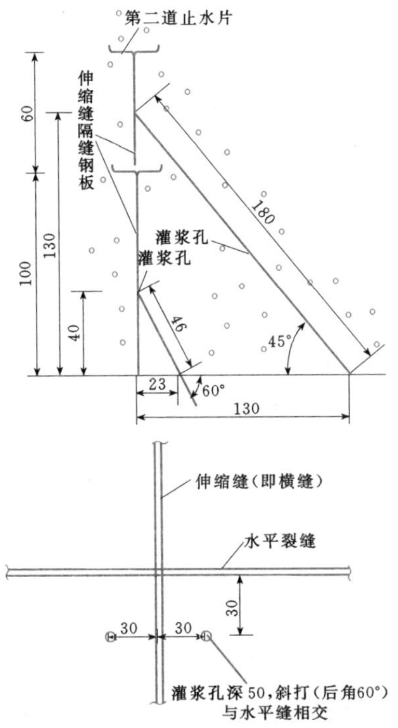

图 6.18-2　灌浆布孔及嵌缝槽示意图（单位：cm）

c. 埋管及压水检查。灌浆管用 6 分管制作，长 20cm，外焊灌浆嘴，在埋设灌浆管之孔口开凿 ϕ60mm、深 4cm 混凝土圆窝，孔内灌浆管周壁用线麻或棉絮塞实，孔口周壁用预缩砂浆封堵严实。在埋管与嵌缝 24h 后，进行压水检查。对于横缝压水的主要目的是检查钻孔与横缝贯通情况，压力与压水时间以能确认通孔或盲孔为准。对水平缝压水，控制水压为 0.6MPa，计算单位时间吸水量（L/min）并予以记录。

d. 灌浆。对于横缝，因其开度或变形较大，采用低压浓浆灌注，灌注压力为 0.4～0.6MPa，浆液以 LW 为主，以嵌缝段上方出浆或定量灌浆为灌浆完成的标准。采用定量灌浆时，可以目测 2 倍缝宽，充满灌浆区为准（如缝宽 1.0mm 每平方米进浆量为 2L）。对于水平缝灌浆，当缝宽大于 1.0mm 时，可适当加入三乙胺等催化剂，灌浆压力在 0.6～1.0MPa，浆液配比为（LW：HW）1：1～3：2，并浆以嵌缝末端出浆或持压 30min 不进浆（灌浆原压力不下降）为准。

4）粘贴 T_1 密封胶带。在经过清洗并干燥后平整的坝面上，骑缝铺宽 2cm 塑料薄片，注意勿使薄片与坝面黏结一起，然后骑缝涂刷 T_1 配套底胶，粘贴宽度为 15cm 的 T_1 密封胶带。设置塑料薄片的目的是在裂缝发生变形时，使裂缝处的 T_1 密封带应力分散。作为水平裂缝处理的主要材料 T_1 橡胶密封带，是由丁基橡胶及聚异丁烯等为主要原材料制成。试验结果表明，其与混凝土有良好的黏结能力，具有较大的伸长率和良好的不透水性。试验结果见表 6.18-11。

试验及现场施工实践表明，作为承担主要防渗任务的 T_1 密封胶带，可直接骑缝粘贴在清洗过的混凝土裂缝表面，不需在裂缝处骑缝凿槽，施工非常简单。由于 T_1 密封胶带具有与混凝土良好的黏结性及柔韧性，能较好地适应裂缝变形，其抗渗性及低温下的工作性能，都能满足防渗要求。但 T_1 密封胶带由于其抗拉强度较低，因此在深水工况条件下，其表层需设置三元乙丙橡胶保护层。

表 6.18-11　　**T_1 密封胶带检测结果表**

序号	检 测 项 目	检测结果	备 注
1	宽×厚（cm）	59×3	
2	密度（g/cm^3）	1.22	
3	抗拉强度（MPa）	0.11	与混凝土试块黏结
4	剥离强度（N/mm）	1.07	与混凝土试块黏结，浸水 168h
5	伸长率（%）	405	
6	低温性能	无裂缝	在－40℃下缠绕 ϕ6 棒
7	透水性能	0.3MPa、30min 不透水	

5）粘贴三元乙丙橡胶保护层。在裂缝上下各 0.5m 即 1.0m 宽的坝面及相应同宽的三元乙丙卷材表面，均匀涂刷其配套胶粘剂，待溶剂挥发，即粘贴卷材，并驱出空气压实。三元乙丙橡胶是一种强度较高的柔性防水材料，作为裂缝处理的外露防水材料，使用寿命可达 40～50 年。材料试验表明，其各项物理指标均能满足本工程使用要求，见表 6.18-12。

表 6.18-12　　三元乙丙橡胶检测结果表

序　号	检　测　项　目		检　测　结　果
1	宽×厚（cm）		120×0.14
2	抗拉强度（MPa）		12.6
3	伸长率（%）		609
4	直角撕裂强度（N/cm）		362
5	透水性		0.3MPa、30min 不透水
6	低温力学性能（－20℃）	抗拉强度（MPa）	21.2
		伸长率（%）	150

6）周边锚固及周边缝处理。在宽 1.0m、长 16m 的三元乙丙卷材周边，用宽 5cm、厚 2mm 的不锈钢板条作压板，并用不锈钢膨胀螺栓锚固，由于压板下有 T_1 及三元乙丙橡胶作垫层，压板将牢固紧贴坝面，为防螺孔渗水，施工中采用 SGA—39 胶粘剂对螺栓周边封堵。最后用聚氨酯防水材料对锥周边缝涂抹嵌缝，切断渗水通道。

6. 处理结语

（1）用 T_1 橡胶密封胶带直接粘贴于裂缝上，对处理混凝土裂缝是可行的，可明显加快施工速度。但 T_1 上面必须设置三元乙丙橡胶等保护层。

（2）对坝段间设置隔缝钢板结构的伸缩缝，钻孔时采取打穿钢板后灌浆及在坝段端部对水平缝进行局部灌浆的方法是有效的，可免去设置止浆孔，减少钻孔数，提高灌浆效率。

（3）施工中采用自制大型浮船，处理上游坝面裂缝的施工方法安全可靠、机动灵活，是成功的。

6.18.5.3　丹江口混凝土重力坝的裂缝处理

1. 概述

丹江口混凝土重力坝位于湖北省丹江口市汉江与其支流丹江汇合处下游 800m 处，1958 年 9 月动工，1973 年后初期工程全部建成。大坝由混凝土坝和土石坝组成，全长 2494m，最大坝高 97m，总库容 209 亿 m^3。

1960～1961 年，丹江口混凝土坝左部河床 19～33 坝段发生较为严重的混凝土浇筑质量事故，且上游坝面的垂直和水平裂缝较多，故在坝上游面增设了防渗板进行补强处理。1967 年底水库蓄水后，发现 21～24 坝段在高程 113.00m 附近出现了水平裂缝，其水平缝及相应横缝出现漏水，漏水量最大超过 50 L/min。分析原因可能是防渗板背面与预留宽槽回填混凝土之间裂开，在水库蓄水后，板背裂缝压合，板体受弯导致上游面产生水平裂缝。同时可能受气温、水温升降影响，产生缓慢胀缩，形成渗水裂缝。大坝变形与温度变化相关性显著：冬季裂缝张开，渗漏量增大，夏季裂缝闭合渗漏量减少。同时库水位越高，渗漏量也越大。早在 20 世纪 70 年代设计及管理单位就开始探讨处理方案，并多次邀请水下工程施工及科研单位，在大坝上查找裂缝，但均因技术不成熟而未成功。随着南水北调中线方案水源工程——丹江口水利枢纽后续工程实施的迫近，一旦后续工程完工，库水位升高，水平缝冬季渗漏量将加大，对坝体危害更大，水下处理更加困难。因此，经研究拟在大坝加高前对该部位的裂缝进行处理，以利于改善坝体的应力分布和大坝的正常运行状态。

1996 年 4 月对 19～24 坝段上游面高程 115.00～112.00m 范围进行裂缝检测录像，发现一条长约 112m，平均缝宽 1～2mm，最大缝宽 5mm 的水平裂缝，高程约 113.00～114.00m。

1996 年 6 月提交《19～24 坝段 113m 高程裂缝加固处理设计》报告。

1997 年 1 月至 1998 年 1 月对 19～20 坝段高程 113.00m 水平裂缝渗漏处理试验性施工。施工质量满足设计要求，并通过专家验收。

1998 年 5 月至 1999 年 5 月，继续对 21～24 坝段施工，采用水下电视严格进行施工质量跟踪控制。整个施工质量满足设计要求，止漏效果非常明显。

2. 裂缝修补方案

根据设计要求，在上游迎水面直接进行嵌堵裂缝。采用水下钻孔灌浆，表面进行封堵；同时为了减少防渗板背面渗透压力，改善坝体应力分布，在坝体廊道内设置板背钻排水孔。但在上游迎水面水下钻孔灌浆，表面封堵，在国内没有成熟经验。为使裂缝修补处理方案切实可行，水利部丹江口水利枢纽管理局经多年的可行性研究、考察、方案论证等工作，1997 年 3 月至 1998 年 1 月，在 19～20 坝段进行了现场试验，其止漏效果非常明显。根据 19～20 坝段渗漏处理验收意见，裂缝修补对原施工技术、工艺、质量控制等进行了完善。最后决定仍采用在迎水面水下钻孔灌浆，表面粘贴橡胶片封堵的修补方案。

3. 水下钻孔灌浆

（1）裂缝核查。采用坝体 117.00m 廊道钻检查孔，并对全部钻孔进行彩色电视录像和超声波检测，以及对钻孔进行压气，通过迎水面清理条带，潜水员水下录像核查，对冒气泡点作标记相结合的方法，准确确定出裂缝高程、走向、缝长、缝宽等，见表 6.18－13。

表 6.18－13　　丹江口混凝土坝裂缝核查成果表

检测项目	21 坝段		22 坝段		23 坝段		24 坝段	
孔号	21—1	21—3	22—1	22—3	23—1	23—2	24—1	24—3
检测当日水位（m）	142.34	142.34	142.10	142.10	141.91	142.10	142.49	142.49
冒气泡点水深（m）		27.1～27.3		28.8～29.0	27.1～27.3	29.1～29.5		
裂缝水深（m）	27.5		28.8		29.1	27.3	28.5	
裂缝开度（mm）	0.1～1.0		0.5～2.0		0.5～3.0		0.1～0.5	
灌浆裂缝长度（m）	18		10		15	14	6	
声波测速 V_p（m/s）	3000	3600	3100	3700	3000	3500	3400	3400
压水（L/min）	0.9	0	2.2	0	1.2	4.8	0.9	0
漏水量（L/min）	0.4	0	0.7	0	0.6	2.6	0.1	0
浇筑层高程（m）	113.00～115.10～116.70		111.90～114.10～116.50		112.80～114.80～116.50		112.20～114.30～116.50	
裂缝实际高程（m）	115.10		114.10		112.80	114.80	114.30	
裂缝表示高程（m）	115.00		114.00		113.00	115.00	114.00	

（2）裂缝区清理。采用高压水枪及风动气刷彻底清扫裂缝上下各 40cm 范围的坝面，将裂缝和坝面的水生物、松散的表层、泥沙、污垢等清洗干净，必须见到坚硬的混凝土面，对凸起的剔除，不残存任何附着物和水生物。

（3）裂缝灌浆。

1）工序：凿槽—风钻钻孔—冲孔—埋管—嵌缝—灌浆—封孔。

2）钻孔。

a. 横缝钻止浆孔：在横缝与水平缝交界处及上、下钻三个止浆孔，清洗后用锚固剂封堵。

b. 钻灌浆孔：采用骑缝孔与斜孔交叉布置。

3）冲孔、埋管、嵌缝、洗缝。

a. 用压力水冲洗钻孔。

b. 埋管用直径 10～15mm 的薄钢管，单根管长约 150～200mm，埋入钻孔深 50mm，管孔间封牢固。

c. 嵌缝采用立模浇 PBM 聚合物砂浆。

d. 洗缝：养护 1d 后，对缝面逐孔进行风、水洗缝，埋管管口风压 0.1MPa，水压 0.05～0.1MPa，查明管道通畅，缝面串通及嵌缝外漏等情况。风、水轮换冲洗时间每孔 10～15min 或当相邻孔出水畅通时即停止洗缝。

4）灌浆。先灌横缝，再灌水平裂缝。

a. 灌浆前对所有灌浆管作一次通风检查，风压严格控制不超过 0.1MPa，防止外漏。

b. 灌浆材料，采用水溶性聚氨酯。横缝用 LW，水平缝用 LW：HW＝4：6 混合液。

c. 灌浆顺序。横缝：自下而上逐孔灌注。水平缝：自一侧横缝边向另一侧逐孔推进。

d. 灌浆压力：一般为 0.3～0.5MPa，若吸浆量少，就尽可能提高灌浆压力。

e. 结束标准：一般灌至孔内基本不吸浆，或吸浆率单孔小于 10mL/min 时即达结束标准。然后压力并浆 20min，结束该孔灌浆。

f. 补灌：对串通不良或其他原因临时搁置的灌浆孔，在相邻孔灌注结束后，进行补灌，结束标准同上。

5）封孔。每一条缝灌浆结束，浆材凝固后，及时拔出灌浆管道，回填环氧砂浆，表面抹光与坝面齐平。

4. 表面粘贴橡胶片

（1）钻锚筋孔。孔径为 38mm，孔深为 400mm，孔距为 500mm。

（2）锚筋安装。

1）用高压水冲洗净钻孔。

2）将锚固剂放入孔内。

3）插入锚筋。

（3）橡胶片压缝。

1）坝面磨光找平后直接铺设氯丁橡胶片。

2）为保证密闭性，安装压板前在孔位处加贴一条通长氯丁橡胶条。

3）压板长 1.0m，宽 100mm，厚 10mm，压板安装前必须整平。

4）由两名潜水员在水下配合，将胶片准确地套在锚筋上，及时安装压板，初步拧上螺帽后进行压板调整，使压板边缘呈一线。然后用扳手逐个拧紧螺帽，确保螺帽松紧一致。

5. 主要施工技术

（1）裂缝核查技术。1998 年 4 月开始进行水平裂缝核查，为了准确核准渗水裂缝位置，除查阅防渗板施工浇筑记录外，还在防渗板背廊道 117.00m 内进行机钻检查孔（排水孔）。后对全部钻孔进行彩色电视录像和超声波检查，测定出缝面高程及裂缝性状。最后对廊道内钻孔进行压气，通过迎水面清理条带、潜水员水下录像核查、对冒气泡点作标记相结合的方法准确确定出裂缝高程、走向、缝长、缝宽，为准确施工创造了必备的条件。

（2）水下钻孔技术。丹江口水下钻孔位于迎水面 30m(27～40m) 左右深水头，水深、浪大，且受发电引水流速等影响，施工环境较恶劣。施工时通过制作水下框架式移动工作平台，同时备多名懂技术能熟练操作的潜水员，由潜水员水下施工，技术人员则通过水上电视监控，无线电进行指挥。这种施工方法具有克服水深、单人水下作业时间短、施工精度高等特点。

钻孔机具选择，开始时钻孔采用几台普通空压机，在水深 27～36.2m 进行试钻，钻孔试验历时近 1 个月，共潜水试钻 43 人次，水下实际作业时间 37h 零 20min，未成一孔。通过对空压机的供气量及风钻的使用特性进行详细的测算和研究，并通过对有关科研部门及空机生产厂家进行咨询、计算并进行有关试验，最终解决了深水钻孔的问题。

钻孔施工中由于所需风量及压力较大，造成风管破裂；水下混凝土强度高且预埋有锢筋，造成钻进难度大，钻进时卡钻、钻杆折断、钻头脱落等现象时有发生，钻孔角度难以控制，因而延长了工期。

（3）水下灌浆技术。

1）灌浆的主要工艺过程。灌浆的主要工艺过程包括：钻孔、封缝、埋管、压水（气）、灌浆、封孔。

a. 灌浆孔布置：采用骑缝孔与斜孔交叉布置。骑缝孔的工作量小，精度（骑缝）要求较高，孔内占浆少，且裂缝不易被钻孔灰粉堵塞，但封缝止浆要求高，需进行专门嵌缝并要确保嵌缝材料与坝面的黏结强度，否则灌浆压力受到限制，以致浆液扩散范围较小。斜孔的优缺点正好与骑缝孔相反，易封孔，可灌性强，且浆液扩散范围较大。

b. 止浆孔布置：由于水平裂缝裂开的深度已超过横缝止水位置，且与横缝贯通，为对水平裂缝和横缝形成一个相对封闭的环境，便于浆液的灌注，达到止水目的。

c. 嵌缝：嵌缝材料选用华东勘测设计院的新材料，即水下 PBM—3 聚合物砂浆。它有如下点：和易性好，自行排水，无振捣可自流密实，且固化时间短，具有早强性，在水下几十分钟至几小时内快速固化，抗压强度为 13～14MPa，抗拉强度 5～6MPa。收缩小，制成的砂浆不会起壳开裂。抗冲击性好，在水中不分散，与混凝土很快黏结，在水中 1d 其黏结强度约为 2.0MPa。PBM 聚合物性能见表 6.18-14。

嵌缝前对缝面进行凿毛，露出新鲜混凝土，然后立模嵌缝，浇筑 PBM—3 聚合物砂浆。浇筑时模板内冲洗干净一段、浇筑一段，确保 PBM—3 聚合物砂浆与坝面的黏结。从压气试验可知密封效果良好，因而保证了化学灌浆的顺利进行。

表 6.18-14　PBM 聚合物砂浆性能表　　单位：MPa

抗压强度	抗拉强度	抗折强度	水下黏结强度	弹性模量 E
78.3	8.8	20.2	2.1	1.0×10^{4}

2）压水（气）试验。灌浆孔钻好后，进行埋管封缝，检查注浆孔是否骑缝或与缝面相交。压水（气）检验的目的是检查灌浆设备和管路运转情况，灌浆管的强度和缝面串通嵌缝外漏等情况，疏通裂缝浆孔，使缝面更清洁以利于浆材与缝面黏结，也利于进一步选定灌浆参数（胶凝时间、灌浆时间、灌浆量等）。通过压水（气）试验了解注浆孔与裂缝串通情况及裂缝的，再参照注水量的大小，确定何种配比的浆材及其黏度，估计其吃浆量，为下一步灌浆提供较为可靠的依据。

3）灌浆材料选择。化学灌浆材料具有较好的可灌性，其凝胶时间可根据工程需要进行调节。常用灌浆材料有环氧树脂、水溶性聚氨酯、丙烯酰胺、水泥、甲凝、SK 聚氨酯等浆材。在渗漏治理施工过程中，可据孔隙大小和材料的可灌性选用适当的化灌材料。丹江口大坝水平裂缝为季节性开合缝（活缝），但其裂缝开合度变幅较小，为0～3mm，且该缝多以渗漏为主，结构上均满足规范要求。但坝体裂缝形成多年，已受渗透水侵蚀，缝面黏结也有一定难度，比较现实的手段是通过灌浆充填裂缝（同时有一定的黏结作用）以解决裂缝的渗漏、溶蚀等问题。借鉴其他工程经验并结合实际情况，需选择黏度较低、可灌性好、凝胶时间较短、并易于与水发生反应的弹性材料，否则在灌注中会受到高水头影响，浆材会被稀释影响固化，也不利于浆材与缝面的黏结。浆材固体的膨胀性能可使缝面胀紧，并具有适应水平裂缝重复开合变形的能力，但固结体抗渗性能应满足防渗要求。据丹江口大坝特性，决定选择具有亲水性好、遇水可分散乳化进而快速适用于带水部位防渗堵漏处理等特点的水溶性聚氨酯。同时，此浆液的游离异氧酸根含量低，施工时毒性小，固化后无毒。

4）灌浆。根据裂缝渗漏量观测，每年1月底至3月初是裂缝开度最大时间，故选择灌浆时间为1～3月。对混凝土构件来说，则选最低气温比较适宜，因为此时裂缝开度最大，浆液易灌入，且其固结体在缝隙中不会因混凝土收缩而重新被拉开，只会出现混凝土因气温升高而膨胀使固结体受压的情况。根据19～20坝段的灌浆经验，并委托长江科学院结构材料所进行材料试验并现场指导，灌浆采用在陆地上用两台手掀泵循环压灌。

灌浆工作每坝段为连续进行，不能停歇时间太长，以防邻段浆液发泡，影响灌浆效果。灌浆中工艺掌握较严格，均起到立竿见影的效果。19～24坝段水下裂缝灌浆共历时近1个月，总纯进浆量约400L。

6. 综合评价

丹江口混凝土坝渗水裂缝处理属水下修补工程，又是深水作业（25～40m），主要施工工序是靠潜水员完成，施工条件差，难度大，而裂缝修补技术要求高，施工人员克服了各种困难，终于完成任务。该工程施工质量检查均满足设计要求，根据裂缝渗漏量监测成果表明处理是成功的，漏水量由处理前至少几升变为处理后的几十毫升，经过一个水文年度的观测，几乎无渗漏量，到2000年初气温最低时段，21～24坝段总渗漏量最大为90mL/min。专家验收时，认为该工程处理是成功的，工程质量优良。消除了多年来大坝运用的一大隐患，为大坝水下裂缝修补积累了丰富的经验。

6.18.5.4 丰乐混凝土拱坝的裂缝处理

1. 工程概况

丰乐混凝土拱坝位于安徽省黄山市岩寺区境内丰乐河上，距黄山东南约50km。设计洪水位为208.80m，正常蓄水位为201.00m，死水位为183.00m。拦河坝为变圆心变半径的等厚拱混凝土双曲拱坝，坝顶高程为211.00m，建基面高程为157.00m，最大坝高54.0m；坝顶厚2.5m，坝底厚12.5m，厚高比为0.23；坝顶弧长216.15m，坝顶弦长168.2m，弧高比为4.0，弦高比为3.1。大坝沿拱坝轴线分为16个坝块，各坝块宽约12m。

大坝于1973年1月开始浇筑混凝土，1976年6月完成大坝混凝土施工，1978年3月大坝横缝重复灌浆结束，至此，拱坝已形成整体结构，具备蓄水运用条件。但因库内公路改线工程未能按期完成，为保证公路交通，水库迟迟没能蓄水。1978年夏季，该地区出现百年不遇的长期高温干旱气候，水库同时处于空库状态，致使坝体长期处于空库＋自重＋温升荷载组合下运行。再加上拱坝较薄，拱圈曲率又较大，温度荷载引起拱坝向上游变位，在下游坝面拱座附近产生较大拉应力。

1978年冬季在左、右岸下游坝面分别出现9条和3条裂缝，后于1986年进行了裂缝灌浆处理。大坝裂缝分布如图6.18－3所示，图中裂缝编号1～20系1979～1986年间年出现的，其中有12条裂缝即为1978年冬季在下游坝面产生的；图中未编号的裂缝是1986～2001年间发展的裂缝。裂缝处有不同程度的渗水和游离钙析出现象。这些裂缝不仅影响到大坝美观、漏水，更主要的是影响到大坝结构强度和安全，社会和经济效益得不到发挥。2000年大坝被鉴定为二类坝。为保证除险加固的针对性，对裂缝产生和扩展成因进行了系统分析，在此基础上研究了裂缝修补方案。

2. 裂缝成因分析

（1）裂缝产生及其发展。裂缝产生后，有关部门高度重视，一方面组织相关单位对裂缝特征进行普查和研究，另一方面研究裂缝修补措施。经勘查，1978年5月7日至8月26日，大坝左岸下游2号坝块高程195.00m至6号坝块高程165.00m发现裂缝，裂缝基本上平行于岸坡方向，总长度达80m，缝宽达1.0mm，右岸12号坝块高程175.00m至14号坝块高程176.30m裂缝沿高程175.00m水平缝延伸29.35m。1979年初用环氧树脂封堵裂缝，当年10月发现裂缝继续张开并向两端延伸。1979年12月，用超声波对大坝左岸下游拱座附近高程184.00m裂缝进行探测，裂缝深度大于2.3m，该处坝厚6.9m。由于大坝裂缝未能及时修补，1979年水库蓄水后至1986年9月，大坝裂缝已发展到20条，总长度达260.8m。在裂缝和施工横缝相交处，坝面潮湿、渗水，高水位时局部裂缝有喷射水雾现象。1986年冬季

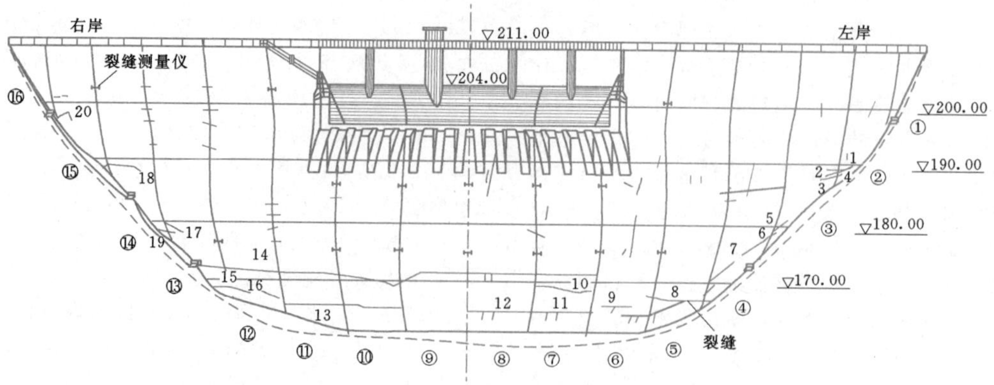

图 6.18-3　丰乐拱坝下游坝面裂缝位置示意

用改性环氧树脂进行灌浆，共灌了 19 条裂缝，灌入改性环氧树脂浆液 331.2L，灌后缝面不再渗漏，通过超声波检测，大多数裂缝的波速都有很大程度的提高，有的已接近无缝混凝土的波速。

裂缝灌浆后，大坝运行较正常。从 1986～1994 年的观测资料看，左岸坝后裂缝宽度有增大的趋势，但没有发现新的裂缝，已灌浆的裂缝也没有被拉开。1996 年以后，下游坝面陆续发现新的裂缝，下游坝面漏水点增多，至 2001 年底共发现有 40 多处漏水点，并伴有白色析出物，部分裂缝和横缝交叉处漏水，且渗水缝段较长，出现新的裂缝。2001 年 12 月 14 日检查发现，6 号、8 号、10 号、11 号坝块出现水平裂缝或斜裂缝共 6 条，总长度 28.1m。通过 1979 年和 1986 年分别用超声波对裂缝进行检测，裂缝最大深度分别为 2.3m 和 2.14m，缝宽不大于 1.0mm；2002 年初由淮河流域水工程质量检测中心对新、老裂缝进行检测，裂缝宽度为 0.05～0.45mm。从几次裂缝检测结果看，丰乐拱坝下游面裂缝均为表面裂缝。

(2) 裂缝产生的原因。

1) 拱坝体型对大坝变形的影响。丰乐拱坝是等厚圆弧拱，拱坝中心角较大，以高程 196.00m 拱圈为例，该层拱圈厚 6.1m，拱圈中心半径 86.75m，中心角 126°。如按目前的扁平拱坝布置，相同坝高处中心角约 80°，拱圈中心半径为 120.25m。可见，在拱圈厚度相同、跨度相同时，丰乐拱坝拱圈弧长比一般扁平拱坝多 22.87m，在拱圈受到相同温升荷载的作用时，丰乐拱坝拱圈向上游膨胀比一般扁平拱坝要大得多。丰乐拱坝有 5/6 的坝高段的中心角都大于 126°，拱圈膨胀使下游坝面拱座附近产生拉应力。同时，丰乐拱坝是圆弧拱且中心角较大，造成左、右岸坡梁向上游倒悬度达到 0.33，在拱坝自重荷载作用下，左、右岸坡下游将产生 0.7～0.8MPa 的拉应力，并使拱坝产生向上游的变位。

2) 下游坝面温度变化对拱坝应力的影响。丰乐河水在坝址附近由北向南流，拱坝中心线走向为 N18°25′E，下游坝面朝西，在夏季高温期间，阳光直射下游坝面。在空库期间，上游坝面一直处在阳光照射不到的背阴下，由于山区昼夜温差较大，因此上游坝面温度比下游坝面低得多；而两岸坡梁又向上游倒悬，下游坝面接收阳光的热量更多，上、下游坝面温差更大。下游坝面温度高于上游坝面，使岸坡梁向上游变形，在自重和温升荷载作用下，用多拱梁法计算下游坝面的最大拉应力为 3.56MPa，该计算结果还未考虑拱坝朝向和实际日照温差的影响。

综上所述，丰乐拱坝受体型及方位的制约，在空库温升条件下运行必然会产生裂缝。实际运行情况是，1978 年 8 月 26 日在左、右岸坡发现的裂缝，即由上述原因所造成。因受上部拱圈的约束作用，岸坡梁向上游的变形受到限制，所以受拉裂缝没有向坝的深部延伸。由上可知，下游坝面后期出现的裂缝多是由坝面的非线性温差引起的表面裂缝。

3. 裂缝修补研究及实践

从丰乐拱坝实测温度资料及分析可以看出，夏季日照对坝面温度的影响不可忽视。较好的解决办法是在下游坝面贴上保温层，使每天日照高温来不及传到坝面混凝土就到了晚上的降温时间。此外，丰乐双曲拱坝运行多年后，坝体内已存在变形和应力。坝体某些部位出现裂缝一定程度上导致了坝内应力的重分布。在坝体下游面进行混凝土加厚加固后，初期施工时加固部分混凝土尚未参与坝体共同承受荷载，因而加固体内存在较小的应力场。只是在改变了水位、温度等外部荷载后，加固体内的应力状态才会显著发生变化。

丰乐拱坝的裂缝修补工作开始于 2004 年 10 月，2005 年 12 月结束。首先采用坝后喷射钢纤维混凝土材料加固。为保证工程质量，采用的钢纤维品种为两端带钩的剪切型，根据不同加固部位对强度要求的不同，分别采用不同规格的钢纤维，坝顶至坝底厚度从 0.5m 变化至 1.0m。在大坝下游和坝上游 183.0m 以上的外表层喷涂 5cm 厚的聚氨酯泡沫塑料（PUF）作为保温材料，将该材料喷射至建筑物表面上，在 5s 左右即发泡沫膨胀形成聚氨酯发泡保温层，该材料导热系数仅为混凝土导热系数的 1.3%，良好的保温材料将明显地降低坝体内温度应力。

为验证大坝加固效果，在大坝下游面不同位置布设应力应变计来观测钢纤维混凝土的应力应变情况；同时在大坝上下游面不同高程布置多支温度计来监测保温材料的效果。经施工期和运行初期观测资料分析，坝体混凝土应力有明显改善，温度场变化较为正常，温度最大值为 23℃（运行初期），拉应力最大值为 1.32MPa。另外现场质量检测结果表明大坝尚未出现明显裂缝，下游面渗水现象明显减少，达到了裂缝修补的目的。

6.18.5.5 普定碾压混凝土拱坝的裂缝处理[62-63]

1. 工程概况

普定碾压混凝土拱坝位于贵州中西部乌江支流三岔河上游，距贵阳市 130km、安顺 28km，于 1995 年 5 月正式建成。坝址以上控制流域面积为 5871km^2，流域地处亚热带季风区，多年平均气温为 14.7℃，年平均水温为 16.5℃。水库库容为 4.20 亿 m^3，正常蓄水位为 1145.00m，死水位为 1126.00m。大坝为碾压混凝土双曲拱坝，最大坝高 75.0m，坝顶高程为 1150.00m，坝顶厚 6.3m，坝底厚 28.2m，坝顶中心弧长为 195.67m。

碾压混凝土施工工期为 1992 年 1 月 23 日至 1993 年 5 月 30 日，分两个阶段 13 个升层，利用两个枯水季节施工完毕。

2. 裂缝分布情况

1998 年 3 月，运行管理单位降低库水位至 1129.00m，对大坝坝顶、上下游面及溢流面进行全面检查，发现坝体存在 49 条裂缝，其中，40 条位于常态混凝土部位（坝顶 27 条、溢流面 12 条，1 号溢洪道右导墙上 1 条），9 条裂缝位于碾压混凝土部位（其中拱端高程 1121.00m 以上 2 条裂缝为贯穿性裂缝，其余均为位于大坝下游面的表面裂缝），主要裂缝发育情况见表 6.18-15 和图 6.18-4。

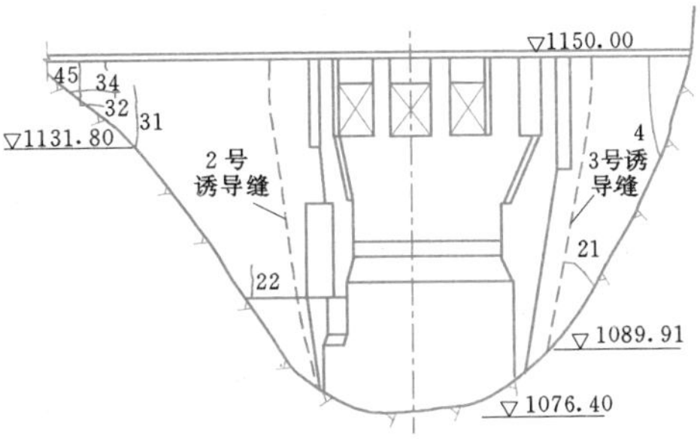

图 6.18-4 主要裂缝分布图

3. 裂缝成因分析

普定大坝常态混凝土部位的裂缝主要发生在常态混凝土与碾压混凝土的交接面以上，推定常态混凝土产生的裂缝为浅表裂缝，由于施工分缝不当及散热的

表 6.18-15 主要裂缝发育情况统计表 单位：m

编号	长度	位置及桩号	说明
4	39.0	左拱端；桩号：0+10.30	下游面自高程 1129.00 向上延伸，贯穿性裂缝，下游面高程 1137.00 以下渗水
21	10.5	左坝段下游面高程 1102.00～1109.00，桩号：0+25.50～0+32.60	高程 1102.00 及 1108.00 处渗水
22	65.0	左坝段下游面高程 1100.00～1106.00，桩号：0+118.10	
31	14.3	右下游面高程 1131.80～1146.10，桩号：0+154.80	
32	3.6	右坝段下游面高程 1143.50～1139.90，桩号：0+157.70	
33	2.5	右坝段下游面高程 1141.00，桩号：0+159.50～0+162.00	
34	10.0	右坝段下游面高程 1143.50，桩号：0+154.80～0+164.80	
45	14.7	右拱端；桩号：0+163.60	

不均匀性造成，对大坝的安全运行基本无影响。

碾压混凝土部位的裂缝基本为径向，估计与温度应力有关。碾压混凝土主要采用通仓逐层连续整体上升的浇筑方式，虽然在溢流段两侧各设一条诱导缝，但因诱导缝构造及施工技术问题，并未起到诱导缝的作用（该处未开裂），坝体可视为整体上升未设横缝的情况。在此情况下，封拱温度与最高温度相同，运行期温降荷载（T_m）达到 10～18℃，过大的温差导致温度应力超标，从而产生裂缝。

4. 裂缝处理方案与实施

裂缝处理工程于 2001 年 4 月 17 日开工，2001 年 6 月 23 日完工，总工期 68d。

（1）主要施工材料。

1）化学灌浆材料：主要由环氧树脂、聚氨酯、丙酮等配置而成，该材料具有良好的亲水性能，且具有黏度低、可灌性好、施工工艺简便、有较高的力学性能、胶结快等优点。

2）环氧砂浆：裂缝表层键槽涂填封堵所使用的环氧砂浆由环氧树脂、聚氨酯、丙酮按重量比 5：2：2 的比例配置后，加入水泥、细砂拌制而成，其中环氧树脂和聚氨酯分别由岳阳石油化工总厂和江西省宜春市东浦经济开发区生产，水泥采用贵州水泥厂生产的 42.5 普通硅酸盐水泥，砂料选用筛分后的青石细砂，丙酮作为稀释剂。

3）橡胶止水由江苏塑料制品厂生产，型号为 260mm×10mm。

（2）施工工序。

1）封堵表面裂缝：在上下游面沿裂缝凿 8cm 深、29cm 宽的键槽，键槽表面涂 2cm 厚的环氧砂浆，并贴上塑料止水片，再用膨胀螺栓固定，最后用环氧砂浆填平键槽。

2）钻孔灌浆处理：根据设计要求，从坝体上下游表面钻孔穿过裂缝，钻孔穿裂缝的位置按距坝表面约 0.3 倍缝深控制；在特殊地带的灌浆孔，以控制裂缝与钻孔相交点来确定坝体表面孔位。

3）灌浆施工：灌浆材料采用（高强度聚氨酯）化学材料；灌浆循序从上至下，同一高程左右两侧孔同时进行；灌浆设备使用 3WT—4 型踏板式喷雾器，其工作压力为 0.8～1.0MPa，流量为 3.7L/min，灌浆压力 4 号裂缝为 0.3MPa，21 号裂缝为 0.4MPa；结束标准为在最大压力下，注入量不大于 0.12L/min 时，连续灌注 30min 即可结束。

（3）处理效果检查。经化学灌浆处理，两条渗水裂缝渗水现象基本消失。键槽封闭混凝土与坝体结合良好。经后期运行检验，灌浆处理解决了该两裂缝渗水问题，灌区亦未见灌材析出等现象。处理达到了预期效果。

6.19　制冷（热）容量计算及设备选择

制冷（热）容量计算及设备选择的流程为：根据温控计算的混凝土各月浇筑温度，确定骨料加热或冷却的要求及二期水管冷却水温；按混凝土浇筑进度及纵横缝灌浆进度的冷却要求计算出历年各月的冷热负荷曲线，作为选择冷热设备的依据；考虑各月冷热容量变化，以及便于开启调度氨压机等要求，选择合适的单机容量及台数。

由于各种原因，冷热损失很大，在一般情况下，制冰冷损 10%～15%，冷风冷损 20%～25%，蒸汽冷损 30%，冷却水量损失 20%。

本节各项计算均是为了选定设备，具体设计需参见各有关专业文献。

6.19.1　制冷

氨压机制造时规定了蒸发及冷凝温度，此时的制冷量称为标准工况的制冷量 Q_1。现场情况确定的制冷量 Q_2，称为设计工况。$Q_2=KQ_1$，K 为换算系数，根据确定的蒸发及冷凝温度查表 6.19－1。以 Q_2 向厂家订货。表 6.19－1 中：

（1）蒸发温度及制冷剂（氨液）在蒸发池中沸腾时的温度 T_z：

$$T_z = T_2 - (4 \sim 6) \tag{6.19-1}$$

式中　T_2——蒸发池中载冷剂（如水）的出口温度，℃，如冷却水为 2℃，制冷盐水为 －10℃等。

（2）冷凝温度及制冷剂在冷凝器中凝结时的温度 T_1：

$$T_1 = T'_2 - (4 \sim 5) \tag{6.19-2}$$

式中　T'_2——冷却水制冷机出口温度，℃，一般进口水温为河水温度，进出口水温之差为 4～6℃。

蒸发温度越高，冷凝温度越低，制冷量越大。

冰块需破碎后掺入拌和机并需延长拌和时间。现多改用片冰。但因薄冰易溶化使冷损失增大，故需布置在拌和楼一侧，以便直接入仓。国产片冰机 PBL—15 型（葛洲坝工程制造）规格性能如下：产冰 15t/d，电功率 22kW，片冰厚 2～3mm，制冷剂 NH_3，耗冷量 10 万 kcal/h；自重 5t，外形尺寸为 2340mm×1620mm×1620mm（高×宽×长）；制冷部分为圆筒，筒内为制冷（相当于蒸发池）系统，外侧喷水结冰，刮刀刮下。

表 6.19－1　　立式或 V 形氨压机制冷量换算系数 K

T_z（℃）	T_1（℃）															
	25	26	27	28	29	30	31	32	33	34	35	36	37	38	39	40
−15	1.07	1.06	1.04	1.03	1.01	1.00	0.99	0.98	0.96	0.95	0.94	0.93	0.91	0.90	0.88	0.87
−14	1.13	1.12	1.10	1.09	1.07	1.06	1.05	1.04	1.02	1.01	1.00	0.98	0.97	0.95	0.94	0.92
−13	1.19	1.18	1.16	1.15	1.13	1.12	1.11	1.09	1.08	1.06	1.05	1.03	1.02	1.00	0.99	0.97
−12	1.26	1.24	1.23	1.21	1.20	1.18	1.17	1.15	1.14	1.12	1.11	1.09	1.08	1.06	1.05	1.03
−11	1.32	1.30	1.29	1.27	1.26	1.24	1.22	1.21	1.19	1.18	1.16	1.14	1.13	1.11	1.10	1.08
−10	1.38	1.36	1.35	1.33	1.32	1.30	1.28	1.27	1.25	1.24	1.22	1.20	1.18	1.17	1.15	1.13
−9	1.46	1.44	1.42	1.41	1.39	1.37	1.35	1.34	1.32	1.31	1.29	1.27	1.25	1.24	1.22	1.20
−8	1.63	1.51	1.49	1.48	1.46	1.44	1.42	1.41	1.39	1.38	1.36	1.34	1.32	1.30	1.28	1.26
−7	1.61	1.59	1.57	1.56	1.54	1.52	1.50	1.48	1.46	1.44	1.42	1.40	1.38	1.37	1.35	1.33
−6	1.68	1.66	1.64	1.63	1.61	1.59	1.57	1.55	1.53	1.51	1.49	1.47	1.45	1.43	1.41	1.39
−5	1.76	1.74	1.72	1.70	1.68	1.66	1.64	1.62	1.60	1.58	1.56	1.54	1.52	1.50	1.48	1.46
−4	1.85	1.83	1.81	1.79	1.77	1.75	1.73	1.71	1.68	1.66	1.64	1.62	1.60	1.58	1.56	1.54
−3	1.94	1.92	1.90	1.88	1.86	1.84	1.82	1.80	1.77	1.75	1.73	1.71	1.68	1.66	1.63	1.61
−2	2.04	2.02	1.99	1.97	1.94	1.92	1.90	1.88	1.85	1.83	1.81	1.79	1.76	1.74	1.71	1.69
−1	2.13	2.11	2.08	2.06	2.03	2.01	1.99	1.97	1.94	1.92	1.90	1.87	1.84	1.82	1.79	1.76
0	2.22	2.20	2.17	2.15	2.12	2.10	2.08	2.05	2.03	2.00	1.98	1.95	1.92	1.90	1.87	1.84
1	2.33	2.31	2.28	2.26	2.23	2.21	2.18	2.16	2.13	2.11	2.08	2.05	2.02	2.00	1.97	1.94
2	2.44	2.41	2.39	2.36	2.34	2.31	2.28	2.26	2.23	2.21	2.18	2.15	2.12	2.10	2.07	2.04
3	2.56	2.53	2.50	2.48	2.45	2.42	2.39	2.36	2.34	2.31	2.28	2.25	2.22	2.19	2.16	2.13
4	2.67	2.64	2.61	2.58	2.55	2.52	2.49	2.46	2.44	2.41	2.38	2.35	2.32	2.29	2.26	2.23
5	2.78	2.75	2.72	2.69	2.66	2.63	2.60	2.57	2.54	2.51	2.48	2.45	2.42	2.39	2.36	2.33
6	2.91	2.88	2.85	2.82	2.79	2.76	2.73	2.70	2.66	2.63	2.60	2.57	2.54	2.50	2.47	2.44
7	3.05	3.02	2.98	2.95	2.91	2.88	2.85	2.82	2.78	2.75	2.72	2.69	2.66	2.62	2.59	2.56
8	3.18	3.15	3.11	3.08	3.04	3.01	2.98	2.94	2.91	2.87	2.84	2.81	2.77	2.74	2.70	2.67
9	3.32	3.28	3.24	3.21	3.17	3.13	3.10	3.06	3.03	2.99	2.96	2.93	2.89	2.86	2.82	2.79
10	3.45	3.41	3.37	3.34	3.30	3.26	3.22	3.19	3.15	3.12	3.08	3.04	3.01	2.97	2.94	2.90

对制冷容量影响最大的因素是最高混凝土浇筑强度，从已有的工程资料来看，两者之间存在下列统计关系：

$$Q=\beta_1 W \qquad (6.19-3)$$

式中　Q——制冷容量，万 kJ/h；

W——混凝土最高浇筑强度，m^3/h；

β_1——经验系数，可取 4 万～14 万 kJ/h，平均为 7.92 万 kJ/h。

混凝土浇筑强度与坝体混凝土总方量之间存在一定的关系，因此，制冷容量与坝体混凝土总量之间也存在着下列的统计关系：

$$Q=\beta_2 V \qquad (6.19-4)$$

式中　V——坝体混凝土总方量，m^3；

β_2——经验系数，可取 5～14kJ/h，平均为 7.86kJ/h。

式（6.19-3）与式（6.19-4）是制冷容量估算的经验公式。表 6.19-2 列出了一些混凝土坝的制冷容量及 β_1、β_2 值。

表 6.19-2　　混凝土坝的制冷容量

工程编号	施工时间（年）	混凝土体积（万 m^3）	最大浇筑强度（m^3/h）	最高浇筑温度（℃）	主要冷却方法	制冷容量（万 kJ/h）	β_2 每立方米混凝土制冷容量（kJ/h）	β_1 单位浇筑强度制冷容量（万 kJ/h）
1	4	160	240	18.3	预冷骨料、局部水管冷却	1507	9.42	6.28
2	4	115	190	10.0	预冷骨料、水泥、水，局部水管冷却	879	5.99	4.61
3	4	183	150	10.0	预冷骨料、水泥、水，拌和加冰屑	837	4.56	5.57
4	7	362	370	10.0	预冷骨料、水，拌和加冰屑，水管冷却	5024	13.90	13.57
5	6	360	245	18.3	预冷骨料、水管冷却	1687	4.69	6.87
6	9	172	185	15.5	预冷骨料及水	1264	7.37	6.82
7	9	168	170	14.0	预冷骨料、水管冷却	837	4.98	4.94
8	6	120	240	13.0	预冷骨料、水，拌和加冰屑，水管冷却	816	6.78	3.43
平　均　值							7.86	7.92

6.19.2　制热

根据热负荷（骨料加热、生产车间保温、模板及地基加热等）计算蒸汽量 s：

$$s=\frac{\eta\sum H}{i_n i_k} \qquad (6.19-5)$$

式中　η——损失系数，可用 1.3；

$\sum H$——总负荷；

i_n、i_k——干蒸汽及饱和蒸汽的焓，其值可查表 6.19-3。

蒸汽压力可通过管路布置计算，初步选定锅炉时按式（6.19-6）估算：

$$P=\frac{14L}{0.65}+200 \qquad (6.19-6)$$

式中　L——锅炉到最远放热点的距离，m；

14——管内最大流速限制时的单位管长最大摩阻损失；

0.65——管路压力损失占总损失的比例；

200——最远放热出口最低的蒸汽压力。

根据蒸汽量及蒸汽压力选定锅炉。

表 6.19-3　　饱和蒸汽参数表

P(kg/cm^2)	t(℃)	r(kcal/kg)	V'(m^3/kg)	V''(m^3/kg)	i_k(kcal/kg)	i_n(kcal/kg)	i_n-i_k(kcal/kg)
0.006228	0	597.3	0.0010002	206.3000	0	597.3	597.30
0.010000	6.698	593.5	0.0010001	131.7000	6.73	600.2	593.47
0.012513	10.000	591.7	0.0010004	106.4200	10.04	601.7	591.66
0.015000	12.737	590.1	0.0010007	89.6400	12.78	602.9	590.12
0.023830	20.000	586.1	0.0010018	57.8400	20.04	606.0	585.96

续表

$P(kg/cm^2)$	t(℃)	r(kcal/kg)	$V'(m^3/kg)$	$V''(m^3/kg)$	i_k(kcal/kg)	i_n(kcal/kg)	i_n-i_k(kcal/kg)
0.035000	26.359	582.4	0.0010034	40.2200	26.39	608.9	582.51
0.032500	30.000	580.4	0.0010044	32.9300	30.02	610.4	580.38
0.060000	35.820	577.2	0.0010064	24.1800	35.84	613.0	577.16
0.075200	40.000	574.7	0.0010079	19.5500	40.01	614.7	574.69
0.1	45.45	571.6	0.0010101	14.9500	45.45	617.0	571.55
0.5	80.86	550.7	0.0010296	3.2990	80.86	631.6	550.74
1.0	99.09	539.5	0.0010428	1.7250	96.18	638.7	542.52
1.6	112.73	530.8	0.0010538	1.1110	112.96	643.8	530.84
2.0	119.62	526.4	0.0010600	0.9019	119.94	646.3	526.36
2.6	128.08	520.6	0.0010678	0.7055	128.6	649.2	520.60
3.0	132.88	517.3	0.0010726	0.6160	133.5	650.8	517.30
3.5	138.19	513.5	0.0010780	0.5338	138.9	652.4	513.50
1.5	111.00				111.2	643.4	532.20
2.5	126.80				127.6	649.1	521.50
4.0	142.92	510.2	0.0010829	0.4708	143.7	653.9	510.20
4.5	147.20	507.1	0.0010875	0.4215	148.1	655.2	507.10
5.0	151.11	504.2	0.0010918	0.3818	152.1	656.3	504.20
6.0	158.08	498.9	0.0011000	0.3214	159.4	658.3	498.90
7.0	164.17	494.2	0.0011070	0.2778	165.7	659.9	494.20
8.0	169.61	489.8	0.0011140	0.2448	171.4	661.2	489.80

注 P 为蒸汽压力；t 为饱和温度；V' 为蒸汽饱和温度时比容；V'' 为干蒸汽时的比容；i_k 为蒸汽饱和温度时的焓；i_n 为干蒸汽时的焓；r 为水汽化热。

参 考 文 献

[1] SL 319—2005 混凝土重力坝设计规范 [S]. 北京：中国水利水电出版社，2005.

[2] SL 282—2003 混凝土拱坝设计规范 [S]. 北京：中国水利水电出版社，2003.

[3] DL/T 5108—1999 混凝土重力坝设计规范 [S]. 北京：中国电力出版社，2000.

[4] DL/T 5346—2006 混凝土拱坝设计规范 [S]. 北京：中国电力出版社，2007.

[5] DL/T 5144—2001 水工混凝土施工规范 [S]. 北京：中国电力出版社，2002.

[6] GB 50496—2009 大体积混凝土施工规范 [S]. 北京：中国计划出版社，2009.

[7] 朱伯芳. 大体积混凝土温度应力与温度控制 [M]. 北京：中国电力出版社，2003.

[8] 潘家铮. 混凝土坝的温度控制计算 [M]. 上海：上海科学技术出版社，1959.

[9] Carslaw HS, Jaeger JC. Conduction of Heat in Solids [M]. 2nd ed. Oxford: Oxford University Press, 1985.

[10] 阿鲁久涅扬 HX. 蠕变理论中的若干问题 [M]. 邬瑞锋，等，译. 北京：科学出版社，1961.

[11] 龚召熊. 水工混凝土的温控与防裂 [M]. 北京：中国水利水电出版社，1999.

[12] 吉洪诺夫 AH，萨马尔斯基 AA. 数学物理方程 [M]. 黄克欧，等，译. 北京：高等教育出版社，1956.

[13] 美国内务部垦务局. 混凝土坝的冷却 [M]. 侯建功，译. 北京：水利电力出版社，1958.

[14] 雷柯夫 AB. 热传导理论 [M]. 裘烈钧，等，译. 北京：高等教育出版社，1955.

[15] 水利电力部水利水电建设总局. 水利水电工程施工组织设计手册第三卷：施工技术 [M]. 北京：中国水利水电出版社，1997.

[16] 谢依金 AE，等. 水泥混凝土的结构与性能 [M]. 胡春芝，等，译. 北京：中国建筑工业出版社，1984.

[17] 华东水利学院. 水工设计手册：第五卷 混凝土坝

[M]. 北京：水利电力出版社，1987.

[18] 朱伯芳. 论拱坝的温度荷载 [J]. 水力发电，1984 (2)：23 - 29.

[19] 黎展眉. 拱坝温度荷载的计算 [C] //高拱坝学术讨论会论文选集. 北京：电力工业出版社，1982.

[20] 丁宝瑛，胡平，黄淑萍. 水库水温的近似分析 [J]. 水力发电学报，1987 (4)：17 - 33.

[21] Octavia KAH, Jirka GH, Hardeman DRF. Vertical Heat Transport Mechanisms in Lake and Reservoirs [R]. Department of Civil Engineering, Massachusetts Institute of Technology. Report No. 227, August 1977.

[22] 中国水利水电科学研究院. 水库水温数值分析软件 (NAPRWT) [CP]. 北京：中华人民共和国国家版权局，2004.

[23] 袁琼. 二滩拱坝实测库水温度分析研究 [J]. 水电站设计，2006 (6)：27 - 33.

[24] Timoshenko S, Goodier JN. Theory of Elasticity [M]. 2nd Ed. London: Mc Graw - Hill, 1951.

[25] Zienkiewicz OC. The Finite Element Method [M], 3rd Ed. London: Mc Graw - Hill, 1977.

[26] 惠荣炎，黄国兴，易冰若. 混凝土的徐变 [M]. 北京：中国铁道出版社，1988.

[27] 张国新. 碾压混凝土坝的温度控制 [J]. 水利水电技术. 2007，38 (6)：41 - 46.

[28] 张国新，张景华，杨波. 碾压混凝土拱坝的封拱温度与真实温度荷载研究 [C] //第五届碾压混凝土坝国际研讨会论文集 (上). 2007，112 - 119.

[29] 张国新. 大体积混凝土结构施工期温度场、温度应力分析程序包 SAPTIS 编制说明及用户手册 [Z]. 1994 - 2009.

[30] 张国新. 非均质材料温度场的有限元算法 [J]. 水利学报，2004 (10)：71 - 76.

[31] 朱伯芳，王同生，丁宝瑛. 重力坝和混凝土浇筑块的温度应力 [J]. 水利学报，1964 (1)：30 - 34.

[32] 中国水利水电科学研究院结构材料研究所. 大体积混凝土 [M]. 北京：水利电力出版社. 1990.

[33] 朱伯芳，黎展眉，张壁城. 结构优化设计原理与应用 [M]. 北京：水利电力出版社，1984.

[34] 中国水利水电科学研究院. 溪洛渡 2009 年入冬温控措施优化研究 [R]. 2009.

[35] 朱伯芳. 基础梁的温度应力 [J]. 力学. 1977 (3)：200 - 205.

[36] 朱伯芳. 考虑水管冷却效果的混凝土等效热传导方程 [J]. 水利学报，1985 (4)：27 - 36.

[37] 朱伯芳. 混凝土的弹性模量、徐变度与应力松弛系数 [J]. 水利学报，1985 (9)：54 - 61.

[38] Neville AM, Diger WH, Brooks JJ [M]. Creep of Plain and Structural Concrete [M], London: Construction Press, 1983.

[39] 朱伯芳. 碾压混凝土拱坝的温度控制与接缝设计 [J]. 水力发电，1992，9：11 - 17.

[40] Nasser KW, Neville AM. Creep of concrete at elevated temperatures [J]. ACI Journal. 1965, 62 (12)：1567 - 1579.

[41] Troxell GE, Raphael JM, Davis RE. Long - time creep and shrinkage tests of plain and reinforced concret [A]. Proc. ASTM [C], 1958: 1101 - 1120.

[42] 朱伯芳. 混凝土徐变方程参数拟合的约束极值方法 [J]. 水利学报，1992 (7)：75 - 76.

[43] 朱伯芳. 多层混凝土结构仿真应力分析的并层算法 [J]. 水力发电学报，1994 (3)：21 - 30.

[44] 朱伯芳. 不稳定温度场时间域分区异步长解法 [J]. 水利学报，1995 (8)：46 - 52.

[45] 朱伯芳. 弹性徐变体时间域分区异步长解法 [J]. 水利学报，1995 (7)：24 - 27.

[46] 张国新，许平，杨波，等. 整体拱坝的仿真与可行温控措施 [J]. 水利水电技术. 2002，33 (12)：19 - 22.

[47] 朱伯芳，许平. 混凝土坝仿真应力分析 [J]. 混凝土坝技术，1999 (2)：11 - 17.

[48] 张国新，杨卫中，罗恒，杨波. MgO 微膨胀混凝土的温降补偿在三江拱坝的研究和应用 [J]. 水利水电技术. 2006，37 (8)：20 - 23.

[49] 张国新，杨波，等. MgO 微膨胀混凝土拱坝裂缝的非线性模拟 [J]. 水力发电学报，2004，23 (3)：51 - 55.

[50] 张国新，陈显明，杜丽惠. 氧化镁混凝土膨胀的反应动力学模型 [J]. 水利水电技术，2004，(9)：88 - 91.

[51] 朱伯芳. 混凝土徐变柔量的幂函数—对数函数表达式和插值式 [J]. 计算技术与计算机应用. 1996，(1)：1 - 4.

[52] 朱伯芳. 再论混凝土弹性模量的表达式 [J]. 水利学报. 1996，(3)：89 - 90.

[53] 张国新，刘光廷，刘志辉. 整体碾压混凝土拱坝工艺及温度场仿真计算 [J]. 清华大学学报，1996，36 (1)：1 - 7.

[54] 朱伯芳，吴龙珅，杨萍，等. 混凝土坝后期水管冷却的规划 [J]. 水利水电技术，2008，(7)：27 - 31.

[55] England GL, Ross AD. Reinforced concrete under thermal gradients [J]. Magazine of Concrete Research. 1962, 14 (40)：5 - 12.

[56] 朱伯芳. 小温差早冷却缓慢冷却是混凝土坝水管冷却的新方向 [J]. 水利水电技术，2008，40 (1)：44 - 50.

[57] 杨志雄，等. 乌江东风水电站技施设计报告 [R]. 贵阳：贵阳勘测设计研究院，1997.

[58] 张国新，张景华，杨波. 碾压混凝土拱坝的封拱温度与真实温度荷载研究 [C] //第五届碾压混凝土坝国际研讨会论文集 (上). 2007，112 - 119.

[59] 张国新，赵文光. 特高拱坝温度应力仿真与温度控

制的几个问题探讨［J］. 水利水电技术. 2008，39（10）：36－40.

［60］ 朱伯芳，张国新，许平. 混凝土高坝施工期仿真与决策支持系统［J］. 水利学报，2008，39（1）：1－6.

［61］ 张国新，朱伯芳，吴志朋. 重力坝加高的温度应力问题［J］. 水利学报. 2003，（5）：11－15.

［62］ 王有才，徐向阳. 普定大坝裂缝成因分析及处理［C］//2004全国RCCD筑坝技术交流会议论文集. 贵阳，2004，394－396.

［63］ 黎展眉. 普定碾压混凝土拱坝裂缝成因探讨［J］. 水力发电学报，2001（1）：96－102.

［64］ 张子明，宋智通，石端学. 混凝土绝热温升新理论及在龙滩工程中的应用［J］. 红水河，2005，24（1）：5－10.

［65］ 朱伯芳. 考虑温度影响的混凝土绝热温升表达式［J］. 水力发电学报，2003（2）：69－73.

［66］ Chen SH，Su PF，Shahrour I. Composite element algorithm for the thermal analysis of mass concrete：simulation of cooling pipes［J］. Int. J. of Num. Meth. for Heat & Fluid Flow. 2011.

［67］ 朱伯芳，许平. 通仓浇筑常态混凝土和碾压混凝土重力坝的劈头裂缝和底孔超冷问题［J］. 水利水电技术，1998，29（10）：14－18.

［68］ 朱伯芳. 论混凝土坝抗裂安全系数［J］. 水利水电技术，2005，36（7）：33－37.

［69］ 郑守仁. 三峡大坝混凝土设计及温控防裂技术突破［J］. 水利水电科技进展，2009，29（5）：46－53.

《水工设计手册》（第2版）编辑出版人员名单

总 责 任 编 辑　王国仪

副总责任编辑　穆励生　王春学　黄会明　孙春亮

阳　森　王志媛　王照瑜

第5卷 《混凝土坝》

责任编辑　李忠胜　李　亮

文字编辑　方　平　宋建娜

封面设计　王　鹏　芦　博

版式设计　王　鹏　王国华

描图设计　王　鹏　樊啟玲

责任校对　张　莉　黄淑娜

出版印刷　焦　岩　孙长福　刘　萍

排　　版　中国水利水电出版社微机排版中心